Nonaqueous Electrolytes Handbook

VOLUME I

Nonaqueous Electrolytes Handbook

VOLUME I

**G. J. JANZ AND
R. P. T. TOMKINS**

*Rensselaer Polytechnic Institute
Troy, New York*

With contributions by

J. AMBROSE
D. N. BENNION
J. N. BUTLER
R. J. GILLESPIE
R. J. JASINSKI
N. P. YAO
H. V. VENKATASETTY

ACADEMIC PRESS   1972
New York and London

Copyright © 1972, by Academic Press, Inc.
ALL RIGHTS RESERVED
NO PART OF THIS BOOK MAY BE REPRODUCED IN ANY FORM,
BY PHOTOSTAT, MICROFILM, RETRIEVAL SYSTEM, OR ANY
OTHER MEANS, WITHOUT WRITTEN PERMISSION FROM
THE PUBLISHERS.

ACADEMIC PRESS, INC.
111 Fifth Avenue, New York, New York 10003

United Kingdom Edition published by
ACADEMIC PRESS, INC. (LONDON) LTD.
24/28 Oval Road, London NW1 7DD

LIBRARY OF CONGRESS CATALOG CARD NUMBER: 72-77364

PRINTED IN THE UNITED STATES OF AMERICA

ERRATA

NONAQUEOUS ELECTROLYTES
HANDBOOK
VOLUME I

G. J. JANZ AND R. P. T. TOMKINS

ERRATA

p. 3   Add: All data refer to 25° unless otherwise stated.

p. 53 Under column 2 of last table 99.0 *should read* −99.0.

p. 83 Add to first paragraph: All data refer to 25° unless otherwise stated.

p. 84 Data for references [6] and [7] refer to 25°.

p. 85 Data for reference [8] refer to 25°.

p. 149 Under SOLVENTS AND THEIR ABBREVIATIONS delete Cesium Dinonylnaphthalene sulfonate, CSDNNS; and Lithium dinonylnaphthalene sulfonate LiDNNS.

p. 156 Under first column iBN *should read* i-BN.

p. 158 Under column 1 of first table, last item H_2SO_4 *should read* H_2SO_4 [783].

p. 174 Under column 1, reference [868] which appears 4 times *should read* [863].

p. 179 Under first and last columns in last table [868] *should read* [863].

p. 180 Under last column [868] which appears 3 times *should read* [863].

p. 181 Under last column [868] which appears 3 times *should read* [863].

p. 183 Under last column of first table [868] which appears 2 times *should read* [863].

p. 188 Under first column [868] *should read* [863].

p. 222 Second table heading *should read* SODIUM SALTS OF BENZOIC ACID AND SUBSTITUTED BENZOIC ACIDS.

p. 227 B in the last table heading *should read* β.

p. 240 Last table heading n-OCTADECYCLSULFATE *should read* n-OCTADECYLSULFATE.

p. 246 Second table heading HEXAFLUOROARSANATE *should read* HEXAFLUOROARSENATE.

p. 256 Under ACETONITRILE (d) [868] which appears 3 times *should read* [863].

p. 257   Under ACETOPHENONE (d) [868] *should read* [863].

p. 259   Under BENZONITRILE (d) [868] which appears 2 times *should read* [863].

p. 308   The second table LITHIUM CHLORIDE in 1-Butanol-Hexane *should have* appeared in the section on Nonaqueous-Nonaqueous Mixtures starting on p. 361.

p. 311   The second table LITHIUM BROMIDE in 1-Butanol-Hexane *should have* appeared in the section on Nonaqueous-Nonaqueous Mixtures starting on p. 361.

p. 312   The third table LITHIUM IODIDE in 1-Butanol-Hexane *should have* appeared in the section on Nonaqueous-Nonaqueous Mixtures starting on p. 361.

p. 320   The second table SODIUM IODIDE in 1-Butanol-Hexane *should have* appeared in the section on Nonaqueous-Nonaqueous Mixtures starting on p. 361.

p. 325   The second reference in the last line [729] appearing after KCl *should be* deleted.

p. 339   The second table LITHIUM PERCHLORATE in Acetone-Methanol *should have* appeared in the section on Nonaqueous-Nonaqueous Mixtures starting on p. 361.

p. 363   The first table HYDROGEN CHLORIDE in Ethylene Glycol-Water *should have* appeared in the section on Nonaqueous-Aqueous Mixtures starting on p. 287.

p. 366   The first table LITHIUM CHLORIDE in Glycine-Water *should have* appeared in the section on Nonaqueous-Aqueous Mixtures starting on p. 287.
The second table LITHIUM(7) CHLORIDE in Glycine-Water *should have* appeared in the section on Nonaqueous-Aqueous Mixtures starting on p. 287.

p. 371   The first table SODIUM CHLORIDE, NACl in Methanol-Water *should read* SODIUM CHLORIDE, NaCl ... and *should have* appeared in the section on Nonaqueous-Aqueous Mixtures starting on p. 287.
The last table NaBr in Methanol-Water *should have* appeared in the section on Nonaqueous-Aqueous Mixtures starting on p. 287.

p. 374   The first table POTASSIUM CHLORIDE in β-Alanine-Water *should have* appeared in the section on Nonaqueous-Aqueous Mixtures starting on p. 287.

The last table POTASSIUM CHLORIDE in Glycine-Water *should have* appeared in the section on Nonaqueous-Aqueous Mixtures starting on p. 287.

p. 375 The first table POTASSIUM CHLORIDE in Methanol-Water *should have* appeared in the section on Nonaqueous-Aqueous Mixtures starting on p. 287.

p. 377 The first table CESIUM CHLORIDE in Glycine-Water *should have* appeared in the section on Nonaqueous-Aqueous Mixtures starting on p. 287.

The third table CESIUM IODIDE in Glycine-Water *should have* appeared in the section on Nonaqueous-Aqueous Mixtures starting on p. 287.

p. 415 In the last table under column Concentration, V-10-1600 which appears 4 times *should read* 10-1600.

pp. 452–456 The formula for COBALT in its compounds *should read* Co not CO.

p. 474 In the first table under Comments the entry *should read* K_d, 0.60; a, 1.94 Å.

In the fourth table under Comments, Λ which appears 4 times *should read* λ.

p. 481 In the first table the column heading Λ_{range} should read Λ.

p. 491 In the second table heading BENZENESULFONATE *should read* BENZENEDISULFONATE.

p. 495 The formula in the last table heading $YCO(CN)_6$ *should read* $YCo(CN)_6$.

p. 531 The formula in the second column, seventh line $(CH_3)_4HI_3$ *should read* $(CH_3)_4NI_3$.

p. 532 The formula in the second column, second line $(C_2H_5)_4NB(E_6H_5)_4$ *should read* $(C_2H_5)_4NB(C_6H_5)_4$.

The formula in the second column, fourth line $(C_2H_5)_4NB_4$ *should read* $(C_2H_5)_4NBF_4$.

p. 538 The formula in the second column, eighth line $(C_2H_4OH)(CH_3)N[OC_6H_2(NO_2)_3]$ *should read* $(C_2H_4OH)(CH_3)_3N[OC_6H_2(NO_2)_3]$.

p. 541 The formula in the second column, third line $(C_6H_5)(CH_3)NBF_4$ *should read* $(C_6H_5)_3(CH_3)NBF_4$.

CONTENTS

Contributors.................................... ix
Preface....................................... xi
Acknowledgments............................... xiii

I. PHYSICAL PROPERTIES OF SOLVENTS........... 1

    (a) Single Solvents............................ 3
    (b) Mixed Solvents........................... 83

II. SOLVENT PURIFICATION.......................... 119

III. ELECTRICAL CONDUCTANCE...................... 145

  A. Alkali Metal Compounds and Ammonium Compounds—Single Solvents...................... 149
      1. data by solute............................. 149
        (a) Inorganic Acids......................... 151
        (b) Organic Acids and Derivatives............ 157
        (c) Ammonium Halides...................... 169
        (d) Alkali Metal Halides..................... 171
        (e) Ammonium and Alkali Metal Inorganic Salts. 197
        (f) Ammonium and Alkali Metal Organic Salts.. 214
        (g) Ammonium and Alkali Metal Complex Salts. 246
      2. data by solvent........................... 254

  B. Alkali Metal Compounds and Ammonium Compounds—Mixed Solvents....................... 287
      1. data by solute............................. 287
        nonaqueous–aqueous mixtures............ 287
        (a) Inorganic Acids......................... 288
        (b) Organic Acids.......................... 302
        (c) Ammonium and Alkali Metal Halides....... 308

(d) Ammonium and Alkali Metal Inorganic
Compounds............................. 338
(e) Alkali Metal Organic Compounds........... 349
(f) Alkali Metal Complex Salts................ 355
NONAQUEOUS–NONAQUEOUS MIXTURES....... 361
(a) Inorganic Acids......................... 362
(b) Organic Acids........................... 364
(c) Alkali Metal Halides..................... 365
(d) Ammonium and Other Alkali Metal
Compounds............................. 378
2. DATA BY SOLVENT............................. 385
NONAQUEOUS–AQUEOUS MIXTURES........... 385
NONAQUEOUS–NONAQUEOUS MIXTURES....... 394

C. COMPOUNDS OF ELEMENTS IN THE PERIODIC TABLE
OTHER THAN Ia IN SINGLE SOLVENTS.............. 398

1. DATA BY SOLUTE............................. 398
(a) Group Ib—Cu, Ag, Au.................... 399
(b) Group IIa—Be, Mg, Ca, Sr, Ba, Ra......... 406
(c) Group IIb—Zn, Cd, Hg................... 418
(d) Group IIIa—B, Al, Ga, In, Tl............. 422
(e) Group IIIb—Sc, Y, Lathanides, and Actinides 426
(f) Group IVa—C, Si, Ge, Sn, Pb............. 431
(g) Group IVb—Ti, Zr, Hf.................... 441
(h) Group Va—N, P, As, Sb, Bi............... 444
(i) Group Vb—V, Nb, Ta..................... 447
(j) Group VIa—O, S, Se, Te, Po.............. 448
(k) Group VIIa—F, Cl, Br, I, At.............. 450
(l) Group VIIb—Mn, Tc, Re.................. 451
(m) Group VIII—Fe, Co, Ni................... 452
2. DATA BY SOLVENT............................. 458

D. COMPOUNDS OF ELEMENTS IN THE PERIODIC TABLE
OTHER THAN Ia IN MIXED SOLVENTS.............. 471

1. DATA BY SOLUTE............................. 471
NONAQUEOUS–NONAQUEOUS MIXTURES....... 472
(a) Group Ib—Cu, Ag, Au.................... 472
(b) Group IIa—Be, Mg, Ca, Sr, Ba, Ra......... 478
(c) Other Compounds........................ 480
NONAQUEOUS–AQUEOUS MIXTURES........... 483
(a) Group Ib—Cu, Ag, Au.................... 483
(b) Group IIa—Be, Mg, Ca, Sr, Ba, Ra......... 489
(c) Other Compounds........................ 493

CONTENTS

- 2. DATA BY SOLVENT 501
  - NONAQUEOUS–NONAQUEOUS MIXTURES 501
  - NONAQUEOUS–AQUEOUS MIXTURES 506

E. BIBLIOGRAPHY FOR SECTIONS A–D, ELECTRICAL CONDUCTANCE 508

F. QUATERNARY AMMONIUM SALTS AND AMINES IN SINGLE SOLVENTS 527

  1. PHYSICAL PROPERTIES OF SOME QUATERNARY AMMONIUM SALTS 529
  2. X-RAY DATA OF SOME QUATERNARY AMMONIUM SALTS 547
  3. DATA BY SOLUTE 554
     - (a) Symmetrical Halides 555
     - (b) Symmetrical Other Anions 605
     - (c) Symmetrical Complex Anions 665
     - (d) Unsymmetrical Halides 670
     - (e) Unsymmetrical Other Salts 707
     - (f) Unsymmetrical Picrates 727
     - (g) Amines and Amine Hydrohalides 745
     - (h) Amine Picrates 746
  4. EFFECT OF PRESSURE ON THE CONDUCTANCE OF QUATERNARY AMMONIUM SALTS 747
  5. EFFECT OF ADDED LIGANDS ON THE CONDUCTANCE OF QUATERNARY AMMONIUM SALTS 767
  6. DATA BY SOLVENT 777

G. QUATERNARY AMMONIUM SALTS AND AMINES IN MIXED SOLVENTS 826

  1. DATA BY SOLUTE 827
     - (a) Nonaqueous–Aqueous Mixtures 827
     - (b) Nonaqueous–Nonaqueous Mixtures 849
  2. DATA BY SOLVENT 876
     - (a) Nonaqueous–Aqueous Mixtures 876
     - (b) Nonaqueous–Nonaqueous Mixtures 879

H. BIBLIOGRAPHY FOR SECTIONS F–G, ELECTRICAL CONDUCTANCE 885

IV. DIFFUSION 893

V.	**DENSITY**		**901**
	1. DATA BY SINGLE SOLVENTS		904
	2. DATA BY MIXED SOLVENTS		938
VI.	**VISCOSITY**		**945**
	1. DATA BY SINGLE SOLVENTS		948
	2. DATA BY MIXED SOLVENTS		993
VII.	**TRANSFERENCE NUMBERS**		**1007**
VIII.	**ADDITIONAL REFERENCES AND DATA SOURCES**		**1021**
	A. ADDITIONAL DATA		1023
		(a) Dimethyl Sulfoxide	1023
		(b) Sulfuric Acid	1058
		(c) Solvent Purification	1062
		(d) Electrical Conductance	1063
		(e) Diffusion	1069
		(f) Density	1070
		(g) Viscosity	1072
		(h) Transference Numbers	1074
	B. ADDITIONAL DATA SOURCES AND REFERENCES		1077
IX.	**COMPOUND INDEX**		**1079**
		(a) Solvent	1081
		(b) Solute	1092

CONTRIBUTORS

J. Ambrose, Carleton University, Ottawa, Ontario, Canada

D. N. Bennion, University of California, Los Angeles, California

J. N. Butler, Harvard University, Cambridge, Massachusetts

R. J. Gillespie, McMaster University, Hamilton, Ontario, Canada

G. J. Janz, Rensselaer Polytechnic Institute, Troy, New York

R. J. Jasinski, Texas Instruments, Inc. Dallas, Texas

R. P. T. Tomkins, Rensselaer Polytechnic Institute, Troy, New York

N. P. Yao, University of California, Los Angeles, California

H. V. Venkatasetty*, Research Center, Honeywell Inc., Hopkins, Minnesota

*Presently at Power Sources Center, Honeywell Inc., Montgomeryville, Pennsylvania

PREFACE

In view of the growing importance and versatility of nonaqueous ionic solutions in a wide range of disciplines, it is important to present an authoritative and updated information source for such electrolyte systems.

Nonaqueous solvent systems provide a broad range of dielectric constants, from values of about 2 in nonpolar solvents (e.g., benzene, dioxane, and carbon tetrachloride) to as great as about 182 (e.g., N-methyl formamide). Further features are the wide liquid-state range and the fact that viscosities, dipole moments, and molecular structure may be varied almost at will. The three-dimensional hydrogen-bonded tetrahedral network solvent structure of water changes for alcohols (methanol, ethanol, propanol, and butanol) to chains of hydrogen-bonded molecules as a two dimensional network, and for N-substituted amides to a simple linear hydrogen-bonded one dimensional array. Even solvents with similar dielectric constants may have quite different structures and polar properties (e.g., ethylene chloride and ethylidene chloride) and hence may show different ion-solvent interactions.

The information in this handbook covers the literature to 1972 and includes data for some 210 solvents. No attempt has been made to repeat all the information supplied in 1924 by P. Walden ("Elektrochemie nichtwässriger Lösungen"), and much useful information will be found in that work. Our handbook focuses particularly on the more recent contributions, but nevertheless does draw on the earlier studies, where relevant, for the sake of completeness.

The book has been organized into eight well-defined areas: Physical Properties of Solvents, Solvent Purification, Electrical Conductance, Diffusion, Density, Viscosity, Transference Numbers, and Additional References and Data Sources. The latter section covers additional data sources and reviews not adequately described in the preceding sections; very recent data and references will also be found in this section. The method of presentation of material is briefly described in the introduction to each section to facilitate the use of the tabulated information. Bibliographies are given at the end of each section. A Compound Index is included.

Electrical conductance is unquestionably the property most widely investigated. In view of the wealth of data, this section has therefore been organized by solutes as follows: acids and alkali metal compounds, including ammonium compounds; quaternary ammonium salts and amines;

and, finally, all other solutes. For each, the data are reported not only for single component nonaqueous solvents, but also for mixed solvents. A more detailed classification occurs within those broad categories. For each solvent there is a list of all the solutes together with references for which data are reported elsewhere in the handbook.

Information on solubilities, EMF, vapor pressure, cryoscopy, heats of solution, polarography, and electrical double layer is in preparation and will be published at a later date.

We are indebted to our research co-workers for assistance in all phases of the preparation of "Nonaqueous Electrolytes Handbook."

G. J. Janz
R. P. T. Tomkins

ACKNOWLEDGMENTS

We are pleased to acknowledge several colleagues for authoritative contributions and for encouragement and constructive criticisms throughout this work.

Dr. John Ambrose, during the period of his tenure of a postdoctoral appointment at Rensselaer, contributed significantly to the completion of the section on electrical conductance. Dr. H. V. Venkatasetty prepared the tables relating to the electrical conductance of quaternary ammonium salts and contributed to the solvent purification and physical properties sections. Professor J. N. Butler and Dr. R. J. Jasinski opened to us their extensive records, particularly their Government Technical Reports file. Professor D. N. Bennion and Dr. N. P. Yao compiled the tabulations on dimethyl sulfoxide and dimethyl sulfite. Professor R. J. Gillespie contributed to the compilations relevant to sulfuric and fluorosulfuric acids and related superacid media.

At Rensselaer the source material for this handbook is a cumulative file to which predoctoral and postdoctoral researchers in nonaqueous electrolytes have contributed on a continuing basis over a number of years. We wish to take this opportunity to thank the following members of this "team" for their very material assistance in this respect: E. J. Andalaft, Sarada Balasubrahmanyam, B. D. Briggs, F. W. Dampier, S. S. Danyluk, F. J. Kelly, Myrna P. Klotzkin, G. R. Lakshminarayanan, A. E. Marcinkowsky, G. E. Mayer, J. Meier, Sarah Singer, M. J. Tait, W. A. Tracinski, and P. J. Turner.

The support for basic research on nonaqueous electrolytes from the following sources is acknowledged with pleasure: U. S. Air Force, Office of Scientific Research; U. S. Navy, Office of Naval Research; U. S. Atomic Energy Commission; U. S. Department of Interior, Office of Saline Water and the National Science Foundation to one of us (G.J.J.); and from the Themis Program, U. S. Department of Defense, to both of us. This handbook is an outgrowth of the studies thus supported, and its completion was greatly assisted by the impetus received in the final phases of this work from the Themis program.

I. PHYSICAL PROPERTIES OF SOLVENTS

1. PHYSICAL PROPERTIES OF SOLVENTS

(a) Single Solvents

INTRODUCTION

The physical properties which are most frequently used in treating electrochemical data are dielectric constant, viscosity, density, and specific conductance. In addition the liquid state range is of interest from the practical viewpoint, and this is indicated by the melting point and boiling point temperatures. This section includes values for these properties, where available.

No attempt for a critical selection has been made, but rather the properties are reported as given in the research publications (electrical conductance, diffusion, density, viscosity, and transference number studies). Properties from additional sources are included for comparison and reference. Cryoscopic and ebullioscopic constants, dipole moments, specific heats and refractive indices of the solvents are not reported.

The listing of the solvents is alphabetical by the names most commonly used in practice.

ACETALDEHYDE (ETHANAL), CH_3CHO

b.p. (°C)	m.p. (°C)	Viscosity (millipoise)	Dielectric constant	Density (g/ml)
20.8 [178]	−121 [178]	2.797 (0°) [279] 2.557 (10°) [279] 2.2 (20°) [279]	21.8 (10°) [314] 21.1 (21°) [314]	0.7834 (18°) [178]

ACETAMIDE, CH_3CONH_2

b.p. (°C)	m.p. (°C)	Viscosity (millipoise)	Dielectric constant	Specific conductance (mho·cm^{-1} × 10^8)	Density (g/ml)
221.5 [17]	81.5 [17]	16.3 (94°) [16] 13.2 (105°) [17] 10.6 (120°) [17]	59.2 (83°) [1] 60.6 (94°) [16]	260 (94°) [17]	0.980 (105°) [17] 0.967 (120°) [17]

ACETIC ACID, CH_3CO_2H

b.p. (°C)	m.p. (°C)	Viscosity (millipoise)	Dielectric constant	Specific conductance (mho·cm^{-1} × 10^8)	Density (g/ml)
118.10 [2]	16.63 [3]	12.32 (20°) [7]	6.13 (20°) [4]	1.12 [5]	1.04922 (20°) [6]

ACETIC ANHYDRIDE, $(CH_3CO)_2O$

b.p. (°C)	m.p. (°C)	Viscosity (millipoise)	Dielectric constant	Specific conductance (mho·cm^{-1} × 10^8)	Density (g/ml)
140.0 [6]	−73.1 [6]	11.0 (18°) [8]	20.7 (18.5°) [9]	40 [10]	1.0810 (20°) [6]

I. PHYSICAL PROPERTIES OF SOLVENTS

ACETONE, $(CH_3)_2CO$

b.p. (°C)	m.p. (°C)	Viscosity (millipoise)	Dielectric constant	Specific conductance (mho·cm^{-1} × 10^8)	Density (g/ml)
56.2 [18]	−95.4 [18]	3.02 [19][27][28][16][30]	20.7 [19][27][28][16][30]	0.051–13 [19][20][21][22][23][23][25][26][27][28][29][16][30][15][31]	0.7845 [19][20][21][23][28]
		3.04 [20] [21][23][24]	20.14 [29]	12 (35°) [22]	0.78345 [31]
		2.954 [16][30]	20.47 [20][21][23]		0.7840 [26]
		3.000 [31]	29.5 (−50°) [19]		0.868 (−50°) [19]
		7.77 (−50°) [19]	28.1 (−40°) [19]		0.857 (−40°) [19]
		6.57 (−40°) [19]	26.8 (−30°) [19]		0.846 (−30°) [19]
		5.67 (−30°) [19]	25.6 (−20°) [19]		0.836 (−20°) [19]
		4.96 (−20°) [19]	24.4 (−10°) [19]		0.825 (−10°) [19]
		4.37 (−10°) [19]	23.3 (0°) [19]		0.814 (0°) [19]
		3.91 (0°) [19]	22.2 (10°) [19]		0.802 (10°) [19]
		3.51 (10°) [19]	21.2 (20°) [19]		0.791 (20°) [19]
		3.18 (20°) [19]	20.7 (20°) [32]		
		2.9 (35°) [22]	19.7 (35°) [22]		

ACETONITRILE, CH_3CN

b.p. (°C)	m.p. (°C)	Viscosity (millipoise)	Dielectric constant	Specific conductance (mho·cm^{-1} × 10^8)	Density (g/ml)
81.6 [18]	−45.7 [18]	3.39 [42]	35.95 [37][46]	1–100 [33][35][36][38][28][39][40][42][44][45][46]	0.77663 [46]

ACETONITRILE CH₃CN (Continued)

b.p. (°C)	m.p. (°C)	Viscosity (millipoise)	Dielectric constant	Specific conductance (mho·cm⁻¹ × 10⁸)	Density (g/ml)
		3.409 [46]	35.99 [38][40]		0.7767 [28][37]
		3.412 [37]	36.0 [27]		0.7768 [33][38][39][40][45]
		3.437 [34]	36.01 [24][28][41]		0.77682 [43]
		3.4392 [43]	36.77 [43]		0.77683 [34]
		3.44 [27]	37.5 [42][33][16][45][30]		0.7769 [35]
		3.449 [24][28][41]			0.778 [42]
		3.45 [16][30]			
		3.55 [39]			
		3.594 [38][40]			
		8.01 (−40°) [42]	49.9 (−40°) [42]	8.0 (−40°) [42]	0.845 (−40°) [42]
		6.83 (−30°) [42]	47.8 (−30°) [42]	9.3 (−30°) [42]	0.835 (−30°) [42]
		5.87 (−20°) [42]	45.7 (−20°) [42]	10.6 (−20°) [42]	0.825 (−20°) [42]
		5.09 (−10°) [42]	43.5 (−10°) [42]	12 (−10°) [42]	0.815 (−10°) [42]
		4.421 (0°) [34]	41.7 (0°) [42]	13.4 (0°) [42]	0.8052 (0°) [34]
		4.53 (0°) [39]	39.8 (10°) [42]	15.2 (10°) [42]	0.804 (0°) [42]
		4.48 (0°) [42]	38.67 (15°) [43]	17.6 (20°) [42]	0.793 (10°) [42]
		3.97 (10°) [42]	38.2 (20°) [42]		0.782 (20°) [42]
		3.57 (20°) [42]	37.67 (20°) [43]		0.78050 (20°) [43]
		3.5891 (20°) [43]	37.31 (22°) [45]		0.77516 (27°) [45]
		3.3813 (27°) [45]	36.38 (27°) [45]		0.77342 (30°) [45]
		3.2905 (30°) [45]	35.82 (30°) [45]		0.74975 (50°) [34]
		3.22 (35°) [39]			
		2.7535 (50°) [34]			

ACETOPHENONE, $C_6H_5COCH_3$

b.p. (°C)	m.p. (°C)	Viscosity (millipoise)	Dielectric constant	Density (g/ml)
202 [47]	19.55 [48]	16.75 [24] [49]	17.39 [24]	1.0238 [49]
		20.15 (15°) [50]		1.03236 (15°) [50]
		15.11 (30°) [50]		1.02810 (20°) [50]
		13.992 (35°) [52]		1.01947 (30°) [50]
		11.922 (45°) [52]		1.0408 (5°) [51]
		11.320 (48°) [52]		1.0390 (7°) [51]
				1.0364 (10°) [51]
				1.0150 (35°) [51]
				1.0106 (40°) [51]
				1.0063 (45°) [51]
				1.0021 (50°) [51]
				0.9978 (55°) [51]

ACETYL BROMIDE, CH_3COBr

b.p. (°C)	m.p. (°C)	Dielectric constant	Specific conductance (mho·cm^{-1} × 10^8)	Density (g/ml)
76 [178]	−96 [178]	16.$_2$ (20°) [10] [315]	238 [10]	1.6625 (16°) [178]

ACETYL CHLORIDE, CH_3COCl

b.p. (°C)	m.p. (°C)	Dielectric constant	Specific conductance (mho·cm^{-1} × 10^8)	Density (g/ml)
50.9 [178]	−112 [178]	16.$_9$ (2°) [9]	107 (0°) [10]	1.1051 (20°) [178]
		15.$_8$ (22°) [9]	421 [10]	

ADIPONITRILE, $(CH_2CH_2CN)_2$

b.p. (°C)	m.p. (°C)	Viscosity (millipoise)	Dielectric constant	Specific conductance (mho·cm^{-1} ×10^8)	Density (g/ml)
295 [178]	2.15 [53]	59.9 [53]	32.45 [53]	1–2 [53]	0.9585 [53]

ALLYL ALCOHOL (2-PROPENOL), CH_2CHCH_2OH

b.p. (°C)	m.p. (°C)	Viscosity (millipoise)	Dielectric constant	Density (g/ml)
97.0 [123]	−129 [178]	21.45 (0°) [279] 14.9 (15°) [279] 13.63 (20°) [279] 10.7 (30°) [279] 9.14 (40°) [279] 5.53 (70°) [279]	21.6 (15°) [316]	0.86814 (0°) [123] 0.85511 (15°) [123] 0.84209 (30°) [123]

ALLYL CHLORIDE (3-CHLOROPROPENE), $CH_3CHCHCl$

b.p. (°C)	m.p. (°C)	Viscosity (millipoise)	Dielectric constant	Density (g/ml)
45 [178]	−134.5 [178]	3.47 (15°) [279] 3.00 (30°) [279]	8.7 (1°) [315] 8.2 (20°) [315]	0.9376 (20°) [178]

AMMONIA (LIQUID), NH_3

b.p. (°C)	m.p. (°C)	Viscosity (millipoise)	Dielectric constant	Specific conductance (mho·cm^{-1} ×10^8)	Density (g/ml)
−33.35 [1]	−77.7 [1]	2.543 (−33.5°) [54] 2.56 (−34°) [55]	26.7 (−60°± 10°) [60] 22.0 (−34°) [55][24][56][61]	10 (−34°) [56]	0.7253 (−70°) [62] 0.7138 (−60°) [62]

I. PHYSICAL PROPERTIES OF SOLVENTS

AMMONIA (LIQUID), NH_3 (Continued)

b.p. (°C)	m.p. (°C)	Viscosity (millipoise)	Dielectric constant	Specific conductance (mho·cm^{-1}) ×10^8	Density (g/ml)
		2.558 (−34°) [56][24]	18.94 (5°) [60]		0.7020 (−50°) [62]
		2.30 (−26°) [57]	17.82 (15°) [60]		0.6900 (−40°) [62]
		1.83 (−10°) [57]	16.90 [60]		0.6826 (−34°) [62][56]
		1.70 (−4°) [57]	16.26 (35°) [60]		0.6814 (−33°) [62]
		1.618 (5°) [58]			0.6776 (−30°) [62]
		1.52 (10°) [57]			0.6650 (−20°) [62]
		1.457 (15°) [58]			0.6520 (−10°) [62]
		1.479 (15°) [59]			0.6386 (0°) [62]
		1.411 (20°) [59]			0.6247 (10°) [62]
		1.350 [58]			0.6103 (20°) [62]
		1.345 [59]			0.6028 [62]
		1.38 (30°) [57]			0.5952 (30°) [62]
		1.25 (50°) [57]			

i-AMYL ALCOHOL (3-METHYL-1-BUTANOL), $(CH_3)_2CH(CH_2)_2OH$

b.p. (°C)	Viscosity (millipoise)	Dielectric constant	Specific conductance (mho·cm^{-1}) ×10^8	Density (g/ml)
132.0 [63]	4.8111 (15°) [63]	16 [55]	0.25–0.6 [64]	0.82393 (0°) [63]
	3.8 [55]	14.7 [64][16]		0.81294 (15°) [63]
	3.5 [64]			0.80179 (30°) [63]
	2.96 (30°) [16]			0.8076 (30°) [64]
	2.961 (30°) [63]			

ψ-AMYL ALCOHOL, $C_5H_{11}OH$

Viscosity (millipoise)	Dielectric constant	Specific conductance (mho·cm^{-1} × 10^8)
75 [22]	16.9 (20°) [22]	<5.2 [22]

ANILINE, $C_6H_5NH_2$

b.p. (°C)	m.p. (°C)	Viscosity (millipoise)	Dielectric constant	Specific conductance (mho·cm^{-1} × 10^8)	Density (g/ml)
182.32 [66]	−6.24 [66]	52.99 (15°) [50]	6.89 (20°) [16]	2.5 [214]	1.03905 (0°) [50]
		37.70 (20°) [16]	6.73 [68]		1.0303 (9.9°) [70]
		36.40 [69]			1.02613 (15°) [50]
		31.76 (30°) [50]			1.02136 (20°) [67]
		24.05 (40°) [70]			1.0173 [71]
		15.40 (60°) [70]			1.01317 (30°) [50]
		11.00 (80°) [70]			1.0045 (40°) [70]
		6.37 (125°) [70]			0.9872 (60°) [70]
					0.9700 (80°) [70]
					0.9288 (125°) [70]

I. PHYSICAL PROPERTIES OF SOLVENTS

ANISALDEHYDE (4-METHOXYBENZALDEHYDE), $C_8H_8O_2$

b.p. (°C)	m.p. (°C)	Dielectric constant	Specific conductance (mho·cm^{-1}) × 10^8	Density (g/ml)
249.5 [178]	0 [178]	22.$_3$ (22°) [47] 10.4 (248°) [47]	21.4 (0°) [10] 42.3 [10]	1.1191 (15°) [178]

ANISOLE (PHENYL METHYL ETHER), $C_6H_5OCH_3$

b.p. (°C)	m.p. (°C)	Viscosity (millipoise)	Dielectric constant	Density (g/ml)
153.8 [72]	−35.0	11.52 (15°) [50] 10.860 (20°) [74] 7.89 (30°) [50]	4.35 (20°) [9]	1.01243 (0°) [50] 0.99858 (15°) [50] 0.9956 (18°) [75] 0.99402 (20°) [76] 0.98932 [76] 0.9707 (45°) [77]

BENZALDEHYDE, C_6H_5CHO

b.p. (°C)	m.p. (°C)	Viscosity (millipoise)	Dielectric constant	Density (g/ml)
179.1 [78]	−56.5 [79]	13.9 [279]	19.$_7$ (0°) [9] 17.$_8$ (20°) [318]	1.0415 (15°) [178]

BENZENE, C_6H_6

b.p. (°C)	m.p. (°C)	Viscosity (millipoise)	Dielectric constant	Specific conductance (mho·cm^{-1}) × 10^8	Density (g/ml)
80.122 [80]	5.493 [81]	9.10 (0.15°) [82] 7.37 (12.20°) [83]	2.311 (5.5°) [87] 2.3024 (10°) [88]	53.2–44.3 (18°) [95]	0.8990 (0°) [91] 0.8895 (10°) [92]

BENZENE, C_6H_6 (Continued)

b.p. (°C)	m.p. (°C)	Viscosity (millipoise)	Dielectric constant	Specific conductance (mho·cm^{-1} ×10^8)	Density (g/ml)
		6.96 (15°) [84]	2.2925 (15°) [88]		0.88434 (14.95°) [91]
		6.49 (20°) [85]	2.2825 (20°) [89]		0.87903 (20°) [93]
		5.961 [86]	2.2726 [89]		0.87368 [93]
		5.66 (30°) [84]	2.2628 (30°) [88]		0.8685 (30°) [92]
		5.20 (35.10°) [83]	2.256 (34.9°) [90]		0.86206 (36°) [93]
		4.82 (40.02°) [83]	2.247 (40.3°) [90]		0.85769 (40°) [93]
		4.65 (46.5°) [82]	2.2331 (45°) [88]		0.85343 (44°) [93]
		3.95 (60°) [84]	2.2133 (55°) [88]		0.84469 (44°) [93]
		3.65 (67.9°) [82]	2.1935 (65°) [88]		0.84032 (36°) [93]
		3.50 (72.9°) [82]			0.83602 (60°) [93]

BENZONITRILE, C_6H_5CN

b.p. (°C)	m.p. (°C)	Viscosity (millipoise)	Dielectric constant	Specific conductance (mho·cm^{-1} ×10^8)	Density (g/ml)
191.3 [72]	−13.1 [96]	19.4 (0°) [97]	25.19 [24]	4–9 [97][98][99][100]	1.0222 (0°) [97]
		14.47 (15°) [50]	25.2 [27]		1.0157 (8°) [101]
		12.11 [24]			1.00948 (15°) [50]
		12.2 [27]			1.0005 [97]
		12.4 [97]			0.99628 (30°) [50]
		11.11 (30°) [50]			0.9872 (40°) [97]
		10.0 (40°) [97]			0.9778 (50°) [97]

I. PHYSICAL PROPERTIES OF SOLVENTS

BENZONITRILE, C_6H_5CN (Continued)

b.p. (°C)	m.p. (°C)	Viscosity (millipoise)	Dielectric constant	Specific conductance (mho·cm^{-1} ×10^8)	Density (g/ml)
		8.76 (50°) [97]			0.9739 (55°) [97]
		8.26 (55°) [97]			0.9600 (70°) [97]
		6.66 (70°) [97]			0.9388 (99.1°) [101]
					0.8848 (152.4°) [101]

BENZOYLACETYL ETHYL ESTER, $C_6H_5COCH_2CO_2C_2H_5$

b.p. (°C)	m.p. (°C)	Specific conductance (mho·cm^{-1}×10^8)	Density (g/ml)
265–70 part d 165 [178]	<0 [178]	7.2–9.89 (0°) [10]	1.1220 (20°) [178]
		18.4–20.7 [10]	

BENZOYL BROMIDE, C_6H_5COBr

b.p. (°C)	m.p. (°C)	Dielectric constant	Density (g/ml)
218–9 [178]	8.1 [423]	20.7 [423]	1.570 (15°) [178]

BENZOYLCHLORIDE, C_6H_5COCl

b.p. (°C)	m.p. (°C)	Dielectric constant	Density (g/ml)
197 [102]	−0.6 [103]	29 (0°) [320] 23 (20°) [320]	1.2187 (15°) [102]

BENZYLALCOHOL, $C_6H_5CH_2OH$

b.p. (°C)	m.p. (°C)	Viscosity (millipoise)	Dielectric constant	Density (g/ml)
205.78±0.02 [104]	−15.3 [104]	77.60 (15°) [50]	13.0 (20°) [9]	1.06095 (0°) [50]
		55.82 (20°) [105]		1.04927 (15°) [50]
		46.50 (30°) [50]		1.0486 (18°) [75]
				1.04535 (20°) [76]
				1.04156 [76]
				1.03765 (30°) [50]
				1.0219 (50°) [106]

BENZYL CHLORIDE, $C_6H_5CH_2Cl$

b.p. (°C)	Specific conductance (mho·cm^{-1}×10^8)
126 [214]	5 [214]

BROMINE, Br_2

b.p. (°C)	m.p. (°C)	Viscosity (millipoise)	Dielectric constant	Specific conductance (mho·cm^{-1}×10^8)
59 [108]	−7 [108]	10.3 (16°) [108]	31.2 (20°) [108]	0.11 [108]

BROMINE PENTAFLUORIDE, BrF$_5$

b.p. (°C)	m.p. (°C)	Viscosity (millipoise)	Dielectric constant	Specific conductance (mho·cm^{-1}×10^8)
40.5 [389]	−61 [389]	6.2 (24°) [389]	8 [389]	9 [389]

BROMINE TRIFLUORIDE, BrF$_3$

b.p. (°C)	m.p. (°C)	Viscosity (millipoise)	Specific conductance (mho·cm^{-1}×10^8)
126 [389]	9 [389]	22.2 [389]	8×10^5 [335]

BROMOBENZENE, C$_6$H$_5$Br

b.p. (°C)	m.p. (°C)	Viscosity (millipoise)	Dielectric constant	Density (g/ml)
156.15 [108]	−30.6 [108]	11.96 (15°) [84] 11.24 (20°) [85] 9.85 (30°) [84]	5.397±0.0050 [109]	1.52204 (0°) [84] 1.51410 (5.9°) [82] 1.50830 (10°) [92] 1.50170 (15°) [84] 1.4952 (20°) [85] 1.48791 [110] 1.4815 (30°) [92] 1.4630 (43.6°) [82] 1.4553 (49.5°) [82] 1.4392 (61.4°) [82] 1.4257 (71.2°) [82]

i-BUTANOL, $(CH_3)_2CHCH_2OH$

b.p. (°C)	m.p. (°C)	Viscosity (millipoise)	Dielectric constant	Specific conductance (mho·cm^{-1} ×10^8)	Density (g/ml)
108.10 [111]	−108 [112]	47.03 (15°) [111]	17.7 [16]	0.08 [117]	0.81707 (0°) [113]
		36.1 [16]			0.80576 (15°) [113]
		28.76 (30°) [113]			0.80196 (20°) [114]
					0.7982 [13]
					0.79437 (30°) [113]

n-BUTANOL, C_4H_9OH

b.p. (°C)	m.p. (°C)	Viscosity (millipoise)	Dielectric constant	Specific conductance (mho·cm^{-1} ×10^8)	Density (g/ml)
117.70–117.74 [116]	−90.2 [111]	51.86 (0°) [118]	20.44 (0°) [118]	0.912 [32] [22] [118]	0.8246 (0°) [118]
		24.6 [118]	17.1 [118]	<5.2 (35°) [22]	0.8057 [64] [118]
		22.7 (30°) [16]	19.2 (30°) [32]		0.7875 (50°) [118]
		20.0 (35°) [22]	15.8 (35°) [22]		
		14.11 (50°) [118]	14.10 (50°) [118]		

t-BUTANOL, $(CH_3)_3COH$

b.p. (°C)	m.p. (°C)	Viscosity (millipoise)	Density (g/ml)
82.50 [119]	25.66 [120]	33.16 (30°) [119]	0.78670 (20°) [119]
		25.75 (35°) [119]	0.77620 (30°) [119]
		20.39 (40°) [119]	0.77090 (35°) [119]

I. PHYSICAL PROPERTIES OF SOLVENTS

2-BUTANONE, $CH_3COC_2H_5$

b.p. (°C)	m.p. (°C)	Viscosity (millipoise)	Dielectric constant	Specific conductance (mho·cm^{-1} ×10^8)	Density (g/ml)
79.60 [111]	−86.6 [111]	5.385 (0°) [15]	18.975 (15°) [29] [122]	5–15 [15] [121]	0.82737 (0°) [15]
		5.220 (0°) [15]	18.4 [24] [31]		0.80984 (15°) [29] [122]
		4.201 (15°) [29] [122]	18.014 [29] [122]		0.80171 [15]
		4.006 [15]	16.758 (35°) [29] [122]		0.79978 [31]
		3.929 [15]			0.79955 [29] [122]
		3.799 [24]			0.78900 (35°) [29] [122]
		3.792 [31]			0.77510 (50°) [15]
		3.774 [29] [122]			
		3.742 [15]			
		3.429 (35°) [29] [122]			
		3.115 (50°) [15]			

i-BUTYL METHYL KETONE (4-METHYL-2-PENTANONE), $CH_3COCH_2CH(CH_3)_2$

b.p. (°C)	m.p. (°C)	Viscosity (millipoise)	Dielectric constant	Specific conductance (mho·cm^{-1} ×10^8)	Density (g/ml)
116.5 [424]	−84 [424]	5.42 [427]	<13 (35°) [22]	<5.2 (35°) [22]	0.8008 (20°) [424]
			13.11 (20°) [426]		0.7961 [425]

BUTYRIC ACID, $C_3H_7CO_2H$

b.p. (°C)	m.p. (°C)	Viscosity (millipoise)	Dielectric constant	Density (g/ml)
164.05 [123]	−5.50 [123]	18.14 (15°) [123] 13.85 (30°) [123]	2.97 (20°) [4]	0.97762 (0°) [123] 0.9682 (10°) [124] 0.96286 (15°) [123] 0.95767 (20°) [76] 0.95273 [76] 0.9479 (30°) [124] 0.9377 (40°) [124] 0.9274 (50°) [124] 0.9198 (58.8°) [125] 0.9113 (67.4°) [125]

γ-BUTYROLACTONE, $(CH_2)_3OCO$

b.p. (°C)	m.p. (°C)	Viscosity (millipoise)	Dielectric constant	Density (g/ml)
202 [215]	−43 [215]	17.5 [215]	39.1 [215]	1.13 [215]

i-BUTYRONITRILE, $(CH_3)_2CHCN$

b.p. (°C)	m.p. (°C)	Viscosity (millipoise)	Dielectric constant	Density (g/ml)
103.7 [126]	−71.5 [119]	5.51 (15°) [119] 4.88 [27] 4.56 (30°) [119]	20.2 [27]	0.78942 (0°) [119] 0.77525 (15°) [126] 0.77037 (20°) [126] 0.76060 (30°) [126]

CHLORINE TRIFLUORIDE, ClF_3

b.p. (°C)	m.p. (°C)	Viscosity (millipoise)	Dielectric constant	Specific conductance (mho·cm^{-1}×10^8)
12 [389]	−83 [389]	4.8 (12°) [389]	4.6 (12°) [389]	0.65 (0°) [389]

I. PHYSICAL PROPERTIES OF SOLVENTS

CHLOROBENZENE, C_6H_5Cl

b.p. (°C)	m.p. (°C)	Viscosity (millipoise)	Dielectric constant	Density (g/ml)
131.687 [127]	−45.35 [108]	8.44 (15°) [84]	5.670 (21°) [88]	1.17713 (−45.0°) [130]
		7.99 (20°) [115]	5.612 [129]	1.16630 (−35.3°) [130]
		7.58 [128]	5.372 (40°) [88]	1.16103 (−30.6°) [130]
		7.15 (30°) [115]	5.227 (48°) [88]	1.15253 (−22.9°) [130]
		6.31 (40°) [115]	4.886 (70°) [88]	1.14201 (−13.1°) [130]
		5.71 (50°) [115]	4.768 (80°) [88]	1.13452 (−6.2°) [130]
		5.12 (60°) [115]	4.521 (96.2°) [88]	1.12795 (0°) [130]
		4.72 (80°) [115]	4.435 (106°) [88]	1.1169 (10°) [82]
		4.31 (80°) [115]	4.314 (115°) [88]	1.11172 (15°) [84]
		3.97 (90°) [115]	4.214 (124°) [88]	1.10617 (20°) [80]
		3.67 (100°) [115]	4.144 (131°) [88]	1.10085 [132]
		3.39 (110°) [115]		1.09550 (30°) [84]
		3.13 (120°) [115]		1.0848 (40°) [133]
		2.92 (130°) [115]		1.0740 (50°) [51]
		2.73 (140°) [115]		1.0640 (60°) [82]
		2.57 (150°) [115]		1.0505 (72.1°) [134]
		2.39 (160°) [115]		1.0415 (80.4°) [82]
		2.22 (170°) [115]		1.0330 (88.1°) [82]
		2.09 (180°) [115]		1.0170 (102.2°) [82]
		1.96 (190°) [115]		1.0100 (107.8°) [82]
		1.86 (200°) [115]		1.0040 (113.1°) [82]
		1.73 (210°) [115]		0.9962 (119.6°) [82]
		1.62 (220°) [115]		0.9915 (123.6°) [82]
		1.55 (230°) [115]		
		1.44 (240°) [115]		

1-CHLORO-2-DICHLOROETHANE (1,1,2-TRICHLOROETHANE), $ClCH_2CHCl_2$

b.p. (°C)	m.p. (°C)	Density (g/ml)
113.5 [138]	−36.65 [138]	1.4411 (20°) [139]

1,2-CHLOROETHANE, $(CH_2Cl)_2$ (ETHYLENEDICHLORIDE)

b.p. (°C)	m.p. (°C)	Viscosity (millipoise)	Dielectric constant	Density (g/ml)
83.50 [108]	−35.5 [108]	8.87 (15°) [113] 7.30 (30°) [113]	10.131±0.001 [135]	1.28164 (0°) [113] 1.26000 (15°) [113] 1.2529 (20°) [136] 1.2453 [137] 1.23831 (30°) [113]

CHLOROFORM, $CHCl_3$

b.p. (°C)	m.p. (°C)	Viscosity (millipoise)	Dielectric constant	Specific conductance (mho·cm^{-1} ×10^8)	Density (g/ml)
61.27 [93]	−63.49 [140]	6.37 (9.5°) [83] 5.96 (15°) [93] 5.55 (22.8°) [83] 5.14 (30°) [84]	5.512 (−20°) [88] 5.400 (−10°) [88] 5.189 (0°) [141] 4.999 (10°) [88] 4.813 (20°) [88] 4.724 [141] 4.636 (30°) [141] 4.473 (40°) [141] 4.310 (50°) [141]	<0.10 [142]	1.64312 (−63.3°) [130] 1.62580 (−53.6°) [130] 1.60987 (−45.0°) [130] 1.59511 (−37.2°) [130] 1.58325 (−30.6°) [130] 1.56888 (−22.9°) [130] 1.55071 (−13.1°) [130] 1.53811 (−6.2°) [130] 1.52637 (0°) [130] 1.49849 (15.0°) [130] 1.48913 (20°) [80] 1.47060 (30°) [84]

I. PHYSICAL PROPERTIES OF SOLVENTS

β-CHLOROPROPIONITRILE, ClCH$_2$CH$_2$CN

b.p. (°C)	Density (g/ml)
174–176 [178]	1.1443 (18.5°) [178]
	1.1573 (20.0°) [178]

CHLOROSULFONIC ACID, HOSO$_2$Cl

b.p. (°C)	m.p. (°C)	Viscosity (millipoise)	Dielectric constant	Specific conductance (mho·cm^{-1} ×10^8)	Density (g/ml)
152 [144]	−80 [144]	24.3 [144]	60 [144]	400 [144]	1.7410 [144]

CINNAMALDEHYDE (3-PHENYLPROPENAL), (C$_6$H$_5$)CHCHCHO

Dielectric constant
16.9 (24°) [320]

CYANOACETYL ETHYL ESTER (ETHYL CYANOACETATE), CH$_2$CNCO$_2$C$_2$H

b.p. (°C)	m.p. (°C)	Viscosity (millipoise)	Dielectric constant	Specific conductance (mho·cm^{-1} ×10^8)	Density (g/ml)
206 [214]	−22.5 [428]	50.6 (0°) [429]	26.2 (20°) [10]	19.3–69.9 [10] [214]	1.06652 (15°) [430]
		32.56 (15°) [430]		19.0 (0°) [10]	1.0564 [429]
		26.3 (20°) [431]			1.05106 (30°) [430]
		25.0 [214]			
		21.48 (30) [430]			

CYANOACETYL METHYL ESTER (METHYL CYANOACETATE), $CH_2CNCO_2CH_3$

m.p. (°C)	Viscosity (millipoise)	Dielectric constant	Specific conductance (mho·cm^{-1} × 10^8)	Density (g/ml)
46.70 [419]	38.240 (50°) [419]	28.8 (20°) [10]	31.7 (0°) [10]	1.2110 (50°) [419]
	33.980 (55°) [419]	19.23 (50°) [419]		1.2065 (55°) [419]
	26.870 (65°) [419]	18.18 (65°) [419]		1.1962 (65°) [419]
		17.57 (75°) [419]		1.1865 (75°) [419]

CYCLOHEXANE, C_6H_{12}

b.p. (°C)	m.p. (°C)	Viscosity (millipoise)	Dielectric constant	Density (g/ml)
80.80 [108]	6.40 [108]	10.56 (15°) [84]	2.046 (5°) [88]	0.79063 (7.00°) [145]
		9.30 (22°) [145]	2.034 (15°) [88]	0.78310 (15°) [84]
		8.20 (30°) [84]	2.0199 [88]	0.77853 (20°) [93]
		7.50 (35°) [145]	2.005 (31.5°) [90]	0.77389 [93]
		5.34 (60°) [84]	2.0015 (34.8°) [90]	0.76928 (30°) [84]
			1.9945 (38.15°) [90]	0.75942 (40.21°) [145]
				0.74416 (50.95°) [145]
				0.73661 (64.05°) [91]
				0.72160 (79.20°) [91]
				0.70080 (99.20°) [91]

CYCLOHEXANOL, $C_6H_{11}OH$

b.p. (°C)	m.p. (°C)	Viscosity (millipoise)	Dielectric constant	Density (g/ml)
160.6 [146]	25.46 [147]	410.67 (30°) [148]	15.0 [153]	0.94155 (30°) [148]
		171.94 (45°) [148]	7.2$_4$ (100°) [321]	0.92994 (45°) [148]
			4.8$_8$ (150°) [88]	

CYCLOHEXANONE, $C_6H_{10}O$

b.p. (°C)	m.p. (°C)	Viscosity (millipoise)	Dielectric constant	Density (g/ml)
156.1–156.8 [149]	−45 [150]	24.53 (15°) [148]	18.2 (20°) [153]	0.96435 (0°) [148]
		18.03 (30°) [148]		0.95099 (15°) [148]
		15.49 (39.1°) [152]		0.9462 (20°) [151]
		10.12 (65.9°) [152]		0.93761 (30°) [148]

CYCLOHEXYLAMINE, $C_6H_{11}NH_2$

b.p. (°C)	Viscosity (millipoise)	Dielectric constant
134 corr. [154]	11.6 (49°) [155]	5.3$_7$ (21°) [322]

n-DECANOL, $CH_3(CH_2)_8CH_2OH$

b.p. (°C)	m.p. (°C)	Viscosity (millipoise)	Dielectric constant	Specific conductance (mho·cm^{-1} ×10^8)	Density (g/ml)
7 [178]	229 [178]	1.015 [64]	7.7 [64]	10 [64]	0.8267 [64]

DEUTERIUM OXIDE, D_2O

b.p. (°C)	m.p. (°C)	Viscosity (millipoise)	Dielectric constant	Specific conductance (mho·cm^{-1} ×10^8)	Density (g/ml)
101.4 [213]	>0 [391]	10.94 [391]	78.25 [323]	7–14 [391]	1.1044 [391]

1,3-DIAMINOPROPANE (TRIMETHYLENEDIAMINE), $H_2N(CH_2)_3NH_2$

b.p. (°C)	Viscosity (millipoise)	Dielectric constant	Specific conductance (mho·cm^{-1}×10^8)	Density (g/ml)
135.5 [178]	178.52 [392]	9.55 [392]	75 [392]	8.8202 [392]

DI-n-AMYL PHTHALATE, $C_6H_4(CO_2C_5H_{11})_2$

Viscosity (millipoise)	Dielectric constant	Specific conductance (mho·cm^{-1}×10^8)	Density (g/ml)
275.8 [407]	5.96 [407]	0.062 [407]	1.0230 [407]
170.3 (35°) [407]	5.79 (35°) [407]		1.0132 (35°) [407]
115.1 (45°) [407]	5.62 (45°) [407]		1.0025 (45°) [407]

DIBUTYL PHTHALATE, $C_6H_4(CO_2C_4H_9)_2$

Viscosity (millipoise)	Dielectric constant	Specific conductance (mho·cm^{-1}×10^8)	Density (g/ml)
165.5 [407]	6.36 [407]	0.009 [407]	1.0426 [407]
111.7 (35°) [407]	6.17 (35°) [407]		1.0345 (35°) [407]
79.5 (45°) [407]	5.99 (45°) [407]		1.0264 (45°) [407]

I. PHYSICAL PROPERTIES OF SOLVENTS

DICHLOROACETIC ACID, HCl_2CCO_2H

Viscosity (millipoise)	Dielectric constant	Density (g/ml)
65.0 [170]	8.2 (22°) [9]	1.558 [170]
32.3 (50°) [170]	7.8 (61°) [9]	1.521 (50°) [170]
19.2 (75°) [170]		1.487 (75°) [170]

m-DICHLOROBENZENE, $C_6H_4Br_2$

b.p. (°C)	m.p. (°C)	Dielectric constant	Specific conductance (mho·cm^{-1} × 10^8)
172 [393]	−24.8 [393]	4.80 (20°) [159] 4.22 (90°) [393]	2×10^{-4} (90°) [393]

o-DICHLOROBENZENE, o-$C_6H_4Cl_2$

b.p. (°C)	m.p. (°C)	Viscosity (millipoise)	Dielectric constant	Specific conductance (mho·cm^{-1} × 10^8)	Density (g/ml)
179.0–179.5 [156]	−17.5 [157]	12.71 [188]	9.82 (20°) [159] 7.10 (90°) [393]	0.06 [188]	1.3100 (15°) [158] 1.3064 (20°) [158] 1.300 [188]

1,1-DICHLOROETHANE (ETHYLIDENE DICHLORIDE), CH_3CHCl_2

b.p. (°C)	m.p. (°C)	Viscosity (millipoise)	Dielectric constant	Density (g/ml)
57.30 [108]	−96.6 [108]	5.05 (15°) [84] 4.30 (30°) [84]	10.86 (15.8°) [160]	1.20685 (0°) [84] 1.18350 (15°) [84] 1.1755 (20°) [139] 1.16010 (30°) [84]

1,2-DICHLOROETHANE (ETHYLENE DICHLORIDE), $(CH_2Cl)_2$

b.p. (°C)	m.p. (°C)	Viscosity (millipoise)	Dielectric constant	Specific conductance (mho·cm^{-1} ×10^8)	Density (g/ml)
83.50 [111]	−36.4 [396]	10.77 (0.0°) [279]	10.13±0.001 [135]	5×10^{-4} [395]	1.28164 (0°) [113]
		8.87 (15.0°) [279]		<0.1 (91°) [396]	1.26000 (15°) [113]
		8.00 (19.4°) [279]			1.2529 (20°) [136]
		7.30 (30.0°) [113]			1.2453 [137]
		6.52 (40.0°) [279]			
		5.65 (50.0°) [279]			
		4.79 (70.0°) [279]			

1,2-DICHLOROPROPANE (PROPYLENE CHLORIDE), $CH_3CHClCH_2Cl$

b.p. (°C)	m.p. (°C)	Viscosity (millipoise)	Dielectric constant	Specific conductance (mho·cm^{-1} ×10^8)	Density (g/ml)
95.6 [161]	−100.44 [178]	7.95 [188]	9.20 (5.69°) [398]	0.06 [188]	1.174 (5.69°) [398]
		10.05 (5.69°) [398]	8.78 [398]	<0.10 [398]	1.1559 (20.00°) [161]
		7.00 (35.00°) [398]	8.93 (26.00°) [320]		1.153 [188] [398]
			7.90 (35.00°) [398]		1.141 (35.00°) [398]

I. PHYSICAL PROPERTIES OF SOLVENTS

2,2-DICHLOROPROPANE (*i*-PROPYLIDENE DICHLORIDE), $CH_3CCl_2CH_3$

b.p. (°C)	m.p. (°C)	Viscosity (millipoise)	Dielectric constant	Specific conductance (mho·cm^{-1}) ×10^8	Density (g/ml)
69.88 [161]	−33.8 [162]	7.69 (15°) [119] 6.19 (30°) [119] 6.63 [188]	10.1$_9$ (20°) [162]	0.4 [188]	1.11921 (0°) [119] 1.09843 (15°) [119] 1.0912 (20°) [161] 1.07767 (30°) [119] 1.085 [188]

α,β-DICHLOROPROPIONITRILE, $CH_2ClCHClCN$

b.p. (°C)	Density (g/ml)
86–87/36 mm [178]	1.34 (20°) [178]

DIETHANOLAMINE, $(C_2H_5OH)_2NH$

b.p. (°C)	m.p. (°C)	Viscosity (millipoise)	Dielectric constant	Density (g/ml)
268.39 (decomposes) [432]	27.95 [433]	3676 (30°) [417] 1964 (40°) [432]	2.81 [434]	1.0899 (30°) [435] 1.0828 (40°) [432]

N,N-DIETHYLACETAMIDE, $CH_3CON(C_2H_5)_2$

b.p. (°C)	Density (g/ml)
185–186 [178]	0.9248 (8.5°) [178] 0.9130 (17.4°) [178]

DIETHYLAMINE, $(C_2H_5)_2NH$

b.p. (°C)	m.p. (°C)	Viscosity (millipoise)	Specific conductance (mho·cm^{-1}×10^8)	Density (g/ml)
55.5 [163]	−50 [164]	3.6 (22°) [324]	0.0003 [211]	0.72513 (0°) [165]
				0.709435 (15°) [165]
				0.69894 [165]
				0.68815 (35°) [165]

N,N-DIETHYLANILINE, $C_6H_5N(C_2H_5)_2$

b.p. (°C)	m.p. (°C)	Viscosity (millipoise)	Density (g/ml)
217.5 [166]	−21.3 (stable form) [167]	38.38 (0°) [168]	0.9508 (0.0°) [171]
		32.51 (11°) [169]	0.9422 (10.8°) [177]
		19.3 [170]	0.93484 (20.0°) [169]
	−34.4 (unstable form) [167]	11.5 (50°) [170]	0.930 [170]
		7.50 (75°) [170]	0.909 (50.0°) [170]
			0.89469 (70.0°) [169]
			0.750 (75.0°) [170]

DIETHYL ESTER OF SULFURIC ACID (ETHYL SULFATE), $(C_2H_5O)_2SO_2$

b.p. (°C)	m.p. (°C)	Dielectric constant	Specific conductance (mho·cm^{-1} × 10^8)	Density (g/ml)
208 slight decomposition [178]	−24.5 [178]	29.$_2$ (20°) [325]	34.6–41.12 [10]	1.1774 (20°) [178]
			20.6 (0°) [10]	

DIETHYL ETHER, $(C_2H_5)_2O$

b.p. (°C)	m.p. (°C)	Viscosity (millipoise)	Dielectric constant	Specific conductance (mho·cm^{-1} ×10^8)	Density (g/ml)
34.60 [111]	−116.2 [96]	2.79 (0°) [113]	5.910 (−40°) [88]	≤0.000037 [7]	0.86195 (−120°) [176]
		2.47 (15°) [113]	5.600 (−30°) [88]		0.85699 (−115°) [176]
		2.345 (20°) [173]	5.325 (−20°) [88]		0.85200 (−110°) [176]
		2.24 [174]	5.066 (−10°) [88]		0.84699 (−105°) [176]
			4.803 (0°) [88]		0.84196 (−100°) [176]
			4.575 (10°) [88]		0.83690 (−95°) [176]
			4.376 (20°) [88]		0.83182 (−90°) [176]
			4.265 [88]		0.82672 (−85°) [176]
			4.152 (30°) [88]		0.82159 (−80°) [176]
					0.81643 (−75°) [176]
					0.81126 (−70°) [176]
					0.80606 (−65°) [176]
					0.80084 (−60°) [176]
					0.79559 (−55°) [176]

DIETHYL ETHER, $(C_2H_5)_2O$ (Continued)

b.p. (°C)	m.p. (°C)	Viscosity (millipoise)	Dielectric constant	Specific conductance (mho·cm^{-1}) ×10^8	Density (g/ml)
					0.79032 (−50°) [176]
					0.78502 (−45°) [176]
					0.77970 (−40°) [176]
					0.77436 (−35°) [176]
					0.76899 (−30°) [176]
					0.76360 (−25°) [176]
					0.75819 (−20°) [176]
					0.75275 (−15°) [176]
					0.74729 (−10°) [176]
					0.74180 (−5°) [176]
					0.73629 (0°) [176]
					0.73069 (5°) [176]
					0.72503 (10°) [176]
					0.71930 (15°) [176]
					0.71352 (20°) [176]
					0.70768 [176]
					0.70177 (30°) [176]

I. PHYSICAL PROPERTIES OF SOLVENTS

DIETHYL ETHER, $(C_2H_5)_2O$ *(Continued)*

b.p. (°C)	m.p. (°C)	Viscosity (millipoise)	Dielectric constant	Specific conductance (mho·cm^{-1} ×10^8)	Density (g/ml)
					0.69580 (35°) [176]
					0.68976 (40°) [176]
					0.68367 (45°) [176]
					0.67751 (50°) [176]
					0.67129 (55°) [176]
					0.66401 (60°) [176]
					0.65866 (65°) [176]
					0.65226 (70°) [176]

DIETHYLETHYL PHOSPHONATE

b.p. (°C)	Viscosity (millipoise)	Dielectric constant	Specific conductance (mho·cm^{-1} ×10^8)	Density (g/ml)
54/0.3 mm	16.27 (15°) [408]	11.00 (15°) [408]	3–5 (15°) [408]	1.026 (15°) [408]
	13.30 [408]	10.57 [408]	5–7 [408]	1.019 [408]
	9.689 (45°) [408]	9.86 (45°) [408]	7–9 (45°) [408]	1.004 (45°) [408]
	7.431 (65°) [408]	9.17 (66°) [408]	8–9 (65°) [408]	0.9880 (65°) [408]

DI-(2-ETHYLHEXYL)-2-ETHYLHEXYL PHOSPHONATE

b.p. (°C)	Viscosity (millipoise)	Dielectric constant	Specific conductance (mho·cm^{-1} ×10^3)	Density (g/ml)
155/0.1 mm	183.1 (15°) [408]	4.35 (15°) [408]	(3.6–9)×10^3 (15°) [408]	0.9126 (15°) [408]

Di-(2-ETHYLHEXYL)-2-ETHYLHEXYL PHOSPHONATE (Continued)

b.p. (°C)	Viscosity (millipoise)	Dielectric constant	Specific conductance (mho·cm^{-1} ×10^8)	Density (g/ml)
	119.8 [408]	4.27 [408]	(2–8)×10^3 [408]	0.9052 [408]
	60.0 (45°) [408]	4.09 (45°) [408]	(5–17)×10^3 (45°) [408]	0.8912 (45°) [408]
	36.09 (65°) [408]	3.94 (65°) [408]	(12–26)×10^3 (65°) [408]	0.8770 (65°) [408]

DIETHYL PHTHALATE, $C_6H_4(CO_2C_2H_5)_2$

Viscosity (millipoise)	Dielectric constant	Specific conductance (mho·cm^{-1}×10^8)	Density (g/ml)
123 (20°) [176]	7.53 [407]	0.11 [407]	1.1160 [407]
139.2 [407]	7.34 (35°) [407]		1.1079 (35°) [407]
91.8 (35°) [407]	7.13 (45°) [407]		1.0991 (45°) [407]
64.1 (45°) [407]			

DI-(2-ETHYL HEXYL) PHTHALATE, $C_6H_4(CO_2C_6H_{10}C_2H_5)_2$

Viscosity (millipoise)	Dielectric constant	Specific conductance (mho·cm^{-1}×10^8)	Density (g/ml)
582.2 [407]	5.06 [407]	0.000074 [407]	0.9803 [407]
336.7 (35°) [407]	4.91 (35°) [407]		0.9731 (35°) [407]
214.0 (45°) [407]	4.77 (45°) [407]		0.9656 (45°) [407]

DIGLYME [BIS,(2-METHOXYETHYL)ETHER], $(CH_3OCH_2CH_2)_2O$

b.p. (°C)	Viscosity (millipoise)	Density (g/ml)
159.76 (decomposes) [436]	9.81 [437]	0.9440 [437]

I. PHYSICAL PROPERTIES OF SOLVENTS

1,2-DIMETHOXY ETHANE $(CH_2)_2(OCH_3)_2$

b.p. (°C)	m.p. (°C)	Viscosity (millipoise)	Dielectric constant	Density (g/ml)
83–4 [178]	−58 [178]	21.0 (−70°) [313]	12.15 (−75°) [313]	0.957 (−75°) [313]
		16.9 (−60°) [313]	11.75 (−70°) [313]	0.952 (−70°) [313]
		13.80 (−50°) [313]	11.05 (−60°) [313]	0.942 (−60°) [313]
		11.30 (−40°) [313]	10.45 (−50°) [313]	0.932 (−50°) [313]
		9.30 (−30°) [313]	9.85 (−40°) [313]	0.923 (−40°) [313]
		8.60 (−25°) [313]	9.30 (−30°) [313]	0.913 (−30°) [313]
		7.80 (−20°) [313]	9.05 (−25°) [313]	0.908 (−25°) [313]
		6.70 (−10°) [313]	8.85 (−20°) [313]	0.903 (−20°) [313]
		6.10 (0°) [313]	8.45 (−10°) [313]	0.893 (−10°) [313]
		5.55 (5°) [313]	8.00 (0°) [313]	0.883 (0°) [313]
		5.30 (10°) [313]	7.75 (5°) [313]	0.879 (5°) [313]
		4.55 [313]	7.60 (10°) [313]	0.874 (10°) [313]
			7.20 [313]	0.859 [313]

N,N-DIMETHYLACETAMIDE, $CH_3CON(CH_3)_2$

b.p. (°C)	m.p. (°C)	Viscosity (millipoise)	Dielectric constant	Specific conductance (mho·cm^{-1} ×10^8)	Density (g/ml)
165.0 [178]	20 [178]	9.19 [24] [179] [181] [17]	31.1 [180]	8–20 [179] [181] [17]	0.9366 [179] [181] [17]
		9.35 [180]	37.78 [24]		
			37.8 [179] [181]		
			38 [17]		

DIMETHYLAMINE, $(CH_3)_2NH$

b.p. (°C)	m.p. (°C)	Viscosity (millipoise)	Dielectric constant	Specific conductance (mho·cm^{-1} ×10^8)	Density (g/ml)
6.88 [183]	−92.19 [183]	2.07 (15°) [185]	6.32 (0°) [326]	0.1–0.044 [211] [212]	0.67862 (0°) [184]
		1.86 [185]	5.26 [326]		0.66158 (15°) [184]
		1.67 (35°) [185]			0.64964 [184]
					0.63732 (35°) [184]

N,N-DIMETHYLBUTYRAMIDE, $(CH_3)_2NCOC_3H_7$

Viscosity (millipoise)	Dielectric constant	Specific conductance (mho·cm^{-1}×10^8)	Density (g/ml)
12.710 [420]	2.00 [420]	12.80 [420]	0.90630 [420]

DIMETHYL ESTER OF SULFURIC ACID (METHYL SULFATE), $(CH_3O)_2SO_2$

b.p. (°C)	m.p. (°C)	Dielectric constant	Specific conductance (mho·cm^{-1} × 10^8)	Density (g/ml)
188.5 (decomposes) [178]	−31.7 [178]	60.2 (−30°) [325]	16.44 (0°) [10]	1.3283 (20°) [178]
		48.3 (0°) [325]	30.85 [10]	
		46.6 (20°) [325]		

I. PHYSICAL PROPERTIES OF SOLVENTS

N,N-DIMETHYL FORMAMIDE, $(CH_3)_2NCOH$

b.p. (°C)	m.p. (°C)	Viscosity (millipoise)	Dielectric constant	Specific conductance (mho·cm^{-1} ×10^8)	Density (g/ml)
158 [17]	−61 [192]	7.96 [186] [187] [24] [28] [194] [181] [17]	36.71 [186] [188] [190] [24]	3–975 [186] [188] [187] [189] [19] [191] [28] [192] [193] [194] [17] [195]	0.9443 [186] [187] [28] [194] [181]
		8.45 (20°) [196] 7.46 (30°) [196] 6.64 (40°) [196] 5.98 (50°) [196]	38.3 (20°) [16]	10–40 (30°) [196]	

DIMETHYL PHTHALATE, $C_6H_4(CO_2CH_3)_2$

b.p. (°C)	m.p. (°C)	Viscosity (millipoise)	Dielectric constant	Specific conductance (mho·cm^{-1} ×10^8)	Density (g/ml)
280 [87]	138.5–139.0 [197]	139.2 [407]	8.37 [407]	0.81 [407]	1.1865 [407]
		91.8 (35°) [407] 64.1 (45°) [407]	8.25 (35°) [407] 8.11 (45°) [407]		0.98732 (20°) [198] 1.1775 (35°) [407] 1.1674 (45°) [407]

DIMETHYLPROPIONAMIDE, $CH_3CH_2CON(CH_3)_2$

b.p. (°C)	m.p. (°C)	Viscosity (millipoise)	Dielectric constant	Specific conductance (mho·cm^{-1} ×10^8)	Density (g/ml)
175 [312]	−43 [312]	9.35 [199]	33.1 [199]	8–20 [199]	0.9248 [199]

DIMETHYL SULFITE, $OS(OCH_3)_2$

b.p. (°C)	m.p. (°C)	Viscosity (millipoise)	Dielectric constant	Specific conductance (mho·cm^{-1} ×10^8)	Density (g/ml)
126 [200]	−141 [200]	7.715 (30°) [200] 4.361 (80°) [200]	22.5 (23.3°) [200]	1800 [200]	1.2073 (24°) [200]

DIMETHYL SULFOLANE (see 2,4-Dimethyl Sulfolane)

2,4-DIMETHYL SULFOLANE, $C_5H_6(CH_3)_2SO_2$

Viscosity (millipoise)	Dielectric constant	Specific conductance (mho·cm^{-1}×10^8)	Density (g/ml)
90.4 [201]	29.5 [201]	2.4 [200]	1.1314 [200]

I. PHYSICAL PROPERTIES OF SOLVENTS

DIMETHYLSULFOXIDE, $(CH_3)_2SO$*

b.p. (°C)	m.p. (°C)	Viscosity (millipoise)	Dielectric constant	Specific conductance (mho·cm^{-1} ×10^8)	Density (g/ml)
189.0 [19]	18.55 [207]	19.6 [202] [180] [203] [204] [24]	46.6 [202] [180] [203] [24] [205] [208]	2–3 [19] [202] [204] [206]	1.096 [202] [203] [204]
		24.7 (20°) [204]	48.9 (20°) [190] [204]	3 (20°) [204]	1.1014 (20°) [204]
		20.03 (30°) [209]	46.4 (23°) [204]		1.0855 (35°) [210]
		16.524 (35°) [210]	44.7 (35°) [210]		1.082$_5$ (40°) [209]
		16.4$_0$ (40°) [209]	43.3 (45°) [210]		1.0745 (45°) [210]
		13.935 (45°) [210]	41.9 (55°) [210]		1.0721 (50°) [204]
		13.37$_2$ (50°) [204]			1.0637 (55°) [210]
		11.922 (55°) [210]			1.063$_7$ (60°) [209]
		11.2$_4$ (60°) [209]			1.047$_2$ (80°) [209]
		9.7$_5$ (70°) [209]			
		8.49 (80°) [209]			
		7.4 (90°) [209]			
		6.8 (100°) [209]			
		5.7 (130°) [209]			

* See also Section VIII(a).

DINONYL PHTHALATE, $C_6H_4(CO_2C_9H_{19})_2$

Viscosity (millipoise)	Dielectric constant	Specific conductance (mho·cm^{-1}×10^8)	Density (g/ml)
779.0 [407]	4.89 [407]	9.6 × 10^{-6} [407]	0.9640 [407]
431.4 (35°) [407]	4.65 (35°) [407]		0.9570 (35°) [407]
271.2 (45°) [407]	4.52 (45°) [407]		0.9501 (45°) [407]

DIOXANE, $(CH_2CH_2O)_2$

b.p. (°C)	m.p. (°C)	Viscosity (millipoise)	Dielectric constant	Specific conductance (mho·cm^{-1} ×10^8)	Density (g/ml)
101.2–101.4 [218]	11.7 [219]	14.39 (15°) [148] 12.55 [221] 10.87 (30°) [148]	2.235 (20°) [222]	5×10^{-7} [220]	1.03922 (15°) [148] 1.03361 (20°) [148] 1.02802 [220] 1.02230 (30°) [148]

DIPENTYL PHTHALATE (See D-n-amyl Phthalate)

DIPHENYL ETHER, $(C_6H_5)_2O$

b.p. (°C)	m.p. (°C)	Viscosity (millipoise)	Dielectric constant	Specific conductance (mho·cm^{-1} ×10^8)	Density (g/ml)
258.31 [76]	26.90 [76]	20.9 (50°) [394]	3.65 (30°) [327]	0.06×10^{-4} (50°) [394]	1.06611 (30°) [76] 1.0440 (50°) [394]

I. PHYSICAL PROPERTIES OF SOLVENTS

ETHANOL, C_2H_5OH

b.p. (°C)	m.p. (°C)	Viscosity (millipoise)	Dielectric constant	Specific conductance (mho·cm^{-1} ×10^8)	Density (g/ml)
78.32 [223]	−114.15 [96]	10.78 [225] [16] [228]	24.3 [61] [227] [16]	0.135–39100 [224] [22] [225] [226] [228] [229] [230] [231] [214]	0.7851 [228] [229]
		17.85 (0°) [10]	27.88 (0°) [88]	5000–47100 (15°) [230]	0.806306 (0°) [234]
		15.328 (7.16°) [233]	26.41 (10°) [88]	7.5 (20°) [32]	0.7979 (10°) [92]
		12.094 (19.22°) [233]	25.00 (20°) [88]	<10 (30°) [232]	0.7894 (20°) [92]
		9.91 (30°) [115]	22.79 (35°) [88]	<5.2 (35°) [22]	0.78079 (30°) [235]
		8.23 (40°) [115]	21.53 (45°) [88]		
		7.01 (50°) [115]	20.21 (55°) [88]		
		5.91 (60°) [115]	23.2 (30°) [232]		
		5.03 (70°) [115]			
		4.42 (78.27°) [115]			
		4.35 (80°) [115]			
		3.76 (90°) [115]			
		3.25 (100°) [115]			
		2.85 (110°) [115]			
		2.47 (120°) [115]			
		2.17 (130°) [115]			
		1.93 (140°) [115]			
		1.66 (150°) [115]			

ETHANOLAMINE, $H_2NCH_2CH_2OH$

b.p. (°C)	m.p. (°C)	Viscosity (millipoise)	Dielectric constant	Specific conductance (mho·cm^{-1} ×10^8)	Density (g/ml)
170.8 [236]	10.5 [238]	1.9346 [237] 1.9272 [24]	37.72 [24] [237]	1000 [237]	1.0117 [237] [238] 1.0073 (30°) [238] 0.99983 (40°) [238] 0.99182 (50°) [238] 0.98366 (60°) [238] 0.97551 (70°) [238] 0.96749 (80°) [238]

ETHER (See Diethyl Ether)

ETHYL ACETATE, $CH_3CO_2C_2H_5$

b.p. (°C)	m.p. (°C)	Viscosity (millipoise)	Dielectric constant	Specific conductance (mho·cm^{-1} ×10^8)	Density (g/ml)
77.112 [6]	−83.60 [240]	5.763 [233] 5.144 (8.90°) [233] 4.795 (14.46°) [233]	6.11 (20°) [241]	<0.1 [239]	1.0220 (−83.4°) [130] 1.01128 (−73.95°) [130] 0.99897 (−63.3°) [130]

I. PHYSICAL PROPERTIES OF SOLVENTS

ETHYL ACETATE, $CH_3CO_2C_2H_5$ (Continued)

b.p. (°C)	m.p. (°C)	Viscosity (millipoise)	Dielectric constant	Specific conductance (mho·cm^{-1} ×10^8)	Density (g/ml)
		4.418 (21.38°) [233]			0.98772 (−53.6°) [130]
		4.096 (28.12°) [233]			0.97778 (−45.0°) [130]
		3.738 (36.54°) [233]			0.96859 (−37.2°) [130]
		3.455 (44.12°) [233]			0.96646 (−35.3°) [130]
		3.224 (51.15°) [233]			0.96088 (−30.0°) [130]
		2.960 (60.17°) [233]			0.95187 (−22.95°) [130]
		2.742 (68.43°) [233]			0.94024 (−13.1°) [130]
		2.594 (74.60°) [233]			0.93199 (−6.2°) [130]
					0.92450 (0.0°) [130]
					0.91865 (5.0°) [242]
					0.91268 (10.0°) [242]
					0.90665 (15°) [242]
					0.90056 (20°) [242]
					0.89446 [242]
					0.88830 (30°) [242]
					0.88214 (35°) [242]
					0.87598 (40°) [242]

ETHYLAMINE, $C_2H_5NH_2$

b.p. (°C)	m.p. (°C)	Dielectric constant	Specific conductance (mho·cm^{-1} ×10^8)	Density (g/ml)
16.5 [243]	−81 [243]	6.94 (10°) [222]	0.1 [211]	0.7854 (−72.65°) [243]
				0.7705 (−59.04°) [243]
				0.7610 (−49.55°) [243]
				0.7489 (−38.12°) [243]
				0.7330 (−23.81°) [243]
				0.7186 (−10.76°) [243]
				0.7059 (0.0°) [243]
				0.6949 (10.0°) [243]
				0.6837 (19.40°) [243]
				0.67687 [184]

ETHYL BROMIDE, C_2H_5Br

b.p. (°C)	m.p. (°C)	Viscosity (millipoise)	Specific conductance (mho·cm^{-1}×10^8)	Density (g/ml)
38.386 [131]	−118.9 [244]	4.18 (15) [84]	11.69 (−30°) [88]	1.71881 (−111.6°) [104]
		3.968 (19.9°) [245]	11.29 (−20°) [88]	1.65400 (−78.5°) [104]
		3.48 (30°) [84]	10.68 (−10°) [88]	1.62389 (−63.3°) [104]
		3.037 (46.0°) [245]	10.19 (0°) [88]	1.54512 (−23°) [104]
		2.336 (77.8°) [245]	9.71 (10°) [88]	1.50138 (0°) [104]
		1.982 (100.5°) [245]	9.01 [88]	1.47080 (15°) [84]
		1.619 (129.0°) [245]	8.59 (35°) [88]	1.44030 (30°) [84]
		1.613 (130°) [245]		
		1.253 (160°) [245]		

I. PHYSICAL PROPERTIES OF SOLVENTS

ETHYL CYANOACETATE (See Cyanoacetyl Ethyl Ester)

ETHYLENE BROMIDE (1,2-DIBROMOETHANE), $(CH_2Br)_2$

b.p. (°C)	m.p. (°C)	Viscosity (millipoise)	Dielectric constant	Specific conductance (mho·cm^{-1} ×10^8)	Density (g/ml)
131.36 [178]	9.79 [178]	24.38 (0.0°) [279] 19.5 (17.0°) [279] 17.21 (20.0°) [279] 12.86 (40.0°) [279] 9.22 (67.3°) [279] 9.03 (70.0°) [279] 7.50 (82.2°) [279] 6.48 (99.0°) [279]	4.76 [395]	8×10^{-5} [395]	2.1792 (20°) [178]

ETHYLENE CARBONATE, $(CH_2O)_2CO$

b.p. (°C)	m.p. (°C)	Viscosity (millipoise)	Dielectric constant	Specific conductance (mho·cm^{-1} ×10^8)	Density (g/ml)
248 [178]	39–40 [178]	18.5 [246]	95.3 [190] 89.6 (40°) [246] 69.4 (91°) [396]	4–9 [246]	1.3218 (39°) [178]

ETHYLENE CHLORIDE (See 1,2-Dichloroethane)

ETHYLENE DIAMINE, $(NH_2CH_2)_2$

b.p. (°C)	m.p. (°C)	Viscosity (millipoise)	Dielectric constant	Specific conductance (mho·cm^{-1} ×10^8)	Density (g/ml)
116.2 [247]	11.0 [247]	15.40 [248] [24] [44] [131] [247]	12.9 [248] [24] [44] [251] [131] 16.0 (18°) [247]	9–260 [248] [249] [250] [44] [251] [131] [247]	0.891 [44] [131] [247]

ETHYLENE DICHLORIDE (See 1,2-Dichloroethane)

ETHYLENE GLYCOL, $(CH_2OH)_2$

b.p. (°C)	m.p. (°C)	Viscosity (millipoise)	Dielectric constant	Specific conductance (mho·cm^{-1} ×10^8)	Density (g/ml)
197.85 [50]	−12.6 [50]	260.9 (15°) [50] 168.4 [254] 133.5 (30°) [50]	41.2 (20°) [9] 40.75 [254]	1.16×10^2 [253]	1.2763 (0°) [50] 1.11710 (15°) [50] 1.113068 (20°) [255] 1.1097 [254] 1.10664 (30°) [50]

ETHYLIDENE CHLORIDE (See 1,1-Dichloroethane)

ETHYL METHYL KETONE (See 2-Butanone)

I. PHYSICAL PROPERTIES OF SOLVENTS

ETHYL NITRATE, $C_2H_5NO_3$

Dielectric constant
19.4 (20°) [315]

ETHYL PHENYLETHANOL AMINE, $[(C_6H_5)(C_2H_5)(C_2H_4OH)N]$

Viscosity (millipoise)	Dielectric constant	Specific conductance (mho·cm^{-1} ×10^8)	Density (g/ml)
526 [416]	8.55 [416]	≪1 [416]	1.04 [416]

FORMAMIDE, $HCONH_2$

b.p. (°C)	m.p. (°C)	Viscosity (millipoise)	Dielectric constant	Specific conductance (mho·cm^{-1} ×10^8)	Density (g/ml)
210.7 [261]	2.55 [257]	65.4 (3°) [264]	118.3 (3°) [264]	1000–3000 (20°) [264]	1.1474 (3°) [264]
		61.8 (5°) [264]	117.5 (5°) [264]	20–870,000 [182] [192] [258] [259] [260] [261] [262] [263]	1.151 (4°) [262] [263]
		43.20 (15°) [50]	111.5 (20°) [16] [264]		1.1458 (5°) [264]
		39.70 (18°) [257]	109.6 [258]		1.13756 (15°) [261]
		38.5 (20°) [264]	103.5 (40°) [264]		1.13510 (18°) [257]
		33.1 [258] [259]			1.1332 (20°) [264]
		29.26 (30°) [50]			1.12963 [259]
		23.7 (40°) [264]			1.12068 (35°) [265]
					1.1161 (40°) [264]
					1.1078 (50°) [265]

FORMIC ACID, HCO₂H

b.p. (°C)	m.p. (°C)	Viscosity (millipoise)	Dielectric constant	Specific conductance (mho·cm⁻¹ ×10⁸)	Density (g/ml)
100.7 [6]	8.27 [256]	23.85 (7.59°) [233]	58.5 (15°) [16]	6080–6200 [256] [267]	1.22647 (15°) [268]
		19.66 (15.0°) [16]	57.0 (21°) [266]		1.21405 [268]
		16.35 (24.16°) [233]			
		13.79 (32.86°) [233]			1.20775 (30°) [268]
		12.08 (40.36°) [233]			1.19538 (40°) [268]
		10.64 (48.03°) [233]			
		9.37 (56.30°) [233]			
		8.38 (64.20°) [233]			
		7.54 (72.05°) [233]			
		6.81 (80.22°) [233]			
		6.19 (88.19°) [233]			
		5.58 (97.23°) [233]			

FURFURAL, (CH)₃OCCHO

b.p. (°C)	m.p. (°C)	Viscosity (millipoise)	Dielectric constant	Density (g/ml)
161.7 [269]	−38.7 [178]	24.75 (0°) [10]	46.₉ (1°) [9]	1.1811 (0°) [106]
		14.94 [10]	41.₉ (20°) [9]	1.1598 (20°) [269]
			34.₉ (50°) [9]	1.1544 [106]
				1.1284 (50°) [106]

GLYCERINE (See Glycerol)

I. PHYSICAL PROPERTIES OF SOLVENTS

GLYCEROL, $(CH_2OH)_2CHOH$

b.p. (°C)	m.p. (°C)	Viscosity (millipoise)	Dielectric constant	Specific conductance (mho·cm^{-1} ×10^8)	Density (g/ml)
290.0 [272]	18.00 [273]	10.69 (20°) [274]	15.3 (21°) [275]	80–100 [270] [271]	1.2613 (20°) [276]

GLYCOL (See Ethylene Glycol)

n-HEPTANOL, $CH_3(CH_2)_5CH_2OH$

b.p. (°C)	m.p. (°C)	Viscosity (millipoise)	Dielectric constant	Density (g/ml)
176 [178]	−34.1 [178]	73 [64]	11.1 [64]	0.8187 [64]

2-HEPTANONE (METHYL n-AMYL KETONE), $CH_3(CH_2)_4COCH_3$

b.p. (°C)	m.p. (°C)	Viscosity (millipoise)	Dielectric constant	Density (g/ml)
151.45 [277]	−35.6 [277]	8.54 (15°) [277] 6.86 (30°) [277]	11.9$_5$ (20°) [329] 14.3 (−20°) [329] 7.10 (140°) [329]	0.83239 (0°) [277] 0.81966 (15°) [277] 0.80680 (30°) [277]

HEXAMETHYLPHOSPHOTRIAMIDE, $[(CH_3)_2N]_3PO$

b.p. (°C)	Viscosity (millipoise)	Dielectric constant	Density (g/ml)
235 [337]	33.4 [336]	30 (20°) [337]	1.024 (30°) [336]

n-HEXANOL, n-C$_6$H$_{13}$OH

b.p. (°C)	m.p. (°C)	Viscosity (millipoise)	Dielectric constant	Density (g/ml)
157.47 [278]	−46.7 [178]	62.03 (15°) [278] 46 [64] 38.72 (30°) [278]	12.5 [64]	0.83285 (0°) [278] 0.82239 (15°) [278] 0.8150 [64] 0.81201 (30°) [278]

HYDRAZINE, N$_2$H$_4$

b.p. (°C)	m.p. (°C)	Viscosity (millipoise)	Dielectric constant	Density (g/ml)
113.5 [1]	2 [1]	12.9 (1°) [279] 11.2 (10°) [279] 9.7 (20°) [279]	51.7 [1]	1.014 (15°) [1]

HYDROGEN BROMIDE, HBr

b.p. (°C)	m.p. (°C)	Viscosity (millipoise)	Dielectric constant	Specific conductance (mho·cm^{-1} ×10^4)	Density (g/ml)
−67.0 [389]	−88.5 [389]	8.3 (−67°) [389]	7.00 (−85°) [330] 3.8 [328]	1.4×10^5 (−84°) [389]	2.603 (−84°) [389]

I. PHYSICAL PROPERTIES OF SOLVENTS

HYDROGEN CHLORIDE, HCl

b.p. (°C)	m.p. (°C)	Viscosity (millipoise)	Dielectric constant	Specific conductance (mho·cm^{-1} ×10^8)	Density (g/ml)
−84.1 [389]	−114.6 [389]	5.1 (−95°) [389]	6.35 (−15°) [331]	3.5×10^5 (−85°) [389]	1.187 (−114°) [389]
			12 (−113°) [332]		
			4.6 (28°) [328]		
			9.28 (−95°) [389]		

HYDROGEN CYANIDE, HCN

b.p. (°C)	m.p. (°C)	Viscosity (millipoise)	Dielectric constant	Specific conductance (mho·cm^{-1} ×10^8)	Density (g/ml)
25.70 [280]	−13.35 [281]	2.06 (18°) [281]	123 (15.6°) [1]	50 (0°) [1]	0.7018 (10°) [283]
		2.01 [1]	118 (18°) [282]	50 (18°) [281]	0.6899 (18°) [281]
					0.6876 (20°) [284]
					0.681 [1]

HYDROGEN FLUORIDE, HF

b.p. (°C)	m.p. (°C)	Viscosity (millipoise)	Dielectric constant	Specific conductance (mho·cm^{-1} ×10^8)	Density (g/ml)
19.51 [285]	−89.37 [286]	5.70 (−50°) [287]	175 (−73°) [288]	1400 (−15°) [289]	1.1231 (−50°) [291]
		3.50 (−25°) [287]	134 (−42°) [288]	100 (0°) [290]	1.0606 (−25°) [291]

HYDROGEN FLUORIDE, HF (Continued)

b.p. (°C)	m.p. (°C)	Viscosity (millipoise)	Dielectric constant	Specific conductance (mho·cm^{-1} ×10^8)	Density (g/ml)
		2.56 (0°) [287]	111 (−27°) [288]		1.002 (0°) [291]
			84 (0°) [288]		0.9546 [292]
					0.908 (50°) [293]
					0.796 (100°) [293]
					0.646 (150°) [293]

HYDROGEN SULPHIDE, H$_2$S

Viscosity (millipoise)	Dielectric constant	Specific conductance (mho·cm^{-1} ×10^8)
4.12 (0°) [409]	9.26 (−85.5°) [333]	<0.001 [294]
	9.05 (−78.5°) [334]	0.0037 (−60°) [406]
	10.2 (−60.0°) [406]	

IODINE, I$_2$

b.p. (°C)	m.p. (°C)	Viscosity (millipoise)	Dielectric constant	Specific conductance (mho·cm^{-1} ×10^8)	Density (g/ml)
184.35 [1]	113.6 [1]	19.8 (116°) [297]	11.1 (118°) [297]	5200 (114°) [297]	3.918 (135.5°) [1]
		14.14 (184.35°) [1]	11.08 (118.1°) [19]	1210–1700 (140°) [1] [295] [296]	3.884 (140°) [296]
			12.98 (168°) [1]		

I. PHYSICAL PROPERTIES OF SOLVENTS

METHANOL, CH_3OH

b.p. (°C)	m.p. (°C)	Viscosity (millipoise)	Dielectric constant	Specific conductance (mho·cm^{-1} ×10^8)	Density (g/ml)
64.75 [298]	−97.68 [6]	21.9 (−50°) [299]	48.5 (−50°) [299]	0.15–150 [22] [229] [300] [301] [302] [303] [304] [305] [306] [307] [214]	0.8580 (−50°) [299]
		17.2 (−40°) [299]	46.2 (−40°) [299]	7–35 (35°) [32] [308]	0.8485 (−40°) [299]
		13.8 (−30°) [299]	44.0 (−30°) [299]	87 (35°) [22]	0.8390 (−30°) [299]
		11.3 (−20°) [299]	41.8 (−20°) [299]		0.8296 (−20°) [299]
		9.41 (−10°) [299]	39.6 (−10°) [299]		0.8200 (−10°) [299]
		7.94 (0°) [299]	37.5 (0°) [299]		0.8102 (0°) [299]
		6.76 (10°) [299]	35.6 (10°) [299]		0.8010 (10°) [299]
		5.81 (20°) [299]	33.7 (20°) [299]		0.7916 (20°) [299]
		5.42 [299]	32.6 [299]		0.7866 [299]
		5.02 (30°) [308]	31.7 (30°) [232]		0.7818 (30°) [308]
		4.77 (35°) [227]	29.9 (35°) [227]		0.7809 (31°) [308]
		4.20 (45°) [227]	28.3 (45°) [227]		

N-METHYLACETAMIDE, $CH_3CONHCH_3$

b.p. (°C)	m.p. (°C)	Viscosity (millipoise)	Dielectric constant	Specific conductance (mho·cm^{-1} ×10^8)	Density (g/ml)
206 [17]	29.5 [17]	38.85 (30°) [17] [172]	186 [17]	10–40 (30°) [196]	0.9503 (30°) [17] [172]
		30.2 (40°) [182] [310]	178.9 (30°) [172]	5–200 (40°) [182] [310] [311] [17] [172]	0.9420 (40°) [182] [310]

N-METHYLACETAMIDE, $CH_3CONHCH_3$ (Continued)

b.p. (°C)	m.p. (°C)	Viscosity (millipoise)	Dielectric constant	Specific conductance (mho·cm^{-1} ×10^8)	Density (g/ml)
		24.13 (50°) [196]	169.7 (35°) [17]		0.9336 (50°) [172]
		19.58 (60°) [172]	165.5 (40°) [310] [182] [172]		0.9254 (60°) [172]
			156.0 (45°) [17]		
			151.8 (50°) [172]		
			138.6 (60°) [172]		

METHYLAMINE, CH_3NH_2

b.p. (°C)	m.p. (°C)	Viscosity (millipoise)	Dielectric constant	Density (g/ml)
−6.32 [338]	−93.469 [338]	2.847 (15°) [405]	≥10 (15°) [405]	0.77787 (−82.58°) [339]
				0.76903 (−73.19°) [339]
				0.75850 (−64.25°) [339]
				0.74931 (−55.52°) [339]
				0.73719 (−44.31°) [339]
				0.72884 (−36.37°) [339]
				0.71124 (−20.94°) [339]
				0.70273 (−13.60°) [339]
				0.6992 (−11.00°) [339]
				0.699 (−10.80°) [339]
				0.69423 (−6.30°) [339]

I. PHYSICAL PROPERTIES OF SOLVENTS

METHYLAMINE, CH_3NH_2 (Continued)

b.p. (°C)	m.p. (°C)	Viscosity (millipoise)	Dielectric constant	Density (g/ml)
				0.68447 (1.86°) [339]
				0.67335 (10.99°) [339]
				0.66575 (17.21°) [339]
				0.66277 (19.79°) [339]

METHYL i-BUTYL KETONE (See i-Butyl Methyl Ketone)

N-METHYLFORMAMIDE, $HCONHCH_3$

b.p. (°C)	m.p. (°C)	Viscosity (millipoise)	Dielectric constant	Specific conductance (mho·cm^{-1} ×10^8)	Density (g/ml)
180–185 [17]	−5.4 [17]	16.5 [17]	182.4 [17]	80–200 [17] [309]	1.0075 (15°) [309]
		19.9 (15°) [309]	200.1 (15°) [17]		0.9988 [309]

METHYL FORMATE, HCO_2CH_3

b.p. (°C)	m.p. (°C)	Viscosity (millipoise)	Dielectric constant	Density (g/ml)
31.50 [268]	99.0 [72]	4.263 (0.58°) [314]	8.5 (20°) [9]	1.00317 (0°) [268]
		3.999 (6.39°) [314]		0.98864 (10°) [268]
		3.810 (10.88°) [314]		0.98149 (15°) [268]
		3.626 (15.64°) [314]		0.97421 (20°) [268]
		3.467 (20.15°) [314]		
		3.298 (25.52°) [314]		
		3.190 (29.26°) [314]		

METHYLENECHLORIDE (DICHLOROMETHANE), CH_2Cl_2

b.p. (°C)	m.p. (°C)	Viscosity (millipoise)	Dielectric constant	Density (g/ml)
39.95 [317]	−96.8 [317]	4.414 (20.53°) [233]	9.14 (20°) [340]	1.32597 (20°) [317]

METHYLENE DICHLORIDE (See Methylene Chloride)

N-METHYLPROPIONAMIDE, $C_2H_5CONHCH_3$

Viscosity (millipoise)	Dielectric constant	Specific conductance (mho·cm^{-1} × 10^8)	Density (g/ml)
60.6 (20°) [341]	185 (20°) [341]	19.4 (20°) [341]	0.9347 (20°) [341]
52.5 [341]	176 [341]	22.3 [341]	0.9308 [341]
45.8 (30°) [341]	167 (30°) [341]	25.3 (30°) [341]	0.9268 (30°) [341]
40.3 (35°) [341]	159 (35°) [341]	28.5 (35°) [341]	0.9228 (35°) [341]
35.6 (40°) [341]	151 (40°) [341]	31.5 (40°) [341]	0.9188 (40°) [341]

N-METHYL-2-PYRROLIDONE, $(CH_2)_3CONCH_3$

b.p. (°C)	m.p. (°C)	Viscosity (millipoise)	Dielectric constant	Specific conductance (mho·cm^{-1} × 10^8)	Density (g/ml)
204 [390]	−24 [390]	16.66 [343]	32.0 [343]	1–2 [343]	1.0279 [343]

2-METHYLTETRAHYDROFURAN, $(CH_2)_3OCHCH_3$

Viscosity (millipoise)	Dielectric constant	Density (g/ml)
20.63 (−75°) [343]	9.97 (−75°) [343]	0.940 (−75°) [343]
18.47 (−70°) [343]	9.70 (−70°) [343]	0.935 (−70°) [343]
15.04 (−60°) [343]	9.19 (−60°) [343]	0.926 (−60°) [343]
12.47 (−50°) [343]	8.72 (−50°) [343]	0.917 (−50°) [343]
10.51 (−40°) [343]	8.30 (−40°) [343]	0.908 (−40°) [343]
8.98 (−30°) [343]	7.91 (−30°) [343]	0.898 (−30°) [343]
7.77 (−20°) [343]	7.55 (−20°) [343]	0.889 (−20°) [343]
6.80 (−10°) [343]	7.22 (−10°) [343]	0.880 (−10°) [343]
6.01 (0°) [343]	6.92 (0°) [343]	0.871 (0°) [343]
5.36 (10°) [343]	6.63 (10°) [343]	0.862 (10°) [343]
4.57 [343]	6.24 [343]	0.848 [343]

METHYL THIOCYANATE, CH_3SCN

b.p. (°C)	m.p. (°C)	Viscosity (millipoise)	Dielectric constant	Specific conductance (mho·cm^{-1} ×10^8)	Density (g/ml)
132.9 [178]	−51 [178]	64.300 [422]	13.50 [422]	440 [422]	1.0430 [422]

MONOCHLORO ACETIC ACID, CH_2ClCO_2H

b.p. (°C)	m.p. (°C)	Viscosity (millipoise)	Dielectric constant	Specific conductance (mho·cm^{-1} ×10^8)	Density (g/ml)
189.35 [236]	62.80 [397]	68.0 [170]	12.3 (60°) [222]	48 (50°) [170]	1.420 [170]
		31.5 (50°) [170]		78 (75°) [170]	1.387 (50°) [170]
		19.2 (75°) [170]			1.354 (75°) [170]

MONOETHANOLAMINE (See Ethanolamine)

α-NAPHTHONITRILE, $C_{11}H_7N$

b.p. (°C)	m.p. (°C)	Specific conductance (mho·cm^{-1} × 10^8)	Density (g/ml)
299 [178]	33.5 [344]	12.0 (40°) [344]	1.0980 (40°) [344]

NITROBENZENE, $C_6H_5NO_2$

b.p. (°C)	m.p. (°C)	Viscosity (millipoise)	Dielectric constant	Specific conductance (mho·cm^{-1} ×10^8)	Density (g/ml)
210.80 [28]	5.76 [28]	18.11 [345] [346]	34.82 [347]	0.01–4 [28] [345] [346]	1.1986 [345]

NITROETHANE, $CH_3CH_2NO_2$

b.p. (°C)	m.p. (°C)	Viscosity (millipoise)	Dielectric constant	Specific conductance (mho·cm^{-1} ×10^8)	Density (g/ml)
115 [178]	−50 [178]	6.3 (35°) [22]	27.4 (35°) [22]	50 (30°) [22] 110 (35°) [22]	1.0448 [178]

NITROMETHANE, CH_3NO_2

b.p. (°C)	m.p. (°C)	Viscosity (millipoise)	Dielectric constant	Specific conductance (mho·cm^{-1} ×10^8)	Density (g/ml)
101.2 [315]	−28.6 [123]	6.94 (15°) [123] 6.27 [348] 5.95 (30°) [123] 5.6 (35°) [22]	35.94 [28] 35.1 (35°) [22]	0.5–65.6 [22] [28] [348] 204 (35°) [22]	1.16490 (0°) [123] 1.14476 (15°) [123] 1.1312 [348] 1.12453 (30°) [123]

I. PHYSICAL PROPERTIES OF SOLVENTS

1-NITROPROPANE, $C_3H_7NO_2$

b.p. (°C)	m.p. (°C)	Viscosity (millipoise)	Dielectric constant	Specific conductance (mho·cm^{-1} ×10^8)	Density (g/ml)
130.5–131.5 [178]	−108 [178]	7.0 (35°) [22]	22.7 (35°) [22]	33 (35°) [22]	1.0081 (24°) [178]

n-OCTANOL, $CH_3(CH_2)_6CH_2OH$

b.p. (°C)	m.p. (°C)	Viscosity (millipoise)	Dielectric constant	Specific conductance (mho·cm^{-1} ×10^8)	Density (g/ml)
194.45 [385]	−16.7 [167]	106.40 (15°) [385] 73.0 [64] 61.25 (30°) [385]	9.85 [64]	0.1 [64]	0.84216 (0°) [385] 0.83202 (15°) [385] 0.8221 [64] 0.82192 (30°) [385]

PENTABORANE, B_5H_9

b.p. (°C)	m.p. (°C)	Dielectric constant
58.4 [279]	−46.82 [279]	20.8 [438]

1-PENTANOL (n-AMYL ALCOHOL), $C_5H_{11}OH$

b.p. (°C)	m.p. (°C)	Viscosity (millipoise)	Dielectric constant	Density (g/ml)
138.06 [349]	−78.85 [123]	46.50 (15°) [123]	13.9 [351]	0.82897 (0.0°) [123]
		29.87 (30°) [123]		0.81837 (15.0°) [123]
				0.80764 (30.0°) [123]
				0.8041 (34.6°) [350]

PHENYL ACETONITRILE (BENZYL CYANIDE), $C_6H_5CH_2CN$

b.p. (°C)	m.p. (°C)	Viscosity (millipoise)	Dielectric constant	Specific conductance (mho·cm^{-1} ×10^8)	Density (g/ml)
233.9 [104]	−23.8 [104]	19.3 [27]	18.4 [9]	5 [214]	1.0125 [352]

PHOSPHORUS OXYCHLORIDE, $POCl_3$

b.p. (°C)	Specific conductance (mho·cm^{-1} × 10^8)
107 [414]	2 [414]

I. PHYSICAL PROPERTIES OF SOLVENTS   59

α-PICOLINE (2-METHYLPYRIDINE), α-CH$_3$C$_5$H$_4$N

b.p. (°C)	m.p. (°C)	Viscosity (millipoise)	Dielectric constant	Density (g/ml)
129.0 [353]	−64.2 [353]	10.970 (0°) [354]	9.8 (20°) [324]	0.94432 (20°) [354]
		9.351 (10°) [354]		0.93491 (30°) [354]
		8.102 (20°) [354]		0.92556 (40°) [354]
		7.096 (30°) [354]		0.91607 (50°) [354]
		6.296 (40°) [354]		0.90665 (60°) [354]
		5.621 (50°) [354]		0.89706 (70°) [354]
		5.054 (60°) [354]		0.88722 (80°) [354]
		4.585 (70°) [354]		
		4.165 (80°) [354]		

n-PROPANOL, C$_3$H$_7$OH

b.p. (°C)	m.p. (°C)	Viscosity (millipoise)	Dielectric constant	Specific conductance (mho·cm^{-1} ×10^8)	Density (g/ml)
97.19 [356]	−126.10 [357]	25.22 (15°) [119]	22.2 (20°) [88]	0.917 (20°) [32]	0.81920 (0°) [119]
		19.3 [355]	20.4 [355]	2 [355]	0.80749 (15°) [119]
		17.22 (30°) [119]			0.8008 [355]
					0.79567 (30°) [119]

i-PROPANOL (2-PROPANOL), CH$_3$CH(OH)CH$_3$

b.p. (°C)	m.p. (°C)	Viscosity (millipoise)	Dielectric constant	Specific conductance (mho·cm^{-1} ×10^8)	Density (g/ml)
82.40 [119]	−89.5 [119]	28.59 (15°) [119]	18.0 [358]	9 [121]	0.80136 (0°) [119]
		20.72 [358]			0.78916 (15°) [119]
		17.65 (30°) [119]			0.78087 [359]
					0.77690 (30°) [119]

PROPIONALDEHYDE (PROPANAL), CH_3CH_2CHO

b.p. (°C)	m.p. (°C)	Viscosity (millipoise)	Specific conductance (mho·cm^{-1} × 10^8)	Density (g/ml)
48.8 [178]	−81 [178]	18.$_5$ (17°) [266]	69.8–150 (0°) [10] 95–100 [10]	0.8058 (20°) [178]

PROPIONIC ACID, $C_2H_5CO_2H$

b.p. (°C)	m.p. (°C)	Viscosity (millipoise)	Dielectric constant	Density (g/ml)
141.35 [268]	−20.8 [268]	11.75 (15°) [268] 10.20 [361] 9.56 (30°) [360] 8.41 (40°) [360] 6.68 (60°) [360] 5.44 (80°) [360] 4.95 (90°) [360]	3.30 (10°) [362] 3.44 (40°) [362]	1.01503 (0°) [268] 0.99874 (15°) [268] 0.98260 (30°) [268]

PROPIONITRILE, CH_3CH_2CN

b.p. (°C)	m.p. (°C)	Viscosity (millipoise)	Dielectric constant	Specific conductance (mho·cm^{-1} ×10^8)	Density (g/ml)
97.14 [363]	−91.9 [119]	4.54 (15°) [119] 3.89 (30°) [119]	31.$_0$ (0°) [9] 27.$_2$ (20°) [9] 24.$_3$ (50°) [9]	17 [214]	0.80200 (0.00°) [104] 0.78673 (15.00°) [119] 0.78182 (20.00°) [76] 0.77682 [76] 0.77152 (30.00°) [364] 0.76019 (40.88°) [364]

PROPIONITRILE, CH_3CH_2CN (Continued)

b.p. (°C)	m.p. (°C)	Viscosity (millipoise)	Dielectric constant	Specific conductance $(mho \cdot cm^{-1} \times 10^8)$	Density (g/ml)
					0.75075 (49.90°) [364]
					0.74008 (60.05°) [364]
					0.72930 (70.15°) [364]
					0.71830 (80.35°) [364]
					0.70768 (90.15°) [364]
					0.69837 (99.15°) [364]

PROPYLAMINE, $C_3H_7NH_2$

b.p. (°C)	m.p. (°C)	Viscosity (millipoise)	Dielectric constant	Density (g/ml)
48.5 [441]	−83.0 [441]	3.53 [440]	5.31 (20°) [439]	0.7173 (20°) [441] 0.7121 [441]

PROPYL CHLORIDE (1-CHLOROPROPANE), $C_2H_5CH_2Cl$

b.p. (°C)	m.p. (°C)	Viscosity (millipoise)	Dielectric constant	Density (g/ml)
46.60 [268]	−122.8 [268]	3.72 (15°) [268] 3.18 (30°) [268]	7.7 (20°) [365]	0.91686 (0°) [268] 0.89846 (15°) [268] 0.8924 (20°) [161] 0.87994 (30°) [268]

PROPYLENE CARBONATE

b.p. (°C)	m.p. (°C)	Viscosity (millipoise)	Dielectric constant	Specific conductance (mho·cm^{-1} ×10^8)	Density (g/ml)
241 [366]	−49 [366] [215]	25.3 [366] [215]	64.4 [366] [215]	100–200 [367] [368]	1.19 [369]

PROPYLENE CHLORIDE (See 1,2-Dichloropropane)

PROPYLENEDIAMINE (1,2-PROPANEDIAMINE), CH$_3$CH(NH$_2$)CH$_2$NH$_2$

b.p. (°C)	Viscosity (millipoise)	Dielectric constant	Specific conductance (mho·cm^{-1} ×10^8)	Density (g/ml)
120.5 [178]	14.6 [248]	10.2 ± 0.3 [248]	83.5 [248]	0.8584 [178]

PROPYLENE GLYCOL (1,2-PROPANEDIOL), CH$_3$CH(OH)CH$_2$OH

b.p. (°C)	m.p. (°C)	Viscosity (millipoise)	Dielectric constant	Density (g/ml)
187.6 [442]	−60 [442]	2430 (0°) [443] 560 (20°) [443] 180 (40°) [443]	32.0 (20°) [426]	1.0399 (15°) [443] 1.0362 (20°) [443] 1.0328 [443] 1.0290 (30°) [443]

PYRIDINE, C$_5$H$_6$N

b.p. (°C)	m.p. (°C)	Viscosity (millipoise)	Dielectric constant	Specific conductance (mho·cm^{-1} ×10^8)	Density (g/ml)
114–115 [214]	−41.5 [148]	13.60 (0°) [388]	12.01 [24]	0.1–17 [214] [370] [371] [372]	1.04882 (−45.0°) [386]

I. PHYSICAL PROPERTIES OF SOLVENTS

PYRIDINE, C_5H_6N (*Continued*)

b.p. (°C)	m.p. (°C)	Viscosity (millipoise)	Dielectric constant	Specific conductance (mho·cm^{-1} ×10^8)	Density (g/ml)
		11.30 (10°) [388]			1.03894 (−35.3°) [386]
		9.58 (20°) [388]			1.03385 (−30.6°) [386]
		8.824 [370] [371]			1.02606 (−22.95°) [386]
		8.29 (30°) [16] [388]			1.01621 (−13.1°) [386]
		7.24 (40°) [388]			1.00926 (−6.2°) [386]
		6.39 (50°) [388]			1.00303 (0.0°) [386]
		5.69 (60°) [388]			0.9982 (5.0°) [387]
		5.08 (70°) [388]			0.9935 (10.0°) [387]
		4.62 (80°) [388]			0.9877 (15.0°) [387]
					0.9826 (20.0°) [387]
					0.97792 [371]
					0.9729 (30.0°) [387]
					0.9677 (35.0°) [387]
					0.9629 (40.0°) [387]
					0.9575 (45.0°) [387]
					0.9526 (50.0°) [387]
					0.9474 (55.0°) [387]
					0.9424 (60.0°) [387]
					0.9366 (65.0°) [387]

PYRIDINE, C_5H_6N (Continued)

b.p. (°C)	m.p. (°C)	Viscosity (millipoise)	Dielectric constant	Specific conductance (mho·cm^{-1} ×10^8)	Density (g/ml)
					0.9318 (70.0°) [387]
					0.9267 (75.0°) [387]
					0.9211 (80.0°) [387]
					0.9164 (85.0°) [387]
					0.9111 (90.0°) [387]

SALICYLALDEHYDE (2-HYDROXY BENZALDEHYDE), $C_6H_4(OH)CHO$

b.p. (°C)	m.p. (°C)	Dielectric constant	Specific conductance (mho·cm^{-1} × 10^8)	Density (g/ml)
197 [178]	−7 [178]	17.$_1$ (30°) [399]	10–23 (0°) [10] 16.4–41 [10]	1.1674 (20°) [178]

SULFOLANE, $(CH_2)_4SO_2$

m.p. (°C)	Viscosity (millipoise)	Dielectric constant	Specific conductance (mho·cm^{-1} ×10^8)	Density (g/ml)
28.86 [375]	98.7 (30°) [375] [376]	43.29 (30°) [376]	0.2–2.3 (30°) [373] [374] [375] [377]	1.2623 (30°) [373] 1.2615 (30°) [375]

I. PHYSICAL PROPERTIES OF SOLVENTS

SULFUR DIOXIDE, SO_2

b.p. (°C)	m.p. (°C)	Viscosity (millipoise)	Dielectric constant	Specific conductance (mho·cm^{-1} ×10^8)	Density (g/ml)
−72.7 [279]	−10 [279]	4.35 (−8.93°) [24] 4.02 (0.12°) [24]	16.30 (−8.93°) [24] 15.35 (0.12°) [24]	8.2 (0.02°) [378] 1–22 (0.12 to −8.93°) [379]	1.434 (−10°) [279]

SULFURIC ACID, H_2SO_4*

b.p. (°C)	m.p. (°C)	Viscosity (millipoise)	Density (g/ml)
338 (98.3%) [279]	10.36 (100%) [279]	245.4 [400]	1.8269 [400]

* See also Section VIII(b).

TETRAHYDROFURAN, $(CH_2)_4O$

b.p. (°C)	Viscosity (millipoise)	Dielectric constant	Specific conductance (mho·cm^{-1} ×10^8)	Density (g/ml)
65.0 [382]	4.6 [381]	11.6 (−70°) [382] 7.39 [381]	0.04 [382]	0.880 [380] [381]

TETRAMETHYLENE SULFONE (See Sulfolane)

TETRAMETHYLENE SULFOXIDE, $(CH_2)_4SO_2$

m.p. (°C)	Viscosity (millipoise)	Dielectric constant	Specific conductance (mho·cm^{-1}) ×10^8	Density (g/ml)
−34 [383]	52 (30°) [383] 19 (80°) [383]	42.5 [383]	2200 [383]	1.173 (30°) [383] 1.169 (40°) [383] 1.157 (50°) [383] 1.148 (60°) [383] 1.131 (70°) [383] 1.127 (80°) [383]

1,1,3,3-TETRAMETHYLGUANIDINE, $(CH_3)_2NC(NH)N(CH_3)_2$

b.p. (°C)	Viscosity (millipoise)	Dielectric constant	Specific conductance (mho·cm^{-1}) ×10^8	Density (g/ml)
159–160 [384]	14.0 [384]	11.0 [384]	5–10 [384]	0.9136 [384]

THIOACETIC ACID, CH_3COSH

b.p. (°C)	m.p. (°C)	Dielectric constant	Specific conductance (mho·cm^{-1} × 10^8)	Density (g/ml)
87 [178]	< −17 [178]	12.8 (20°) [10]	291 (0°) [10] 393 [10]	1.064 (20°) [178]

I. PHYSICAL PROPERTIES OF SOLVENTS

TOLUENE, C_6H_5—CH_3

b.p. (°C)	m.p. (°C)	Viscosity (millipoise)	Dielectric constant	Density (g/ml)
110.606 [80]	−95.032 [93]	7.655 (0.26°) [233]	2.5889 (−50°) [88]	0.90665 (−22.9°) [91]
		6.683 (9.88°) [233]	2.5336 (−33°) [88]	0.88545 (0.0°) [84] [91]
		6.23 (15.00°) [84]	2.4785 (−15°) [88]	0.87757 (8.5°) [51]
		5.900 (19.47°) [233]	2.4350 (0°) [88]	0.87160 (15.0°) [51] [84]
		5.23 (30.00°) [84]	2.3661 [88]	0.8669 (20.0°) [51]
		4.667 (39.86°) [233]	2.3196 (45°) [88]	0.8625 [51]
		4.219 (49.43°) [233]	2.2846 (60°) [88]	0.85770 (30.0°) [51] [84]
			2.2449 (80°) [88]	0.85338 (34.5°) [91]
			2.2061 (100°) [88]	0.84265 (46.10°) [91]
			2.1901 (110°) [88]	0.84250 (46.30°) [91]
				0.83280 (56.40°) [91]
				0.81017 (80.00°) [91]
				0.78963 (100.25°) [91]
				0.76217 (126.85°) [91]

TRICRESYL PHOSPHATE, $[(CH_3C_6H_4O)_3PO_4]$

Viscosity (millipoise)	Dielectric constant	Density (g/ml)
388 (35°) [402]		
295 (40°) [403]	6.92 (40°) [402]	1.1527 (40°) [402]
231 (45°) [402]		
145 (55°) [402]		

TRIETHANOLAMINE, $[(C_2H_4OH)_3N]$

b.p. (°C)	Viscosity (millipoise)	Dielectric constant	Specific conductance (mho·cm^{-1} ×10^8)	Density (g/ml)
176/2 mm [415] 208/10 mm [415]	82.7 [415] [415]	29.36 [415]	22.3 [415]	1.1239 [415]

TRI-p-ETHYLPHENYL PHOSPHITE, $(C_2H_5C_6H_4)_3PO_3$

b.p. (°C)	Viscosity (millipoise)	Dielectric constant	Specific conductance (mho·cm^{-1} ×10^8)	Density (g/ml)
180°/0.18 mm [404]	302.3 (15°) [404]	3.74 (15°) [404]	0.002845 (15°) [404]	1.104 (15°) [404]
	188.0 [404]	3.70 [404]	0.01096 [404]	1.096 [404]
	90.47 (45°) [404]	3.61 (45°) [404]	0.05079 (45°)	1.082 (45°) [404]
	52.74 (65°) [404]	3.51 (65°) [404]	0.092456 (65°) [404]	1.066 (65°) [404]

TRIETHYL PHOSPHATE, $(C_2H_5)_3PO_4$

b.p. (°C)	Viscosity (millipoise)	Dielectric constant	Specific conductance (mho·cm^{-1} ×10^8)	Density (g/ml)
216° [410]	21.47 [410]	13.43 (15°) [410]	1.19 [410]	1.06826 [410]
	16.84 (40°) [410]	12.94 [410]	1.68 (40°) [410]	1.05332 (40°) [410]
	13.76 (55°) [410]	11.91 (45°) [410]	2.89 (55°) [410]	1.03841 (55°) [410]
		10.93 (65°) [410]		

TRIETHYL PHOSPHITE, $(C_2H_5)_3PO_3$

b.p. (°C)	Viscosity (millipoise)	Dielectric constant	Specific conductance (mho·cm^{-1} ×10^8)	Density (g/ml)
50/14 mm	6.50 [411]	5.01 [411]	0.2 [411]	0.9610 [411]

TRIFLUOROACETIC ACID, CF_3CO_2H

b.p. (°C)	m.p. (°C)	Viscosity (millipoise)	Density (g/ml)
72.4–72.5 [418]	−15.25 [418]	8.76 (19.75°) [418] 8.13 [170] 7.50 (30.05°) [418] 6.53 (39.97°) [418] 5.76 (50°) [170] 5.69 (50.35°) [418] 5.02 (60.4°) [418] 4.73 (65.42°) [418]	1.53515 (0°) [170] 1.477 [170] 1.418 (50°) [170]

TRIMETHYL PHOSPHATE, $(CH_3)_3PO_4$

Dielectric constant
20 [413]

TRIPHENYL PHOSPHITE, $(C_6H_5)_3PO_3$

b.p (°C)	Viscosity (millipoise)	Dielectric constant	Specific conductance (mho·cm^{-1} ×10^8)	Density (g/ml)
134°/0.14 mm [404]	251.8 (15°) [404] 142.6 [404] 69.50 (45°) [404] 40.60 (65°) [404]	3.79 (15°) [404] 3.75 [404] 3.67 (45°) [404] 3.57 (65°) [404]	0.0459 (15°) [404] 0.08961 [404] 0.2485 (45°) [404] 0.4572 (65°) [404]	1.191 (15°) [404] 1.182 [404] 1.164 (45°) [404] 1.145 (65°) [404]

TRI-m-TOLYL PHOSPHITE, $(CH_3C_6H_4)_3PO_3$

b.p. (°C)	Viscosity (millipoise)	Dielectric constant	Specific conductance (mho·cm^{-1} ×10^8)	Density (g/ml)
174°/0.17 mm [404]	375.5 (15°) [404]	3.67 (15°) [404]	0.02083 (15°) [404]	1.134 (15°) [404]
	211.7 [404]	3.61 [404]	0.05706 [404]	1.126 [404]
	91.32 (45°) [404]	3.53 (45°) [404]	0.2050 (45°) [404]	1.110 (45°) [404]
	50.75 (65°) [404]	3.49 (65°) [404]	0.4970 (65°) [404]	1.094 (65°) [404]

TRI-p-TOLYL PHOSPHITE, $(CH_3C_6H_4)_3PO_3$

b.p. (°C)	Viscosity (millipoise)	Dielectric constant	Specific conductance (mho·cm^{-1} ×10^8)	Density (g/ml)
180°/0.18 mm [404]	353.2 (15°) [404]	3.88 (15°) [404]	0.006275 (15°) [404]	1.134 (15°) [404]
	201.7 [404]	3.83 [404]	0.01602 [404]	1.127 [404]
	87.94 (45°) [404]	3.74 (45°) [404]	0.06840 (45°) [404]	1.111 (45°) [404]
	50.17 (65°) [404]	3.64 (65°) [404]	0.1678 (65°) [404]	1.095 (65°) [404]

i-VALERALDEHYDE, C_4H_9CHO

b.p. (°C)	Specific conductance (mho·cm^{-1} × 10^8)	Density (g/ml)
92.5 [178]	7.94 (0°) [10]	0.8209 (0°) [178]
	9.94 (25°) [10]	0.778 (43.4°) [178]
		0.7485 (71.9°) [178]

I. PHYSICAL PROPERTIES OF SOLVENTS

VALERIC ACID, $C_4H_9CO_2H$

b.p. (°C)	m.p. (°C)	Viscosity (millipoise)	Dielectric constant	Density (g/ml)
186.35 [123]	−34.5 [123]	23.59 (15°) [123] 17.74 (30°) [123]	2.6_8 (20°) [365]	0.95744 (0°) [123] 0.94374 (15°) [123] 0.9348 [79] 0.93017 (30°) [123]

VALERONITRILE, C_4H_9CN

b.p. (°C)	m.p. (°C)	Viscosity (millipoise)	Dielectric constant	Density (g/ml)
140.80 [119]	−96.0 [119]	7.79 (15°) [119] 6.37 (30°) [119]	$17._4$ (21°) [401]	0.81625 (0.00°) [119] 0.80350 (15.00°) [119] 0.79087 (30.00°) [119] 0.78133 (40.40°) [364] 0.77315 (49.40°) [364] 0.76409 (59.45°) [364] 0.75532 (69.25°) [364] 0.74589 (79.45°) [364] 0.73740 (88.75°) [364] 0.72785 (99.05°) [364]

p-XYLENE, $C_6H_4(CH_3)_2$

b.p. (°C)	m.p. (°C)	Viscosity (millipoise)	Specific conductance (mho·cm^{-1}×10^8)	Density (g/ml)
138.40 [84]	13.35 84 [385]	7.513 (8.31°) [233] 6.387 (20.52°) [233]	4×10^{-5} (90°) [393]	0.86544 (14.90°) [91] 0.85652 (25.12°) [91]

p-XYLENE, C$_6$H$_4$(CH$_3$)$_2$ *(Continued)*

b.p. (°C)	m.p. (°C)	Viscosity (millipoise)	Specific conductance (mho·cm^{-1} × 10^8)	Density (g/ml)
		5.611 (31.20°) [233]		0.83851 (46.00°) [91]
		4.875 (41.92°) [233]		0.82564 (60.60°) [91]
		4.410 (53.61°) [233]		0.82527 (61.05°) [91]
		3.958 (68.42°) [233]		0.80866 (79.70°) [91]
		3.5032 (77.38°) [233]		0.78998 (100.00°) [91]
		3.197 (88.88°) [233]		
		2.903 (100.81°) [233]		
		2.665 (111.76°) [233]		
		2.447 (123.83°) [233]		
		2.249 (135.19°) [233]		

References

1. L. F. Audrieth and J. Kleinberg, Non-aqueous Solvents: Applications as Media for Chemical Reactions, John Wiley & Sons, Inc., New York (1953).
2. B. P. Alpert and P. J. Elving, Ind. Eng. Chem., **41,** 2864 (1949).
3. W. O. Pool, H. J. Harwood and A. W. Ralston, J. Amer. Chem. Soc., **67,** 775 (1945).
4. C. P. Smyth and H. E. Rogers, J. Amer. Chem. Soc., **52,** 1824 (1930).
5. M. Rabinowitsch, Z. physik. Chem., **119,** 59, p. 70 (1926).
6. J. Timmermans and M. Hennaut-Roland, J. Chim. Phys., **27,** 401 (1930).
7. H. M. Chadwell, J. Am. Chem. Soc., **48,** 1912 (1926).
8. B. Pesce, Gazz. Chim. Ital., **70,** 710 (1940).
9. P. Walden, Z. physik. Chem., **70,** 569 (1910).
10. P. Walden, Z. physik. Chem., **54,** 129 (1906).
11. K. Clusius and W. Ringer, Z. physik. Chem., **A187,** 186 (1940).
12. M. Wojciechowski and E. Smith, Rocz. Chem., **17,** 118 (1937).
13. B. B. Allen and S. P. Lingo, J. Phys. Chem., **43,** 425 (1939).
14. H. M. Huffmann, G. S. Parks and M. Barmore, J. Amer. Chem. Soc., **53,** 3876 (1931).
15. P. Walden and E. J. Birr, Z. physik. Chem., **153A,** 1 (1931).
16. G. J. Janz and S. S. Danyluk, Chem. Rev., **60,** 209 (1960).
17. D. S. Reid and C. A. Vincent, J. Electroanalyt. Chem., Interfacial Electrochem., **18,** 427 (1968).

I. PHYSICAL PROPERTIES OF SOLVENTS

18. A. Weissberger, E. S. Proskauer, J. A. Riddich and E. E. Troops, Jr., *Techniques of Organic Chemistry*, Vol. VII, Interscience, New York (1955).
19. P. G. Sears, E. D. Wilhoit and L. R. Dawson, J. Phys. Chem., **60**, 169 (1956).
20. M. J. McDowell and C. A. Kraus, J. Amer. Chem. Soc., **73**, 3293 (1951).
21. M. B. Reynolds and C. A. Kraus, J. Amer. Chem. Soc., **70**, 1709 (1948).
22. R. C. Little and C. R. Singlterry, J. Phys. Chem., **68**, 2709 (1964).
23. L. G. Savedoff, J. Amer. Chem. Soc., **88**, 664 (1966).
24. G. J. Janz and M. J. Tait, Canad. J. Chem., **45**, 1101 (1967).
25. J. F. J. Dippy, M. O. Jenkins and J. E. Page, J. Chem. Soc., 1386 (1939).
26. J. F. J. Dippy and S. R. C. Hughes, J. Chem. Soc., 953 (1954).
27. D. K. McGuire, Diss. Abs., **26**, 116 (1965).
28. G. P. Cunningham, Diss. Abs., **26**, 3008 (1965).
29. S. R. C. Hughes and S. H. White, J. Chem. Soc., 1216, 1966A.
30. G. J. Janz and S. S. Danyluk, "Electrolytes," Pergamon Press (1962).
31. S. R. C. Hughes, J. Chem. Soc., 998 (1956).
32. H. Hunt and H. T. Briscoe, J. Phys. Chem., **33**, 1945 (1929).
33. G. J. Janz and S. S. Danyluk, J. Amer. Chem. Soc., **81**, 3846 (1959).
34. P. Walden, Z. Phys. Chem., **144A**, 269 (1929).
35. S. Minc and L. Werblan, Electrochim. Acta, **7**, 257 (1962).
36. Y. Pocker and D. N. Kevill, J. Amer. Chem. Soc., **87**, 4760 (1965).
37. R. L. Kay, B. J. Hales and G. P. Cunningham, J. Phys. Chem., **71**, 3925 (1967).
38. A. E. Marcinkowsky, Diss. Abs., **22**, 97 (1961).
39. G. J. Janz, A. E. Marcinkowsky and I. Ahmad, Electrochim. Acta, **9**, 1687 (1964).
40. G. J. Janz and A. E. Marcinkowsky, Bull. Natl. Inst. Sci. India, **29**, 188 (1965).
41. A. K. Covington and M. L. Tait, Electrochim. Acta, **12**, 113 (1967).
42. J. P. Karnes, Diss. Abs., **26**, 1367 (1965).
43. S. Minc and L. Werblan, Roczniki Chem., **40**, 1537 (1966).
44. G. A. Forcier, Ph.D. Thesis, University of Massachusetts (1966).
45. S. S. Danyluk, Ph.D. Thesis, Rensselaer Polytechnic Institute (1958).
46. C. H. Springer, J. G. Coetzee and R. L. Kay, J. Phys. Chem., **73**, 471 (1969).
47. F. W. Grimm and W. A. Patrick, J. Amer. Chem. Soc., **45**, 2794 (1923).
48. P. Walden and E. J. Birr, Z. physik. Chem., **165A**, 26 (1933).
49. S. R. C. Hughes, J. Chem. Soc., 634 (1957).
50. B. E., Trav. Bur. Int. Et. Phys.-Chim. Bruxelles, J. Chim. phys., **32**, 501 (1935).
51. H. Perkin, J. Chem. Soc. (London), **69**, 1025 (1896).
52. M. Giua and G. Guastalla, Chimie et Industrie, **29**, 268 (1933).
53. P. G. Sears, J. A. Caruso and A. I. Popov, J. Phys. Chem., **71**, 905 (1967).
54. H. M. Elsey, J. Amer. Chem. Soc., **42**, 2454 (1920).
55. R. M. Fuoss and C. A. Kraus, J. Amer. Chem. Soc., **55**, 476 (1933).
56. V. F. Hnizda and C. A. Kraus, J. Amer. Chem. Soc., **71**, 1565 (1949).
57. G. Pinevich, Chem. Abstracts, **43**, 8813e (1948).
58. C. J. Plank and H. Hunt, J. Amer. Chem. Soc., **61**, 3590 (1939).
59. A. I. Shatenshtein, E. A. Izrailevich and N. I. Ladyshnikova, Zh. fiz. khim., **23**, 497 (1949).
60. H. M. Grubb, J. F. Chittum and H. Hunt, J. Amer. Chem. Soc., **85**, 776 (1963).
61. R. L. Kay, J. Amer. Chem. Soc., **82**, 2099 (1960).
62. C. Cragoe and D. Hayier, Bur. Stds. Sc. Pp., **420**, p. 313 (1921).
63. J. Timmermans and M. Hennaut-Roland, Anales soc. espan. fis. quim., **27**, 460 (1929).
64. A. M. Shkodin, L. P. Sadoonichaya and V. A. Podolyanko, Electrokhimiya, **4**, 718 (1968).

65. C. A. Kraus and J. E. Bishop, J. Amer. Chem. Soc., **44,** 2206 (1922).
66. C. L. Knowles, J. Ind. Eng. Chem., **12,** 881 (1920).
67. O. Jordan, Chemische Technologie der Lösungsmittel, Berlin (1932).
68. R. W. Lunt and M. A. G. Rau, Proc. Roy. Soc., **126A,** 213 (1930).
69. A. Sachanow, Z. physik. chem., **83,** 133 (1913).
70. A. Bramley, J. Chem. Soc. (London), **109,** pp. 10 and 434, (1916).
71. J. C. Smith, N. J. Foecking and W. P. Barber, Ind. Eng. Chem., **41,** 2289 (1949).
72. J. Timmermans, Bull. Soc. chim. Belg., **24,** 244 (1910).
73. K. Brand and K. W. Kranz, J. Prak. chem., **115,** 143 (1927).
74. J. A. Geddes and E. C. Bingham, J. Amer. Chem. Soc., **56,** 2625 (1934).
75. J. Hebeisen, Ann. Physik, (4), **77,** 216 (1925).
76. R. R. Dreisbach and R. A. Martin, Ind. Eng. Chem., **41,** 2875 (1949).
77. F. B. Thole, Z. physik. Chem., **74,** 683 (1910).
78. Th. Paul and K. Schantz, Arch. Pharm., **257,** 87 (1919).
79. W. Biltz, N. Fischer and E. Wünnenberg, Z. physik. Chem., **151,** 13 (1930).
80. A. Zmaczynski, J. Chim. physique, **27,** 503 (1930).
81. T. W. Richards, E. K. Carver and W. C. Schumb, J. Amer. Chem. Soc., **41,** 2019 (1919).
82. J. Meyer and B. Mylius, Z. physik. Chem., **95,** 355 (1920).
83. N. de Kolossowsky, Bull. Soc. chim. Belg., **34,** 190 (1925).
84. B. E., Trav. Bur. Int. Et. Phys.-Chim. Bruxelles, J. Chim. phys., **23,** 733 (1926).
85. M. Dezelic, Bull. Soc. Chem. Yougoslavie, **8,** 139 (1937).
86. J. R. Lewis, J. Amer. Chem. Soc., **47,** 626 (1924).
87. J. Errera, Bull. classe Sci. Acad. roy. Belg., (V), **12,** 327 (1936).
88. R. J. W. Le Fevre, Trans. Faraday Soc., **34,** 1127 (1938).
89. R. M. Davies, Phil. Mag., (VII), **21,** 1 (1936) and **21,** 1008 (1936).
90. J. Hadamard, Compt. Rend., **204,** 1234 (1937).
91. L. Massart, Bull. Soc. chim. Belg., **45,** 76 (1936).
92. S. Young, Sci. Proc. Soc. Dublin N.S.XII, 374 (1909–10).
93. A. F. Forziati, A. R. Glasgow, Jr., C. B. Willingham and F. D. Rossini, J. Research Nat. Bur. Standards, **36,** 129 (1946).
94. E. Cohen and J. S. Buij, Z. physik. Chem., **B35,** 271 (1937).
95. G. Jaffé, Wiedemann's Ann., **25,** 267 (1908).
96. J. Timmermans, Bull. Soc. chim. Belg., **25,** 300 (1911).
97. A. R. Martin, J. Chem. Soc., 3270 (1928).
98. V. S. Griffiths, K. S. Lawrence and M. L. Pearce, J. Chem. Soc., 3998 (1958).
99. G. J. Janz, I. Ahmad and H. V. Venkatasetty, J. Phys. Chem., **68,** 889 (1964).
100. G. J. Janz and I. Ahmad, Electrochim. Acta, **9,** 1539 (1964).
101. Ph. A. Guye and A. Baud, Compt. Rend., **132,** (I), 1481 (1901).
102. K. Matsuno and K. Han, Bull. Chem. Soc. Japan, **8,** 333 (1933).
103. S. E. Kamerlingh and C. P. Smyth, J. Amer. Chem. Soc., **55,** 462 (1933).
104. J. Timmermans, Bull. Soc. chim. Belg., **31,** 389 (1923).
105. J. R. Parkington and R. J. Winterton, Trans. Faraday Soc., **30,** 621 (1934).
106. P. Walden, Z. physik. chem., **65,** 129 (1908–09).
107. M. Rabinowitsche, Z. phys. chem., **119,** 81 (1926).
108. J. Timmermans and F. Martin, J. Chim. physique, **23,** 733 (1926).
109. J. W. Williams and I. J. Krchma, J. Amer. Chem. Soc., **48,** 1888 (1926).
110. S. Bugarszky, Z. physik. Chem., **71,** 712 (1911).
111. J. Timmermans and F. Martin, J. Chim. physique, **25,** 411 (1928).
112. B. H. Carroll, G. K. Rollefson and J. H. Mathews, J. Amer. Chem. Soc., **47,** 1791 (1925).

I. PHYSICAL PROPERTIES OF SOLVENTS

113. B. E., Trav. Bur. Ind. Et. Phys.-Chim. Bruxelles, J. Chim. phys., **25,** 411 (1928).
114. T. Bylewski, Roczniki Chem., **12,** 311 (1932).
115. T. Titani, Bull. Inst. Research Japan, 671 (1927).
116. W. D. Harkins and R. W. Wampler, J. Amer. Chem. Soc., **53,** 850 (1931).
117. P. Walden, Z. physik. chem., **78,** 275 (1912).
118. H. V. Venkatasetty and G. H. Brown, J. Phys. Chem., **66,** 2075 (1962).
119. B. E., Trav. Bur. Int. Et. Phys.-Chim. Bruxelles, J. Chim. phys., **31,** 85 (1934).
120. D. R. Simosen and E. R. Washburn, J. Amer. Chem. Soc., **68,** 235 (1946).
121. K. Norberg, Acta Chem. Scand., **20,** 264 (1966).
122. S. Crisp, S. R. C. Hughes and D. H. Price, J. Chem. Soc., 603 (1968A).
123. B. E., Trav. Bur. Int. Et. Phys.-Chim. Bruxelles, J. Chim. phys., **29,** 529 (1932).
124. R. Gartenmeister, Z. physik. chem., **6,** 524 (1890).
125. K. G. Falk, J. Amer. Chem. Soc., **31,** 86 (1909).
126. C. De Hoffmann and E. Barbier, Bull. Soc. chim. Belg., **45,** 565 (1936).
127. J. Timmermans, Com. Leiden, Suppl., 64 (1929).
128. A. E. Dunstan, T. P. Hilditch and F. B. Thole, J. Chem. Soc. (London), **103,** 133 (1913).
129. S. Sugden, J. Chem. Soc., 768 (1933).
130. J. Timmermans, Proc. Roy. Soc. Dublin, **13,** 327 (1912).
131. W. H. Bromley, Jr. and W. F. Luder, J. Amer. Chem. Soc., **66,** 107 (1944).
132. C. J. Le Fevre and R. J. W. Le Fevre, J. Chem. Soc. (London), 487 (1936).
133. E. B. Biron, J. Russ. Phys. Chem. Soc., **42,** pp. 135 and 167 (1910).
134. M. Velasco, Anales soc. españ. fis. quim., **25,** 252 (1927).
135. H. Harris, J. Chem. Soc., **127,** 1049 (1925).
136. E. A. Coulson, J. L. Hales and E. F. G. Herrington, Trans. Faraday Soc., **44,** 636 (1948).
137. G. W. Sears and E. R. Hopke, J. Amer. Chem. Soc., **71,** pp. 1632 and 2575 (1949).
138. J. Timmermans, Bull. soc. chim. Belg., **27,** 334 (1913).
139. A. I. Henne and D. M. Hubbard, J. Amer. Chem. Soc., **58,** 404 (1936).
140. L. A. K. Stavely and A. Gupta, Trans. Faraday Soc., **45,** 50 (1949).
141. A. O. Ball, J. Chem. Soc. (London), 570 (1930).
142. P. Walden, Z. physik. Chem., **147A,** 1 (1930).
143. E. A. Robinson and J. A. Ciruna, Canad. J. Chem., **46,** 1719 (1968).
144. P. Drapier, Bull. classe Sci. Acad. roy. Belg., 621 (1911).
145. L. Rotinjanz and N. Nagornow, Z. physik. Chem., **169,** 20 (1934).
146. N. Nagornow and L. Rotinjanz, Ann. Inst. Anal. Phys. Chim. (Russian), **3,** 162 (1926); Chem. Zentr., 1182 (1925I).
147. J. Lange, Z. physikal. Chem., **161A,** 77 (1932).
148. B. E., Trav. Bur. Int. Et. Phys.-Chim. Bruxelles, J. Chim. phys., **34,** 693 (1937).
149. C. E. Garland and E. E. Reid, J. Amer. Chem. Soc., **47,** 2333 (1925).
150. W. Markownikoff, J. Russ. Phys. Chem. Soc., **31,** 357 (1899).
151. C. B. Allsopp, Proc. Roy. Soc. (London), **A143,** 618 (1934) and **A146,** p. 304 (1934).
152. W. Herz and W. Bloch, Z. physik. Chem., **110,** 23 (1924).
153. T. W. Richards and J. W. Shipley, J. Amer. Chem. Soc., **41,** 2002 (1919).
154. P. Sabatier and J. B. Senderens, Compt. Rend., **138,** 359 (1910).
155. A. Streitwieser, Jr., W. M. Padgett II and I. Schwager, J. Phys. Chem., **68,** 2922 (1964).
156. P. Walden, H. Ulich and O. Werner, Z. physikal. Chem., **116,** 271 (1925).
157. J. von Narbutt, Ber., **52,** 1031 (1919).
158. T. S. Carswell, Ind. Eng. Chem., **20,** 728 (1928).
159. J. Errera, Physikal Z., **27,** 764 (1926).

160. H. Landolt and H. Jahn, Z. physikal. Chem., **10**, 289 (1892).
161. E. Eftring, Thesis, Lund (1938).
162. A. Turkevich and C. P. Smyth, J. Amer. Chem. Soc., **62**, 2468 (1940).
163. A. Marshall, J. Chem. Soc. (London), **89**, 1350 (1906).
164. W. C. Somerville, J. Phys. Chem., **35**, 2412 (1931).
165. E. Swift, Jr., J. Amer. Chem. Soc., **64**, 115 (1942).
166. T. W. Richards and J. H. Mathews, Z. physik. Chem., **61**, 449 (1908).
167. J. Timmermans, *Physico-chemical Constants of Pure Organic Compounds*, Elsevier Publishing Co., Inc., New York (1950).
168. K. Drücker and R. Kassel, Z. physik. Chem., **76**, 367 (1911).
169. R. Kremann, R. Meingast and T. F. Gugl, Monats., **35**, pp. 1235 and 1287 (1914).
170. Yu. Ya. Fialkov and S. N. Kholodnikova, J. Gen. Chem. (U.S.S.R.), **38**, 663 (1968).
171. P. Dutoit and L. Friederich, Arch. Geneve (4), **9**, 105 (1900).
172. L. R. Dawson, P. G. Sears and R. H. Graves, J. Amer. Chem. Soc., **77**, 1986 (1955).
173. F. Dolezalek and A. Schulze, Z. physik. Chem., **83**, 45 (1913).
174. A. Sachanow and N. Rjachowsky, J. Russ. Phys. Chem. Soc., **46**, 78 (1914).
175. R. S. Taylor and L. B. Smith, J. Amer. Chem. Soc., **44**, 2450 (1922).
176. D. Vorländer and R. Walter, Z. physikal. Chem., **118**, 10 (1925).
177. P. Chang, R. V. Slates and M. Szwarc, J. Phys. Chem., **70**, 3180 (1966).
178. Beilstein, "Beilsteins Handbuch Der Organishen Chemie," (H.-G. Boit, ed.), Vierte Auglage, Vierter Band, Erstes Teil (1962).
179. G. R. Lester, T. A. Gover and P. G. Sears, J. Phys. Chem., **60**, 1076 (1956).
180. J. E. Prue and P. J. Sherrington, Trans. Faraday Soc., **57**, 1795 (1961).
181. G. Pistoia and B. Scrosati, Ricerca Sci., **37**, 1173 (1967).
182. L. R. Dawson, E. D. Wilhoit, R. R. Holmes and P. G. Sears, J. Amer. Chem. Soc., **79**, 3004 (1957).
183. J. G. Aston, M. L. Eidinoff and W. S. Forster, J. Amer. Chem. Soc., **61**, 1539 (1939).
184. E. Swift, Jr., J. Amer. Chem. Soc., **64**, 115 (1942).
185. E. Swift, Jr. and D. L. Wolfe, J. Amer. Chem. Soc., **66**, 498 (1944).
186. D. P. Ames and P. G. Sears, J. Phys. Chem., **59**, 16 (1955).
187. P. G. Sears, R. K. Wolford and L. R. Dawson, J. Electrochem. Soc., **103**, 633 (1956).
188. Y. H. Inami, H. K. Bodensh and J. B. Ramsey, J. Amer. Chem. Soc., **83**, 4745 (1961).
189. L. R. Dawson, M. Golben, G. R. Leader and H. K. Zimmerman, Jr., J. Electrochem. Soc., **99**, 28 (1952).
190. F. Madaule-Aubry, Bull. Soc. Chim. France, 1456 (1966).
191. S. B. Brummer, J. Chem. Phys., **42**, 1636 (1965).
192. F. K. Andryushchenko, K. G. Parfenova and O. A. Slotin, Soviet Electrochem. (Electrokimiya), **2**, 689 (1966).
193. V. P. Barbanov and A. I. Kurmaeva, Soviet Electrochem. (Electrokimiya), **3**, 644 (1966).
194. G. Pistoia, G. Pecci and B. Scrosati, Ricerca Sci., **37**, 1167 (1967).
195. R. C. Paul, J. P. Singla and S. P. Narula, J. Phys. Chem., **73**, 741 (1969).
196. L. R. Dawson and W. W. Wharton, J. Electrochem. Soc., **107**, 700 (1960).
197. A. Weissberger and J. W. Williams, Z. physikal. Chem., **3(B)**, 367 (1929).
198. P. P. T. Sah and Shih-Liang Chien, J. Amer. Chem. Soc., **53**, 3901 (1931).
199. E. D. Wilhoit and P. G. Sears, Trans. Kentucky Acad. Sci., **17**, 123 (1956).
200. M. Kilpatrick and F. E. Luborsky, J. Amer. Chem. Soc., **75**, 577 (1953).
201. J. Eliassaf, R. M. Fuoss and J. E. Lind, Jr., J. Phys. Chem., **67**, 1724 (1963).
202. P. G. Sears, G. R. Lester and L. R. Dawson, J. Phys. Chem., **60**, 1433 (1956).

I. PHYSICAL PROPERTIES OF SOLVENTS

203. J. A. Bolzan, M. C. Giordano and A. J. Arvia, Anales Asoc. Quim. Argentina, **54**, 171 (1966).
204. J. N. Butler, J. Electroanalyt. Chem. Interfacial Electrochem., **14**, 89 (1967).
205. J. M. Crawford and R. P. H. Gasser, Trans. Faraday Soc., **63**, 2758 (1967).
206. T. B. Reddy, Diss. Abs., **21**, 1781 (1961).
207. J. S. Dunnett and R. P. H. Gasser, Trans. Faraday Soc., **61**, 922 (1965).
208. M. D. Archer and R. P. H. Gasser, Trans. Faraday Soc., **62**, 3451 (1966).
209. H. L. Schlafer and W. Schaffernicht, Angew. Chem., **72**, 618 (1960).
210. N.-P. Yao and D. N. Bennion, UCLA Rep. 69-30 DA Contract No. DA-44-009-AMC-1661(T).
211. H. E. Bent and E. Swift, Jr., J. Amer. Chem. Soc., **58**, 2216 (1936).
212. H. E. Bent, G. S. Forbes and A. F. Forziati, J. Amer. Chem. Soc., **61**, 709 (1939).
213. C. M. Criss, R. P. Held and E. Luksha, J. Phys. Chem., **72**, 2970 (1968).
214. F. K. V. Koch, J. Chem. Soc., 269 (1928).
215. H. F. Bauman, Proc. Ann. Power Sources Conf., **18**, 89 (1964).
216. T. O. Pinfold and F. Sebba, J. Amer. Chem. Soc., **78**, 2095 (1956).
217. C. R. Allen, M. R. Wright and P. G. Wright, J. Chem. Soc., 892 (1967A).
218. E. Eigenberger, J. pr. Chem., **130**(2), 75 (1931).
219. C. A. Kraus and R. M. Fuoss, J. Amer. Chem. Soc., **55**, 21 (1933).
220. B. Pesce and M. V. Lago, Gazz. Chim. Ital., **74**, 131 (1944).
221. W. Herz and E. Lorentz, Z. physik. Chem., **140**, 406 (1929).
222. H. Ulich and W. Nesjutal, Z. physik. Chem., **16B**, 221 (1932).
223. R. Brunel, J. L. Crenshaw and E. Tobin, J. Amer. Chem. Soc., **43**, 572 (1921).
224. J. R. Graham, G. S. Kell and A. R. Gordon, J. Amer. Chem. Soc., **79**, 2352 (1957).
225. E. D. Copley, D. M. Murray-Rust and H. Hartley, J. Chem. Soc., 2492 (1930).
226. J. Barthel, G. Schwitzgebel and R. Wachter, Z. phys. Chem. (Neue Folge), **55**, 33 (1967).
227. E. S. Amis, J. Phys. Chem., **60**, 428 (1956).
228. M. Barak and H. Hartley, Z. phys. Chem., **A165**, 272 (1933).
229. L. Thomas and E. Marum, Z. phys. Chem., **143**, 191 (1929).
230. H. H. Lloyd and J. B. Wiesel, Carnegie Inst. Pub. No. 260, 119–144 (1918).
231. A. M. El-Aggan, D. C. Bradley and W. Wardlaw, J. Chem. Soc., 2092 (1958).
232. E. L. Cussler and R. M. Fuoss, J. Phys. Chem., **71**, 4459 (1967).
233. T. E. Thoyre and J. W. Rodger, Phil. Trans. **185A**, 397 (1894).
234. C. B. Kretschmer, J. Nowakowska and R. Wiebe, J. Amer. Chem. Soc., **70**, 1785 (1948).
235. L. W. Winkler, Ber., **38**, 3612 (1905).
236. M. Lecat, "Tables Azeotropiques," Brussels (1949).
237. P. W. Brewster, F. C. Schmidt and W. B. Schaap, J. Amer. Chem. Soc., **81**, 5532 (1959).
238. R. E. Reitmeier, V. Sivertz and H. V. Tartar, J. Amer. Chem. Soc., **62**, 1943 (1940).
239. J. Kendall and P. M. Gross, J. Amer. Chem. Soc., **42**, 1776 (1920).
240. E. L. Skau, J. Phys. Chem., **37**, 609 (1933).
241. K. F. Lowe, Ann. Physik, **66**, 390 (1898).
242. F. Wade and P. W. Merriman, J. Chem. Soc. (London), **101**, 2437 (1912).
243. E. Pohland and W. Mehl, Z. physik. Chem., **A164**, 48 (1933).
244. E. L. Skau and R. MacCullough, J. Amer. Chem. Soc., **57**, 2439 (1935).
245. A. Heydweiller, Ann. Physik, NS, **59**, 193 (1896).
246. R. F. Kenyra and W. H. Lee, J. Chem. Soc., 100 (1961).
247. G. L. Putnam and K. A. Kobe, Trans. Electrochem. Soc., **74**, 609 (1938).

248. G. W. A. Fowles and W. R. McGregor, J. Phys. Chem., **68,** 1342 (1964).
249. F. Puspanadan, Diss. Abs., **27,** 2642 (1967).
250. I. R. Bellobono and G. Favini, Ann. Chim., **55,** 32 (1965).
251. B. B. Hibbard and F. C. Schmidt, J. Amer. Chem. Soc., **77,** 225 (1955).
252. M. Goffredi and R. Triolo, Ricerca Sci., **37,** 1137 (1967).
253. R. Muller, V. Rascha and M. Wittmann, Monatsh., **48,** 659 (1927).
254. F. Accascina and M. Goffredi, Ricerca Sci., **37,** 1126 (1967).
255. C. N. Rieber et al., Ber., **58,** 969 (1925).
256. T. C. Wehman and A. I. Popov, J. Phys. Chem., **72,** 4031 (1968).
257. G. F. Smith, J. Chem. Soc., 3257 (1931).
258. L. R. Dawson, E. D. Wilhoit and P. G. Sears, J. Amer. Chem. Soc., **79,** 5906 (1957).
259. P. H. Lewari and G. P. Johari, J. Phys. Chem., **67,** 512 (1963).
260. J. M. Notley and M. Spiro, J. Phys. Chem., **70,** 1502 (1966).
261. R. C. Paul and O. C. Vaidya, Indian J. Chem., **6,** 151 (1968).
262. P. B. Davis, W. S. Putnam and H. C. Jones, J. Franklin Inst., **180,** 567 (1915).
263. P. B. Davis and W. S. Putnam, Carnegie Inst. Pub., **260,** 16 (1918).
264. L. R. Dawson, T. M. Newell and W. J. McCreary, J. Amer. Chem. Soc., **76,** 6024 (1954).
265. P. L. Magill, Ind. Eng. Chem., **26,** 518 (1947).
266. P. Drude, Z. physik. Chem., **23,** 267 (1897).
267. H. I. Schlesinger and A. W. Martin, J. Amer. Chem. Soc., **36,** 1589 (1914).
268. B. E., Trav. Bur. Int. Et. Phys.-Chim. Bruxelles, J. Chim. phys., **27,** 401 (1930).
269. G. H. Mains, Chem. Met. Eng., **26,** 779 (1922).
270. J. S. Guy and H. C. Jones, Amer. Chem. J., **46,** 137 (1911).
271. T. Erdey-Gruz and E. Kugler, Magyar Kem. Folyoirat, **74,** 135 (1968).
272. E. Beckmann, G. Fuchs and V. Gernhardt, Z. physikal. Chem., **18,** pp. 473, 509 (1895).
273. G. E. Gibson and W. F. Giauque, J. Amer. Chem. Soc., **45,** 93 (1923).
274. M. P. Applebye, J. Chem. Soc., 2000 (1910).
275. R. Bock, Z. physik, **31,** 534 (1925).
276. P. S. Albright, J. Amer. Chem. Soc., **59,** 2098 (1937).
277. Y. Simon, Bull. Soc. Chim. Belg., **38,** 47 (1929).
278. R. Bilterys, Bull. Soc. Chim. Belg., **44,** 576 (1935).
279. CRC Handbook of Chemistry & Physics, College Edition, 50th ed. (1969–70).
280. R. A. Ruehrwein and W. F. Giauque, J. Amer. Chem. Soc., **61,** 2626 (1939).
281. J. E. Coates and E. G. Taylor, J. Chem. Soc. (London), 1245 (1936).
282. C. A. Kraus, J. Phys. Chem., **58,** 673 (1954).
283. K. H. Meyer and H. Hopff, Ber., **54,** 1709 (1921).
284. T. M. Lowey and S. T. Henderson, Proc. Roy. Soc. London, **A136,** 474 (1932).
285. R. L. Jarry and W. J. Davis, J. Phys. Chem., **57,** 600 (1953).
286. J. H. Hu, D. White and H. L. Johnston, J. Amer. Chem. Soc., **75,** 1232 (1953).
287. J. H. Simons and R. D. Dresdner, J. Amer. Chem. Soc., **66,** 1070 (1944).
288. K. Fredenhagen and J. Dahmlos, Z. anorg. Chem., **178,** 272 (1929).
289. K. Fredenhagen and G. Cadenbach, Z. anorg. Chem., **178,** 289 (1929).
290. M. E. Runner, G. Balog and M. Kilpatrick, J. Amer. Chem. Soc., 5183 (1956).
291. J. H. Simons and J. W. Bouknight, J. Amer. Chem. Soc., **54,** 129 (1932).
292. H. H. Hyman, T. I. Lane and T. A. O'Donnell, 145th Meeting A.C.S. Abstracts, 63T (1963).
293. E. U. Franck and W. Spalthoff, Z. Elektrochem., **61,** 348 (1957).
294. G. M. Quam and J. A. Wilkinson, J. Amer. Chem. Soc., **47,** 989 (1925).
295. D. J. Bearcroft and N. H. Nachtrieb, J. Phys. Chem., **71,** 316 (1967).

I. PHYSICAL PROPERTIES OF SOLVENTS

296. D. J. Bearcroft and N. H. Nachtrieb, J. Phys. Chem., **71,** 4400 (1967).
297. G. Jander, "Die Chemie in Wasserähnlichen Lösungsmitteln Springer-Verlag, Berlin" (1949).
298. G. E. Coates and J. E. Coates, J. Chem. Soc., 77 (1944).
299. P. G. Sears, R. R. Holmes and L. R. Dawson, J. Electrochem. Soc., **102,** 145 (1955).
300. E. C. Evers and A. G. Knox, J. Amer. Chem. Soc., **73,** 1739 (1951).
301. A. R. Gordon, R. E. Jervis, D. R. Muir and J. P. Butler, J. Amer. Chem. Soc., **75,** 2855 (1953).
302. R. W. Kunze and R. M. Fuoss, J. Phys. Chem., **67,** 385 (1963).
303. M. A. Coplan and R. M. Fuoss, J. Phys. Chem., **68,** 1177 (1964).
304. G. Kortum and H. Wenck, Ber. Bunsengesellschaft Phys. Chem., **70,** 435 (1966).
305. J. L. Hawes, Diss. Abs., **23,** 2339 (1963).
306. J. Barthel and G. Schwitzgebel, Z. Phys. Chem. (Neue Folge), **54,** 181 (1967).
307. H. Goldschmidt and H. Aarflot, Z. Phys. Chem., **117,** 312 (1925).
308. J. F. Skinner and R. M. Fuoss, J. Phys. Chem., **70,** 1426 (1966).
309. C. M. French and K. H. Glover, Trans. Faraday Soc., **51,** 1418 (1955).
310. L. R. Dawson, E. D. Wilhoit and P. G. Sears, J. Amer. Chem. Soc., **78,** 1569 (1956).
311. L. R. Dawson, J. W. Vaughn, G. R. Lester, M. E. Pruitt and P. G. Sears, J. Phys. Chem., **67,** 278 (1963).
312. J. R. Ruhoff and E. E. Reid, J. Amer. Chem. Soc., **59,** 401 (1937).
313. C. Carvajal, K. J. Tölle, J. Smid and M. Szwarc, J. Amer. Chem. Soc., **87,** 5548 (1965).
314. T. E. Thorpe and J. W. Rodger, Phil. Trans., **A189,** 71 (1897).
315. P. Walden, Z. physik. Chem., **46,** 103 (1903).
316. C. B. Thwing, Z. physik. Chem., **14,** 286 (1894).
317. J. Timmermans and Hennaut-Roland, J. Chim. physique, **29,** 529 (1932).
318. R. N. Kerr, J. Chem. Soc., 2796 (1926).
319. J. Errera, J. phys. radium, **5,** 304 (1924).
320. W. R. Pyle, Phys. Rev., **38,** 1057 (1931).
321. J. W. Williams, J. Amer. Chem. Soc., **52,** 1831 (1930).
322. A. H. White and W. S. Bishop, J. Amer. Chem. Soc., **62,** 8 (1940).
323. J. Wyman and E. N. Ingalls, J. Amer. Chem. Soc., **60,** 1182 (1938).
324. H. Schlundt, J. Phys. Chem., **5,** 503 (1901).
325. C. P. Smyth and C. S. Hitchcock, J. Amer. Chem. Soc., **54,** 4631 (1932).
326. R. J. Le Fevre and P. Russell, Trans. Faraday Soc., **43,** 374 (1947).
327. J. Estermann, Z. physik. Chem., **B1,** 115 (1928).
328. O. C. Schaefer and H. Schlundt, J. Phys. Chem., **13,** 669 (1909).
329. R. H. Cole, J. Chem. Phys., **9,** 251 (1941).
330. C. P. Smyth and C. S. Hitchcock, J. Amer. Chem. Soc., **55,** 1830 (1933).
331. G. Glockler and R. E. Peck, J. Chem. Phys., **4,** 658 (1936).
332. R. M. Cone, G. H. Denison and J. D. Kemp, J. Amer. Chem. Soc., **53,** 1278 (1931).
333. C. P. Smyth and C. S. Hitchcock, J. Amer. Chem. Soc., **56,** 1084 (1934).
334. W. G. Bickford, Iowa State Coll. J. Sci., **11,** 35 (1936).
335. M. S. Toy and W. An Cannon, Electrochem. Technol., **4,** 520 (1966).
336. A. J. Parker, "Advances in Physical Organic Chemistry," V. Gold, Ed., Vol. 5, Academic Press, Inc., London, 173 (1967).
337. H. Normant, Angew. Chem., **6,** 1046 (1967).
338. J. G. Aston, C. W. Siller and G. H. Messerly, J. Amer. Chem. Soc., **59,** 1743 (1937).
339. W. A. Felsing and A. R. Thomas, Ind. Eng. Chem., **21,** 1269 (1929).
340. S. O. Morgan and H. H. Lowry, J. Phys. Chem., **34,** 2385 (1930).
341. T. B. Hoover, J. Phys. Chem., **68,** 876 (1964).

342. M. D. Dyke, P. G. Sears and A. I. Popov, J. Phys. Chem., **71**, 4140 (1967).
343. D. Nicholls, C. Sutphen and M. Szwarc, J. Phys. Chem., **72**, 1021 (1968).
344. C. M. French and I. G. Roe, Trans. Faraday Soc., **49**, 314 (1953).
345. C. R. Witschonke and C. A. Kraus, J. Amer. Chem. Soc., **69**, 2472 (1947).
346. P. Walden and E. J. Birr, Z. phys. Chem., **163A**, 281 (1932).
347. T. R. Das and N. R. Kuloor, J. Indian Inst. Sci., **50**, 13 (1968).
348. C. P. Wright, D. M. Murray-Rust and H. Hartley, J. Chem. Soc., 199 (1931).
349. M. Wojciechowski, J. Research Nat. Bur. Standards, **17**, 721 (1936).
350. P. Verkade and J. Coops, Jr., Rec. trav. chim., **46**, 903 (1927).
351. R. G. Larson and H. Hunt, J. Phys. Chem., **43**, 417 (1939).
352. P. Walden, Z. physikal. Chem., **65**, 129 (1909).
353. K. R. Hoffman and C. An Van der Werf, J. Amer. Chem. Soc., **68**, 993 (1946).
354. H. Freiser and W. L. Glowacki, J. Amer. Chem. Soc., **70**, 2575 (1948).
355. T. A. Gover and P. G. Sears, J. Phys. Chem., **60**, 330 (1956).
356. C. B. Kretschmer and R. Wiebe, J. Amer. Chem. Soc., **71**, 1793 and 3176 (1949).
357. G. S. Parks and H. M. Huffman, J. Amer. Chem. Soc., **48**, 2788 (1926).
358. F. Hovorka and J. C. Simms, J. Amer. Chem. Soc., **59**, 92 (1937).
359. A. L. Olsen and E. R. Washburn, J. Amer. Chem. Soc., **57**, 303 (1935).
360. A. E. Dunstan, J. Chem. Soc. (London), **107**, 667 (1915).
361. A. E. Dunstan, F. B. Thole and P. Benson, J. Chem. Soc. (London), **105**, 782 (1914).
362. A. Piekara and B. Piekara, Compt. rend., **198**, 1018 (1934).
363. G. Groves and S. Sugden, J. Chem. Soc. (London), 158 (1937).
364. B. Daragan, Bull. Soc. Chim. Belg., **44**, 597 (1935).
365. D. K. Dobroserdov, J. Russ. Phys. Chem. Soc., **43**, 73 (1911).
366. F. E. Rosztoczy, "Fourth Symposium on Ammonia Batteries," Report No. NOLC 559 (AD272289) (January 1962).
367. J. Chilton, "New Cathode-Anode Couples," Report No. ASD-TDR-62-1, (AD-277171) (April 1962).
368. J. Farrar, R. Keller and C. Mazac, "High Energy Battery System Study," Report No. 1, Contract DA-36-039-AMC-03201(E) (AD429290) (September 1963).
369. J. Chilton, "New Cathode-Anode Couples," (AD425876) (October 1963).
370. D. S. Burgess and C. A. Kraus, J. Amer. Chem. Soc., **70**, 706 (1948).
371. P. Walden, L. F. Audrieth and E. J. Birr, **160A**, 337 (1932).
372. M. M. Davies, Trans. Faraday Soc., **31**, 1561 (1935).
373. R. Fernandez-Prini and J. E. Prue, Trans. Faraday Soc., **62**, 1257 (1966).
374. M. Della Monica, U. Lamanna and L. Senatore, J. Phys. Chem., **72**, 2124 (1968).
375. R. Burwell, Jr. and C. H. Langford, J. Amer. Chem. Soc., **81**, 3799 (1959).
376. M. Della Monica and U. Lamanna, Gazzetta, **98**, 256 (1968).
377. M. Della Monica, U. Lamanna and L. Jannelli, Gazzetta, **97**, 367 (1967).
378. N. N. Lichtin and H. Kliman, J. Chem. and Eng. Data, **8**, 178 (1963).
379. N. N. Lichtin and H. P. Leftin, J. Phys. Chem., **60**, 160 (1956).
380. R. C. Roberts and M. Szwarc, J. Amer. Chem. Soc., **87**, 5542 (1965).
381. D. N. Bhattacharyya, C. L. Lee, J. Smid and M. Szwarc, J. Phys. Chem., **69**, 608 (1965).
382. J. Comyn, F. S. Dainton and K. J. Ivin, Electrochim. Acta, **13**, 1851 (1968).
383. E. D'Orsay, N. P. Yao and D. N. Bennion, In press.
384. J. A. Caruso, P. G. Sears and A. I. Popov, J. Phys. Chem., **71**, 1756 (1967).
385. L. Deffet, Bull. Soc. Chim. Belg., **40**, 385 (1931).
386. J. Timmermans, J. Chim. Phys., **18**, 133 (1920).
387. R. Müller and H. Brenneis, Z. Elektrochem., **38**, 451 (1932).
388. P. Dutoit and H. Duperthuis, J. Chim. Phys., **6**, 729 (1908).

I. PHYSICAL PROPERTIES OF SOLVENTS

389. T. C. Waddington (ed.), "Non-Aqueous Solvent Systems," Academic Press (1965).
390. J. N. Butler, R. J. Jasinski, D. R. Cogley, H. L. Jones, J. C. Synnott and S. Carroll, "Purification and Analysis of Organic Non-Aqueous Solvents," AFCRL-70-0605, Contract No. F19628-68-C-0052, Final Report covering period 1 October 1967 to 30 September 1970.
391. R. L. Kay and D. F. Evans, J. Phys. Chem., **69**, 4216 (1965).
392. A. M. Hartstein and S. Windwer, J. Phys. Chem., **73**, 1549 (1969).
393. F. W. Darrow, Ph.D. Thesis, University of Pennsylvania (1965).
394. D. J. Mead and R. M. Fuoss, J. Amer. Chem. Soc., **61**, 2047 (1939).
395. N. L. Cox, C. A. Kraus and R. M. Fuoss, Trans. Faraday Soc., **31**, 749 (1935).
396. R. P. Seward, J. Amer. Chem. Soc., **62**, 758 (1958).
397. J. Michel, Thesis, Bruxelles (1938).
398. K. H. Stern and A. E. Martell, J. Amer. Chem. Soc., **77**, 1983 (1955).
399. S. R. Phadke, N. L. Phalnikar and B. V. Bhide, J. Indian Chem. Soc., **22**, 239 (1945).
400. R. J. Gillespie and S. Wasif, J. Chem. Soc., 215 (1953).
401. H. Schlundt, J. Phys. Chem., **5**, 157 (1901).
402. M. A. Elliott and R. M. Fuoss, J. Amer. Chem. Soc., **61**, 294 (1939).
403. R. M. Fuoss and M. A. Elliott, J. Amer. Chem. Soc., **67**, 1339 (1945).
404. C. M. French and R. C. B. Tomlinson, J. Chem. Soc., 311 (1961).
405. P. Walden, Z. physik. chem., **A148**, 45 (1930).
406. J. D. Cotton and T. C. Waddington, J. Chem. Soc. (A), 785 (1966).
407. C. M. French and N. Singer, J. Chem. Soc., 1424 (1956).
408. C. M. French and P. B. Hart, J. Chem. Soc., 1671 (1960).
409. E. E. Lineken and J. A. Wilkinson, J. Amer. Chem. Soc., **62**, 251 (1940).
410. C. M. French, P. B. Hart and D. F. Muggleton, J. Chem. Soc., 3582 (1959).
411. C. M. French and P. B. Hart, J. Chem. Soc., 3161 (1960).
412. V. Gutmann and K. Utvary, Monatsh Chem., **89**, 731 (1958).
413. V. Gutmann, G. Kempel and O. Leitmann, Monatsh Chem., **95**, 1034 (1964).
414. V. Gutmann and M. Baaz, Monatsh Chem., **90**, 239 (1959).
415. S. K. Bhattacharyya and S. N. Nakhate, J. Indian Chem. Soc., **24**, 1 (1947).
416. S. K. Bhattacharyya and S. N. Nakhate, J. Indian Chem. Soc., **24**, 99 (1947).
417. S. K. Bhattacharyya and A. K. Bhadra, Current Sci. (India), **16**, 117 (1947).
418. F. Swarts, J. Chimie Physique, **28**, 622 (1931).
419. P. G. Sears and W. C. O'Brien, J. Chem. Eng. Data, **13**, 112 (1968).
420. H. M. Smiley and P. G. Sears, Trans. Kentucky Acad. Sci., **19**, 62 (1958).
421. J. W. Vaughn and P. G. Sears, J. Phys. Chem., **62**, 183 (1958).
422. Globe-Union, "Organic Electrolyte Battery," F., Report No. SC-CR-67-2855, Contract No. 58-0690 (12/67).
423. G. Charlot and B. Tremillon, "Chemical Reactions in Solvents and Melts," Pergamon Press (1969).
424. Thermodynamics Research Center Data Project, Thermodynamic Data Center, College Station, Texas A & M University, Table 23-2-1-(1.1130)-a, (Dec. 31, 1965).
425. Shell Development Co., Emeryville, California, Unpublished data, Private Communications.
426. A. A. Maryott and E. A. Smith, "Table of Dielectric Constants of Pure Liquids," NBS Circular 514 (Aug. 10, 1951).
427. A. E. Karr, W. M. Bowes, et al., Anal. Chem., **23**, 459 (1951).
428. Kay-Fries Chemicals, Inc., "Technical Data," New York.
429. P. Walden, Z. Phys. Chem. (Leipzig), **55**, 207 (1906).
430. J. Timmermans and Mme. Hennaut-Roland, J. Chim. Phys., **56**, 984 (1959).

431. D. Vorander and R. Walter, Z. Phys. Chem. (Leipzig), **118,** 1 (1925).
432. Dow Chemical Co., "Ethanolamines," Midland (1954).
433. R. A. McDonald, S. A. Shrader, et al., J. Chem. Eng. Data, **4,** 311 (1959).
434. J. N. Pearce and L. F. Berhenke, J. Phys. Chem., **39,** 1005 (1935).
435. Union Carbide Chemicals Co., "Alkanolamines and Morpholines," New York (1960).
436. A. F. Gallaugher and H. Hibbert, J. Amer. Chem. Soc., **59,** 2521 (1937).
437. J. Hampton and J. A. Riddick, Unpublished data from the Research and Development Division, Commercial Solvents Corp.
438. H. E. Wirth and E. D. Palmer, J. Phys. Chem., **65,** 914 (1961).
439. E. G. Cowley, J. Chem. Soc., 3557 (1952).
440. A. G. Mussell, F. B. Thole, et al., J. Chem. Soc., **101,** 1008 (1912).
441. Thermodynamics Research Center Data Project, Thermodynamics Research Center, College Station, Texas A & M University, Table 23-18-2-(1.0113)-a (Dec. 31, 1961).
442. Thermodynamics Research Center Data Project, Table 23-2-1-(1.1036)-a (June 30, 1966).
443. G. O. Curme and F. Johnston, eds., "Glycols," Reinhold, New York (1952).

(b) Mixed Solvents

The physical properties of mixed solvents in this section have been limited to density, viscosity, specific conductance and dielectric constant and have been compiled exclusively from the conductance studies in mixed solvents given elsewhere in this Handbook.

ACETONE–WATER

Temp.	Composition wt.% H_2O	Density	Viscosity cp	Diel. const.	Ref.
	30		1.075	61.04	[1]
	70		0.747	35.70	
	90		0.419	23.96	
	95		0.356	21.50	
	97		0.337	20.53	
	100		0.309	19.10	
	98.080		0.316		[2]
	99.231		0.314		
	99.507		0.312		
	99.750		0.309_5		
	100		0.307_5		
	0.18	0.7840			[3]
	0.22	0.7841			
	(0.34)	0.7845	0.3040		
	0.45	0.7849	0.3200		
	(0.46)	0.7848	0.3093		
	(0.51)	0.7850	0.307		
	0.76	0.7858	0.309		
	0.87	0.7861			
	(0.89)	0.7862	0.315		
	1.00	0.7865	0.312		
	1.51	0.7880			
	1.65	0.7882			
	2.89	0.7922	0.349		
	5.35	0.7997	0.378		

ACETONE–WATER (*Continued*)

Temp.	Composition wt.% H_2O	Density	Viscosity cp	Diel. const.	Ref.
30°C	30		0.950	59.47	[1]
	70		0.686	34.75	
	90		0.400	23.38	
	95		0.329	21.42	
	97		0.322	20.01	
	100		0.295	18.67	
35°C	30		0.840	58.20	[1]
	70		0.645	33.90	
	90		0.378	22.76	
	95		0.313	20.98	
	97		0.300	19.51	
	100		0.282	18.23	
40°C	30		0.753	56.77	[1]
	70		0.585	33.03	
	90		0.333	22.32	
	95		0.300	20.48	
	97		0.289	19.06	
	100		0.275	17.80	
	99		0.44	24	[5]
	9.83		1.090	73.25	[6]
	9.94		1.092	73.20	
	19.83		1.271	67.70	
	19.94		1.272	67.60	
	29.91		1.358	62.00	
	34.89		1.364	58.90	
	40.17		1.345	55.65	
	45.73		1.296	52.15	
	54.70		1.161	46.60	
	65.01		0.928	40.45	
	70.17		0.827	37.30	
	29.97			61.91	[7]
	59.91			43.48	
	79.45			31.84	

I. PHYSICAL PROPERTIES OF SOLVENTS

ACETONE–WATER (Continued)

Temp.	Composition wt.% H_2O	Density	Viscosity cp	Diel. const.	Ref.
	100			19.1	[8]
	99			19.6	
	98			20.1	
	95			21.6	
	90			24.0	
	80			29.6	
	60			41.8	
	50			48.2	

[3] Data may be summarized as follows:

(κ wt.% water) density, $d = 0.78345 + 0.00303067\,\kappa$
viscosity, $\eta = 0.003000 + 0.0001667\,\kappa$
(poise)

[4] Viscosity (poise) given by $10^3\,\eta = 0.0051\,\kappa^2 + 0.0719\,\kappa + 2.9990$ in range κ mole % water 0.207–5.791.

Dielectric constant given by $D = 20.13_8 + 0.5327_5\,\kappa$ in range κ mole % water 0.267–5.791.

ACETONITRILE–WATER

Composition wt.% CH_3CN	Specific conductance $ohm^{-1}\,cm^{-1} \times 10^8$	Density	Viscosity cp	Diel. const.	Ref.
0.00	166	0.9971	0.8903	78.54	[9]
22.08	133	0.9580	0.9745	69.22	
53.60	90	0.8833	0.729	53.96	
66.48	64	0.8543	0.597	48.30	
75.91	59	0.8311	0.503	44.53	
85.16	54	0.8098	0.424	41.07	
90.24	38	0.7981	0.387	39.21	
95.08	17	0.7882	0.361	37.60	
97.08	11	0.7857	0.355	36.89	
99.32	4	0.7799	0.349	36.25	

β-ALANINE–WATER

Molarity β alanine	Viscosity cp	Diel. const.	Ref.
0.2619	0.9453	87.6	[10]
0.6192	1.0290	100.0	
0.8000	1.0754	106.2	
1.0625	1.1481	115.3	
1.1821	1.1832	119.4	
1.2119	1.1922	120.5	
1.3176	1.2248	124.1	
1.4531	1.2683	128.8	
1.4956	1.2819	130.3	

DIMETHYLSULFOXIDE (DMSO)–WATER

Composition wt.% DMSO	Density	Viscosity cp	Diel. const.	Ref.
0	0.9971	0.894	78.3	[11]
10	1.0102	1.110	78.2	
20	1.0238	1.382	77.4	
30	1.0388	1.748	77.2	
40	1.0537	2.232	76.4	
50	1.0693	2.854	75.2	
60	1.0826	3.467	73.3	
70	1.0927	3.764	69.5	
80	1.0983	3.45	64.7	
90	1.0981	27.0	57.5	
95	1.0976			
97.8	1.0965			
100	1.0956	20.03	46.4	

I. PHYSICAL PROPERTIES OF SOLVENTS

DIOXANE–WATER

Temp.	Composition wt.% dioxane	Specific conductance ohm^{-1} cm^{-1} × 10^8	Density	Viscosity cp	Diel. const.	Ref.
	0				78.48	[12]
	10				70.33	
	15				66.10	
	20				61.86	
	30				53.28	
	35				48.91	
	40				44.54	
	45				40.20	
	50				35.85	
	55				31.53	
	0				78.48	[13]
	10				70.33	
	20				61.86	
	30				53.28	
	35				48.91	
	40				44.54	
	50				35.85	
	55				31.53	
	0	163	0.99707	0.8903	78.54	[14]
	22.2	58	1.01585	1.330	60.16	
	43.65	45	1.03037	1.803	41.46	
	56.7	24	1.03544	1.977	30.26	
	61.7	16	1.03634	1.911	25.84	
	69.9	9.4	1.03690	1.928	19.32	
	75.0	4.0	1.03630	1.844	15.37	
	78.8	2.8	1.03565	1.755	12.74	
	0	84	0.99707	0.8903	78.54	[15]
	22.1	50	1.01575	1.328	60.18	
	44.6	25.3	1.03065	1.820	40.57	
	57.1	18.0	1.03515	1.982	29.79	
	63.7	6.0	1.03652	1.986	24.44	
	70.7	4.5	1.03650	1.922	18.68	
	75.2	2.8	1.03587	1.839	15.29	
	78.5	1.0	1.03562	1.754	12.81	
	0				78.54	[16]
	10				70.33	
	22.2				60.16	

DIOXANE–WATER (Continued)

Temp.	Composition wt.% dioxane	Specific conductance ohm^{-1} cm^{-1} $\times 10^8$	Density	Viscosity cp	Diel. const.	Ref.
	30				53.28	[16]
	43.65				41.46	
	50				35.85	
	55				31.53	
	56.69				30.26	
	57.1				29.79	
	60				27.21	
	61.74				25.84	
	63.7				24.44	
	65				23.14	
	69.88				19.32	
	70				19.07	
	70.7				18.68	
	0	114	0.99707	0.8903	78.54	[17]
	22.2	76	1.01577	1.330	60.26	
	45.6	13.0	1.03118	1.835	39.84	
	56.4	70.2	1.03530	1.972	30.43	
	63.0	8.1	1.03614	1.983	24.81	
	70.2	15.1	1.03675	1.923	19.07	
	78.7	10.8	1.03564	1.758	13.01	
	0	135	0.99707	0.8903	78.54	[18]
	34.2	41.7	1.02461	1.598	49.54	
	53.7	21.3	1.03433	1.953	32.77	
	60.5	18.9	1.03584	1.992	26.85	
	70.6	6.0	1.03670	1.917	18.74	
	73.5	5.1	1.03635	1.871	16.67	
	77.7	1.8	1.03571	1.778	13.51	
	79.9	2.5	1.03542	1.721	12.12	
	0	128	0.99707	0.8903	78.54	[19]
	36.2	37.2	1.02618	1.636	48.02	
	61.9	6.5	1.03642	1.987	25.80	
	70.5	4.9	1.03675	1.920	18.93	
	77.5	1.9	1.03590	1.786	13.73	
	80.1	1.1	1.03523	1.720	11.88	
	0	146	0.99707	0.890	78.54	[20]
	47.5	32	1.03193	1.862	38.60	
	64.4	10.9	1.03666	1.980	23.68	
	70.5	5.3	1.03681	1.921	18.73	
	75.5	4.2	1.03626	1.827	15.01	
	78.8	3.5	1.03573	1.756	12.73	

I. PHYSICAL PROPERTIES OF SOLVENTS

DIOXANE–WATER (Continued)

Temp.	Composition wt.% dioxane	Specific conductance ohm^{-1} cm^{-1} × 10^8	Density	Viscosity cp	Diel. const.	Ref.
	0	244	0.99707	0.8903	78.54	[21]
	18.8	220	1.01308	1.268	62.43	
	45.9	19.5	1.03154	1.845	39.44	
	65.1	12.3	1.03670	1.976	23.14	
	69.8	6.5	1.03680	1.928	19.30	
	75.6	5.5	1.03619	1.827	14.98	
	78.4	0.9	1.03577	1.761	12.95	
	0	209	0.97707	0.8903	78.54	[22]
	47.6	36	1.03226	1.869	37.96	
	63.7	12.2	1.03661	1.983	24.39	
	70.7	12.5	1.03677	1.918	18.68	
	76.1	3.5	1.03613	1.819	14.73	
	77.2	2.8	1.03592	1.782	13.53	
	20.4		1.0134	1.244	61.27	[23]
	20.6		1.0147	1.310	61.24	
	22.1		1.0159	1.328	58.71	
	22.1		1.0159	1.292	54.44	
	40.8		1.0285	1.729	43.43	
	44.0		1.0307	1.754	40.96	
	44.1		1.0353	1.822	40.73	
	44.3		1.0298	1.813	40.47	
	51.7		1.0342	1.938	33.19	
	53.9		1.0351	1.966	32.31	
	55.5		1.0351	1.966	30.13	
	56.8		1.0352	1.968	30.68	
	61.1		1.0352	1.986	26.35	
	62.0		1.0352	1.987	25.54	
	63.8		1.0356	1.985	25.10	
	69.6		1.0368	1.935	19.57	
	69.7		1.0367	1.930	19.03	
	70.5		1.0367	1.924	18.85	
	75.3		1.0363	1.839	15.27	
	75.7		1.0365	1.825	14.98	
	78.1		1.0348	1.778	12.19	
	78.8		1.0359	1.773	13.14	
	0	287	0.99707	0.8903	78.54	[24]
	25.02	276	1.01784	1.395	55.50	
	44.98	196	1.03084	1.825	40.25	
	59.94	24	1.03606	1.991	27.35	
	69.94	6.3	1.03678	1.925	19.10	
	79.95	1.1	1.03534	1.721	11.99	

DIOXANE–WATER (Continued)

Temp.	Composition wt.% dioxane	Specific conductance ohm^{-1} cm^{-1} × 10^8	Density	Viscosity cp	Diel. const.	Ref.
	84.96	0.4	0.03310	1.595	9.00	[24]
	68.06	9.26	1.0361	0.01948	20.62	[25]
	0				78.54	[26]
	20				61.38	
	40				44.47	
	60				27.31	
	70				19.13	
	80				12.03	
	87				7.87	
	91				5.12	
	95				4.00	
	0			0.890	78.54	[27]
	8.20			1.032	71.50	
	19.60			1.269	62.35	
	44.05			1.812	41.15	
	59.60			1.984	27.65	
	69.30			1.934	19.70	
	74.80			1.848	15.50	
	78.00			1.770	13.20	
	78.50			1.754	12.80	
	0			1.61	78.37	[28]
	20.92			1.76	60.85	
	51.73			1.83	34.30	
	63.90			1.92	23.99	
	69.37			1.97	19.52	
	74.71			1.93	15.43	
	78.33			1.31	12.95	
	83.83			0.8903	9.63	
	0				78.54	[29]
	24.17				58.18	
	35.94				48.06	
	41.94				42.94	
	46.83				38.71	
	47.76				37.90	
	49.68				36.25	
	52.27				34.02	
	54.79				31.86	
	56.36				30.51	
	58.32				28.83	
	59.14				28.12	

I. PHYSICAL PROPERTIES OF SOLVENTS

DIOXANE–WATER (Continued)

Temp.	Composition wt.% dioxane	Specific conductance ohm^{-1} cm^{-1} × 10^8	Density	Viscosity cp	Diel. const.	Ref.
	65.59				22.58	[29]
	66.52				21.78	
	68.69				19.92	
	78.81			1.755	12.74	[30]
	0		0.99707	0.8949	78.54	[31]
	55.29		1.03453	1.966	31.25	
	62.73		1.03665	1.978	25.03	
	66.77		1.03705	1.961	21.72	
	68.82		1.03702	1.940	20.08	
	74.62		1.03637	1.848	15.60	
	0	13.62	0.9971	0.890	78.54	[32]
	*	12.25	1.0335	1.944	33.52	
	*	13.55	1.0361	1.982	27.10	
	*	6.81	1.0370	1.957	21.30	
	*	4.11	1.0371	1.948	20.65	
	*	3.71	1.0368	1.902	17.90	
	100	4.93	1.0362	1.834	15.10	
	0		0.99707	0.8903	78.54	[33]
	25.05		1.01788	1.396	57.45	
	38.65		1.02773	1.688	45.75	
	39.90		1.02848	1.716	44.65	
	50.09		1.03310	1.913	35.90	
	52.89		1.03416	1.946	33.45	
	59.36		1.03594	1.990	27.87	
	59.96		1.03605	1.991	27.38	
	64.80		1.03669	1.977	23.25	
	64.90		1.03670	1.977	23.15	
	69.81		1.03679	1.928	19.30	
	69.94		1.03678	1.926	19.20	
	73.97		1.03646	1.862	16.27	
	74.95		1.03630	1.843	15.55	
	77.00		1.03600	1.797	14.15	
	77.56		1.03587	1.785	13.70	
	80.01		1.03533	1.720	11.95	
	80.05		1.03532	1.719	11.90	
	81.01		1.03508	1.690	11.25	
	81.26		1.03502	1.682	11.05	
	81.65		1.03492	1.669	10.75	

* These values not given.

DIOXANE–WATER (Continued)

Temp.	Composition wt.% dioxane	Specific conductance ohm⁻¹ cm⁻¹ × 10⁸	Density	Viscosity cp	Diel. const.	Ref.
	0		0.99707	0.8903	78.54	[34]
	16.64		1.00960	1.186	66.25	
	26.22		1.01874	1.421	57.90	
	39.28		1.02812	1.702	45.20	
	58.70		1.03580	1.988	28.45	
	71.08		1.03670	1.911	18.33	
	75.04		1.03628	1.845	15.50	
	0	146	0.99707	0.8903	78.54	[35]
	40	23	1.0283	1.725	44.6	
	60	11	1.0360	1.985	22.3	
	69.90	4.1	1.0369	1.928	19.32	
	73.50	1.8	1.0364	1.871	16.67	
	75.50	2.1	1.0363	1.830	15.01	
	78.50	1.4	1.0356	1.754	12.81	
	81.30	3.8	1.0348	1.692	11.00	
	82.82	1.8	1.0351	1.618	10.19	
	90				5.6	[8]
	80				10.71	
	70				17.69	
	0				78.5	
	0.0				78.54	[36]
	10.0				69.69	
	20.0				60.79	
at 35°C	10				66.33	[37]
	20				57.73	
	30				49.19	
	0				74.58	[38]
	10				70.33	
	15				66.20	
	20				61.86	
	25				57.13	
	53.7				32.77	
	60.5				26.85	
	70.6				18.74	
	73.5				16.67	
	77.7				13.51	
	79.9				12.12	

I. PHYSICAL PROPERTIES OF SOLVENTS

DIOXANE–WATER (*Continued*)

Temp.	Composition wt.% dioxane	Specific conductance ohm^{-1} cm^{-1} × 10^8	Density	Viscosity cp	Diel. const.	Ref.
	0				78.48	[39]
	5				74.45	
	10				70.33	
	15				66.10	
	20				61.86	
	25				57.54	
	30				53.28	
	40				44.54	
	0		0.9907	0.8903	78.5	[40]
	44.5		1.0310	1.784	40.6	
	64.5		1.0366	1.423	23.4	
	0.0		0.9971	0.8903	78.54	[41]
	19.8		1.0142	1.301	61.60	
	35.8		1.0260	1.661	47.98	
	43.6		1.0301	1.820	41.25	
	53.6		1.0344	1.968	32.64	
	58.2		1.0358	2.006	28.63	
	66.2		1.0366	1.988	21.98	
	0.0		0.99707	0.8903	78.54	[42]
	7.8		1.0039	1.046	71.89	
	16.0		1.0109	1.210	64.49	
	36.2		1.0264	1.674	47.60	
	52.5		1.0343	1.960	33.60	
	59.2		1.0361	2.014	27.96	
	70.0		1.0369	1.953	18.95	
	76.4		1.0362	1.810	14.34	
	20			1.292	61.86	[43]
	30			1.520	53.28	
	40			1.740	44.54	
	45			1.837	40.20	
	50			1.915	35.85	
	70			1.918	19.07	
	82			1.671	10.55	
30°C	70			1.708	18.58	[43]
	82			1.522	10.30	
35°C	70			1.490	18.07	[43]
	82			1.356	10.05	

ETHANOL–WATER

Temp.	Composition wt.% ethanol	Specific conductance ohm^{-1} cm^{-1} × 10^8	Density	Viscosity cp	Diel. const.	Ref.
	38				55.5	[16]
	40				55.1	
	60				43.3	
	79				33.1	
	88				29.0	
	0		0.99708	0.8989	78.54	[44]
	10		0.98038	1.328	72.8	
	20		0.96640	1.808	66.99	
	40		0.93151	2.374	55.02	
	60		0.88700	2.232	43.40	
	80		0.83909	1.738	32.84	
	100		0.78507	1.101	24.3	
	0			0.8949	78.5	[45]
	22.8			1.924	65.2	
	40.0			2.339	54.8	
	60.0			2.184	43.2	
	79.5			1.697	32.8	
	98.4			1.092	24.9	
	38.37	17	0.93484	2.360	55.5	[46]
	39.91	8	0.93170	2.375	55.1	
	40.38	7	0.93073	2.379	54.9	
	60.13	5	0.88670	2.230	43.3	
	60.25	8	0.88634	2.224	43.3	
	73.90	4	0.85405	1.919	35.7	
	79.29	6	0.84084	1.762	33.1	
	84.33	2	0.82822	1.602	30.7	
	87.92	2	0.81898	1.488	29.0	
	91.25	2	0.81013	1.382	27.5	
	93.24	2	0.80468	1.317	26.8	
	100	2	0.78506	1.084	24.3	
	38.373	17	0.93484	2.360	55.5	[47]
	39.907	7.8	0.93170	2.375	55.1	
	40.375	6.8	0.93073	2.379	54.9	
	60.129	4.9	0.88670	2.230	43.3	
	60.245	8.1	0.88634	2.224	43.3	
	62.99	10	0.88004	2.178	41.8	
	73.897	4.4	0.83405	1.919	35.7	
	84.331	2.2	0.82922	1.602	30.7	

I. PHYSICAL PROPERTIES OF SOLVENTS

ETHANOL–WATER (Continued)

Temp.	Composition wt.% ethanol	Specific conductance ohm^{-1} cm^{-1} × 10^8	Density	Viscosity cp	Diel. const.	Ref.
	91.247	1.5	0.81013	1.382	27.5	[47]
	93.237	1.5	0.80468	1.317	26.8	
	100	1.8	0.78494	1.084	24.3	
	0			0.8903	78.30	[48]
	22.4			1.916	65.5	
	42.7			2.390	53.1	
	58.3			2.277	44.2	
	80			1.747	32.8	
	100			1.096	24.3	
	0				78.30	[49]
	68.01				38.3	
	70.10				37.4	
	70.24				37.3	
	83.01				31.4	
	87.06				29.7	
	100				24.3	
	Properties given graphically					[50]
	0	0.7–5.0				[51]
	0.005	0.88				
	0.030	1.26				
	0.0833	1.28				
	0.174	1.28				
	0.533	3.11				
	0.587	4.31				
	0.681	3.78				
	1.40	5.25				
	1.171	4.74				
	4.41	8.96				
	5.82	12.5				
35°C	60		0.87851	1.66	41.0	[44]
	80		0.83209	1.355	31.0	
	100		0.77641	0.914	22.8	
35°C	0			0.7208	74.8	[45]
	22.8			1.382	62.0	
	40.0			1.668	52.0	
	60.0			1.602	41.0	
	79.5			1.309	30.8	
	98.4			0.906	23.4	

ETHANOL–WATER (*Continued*)

Temp.	Composition wt.% ethanol	Specific conductance ohm⁻¹ cm⁻¹ × 10⁸	Density	Viscosity cp	Diel. const.	Ref.
35°C	0			0.7194	74.82	[48]
	22.4			1.396	62.4	
	42.7			1.737	50.5	
	58.3			1.675	42.0	
	80.0			1.356	30.9	
	100			.914	23.2	
45°C	0			0.5970	71.4	[45]
	22.8			1.050	59.5	
45°C	0			0.5963	71.51	[48]
	22.4			1.050	59.4	
	42.7			1.300	48.1	
	58.3			1.277	39.6	
	80.0			1.082	29.0	
	100			0.764	21.5	
	98.069			1.124		[2]
				1.099		
	100			1.078		
	66.02	0.61	0.8730	2.1216	39.44	[9]
	76.66	0.53	0.8480	1.860	34.29	
	84.02	0.52	0.8301	1.653	30.94	
	90.00	0.49	0.8140	1.466	28.20	
	96.08	0.55	0.7961	1.256	26.07	
	97.11	0.48	0.7937	1.223	25.60	
	98.09	0.53	0.7911	1.183	25.18	
	99.10	0.54	0.7880	1.139	24.70	
	27.7	40	0.9543	2.138		[52]
	43.5	32	0.9268	2.386		
	51.0	29	0.9073	2.359		
	53.1	29	0.9026	2.317		
	53.3	20	6.9022	2.330		
	57.1	35	0.8942	2.280		
	62.0	15	0.8828	2.195		
	65.5	22	0.8742	2.125		
	68.2	22	0.8672	2.060		
	70.8	51	0.8612	1.998		
	77.2	42	0.8453	1.810		
	79.3	31	0.8407	1.755		

I. PHYSICAL PROPERTIES OF SOLVENTS

ETHANOL–WATER (Continued)

Temp.	Composition wt.% ethanol	Specific conductance ohm^{-1} cm^{-1} × 10^8	Density	Viscosity cp	Diel. const.	Ref.
	80.1	20	0.8388	1.730		[52]
	80.8	31	0.8367	1.708		
	81.8	32	0.8340	1.680		
	84.5	29	0.8276	1.599		
	86.6	28	0.8219	1.530		
	92.3	7–24	0.8067	1.351		
	100	8–14	0.7851	1.101		
0°C	0		0.99987	1.7921	17.921	[44]
	10		0.98477	3.311	33.11	
	20		0.97567	5.319	53.19	
	40		0.94941	7.14	71.4	
	60		0.90726	5.750	57.50	
	80		0.86035	3.690	36.90	
	100		0.80627	1.77	17.7	
35°C	0		0.99406	0.7225	74.78	[44]
	10		0.97685	1.006	69.2	
	20		0.96134	1.332	63.5	
	40		0.92385	1.72	52.0	
				0.089490		[53]
35°C				0.072030		[53]
45°C				0.059690		[53]

ETHYL METHYL KETONE–WATER

Composition wt.% H$_2$O	Specific conductance ohm^{-1} cm^{-1} × 10^8	Density	Viscosity cp	Diel. const.	Ref.
0.2031		0.8003$_2$	0.383$_0$		[3]
0.2474		0.8004$_1$			
0.301	3.89				
0.3329		0.8006$_8$			
0.4520		0.8009$_6$	0.384$_5$		
0.4780			0.385$_6$		

ETHYL METHYL KETONE–WATER (Continued)

Composition wt.% H_2O	Specific conductance ohm^{-1} cm^{-1} $\times 10^8$	Density	Viscosity cp	Diel. const.	Ref.
0.5100	8.30	0.8011$_3$			[3]
0.5350		0.8012$_1$	0.384$_9$		
0.537	5.10				
0.7333			0.388$_0$		
0.8321		0.8017$_3$	0.388$_0$		
0.8676		0.8020$_9$	0.391$_4$		
0.9060	4.92		0.391$_2$		
0.9519	144	0.80209			
1.176			0.394$_0$		
1.184			0.393$_7$		
1.338	36.3	0.8032$_0$	0.392$_6$		
1.700	32.0	0.8041$_5$	0.400$_3$		
2.191			0.406$_5$		
2.628	112.7	0.8065$_0$	0.411$_5$		
3.588	61.0	0.8095$_0$			
4.713			0.440$_0$		
4.728	81.1	0.8125$_1$	0.438$_0$		

Data for Wt.% water (κ) up to 4.728 may be summarized

$$d = 0.79978 + 0.002645_8\kappa \quad \text{Density}$$
$$\eta = 0.003792 + 0.0001275\kappa \quad \text{Viscosity (poise)}$$
$$D = 18.4 + 0.701\kappa \quad \text{Dielectic Const.}$$

[4] gives Dielectic Const. $D = 18.01 + 0.5443\kappa$
κ 0 to 7.529

ETHYLENE GLYCOL–WATER

Composition wt.% glycol	Specific conductance ohm^{-1} cm^{-1} $\times 10^8$	Density	Viscosity cp	Diel. const.	Ref.
13.03	678.6	1.0140	1.20	75.00	[54]
24.29	505.5	1.0284	1.55	71.97	
42.94	102.1	1.0530	2.60	66.50	
76.53	12.0	1.0922	7.10	53.37	
100.00	8	1.10978	16.84	40.75	

ETHYLENE GLYCOL–WATER (*Continued*)

Composition wt.% glycol	Specific conductance ohm^{-1} cm^{-1} × 10^8	Density	Viscosity cp	Diel. const.	Ref.
100				37.7	[55]
90				43.7	
80				49.3	
60				59.4	
40				66.6	
20				72.8	
0.0			0.895	78.54	[56]
0.20			2.80	65.6	
0.30			4.15	60.7	
0.40			5.56	57.0	
0.50			7.25	53.1	
0.555			8.25	51.5	

FICOLL–WATER [57]

Composition wt.% ficoll	Density	Viscosity
2.027	1.00400	1.198
4.935	1.01425	1.888
5.00		1.89
9.85	1.03138	3.928
10.00	1.03254	4.00

Ficoll is a sucrose type polymer molecular wt. approx. 10^5.

GLYCEROL–WATER

Composition wt.% glycerol	Specific conductance ohm^{-1} cm^{-1} × 10^8	Density	Viscosity cp	Diel. const.	Ref.
0	114	0.99707	0.8949	78.54	[58]
11.59	364	1.023	1.208	75.65	
38.84	285	1.094	3.045	69.15	

GLYCEROL–WATER (Continued)

Composition wt.% glycerol	Specific conductance ohm⁻¹ cm⁻¹ × 10⁸	Density	Viscosity cp	Diel. const.	Ref.
60.45	132	1.153	9.00	62.27	[58]
91.25	8	1.2352	1.960	48.17	
100	1	1.2580	945	42.48	
0		0.99707	0.8949	78.54	[59]
10.73		1.0232	1.180	75.80	
19.30		1.0436	1.508	74.05	
38.25		1.0924	2.970	69.32	
57.34		1.1442	7.450	63.37	
61.85		1.1561	9.90	61.75	
79.52		1.2041	43.40	54.34	
100.00		1.2580	945.00	42.48	
0		0.99704	0.8903	78.54	[60]
14.27		1.0322	1.25	74.47	
25.65		1.0602	1.78	71.24	
31.97		1.0762	2.24	69.44	
44.54		1.1090	3.79	65.80	
58.71		1.1459	8.50	60.65	
70.22		1.1782	18.65	55.66	

GLYCINE–WATER

Molarity glycine	Viscosity cp	Diel. const.	Ref.
0	0.890	78.5	[61]
0.258	0.922	84.0	
0.345	0.934	86.0	
0.475	0.951	88.8	
0.731	0.988	94.5	
0.918	1.017	98.8	
0.949	1.021	99.5	
0.991	1.030	100.5	
1.223	1.068	106.0	
1.280	1.078	107.4	
1.371	1.095	109.7	
1.477	1.113	112.2	
1.730	1.163	118.5	
1.785	1.172	119.9	

I. PHYSICAL PROPERTIES OF SOLVENTS

GLYCINE–WATER (*Continued*)

Molarity glycine	Viscosity cp	Diel. const.	Ref.
1.807	1.178	120.7	[61]
2.009	1.220	125.6	
2.242	1.271	131.7	
2.266	1.278	132.4	
2.393	1.308	135.7	
2.513	1.334	139.0	
3.558	1.343	140.3	
2.618	1.360	141.9	
2.626	1.361	142.1	
2.748	1.391	145.5	
2.833	1.413	147.9	

GLYCOL–WATER

Composition wt.% glycol	Density	Viscosity cp	Diel. const.	Ref.
0.0	0.99707	0.89	78.54	[62]
27.26	1.0328	1.70	71.25	
59.51	1.0732	4.07	60.7	
77.43	1.0924	7.25	53.1	

HYDROGEN PEROXIDE–WATER

Composition wt.% H_2O	Specific conductance ohm^{-1} cm^{-1} $\times 10^8$	Viscosity cp	Diel. const.	Ref.
0	9.0	0.895	78.5	[63]
24.2	43.2	0.958	80.8	
49.7	51.3	1.055	81.0	
74.4	40.2	1.132	76.5	
99.4	5.1	1.055	73.0	

METHANOL–WATER

Temp.	Composition wt.% MeOH	Specific conductance ohm^{-1} cm^{-1} × 10^8	Density	Viscosity cp	Diel. const.	Ref.
	100.00			0.544	32.66	[64]
	97.0			0.606	34.55	
	95.0			0.645	35.38	
	90.0			0.742	37.91	
	50.0			1.276	56.28	
	20.0			1.092	69.99	
	0.00	5.9	0.9971	0.890	78.48	[65]
	23.37	7.4	0.9581	1.452	68.50	
	24.99	12.5	0.9552	1.476	67.80	
	45.90	4.4	0.9210	1.568	58.25	
	49.99	5.4	0.9129	1.510	56.35	
	74.96	1.9	0.8554	1.098	44.85	
	75.88	3.4	0.8534	1.079	44.45	
	89.30	1.6	0.8221	0.778	38.25	
	100.00	0.71	0.7867	0.552	32.66	
	0			0.8949	78.49	[66]
	10			1.158	74.21	
	20			1.400	70.01	
	40			1.593	60.92	
	60			1.403	51.71	
	80			1.006	42.60	
	90			0.767	37.88	
	95			0.651	35.37	
	100			0.541	32.64	
	Properties given graphically					[67]
	98.020			5.67		[2]
	99.522			5.54		
	99.755			5.49		
	100			5.45		
	0	36.6	0.97707	0.8494	28.54	[68]
	20.2	61.3	0.9655	1.385	69.2	
	40.2	35.0	0.9304	1.59	59.6	
	60.7	44.9	0.8862	1.35	49.8	
	80.7	38.3	0.8395	1.03	39.1	
	100	51.4	0.7867	0.545	31.5	

METHANOL–WATER (Continued)

Temp.	Composition wt.% MeOH	Specific conductance ohm^{-1} cm^{-1} $\times 10^8$	Density	Viscosity cp	Diel. const.	Ref.
35°C	0	99.1	0.99403	0.720	74.9	[68]
	20.2	100.7	0.9614	1.07	65.8	
	40.2	67.8	0.9242	1.22	56.3	
	60.7	48.1	0.8786	1.08	46.4	
	80.7	43.0	0.8314	0.834	37.5	
	100	67.8	0.7771	0.477	29.9	
45°C	0	165	0.99022	0.597	71.5	
	20.2	202.7	0.9565	0.832	62.6	
	40.2	123.7	0.9175	0.952	53.5	
	60.7	61.3	0.8707	0.868	44.2	
	80.7	48.1	0.8227	0.690	35.3	
	100	84.3	0.7686	0.420	28.3	
	0.0				78.48	[7]
	5.12				76.29	
	10.09				74.17	
	20.08				69.97	
	29.96				65.57	
	40.04				60.90	
	50.05				56.34	
	60.02				51.69	
	80.03				42.59	
	0			0.895	78.48	[69]
	10			1.158	74.21	
	20			1.400	70.01	
	30			1.531	65.55	
	40			1.593	60.92	
	60			1.403	51.71	
	80			1.006	42.60	
	100			1.541	32.64	
	0				78.48	[70]
	20				70.01	
	40				60.92	
	60				51.71	
	80				42.60	
	100				32.64	

METHOXYETHANOL–WATER

Temp.	Composition wt.% methoxy-ethanol	Viscosity cp	Diel. const.	Ref.
25°C	15.25	1.380	71.20	[71]
	29.07	1.923	64.25	
	50.40	2.695	52.10	
	60.23	2.885	45.85	
	70.10	2.865	38.96	
	80.17	2.595	32.00	
	90.47	2.105	24.70	

1-PROPANOL–WATER

Temp.	Composition wt.% n-PrOH	Specific conductance ohm^{-1} cm^{-1} $\times 10^8$	Density	Viscosity cp	Diel. const.	Ref.
	0	15	0.99707	0.8903	78.30	[72]
	20	13	0.9672	1.836	64.89	
	40	9	0.9263	2.497	49.70	
	60	4	0.8845	2.661	36.61	
	80	2	0.8434	2.394	26.41	
	90	1	0.8224	2.162	22.86	
	100	0.5	0.7998	1.938	20.40	
15°C	0	1.0	0.99913	1.1381	81.95	[72]
	20	8	0.97201	2.690	68.39	
	40	7	0.93290	3.651	52.45	
	60	3	0.89184	3.805	38.60	
	80	2	0.85126	3.310	28.19	
	90	1	0.83051	2.881	24.50	
	100	0.3	0.80733	2.495	21.92	
35°C	0	3.2	0.99406	0.7194	74.82	[72]
	20	2.8	0.9613	1.330	62.14	
	40	1.4	0.9192	1.793	47.02	
	60	7	0.8766	1.940	34.49	
	80	3	0.8350	1.802	24.70	
	90	2	0.8140	1.662	21.34	
	100	0.7	0.7914	1.534	19.22	[67]

Properties at 25°C given graphically

I. PHYSICAL PROPERTIES OF SOLVENTS

PYRIDINE–WATER

Composition wt.% H_2O	Density	Relative viscosity	Diel. const.	Ref.
0.1018	0.97783	1.004	12.32	[73]
0.2048	0.97795	1.011	12.44	
0.3148	0.97815	1.019	12.52	

TETRAHYDROFURAN (THF)–WATER

Composition wt.% THF	Specific conductance ohm^{-1} cm^{-1} $\times 10^8$	Density	Viscosity cp	Diel. const.	Ref.
5.16			1.042		[74]
8.67			1.141		
10.56			1.199		
14.89			1.366		
15.00		0.9903	1.381	68.0	
22.75			1.540		
23.40		0.9858	1.575		
25.00		0.9844	1.613	60.6	
40.00		0.9712	1.785	48.2	
49.95		0.9595	1.718	40.0	
60.00		0.9467	1.526	32.0	
70.00		0.9926	1.259	25.6	
79.80		0.9175	0.958	18.3	
80.05		0.9168	0.959	18.3	
84.45		0.9098	0.824	15.8	
85.00		0.9081	0.824	15.6	
90.00		0.8998	0.678	12.6	
15.10	56	0.9904	1.395	68.0	[35]
30	31	0.9801	1.710	56.6	
50	13	0.9595	1.718	40.0	
70	6.9	0.9322	1.259	24.6	
80	3.1	0.9165	0.959	18.3	
85	5.7	0.9081	0.824	15.6	
90	2.0	0.8994	0.678	12.6	

ACETAMIDE–FORMAMIDE

Composition wt.% acetamide	Diel. const.	Ref.
0.0	109.5	[75]
31.39	98.8	
36.43	96.4	
47.60	92.8	
64.01	87.1	

ACETONE-ISO-BUTYL ALCOHOL

Composition wt.% acetone	Viscosity cp	Diel. const.	Ref.
55	0.68	20	[5]

ACETONE–CYCLOHEXANONE

Composition wt.% acetone	Viscosity cp	Diel. const.	Ref.
22	1.09	19	[5]

ACETONE–DIOXANE

Composition wt.%	Specific conductance $ohm^{-1}\ cm^{-1} \times 10^8$	Density	Viscosity cp	Diel. const.	Ref.
6.12	0.36	0.7961	0.00320	19.35	[76]
15.66	1.10	0.8163	0.00347	17.55	
25.87	0.23	0.8381	0.00378	15.70	
30.68	0.34	0.8480	0.00391	14.85	
42.59	0.18	0.8756	0.00439	12.65	

I. PHYSICAL PROPERTIES OF SOLVENTS

ACETONE–DIOXANE (Continued)

Composition wt.%	Specific conductance ohn^{-1} cm^{-1} $\times 10^8$	Density	Viscosity cp	Diel. const.	Ref.
*	0.688	0.7844	0.302	20.4	[32]
*	0.664	0.8000	0.325	19.0	
*	0.844	0.8040	1.00330	18.5	
*	0.702	0.7844	0.00302	20.7	[77]
*	0.684	0.7975	0.00320	19.2	
*	0.748	0.8095	0.00335	18.1	
*		0.8010	0.00325	18.90	[92]
*		0.8170	0.00347	17.50	
*		0.8337	0.00370	16.05	
*		0.8608	0.00410	13.85	

* Not reported.

ACETONE–FORMAMIDE

Composition wt.% acetone	Density	Viscosity cp	Diel. const.	Ref.
0.0	1.1296	3.301	109.5	[78]
10	1.0891	2.783	97.61	
20	1.0524	2.306	85.20	
25	1.0338	2.065	79.12	
30	1.0145	1.867	73.47	
35	0.9955	1.647	67.88	
40	0.9781	1.480	62.79	
50	0.9444	1.164	53.48	
60	0.9109	0.8835	44.55	
70	0.8780	0.6701	36.97	
80	0.8475	0.5280	29.97	
90	0.8182	0.3761	24.68	
100	0.7844	0.3040	20.47	
0		3.30	109.5	[79]
10		2.78	97.6	
20		2.31	85.2	
30		1.87	73.5	
40		1.48	62.8	
50		1.16	53.5	

ACETONE–METHANOL

Temp.	Composition wt.% acetone	Viscosity cp	Ref.
−50°C	50	1.195	[80]
−40°C		0.976	
−30°C		0.816	
−20°C		0.691	
−10°C		0.593	
0°C		0.514	
10°C		0.450	
20°C		0.395	

ACETONITRILE–DIOXANE

Composition wt.% dioxane	Specific conductance ohm^{-1} cm^{-1} × 10^8	Density	Viscosity cp	Diel. const.	Ref.
0	0.34	0.7773	0.345	36.01	[81]
30.31	0.41	0.8409	0.416	26.85	
39.68	0.21	0.8622	0.449	23.80	
49.49	0.09	0.8874	0.496	20.45	
59.92	0.07	0.9136	0.588	17.03	
0	3.64	0.7768	0.345	36.01	[76]
23.50	2.55	0.8250	0.394	29.15	
40.46	1.78	0.8650	0.451	23.90	
52.19	2.80	0.8942	0.508	19.95	
61.55	1.39	0.9181	0.570	17.10	
68.45	1.15	0.9362	0.623	14.13	
*	0.110	0.7768	0.00345	36.01	[92]
*	0.1214	0.8595	0.00442	24.60	
*	0.108	0.8880	0.00494	20.85	
*	0.108	0.9105	0.00548	17.65	
*	0.090	0.9282	0.00597	15.18	

* Not reported.

I. PHYSICAL PROPERTIES OF SOLVENTS

ACETONITRILE–ETHANOL

Composition wt.% CH_3CN	Specific conductance ohm^{-1} cm^{-1} × 10^8	Density	Viscosity cp	Diel. const.	Ref.
0.0	47	0.7851	1.101	24.30	[9]
8.47	61	0.7850	0.885	25.21	
29.82	74	0.7844	0.591	27.41	
50.31	83	0.7827	0.453	29.50	
70.48	55	0.7806	0.382	31.96	
78.15	34	0.7796	0.366	32.94	
89.79	19	0.7768	0.351	34.55	
97.94	16	0.7771	0.347	35.60	

ACETONITRILE–METHANOL

Composition wt.% CH_3CN	Specific conductance ohm^{-1} cm^{-1} × 10^8	Density	Viscosity cp	Diel. const.	Ref.
0.0		0.78665	0.544	32.63	[82]
5.85		0.78690	0.513	32.80	
19.87		0.78685	0.450	33.30	
39.35		0.78535	0.394	33.95	
40.82		0.78305	0.390	34.00	
59.31		0.78258	0.352	34.42	
62.14		0.77970	0.348	34.50	
62.79		0.77679	0.347	34.55	
74.44		0.78545	0.336	35.13	
81.40		0.78270	0.333	35.35	
100.00		0.78080	0.345	36.01	
0.0	145	0.7866	0.545	32.63	[9]
73.49	66	0.7812	0.336	35.12	
90.66	51	0.7784	0.337	35.64	
94.67	44	0.7771	0.340	35.81	

AMMONIA–PYRIDINE

Composition wt.% NH_3	Density	Relative viscosity	Ref.
0.0	0.97801	0.8827*	[73]
0.0954	0.97671	0.986	
0.1009	0.97655	0.987	
0.2169	0.97534	0.971	
0.2230	0.97543	0.970	
0.2299	0.97501	0.969	
0.2922	0.97442	0.963	
0.3408	0.97455	0.958	
0.3415	0.97379	0.958	
0.3716	0.97362	0.955	

* Viscosity cp. Other values are relative to pure pyridine.

BENZONITRILE–ETHANOL

Composition wt.% benzonitrile	Viscosity cp	Diel. const.	Ref.
99	1.24	25	[5]

ISO-BUTYL ALCOHOL–CYCLOHEXANONE

Composition wt.% butyl alcohol	Viscosity cp	Diel. const.	Ref.
40	2.55	18	[5]

I. PHYSICAL PROPERTIES OF SOLVENTS

1-BUTANOL–HEXANE

Composition wt.% butanol	Specific conductance ohm^{-1} cm^{-1} × 10^2	Density	Viscosity cp	Diel. const.	Ref.
0		0.6547	0.320	1.83	[83]
2.0		0.657	0.324	1.90	
7.0	0.05	0.663	0.330	2.02	
11.25	0.3	0.668	0.345	2.10	
12.65	0.7	0.670	0.350	2.16	
13.05	1	0.671	0.360	2.19	
20.0	5	0.680	0.385	2.51	
25.0	40	0.687	0.415	2.85	
27.2	70	0.690	0.430	3.10	
40.0	1,000	0.7075	0.57	4.77	
70.0	80,000	0.753	1.18	10.1	
85.0		0.769		13.7	
100.0	1.0 × 10^5	0.8057	2.77	17.3	

1-BUTANOL–METHANOL

Composition wt.% 1-butanol	Viscosity cp	Diel. const.	Ref.
5.22	0.572	31.87	[71]
9.01	0.600	31.10	
20.06	0.668	29.40	
29.76	0.746	27.62	

CYCLOHEXANE-1,2-DIMETHOXYETHANE

Composition wt.% cyclohexane	Density	Viscosity cp	Diel. const.	Ref.
23.22	0.8281	0.4438	5.22	[84]
37.88	0.8171	0.4711	4.40	
47.55	0.8098	0.4959	3.82	

DIMETHYLFORMAMIDE–DIOXANE

Composition wt.% dioxane	Viscosity cp	Diel. const.	Ref.
10	0.813	33.6	[85]
20	0.826	28.5	
30	0.842	25.7	
40	0.864	21.8	
45	0.877	19.9	
50	0.896	18.1	
55	0.908	16.1	
60	0.929	14.4	
65	0.951	12.6	
70	0.973	11.2	
72.5	0.936	10.1	
75	0.997	9.5	
77.5	1.012	8.6	
80	1.027	7.8	

DIMETHYLFORMAMIDE–N-METHYLACETAMIDE [86]

At 40°C density of DMF $\simeq$ 0.67 and that of NMA $\simeq$ 3.02, Dielectric constant varies from 35–165 (pure DMF).

DIMETHYLSULFOXIDE–DIOXANE

Specific conductance ohm^{-1} cm^{-1} $\times$ 10^8	Density	Viscosity cp	Diel. const.	Ref.
1.48	1.0954	1.997	46.8	[32]
1.25	1.0805	1.740	35.3	
1.99	1.0758	1.630	31.6	
1.09	1.0705	1.560	28.0	
1.49	1.0502	1.418	19.6	
1.05	1.0552	1.380	17.0	
1.05	1.0525	1.354	15.1	

DIMETHYLSULFOXIDE–DIOXANE (Continued)

Specific conductance ohm^{-1} cm^{-1} $\times 10^8$	Density	Viscosity cp	Diel. const.	Ref.
1.50	1.0954	1.997	46.8	[77]
1.28	1.0725	1.578	29.0	
1.64	1.0627	1.458	22.0	
1.35	1.0602	1.428	20.3	
1.31	1.0585	1.414	19.3	
1.20	1.0555	1.380	17.1	
1.36–1.61	1.0530	1.358	15.4	
1.08	1.0474	1.315	11.8	
1.17	1.0423	1.278	8.8	

Compositions not reported.

DIOXANE–FORMAMIDE

Composition wt.% dioxane	Density	Viscosity cp	Diel. const.	Ref.
0		3.30	109.5	[79]
20		3.25	81.4	
30		3.13	68.2	
40		2.97	55.4	
50		2.69	43.2	
60		2.39	33.0	
0.0	1.1296	3.301	109.5	[87]
20	1.1115	3.2507	81.42	
25	1.1067	3.192	74.67	
30	1.1019	3.133	68.17	
35	1.0972	3.0538	61.54	
40	1.0925	2.969	55.38	
50	1.0826	2.695	43.17	
60	1.0724	2.393	33.02	
70	1.0623	2.072	21.77	
80	1.0511	1.763	13.41	
90	1.0379	1.431	6.850	
100	1.0269	1.196	2.209	

DIOXANE–METHANOL

Composition wt.% dioxane	Specific conductance ohm^{-1} cm^{-1} $\times 10^8$	Density	Viscosity cp	Diel. const.	Ref.
0	2.4	0.7867	0.552	32.66	[81]
40.15	11.8	0.8725	0.584	19.05	
50.93	6.0	0.8980	0.615	15.40	
60.07	0.2	0.9202	0.651	12.32	
65.71	0.2	0.9345	0.681	10.50	
29.31	4.46	0.8475	0.564	23.20	[76]
45.24	17.0	0.8840	0.597	17.50	
52.59	11.0	0.9015	0.621	14.95	
60.77	13.5	0.9230	0.655	12.15	
62.29	5.16	0.9255	0.663	11.65	
90.0		0.8073	0.554	29.4	[88]
80.0		0.8285	0.561	26.6	
70.0		0.8507	0.571	23.1	
60.0		0.8725	0.590	20.0	
56.0		0.8820	0.600	18.2	
54.4		0.8860	0.604	17.7	
50.0		0.8965	0.617	16.3	
45.0		0.9084	0.637	14.6	
42.1		0.9153	0.648	13.8	
40.0		0.9297	0.658	13.0	
38.5		0.9246	0.665	12.3	
35.0		0.9385	0.683	10.8	
30.0		0.9462	0.713	9.16	
26.7		0.9550	0.736	8.26	
24.0		0.9623	0.762	7.25	
20.0		0.9729	0.799	6.32	
100		0.7868	0.545	32.6	[89]
90		0.8073	0.554	29.4	
80		0.8285	0.561	26.6	
70		0.8507	0.571	23.1	
60		0.8725	0.590	20.0	
56		0.8820	0.600	18.2	
54.4		0.8860	0.604	17.7	
50		0.8965	0.617	16.3	
45		0.9084	0.637	14.6	
42.1		0.9153	0.648	13.8	
40		0.9207	0.658	13.0	
38.5		0.9246	0.665	12.3	
35		0.9335	0.683	10.8	
30		0.9462	0.713	9.16	

DIOXANE–METHANOL (Continued)

Composition wt.% dioxane	Specific conductance ohm^{-1} cm^{-1} $\times 10^8$	Density	Viscosity cp	Diel. const.	Ref.
26.7		0.9550	0.736	8.26	[89]
24		0.9623	0.762	7.25	
20		0.9729	0.799	6.32	
*	4.64	0.7866	0.544	32.63	[32]
	6.03	0.8370	0.557	25.05	
	4.25	0.8600	0.570	21.60	
	4.03	0.8870	0.600	17.10	
	6.85	0.9000	0.618	15.03	
*	4.30	0.7866	0.544	32.63	[77]
	5.62	0.8630	0.575	20.95	
	5.90	0.8735	0.586	19.10	
	4.25	0.8750	0.598	17.45	
	5.10	0.8970	0.614	15.55	
*	16.5	0.8166	0.550	28.60	[92]
	5.07	0.8686	0.580	19.90	
	16.5	0.8846	0.599	17.40	
	18.5	0.9143	0.640	13.16	

* Compositions not reported.

ETHYLENE GLYCOL–PYRIDINE

Composition wt.% pyridine	Diel. const.	Ref.
1	37.7	[55]

ETHYLENE GLYCOL–QUINOLINE

Composition wt.% quinoline	Diel. const.	Ref.
1.62	37.7	[55]

ETHYL METHYL KETONE–2-PROPANOL

Composition wt.%	Specific conductance ohm^{-1} cm^{-1} × 10^8	Ref.
50	2.6	[90]

METHANOL–ETHANOL–WATER (0.3%)

Temp.	Composition wt.% methanol	Viscosity cp	Diel. const.	Ref.
	18.8	0.9240	25.6	[45]
	40.7	0.7926	26.9	
	59.5	0.7004	28.3	
	77.9	0.6198	29.9	
	99.7	0.5519	31.8	
35°C	18.8	0.7776	24.1	[45]
	40.7	0.6752	25.1	
	59.5	0.6005	26.7	
	77.9	0.5345	28.0	
	99.7	0.4806	29.9	
45°C	18.8	0.6581	22.6	[45]
	40.7	0.5757	23.5	
	59.5	0.5191	25.1	
	77.9	0.4640	26.3	
	99.7	0.4212	28.1	

METHOXYETHANOL–METHANOL

Composition wt.% methoxyethanol	Viscosity cp	Diel. const.	Ref.
20.13	0.648	30.75	[71]
39.71	0.767	28.12	
50.75	0.938	25.02	
80.00	1.178	21.05	
90.06	1.344	18.80	

References

1. D. Singh and A. Mishra, Bull. Chem. Soc., Japan, **40,** 2801 (1967).
2. O. L. Hughes and H. Hartley, Phil. Mag., **15,** 610 (1933).
3. S. R. C. Hughes, J. Chem. Soc., 998 (1956).
4. S. R. C. Hughes and D. H. Price, J. Chem. Soc., A 1216 (1966).
5. V. S. Griffiths, K. S. Lawrence and M. L. Pearce, J. Chem. Soc., 3998 (1958).
6. G. Atkinson and S. Petrucci, J. Am. Chem. Soc., **86,** 7 (1964).
7. H. Tsubota and G. Atkinson, J. Am. Chem. Soc., **87,** 164 (1965).
8. V. S. Griffiths and K. S. Lawrence, J. Chem. Soc., 1208 (1955).
9. A. D'Aprano and R. M. Fuoss, J. Phys. Chem., **73,** 400 (1969).
10. C. Treiner and J. C. Justice, J. Chem. Phys., **63,** 687 (1966).
11. J. P. Morell, Bull. Soc. Chim. Fr., 1405 (1967).
12. R. W. Martel and C. A. Kraus, Proc. Nat. Acad. Sci., **41,** 9 (1955).
13. C. A. Kraus, J. Chem. Educ., **35,** 324 (1958).
14. J. E. Lind, Jr. and R. M. Fuoss, J. Phys. Chem., **65,** 999 (1961).
15. J. E. Lind, Jr. and R. M. Fuoss, J. Phys. Chem., **65,** 1414 (1961).
16. D. J. Karl and J. L. Dye, J. Phys. Chem., **66,** 477 (1962).
17. J. E. Lind, Jr. and R. M. Fuoss, J. Phys. Chem., **66,** 1727 (1962).
18. R. W. Kunze and R. M. Fuoss, J. Phys. Chem., **67,** 911 (1963).
19. R. W. Kunze and R. M. Fuoss, J. Phys. Chem., **67,** 914 (1963).
20. J. C. Justice and R. M. Fuoss, J. Phys. Chem., **67,** 1707 (1963).
21. T. L. Fabry and R. M. Fuoss, J. Phys. Chem., **68,** 971 (1964).
22. T. L. Fabry and R. M. Fuoss, J. Phys. Chem., **68,** 974 (1964).
23. A. F. Reynolds, Diss. Abstr. **27,** 441B (1966).
24. F. Accascina, A. D'Aprano, and R. Triolo, J. Phys. Chem., **69,** 2420 (1965).
25. A. K. Covington and M. J. Tait, Electrochim. Acta, **12,** 113 (1967).
26. G. Atkinson and Y. Mori, J. Chem. Phys., **45,** 4716 (1966).
27. R. Bury, J. Chim. Phys., **64,** 1223 (1967).
28. G. D. Parfitt and A. L. Smith, Trans. Faraday Soc., **61,** 2736 (1965).
29. B. R. Staples and G. Atkinson, J. Phys. Chem., **71,** 667 (1967).
30. J. C. Justice, J. Chim. Phys., **65,** 353 (1968).
31. G. Pistoia, Ric. Sci., **37,** 731 (1967).
32. G. Pistoia, A. M. Polcaro and S. Schiavo, Ricerca Sci., **37,** 227 (1967).
33. M. Goffredi and R. Triolo, Ricerca Sci., **37,** 1137 (1967).
34. F. Accascina and A. D'Aprano, GA22, Chim. Ital., **95,** 1420 (1965).
35. J. C. Justice, R. Bury and C. Treiner, J. Chim. Phys., **65,** 1708 (1968).
36. G. Atkinson, J. Amer. Chem. Soc., **82,** 818 (1960).
37. P. B. Das, J. Inst. Chemists (India), **39,** 245 (1967).
38. D. W. Ebdon, Diss. Absts., **28,** 4524B (1968).
39. M. Yokoi and E. Kubota, J. Chem. Soc., Japan, **86,** 894 (1965).
40. B. G. Oliver and A. N. Campbell, Can. J. Chem., **47,** 4207 (1969).
41. A. D'Aprano and R. M. Fuoss, J. Amer. Chem. Soc., **91,** 279 (1969).
42. A. D'Aprano and R. M. Fuoss, J. Phys. Chem., **72,** 4710 (1968).
43. G. R. Nash and C. B. Monk, Trans. Faraday Soc., **54,** 1650 (1958).
44. H. O. Spivey and T. Shedlovsky, J. Phys. Chem., **71,** 2165 (1967).
45. N. Goldenberg, Diss. Abstr., **22,** 1024 (1961).
46. J. L. Hawes and R. L. Kay, J. Phys. Chem., **69,** 2420 (1965).
47. J. L. Hawes, Diss. Abstr., **23,** 2339 (1963).
48. L. G. Pedersen and E. S. Amis, Z. Physik. Chem., (Frankfurt), **36,** 199 (1963).
49. G. D. Parfitt and A. L. Smith, Trans. Faraday Soc., **59,** 257 (1963).
50. G. J. Janz and S. S. Danyluk, Chem. Rev., **60,** 209 (1960).

51. I. I. Bezman and F. H. Verhoek, J. Amer. Chem. Soc., **71**, 3288 (1949).
52. A. J. Dill and O. Popovych, J. Chem. Eng. Data, **14**, 156 (1969).
53. A. Than and E. S. Amis, Z. Physik. Chem. (Frankfurt), **58**, 196 (1968).
54. F. Accascina, A. D'Aprano and M. Goffredi, Ric. Roncl., Sez. **6**, 151 (1964).
55. V. S. Griffiths and K. S. Lawrence, J. Chem. Soc., 473 (1956).
56. P. Hemmes and S. Petrucci, J. Amer. Chem. Soc., **91**, 275 (1969).
57. R. H. Stokes and I. A. Weeks, Australian J. Chem., **17**, 304 (1964).
58. F. Accascina, A. D'Aprano, and M. Goffredi, Ric. Sci., Roncl. Sez., **A4**, 443 (1964).
59. F. Accascina, L. Cardona, A. D'Aprano, and M. Goffredi, Ric. Sci. Roncl. Sez., **6**, 63 (1964).
60. H. Sadek, A. M. Hafez and F. Y. Khalil, Electrochim. Acta, **14**, 1089 (1969).
61. J. C. Justice and R. M. Fuoss, J. Chim. Phys., **62**, 1366 (1965).
62. S. Petrucci, P. Hemmes and M. Battistini, J. Am. Chem. Soc., **89**, 5552 (1967).
63. E. S. Shanley, E. M. Roth, G. M. Nicols and M. Kilpatrick, J. Amer. Chem. Soc., **78**, 5190 (1956).
64. D. Singh and A. Mishra, Indian J. Chem., **4**, 308 (1966).
65. B. Sesta, Ann. Chim. (Rome), **57**, 129 (1967).
66. T. Shedlovsky and R. L. Kay, J. Phys. Chem., **60**, 151 (1956).
67. A. R. Tourky and S. Z. Mikhail, Egypt J. Chem., **1**, 1 (1958).
68. N. G. Foster and E. S. Amis, Z. Phys. Chem. Neue Folge, **3**, 365 (1955).
69. C. J. Hallada, Diss. Abstr., **22**, 2211 (1962).
70. E. Kubota, M. Yokoi and S. Shikata, J. Chem. Soc., Japan, **85**, 89 (1964).
71. S. Petrucci, Acta Chem. Scand., **16**, 760 (1962).
72. M. Goffredi and T. Shedlovsky, J. Phys. Chem., **71**, 2176 (1967).
73. C. J. Carignan and C. A. Kraus, J. Amer. Chem. Soc., **71**, 2983 (1949).
74. R. Bury and C. Treiner, J. Chim. Phys., **65**, 1410 (1968).
75. C. R. Leader and J. F. Gormley, J. Amer. Chem. Soc., **73**, 5731 (1951).
76. F. Accascina, G. Pistoia and S. Schiavo, Ric. Sci., **36**, 560 (1966).
77. G. Pistoia, A. M. Polcaro and S. Schiavo, Ricerca Sci., **37**, 300 (1967).
78. G. P. Johari and P. H. Tewari, J. Am. Chem. Soc., **87**, 4691 (1965).
79. G. P. Johari, J. Phys. Chem., **74**, 934 (1970).
80. L. R. Dawson, R. A. Hagstrom and P. G. Sears, J. Electrochem. Soc., **102**, 341 (1955).
81. A. D'Aprano, R. Triolo, J. Phys. Chem., **71**, 3474 (1967).
82. F. Conti and G. Pistoia, J. Phys. Chem., **72**, 2245 (1968).
83. A. M. Sukhotin and E. M. Ryzhkov, Russ. J. Phys. Chem., **34**, 361 (1960).
84. W. W. Trigg, Diss. Abstr., **28**, 88B (1967).
85. A. M. Shkodin, N. K. Levitskaya and E. P. Nikitskaya, Electrochim., **5**, 705 (1969).
86. L. R. Dawson and W. W. Wharton, J. Electrochem. Soc., **107**, 700 (1960).
87. P. H. Tewari and G. P. Johari, J. Phys. Chem., **69**, 2857 (1965).
88. A. M. Shkodin, N. K. Levitskaya and V. A. Lozhnikov, Electrokhimiyia, **3**, 1474 (1967).
89. A. M. Shkodin, N. K. Levitskaya, Ukrain, Khim. Zhur., **34**, 330 (1968).
90. K. Norberg, Acta. Chem. Scand., **20**, 264 (1966).
91. E. S. Amis, J. Phys. Chem., **60**, 428 (1956).
92. G. Pistoia, A. M. Polcaro and S. Schiavo, Ricerca Sci., **37**, 309 (1967).

II. SOLVENT PURIFICATION

Introduction

General methods for solvent purification are distillation, fractional freezing and chemical treatments to remove impurities e.g., acids, bases and water. Some solvents allow special treatment, as in cases where a complex or inclusion compound can be formed reversibly. In this chapter purification methods are selected preferentially from papers related to conductance data. Physical properties (e.g., specific conductance) or analyses (e.g., water content) are quoted as criteria of purity, and known or suspected major impurities for the crude solvent are listed where possible.

Several authoritative publications of general interest relative to solvent purification have appeared recently [1, 2, 3, 4, 5] and provide useful discussions of general principles and considerations adopted in solvent purification.

Acetaldahyde

Fract. dist. [6] over N_2 [7] Dist. [8].

Acetamide

Recrystallization several times from benzene; principle impurities, ammonium acetate, water [9]. Single vacuum distillation and recrystallization from dioxane, acetic acid in purity from tech. grade [10, 11].

Acetic Acid

Water content determined by calorimetry [12] or melting point measured [13] sufficient acetic anhydride is added to react with water then solution is refluxed for 12 hours and fractionally distilled. Resulting main impurities are likely to be either anhydride or water. Distillation from CrO_3 and then fractionally distilled [14] or fractionally frozen [15].

Acetic Anhydride

Refluxed over calcium carbide and fractionally distilled followed by fractional distillation from P_2O_5 [16]. Add toluene to form azeotrope mixture, anhydride comes off last in distillation at about 140°C [12].

Acetone

Dried over suitable drying agent i.e., molecular sieves [18], P_2O_5 [19, 20], $CaCl_2$ and/or activated alumina [21, 22, 23]. Fractionally distilled afterwards. Reduction in water content has been achieved by drying over anhydrous $CaSO_4$ (25–50 g/liter) for 2 weeks and then distilling from fresh $CaSO_4$ [24].

Acetonitrile

Fractional distillation from calcium hydride. Acrylonitrile is a common impurity, which can be removed by refluxing with potassium hydroxide, or sodium hydride [26]. For removal of traces of aromatic hydrocarbons a procedure involving refluxing with benzoyl chloride has been used [27]. The use of commercial spectroscopic grade material dried with molecular sieves has shown that acetonitrile with less than 10 ppm impurities can be obtained [4].

Acetophenone

Three fractional freezings followed by 2 distillations by dry-space method [28]. Filtration, several recryst., dist. recryst. [29]. Frozen, dried over $CaCl_2$, repeated vac. dist. [30].

Acetyl Chloride

Fractional distillation over 10% dimethylaniline, fractional distillation from Na [31].

Adiponitrile

Successive fractional freezings until constant temperature of 2.15°C. Then fractionally distillation over BaO at 1 mm and 123°C [32]. Repeated distillation from P_2O_5 [33].

Allyl Alcohol

Dried over anhydrous K_2CO_3 and fractionally distilled after filtration [34]. Fractionally distilled [35].

Allyl Chloride

Chief impurities, chloropropane and chloropropenes [1 (p. 781)].

Ammonia

Condensed in vacuo over Na or sodium amide [36, 37] with volatile gases being pumped off. Degassed using liq. N_2.

i-Amyl Alcohol

Stored over CaO, recrystallized fractionated from Na [38].

Analine

Dried over KOH, vacuum distilled [39]. Refluxed 10 hours with 10% acetone, acidified with HCl to congo red, extracted with ethyl ether until

II. SOLVENT PURIFICATION

clear. Hydrochloride purified by repeated recrystallizations, the analine freeze dried, plus distilled. Above procedures to remove sulfur [40].

Anisole

Tech. grade fractionally distilled, washed with NaOH, H_2O, dried over $CaCl_2$, refluxed over molten Na and distilled and stored over Na [41]. Distilled from Na, stored over Na_2SO_4 [42]. Distilled from BaO [43].

Benzaldehyde

Fractionally distilled at red press [44].

Benzene

Thiophene free grade, distilled from CaH_2 [45], Na-K alloy [46] or washed with sulfuric acid, water dilute acetic acid, water then dried with $CaCl_2$ and refluxed from K [47]. Passed through alumina column, recrystallized, refluxed over Na, distilled [48].

Benzonitrile

Refluxed over CaH_2 and fractionally distilled [49]. Fractionally distilled 4 times at 19 mm pressure [50]. Dried from $CaCl_2$, P_2O_5 and fractionally distilled at reduced pressure [39]. Major impurities of reagent grade; carbylamine, benzoic acid [51]. Repeated dist. from P_2O_5 [33]. Drying over $CaSO_4$ for several days and then distillation from fresh $CaSO_4$. Product was repeatedly distilled from P_2O_5. Residual water concentration was about 0.01 M [52].

Benzoyl Bromide

Fract. dist., distilled into cell under N_2 [53].

Benzyl Alcohol

Vac. fract. dist. excluding air [54]. Fract. dist., dried over molecular sieves [55].

Bromine

Shake for three hours with H_2O, decant, dist. from conc. aq. KBr and ZnO. Collect under H_2O, decant dist. from P_2O_5 [56]. Dist. from ZnO [57].

Bromine Pentafluoride

Fractional distillation in Ni column and stored in Ni vessels [58].

Bromine Trifluoride

See bromine pentafluoride [58]. Fractional distillation at reduced pressure [59].

Bromobenzene

Fractionated at 156° and passed through column of activated alumina before use [60].

1-Butanol

Distilled or dried over CaO [62]. Dried with CaH_2 and sodium borohydride, refluxed for 1 hour, fractionally distilled [34].

n-Butanol

Reagent grade refluxed over CaO and distilled or fractionally distilled [63, 64, 65]. Washed with sulfuric acid, water and distilled, then distilled from alkaline $AgNO_3$ solutions refluxed over CaO and distilled [20]. Stored over anhydrous Na_2SO_4, refluxed over Ca and fractionally distilled [68].

t-Butanol

Dried with anhydrous $MgSO_4$ and fractionally frozen [69].

2-Butanone

Shaken with CaSO and distilled [70]. Fractional distillation from activated alumina or alkaline permanganate [71]. Shaken with K_2CO_3, dried with K_2CO_3, Na_2SO_4 and fractionated several times [72].

i-Butyl Methyl Ketone

Fractionally distilled [73].

Butyric Acid

Distilled, fract. from $KMnO_4$ [74].

α-Butyrolactone

Distilled under vacuum twice [75, 76]. Distilled under reduced pressure ($\sim$2 mm, 51°C) through a 3 ft. column packed with Burl saddles [4].

i-Butyronitrile

Shaken twice with silica-gel. Distilled from P_2O_5 after 2 hours reflux [77].

Chlorine Trifluoride

Vapor passed through sodium fluoride scrubber to remove possible HF [77, 78].

Chlorobenzene

Refluxed over P_2O_5 for 8 hours, fractionally distilled and stored over activated alumina [79]. Passed through alumina column, distilled [48] and

II. SOLVENT PURIFICATION

stored over alumina [80]. Passed through alumina column, distilled under reduced pressure [81]. Distilled, dried 2 times with alumina and stored over alumina [82].

1-Chloro-2-dichloroethane

Impurities: HCl, phosgene. Wash 1% aq. Na_2CO_3, 3 times with H_2O, fract. [1 (p. 769)].

1,2-Chloroethane

Dried with alumina, CaH_2 and dist. from CaH_2 [83, 1 (p. 769)].

Chloroform

Dried over $CaCl_2$ for 24 hours, fractionally distilled; EtOH impurity in commercial grade [84]

β-Chloropropionitrile

Passed through alumina column, fractionally dist. under reduced pressure [34]. Repeated dist. from P_2O_5 [33].

Cyanoacetyl Ethyl Ester—(Ethyl Cyanoacetate)

Shaken with $CaCl_2$, fractionally dist. under reduced pressure [39]. Vac. dist. [85].

Cyanoacetyl Methyl Ester—(Methyl Cyanoacetate)

Shake with 10% $NaCO_3$ solution, wash with water, dried with Na_2SO_4, vac. fract. dist. [86].

Cyclohexane

Refluxed over $LiAlH_4$, fract. dist. [87]. Refluxed over Na–K alloy, fract. dist. [46]. Distilled [88].

Cyclohexanol

Distilled under red. pressure [89]. Fract. cryst. [90]. Fract. dist. [91].

Cyclohexanone

Dried over Na_2SO_4, twice fract. dist. [92].

Cyclohexylamine

Vac. dist. [93]. Fract. dist. [94]. Dist., dried with $CaCl_2$, Na, dist. [95].

n-Decanol

Dried over potash, vac. fract. dist. [96].

1,3-Diaminopropane

Stored over KOH, refluxed over BaO+KOH for 2 days, vac. distilled, fractionally frozen [97].

Di-n-amyl phthalate (Dipentyl phthalate)

See dibutyl phthalate.

N,N-Dibutylacetamide

Fractionally dist. at red. pressure [98].

Dibutyl Phthalate

Impurities: alcohols, acids. Wash with water, dilute caustic, vac. fract. dist. [1 (p. 759)]. Washed with Na_2CO_3 soln, H_2O, dried with $CaCl_2$, 3 times vac. fract. dist. stored over P_2O_5 [99].

Dichloroacetic Acid

Successive fract. dist. [100].

m-Dichlorobenzene

Refluxed over P_2O_5 for 8 hours, fractionally distilled, stored over activated alumina [79]. Dried over alumina and filtered 3 times, stored over alumina [101].

o-Dichlorobenzene

Passed through alumina column, vacuum dist. [102, 103, 81, 48]. Passed through silica gel column, fractionally dist. [104]. Fractionally dist. from CaH_2 [105].

1,1-Dichloroethane

Fractionally dist. from CaH_2 [105]. Dried over K_2CO_3, dist. from drierite [106]. Fract. dist., 3 cryst. [107].

1,2-Dichloroethane

Refluxed over CaH_2 over 24 hours, fractionally dist. [45]. Distilled [108]. Fractionally dist. from CaH_2 [105]. Distilled from P_2O_5 [62]. See ethylene bromide [109].

1,2-Dichloropropane

Fractionally dist. from CaH_2 [105]. Refluxed 6 hours over alumina, fract. dist. [110, 111].

II. SOLVENT PURIFICATION

2,2-Dichloropropane
  Fractionally dist. from CaH_2 [105].

α,β-Dichloropropionitrile
  Dist. repeatedly from P_2O_5 [33].

Diethanolamine
  Repeated fract. dist. to remove mono and tri ethanolamines [112].

N,N-Diethylacetamide
  Fract. distilled at red. pressure [98].

Diethylamine
  Fract. dist. [113]. Dried over NaOH, Na, refluxed over Na, fract. dist. [114].

N,N-Diethylanaline
  Dried over KOH, vac. dist. twice [115].

Diethylester of Sulfuric Acid—(Ethyl Sulfate)
  Vac. dist. [116].

Diethylether
  Refluxed 12 hours with $LiAlH_4$, fractionally dist. [87]. Dried with Na wire, distilled from Na before use [117]. Distilled from Na, stored over Na [118]. Dried and distilled from $LiAlH_4$ [119].

Diethyl Phosphonate
  Distilled, fract. dist., refluxed over alumina, dist. [120].

Di-(2-Ethyl Hexyl)-2-Ethyl Hexyl Phosphonate
  Several slow fract. dist. [120].

Diethyl Phthalate
  See dibutyl phthalate.

Di-(2-Ethylhexyl)Phthalate
  Washed with Na_2CO_3 soln, shaken with H_2O, added ether, washed twice with H_2O, dried with $CaCl_2$, evaporated ether, 3 times vac. dist., stored over P_2O_5 [99].

Diglime

Dried and distilled from NaAlH$_4$ [119].

1,2-Dimethoxyethane

Repeated fractionation from Na–K and benzophenone [121]. Refluxed 16 hours over LiAlH$_4$, fract. dist. [87, 122, 123].

N-N-Dimethyl Acetamide

Vac. fract. dist. [124, 98, 125].

Dimethylamine

Dried over CaO or alumina, distilled [126].

N,N-Dimethylbutyramide

Treated with phthalic anhydride, then fract. dist. [98].

Dimethyl Ester of Sulfuric Acid—(methyl sulfate)

Vac. dist., fract. dist. [116].

N,N-Dimethylformamide

The problem of producing high purity DMF is difficult, since the solvent decomposes on distillation at its normal boiling point. A careful study of this problem has been reported by Thomas and Rochow [131], who describe four methods of preparation and indicate the quality of the product. Preliminary drying with molecular sieves followed by vacuum distillation (33–49°C at 2.5–8 mm) from P$_2$O$_5$ with nitrogen bleed through the distillate [127, 132]. Dried over KOH, fract. dist., vac. fract. dist. [67, 17]. Dried over KOH, vac. fract. dist. [128]. Dist. 10% benzene azeotrope, dried with P$_2$O$_5$, vac. fract. dist. from KOH [129]. Fract. dist. vac. fract. dist. [130].

Dimethylphthalate

See dibutyl phthalate [99].

Dimethyl Propionamide

Treated with phthalic anhydride ketone fract. dist. [98]. Fractionally distilled twice [133].

Dimethylsulfite

Fract. distilled under red. pressure [134, 135].

II. SOLVENT PURIFICATION

2,4-Dimethyl Sulfolane

Vac. dist. from NaOH [136]. Contain acid + base impurities. Passed through alumina column (for titration work) and strong acid exchange resin [137].

Dimethyl-Sulfoxide*

The purification and analysis has been reviewed and studied experimentally by Cogley and Butler [139]. Dried over molecular sieves and topped by vacuum distillation (temp. below 50°C). Vac. dist. from sodium amide in rotary evaporator at about 40°C. Fract. dist. at 3.3 mm and 40°C; water content determined to be less than 30 ± 5 ppm [140].

Dionyl Phthalate

See dibutyl phthalate [99].

Dioctyl Phthalate

See dibutyl phthalate [99].

Dioxane

Refluxed over KOH, dried over BaO, refluxed 2 days over 10% Na–Pb alloy, dist. over N_2 [141]. Refluxed over Na, fract. dist. [152] stored over Na, dist. 2 times before use [143].

Diphenyl Ether

Recryst. and dried with $CaCl_2$, then alumina [144]. Fract. dist. fract. cryst. [145].

N,N-Di-iso-Propylacetamide

Fract. dist. [98].

N,N-Di-iso-Propyl Propionamide

Treated with phthalic anhydride and fract. dist. [98].

Ethanol

Refluxed 12 hours with slow stream of dry N_2 bubbled through, fract. dist. over N_2 [146], H_2O, H_2SO_4 added, dist., dist. from alkaline $AgNO_3$, refluxed and dist. twice from lime [20]. Fract. dist. from MgOEt, Mg over N_2 [147]. Azeotropic dist. with benzene, add alkaline Ag_2O, reflux and fract. dist. from Al(Hg) + alumina [148].

* See also Section VIII (a).

Ethanolamine

Fractionally vac. dist. [150, 151] (reg. dist. causes some solvent breakdown).

β-Ethoxypropionitrile

Passed through alumina, fract. dist. under red. press. [34]. Repeated dist. from P_2O_5 [33].

Ethyl Acetate

Dried over K_2CO_3, filtered + fract. dist. Fract. dist. from P_2O_5 [152]. Refluxed for 6 hours with acetic anhydride, dist., shaken with K_2CO_3, dist. [153].

Ethylamine

Dried with Li, dist. [154]. Obtained as sol'n. concentrated by dist. from CaO, then dried and dist. from Li [155].

Ethyl Bromide

Washed several times with conc. H_2SO_4, H_2O, dried $CaCl_2$, fract. dist. [156] impurities: ethanol, water forming ternary azeotrope [1 (p. 785)].

Ethylene Bromide

Fractionally dist. wash with conc. sulfuric dil NaOH, H_2O. Dried with $CaCl_2$ fract. crystallized several times, dried and stored over Al_2O_3 [109].

Ethylene Carbonate

Double vac. dist. [75] and electrodialysis [157]. Recryst. twice and vac. fract. dist. [76].

Ethylenediamine

Simple fractional distillation is unsatisfactory, because this solvent forms an azeotrope with water. Refluxed 24 hours over CaH_2 vac. dist. onto CaH_2, refluxed, vac. dist. [158]. Refluxed several days over Li, double fraction dist. from Li [159]. Stored over NaOH + BaO for several days, Na 1 day, fractionated from alumina, stored over alumina and NaOH [160]. 70% comm. grade used. Conc. NaOH added and conc. on steam bath twice, refluxed with Na for 2 hours, fractionated [161]. Refluxed over CaH_2, fract. dist. [162]. Pretreat by shaking with molecular sieves, then with a mixture of CaO and KOH. Dist. fract., first from molecular sieves, then from Na metal [163]. Schober and Gutmann [164] indicated that a much lower specific conductance would be obtained if the glassware had previously been conditioned with purified ethylenediamine.

II. SOLVENT PURIFICATION

Ethylene Glycol

Vac. fract. dist. [165]. Dried with lime for 2 days, vac. fract. dist. [69]. Refluxed with 2% NaOH for 3 hours, distilled, dried with Na_2SO_4 for 5 days, twice fract. dist. [166].

Formamide

Purification is quite difficult, since it is very hygroscopic and unstable. Refluxed with CaO, vac. fract. dist. twice [167], several fract. freezings [168]: Dried with lime, filtered + fract. dist. twice, dried with Na_2SO_4, vac. fract. dist. [169]. Dried with P_2O_5, filtered, refluxed + 3 times vac. fract. dist. [170]. It has been prepared for electrochemical use by two vacuum distillations at 2–3 mm [171]. The highest purity material has been obtained by fractional distillation at 55°C and 0.1 torr. [172].

Formic Acid

Dried for 24 hours over $CuSO_4$, vac. dist., fract. freezing [173] 5 times [174]. Dried with $CuSO_4$, dist. from phthalic anhydride, dist. [68].

Furfurol

Ether extracted, dried over $MgSO_4$, ether dist., alcohol vac. dist. over N_2 [175].

Glycerol

Vac. refluxed with $CaCO_3$, fract. dist. [69]. Double dist. [176]. Distilled at 145–150° under 3 mm pressure [177].

n-Heptanol

Dried over potash, vac. fract. dist. [96].

Hexamethylphosphoramide

Distilled from molecular sieves, $LiAlH_4$ [178]. Dried with molecular sieves, fract. dist. twice under red. press. [179]. Distilled from and collected over molecular sieves [180]. An analytical treatment of the purification procedures is given by Butler et al. [4 (p. 85)].

n-Hexanol

Dried over potash, vac. fract. dist. [96].

Hydrazine

Refluxed over BaO, distilled [181].

Hydrogen Bromide

Water removed by distillation through two traps, Br_2 by passage twice through tube of Cu turnings [172].

Hydrogen Chloride

Bubbled through conc. sulfuric, column of glass wool, through a trap method equivalent to passing through column $Mg(ClO_4)_2$ [183].

Hydrogen Cyanide

Main impurities: water, oxalic acid. Distilled, shaken with P_2O_5, dist. from $Mg(ClO_4)_2$ [184]. Repeated fract. dist. from P_2O_5, dist. from $Mg(ClO_4)_2$ [185].

Hydrogen Fluoride

Distilled [186, 187]. Adsorbed on NaF to form NaF_2H, heated and HF is collected prior to distillation [188, 46].

Hydrogen Sulfide

Washed with H_2O to remove HCl, $Ba(OH)_2$ soln. (forms Ba hydrosulfide and removes HCl), dried with $CaCl_2$, Al_2S_3, P_2O_5 [189]. Dried with Al_2S_3, passed over I_2, through K_2S soln, dried Al_2S_3, phosphoric anhydride [190].

Iodine

Resublimed I_2 has many metallic impurities. Recrystallized from water, dried over P_2O_5, sublimed [191].

Methanol

Refluxed with Al(Hg), dist. [149]. Refluxed over CaO 12 hours, fract. dist., $AgNO_3$ added, refluxed 12 hours, fract. dist. [192]. Treated with Mg, $AgNO_3$, distilled from alumina over N_2 [193]. Dried over molecular sieves, followed by passage through strongly basic, then strongly acidic, dried ion exchange resin [194, 217]. Reflux with Ag_2O followed by distillation into Drierite, fract. dist. over N_2 [195].

N-Methylacetamide

Knecht and Kolthoff [200] have made a careful study of the problem of preparing pure N-methylacetamide. The two procedures they find to be equally effective both start with the synthesis of this solvent from acetic acid and methylamine. Dried over lime, vac. fract. dist., 2 fract. cryst., dried with lime, vac. dist. [196, 197]. Twice dried over P_2O_5, vac. fract. dist. 3 vac. fract. dist. [198]. Fract. dist., fract. cryst. [199].

II. SOLVENT PURIFICATION

Methylamine

Impurities di, trimethylamine, NH_3, H_2O; dried over Li, distilled onto Li and refluxed, distilled onto Li, after 24 hours, dist. [201]. 60% soln. run over KOH, liberated methylamine passed through glass wool column containing HgO and collected in a cold trap, dried in vacuo with BaO [202].

Methylene Chloride

Washed with water, NO_2CO_3 soln, dried over $CaCl_2$, fract. dist. [54]. Repeated fract. dist. [204]. Washed with concn. H_2SO_4, dil. NaOH water. Dried 12 hours with NaOH + $CaCl_2$, fract. dist. [106].

N-Methylformamide

Dried with P_2O_5, filtered and vac. dist. 3 times; vac. dist. twice [203]. Dried with CaO, vac. dist. twice [167]. Dried with NaOH and BaO, vac. dist. twice from BaO [205].

Methyl Formate

Dried with Na_2CO_3, dist. from P_2O_5 [206]. Refluxed with 50% Li, 50% heptane, dist. impurity MeOH [207].

N-Methyl Propionamide

Repeated fract. dist. at red. press. [218]. Dried over lime, repeated vac. dist. [209].

N-Methyl-2-Pyrolidone

Refluxed over BaO, fract. dist. at red. pressure [210]. Likely impurities methylamine α-butyrolactone. Treated with alcoholic KOH. Fract. dist. at red. pressure, dried twice over molecular sieves [211]. Distillation and chemical treatment [4 (p. 96)].

2-Methyltetrahydrofuran

Refluxed for 12 hours over Na–K alloy, fract. dist. onto Na–K and small amount of benzophenone, vac. dist. before use [212].

Monochloro Acetic Acid

Recryst. from benzene, several dist. [213]. Successive fract. dist. [100].

α-Naphthonitrile

Repeated vac. dist. [50].

Nitrobenzene

Refluxed over alumina, vac. fract. dist. [214, 102]. Washed with H_2SO_4, Na_2CO_3 soln, H_2O, dried with $CaCl_2$, vac. fract. dist. several times, dried with alumina [215]. Impurities teck: MeOH, EtOH, aldehydes, nitroalkanes. 4 vac. fract. dist. from Drierite, 6 fract. freezings [216].

Nitroethane

Dist. from molecular sieves under N_2 [218].

Nitromethane

Vac. dist., fract. freezing [219]. Dried with molecular sieves, fract. dist. [220]. Impurities: MeOH, EtOH, H_2O, aldehydes, higher nitroalkanes. 4 fract. vac. dist. 6 fract. freezings [216].

1-Nitropropane

Dried with $MgSO_4$, refluxed with urea, dried with P_2O_5, dist. [221]. Treated with urea, Na_2SO_4, low temp. dist., fract. dist. [222]. Dist. from molecular sieves under N_2 [218].

n-Octanol

Fract. dist. [233] fract. dist. from boric anhydride under red. pressure, neutral with dil. NaOH, fract. dist. [224]. Dried over potash, vac. fract. dist. [96].

Pentaborane

Repeated freezing with dry ice-acetone mixture and removal of non-condensable gases [225].

1-Pentanol

Dried over CaO for several days, fract. dist. [66]. Esterified with p-hydroxy benzoic acid, cryst. ester from CS_2. Saponified with alcoholic KOH. Dried with Drierite, fract. dist. [226].

Phenyl Acetonitrile

Dried over molecular sieves, fract. dist. [227]. Shaken with silica gel, stirred with CaH_2, vac. dist., dried with P_2O_5 and dist. from P_2O_5 [77]. Shaken with K_2CO_3, fract. vac. dist. reag. phenyl acetic, hydrocyanic acids benzyl chloride [39].

Phosphorus Oxy-chloride

Fract. distilled, dist. into cell under N_2 [228].

II. SOLVENT PURIFICATION

n-Propanol

Refluxed over BaO, dist., fract. dist. twice from Na, fract. dist. [185]. Dried with Na, fract. dist. [69]. Dried over CaO, dist. from CaO [147]. Refluxed over alumina, fract. dist. over N_2 [229].

i-Propanol

See n-propanol [185]. Dried with CaH_2 and Na borohydride, refluxed, fract. dist. [34].

Propionaldehyde

Distilled under N_2 [230]. Dried 3 times with drierite, dist. under N_2 [7].

Propionic Acid

Remove stabilizer by vac. dist. [1 (p. 740)]. Fract. dist. [115].

Propionitrile

Shaken with silica gel, distilled from P_2O_5 and then from CaH_2 [77]. Dist. from CaH_2, then from P_2O_5 [34].

Propylene Carbonate

Vac. fractionation [231, 4 (p. 138), 5 (p. 151)], using a 6-ft. column of 40–50 theoretical plates. Composition of the distillate was analyzed throughout the distillation process. Tech. grade material dist. twice under vac. (1 mm) from CaO [232]. Heating above 200°C is to be avoided because traces of acids or bases will promote decomposition to propylene oxide, propionaldehyde, allyl alcohol and carbon dioxide.

Propylenediamine

Dried over KOH, fract. dist. vac. dist. from Na onto K [233].

Propylene Glycol

Refluxed and dist. from 2% NaOH, dry with Na_2SO_4 and fractionate [166]. Dry over Na_2SO_4 and fractionate at reduced pressure [234].

Pyridine

Precipitation of $ZnCl_2$ complex, regenerate and dry with NaOH, BaO, and dist. from Al_2O_3 [235] or from $AlCl_3$ [236]. Dry over NaOH BaO, dist. from $Cd(ClO_4)_2$ [237]. Dry over BaO [238]. Reflux with Na and fractionate under N_2 [87]. $ZnCl_2$ stage said to be unnecessary [239]. Dist. from KOH and from Al_2O_3 gel [240]. Dry over KOH and reflux with $KMnO_4$ and BaO, fractionate [241]. Reagent-grade pyridine has been found to be satisfactory for electrochemical use, [2 (p. 96)] water being removed by shaking over molecular sieves.

Salicylaldehyde

Fract. dist., disulfite add'n. product made, washed with EtOH, recrystallized from 10% EtOH, mixed with Na_2CO_3, stirred with water, HCl added. Yellow oil, fract. dist. [242].

Sulfolane (Tetramethylenesulfone)

Vac. dist. [253] from KOH [244]. Dried with P_2O_5, repeated vac. dist. [245]. Heated 200°C, dried with charcoal, filtered, vac. dist. [246]. Vac. dist. from CaH_2 [247], for high purity solvent pretreatment is advised to remove sulfolene, a common impurity.

Sulfur Dichloride

Fract. dist., dist. [248].

Sulfur Dioxide

A detailed account of solvent purification and manipulation is given by Lagowski [253 (p. 140)]. Gas passed over P_2O_5 or $CaCl_2$, then Drieride and dust traps [249], over $Mg(ClO_4)_2$ [250]. Dry over H_2SO_4 and P_2O_5 then distill, degas and redistill in vacuo [251].

Sulfuric Acid

Prepare by mixing 95% acid with reagent grade fuming acid to max. freezing pt. 10.46° [252, 254].

Tetrahydrofuran (THF)

A detailed analysis of the purification of this solvent is given by Butler et al. [4 (p. 154)], using gas chromatographic analyses. Major impurities are air and water. Distillation is the most reasonable method of removing organic impurities. Treatment with molecular sieves prior to distillation removes water. Peroxides are readily destroyed by either an alkali hydroxide or $LiAlH_4$.

1,1,3,3-Tetramethylguanidine

Distill under vac. from BaO [267].

Toluene

Shake with conc. H_2SO_4, wash with Na_2CO_3 aq. and H_2O, dry with $CaCl_2$ and distill. Store over Na or Al_2O_3 [258]. Wash with H_2SO_4, H_2O, NaOH aq, H_2O; dry + $CaCl_2$, reflux with Na and distill from Na [47]. Reflux over Na–K, fractionated under N_2 [259].

Triethanolamine

Vac. fract. dist. [260]. Repeated fract. dist. to remove mono and di ethanolamines [112].

Tri-p-Ethyl Phenylphosphite

Distill at reduced pressure under N_2 [261].

Triethyl Phosphate

Dried over Na_2SO_4, vac. fract. dist., stored over Na_2SO_4, vac. fract. dist., repeatedly [262].

Triethyl Phosphite

Stored over Na to remove dialkyl ester, filtered, vac. dist. [120].

Trifluoroacetic Acid

Dry Ba salt, add H_2SO_4 to remove the free acid. Dry over H_2SO_4, recryst. to constant f.p. of $-15.25 \pm .05°$ [263]. Fract. dist. [264]. Dist. repeatedly [265].

Trimethyl Phosphate

Reflux in vacuo over CaO, distill under N_2. Vacuum distilled from Na_2CO_3 [266].

Triphenyl Phosphite

Dist. at reduced pressure under N_2 [261].

Tri-m-tolyl Phosphite

Dist. at reduced pressure under N_2 [261].

Tri-p-tolyl Phosphite

Dist. at reduced pressure under N_2 [261].

Valeric Acid

Purified from spinning band column at red. pressure several times [277]. Fract. dist. [115].

Valeronitrile

Dry over $CaCl_2$ and fractionate repeatedly from P_2O_5 [278].

p-Xylene

Fract. freezing followed by storage over Al_2O_3 under N_2. Shaken with H_2SO_4, NaOH, Hg, dried over P_2O_5, fract. dist., [6] fract. freezing [54].

References

1. J. A. Riddick and W. B. Bunger, Techniques of Chemistry, Vol. 2 Series Editor: A. Weissberger. Organic Solvents, Physical Properties and Methods of Purification, 3rd ed. (1970).
2. C. K. Mann, Nonaqueous Solvents for Electrochemical Use in Advances in Electroanalytical Chemistry, ed. by A. J. Bard, Vol. 3, 57 (1969).
3. R. Jasinski, High Energy Batteries, Plenum Press, New York, 1967.
4. J. N. Butler, R. J. Jasinski, D. R. Cogley, H. L. Jones, J. C. Synnott and S. Carroll, "Purification and Analysis of Organic Nonaqueous Solvents," Final Tech. Rpt. Oct. 1967–Sept. 1970; Contract No. F19628-68-C-0052, prepared for Air Force Cambridge Research Laboratories, Air Force Systems Command, USAF, Bedford, Mass.
5. J. N. Butler, Reference Electrodes, in Advances in Electrochemistry and Electrochemical Engineering, ed. by P. Delahay and C. W. Tobias, Vol. 7 (1970).
6. F. C. Coleman and T. De Vries, J. Amer. Chem. Soc., **71**, 2839 (1949).
7. T. E. Smith and R. F. Bonner, Ind. Eng. Chem., **43**, 1169 (1951).
8. P. Walden, Z. Phys. Chem., **54**, 129 (1906).
9. J. W. Walker and F. M. G. Johnson, J. Chem. Soc., **87**, 1597 (1905).
10. B. Grüttner, Z. Anorg. Chemie, **270**, 223 (1952).
11. G. Jander and G. Winkler, J. Inorg. Nucl. Chem., **9**, 24 (1959).
12. R. T. Myers, J. Phys. Chem., **69**, 700 (1965).
13. W. H. McMahan, Diss. Abs., **26**, 3026 (1965).
14. A. W. Hutchison and G. C. Chandler, J. Amer. Chem. Soc., **53**, 2882 (1931).
15. I. M. Kolthoff and A. Willman, J. Amer. Chem. Soc., **56**, 1007 (1934).
16. R. C. Paul, K. C. Malhotra and O. C. Vaidya, Ind. J. Chem., **3**, 1 (1965).
17. P. G. Sears, R. K. Wolford and L. R. Dawson, J. Electrochem. Soc., **103**, 633 (1956).
18. W. A. Adams and K. J. Laidler, Canad. J. Chem., **46**, 1977 (1968).
19. G. P. Johari and P. H. Tewari, J. Amer. Chem. Soc., **87**, 4691 (1965).
20. H. Hunt and H. T. Briscoe, J. Phys. Chem., **33**, 1945 (1929).
21. P. G. Sears, E. D. Wilhoit and L. R. Dawson, J. Phys. Chem., **60**, 169 (1956).
22. M. B. Reynolds and C. A. Kraus, J. Amer. Chem. Soc., **70**, 1709 (1948).
23. J. F. J. Dippy and S. R. C. Hughes, J. Chem. Soc., 953 (1954).
24. J. F. Coetzee and W. S. Siao, Inorg. Chem., **2**, 14 (1963).
25. J. F. Coetzee, Pure and Applied Chem., **13** (3), 427 (1966).
26. G. J. Janz and S. S. Danylnk, J. Amer. Chem. Soc., **81**, 3846, 3850, 3854 (1959).
27. J. F. O'Donnell, J. T. Ayres and C. K. Mann, Anal. Chem., **37**, 1161 (1965).
28. S. R. C. Hughes, J. Chem. Soc., 634 (1957).
29. J. Livingston and R. Morgan, J. Amer. Chem. Soc., **46**, 881 (1924).
30. S. Sugden, J. Chem. Soc., 768 (1933).
31. R. C. Paul, D. Singh and S. S. Sandha, J. Chem. Soc., 315 (1959).
32. P. G. Sears, J. A. Caruso and A. I. Popov, J. Phys. Chem., **71**, 905 (1967).
33. E. N. Zil'Berman, T. S. Ivcher and E. M. Perepletchikova, J. Gen. Chem., (U.S.S.R.), **31**, 1905 (1961).
34. F. Farha, Jr. and R. T. Iwamoto, J. Electroanalyt. Chem., **8**, 55 (1964).
35. R. E. Kepner and L. J. Andrews, J. Org. Chem., **13**, 208 (1948).
36. V. F. Hnizda and C. A. Kraus, J. Amer. Chem. Soc., **71**, 1565 (1949).
37. R. R. Dewald and J. H. Roberts, J. Phys. Chem., **72**, 4224 (1968).
38. C. A. Kraus and J. E. Bishop, J. Amer. Chem. Soc., **44**, 2206 (1922).
39. F. K. V. Koch, J. Chem. Soc., 269 (1928).
40. A. Hantzsch and H. Freese, Ber. Deut. Chem. Gesell, **27**, 2529, 2966 (1894).

II. SOLVENT PURIFICATION

41. G. S. Bien, C. A. Kraus and R. M. Fuoss, J. Amer. Chem. Soc., **56**, 1860 (1934).
42. W. E. Vaughn, S. B. W. Roeder, et al., J. Chem. Phys., **39**, 701 (1963).
43. D. M. Roberti and C. P. Smyth, J. Amer. Chem. Soc., **82**, 2106 (1960).
44. S. E. Hazlet and R. B. Callison, J. Amer. Chem. Soc., **66**, 1248 (1944).
45. J. Comyn, F. S. Dainton and K. J. Win, Electrochim. Acta, **13**, 1851 (1968).
46. R. J. Gillespie and K. C. Moss, J. Chem. Soc., 1170 (1966).
47. V. Deitz and R. M. Fuoss, J. Amer. Chem. Soc., **60**, 2394 (1938).
48. T. R. Nanney and W. R. Gilkerson, J. Phys. Chem., **69**, 1338 (1965).
49. G. J. Janz, I. Ahmad and H. V. Venkatasetty, J. Phys. Chem., **68**, 889 (1964).
50. C. M. French and I. G. Roe, Trans. Faraday Soc., **49**, 314 (1953).
51. A. R. Martin, J. Chem. Soc., 3270 (1928).
52. R. C. Larson and R. T. Iwamoto, J. Amer. Chem. Soc., **82**, 3239 (1960).
53. V. Gutman and K. Utvary, Monatsh. Chem., **89**, 731 (1958).
54. J. H. Mathews, J. Amer. Chem. Soc., **48**, 562 (1926).
55. H. Hartmann, A. Neumann, et al., Z. Phys. Chem. (Frankfurt), **44**, 204 (1965).
56. P. C. Terwogt, Z. Anorg. Chem., **47**, 203 (1905).
57. C. A. Kraus and G. W. Moessen, Proc. Nat. Acad. Sci., **8**, 1023 (1952).
58. L. A. Quarterman, H. H. Hyman and J. J. Katz, J. Phys. Chem., **61**, 912 (1957).
59. M. S. Toy and W. A. Cannon, J. Phys. Chem., **70**, 2241 (1966).
60. W. R. Gilkerson and R. E. Stamm, J. Phys. Chem., **65**, 1466 (1961).
61. D. R. Stull, J. Amer. Chem. Soc., **59**, 2726 (1937).
62. J. Timmermans and F. Martin, J. Chim. Phys., **25**, 411 (1928).
63. R. P. Seward, J. Amer. Chem. Soc., **73**, 515 (1951).
64. H. V. Venkatasetty and G. H. Brown, J. Phys. Chem., **66**, 2075 (1962).
65. R. C. Paul and O. O. Vaidya, Indian J. Chem., **6**, 151 (1968).
66. D. F. Evans and P. Gardam, J. Phys. Chem., **73**, 158 (1969).
67. P. G. Sears, E. D. Wilhoit and L. R. Dawson, J. Phys. Chem., **59**, 373 (1955).
68. B. Case and R. Parsons, Trans. Faraday Soc., **63**, 1224 (1967).
69. G. Akerlof, J. Amer. Chem. Soc., **54**, 4125 (1932).
70. K. Norberg, Acta Chem. Scand., **20**, 264 (1966).
71. F. M. Sacks and R. M. Fuoss, J. Amer. Chem. Soc., **75**, 5172 (1953).
72. D. Feakins and C. M. French, J. Chem. Soc., 2284 (1957).
73. A. E. Karr, W. M. Bowes, et al., Anal. Chem., **23**, 459 (1951).
74. A. I. Vogel, J. Chem. Soc., 1814 (1948).
75. F. W. Breifogel and M. Eisenberg, Electrochim. Acta, **14**, 459 (1969).
76. W. S. Harris, Ph.D. Thesis (Univ. of Calif.) (1958).
77. D. K. Mcguire, Diss. Abs., **26**, 116 (1965).
78. M. S. Toy and W. A. Cannon, J. Electrochem. Soc., **4**, 1520 (1966).
79. P. H. Flaherty and K. H. Stern, J. Amer. Chem. Soc., **80**, 1034 (1958).
80. J. B. Ezell and W. R. Gilkerson, J. Phys. Chem., **68**, 1581 (1964).
81. T. R. Nanney, Diss. Abs., **23**, 1531 (1962).
82. R. L. McIntosh, D. J. Mead and R. M. Fuoss, J. Amer. Chem. Soc., **62**, 506 (1940).
83. J. G. Kay, D. L. Lydy and V. A. Mode, J. Phys. Chem., **69**, 87 (1965).
84. R. J. W. LeFevre and A. J. Williams, J. Chem. Soc., 1671 (1960).
85. D. M. Newitt, R. P. Linstead, et al., J. Chem. Soc., 876 (1937).
86. D. M. Cowan and A. I. Vogel, J. Chem. Soc., 1528 (1940).
87. W. W. Trigg, Diss. Abs., **28**, 88 (1967).
88. O. M. Gaisinskaya, S. M. Rubinchik and V. A. Soklov, Russ. J. Inorg. Chem., **8**, 1475 (1963).
89. K. Cruse, E. P. Goertz and H. Petermöller, Z. Electrochem., **55**, 405 (1951).
90. T. W. Richards and J. W. Shipley, J. Amer. Chem. Soc., **41**, 2002 (1919).

91. H. N. Wilson and A. E. Heron, J. Soc. Chem. Ind., **60**, 168 (1941).
92. R. W. Crowe and C. P. Smyth, J. Amer. Chem. Soc., **73**, 5406 (1951).
93. P. Sabatier and J. B. Senderens, Compt. Rend., **138**, 457 (1904).
94. L. Palfray, Bull. Soc. Chim. Fr., **7**, 401 (1940).
95. G. L. Lewis and C. P. Smyth, J. Amer. Chem. Soc., **61**, 3067 (1939).
96. A. M. Shkodin, L. P. Sadovnichaya and V. A. Podolyanko, Elektrokhimiya, **4**, 718 (1968).
97. P. Harsteina and S. Windwer, J. Phys. Chem., **73**, 1549 (1969).
98. K. W. Boyer and R. T. Iwamoto, J. Electroanalyt. Chem., **7**, 458 (1964).
99. C. M. French and N. Singer, J. Chem. Soc., 1424 (1956).
100. L. R. Dawson, J. W. Vaughn, M. E. Pruit and H. C. Eckstrom, J. Phys. Chem., **66**, 2684 (1962).
101. F. W. Darrow, Diss. Abs., **26**, 3056 (1965).
102. W. R. Gilkerson and R. E. Stamm, J. Amer. Chem. Soc., **82**, 5295 (1960).
103. F. Accascina, E. L. Swarts and P. L. Mercier, Proc. Nat. Acad. Sci. (U.S.A.), **41**, 1033 (1955).
104. H. L. Curry and W. L. Gilkerson, J. Amer. Chem. Soc., **79**, 4021 (1957).
105. Y. H. Inami, H. K. Bodenseh and J. B. Ramsey, J. Amer. Chem. Soc., **83**, 4745 (1961).
106. A. A. Maryott, M. E. Hobbs, et al., J. Amer. Chem. Soc., **63**, 659 (1941).
107. J. C. M. Li and K. S. Pitzer, J. Amer. Chem. Soc., **78**, 1077 (1956).
108. H. K. Hall, Jr., J. Phys. Chem., **60**, 63 (1956).
109. N. L. Cox, C. A. Kraus and R. M. Fuoss, Trans. Faraday Soc., **31**, 749 (1935).
110. A. E. Martell and K. H. Stern, J. Amer. Chem. Soc., **77**, 1983 (1955).
111. F. H. Healey and A. E. Martell, J. Amer. Chem. Soc., **73**, 3296 (1951).
112. A. G. Leibush and E. D. Shozina, J. App. Chem. (Russ.), **20**, 69 (1947).
113. E. Swift, J. Amer. Chem. Soc., **64**, 115 (1942).
114. W. S. Muney and J. F. Coetzee, J. Phys. Chem., **66**, 89 (1962).
115. Yu. Ya. Borovikow, J. Gen. Chem. (U.S.S.R.), **38**, 1171 (1968).
116. S. Sugden, J. B. Reed and H. Wilkins, J. Chem. Soc., **127**, 1525 (1925).
117. G. A. Scherer and R. F. Newton, J. Amer. Chem. Soc., **56**, 18 (1934).
118. U. Berglund and L. G. Sillen, Acta Chem. Scand., **2**, 116 (1948).
119. N. M. Alpatova, D. N. Maslin, V. V. Gavrilenko, Yu. M. Kessler and L. I. Zakharkin, Elektrokhimiya, **5**, 75 (1969).
120. C. M. French and P. B. Hart, J. Chem. Soc., 3161 (1960).
121. T. Shimomora, J. Smid and M. Schware, J. Amer. Chem. Soc., **89**, 5743 (1967).
122. R. E. Dessy, W. Kitching and T. Chivers, J. Amer. Chem. Soc., **88**, 453 (1966).
123. A. K. Hoffmann, W. G. Hodgson, D. L. Maricle and W. H. Jura; J. Amer. Chem. Soc., **86**, 631 (1964).
124. G. Pistoria and B. Scrosati, Ricerca Sci., **37**, 1173 (1967).
125. G. R. Lester, T. A. Gover and P. G. Sears, J. Phys. Chem., **60**, 1076 (1956).
126. H. E. Bent and A. F. Forziati, J. Amer. Chem. Soc., **58**, 2220 (1936).
127. C. D. Ritchie and D. H. Mergerle, J. Amer. Chem. Soc., **89**, 1447 (1967).
128. D. P. Ames and P. G. Sears, J. Phys. Chem., **59**, 16 (1955).
129. J. E. Prue and P. J. Sherrington, Trans. Faraday Soc., **57**, 1795 (1961).
130. P. G. Sears, E. D. Wilhoit and L. R. Dawson, J. Chem. Phys., **23**, 1274 (1955).
131. A. B. Thomas and E. G. Rochow, J. Amer. Chem. Soc., **79**, 1843 (1957).
132. S. B. Brummer, J. Chem. Phys., **42**, 1636 (1965).
133. E. D. Wilhoit and P. G. Sears, Trans. Kentucky Acad. Sci., **17**, 123 (1956).
134. N. P. Yao, E. D'orsay and D. N. Bennion, J. Electrochem. Soc., **115**, 999 (1968).

II. SOLVENT PURIFICATION

135. D. N. Bennion, J. S. Dunning and W. H. Tiedemann, "Design Studies for High Rate, High Energy, Nonaqueous Electrochemical Energy Conversion Systems," NCLA-ENG-7078, Dec. (1970): Prepared for U.S. Naval Weapons, Corona Lab., Corona, California, Contract No. N123-70-C-0188.
136. J. Eliassaf, R. M. Fuoss and J. E. Lind, Jr., J. Phys. Chem., **67,** 1724 (1963).
137. D. H. Morman and G. A. Harlow, Analyt. Chem., **39,** 1869 (1967).
138. C. D. Ritchie, G. A. Skinner and V. G. Badding, J. Amer. Chem. Soc., **89,** 2063 (1967).
139. D. R. Cogley and J. N. Butler, "Study of Kinetics of Alkali Metal Deposition and Dissolution in Nonaqueous Solutions," Final Report, Contract AF19(628)5525 (Oct. 1968). AFCRL-68-0560, AD681453, see also J. N. Butler, J. Electroanal. Chem., **14,** 89 (1967).
140. N. P. Yao and D. N. Bennion, J. Electrochem. Soc., **118,** 1097 (1971).
141. J. E. Lind, Jr. and R. M. Fuoss, J. Phys. Chem., **65,** 999 (1961).
142. H. S. Dunsmore, T. R. Kelly and G. H. Nancollas, Trans. Faraday Soc., **59,** 2606 (1963).
143. P. H. Tewari and G. P. Johari, J. Phys. Chem., **69,** 2857 (1965).
144. D. J. Mead and R. M. Fuoss, J. Amer. Chem. Soc., **61,** 2047 (1939).
145. G. T. Furukawa, D. C. Ginnings, et al., J. Res. Nat. Bur. Stand., **46,** 195 (1951).
146. J. R. Graham, G. S. Kell and A. R. Gordon, J. Amer. Chem. Soc., **79,** 2352 (1957).
147. D. F. Evans and P. Gardam, J. Phys. Chem., **72,** 3281 (1968).
148. L. R. Dawson and M. Golben, J. Amer. Chem. Soc., **74,** 4134 (1952).
149. O. V. Brody and R. M. Fuoss, J. Phys. Chem., **60,** 156 (1956).
150. P. W. Brewster, F. O. Schmidt and W. B. Schaap, J. Amer. Chem. Soc., **81,** 5532 (1959).
151. R. G. Bates and G. D. Pinching, J. Res. Nat. Bur. Stand., **46,** 349 (1951).
152. L. Gillo, Bull. Soc. Chim. Belges, **48,** 341 (1939).
153. C. D. Hurd and J. S. Strong, Anal. Chem., **23,** 542 (1951).
154. G. N. Lewis and C. A. Kraus, J. Amer. Chem. Soc., **32,** 1459 (1910).
155. J. B. Russell and M. J. Sienko, J. Amer. Chem. Soc., **79,** 4051 (1957).
156. C. P. Smyth and E. W. Engel, J. Amer. Chem. Soc., **51,** 2646 (1929).
157. J. P. Gosse and B. Rose, Compt. Rend., **267,** 927 (1968).
158. F. Pushpanaden, Diss. Abs., **27,** 2642 (1967).
159. B. B. Hibbard and F. C. Schmidt, J. Amer. Chem. Soc., **77,** 225 (1955).
160. W. H. Bromley, Jr. and W. F. Luder, J. Amer. Chem. Soc., **66,** 107 (1944).
161. G. L. Putnam and K. A. Kobe, Trans. Electrochem. Soc., **74,** 609 (1939).
162. D. A. Lee, Analyt. Chem., **38,** 1168 (1966).
163. L. M. Mukherjee and S. Bruckenstein, Pure and Applied Chem., **13**(3), 419 (1966).
164. G. Schober and V. Gutmann, Monatsh., **89,** 649 (1958).
165. S. Petrucci, P. Hemmes and M. Battistini, J. Amer. Chem. Soc., **89,** 5552 (1967).
166. K. K. Kundu and M. N. Das, J. Chem. and Eng. Data, **9,** 87 (1964).
167. M. L. Berardelli, G. Pistoia and A. M. Polcaro, Ricerca Sci., **38,** 814 (1968).
168. L. R. Dawson, E. D. Wilhoit and P. G. Sears, J. Amer. Chem. Soc., **79,** 5906 (1957).
169. G. P. Johari and P. H. Tewari, J. Phys. Chem., **69,** 696 (1965).
170. P. H. Tewari and G. P. Johari, J. Phys. Chem., **67,** 512 (1963).
171. G. H. Brown and H. Hsiung, J. Electrochem. Soc., **107,** 57 (1960).
172. R. W. C. Broadbank, et al., Trans. Faraday Soc., **64,** 3311 (1968).
173. T. A. Pinfold and F. Sebba, J. Amer. Chem. Soc., **78,** 2095 (1956).
174. T. C. Wehman and A. I. Popov, J. Phys. Chem., **72,** 4031 (1968).
175. S. E. Hazlet and R. B. Callison, J. Amer. Chem. Soc., **66,** 1248 (1944).

176. H. S. Harmed and F. H. Max Nestler, J. Amer. Chem. Soc., **68**, 665 (1946).
177. T. DeVries and D. B. Bruss, J. Electrochem. Soc., **100**, 445 (1953).
178. J. Martin, Compt. Rend., **268C**, 152 (1969).
179. R. Alexander, E. C. F. Ko, Y. C. Mac and A. J. Parker, J. Amer. Chem. Soc., **89**, 3703 (1967).
180. R. Fuchs, J. L. Bear and R. F. Rodewald, J. Amer. Chem. Soc., **91**, 5797 (1969).
181. P. A. Anderson, J. Amer. Chem. Soc., **48**, 2285 (1926).
182. T. C. Waddington and J. A. White, J. Chem. Soc., 2701 (1963).
183. R. J. Gillespie and E. A. Robinson, J. Amer. Chem. Soc., **87**, 2428 (1965).
184. R. H. Davies and E. G. Taylor, J. Phys. Chem., **68**, 3901 (1964).
185. J. E. Coates and E. G. Taylor, J. Chem. Soc., 1245 (1936).
186. M. Kilpatrick and F. E. Luborsky, J. Amer. Chem. Soc., **75**, 577 (1953).
187. L. A. Quaterman, H. H. Hyman and J. J. Katz, J. Phys. Chem., **65**, 90 (1961).
188. M. Runner, G. Balog and M. Kilpatrick, J. Amer. Chem. Soc., **78**, 5183 (1956).
189. E. E. Liheken and J. A. Wilkinson, J. Amer. Chem. Soc., **62**, 251 (1940).
190. G. N. Quam, J. Amer. Chem. Soc., **47**, 103 (1925).
191. D. J. Bearcroft and N. H. Nachtrieb, J. Phys. Chem., **71**, 316 (1967).
192. J. Smisko and L. R. Dawson, J. Phys. Chem., **59**, 84 (1955).
193. E. C. Evers and A. G. Knox, J. Amer. Chem. Soc., **73**, 1739 (1951).
194. C. D. Ritchie and P. D. Heffley, J. Amer. Chem. Soc., **87**, 5402 (1965).
195. D. Feakins and P. Watson, J. Chem. Soc., 4686 (1963).
196. R. Gopal and O. M. Bhatnagar, J. Phys. Chem., **69**, 2382 (1965).
197. R. D. Singh, R. P. Rastogi and R. Gopal, Canad. J. Chem., **46**, 3525 (1968).
198. G. P. Johari and P. H. Tewari, J. Phys. Chem., **70**, 197 (1966).
199. L. R. Dawson, P. G. Sears and R. H. Graves, J. Amer. Chem. Soc., **77**, 1986 (1955).
200. L. A. Knecht and I. M. Kolthoff, Inorg. Chem., **1**, 195 (1962).
201. A. M. Filbert, Diss. Abs., **23**, 1203 (1962).
202. G. W. A. Fowles, W. R. McGregor and M. C. R. Symons, J. Chem. Soc., 3329 (1957).
203. C. M. French and K. H. Glover, Trans. Faraday Soc., **51**, 1418 (1955).
204. S. O. Morgan and H. H. Lowry, J. Phys. Chem., **34**, 2385 (1930).
205. R. P. Held and C. M. Criss, J. Phys. Chem., **69**, 2611 (1965).
206. J. Timmermans and Mme. Hennaut-Roland, J. Chim. Phys., **27**, 401 (1930).
207. R. Keller, J. N. Foster, D. C. Hanson, J. F. Hon and J. S. Muirhead, Properties of Nonaqueous Electrolytes. Final Report NASA Rpt. Contract No. NAS-3-8521 (Dec. 1968).
208. T. B. Hoover, J. Phys. Chem., **68**, 876 (1964).
209. R. Gopal and O. N. Bhatnagar, J. Phys. Chem., **70**, 4070 (1966).
210. M. D. Dyke, P. G. Sears and A. I. Popov, J. Phys. Chem., **71**, 4040 (1967).
211. M. Breant, M. Bazouin and C. Buisson, Bull. Soc. Chim. France, 5065 (1968).
212. M. Van Beylen, M. Fisher, J. Smid and M. Szware, Macromolecules, **2**, 575 (1969).
213. Yu. Ya. Fialkov and V. S. Zhikarev, Russ. J. Gen. Chem., **33**, 6 (1963).
214. A. L. Powell and A. E. Martell, J. Amer. Chem. Soc., **79**, 2118 (1957).
215. C. R. Witschonke and C. A. Kraus, J. Amer. Chem. Soc., **69**, 2472 (1947).
216. J. F. Coetzee and G. P. Cunningham, J. Amer. Chem. Soc., **87**, 2529 (1965).
217. R. L. Kay, C. Zawoyski and D. F. Evans, J. Phys. Chem., **69**, 4208 (1965).
218. R. C. Little and C. R. Singleterry, J. Phys. Chem., **68**, 2709 (1964).
219. A. K. R. Unni, L. Elias and H. I. Schiff, J. Phys. Chem., **67**, 1216 (1963).
220. M. A. Coplan and R. M. Fuoss, J. Phys. Chem., **68**, 1181 (1964).
221. R. G. Pearson, J. Amer. Chem. Soc., **70**, 204 (1948).
222. D. Tumbull and S. H. Maron, J. Amer. Chem. Soc., **65**, 212 (1943).

223. C. P. Smyth and W. N. Stoops, J. Amer. Chem. Soc., **51**, 3312, 3330 (1929).
224. S. Ueno and S. Komori, J. Soc. Chem. Ind. Jap., **49**, 161 (1946).
225. H. E. Wirth and P. I. Slick, J. Phys. Chem., **65**, 1447 (1961).
226. S. C. J. Olivier, Rec. Trav. Chim. Pays-Bas, **55**, 1027 (1936).
227. E. J. Del Rosario and J. E. Lind, Jr., J. Phys. Chem., **70**, 2876 (1966).
228. V. Gutmann and M. Baaz, Monatsh Chem., **90**, 239 (1959).
229. M. Goffredi and T. Shedlovsky, J. Phys. Chem., **71**, 2176 (1967).
230. F. E. McKenna, H. V. Tartar, et al., J. Amer. Chem. Soc., **71**, 729 (1949).
231. R. J. Jasinski and S. Kirkland, Anal. Chem., **39**, 1663 (1967).
232. L. M. Mukherjee and D. P. Boden, J. Phys. Chem., **73**, 3965 (1969).
233. G. W. A. Fowles, W. R. McGreger and M. C. R. Symons, J. Chem. Soc., 3329 (1957).
234. B. H. Claussen and C. M. French, Trans. Faraday Soc., **51**, 1124 (1955).
235. W. F. Luder and C. A. Kraus, J. Amer. Chem. Soc., **69**, 2481 (1947).
236. D. S. Burgess and C. A. Kraus, J. Amer. Chem. Soc., **70**, 706 (1948).
237. P. Walden, L. F. Audrieth and E. J. Birr, Z. Phys. Chem., **160A**, 337 (1932).
238. D. A. Couch, P. S. Elmes, J. E. Fergusson, M. L. Greenfield and C. J. Wilkins, J. Chem. Soc., **A**, 1813 (1967).
239. C. J. Carignan and C. A. Kraus, J. Amer. Chem. Soc., **71**, 2983 (1949).
240. M. M. Davies, Trans. Faraday Soc., **31**, 1561 (1935).
241. A. J. Johnson and J. H. Mathews, J. Phys. Chem., **21**, 294 (1917).
242. T. S. Carswell and C. E. Pfeifer, J. Amer. Chem. Soc., **50**, 1765 (1928).
243. J. W. Vaughn and C. F. Hawkins J. Chem. and Eng. Data, **9**, 140 (1964).
244. M. Della Monica, U. Lamanna and L. Senatore, J. Phys. Chem., **72**, 2124 (1968).
245. M. Della Monica, L. Jannelli and U. Lamanna, J. Phys. Chem., **72**, 1068 (1968).
246. R. L. Benoit and G. Choux, J. Amer. Chem. Soc., **91**, 6221 (1969).
247. J. F. Coetzee and C. D. Ritchie, "Solute-Solvent Interactions," (p. 608); Marcel Dekker (1969).
248. S. N. Nabi and M. A. Khaleque, J. Chem. Soc., 3626 (1965).
249. N. N. Lichtin and P. D. Bartlett, J. Amer. Chem. Soc., **73**, 5530 (1951).
250. N. N. Lichtin and H. P. Leftin, J. Phys. Chem., **60**, 160 (1956).
251. L. Fournes and J. Maheno, Bull. Soc. Chim. (France), 2277 (1969).
252. N. F. Hall and H. H. Voge; J. Amer. Chem. Soc., **55**, 239 (1933).
253. J. J. Lagowski, "The Chemistry of Nonaqueous Solvents, Vol. III, Inert, Aprotic and Acidic Solvents," Academic Press (1970).
254. R. J. Gillespie and J. V. Oubridge, J. Chem. Soc., 80 (1956).
255. J. Perichon and R. Buvet, Electrochim. Acta, **9**, 567 (1964).
256. J. F. O'Donnell, Ph.D. Thesis, Florida State University, Tallahassee (1966).
257. J. A. Caruso, P. G. Sears and A. I. Popov, J. Phys. Chem., **71**, 1756 (1967).
258. R. M. Fuoss, D. Edelson and B. I. Spinrad, J. Amer. Chem. Soc., **72**, 327 (1950).
259. M. C. Day, C. N. Hammonds and T. D. Westmoreland, J. Phys. Chem., **73**, 4374 (1969).
260. J. N. Pearce and L. F. Berhenke, J. Phys. Chem., **39**, 1005 (1935).
261. C. M. French and R. C. B. Tomlinson, J. Chem. Soc., 311 (1961).
262. C. M. French, P. B. Hart and D. F. Muggleton, J. Chem. Soc., 3582 (1959).
263. K. E. Lorentzen and J. H. Simons, J. Amer. Chem. Soc., **74**, 4746 (1952).
264. E. A. Yerger, Ph.D. Thesis, Northwestern Univ. (1956).
265. Yu. Ya. Fialkov and V. S. Zhikharev, Russ. J. Gen. Chem., **33**, 3397 (1963).
266. V. Gutmann and O. Leitmann, Monatsh Chem., **97**, 926 (1966).
267. L. A. McDougall and J. E. Kilpatrick, J. Chem. Phys., **42**, 2307 (1965).
268. J. J. Banewicz, J. A. Maguire and P. S. Shih, J. Phys. Chem., **72**, 1960 (1968).

III. ELECTRICAL CONDUCTANCE

Introduction

The electrical conductance data in this section are a sequel to the 1962 Survey of Non-aqueous Conductance Data by Janz, Kelly and Venkatasetty. Data before 1900 are not included, and from 1900 to 1930 results from selected publications are reported, such as the more important papers of Walden, Kraus and Hartley. The data from these earlier publications have not been recalculated to bring them in line with changes in the values of defined units or advances in theoretical analyses. Thus the values of Λ_0 are as in the original papers. Dissociation constants from these early papers however have not been included. This section, then, draws mainly on the results of conductance studies over the period of the last four decades, and extends to December, 1971.

In view of the large volume of data, the results have been grouped by solutes, into six general classes, as follows:

(a) Alkali metal and ammonium compounds, and acids in single solvents
(b) Alkali metal and ammonium compounds, and acids in mixed solvents
(c) Amines and quaternary ammonium compounds in single solvents
(d) Compounds of elements in periodic table groups other than Ia, in single solvents
(e) Amines and quaternary ammonium compounds in mixed solvents
(f) Compounds of elements in periodic table groups other than Ia, in mixed solvents

The solute data tables have several features which will serve as a quick guide to determine whether one may wish to consult the original literature. The general format is:

Solvent and ref.	Λ_0	Λ	Concentration eq/l $\times$ 10^4	Comments

Solvents are arranged alphabetically and followed by a reference number. Abbreviations have been adopted for many common solvents and these are listed in the section on Symbols. The value of Λ_0 is given as quoted in the original manuscript; no error estimates are included. The concentration range, in equivalents per liter is indicated, values being rounded to two figures unless the separation is small. Values of Λ at the lowest and highest concentrations are listed. In the Comments, the following information is given in this order: temperatures (if other than 25°C); number of experimental points (in parentheses); values of K_a or K_d; λ_0^+, and λ_0^- values; a_J^0 values; features such as graphical representation of data, recalculated data, and occurrence of maxima or minima in plots of Λ versus concentration.

In a later section, i.e. Data by Solvents section, the solutes that have been investigated in each solvent are concisely listed, together with the relevant references, but the numerical results are not given again. The latter should be used together with the numerical results reported in this Section.

A. ALKALI METAL COMPOUNDS AND AMMONIUM COMPOUNDS—SINGLE SOLVENTS

1. DATA BY SOLUTE

The organization of data by solute for this section is as follows:

(a) Inorganic Acids
(b) Organic Acids and Derivatives
(c) Ammonium Halides
(d) Alkali Metal Halides
(e) Ammonium and Alkali Metal Inorganic Salts
(f) Ammonium and Alkali Metal Organic Salts
(g) Ammonium and Alkali Metal Complex Salts

SOLVENTS AND THEIR ABBREVIATIONS

Acetoacetic ester, EAA
Acetonitrile, ACN
Acetophenone, ACP
Adiponitrile, ADN
i-Amyl alcohol, AA
ϕ Amyl alcohol, ϕAA
Benzonitrile, BZN
α-Butyrolactone, αBL
i-Butyronitrile, iBN
Cesium Dinonylnaphthalene sulfonate, CSDNNS
β-Chloropropionitrile, βCPN
Chlorosulfonic acid, ClSA
Cyclohexane, CH
Cyclohexylamine, CHA
α,β-Dichloropropionitrile, $\alpha\beta$DPN
Diethylamine, DEA
Diethylether, DEE
Dimethoxymethane, DME
N,N-Dimethylacetamide, DMA
Dimethylamine, DMAm
N,N-Dimethylformamide, DMF
N,N-Dimethylpropionamide, DMP
Dimethylsulfite, DMS

2,4-Dimethylsulfolane, DMSL
Dimethylsulfoxide, DMSO
Dodecanol, (DD)
Ethanolamine, EtA
β-Ethoxypropionitrile, βEPN
Ethyl acetate, EA
Ethylene carbonate, EC
Ethylenediamine, ED
Ethylene glycol, EG
Ethyl methyl ketone, MEK
Formic Acid, FA
Hexamethylphosphotriamide, HMPT
Hydrogen cyanide, HCN
Hydrogen fluoride, HF
Hydrogen picrate, HPi
Hydrogen sulfide, H_2S
Lithium dinonylnaphthalene sulfonate LiDNNS
N-Methylacetamide NMA
Methyl i-butyl Ketone, MiBK
N-Methylformamide, NMF
Methylformate, MF
N-Methylpropionamide, NMP
N-Methyl-2-pyrrolidone, NM2PY

2-Methyltetrahydrofuran, MeTHF
α-Napthonitrile, αNN
Nitrobenzene, NB
Nitroethane, NE
Nitromethane, NM
Nitropropane, NP
o-Dichlorobenzene, ODCB
Phenylacetonitrile, PhAN
Propionitrile, PN
Propylene carbonate, PC
Propylenediamine, PD
Sodium Lauryl Sulfate, SLS
Sulfur dioxide, SO_2
Tetrahydrofuran, THF
Tetramethylenesulfoxide, TMSO
1,1,3,3-Tetramethylguanidine, TMG

(a) Inorganic Acids

HYDROGEN CHLORIDE, HCl

Solvent and ref.	Λ_0	Λ	Concentration eq/l × 10^4	Comments
Acetamide [544]	34.24		200–1500	94°C; concn., mole/kg
ACN [67]			245–5970	(16); κ varies with time
— [444] [451]		0.19–0.15	245–1230	(8); zero time Λ values
— [444] [451]				8 runs; Λ of equilibrated solns. given
— [444] [451]		0.80–0.75	10–3160	smoothed equilibrated values
— [288]		0.744	100	
— [67]			1740	35°C; κ varies with time
— [572]		1.0–0.8	30–2600	(5); shown graphically

Note: Marked increase of κ of HCl in acetonitrile with time was found above 18°C. Between 0°C and 18°C the effect was small. The zero time values were obtained by extrapolation. The increase was found to be due to the formation of the species $CH_3CN \cdot 2HCl$, see ref. [455].

Solvent and ref.	Λ_0	Λ	Concentration eq/l × 10^4	Comments
ADN [572]		1.2–0.6	200–2400	(7); shown graphically
Ammonia [233]	183.8			−33°C; λ_0^+, 111; λ_0^-, 117
Aniline [288]		0.100	100	
BZN [130]	1.5	0.75–0.16	8.2–690	
— [288]		0.27	100	
— [572]				(10); shown graphically at 0.08M/l
n-Butanol [446]		1.0–0.6	30–2700	$\Lambda/c^{1/2}$ graphically
i-Butanol [444] [451]		7.5	100	
— [446]				$\Lambda/c^{1/2}$ graphically
βCPN [572]		2.6–4.0	30–2200	(7); shown graphically

HYDROGEN CHLORIDE, HCl (Continued)

Solvent and ref.	Λ_0	Λ	Concentration eq/l $\times 10^4$	Comments
ClSA [396]				κ values only
$\alpha\beta$DPN [572]		1.2–0.6	20–2000	(7); shown graphically
β Chloropropionitrile $+ \alpha\beta$ Dichloropropionitrile				
DMF [37]		72–21	1.6–44	not possible to get Λ_0
— [195]	79.3			review article
— [97]	70	60–20	68–5200	20°C (8)
— [99]	75.5	71–17	0.56–54	20°C (16)
DMSO [201]	42.2	50–24	1.0–99	30°C (5)
— [656]				0°C κ values only
ED [275]	67.10	48–31	0.96–4.8	(13); K_a, 6662
Ethanol [531]	82.46	80–67	0.91–18	(7); K_d, 8.23 $\times$ 10^{-3}
— [444] [451]		54.0	100	
— [233]	70.5			λ_0^+, 50; λ_0^-, 21
— [475]	84.7	83–69	0.28–20	(17)
— [502]	89.1	77–35	3.9–1000	(9)
βEPN [572]		0.8–2.0	10–2800	(8); shown graphically
DMSO [656]				0°C; κ and η values
EG [808]		20–13	1–100	(5)
		19–12	1–100	20°C (5)
		25–18	1–100	30°C (5)
		30–20	1–100	35°C (5)
		34–25	1–100	40°C (5)
		50–30	1–100	50°C (5)

Note: Maxima in Λ for HCl in EG occurred at higher concn. shown here. Λ found to decrease to the following values at a concn. of 0.5 eq/l :— 20°C 11; 25°C 13; 30°C 15; 35°C 17; 40°C 19; 50°C, 22. All data estimated from graphical plots.

Formamide [460]	14.41	12–8.4	484–5250	3°C (6)
— [460]	24.50	21–16	538–4600	20°C (11)
— [460]	39.40	35–25	330–5300	40°C (6)

III. ELECTRICAL CONDUCTANCE

HYDROGEN CHLORIDE, HCl (Continued)

Solvent and ref.	Λ_0	Λ	Concentration eq/l × 10⁴	Comments
— [395]	39.4			40°C; see [460]
FA [570]	106.15	75–41	64–596	(23); λ_0^+; 79.63; λ_0^-, 26.52
Hydrazine [233]	153.9			λ_0^+, 85; λ_0^-, 69
— [233]	103			0°C; λ_0^-, 46
H₂S [490]				−80°C; κ sat. soln.
Methanol [233]	188			λ_0^+, 138; λ_0^-, 50
— [406]	198.5	198–195	5–40	(4)
— [444]		157	100	
— [475]	196.7	194–188	0.22–2.2	(9)
— [502]	204.3	188–117	3.9–1000	(9)
NMA [19]	20.68		1.165	40°C; λ_0^+, 9.1; λ_0^-, 11.5
n-Propanol [446]				$\Lambda/c^{1/2}$ graphically
Pyridine [288]		1.30	100	

For a review and summary of conductance studies of HCl, particularly of earlier work, see ref. [446] and [453], and the Introduction.

HYDROGEN BROMIDE, HBr

Solvent and ref.	Λ_0	Λ	Concentration eq/l × 10⁴	Comments
Acetamide [544]	34.59		400–1300	94°C; concn., mole/kg
ACN [288]	36.4	12	100	K_d, 3.1 × 10⁻³; Λ_0 and K_d estimated
— [67]			50–123	(4); κ changes with time
— [444]	32	17.0–15.9	7.4–1350	(9) Λ_{min} at 1.04 × 10⁻² eq/l
— [451]		23.3–11.1	11.1–262	(11) equilibrated
		22.8–11.7	1.8–123	(13) solns; Λ_0 estimated

HYDROGEN BROMIDE, HBr (Continued)

Solvent and ref.	Λ_0	Λ	Concentration eq/l $\times 10^4$	Comments
Note: The specific conductance of HBr in acetonitrile was found to increase with time [67] due to the formation of a complex species $CH_3CN \cdot 2HBr$, [445]. Λ_0 quoted in [444] could only be estimated from Fuoss, Kraus and Shedlovsky equations and the data cannot be accounted for readily in terms of existing treatments for weak electrolytes. See also review article [453].				
Aniline [288]		0.225	100	
BZN [288]	11.8	3.5–1.5	2.0–147	(11); K_d, 2.2×10^{-5}; aged solutions. Time effect due to $PhCN \cdot HBr$ formation
n-Butanol [446]				$\Lambda/c^{1/2}$ graphically
i-Butanol [444] [451]		11.4	100	
— [446]				$\Lambda/c^{1/2}$ graphically
DMF [37]	88.7	87–78	0.77–15	(6); K_d, 1.7×10^{-2}
— [195]	88.7			Review quoting [37]
Ethanol [444] [451]		60.0	100	
Ethanol [502]	88.9	79–42	3.9–1000	(18)
— [233]	77.3			
ED [275]	72.0	63–49	0.58–3.0	(13); K_a, 2852
Methanol [444]		161	100	
— [233]	192			
— [453]	212.3			λ_0^+, 141.8; λ_0^-, 56.4; quoted from earlier work
— [502]	206.6	191–125	3.9–1000	(36); Λ_0 quoted in [453]
n-Propanol [453]	47.2			quoted from earlier work
— [446]				$\Lambda/c^{1/2}$ graphically
Pyridine [288]		9.35	100	

For a review and summary of conductance studies of HBr, particularly of earlier work see ref. [446] and [453].

III. ELECTRICAL CONDUCTANCE

HYDROGEN IODIDE, HI

Solvent and ref.	Λ_0	Λ	Concentration eq/l × 10^4	Comments
ACN [67]			53	κ increases with time
— [444] [451]		49–37	7.7–49	(5); equilibrated solns.
— [444] [451]		35	100	Λ estimated

Note: Conductance in acetonitrile affected by $CH_3CN \cdot 2HI$ formation [445]. See review article [453].

Solvent and ref.	Λ_0	Λ	Concentration eq/l × 10^4	Comments
Aniline [288]		0.45	100	
n-Butanol [446]				$\Lambda/c^{1/2}$ graphically
i-Butanol [444] [451]		14.5	100	
— [446]				$\Lambda/c^{1/2}$ graphically
Ethanol [444] [451]		63.8	100	
— [233]	81.4			
— [502]	93.2	83–47	3.9–1000	(18)
Methanol [444]		167	100	
— [233]	197			
— [502]	212.2	197–132	3.9–1000	(18)
— [453]	221.8			λ_0^+, 141.8; quoted from earlier work
n-Propanol [446]				$\Lambda/c^{1/2}$ graphically
Pyridine [288]		13.8	100	
— [516]	86.7	74–52	0.47–9.1	(14)

For a review and summary of conductance studies of HI, particularly of earlier work see ref. [446] and [453].

NITRIC ACID, HNO_3

Solvent and ref.	Λ_0	Λ	Concentration eq/l × 10^4	Comments
Acetamide [544]	36.41		0.03–0.10 mole/kg	94°C
Ammonia [233]	245.5			−33°C
EG [456]	29.8	28.4–22.2	3.2–100	(5)
Pyridine [516]	98.6	69–21	0.33–13	(16)

PERCHLORIC ACID, $HClO_4$

Solvent and ref.	Λ_0	Λ	Concentration eq/l $\times 10^4$	Comments
Acetamide [544]	37.00		250–1400	94°C; concn., mole/kg
Acetone [266]	205.3			K_d, 2.28×10^{-3}; a, 3.0Å
ACN [266]	202.4	184–119	3.4–108	(6); K_d, 8.22×10^{-3}; a, 1.6Å
	206.1			K_d, 8.57×10^{-3}
	199.1			K_d, 8.14×10^{-3}
BZN [266]	50.60			K_d, 1.65×10^{-3}; a, 2.0Å
t-Butanol [794]		20–5	1–140	data taken from graph of $\Lambda - c^{1/2}$
iBN [266]	125.4			K_d, 1.99×10^{-3}; a, 3.2Å
PN [266]	163.6			K_d, 3.16×10^{-3}; a, 2.3Å
PhAN [266]	27.78			K_d, 1.57×10^{-3}; a, 3.2Å
Pyridine [516]	94.5	89–57	0.37–13	(15)

(b) Organic Acids and Derivatives

ACETIC ACID AND DERIVATIVES

Solvent and ref.	Λ_0	Λ	Concentration eq/l $\times 10^4$	Comments
ACETIC ACID, CH_3CO_2H				
Acetone [66]		0.058–0.002	20–5000	30°C (6)
ClSA [396]				κ values only
DMF [37]		24.7–7.3	1.8–42	(7); Λ_0 could not be estimated
Formamide [395]				(19); graphs of κ-molar rates
H_2S [490]		0.000541	1000	
Methanol [406]	185.5		17–560	(8); K_d, 2.37×10^{-10}; κ only
NMA [638]	18.9	0.526–0.058	1–76	40°C; (8); λ_0^+, 9.1; λ_0^-, 9.1; K_d, 7.3×10^{-8}; $\Lambda - c^{1/2}$ plots
TRIFLUOROACETIC ACID, $F_3CCO_2H \cdot$				
DEA [560]			mole fraction 0.2–1	25°C, 50°C; κ only; pK_d 2.56
MONOCHLOROACETIC ACID, $ClCH_2CO_2H$				
Acetone [66]		0.25–0.009	9.8–5000	30°C (6)
n-Butanol [66]		0.013–0.0016	78–5000	30°C (4)
DEA [560]			mole fraction 0.2–1	25°C; 50°C; 75°C; (11); κ only;
Ethanol [66]		1.64–0.059	9.8–5000	30°C; (6), pK_d 3.82
Formamide [395]	2.4	3–4	100–1000	(6); K_d, 38; also graphs of κ-molar ratio
Methanol [66]		63–0.15	9.8–5000	30°C (6)
NMA [638]				40°C $\Lambda - c^{1/2}$ plots
1-Propanol [66]		0.10–0.0029	20–5000	30°C (5)
H_2SO_4 [783]				κ values only

ACETIC ACID (Continued)

Solvent and ref.	Λ_0	Λ	Concentration eq/l × 10^4	Comments
DICHLOROACETIC ACID Cl_2CHCO_2H				
Acetone [66]		0.69–0.023	9.8–5000	30°C (6)
n-Butanol [66]		0.25–0.0096	9.8–5000	30°C (6)
DEA [560]			mole fraction 0.2–1	(11); 25°C; 50°C, 75°C; κ only; PK_d, 3.12
Ethanol [66]		7.6–0.25	9.8–5000	30°C; (6)
Formamide [395]	8.0		100–1000	(5), K_d, 323; also graphs of κ-molar ratio
Methanol [488]	200.7	1.7–0.4	63–100	(10)
— [66]		18–0.34	9.8–5000	30°C; (6)
NMA [638]				40°C; $\Lambda - c^{1/2}$ plots
1-Propanol [66]		0.31–0.018	9.8–5000	30°C; (6)
H_2SO_4				κ values only
TRICHLOROACETIC ACID, Cl_3CCO_2H				
Acetone [66]		0.84–0.037	9.8–5000	30°C (6)
Butanol [66]		0.32–0.025	9.8–5000	30°C (6)
DMF [37]		33–19	0.89–23	(6); Λ_0 could not be estimated
Ethanol [66]		27–2.0	9.8–5000	30°C (6)
Formamide [395]	23.0	23–18	100–1000	(6); K_d, 662; also graphs of κ-molar ratio
Methanol [66]		41–1.7	9.8–5000	30°C (6)
— [489]	196.2	13–2.4	30–1000	(17); K_d, 1.19 × 10^{-5}; Λ_0 estimated
1-Propanol [66]		0.96–0.065	9.8–5000	30°C (6)
Acetic Anhydride [791]				κ values only
Sulfuric Acid [783]				κ values only
MONOBROMOACETIC ACID, $BrCH_2CO_2H$				
Acetone [66]		0.47–0.0059	9.8–5000	30°C (6)

III. ELECTRICAL CONDUCTANCE

ACETIC ACID (Continued)

Solvent and ref.	Λ_0	Λ	Concentration eq/l $\times 10^4$	Comments
MONOIODOACETIC ACID, ICH_2CO_2H				
Acetone [66]		1.1–0.08	9.8–5000	30°C (6)
GLYCOLLIC ACID, $HOCH_2CO_2H$				
Acetone [66]		0.19–0.035	9.8–5000	30°C (6)
n-Butanol [66]		0.013–0.0035	78–5000	30°C (4)
Ethanol [66]		0.91–0.042	9.8–5000	30°C (6)
Methanol [66]		20–0.077	9.8–5000	30°C (6)
1-Propanol [66]		0.023–0.0062	78–5000	30°C (4)
CYANOACETIC ACID, $NCCH_2CO_2H$				
Acetone [66]		0.69–0.34	9.8–5000	30°C (6)
Butanol [66]		0.13–0.030	9.8–5000	30°C (6)
Ethanol [66]		3.0–0.21	9.8–5000	30°C (6)
Methanol [66]		15–0.38	9.8–5000	30°C (6)
Propanol [66]		0.25–0.055	9.8–5000	30°C (6)

ALIPHATIC ORGANIC ACIDS IN ETHANOL

Acid, ref. and formula	Λ molecular	Concentration mol/l $\times 10^4$	Comments
Aconitic [512] $HO_2CCH{=}C(CO_2H)CH_2CO_2H$	0.26–0.018	18–1240	(4)
	0.18–0.014	19–1300	15°C (4)
	0.35–0.022	18–1230	35°C (4)
Adipic [66] $HO_2C(CH_2)4CO_2H$	0.19–0.005	9.8–1250	30°C (5)
Bromopalmitic [512]	0.31–0.0090	18–1250	(4)
	0.23–0.0070	19–1250	15°C (4)
	0.40–0.011	18–1200	35°C (4)

ALIPHATIC ORGANIC ACIDS IN ETHANOL (Continued)

Acid, ref. and formula	Λ molecular	Concentration mol/l × 10⁴		Comments

Camphoric [512]
CH$_3$C(CO$_2$H)C(CH$_3$)$_2$
      |
    CHCO$_2$H
    |
H$_2$C—CH$_2$
	0.067–0.009
	0.046–0.0064
	0.092–0.011
		9–600
		9–630
		8–615
			
			15°C
			35°C
				(4)
				(4)
				(4)

Crotonic [66] CH$_3$CH=CHCO$_2$H	0.15–0.0044	9.8–1250	30°C	(6)
Fumaric [512] trans HO$_2$CCH=CHCO$_2$H	0.13–0.0063 0.092–0.0047	18–1240 19–1250	 15°C	(4) (4)
— [66]	0.31–0.025	9.8–1250	30°C	(5)
— [512]	0.17–0.0082	18–1220	35°C	(4)
Itaconic [512] HO$_2$CCH$_2$C(=CH$_2$)CO$_2$H	1.3–0.019 0.97–0.015 1.5–0.025	19–1240 19–1260 18–1230	 15°C 35°C	(4) (4) (4)
Maleic [512] cis HO$_2$CCH=CHCO$_2$H	1.5–0.19 1.18–0.15	19–1240 19–1260	 15°C	(4) (4)
— [66]	5.2–0.27	9.8–5000	30°C	(6)
Maleic [512]	1.9–0.24	18–1230	35°C	(4)
Malonic [512] HO$_2$CCH$_2$CO$_2$H	0.32–0.024 0.25–0.019	19–1230 20–1230	 15°C	(4) (4)
— [66]	0.32–0.039	19.5–5000	30°C	(5)
— [512]	0.43–0.032	19–1220	35°C	(4)
Ethylmalonic [512] HO$_2$CCH(C$_2$H$_5$)CO$_2$H	1.3–0.026 0.99–0.019 1.6–0.033	19–1240 19–1300 18–1220	 15°C 35°C	(4) (4) (4)
Diethylmalonic [512] HO$_2$CC(C$_2$H$_5$)$_2$CO$_2$H	0.34–0.039 0.25–0.029 0.45–0.050	19–1240 19–1300 18–1230	 15°C 35°C	(4) (4) (4)
Propylmalonic [512] HO$_2$CH(C$_3$H$_7$)CO$_2$H	1.0–0.033 1.3–0.042 1.7–0.05	19–1240 19–1300 18–1230	 15°C 35°C	(4) (4) (4)
Di-Propylmalonic [512] HO$_2$CC(C$_3$H$_7$)$_2$CO$_2$H	0.41–0.045 0.30–0.034 0.24–0.058	18–1200 19–1230 18–1200	 15°C 35°C	(4) (4) (4)

III. ELECTRICAL CONDUCTANCE

ALIPHATIC ORGANIC ACIDS IN ETHANOL (Continued)

Acid, ref. and formula	Λ molecular	Concentration mol/l $\times 10^4$	Comments	
Butylmalonic [512]	0.2–0.02	18–1230	(4)	
$HO_2CH(C_4H_9)CO_2H$	0.13–0.017	19–1250	15°C	(4)
	0.24–0.028	18–1220	35°C	(4)
Allylmalonic [512]	0.38–0.018	18–1240	(4)	
$HO_2CH(CH_2{=}CHCH_2)CO_2H$	0.28–0.013	18–1250	15°C	(4)
	0.48–0.023	18–1230	35°C	(4)
Mesaconic [512]	0.14–0.008	18–1200	(4)	
$HOCOCH \cdot C(CH_3)CO_2H$	0.10–0.007	18–1230	15°C	(4)
	0.18–0.007	17–1200	35°C	(4)
Oxyisobutyric [512]	0.22–0.007	18–1240	(4)	
	0.17–0.005	19–1250	15°C	(4)
	0.27–0.008	18–1220	35°C	(4)
Succinic [66]	0.020–0.012	9.8–125	30°C	(5)
$HO_2C(CH_2)_2CO_2H$				
Monobromosuccinic [512]	0.31–0.056	18–30	(3)	
$HO_2CCH_2CH(Br)CO_2H$	0.22–0.043	19–300	15°C	(3)
	0.41–0.074	18–290	35°C	(3)
Dibromosuccinic [512]	0.41–0.024	19–1240	(4)	
$HO_2CCH(Br)CH(Br)CO_2H$	0.31–0.018	19–1260	15°C	(4)
	0.51–0.032	18–1225	35°C	(4)
Sebacic [512]	0.065–0.002	17–1130	(4)	
$HO_2C(CH_2)_8CO_2H$	0.047–0.002	17–1150	15°C	(4)
	0.086–0.003	17–1120	35°C	(4)
d-Tartaric [66]	0.32–0.022	9.8–1250	30°C	
$HO_2(CH(OH))_2CO_2H$				
m-Tartaric [66]	1.14–0.37	9.8–1250	30°C	
Thiodiglycolic [512]	0.15–0.030	17–1140	(4)	
$S(CH_2CO_2H)_2$	0.11–0.023	18–1160	15°C	(4)
	0.20–0.037	17–1125	35°C	(4)
Benzilic [512]	0.29–0.022	73–1240	(4)	
$Ph_2C(OH)CO_2H$	0.88–0.017	19–1300	15°C	(4)
	1.22–0.028	18–1230	35°C	(4)
Benzylmalonic [512]	0.40–0.042	19–1200	(4)	
$C_6H_5CH_2CH(CO_2H)_2$	0.30–0.034	19–1300	15°C	(4)
	0.51–0.052	18–1200	35°C	(4)
Cinnamic [512]	0.05–0.002	18–1240	(4)	
$PhCH{=}CHCO_2H$	0.04–0.001	19–1300	15°C	(4)
	0.066–0.002	18–1230	35°C	(4)

ALIPHATIC ORGANIC ACIDS IN ETHANOL (Continued)

Acid, ref. and formula	Λ molecular	Concentration mol/l $\times 10^4$	Comments	
Mandelic [512]	0.14–0.007	20–1200	(4)	
$PhCH(OH)CO_2H$	0.09–0.005	22–1230	15°C	(4)
	0.18–0.009	20–1200	35°C	(4)
Phenylacetic [512]	0.22–0.006	18–1200	(4)	
$PhCH_2CO_2H$	0.16–0.004	19–1300	15°C	(4)
	0.30–0.007	18–1200	35°C	(4)
Phenylpropiolic [512]	0.19–0.022	19–1200	(4)	
$PhC{\equiv}CCO_2H$	0.15–0.018	19–1300	15°C	(4)
	0.25–0.027	18–1200	35°C	(4)

BENZOIC ACID AND ITS DERIVATIVES*

Acid and formula	Solvent and ref.	Λ_0	Λ	Concentration eq/l $\times 10^4$	Comments	
Benzoic $PhCO_2H$	Acetamide [544]	29.5			94°C; K_d, 2.17 $\times 10^{-6}$	
	ClSA [396]				κ values only	
	Ethanol [66]	59.5	0.15–0.0018	9.8–5000	30°C	(6)
	Ethanol [512]		0.22–0.004	18–1240		(4)
			0.16–0.003	19–1260	15°C	(4)
			0.29–0.005	18–1230	35°C	(4)
	ED [404]	25.0			K_d, 3.25 $\times 10^{-4}$	
	Formamide [395]				(4); κ molar ratio shown graphically	
	Hydrazine [233]	85.9			0°C	
o-Amino— $2(NH_2)PhCO_2H$	Ethanol [512]		0.21–0.042	19–1240		(4)
			0.18–0.035	19–1250	15°C	(4)
	— [66]	58.33	0.76–0.071	9.8–5000	30°C	(6)
	— [512]		0.08–0.052	69–1220	35°C	(3)

* See also salicylic acid (2-hydroxybenzoic acid) and derivatives.

III. ELECTRICAL CONDUCTANCE

BENZOIC ACID AND ITS DERIVATIVES (Continued)

Acid and formula	Solvent and ref.	Λ_0	Λ	Concentration eq.1 × 10⁴		Comments
m-Amino— 3(NH₂)PhCO₂H	Ethanol [66]		0.25–0.11	9.8–300	30°C	(4)
p-Amino— 4(NH₂)PhCO₂H	Ethanol [512]		0.27–0.243 0.22–0.202	19–1240 19–1260	15°C	(4) (4)
	Ethanol [66]	56.7	0.13–0.028	9.8–5000	30°C	(6)
	— [512]		0.32–0.289	18–1230	35°C	(4)
Anisic 4(CH₃O)PhCO₂H	Ethanol [512]		1.05–0.017 0.80–0.012 1.26–0.021	18–1240 19–1250 18–1230	15°C 35°C	(3) (3) (3)
o-Chloro— 2(Cl)PhCO₂H	Ethanol [66]	60.2	0.48–0.021	9.8–5000	30°C	(4)
m-Chloro— 3(Cl)PhCO₂H	Ethanol [512]		0.26–0.005 0.18–0.011	18–1240 19–305	15°C	(4) (3)
	— [66]	60.26	0.63–0.35	9.8–1250	30°C	(5)
	— [512]		0.34–0.007	18–1230	35°C	(4)
p-Chloro— 4(Cl)PhCO₂H	Ethanol [66]	60.0	0.21–0.012	9.8–1250	30°C	(5)
m-Hydroxy— 3(OH)PhCO₂H	Ethanol [66]	57.6	0.25–0.013	9.8–5000	30°C	(6)
p-Hydroxy— 4(OH)PhCO₂H	Ethanol [66]	55.8	0.52–0.14	9.8–1250	30°C	(5)
o-Nitro— 2(NO₂)PhCO₂H	Acetamide [544]	28.3				94°C; K_d, 1.18 × 10⁻⁴
	Ethanol [66]	60.3	0.70–0.059	9.8–5000	30°C	(6)
m-Nitro— 3(NO₂)PhCO₂H	Ethanol [512]		0.35–0.007	18–1240		(4)
			0.28–0.006	19–1250	15°C	(4)
	— [66]	59.8	0.48–0.072	9.8–5000	30°C	(6)
	— [512]		0.44–0.009	18–1220	35°C	(4)
p-Nitro— 4(NO₂)PhCO₂H	Ethanol [66]	61.2	0.32–0.057	9.8–1250	30°C	(5)
2-4-Dinitro— (NO₂)₂PhCO₂H	Acetamide [544]	26.8				94°C K_d, 11.9 × 10⁻⁴

BENZOIC ACID AND ITS DERIVATIVES (Continued)

Acid and formula	Solvent and ref.	Λ_0	Λ	Concentration eq/l $\times 10^4$		Comments
—	Ethanol [512]		0.49–0.026	19–1240		(3)
			0.44–0.019	19–1260	15°C	(3)
			0.62–0.033	18–1230	35°C	(3)
3-5-Dinitro— $(NO_2)_2PhCO_2H$	Methanol [488]	191.6	0.35–0.97	125–1000		(8)
	Methanol [488]	192	0.23–0.12	125–2000		(8)
2,4,6-Trinitro— $(NO_2)_3PhCO_2H$	ACN [268]	176				pK_a; 8.6
Phthalic†— $2(CO_2H)PhCO_2H$	Ethanol [512]		1.38–0.039	19–1240		(4)
			1.04–0.029	19–1260	15°C	(4)
	— [66]		0.82–0.059	9.8–1250	30°C	(5)
	— [512]		1.75–0.052	18–1230	35°C	(4)
Dichlorophthalic†	Ethanol [512]		0.18–0.066	17–290		(3)
			0.14–0.051	18–300	15°C	(3)
			0.23–0.083	17–290	35°C	(3)
o-Toluic $2(CH_3)PhCO_2H$	Ethanol [66] — [512]	57.67	0.15–0.0098	9.8–5000	30°C	(6)
			0.17–0.007	18–1240		(4)
			0.12–0.005	19–1250	15°C	(4)
			0.21–0.008	18–1220	35°C	(4)
m-Toluic $3(CH_3)PhCO_2H$	Ethanol [66]	57.6	0.56–0.007	9.8–5000	30°C	(6)
p-Toluic $(CH_3)PhCO_2H$	Ethanol [512]		0.05–0.002	19–1240		(4)
			0.04–0.001	19–1260	15°C	(4)
	— [66]	57.3	0.15–0.011	9.8–1250	30°C	(5)
	— [512]		0.07–0.002	18–1230	35°C	(4)

† Λ and concn. are in molecular units.

Note: The Λ_0 values in ref. [66] were calculated from earlier data on the corresponding sodium salts. K_d values at various dilutions are also quoted in this ref.

III. ELECTRICAL CONDUCTANCE

CYCLOHEXANECARBOXYLIC ACID

Solvent and ref.	Comments
Methanol [540]	K_d, 9.23×10^{-11}
Ethanol [540]	K_d, 0.77×10^{-11}
	K_d in the presence of LiCl, also quoted

1,2-CYCLOPROPANEDICARBOXYLIC ACID

$$\begin{array}{c} \text{CHCO}_2\text{H} \\ \diagup \diagdown \\ \text{CH}_2\text{———CHCO}_2\text{H} \end{array}$$

Isomer	Solvent and ref.	Λ_0
cis	ACN [268]	182 (estimated)
trans	ACN [268]	182 (estimated)

PHENOLS*

Solute	Solvent and ref.	Λ_0	Comments
Phenol PhOH	Benzene [782]		21°C κ plot only
	DEE [782]		21°C κ plot only
	ED [404]	10.2	K_d, 2.93×10^{-4}
m-Nitrophenol 3(NO$_2$)PhOH	ED [404]	36.2	K_d, 4.39×10^{-4}
	Hydrazine [233]	86.4	0°C

* See also picric acid, $(NO_2)_3PhOH$.

PICRIC ACID, $(NO_2)_3PhOH$

Solvent and ref.	Λ_0	Λ	Concentration eq/l × 10^4	Comments
Acetamide [544]			50–350	94°C concn., mole/kg
Acetone [771]		4.5–0.1	5–1000	(12)
		4.1–0.5	4–108	(8) 15°C
ACN [268]	176			λ_0^-, 79.2
— [771]		13.9–0.7	2–81	40°C
		5.7–0.2	3–103	(8)
ACP [771]		4.3–0.003	0.4–100	(7)
		4.1–0.05	0.9–74	40°C
BZN [771]		14.3–0.2	0.8–93	(8)
DMF [206]				relative values of Λ_0 at different pressures
— [37]	71.7	69–65	2.3–18	(6) K_d, 6.3×10^{-2}
— [195]	71.7			review quoting [37]
DMSO [201]	(33)	20–27	1–20	30°C λ_0^+, 17
— [196]				30°C λ_0^+, 18.3? review
Ethanol [512]		22–3.5	17–1130	(4)
		18–2.9	18–1150	15°C (4)
		26–4.1	17–1100	35°C (4)
MEK [330]	148	2.2–0.46	4.2–34	(4)
Methanol [489]	201.1	57–9.3	16–1000	(7) K_d, 1.55×10^{-4}
NMA [19]	20.87		1–165	40°C λ_0^+, 9.1 λ_0^-, 11.8
αNN* [771]		3.6–0.1	0.4–78	40°C (6)
i-Propanol [330]	24	17.5–5.1	1.5–48	(6) K_d, 2.5×10^{-4}
Pyridine [516]		64–50	1.5–48	(6)
TMG [179]	38.2	34–25	0.48–6.5	(12) K_d, 5.58×10^{-4}

* α Naphthonitrile.

III. ELECTRICAL CONDUCTANCE

PROPIONIC ACID, $CH_3CH_2CO_2H$

Solvent and ref.		Comments
Formamide [395]	(13)	κ vs mole ratio shown graphically

SALICYLIC ACID AND DERIVATIVES

Acid and formula	Solvent and ref.	Λ_0	Λ	Concentration eq/l × 10^4	Comments
Salicyclic $2(OH)PhCO_2H$	Acetamide [544]	30.1			94°C K_d, 1.91 × 10^{-4}
	ACN [268]	19.0			λ_0^-, 90.2
	Ethanol [66]	62.4	0.41–0.012	9.8–5000 (6)	
	Methanol [488]	198.4	0.2–0.05	1250–2000 (10)	
Sulfosalicylic	Ethanol [512]		31–44	19–306 (3)	
			40–17	19–1250 (4)	15°C
			56–26	18–1230 (4)	35°C
2,6-Dihydroxybenzoic	ACN [268]	20.1			λ_0^-, 104.0 estimated values

p-TOLUENESULFONIC ACID, $4(CH_3)PhSO_3H$

Solvent and ref.	Λ_0	Comments
Acetamide [544]	23.73	94°C concn., 0.004–0.10 mole/kg
ED [404]	49.0	K_d, 7.01 × 10^{-4}
Formamide [395]		(2) κ vs molar ratio shown graphically

TRICHLOROBUTYRIC ACID

Solvent and ref.	Λ_0	Λ	Concentration eq/l × 10^4	Comments
Methanol [489]	195	1.8–0.62	125–1000	(8) K_d, 1.0×10^{-6}; Λ_0 est.

$CH_3CN \cdot 2HCl$

Solvent and ref.	Λ_0	Λ	Concentration eq/l × 10^4	Comments
ACN [445]	0.928–0.917		205–4460	(5)

$CH_3CN \cdot 2HBr$

Solvent and ref.	Λ_0	Λ	Concentration eq/l × 10^4	Comments
ACN [445]	39–17		0.65–50	(5)

(c) Ammonium Halides

AMMONIUM FLUORIDE NH$_4$F

Solvent and ref.	Comments
DMSO [196]	24°C κ of sat'd soln., 2.88 × 10^{-4}

AMMONIUM CHLORIDE, NH$_4$Cl

Solvent and ref.	Λ_0	Λ	Concentration eq/l × 10^4	Comments
Ammonia [482]	310			−33.5°C λ_0^+, 131 λ_0^-, 179
ClSA [396]				κ values only
DMF [97]	90.6	80–36	0.3–28	20°C (8)
Ethanol [233]	39.7			λ_0^+, 19 λ_0^-, 21
Formamide [233]	30.4			
FA [570]	53.53	47.9–37.7	117–1017	(21) λ_0^+, 27.01 λ_0^-, 26.52
HCN [155]	407.5	393–372	16–69	(3) λ_0^+, 180
— [155]	384.5	371–351	16–70	18°C (4) λ_0^+, 168
— [522]	383.3	381–367	1–20	18°C (15) λ_0^+, 174
NMA [20]	21.18		2–80	40°C

AMMONIUM BROMIDE, NH$_4$Br

Solvent and ref.	Λ_0	Λ	Concentration eq/l × 10^4	Comments
Acetone [497]	168			18°C Λ_0 recalc'd from earlier work
Ammonia [482]	303			−33.5°C λ_0^+, 131 λ_0^-, 172

AMMONIUM BROMIDE, NH_4Br (Continued)

Solvent and ref.	Λ_0	Λ	Concentration eq/l × 10^4	Comments
DMP [587]	61.4	57.9–40.5	1.4–27.2	(6)
Formamide [110]	31.75		25–2000	(26)
— [171]	32.2			λ_0^+, 15.6 λ_0^-, 17.2
— [472]		30–21	25–5000	(6)
republished [511]		23–16	25–5000	15°C (6)
		37–25	25–5000	35°C (6)
HCN [522]	384.7	382–371	1–20	(12) λ_0^+, 174
NMA [20]	22.52		2–80	40°C

AMMONIUM IODIDE, NH_4I

Solvent and ref.	Λ_0	Λ	Concentration eq/l × 10^4	Comments
Acetone [221]	162	161–113	0.5–16	(8)
— [497]	171			18°C Λ_0 recalc'd from earlier work
Ammonia [482]	302			−33.5°C λ_0^+, 131 λ_0^-, 171
n-Butanol [48]	16.00	12–63	6.6–133	(11) K_d, 19.53 × 10^{-4}
— [48]	9.09	6.9–3.5	6.8–136	0°C (11) K_d, 17.39 × 10^{-4}
— [48]	29.85	19–8.6	6.5–130	50°C (11) K_d, 6.73 × 10^{-4}
Formamide [171]	31.9			λ_0^+, 15.6 λ_0^-, 16.6 recalc'd from [472]
— [233]	30.5			
— [472]		30–22	25–5000	(6)
republished [511]		23–17	25–5000	15°C (6)
		37–27	25–5000	35°C (6)
HCN [522]	386.5	382–374	1–20	18°C (10) λ_0^+, 174
NMA [20]	24.27		2–80	40°C
Pyridine [42]	95.2	89–59	0.16–2.9	(5) λ_0^-, 48.4 K_d, 2.4 × 10^{-4}

(d) Alkali Metal Halides

LITHIUM FLUORIDE, LiF

Solvent and ref.	Comments
DMSO [196]	κ at 0.0193M given

LITHIUM CHLORIDE, LiCl

Solvent and ref.	Λ_0	Λ	Concentration eq/l × 10^4	Comments
Acetone [166]	214	64–6.7	0.13–35	(19) λ_0^+, 93 K_d, 3.3 × 10^{-6} a, 2.17 Å
AA [397]	15.5	13–0.44	0.14–4600	(16) pK_d, 4.58
1-Butanol [397]	18.0	17–1.4	0.6–5000	(14) pK_a, 3.39
ClSA [396]				κ values only
Decanol [397]	2.5	0.55–0.13	6.7–53	(4) pK_d, 6.05
DMA [419]				κ values only
DMF [418]				κ values only
— [557]				λ_0^+, 23.62 from transference no. data
— [195]	80.1			review article
— [94]	80.15	78–62	1.3–56	(15) λ_0^+, 25.0 λ_0^-, 55.1 K_d, 2.9 × 10^{-2} a, 1.9 Å
— [621]	84.0	80–10	4–10000	(6)
	118	115–12	4–10000	60°C (6)
DMSO [204]	35.3	35–0.93	2.5–26000	(14) λ_0^+, 11.4 λ_0^-, 23.9
Ethanol [8]	38.90	37–31	1–20	λ_0^+, 17.05
— [228]	39.2	38–32	1.0–20	(30)
— [470]	39.2			λ_0^+, 14.9 λ_0^-, 24.3

LITHIUM CHLORIDE, LiCl (Continued)

Solvent and ref.	Λ_0	Λ	Concentration eq/l × 10^4	Comments
— [533]	38.94			a, 4.4 Å earlier transference data quoted
— [233]	37.4			λ_0^+, 16 λ_0^-, 21
— [397]	39.4			pK_d, 2.02 from earlier work
EtA [27]	5.51	5.3–4.7	5.4–71	(8) K_a, 5.4
ED [275]	53.80	34–23	1.8–7.9	(13) K_a, 5670
EG [420]	7.185	6.6–6.2	36–139	(5) a, 3.34 Å
— [456]			50–850	κ only
FA [570]	45.88	41.7–33.7	89–955	(24) λ_0^+, 19.36 λ_0^-, 26.52
Heptanol [397]	12.9	6.4–0.28	0.12–2000	(15) pK_d, 5.22
Hexanol [397]	14.3	12–0.43	0.15–5000	pK_d, 4.72
HCN [486]	345.4	341–327	1.0–23	18°C (13) K_d, 0.11
Methanol [233]	94.2			λ_0^+, 40 λ_0^-, 50
— [397]	90.91			pK_d, 1.8, from earlier work
— [70]	92.20	90–77	1–50	λ_0^+, 59.82 λ_0^-, 52.38
— [77]	92.05			a, 3.73 Å Λ_0 recalc'd from [70]
	91.17			a, 3.8 Å
NMA [465]	14.1		5–10000	30°C
	18.1	17–13	25–1300	40°C (13) data from graphical presentation; measurements entered to M
	22.4		5–10000	50°C
	27.4		5–10000	60°C
Octanol [397]	9.09	4.0–0.18	0.12–2000	(15) pK_d, 5.64
Propanol [397]	23.1	23–2.4	0.62–50000	(14) pK_d, 3.0
PC [621]	26.2	23–6	2–290	(6)
	44.9	39–10	2–290	60°C (6)
— [751]	27.50	20–8	0.088–2	(8) K_a, 557 a, 2.525 Å Λ v. $c^{1/2}$ plot
Sulfolane [299]	13.629	5.4–1.4	2.9–67	30°C (10) K_a, 13860 a, 5 Å

III. ELECTRICAL CONDUCTANCE

LITHIUM BROMIDE, LiBr

Solvent and ref.	Λ_0	Λ	Concentration eq/l × 10⁴	Comments
Acetone [166]	194	193–66	0.030–16	(20) λ_0^+, 78 K_d, 2.19 × 10⁻⁴ a, 3.24 Å
— [221]		138–55	0.77–33	(9)
— [497]	165			18°C Λ_0 recalc'd from earlier data
BZN [213]	36.17	29–11	0.99–20	(7)
	23.20	19–71	1.0–20	0°C (7)
	50.09	41–16	0.97–20	50°C (7)
	62.87	50–19	0.95–19	70°C (7)
DMA [419]				κ values only
DMF [418]				κ values only
DMSO [204]	35.2			
Ethanol [470]	44.85			λ_0^+, 14.9 λ_0^-, 25.8
ED [404]	58.5	52–25	0.7–18	(12) K_d, 6.61 × 10⁻⁴
HCN [155]	370.8	363–333	5.6–133	(3) λ_0^+, 142
— [155]	349	334–315	30–135	18°C (4) λ_0^+, 133
— [486]	346.9	345–335	0.45–19	18°C (15)
PC [677]		0.247	24,300	concn. in molal
— [751]	27.35	26.3–19.5	0.06–1.8	(10) K_A, 19 a, 2.66 Å Λ v. $c^{1/2}$ plot
Sulfolane [299]	13.250	12–7.3	2.4–59	30°C (13) K_a, 278 a, 5 Å

LITHIUM IODIDE, LiI

Solvent and ref.	Λ_0	Λ	Concentration eq/l × 10⁴	Comments
Acetone [166]	195.0	194–154	0.078–18	(15) λ_0^+, 83 K_d, 6.91 × 10⁻³ a, 5.50 A
— [497]	166			18°C Λ_0 recalc'd from earlier work
— [788]				18°C κ values only

LITHIUM IODIDE, LiI (Continued)

Solvent and ref.	Λ_0	Λ	Concentration eq/l $\times 10^4$	Comments
ACN [868]	168.26	158–130	11–164	(5)
ACP [46]	35.27	33–27	1.2–19	(10) K_d, 6.83×10^{-3} a, 3.79 Å
— [868]	35.42			from [46] K_a, 1 a, 2.9 Å
BZN [213]	47.33	44–30	1.0–97	(7)
— [868]	46.34			K_a, 82 a, 0.6 Å, from [213]
— [213]	29.98	28–15	1.0–99	0°C (7)
— [213]	66.99	62–35	1.0–95	50°C (7)
n-Butanol [105]	17.42	12–5.9	8.0–160	(11) K_d, 1.37×10^{-3} a, 3.71 Å
— [105]	8.58	6.4–3.1	8.2–164	0°C (11) K_d, 2.09×10^{-3} a, 3.54 Å
— [105]	30.30	19–8.8	7.8–157	50°C (11) K_d, 7.41×10^{-4} a, 3.83 Å
DMSO [196]				κ measured at 1.219m
Ethanol [470]	43.4	42–37	1.0–15	(12) λ_0^+, 14.9 λ_0^-, 28.7
ED [404]	61.1	56–33	0.34–18	(13) K_d, 1.06×10^{-3}
MEK [46]	147.2	138–99	0.78–20	(10) K_d, 2.72×10^{-3}
— [868]	145.65			K_a, 145 a, 2.6 from [46]
HCN [486]	348.0	345–34	1.4–22	18°C (11)
Iodine [501]			1900–69000	120°C (14) κ values only
— [501]		1.0–13.3	1900–69000	130°C (14)
— [501]			1900–6900	140°C (14) κ values only
NM [473]	117.5	112–90	0.99–14	(9)
Sulfolane [299]	11.528	11.3–10.6	3.3–41	30°C (13) K_a, 5.6 a, 5 Å

III. ELECTRICAL CONDUCTANCE

SODIUM FLUORIDE, NaF

Solvent and ref.	Λ_0	Λ	Concentration eq/l $\times 10^4$	Comments
DMSO [196]				24°C κ values only
HF [632]	3.91	376–205	144–378	−15°C Λ_0^+, 99 Λ_0^-, 231 0°C (13) λ_0^+, 117 Λ_0^-, 273
— [632]				20°C Λ_0^+, 150 Λ_0^-, 350

SODIUM CHLORIDE, NaCl

Solvent and ref.	Λ_0	Λ	Concentration eq/l $\times 10^4$	Comments
Ammonia [482]	309			−33.5°C λ_0^+, 130 λ_0^-, 179
— [497]	310			−33.5°C
— [233]	206.9			−33°C
ClSA [396]				κ values only
DMF [303]				20°C κ values only
DMSO [204]	37.3		1–100	
— [196]				κ at 0.078 molal given
Ethanol [8]	42.16	40–34	1–20	(6) λ_0^+, 20.31 K_d, 1.25 × 10^{-2}
— [470]	42.5	41–37	0.81–7.1	(14) λ_0^+, 18.7 λ_0^-, 24.3
— [533]	42.17			a, 4.0 Å Λ_0 from earlier transport data
— [428]	42.5			Λ_0 recalc'd from earlier work
— [405]	42.5			
— [475]	43.0	42–39	0.22–5.3	(10)
— [502]	46.3	46–32	3.9–31	(6)
— [66]	53.675	46–38	2.5–25	30°C (4)
EtA [27]	6.54	6.5–5.8	2.1–50	(7) K_a, 6.6

SODIUM CHLORIDE, NaCl (Continued)

Solvent and ref.	Λ_0	Λ	Concentration eq/l × 10⁴	Comments
ED [275]	58.12	37–21	2.3–8.5	(10) K_a, 5980
Formamide [303]				20°C κ values only
FA [570]	47.39	41.2–34.9	1.6–8.5	(13) λ_0^+, 20.97 λ_0^-, 26.52
HCN [155]	366.0	353–338	19–76	(4) λ_0^+, 138
— [155]	344.2	331–318	19–77	18°C (4) λ_0^+, 127
Methanol [233]	98.4			λ_0^+, 47 λ_0^-, 50
— [69]	97.25	96–82	0.4–46	(23) λ_0^+, 42.5 λ_0^-, 54.7
— [77]	97.53			a, 3.73 Å Λ_0 recalc'd from [69]
	97.30			a, 3.72 Å
	97.22			a, 3.9 Å
— [533]	97.53			a, 3.73 Å Λ_0 from transport data
— [405]	69.90			
— [428]	69.9			Λ_0 recalc'd from earlier data
— [475]	100.5	99–20	0.22–4.0	(9)
— [502]	104.1	95–62	4–500	(8)
— [584]	97.61	94–77	2–100	(8) λ_0^+, 45.22
NMA [465]	15.5		5–20000	30°C
		15.2–14.4	8–100	30°C (11) from graph
— [529]	17.77	17.5–13	3.4–1000	35°C (17)
— [465]	19.6		5–20000	40°C from graph
		19.4–13.6	8–1450	40°C (19)
— [529]	22.37	22–16	3.4–1000	45°C (15)
— [465]	24.5		5–20000	50°C from graph
		24.2–22.8	8–100	50°C (11)
— [465]	29.7		5–20000	60°C
		29.4–27.8	8–100	60°C (11) from graph
NMF [529]	41.35	40–33	17–1100	(11)
— [529]	34.47	34–27	17–1100	15°C (11)

III. ELECTRICAL CONDUCTANCE

SODIUM BROMIDE, NaBr

Solvent and ref.	Λ_0	Λ	Concentration eq/l $\times$ 10^4	Comments
Acetone [497]	167			18°C Λ_0 recalc'd from earlier data
Ammonia [482]	302			-33.5°C λ_0^+, 130 λ_0^-, 172
— [43]	314.45	313–144	0.28–1900	-34°C (30) K_d, 28.98 $\times$ 10^{-4}
— [233]	240.2			-33°C
DMA [419]			11700–66200	(5) κ values only
— [10]	69.02	68–58	0.98–55	(6) K_d, 6 $\times$ 10^{-2} λ_0^+, 25.8 λ_0^-, 43.2
DMF [418]			21300–86800	(5) κ values only
— [17]	83.4	82–74	1–32	(7)
— [529]	83.7	79–52	8.6–670	(12)
— [195]	83.4			review article
— [529]	73.0	69–46	8.7–680	15°C (12)
— [303]	(44.80)			20°C κ in concd. solns.
— [36]	78.6 89.2 100.6 111.8			20°C 30°C 40°C 50°C
DMP [582]	60.3	58.6–49.0	1.2–35.9	(6)
DMSO [13]	38.0	37–34	1.4–51	(6) λ_0^+, 13.8 λ_0^-, 24.2
— [195]	38.0			review quoting [13]
Ethanol [502]	46.3	40–21	3.9–500	(8)
— [228]	44.85	43–38	0.62–14	(12)
— [233]	39			λ_0^+, 16 λ_0^-, 27
— [475]	44.9	44–34	0.28–35	(18)
— [470]	40.6	39–35	0.90–13	(12) λ_0^+, 18.7 λ_0^-, 25.8
— [192]	47.4	45–40	2.9–20	30°C (7) variation of Λ_0 with pressure measured

SODIUM BROMIDE, NaBr (Continued)

Solvent and ref.	Λ_0	Λ	Concentration eq/l $\times 10^4$	Comments
EtA [27]	6.44	6.3–5.6	3.9–69	(8) K_a, 5.4
ED [275]	62.39	51–39	0.75–3.4	(13) K_a, 3517
— [404]	61.7	57–27	0.34–18	(13) K_d, 6.4×10^{-4}
— [517]		11–4.1	0.19–3.5	(20)
Formamide [171] and [438]	27.4			λ_0^+, 10.1 λ_0^-, 17.2
— [233]	25.7			
— [472]		25–16	25–5000	(6) republished in [511]
— [472]		19–12	25–5000	15°C (6) republished in [511]
— [303]				20°C κ of concd. solns.
— [472]		31–20	25–5000	35°C (6) republished in [511]
FA [570]	49.17	41.8–37.0	186–823	(22) λ_0^+, 20.97 λ_0^-, 28.30
HCN [486]	343.8	341–330	1.4–30	18°C (14)
Methanol [70]	101.76	99–86	1–50	(7) λ_0^+, 45.22 λ_0^-, 56.55
— [502]	106.7	98–58	3.9–1000	(9)
— [475]	104.8	102–42	0.22–18	(10)
— [233]	101.8			λ_0^+, 47 λ_0^-, 55
— [77]	101.64			Λ_0 calc'd from [70] a, 3.79 Å
— [192]	110.4	104–100	3.0–14	30°C (7) variation of Λ_0 with pressure measured K_a, 10
— [170]	110.8	104	5.6–25	31°C (8) variation of Λ_0 with pressure measured
NMA [529]	18.91	18–10	27–3400	35°C (18)
— [465]	21.0		5–20000	40°C
— [529]	23.77	23–12	26–3400	45°C (18)
NMF [529]	43.05	42–24	24–5200	(14)

III. ELECTRICAL CONDUCTANCE

SODIUM BROMIDE, NaBr (*Continued*)

Solvent and ref.	Λ_0	Λ	Concentration eq/l $\times 10^4$	Comments
— [529]	36.05	35–17	24–5200	15°C (14)
n-Propanol [484]	18.58	17–14	1–17	(8)
i-Propanol [484]	18.08	15–10	3.3–24	(8)
PC [677]		24	80	concentration in molal
SO_2 [328]	265	218–112	0.12–1.7	0.02°C (8) K_d, 4.89 $\times$ 10^{-5}

SODIUM IODIDE, NaI

Solvent and ref.	Λ_0	Λ	Concentration eq/l $\times 10^4$	Comments
Acetone [221]	182.5	180–145	0.3–18	(13)
— [266]	182.8	181–157	0.17–8.8	(6)
— [233]	161.0			
— [197]	184.4			K_a, 79 a, 4.5 Å Λ_0 recalc'd from [221]
— [497]	167.5			18°C Λ_0 recalc'd from earlier work
ACN [197]	179.96 179.93			a, 4.5 Å K_a, 8.2 a, 2.7 Å Λ_0's recalc'd from earlier data
— [266]	189.0	183–166	1.3–20	(5) Λ_0 recalc'd from earlier work
— [868]	175.29	164–32	13–13000	(13)
ACP [46]	37.55	36–28	0.83–16	(10) K_d, 5.94 $\times$ 10^{-3}
— [197]	37.85			K_a, 119 a, 4.5 Å Λ_0 recalc'd from [46] see also [868]
— [497]	35			from earlier work
ADN [178]	12.52	12–11	2.2–37	(5) K_a, 0 a, 3.8 Å

SODIUM IODIDE, NaI (Continued)

Solvent and ref.	Λ_0	Λ	Concentration eq/l $\times 10^4$	Comments
Ammonia [233]	265.1			$-33°C$ λ_0^+, 90 λ_0^-, 175
Ammonia [482]	301			$-33.5°C$ λ_0^+, 130 λ_0^-, 171
— [497]	301			from earlier work
— [160]				$-34°C$ λ_0^+, 140 λ_0^-, 169 theoretical paper
AA [3]	11.246			K_d, 2.95×10^{-3} from [491]
— [491]	11.059	10.7–8.1	0.11–1.7	(27)
— [497]	9.5			from earlier work
— [696]	10.2	9.9–1.4	0.3–1250	(13)
BZN [213]	48.11	47–38	0.16–21	(10)
— [497]	49			from earlier work
— [266]	46.1	45–37	1–20	(5)
— [197]	47.6			a, 0.58 Å
	47.5			a, 4.50 Å K_a, 76 Λ_0's from [213] see also [868]
— [213]	30.45	29.5–24	0.17–21	0°C (10)
	68.28	65–52	1.2–21	50°C (7)
	84.58	80.62	1.1–20	70°C (7)
1-Butanol [696]	16.5	17–10	2–50	(6)
— [497]	13.7			from earlier work
i-BN [266]		105–78	0.62–4.0	(7)
Decanol [696]	2.0	2.0–0.1	0.08–166	(12)
DMA [419]				κ values only
— [10]	67.57	66–60	1.7–41	(6) λ_0^+, 25.8 λ_0^-, 41.8
— [197]	67.79			a, 4.8 Å Λ_0 recalc'd from [10] see also [868]
DMF [17]	81.9	80–74	1.7–39	(6)
— [418]				κ only
— [197]	82.36			a, 4.7 Å Λ_0 recalc'd from [17] see also [868]

III. ELECTRICAL CONDUCTANCE

SODIUM IODIDE, NaI (Continued)

Solvent and ref.	Λ_0	Λ	Concentration eq/l $\times 10^4$	Comments
— [303]				κ values only
DMP [582]	59.4	58.2–53.4	0.8–22.7	(6)
DMSO [13]	37.6	37–35	0.51–33	(6) λ_0^+, 13.8 λ_0^-, 23.8
— [197]	37.65			a, 4.72 Å Λ_0 recalc'd from [13] see also [868]
Ethanol [502]	50.0	44–22	3.9–1000	(9)
— [470]	47.3	45–41	1.1–15	(12) λ_0^+, 18.7 λ_0^-, 28.7
— [233]	46			λ_0^+, 16 λ_0^-, 31
— [475]	47.8	47–40	0.22–20	(14)
— [696]	47.4			
EtA [27]	6.20	6.1–5.4	2.7–72	(10) K_a, 6.2
— [197]	6.207 6.23			a, 2.49 K_a, 9.3 a, 4.5 Å Λ_0's recalc'd from [27] see also [868]
EAA [497]	30.7			18°C
MEK [497]	139			from earlier data
— [46]	147.7	140–120	0.66–5.4	(13) K_d, 2.47 $\times 10^{-3}$
— [197]	149			K_a, 375 a, 4.5 Å Λ_0 recalc'd from [46] see also [868]
— [471]	139	132–102	0.49–13	(7) λ_0^+, 56 λ_0^-, 82.3
ED [275]	58.10	49–40	1.8–6.2	(12) K_a, 1009
— [404]	67.6	68–34	0.39–18	(13) K_a, 9.95 $\times 10^{-4}$
— [476]	61.4	60–43	0.62–6.0	(7)
— [517]		16–14	0.29–1.1	(11)
— [197]	58			K_a, 900 a, 4.5Å recalc'd from [476]
Formamide [171] and [438]	26.4			λ_0^+, 10.1 λ_0^-, 16.6 recalc'd from [472]
— [233]	25			

SODIUM IODIDE, NaI (Continued)

Solvent and ref.	Λ_0	Λ	Concentration eq/l $\times 10^4$	Comments
— [472]		24–16	25–5000	(6) republished in [511]
— [15]	26.74	26–23	3.2–87	(6) λ_0^+, 10.0 λ_0^-, 16.8
— [472]		18–12	25–5000	15°C (6) republished in [511]
— [303]				20°C κ values only
Formamide [472]		30–20	25–5000	35°C (5) republished in [511]
Heptonal [696]	7.7	6.2–0.8	0.2–1011	(13)
Hexanol [696]	8.6	7.2–1.2	0.2–2745	(15)
Hydrazine [233]	112.5			λ_0^-, 73
HCN [469]	345.1			18°C
— [486]	344.9	341–331	1.7–34	18°C (14)
Iodine [501]			800–52300	120°C 140°C (11) κ value only
		2.2–0.06	800–52300	130°C (11)
Methanol [475]	110.3	109–101	0.22–11	(10)
— [502]	111.8	104–65	3.9–1000	(9)
— [233]	107.8			λ_0^+, 47 λ_0^-, 60
— [696]	107			
NMA [465]	17.8	17.5–2	1–22500	30°C (28) data republished from $\Lambda - c^{1/2}$ plots
— [529]	20.59	20–9.9	6.1–4900	35°C (16)
— [465]	22.8	22.5–2	1–2500	40°C (30) data established from $\Lambda - c^{1/2}$ plots
— [529]	25.83	25–13	6.0–4900	45°C (16)
— [465]	28.0	28–2.5	1–24800	50°C (30) data established from $\Lambda - c^{1/2}$ plots
	34.0	34–3.5	1–24500	60°C (30)
NMF [529]	44.40	43–27	20–4700	(14)
— [529]	36.98	36–22	20–4700	15°C (14)
NM2Py [189]	41.58	40–37	2.6–29	(11) a, 3.8 Å two extrapolations
	41.65			a, 3.9 Å

III. ELECTRICAL CONDUCTANCE

SODIUM IODIDE, NaI (Continued)

Solvent and ref.	Λ_0	Λ	Concentration eq/l × 10^4	Comments
Octanol [696]	4.8	3.3–0.4	0.2–510	(12)
n-Propanol [14]	23.92	23–18	0.87–19	(6) K_d, 5.3 × 10^{-3}
— [484]	24.12	22–17	2.3–26	(11)
— [197]	23.86			K_a, 106 a, 4.50 Å recalc'd from [14] see also [868]
— [497]	20.6			18°C
— [696]	23.9			
i-Propanol [484]	18.96	17–12	2.0–20	(7)
Pyridine [64]	71.85	62–34	0.63–16	(7) λ_0^+, 27.45 λ_0^-, 44.5
— [42]	75.2	67–25	0.42–47	(6) λ_0^-, 48.4 K_d, 3.7 × 10^{-4}
— [197]	75.05			K_a, 2050 a, 4.5 Å recalc'd from [42] see also [868]
— [497]	61.5			18°C
Sulfolane [299]	10.865	11–9.9	2.2–52	30°C (14) K_a, 4.7 a, 5 Å

Note: Ref. [197] is a review of conductance studies of NaI in non-aqueous solvents and contains recalculations of Λ_0 values from previous data.

POTASSIUM FLUORIDE, KF

Solvent and ref.	Λ_0	Λ	Concentration eq/l × 10^4	Comments
DMSO [632]				24°C review article κ values only
HF [632]	391	366–332	36–256	−15°C (7) λ_0^+, 99 λ_0^-, 231 0° (7) λ^+, 117 λ_0^-, 273 20°C λ_0^+, 150 λ_0^-, 350 variation of κ with temperature measured.
— [541]		393–263	500–37100	20°C (6)

POTASSIUM CHLORIDE, KCl

Solvent and ref.	Λ_0	Λ	Concentration eq/l × 10^4	Comments
Acetic Acid [713]	10.0			
Ammonia [482]	347			$-33.5°C$ λ_0^+, 168 λ_0^-, 179
— [43]	348.13	343–103	0.087–165	$-34°C$ (30)
— [487]	347.85	334–118.5	0.25–97.4	$-34°C$ (17) K_d, 8.73 × 10^{-4}
ClSA [396]				κ values only
DMF [303]				20°C κ values only
— [200]	49.2			20°C
	68.0			40°C
	91.6			60°C
	119.0			80°C
DMSO [196]				κ at 0.0225 molal
Ethanol [8]	45.40	43–35	1–20	(6) λ_0^+, 23.55
EtA [27]	7.40	7.3–6.5	2.5–47	(10) K_a, 15.5
Formamide [15]	29.85	29–25	5.2–100	(6) λ_0^+, 12.5 λ_0^-, 17.3
— [171] and [438]	29.4			λ_0^+, 12.7 λ_0^-, 17.1 re-calc'd from [472]
— [472]		27–18	25–5000	(6) republished in [511]
— [303]				κ values only
— [233]	28			
— [460]	16.94	16–9	52–7100	3°C (6)
— [472]		21–14	52–5000	15°C (6) republished in [511]
Formamide [460]	26.38	25–15	52–7000	20°C (6)
— [472]		33–23	25–5000	35°C (6) republished in [511]
— [460]	41.66	40–25	51–6900	40°C (6)
FA [570]	50.28	44.6–36.9	153–853	(22) λ_0^+, 23.99 λ_0^-, 26.52
— [233]	35.82			8.5°C
Hydrazine [233]	85			0°C
HCN [486]	385.4	369–349	29–147	(4) λ_0^+, 158

III. ELECTRICAL CONDUCTANCE

POTASSIUM CHLORIDE, KCl (Continued)

Solvent and ref.	Λ_0	Λ	Concentration eq/l $\times 10^4$	Comments
— [486]	363.4	361–347	1.0–35	18°C (15)
— [155]	363.5	349–329	30–149	18°C (4) λ_0^+, 148
Methanol [69]	104.93	103–88	0.66–51	(24) λ^+, 50.2 λ_0^-, 54.7
— [77]	104.8			a, 3.29 Å
	104.88			a, 3.28 Å
	105.00			a, 2.9 Å calc'd from [69]
— [584]	104.78	101–82	2–100	(8) λ_0^+, 52.40
— [405]	104.8			
	119.9			35°C
	136.7			45°C Λ_0 recalc'd from earlier work
NMA [465]	15.8		5–20000	30°C
	20.1		5–20000	40°C data from graph
		20–16	6–900	40°C (11)
— [529]	17.88	17–14	8.6–653	35°C (12)
— [638]	20.1	20.02–1915	16–3025	40°C (10)
— [529]	22.57	22–18	8.6–647	45°C (12)
NMF [529]	41.90	41–33	15–1000	(14)
— [529]	34.93	34–27	15–1000	15°C (14)
NMP [129]	10.225	10.24–10.29	15–312	(6) a, 0.92 Å
	8.884	8.90–8.93	6.8–313	20°C (8) a, 0.65 Å
	11.691	11.62–11.78	0.53–310	30°C (16) a, 1.18 Å
	13.280	13.33–13.41	3.9–309	35°C (12) a, 1.43 Å
	15.002	15.04–15.16	3.9–308	40°C (14) a, 1.52 Å
PC [677]		33.6	4	concentration in molal
SO$_2$ [39]	222	204–101	0.13–3.6	−8.93°C (5) K$_d$, 10.8 $\times$ 10^{-5} a, 3.14 Å
	243	213–99	0.12–3.4	0.12°C (5) K$_d$, 7.4 $\times$ 10^{-5} a, 3.14 Å

POTASSIUM BROMIDE, KBr

Solvent and ref.	Λ_0	Λ	Concentration eq/l $\times 10^4$	Comments
Acetone [497]	168			18°C Λ_0 recalc'd from earlier data
Ammonia [483]	340			-33.5°C λ_0^+, 168 λ_0^-, 172
— [43]	346.92	343–146	0.74–1500	-34°C (30) K_d, 18.9×10^{-4}
DMA [10]	68.40	67–62	0.60–20	(6) λ_0^+, 25.3 λ_0^-, 43.2
— [94]	68.4			λ_0^+, 25.2 λ_0^-, 43.2 a, 3.3 Å recalc'd from [10]
DMF [195]	84.4			review article
— [206]				variation of Λ_0 with press. studied
— [17]	84.1	83–75	0.73–38	(5)
— [94]	84.4	81–75	3.6–46	(14) λ_0^+, 30.8 λ_0^-, 53.6 K_d, 0.27 a, 4.1 Å
— [529]	85.0	80–55	8.9–530	(12)
— [529]	74.1	70–49	9.0–540	15°C (14)
— [303]				20°C κ values only
— [36]	78.2			20°C
— [36]	90.1			30°C
— [36]	99.8			40°C
— [36]	111.5			50°C
DMSO [13]	38.5	38–35	1.5–53	(6) λ_0^+, 14.4 λ_0^-, 24.2
DMSO [94]	38.6			λ_0^+, 13.9 λ_0^-, 24.7 a, 3.8 Å recalc'd from [13]
— [195]	38.4			review quoting [13]
EtA [27]	7.23	7.1–6.4	4.5–67	(7) K_a, 5.5
Ethanol [470]	48.0	45–41	1.1–8.3	(11) λ_0^+, 22.0 λ_0^-, 25.8
ED [275]	71.80	47–30	1.1–5.3	(13) K_a, 8134
— [404]	66.9	57–24	0.70–18	(12) K_d, 4.19×10^{-4}
FA [570]	52.29	47.5–37.7	103–935	(24) λ_0^+, 23.99 λ_0^-, 28.30
HCN [486]	363.2	360–349	1.9–36	18°C (10)

III. ELECTRICAL CONDUCTANCE

POTASSIUM BROMIDE, KBr (Continued)

Solvent and ref.	Λ_0	Λ	Concentration eq/l $\times$ 10^4	Comments
Methanol [70]	108.95	106–92	1–50	(7) λ_0^+, 52.4 λ_0^-, 56.55
— [77]	108.88			a, 3.45 Å
	109.31			a, 3.3 Å Λ_0 recalc'd from [70]
— [94]	108.88			λ_0^+, 51.4 λ_0^-, 56.5 a, 3.45 Å
NMA [465]	16.6		5–20000	30°C
— [529]	19.00	19–9	11–3900	35°C (18)
— [465]	21.1		5–20000	40°C
		21–16	4–1330	40°C (14) from graph
— [529]	23.92	23–12	10–3900	45°C (18)
— [465]	26.2		5–20000	50°C
— [465]	32.1		5–20000	60°C
— [738]	19			35°C
	21.1			40°C
	23.9			45°C
	26.2			50°C
NMF [529]	43.69	35–22	26–4100	(13)
NMF [529]	36.51	42.26	26–4100	15°C (13)
n-Propanol [484]	23.54	21–18	1.3–7.2	(4)
1-Propanol [484]	19.50	14.11	2.3–5.1	(5)
PC [677]		33.6	4	concn. in molal
SO_2 [38]	188			−24.99°C K_d, 3.62 $\times$ 10^{-4} a, 3.41 Å
— [38]	202			−20.58°C K_d, 2.88 $\times$ 10^{-4} a, 3.3 Å
— [38]	212			−15.56°C K_d, 2.51 $\times$ 10^{-4} a, 3.33 Å
— [38]	224			−10.71°C K_d, 2.1 $\times$ 10^{-4} a, 3.31 Å
— [39]	228	210–57	0.13–44	−8.93°C (8)
— [38]	233			−5.25°C K_d, 1.8 $\times$ 10^{-4} a, 3.31 Å
— [39]	249	225–54	0.13–44	0.12°C (8) K_d, 14.3 $\times$ 10^{-5} a, 3.28 Å

POTASSIUM IODIDE, KI

Solvent and ref.	Λ_0	Λ	Concentration eq/l $\times 10^4$	Comments
Acetamide [544]	36.49		250–1300	94°C concn. mole/kg
Acetone [221]	186	183–149	0.18–16	(26)
— [12]	192.8	187–145	0.50–24	(6) λ_0^+, 80.5 K_d, 8.02 $\times 10^{-3}$
— [166]	197.52	194–153	0.24–17	(7) K_d, 5.57 $\times 10^{-3}$
— [236]	196.6	189–157	0.87–15	(13) K_d, 9.13 $\times 10^{-3}$
— [197]	197.3			K_a, 95 a, 4.5 Å recalc'd from [236]
— [497]	167			18°C Λ_0 recalc'd from earlier work
ACN [75]	187.0	183–159	0.8–45	(5) λ_0^+, 85.9
— [289]	186.2	183–115	0.93–548	(14)
— [233]	181.4			λ_0^+, 77 λ_0^-, 104
— [291]	186.75			λ_0^+, 85.9 λ_0^-, 101.0 same data as [289] republished
— [197]	186.50 186.7			a, 2.14 Å K_a, 12.2 a, 4.5 Å Λ_0's recalc'd from earlier data
— [868]	186.93			K_a, 4.9 a, 3.0 Å, from earlier data
— [289]	145.9	191–142	0.96–566	0°C (6)
— [291]	145.9			0°C same data as [289] republished
— [289]	204.8	200–125	0.92–540	35°C (13)
ACN [291]	204.82			35°C same data as [289] republished
ACP [46]	38.13	36–31	0.76–8.4	(15) K_d, 5.22 $\times 10^{-3}$
— [197]	37.91 37.9			a, 2.4 Å K_a, 68 a, 4.5 Å Λ_0's recalc'd from [46]
ADN [178]	13.26	13–12	1.3–38	(5) λ_0^+, 6.12 λ_0^-, 7.13 a, 3.5 Å

III. ELECTRICAL CONDUCTANCE

POTASSIUM IODIDE, KI (Continued)

Solvent and ref.	Λ_0	Λ	Concentration eq/l × 10^4	Comments
Ammonia [43]	344.55	341–186	0.066–160	−34°C (30) K_d, 40.67 × 10^{-4}
— [197]	344.8			−34°C K_a, 110 a, 3 Å
	345.1			−34°C K_a, 183 a, 6.6 Å
	342			−34°C K_a, 115 a, 4.8 Å Λ_0 recalc'd from [43]
— [482]	339			− 33.5°C λ_0^+, 168 λ_0^-, 171
— [233]	295.7			−33°C λ_0^+, 121 λ_0^-, 175
BZN [213]	52.12	50–43	0.25–12	(8)
— [197]	51.0			a, 0.19 Å
	51.5			K_a, 105 a, 4.5 Å Λ_0's recalc'd from [213]
— [213]	32.76	31–28	0.50–12	0°C (6)
BZN [213]	64.83	62–53	0.25–12	40°C (8)
	78.22	75–63	0.25–12	55°C (8)
	91.95	86–73	1.2–12	70°C (5)
αBL [677]	46			graphical representation V.$C^{1/2}$
DMA [419]				(5) κ values only
— [10]	67.04	66–61	0.62–29	(6) λ_0^+, 25.3 λ_0^-, 41.8
— [94]	67.0			λ_0^+, 25.2 λ_0^-, 41.8 a, 5.4 Å recalc'd from [10]
— [197]	67.23			a, 5.1 Å λ_0 recalc'd from [10]
DMF [17]	82.6	81–73	1.2–49	(8)
— [197]	83.15			a, 4.6 Å
	82.87			K_d, 10 a, 2.5 Å Λ_0's recalc'd from [17]
— [94]	83.1	80–74	4.3–44	(11) λ_0^+, 308 λ_0^-, 52.3 a, 5.2 Å
— [197]	83.20			a, 4.7 Å
	82.9			K_a, 13 a, 2.1 Å Λ_0's recalc'd from [94]

POTASSIUM IODIDE, KI (Continued)

Solvent and ref.	Λ_0	Λ	Concentration eq/l × 10⁴	Comments
— [418]			10–38	(5) κ values only
— [303]	(50.2)			20°C κ values only
— [36]	77.6			20°C
	88.3			30°C
	99.4			40°C
	110.4			50°C
DMP [94]	58.8			a, 5.7 Å recalc'd from earlier data
— [582]	58.8	57.6–53.2	0.7–19.6	(6)
DMSO [13]	38.2	38–36	0.71–27	(6) λ_0^+, 14.4 λ_0^-, 23.8
— [197]	38.32			a, 4.4 Å λ_0 recalc'd from earlier data
— [94]				λ_0^+, 13.9 Λ_0^-, 24.3 a, 5.1 Å recalc'd from [13]
Ethanol [233]	46.5			λ_0^+, 16 λ_0^-, 31
— [470]	50.8			λ_0^+, 22.8 λ_0^-, 28.7 data from [228]
— [228]	50.8	48–43	1.7–14	(15)
— [565]	38.22	25–900		(5) shown graphically
— [576]	48.5	48.5–22.2	0.5–1000	(12)
EtA [27]	7.07	6.9–6.2	2.1–69	(19) K_a, 7.5
— [197]	7.081			a, 2.34 Å
	7.11			K_a, 10.0 a, 4.5 Å Λ_0's recalc'd from [27]
ED [275]	67.70	51–39	2.0–7.1	(12) K_a, 1130 a, 4.5 Å
— [404]	69.0	66–34	0.39–18	(13) K_d, 1.04 × 10⁻⁴
— [137]	71.9	59–35	1.1–16	(9)
— [480]	69.2	66–28	0.49–46	(11)
— [197]	70.9			K_a, 1130 a, 4.5 Å Λ_0 recalc'd from [480]
— [517]		16–11	2470–30500	(13)
MEK [532]	150.8	142–114	0.71–8.0	(21) K_d, 2.125 × 10⁻³

III. ELECTRICAL CONDUCTANCE

POTASSIUM IODIDE, KI (Continued)

Solvent and ref.	Λ_0	Λ	Concentration eq/l $\times 10^4$	Comments
— [197]	152			K_a, 417 a, 4.50 Å Λ_0 recalc'd from [532]
— [471]	148	139–107	0.41–11	(7) λ_0^+, 65 λ_0^-, 82.3
Formamide [472]		26–19	25–5000	(6) republished in [511]
— [233]	27.7			
— [15]	29.31	28–25	432–8250	(6) λ_0^+, 12.5 λ_0^-, 16.8
— [171] and [438]	29.1			λ_0^+, 12.7 λ_0^-, 16.6 recalc'd from [472]
— [472]		20–14	25–5000	15°C (6) republished in [511]
— [303]				20°C κ values only
— [472]		33–23	25–5000	30°C (6) republished in [511]
Hydrazine [233]	130			
HCN [486]	363.9	361–350	1.39–35	18°C (10)
Iodine [177]			43–480	140°C κ values
— [509]			0.03–0.22	120°C (5) concn. in g/100 g
			0.009–28.1	140°C (56) concn. in g/100 g
			0.009–1.12	160°C (13) concn. in g/100 g
Methanol [70]	115.15	113–98	1–50	λ_0^+, 52.4 λ_0^-, 62.75
— [77]	115.22			a, 3.78 Å
	114.89			a, 3.7 Å Λ_0's calc'd from [70]
— [233]	113.3			λ_0^+, 54 λ_0^-, 60
— [94]	115.22			λ_0^+, 52.4 λ_0^-, 62.8 a, 3.78 Å based on [77]
NMA [465]	18.1		5–20000	30°C
— [36]	18.1			30°C
— [529]	20.70	20–9.7	3.3–4900	35°C (16)

POTASSIUM IODIDE, KI (Continued)

Solvent and ref.	Λ_0	Λ	Concentration eq/l × 10^4	Comments
— [465]	23.1	22.7–16.9	5–20000 12–1500	40°C data from graphs (11)
NMA [36]	23.0			40°C
— [529]	26.04	26–12	3.3–482	45°C (6)
— [36]	28.5			50°C
NMF [529]	44.96	44–26	23–5000	(3)
— [529]	37.43	36–22	23–5000	15°C (13)
NM2Py [189]	41.50	40–36	3.2–48	(12) a, 4.0 Å
NM [473]	121.9	119–113	0.97–10	(12)
n-Propanol [14]	25.75	25–19	0.59–12	(6)
— [197]	25.78			K_a, 258 a, 4.5 Å Λ_0, recalc'd from [14]
— [484]	25.42	24–18	1.0–18	(14)
i-Propanol [484]	23.64	21–15	1.4–12	(8)
PC [677]	31	23.6	2230	graphical representation concentration in molal
PD [137]	50.0	16–5	0.92–4.2	(7)
Pyridine [42]	80.4	70–40	0.33–6.2	λ_0^-, 48.4 K_d, 2.1 × 10^{-4}
— [197]	80.0			K_a, 3640 a, 4.5 recalc'd from [42]
— [497]	64			18°C from earlier work
Sulfolane [299]	11.253	11.0–10.2	2.7–55	30°C (12) K_a, 6.5 a, 5 Å
SO_2 [497]	207			−10°C
— [39]	221	209–71	0.16–52	−8.93°C (8) K_d, 43 × 10^{-4} a, 3.5 Å
— [197]	221			−8.93°C K_a, 2080 a, 6.9 Å Λ_0 recalc'd from [39]
— [39]	244	224–88	0.19–28	0.12°C (7) K_d, 30 × 10^{-5} a, 3.50 Å

III. ELECTRICAL CONDUCTANCE

POTASSIUM IODIDE, KI (Continued)

Solvent and ref.	Λ_0	Λ	Concentration eq/l × 10⁴	Comments
— [197]	239.3			0.12°C K_a, 2910 a, 14 Å Λ_0 recalc'd from [39]
— [497]	240			10°C

Note: Ref. [197] is a review of conductance studies of KI in non-aqueous solvents and contains recalculations of Λ_0 values from previous data.

RUBIDIUM FLUORIDE, RbF

Solvent and ref.	Comments
DMSO [196]	24°C κ values only, review article

RUBIDIUM CHLORIDE, RbCl

Solvent and ref.	Λ_0	Λ	Concentration eq/l × 10⁴	Comments
ClSA [396]				κ values only
DMSO [196]				κ at 0.0356m only
Formamide [171]	29.8			λ_0^+, 12.8 λ_0^-, 17.1 recalc'd from [472]
— [233]	28.2			
— [472] republished in [511]		27–18 22–14 34–23	50–5000 50–5000 50–5000	(6) 15°C (6) 35°C (6)
HCN [155]	388.5	371–356	32–121	(3) λ_0^+, 161
— [155]	366.6	355–336	18–123	18°C (4) λ_0^+, 150
— [486]	363.2	361–355	1.5–18	18°C (8)
Methanol [77]	108.28			a, 2.4 Å recalc'd from other data

RUBIDIUM BROMIDE, RbBr

Solvent and ref.	Λ_0	Λ	Concentration eq/l × 10⁴		Comments
Formamide [171]	30.2				λ_0^+, 12.8 λ_0^-, 17.2 recalc'd from [472]
— [233]	28.3				
— [472]		26–21	100–2500		(4)
republished in [511]		20–16	100–2500	15°C	(4)
		33–27	100–2500	35°C	(4)

RUBIDIUM IODIDE, RbI

Solvent and ref.	Λ_0	Λ	Concentration eq/l × 10⁴		Comments
DMSO [199]	39.1	37–35	10–103		(7)
Ethanol [228]	51.8	50–47	0.66–5.1		(10)
— [470]	51.8				λ_0^+, 23.6 λ_0^-, 25.8 data from [228]
Formamide [233]	28				
— [171]	29.3				λ_0^+, 12.8 λ_0^+, 16.6 recalc'd from [472]
— [472]		26–19	50–5000		(6)
republished in [511]		20–15	50–5000	15°C	(6)
		33–24	50–5000	35°C	(6)
Iodine [501]		22.5–139	320–60000	130°C	(15) Λ max at 0.83 mole/l
			320–60000	140°C	(15)

CESIUM CHLORIDE, CsCl

Solvent and ref.	Λ_0	Λ	Concentration eq/l $\times 10^4$	Comments
ClSA [396]				κ values only
DMSO [196]				κ at 0.037 molal
Ethanol [531]	48.01	46–45	0.97–2.2	(18) K_d, 6.6×10^{-3}
Formamide [472]		27–22	25–2500	(4) republished in [511]
— [233]	29			
— [171]	30.5			λ_0^+, 13.5 λ_0^+, 17.1 recalc'd from [472]
— [472]		21–17	25–2500	15°C (4) republished in [511]
— [472]		34–27	25–2500	35°C (4) republished in [511]
HCN [155]	394.3	380–360	28–142	(4) λ_0^+, 167
— [155]	372.5	360–340	29–149	18°C (4) λ_0^+, 156
— [486]	368.2	365–359	2.4–21	18°C (9)
Methanol [77]	113.22			a, 2.0 Å recalc'd from earlier data
— [294]	113.18	105.7–94.2	7.2–48.5	(8) K_a, 8.6 a, 3.65 Å

CESIUM BROMIDE, CsBr

Solvent and ref.	Λ_0	Λ	Concentration eq/l $\times 10^4$	Comments
ED [404]	62.3	56–33	0.34–6.1	(9) K_d, 4.37×10^{-4} from earlier data
Formamide [438]	30.7			
NMA [529]	20.05	20–15	5.0–920	35°C (15)
— [529]	25.23	25–19	5.0–910	45°C (15)
NMF [529]	45.88	45–37	12–1000	(14)
— [529]	38.36	38–31	13–1000	15°C (14)

CESIUM IODIDE, CsI

Solvent and ref.	Λ_0	Λ	Concentration eq/l $\times 10^4$	Comments
DMSO [205]	39.9	35–5.4	100–18000 (4)	
ED [404]	66.7	62–29	0.34–18 (13)	K_d, 5.73×10^{-4}

(e) Ammonium and Alkali Metal Inorganic Salts

AMMONIUM NITRATE, NH_4NO_3

Solvent and ref.	Λ_0	Λ	Concentration eq/l $\times$ 10^4	Comments
Ammonia [482]	302			-33.5 C; λ_0^+, 131; λ_0^-, 171
DMP [582]	64.6	62–46	1–27	(6)
Ethanol [470]	47.5	45–38	0.91–16	(12); λ_0^+, 19.2; λ_0^-, 27.9
Formamide [233]	33.6			
— [171]	33.4			λ_0^+, recalc'd from [578]
— [110]	33.72		25–2000	(14)
HCN [522]	374.3	370–360	1–20	18°C; (15); λ_0^+, 174
NMA [19]	24.24		1–165	40°C; λ_0^+, 9.7; λ_0^-, 14.5

AMMONIUM PERCHLORATE, NH_4ClO_4

Solvent and ref.	Λ_0	Λ	Concentration eq/l $\times$ 10^4	Comments
DMF [94]	91.00	89–81	1.6–44	(13); λ_0^+, 38.7; λ_0^-, 52.4; a, 4.8 Å
DMP [94]	62.7			a, 5.2; from earlier data
— [582]	61.3	61–56	0.8–28.1	(6)
Ethanol [470]	53.0	51–45	1–16	(18); λ_0^+, 19.2; λ_0^-, 33.8
HCN [522]	375.8	373–362	1–20	18°C; (16); λ_0^+, 174
NMA [19]	26.45		1–165	40°C; λ_0^+, 9.7; λ_0^-, 16.8
NM [473]	128.3	125–115	1.1–11	(6)
Sulfolane [505]	11.653	11–10	2.9–44	30°C; (9)

AMMONIUM THIOCYANATE, NH₄CNS

Solvent and ref.	Λ_0	Λ	Concentration eq/l × 10⁴	Comments
Acetone [497]	184			18°C; Λ_0 recalc'd from earlier work
DMP [582]	65.5	64.8–55.8	1.5–32.5	(6)
Ethanol [470]	48.4	46–42	1.1–14	(12); λ_0^+, 19.2; λ_0^-, 29.2
HCN [522]	379.5	375–364	1–21	18°C; (12); λ_0^+, 174
NM [473]		119–65	1–20	

LITHAMIDE, LiNH₂

Solvent and ref.	Comments
Ammonia [482]	−33.5°C; λ_0^+, 112; λ_0^-, 133

LITHIUM NITRATE, LiNO₃

Solvent and ref.	Λ_0	Λ	Concentration eq/l × 10⁴	Comments
ACN [732]	159	109–46.3	2.83–28.3	(6); K_d, 4.1 × 10⁻⁴
Ammonia [500]	277			−40°C; λ_0^+, 112; K_d, 3.65 × 10⁻³; a, 5.0 Å
— [482]	283			−33.5°C; λ_0^+, 112; λ_0^-, 171
— [233]	225.7			−33°C; λ_0^+, 91; λ_0^-, 135
Ethanol [233]	40.7			λ_0^+, 16; λ_0^-, 25
— [228]	42.7	40.3–34.5	2.2–24	(18)
Formamide [110]	25.54		25–2000	(16)
— [171] [438]	26.2			λ_0^+, 8.5; λ_0^-, 17.4 from [472]

III. ELECTRICAL CONDUCTANCE

LITHIUM NITRATE, LiNO$_3$ (Continued)

Solvent and ref.	Λ_0	Λ	Concentration eq/l × 10^4	Comments
— [472]		24–16	25–5000	
republished		18–12	25–5000	15°C (6)
in [511]		29–26	25–5000	35°C (4)
HCN [486]	336.6	333–319	0.7–15	18°C (12)
Methanol [233]	100.7			λ_0^+, 40; λ_0^-, 61
Sulfolane [409]		7.3–4.1	7–27	30°C; (4), data from $\Lambda - c^{1/2}$ plot

LITHIUM PERCHLORATE, LiClO$_4$

Solvent and ref.	Λ_0	Λ	Concentration eq/l × 10^4	Comments
ACN [90]	183.25	177–134	1.7–89	(15); λ_0^+, 77.25
— [357]	164.20	158–131	1–40	(12); λ_0^+, 59.55; λ_0^-, 104.65; K_a, 34.8
— [372]	172.99	157–141	16–73	(9); K_a, 4; a, 2.94 Å
— [554]	173.0			λ_0^+, 69.3; λ_0^-, 103.7, recalc'd from [372]
— [621]	172	168–35	1–10000	(9)
— [357]	154.26	147–119	2–50	20°C; (11); λ_0^+, 54.63; λ_0^-, 99.63; K_a, 36.9, Λ/c data from graph
— [357]	177.70	163–144	4–30	30°C; (8), λ_0^+, 67.37; λ_0^-, 110.33; K_a, 37.5; $\Lambda/$ data from graph
— [621]	220	212–40	1–10000	60°C; (9)
CHA [14]		0.002–0.014	1.8–450	49.5°C; (9), λ_0^+, 25; λ_0^-, 35; K_d, 2–6 × 10^{-12}; Λ_{min} at c, 3 × 10^{-3} M

LITHIUM PERCHLORATE, LiClO$_4$ (Continued)

Solvent and ref.	Λ_0	Λ	Concentration eq/l × 10^4	Comments
DMF [94]	77.42	76–68	1.1–43	(18); λ_0^+, 25.0; λ_0^-, 52.4; a, 5.0 Å
— [195]	77.4			review article
— [621]	80.4	77–70	1–36	(6)
	111.1	108–96	1–36	
DMSO [194]	35.7	35–30	8–200	(6); 60°C; (6)
Ethanol [470]	48.6			λ_0^+, 14.9; λ_0^-, 33.8
— [228]	48.50	46–42	2.0–19	(12)
EC [530]	32.85			40°C
— [195]	32.85			review quoting [530]
HCN [486]	336.9	334–328	1.6–15	18°C; (10); K_d; 0.07
Methanol [94]	110.6			λ_0^+, 39.6; λ_0^-, 71.0; a, 3.3 Å; recalc'd from [581]
— [581]	110.5	108–102	1.2–9.8	(10); λ_0^-, 70.9
MF [621]		12.9–12.8	2–10000	(6); Λ_{min} at −0.04 mole/l of 2.0
NM [473]		118–74		(13); λ_0^+; 55, λ_0^-, 64; these λ values obtained from other salts by the Walden rule
PC [751]	26.08	24.6–20.9	0.2–2.8	(7); a, 2.75 Å; Λv.c$^{1/2}$ plot
— [621]	25.6	24.3–5.6	1.6–10000	(9); λ_0^+, 7.3; λ_0^-, 18.3
	43.1	41.4–10.6	1.6–10000	60°C; (9); λ_0^+, 12.5; λ_0^-, 30.6
Sulfolane [505]	11.012	10.8–9.97	2.2–54	30°C; (10)
— [299]	11.053	10.9–10.2	1.7–34	30°C; (10); K_a, 6.5; a, 5 Å
TMSO [587]	14.56	11.9–6.7	930–6700	30°C; (5); K_d, 0.709
		11.9	2200	39.8°C
	17.51	15.1–9.2	920–6600	45°C; (4); K_d, 1.49
		14.4	2200	50.2°C
	21.74	19.4–12.0	910–6550	60°C; (5); K_d, 1.79
	27.86	26.1–16.3	900–6500	80°C; (5); K_d, 2.04

III. ELECTRICAL CONDUCTANCE

LITHIUM THIOCYANATE, LiCNS

Solvent and ref.	Λ_0	Λ	Concentration eq/l $\times$ 10^4	Comments
Acetone [497]	181			18°C; Λ_0 recalc'd from earlier work
Ethanol [470]	44.5	43–38	0.96–17	(12); λ_0^+, 14.9; λ_0^-, 29.2
HCN [486]	340.6	339–319	0.51–16	18°C; (15); K_d, 0.043
Methanol [233]	101.5			λ_0^+, 40; λ_0^-, 61
NM [473]		32–12	1.4–19	(5); λ_0^+, 55; λ_0^-, 70; these λ values obtained from other salts by Walden rule

SODAMIDE, NaNH$_2$

Solvent and ref. no.	Λ_0	Comments
Ammonia [482]	263	−33.5°C; λ_0^+, 130; λ_0^-, 133
— [507]		−33.3°C; K_d, 2.7 $\times$ 10^{-5}; a, 2.0 Å

SODIUM BROMATE, NaBrO$_3$

Solvent and ref.	Λ_0	Λ	Concentration eq/l $\times$ 10^4	Comments
Ammonia [3]	286.2			−33.5°C; K_d, 2.53 $\times$ 10^{-3}
— [482]	278			−33.5°C; λ_0^+, 130; λ_0^-, 148
NMA [19]	21.82		1–165	40°C; λ_0^+, 8.2; λ_0^-, 13.6

SODIUM CHLORATE, NaClO$_3$

Solvent and ref.	Λ_0	Λ	Concentration eq/l $\times$ 10^4	Comments
Ethanol [470]	48.0	45–40	0.70–7.7	(11); λ_0^+, 18.7; λ_0^-, 29.3

SODIUM CHROMATE Na_2CrO_4

Solvent and ref.	Λ_0	Λ	Concentration eq/l $\times$ 10^4	Comments	
Formamide [233]	26				
— [472]		94–34	6.2–1000		(6)
republished		72–25	6.2–1000	15°C	(6)
in [511]		116–43	6.2–1000	35°C	(6)

SODIUM NITRITE, $NaNO_2$

Solvent and ref.	Λ_0	Λ	Concentration eq/l $\times$ 10^4	Comments
Ethanol [470]	44.6	42–35	0.91–13.6	(11); λ_0^+, 18.7; λ_0^-, 25.9
EtA[27]	7.07	6.9–6.1	3.8–6.2	(7); K_a, 15.8

SODIUM NITRATE, $NaNO_3$

Solvent and ref.	Λ_0	Λ	Concentration eq/l $\times$ 10^4	Comments
Ammonia [500]	295.1			-40°C; K_d, 2.84×10^{-3}; a, 4.5 Å
— [482]	301			-33.5°C; λ_0^+, 130; λ_0^-, 171
— [497]	301			-33.5°C
— [233]	224.8			-33°C; λ_0^+, 90; λ_0^-, 135
DMA [10]	71.53	70–55	1.4–48	(6); λ_0^+, 25.8; λ_0^-, 46.3; K_d, 2×10^{-2}
DMF [17]	87.2	85–71	0.95–40	(5); K_d, 2.3×10^{-2}
— [195]	87.2			review article
DMP [582]	63.5	60.5–42.1	1.4–39.7	(6)
DMSO [13]	40.8	40–36	2.7–52	(6); λ_0^+, 13.8; λ_0^-, 27.0

III. ELECTRICAL CONDUCTANCE

SODIUM NITRATE, NaNO$_3$ (Continued)

Solvent and ref.	Λ_0	Λ	Concentration eq/l $\times 10^4$	Comments
— [195]	40.8			review quoting [13]
EtA [27]	6.93	6.7–5.8	5.5–57	(7); K_a, 27.9
ED [476]	75.1	58–24	5.6–129	(8)
— [275]	63.24	46–35	1.7–4.7	(11), K_a, 4720
EG [456]	7.6	7.49–7.19	2.3–412	(5)
Formamide [171] [438]	27.7			λ_0^+, 10.1; λ_0^-, 17.4 recalc'd from [578]
— [110]	27.55		25–2000	(14)
— [233]	28.3			
— [578]		56–30	6–2500	(8)
		42–23	6–2500	15°C (8)
		69–38	6–2500	35°C (8)
HCN [486]	333.8	330–317	0.75–31	18°C (17)
NMA [19]	22.65		1–165	40°C; λ_0^+, 8.2; λ_0^-, 14.5

SODIUM PERCHLORATE, NaClO$_4$

Solvent and ref.	Λ_0	Λ	Concentration eq/l $\times 10^4$	Comments
ACN [90]	192–40	185–134	2.4–120	(14); λ_0^+, 86.40
— [188]	180.32	172–155	4.1–39	(7); λ_0^+, 76.6; λ_0^-, 103.8; K_a, 9; a, 3.7 Å
— [188]	180.63	171–156	5.6–35	(6); λ_0^+, 76.6; λ_0^-, 103.8; K_a, 11; a, 3.7 Å
— [357]	174.59	167–147	2–25	(8); λ_0^+, 69.94; λ_0^-, 104.65; K_a, 36.0, Λ/c values from graph
— [430]	180.7	175–166	1.7–2.6	(10)
— [554]	180.4			λ_0^+, 76.9; λ_0^-, 103.7, recalc'd from [188]

SODIUM PERCHLORATE, NaClO$_4$ (*Continued*)

Solvent and ref.	Λ_0	Λ	Concentration eq/l × 10^4	Comments
— [357]	164.54	153–129	4–50	20°C; (10); λ_0^+, 64.91; λ_0^-, 99.63; K_a, 32.4, Λ/c values from graph
— [357]	187.74	176–148	4–37	30°C; (7); λ_0^+, 77.41; λ_0^-, 110.33; K_a, 35.5; Λ/c values from graph
ADN [178]	13.15	12.5–11.3	4.6–42	(5); λ_0^+, 5.38; λ_0^-, 7.77
	13.16	12.4–11.1	6.6–51	(5); a, 2.9 Å
i-BN [266]	120.0			K_d, 3.98 × 10^{-3}
DMA [10]	68.56	67–60	1.1–6.5	(6); λ_0^+, 25.8; λ_0^-, 42.8
— [94]	68.6			λ_0^+, 25.6; λ_0^-, 43.0; a, 5.3 Å, recalc'd from [10]
DMF [195]	82.2			review article
— [17]	82.1	81–74	0.97–32	(7)
DMP [94]	61.4			a, 5.0 Å; recalc'd from earlier data
— [582]	61.3	60.5–55	0.4–23.25	(6)
DMSO [13]	38.3	38–35	0.79–45	(6); λ_0^+, 13.8; λ_0^-, 24.6
— [94]	38.3			λ_0^+, 13.1; λ_0^-, 25.2; a, 4.8 Å; recalc'd from [13]
— [194]	38.0	38–32	1.0–8.2	(9)
— [195]	38.3			review article
— [622]	38.76	38–6	0.7–15000	λ_0^+, 18.7; λ_0^-, 33.8
— [622]	46.77	46–8	0.7–14900	35°C; (14); a, 5.13 Å
	54.65	54–11	0.6–14700	45°C; (14); a, 4.02 Å
	64.61	64–14	0.6–14500	55°C; (14); a, 3.22 Å
Ethanol [470]	52.45			λ_0^+, 18.7; λ_0^-, 33.8
— [228]	52.45	50–43	1.7–18	(12)
EC [530]	38.84			
— [195]	38.84			λ_0^+, 13; λ_0^-, 26; review article quoting [530]
ED [517]		17.4–12.6	0.26–1.8	(9)

III. ELECTRICAL CONDUCTANCE

SODIUM PERCHLORATE, $NaClO_4$ (Continued)

Solvent and ref.	Λ_0	Λ	Concentration eq/l $\times 10^4$	Comments
FA [570]	50.22	34.5–43.3	120–1100	(14); λ_0^+, 20.97; λ_0^-, 29.35
Hydrazine [233]	110			λ_0^-, 70
HCN [486]	335.5	332–325	2.1–19	18°C; (13)
Methanol [94]	116.2			λ_0^+, 45.2; λ_0^-, 71.0; a, 2.2 Å; recalc'd from [581]
— [581]	116.5	113–108	1.1–9.3	(10); λ_0^-, 70.8
NMA [19]	24.95			40°C; λ_0^+, 8.2; λ_0^-, 16.8
NM2PY [189]	41.80	40–37	4.0–39	(6); a, 4.5 Å
	41.76	40–37	4.1–39	(7); a, 4.6 Å
NM [473]	122.5	119–105	0.9–12	(18); λ_0^+, 58
Sulfolane [299]	10.325	10.1–9.3	2–56	30°C; (16), K_a, 7.4; a, 5 Å
— [505]	10.293	10.0–9.3	3.6–53	30°C; (10)

SODIUM THIOCYANATE, NaCNS

Solvent and ref.	Λ_0	Λ	Concentration eq/l $\times 10^4$	Comments
DMA [10]	74.55	73.64	1.5–55	(6); λ_0^+, 25.8; λ_0^-, 48.8
DMF [17]	89.5	87.78	1.5–54	(7); K_d, 0.13
— [195]	89.5			review quoting [17]
DMP [582]	65.5	64.1–55.6	0.9–36.2	(6)
DMSO [13]	43.0	42–39	1.4–44	(6); λ_0^+, 13.8; λ_0^-, 29.2
— [195]	43.0			review quoting [13]
DMSO [622]	44.14	43.5–25.4	1–2550	(9); a, 3.33 Å
	53.01	52.3–30.6	1–2520	35°C; (9); a, 1.59 Å
	62.28	61.4–36.0	1–2500	45°C; (9); a, 2.20 Å
	72.02	70.7–41.5	1–2480	55°C; (9); a, 2.91 Å
Ethanol [470]	47.75	46–41	1.5–14	(12); λ_0^+, 18.7; λ_0, 29.2

SODIUM THIOCYANATE NaCNS (*Continued*)

Solvent and ref.	Λ_0	Λ	Concentration eq/l $\times 10^4$	Comments
EtA [27]	6.78	6.7–6.1	1.6–41	(10); K_a, 7.6
HCN [486]	337.7	335–327	0.79–20	18°C; (12)
Methanol [233]	106.9			λ_0^+, 47; λ_0^-, 61
NMA [19]	24.14		1–165	40°C; λ_0^+, 8.2; λ_0^-, 16.1
NM [473]		111–70	0.86–9.1	(12); λ_0^+, 58; λ_0^-, 70; these λ_0 values obtained from other salts by Walden rule
n-Propanol [14]	24.40	23–17	1.3–26	(6); K_d, 4.1 $\times 10^{-3}$
Sulfolane [410]	13.20	12.1–10.7	13–52	30°C; (6); K_a, 46.3; a, 4.5 Å
— [409]		12.1–9.1	13–36	30°C; (4); data from $\Lambda - c^{1/2}$ graph

POTASSAMIDE, KNH_2

Solvent and ref.	Λ_0	Λ	Concentration eq/l $\times 10^4$	Comments
Ammonia [482]	301	209–13	0.66–83000	−33.5°C (49)
— [497]	301			−33.5°C
— [233]	108.7			−33°C

POTASSIUM BROMATE, $KBrO_3$

Solvent and ref.	Λ_0	Λ	Concentration eq/l $\times 10^4$	Comments
NMA [19]	21.95		1–165	40°C; λ_0^+, 8.4; λ_0^-, 13.6

III. ELECTRICAL CONDUCTANCE

POTASSIUM NITRITE, KNO$_2$

Solvent and ref.	Λ_0	Λ	Concentration eq/l $\times$ 10^4	Comments
EtA [27]	7.77	7.6–6.4	2.3–71	(8); K_a, 25.1

POTASSIUM NITRATE, KNO$_3$

Solvent and ref.	Λ_0	Λ	Concentration eq/l $\times$ 10^4	Comments
Ammonia [500]	329.0			$-40°C$; K_d, 1.47 $\times$ 10^{-3}; a, 3.5 Å
— [482]	339			$-33.5°C$; λ_0^+, 168; λ_0^-, 171
DMA [10]	72.02	70–60	1.2–37	(6); λ_0^+, 25.3; λ_0^-, 46.3; K_d, 4.0 $\times$ 10^{-2}
DMF [17]	88.1	86–75	0.83–39	(6); K_d, 4.3 $\times$ 10^{-2}
— [195]	88.1			review article
DMSO [13]	41.5	41–38	1.0–36	(6); λ_0^+, 14.4; λ_0^-, 27.0
— [195]	41.5			review quoting [13]
EtA [27]	7.63	7.4–6.6	2.4–36	(10); K_a, 31.5
EG [456]	9.6	9.4–8.5	1–403	(6)
Formamide [110]	30.11		25–2000	(13)
— [578]		31–18	25–5000	(7)
— [171] [438]	29.9			λ_0^+, 12.7; λ_0^-, 17.4; recalc'd from [578]
— [578]		24–14	25–5000	15°C (7)
		38–23	25–5000	15°C (7)
HCN [486]	353.9	352–339	0.49–33	18°C (17)
NMA [19]	22.92		1–165	40°C; λ_0^+, 8.4; λ_0^-, 14.5

POTASSIUM PERCHLORATE, $KClO_4$

Solvent and ref.	Λ_0	Λ	Concentration eq/l $\times 10^4$	Comments
ACN [357]	180.39	173–153	1–18	(7); λ_0^+, 75.74; λ_0^-, 104.65, K_a, 55.6, Λ/c data from graph
— [90]	208.92	202–147		(11); λ_0^+, 102.92
— [188]	187.41	176.153	7.2–56	(7); K_a, 13; a, 3.0 Å
— [188]	187.52	174–152	9.8–62	(7); K_a, 14; a, 3.1 Å
— [430]	187.2	184–179	0.72–3.6	(5)
— [554]	187.5			λ_0^+, 83.6; λ_0^-, 103.7; recalc'd from [188]
— [357]	170.98	155–134	7–39	20°C; (6); λ_0^+, 71.35; λ_0^-, 99.63; K_a, 52.8
— [357]	194.41	184–152	3–38	30°C; (7); λ_0^+, 84.08; λ_0^-, 110.33; K_a, 516, Λ/c data from graph
DMA [10]	68.11	67–60	0.97–55	(6); λ_0^+, 25.3; λ_0^-, 43.8
— [94]	68.2			λ_0^+, 25.2; λ_0^-, 43.0; a, 4.8 Å; recalc'd from [10]
DMF [195]	83.2			review article
DMP [94]	60.9			a, 5.0 A, recalc'd from earlier data
DMP [582]	60.8	60.0–54.5	0.4–23.5	(6)
DMSO [13]	39.1	38–36		(6); λ_0^+, 14.4; λ_0^-, 24.6
— [195]	39.1			review article
— [194]	39.1	39–32	0.99–106	(11)
— [94]	39.1			λ_0^+, 13.9; λ_0^-, 25.2; a, 4.4 A
— [552]	38.99			λ_0^+, 14.7; λ_0^-, 24.3
EC [530]	41.99	41.7–40.8	0.75–14	40°C; (18)
— [195]	41.99			λ_0^+, 15; λ_0^-, 26, review quoting [530]

POTASSIUM PERCHLORATE, $KClO_4$ (Continued)

Solvent and ref.	Λ_0	Λ	Concentration eq/l $\times 10^4$	Comments
Hydrazine [233]	128.2			λ_0^-, 70
HCN [486]	355.3	352–344	1.4–18	18°C; (7)
HMPT [552]	21.52			λ_0^+, 6.1; λ_0^-, 15.5
NMA [19]	25.22		1–165	40°C; λ_0^+, 8.4; λ_0^-, 16.8
NM2Py [189]	41.94	40–37	3.8–39	(6); a, 4.5 Å
	41.96	40.5–37	2.5–33	(6); a, 4.6 Å
Sulfolane [299]	10.746	10.6–9.6	2.1–56	30°C; (13); K_a, 8.5; a, 5 Å
— [505]	10.737	10.5–9.8	3.2–36	30°C; (9)
— [603]			1.2	35–11°C; at 42 temps. log κ or T shown graphically

POTASSIUM THIOCYANATE, KCNS

Solvent and ref.	Λ_0	Λ	Concentration eq/l $\times 10^4$	Comments
Acetone [12]	201.6	197–146	0.27–18	(5); λ_0^-, 121.0; K_d, 3.83 × 10^{-3}
— [9]	202.2	191–136	1.0–27	(5); K_d, 3.4 × 10^{-3}
	78.1	75–61	1.1–29	−50°C; (5); K_d, 10.9 × 10^{-3}
	92.3	88–71	1.1–29	−40°C; (5); K_d, 9.6 × 10^{-3}
	106.7	102–82	1.1–29	−30°C; (5); K_d, 8.5 × 10^{-3}
	122.2	116–90	1.1–28	−20°C; (5); K_d, 6.8 × 10^{-5}
	138.1	131–101	1.0–28	−10°C; (5); K_d, 6.0 × 10^{-3}
	154.4	146–112	1.0–28	0°C; (5); K_d, 5.2 × 10^{-3}
	173.7	165–122	1.0–27	10°C; (5); K_d, 4.2 × 10^{-3}
— [497]	181			18°C; Λ_0 recalc'd from earlier work

POTASSIUM THIOCYANATE, KCNS (Continued)

Solvent and ref.	Λ_0	Λ	Concentration eq/l × 10^4	Comments
— [9]	191.6	182–131	1.0–27	20°C; (5); K_d, 3.8 × 10^{-3}
ACN [326]	199.0	196–172	0.69–25	(12); K_a, 38.2
— [763]	197	184–170	7–30	(14); λ_0^+, 83.6; λ_0^-, 113.4; K_a, 26.1; a, 3.1 Å
— [326]	87.7	86–77	0.75–27	−40°C; (12); K_a, 18.2
	103.0	102–90	0.74–27	−30°C; (12); K_a, 29.6
	119.1	117–104	0.73–27	−20°C; (12); K_a, 32.1
ACN [326]	135.7	134–118	0.73–26	−10°C; (12); K_a, 33.0
	153.3	151–132	0.72–26	0°C; (12); K_a, 36.3
	171.4	169–148	0.71–26	10°C; (12); K_a, 36.5
	190.0	187–164	0.70–25	20°C; (12); K_a, 38.2
ADN [178]	15.93	15–13	2.5–57	(6); λ_0^+, 6.12; λ_0^-, 9.79; K_a, 24; a, 3.4 Å
	15.89	15–13	2.4–56	(6); K_a, 18; a, 2.9 Å
DMA [10]	74.15	73–66	0.81–49	(6)
DMF [17]	90.2	89–80	1.3–47	(7)
DMP [582]	65.0	63.6–57.2	0.9–32.9	(6)
DMS1 [122]	11.47	8.8–6.4	27–130	(5); K_a 80 approx.
DMSO [13]	43.5	43–40	1.3–37	(8); λ_0^+, 14.4; λ_0^-, 29.2
Ethanol [470]	51.05	49–42	1.0–17	(6); λ_0^+, 22.0; λ_0^-, 29.2
EtA [27]	7.68	7.6–6.7	3.1–71	(8); K_a, 12.8
Formamide [233]	28.7			
— [472]		28–19	25–5000	(6); republished in [511]
— [171]	29.9			λ_0^+, 12.7; λ_0^-, 17.2 recalc'd from [472]
— [472]		22–15	25–5000	(6); republished in [511]
— [472]		34–24	25–5000	(6); republished in [511]
NMA [19]	24.47		1–165	40°C; λ_0^+, 8.4; λ_0^-, 16.1
NM [473]	130.0	126–106	1.3–20	(13); λ_0^+, 60; λ_0^-, 70

III. ELECTRICAL CONDUCTANCE

POTASSIUM THIOCYANATE, KCNS (Continued)

Solvent and ref.	Λ_0	Λ	Concentration eq/l × 10^4	Comments
n-Propanol [14]	26.12	24–19	1.1–16	(6); K_d, 3.1 × 10^{-3}
Sulfolane [410]	13.63	13.2–11.9	6.1–71	30°C; (8)
HCN [486]	358.0	355–346	1.7–23	18°C; (9); λ_0^+, 151.4; λ_0^-, 205.3
Methanol [589]	115.7	111–95	4–960	(15); shown graphically
— [336]		21–6	482–21800	−50°C; (8)
— [589]	29.2	29–9	4–14400	−50°C; (22); shown graphically
— [336]		27–9	482–21800	−40°C; (8)
— [589]	36.9	36–11	4–17500	−40°C; (23); shown graphically
— [336]		33–12	482–21800	−30°C; (8)
— [589]	46.0	44–12	4–17500	−30°C; (23); shown graphically
— [336]		40–15	482–21800	−20°C; (8)
— [589]	56.0	54–17	4–17500	−20°C; (23); shown graphically
— [336]		48–19	482–21800	−10°C; (8)
— [589]	67.4	65–20	4–17500	−10°C; (23); shown graphically
— [336]		56.23	482–21800	0°C; (8)
— [589]	79.7	77–23	4–17500	0°C; (23); shown graphically
— [336]		65–27	482–21800	10°C; (8)
— [589]	93.1	89–28	4–17500	10°C; (23); shown graphically
— [336]		75–32	482–21800	20°C; (23); shown graphically
— [589]	107.8	103–32	4–17500	20°C; (23); shown graphically

RUBIDIUM NITRATE, $RbNO_3$

Solvent and ref.	Λ_0	Λ	Concentration eq/l $\times$ 10^4	Comments
Ammonia [500]	341.8			$-40°C$; K_d, 1.141×10^{-3}; a, 3.34 Å
Formamide [171]	30.1			λ_0^+, 12.8; λ_0^-, 17.4 recalc'd from [472]
— [233]	28.6			
— [472]		27–21	50–2500	(5)
republished		21–16	50–2500 15°C	(5)
in [511]		33–26	50–2500 35°C	(5)

RUBIDIUM PERCHLORATE, $RbClO_4$

Solvent and ref.	Λ_0	Λ	Concentration eq/l $\times$ 10^4	Comments
ACN 90	203.24	200–156	0.52–53.3	(11); λ_0^+, 97.24; K_a, 103.65
— [357]	181.40	177–157	0.4–16	(7); λ_0^+, 76.75; λ_0^-, 104.65; K_a, 51.8; Λ/c data from graph
— [188]	189.55	179–156	5.8–49	(6); λ_0^+, 85.7; K_a, 19; a, 3.2 Å
	189.49	178–156	6.4–49	(7); K_a, 19; a, 3.4 Å
— [554]	189.5			λ_0^+, 85.6, λ_0^-, 103.7; recalc'd from [188]
— [357]	171.10	162–140	6–28	20°C; (7); λ_0^+, 71.47; λ_0^-, 99.63; K_a, 55.9; Λ/c data from graph
— [357]	193.30	186–159	1–25	30°C; (9); λ_0^+, 82.97; λ_0^-, 110.33; K_a, 51.1; Λ/c data from graph
DMF [94]	84.80	83–75	1.5–48	(15); a, 4.7 Å
DMSO [194]	39.4	39–34	13–200	(7); λ_0^+, 14.8
EC [530]	42.59			40°C
Sulfolane [299]	10.838	10.6–9.7	2.8–58	30°C; (13); K_a, 8.6; a, 5 Å
— [505]	10.840	10.6–9.7	2.3–55	30°C; (8); K_a, 8.5; a, 5 Å

III. ELECTRICAL CONDUCTANCE

RUBIDIUM THIOCYANATE, RbNCS

Solvent and ref.	Λ_0	Λ	Concentration eq.l $\times$ 10^4	Comments
Ethanol [470]	52.8	51–44	0.85–14	(12); λ_0^+, 23.6; λ_0^-, 29.2
Sulfolane [410]	13.87	13–11.7	6.6–133	30°C; (7)

CESIUM NITRATE, CsNO$_3$

Solvent and ref.	Λ_0	Λ	Concentration eq/l $\times$ 10^4	Comments
Ammonia [500]	333.5			−40°C; K_d, 9.66 $\times$ 10^{-4}; a, 3.21 Å
Formamide [233]	29.4			
— [171]	31.0			λ_0^+, 13.5; λ_0^-, 17.4; recalc'd from [472]
— [472]		28–22	25–2500	
republished		22–17	25–2500	15°C (5)
n [511]		34–27	25–2500	35°C

CESIUM THIOCYANATE, CsCNS

Solvent and ref.	Λ_0	Λ	Concentration eq/l $\times$ 10^4	Comments
Ethanol [470]	54.7	52–46	0.75–9.3	(12); λ_0^+, 25.5; λ_0^-, 29.2
Sulfolane [410]	13.96	13.5–12.2	7.2–88	30°C (9)

(f) Ammonium and Alkali Metal Organic Salts

AMMONIUM FORMATE

Solvent and ref.	Λ_0	Λ	Concentration eq/l $\times 10^4$	Comments
Formamide — [578]		30–24	25–1000	(4)
— [171]	31.1			λ_0^+, 15.6; λ_0^-, 15.3, recalc'd from [578]
— [578]		24–19	25–1000	15°C (4)
— [578]		37–30	25–1000	35°C (4)
— [233]	82.4			

AMMONIUM PICRATE, $(NO_2)_3PhONH_4$

Solvent and ref.	Λ_0	Λ	Concentration eq/l $\times 10^4$	Comments
Acetone [11]	180.2	170–132	0.44–5.2	(5); λ_0^+, 94.9; λ_0^-, 85.3; K_d, 1.11 $\times 10^{-3}$
Ethanol [233]	40.8			λ_0^+, 19; λ_0^-, 22
NB [21]	34.4	30–21	0.27–1.4	(5); λ_0^+, 18.4; K_d, 1.46 $\times 10^{-4}$
Pyridine [42]	80.5	71–44	0.39–5.7	(5); λ_0^+, 46.8; K_d, 2.8 $\times 10^{-4}$

AMMONIUM TRICHLOROACETATE, $CCl_3CO_2NH_4$

Solvent and ref.	Λ_1	Λ	Concentration eq/l $\times 10^4$	Comments
Ethanol [233]	37			λ_0^+, 19; λ_0^-, 18

III. ELECTRICAL CONDUCTANCE

ALKALI METAL ALKOXIDES, ROM

Solute	Solvent and ref. no.	Λ_0	Λ	Concentration eq/l $\times 10^4$	Comments
Methoxides:					
Lithium	Methanol [300]	92.23	88–84	2.7–12	(13); λ_0^+, 39.16; λ_0^-, 53.07
Sodium	— [300]	98.27	94–90	3.1–14	(8); λ_0^+, 47; λ_0^-, 51
	— [233]	98.4			
Potassium	— [300]	105.48	101–98	4.0–11	(8); λ_0^+, 54; λ_0^-, 51
	— [233]	106.8			
Rubidium	— [300]	109.34	104–100	4.7–15	(8); λ_0^+, 56.27
Cesium	— [300]	114.11	111–106	1.5–11	(13); λ_0^+, 61.04
Ethoxides:					
Lithium	Ethanol [301]	39.99	36–32	2.7–11	(9); λ_0^+, 16.94; λ_0^-, 23.05
Sodium	— [301]	43.35	40–35	3.6–17	(10)
	— [470]	42.00	39–35	1.3–15	(12)
Potassium	— [301]	46.62	43–40	3.3–12	(10)
Rubidium	— [301]	47.73	45–41	2.6–11	(13); λ_0^+, 24.68
Cesium	— [301]	49.47	47–42	1.8–10	(10); λ_0^+, 26.42

LITHIUM SALTS OF BENZOIC ACID AND ITS DERIVATIVES*

Lithium salt	Solvent and ref.	Λ_0	Λ	Concentration eq/l $\times 10^4$	Remarks
Benzoate PhCO$_2$Li	ED [404]	21.7	21–5.0	0.34–18	(13); K_d, 3.8 $\times$ 10^{-4}
o-Nitrobenzoate 2(NO$_2$)-PhCO$_2$Li	MEK [310]	(119.4)	2.4–0.77	0.73–10	(10); K_a, 3.38 $\times$ 10^6 a, 1.39 Å

* See also Lithium salicylate (2-hydroxybenzoate). Lithium 4-hydroxysalicylate (2,4-dihydroxybenzoate, or β-resorcylate). Lithium 6-hydroxysalicylate (2,6-dihydroxybenzoate, or γ-resorcylate).

LITHIUM CHLOROSULFONATE, LiSO$_3$Cl

Solvent and ref.	Comments
ClSA [396]	κ values only

LITHIUM DINONYLNAPHTHALENESULFONATE

Solvent and ref.	Λ_0	Λ	Concentration eq/l $\times$ 10^4	Comments
Benzene [140]		<0.005	0.01	35°C
n-Butanol [140]	24			35°C; K_d, 3.4 $\times$ 10^{-4}; $\Lambda - c^{1/2}$ given graphically
CCl$_4$ [140]		<0.005	0.01	35°C
CH [140]		<0.005	0.01	35°C
Dioxane [140]		<0.005	0.01	35°C
Ethanol [140]	40			35°C; λ_0^-, 20; K_d, 2.2 $\times$ 10^{-3}; $\Lambda - c^{1/2}$ given graphically
Methanol [140]	67			35°C; λ_0^-, 26; K_d, 0.12; $\Lambda - c^{1/2}$ given graphically

Note: Graphical presentation of data also given in [140] for the following solvents: Acetone, ψ' amyl alcohol, methyl isobutyl ketone, nitroethane and nitropropane.

LITHIUM FORMAMIDE, HCONHLi

Solvent and ref.	Λ_0	Λ	Concentration eq/l $\times$ 10^4	Comments
Formamide [395]	43.2		100–1000	K_d, 1160; Λ given graphically

III. ELECTRICAL CONDUCTANCE

LITHIUM FORMATE, HCO_2Li

Solvent and ref.	Λ_0	Λ	Concentration eq/l × 10⁴	Comments
Formamide [171]	24.0			λ_0^+, 8.5; λ_0^-, 15.3; from earlier data
— [578]		24–13	6–2500	(8)
		18–10	6–2500 15°C	(8)
		30–17	6–2500 35°C	(8)
FA [233]	75.7			

LITHIUM METHACRYLATE

Solvent and ref.	Comments
DMF [305]	graphical representation of results

LITHIUM SALTS OF SUBSTITUTED NAPHTHOIC ACIDS IN ETHYL METHYL KETONE MEK [310]

Sodium salt	Λ_0	Λ	Concn. eq/l × 10⁴	Comments	$K_a × 10^{-4}$	a Å
3-Hydroxy-2-Naphthoate	(123.0)	9.4–6.5	1.7–7.4	(8)	150	1.61
2-Hydroxy-1-Naphthoate	(121.3)	11.5–6.2	1.6–16	(9)	83.0	1.72
1-Hydroxy-3-Naphthoate	(121.9)	8.6–4.9	2.5–21	(10)	93.1	1.72

LITHIUM SALTS OF PHENOLS*

Lithium salt	Solvent and ref.	Λ_0	Λ	Concn. eq/l × 10⁴	Comments
Phenate PhOLi	ED [404]	8.70	5.3–0.75	0.34–18	(13); K_d, 9.3 × 10⁻³
m-Nitro phenate 3(NO_2) PhOLi	ED [404]	24.1	22–8.3	0.34–18	(13); K_d, 5.74 × 10⁻⁴

* See also Lithium picrate.

LITHIUM TETRAPHENYLBORATE, $LiB(C_6H_5)_4$

Solvent and ref.	Λ_0	Λ	Concn. eq/l $\times 10^4$	$K_d \times 10^5$	Comments
Methanol [109]	76.26	72–68	3.4–19		(5); λ_0^-, 36.69
MeTHF [799]	77			1.2	
	17			4.3	$-65.0°C$
	21			4.1	-55.0
	26			3.5	-45.0
	32			3.1	-35.0
	38			2.6	-25.0
	45			2.3	-15.0
	52			1.9	-5.0
	60			1.7	5.0
	68			1.4	15.0
THF [152]	76.9	73–47	0.04–1.08		(6); λ_0^+, 36.6; K_d, 7.96×10^{-5}
— [548]	79.0				K_d, 7.9×10^{-5} a, 6.33 Å
	23.1				$-60.0°C$; K_d, 1.3×10^{-4}
	33.5				$-41.2°C$; K_d, 1.21×10^{-4}
	46.0				$-20.8°C$; K_d, 1.04×10^{-4}
	64.5				$5.93°C$; K_d, 9.06×10^{-5}
	86.3				$34.57°C$; K_d, 7.35×10^{-5}
	95.4				$44.82°C$; K_d, 6.59×10^{-5}
THF [799]	90			5.1	
	22			11.5	$-65.0°$
	28			10.8	$-55.0°C$
	34			8.8	$-45.0°C$
	41			8.0	$-35.0°C$
	48			7.5	$-25.0°C$
	56			6.9	$-18.0°C$
	64			6.0	$-5.0°C$
	73			5.8	$5.0°C$
	82			5.3	$15.0°C$

III. ELECTRICAL CONDUCTANCE

LITHIUM PICRATE, $(NO_2)_3PhOLi$, LiPi

Solvent and ref.	Λ_0	Λ	Concentration eq/l $\times 10^4$	Comments
Acetone [12]	158.1	150–80	0.34–21	(6) λ_0^+, 72.8 K_d, 1.03 $\times$ 10^{-3}
— [507]				K_d, 1.03 $\times 10^{-3}$ a, 2.50 Å from [12]
— [471]	151	138–86	0.51–14	(14) λ_0^+, 66.5 λ_0^-, 84.5
ACN [75]	137.0	123–60	0.66–29.0	(14) λ_0^+, 59.3 λ_0^-, 77.7
Ammonia [74]				$-33°C$ λ_0^+, 112; from earlier work
Ethanol [470]	41.60	40–35	0.69–16	(12) λ_0^+, 14.9 λ_0^-, 26.8
MEK [471]	118.2	103–38	0.19–16	(14) λ_0^+, 50.3 λ_0^-, 67.9
— [310]	123.92	69–30	2.5–27	(10) K_a, 6.14 $\times 10^{-3}$ a, 2.64 Å
NB [21]		0.16–0.099	11–107	(6) K_d, 6 $\times 10^{-8}$
— [62]		1.63–0.44	0.81–4.0	(7) Λ_0 cannot be obtained reliably
— [507]				K_d, 4 $\times 10^{-8}$ a, 0.61 Å from [21]
Pyridine [64]	52.0	42–20	0.37–9.5	(13) λ_0^+, 21.7 λ_0^-, 30.3 λ_0^-, calc'd from Walden product
— [42]	58.6	52–19	0.14–7.6	(7) λ_0^+, 24.9 K_d, 8.3 $\times 10^{-5}$
Pyridine [507]				K_d, 8.3 $\times 10^{-5}$ a, 3.61 Å from [42]
— [411]	58.45	52–32	0.1–1.5	(5) λ_0^+, 24.77 λ_0^-, 33.68 K_d, 0.81 $\times 10^{-4}$

LITHIUM SALTS OF RADICAL IONS

Anion	Solvent and ref.	Λ_0	$K_d \times 10^6$	Comments	
Anthracene·	THF [791]	121	7.1–4.4	−65°C to 25°C	Λ_0 at 25°C
Biphenyl·	THF [799]		9.0–4.2	−75°C to 25°C	
Fluorenyl·	DME [703]	110			
		23.5	21.4	−65°C	
		29.5	21	−55°C	
		37.5	18	−45°C	
		46.5	16	−35°C	
		56	13.6	−25°C	
		66	11.5	−15°C	
		77	9.4	−5°C	
		88	7.4	−5°C	
		97	6.2	−15°C	
—	THF [165]	88.4	3.89		
		19.0	19.9	−70°C	
		23.8	19.1	−60°C	
		29.8	15.3	−50°C	
		35.4	13.2	−40°C	
		42.2	11.6	−30°C	
		49.1	9.66	−20°C	
		56.9	7.90	−10°C	
		65.0	6.57	0°C	
		73.5	5.44	10°C	
		83.6	4.40	20°C	
Fluorenyl·	THF [703]	100	3.0		
		21.5	15.5	−70°C	
		27.0	15.0	−60°C	
		34	12.9	−50°C	
Fluorenyl·	THF [703]	40	10.6	−40°C	
		48	9.0	−30°C	
		56	7.5	−20°C	
		65	6.1	−10°C	
		24	5.1	0°C	
		83	3.4	10°C	
		95	3.4	20°C	
Naphthalene·	THF [799]	129	10.3–3.1	−75 to 25°C	Λ_0 at 25°C
Parylene·	THF [799]	107	7.1–4.5	−75°C to 25°C	Λ_0 at 25°C

LITHIUM SALICYLATE, $2(OH)PhCO_2Li$

Solvent and ref.	Λ_0	Λ	Concentration eq/l × 10^4	Comments
ACP [46]	24.76	1.6–0.75	1.6–29	(10) K_d, 7.01 × 10^{-7}
MEK [46]	126.3	9.4–2.9	0.94–343	(18) K_d, 4.98 × 10^{-7}
MEK [310]	(144.2)	8.1–5.4	1.2–12	(10) K_a, 3.59 × 10^6 a, 1.58 Å
	(133.2)	6.9–4.7	1.6–25	15°C (10) K_a, 3.07 × 10^6 a, 1.56 Å
	(178.3)	7.3–5.0	2.1–19	35°C (10) K_a, 3.94 × 10^6 a, 1.53 Å

LITHIUM HYDROXY SALICYLATES, $(OH)_2PhCO_2Li$ IN ETHYL METHYL KETONE, MEK [310]

Lithium salt	Λ_0	Λ	Concentration eq/l × 10^4	Comments
4-Hydroxy*	(103.3)	7.2–3.3	0.71–8.2	(8) K_a, 2.53 × 10^4 a, 1.61 Å
6-Hydroxy†	(138.4)	44–15	1.1–14.5	(10) K_a, 6.47 × 10^4 a, 2.07 Å

* 2,4-dihydroxybenzoate, or β-resorcylate.
† 2,6-dihydroxybenzoate, or γ-resorcylate.

LITHIUM p-TOLUENESULFONATE, $4(CH_3)PhSO_3Li$

Solvent and ref.	Λ_0	Λ	Concentration eq/l × 10^4	Comments
Acetone [166]	172	98–17	0.13–8.8	(13) λ_0^+, 88 K_d, 9.6 × 10^{-6}
ED [404]	39.6	36–13	0.34–18	(13) K_d, 5.28 × 10^{-4}

SODIUM ACETATE, CH_3CO_2Na

Solvent and ref.	Λ_0	Λ	Concentration eq/l × 10^4	Comments
Formamide [110]	22.00			(13) Shedlovsky eqn.
	21.89		25–2000	Onsager eqn.
— [576]	37.8	37–17	0.5–100	(8)
		43–19	0.5–100	35°C (8)
— [233]	20			

SODIUM SALTS OF BENZOIC ACID SUBSTITUTED BENZOIC ACIDS

Solvent and ref.	Λ_0	Λ	Concentration eq/l × 10^4	Comments

SODIUM BENZOATE, $C_6H_5CO_2Na$

Solvent and ref.	Λ_0	Λ	Concentration eq/l × 10^4	Comments
Acetamide [544]	28.26			94°C concn., 0.008–0.10 mole/kg
Ethanol [576]	37.4	36–22	0.5–100	(8)
		30–19	0.5–100	15°C (8)
		43–24	0.5–100	35°C (8)
ED [404]	21.8			K_d, 1.48 × 10^{-4}
Formamide [233]	20			
— [171]	19.9			λ_0^+, 10.1 λ_0^-, 9.8 recalc'd from [578]
— [578]		21–12	6–2500	(7)
		16–9	6–2500	15°C (7)
		25–16	6–2500	35°C (7)

SODIUM o-AMIDOBENZOATE, $2NH_2C_6H_4CO_2Na$

Solvent and ref.	Λ_0	Λ	Concentration eq/l × 10^4	Comments
Ethanol [576]	36.6	35–15	0.5–100	(8)
		29–13	0.5–100	15°C (8)
		40–16	0.5–100	35°C (8)

SODIUM m-AMIDOBENZOATE, $3NH_2C_6H_4CO_2Na$

Solvent and ref.	Λ_0	Λ	Concentration eq/l × 10^4	Comments
Formamide [578]		73–14	6–1000	(5)
		56–11	6–1000	at 15°C (5)
		91–18	6–1000	at 35°C (5)

III. ELECTRICAL CONDUCTANCE

SODIUM SALTS (Continued)

Solvent and ref.	Λ_0	Λ	Concentration eq/l × 10⁴	Comments

SODIUM p-AMIDOBENZOATE, 4NH₂C₆H₄CO₂Na

Ethanol [576]	35.0	34–14	0.5–100	(8)
		29–12	0.5–100 15°C	(8)
		40–15	0.5–100 35°C	(8)

SODIUM m-BROMOBENZOATE, 3BrC₆H₄CO₂Na

Ethanol [576]	35.6	35–17	0.5–100	(8)
		29–15	0.5–100 15°C	(8)
		41–19	0.5–100 35°C	(8)
Formamide [578]		19–14	200–1000	(2)
		15–10	200–1000 15°C	(2)
		25–18	200–1000 35°C	(2)

SODIUM p-BROMOBENZOATE, (4)BrC₆H₄CO₂Na

Ethanol [576]	36.9	36–18	0.5–100	(8)
		30–16	0.5–100 15°C	(8)
		43–20	0.5–100 35°C	(8)

SODIUM o-CHLOROBENZOATE, 2ClC₆H₄CO₂Na

Ethanol [576]	37.9	37–16	0.5–100	(8)
		30–14	0.5–100 15°C	(8)
		43–18	0.5–100 35°C	(8)

SODIUM m-CHLOROBENZOATE, 3ClC₆H₄CO₂Na

Ethanol [576]	38.0	37–18	0.5–100	(8)
		31–15	0.5–100 15°C	(8)
		44–20	0.5–100 35°C	(8)

SODIUM p-CHLOROBENZOATE, 4ClC₆H₄CO₂Na

Ethanol [576]	37.9	37–18	0.5–100	(8)
		30–16	0.5–100 15°C	(8)
		43–20	0.5–100 35°C	(8)

SODIUM 2,4-DINITROBENZOATE, (NO₂)₂C₆H₃CO₂Na

Acetamide [544]	25.63			94°C concn., 0.001–0.065 mole/kg
Ethanol [576]	39.2	38–21	0.5–100	(8)
		32–18	0.5–100 15°C	(8)
		46–24	0.5–100 35°C	(8)

SODIUM SALTS (Continued)

Solvent and ref.	Λ_0	Λ	Concentration eq/l $\times 10^4$	Comments
SODIUM 3,5-DINITROBENZOATE, $(NO_2)_2C_6H_3CO_2Na$				
Formamide [578]		61–14	6–1000	(5)
		47–10	6–100	15°C (9)
		75–18	6–100	at 35°C (5)
Methanol [488]	92.0	84–50	2–500	(9)
SODIUM m-HYDROXYBENZOATE, $3HOC_6H_4CO_2Na$				
Ethanol [576]	35.7	35–15	0.5–200	(10)
		29–14	0.5–200	15°C (10)
		41–17	0.5–200	35°C (10)
SODIUM p-HYDROXYBENZOATE, $4HOC_6H_4CO_2Na$				
Ethanol [576]	35.0	33–14	0.5–200	(9)
		27–12	0.5–200	15°C (9)
		39–14	0.5–200	35°C (9)
SODIUM o-NITROBENZOATE, $2NO_2C_6H_4CO_2Na$				
Acetamide [544]	27.09			94°C concn., 0.01–0.06 mole/kg
MEK [310]	119.5			Λ, 9.4–2.2 concn., (0.94–16) $\times 10^{-4}$ eq/l, (10) K_a, $2.28 \times 10_6$ a, 1.63 Å
Ethanol [576]	38.0	36–13	1–200	(8)
		30–12	1–200	15°C (8)
		43–15	1–200	35°C (8)
SODIUM m-NITROBENZOATE, $3NO_2C_6H_4CO_2Na$				
Ethanol [576]	37.3	36–16	1–200	(8)
		30–14	1–200	15°C (8)
		43–17	1–200	35°C (8)
SODIUM p-NITROBENZOATE, $4NO_2C_6H_4CO_2Na$				
Ethanol [576]	38.7	37–16	1–200	(8)
		31–14	1–200	15°C (8)
		44–19	1–200	35°C (8)

* See also: Sodium salicylate (*O*-hydroxybenzoate). Sodium 4-hydroxysalicylate (2,4-dihydroxybenzoate, β-resorcylate). Sodium 6-hydroxysalicylate (2,6-dihydroxybenzoate, γ-resorcylate).

III. ELECTRICAL CONDUCTANCE

SODIUM ACETATE TRIHYDRATE, $CH_3CO_2Na3H_2O$

Solvent and ref.	Λ_0	Λ	Concentration eq/l $\times 10^4$	Comments
Formamide [110]	21.75		25–2000 (12)	

SODIUM AMIDES

Sodium salt	Solvent & ref. no.	Λ_0	Concentration eq/l $\times 10^4$	Comments
Formamide HCONHNa	Formamide [395]	30.0	100–1000	K_d, 1234 Λ values shown graphically
Acetamide $CH_3CONHNa$	Acetamide [544]	35.44	400–1800	94°C concn., 0.04–0.18 mole/kg
Anilide NaNHPh	Ammonia [507]			−33.3°C, K_d 8.2 $\times 10^{-4}$ a, 3.1 Å
$NaNPh_2$	Ammonia [507]			−33.3°C K_d, 5.8 $\times 10^{-4}$ a, 6.7 Å
	— [233]	198.7		−33°C
$NaNH_2BPh_3$	Ammonia [507]			−33.3°C K_d, 0.015 a, 10.9 Å
	[233]	202.5		−33°C

SODIUM BENZENESULFONATE, $PhSO_3Na$

Solvent and ref.	Λ_0	Λ	Concentration eq/l $\times 10^4$	Comments
DMA [10]	56.82	55–44	2.0–53 (6)	λ_0^+, 25.8 λ_0^-, 31.0
DMSO [13]	30.6	30–26	2.8–67 (6)	λ_0^+, 13.8 λ_0^-, 16.8
Formamide [15]	20.46	19–16	30–1000 (5)	λ_0^+, 10.0 λ_0^-, 10.6
Formamide [171]	20.3			λ_0^+, 10.1 λ_0^-, 10.4 Λ_0 recal'd from earlier data
Formamide [233]	20.7			
— [578]		21–16	6–1000 (5)	
—[171]	20.3			λ_0^+, 10.1 λ_0^-, 10.4 recalc'd from [578]
— [578]		16–12	6–1000 15°C (5)	
		27–20	6–1000 35°C (5)	

SODIUM BUTYRATE, $CH_3(CH_2)_2CO_2Na$

Solvent and ref.	Λ_0	Λ	Concentration eq/l $\times 10^4$		Comments
Ethanol [576]	37.0	36–16	0.5–100		(8)
		30–14	0.5–100	15°C	(8)
		42–18	0.5–100	35°C	(8)

SODIUM CHLOROSULFONATE, $NaSO_3Cl$

Solvent and ref.	Comments
ClSA [396]	κ values only

SODIUM DICHLOROACETATE, Cl_2CHCO_2Na

Solvent and ref.	Λ_0	Λ	Concentration eq/l $\times 10^4$		Comments
Ethanol [576]	52	41–10	2–1000		(10)
— [576]	41.6	41–21	0.5–100		(8)
		34–18	0.5–100	15°C	(8)
		49–24	0.5–100	35°C	(8)
Methanol [488]	100.7	93–54	2–500		(4)

SODIUM DINONYLNAPHTHALENESULFONATE, NaDNNS

Solvent and ref.	Λ	Concentration N		Comments
EA [140]	0.036	0.018	35°C	

III. ELECTRICAL CONDUCTANCE

SODIUM DIPHENYLAMINOSULFONATE, $NaO_3SPhNHPh$

Solvent and ref.	Λ_0	Λ	Concentration eq/l × 10^4	Comments
NMA [108]	15.28	15.2–14.3	0.79–46	40°C (6)

SODIUM ETHYL CARBONATE $C_2H_5CO_3Na$

Solvent and ref.	Λ_0	Λ	Concentration eq/l × 10^4	Comments
Ethanol [470]	40.05	37–31	0.72–6.5	(10)

SODIUM FORMATE, HCO_2Na

Solvent and ref.	Λ_0	Λ	Concentration eq/l × 10^4	Comments
Ethanol [576]	40.7	40–20	0.5–100	(8)
		47–23	0.5–100	35°C (8)
Formamide [233]	25.1			
— [171]	25.3			λ_0^+, 10.1 λ_0^-, 15.3 recalc'd from [578]
— [578]		24–14	25–5000	(7)
		18–10	25–5000 at 15°C	(7)
		30–17	25–5000 at 35°C	(7)
Formic acid [233]	75.7			
FA [570]	70.92	63.9–57.4	250–802	(19) λ_0^+ 20.97 λ_0^-, 50.05

SODIUM B-IODOPROPIONATE, $ICH_2CH_2CO_2Na$

Solvent and ref.	Λ_0	Λ	Concentration eq/l × 10^4	Comments
Ethanol [576]	40.2	39–18	1–200	(8)
		32–15	1–200 15°C	(8)
		48–21	1–200 35°C	(8)

SODIUM MONOCHLOROACETATE, $ClCH_2CO_2Na$

Solvent and ref.	Λ_0	Λ	Concentration eq/l × 10^4		Comments
Ethanol [576]	39.5	38–15	1–200		(8)
		31–13	1–200	15°C	(8)
		45–16	1–200	35°C	(8)

SODIUM METHYLSULFONATE, CH_3SO_3Na

Solvent and ref.	Λ_0	Λ	Concentration eq/l × 10^4		Comments
DMSO [622]		32.7–30.8	10–24		(6)
		39.5–37.1	10–24	35°C	(6)
		46.8–43.9	10–24	45°C	(6)
		54.3–50.8	9–23	55°C	(6)

SODIUM NAPHTHALATES, $C_{10}H_7ONa$

Sodium salt	Solvent and ref.	Comments
α-Naphthalate	Ammonia [507]	−33.3°C K_d, 6.50 × 10^{-4} a, 2.91 Å
β-Naphthalate	Ammonia [507]	−33.3°C K_d, 8.08 × 10^{-4} a, 2.99 Å

SODIUM SALTS OF SUBSTITUTED NAPHTHOIC ACIDS IN ETHYL METHYL KETONE, MEK [310]

Sodium salt	Λ_0	Λ	Concentration eq/l × 10^4	Comments	K_a × 10^{-4}	a Å
8-Hydroxy-1-naphthoate	(116.4)	49–19	0.32–3.4	(8)	10.9	2.01
3-Hydroxy-2-naphthoate	(123.1)	54–15	0.21–4.4	(10)	14.5	1.96
2-Hydroxy-1-naphthoate	(121.4)	32–11	0.89–9.4	(9)	11.8	2.00
1-Hydroxy-2-naphthoate	(122.0)	33–12	1.1–10	(8)	10.4	2.02

III. ELECTRICAL CONDUCTANCE

SODIUM OXYISOBUTYRATE

Solvent and ref.	Λ_0	Λ	Concentration eq/l $\times 10^4$	Comments
Ethanol [576]	37.6	36–14	1–200	(8)
		30–12	1–200 15°C	(8)
		43–16	1–200 35°C	(8)

SODIUM SALTS OF PHENOLS*

Sodium salt	Solvent & ref. no.	Λ_0	Λ	Concentration eq/l $\times 10^4$	Comments
Phenate C_6H_5	Ammonia [507]				−33.3°C K_d, 3.82 × 10⁻⁴, a, 2.68 Å
	ED [404]	15.9			K_d, 1.85 × 10⁻⁴ quoted from earlier work
m-Nitrophenate $3(NO_2)C_6H_5ONa$	ED [404]	26.0			K_a, 6.63 × 10⁻⁴ quoted from earlier work
o-Toluate $2CH_3C_6H_4ONa$	Ethanol [576]	37.0	35–13	0.4–200	(9)
			30–11	0.4–200 15°C	(9)
			42–14	0.4–200 35°C	(9)
m-Toluate	Ethanol [576]	35.7	35–12	0.4–200	(9)
			29–11	0.4–200 15°C	(9)
			41–14	0.4–200 35°C	(9)
	Hydrazine [233]	58.1			0°C
p-Toluate $4CH_3C_6H_4ONa$	Ethanol [576]	35.6	34–12	0.25–200	(9)
			28–11	0.25–200 15°C	(9)
			40–14	0.25–200 35°C	(9)
Trinitro-m-cresolate $(CH_3)(NO_2)_3C_6H_5$	Ethanol [475]	44.0	42–33	0.45–18	(10) λ_0^-, 22.4
	Methanol [475]	92.7	91–81	0.22–18	(11) λ_0^-, 47.0
	— [233]		91		

* See also Sodium picrate.

SODIUM PHENYLACETATE, $C_6H_5CH_2CO_2Na$

Solvent and ref.	Λ_0	Λ	Concentration eq/l $\times 10^4$		Comments
Ethanol [576]	35.6	34–12	1–200		(8)
		28–11	1–200	15°C	(8)
		40–14	1–200	35°C	(8)

SODIUM PICRATE, $(NO_2)_3PhONa$, NaPi

Solvent and ref.	Λ_0	Λ	Concentration eq/l $\times 10^4$		Comments
Acetamide [544]	25.34		90–500	94°C	concn., 0.025–0.14 mole/kg
Acetone [507]					K_d, 1.35×10^{-3} a, 2.71 Å from [12]
— [12]	163.7	154–90	0.54–22		(6) λ_0^+, 78.4 K_d, 1.35×10^{-3}
ACN [75]	147.5	141–102	0.51–31		(14) λ_0^+, 69.8 λ_0^-, 77.7
Ammonia [74]					−33°C λ_0^+, 130 from earlier work
DMA [10]	57.25	56–51	1.1–32		(6)
DMF [37]	67.3	66–61	1.2–24		(6)
DMSO [13]	31.1	31–28	0.96–38		(6) λ_0^+, 13.8 λ_0^-, 17.3
Ethanol [470]	45.8	44–36	0.20–12		(11)
— [576]	51	43–18	2–250		(8)
— [576]		44–23	0.25–100		(9)
		36–20	0.25–100	15°C	(9)
		52–27	0.25–100	35°C	(9)
MEK [310]	125.66	112–79	0.51–4.6		(11) K_a, 2.19×10^3 a, 3.00 Å
— [471]	124	109–45	0.33–26		(14) λ_0^+, 56 λ_0^-, 67.9
HCN [486]	266.9	265–259	1.2–16	18°C	(9) λ_0^+ 132.4
— [469]	267.8			18°C	from [486]

III. ELECTRICAL CONDUCTANCE

SODIUM PICRATE, $(NO_2)_3PhONa, NaPi$ (Continued)

Solvent and ref.	Λ_0	Λ	Concentration eq/l × 10^4	Comments
Methanol [135]	92.03	87–81	4.2–21	(5)
	92.00	87–81	4.6–23	(5)
	92.06	87–81	4.5–22	(4)
	92.10	87–81	4.1–20	(5)
— [233]	91.4			λ_0^+, 47 λ_0^-, 45
NMA [19]	20.17		1–165	40°C λ_0^+, 8.2 λ_0^-, 11.8
NB [62]	32.0	24–4.7	0.14–16.4	(26)
— [507]				K_d, 2.8 × 10^{-5} a, 0.88 Å from [21]
— [21]	32.30	23–7.9	0.17–2.9	(6) λ_0^+, 16.3 K_d, 2.8 × 10^{-5}
— [268]	32.30			λ_0^+, 16.02 from [21]
Pyridine [64]	(57.75)	42–10	0.2–20	(17) λ_0^+, 27.45 λ_0^-, 30.3 λ_0^-, calc'd from Walden product
— [42]	60.5	47–15	0.16–7.1	(6) λ_0^+, 26.8 K_d, 4.3 × 10^{-5}
— [507]				K_d, 4.3 × 10^{-5} a, 3.45 Å from [42]

SODIUM PROPIONATE, $CH_3CH_2CO_2Na$

Solvent and ref.	Λ_0	Λ	Concentration eq/l × 10^4	Comments
Ethanol [576]	37.3	36–16	0.5–100	(8)
		30–15	0.5–100 15°C	(8)
		42–18	0.5–100 35°C	(8)

SODIUM SALTS OF RADICAL IONS

Solvent and ref.	Anion	Λ_0	Λ	Concn. eq/l × 10^6	Temp.	Exptl. Pts.	$K_d \times 10^6$	λ_0^-
THF [600]	Anthracene·⁻	125	56–6	13–8150	25°C	(7)	455	77
— [173]		120					4.3	75
		25.9			−75		26.4	
— [600]	Anthracene·⁻		15–3	4–206	25°C	(7)	20.1	
THF [600]	Biphenyl·⁻	125	105–5	0.5–1120	25°C	(7)	1.15	77
— [173]		133			25°C		0.98	88
		28.7			−75		35.5	
DME [173]	Biphenyl·⁻	159			25°C		4.6	
		40			−55		17.0	
— [703]	Biphenyl·⁻	110			25°C		5.5	
		21			−70°C		37	
THF [165]	Fluoroenyl·⁻	100			25°C		0.6	
		21.5			−70°C		48	
— [703]	Fluoroenyl·⁻	100			25°C		0.6	
		21.5					48	
THF [600]	Naphthalene·⁻	128	18–2	5–550	25°C	(7)	0.15	83
— [173]		27.5			−75°C		0.14	
							336.2	
DME [173]	Perylene·⁻	140			25°C		6.0	
		38.5			−55		18.8	

III. ELECTRICAL CONDUCTANCE

Compound	Solvent [ref]				Temp	(ref)		
Perylene·⁻	THF [600]	95	90-20	1-865	25°C	(7)	23.0	47
	— [173]	106			-65		15.5	61
		28.6					28.5	
Pyrene·⁻	THF [600]	128	121-14	2.5-1540	25°C	(6)	9.0	80
Terphenyl·⁻	THF [700]	91	60.9-41.6	0.08-0.32	25°C	(6)		
Tetracene·⁻	THF [600]	100	86.14	3-1600	25°C	(7)	15.0	52
Tetraphenyl-ethylene·⁻	THF [151]	86			20°C		100	
		17.5			-70		179	
Triphenylene·⁻	DME [173]	133			25°C		5.6	
		29.5			-65		15.0	
Triphenylene·⁻	THF [600]	110	60-7	4-1850	25°C		4.85	62
	— [173]	97.6			25°C		5.2	52
		21.0			-75°C		28.0	

Comments: Intermediate Λ_0 and K_d values at 10°C intervals are given in the original papers of references [151], [165], [703] and [173]. The Λ_0 values quoted by [151] and [173] are smoothed.

SODIUM SALTS OF SALICYLIC AND SALICYLIC ACID DERIVATIVES

Solvent and ref.	Λ_0	Λ	Concentration eq/l $\times 10^4$	Comments
\multicolumn{5}{c}{SODIUM SALICYLATE, $2HOC_6H_4CO_2Na$}					

Solvent and ref.	Λ_0	Λ	Concentration eq/l $\times 10^4$	Comments
Acetamide [544]	28.87			94°C concn. 0.004–0.14 mole/kg
Acetone [221]		121–34	0.051–7.2	(21) K_d, 2.76×10^{-5}
ACN [743]	147	111.6–29	2.3–58.7	(4) K_d, 2.4×10^{-4}
ACP [46]	27.04	9.7–3.0	0.61–7.1	(8) K_d, 1.01×10^{-5}
Ethanol [576]	44.5	36–9	2–100	(10); quoted from earlier work
— [576]	39.9	39–16	0.5–200	(10)
		32–14	0.5–200	15°C (10)
		46–18	0.5–200	35°C (10)
MEK [46]	126.8	30–9.8	0.64–7.3	(11) K_d, 4.35×10^{-6}
— [310]	(144.3)	26–8.0	0.79–9.9	(10) K_a, 3.38×10^5 a, 1.84 Å
	(133.3)	20–7.3	1.3–11	15°C; K_a, 3.33×10^5 a, 1.81 Å
	(178.4)	27–8.7	0.81–10.1	35°C K_a, 4.33×10^5 a, 1.90 Å
Formamide [233]	20.6			
— [578]		22–13	6–2500	(6)
		17–10	6–2500	15°C (6)
		27–16	6–2500	35°C (6)
Methanol [488]	98.4	91–52	2.0–500	(9)

SODIUM ACETYLSALICYLATE, $CH_3COC_6H_3(OH)CO_2Na$

Solvent and ref.	Λ_0	Λ	Concentration eq/l $\times 10^4$	Comments
Ethanol [576]	39.9	39–16	0.4–200	(9)
		33–14	0.4–200	15°C (9)
		47–18	0.4–200	35°C (9)

III. ELECTRICAL CONDUCTANCE

SODIUM SALTS OF SALICYLIC AND SALICYLIC ACID DERIVATIVES
(Continued)

Solvent and ref.	Λ_0	Λ	Concentration eq/l $\times 10^4$		Comments	

SODIUM HYDROXYSALICYLATES, $(OH)_2PhCO_2Na$ IN ETHYL METHYL KETONE, MEK, [310]

* Sodium 4-Hydroxysalicylate, $2,4(HO)_2C_6H_3CO_2Na$.

| | (103.4) | 21.6.7 | 0.46–5.7 | (10) | 40.5 | 1.82 |

† Sodium 6-Hydroxysalicylate $2,6(HO_2)C_6H_3CO_2Na$.

| | 133.6 | 67.27 | 1.2–11 | (8) | 1.83 | 2.35 |

SODIUM IODOSALICYLATE, $IC_6H_3(OH)CO_2Na$

Ethanol [576]	39.2	38–20	0.5–200		(10)
		31–18	0.5–200	15°C	(10)
		45–23	0.5–200	35°C	(10)

SODIUM SULPHO SALICYLATE, $HSO_3C_6H_3(OH)CO_2Na$

Ethanol [576]	40.9	34–13	2–250	(8)	from earlier work
— [576]		37–14	0.5–200		(10)
		31–12	0.5–200	15°C	(10)
		44–16	0.5–200	35°C	(10)

* 2,4-Dihydroxybenzoate or β resorcylate.
† 2,6-Dihydroxybenzoate or ν resorcylate.

SODIUM SUCCINATE, $NaO_2CCH_2CH_2CO_2Na$

Solvent and ref.	Λ molar	Concn. molar/ $\times 10^4$	Comments	
Formamide [578]	44–29	6–1000		(5)
	35–22	6–1000	15°C	(5)
	55–36	6–1000	35°C	(5)

SODIUM TARTRATE, $NaO_2C(CHOH)_2CO_2Na$

Solvent and ref.	Λ_0
Formamide [233]	26.2

DISODIUM TETRAPHENYLETHYLENE

Solvent and ref.	Λ_0	T	$K_d \times 10^6$
THF [151]	100	20°C	0.83
	90	10	1.23
	77	0	2.1
	68	−10	3.15
	59	−20	4.5
	50	−30	7.15
	42	−40	8.7
	36	−50	11.8
	27	−60	13.9
	22	−70	13.8

SODIUM THIOLS

Sodium salt	Solvent and ref.	Λ_0	Comments
Thiophenolate PhSNa	Ammonia [507]		−33.3°C K_d, 3.6 × 10^{-3} a, 4.95 Å
	— [233]	219.6	−33°C, λ_0^-, 130
Ethyl Sulfide EtSNa	Ammonia [507]		−33.3°C; K_d, 2.25 × 10^{-3} a, 3.94 Å
	— [233]	201.8	−33°C λ_0^-, (112)

SODIUM p-TOLUENESULFONATE, $4(CH_3)PhSO_3Na$

Solvent and ref.	Λ_0	Λ	Concentration eq/l × 10^4	Comments
ED [404]	53.8	44–13	0.34–18	(13) K_d, 1.52 × 10^{-4}

SODIUM TRICHLOROACETATE Cl$_3$CCO$_2$Na

Solvent and ref.	Λ_0	Λ	Concentration eq/l × 10^4	Comments	
Ethanol [233]	34.3			λ_0^-, 18	
— [576]	46	39–11	2–1000		(10)
— [576]	41.6	40–22	0.5–100		(8)
		34–19	0.5–100	15°C	(8)
		48–25	0.5–100	35°C	(8)
Methanol [489]	96.2	88–44	3.9–1100		(34)

SODIUM TRIFLUOROMETHYLSULFONATE, CF$_3$SO$_3$Na

Solvent and ref.	Λ_0	Λ	Concentration eq/l × 10^4	Comments
DMS [551]	43.96	31–9	120–2400	30°C (4) K_d, 1.95 × 10^{-2}
	50.00	34–10	115–2400	45°C (4) K_d, 1.78 × 10^{-2}
	66.23	40–11	113–2300	60°C (4) K_d, 1.10 × 10^{-3}
	112.36	43–13	110–2275	80°C (4) K_d, 3.76 × 10^{-3}
DMSO [622]	36.82	35–19	11–4170	(12) a, 3.20 Å
	44.39	42–23	11–4130	35°C (12) a, 1.80 Å
	52.32	50–27	11–4100	45°C (12) a, 2.37 Å
	60.71	58–37	11–4060	55°C (12) a, 3.89 Å

SODIUM VALERATE CH$_3$(CH$_2$)$_3$CO$_2$Na

Solvent and ref.	Λ_0	Λ	Concentration eq/l × 10^4	Comments
Methanol [233]	82			

SODIUM TRICHLOROBUTYRATE

Solvent and ref.	Λ_0	Λ	Concentration eq/l × 10^4	Comments
Methanol [489]	95.1	86–43	3.9–1000	

POTASSIUM ACETATE, CH_3CO_2K

Solvent and ref.	Λ_0	Λ	Concentration eq/l × 10^4	Comments
NMA [638]	18.2	18.0–17.3	42–4225	40°C (10) Λ-$c^{1/2}$ plots

POTASSIUM AMIDES

Potassium salt	Solvent and ref.	Λ_0	Concn. eq/l × 10^4	Comments
Formamide HCONHK	Formamide [395]	34.0	100–1000	K_d, 1481 Λ values shown graphically
Acetamide CH_3CONHK	Acetamide [544]	38.79		94°C concn., 0.05–0.25 mole/kg
$KNPh_2$	Ammonia [507]			−33.3°C K_d, λ_0^-, (109) 5.05 × 10^{-3} a, 6.0 Å
	— [233]		230	−33°C λ_0^-, (109)
KNH_2BPh_3	Ammonia [507]			−33.3°C K_d, 1.3 × 10^{-2} a, 10.4 Å
	— [233]		155	−33°C

POTASSIUM SALTS OF BENZOIC ACID AND ITS DERIVATIVES*

Potassium salt	Solvent and ref.	Λ_0	Λ	Concn. eq/l $\times 10^4$	Comments
Benzoate PhCO$_2$K	ED [404]	23.5	19–6	0.12–18	(10) K_d, 4.2 $\times 10^{-5}$
o-Chlorobenzoate 2(Cl)PhCO$_2$K	Methanol [240]	182.7			
o-Nitrobenzoate 2(NO$_2$)PhCO$_3$K	MEK [310]	120.5	0.27–0.92	51–31	(3) K_a, 1.24 $\times 10^{-5}$ a, 1.99 Å

* See also Potassium salicylate (2-hydroxybenzoate). Potassium 4-hydroxysalicylate (2,4-dihydroxybenzoate, or β-resorcylate). Potassium 6-hydroxysalicylate (2,6-dihydroxybenzoate, or γ-resorcylate).

POTASSIUM CHLOROSULFONATE, KSO$_3$Cl

Solvent and ref.	Comments
ClSA [396]	κ values only

POTASSIUM FORMATE, HCO$_2$K

Solvent and ref.	Λ_0
Formic Acid [233]	79.6

POTASSIUM FLUORENYL

Solvent and ref.	Λ_0	Comments
DME [703]	110	(6) Λ_0 v. temp, K_d v. temp, Λ v. $c^{1/2}$, plots
THF [703]	100	K_d, 1.6 $\times 10^7$ Λ_0 v. temp, K_d v. temp, Λ v. $c^{1/2}$, plots recalc'd. from [165]

POTASSIUM HYDROXYSALICYLATES $(OH)_2PhCO_2K$ IN ETHYL METHYL KETONE, MEK, [310]

Potassium salt	Λ_0	Λ	Concn. eq/l $\times 10^4$	Comments $K_a \times 10^{-3}$	a Å
4-Hydroxy*	104.4	46–25	0.76–3.6	(5) 39.3	2.19
6-Hydroxy†	139.4	92–45	1.6–16	(10) 4.97	2.70

* 2,4-dihydroxybenzoic acid or β-resorcylic acid.
† 2,6-dihydroxybenzoic acid or γ-resorcylic acid.

POTASSIUM METHACRYLATE

Solvent and ref.	Comments
DMF [305]	graphical representation of results

POTASSIUM SALTS OF SUBSTITUTED NAPHTHOIC ACIDS IN ETHYL METHYL KETONE, MEK [310]

Potassium salt	Λ_0	Λ	Concn. eq/l $\times 10^4$	Comments $K_a \times 10^{-4}$	a Å
8-Hydroxy-1-naphthoate	117.4	90–59	0.27–1.5	(6) 1.43	2.4
3-Hydroxy-2-naphthoate	124.1	55–38	1.5–4.0	(8) 1.95	2.39
2-Hydroxy-1-naphthoate	122.4	79–32	0.48–7.6	(10) 1.65	2.38
1-Hydroxy-2-naphthoate	123.0	87–59	0.42–1.8	(4) 1.34	2.43

POTASSIUM n-OCTADECYCLSULFATE, $CH_3(CH_2)_{16}CH_2SO_4K$

Solvent and ref.	Λ_0	Λ	Concentration eq/l $\times 10^4$	Comments
DMSO [13]	24.5	24.1–23.1	0.30–9.6	(5) λ_0^+, 14.4 λ_0^-, 10.0
Methanol [69]	83.04	80–76	1.1–8.0	(12) λ_0^+, 50.2 λ_0^-, 32.9 K_d, 3.0 $\times 10^{-2}$
NMA [19]	15.45		1–165	40°C λ_0^+, 8.4 λ_0^-, 7.1

III. ELECTRICAL CONDUCTANCE

POTASSIUM SALTS OF PHENOLS IN ETHYLENEDIAMINE, ED, [404]*

Solvent and ref.	Λ_0	Λ	Concentration eq/l $\times 10^4$	Comments
Phenate PhOK	5.40	4.30–1.8	0.34–6.2	(9) K_d, 2.24×10^{-4}
m Nitrophenate 3 (NO_2)PhOK	26.0	23–11	0.34–18	(13) K_d, 3.31×10^{-4}

* See also potassium picrate $(NO_3)_3$PhOK.

POTASSIUM PICRATE, $(NO_2)_3$PhOK, KPi

Solvent and ref.	Λ_0	Λ	Concentration eq/l $\times 10^4$	Comments
Acetone [12]	165.9	162–112	0.28–23	(6) λ_0^+, 80.6 K_d, 3.43×10^{-3}
— [507]				K_d, 3.43×10^{-3} a, 3.3 Å from [12]
ACN [75]	163.7	159–141	0.56–14	(7) λ_0^+, 85.9 λ_0^-, 77.7
Ammonia [74]				−33°C λ_0^+, 162 from earlier work
DMA [10]	56.75	56–51	1.1–33	(6)
DMF [37]	68.5	67–61	1.5–35	(7)
— [206]	68.7		1–100	variation of Λ_0 with pressure (1–1765 atms)
— [195]	68.5			review quoting [37]
— [135]	77.7			35°C P range, 1–1949 atm.
	86.9			45°C P range, 1–1932 atm.
	96.5			55°C P range, 1–1916 atm.
	106.6			65°C P range, 1–1895 atm.
DMSO [13]	31.7		0.47–30	(6) λ_0^+, 14.4 λ_0^-, 17.3
— [195]	31.5			review article

POTASSIUM PICRATE, $(NO_2)_3PhOK$, KPi (Continued)

Solvent and ref.	Λ_0	Λ	Concentration eq/l $\times 10^4$	Comments
— [200]	31.3			20°C $\Lambda - c^{1/2}$ given
	43.6			40°C
	57.7			60°C graphically
	72.2			80°C
MEK [471]	133	122–82	0.43–11	(7) λ_0^+, 65 λ_0^-, 67.9
— [310]	131.7	115–81	1.4–13	(10) K_a, 846 a, 3.49 Å
Methanol [135]	99.22	93–86	4.5–22	(5) K_a, 15.4
	99.27	93–85	5.1–26	(5) K_a, 12.3
	99.28	94–87	4.1–21	(5) K_a, 12.8
	99.28	93–86	4.7–23	(5) K_a, 11.5
	99.28	91–82	8.5–43	(9) K_a, 9.9
— [69]	99.31	97–85	0.92–27	(8) λ_0^+, 50.2 λ_0^-, 49.2, K_d, 0.048
NMA [19]	20.18		1–165	40°C λ_0^+, 8.4 λ_0^-, 11.8
NB [21]	33.81	32.7–29.9	0.19–0.91	(6) λ_0^+, 17.8 K_d, 6.86×10^{-4}
— [62]	34.0	32–26	0.084–2.7	(11)
— [507]				K_d, 6.86×10^{-4} a, 1.15 Å from [21]
— [268]	33.81			λ_0^+, 17.53 from [21]
Pyridine [42]	65.7	56–29	0.19–3.9	(5) λ_0^+, 32.0, K_d, 1.0×10^{-4}
— [507]				K_d, 1.0×10^{-4} a, 3.84 Å
— [64]	60.5	50–20	0.31–10	(14) λ_0^+, 30.2 λ_0^-, 30.3 λ_0^-, calcd. from Walden product

POTASSIUM SALICYLATE, 2(OH)PhCO$_2$K

Solvent and ref.	Λ_0	Λ	Concentration eq/l $\times$ 10^4	Comments
Acetone [221]		133–64	0.41–11	(12) K_d, 2 $\times$ 10^{-4}
ACP [46]	27.62	22–11	0.43–6.4	(10) K_d, 1.90 $\times$ 10^{-4}
MEK [46]	129.9	82–24	0.32–9.5	(11) K_d, 3.49 $\times$ 10^{-5}
— [310]	145.3	57–21	1.04–13	(11) K_a, 3.96 $\times$ 10^4 a, 2.19 Å
— [310]	134.2	47–19	1.5–13	15°C (8) K_a, 3.68 $\times$ 10^{-4} a, 2.15 Å
— [310]	179.4	52–20	1.6–16	35°C (10) K_a, 5.27 $\times$ 10^4 a, 2.24 Å

POTASSIUM p-TOLUENESULFONATE, 4(CH$_3$)C$_6$H$_5$SO$_3$K

Solvent and ref.	Λ_0	Λ	Concentration eq/l $\times$ 10^4	Comments
ED [404]	58.0	44–14	0.34–11	(11) K_d, 9.3 $\times$ 10^{-5}

POTASSIUM TRIFLUOROACETATE, CF$_3$CO$_2$K

Solvent and ref.	Λ_0	Λ	Concentration eq/l $\times$ 10^4	Comments
Trifluoroacetic Acid [713]	29.4	16.9–1.52	0.31–1140.0 (15)	

POTASSIUM VALERATE CH$_3$(CH$_2$)$_3$CO$_2$Na

Solvent and ref.	Λ_0
Methanol [233]	89

CESIUM DINONYLNAPHTHALENESULFONATE

Solvent and ref.	Λ_0	Comments
Acetone [140]	145	35°C λ_0^-, 61 K_d, 2.4 × 10^{-4} $\Lambda - c^{1/2}$ given graphically
Ethanol [140]	48–49	35°C $\Lambda - c^{1/2}$ given graphically
Methanol [140]	91	35°C K_d, 0.17 $\Lambda - c^{1/2}$ given graphically
NM [140]	74	35°C $\Lambda - c^{1/2}$ given graphically

Note: Graphical presentation of data also given in [140] for the following solvents: ψ': Amyl alcohol, methyl isobutyl ketone, and nitropropane.

CESIUM FORMATE

Solvent and ref.	Λ_0
Formic acid [233]	75.2

CESIUM FLUORENYL

Solvent and ref.	Λ_0	Λ	Comments
DME [703]	110		Λ_0 v. temp, K_d v. temp, plots recalc'd. from [165]
THF [165]	120	1.38	
	26.5	5.47	−70°C
	33.2	4.90	−60
	41.2	4.13	−50
	48.8	3.66	−40
	57.9	3.19	−30
	67.1	2.81	−20
	77.6	2.46	−10
	88.4	2.11	0
	100	1.81	10
	113.5	1.53	20
— [703]	120		K_d, 0.14 × 10^7 Λ_0, v. temp, plots; recalc'd. from [165]

III. ELECTRICAL CONDUCTANCE

CESIUM PICRATE, $(NO_2)_3$ PhOCs

Solvent and ref.	Λ_0	Λ	Concentration eq/l $\times 10^4$	Comments
HCN [155]	316.5	308–290	9.8–91	(3)
— [155]	297.6	287–276	17–92	18°C (4)

(g) Ammonium and Alkali Metal Complex Salts

AMMONIUM HEXAFLUOROPHOSPHATE, NH_4PF_6

Solvent and ref.	Concn. molar	Comments
DMSO [196]	approx. 1.5	−12°C κ values only review article
		23.2°C κ values only
		35.2°C κ values only
	approx. 0.24	27.2°C κ values only

LITHIUM HEXAFLUOROARSANATE, $LiAsF_6$

Solvent and ref.	Λ_0	Λ	Concentration eq/l × 10^4	Comments
MF [621]	20.6–39.6		3–22700 (8)	Λ_{min} at 0.01 molar of 12.4

LITHIUM TETRAHYDROALUMINATE, $LiAlH_4$

Solvent and ref.	Λ_0	Λ	Concentration eq/l × 10^4	Comments
Diglyme [693]			3000–9200 (3)	graphs of $\kappa - c$
Ether [693]				graphs of $\kappa - c$
THF [302]			4000–12100 (4)	
— [693]				graphs of $\kappa - c$

III. ELECTRICAL CONDUCTANCE

LITHIUM TETRACHLOROALUMINATE, LiAlCl$_4$

Solvent and ref.	Λ_0	Λ	Concentration eq/l $\times$ 10^4		Comments
γBL [670]			1–1000	(10)	Λ is given graphically
PC [670]			1–1000	(10)	Λ is given graphically

SODIUM TETRAHYDROALUMINATE, NaAlH$_4$

Solvent and ref.	Λ_0	Λ	Concentration eq/l $\times$ 10^4		Comments
Diglyme [693]					50°C $\kappa - c$, shown graphically
THF [693]			3000–9300	(2)	$\kappa - c$, shown graphically

SODIUM TETRAETHYLALUMINATE, NaAl(C$_2$H$_5$)$_4$

Solvent and ref.	Λ_0	Λ	Concentration eq/l $\times$ 10^4		Comments
Diethylether [276]		3–0.12	10–2303	(12)	
1,2-Dimethoxyethane [276]		22–2	0.31–1466	(32)	
Pyridine [276]		22–0.54	4–0.54	(12)	
Tetrahydrofuran [276]		17–1	4–270	(14)	

SODIUM TETRA-n-BUTYLALUMINATE, NaAl(n-C$_4$H$_9$)$_4$

Solvent and ref.	Λ_0	Λ	Concentration eq/l $\times$ 10^4		Comments
Cyclohexane [272]		1–<4 × 10^{-5}	1400–4000	(5)	

SODIUM TETRAFLUOROBORATE, $NaBF_4$

Solvent and ref.	Λ_0	Λ	Concentration eq/l × 10^4	Comments
Propylene carbonate [677]		21.8	93.5	concentration in molal

SODIUM HEXAFLUOROANTIMONATE, $NaSbF_6$

Solvent and ref.	Λ_0	Λ	Concentration eq/l × 10^4	Comments
Hydrogen Fluoride [632]	313	278–193	(11)	$-15°C$ λ_0^+, 102 $0°C$ λ_0^+, 79 $20°C$ λ_0^+, 67

SODIUM TETRAPHENYLBORATE, $NaB(C_6H_5)_4$

Solvent and ref.	Λ_0	Λ	Concentration eq/l × 10^4	Comments
ACN [188]	135.4	127.5–115	5.4–53	(8)
	135.4	128–116		(8)
ADN [178]	9.17	8.7–8.0	4.5–35	(5) λ_0^+, 5.38 λ_0^-, 3.79
	9.15	8.6–8.0	5.1–35	a, 5.2Å
DME [599]	102.0			K_d, 5.46 × 10^5
	13.8			$-75°C$ λ_0^+, 55.7 K_d, 16.7 × 10^5
	16.4			$-70°C$ K_d, 15.6 × 10^5
	23.0			$-60°C$ λ_0^+, 12.6 K_d, 15.8 × 10^5
	30.4			$-50°C$ λ_0^+, 16.9 K_d, 13.3 × 10^5
	38.3			$-40°C$ λ_0^+, 21.4 K_d, 11.91 × 10^5
	47.1			$-30°C$ λ_0^+, 26.5 K_d, 10.00 × 10^5
	56.0			$-20°C$ λ_0^+, 31.6 K_d, 9.08 × 10^5

SODIUM TETRAPHENYLBORATE, $NaB(C_6H_5)_4$ (Continued)

Solvent and ref.	Λ_0	Λ	Concentration eq/l × 10^4	Comments
	66.3			$-10°C$ λ_0^+, 36.9 K_d, 7.70 × 10^5
	76.3			$0°C$ λ_0^+, 42.8 K_d, 6.76 × 10^5
	87.0			$10°C$ λ_0^+, 48.2 K_d, 5.95 × 10^5
DMSO 552	42.48			λ_0^+, 13.5 λ_0^-, 11.0
DMSO [622]	25.39	23.8–20.7	12–117	(8) a, 4.07 Å
	30.81	28.8–25.5	12–116	35°C (8) a, 3.03 Å
	36.68	34.1–29.5	12–115	45°C (8) a, 1.97 Å
	43.10	40.2–34.4	12–114	55°C (8) a, 2.57 Å
MEK [310]	109.58	104–96	0.90–7.0	(10)
HMPT [552]	11.97			λ_0^+, 5.9 λ_0^-, 6.1
Methanol [109]	81.76	77.5–73.2	3.9–20	(13) λ_0^-, 36.54
NM2Py [189]	26.79	25.7–23.8	2.1–21	(6)
	26.83	26.0–24.1	1.2–18	(6)
MeTHF [799]	80			K_d, 1.2 × 10^5
	18			$-65°C$ K_d, 7.0 × 10^5
	23			$-55°C$ K_d, 6.3 × 10^5
	28			$-45°C$ K_d, 5.6 × 10^5
	34			$-35°C$ K_d, 5.0 × 10^5
	40			$-25°C$ K_d, 4.0 × 10^5
	47			$-15°C$ K_d, 3.5 × 10^5
	55			$-5°C$ K_d, 2.7 × 10^5
	63			$5°C$ K_d, 2.1 × 10^5
	71			$15°C$ K_d, 1.6 × 10^5
THF [152]	88.5			(14) λ_0^+, 48.2 K_d, 8.52 × 10^{-5}
— [548]	87.7			K_d, 8.10 × 10^{-5} a, 6.33 Å
	23.9			$-60.1°C$ K_d, 1.45 × 10^{-4}
	34.6			$-41.9°C$ K_d, 1.28 × 10^{-4}
	50.1			$-20.0°C$ K_d, 1.11 × 10^{-4}
	64.4			$-1.50°C$ K_d, 1.04 × 10^{-4}
	106			$45.23°C$ K_d, 6.88 × 10^{-5}

SODIUM TETRAPHENYLBORATE, $NaB(C_6H_5)_4$ (Continued)

Solvent and ref.	Λ_0	Λ	Concentration eq/l $\times 10^4$	Comments
— [599]	86.2			λ_0^+, 45.2 K_d, 8.82 $\times 10^5$
	18.5			$-70°C$ λ_0^+, 9.35 K_d, 15.3 $\times 10^5$
	23.1			$-60°C$ λ_0^+, 11.7 K_d, 16.5 $\times 10^5$
	28.8			$-50°C$ λ_0^+, 14.8 K_d, 15.1 $\times 10^5$
	34.4			$-40°C$ λ_0^+, 17.6 K_d, 14.2 $\times 10^5$
	40.8			$-30°C$ λ_0^+, 20.8 K_d, 14.1 $\times 10^5$
	47.5			$-20°C$ λ_0^+, 24.2 K_d, 14.0 $\times 10^5$
THF 599	55.1			$-10°C$ λ_0^+, 28.2 K_d, 12.9 $\times 10^5$
	62.9			$-0°C$ λ_0^+, 32.2 K_d, 12.0 $\times 10^5$
	71.6			$10°C$ λ_0^+, 37.1 K_d, 10.7 $\times 10^5$

POTASSIUM TETRAFLUOROBORATE, KBF_4

Solvent and ref.	Λ_0	Λ	Concentration eq/l $\times 10^4$	Comments
Propylene Carbonate [677]		19	120	concentration in molal

POTASSIUM HEXAFLUOROPHOSPHATE, KPF_6

Solvent and ref.	Λ_0	Λ	Concentration eq/l $\times 10^4$	Comments
DMSO [196]			sat'd	$-12°C$ κ values only
			sat'd	$23.2°C$ κ values only
			sat'd	$35.2°C$ κ values only
Sulfolane [299]	9.995	9.8–8.99	1.8–161	$30°C$ (19) K_a, 4.6 a, 5Å

III. ELECTRICAL CONDUCTANCE

POTASSIUM HEXACYANOCOBALTATE (III)

Solvent and ref.	Λ_0	Λ	Concentration eq/l $\times$ 10^4	Comments
Formamide [162]	33.19	32–30	2–26	(7) a, 7.2Å

POTASSIUM HEXACYANOFERRATE (III), $K_3Fe(CN)_6$

Solvent and ref.	Λ_0	Λ	Concentration eq/l $\times$ 10^4	Comments
Formamide [162]	33.07	32–30	3–26	(7) a, 7.3Å

POTASSIUM TETRAPHENYLBORATE, $KB(C_6H_5)_4$

Solvent and ref.	Λ_0	Λ	Concentration eq/l $\times$ 10^4	Comments
ACN [188]	141.79	132–123	9.8–43	(7)
	141.84	134–125	5.1–36	(7)
MEK [310]	110.58	102–93	2.3–10	(11)
Methanol [109]	88.82	84.9–80.2	2.9–16	(19) λ_0^-, 36.44
THF [152]	90.1	90.45	0.004–0.8	(11) λ_0^+, 49.8 K_d, 3.22 $\times$ 10^{-5}
— [548]	97.2			K_d, 2.40 $\times$ 10^{-5} a, 5.45Å
	27.4			−60.4°C K_d, 6.85 $\times$ 10^{-5}
	39.1			−41.4°C K_d, 6.30 $\times$ 10^{-5}
	61.7			−11.5°C K_d, 4.85 $\times$ 10^{-5}
	71.2			−0.55°C K_d, 4.09 $\times$ 10^{-5}
	114			42.26°C K_d, 1.78 $\times$ 10^{-5}

POTASSIUM TRIOXALATOFERRATE, $K_3[Fe(C_2O_4)_3] \cdot 3H_2O$

Solvent and ref.	Λ_0	Λ	Concentration eq/l $\times$ 10^4	Comments
NMA [108]	23.93	23.5–20.8	1.9–88	(7)

POTASSIUM TRIIODIDE, KI_3

Solvent and ref.	Λ_0	Λ	Concentration eq/l × 10^4	Comments
Acetonitrile [806]	130	92–62	0.5–1.5 (9)	
DMF [806]	57	39–13	0.9–8.8 (11)	
Iodine [806]		81–49	0.52–49	140°C (10) Λ_{max} of .183 at 1.4×10^{-1} molar
Methanol [806]	104	78–30	0.9–7.6 (10)	

RUBIDIUM TETRAPHENYLBORATE, $RbB(C_6H_5)_4$

Solvent and ref.	Λ_0	Λ	Concentration eq/l × 10^4	Comments
ACN [188]	143.86	138–128	3.1–28 (8)	
	143.72	137–126	3.8–35 (8)	

CESIUM DIBROMOIODIDE, $CsIBr_2$

Solvent and ref.	Λ_0	Λ	Concentration eq/l × 10^4	Comments
ACN [715]	187.1	183.7–156.2	0.5–100 (5)	$\Lambda - c^{1/2}$ plot

III. ELECTRICAL CONDUCTANCE

CESIUM TETRAPHENYLBORIDE, $CsB(C_6H_5)_4$

Solvent and ref.	Λ_0	Λ	Concentration eq/l $\times 10^4$	Comments
ACN [188]	145.38	138–124	4.7–38	(8)
	145.31	138–124	4.3–37	(8)
DME [599]	100			λ_0^+ 53.7
	16.7			$-70°C$ λ_0^+, 9.0
	23.1			$-60°C$ λ_0^+, 12.7
	30.1			$-50°C$ λ_0^+, 16.5
	37.6			$-40°C$ λ_0^+, 20.7
	45.5			$-30°C$ λ_0^+, 24.9
	54.2			$-20°C$ λ_0^+, 29.8
	64.1			$-10°C$ λ_0^+, 34.7
	74.0			$0°C$ λ_0^+, 40.5
	84.7			$10°C$ λ_0^+ 45.9
THF [152]	108.7	80–11	0.0093–2.00	λ_0^+, 68.4 K_d, 1.87×10^{-6}
— [599]	120.0			λ_0^+, 79.0
	25.0			$-70°C$ λ_0^+, 15.9
	33.9			$-60°C$ λ_0^+, 22.5
	40.0			$-50°C$ λ_0^+, 26.0
	48.8			$-40°C$ λ_0^+, 32.0
	57.8			$-30°C$ λ_0^+, 37.8
	66.7			$-20°C$ λ_0^+, 43.4
	76.9			$-10°C$ λ_0^+, 50.0
	88.6			$0°C$ λ_0^+, 58.0
	100.0			$10°C$ λ_0^+, 65.5

2. DATA BY SOLVENT

ACETAMIDE

(a)

HCl	[438] [446] [544]
HBr	[446] [544]
HNO$_3$	[544]
HClO$_4$	[544]

(b)

Benzoic acid	[544]
o-Nitrobenzoic acid	[544]
2,4-Dinitrobenzoic acid	[544]
HPi	[544]
Salicylic acid	[544]
p-Toluenesulfonic acid	[544]

(d)

KI	[438] [544]

(f)

Na acetamide	[544]
Na benzoate	[544]
[1]Na o-nitrobenzoate	[544]
[1]Na 2,4-dinitrobenzoate	[544]
Na salicylate	[544]
K acetamide	[544]

[1] See under Sodium Salts of Benzoic Acid.

ACETIC ACID

(a)

HCl	[453]
HBr	[453]

(d)

KCl	[713]

III. ELECTRICAL CONDUCTANCE

ACETIC ANHYDRIDE

(a)

	H$_2$SO$_4$	[791]
	HSO$_3$Fl	[791]
	HSO$_3$Cl	[791]

See under Sulfuric Acid.

(b)

Trichloroacetic acid   [791]

See under Acetic Acid.

ACETONE

(a)

HCl	[446] [453]
HClO$_4$	[266]

(b)

ACETIC ACIDS

Monochloroacetic acid	[66]
Dichloroacetic acid	[66]
Trichloroacetic acid	[66]
Cyanoacetic acid	[66]
Glycollic acid	[66]
HPi	[771]

(c)

NH$_4$Br	[497]
NH$_4$I	[221] [497]

(d)

LiCl	[166] [221]	NaI	[197] [221] [233] [266] [497]
LiBr	[166] [497]	KCl	[405]
LiI	[166] [497] [788]	KBr	[497]
NaBr	[497]	KI	[12] [166] [197] [221] [236] [497]

(e)

NH$_4$NCS	[497]
LiNCS	[497]
NaNCS	[497]
KCNS	[9] [12] [497]

ACETONE (Continued)

(f)

NH₄Pi	[11]
LiPi	[12] [74] [471] [507]
Li p-toluenesulfonate	[166]
NaPi	[12] [74] [507]
Na salicylate	[221]
KPi	[12] [74] [507]
K salicylate	[221]
Cs dinonylnaphthalenesulfonate	[140]

ACETONITRILE, ACN

(a)

HCl	[67] [288] [444] [451] [453] [572]	HClO₄	[266]
HBr	[67] [288] [444] [451] [453]	CH₃CN·2HCl	[445]
HI	[67] [288] [444] [451]	CH₃CN·2HBr	[445]

(b)

2,4,6-Trinitrobenzoic acid	[268]
HPi	[268] [771]
1,2-cycloPropanedicarboxylic acid	[268]
Salicylic acid	[268]
2,6-Dihydroxybenzoic acid	[268]

(d)

LiI	[868]
NaI	[197] [266] [868]
KI	[75] [197] [233] [260] [289] [291] [868]

(e)

LiNO₃	[732]	KCNS	[326] [763]
LiClO₄	[90] [357] [372] [544]	RbClO₄	[90] [188] [357] [554]
NaClO₄	[90] [188] [357] [430] [554]	CsClO₄	[90] [188] [554]
KClO₄	[90] [188] [357] [430] [554]		

(f)

LiPi	[75]
NaPi	[75]
Na Salicylate	[743]
KPi	[75]

(g)

NaBPh₄	[188] [554]	RbBPh₄	[188] [554]
KBPh₄	[188] [554]	CsBr₂I	[715]
KI₃	[806]	CsBPh₄	[188] [554]

ACETOPHENONE, ACP

(b)
HPi [771]

(d)
LiI	[46] [868]
NaI	[46] [197]
KI	[46] [197]

(f)
Li salicylate	[46]
Na salicylate	[46]
K salicylate	[46]

ADIPONITRILE, ADN

(a)
HCl [572]

(d)
NaI	[178]
KI	[178]

(e)
$NaClO_4$	[178]
KNCS	[178]

(g)
$NaBPh_4$ [178]

AMMONIA

(a)
HCl	[233]
HNO_3	[233]

(c)
NH_4Cl	[482]
NH_4Br	[482]
NH_4I	[482]

AMMONIA (Continued)

(d)

NaCl	[233] [482] [497]	KCl	[43] [77] [482]
NaBr	[43] [77] [233] [482] [497]	KBr	[43] [77] [482]
NaI	[160] [197] [233] [482] [497]	KI	[43] [71] [197] [233] [482]

(e)

NH_4NO_3	[482]	$NaNO_3$	[233] [482] [497] [500]
$LiNH_2$	[482]	KNH_2	[3] [233] [482] [497] [507]
$LiNO_3$	[233] [482] [500]	KNO_3	[482] [500]
$NaNH_2$	[50] [482]	$RbNO_3$	[500]
$NaBrO_3$	[3] [482]	$CsNO_3$	[500]

(f)

LiPi	[74]	NaPhS	[233] [507]
NaNHPh	[507]	EtSNa	[233] [507]
$NaNPh_2$	[233] [507]	KPh_2N	[233] [507]
$NaNH_2BPh_3$	[233] [507]	KNH_2BPh_3	[233] [507]
NaOPh	[507]	KPi	[74] [497]
NaPi	[74]		

Ref. [74] is a review quoting earlier work.

i-AMYL ALCOHOL, AA

(d)

LiCl	[397]
NaI	[3] [491] [497] [696]

Ψ′ AMYL ALCOHOL

(f)

Li dinonylnaphthalenesulfonate	[140]
Cs dinonylnaphthalenesulfonate	[140]

ANILINE

(a)

HCl	[288] [446] [572]
HBr	[288] [446]
HI	[288] [446]

BENZENE

(b)

Phenol   [782]

BENZONITRILE, BZN

(a)

HCl	[130] [288] [446] [572]
HBr	[288]
HI	[288]
HClO$_4$	[266]

(b)

HPi   [771]

(d)

LiBr	[213]
LiI	[213] [868]
NaI	[197] [266] [213] [497]
KI	[197] [213] [868]

BUTANOL

(a)

HCl	[466]
HBr	[446]
HI	[446]

(b)

Monochloroacetic acid	[66]
Dichloroacetic acid	[66]
Trichloroacetic acid	[66]
Cyanacetic acid	[66]
Glycollic acid	[66]

(c)

NH$_4$I   [105]

(d)

LiCl	[397]
LiI	[105]
NaI	[696]

(f)

Li dinonylnaphthalenesulfonate   [446]

i-BUTANOL

(a)
HCl	[446]
HBr	[446]
HI	[446]

t-BUTANOL

(a)
HClO$_4$	[794]

γ-BUTYROLACTONE, γBL

(d)
KI	[677]

(g)
Li tetrachloroaluminate	[670]

i-BUTYRONITRILE, iBN

(a)
HClO$_4$	[266]

(e)
NaClO$_4$	[266]

β-CHLOROPROPIONITRILE, βCPN

(a)
HCl	[572]

CHLOROSULFONIC ACID, ClSA [396]

(a)

HCl

(b)

Acetic acid
Benzoic acid

(c)

NH₄Cl

(d)

LiCl	RbCl
NaCl	CsCl
KCl	

(f)

LiSO₃Cl	KSO₃Cl
NaSO₃Cl	

CYCLOHEXANE

(g)

Na tetra-*n*-butylaluminate   [272]

CYCLOHEXYLAMINE, CHA

(e)

LiClO₄	[141]
Li cyclohexylamide	[141]

n-DECANOL

(d)

LiCl	[397]
NaI	[696]

α,β-DICHLOROPROPIONITRILE, $\alpha\beta$DPN

(a)

HCl [572]

DIETHYLAMINE, DEA

(b)

Trifluoroacetic acid	[560]
Monochloroacetic acid	[560]
Dichloroacetic acid	[560]

N,N'-DIETHYLANILINE

(b)

Trifluoroacetic acid	[560]
Monochloroacetic acid	[560]
Dichloroacetic acid	[560]

DIETHYL ETHER, DEE

(b)

Phenol [782]

(g)

Li tetrahydroaluminate	[693]
Na tetraethylaluminate	[276]

DIGLYME

(g)

Li tetrahydroaluminate	[693]
Na tetrahydroaluminate	[693]

DIMETHOXYETHANE, DME

(f)

    Li fluorenyl [703]

Listed under Li salts of radical ions.

    Na biphenyl·⁻ [173] [703]
    Na fluorenyl·⁻ [703]
    Na perylene·⁻ [600]
    Na triphenylene·⁻ [173]

Listed under sodium salts of radical ions.

    K fluorenyl [703]
    Cs fluorenyl [703]

(g)

    Na tetraethylaluminate [276]
    NaBPh$_4$ [599]
    CsBPh$_4$ [599]

N,N-DIMETHYLACETAMIDE, DMA

(d)

  LiCl [419]
  LiBr [419]
  NaBr [10] [419] [438]
  NaI [10] [197] [419] [438]
  KBr [10] [94] [438]
  KI [10] [94] [197] [419] [438]

(e)

  NaNO$_3$ [10] [438]
  NaClO$_4$ [10] [94]
  NaNCS [10] [94]
  KNO$_3$ [10] [438]
  KClO$_4$ [10] [94]
  KNCS [10]

(f)

  NaSO$_3$Ph [10]
  NaPi [10]

DIMETHYLAMINE, DMAm

(a)

HCl   [446]

DIMETHYLFORMAMIDE

(a)

HCl   [37] [97] [99] [195] [446] [453]
HBr   [37] [195]

(b)

HPi   [37] [195] [206]

(c)

NH$_4$Cl   [97]
NH$_4$I   [303]

(d)

LiCl   [94] [195] [418] [557] [621]
LiBr   [418]
NaCl   [303] [438]
NaBr   [17] [36] [195] [303] [418] [438]
NaI   [17] [197] [303] [418] [438]
KCl   [200] [206] [303] [438]
KBr   [17] [36] [94] [195] [206] [303] [438]
KI   [17] [36] [94] [197] [303] [418] [438]
CsBr   [438]

(e)

NH$_4$ClO$_4$ [94]
LiNO$_3$ [195]
LiClO$_4$ [94] [195] [621]
NaNO$_3$ [17] [195] [303] [438]
NaClO$_4$ [17] [94] [195]
Na$_2$SO$_4$ [303]
NaNCS   [17] [195]
KNO$_3$ [17] [195] [303] [438]
KClO$_4$ [17] [94] [195]
K$_2$SO$_4$ [303]
KNCS   [17]
RbClO$_4$ [94]
CsClO$_4$ [94] [195]

III. ELECTRICAL CONDUCTANCE

DIMETHYLFORMAMIDE (Continued)

(f)

Li methacrylate	[305]
K methacrylate	[305]
NaPi	[37]
KPi	[37] [195] [206]

(g)

KI_3	[806]

DIMETHYLPROPIONAMIDE

(d)

NH_4Br	[582]
NaBr	[582]
NaI	[582]
KI	[94] [582]

(e)

NH_4NO_3	[582]
NH_4ClO_4	[94] [582]
NH_4NCS	[582]
$NaNO_3$	[582]
$NaClO_4$	[94] [582]
NaNCS	[582]
$KClO_4$	[94] [582]
KNCS	[582]

DIMETHYL SULFITE

(f)

CF_3SO_3Na	[551]

DIMETHYLSULFOLANE, DMSL

(e)

KNCS	[122]

DIMETHYLSULFOXIDE, DMSO*

(a)

HCl [201] [656]

(b)

HPi [201]

(c)

NH₄F [196]

(d)

LiF	[196]
LiCl	[196] [204]
LiI	[196]
NaF	[196]
NaCl	[196]
NaBr	[13] [195]
NaI	[13] [197] [868]
KF	[196]
KCl	[196] [200]
KBr	[13] [94] [195]
KI	[13] [94] [197]
RbF	[196]
RbCl	[196]
RbI	[199]
CsCl	[196]
CsI	[205]

(e)

LiClO₄	[194]
NaNO₃	[13] [195]
NaClO₄	[13] [94] [194] [195] [622]
NaNCS	[13] [195] [622]
KNO₃	[13] [195]
KClO₄	[13] [94] [194] [195] [552]
KNCS	[13]
RbClO₄	[194]
CsClO₄	[194] [195]

(f)

NaSO₃CF₃	[622]
NaSO₃CH₃	[622]
NaSO₃Ph	[13]
NaPi	[13]
Potassium octadecyl sulphate	[13]
KPi	[13] [195] [200]

(g)

Na tetraphenylborate [552] [622]

---

* See also Section VIII(a).

III. ELECTRICAL CONDUCTANCE

ETHANOL

Because of the large number of organic acids that have been studied in this solvent various groupings have been employed. The groupings employed in the solute section have been adhered to.

(a)

HCl	[233] [453] [475] [502] [531]
HBr	[233] [453] [502]
HI	[233] [453] [502]

(b)

Acetic acid and Derivatives

Monochloro acetic acid	[66]
Dichloro acetic acid	[66]
Trichloro acetic acid	[66]
Cyanacetic acid	[66]
Glycollic acid	[66]

Aliphatic Organic Acids

Aconitric	[512]	Dipropylmalonic	[512]
Adipic	[66]	Butylmalonic	[512]
Bromopalmitic	[512]	Allylmalonic	[512]
Camphoric	[512]	Mesaconic	[512]
Crotonic	[66] [512]	Oxyisobutyric	[512]
Fumaric	[66] [512]	Succinic	[66]
Itaconic	[512]	Monobromosuccinic	[512]
Maleic	[66] [512]	Dibromosuccinic	[512]
Malonic	[66]	Sebacic	[512]
Ethylmalonic	[512]	d-Tartaric	[66]
Diethylmalonic	[512]	m-Tartaric	[66]
Propylmalonic	[512]	Thiodiglycollic	[512]

Phenyl Substituted

Benzilic	[512]	Mandelic	[512]
Benzylmalonic	[512]	Phenylacetic	[512]
Cinnamic	[512]	Phenylpropiolic	[512]

BENZOIC ACID AND DERIVATIVES

Benzoic	[66] [512] [542]
o-Aminobenzoic	[66] [512]
m-Aminobenzoic	[66]
p-Aminobenzoic	[66] [512]
Anisobenzoic	[66]
o-Chlorobenzoic	[66]
m-Chlorobenzoic	[66] [512]
p-Chlorobenzoic	[66]
o-Hydroxybenzoic	[66]
m-Hydroxybenzoic	[66]
p-Hydroxybenzoic	[66]

ETHANOL (b) *(Continued)*

BENZOIC ACID AND DERIVATIVES

Cyclohexanecarboxylic acid	[540]
Picric	[512]
o-Nitrobenzoic	[66]
m-Nitrobenzoic	[66] [512]
p-Nitrobenzoic	[66]
Dinitrobenzoic	[512]
Phthalic	[66] [512]
Dichlorophthalic	[66]
o-Toluic	[66] [512]
m-Toluic	[66]
p-Toluic	[66] [512]

SALICYLIC ACIDS

Salicylic acid	[66]
Sulfosalicylic acid	[512]

(c)

NH$_4$Cl [233]

(d)

LiCl	[8] [77] [204] [228] [233] [470]
LiI	[470]
NaCl	[8] [66] [77] [204] [405] [428] [470] [475] [502] [533]
NaBr	[192] [228] [233] [470] [475] [502]
NaI	[233] [470] [475] [502] [696]
KCl	[8] [77] [204]
KBr	[470]
KI	[228] [233] [470] [565] [576]
RbI	[228] [470]
CsCl	[531]

(e)

NH$_4$NO$_3$	[470]	NaClO$_3$	[470]
NH$_4$ClO$_4$	[470]	NaNO$_2$	[470]
NH^{4}NCS	[470]	NaClO$_4$	[228] [470]
LiNO$_3$	[228] [233] [470]	NaNCS	[470]
LiClO$_4$	[228] [470]	KNCS	[470]
LiNCS	[470]	RbNCS	[470]
Na$_2$CO$_3$	[470]	CsNCS	[470]

(f)

NH$_4$Pi	[233]	Na β-iodopropionate	[576]
NH$_4$ trichloroacetate	[233]	^{2}Na iodosalicylate	[576]
Li DNNS*	[140]	^{1}Na o-nitrobenzoate	[576]
Li ethoxide	[301]	^{1}Na m-nitrobenzoate	[576]
Li Pi	[470]	^{1}Na trinitrobenzoate	[576]
Na acetate	[576]	Na monochloroacetate	[576]

III. ELECTRICAL CONDUCTANCE

ETHANOL (f) (*Continued*)

Na acetylsalicylate	[576]	Na oxyisobutyrate	[576]
[1]Na o-amidobenzoate	[576]	Na phenylacetate	[576]
[1]Na p-amidobenzoate	[576]	Na Pi	[470] [475]
[1]Na benzoate	[576]	Na propionate	[576]
[1]Na m-bromobenzoate	[576]	[2]Na salicylate	[576]
[1]Na p-bromobenzoate	[576]	[2]Na sulfosalicylate	[576]
Na butyrate	[576]	[3]Na o-toluate	[576]
[1]Na o-chlorobenzoate	[576]	[3]Na m-toluate	[576]
[1]Na m-chlorobenzoate	[576]	[3]Na p-toluate	[576]
[1]Na p-chlorobenzoate	[576]	Na trichloroacetate	[233] [576]
[1]Na dichloroacetate	[576]	[3]Na trinitro-m-cresolate	[475]
[1]Na 2,4-dinitrobenzoate	[576]	K ethoxide	[301]
[1]Na ethoxide	[301] [470]	Rb ethoxide	[301]
Na formate	[576]	Cs DNNS	[140]
[1]Na m-hydroxybenzoate	[576]	Cs ethoxide	[301]
[1]Na p-hydroxybenzoate	[576]		

* DNNS = dinonylnaphthalene sulfonate.
[1] See under Sodium salts of Benzoic acid.
[2] See under Sodium salts of Phenols.
[3] See under Sodium salts of Salicylic acid and substituted Salicylic Acids.

ETHANOLAMINE, EtA

(d)

LiCl	[27]	KCl	[27]
NaCl	[27]	KBr	[27]
NaBr	[27]	KI	[27] [197]
NaI	[27] [197] [868]		

(e)

$NaNO_2$	[27]	KNO_2	[27]
$NaNO_3$	[27]	KNO_3	[27]
NaNCS	[27]	KNCS	[27]

β-ETHOXYPROPIONITRILE, βEPN

(a)

HCl [572]

ETHYL ACETATE, EA

Na dinonylnaphthalenesulfonate   [140]

ETHYLAMINE

(a)

HCl   [446]

ETHYLENE CARBONATE, EC

(e)

$LiClO_4$	[195] [530]
$NaClO_4$	[195] [530]
$KClO_4$	[195] [530]
$RbClO_4$	[530]
$CsClO_4$	[195] [530]

ETHYLENEDIAMINE, ED

(a)

HCl	[275]
HBr	[275]

(d)

LiCl	[275]
LiBr	[404]
LiI	[404]
NaCl	[275]
NaBr	[275] [404] [517]
NaI	[197] [275] [404] [476] [517]
KBr	[275] [404]
KI	[137] [197] [275] [404] [480] [517]
CsBr	[404]
CsI	[404]

(e)

$NaNO_3$	[275] [476]
$NaClO_4$	[517]

ETHYLENE GLYCOL, EG

(a)

HCl	[808]
HNO_3	[456]

(e)

$NaNO_3$	[456]
KNO_3	[456]

ETHYL METHYL KETONE, MEK

(b)

HPi	[330]

(d)

LiI	[46]	KI	[197] [471] [532]
NaI	[46] [197] [471]		

(f)

Li o-nitrobenzoate	[310]
Li 3-hydroxy-2-naphthoate	[310]
Li 2-hydroxy-1-naphthoate	[310]
Li 1-hydroxy-3-naphthoate	[310]
LiPi	[310] [471]
Li salicylate	[46] [310]
Li 4-hydroxysalicylate	[310]
Li 6-hydroxysalicylate	[310]
[1]Na o-nitrobenzoate	[310]
[2]Na 4-hydroxysalicylate	[310]
[2]Na 6-hydroxysalicylate	[310]
Na 8-hydroxy-1-naphthoate	[310]
Na 3-hydroxy-2-naphthoate	[310]
Na 2-hydroxy-1-naphthoate	[310]
Na 1-hydroxy-2-naphthoate	[310]
NaPi	[310] [471]
Na salicylate	[46] [310]
K o-nitrobenzoate	[310]
K 4-hydroxysalicylate	[310]
K 6-hydroxysalicylate	[310]
K 8-hydroxy-1-naphthoate	[310]
K 3-hydroxy-2-naphthoate	[310]
K 2-hydroxy-1-naphthoate	[310]

ETHYL METHYL KETONE, MEK (Continued)

(f)

K 1-hydroxy-2-naphthoate	[310]
KPi	[310] [471]
K salicylate	[46] [310]

(g)

NaBPh$_4$	[310]
KBPh$_4$	[310]

[1] See under Sodium Salts of Benzoic Acid.
[2] See under Sodium Salts of Salicylic and Salicylic Acid derivatives.

FORMAMIDE

(a)

HCl	[395] [438] [446] [460]
HBr	[395]

(b)

Acetic acid	[395]
Monochloroacetic acid	[395]
Dichloroacetic acid	[395]
Trichloroacetic acid	[395]
Benzoic acid	[395]
Propionic acid	[395]
p toluenesulfonic acid	[395]

(c)

NH$_4$Cl	[233]
NH$_4$Br	[110] [472] [171]
NH$_4$I	[233] [472] [511] [171]

(d)

NaCl	[303] [438]
NaBr	[171] [233] [303] [438] [472] [511]
NaI	[15] [171] [233] [303] [438] [472] [511]
KCl	[15] [171] [233] [303] [438] [460] [472] [511]
KI	[15] [177] [233] [303] [438] [472] [511]
RbCl	[171] [233] [472] [511]
RbBr	[171] [233] [472] [511]
RbI	[171] [233] [472] [511]
CsCl	[171] [233] [472] [511]
CsBr	[438]
KBr	[438]

III. ELECTRICAL CONDUCTANCE

FORMAMIDE (Continued)

(e)

NH$_4$NO$_3$	[110] [171] [233] [438] [578]	KNO$_3$	[110] [171] [438] [578]
LiNO$_3$	[110] [171] [233] [438] [472] [511]	KNCS	[171] [233] [472] [511]
Na$_2$CrO$_4$	[233] [472] [511]	RbNO$_3$	[171] [233] [472] [511]
NaNO$_3$	[110] [171] [233] [438] [578]	CsNO$_3$	[171] [233] [472] [511]

(f)

NH$_4$ formate	[171] [578]
Li formamide	[395]
Li formate	[171]
Na acetate	[110] [233]
Na acetate 3H$_2$O	[110]
[1]Na m-amidobenzoate	[578]
Na benzenesulfonate	[15] [171] [233]
Na benzoate	[171] [233] [578]
[1]Na m-bromobenzoate	[578]
Na o-hydroxybenzoate	[233]
Na salicylate	[578]
Na succinate	[578]
Na tartrate	[233]
K formamide	[395]
K hexacyanocobaltate	[162]
K$_3$Fe(CN)$_6$	[162]
[1]Na 3,5-dinitrobenzoate	[578]
Na formate	[578]

Ref. [438] is a review quoting [171] which in turn recalculates data from [472] and [578]. Reference [511] is [472] republished.

[1] See under sodium salts of benzoic acids.

FORMIC ACID

(a)

HCl	[446] [453] [570]

(d)

NH$_4$Cl	[570]
LiCl	[570]
NaCl	[570]
NaBr	[570]
KCl	[233] [570]
KBr	[570]

(e)

NaClO$_4$	[570]

FORMIC ACID (*Continued*)

(f)

NH₄ formate	[233]
Li formate	[233]
Na formate	[233] [570]
K formate	[233]
Rb formate	[233]
Cs formate	[233]

n-HEPTANOL

(d)

LiCl	[397]
NaI	[696]

HEXAMETHYLPHOSPHOTRIAMIDE, HMPT

(e)

KClO₄	[552]

(g)

NaBPh₄	[552]

n-HEXANOL

(d)

LiCl	[397]
NaI	[696]

III. ELECTRICAL CONDUCTANCE

HYDRAZINE

(a)

HCl	[233]

(d)

NaI	[233]
KCl	[233]
KI	[233]

(e)

NaClO$_4$	[233]
KClO$_4$	[233]

HYDROGEN CYANIDE, HCN

(c)

NH$_4$Cl	[155] [522]
NH$_4$Br	[522]
NH$_4$I	[522]

(d)

LiCl	[486]	KCl	[155] [486]
LiBr	[155] [486]	KBr	[486]
LiI	[486]	KI	[486]
NaCl	[155]	RbCl	[155] [486]
NaBr	[486]	CsCl	[155] [486]
NaI	[469] [486]		

(e)

NH$_4$NO$_3$	[522]	NaNO$_3$	[486]
NH$_4$ClO$_4$	[522]	NaClO$_4$	[486]
NH$_4$NCS	[522]	NaNCS	[486]
LiNO$_3$	[486]	KNO$_3$	[486]
LiClO$_4$	[486]	KClO$_4$	[486]
LiNCS	[486]	KNCS	[486]

(f)

CsPi	[155]

HYDROGEN FLUORIDE, HF

(d)

NaF	[632]
KF	[541] [632]

(g)

Na hexafluoroantimonate [632]

HYDROGEN SULFIDE, H_2S

(a)

HCl [490]

(b)

Acetic acid [490]

The following were non-conductors in H_2S. [490]

benzoic acid
stearic acid
palmitic acid
trichloroacetic acid
thiophenol
p-thiocresol
thionaphthol
NH_4Cl

IODINE

(d)

LiI	[501]
NaI	[501]
KI	[177] [509] [714]
RbI	[501]

(g)

KI_3 [806]

III. ELECTRICAL CONDUCTANCE

METHANOL

(a)

	HCl	[233] [446] [453] [475] [502]
	HBr	[233] [446] [453] [502]
	HI	[233] [446] [453] [502]

(b)

See under Acetic Acids.

	Monochloroacetic acid	[66]
	Dichloroacetic acid	[66]
	Trichloroacetic acid	[66] [489]
	Cyanoacetic acid	[66]
	Glycollic acid	[66]

See under Benzoic Acid.

	Benzoic acid	[542]
	o-Chlorobenzoic acid	[240]
	Trichlorobenzoic acid	[489]
	2,4-Dinitrobenzoic acid	[544]
	3,5-Dinitrobenzoic acid	[488]
	HPi	[489]
	Salicylic acid	[488]

(d)

LiCl	[70] [77] [233]
NaCl	[69] [77] [233] [405] [475] [502] [584]
NaBr	[70] [77] [170] [192] [233] [475] [502]
NaI	[233] [475] [502]
KCl	[69] [77] [405] [584]
KBr	[70] [77] [94]
KI	[70] [77] [94] [233]
RbCl	[77]
CsCl	[77] [294]

(e)

LiNO$_3$	[77] [233]	NaNCS	[233]
LiNCS	[233]	KNO$_3$	[77]
LiClO$_4$	[94] [581]	KNCS	[336] [589]
NaNO$_3$	[77]	RbNO$_3$	[77]
NaClO$_4$	[94] [581]		

(f)

MeOLi	[300]
MeONa	[233] [300]
MeOK	[233] [300]
MeORb	[300]
MeOCs	[300]

METHANOL (Continued)

*LiDNNS	[140]
Na 3,5-dinitrobenzoate	[488]
NaPi	[135] [233] [475] [489]
Na salicylate	[488]
Na trichloroacetate	[489]
[1]Na trichlorobenzoate	[489]
[2]Na trinitro-m-cresolate	[233] [475]
Na valerate	[233]
K o-chlorobenzoate	[240]
K octadecyl sulfate	[69]
KPi	[69] [135]
K valerate	[233]
*CsDNNS	[140]

(g)

LiBPh$_4$	[109]	KBPh$_4$	[109] [296]
NaBPh$_4$	[109] [296]	KI$_3$	[806]

* DNNS = dinonylnaphthalenesulfonate.
[1] See under Sodium Salts of Benzoic Acid.
[2] See under Sodium Salts of Phenols.

N-METHYLACETAMIDE, NMA

(a)

HCl	[19] [438]
HPi	[19]

(b)

Acetic acid	[638]
Monochloroacetic acid	[638]
Dichloroacetic acid	[638]

See Under Acetic Acid.

(c)

NH$_4$Cl	[20]
NH$_4$Br	[20]
NH$_4$I	[20]

(d)

LiCl	[465]	KCl	[438] [465] [529] [633] [638]
NaCl	[438] [465]	KBr	[438] [465] [738]
NaBr	[438] [465]	KI	[36] [438] [465]
NaI	[438] [465]	CsBr	[438]

III. ELECTRICAL CONDUCTANCE

N-METHYLACETAMIDE, NMA (*Continued*)

(e)

NH_4NO_3	[19]	NaNCS	[19]
NH_4ClO_4	[19]	$KBrO_3$	[19]
$NaBrO_3$	[19]	KNO_3	[19] [438]
$NaNO_3$	[19] [438]	$KClO_4$	[19]
$NaClO_4$	[19]	KNCS	[19]

(f)

NaPi	[19]
KPi	[19]
K acetate	[638]
K octadecyl sulfate	[19]

(g)

K trioxalatoferrate(III)·$3H_2O$	[108]

METHYL i-BUTYL KETONE, MiBK

(f)

Li dinonylnaphthalenesulfonate	[140]
Cs dinonylnaphthalenesulfonate	[140]

N-METHYLFORMAMIDE, NMF

(d)

NaCl	[438] [529]
NaBr	[438] [529]
NaI	[438] [529]
KCl	[438] [529]
KBr	[438] [529]
KI	[438] [529]
CsBr	[438] [529]

[438] is a review quoting [529].

METHYL FORMATE, MF

(e)
LiClO$_4$ [621]

(g)
LiAsF$_6$ [621]

N-METHYLPROPIONAMIDE, NMP

(d)
KCl   [129]

N-METHYL-2-PYRROLIDONE, NM2PY

(d)
NaI   [189]
KI   [189]

(e)
NaClO$_4$ [189]
KClO$_4$ [189]

(g)
NaBPh$_4$ [189]

METHYLTETRAHYDROFURAN

(g)
LiBPh$_4$ [799]
NaBPh$_4$ [799]

α-NAPHTHONITRILE, αNN

(b)
HPi   [771]

NITROBENZENE, NB

(a)
- HCl [446]
- HBr [446]
- HI [446]

(f)
- NH₄Pi [21]
- LiPi [21] [62] [74] [507]
- NaPi [21] [62] [74] [268] [507]
- KPi [21] [62] [74] [268] [507]

Reference [74] is a review paper quoting earlier work.

NITROETHANE

Li dinonylnaphthalenesulfonate [140]

NITROMETHANE

(a)
- HClO₄ [473]

(d)
- LiI [473]
- KI [473]

(e)
- NH₄ClO₄ [473]
- NaClO₄ [473]
- KNCS [473]

(g)
- Li dinonylnaphthalenesulfonate [140]
- KPi [268]
- Cs dinonylnaphthalenesulfonate [140]

1-NITROPROPANE

(f)

Li dinonylnaphthalenesulfonate	[140]
Cs dinonylnaphthalenesulfonate	[140]

n-OCTANOL

(d)

LiCl	[397]
NaI	[696]

PHENYLACETONITRILE, PhAN

(a)

$HClO_4$	[266]

1-PROPANOL

(a)

HCl	[446] [453]
HBr	[446] [453]
HI	[446]

(b)

Monochloroacetic acid	[66]
Dichloroacetic acid	[66]
Trichloroacetic acid	[66]
Cyanacetic acid	[66]
Glycollic acid	[66]

(d)

LiCl	[397]
NaBr	[484]
NaI	[14] [77] [197] [484]
KBr	[484]
KI	[14] [77] [197] [484]

(e)

NaNCS	[14]
KNCS	[14]

2-PROPANOL

(b)

HPi [330]

(d)

NaBr [484]
NaI [484]
KBr [484]
KI [484]

PROPIONITRILE, PN

(a)

$HClO_4$ [266]

PROPYLENE CARBONATE

(d)

LiCl [621] [751]
LiBr [677] [751]
NaBr [677]
KCl [677]
KBr [677]
KI [677]

(e)

$LiClO_4$ [751] [621]

(g)

Li tetrachloroaluminate [670]
$NaBF_4$ [677]
KBF_4 [677]

PROPYLENEDIAMINE, PD

(d)

KI [137]

PYRIDINE

(a)

HCl	[288] [446] [453]	HNO$_3$	[516]
HBr	[288] [446] [453]	HClO$_4$	[516]
HI	[288] [446] [453] [516]		

(b)

HPi [516]

(c)

NH$_4$I [42]

(d)

NaI	[42] [197]
KI	[42] [197]

(f)

NH$_4$Pi	[42]
LiPi	[42] [64] [74] [411] [507]
NaPi	[42] [64] [74] [507]
KPi	[42] [64] [74] [507]

(g)

Na tetraethylaluminate [276]

SULFOLANE

(d)

LiCl	[299]	NaI	[299]
LiBr	[299]	KI	[299]
LiI	[299]		

(e)

NH$_4$ClO$_4$	[505]	KNCS	[410]
LiNO$_3$	[409]	RbClO$_4$	[299] [505]
LiClO$_4$	[299] [505]	RbNCS	[410]
NaClO$_4$	[299] 505]	CsClO$_4$	[299] [505]
NaNCS	[410]	CsNCS	[410]
KClO$_4$	[299] [505] [603]		

(g)

KPF$_6$ [299]

SULFUR DIOXIDE, SO_2

(d)

NaBr	[328]
KCl	[39]
KBr	[38] [39]
KI	[39] [197]

SULFURIC ACID, H_2SO_4*

(b)

Monochloroacetic acid	[783]
Dichloroacetic acid	[783]
Trichloroacetic acid	[783]

See Under Acetic Acid.

* See also Section VIII(b).

TETRAHYDROFURAN, THF

(f)

See Li Salts of Radical Ions.

Li anthracene·⁻	[799]
Li biphenyl·⁻	[165] [799]
Li fluorenyl·⁻	[703]
Li naphthalene·⁻	[799]
Li perylene·⁻	[799]

See Na Salts of Radical Ions.

Na anthracene·⁻	[600] [173]
Na biphenyl·⁻	[173] [600]
Na fluorenyl·⁻	[165] [703]
Na naphthalene·⁻	[173] [600]
Na perylene·⁻	[173] [600]
Na pyrene·⁻	[600]
Na terphenyl·⁻	[700]
Na tetracene·⁻	[600]
Na tetraphenylethylene·⁻	[151]
Na triphenylethylene·⁻	[600] [173]
Disodium tetraphenylethylene	[151]
K fluorenyl	[703]
Cs fluorenyl	[165] [703]

TETRAHYDROFURAN, THF *(Continued)*

(g)

Li tetrahydroaluminate	[302] [693]
Li BPh$_4$	[152] [548] [799]
Na tetraethylaluminate	[276]
Na tetrahydroaluminate	[693]
NaBPh$_4$	[152] [548] [599]
KBPh$_4$	[152] [548]
CsBPh$_4$	[152] [599]

TETRAMETHYLENESULFOXIDE, TMSO

(a)

LiNO$_3$	[409]
LiClO$_4$	[587]
NaNCS	[409]

1,1,3,3-TETRAMETHYLGUANIDINE, TMG

(b)

HPi	[179]

TRIFLUOROACETIC ACID

(f)

K trifluoroacetate	[713]

B. ALKALI METAL COMPOUNDS AND AMMONIUM COMPOUNDS—MIXED SOLVENTS

1. DATA BY SOLUTE

NONAQUEOUS–AQUEOUS MIXTURES

This section consists of electrical conductance data in nonaqueous, aqueous mixtures and the solutes are classified as follows:

(a) Inorganic Acids
(b) Organic Acids
(c) Ammonium and Alkali Metal Halides
(d) Ammonium and Alkali Metal Inorganic Compounds
(e) Alkali Metal Organic Compounds
(f) Alkali Metal Complex Salts

The solvents are arranged in alphabetical order by nonaqueous component.

(a) Inorganic Acids

HYDROGEN CHLORIDE, HCl in Dimethylsulfoxide–Water

Ref.	% DMSO	Dielectric Constant	Λ_0
[198]	0	78.3	426.0
	10	78.2	351
	20	77.9	288
	30	77.2	227
	40	76.4	175
	50	75.2	128.5
	60	73.3	91.5
	70	69.5	60.5
	80	64.7	39.5
	90	57.5	32.0
	95	—	34.5
	98	—	38.5
	100	46.4	41.0

HYDROGEN CHLORIDE, HCl in Dioxane–Water

Ref.	Wt. % dioxane	Dielectric constant	Λ_0	Comments	
				$K_d \times 10^3$	a_J Å
[723]	20	61.86	303.2	550	(4.3)
	45	40.20	180.4	100	(4.3)
	70	19.07	93.30	10.0	6.8
	82	10.55	(58.20)	0.220	(6.8)

Recalculated from earlier data.

III. ELECTRICAL CONDUCTANCE

HYDROGEN CHLORIDE, HCl in Ethanol–Water

Ref.	% Ethanol	Λ_0	λ_0^+	Comments
[466]	0	426.00		
	10	324.80	252.1	
	20	248.00	189.0	
	30	192.00	151.7	
	40	152.00	132.0	
	50	123.55	119.9	
	60	105.72	111.4	
	70	89.60	102.8	
	0	457.41		30°C
	10	353.96	275.1	
	20	274.70	208.8	
	30	215.94	169.9	
	40	173.22	147.8	
	50	139.81	133.0	
	60	118.01	122.0	
	70	101.34	110.9	
	0	487.09		35°C
	10	383.50	298.6	
	20	302.34	231.7	
	30	240.16	189.1	
	40	192.01	163.5	
	50	157.54	146.4	
	60	132.10	133.5	
	70	113.83	120.4	35°C
	0	515.18		40°C
	10	412.79	320.6	
	20	329.26	252.3	
	30	264.72	207.1	
	40	213.50	179.8	
	50	175.03	159.9	
	60	147.70	142.3	
	70	126.86	128.9	
	0	569.81		50°C
	10	471.82	357.2	
	20	384.77	290.4	
	30	315.40	243.2	
	40	259.01	208.6	
	50	212.88	182.5	
	60	179.91	164.0	
	70	155.10	144.7	

HYDROGEN CHLORIDE, HCl in Ethanol–Water (Continued)

Ref.	% H_2O	Λ_0	Λ	Concentration eq/l × 10^4	Comments	
[459]	0	84.25	81.67	2–29	K_d, 0.0113	a, 3.99 Å
	0.005	78.19	73–63	2.8–27	K_d, 0.0109	
	0.030	71.28	64–54	8–46	K_d, 0.0142	
	0.0833	60.31	57–48	2–28	K_d, 0.0131	a, 4.52 Å
	0.174	54.28	52–47	2–13	K_d, 0.0185	a, 5.37 Å
	0.681	45.52	44–38	2–25	K_d, 0.0465	a, 8.42 Å
	1.40	45.52	43–38	3–28	K_d, 0.151	a, 9.95 Å
	2.39	45.70	44–38	2–41	K_d, 0	
	5.82	51.20	49–45	4–29	K_d, 0	

Ref.	% Ethanol	Dielectric constant	Λ_0	Comments
[180]	0	88.03	246	0°C
	10	82.32	181.9	
	20	76.80	122.88	
	40	63.72	66.34	
	60	49.87	45.07	
	80	37.92	32.17	
	100	28.3	(53.34)	
	0	78.54	426.75	a, 3.3 Å
	10	72.8	326.7	a, 3.9 Å
	20	66.99	249.4	
	40	55.02	153.7	a, 3.8 Å
	60	43.40	101.0	a, 3.8 Å
	80	32.84	65.38	a, 3.4 Å
	100	24.3	84.65	K_a, 48 a, 3.4 Å
	0	74.78	489.8	35°C
	10	69.2	386.7	
	20	63.5	304.8	
	40	52.0	196.4	
	60	41.0	129.3	
	80	31.0	83.06	
	100	22.8		

III. ELECTRICAL CONDUCTANCE

HYDROGEN CHLORIDE, HCl in Ethanol–Water (*Continued*)

Results shown graphically

The minimum Λ_0 for alcohol–water mixtures was found for a series of alcohols.

Ref.	Alcohol	Λ_0	Mole % H_2O at minimum
[329]	methanol	198	15%
	ethanol	85.5	6%
	1-propanol	42.5	4%
	1-butanol	19	2%

See also HCl in 1-propanol–water.

Ref.	Mole % water	Λ	Concentration eq/l × 10^4	Comments
[449]	27.9–100		0.02 and 0.01	(9) transference numbers at 5°C and 25°C measured. Ionic mobilities shown graphically.
[448]	0–100	55–410	9.7	(15) shown
	0–100	40–280	9.7	5°C (17) graphically

Ref.	Molarity water	Λ_0	Λ	Concentration eq/l × 10^4	Comments
[502]	0.006	85.3	74.0–34.4	3.9–1000	(9)
	0.008	82.8	71.5–34.1	3.9–1000	(9)
	0.058	67.4	58.9–29.9	3.9–1000	(9)
	0.166	57.5	50.6–25.3	3.9–1000	(9)
	0.5	51.0	45.1–22.0	3.9–1000	(9)
	1.0	48.3	43.2–21.8	3.9–1000	(9)
	2.0	48.3	43.7–23.5	3.9–1000	(9)
	3.0	49.6	45.4–26.2	3.9–1000	(9)

HYDROGEN CHLORIDE, HCl in Ethylene Glycol–Water

[447] The Λ of HCl dissolved in ethylene glycol decreases on adding water. On increasing the water content Λ passes through a minimum. Results are given graphically.

Ref.	Wt. % glycol	Concentration eq/l × 10^4			Comments
[456]	80	90–720	(4)		κ only
	90	110–890	(4)		
	95	220–460	(4)		shown
	95	150–1110	40°C	(4)	
	100	250–990	(5)		graphically

HYDROGEN CHLORIDE, HCl in Glycerol–Water

Ref.	Concentration eq/l × 10^4	Comments
[439]	100	Λ vs mole % water given graphically at 5 and 25°C

HYDROGEN CHLORIDE, HCl in Glycol–Water

[447] The Λ of HCl dissolved in ethylene glycol decreases on adding water. On increasing the water content Λ passes through a minimum. Results are given graphically.

HYDROGEN CHLORIDE, HCl in Methanol–Water

Ref.	% Methanol	Dielectric constant	λ_0^+
[406]	0	78.49	426.1
	10	74.21	343.2
	20	70.01	278.3
	40	60.92	190.1
	60	51.71	138.7
	80	42.60	108.0
	90	37.88	103.2
	95	35.37	108.1
	100	32.64	198.5

III. ELECTRICAL CONDUCTANCE

HYDROGEN CHLORIDE, HCl in Methanol–Water (*Continued*)

[329] Results shown graphically.

Ref.	% Methanol	Λ_0	λ_0^+	Comments
[466]	0	426.00	351.5	
	10	335.74	273.2	
	20	276.81	222.8	
	30	227.32	181.5	
	40	191.05	150.2	
	50	161.24	123.5	
	60	138.80	99.6	
	70	121.94	82.2	
	0	457.41	377.4	30°C
	10	364.96	297.1	
	20	303.00	243.9	
	30	250.26	200.2	
	40	210.72	166.4	
	50	178.60	136.8	
	60	155.13	111.3	
	70	134.31	90.5	
	0	487.09	401.9	35°C
	10	393.51	320.3	
	20	329.82	265.6	
	30	274.18	219.4	
	40	231.80	183.1	
	50	196.51	150.5	
	60	170.01	121.9	
	70	147.29	99.3	
	0	515.18	425.1	40°C
	10	423.00	344.3	
	20	356.58	287.0	
	30	298.45	238.8	
	40	252.61	199.5	
	50	215.21	164.8	
	60	185.92	133.2	
	70	160.91	108.4	
	0	569.81	470.1	50°C
	10	481.62	391.9	
	20	412.00	331.6	
	30	348.44	278.7	
	40	297.45	235.1	
	50	254.22	194.6	
	60	219.21	157.1	
	70	190.10	128.1	

HYDROGEN CHLORIDE, HCl in Methanol–Water (Continued)

Ref.	Molarity water	Λ_0	Λ	Concentration eq/l × 10^4	Comments
[502]	0.006	201.5	186.0–116.0	3.9–1000	(9)
	0.06	183.0	167.4–105.5	3.9–1000	(9)
	0.084	177.8	163.4–103.6	3.9–1000	(9)
	0.46	138.3	127.1–80.0	3.9–1000	(9)

Ref.	Mole % water	Λ	Concentration molal	Comments
[503]	2–100	100–410	0.01	(11) Λ_{min} at 12% results
	1–100	85–290	0.01	(12) 5°C Λ_{min} at 20% shown graphically

HYDROGEN CHLORIDE, HCl in 1-Propanol–Water

Ref.	Wt. % 1-propanol	Λ_0	Λ	Concentration range × 10,000	Comments	
[183]	0	362.52			(8)	15°C a, 3.43 Å
	20.00	196.40	195.4–193.7	1–15		
	40.01	122.84	121.4–120.0	4–16	(7)	a, 5.5 Å
	60.01	73.418	72–70	5–18	(6)	a, 3.55 Å
	80.01	39.69	37–35	9–34	(5)	K_a, 4 a, 3.7 Å
	90.00	27.52	25–22	6–36	(6)	K_a, 15 a, 3.7 Å
	99.48	18.71	16–13	9–49	(6)	K_a, 41 a, 3.4 Å
	100.00	22.0	18–14	9–45	(5)	K_a, 118 a, 3.8 Å
	0	426.59			(6)	a, 3.6 Å
	20.00	252.43	249.9–247.7	5–20	(6)	a, 4.63 Å
	40.01	162.113	160–158	6–19	(6)	a, 4.53 Å
	60.01	96.82	94–91	7–28	(6)	a, 3.73 Å
	80.01	52.02	48–44	9–39	(6)	K_a, 8 a, 3.89 Å
	90.00	36.77	34–28	5–50	(6)	K_a, 21 a, 3.78 Å
	99.48	25.02	21–17	9–43	(5)	K_a, 88 a, 3.66 Å
	100.00	29.81	27–18	3–44	(7)	K_a, 171 a, 3.90 Å

III. ELECTRICAL CONDUCTANCE

HYDROGEN CHLORIDE, HCl in 1-Propanol–Water (Continued)

Ref.	Wt.% 1-propanol	Λ_0	Λ	Concentration range × 10,000		Comments
[183]	0	489.85	480–477	18–48	(5)	35°C a, 4.21 Å
	20.00	310.99	304–301	24–52	(5)	a, 4.3 Å
	40.01	204.86	201–196	7–44	(6)	a, 4.05 Å
	60.01	124.86	121–117	6–29	(6)	a, 3.75 Å
	80.01	68.69	65–58	5–36	(7)	K_a, 12 a, 4.22 Å
	90.00	48.08	45–37	4–35	(6)	K_a, 41 a, 4.3 Å
	99.48	32.5	25–21	13–41	(5)	K_a, 128 a, 3.70 Å
	100.00	39.76	33–24	5–33	(5)	K_a, 255 a, 3.93 Å

Ref.	Wt. % 1-propanol	Λ_0	Λ	Concentration eq/l × 10^4		Comments
[183]	80.01	68.69	65–58	5–36	(7)	K_a, 12 a, 3.75 Å
	90.00	48.08	45–37	4–35	(6)	K_a, 41 a, 4.3 Å
	99.48	32.5	25–21	13–41	(5)	K_a, 128 a, 3.70 Å
	100.00	39.76	33–24	5–33	(5)	K_a, 255 a, 2.93 Å

Λ_0 values also reported in [648].

Ref.	Mole fraction water	Λ_0	Λ	Concentration eq/l × 10^4		Comments
[329]	0	42.5	38.5–8.9	0.3–3120	(4)	
	0.00454	28.5	28.5–5	1.3–12450	(3)	
	0.00987	25.5	22.3–12.1	3.5–176	(3)	
	0.0212	24	22.0–13.1	1.8–89	(3)	

Ref.	Wt. % 1-propanol	Λ_0	λ_0^+	Comments
	0	426.00		
	10	321.75	246.7	
	20	251.41	181.8	
	30	199.93	143.5	
	40	159.20	118.2	
	50	124.41	99.9	
	60	94.55	86.8	
	70	68.81	75.6	

HYDROGEN CHLORIDE, HCl in 1-Propanol–Water (*Continued*)

Ref.	Wt. % 1-propanol	Λ_0	λ_0^+	Comments
[466]	0	457.41		30°C
	10	351.34	269.9	
	20	278-98	202.4	
	30	224.38	160.8	
	40	178.42	132.5	
	50	140.21	111.1	
	60	106.39	95.9	
	70	78.28	82.8	
	0	487.09		35°C
	10	381.32	293.1	
	20	306.22	223.1	
	30	247.89	177.4	
	40	199.00	146.2	
	50	156.01	122.4	
	60	118.40	105.2	
	70	88.35	90.6	
	0	515.18		40°C
	10	411.02	315.4	
	20	334.61	243.1	
	30	272.23	194.4	
	40	218.20	160.4	
	50	173.08	134.0	
	60	132.42	114.9	
	70	98.68	98.5	
	0	569.81		50°C
	10	470.01	354.6	
	20	389.78	278.7	
	30	321.28	224.5	
	40	259.99	185.8	
	50	208.02	154.5	
	60	161.61	131.9	
	70	121.23	112.6	

III. ELECTRICAL CONDUCTANCE

HYDROGEN CHLORIDE, HCl in 2-Propanol–Water

Ref.	Wt. % 2-propanol	Λ_0	λ_0^+	Comments
[466]	0	426.00		
	10	313.61	243.5	
	20	235.96	166.6	
	30	179.84	129.3	
	40	140.02	104.8	
	50	108.27	89.0	
	60	82.32	78.5	
	70	61.40	69.3	
	0	457.41		30°C
	10	343.08	268.1	
	20	263.95	193.1	
	30	205.01	148.4	
	40	160.41	121.2	
	50	124.79	102.0	
	60	96.02	89.3	
	70	70.39	77.8	
	0	487.09		35°C
	10	375.06	289.5	
	20	292.00	215.4	
	30	230.24	169.2	
	40	181.01	139.1	
	50	141.41	114.9	
	60	109.11	99.4	
	70	80.81	85.9	
	0	515.18		40°C
	10	405.41	313.1	
	20	319.99	237.7	
	30	254.75	189.1	
	40	201.46	156.3	
	50	158.84	129.9	
	60	122.60	111.4	
	70	90.94	94.8	
	0	569.81		50°C
	10	466.48	357.4	
	20	378.44	279.4	
	30	307.04	226.0	
	40	247.39	187.4	
	50	196.02	157.1	
	60	152.60	132.6	
	70	114.09	112.0	

HYDROGEN BROMIDE, HBr in Dioxane–Water

Ref.	Dioxane Wt. %	Dielectric constant	Λ_0	Λ	Concentration eq/l × 10⁴	Comments
[394]	20	60.79	305.4	299.2–288.5	2.5–100	(6) 25°C
	45	38.48	181.8	178.4–163.8	5.5–110	(4)
	70	17.69	98.5	88.7–52.3	1.1–1100	(7)
	82	9.53	71	39.3–16.0	2.5–99.4	(5)
	20	64.01	253.2	248.3–234.0	5–100	(5) 15°C
	45	40.70	148.2	146.3–113.1	1.1–1100	(6)
	70	18.72	88.5	68.0–45.7	5.5–1100	(6)
	82	10.01	48	26.8–13.0	5.0–99.4	(4)
	20	57.73	357.4	356.4–332.8	1–100	(7) 35°C
	45	30.37	216.5	213.3–191.7	5.5–110	(4)
	70	16.72	128.4	96.6–73.6	5.5–110	(5)
	82	9.06	76	44.3–17.1	2.5–99.4	(5)
	20	54.83	413.1	405.9–381.0	5–100	(5) 45°C
	45	34.39	257.1	249.8–225.3	5.5–110	(4)
	70	15.80	144.8	114.6–83.7	5.5–110	(5)
	82	8.62	90	52.9–18.1	2.5–99.4	(5)

HYDROGEN BROMIDE, HBr in Ethanol–Water

Ref.	Molarity water	Λ_0	Λ	Concentration eq/l × 10⁴	Comments
[502]	0.006	85.1	75.8–41.2	3.9–1000	(9)
	0.008	83.3	74.5–41.1	3.9–1000	(9)
	0.058	68.3	61.4–35.6	3.9–1000	(18)
	0.166	57.4	52.1–30.6	3.9–1000	(18)
	0.5	51.2	46.1–25.7	3.9–1000	(18)
	1.0	48.8	44.6–25.4	3.9–1000	(18)
	2.0	48.4	44.9–27.1	3.9–1000	(18)
	3.0	50.1	46.7–29.6	3.9–1000	(18)
	0.006	205.2	203.0–123.5	3.9–1000	(9)
	0.06	188.6	185.4–113.6	3.9–1000	(9)
	0.084	180.2	180.6–109.0	3.9–1000	(18)
	0.181	163.4	163.6–98.2	3.9–1000	(18)
	0.5	138.9	139.4–83.9	3.9–1000	(18)
	1.0	124.5	124.6–75.9	3.9–1000	(18)
	2.0	115.9	116.2–71.2	3.9–1000	(18)

III. ELECTRICAL CONDUCTANCE

HYDROGEN IODIDE, HI in Ethanol–Water

Ref.	Molarity water	Λ_0	Λ	Concentration eq/l × 10⁴	Comments
[502]	0.05	73.3	65.8–41.0	3.9–1000	(17)
	0.5	54.6	49.5–32.5	3.9–500	(16)

HYDROGEN IODIDE, HI in Methanol–Water

Ref.	Molarity water	Λ_0	Λ	Concentration eq/l × 10⁴	Comments
[502]	0.46	147.0	136.7–94.1	3.9–1000	(17)

PERCHLORIC ACID, HClO₄ in Acetone–Water

Ref.	Wt. % water	Λ_0	Λ	Concentration eq/l × 10⁴		Comments
[519]	0.0	207.1	193–155	1.2–14	(6)	K_d, 0.043
	0.530	202.0	195–161	0.7–10	(6)	K_d, 0.114
	0.939	195.2	186–156	0.8–12	(6)	K_d, 0.062

PERCHLORIC ACID, HClO₄ in Ethanol–Water

Ref.	Wt. % ethanol	Dielectric constant	Λ_0	Λ	Concentration eq/l × 10⁴	Comments
[261]	0	78.5	416.8	414–409	4–32	(6)
	22.8	65.2	224.0	222–220	8–33	(5)
	40.0	54.8	147.7	146–144	4–26	(6)
	60.0	43.2	100.5	99–96	4–31	(6)
	79.5	32.8	71.55	67–62	6–26	(5)
	98.4	24.9	57.77	54–49	4–25	(6)

PERCHLORIC ACID, HClO$_4$ in Ethanol–Water (*Continued*)

Ref.	Wt. % ethanol	Dielectric constant	Λ_0	Λ	Concentration eq/l × 10^4	Comments	
	0	74.8	477.7	474–468	4–31	(6)	35°C
	22.8	62.0	276.2	273–270	8–33	(5)	
	40.0	52.0	188.6	186–184	6–26	(5)	
	60.0	41.0	129.2	126–123	4–31	(6)	
	79.5	30.8	90.45	85–78	6–26	(6)	
	98.4	23.4	70.54	66–60	4–24	(6)	
	0	71.4	536.6	533–526	4–31	(6)	45°C
	22.8	59.5	329.6	326–332	8–32	(5)	
	40.0	49.5	232.2	229–226	6–26	(5)	
	60.0	38.7	160.9	158–153	4–30	(6)	
	79.5	29.1	111.3	104–96	6–26	(5)	
	98.4	22.0	85.58	80–72	4–24	(6)	

PERCHLORIC ACID, HClO$_4$ in Hydrogen Peroxide–Water

Ref.	Wt. % H$_2$O$_2$	Dielectric constant	Λ_0	Λ	Concentration eq/l × 10^4	Comments
[634]	0	78.5	417	415–402	6–100	(4)
	24.2	80.0	276	270–267	6–100	(3)
	49.2	81.0	177	173–170	6–100	(3)
	74.4	76.5	118	114–112	6–100	(3)
	99.4	73.0	90	87–84	6–100	(4)

Data from graph.

PERCHLORIC ACID, HClO$_4$ in Methanol–Ethanol–Water
Water 0.3% w/w

Ref.	Wt. % Methanol	Dielectric constant	Λ_0	Λ	Concentration eq/l × 10^4	Comments
[261]	99.7	31.8	171.4	164–155	5–29	(6)
	80.0	29.9	146.6	140–131	5–30	(6)
	59.5	28.3	123.4	117–108	5–29	(6)
	40.7	26.9	103.3	97–89	5–29	(6)
	18.9	25.6	81.53	75.4–69.7	7–29	(6)

III. ELECTRICAL CONDUCTANCE

PERCHLORIC ACID, $HClO_4$ in Methanol–Ethanol–Water
Water 0.3% w/w (Continued)

Ref.	Wt. % ethanol	Dielectric constant	Λ_0	Λ	Concentration eq/l × 10^4	Comments	
	99.7	24.9	196.2	188–177	5–29	(6)	35°C
	80.0	28.0	156.3	161–151	5–28	(6)	
	59.5	26.7	144.4	137–127	5–29	(6)	
	40.7	25.1	122.4	115–106	5–29	(6)	
	18.9	24.1	98.49	91–84	7–29	(6)	
	99.7	28.1	223.2	213–200	5–28	(6)	45°C
	80.0	26.3	194.7	185–173	5–28	(6)	
	59.5	25.1	167.4	158–146	5–28	(6)	
	40.7	23.5	143.7	135–123	5–29	(6)	
	18.9	28.6	117.4	108–99	7–29	(6)	

PERCHLORIC ACID, $HClO_4$ in Methanol–Water

Ref.	Wt. % methanol	Λ	Concentration eq/l × 10^4	Comments	
[261]	99.7	164–155	5–29	(6)	25°C
	99.7	188–177	5–29	(6)	35°C
	99.7	213–200	5–28	(6)	45°C

SULFURIC ACID, H_2SO_4 in Hydrogen Peroxide–Water

Ref.	Wt. % H_2O_2	Dielectric constant	Λ_0	Λ	Concentration eq/l × 10^4	Comments
[634]	0	78.5	426	400–340	6–100	(4)
	24.2	80.0	282	270–240	6–100	(4)
	49.2	81.0	188	180–150	6–100	(4)
	74.4	76.5	127	130–90	6–100	(4)
	99.4	73.0	46	45	6–100	(4) Λ almost const.

Data from graph.

(b) Organic Acids

ACETIC ACID, CH_3CO_2H in Dimethylsulfoxide–Water

Ref.	%	Dielectric constant	Comments
[198]	0	78.3	pK_c, 4.76
	10	78.2	pK_c, 4.89
	20	77.9	pK_c, 5.05
	30	77.2	pK_c, 5.24
	40	76.4	pK_c, 5.47
	50	75.2	pK_c, 5.84
	60	73.3	
	70	69.5	
	80	64.7	
	90	57.5	
	95		
	98		
	100	46.4	

ACETIC ACID in Ethanol–Water

Ref.	Wt. % ethanol	Λ_0	Concentration $eq/l \times 10^4$		Comments
[181]	9.97	302.0	10–250	(6)	K_d, 1.85×10^{-5}
	20.03	230.3	18–200	(10)	K_d, 1.67×10^{-6}
	40.07	141.8	13–150	(11)	K_d, 1.71×10^{-6}
	60.01	93.4	8–110	(15)	K_d, 7.85×10^{-6}
	80.04	59.73	6–200	(11)	K_d, 1.033×10^{-7}
	94.64	39.65	6–110	(14)	K_d, 5.4×10^{-9}
	99.67	48.9	11–230	(8)	K_d, 6.55×10^{-11}

III. ELECTRICAL CONDUCTANCE

ACETIC ACID, CH_3CO_2H in Methanol–Water

Ref.	Wt. % methanol	Dielectric constant	Λ_0	Concentration eq/l × 10^4		Comments
[406]	10.01	74.21	316.0	6.8–240	(6)	K_d, 1.212×10^{-5}
	20.01	70.01	256.3	7–73	(7)	K_d, 8.16×10^{-6}
	20.04		256.2	12–79	(6)	K_d, 8.13×10^{-6}
	40.02	60.92	174.1	7–360	(6)	K_d, 3.30×10^{-6}
	60.05	51.71	124.6	9–92	(4)	K_d, 1.12×10^{-6}
	80.03	42.60	95.6	5–160	(7)	K_d, 1.95×10^{-7}
	90.02	37.88	91.2	8–430	(8)	K_d, 4.01×10^{-8}
	95.02	35.37	96.4	19–640	(7)	K_d, 8.1×10^{-9}
	99.99	32.64	185.5	17–560		K_d, 2.37×10^{-10}

ACETIC ACID, $CH_3CO_2H \cdot$ in 1-Propanol–Water

Ref.	Wt. % 1-propanol	Λ_0	Λ	Concentration eq/l × 10^4		Comments $K_d \times 10^7$	
[648]	0	330.84	66–18	3–59	(6)	174.3	15°C
	20	182.35	10–3	8–218	(6)	73.13	
	40.01	113.56	8–3	5–37	(5)	25.35	
	60.01	67.45	0.8–0.4	46–231	(5)	6.375	
	80.01	36.30	0.4–0.1	6–57	(5)	0.7648	
	90	24.81	0.07–0.02	19–233	(5)	0.1389	
	99.99	18.5	0.022–0.004	3–93	(5)	3.524×10^{-4}	
	20	233.67	34–9	3–50	(7)	70.09	25°C
	40.01	149.59	9–3	7–90	(8)	24.56	
	60.01	89.06	2.7–0.7	6–115	(7)	6.189	
	80.01	47.04	0.5–0.1	6–83	(7)	0.6897	
	90	33.43	0.08–0.04	19–90	(5)	0.1225	
	99.99	27.1	0.002–0.001	23–107	(5)	1.974×10^{-4}	
	0	447.7	66–26	7–48	(7)	168.7	35°C
	20	287.14	24–10	9–52	(5)	66.59	
	40.01	189.37	9–3	8–90	(6)	21.74	
	60.01	115.07	1.6–0.6	26–179	(6)	5.385	
	80.01	62.84	0.5–0.1	8–193	(5)	0.663	
	90	43.71	0.11–0.04	12–130	(5)	9.081×10^{-2}	
	99.99	37.4	0.015–0.006	79–530	(6)	1.440×10^{-4}	

Λ_0 values calculated from data obtained in [182] and [183].

o-CHLOROBENZOIC ACID, $ClC_6H_4CO_2H$ in Methanol–Water

Ref.	Mole % methanol	Dielectric constant	Λ_0	Λ	Concentration eq/l × 10^4	Comments
[240]	0	78.48	373.4	370–130	0.2–70	(16)
	10.45	71.25	255.1	224–65	0.8–47	(18)
	19.40	65.55	186.3	126–24	1.4–100	(16)
	30.45	59.26	137.8	100–18	0.7–59	(16)
	39.02	54.79	108.0	76–12	0.4–67	(18)
	51.30	49.30	86.3	35–10	0.9–72	(20)
	60.18	45.68	79.1	18–6	2.7–69	(15)
	69.85	42.36	70.5	15–3	1.4–79	(17)
	80.83	38.77	64.3	10–1	0.6–69	(30)
	89.79	35.92		3.3–0.7	3.3–83.6	(22)

DICHLOROACETIC ACID, Cl_2HCCO_2H in Methanol–Water

Ref.	Molarity of water	Λ_0	Λ	Concentration eq/l × 10^4	Comments
[488]	1.0	117.9	4.59–0.86	32–1000	(12)
	2.0	109.9	7.18–1.36	32–1000	(12)
	3.0	104.9	9.84–1.92	32–1000	(12)

2,4-DINITROBENZOIC ACID, $(NO_2)_2C_6H_3CO_2H$ in Methanol–Water

Ref.	Molarity of water	Λ_0	Λ	Concentration eq/l × 10^4	Comments
[488]	0.482	123.9	1.28–0.47	125–1000	(8)
	1.0	108.8	2.51–0.65	63–1000	(9)
	2.0	100.8	5.41–0.69	31–2000	(12)
	3.0	95.8	7.81–1.44	31–1000	(12)

III. ELECTRICAL CONDUCTANCE

3,5-DINITROBENZOIC ACID, $(NO_2)_2C_6H_3CO_2H$ in Methanol–Water

Ref.	Molarity of water	Λ_0	Λ	Concentration eq/l $\times 10^4$	Comments
[488]	0.52	124.3	0.48–0.17	125–1000	(8)
	1.0	109.2	0.62–0.23	125–1000	(8)
	2.0	101.2	0.98–0.35	125–1000	(8)
	3.0	96.2	1.38–0.51	125–1000	(8)

MONOCHLOROACETIC ACID, $ClCH_2CO_2H$ in Various Alcohol Mixtures

Ref.	Solvent mixture 50% w/w	Λ	Concentration eq/l $\times 10^4$
[66]	Ethanol–butanol	1.4–0.11	10–5000
	Ethanol–propanol	0.62–0.022	10–5000
	Methanol–butanol	12.0–0.034	10–5000
	Methanol–propanol	12.1–0.036	10–5000

PICRIC ACID in Acetone–Water

Ref.	Wt. % of water	Λ	Concentration eq/l $\times 10^4$	Comments
[519]	0.0	7–1	1–13	(6)
	0.504	16–3	1–13	(6)
	1.007	24–7	1–12	(6)

PICRIC ACID, $HOC_6H_2(NO_2)_3$ in Acetonitrile–Water

Ref.	Wt. % acetonitrile	Dielectric constant	Λ_0	Λ	Concentration eq/l × 10^4	Comments	Exptl. K_a pts.
[553]	0	78.54	376.9	372.5–368.8	9.3–35.6	(5)	
	22.08	69.22	283.7	280.3–278.2	7.2–33.6	(4)	
	53.60	53.96	189.4	185.5–179.5	5.4–36.7	(5)	
	66.48	48.30	159.1	154.0–147.4	5.6–27.5	(5)	6
	75.91	44.53	144.3	137.3–125.5	5.6–30.6	(5)	26
	85.16	41.07	139.9	126.9–103.2	4.7–26.6	(5)	150
	90.24	39.21	140.3	113.0–73.6	4.2–27.1	(5)	630
	95.08	37.60	147.1	46.5–22.1	6.7–37.4	(5)	1.06×10^4
	97.08	36.89	(148)	13.0–5.6	12.7–70.2	(5)	1.00×10^5
	99.32	36.25	(151)	1.08–0.45	8.6–46.3	(5)	2.36×10^7

PICRIC ACID, $HOC_6H_2(NO_2)_3$ in Ethanol–Water

Ref.	Wt. % Ethanol	Dielectric constant	Λ_0	Λ	Concentration eq/l × 10^4	Comments	K_a
[553]	66.02	39.44	77.0	76.1–75.3	4.5–27.1	(5)	
	76.66	34.29	62.0	60.7–59.1	5.3–30.4	(5)	
	84.02	30.94	53.8	52.1–49.9	5.3–31.0	(5)	
	90.00	28.20	48.4	46.1–44.1	5.4–25.6	(5)	
	96.08	26.07	45.8	41.9–36.4	5.7–28.0	(5)	
	97.11	25.60	45.6	41.4–34.8	4.7–24.5	(5)	45
	98.09	25.18	45.6	40.2–31.6	4.4–24.0	(5)	150
	99.10	24.70	47.8	37.0–25.2	5.1–26.5	(5)	610

SALICYLIC ACID, $HOC_6H_4CO_2H$ in Methanol–Water

Ref.	Molarity of water	Λ_0	Λ	Concentration eq/l × 10^4	Comments
[488]	0.5	130.7	0.28–0.07	125–2000	(10)
	1.0	115.6	0.38–0.10	125–2000	(10)
	2.0	107.6	0.84–0.22	63–1000	(10)
	3.0	102.6	0.87–0.22	125–2000	(10)

III. ELECTRICAL CONDUCTANCE

TRICHLOROACETIC ACID, Cl_3CCO_2H in Methanol-Water

Ref.	Molarity of water	Λ_0	Λ	Concentration eq/l $\times 10^4$	Comments
[489]	0.05	179.1	7.2–2.4	32–1000	(6)
	0.1045	166.9	13.2–2.5	32–1000	(6)
	0.503	128.5	16.8–3.3	32–1000	(12)
	1.0	113.4	21.8–4.5	32–1000	(6)
	2.0	105.4	31.3–7.0	32–1000	(12)
	3.0	100.4	39.7–9.7	32–1000	(12)

TRICHLOROBUTYRIC ACID, $Cl_3CCH_2CH_2CO_2H$ in Methanol-Water

Ref.	Molarity of water	Λ_0	Λ	Concentration eq/l $\times 10^4$	Comments
[489]	0.032	182.8	1.76–0.62	125–1000	(8)
	0.1045	105.7	1.87–0.66	125–1000	(8)
	0.5	127.3	2.44–0.86	125–1000	(8)
	1.0	112.2	3.13–1.12	125–1000	(8)
	2.0	104.2	6.92–1.79	63–1000	(10)
	3.0	99.2	9.32–2.49	63–1000	(10)

(c) Ammonium and Alkali Metal Halides

AMMONIUM CHLORIDE, NH_4Cl in Ethanol–Water

Ref.	% H_2O	Λ_0	Λ	Concentration eq/l × 10^4		Comments
[459]	0	43.05	41–36	2.0–12	(8)	K_d, 0.0167 a, 5.08 Å
	0.533	42.11	39–36	2.7–12	(7)	K_d, 0.0174 a, 4.98 Å
	0.587	42.07	39–35	3.5–18	(6)	K_d, 0.0205 a, 5.53 Å
	1.171	41.70	38–35	5.7–17	(6)	K_d, 0.0227 a, 5.61 Å
	4.41	42.08	40–37	2.3–15	(6)	K_d, 0.0340 a, 5.32 Å

LITHIUM CHLORIDE, LiCl in 1-Butanol–Hexane

Ref.	Wt. % butanol	Dielectric constant	Λ_0	Λ	Concentration eq/l × 10^4	Exptl. pts.	Comments	
							K_d	a Å
[776]	25	2.85	105.5	0.006–0.165†	4–2580	(12)	8.5×10^{-13}	6.49
	70	10.1	37.1	4.5–1.1*	7–2510	(17)	4.5×10^{-6}	3.49
	100	17.3	15.8	15–2.4	1–590	(11)		

† Λ min of 2.00×10^{-3} at 3.4×10^{-3} eq/l.
* Λ min of 1.07 at 0.11^{-1} eq/l.

LITHIUM(7) CHLORIDE, ^{7}LiCl in Dioxane–Water

Ref.	Wt. % dioxane	Dielectric constant	Λ_0	Λ	Concentration eq/l × 10^4		Comments
[133]	0	78.54					
	18.8	62.43	82.67	78–76	38–104	(4)	K_a, 2.1
	45.9	39.44	53.76	51–49	9.0–36	(4)	K_a, 7.9
	65.1	23.14	42.12	38–35	7.0–20	(5)	K_a, 34.5
	69.8	19.30	39.77	35–30	6.0–25	(5)	K_a, 72.8
	75.6	14.98	36.91	30–24	4.0–19	(5)	K_a, 339
	78.4	12.95	35.74	27–20	3.4–17	(5)	K_a, 915

III. ELECTRICAL CONDUCTANCE

LITHIUM CHLORIDE, LiCl in Ethanol–Water

Ref.	Wt. % ethanol	Dielectric constant	Λ_0	Λ	Concentration eq/l × 10⁴	Comments Exptl.	K_a	a_J Å
[697]	43.5	52.9	44.7	43.1–41.7	9.2–32.5	(7)	2.5	2.10
	57.1	45.0	40.66	39.0–36.3	8.5–52.1	(9)	3.1	2.47
	68.2	38.9	39.50	37.1–34.7	11–41	(7)	4.8	2.35
	77.2	34.2	39.25	36.8–33.7	8–39	(7)	7.6	3.33
	86.6	29.6	39.65	37.5–34.1	4–24	(8)	10.5	3.35
	92.3	27.1	39.98	37.5–33.7	4–23	(7)	15.7	3.73

Interpolated Single Ion Conductances

Wt. % ethanol	λ_0^+	λ_0^-
50	17.2	25.0
60	16.9	23.3
80	18.2	21.2
90	18.9	20.9
100	19.2	20.7

[728] Transference numbers measured at 99.7, 26.77, 55.02, 68.9, 79.5, 84.47, 94.0 wt. % ethanol.

LITHIUM CHLORIDE, LiCl in Ethylene Glycol–Water

Ref.	Wt. % glycol	Dielectric constant	Λ_0	Λ	Concentration eq/l × 10⁴	Comments
[420]	18.27	73.50	79.97	77–73	29–170	(5) a, 3.88 Å
	37.09	68.27	50.65	49–47.5	19–130	(5) a, 3.36 Å
	49.96	64.07	36.390	35.2–33.6	15–110	(5) a, 3.71 Å
	67.01	58.06	22.63	21.7–20.5	20–140	(5) a, 3.37 Å
	86.37	48.70	11.960	11.5–10.8	13–100	(5) a, 3.37 Å
	100	40.75	7.185	6.62–6.24	36–140	(5) a, 3.34 Å

LITHIUM CHLORIDE, LiCl in Ficoll–Water

Ref.	Wt. % ficoll	Λ_0	Λ	Concentration eq/l × 10⁴	Comments
[286]	4.935	102.16	95.9–92.5	1.0–3.3	(5)

LITHIUM CHLORIDE, LiCl in Glycerol–Water

Ref.	% glycerol	Dielectric constant	Λ_0	Λ	Concentration eq/l × 10^4		Comments
[368]	0	78.54	115.05	110.9–107.0	26–110	(5)	a, 3.77 Å
	10.73	75.80	91.62	89–84	12–150	(5)	a, 3.52 Å
	19.30	74.05	74.58	72–68	27–160	(5)	a, 3.42 Å
	38.25	69.32	42.67	41–29	26–170	(5)	a, 3.29 Å
	57.34	63.37	19.18	18.5–17.6	24–170	(5)	a, 3.31 Å
	61.85	61.75	15.21	15.1–14.2	24–160	(5)	a, 3.40 Å
	79.52	54.34	4.274	4.12–3.91	25–160	(5)	a, 3.34 Å
	100.00	42.48	0.258	0.241–0.233	50–170	(5)	a, 4.03 Å

LITHIUM CHLORIDE, LiCl in Hydrogen Peroxide–Water

Ref.	Wt. % H_2O_2	Λ_0	Λ	Concentration eq/l × 10^4		Comments
[721]	0	114.7	113–97	10–1000	(7)	
	31	107.8	99–85	200–1700	(6)	
	52	101.2	100–73	15–3800	(5)	
	75	99.0	97–72	30–1700	(5)	

Λ and concentration data from graph.

LITHIUM BROMIDE, LiBr in Acetone–Water

Ref.	Wt. % acetone	Dielectric constant	Λ_0	Λ	Concentration eq/l × 10^4	Exptl. pts.	K_a	a Å	Comments
[338]	100	19.10	137.8	93–85	10–16	(5)	635.3	3.32	25°C
	97	20.53	143.8	124–111	3.5–8.0	(7)	163.9	3.90	
	95	21.50	129.7	113–105	4.1–10.0	(7)	41.7	5.92	
	30	61.04	75.9	75–74	2.1–7.5	(6)		2.74	
	100	18.67	124.0	63–57	32–42	(7)	585.0	3.40	30°C
	97	20.01	119.7	70–65	35–46	(7)	62.8	5.51	
	95	21.42	117.2	74–69	34–43	(7)	7.6	6.54	
	90	23.38	109.2	72.7–70.5	36–46	(7)	0.65	3.71	
	70	34.75	78.5	65.1–63.9	23–32	(7)		3.63	
	30	59.47	75.1	71.2–70.9	31–39	(7)		2.75	

III. ELECTRICAL CONDUCTANCE

LITHIUM BROMIDE, LiBr in Acetone–Water (Continued)

Ref.	Wt. % acetone	Dielectric constant	Λ_0	Λ	Concentration eq/l × 10^4	Exptl. pts.	Comments K_a	a Å	
[338]	100	18.23	129.5	63–58	32–44	(7)	701.4	3.32	35°C
	97	19.51	123.4	74–70	30–38	(7)	66.8	5.66	
	95	20.98	121.2	79–72	32–45	(7)	6.24	7.28	
	90	22.76	115.5	78–75	35–44	(7)	1.00	6.24	
	70	33.90	83.2	70–69	23–28	(7)		3.22	
	30	58.20	82.2	78.1–77.6	28–39	(7)		2.75	
	100	17.80	146.4	71–63	27–39	(7)	798.4	3.30	40°C
	97	19.06	130.8	78–68	29–46	(7)	95.1	4.82	
	95	20.48	130.9	85–75	29–45	(7)	47.9	5.52	
	90	22.32	117.0	85–80	32–44	(7)	2.29	6.33	
	70	33.03	78.4	74.1–74.0	23–28	(7)		3.78	
	30	56.77	96.0	91.7–91.8	28–37	(7)		3.04	

LITHIUM BROMIDE, LiBr in 1-Butanol–Hexane

Ref.	Wt. % butanol	Dielectric constant	Λ_0	Λ	Concentration eq/l × 10^4	Exptl. pts.	Comments K_d	a Å
[776]	11.65	2.16		(3–456) × 10^{-5}	1–33	(6)		
	12.65	2.51	110.8	(1.31–448) × 10^{-4}	0.5–580	(11)	6.9 × 10^{-17}	6.46
	20.0	2.85	100.7	0.0031–0.145	0.4–2050	(12)	3.58 × 10^{-14}	6.65
	25.0	4.77	93.5	0.009–0.126	2.2–3230	(13)	2.25 × 10^{-12}	6.74
	40.0		68.0				9.35 × 10^{-4}	5.59
	45	17.3		0.4–0.7	2–2000	(15)		
	100		14.0	11.5–3.9	4–256			

Note: The above Λ values are those at the lowest and highest concentrations studied.

Λ values below these occurred and the Λ and concentration minima observed are given below. The minima were also accompanied by an increase in the dielectric constant.

Wt. % butanol	Λ_{min}	Concentration$_{min}$ eq/l × 10^4	Dielectric constant	Concentration eq/l × 10^4
11.25	2.2 × 10^{-5}	8	2.12–2.16	2–100
12.65	4 × 10^{-5}	17	2.17–2.32	0.5–248
20	6.6 × 10^{-4}	19	2.52–2.72	2–180
25	3.7 × 10^{-3}	36	2.89–3.27	36–268
45	0.1	70		

LITHIUM BROMIDE, LiBr in Dioxane–Water

Ref.	Dielectric constant	Λ_0	Λ	Concentration eq/l $\times$ 10^4	Exptl. pts.	K_a	a_J Å
[416]	78.54	116.904	114–111	11–46	(9)		3.50
	33.52	49.566	46–43	12–54	(5)		3.64
	27.10	45.400	42–38	12–43	(4)		3.65
	21.30	42.42	40–36	3–15	(5)	43	5.28
	20.65	42.07	39–35	4–18	(5)	52	5.33
	17.90	40.48	36–32	4–16	(4)	90	5.17
	15.10	37.78	33–29	3–11	(4)	204	6.52

Solution composition not reported.

LITHIUM BROMIDE, LiBr in Methanol–Water

Ref.	Wt. % methanol	Dielectric constant	Λ_0	Λ	Concentration eq/l $\times$ 10^4		Comments
[337]	100	32.66	87.74	85–81	2.0–8.0	(6)	a, 4.52 Å
	97	34.55	80.73	77–75	4.0–9.0	(5)	a, 5.94 Å
	95	35.38	77.04	75–72	2.0–7.1	(6)	a, 6.21 Å
	90	37.91	71.73	70–67	2.0–8.1	(6)	a, 4.02 Å
	50	56.28	59.64	57.8–57.2	7.4–14	(7)	a, 4.40 Å
	20	69.99	74.68	73–72.3	9–14	(7)	a, 3.48 Å

LITHIUM IODIDE, LiI in 1-Butanol–Hexane

Ref.	Wt. % butanol	Dielectric constant	Λ_0	Λ	Concentration eq/l $\times$ 10^4	Exptl. pts.	$K_d \times 10^{-16}$	a Å
[776]	7	2.02	125.7	(0.7–3000) $\times$ 10^{-5}	1–625	(17)	0.0144	6.29
	12.65	2.16	118.0	(0.8–1320) $\times$ 10^{-4}	0.5–1100	(19)	2.7	6.73
	20	2.51	110.8	(1.2–105) $\times$ 10^{-4}	1–2900	(21)	1.70	6.44
	25	2.85	100.2	(0–450) $\times$ 10^{-3}	2–2160	(15)	4.8000	6.95
	100	17.3	15	13–4	2–864	(12)		

Note: Minima in Λ occurred in butanol–hexane mixtures.

III. ELECTRICAL CONDUCTANCE

LITHIUM IODIDE, LiI in 1-Butanol–Hexane (*Continued*)

Wt. % butanol	Concentration eq/l × 10⁴ at Λ_{min}
7	5
12.65	12
20	18
25	31

LITHIUM IODIDE, LiI in Dioxane–Water

Ref.	Wt. % dioxane	Dielectric constant	Λ_0	Λ	Concentration eq/l × 10⁴	Exptl. pts.	Comments K_a	a_J
[304]	0	78.54	115.87	115–111	2.0–39	(14)		4.30 Å
	20	61.38	77.54	77–73	1.4–39	(14)		5.10 Å
	40	44.47	55.73	55–51	2.2–56	(14)	0.15	4.85 Å
	60	27.31	44.95	44–39	1.4–40	(14)	2.53	4.49 Å
	70	19.13	41.63	40–31	2.0–47	(6)	24.1	4.24 Å
	80	12.03	35.05	32–19	1.2–39	(14)	1.91×10^2	4.51 Å
	87	7.87	18.49	15–5.2	2.0–48	(14)	6.61×10^2	4.7 Å
	91	5.12	8.54	4.2–1.1	2.0–42	(14)	7.09×10^3	4.6 Å
	95	4.0	1.87	0.33–0.04	1.2–60	(14)	3.18×10^4	3.9 Å

SODIUM FLUORIDE, NaF in Dioxane–Water

Ref.	Wt. % dioxane	Dielectric constant	Λ_0	Λ	Concentration eq/l × 10⁴	Comments
[273]	0	78.54	105.52	101.7–97.0	21–130 (9)	a, 3.14 Å
	22.1	58.71	73.55	70.4–67.1	18.2–80.6 (5)	a, 3.01 Å
	44.0	40.96	52.14	49.6–47.8	4.7–26.0 (4)	K_a, 1.5 a, 2.3 Å
	55.5	30.13	43.68	40.4–37.7	9.3–29.3 (5)	K_a, 9.9 a, 2.8 Å
	62.0	25.54	39.90	37.2–33.3	4.6–21.8 (5)	K_a, 5.6 a, 1.6 Å

SODIUM CHLORIDE, NaCl in Dimethylsulfoxide (DMSO)–Water

Ref.	Wt. % DMSO	Dielectric constant	Λ_0
[198]	0	78.3	126.5
	10	78.2	104.0
	20	77.9	84.5
	30	77.2	67.0
	40	76.4	53.5
	50	75.2	41.0
	60	73.3	32.6
	70	69.5	27.3
	80	64.7	25.2
	90	57.5	
	100	46.4	

SODIUM CHLORIDE, NaCl in Dioxane–Water

Ref.	Wt. % dioxane	Dielectric constant	Λ_0	Λ	Concentration eq/l × 10^4	Exptl. pts.	Comments K_a	a_J Å
[113]	79.9	12.12	35.87	23–17	5.2–18	(8)	1475	5.35
	77.7	13.51	37.51	28–20	5.0–21	(5)	753	5.09
	73.5	16.67	40.85	33–27	60–24	(4)	278	5.26
	70.6	18.74	42.45	37–31	5.0–25	(5)	127	4.59
	60.5	26.85	48.67	45–41	9.0–37	(5)	20	4.06
	53.7	32.77	53.25	50–46	8.0–45	(5)	7	3.68
	34.2	49.54	71.21	69–66	11–56	(4)		3.42
	0	78.54	126.60	118.6–122.7	20–97	(5)		3.38

Ref.	Wt. % Dioxane	Dielectric constant	Comments
[279]	53.7	32.77	K_a, 7.1 a, 3.9 Å
	60.5	26.85	K_a, 21.3 a, 4.4 Å
	70.6	18.74	K_a, 135 a, 5.1 Å
	73.5	16.67	K_a, 296 a, 6.0 Å
	77.7	13.51	K_a, 803 a, 5.8 Å
	79.9	12.12	K_a, 1583 a, 6.1 Å

III. ELECTRICAL CONDUCTANCE

SODIUM CHLORIDE, NaCl in Dioxane–Water (Continued)

Ref.	Wt. % dioxane	Dielectric constant	Λ_0	Λ	Concentration eq/l × 10⁴	Comments Exptl. pts.	K_d × 10⁴	a_J Å
[723]	70	19.07	42.65	39–23	3–20	(9)	83	7.0
	82	10.55	(37.80)	22–15	2–10	(8)	1.54	(7.0)
	70	18.58	48.15	44–36	3–21	30°C (8)	77	8.7
	82	10.30	(41.80)	24–17	2–8	30°C (8)	1.38	(7.0)
	70	18.07	53.40	49–39	3–22	35°C (9)	65	6.5
	82	10.05	(45.80)	27–18	2–9	35°C (8)	1.39	(7.0)

Ref.	Wt. % dioxane	Dielectric constant	Λ_0	Λ	Concentration eq/l × 10⁴	Comments	log K_d
[702]	0	55.5	367.7			100°C	0.59
	29.7	35.25	252.4	237–214	31–167	(3)	−0.43
	40.3	28.60	239.3	228–188	9–211	(5)	−0.82
	50.8	22.60	226.4	215–155	10–158	(5)	−1.72
	60.5	16.80	215.5	186–113	10–158	(5)	−2.32
	70.5	11.75	209.1	120–58	9–152	(5)	−3.37

SODIUM CHLORIDE, NaCl in Ethanol–Water

Ref.	Wt. % ethanol	Dielectric constant	Λ_0	Comments
[180]	0	88.03	67.5	0°C
	10	82.32	42.63	
	20	76.80	28.34	
	40	63.72	21.74	
	60	49.87	18.31	
	80	37.92	20.29	
	100	28.3		
	0	78.54	126.43	a, 3.9 Å
	10	72.8	92.01	a, 3.1 Å
	20	66.99	70.74	a, 3.2 Å
	40	55.02	56.70	
	60	43.40	43.51	a, 2.5 Å
	80	32.84	41.18	a, 2.6 Å
	100	24.3	42.24	K, 14 a, 3.0 Å

SODIUM CHLORIDE, NaCl in Ethanol–Water (Continued)

Ref.	Wt. % ethanol	Dielectric constant	Λ_0	Comments
[180]	0	74.78		35°C
	10	69.2	85.68	
	20	63.5	68.34	
	40	52.0	60.33	
	60	41.0	47.86	
	80	31.0	45.54	
	100	22.8		

Ref.	Wt. % of H_2O	Λ	Concentration eq/l $\times 10^4$
[470]	0.5	37.45	6.86

[730] Transference numbers measured at 0, 12, 25, 32, 40.55, 63.71 wt. % ethanol.

SODIUM CHLORIDE, NaCl in Ethylene Glycol–Water

Ref.	Wt. % glycol	Dielectric constant	Λ_0	Λ	Concentration eq/l $\times 10^4$		Comments
[369]	13.03	75.00	97.61	94–91	25–130	(5)	a, 3.39 Å
	24.29	71.97	76.71	74–71	23–130	(5)	a, 3.72 Å
	42.94	66.50	49.88	48–46	18–110	(5)	a, 3.37 Å
	76.53	53.37	19.47	19–18	19–120	(5)	a, 31.8 Å
	100.0	40.75	8.18	8–7	29–210	(5)	a, 3.24 Å

Ref.	Wt. % water	Concentration mole/l		Comments	
[456]	0	0.01–0.08	(4)	κ only	
	5	0.01–0.07	(4)	κ only	
	5	0.01–0.09	(4)	κ only	40°C

SODIUM CHLORIDE, NaCl in Ficoll–Water

Ref.	Wt. % ficoll	Λ_0	Λ	Concentration eq/l × 10^4	Comments
[286]	4.935	113.17	107.0–101.4	0.8–3.9	(5)
	9.85	101.31	95.5–90.2	0.8–4.5	(5)

SODIUM CHLORIDE, NaCl in Glycerol–Water

Ref.	Wt. % glycerol	Dielectric constant	Λ_0	Λ	Concentration eq/l × 10^4		Comments
[367]	0	78.54	126.51	122.5–7.9	21–120	(5)	a, 3.40 Å
	11.59	75.65	99.68	95–90	52–250	(5)	a, 3.18 Å
	38.84	69.15	46.97	45–43	41–210	(5)	a, 3.17 Å
	60.45	62.27	18.69	17.7–16.9	57–280	(5)	a, 2.98 Å
	91.25	48.17	1.279	1.22–1.19	28–80	(4)	a, 3.06 Å
	100	42.48	0.310	0.294–0.278	31–153	(5)	a, 3.04 Å

Ref.	Mole % water	Concentration Mole %	Comments
[417]	1	0.5–10	(7) κ only at temperatures between −49.4°C and 20°C. Dielectric properties and viscosities also measured

SODIUM CHLORIDE, NaCl in Hydrogen Peroxide–Water

Ref.	Wt. % H_2O_2	Λ_0	Λ	Concentration eq/l × 10^4	Comments
[721]	0	127	125–117	20–1000	(7)
	31	116.6	113–96	30–1000	(5)
	52	106.9	103–84	50–2900	(5)
	75	102.0	98–78	80–3200	(5)

Λ and concentration data from graph.

SODIUM CHLORIDE, NaCl in Methanol–Water

Ref.	Λ_0	Λ	Concentration eq/l × 10^4	Comments
[523]	66.62	65–60	5–100	(7)

Ref.	Molarity water	Λ_0	Λ	Concentration eq/l × 10^4	Comments
[502]	0.5	101.4	92.6–60.7	3.9–500	(16)
	1.0	99.5	91.0–60.1	3.9–500	(16)
	2.0	95.8	87.8–59.2	3.9–500	(16)
	3.0	90.8	83.7–57.9	3.9–500	(16)

SODIUM CHLORIDE, NaCl in 1-Propanol–Water

Ref.	Wt. % n-propanol	Dielectric constant	Λ_0	Λ	Concentration eq/l × 10^4	Comments
[182]	0	81.95	101.13	99–97	10–47	(6) 15°C a 3.25 Å
	20	68.39	50.487	49–48	7.7–48	(6) a, 2.75 Å
	40	52.45	35.43	35–33	5.0–54	(6) a, 2.50 Å
	60	38.60	25.894	25–23	7.0–49	(6) K_a, 6 a, 3.1 Å
	80	28.19	21.144	19–17	8–44	(5) K_a, 31 a, 3.19 Å
	90	24.50	20.19	19–17	2.3–12	(6) K_a, 76 a, 3.2 Å
	100	21.92	19.0			Λ_0 extrapolated
	0	78.30	126.52			a, 3.51 Å
	20	64.89	70.124	69–68	5–24	(6) a, 3.36 Å
	40	49.70	49.428	48–46	8.4–37	(6) a, 2.43 Å
	60	36.61	35.79	35–32	3.1–33	(6) K_a, 8 a, 3.4 Å
	80	26.41	28.734	26–22	6.1–49	(6) K_a, 39 a, 3.50 Å
	90	22.86	27.093	25–23	2.0–9	(5) K_a, 117 a, 3.52 Å
	100	20.40	22.8			Λ_0 extrapolated
	0	74.82	153.87	148–144	3.3–110.0	(5) 35°C a, 3.53 Å
	20	62.14	92.335	91–89	5.3–22	(5) a, 3.50 Å
	40	47.02	65.329	64–62	3.1–26	(5) a, 2.56 Å
	60	34.49	47.38	45–42	5.1–34	(5) K_a, 13 a, 3.2 Å
	80	24.70	37.96	35–29	4.4–43	(6) K_a, 45 a, 3.66 Å
	90	21.34	35.34	33–28	1.4–14	(6) K_a, 158 a, 3.68 Å
	100	19.22	27.7			Λ_0 extrapolated

Λ_0 values also reported in [648].

III. ELECTRICAL CONDUCTANCE

SODIUM BROMIDE, NaBr in Dioxane-Water

Ref.	Wt. % dioxane	Dielectric constant	Λ_0	Λ	Concentration eq/l × 10⁴		Comments
[100]	0	78.54	105–778	104–98.6	3–84	(6)	a, 3.50 Å
	10	70.33	90–360	89–83	6–9	(5)	a, 3.60 Å
	30	53.28	66–290	65–20	6–93	(5)	a, 3.50 Å
	50	35.85	50–735	49–44	6–47	(5)	a, 3.48 Å
	55	31.53	47–825	45–38	6–95	(6)	a, 3.65 Å
[273]	0	78.54	128.57	125–110	19–911	(5)	a, 3.31 Å
	20.6	61.24	89.46	86.4–83.2	17–81	(5)	a, 3.69 Å
	40.8	43.93	64.96	62.7–60.2	8–41	(4)	a, 3.99 Å
	51.7	33.19	54.29	50.1–48.0	19–46	(4)	a, 3.58 Å
	56.8	30.68	52.38	49.1–45.9	10–44	(5)	a, 3.79 Å
	61.1	26.35	49.42	45.5–41.1	10–48	(5)	a, 3.55 Å
	69.7	19.03	44.62	39.2–33.3	6.4–31.8	(5)	K_a, 65 a, 4.5 Å
	75.7	14.98	41.00	33.9–26.5	4.5–22.6	(5)	K_a, 256 a, 4.5 Å
	78.1	13.19	39.36	30.9–22.3	3.9–22.9	(5)	K_a, 520 a, 4.26 Å

SODIUM BROMIDE, NaBr in Ethanol-Water

Ref.	Wt. % of H₂O	Λ	Concentration eq/l × 10⁴
[470]	0.5	34.88	12.88

SODIUM IODIDE, NaI in Acetone-Water

Ref.	Wt. % Water	Λ_0	Λ	Concentration eq/l × 10⁴		Comments	
						K_a	a_J
[283]	0.307	198.75	187–167	1.6–8.4	(5)	103.2	4.56
	1.516	186.65	173–151	2.3–13.0	(6)	97.1	4.35
	2.508	177.53	167–148	1.7–10.4	(7)	86.2	4.31
	3.465	172.66	168–152	0.5–5.2	(7)	105.0	3.88
	3.539	168.11	151–138	4.0–13.2	(5)	71.4	4.36
	4.266	164.77	154–132	2.3–17.4	(7)	72.0	4.20

Dielectric constant (D) varied according to $D = 20.13_8 + 0.5327_5 x$ where x is wt. % water.

SODIUM IODIDE, NaI in Ammonia–Pyridine

Ref.	Concentration NH_3 mole/l	Λ_0	Λ	Concentration eq/l $\times 10^4$	Comments
[411]	0.2299	88.50	83.56	0.17–3.38 (5)	λ_0^+, 38.6 λ_0^-, 49.9 K_d, 2.7×10^{-4}

SODIUM IODIDE, NaI in 1-Butanol–Hexane

Ref.	Wt. % butanol	Dielectric constant	Λ_0	Λ	Concentration eq/l $\times 10^4$	Comments Exptl. pts.	K_d	a Å
[776]	7	2.02	133.5	$(36–3) \times 10^{-6}$	0.2–13.7	(9)	4.5×10^{-19}	6.34
	12.65	2.16	126.0	$(24–9) \times 10^{-5}$	0.3–100	(23)	1.1×10^{-16}	6.84
	20	2.51	114.0	$(4–1) \times 10^{-4}$	0.3–128	(14)	5.2×10^{-14}	7.07
	27.2	3.10		$(7.5–8.2) \times 10^{-2}$	0.3–62	(25)		
	40	4.77	76.8	0.3–1.1	4–2180	(12)	7.6×10^{-9}	5.88
	100	17.3	15.8	14.6–4.0	2–1640	(20)		

Note: The above Λ values are those at the highest and lowest concentrations studied. Minimum Λ values occurred at the following concentrations.

Wt. % butanol	Λ_{min}	Concentration eq/l $\times 10^4$
7	3.0×10^{-6}	11
12.65	4.0×10^{-5}	12.5
20	6.5×10^{-4}	35
27.2	8.0×10^{-3}	33
40	0.13	85

III. ELECTRICAL CONDUCTANCE

SODIUM IODIDE, NaI in Ethyl Methyl Ketone–Water

Ref.	Wt. % water	Λ_0	Λ	Concentration eq/l × 10^4	Exptl. pts.	Comments K_a	a_J Å
[283]	0	147.86	140–120	0.7–5.3	(8)	317.4	4.17
	0.278	145.51	134–107	1.2–9.3	(6)	353.1	
	0.683	144.66	127–110	2.4–8.0	(6)	340.8	3.97
	1.472	140.83	130–110	0.9–4.3	(4)	478.7	3.58
	1.670	140.61	129–119	1.5–4.0	(6)	296.4	3.90
	1.897	157.76	130–104	0.8–8.0	(7)	362.7	3.70
	2.715	131.54	116–102	3.0–8.0	(6)	277.8	3.78
	2.885	130.30	120–96	1.1–9.8	(4)	334.9	3.60
	3.048	129.61	120–96	1.7–11.1	(5)	290.2	3.68
	3.634	125.84	114–95	2.0–10.3	(7)	265.2	3.65
	4.622	119.04	108–91	2.0–10.3		241.4	3.67

SODIUM IODIDE, NaI in Methanol–Water

Ref.	Wt. % methanol	Dielectric constant	Λ_0	Λ	Concentration eq/l × 10^4	Comments
[385]	100	32.6	107.0	106–91	1.1–38.2	(12)
	90	29.4	105.0	100–89	3.8–30.9	(10)
	80	26.6	102.8	97–85	3.7–32.0	(10)
	70	23.1	100.2	95–80	1.8–31.0	(12)
	60	20.0	96.5	91–71	1.7–29.8	(11)
	56	18.2	94.6	88–68	1.7–30.0	(11)
	54.4	17.7	93.5	88–68	1.5–25.2	(11)
	50	16.3	90.9	84–62	1.3–23.4	(11)
	45	14.6	87.2	80–54	1.4–22.7	(11)
	42.1	13.8	85.0	75–48	1.4–21.7	(11)
	40	13.0	83.4	71–43	1.3–22.1	(11)
	38.5	12.3	81.0	66–39	1.3–21.5	(11)
	35	10.8	78.0	63–57	0.6–18.5	(10)
	30	9.16	70.4	45–17	0.6–19.7	(12)
	26.7	8.26	64.1	36–11	0.6–17.1	(12)
	24	7.25	57.1	24–6	0.6–16.0	(12)
	20	6.32				

These results read from graphical points.

POTASSIUM FLUORIDE, KF in Ethanol–Water

Ref.	Mole % water	Λ	Concentration eq/l × 10⁴	Comments
[448]	0–100	24–120	9.7	(17) results shown graphically
	0–100	20–75	9.7	5°C (18)
[449]	0.8–100		9.6	(13) transference numbers at 5°C and 25°C measured. Ionic mobilities shown graphically

POTASSIUM FLUORIDE, KF in Glycerol–Water

Ref.	Concentration eq/l × 10⁴	Comments
[493]*	100	Λ vs mole % water shown graphically at 5 and 25°C

* Republished [561].

POTASSIUM CHLORIDE, KCl in Acetone–Water

Ref.	Wt. % acetone	Dielectric constant	Λ₀
[405]	0.0	78.54	150.3
	10.0	73.0	129.3
	30.0	61.0	97.4
	60.0	41.8	82.0
	90.0	24.0	105.9

POTASSIUM CHLORIDE in n-Butanol–Water

Ref.	Molarity of n-butanol	Concentration eq/l × 10⁴	Comments
[393]	0–1.2	0.02	30°C κ values only shown graphically

III. ELECTRICAL CONDUCTANCE

POTASSIUM CHLORIDE, KCl in Dimethylsulfoxide–Water

Ref.	Wt. %	Dielectric constant	Λ_0
[198]	0	78.3	149.8
	10	78.2	
	20	77.9	98.0
	30	77.2	
	40	76.4	61.0
	50	75.2	
	60	73.3	37.0
	70	69.5	
	80	64.7	28.0
	90	57.5	30.5
	100	46.4	38.3

POTASSIUM CHLORIDE, KCl in Dioxane–Water

						Comments		
Ref.	Wt. % dioxane	Dielectric constant	Λ_0	Λ	Concentration eq/l × 10^4	Exptl. pts.	K_a	a_J Å
[91]	0.0	78.54	149.893	150–140	19–100	(5)		3.333
	22.2	60.16	100.74	98–94	15–72	(4)		3.31
	43.65	41.46	69.13	66–63	12–55	(5)	1.2	3.26
	56.7	30.26	56.45	53–49	9–37	(5)	18	4.25
	61.7	25.84	52.32	48–43	7–33	(5)	34	4.24
	69.9	19.32	46.26	41–34	5–23	(5)	162	4.96
	75.0	15.37	42.34	33–26	5–18	(4)	498	5.16
	78.8	12.74	39.45	28–20	3–15	(5)	1700	6.37

Values for Λ_0 and a_J for mixtures 0, 22.2% and 41.40% dioxane recalculated in [159] and [549]. Data for all mixtures recalculated in [100].

						Comments	
Ref.	Wt. % dioxane	Dielectric constant	Λ_0	Λ	Concentration eq/l × 10^4	Exptl. pts.	a Å
[100]	0	78.54	149.898	146–141	19–100	(5)	3.78
	22.2	60.16	100.738	98–94	15–72	(4)	3.82
	43.65	41.46	69.142	66–63	12–55	(5)	3.65
	56.69	30.26	56.272	53–49	9–37	(5)	3.43
	61.74	25.84	52.082	48–43	7–33	(5)	3.60
	69.88	19.32	45.650	41–34	5–23	(5)	4.0

Data recalculated from [91].
[433] Λ values shown graphically.

POTASSIUM CHLORIDE, KCl in Dioxane–Water (*Continued*)

Ref.	Wt. % dioxane	Dielectric constant	Λ_0	Λ	Concentration eq/l × 10^4	Comments	
[346]	78.81	12.74	40.15	28–16	3–31	(9) K_a, 2232 21.6 Å	a,

Ref.	Mole % dioxane	Dielectric constant	Λ_0
[427]	10	69.69	
	20	60.79	
	70	17.69	40.0
	80	10.71	22.4
	90	5.605	7.6

Ref.	Wt. % dioxane	Dielectric constant	Λ_0	Comments K_d × 10^3	a_J Å
[723]	20	61.86	105.12	320	(3.5)
	30	53.28	88.12	450	(3.5)
	40	44.54	73.91	650	(3.5)
	50	35.85	62.53	48	(3.5)

Data recalculated from earlier work.

Ref.	Wt. % dioxane	Λ_0	Λ	Concentration eq/l × 10^4	Comments K_d	
[802]	10	165.29	153–141	10–100	40°C (9)	5.62
	20	139.86	131–121	10–100	(9)	4.10
	30	116.96	110–101	10–100	(9)	3.80

III. ELECTRICAL CONDUCTANCE

POTASSIUM CHLORIDE, KCl in Ethanol–Water

Ref.	Wt. % ethanol	Dielectric constant	Λ_0	Λ	Concentration eq/l × 10^4	Exptl. pts.	Comments K_a	a_J Å
[100]	38	55.5	57.873	56–53	14–99	(4)		3.68
	40	55.1	56.708	55–51	11–120	(5)		3.63
	60	43.3	46.785	44–40	13–105	(5)		3.23
	79	33.1	44.024	40–34	16–92	(5)		3.28
	88	29.0	44.564	40–34	13–65	(7)		3.45
[292]	38.37	55.5	57.822	56–52	14–134	(8)		2.71
	39.91	55.1	56.645	55–51	11–120	(8)		2.64
	60.25	43.3	46.768	44–40	13–110	(8)		2.99
	79.29	33.1	44.05	40–34	16–92	(7)	11.6	3.03
	87.92	29.0	44.59	40–33	13–74	(8)	23.5	3.25
	100	24.3	45.42				95	4.6
[294]	38.373		57.81	56–52	14–134	(8)	0.3	2.51
	39.907		56.65	55–51	11–120	(8)	0.6	2.63
	62.99		46.11	44–42	6–35	(7)	7	3.8
	60.245		46.77	44–40	13–110	(8)	3.0	2.92
	79.294		44.04	40–34	16–92	(8)	10.5	3.00
	87.916		44.59	40–33	13–75	(8)	22.5	3.2

[392] Results are given graphically. The variation of κ with pressure was studied.

Ref.	Mole % water	Λ	Concentration eq/l × 10^4	Comments
[448]	17–100	30–135	9.7	(8) shown graphically
	17–100	20–90	9.7	(9) 5°C

[449] Transference numbers of KCl in Ethanol–Water measured at 5°C and 25°C (composition 27.9–100 mole % H_2O; KCl concentration 0.01–0.02 mole/l). Ionic mobilities calculated and shown graphically.

[729] Transference numbers KCl [729] 0, 10.9, 24.8, 44.1, 53.6, 74.3 wt. % ethanol.

POTASSIUM CHLORIDE, KCl in Ethylene Glycol–Water

Ref.	Wt. % water	Concentration mole/l	Comments	
[456]	0	0.01–0.07	(4)	κ only
	5	0.01–0.08	(5)	κ only

POTASSIUM CHLORIDE, KCl in Ficoll–Water

Ref.	Wt. % ficoll	Λ_0	Λ	Concentration eq/l × 10^4	Comments
[286]	4.935	135.53	128.5–122.0	0.8–3.9	(5)
	9.85	120.47	113.1–110.0	1.3–3.0	(5)

POTASSIUM CHLORIDE, KCl in Glycerol–Water

Ref.	Concentration eq/l × 10^4	Comments
[439]*	100	Λ vs mole % water shown graphically at 5 and 25°C

* Republished [561].

POTASSIUM CHLORIDE, KCl in Hexamethylenetetraamine (HMT)–Water

Ref.	Molarity HMT	Λ_0	Λ	Concentration eq/l × 10^4	Comments	
[399]	0.5	128.3	127.1–121.7	19–88	24.93°C	(6)
	1.0	105.7	107.4–101.4	3.4–132		(12)
	1.5	86.9	88.1–85.8	3.2–34.5		(8)
	2.0	68.5	68.8–68.6	14.3–41.4		(6)
	0.5	152.1	151.0–147.2	5.4–44.7	33.46°C	(13)
	1.0	128.7	128.4–124.4	3.4–44.2		(7)

III. ELECTRICAL CONDUCTANCE

POTASSIUM CHLORIDE, KCl in Hydrogen Peroxide–Water

Ref.	Wt. % H_2O_2	Λ_0	Λ	Concentration eq/l × 10^4	Comments
[721]	0	150.4	150–84	10–8100	(15)
	31	138.0	134–109	25–2000	(6)
	31.2		126–84	50–3000	(7)
	52	128.4	120–99	25–3300	(5)
	71.5		103–83	80–900	(3)
	75	117.4	109–96	30–1000	(4)
	92.9		108–73	25–3000	(6)
	94	116.3			Λ_0 from graph

POTASSIUM CHLORIDE, KCl in Methanol–Water

Ref.	Wt. % water	Λ_0	Λ	Concentration eq/l × 10^4	Comments	
[519]	0.245	104.65	102–95	1–15	(6)	K_d, 0.260
	0.490	104.21	102–94	1–15	(6)	K_d, 0.114
	1.026	103.04	100–93	1–15	(5)	K_d, 0.112

Ref.	Mole % methanol	Λ_0	Λ	Concentration eq/l × 10^4	Comments
[523]	50	75.10	73–67	5–100	(7)

Ref.	Wt. % MeOH	Dielectric constant	Λ_0	Comments
[405]	0.0	78.54	150.3	
	20.2	69.2	99.2	
	40.2	59.6	78.2	
	60.7	49.8	74.2	
	80.7	39.1	91.5	
	100.0	31.5	104.8	
	0.0	74.9	180.0	35°C
	20.2	65.8	123.9	
	40.2	56.3	97.4	
	60.7	46.9	92.1	
	80.7	37.5	109.4	
	100.0	29.9	119.9	

POTASSIUM CHLORIDE, KCl in Methanol–Water (*Continued*)

Ref.	Wt. % MeOH	Dielectric constant	Λ_0	Comments
[405]	0.0	71.5	211.0	45°C
	20.2	62.6	149.9	
	40.2	53.5	117.4	
	60.7	44.2	112.9	
	80.7	35.3	129.7	
	100.0	28.3	136.7	

Data recalculated from earlier work.

Ref.	Mole % water	Λ	Concentration molal	Comments
[503]	0–100	80–140	0.01	(12) Λ_{min} at 54% results shown graphically
	0–100	60–90	0.01	5°C (12) Λ_{min} at 64%

POTASSIUM CHLORIDE, KCl in 2-Methoxyethanol (ME)–Water

Ref.	% MeOH	Dielectric constant	Λ_0	Λ	Concentration eq/l $\times 10^4$	Comments	
[631]	0	78.54	150.3	149–134	1–465	(9)	
	20.2	69.2	99.2	98–88	2–520	(8)	
	40.2	59.6	78.2	77–67	1–457	(9)	
	60.7	49.8	74.2	74–60	0.4–505	(9)	
	80.7	39.1	91.5	89–57	3–693	(8)	
	100	31.5	104.8	100–65	5–525	(5)	
	0	74.9	180	178–173	1–50	(5)	35°C
	20.2	65.8	123.9	122–109	5–518	(7)	
	40.2	56.3	97.4	96–84	3–454	(8)	
	60.7	46.9	92.1	92–73	0.4–501	(9)	
	80.7	37.5	109.4	106–67	83–686	(8)	
	100	29.9	119.9	114–74	5–519	(5)	

Λ_0 values requoted in [405] and used to calculate ionic radii.

III. ELECTRICAL CONDUCTANCE

POTASSIUM CHLORIDE, KCl in 2-Methoxyethanol (ME)–Water (*Continued*)

Ref.	% MeOH	Dielectric constant	Λ_0	Λ	Concentration eq/l × 10^4	Comments	
	0	71.5	211	208–203	7–50	(4)	45°C
	20.2	62.6	149.9	149–130	2–515	(6)	
	40.2	53.5	117.4	117–103	3–450	(8)	
	60.7	44.2	112.9	112–88	0.4–496	(9)	
	80.7	35.3	129.7	126–78	3–679	(8)	
	100	28.3	136.7	129–82	5–513	(5)	

Ref.	Wt. % ME	Dielectric constant	Λ_0	a Å
[538]	15.25	71.20	104.7	2.5
	29.07	64.25	76.0	2.9
	50.40	52.10	49.5	3.05
	60.23	45.85	42.6	2.82
	70.10	38.90	38.0	2.88
	80.17	32.00	35.4	3.04
	90.47	24.70	34.7	3.18

POTASSIUM CHLORIDE, KCl in Tetrahydrofuran–Water

Ref.	Dielectric constant	Λ_0	Λ	Concentration eq/l × 10^4	Comments	
[346]	12.6	54.7	10–22	35–5.2	(6)	K_a, 8700 a_J, 21.9

Ref.	Wt. % THF	Dielectric constant	Λ_0	Λ	Concentration eq/l × 10^4	Exptl. pts.	Comments K_a	a_J
[424]	15.00	68.0	102.69	98.9–96.0	34–150	(5)		4.32
	49.95	40.0	59.23	55.2–52.7	17–44	(4)	10	4.2
	70.00	25.6	44.30	38–31	13–61	(5)	39	3.3
	80.05	18.3	44.60	32–22	10–54	(5)	331	3.25
	85.00	15.6	47.75	23–16	18–53	(4)	928	3.14
	90.00	12.6	53.03	22–11	5–29	(6)	7355	3.45

POTASSIUM BROMIDE, KBr in Dioxane–Water

Ref.	Wt. % dioxane	Dielectric constant	Λ_0	Λ	Concentration eq/l × 10^4		Comments	
[273]	0	78.54	151.81	147.8–143.3	19–97	(10)		a, 3.33 Å
	22.1	59.44	100.96	97.5–94.8	17–83	(5)		a, 3.70 Å
	44.1	40.73	68.80	66.1–62.9	9.1–46.7	(5)		a, 3.41 Å
	56.8	30.68	58.06	54.5–50.3	9.8–47.9	(5)	K_a, 4.4	a, 3.18 Å
	61.1	26.50	53.06	49.7–44.7	9.8–47.7	(5)	K_a, 5	a, 3.18 Å
	70.5	18.85	47.06	41.1–34.2	6.4–32.3	(5)	K_a, 75.7	a, 4.06 Å
	75.3	15.27	43.83	36.5–28.1	3.8–20.9	(6)	K_a, 352	a, 4.7 Å
	78.8	13.14	41.11	31.0–21.4	4.0–24.5	(6)	K_a, 766	a, 4.67 Å

POTASSIUM BROMIDE, KBr in Ethanol–Water

Ref.	Wt. % of H$_2$O	Λ	Concentration eq/l × 10^4
[470]	0.5	42.05	6.75

POTASSIUM IODIDE, KI in Acetone–Water

Ref.	Wt. % water	Λ_0	Λ	Concentration eq/l × 10^4	Exptl. pts.	Comments K_a	a_J Å
[283]	0.179	197.83	190–160	0.9–10.8	(8)	94.9	4.70
	0.291	196.32	190–170	0.8–7.8	(7)	101.7	4.56
	1.175	191.05	180–160	1.2–9.7	(6)	91.1	4.52
	2.012	185.82	180–150	1.2–12.6	(8)	83.6	4.46
	2.817	180.66	170–160	2.5–8.1	(6)	75.9	4.43
	3.304	177.85	170–150	0.9–9.0	(7)	86.7	4.14
	3.574	170.31	160–145	2.5–11.2	(6)	64.0	4.54

Ref.	Wt. % water	Λ_0	Λ	Concentration eq/l × 10^4		Comments	
[519]	0.0	192.1	180–150	1–16	(6)	K_d, 0.018	
	0.769	187.1	175–140	2–23	(6)	K_d, 0.051	

III. ELECTRICAL CONDUCTANCE

POTASSIUM IODIDE, KI in Ethanol–Water

Ref.	Mole fraction ethanol	Λ	Concentration eq/l × 10^4	Comments
[565]	0	144–47	39–62500	(20)
	0.0995	79–60	16–43200	(20)
	0.188	59–48	8–32400	(13)
	0.417	48–32	16–10900	(13)
	0.61	42–24	36–8100	(9)
	0.815	41–21	64–3600	(8)
	1	38–22	16–1600	(5)

Estimated from graphical points.

POTASSIUM IODIDE, KI in Ethyl Methyl Ketone–Water

Ref.	Wt. % water	Λ_0	Λ	Concentration eq/l × 10^4	Exptl. pts.	Comments K_a	a_J Å
[283]	2.92	131.57	123–99	1.4–11.3	(8)	239.9	3.65
	5.05	115.80	108–91	1.8–13.0	(8)	134.7	3.86
	5.101	117.95	109–101	1.8–5.6	(7)	148.1	3.91

Ref.	Wt. % water	Λ_0	Λ	Concentration eq/l × 10^4	Exptl. pts.	Comments $K_d × 10^3$
[532]	0.301	148.8	142–126	0.6–3.6	(5)	2.57
	0.510	148.2	141–125	0.3–3.8	(5)	2.55
	0.537	148.4	139–124	1.0–4.4	(5)	2.50
	0.906	145.2	137–115	0.9–7.2	(5)	2.76
	0.952	145.6	139–116	0.6–6.6	(5)	2.58
	1.338	142.5	133–117	1.0–5.6	(5)	2.99
	1.700	139.0	131–120	0.9–4.0	(4)	3.45
	2.628	132.1	121–112	1.3–5.6	(3)	4.06
	3.588	127.4	121–109	0.8–5.8	(5)	4.87
	4.728	120.6	115–107	0.6–4.1	(4)	5.08

RUBIDIUM CHLORIDE, RbCl in Dioxane–Water

Ref.	Dielectric constant	Λ_0	Λ	Concentration eq/l $\times 10^4$		Comments	
[114]	11.88	38.94	26–18	2–11	(5)	K_a, 3280	a, 7.56 Å
	13.73	40.54	30–21	4–17	(5)	K_a, 1200	a, 5.71 Å
	18.93	46.21	40–33	5–21	(5)	K_a, 217	a, 5.24 Å
	25.80	52.77	50–44	6–26	(5)	K_a, 53	a, 5.32 Å
	48.02	79.85	80–72	14–70	(5)	K_a, 1.9	a, 3.45 Å
	78.54	153.67	149.7–144.4	21–110	(15)		a, 3.02 Å

Ref.	Wt. % dioxane	Dielectric constant	Λ_0	Λ	Concentration eq/l $\times 10^4$	Exptl. pts.	Comments K_a
[134]	0.0	78.54	154.01	150.3–146.3	16–75	(10)	1.1
	47.6	37.96	64.14	61.1–57.9	11–60	(5)	5.8
	63.7	24.39	52.40	48.6–44.2	6–32	(4)	16.8
	70.7	18.68	48.22	43.1–37.3	5–23	(5)	77.8
	76.1	14.73	45.03	38.1–30.9	3–15	(5)	331
	77.2	13.53	44.02	36.0–28.0	3–14	(5)	587

RUBIDIUM CHLORIDE, RbCl in Hydrogen Peroxide–Water

Ref.	Wt. % H_2O_2	Λ_0	Λ	Concentration eq/l $\times 10^4$	Comments
[721]	0	150.5	148–126	15–2600	(7)
	31	140.0	135–106	30–2700	(6)
	52	121.0	122–102	15–2250	(5)
	75	117.2	116–102	25–300	(4)

Λ and concentration data from graphs.

III. ELECTRICAL CONDUCTANCE

RUBIDIUM BROMIDE, RbBr in Dioxane–Water

Ref.	Wt. % dioxane	Dielectric constant	Λ_0	Λ	Concentration eq/l × 10⁴	Exptl. pts.	Comments K_a	a Å
[104]	0.0	78.54	155.48	151–146	20–103	(5)	0	3.13
	22.2	60.26	103.048	100–96	15–75	(5)	0	3.21
	45.6	39.84	68.494	66–62	10–50	(5)	0	2.89
	56.4	30.43	58.34	55–51	8–38	(5)	13	4.12
	63.0	24.81	52.94	49–44	6–31	(5)	30	4.16
	70.2	19.07	47.77	42–35	5–26	(5)	135	4.70
	78.7	13.01	39.92	31–21	3–16	(6)	1119	5.47

CESIUM CHLORIDE, CsCl in Dioxane–Water

Ref.	Wt. % dioxane	Dielectric constant	Λ_0	Λ	Concentration eq/l × 10⁴	Exptl. pts.	Comments K_a	a_J Å
[121]	0.0	78.54		149–144	19–99	(5)		
	47.5	38.60	66.66	64–59	8–45	(4)	17.1	6.49
	64.4	23.68	50.07	45–39	7–34	(5)	83.2	5.00
	70.5	18.73	45.25	39–31	5–23	(5)	222	4.61
	75.5	15.01	41.59	32–24	4–18	(5)	818	5.78
	78.8	12.73	38.44	26–18	3–16	(5)	2106	6.10

CESIUM CHLORIDE, CsCl in Ethanol–Water

Ref.	Wt. %	Λ_0	Comments
[390]	0.0	153.75	
	22.4	82.58	
	42.7	55.96	
	58.3	48.56	
	80.0	45.16	
	100	48.00	K_d, 4.3 × 10⁻³
	0.0	184.41	35°C
	22.4	106.88	
	42.7	74.57	
	58.3	63.47	
	80.0	57.22	
	100	57.70	K_d, 3.4 × 10⁻³

CESIUM CHLORIDE, CsCl in Ethanol–Water (*Continued*)

Ref.	Wt. %	Λ_0	Comments
[390]	0.0	216.32	45°C
	22.4	133.16	
	42.7	95.16	
	58.3	80.97	
	80.0	70.96	
	100	69.55	K_d, 2.6×10^{-3}
	0.0	154.00	
	29.79	67.70	
	59.69	49.30	
	89.14	46.80	
	100	48.10	K_d, 4.20×10^{-3}
	0.0	184.41	35°C
	29.79	88.00	
	59.69	63.40	
	89.14	59.00	
	100	57.70	K_d, 3.34×10^{-3}
	0.0	216.30	45°C
	29.79	114.00	
	59.69	80.80	
	89.14	76.50	
	100	69.50	K_d, 2.56×10^{-3}

Ref.	Wt. % ethanol	Dielectric constant	Λ_0	Λ	Concentration eq/l $\times 10^4$	Exptl. pts.	K_a	a_J Å
[294]	40.375		57.69	56–53	9–69	(8)	3.0	3.8
	60.129		47.72	46–42	8–69	(8)	8.4	3.8
	73.897		44.85	42–36	8–70	(8)	17.8	3.45
	84.331		44.90	41–34	8–63	(8)	37.9	3.52
	91.24		45.98	41–32	7–56	(8)	67	3.68
	93.23		46.38	41–32	7–58	(8)	79.9	3.69
	100		48.33	40–32	10–38	(5)	158.1	4.20
[292]	40.38	54.9	57.690	56–53	9–69	(8)	3.0	3.9
	60.13	43.3	47.725	46–42	8–69	(8)	8.4	3.8
	73.90	35.7	44.849	42–36	8–70		18.0	3.53
	84.33	30.7	44.90	41–34	8–63	(8)	38.5	3.58
	91.25	27.5	45.99	41–32	7–56	(8)	68	3.72
	93.24	26.8	46.39	41–32	7–58	(8)	80	3.76
	100	24.3	48.33	40–32	10–38	(5)	158.1	4.20

III. ELECTRICAL CONDUCTANCE

CESIUM CHLORIDE, CsCl in Ethanol–Water (Continued)

Ref.	Wt. % EtOH	Dielectric constants	Λ_0	Λ	Concentration eq/l × 10^4	Comments	
[332]	0.0	78.30	153.75	153–146	2–69		
	22.4	65.5	82.58	81–78	3–49	(6)	
	42.7	53.1	55.96	55–51	3–81	(6)	
	58.3	44.2	48.56	47–43	3–64	(6)	
	80.0	32.8	45.16	43–35	3–64	(7)	
	100.0	24.3	48.00	44–29	2–55	(9)	
	0.0		184.41	184–175	2–69	(9)	35°C
	22.4		106.88	105–101	3–49	(6)	
	42.7		74.57	73–68	3–80	(6)	
	58.3		63.47	62–56	3–63	(6)	
	80.0		57.22	54–44	3–63	(7)	
	100.0		57.70	53–34	2–54	(9)	
	0.0		216.32	215–205	2–70		45°C
	22.4		133.16	131–126	3–50	(6)	
	42.7		95.13	93–86	3–80	(6)	
	58.3		80.97	80–71	3–63	(7)	
	80.0		70.96	67–54	3–62	(7)	
	100.0		69.55	63–39	2–53	(9)	

CESIUM CHLORIDE, CsCl in Hydrogen Peroxide–Water

Ref.	Wt. % H_2O_2	Λ_0	Λ	Concentration eq/l × 10^4	Comments
[721]	0	153.0	150–126	20–2700	(6)
	31	131.2	129–109	20–1700	(6)
	52	118.0	118–101	25–2250	(4)
	75	108.0	108–94	40–2000	(5)

Λ and concentration from graphs.

CESIUM CHLORIDE, CsCl in Tetrahydrofuran–Water

Ref.	Dielectric constant	Λ_0	Λ	Concentration eq/l $\times$ 10^4	Comments
[346]	12.6	50.4	24–10	2.8–28	K_a, 9860 a_J, 22.2 Å

CESIUM BROMIDE, CsBr in Dioxane–Water

Ref.	Composition wt. % dioxane	Dielectric constant	Λ_0	Λ	Concentration eq/l $\times$ 10^4		K_a	a Å
[564]	82.82	10.19	38.512	17.3–8.1	4–41	(8)	9654	5.47
	81.30	11.00	40.027	22.4–11.4	3–33	(8)	5644	5.30
	78.53	12.81	43.119	32.2–16.7	2–37	(9)	2349	4.86
	75.50	15.01	44.835	37.1–28.2	3–15	(7)	920	4.50
	73.50	16.67	45.958	40.8–29.5	2–22	(7)	585	4.16
	69.90	19.32	48.146	44.4–31.3	2–45	(9)	235	3.97
	60.00	27.3	55.389	51.7–45.5	6–43	(7)	49.6	3.22
	40	44.6	74.95	71.3–66.3	17–106	(7)	5.0	2.75

CESIUM BROMIDE, CsBr in Tetrahydrofuran (THF)–Water

Ref.	Composition wt. % THF	Dielectric constant	Λ_0	Λ	Concentration eq/l $\times$ 10^4		K_a	a Å
[564]	90	12.6	59.181	31.5–14.4	2–23	(8)	7963	4.16
	85	15.6	51.687	41.3–25.7	2–18	(6)	1388	3.95
	80	18.3	49.421	41.1–31.4	4–20	(7)	530	3.66
	70	24.6	50.218	46.5–39.0	3–32	(9)	120	3.08
	50	40.0	61.341	59.6–55.5	4–47	(7)	8.1	2.83
	30	56.6	79.49	76.3–72.1	22–156	(6)	1.7	
	15	68.0	105.20	101.6–94.5	28–357	(7)	0	
	0		155.43	150.3–140.3	29–316	(8)	0.4	

III. ELECTRICAL CONDUCTANCE

CESIUM IODIDE, CsI in Dioxane–Water

Ref.	Wt. % dioxane	Dielectric constant	Λ_0	Λ	Concentration eq/l × 10^4	Comments Exptl. pts.	K_a	a_J Å
[92]	0.0	78.54	154.16	150–145	20–94	(5)		2.76
	22.1	60.18	99.45	96–93	15–74	(5)		3.76
	44.6	40.57	66.899	64–61	10–54	(5)		3.73
	57.1	29.79	56.434	53–49	10–50	(5)		3.36
	63.7	24.44	52.26	48–44	7–31	(5)	19.6	4.18
	70.7	18.68	48.21	42–36	5–25	(5)	88	4.53
	75.2	15.29	45.48	38–30	4–20	(5)	320	5.25
	78.5	12.81	41.68	32–24	3–16	(5)	760	5.12

Values for Λ_0 and a_J for mixtures 0.0, 22.1, 44.6 and 57.1% dioxane recalculated in [159] and [549]. Ref. [100] gives recalculations for all mixture.

Ref.	Wt. % dioxane	Dielectric constant	Λ_0	Λ	Concentration eq/l × 10^4	Comments Exptl. pts.	K_a	a Å
[100]	0.0	78.54	154.109	150–145	20–94	(5)		3.49
	22.1	60.18	99.477		15–74	(5)		4.40
	44.6	40.57	66.911	64–61	10–50	(5)		4.50
	57.1	29.79	56.502	53–49	9–42	(5)		4.32
	63.7	24.44	52.203	48–44	7–31	(5)		4.25
	70.7	18.68	47.825	42–36	5–25	(5)		4.55

Data recalculated from [92].

CESIUM IODIDE, CsI in Tetrahydrofuran–Water

Ref.	Dielectric constant	Λ_0	Λ	Concentration eq/l × 10^4	Comments
[346]	12.6	65.3	44–23	2.5–26	(4) K_a, 3220 a_J, 19.9 Å

(d) Ammonium and Alkali Metal Inorganic Compounds

AMMONIUM PERCHLORATE, NH_4ClO_4 in Ethanol–Water

Ref.	Wt. % of H_2O	Λ	Concentration eq/l × 10^4
[470]	0.08	44.88	14.84
	0.16	44.86	14.83

AMMONIUM THIOCYANATE, NH_4CNS in Acetone–Water

Ref.	Wt. % water	Λ_0	Λ	Concentration eq/l × 10^4		Comments
[519]	0	214	170–90	1.1–15	(6)	K_d, 0.066
	0.483	211	170–100	1.3–14	(5)	K_d, 0.083
	0.970	208	175–110	1.2–15	(6)	K_d, 0.029

LITHIUM CHLORATE, $LiClO_3$ in Dioxane–Water

Ref.	Wt. % dioxane	Dielectric constant	Λ_0	Λ	Concentration eq/l × 10^4		Comments
[293]	0.00	78.54	102.460	101–98	5–37	(10)	
	25.02	55.50	68.632	67–65	7–32	(5)	
	44.98	40.25	51.697	50–47	7–39	(5)	
	59.94	27.35	44.70	42–39	6–27	(5)	
	69.94	19.10	41.22	37–32	5–29	(5)	
	79.95	11.99	35.02	26–28	5–26	(5)	
	84.96	9.60	34.00	9.7–7.9	16–33	(4)	
[758]	44.5	40.6	52.05	44–3	180–88700	(7)	Λ_0 from [293]
	64.5	23.4	43.10	31–2	160–60500	(7)	Λ_0 from [238]
[238]	90	6.07	62.0	2.68–0.74	2.8–170	(8)	K_a, 2.6 × 10^6
	64.5	23.4	43.10	38–32	10–84	(7)	K_a, 26.2 a, 3.93 Å

III. ELECTRICAL CONDUCTANCE

LITHIUM NITRATE, LiNO₃ in Ethanol–Water

Ref.	Wt. % ethanol	Dielectric constant	Λ_0	Λ	Concentration eq/l × 10⁴	Comments
[348]	100	24.3	42.74	38–32	7.0–50 (5)	K_a, 19.2 a_J, 3.7 Å
	70.10	37.4	39.45	38–35	7.0–57 (5)	a_J, 3.6 Å
	0.0	78.30	110.10	108–103	8.5–68 (5)	a_J, 2.2 Å

LITHIUM PERCHLORATE, LiClO₄ in Acetone–Methanol

Ref.	Composition wt. % methanol	Λ	Concentration molal	Comments
[336]	50	23–2	0.09–4.7	−50°C (10)
		28–3	0.09–4.7	−40°C (10)
		33–4	0.09–4.7	−30°C
		38–5	0.09–4.7	−20°C
		44–7	0.09–4.7	−10°C
		50–9	0.09–4.7	0°C
		56–11	0.09–4.7	10°C
		63–13	0.09–4.7	20°C

Ref.	Wt. % acetone	Comments
[591]	50	Data shown graphically. Published in [336]

LITHIUM PERCHLORATE, LiClO₄ in Dioxane–Water*

Ref.	Dielectric constant†	Λ_0	Λ	Concentration eq/l × 10⁴		a (Å)
[823]	9.80	33.89	25–18	4–18	(5)	4.9
	14.00	39.75	33–29	6–21	(4)	4.7
	17.20	40.74	35.8–32.6	7–22	(3)	4.9
	22.40	41.55	39–35	5–33	(4)	4.8
	29.20	43.06	39.8–37.7	12–44	(5)	4.8
	34.10	44.26	42.2–40.4	7–31	(4)	5.7

* Solvent composition not given.
† Data interpolated from [91].

LITHIUM THIOCYANATE, LiCNS in Acetone–Water

Ref.	Wt. % water	Λ_0	Concentration eq/l $\times 10^4$	Comments	
[519]	0.0	120–50	1.2–13.6	(6)	K_d, 0.021
	0.0	120–50	1.2–14.5	(6)	K_d, 0.026
	0.521	140–70	1.2–14.2	(6)	K_d, 0.060
	1.034	150–86	1.3–13.4	(6)	K_d, 0.033

SODIUM BROMATE, NaBrO$_3$ in Dioxane–Water

Ref.	Wt. % dioxane	Dielectric constant	Λ_0	Λ	Concentration eq/l $\times 10^4$	Comments K_a		
[469]		78.48	105.75					
		70.33	90.37					
		61.86	77.27					
		53.28	66.43					
		48.91	61.76			0.88		
		44.54	57.66			0.43		
		35.85	50.72			0.130		
		31.53	47.99			0.073		
[74]	0	78.48				0.50		
	10	70.33				0.68		
	20	61.86				0.90		
	30	53.28				1.33		
	35	48.91				2.10		
	40	44.54				2.73		
	50	35.85				6.87		
	55	31.53				11.8		

Recalculated data in [723]

Ref.	Wt. % dioxane	Dielectric constant	Λ_0	Λ	Concentration eq/l $\times 10^4$	Comments	Λ_0	$K_d \times 10^2$
[49]	0	78.48	105.75	104–99	3–84	(6)		20°C
	10	70.33	90.37	89–83	6–91	(5)		15°C
	20	61.86	77.27	76–71	3–89	(6)	77.34	110°C
	30	53.28	66.43	65–60	6–93	(5)		75°C
	35	48.91	61.76	61–55	3–97	(6)	61.75	48°C
	40	44.54	57.66	56–50	7–111	(6)		37°C
	50	35.85	50.72	49–42	6–94	(6)		14.5°C
	55	31.53	47.89	45–38	6–95	(6)		85°C

III. ELECTRICAL CONDUCTANCE

SODIUM CHLORATE, NaClO$_3$ in Dioxane–Water

Ref.	Wt. % dioxane	Dielectric constant	Λ_0	Λ	Concentration eq/l × 10^4	Comments	
[238]	90	6.07	68.0	1.71–0.61	3.3–41.4	(7)	K_a, 6.0 × 10^6
	64.5	23.4	46.69	41–15	14–12700	(13)	K_a, 16.6 a, 3.80 Å
	64.5	22.1	58.21	51–19	14–12600	35°C (13)	K_a, 17.0 a, 3.77 Å
[758]	44.5	40.6	57.75	51–17	100–35400	(7)	Λ_0 from earlier work (2)
	64.5	23.4		13.8–12.0	15000–120000		
	64.5	23.4		47–12	100–20000	(10)	data from graph

SODIUM CHLORATE, NaClO$_3$ in Ethanol–Water

Ref.	Wt. % of H$_2$O	Λ	Concentration eq/l × 10^4
[470]	0.5	39.98	7.59

SODIUM HYDROXIDE in Dioxane–Water

Ref.	Wt. % dioxane	Λ_0	Λ	Concentration eq/l × 10^4	Comments
[724]	45	60.42	58.5–57.2	5–14	(7)

SODIUM NITRATE, NaNO$_3$ in Methanol–Water

Ref.	Wt. % methanol	Dielectric constant	Λ_0	Λ	Concentration eq/l × 10^4		Comments
[360]	0.00	78.48	122.00	120–116	11–55	(5)	a, 2.80 Å
	24.99	67.80	77.82	76–73	13–74	(5)	a, 2.87 Å
	49.99	56.35	66.73	64–62	14–53	(4)	a, 2.79 Å
	74.96	44.85	74.64	71–65	12–85	(4)	a, 2.34 Å
	100	32.66	105.64	97–83	10–79	(5)	K_a, 5.69 a, 2.89 Å

SODIUM PERCHLORATE, NaClO$_4$ in Dioxane-Water

Ref.	Wt. % dioxane	Dielectric constant	Λ_0	Λ	Concentration eq/l × 10^4	Comments	
[421]	0.0	78.54	117.40	114–111	12–62	(5)	
	25.05	57.45	72.38	70–68	10–61	(5)	
	39.90	44.65	56.41	54–52	9–61	(5)	
	50.09	35.90	50.10	48–45	6–47	(5)	
	59.96	27.38	46.15	43–40	8–53	(5)	
	64.90	23.15	45.15	41–37	8–48	(5)	
	69.81	19.30	44.04	39–34	7–39	(5)	
	73.97	16.27	42.68	37–31	7–34	(5)	
	77.00	14.15	42.0	36–30	4–18	(5)	K_a, 169
	80.05	11.90	40.5	32–24	3–18	(5)	K_a, 433
	81.65	10–75	39.2	30–20	3–20	(5)	K_a, 805

SODIUM SULFATE, Na$_2$SO$_4$ in Dioxane-Water

Ref.	Wt. % dioxane	Λ_0	$K_a \times 10^2$
[356]	10	174.50	5.43
	20	150.50	2.67
	30	118.00	1.97

SODIUM THIOCYANATE, NaCNS in Acetone-Water

Ref.	Wt. % water	Λ_0	Λ	Concentration eq/l × 10^4	Comments	
[519]	0.0	202.0	180–120	1–16	(6)	K_d, 0.096
	0.659	197.0	175–130	1–17	(6)	K_d, 0.090
	0.993	194.0	170–130	2–16	(6)	K_d, 0.240

III. ELECTRICAL CONDUCTANCE

POTASSIUM CHLORATE, $KClO_3$ in Dioxane–Water

Ref.	Wt. % dioxane	Dielectric constant	Λ_0	Λ	Concentration eq/l × 10⁴	Exptl. pts.	K_a	a Å
[306]	0	78.54	137.56	133–129	24–100	(9)		
	8.20	71.50	120.58	120–110	24–73	(4)		
	19.60	62.35		95–90	14–95	(6)		
	44.05	41.15	65.97	63–58	11–78	(6)		
	59.60	27.65	53.55	49–44	13–55	(5)	13.2	
	69.30	19.70	48.07	42–34	7–32	(6)	132	
	74.80	15.50	43.08	30–24	13–39		444	
	78.00	13.20	40.77	29–18	5–42	(5)	905	
	78.50	12.80	41.40	26–20	6–19		1428	
[442]	0	78.54	137.56	135–131	9–54	(5)		2.11
	16.64	66.25	109.79	107–104	11–50	(5)		2.11
	26.22	57.90	87.84	86–83	8–42	(5)		2.47
	39.28	45.20	70.79	68–65	9–47	(5)		2.52
	58.70	28.45	54.20	50–46	9–35	(5)	18	4.05
	71.08	18.33	46.97	39–31	7–33	(5)	179	4.42
	75.04	15.50	43.84	33–24	7–36	(5)	144	4.32

POTASSIUM HYDROXIDE in Ethanol–Water

Ref.	Mol % water	Λ	Concentration eq/l × 10⁴		Comments	
[448]	0.1–100	30–265	9.7	(13)		shown
	0.1–100	20–175	9.7	(12)	5°C	graphically

POTASSIUM HYDROXIDE, KOH in Glycerol–Water

Ref.	Concentration eq/l × 10⁴	Comments
[439]*	100	Λ vs mole % water shown graphically at 5 and 25°C

* Republished [561].

POTASSIUM HYDROXIDE, KOH in Hydrogen Peroxide–Water

Ref.	Wt. % H_2O_2	Dielectric constant	Λ_0	Λ	Concentration eq/l × 10^4		Comments
[634]	0	78.5	271	257–214	6–100	(4)	Λ_0 from other work
	24.2	80.0	108	111–104	6–100	(4)	
	49.2	81.0	111	114–107	6–100	(4)	
	74.4	76.5	128	126–84	6–100	(4)	
	99.4	73.0	174	173.5–172.5	6–100	(4)	

POTASSIUM HYDROXIDE, KOH in Methanol–Water

Ref.	Mole % water	Λ	Concentration molal			Comments	
[503]	0–100	90–260	0.01	(12)		$\Lambda_{min.}$ at 34%	results shown graphically
	0–100	60–175	0.01	(11)	5°C	$\Lambda_{min.}$ at 46%	

POTASSIUM NITRATE, KNO_3 in Dioxane–Water*

Ref.	Wt. % dioxane	Dielectric constant	Λ_0	Λ	Concentration eq/l × 10^4	Exptl. pts.	K_a	a_J (Å)
[494]		55.3	86.68	83–77	27–170	(6)		2.63
		42.0	69.37	66–61	14–95	(5)		2.82
		33.8	61.08	57–53	12–52	(4)	6.8	3.94
		27.1	55.65	52–46	8–49	(5)	16	4.3
		22.8	51.6	46–39	8–40	(5)	60	5.1
		18.2	48.0	41–32	6–38	(6)	149	5.6
		15.3	46.36	38–31	5–18	(5)	393	7.4
		12.2	40.9	30–20	4–25		856	7.1
[663]	0	78.54	145.00	142–121	11–992	(36)	1.6	5.6
	21.0	60.53	98.55	94–85	34–383	(10)	2.8	5.0
	32.8	50.64	81.17	77–70	28–240	(9)	4.6	4.76
	43.6	41.25	68.81	65–59	16–124	(8)	8.2	4.78
	50.1	35.13	62.20	59–53	10–87	(9)	14.4	4.70
	63.8	24.49	53.46	49–43	6–37	(8)	57	4.55
	69.9	19.32	49.55	45–37	3–23	(9)	176	4.68
	76.0	14.56	45.57	38–30	2–10	(6)	796	5.02

* Solvent composition not reported.

POTASSIUM NITRATE, KNO$_3$ in Ethanol–Water

Ref.	Wt. % ethanol	Dielectric constant	Λ_0	Λ	Concentration eq/l $\times$ 10^4	Exptl. pts.	K_a	a_J (Å)
[348]	83.01	31.4	48.12	45–38	6–50	(5)	38.9	3.8
	68.01	38.3	47.17	45–41	6–50	(5)	8.9	3.35
	0.0	78.30	145.11	143–140	5–36	(5)		1.94

POTASSIUM NITRATE, KNO$_3$ in Methanol–Water

Ref.	Wt. % methanol	Dielectric constant	Λ_0	Λ	Concentration eq/l $\times$ 10^4	Exptl. pts.	K_a	a (Å)
[360]	0.00	78.48	145.10	142–140	13–34	(5)		1.98
	23.37	68.50	93.02	91–89	8–34	(5)		1.60
	45.90	58.25	77.03	75–72	8–44	(6)		2.04
	75.88	44.45	83.13	77–74	24–54	(4)	4.60	2.81
	89.30	38.25	94.31	86–80	19–52	(5)	8.78	2.93
	100	32.66	112.91	103–91	10–50	(5)	15.40	2.94

POTASSIUM PERCHLORATE, KClO$_4$ in Dioxane–Water

Ref.	Wt. % dioxane	Dielectric constant	Λ_0	Λ	Concentration eq/l $\times$ 10^4	Exptl. pts.	K_a	a (Å)
[421]	0.0	78.54	140.79	137–133	14–76	(5)		
	38.65	45.75	66.51	64–61	9–60	(5)		
	52.89	33.45	54.60	52–48	9–58	(5)		
	59.36	27.87	51.12	48–44	8–40	(5)		
	64.80	23.25	48.82	45–40	6–47	(6)		
	69.94	19.20	47.2	43–36	4–35	(6)	50	
	74.95	15.55	45.0	38–29	4–34	(5)	161	
	77.56	13.70	43.6	35–25	4–26	(5)	400	
	80.01	11.95	42.2	31–20	4–27	(5)	1051	
	81.01	11.25	41.7	28–19	4–22	(5)	1690	
	81.26	11.05	41.3	27–18	4–21	(5)	1839	

POTASSIUM PERCHLORATE, $KClO_4$ in Dioxane–Water (*Continued*)

Ref.	Wt. % dioxane	Dielectric constant	Λ_0	Λ	Concentration eq/l × 10^4	Exptl. pts.	K_a	a (Å)
[835]	0	78.54	140.82	136.6–132.0	20–88	(5)		1.80
	40.20	44.40	65.41	62.5–59.1	12–58	(4)		2.50
	54.50	32.70	53.74	50.9–48.2	9–39	(5)		4.20
	61.30	27.10	49.99	47.1–44.0	6–27	(5)		3.90
	63.50	25.30	49.26	45.9–42.4	6–28	(5)	15.3	5.00
	65.70	23.50	48.42	44.6–40.3	6–28	(5)	25.2	5.60
	69.90	20.10	46.93	42.3–37.1	5–24	(5)	76.4	6.20
	72.10	18.30	46.10	40.5–33.6	5–28	(5)	112.1	6.40
	74.05	16.80	45.51	38.0–32.0	6–24	(5)	235.0	7.70
	75.30	15.70	44.82	37.5–30.2	5–24	(5)	268.7	8.30

POTASSIUM PERCHLORATE, $KClO_4$ in Hydrogen Peroxide–Water

Ref.	Wt. % H_2O_2	Dielectric constant	Λ_0	Λ	Concentration eq/l × 10^4	Comments
[634]	0	78.5	138	140–130	6–100	(5)
	24.2	80.0	121	125–113	6–100	(5)
	49.2	81.0	105	103–98	6–100	(5)
	74.4	76.5	96	96–90	6–100	(5)
	99.4	73.0	94	92–88	6–100	(5)

Data from graph.

POTASSIUM PERCHLORATE, $KClO_4$ in Tetrahydrofuran (THF)–Water

Ref.	Wt. % THF	Dielectric constant	Λ_0	Λ	Concentration eq/l × 10^4	Exptl. pts.	K_a	a_J
[424]	15.00	68.0	94.83	91.3–90.1	17–46	(5)		6.4
	25.00	60.6	74.11	72.2–70.8	11–40	(5)		6.2
	40.00	48.2	60.54	58–57	17–73	(5)		6.6
	60.00	32.0	57.06	53–51	13–48	(6)		6.1
	70.00	25.6	58.54	54–52	9–19	(4)		5.0
	79.80	18.3	64.13	55–49	9–34	(6)		(4.65)
	84.45	15.8	68.38	59–33	6–27	(5)	46	6.5

III. ELECTRICAL CONDUCTANCE

POTASSIUM IODATE, KIO$_3$ in Glycerol–Water

Ref.	Wt. % glycerol	Dielectric constant	Λ_0	Λ	Concentration eq/l × 10^4	Exptl. pts.	K_a	a_J (Å)
[805]	0	78.54	114.27	112.7–110.8	3–17	(5)	0.833	3.85
	14.27	74.47	81.50	80.3–78.9	3–16	(6)	1.458	5.25
	25.65	71.24	61.54	60.7–59.8	3–14	(5)	2.222	2.10
	31.97	69.44	50.90	50.0–49.1	4–15	(6)	5.578	5.25
	44.54	65.80	33.24	32.7–32.2	4–14	(7)	7.500	7.55
	58.71	60.65	17.80	17.5–17.2	4–12	(7)	10.400	7.00
	70.22	55.66	8.89	8.7–8.5	3–13	(7)	21.250	8.40

POTASSIUM SULFATE, K$_2$SO$_4$ in Hydrogen Peroxide–Water

Ref.	Wt. % H$_2$O$_2$	Dielectric constant	Λ_0	Λ	Concentration eq/l × 10^4	Comments
[634]	0	78.5	152	147–132	6–100	(4)
	24.2	80.0	133	130–117	6–100	(4)
	49.2	81.0	118	115–105	6–100	(4)
	74.4	76.5	111	107–98	6–100	(4)
	99.4	73.0	111	107–98	6–100	(4)

Data from graph.

POTASSIUM THIOCYANATE, KCNS in Acetone–Water

Ref.	Wt. % water	Λ_0	Λ	Concentration eq/l × 10^4	Exptl. pts.	K_a
[519]	0.0	207.3	190–150	1.2–15	(6)	0.057
	0.516	201.7	180–150	1.8–16	(6)	0.255
	1.011	196.4	180–150	2.1–16	(6)	0.270

POTASSIUM THIOCYANATE, KCNS in Acetonitrile–Water

Ref.	Wt. % H₂O	Λ	Concentration eq/l × 10⁴	Exptl. pts.	Comments K_a	
[326]	1.00	201–170	0.6–30.2	(16)	37.7	
	2.00	202–170	0.7–30.6	(16)	34.8	
	5.00	186–165	0.5–25.8	(18)	23.0	
	1.00	84–72	0.6–33	(16)	24.9	−40°C
	1.00	102–86	0.6–33	(16)	28.3	−30°C
	2.00	97–82	0.7–33	(16)	26.5	
	1.00	100–117	0.6–32	(16)	28.9	−20°C
	2.00	114–97	0.7–32	(16)	28.3	
	5.00	98–86	0.6–27	(18)	19.8	
	1.00	134–115	0.6–31	(16)	32.6	−10°C
	2.00	132–112	0.7–32	(16)	29.4	
	5.00	116–102	0.6–27	(18)	19.5	
	1.00	153–130	0.6–31	(16)	34.1	0°C
	2.00	151–128	0.7–32	(16)	29.5	
	5.00	135–119	0.6–27	(18)	19.9	
	1.00	172–146	0.6–31	(16)	35.3	10°C
	2.00	174–144	0.7–31	(16)	32.6	
	5.00	156–137	0.6–26	(18)	21.1	
	1.00	191–163	0.6–30	(16)	37.1	20°C
	2.00	192–162	0.7–31	(16)	33.8	
	5.00	176–156	0.5–26	(18)	22.5	

RUBIDIUM PERCHLORATE, RbClO₄ in Dioxane–Water

Ref.	Wt. % dioxane	Dielectric constant	Λ₀	Λ	Concentration eq/l × 10⁴	Exptl. pts.	K_a	a (Å)
[373]	0.00	78.54	144.170	142–139	5–28	(9)		1.4
	55.29	31.25	54.037	51–49	6–24	(5)		3.8
	62.73	25.03	50.40	47–43	6–25	(5)	9.5	(4.0)
	66.77	21.72	48.77	45–40	4–23	(5)	34	4.7
	68.82	20.08	48.0	43–38	6–29	(5)	38	4.5
	74.62	15.60	46.4	38–31	5–23	(5)	275	5.3

(e) Alkali Metal Organic Compounds

LITHIUM PICRATE, $LiOC_6H_2(NO_2)_3$ in Ethanol–Water

Ref.	Wt. % of water	Λ	Concentration eq/l × 10^4
[470]	0.5	35.04	15.91

SODIUM ACETATE, NaO_2CCH_3 in Dimethylsulfoxide (DMSO)–Water

Ref.	Wt. % DMSO	Dielectric Constant	Λ_0
[198]	0	78.3	91.1
	10	78.2	77.0
	20	77.9	63.5
	30	77.2	52.0
	40	76.4	41.9
	50	75.2	33.3
	60	73.3	26.6
	70	69.5	22.8
	80	64.7	22.1
	90	57.5	
	100	46.4	

SODIUM ACETATE, NaO_2CCH_3 in Ethanol–Water

Ref.	Wt. % ethanol	Dielectric constant	Λ_0	Comments a (Å)
[180]	0	88.03	46.6	0°C
	10	82.32	29.86	
	20	76.80	19.95	
	40	63.72	16.88	
	60	49.87	14.69	
	80	37.92	17.23	
	100	28.3		

SODIUM ACETATE, NaO_2CCH_3 in Ethanol–Water (Continued)

Ref.	Wt. % ethanol	Dielectric constant	Λ_0	Comments a (Å)	
[180]	0	78.54	90.94	4.3	25°C
	10	72.8	66.98	3.6	
	20	66.99	51.76	2.8	
	40	55.02	45.05		
	60	43.40	35.91	2.5	
	80	32.84	35.56	2.6	
	100	24.3		3.0	
	0	74.78			35°C
	10	69.2	85.68		
	20	63.5	68.34		
	40	52.0	60.33		
	60	41.0	47.86		
	80	31.0	45.54		
	100	22.8			

SODIUM ACETATE, CH_3CO_2Na in 1-Propanol–Water

Ref.	Wt. % 1-propanol	Dielectric constant	Λ_0	Λ	Concentration eq/l × 10^4	Exptl. pts.	Comments K_a	a_J (Å)	
[648]	0	see [182]	69.38	68–66	3–32	(6)		3.4	15°C
	20		36.44	34.9–34.1	21–59	(5)		3.28	
	40.01		26.150	25.2–240	9–48	(5)		2.29	
	60.01		19.92	19.1–17.3	5–43	(6)	9	3.35	
	80.01		17.75	16–13	6–46	(5)	55	3.17	
	90		17.48	15–11	6–50	(5)	194	3.1	
	100		15.48	10–7	6–23	(5)	1413	3.2	
	20		51.361	50–48.6	8–37	(6)		3.44	25°C
	40.1		36.907	36.1–34	3–40	(6)		2.38	
	60.01		28.031	26.9–25	4–25	(6)	13	2.80	
	80.01		24.20	22–18	4–34	(6)	60	3.24	
	90		23.75	19–14	8–48	(6)	223	3.53	
	100		20.06	13–8	4–18	(6)	2081	3.6	
	0		111.86	108–104	13–63	(6)		3.31	35°C
	20		68.485	67.1–65.3	4–24	(6)		2.76	
	40.01		49.836	48.8–46.3	2–29	(6)		2.36	
	60.01		37.59	35.6–32.8	6–35	(6)	9	3.5	
	80.01		32.11	29–23	7–41	(6)	70	3.51	
	90		30.97	27–20	3–24	(6)	278	3.25	
	100		25.3	15–8	4–25	(5)	2994	4.0	

SODIUM DICHLOROACETATE, Cl_2HCCO_2Na in Methanol–Water

Ref.	Molarity of water	Λ_0	Λ	Concentration eq/l $\times 10^4$	Comments
[488]	1.0	92.1	86–52	2–500	(18)
	2.0	87.6	82–51	2–500	(18)
	3.0	83.1	78–50	2–500	(18)

SODIUM 2,4-DINITROBENZOATE, $(NO_2)_2C_6H_3CO_2Na$ in Methanol–Water

Ref.	Molarity of water	Λ_0	Λ	Concentration eq/l $\times 10^4$	Comments
[488]	0.008	91.5	82–42	4–1000	(9)
	0.05	91.6	82–50	4–500	(8)
	0.5	89.5	82–49	2–500	(18)
	1.0	86.5	79–48	2–500	(17)
	2.0	80.8	75–48	2–500	(18)
	3.0	78.2	73–47	2–500	(18)

SODIUM 3,5-DINITROBENZOATE, $(NO_2)_2C_6H_3CO_2Na$ in Methanol–Water

Ref.	Molarity of water	Λ_0	Λ	Concentration eq/l $\times 10^4$	Comments
[488]	0.5	91.0	84–50	2–500	(18)
	1.0	88.5	82–49	2–500	(18)
	2.0	82.2	77–49	2–500	(18)
	3.0	77.3	73–46	2–500	(18)

SODIUM DODECYL SULFATE, $CH_3(CH_2)_{10}CH_2SO_4Na$ in n-Butanol–Water

Ref.	Molarity of n-butanol × 10^3	Concentration molal		Comments
[393]	0–900(11)	0.0028	30°C	κ only max. at 0.05M n-butanol
	0–300(8)	0.01		κ only
	0–1100(14)	0.02		κ only max. at 0.8M n-butanol
	0–1200(13)	0.2		κ only max. at 0.9M n-butanol
	0–1200(14)	0.1		κ only max. at 0.9M n-butanol
	0–12(11)	0.1	30°C	κ only shown graphically
	0–12(11)	0.1	40°C	κ only shown graphically
	0–12(11)	0.1	45°C	κ only shown graphically
	0–12(11)	0.1	50°C	κ only shown graphically

Other additives to aqueous sodium dodecyl sulfate solution studied conductiometrically at 30° in this thesis were:

	Molarity additive		Molarity additive
n-heptanol	0–0.14(14)	n-propanol	0–0.4(10)
i-butanol	0–0.17(8)	n-decanol	0–0.04(7)
s-butanol	0–0.20(9)	n-dodecanol	0–0.01(4)
t-butanol	0–0.19(9)	1-heptanethiol	0–0.04(5)
n-hexane	0–6(6)	cyclohexanol	0–0.14(7)
cyclohexane	0–6(5)	cyclohexanone	0–0.12(9)
benzene	0–11(7)	n-octanol	
methanol	0–0.7(9)	n-pentanol	
ethanol	0–0.4(8)	n-hexane-n-heptanol	

SODIUM DODECYL SULFATE, $CH_3(CH_2)_{10}CH_2SO_4Na$ in Dioxane–Water

Ref.	Wt. % dioxane	Dielectric constant	Λ_0	Λ	Concentration eq/l × 10^4	Exptl. pts.	K_a	a(Å)
[331]	20.92	60.85	49.59	48–45	11–65	(6)	(0.9)	(5.5)
	51.73	34.30	31.61	30–27	9–58	(5)		5.5
	63.90	23.99	29.32	27–24	7–39	(6)	18	5.6
	69.37	19.52	28.14	25–22	5–30	(5)	47	5.7
	74.71	15.43	28.06	23–19	5–28	(6)	197	5.85
	78.33	12.95	26.76	20–14	5–26	(7)	759	5.8
	83.83	9.63	28.00	12–7	4–21	(6)	9750	(6)
	0	78.37	72.64					(5.0)

III. ELECTRICAL CONDUCTANCE

SODIUM DODECYL SULFATE in Dodecanol (DD)–Water

Ref.	Molarity DD × 10^4	Concentration eq/l × 10^4	Comments
[349]	0.457	1–196	20–50°C in 10°C intervals Λ shown graphically

SODIUM ETHYL CARBONATE, $CH_3CH_2CO_3Na$ in Ethanol–Water

Ref.	Wt. % of H_2O	Λ	Concentration eq/l × 10^4
[470]	0.13	31.61	6.34

SODIUM LAURYL SULFATE, SLS (See Sodium Dodecyl Sulfate)

SODIUM PICRATE, $NaOC_6H_2(NO_2)_3$ in Ethanol–Water

Ref.	Wt. % of H_2O	Λ	Concentration eq/l × 10^4
[470]	0.17	36.82	9.22
	0.5	42.11	1.47

SODIUM PICRATE, $NaOC_6H_2(NO_2)_3$ in Methanol–Water

Ref.	Molarity of water	Λ_0	Λ	Concentration eq/l × 10^4	Comments
[488]	0.008	101.7	93–54	2–500	(9)
	0.5	99.4	92–54	2–500	(18)
	1.0	94.0	87–53	2–500	(18)
	2.0	89.3	84–51	2–500	(18)
	3.0	84.6	79–50	2–500	(18)
[489]	0.032	188.0	73.9–9.5	7–1000	(16)
	0.1045	171.5	75.6–10.0	7–1000	(16)
	0.5	133.4	77.4–12.7	7–1000	(15)
	1.0	118.3	70.3–16.3	16–1000	(14)
	2.0	110.3	76.4–23.3	16–1000	(14)
	3.0	105.3	89.7–29.9	4–1000	(18)

SODIUM PICRATE, $NaOC_6H_2(NO_2)_3$ in Pyridine–Water

Ref.	Molarity of water	Dielectric constant	Λ_0	Λ	Concentration eq/l $\times 10^4$			$K_d \times 10^4$	
[42]	0		60.5					0.44	
	0.0070		60.5	46–16	0.2–6.6		(7)	0.49	
[411]	0.0		60.5			λ_0^+	26.8	K_d,	0.43×10^{-4}
	0.1018	12.32	61.2	55–21	0.1–7.5	λ_0^+	27.7	K_d,	1.01×10^{-4}
	0.2048	12.44	61.3	55–24	0.2–9.4	λ_0^+	28.0	K_d,	1.61×10^{-4}
	0.3148	12.52	62.3	58–26	0.2–11.6	λ_0^+	29.2	K_d,	2.29×10^{-4}

SODIUM SALICYLATE, $(OH)C_6H_4CO_2Na$ in Methanol–Water

Ref.	Molarity of water	Λ_0	Λ	Concentration eq/l $\times 10^4$	Comments
[488]	0.5	95.6	88–50	2–500	(18)
	1.0	94.7	85–50	2–500	(17)
	2.0	86.9	81–49	2–500	(18)
	3.0	(83.7)	78–49	2–500	(18)

(f) Alkali Metal Complex Salts

SODIUM TETRAPHENYLBORATE, $NaB(C_6H_5)_4$ in Dioxane–Water

Ref.	Wt. % dioxane	Dielectric constant	Λ_0	Λ	Concentration eq/l $\times 10^4$	Exptl. pts.	a_J (Å)
[296]	0.0	78.36	69.95	69–67	9–45	(5)	6.64
	68.07	20.62	29.0	27–24	3–40	(5)	6.6

POTASSIUM p-BENZENEDISULFONATE, $K_2(O_3SC_6H_4SO_3)$ in Dioxane–Water

Ref.	Wt. % dioxane	Dielectric constant	Λ_0	Λ	Concentration mole/l $\times 10^4$	Exptl. pts.	λ_0^+	λ_0^-	K_a	a_J (Å)
[340]	0.0	78.54	131.95				73.52	58.43		(4.58)
	35.94	48.06	64.00	60–54	3–36	(6)	38.65	25.35		4.13
	47.76	37.90	52.92	49–41	2–27	(5)	31.19	21.73	36.0	3.33
	54.79	31.86	46.20	44–34	1–22	(7)	28.48	17.72	118.6	3.11
	59.14	28.12	43.60	40–29	2–25	(6)	27.03	16.57	292.8	3.12
	65.59	22.58	36.35	33–21	1–22	(7)	24.77	11.58	1063.0	3.28

POTASSIUM BENZENESULFONATE, $KO_3SC_6H_5$ in Dioxane–Water

Ref.	Wt. % dioxane	Dielectric constant	Λ_0	Λ	Concentration eq/l $\times 10^4$	Exptl. pts.	λ_0^+	λ_0^-	K_a	a_J (Å)
[340]	0.0	78.54	108.51	110–105	2–19	(5)	73.52	34.99		(3.18)
	35.94	48.06	57.51	56–54	4–32	(6)	38.65	18.86	1.6	(4.11)
	49.68	36.25	46.45	45–41	2–35	(6)	30.28	16.17	3.5	2.2
	56.36	30.51	43.35	42–39	4–16	(5)	27.95	15.40	14.3	2.1
	66.52	21.78	38.12	36–28	2–41	(7)	24.50	13.62	95.4	5.16

POTASSIUM 4,4'-BIPHENYLDISULFONATE, $KO_3SC_6H_4C_6H_4SO_3K$ in Dioxane–Water

Ref.	Wt. % dioxane	Dielectric constant	Λ_0	Λ	Concentration mole/l $\times 10^4$	Exptl. pts.	λ_0^+	λ_0^-	K_a	a_J (Å)
[340]	0.0	78.54	122.51				73.52	48.99		(4.50)
	24.17	58.18	77.18	74–70	2.4–15.9	(6)	49.29	27.89		5.46
	46.83	38.71	52.91	50–44	1.2–17.5	(8)	31.64	21.27	23.1	4.27
	52.27	34.02	48.51	46–38	1.1–18.6	(8)	29.39	19.12	42.2	3.79
	59.14	28.12	43.83	41–32	0.9–17.5	(7)	27.03	16.80	256.0	3.32
	68.69	19.92	33.60	26–19	2.3–18.0	(9)	23.67	9.93	980.0	3.52

POTASSIUM o-CHLOROBENZOATE, ClC$_6$H$_4$CO$_2$K in Methanol–Water

Ref.	Wt. % methanol	Dielectric constant	Λ_0	Λ	Concentration eq/l × 10^4	Comments
[240]	0	78.48	105.0	104–99	2.6–52	(13)
	19.40	65.55	60.9	60–58	0.8–49	(12)
	39.02	54.79	56.2	55–52	7.3–66	(7)
	60.18	45.68	62.1	60–56	0.8–76	(17)
	80.83	38.77	72.1	71–64	0.6–46	(10)
	89.79	35.92	78.7	77–67*	0.4–62.7*	(21)
	94.28	34.49	82.8			
	96.93	33.62	86.0	84–70	0.5–81	(15)
	100	32.66	89.0	88–70	0.7–92	(13)

All except * taken from graphical points.

POTASSIUM METHYL SULFATE in 1-Butanol–Water [393]

κ values shown graphically only. Conductivity of potassium methyl sulfate depressed by 1-butanol (0–0.12 molar).

POTASSIUM PICRATE (NO$_2$)$_3$C$_6$H$_2$OK in Ethanol–Water

Ref.	Wt. % ethanol	Dielectric constant	Λ_0	Λ	Concentration eq/l × 10^4	Exptl. pts.	K_a	a_J (Å)
[697]	27.7	62.4	51.40	50.8–50.6	2.7–5.0	(8)		12.3
	53.1	47.3	39.21	38.5–38.3	3.2–5.3	(6)		14.9
	62.0	45.0	38.96	37.7–36.2	5–25	(8)		2.24
	65.5	40.4	38.70	37.5–37.3	3.8–6.4	(9)		5.20
	79.3	33.1	40.79	39.5–38.8	2.3–5.1	(8)	13	
	84.5	30.5	42.60	40.8–40.2	2.9–5.2	(9)	27	
	92.3	27.1	46.41	43.3–42.1	3.3–5.5	(9)	98	
	100	24.3	50.58	45.2–43.3	3.1–5.1	(9)	280.8	

Interpolated Single Ion Conductances

Wt. % ethanol	λ_0^+	λ_0^-
50	26.3	13.5
60	23.6	15.0
70	22.7	16.5
80	22.9	18.1
90	23.9	21.3
100	24.7	25.9

III. ELECTRICAL CONDUCTANCE

POTASSIUM 4,4''-p-TERPHENYLDISULFONATE, $KO_3SC_6H_4C_6H_4C_6H_4SO_3K$ in Dioxane–Water

Ref.	Wt. % dioxane	Dielectric constant	Λ_0	Λ	Concentration mole/l × 10^4	Exptl. pts.	λ_0^+	λ_0^-	K_a	a_J (Å)
[340]	0.0	78.54	116.08	120–110	2.2–6.2	(8)	73.52	42.46	11.6	7.10
	41.94	42.94	52.77	50–46	1.3–14.2	(8)	34.19	18.58	4.12	4.94
	46.83	38.71	47.13	45–41	0.7–12.5	(7)	31.62	15.51	51.2	4.64
	52.27	34.02	45.82	45–38	0.5–11.4	(7)	29.39	16.43	214.0	4.15
	58.32	28.83	40.28	37–30	1.1–18.7	(8)	27.29	12.99	139.4	3.77

POTASSIUM TETRAPHENYLBORATE, $KB(C_6H_5)_4$ in Ethanol–Water

Ref.	Wt. % ethanol	Λ_0	Λ	Concentration eq/l $\times 10^4$	Exptl. pts.	K_a	a_J (Å)
[697]	51.0	35.85	34.97–34.79	3.5–5.0	(7)		2.61
	70.8	34.44	33.1–32.7	4.4–7.6	(8)		4.51
	80.1	35.63	34.8–34.6	2.0–3.7	(7)		24.3
	92.3	40.68	39.0–38.6	1.9–3.3	(7)	17	
	100	44.07	41.9–41.2	1.2–2.0	(6)	151	

NONAQUEOUS–NONAQUEOUS MIXTURES

This section consists of data in nonaqueous, nonaqueous mixtures and the solutes are classified as follows:

(a) Inorganic Acids
(b) Organic Acids
(c) Alkali Metal Halides
(d) Ammonium and Other Alkali Metal Compounds

The solvents are arranged in alphabetical order to that component in the mixture which comes first alphabetically.

(a) Inorganic Acids

HYDROGEN CHLORIDE in 1-Butanol–Hexane

Ref.	Wt. % butanol	Dielectric constant	Λ_0	Λ	Concentration eq/l $\times 10^4$	Exptl. pts.	K_d	a (Å)
[777]	2	2.08	212	(4–83) $\times 10^{-7}$	2–830	(13)		
	10	2.16	206	(2–95) $\times 10^{-5}$	0.5–2100	(11)	4.0×10^{-19}	6.13
	12.65	2.85	174	(7–530) $\times 10^{-5}$	0.6–2660	(12)	5.9×10^{-18}	6.31
	25	4.77	126	0.01–0.5	1–8960	(13)	3.0×10^{-13}	6.55
	40	10.1	61.0	0.4–1.0	2–14500	(12)	1.72×10^{-9}	5.39
	70			11–2	4–26200	(13)	1.41×10^{-5}	4.17
	85			16–2	5–31100	(13)		
	100			19–1	6–6290	(15)		

HYDROGEN CHLORIDE in Ethylene Glycol–Methanol

Ref.	Wt. % glycol	concentration mole/l	Comments
[456]	80	0.01–0.09	(4) κ only
	90	0.02–0.08	(4) κ only
	95	0.03–0.12	25°C, 40°C (4) κ only
	98	0.03–0.13	(4) κ only
	100	0.02–0.10	10°C, 25°C, 40°C (4) κ only

Data shown graphically.

III. ELECTRICAL CONDUCTANCE

HYDROGEN CHLORIDE in Ethylene Glycol–Water

Ref.	Wt. % water	Λ	Concentration eq/l × 10^4	Comments	
[808]	1	19.5–13.0	1–5		(2)
		17.8–19.4	1–5	20°C	(2)
		20.5–14.8	1–5	30°C	(2)
		28.0–17.7	1–5	40°C	(2)
		35.6–22.6	1–5	50°C	(2)
	10	35–13	1–4500		
		32–10	1–4500	20°C	
		37–17		30°C	
		44–20		35°C	
		50–25		40°C	
		85–30		50°C	

At 10 wt. % water Λ_{min} occurred at 4×10^{-4} eq/l. Data obtained from graphs.

SULFURIC ACID, H_2SO_4 in Ethylene Glycol–Hydrogen Peroxide (98%)

Ref.	Wt. % H_2O_2	Concentration mole/l	Comments	
[456]	2	0.07–0.04	(4)	κ only
	5	0.03–0.04	(3)	κ only

Data shown graphically.

SULFURIC ACID, H_2SO_4 in Ethylene Glycol–Methanol

Ref.	Wt. % glycol	Concentration mole/l	Comments	
[456]	95	0.01–0.04	(3)	κ only
	98	0.02–0.05	(3)	κ only
	100	0.003–0.04	(4)	κ only

Data shown graphically.

(b) Organic Acids

PICRIC ACID, $HOC_6H_2(NO_2)_3$ in Acetonitrile–Ethanol

Ref.	Wt. % acetonitrile	Dielectric constant	Λ_0	Λ	Concentration eq/l $\times 10^4$	Exptl. pts.	$K_a \times 10^{-3}$
[553]	97.94	35.60	(150)	0.49–0.18	6.9–54.4	(5)	1.28×10^5
	89.79	34.55	(144)	4.1–2.1	11.7–4.1	(5)	1040
	78.15	32.94	(134)	13.2–6.8	11.1–44.2	(5)	89.9
	70.48	31.96	(127)	22.8–11.0	7.9–37.7	(5)	36.6
	50.31	29.50	108.7	45.3–22.7	4.5–25.5	(5)	7.74
	29.82	27.41	108.7	49.9–25.7	5.3–31.0	(5)	5.10
	8.47	25.21	90.9	41.9–22.2	5.8–32.2	(5)	4.84
	0	24.30	74.1	31.2–15.5	6.3–38.3	(5)	5.83

PICRIC ACID, $HOC_6H_2(NO_2)_3$ in Acetonitrile–Methanol

Ref.	Wt. % acetonitrile	Dielectric constant	Λ_0	Λ	Concentration eq/l $\times 10^4$	Exptl. pts.	$K_a \times 10^4$
[553]	94.67	35.81	(160)	1.48–0.66	13.2–74.0	(5)	824
	90.66	35.64	(159)	3.18–1.47	19.3–93.9	(5)	124
	73.49	35.12	(158)	21.0–10.8	12.1–49.7	(5)	4.45
	0	32.63	(156.3)	82.7–46.8	5.1–25.6	(5)	0.396

PICRIC ACID, $HOC_6H_2(NO_2)_3$ in Ethyl Methyl Ketone–2-Propanol

Ref.	Composition wt. % 2-propanol	Λ_0	Λ	Concentration eq/l $\times 10^4$		Comments
[330]	50	25	1.2–8.3	15–930	(7)	K_d, 2.3×10^{-4}

(c) Alkali Metal Halides

LITHIUM CHLORIDE, LiCl in Dioxane–Methanol

Ref.	Wt. % dioxane	Dielectric constant	Λ_0	pK
[383]	10	29.4	90.5	2.04
	20	26.6	89.3	2.05
	30	23.1	89.0	2.11
	40	20.0	88.4	2.30
	44	18.2	85.2	2.35
	45	17.7	83.3	2.44
	50	16.3	80.1	2.62
	55	14.6	79.2	2.91
	57	13.8	76.7	3.13
	60	13.0	75.4	3.32
	61	12.3	74.2	3.35
	65	10.8	69.3	3.77
	70	9.16	64.9	4.32
	73	8.26	61.5	4.85

LITHIUM CHLORIDE, LiCl in 1-Butanol–Hexane

Ref.	Wt. % butanol	Dielectric constant	Λ_0	Λ	Concentration eq/l $\times$ 10^4	Exptl. pts.	K_d	a (Å)
[776]	25	2.85	105.5	0.005–0.165†	4–2520	(12)	8.5×10^{-13}	6.49
	70	10.1	37.1	4.5–1.1*	7–2510	(17)	4.5×10^{-6}	3.49
	100	17.3	15.8	15–2.4	1–590	(11)		

† $\Lambda_{\min}$ of 2.00×10^{-3} at 3.4×10^{-3} eq/l.
* [$\Lambda_{\min}$ of 1.07 at 0.11 eq/l.]

LITHIUM CHLORIDE, LiCl in Glycine–Water

Ref.	Molarity glycine	Dielectric constant	Λ_0	Λ	Concentration eq/l $\times 10^4$
[826]	0	78.5	115.1	110	36
	0.345	86.0	110.0	106	35
	1.371	109.7	97.0	94	33
	2.266	132.4	84.7	82	32

LITHIUM(7) CHLORIDE ^{7}LiCl in Glycine–Water

Ref.	Molarity glycine	Dielectric constant	Λ_0	Λ	Concentration eq/l $\times 10^4$	Comments
[826]	0.949	99.5	102.04	99.5–96.9	17–76	(5)
	1.785	119.9	90.91	88.0–85.3	39–170	(5)
	2.618	141.9	80.21	78.1–76.1	34–139	(7)

LITHIUM BROMIDE, LiBr in Acetone–Dioxane

Ref.	Dielectric constant	Λ_0	Λ	Concentration eq/l $\times 10^4$	Exptl. pts.	K_a
[416]	20.4	192.9	110–60	5–23	(9)	3.6×10^3
	19.0	186.5	94–52	3–16	(5)	7.0×10^3
	18.5	182.1	73–43	5–21	(5)	8.3×10^3

Solution compositions not reported.

III. ELECTRICAL CONDUCTANCE

LITHIUM BROMIDE, LiBr in Acetone–Methanol

Ref.	Composition wt. % methanol	Λ	Concentration molal	Comments
[336]	50	14.1–0.4	0.3–4	−50°C (10)
		17.3–0.7	0.3–4	−40°C
		20.9–1.0	0.3–4	−30°C
		24.7–1.4	0.3–4	−20°C
		28.8–1.9	0.3–4	−10°C
		33.1–2.4	0.3–4	0°C
		37.3–3.2	0.3–4	10°C
		42.1–3.8	0.3–4	20°C

Ref.	Wt. % acetone	Λ_0	Λ	Concentration eq/l × 10^4	Comments
[590]	50	40.3	40–22	1–900	−50°C (8)
		49.0	48–26	1–900	−40°C (8)
		58.3	54–32	1–900	−30°C (8)
		68.7	66–36	1–900	−20°C (8)
		79.7	74–44	1–900	−10°C (8)
		91.5	86–50	1–900	0°C (8)
		117.5	98–52	1–900	10°C (8)
		104.1	110–59	1–900	20°C (8)

Λ vs. $\sqrt{c}$ shown graphically. Values taken from graph.

LITHIUM BROMIDE, LiBr in 1-Butanol–Hexane

Ref.	Wt. % butanol	Dielectric constant	Λ_0	Λ	Concentration eq/l × 10^4	Exptl. pts.	K_d	a (Å)
[776]	11.65			$(3–456) \times 10^{-5}$	1–33	(6)		
	12.05	2.16	110.8	$(1.31–4.48) \times 10^{-4}$	0.5–580	(11)	6.90×10^{-17}	6.46
	20.0	2.51	100.7	0.0031–0.145	0.4–2050	(12)	3.58×10^{-14}	6.65
	25.0	2.85	93.5	0.009–0.126	2–3230	(13)	2.25×10^{-12}	6.74
	40.0	4.77	68.0				9.35×10^{-4}	5.59
	45			0.4–0.7	2–2000	(15)		
	100	17.3	14.0	11.5–3.9	4–256			

Note: The above Λ values are those at the lowest and highest covers studied. Λ values below there occurred and the Λ and given minima observed are given below. The minima were also accompanied by an increase in the dielectric constants.

Ref.	Wt. % butanol	Λ_{min}	Concentration$_{min}$ eq/l × 10^4	Dielectric constant range	Concentration range eq/l × 10^4
[776]	11.25	2.2×10^{-5}	8	2.12–2.16	2–100
	12.65	4×10^{-5}	17	2.17–2.32	0.5–248
	20	6.6×10^{-4}	19	2.52–2.72	2–180
	25	3.7×10^{-3}	36	2.89–3.27	36–268
	45	0.1	70		

LITHIUM BROMIDE, LiBr in Dioxane–Dimethylsulfoxide

Ref.	Dielectric constant	Λ_0	Λ	Concentration eq/l $\times 10^4$	Exptl. pts.	K_a	a_J (Å)
[416]	46.8	35.860	35–33	5–25	(10)		4.09
	35.3	39.537	38–36	4–22	(5)		5.08
	31.6	40.606	39–36	5–23	(5)		4.48
	28.0	41.547	39–36	7–30	(5)		4.20
	19.6	42.95	39–36	4–16	(5)	28	5.01
	17.0	43.17	39–36	3–20	(5)	73	5.06
	15.1	42.93	36–31	4–15	(4)	176	5.59

Solution compositions not reported.

LITHIUM BROMIDE, LiBr in Dioxane–Methanol

Ref.	Dielectric constant	Λ_0	Λ	Concentration eq/l $\times 10^4$	Exptl. pts.	K_a	a_J (Å)
[416]	32.63	96.013	90–84	6–27	(10)		4.11
	25.05	93.46	87–78	4–24	(5)	14	4.80
	21.60	91.13	84–75	3–17	(5)	39	5.50
	17.10	86.96	75–65	4–16	(5)	150	5.98
	15.03	85.39	75–64	2–8	(4)	413	7.53

Solution compositions not reported.

LITHIUM IODIDE, LiI in 1-Butanol-Hexane

Ref.	Wt. % butanol	Dielectric constant	Λ_0	Λ	Concentration eq/l $\times 10^4$	Exptl. pts.	$K_d \times 10^{16}$	a (Å)
[776]	7	2.02	125.7	$(0.7-3000) \times 10^{-5}$	1-625	(17)	0.0144	6.29
	12.65	2.16	118.0	$(0.8-1320) \times 10^{-4}$	0.5-1100	(11)	2.7	6.73
	20	2.51	110.8	$(1.2-105) \times 10^{-4}$	1-2900	(21)	1170	6.94
	25	2.85	100.2	$(6-450) \times 10^{-3}$	2-2160	(15)	48000	6.95
	100	17.3	15	13-4	2-864	(12)		

Note: Minima in Λ occurred in butanol hexane mixtures.

Wt. % butanol	Concentration eq/l $\times 10^4$ at $\Lambda_{\min}$
7	5
12.65	12
20	18
25	31

SODIUM CHLORIDE, NACl in Methanol–Water

Ref.	Wt. % methanol	Λ_0	Λ	Concentration eq/l × 10^4	Comments
[819]	76.24	100.00	90.5–85.3	300–100	35°C (8) K_d, 0.105

SODIUM BROMIDE, NaBr in Dimethylformamide-N-Methylacetamide (NMA)

Ref.	Wt. % NMA	Λ_0	Comments
[36]	0.0	78.6	20°C
		89.2	30°C
		100.6	40°C
		111.8	50°C
	90.0	16.4	20°C
		20.9	30°C
		25.9	40°C
		31.4	50°C

NaBr in Methanol–Water

Ref.	Wt. % methanol	Λ_0	Λ	Concentration eq/l × 10^4	Comments
[819]	76.24	87.72	79.2–70.9	30–100	35°C (8) K_d, 0.152

SODIUM IODIDE, NaI in 1-Butanol-Hexane

Ref.	Wt. % butanol	Dielectric constant	Λ_0	Λ	Concentration eq/l $\times 10^4$	Exptl. pts.	Comments	a (Å)
[776]	7	2.02	133.5	$(36-3) \times 10^{-6}$	0.2–13.7	(9)	4.5×10^{-19}	6.34
	12.65	2.16	126.0	$(24-9) \times 10^{-5}$	0.3–100	(23)	1.1×10^{-16}	6.84
	20	2.51	114.0	$(4-1) \times 10^{-4}$	0.3–128	(9)	5.2×10^{-14}	7.07
	27.2	3.10		$(7.5-8.2) \times 10^{-2}$	0.3–62	(25)		
	40	4.77	76.8	0.3–1.1	4–1280	(12)	7.6×10^{-9}	5.88
	100	17.3	15.8	14.6–4.0	2–1640	(20)		

Note: The above Λ values are these at the highest and lowest concentrations studied. Minimum Λ values occurred at the following concentration.

Wt. % butanol	Λ_{min}	Concentration eq/l $\times 10^4$
7	3.0×10^{-6}	11
12.65	4.0×10^{-5}	12.5
20	6.5×10^{-4}	35
27.2	8.0×10^{-3}	33
40	0.13	85

III. ELECTRICAL CONDUCTANCE

SODIUM IODIDE, NaI in Dimethylformamide–Dioxane

Ref.	Wt. % dioxane	Dielectric constant	Λ_0	Concentration eq/l × 10^4	pK_d
[807]	10	33.6	80.3	0.7–3.0	0.96
	20	28.5	80.8		1.36
	30	25.7	78.2		1.65
	40	21.8	75.6		1.78
	45	19.9	73.6		1.97
	50	18.1	71.4		2.18
	55	16.1	69.7		2.43
	60	14.4	66.8		2.68
	65	12.6	63.9		3.11
	70	11.2	61.3		3.51
	72.5	10.1	58.8		3.78
	75	9.5	56.2		4.06
	77.5	8.6	54.6		4.41
	80	7.8	52.6		4.81

SODIUM IODIDE, NaI in Dioxane–Methanol

Ref.	Wt. % methanol	Dielectric constant	Λ_0	pK	Comments
[385]	100	32.6	107.0	1.28	Λ vs $\sqrt{c}$ given graphically
	90	29.4	105.0	1.35	
	80	26.6	102.8	1.51	
	70	23.1	100.2	1.68	
	60	20.0	96.5	1.87	
	56	18.2	94.6	2.00	
	54.4	17.7	93.5	2.03	
	50	16.3	90.9	2.23	
	45	14.6	87.2	2.58	
	42.1	13.8	85.0	2.83	
	40	13.0	83.4	2.99	
	38.5	12.3	81.0	3.18	
	35	10.8	78.0	3.72	
	30	9.16	70.4	4.14	
	26.7	8.26	64.1	4.55	
	24	7.25	57.1	4.82	
	20	6.32			

POTASSIUM CHLORIDE, KCl in β-Alanine–Water

Ref.	Molarity β-alanine	Dielectric constant	Λ_0	Λ	Concentration eq/l × 10^4		a_J (Å)
[840]	0.2619	87.6	142.42	136.7–132.2	5400–15900	(5)	2.92
	0.0192	100.0	132.59	127.8–124.7	5640–20100	(5)	3.11
	0.8000	106.2	128.19	121.3	166		
	1.0625	115.3	121.39	115.3	163		
	1.184	119.4	118.51	115.4–113.2	4200–13150	(4)	3.1
	1.2119	120.5	118.14	112.8	142		
	1.3176	124.1	115.64	110.5	141		
	1.4531	128.8	112.48	107.7	140		
	1.4956	130.3	111.45	106.7	140		

POTASSIUM CHLORIDE, KCl in 1-Butanol–Methanol

Ref.	Wt. % butanol	Dielectric constant	Λ_0	a (Å)
[538]	5.22	31.87	99.70	3.07
	9.01	31.10	95.12	2.93
	20.06	29.40	85.19	2.99
	29.76	27.62	75.83	3.02

POTASSIUM CHLORIDE, KCl in Glycine–Water

Ref.	Molarity glycine	Dielectric constant	Λ_0	Λ	Concentration eq/l × 10^4	Comments
[826]	0.258	84.0	114.7	135	180	
	0.475	88.8	140.8	132	178	
	0.731	94.5	136.3	128	176	
	0.918	98.8	133.0	125	174	
	0.991	100.5	131.88	127–125.7	43–107	(4)
	1.223	106.0	127.8	121	172	
	1.477	112.2	123.4	117	170	
	1.730	118.5	119.2	113	168	
	1.807	120.7	118.07	115.0–112.2	41–163	(5)
	2.009	125.6	114.5	110	165	
	2.242	131.7	110.6	106	163	
	2.513	139.0	106.1	102	161	
	2.558	140.3	105.81	103.3–100.0	44–275	(6)
	2.626	142.1	104.2	100	100	
	2.740	145.5	102.2	98	159	
	2.833	147.9	100.8	97	158	

POTASSIUM CHLORIDE, KCl in Methanol–Water

Ref.	Wt. % methanol	Λ_0	Λ	Concentration eq/l × 10⁴	Comments
[819]	76.24	128.21	118–108	30–100 (8)	35°C K_d, 0.0868

POTASSIUM CHLORIDE, KCl in Methanol–Methoxyethanol (Methylcellosolve, MCS)

Ref.	Wt. % MCS	Dielectric constant	Λ_0	a (Å)
[538]	20.13	30.75	88.49	2.26
	39.71	28.12	74.15	2.32
	50.75	25.02	61.41	2.43
	80.00	21.05	48.87	2.22
	90.06	18.80	42.29	2.52

POTASSIUM BROMIDE, KBr in Dimethylformamide–N-Methylacetamide (NMA)

Ref.	Wt. % NMA	Λ_0	Comments
[36]	0.0	78.2	20°C
		90.1	30°C
		99.8	40°C
		111.5	50°C
	90.0	16.7	20°C
		21.3	30°C
		26.4	40°C
		32.0	50°C

POTASSIUM IODIDE in Dimethylformamide–N-Methylacetamide (NMA)

Ref.	Wt. % NMA	Λ_0	Comments
[36]	0.0	77.6	20°C
		88.3	30°C
		99.4	40°C
		110.4	50°C
	48.67	39.9	20°C
		47.2	30°C
		54.9	40°C
		63.1	50°C
	90.0	18.0	20°C
		23.0	30°C
		28.5	40°C
		34.4	50°C
	95.13	20.4	30°C
		25.5	40°C
		31.3	50°C
	98.0	19.1	30°C
		24.1	40°C
		29.7	50°C
	100	18.1	30°C
		23.0	40°C
		28.5	50°C

RUBIDIUM IODIDE in Ethanol–Formamide

Ref.	Wt. % formamide	Wt. % Et·OH	Λ	Concentration eq/l × 10^4	Comments	
[578]	75	25	34–26	6.3–2500	(7)	
			27–20	6.3–2500	(7)	15°C
			42–32	6.3–2500	(7)	35°C
	50	50	40–27	6.3–2500	(7)	
			32–21	6.3–2500	(7)	15°C
			48–33	6.3–2500	(7)	35°C
	25	75	44–25	6.3–2500	(7)	
			37–21	6.3–2500	(7)	15°C
			53–30	6.3–2500	(7)	35°C

III. ELECTRICAL CONDUCTANCE

CESIUM CHLORIDE, CsCl in Glycine–Water

Ref.	Molarity glycine	Dielectric constant	Λ_0	Λ	Concentration eq/l $\times$ 10^4	Comments
[826]	1.807	120.7	118.30	115.2–113.4	39–100	(4)
	2.393	135.7	158.12	105.0–101.5	55–285	(5)

CESIUM IODIDE, CsI in Dimethylformamide–Dioxane

Ref.	Wt. % dioxane	Dielectric constant	Λ_0	Concentration eq/l $\times$ 10^4	pK_d
[807]	10	33.6	90.5	0.7–30	1.15
	20	28.5	89.0		1.54
	30	25.7	86.0		1.72
	40	21.8	82.3		2.00
	45	19.9	81.7		2.07
	50	18.1	78.0		2.45
	55	16.1	75.5		2.66
	60	14.4	74.0		3.04
	65	12.6	70.2		3.44
	70	11.2	69.0		4.00
	75	9.5	62.5		4.60
	80	7.8	58.8		5.42

CESIUM IODIDE, CsI in Glycine–Water

Ref.	Molarity glycine	Dielectric constant	Λ_0	Λ	Concentration eq/l $\times$ 10^4	Comments
[826]	1.280	107.4	127.13	123.4–119.6	39–177	(6)
	2.393	135.7	105.72	103.0–100.6	45–173	(5)

(d) Ammonium and Other Alkali Metal Compounds

AMMONIUM PICRATE, $NH_4OC_6H_2(NO_2)_3$ in Nitrobenzene–Pyridine

Ref.	Wt. % pyridine	Λ_0	Λ	Concentration eq/l $\times 10^4$	Exptl. pts.	$K_d \times 10^4$
[21]	100	34.4				1.46
	0.039	33.1	31–25	0.1–1.1	(6)	2.35

LITHIUM CHLORATE, $LiClO_3$ in Acetonitrile–Dioxane

Ref.	Wt. % dioxane	Dielectric constant	Λ_0	Λ	Concentration eq/l $\times 10^4$	Exptl. pts.	K_a
[311]	0	36.01	170.00	140–97	5–32	(5)	401
	30.31	26.85	145.20	99–57	4–25	(5)	1760
	39.68	23.80	135.15	83–47	3–17	(5)	3520
	49.49	20.45	125.20	57–32	5–22	(5)	6300
	59.92	17.03	112.00	22–12	6–26	(5)	39300

LITHIUM CHLORATE, $LiClO_3$ in Dioxane–Methanol

Ref.	Wt % dioxane	Dielectric constant	Λ_0	Λ	Concentration eq/l $\times 10^4$	Exptl. pts.	K_a
[311]	0	32.66	100.97	96–90	4–22	(5)	5
	40.15	19.05	95.20	85–73	4–24	(5)	46
	50.93	15.40	87.93	75–59	3–20	(5)	219
	60.07	12.32	83.68	56–41	5–18	(5)	1344
	65.71	10.50	78.40	37–25	5–20	(5)	6625

III. ELECTRICAL CONDUCTANCE

LITHIUM NITRATE, LiNO$_3$ in Acetone–Dioxane

Ref.	Dielectric constant	Λ_0	Λ	Concentration eq/l × 10^4	Exptl. pts.	K_a	a_J (Å)
[422]	20.7	192.9	38–20	7–36	(8)	4 × 10^4	
	19.2	184.4	37–18	5–27	(5)	6 × 10^4	
	18.1	178.8	30–17	5–18	(4)	9 × 10^4	
	46.8	38.76	37–36	8–28	(8)		3.89

Solvent composition not reported.

LITHIUM NITRATE, LiNO$_3$ in Dimethylsulfoxide–Dioxane

Ref.	Dielectric constant	Λ_0	Λ	Concentration eq/l × 10^4	Exptl. pts.	K_a	a_J (Å)
[422]	22.0	46.67	42–38	5–22	(4)	38	4.75
	19.3	46.42	40–35	7–25	(4)	72	4.56
	17.1	46.24	38–32	7–25	(4)	148	4.72
	15.4	45.81	37–30	5–21	(4)	280	4.67

Solvent compositions not reported.

LITHIUM NITRATE, LiNO$_3$ in Dioxane–Methanol

Ref.	Dielectric constant	Λ_0	Λ	Concentration eq/l × 10^4	Exptl. pts.	K_a	a_J (Å)
[422]	32.63	100.125	94–87	7–29	(8)		3.67
	20.95	92.96	78–70	12–32	(4)	23	3.98
	19.10	91.96	77–67	9–28	(4)	56	4.18
	17.45	91.00	76–64	6–24	(5)	130	4.49
	15.55	88.77	73–57	4–19	(4)	439	6.24

Solvent compositions not reported.

LITHIUM NITRATE, LiNO$_3$ in Ethanol–Formamide

Ref.	Wt. % ethanol	Λ	Concentration eq/l × 10^4	Comments	
[578]	25	29–24	6–1000	(5)	
		23–19	6–1000	(5)	15°C
		34–29	6–1000	(5)	35°C
	50	35–25	6–1000	(5)	
		28–21	6–1000	(5)	15°C
		43–30	6–1000	(5)	35°C
	75	38–24	6–1000	(5)	
		31–20	6–1000	(5)	15°C
		46–28	6–1000	(5)	35°C

LITHIUM PERCHLORATE, LiClO$_4$ in Acetone–Methanol

Ref.	Wt. % methanol	Λ range	Concentration molality	Comments	
[336]	50	23–2	0.09–4.7	(10)	−50°C
		28–3	0.09–4.7	(10)	−40°C
		33–4	0.09–4.7		−30°C
		38–5	0.09–4.7		−20°C
		44–7	0.09–4.7		−10°C
		50–9	0.09–4.7		0°C
		56–11	0.09–4.7		10°C
		63–13	0.09–4.7		20°C

LITHIUM PERCHLORATE, LiClO$_4$ in Acetone–Dioxane

Ref.	Wt. % dioxane	Dielectric constant	Λ$_0$	Λ	Concentration eq/l × 10^4	Exptl. pts.	K$_a$	a$_J$ (Å)
[372]	6.12	19.35	184.03	149–119	11–44	(5)	105	3.84
	15.66	17.55	169.17	137–108	7–31	(4)	164	3.75
	25.87	15.70	162.57	118–85	6–31	(5)	648	4.32
	30.68	14.85	156.73	107–81	6–21	(4)	1030	4.49
	42.59	12.65	136.78	70–47	6–22	(4)	4178	

III. ELECTRICAL CONDUCTANCE

LITHIUM PERCHLORATE, LiClO$_4$ in Acetonitrile–Dioxane

Ref.	Wt. % dioxane	Dielectric constant	Λ_0	Λ	Concentration eq/l $\times 10^4$	Exptl. pts.	K_a	a_J (Å)
[372]	0	36.01	172.99	157–141	16–73	(9)	4	2.94
	23.50	29.15	151.14	135–117	14–58	(5)	10	3.09
	40.46	23.90	132.75	114–92	12–59	(5)	46	3.4
	52.19	19.95	118.07	93–72	11–48	(5)	158	3.53
	61.55	17.10	106.75	78–56	6–28	(5)	689	3.71
	68.45	14.13	94.53	50–32	8–38	(5)	2688	

LITHIUM PERCHLORATE, LiClO$_4$ in Dioxane–Methanol

Ref.	Wt. % dioxane	Dielectric constant	Λ_0	Λ	Concentration eq/l $\times 10^4$	Exptl. pts.	K_a	a_J (Å)
[372]	29.31	23.20	103.40	92–81	11–49	(5)		4.18
	45.24	17.50	97.89	84–73	7–26	(4)	24	4.66
	52.59	14.95	92.73	78–63	5–26	(5)	77	4.88
	60.77	12.15	86.47	64–49	5–19	(4)	500	5.29
	62.29	11.65	83.72	59–45	6–20	(4)	589	5.27

LITHIUM PERCHLORATE, LiClO$_4$ in Dimethylsulfoxide–Dioxane

Ref.	Dielectric constant	Λ_0	Λ	Concentration eq/l $\times 10^4$	Exptl. pts.	K_a	a_J (Å)
[422]	46.8	36.175	35–33	9–54	(9)		4.81
	29.0	43.57	40–38	9–35	(4)		4.48
	20.3	45.384	41–37	7–24	(4)		4.84
	15.4	46.02	40–35	4–16	(4)	87	5.77
	11.8	44.98	36–29	3–13	(4)	399	6.06
	8.8	41.84	24–17	3–13	(4)	5.5×10^3	

Solvent compositions not reported.

LITHIUM PICRATE, $LiOC_6H_2(NO_2)_3$ in Ammonia–Pyridine

Ref.	Concentration NH_3 mole/l	Λ_0	Λ	Concentration eq/l $\times 10^4$	Exptl. pts.	$K_d \times 10^4$
[411]	0.0	58.45	52–32	0.1–1.5	(5)	0.81
	0.1009	63.17	56–28	0.2–3.8	(6)	1.09
	0.2169	67.70	62–40	0.1–2.0	(5)	1.40
	0.2922	70.18	63–40	0.13–2.0	(5)	1.35
	0.3408	71.22	66–40	0.10–2.1	(5)	1.38
	0.3716	72.20	66–31	1.1–5.6	(6)	1.25

SODIUM PERCHLORATE, $NaClO_4$ in Acetone–Dioxane

Ref.	Dielectric constant	Λ_0	Λ	Concentration eq/l $\times 10^4$	Exptl. pts.	K_a	a_J (Å)
[423]	18.90	183.96	155–123	7–32	(5)	143	4.16
	17.50	173.72	141–112	6–26	(5)	254	4.32
	16.05	163.75	128–88	5–32	(5)	498	4.20
	13.85	150.46	96–64	5–22	(5)	1945	3.99

Solvent compositions not reported.

SODIUM PERCHLORATE, $NaClO_4$ in Acetonitrile–Dioxane

Ref.	Dielectric constant	Λ_0	Λ	Concentration eq/l $\times 10^4$	Exptl. pts.	K_a	a_J (Å)
[423]	36.01	180.52	171–158	6–33	(9)	5	3.36
	24.60	136.38	121–105	9–38	(5)	36	3.80
	20.85	122.06	105–87	6–30	(5)	110	4.21
	17.65	110.69	93–74	4–20	(4)	238	4.42
	15.18	101.36	68–47	7–30	(5)	1007	4.00

Solvent compositions not reported.

III. ELECTRICAL CONDUCTANCE

SODIUM PERCHLORATE, NaClO$_4$ in Dioxane–Methanol

Ref.	Dielectric constant	Λ_0	Λ	Concentration eq/l × 10^4	Exptl. pts.	K_a	a_J (Å)
[423]	28.60	112.62	106–96	5–29	(5)	11	4.18
	19.90	103.99	89–75	8–36	(5)	55	4.25
	17.40	99.69	83–66	7–32	(4)	120	4.29
	13.16	92.65	60–50	7–19	(4)	1156	4.91

Solvent compositions not reported.

SODIUM PICRATE, NaOC$_6$H$_2$(NO$_2$)$_3$ in Ammonia–Pyridine

Ref.	Molarity pyridine	Λ_0	Λ	Concentration eq/l × 10^4	Exptl. pts.	K_d × 10^4
[42]	0	59.98				0.44
	0.733	80	53–20	0.9–15.7	(5)	0.66

Ref.	Concentration NH$_3$ mole/l	Λ_0	Λ	Concentration eq/l × 10^4	Exptl. pts.	K_d × 10^4
[411]	0.0954	65.3	53–9	0.1–33	(7)	0.45
	0.2230	73.8	53–21	0.2–5.3	(5)	0.39
	0.0	60.5				0.43

POTASSIUM PERCHLORATE, KClO$_4$ in Acetonitrile (ACN)–Methanol

Ref.	Wt. % ACN	Dielectric constant	Λ_0	Λ	Concentration eq/l × 10^4	Exptl. pts.	K_a	a_J (Å)
[375]	0.0	32.63	123.06	117–112	4–13	(8)	11.00	2.5
	5.85	32.80	130.4	123–114	6–30	(5)	18	4.3
	19.87	33.30	148.2	140–129	6–30	(5)	13	4.2
	40.82	34.00	166.4	155–144	9–33	(5)	11	4.2
	59.31	34.42	181.27	169–158	9–31	(5)	3.2	2.6
	62.79	34.55	185.381	175–164	6–27	(5)		2.6
	81.40	35.35	193.42	181–169	8–31	(5)	11	3.9
	100	36.01	187.6	176–163	6–32	(10)	17	3.4

POTASSIUM PICRATE, $KOC_6H_2(NO_2)_3$ in Methanol–Pyridine

Ref.	Molarity methanol	Λ_0	Λ	Concentration eq/l $\times 10^4$	Exptl. pts.	$K_d \times 10^4$
[42]	0	65.27				1.00
	0.275	64.10	53–23	0.5–11.6	(5)	1.32

CESIUM PERCHLORATE, $CsClO_4$ in Acetonitrile (ACN)–Methanol

Ref.	Wt. % ACN	Dielectric constant	Λ_0	Λ	Concentration eq/l $\times 10^4$	Exptl. pts.	K_a	a_J (Å)
[375]	0.0	32.63	131.5	124–112	4–24	(10)	33	2.9
	39.35	33.95	177.3	168–157	5–21	(5)	19	4.5
	62.14	34.50	194.4	185–173	5–22	(5)	3.8	2.1
	74.44	35.13	200.28	189–176	6–24	(5)	18	4.5
	100	36.01	191.2	181–166	5–24	(10)	23	3.2

2. DATA BY SOLVENT

NONAQUEOUS–AQUEOUS MIXTURES

ACETONE–WATER

	(a)	
$HClO_4$	[519]	
Picric Acid	[519]	
	(c)	
LiBr	[338]	
NaI	[283]	
KCl	[405]	
KI	[283] [519]	
	(d)	
NH_4CNS	[519]	
LiCNS	[519]	
NaCNS	[519]	
KCNS	[519]	

ACETONITRILE–WATER

	(b)	
Picric Acid	[553]	
	(d)	
KCNS	[326]	

BENZENE–WATER

	(f)	
Sodium dodecyl sulfate	[393]	

i-BUTANOL–WATER

(f)
Sodium dodecyl sulfate   [393]

1-BUTANOL–WATER

(c)
KCl   [393]

(f)
Sodium dodecyl sulfate   [393]
Potassium methyl sulfate   [393]

s-BUTANOL–WATER

(f)
Sodium dodecyl sulfate   [393]

t-BUTANOL–WATER

(f)
Sodium dodecyl sulfate   [393]

CYCLOHEXANE–WATER

(f)
Sodium dodecyl sulfate   [393]

CYCLOHEXANOL–WATER

(f)
Sodium dodecyl sulfate   [393]

CYCLOHEXANONE–WATER

(f)
Sodium dodecyl sulfate   [393]

DIMETHYLSULFOXIDE–WATER

(a)
HCl   [198]

(b)
CH_3CO_2H [198]

(c)
NaCl   [198]
KCl   [198]

(e)
Sodium acetate   [198]

DIOXANE–WATER

(a)
HCl   [723]
HBr   [394]

(c)

^{7}LiCl	[133]
LiBr	[416]
LiI	[304]
NaF	[273]
NaCl	[113] [279] [702] [723]
NaBr	[100]
KCl	[91] [100] [159] [346] [427] [433] [549] [723]
KBr	[273]
RbCl	[114] [134]
RbBr	[104]
CsCl	[121]
CsBr	[564]
CsI	[92] [100] [159] [549]

DIOXANE–WATER (Continued)

(d)

LiClO$_3$	[238] [293]
NaBrO$_3$	[49] [74] [469]
NaClO$_3$	[238]
Na$_2$SO$_4$	[356]
NaClO$_4$	[421]
KClO$_3$	[306] [422]
KNO$_3$	[494] [663]
KClO$_4$	[421]
RbClO$_4$	[373]

(f)

Sodium dodecyl sulfate	[331]
Sodium tetraphenylborate	[296]
Potassium p-benzenedisulfonate, K$_2$BDS	[340]
Potassium benzenesulfonate, KBS	[340]
Potassium 4,4'-biphenylsulfonate, K$_2$BPDS	[340]
Potassium 4,4''-terphenyldisulfonate, K$_2$TDS	[340]

n-DODECANOL–WATER

(f)

Sodium dodecyl sulfate	[349] [393]

ETHANOL–WATER

(a)

HCl	[180] [448] [449] [459] [466]
HClO$_4$	[261]

(b)

CH$_3$CO$_2$H	[181]
Picric acid	[553]

ETHANOL–WATER (*Continued*)

(c)

NH_4Cl	[459]
LiCl	[697]
NaCl	[180] [405]
NaBr	[470]
KF	[448] [449]
KCl	[100] [292] [294] [392] [448] [449]
KBr	[470]
KI	[565]
CsCl	[292] [294] [332] [390]

(d)

NH_4ClO_4	[470]
$LiNO_3$	[348]
$NaClO_3$	[470]
KOH	[448]
KNO_3	[348]

(e)

Li picrate	[470]
Na acetate	[180]
Na dodecyl sulfate	[393]
Na ethyl carbonate	[470]
Na picrate	[470]
K picrate	[648]

ETHYLENE GLYCOL–WATER

(a)

HCl	[447] [456]

(c)

LiCl	[420]
NaCl	[369] [456]
KCl	[456]

ETHYL METHYL KETONE–WATER

(c)

NaI	[283]
KI	[283] [532]

FICOLL–WATER

(c)

LiCl	[286]
NaCl	[286]
KCl	[286]

GLYCEROL–WATER

(c)

LiCl	[368]
NaCl	[367] [417]
KF	[439] [561]
KCl	[439] [561]

(d)

KOH	[439] [561]

1-HEPTANETHIOL–WATER

(f)

Sodium dodecyl sulfate	[393]

n-HEPTANOL–WATER

(f)

Sodium dodecyl sulfate	[393]

HEXAMETHYLENETETRAAMINE–WATER

(c)

KCl	[399]

n-HEXANE–WATER

(f)

Sodium dodecyl sulfate	[393]

HYDROGEN PEROXIDE–WATER

(c)

LiCl	[721]
NaCl	[721]
KCl	[721]
RbCl	[721]
CsCl	[721]

METHANOL–WATER

(a)

HCl	[329] [406] [466]
HClO$_4$	[261]

(b)

CH$_3$CO$_2$H	[406]
o-Chlorobenzoic acid	[240]
2,4-Dinitrobenzoic acid	[488]
3,5-Dinitrobenzoic acid	[488]
Salicylic acid	[488]
Trichloroacetic acid	[489]
Trichlorobutyric acid	[489]

(c)

LiBr	[337]
NaCl	[523]
NaI	[385]
KCl	[519] [523]

(d)

NaNO$_3$	[360]
KNO$_3$	[360]

(e)

Sodium dichloroacetate	[488]
Sodium 2,4-dinitrobenzoate	[488]
Sodium 3,5-dinitrobenzoate	[488]
Sodium dodecyl sulfate	[393]
Sodium picrate	[488] [489]
Sodium salicylate	[488]
Potassium o-chlorobenzoate	[240]

2-METHOXYETHANOL–WATER

(c)
KCl   [538]

n-OCTANOL–WATER

(f)
Sodium dodecyl sulfate   [393]

1-PENTANOL–WATER

(f)
Sodium dodecyl sulfate   [393]

1-PROPANOL–WATER

(a)
HCl   [183] [466]

(b)
Acetic acid   [648]

(c)
NaCl   [182]

(e)
Na acetate   [648]

(f)
Sodium dodecyl sulfate   [393]

III. ELECTRICAL CONDUCTANCE

2-PROPANOL–WATER

(a)

HCl   [466]

PYRIDINE–WATER

(e)

Sodium picrate   [42] [411]

TETRAHYDROFURAN–WATER

(c)

KCl	[346] [424]
CsCl	[346]
CsBr	[564]
CsI	[346]

(d)

KClO$_4$ [424]

NONAQUEOUS–NONAQUEOUS MIXTURES

ACETONE–DIOXANE

(c)

LiBr [416]

(d)

LiNO$_3$ [422]
LiClO$_4$ [372]
NaClO$_4$ [423]

ACETONE–METHANOL

(c)

LiBr [336] [590]

(d)

LiClO$_4$ [336] [591]

ACETONITRILE–DIOXANE

(d)

LiClO$_3$ [311]
LiClO$_4$ [372]
NaClO$_4$ [423]

ACETONITRILE–ETHANOL

(c)

Picric acid [553]

ACETONITRILE–METHANOL

(c)
Piric acid   [553]

(d)
KClO$_4$ [375]
CsClO$_4$ [375]

AMMONIA–PYRIDINE

(c)
NaI   [411]

(d)
Lithium picrate   [411]
Sodium picrate   [42] [411]

1-BUTANOL–ETHANOL

Monochloroacetic acid   [66]

1-BUTANOL–METHANOL

Monochloroacetic acid   [66]

(c)
KCl   [538]

DIMETHYLFORMAMIDE–N-METHYLACETAMIDE

(c)
NaBr   [36]
KBr   [36]
KI   [36]

DIMETHYLSULFOXIDE–DIOXANE

(c)
LiBr   [416]

(d)
LiNO$_3$ [422]
LiClO$_4$ [422]

DIOXANE–METHANOL

(c)
LiCl   [383] [401]
LiBr   [416]
NaI   [385] [401]

(d)
LiClO$_3$ [311]
LiNO$_3$ [422]
LiClO$_4$ [372]
NaClO$_4$ [423]

ETHANOL–FORMAMIDE

(c)
RbI   [578]

ETHANOL–PROPANOL

Monochloroacetic acid   [66]

ETHYLENE GLYCOL–METHANOL

(a)
HCl   [456]
H$_2$SO$_4$ [456]

III. ELECTRICAL CONDUCTANCE

ETHYLENE GLYCOL–HYDROGEN PEROXIDE

(a)
H_2SO_4 [456]

ETHYL METHYL KETONE–2-PROPANOL

Picric acid   [330]

METHANOL-2-METHOXYETHANOL (METHYLCELLOSOLVE)

(c)
KCl   [538]

METHANOL–PROPANOL

Monochloroacetic acid   [66]

METHANOL–PYRIDINE

(d)
Potassium Picrate   [42]

NITROBENZENE–PYRIDINE

(d)
Ammonium picrate   [21]

C. COMPOUNDS OF ELEMENTS IN THE PERIODIC TABLE OTHER THAN Ia IN SINGLE SOLVENTS

1. DATA BY SOLUTE

The data in this section consists of electrical conductance data for compounds of elements in the periodic table other than those represented by Ia. The organization of the data by solute is according to groups Ib through VIII of the periodic table as follows:

(a) Group Ib—Cu, Ag, Au
(b) Group IIa—Be, Mg, Ca, Sr, Ba, Ra
(c) Group IIb—Zn, Cd, Hg
(d) Group IIIa—B, Al, Ga, In, Tl
(e) Group IIIb—Sc, Y, Lathanides and Actinides
(f) Group IVa—C, Si, Ge, Sn, Pb
(g) Group IVb—Ti, Zr, Hf
(h) Group Va—N, P, As, Sb, Bi
(i) Group Vb—V, Nb, Ta
(j) Group VIa—O, S, Se
(k) Group VIIa—F, Cl, Br, I, At
(l) Group VIIb—Mn, Tc, Re
(m) Group VII—Fe, Co, Ni

(a) Group Ib—Cu, Ag, Au

COPPER (I) HEXAFLUOROPHOSPHATE, $CuPF_6$

Solvent and ref.	Λ_0	Λ	Concentration eq/l $\times 10^4$	Comments
Acetonitrile [665]	169.1	161–15.3	6–20	(15) λ_0^-, 104.4 K_a, 15 a, 5.5 Å

COPPER (I) PERCHLORATE, $CuClO_4$

Solvent and ref.	Λ_0	Λ	Concentration eq/l $\times 10^4$	Comments
Acetonitrile [665]	168.4	160–154	6–17	(14) λ_0^+, 64.7 λ_0^-, 103.7 a, 4.03 Å

COPPER (I) TETRAFLUOROBORATE, $CuBF_4$

Solvent and ref.	Λ_0	Λ	Concentration eq/l $\times 10^4$	Comments
Acetonitrile [665]	173.1	164–157	7–22	(15) λ_0^-, 108.4 K_a, 8 a, 4.5 Å

COPPER (II) ACETATE, $(CH_3CO_2)_2Cu$

Solvent and ref.	Λ_0	Λ	Concentration eq/l $\times 10^4$	Comments
Pyridine [706]		0.3–0.023	2–156	(14)

COPPER (II) BROMIDE, $CuBr_2$

Solvent and ref.	Λ_0	Λ	Concentration eq/l × 10^4	Comments
Acetonitrile [291]		29.3–24.3	50–200	0°C data quoted from earlier work

COPPER (II) CHLORIDE, $CuCl_2$

Solvent and ref.	Λ_0	Λ	Concentration eq/l × 10^4	Comments
Dimethylacetamide [419]			7.74–32.5	(5) κ only concn. g/100 g solu.
Dimethylformamide* [303]			2000–7900	15°C (3) κ only 20°C (3) κ only
— [418]			1.85–16.3	(6) κ only concn. g/100 g solu.

* $CuCl_2$ cryst. presumably the hexahydrate.

COPPER (II) NITRATE, $Cu(NO_3)_2$

Solvent and ref.	Λ_0	Λ	Concentration eq/l × 10^4	Comments
Dimethyl formamide [303]			1.63	15°C κ only

COPPER (II) CIS-ETHYLENEDIAMINE SULFATE DIHYDRATE, $[Cu(CH_2NH_2CH_2NH_2)_2]SO_4 \cdot 2H_2O$

Solvent and ref.	Λ_0	Λ	Concentration eq/l × 10^4	Comments
Formamide [153]	31.952	30–27	2.5–19	(7) a, 2.26 Å

III. ELECTRICAL CONDUCTANCE

COPPER (II) m-BENZENEDISULFONATE HEXAHYDRATE, $Cu(SO_3)_2C_6H_4 \cdot 6H_2O$

Solvent and ref.	Λ_0	Λ	Concentration eq/l × 10^4	Comments		
N-Methylpropionamide [142]	12.835	12.16–10	4–91	(7)	a,	4.90 Å
	11.126	11–8	4–92	(8)	20°C	a, 4.90 Å
	14.676	14–11	4–106	(12)	30°C	a, 4.91 Å
	16.698	16–12	4–106	(12)	35°C	a, 4.92 Å
	18.872	18–14	4–105	(12)	40°C	a, 4.94 Å

SILVER BROMATE, $AgBrO_3$

Solvent and ref.	Λ_0	Λ	Concentration eq/l × 10^4	Comments
Ammonia [482]				λ_0^+, 116 λ_0^-, 148

SILVER CHLORIDE, AgCl

Solvent and ref.	Λ_0	Λ	Concentration eq/l × 10^4	Comments
Pyridine [555]				results given graphically
— [64]	[79]	3.7–2.3	0.5–10	(5) data recalculated from earlier work
— [706]		3.4–1.0	0.6–62.5	(22)

SILVER CYANIDE, AgCN

Solvent and ref.	Λ_0	Λ	Concentration eq/l × 10^4	Comments
Pyridine [555]				results given graphically
— [64]		10.6–8.2	1–10	(4) data recalculated from earlier work
— [706]		12–4	0.6–1250	(24)

SILVER HEXAFLUOROPHOSPHATE, $AgPF_6$

Solvent and ref.	Λ_0	Λ	Concentration eq/l $\times 10^4$	Comments
Acetonitrile [665]	190	182–174	4–20	(16) a, 4.5 Å

SILVER IODIDE, AgI

Solvent and ref.	Λ_0	Λ	Concentration eq/l $\times 10^4$	Comments
Ethylenediamine [137]	45.5	17–5	2.6–35	(5) κ, 0.112
— [480]	48.8	22–5	1–66	(12) K_a, 0.431 a, 3.84 Å
— [476]	72.8	31–11	0.55–76	(8) K_d, 0.168
Propylenediamine [137]		3.6–1.3	3–19	(7)

SILVER SULFATE, Ag_2SO_4

Solvent and ref.	Λ_0	Λ	Concentration eq/l $\times 10^4$	Comments
Pyridine [64]	78	34–6	0.5–10	(5) results calculated from earlier work
— [706]		45–1	0.2–156	(22)
— [706]		24–1	0.2–156	(22) 0°C

SILVER TETRAFLUOROBORATE, $AgBF_4$

Solvent and ref.	Λ_0	Λ	Concentration eq/l $\times 10^4$	Comments
Acetonitrile [665]	194.5	184–176	7–26	(14) a, 4.20 Å

III. ELECTRICAL CONDUCTANCE

SILVER NITRATE, AgNO$_3$

Solvent and ref.	Λ_0	Λ	Concentration eq/l $\times$ 10^4	Comments
Acetone [221]		67–14	0.2–14	(8)
ACN [233]	150			
— [500]	186			
— [75]	188.8	182.2–155.2	0.9–22.8	(7)
— [665]	192.4	178–146	5–41	(21) λ_0^-, 1064 K$_a$, 70.8 a, 3.5 Å
— [260]	188.8	124.3–4.5	99–61620	(10)
— [150]	199	192–52	0.8–1590	(12)
— [290]				Published data of [260]
— [291]				Published data of [260]
Ammonia [44]	291			$-33°C$ K$_d$, 4.85×10^{-3} a, 3.38 Å data from earlier work
— [482]	287			$-33°C$ K$_d$, 2.8×10^{-3}
— [233]	241.7			$-33°C$
BZN [44]	55.2			K$_d$, 2.5×10^{-4} 9, 1.58 Å from [213]
— [290]		13.2–0.9	54.4–35130	(15)
— [500]	55.2			a, 1.62 Å from [213]
— [213]	52.18	47.3–7.5	0.2–250.9	(12)
— [213]	33.30		0.2–255.8	(12) 0°C
— [213]	64.78		0.2–105.9	(9) 40°C
— [213]	77.50		0.2–104.4	(9) 55°C
DMF	92.5	83–48	2–46	(15) K$_d$, 2.55×10^{-3} a, 1.2 Å
Ethanol [44]	44.8			K, 4.40×10^{-3} a, 2.72 Å from [228]

SILVER NITRATE, AgNO$_3$ (Continued)

Solvent and ref.	Λ_0	Λ	Concentration eq/l × 10^4	Comments
— [228]	46.2	41.33	2–17	(10)
ED [137]	65.8	57–31	0.11–2.24	(9) K$_d$, 4.61 × 10^{-4}
ED [480]	61.4	56–30	1–33	(10) K$_a$, 8.07 × 10^{-4} a, 5.98 Å
— [476]	63.5	49–31	3–22	(8) K$_d$, 5.74 × 10^{-4}
EG [45]	9.038			K$_d$, 1.43 × 10^{-3} a, 1.05 Å
Methanol [213]	112.9			from earlier work
— [220]	110.88	103–94	0.4–17	(43) K$_a$, 73.8
PD [137]	53.1		3–38	(8) K$_d$, 8.2 × 10^{-3}
Pyridine [22]	86.9	82–60	0.3–7.6	(6) λ_0^+, 34.3 K$_d$, 9.3 × 10^{-4}
— [64]	85.3	76–50	0.7–19.1	(11) λ_0^+, 35.7
— [555]				Results given graphically

SILVER PICRATE, AgOC$_6$H$_2$(NO$_2$)$_3$

Solvent and ref.	Λ_0	Λ	Concentration eq/l × 10^4	Comments
Acetonitrile [75]	162.5	159.7–145.1		(13)
Ethyl methyl ketone [471]	134	127–96	0.1–2	(7)
Nitrobenzene [62]		23–9	13–327	(4)
Pyridine [42]	68.0	66–50	0.23–15	(6) K$_a$, 30.6
— [64]	66.0	63–54	0.4–6.4	(11) λ_0^+, 35.7
— [555]				Results shown graphically

III. ELECTRICAL CONDUCTANCE

SILVER PERCHLORATE, $AgClO_4$

Solvent and ref.	Λ_0	Λ	Concentration eq/l × 10^4	Comments
Acetone [215]	181.5			a, 2.14 Å
— [44]	181			K_d, 0.54 × 10^{-4} a, 2.75 Å
— [45]	181.55			
Acetonitrile [75]	189.2	1840–173.7	0.9–22.8	(7)
— [150]	203	203–116	0.76–770	(11)
— [665]	189.7	182–172	4–23	(16) λ_0^+, 86.0 λ_0^-, 103.7 a, 4.7
Benzene [45]	150			K, 0.78 × 10^{-20} a, 4.89 Å
— [518]	150	36–1	0.23–1410	(18) K, 0.0078 × 10^{-18} a, 4.89 Å
— [507]				K_d, 4 × 10^{-20}, a, 5.03 Å from [518]
i-Butanol [44]	12.2			K_d, 1.47 × 10^{-3} a, 3.42 Å
Cyclo Hexanone [44]	27.5			K_d, 8.8 × 10^{-4} a, 2.99 Å
Dimethylformamide [94]	87.62	86–78	1–45	(14) a, 4.9
Ethanol [228]	51.2	49–43	2–21	(17)
Methanol [94]	121.1			a, 3.6 Å
Nitrobenzene [473]	38.4	37–30	1–10	(15)
Nitromethane [473]	116.5	114–106	1–20	(17)
Polystyrene	143			a, 9.46 Å
Pyridine [22]	81.9	79–68	0.22–4	(5) K_d, 1.91 × 10^{-3} quoted in [45]

SILVER THIOCYANATE, AgNCS

Solvent and ref.	Λ_0	Λ	Concentration eq/l × 10^4	Comments
Pyridine [555]				results given graphically
— [64]	84	17.7–4.5	0.5–10	(5) data recalculated from earlier work
— [706]		22–2	0.3–2500	(28)

(b) Group IIa—Be, Mg, Ca, Sr, Ba, Ra

BERYLLIUM NITRATE TRIHYDRATE, $Be(NO_3)_2 \cdot 3H_2O$

Solvent and ref.	Λ_0	Λ	Concentration eq/l × 10^4	Comments
i-Amyl alcohol [309] and [265]			2–2320	(18) (at 20°C and 45°C)
n-Amyl alcohol [265] and [309]			2–2160	(18) (at 20°C and 45°C)
i-Butanol [265] and [309]			2–2340	(18) (at 20°C and 45°C)
n-Butanol [265] and [309]			2–2160	(18)
— [265]*				
— [308]*				
i-Propanol [265] and [309]			2–2160	(18)
n-Propanol [265] and [309]			2–2050	(18)
* Methanol [265]		138–86	8–80	20°C (10)
[269] and [308]		No data	18–2250	45°C (14)

BERYLLIUM SULFATE TETRAHYDRATE, $BeSO_4 \cdot 4H_2O$

Solvent and ref.	Λ_0	Λ	Concentration eq/l × 10^4	Comments
Methanol [308]			166–2070	(8) 20° and 45°C
— [265]				No data given

III. ELECTRICAL CONDUCTANCE

MAGNESIUM ACETATE TETRAHYDRATE, $Mg(Ac)_2 \cdot 4H_2O$

Solvent and ref.	Λ_0	Λ	Concentration eq/l × 10^4	Comments
Methanol [308] and [265]			42–2110	(11) 20°C and 45°C Λ vs c and 20°C only given graphically

MAGNESIUM CHLORIDE, $MgCl_2$

Solvent and ref.	Λ_0	Λ	Concentration eq/l × 10^4	Comments
Dimethylacetamide [419]			0.8–2.8	(5) κ only, concn. g/100 g mole
Dimethylformamide [303]			4700	20°C κ only
— [418]			2.76–11.4	(6) κ only, concn. g/100 g mole
Ethanol [531]	38.98	37–30	0.1–0.8	(22) K_d, 1.876
Ethanol [531]		69–52	0.05–0.4	(8) 20°C
Ethanol [712]	41.75	39–10	0.1–5.6	(15) 20°C K_d, 1.659 × 10^{-4}, results shown graphically

MAGNESIUM BROMIDE, $MgBr_2$

Solvent and ref.	Λ_0	Λ	Concentration eq/l × 10^4	Comments
Ethanol [712]	44.57	41–27	0.4–5.6	(9) 20°C K_d, 4.650 × 10^{-4} results shown graphically

MAGNESIUM IODIDE, MgI_2

Solvent and ref.	Λ_0	Λ	Concentration eq/l $\times 10^4$	Comments
Dimethylacetamide [419]			71–352	(5) κ only
Dimethylformamide [418]			7.9–59	(6) κ only
Ethanol [712]	47.18	45–31	0.3–4.0	(12) 20°C K_d, 6.208 $\times$ 10^{-4} results shown graphically

MAGNESIUM CHLORIDE HEXAHYDRATE, $MgCl_2 \cdot 6H_2O$

Solvent and ref.	Λ_0	Λ	Concentration eq/l $\times 10^4$	Comments
Methanol [308] and [265]			13–4220	(17) 20°C and 45°C at 20°C only Λ graphically given
N-Methylacetamide [598]	21.28	20.8–17.6	4–258	(11) 40°C

MAGNESIUM NITRATE PENTAHYDRATE, $Mg(NO_3)_2 \cdot 5H_2O$

Solvent and ref.	Λ_0	Λ	Concentration eq/l $\times 10^4$	Comments
N-Methylacetamide [598]	24.20	23.8–21.7	2–99	(12) 40°C

III. ELECTRICAL CONDUCTANCE

MAGNESIUM NITRATE HEXAHYDRATE, $Mg(NO_3)_2 \cdot 6H_2O$

Solvent and ref.	Λ_0	Λ	Concentration eq/l $\times 10^4$	Comments
i-Amyl alcohol [309] and [265]			2–2080	(18) 20°C and 45°C
n-Amyl alcohol [265] and [309]			2–2080	(18) 20°C and 45°C
1-Butanol [265] and [309]				κ increases with value
n-Butanol [265] and [309]			2–2120	(18) 20°C and 45°C
MeOH				
i-Propanol [265] and [309]			2–2220	(18) 20°C and 45°C
n-Propanol [265] and [309]			2–2060	(18) 20°C and 45°C
* Methanol [265]		176–126	10–97	(10) 10°C, 20°C, 30°C
*— [265]				(10) 35°C, 40°C
*— [308]			12.5–2090	(15) Λ vs. c given graphically

MAGNESIUM PERCHLORATE HEXAHYDRATE, $Mg(ClO_4)_2 \cdot 6H_2O$

Solvent and ref.	Λ_0	Λ	Concentration eq/l $\times 10^4$	Comments
i-Amyl alcohol [309] and [265]			2–2070	(18) 20°C and 45°C
n-Amyl alcohol [265] and [309]			2–2080	(18) 20°C and 45°C
i-Butanol [265] and [309]				κ increases with time
n-Butanol [265] and [309]			2–2100	(18) 20°C and 45°C
— [308]*				
i-Propanol [265] and [309]			2–2200	(18) 20°C and 45°C
n-Propanol [265] and [309]			2–2060	(18) 20°C and 45°C
* Methanol [308] and [265]			38–4700	(16) 20°C and 45°C Λ at 20°C only given graphically

MAGNESIUM SULFATE HEPTAHYDRATE, $MgSO_4 \cdot 7H_2O$

Solvent and ref.	Λ_0	Λ	Concentration eq/l × 10^4	Comments
Formamide [153]	28.385	27–24	2.5–38.7	(8) a_J, 1.80 Å
Methanol [308] and [265]			17–2090	(16) 20°C and 45°C Λ vs c at 20°C only given graphically

CALCIUM BROMIDE, $CaBr_2$

Solvent and ref.	Λ_0	Λ	Concentration eq/l × 10^4	Comments
Dimethylacetamide [419]			2.28–9.23	(5) κ only
Dimethylformamide [418]			5.1–16.9	(5) κ only

CALCIUM BROMIDE TETRAHYDRATE, $CaBr_2 \cdot 4H_2O$

Solvent and ref.	Λ_0	Λ	Concentration eq/l × 10^4	Comments
N-Methylacetamide [598]	23.12	22.8–21.2	2–71	(12) 40°C

CALCIUM CHLOROSULFONATE, $Ca(SO_3Cl)_2$

Solvent and ref.	Λ_0	Λ	Concentration eq/l × 10^4	Comments
Chlorosulfonic acid [396]			0.02–0.22	(11) κ only

III. ELECTRICAL CONDUCTANCE

CALCIUM NITRATE, $Ca(NO_3)_2$

Solvent and ref.	Λ_0	Λ	Concentration eq/l × 10^4	Comments
Formamide [578]		20–29	6–1000	(6)
— [233]	31.0			
— [578]		15–23	6–1000	(6) 15°C
— [578]		25–38	6–1000	(6) 35°C

CALCIUM NITRATE TETRAHYDRATE, $Ca(NO_3)_2 \cdot 4H_2O$

Solvent and ref.	Λ_0	Λ	Concentration eq/l × 10^4	Comments
Methanol [265]		109–70	7.2–74	(8) at 20°C
— [308]			16–2150	(15) 20°C and 45°C, molar cond. given graphically at 20°C only
N-Methylacetamide [598]	24.66	24.1–20.5	6–280	(12) 40°C

CALCIUM PERCHLORATE TETRAHYDRATE, $Ca(ClO_4)_2 \cdot 4H_2O$

Solvent and ref.	Λ_0	Λ	Concentration eq/l × 10^4	Comments
N-Methylacetamide [598]	27.00	26.5–24.6	4–96	(12) 40°C

CALCIUM PERCHLORATE HEXAHYDRATE, $Ca(ClO_4)_2 \cdot 6H_2O$

Solvent and ref.	Λ_0	Λ	Concentration eq/l $\times$ 10^4	Comments
iso-Amyl alcohol [309] and [265]			2–2060	(18) 20°C and 45°C
i-Butanol [309] and [265]				20°C and 45°C κ increases with time
n-Butanol [265] and [309]			2–2110	(18) 20°C and 45°C
Methanol [308] and [265]		no data	6–998	(19) 20°C and 45°C
i-Propanol [265] and [309]				20°C and 45°C κ increases with time
n-Propanol [265] and [309]			2–2110	(18) 20°C and 45°C

STRONTIUM NITRATE, $Sr(NO_3)_2$

Solvent and ref.	Λ_0	Λ	Concentration eq/l $\times$ 10^4	Comments
Formamide [578]		56–30	6–2500	(8)
— [233]	32			
— [578]		42–23	6–2500	15°C
— [578]		69–38	6–2500	35°C
N-methylacetamide [598]	24.95	24.3–21.4	2–72	(12) 40°C

STRONTIUM PERCHLORATE, $Sr(ClO_4)_2$

Solvent and ref.	Λ_0	Λ	Concentration eq/l $\times$ 10^4	Comments
Methanol [308]		181–78	15–2450	(15) 20°C
— [265] and [308]			15–2450	(15) 45°C data not reported
N-methylacetamide [598]	27.26	26.7–24.0	6–198	(12) 40°C

III. ELECTRICAL CONDUCTANCE

STRONTIUM PERCHLORATE HEXAHYDRATE, $Sr(ClO_4)_2 \cdot 6H_2O$

Solvent and ref.	Λ_0	Λ	Concentration eq/l × 10^4	Comments
iso-Amyl alcohol [309] and [265]				20°C and 45°C κ increase with time
n-Amyl [265] and [309]				20°C and 45°C κ increase with time
i-Butanol [265] and [309]				20°C and 45°C κ increase with time
n-Butanol [265] and [309]				20°C and 45°C κ increase with time
Methanol [308] [265] and [308]		212–94	10–1630 10–1630	(15) 25°C (15) 45°C data not reported
i-Propanol [265] and [309]			2–2060 2–2260	(18) 20°C and 45°C (18) 20°C and 45°C
n-Propanol [265] and [309]				

STRONTIUM BROMIDE MONOHYDRATE, $SrBr_2 \cdot H_2O$

Solvent and ref.	Λ_0	Λ	Concentration eq/l × 10^4	Comments
N-methylacetamide [598]	23.13	22.7–21.3	2–60	(10) 40°C

STRONTIUM BROMIDE HEXAHYDRATE, $SrBr_2 \cdot 6H_2O$

Solvent and ref.	Λ_0	Λ	Concentration eq/l × 10^4	Comments
N-methylacetamide [598]	23.13	22.7–20.8	3–95	(12) 40°C

STRONTIUM CHLORIDE HEXAHYDRATE, $SrCl_2 \cdot 6H_2O$

Solvent and ref.	Λ_0	Λ	Concentration eq/l × 10^4	Comments
Methanol [308] and [265]			13–2200	(15) 20°C and 45°C no data reported
n-methylacetamide [598]	21.93	21.5–19.9	3–74	(12) 40°C

STRONTIUM CHLOROSULFONATE, $Sr(SO_3Cl)_2$

Solvent and ref.	Concentration g/log solution	Comments
Chlorosulfuric acid [396]	0.02–0.22	(11) κ only

STRONTIUM FORMATE, $(HCO_2)_2Sr$

Solvent and ref.	Λ_0	Λ	Concentration eq/l × 10^4	Comments
Formamide [578]		54–41	6–200	(5)
		42–32	6–200	(5) at 15°C
		67–51	6–200	(5) at 35°C

STRONTIUM PERCHLORATE TRIHYDRATE, $Sr(ClO_4)_2 \cdot 3H_2O$

Solvent and ref.	Λ_0	Λ	Concentration eq/l × 10^4	Comments
N-methylacetamide [598]	27.25	26.9–24.5	2–131	(12) 40°C

III. ELECTRICAL CONDUCTANCE

BARIUM BROMIDE, BaBr$_2$

Solvent and ref.	Λ_0	Λ	Concentration eq/l × 10^4	Comments
N-methylacetamide [598]	22.90	22.6–20.9	2–84	(12) 40°C

BARIUM BROMIDE DIHYDRATE, BaBr$_2$·2H$_2$O

Solvent and ref.	Λ_0	Λ	Concentration eq/l × 10^4	Comments
N-methylacetamide [598]	22.90	22.7–20.9	2–77	(11) 40°C

BARIUM CHLORIDE DIHYDRATE, BaCl$_2$·2H$_2$O

Solvent and ref.	Λ_0	Λ	Concentration eq/l × 10^4	Comments
Methanol [308] and [265]			20–100	(5) 20°C and 45°C no data given
N-methylacetamide [598]	21.61	21.2–19.4	4–95	(12) 40°C

BARIUM CHLORIDE, BaCl$_2$

Solvent and ref.	Λ_0	Λ	Concentration eq/l × 10^4	Comments
Formamide [472] and [511]		56–40	V-10–1600	(5)
		43–30	V-10–1600	(5) 15°C
		71–50	V-10–1600	(5) 35°C
		56–40	V-10–1600	(5)
		43–30		15°C
		71–50		35°C
N-methylacetamide [598]	21.61	21.1–18.0	4–250	(12) 40°C

BARIUM CHLOROSULFONATE, $Ba(SO_3Cl_2)_2$

Solvent and ref.	Λ_0	Λ	Concentration eq/l $\times$ 10^4	Comments
Chlorosulfuric acid [396]			0.02–0.22	(11) κ only

BARIUM FORMATE, $(HCO_2)_2Ba$

Solvent and ref.	Λ_0	Λ	Concentration eq/l $\times$ 10^4	Comments
Formamide [578]		52–43	50–1600	(5)
— [578]		39–33	50–1600	15°C
— [578]		64–54	50–1600	35°C

BARIUM IODIDE, BaI_2

Solvent and ref.	Λ_0	Λ	Concentration eq/l $\times$ 10^4	Comments
N-methylacetamide [598]	24.58	241–22.5	4–92	(11) 40°C

BARIUM IODIDE DIHYDRATE, $BaI_2 \cdot 2H_2O$

Solvent and ref.	Λ_0	Λ	Concentration eq/l $\times$ 10^4	Comments
N-methylacetamide [598]	24.65	24.1–22.6	5–91	(6) 40°C

III. ELECTRICAL CONDUCTANCE

BARIUM NITRATE, $BaNO_3$

Solvent and ref.	Λ_0	Λ	Concentration eq/l × 10^4	Comments
Formamide [578]		59–27	6–2500	(8)
— [233]	30.3			
— [578]		45–21	6–2500	15°C
— [578]		74–34	6–2500	35°C
N-methylacetamide [598]	24.64	24.2–22.2	1–37	(12) 40°C

BARIUM PERCHLORATE, $Ba(ClO_4)_2$

Solvent and ref.	Λ_0	Λ	Concentration eq/l × 10^4	Comments
Acetonitrile [75]	197.5	181.9–126.9	1.1–28.3	(7) quoted in [291]
Dimethylformamide [94]		175–148	1–18	(14)
Ethyl methyl ketone [471]		90–41	1–15	(21)
N-methylacetamide [598]	27.05	26.6–24.2	4–146	(12) 40°C

BARIUM PERCHLORATE TRIHYDRATE, $Ba(ClO_4)_2 \cdot 3H_2O$

Solvent and ref.	Λ_0	Λ	Concentration eq/l × 10^4	Comments
N-methylacetamide [598]	27.05	26.7–24.1		(11) 40°C

(c) Group IIb—Zn, Cd, Hg

ZINC BROMIDE, ZnBr$_2$

Solvent and ref.	Concentration g/100g solvent	Comments
Dimethylacetamide [419]	4.9–30.9 12.7–53.5	(5) κ only
Dimethylformamide [418]	12.7–53.5	(5) κ only

ZINC CHLORIDE, ZnCl$_2$

Solvent and ref.	Concentration g/100g solvent	Comments
Dimethylacetamide [419]	1.41–8.11	(5) only concn. g/100g solv.
Dimethylformamide [303]	1.85	20°C κ only
— [418]	6.42–22.0	(5) κ only concn. g/100g solv.

ZINC IODIDE, ZnI$_2$

Solvent and ref.	Concentration g/100g solvent	Comments
Dimethylacetamide [419]	7.65–39.6	(5) κ only
Dimethylformamide [418]	16.0–77.8	(5) κ only

CADMIUM BROMIDE, CdBr$_2$

Solvent and ref.	Concentration e/100g solvent	Comments
Dimethylacetamide [419]	5.18–48.7	(6) κ only
Dimethylformamide [418]	7.88–49.7	(6) κ only

CADMIUM IODIDE, CdI₂

Solvent and ref.	Λ₀	Λ	Concentration eq/l × 10⁴	Comments
Acetamitrile [291]		50.0–25.7	1–950	Quoted from earlier work
— [291]		42.4–24.6	1–979	0°C quoted from earlier work
N,N-dimethyl-acetamide [419]			10.7–47.7	(5) κ only concn. g/100g solv.
Dimethylformamide [303]			20000–50000	(2) 20°C κ only
— [418]			20.0–79.3	(5) κ only concn. g/100g solv.
Ethanol [698]		48.7–0.6	0.009–10484	(51)
Ethyl methyl ketone [471]	(167)	44–31	0.32–8	(7)

CADMIUM PERCHLORATE, Cd(ClO₄)₂

Solvent and ref.	Λ₀	Λ	Concentration eq/l × 10⁴	Comments
Acetonitrile [430]	201	162–112	1–10	(13)

CADMIUM PICRATE, [(NO₂)₃C₆H₂O]₂Cd

Solvent and ref.	Λ₀	Λ	Concentration eq/l × 10⁴	Comments
Ethyl methyl ketone [471]	152	116–24	0.1–4	(19)

MERCURY (II) CHLORIDE, $HgCl_2$

Solvent and ref.	Λ_0	Λ	Concentration eq/l × 10^4	Comments	
Ethyl methyl ketone [471]		30–19	1–21	(7)	
Formamide [472]		75–0.59	3–2500	(8)	
		3–0.43	3–2500	(8)	15°C
		6–0.83	3–2500	(8)	35°C

MERCURY (II) IODIDE, HgI_2

Solvent and ref.	Λ_0	Λ	Concentration eq/l × 10^4	Comments
Acetone [285]		7.5–0	0.3–36	(21) data from graphical points
Ethyl methyl ketone [471]		4–1	1–23	(7)

TETRAMETHYLAMMONIUM TRIIODOMERCURATE (II), $[(CH_3)_4N](HgI_3)$

Solvent and ref.	Λ_0	Λ	Concentration eq/l × 10^4	Comments
Acetone [285]		181–165	1–9	(5)

TETRAMETHYLPHOSPHONIUM TRIIODOMERCURATE, $(Me_4P)(HgI_3)$

Solvent and ref.	Λ_0	Λ	Concentration eq/l × 10^4	Comments
Acetone [285]		182–166	1–9	(5)

III. ELECTRICAL CONDUCTANCE

TETRAMETHYLPHOSPHONIUM PENTAIODODIMERCURATE, $(Me_4P)(Hg_2I_5)$

Solvent and ref.	Λ_0	Λ	Concentration eq/l × 10^4	Comments
Acetone [285]		189–175 (4)	7–9	(5)

TRIPHENYLMETHYLARSONIUM TRIIODOMERCURATE (II), $[(C_6H_5)_3CH_3As](HgI_3)$

Solvent and ref.	Λ_0	Λ	Concentration eq/l × 10^4	Comments
Acetone [285]		165–130	0.3–12.3	(15) data from graphical pts.

TETRAMETHYLPHOSPHONIUM TETRAIODOMERCURATE (II), $[(CH_3)_4P]_2(HgI_4)$

Solvent and ref.	Λ mol	Concentration mole/l × 10^4	Comments
Acetone [285]	390–305	0.1–6.3	(9) data from graphical pts.

TETRAMETHYLPHOSPHONIUM PENTAIODODIMERCURATE (II), $[(CH_3)_4P](Hg_2I_5)$

Solvent and ref.	Λ_0	Λ	Concentration eq/l × 10^4	Comments
Acetone [285]		270–175	0.01–9	(21) data from graphical pts.

TRIPHENYLMETHYLARSONIUM TETRAIODOMECURATE (II), $[(C_6H_5)_3CH_3As]_2(HgI_4)$

Solvent and ref.	Λ molar	Concentration mole/l × 10^4	Comments
Acetone [285]	330–250	0.3–12	(14) data from graphical pts.

(d) Group IIIa—B, Al, Ga, In, Tl

BORON TRIBROMIDE, BBr_3

Solvent and ref.	Λ molar	Concentration mole/l $\times 10^4$	Comments
Acetonitrile [672]	8–1	29–2732	(29)

BORON TRIFLUORIDE, BF_3

Solvent and ref.	Λ_0	Λ	Concentration eq/l $\times 10^4$	Comments	
Bromine trifluoride [614]		95–41	0.2–1.0	(6)	given graphically
Chlorine trifluoride [614]		0–2	0.1–1.8	(10)	0°C given graphically
BrF_3			Concn. BF_3 0.036M–0.14M	(6)	κ only range 10–45°C graphical pts.

BORON TRIIODIDE, BI_3

Solvent and ref.	Λ_0	Λ molar	Concentration mole/l $\times 10^4$	Comments
Acetonitrile [672]	240	235–125	1–42	(18)

BROMODI-PHENYLBORANE, $(C_6H_5)_2BBr$

Solvent and ref.	Λ molar	Concentration mole/l $\times 10^4$	Comments
Acetonitrile [672]	37–15	1–82	(13)

III. ELECTRICAL CONDUCTANCE

DIFLUOROBROMINIUM TETRAFLUOROBORATE, BrF_2BF_4

Solvent and ref.	Λ_0	Λ	Concentration eq/l × 10^4	Comments
Boron trifluoride [614]		131		κ given at 0.3M

CHLORO DIPHENYL BORANE, $(C_6H_5)_2BCl$

Solvent and ref.	Λ molar	Concentration mole/l × 10^4	Comments
Acetonitrile [672]	8–2	3–158	(12)

ALUMINUM CHLORIDE, $AlCl_3$

Solvent and ref.	Λ_0	Λ	Concentration mole/l × 10^4	Comments
Acetonitrile [291]		91–36	61–9200	Quoted from earlier work
γ-Butyrolactone [670]		4–17	1–1200	(9) Λ_{min} at 4 × 10^{-4} mole/l data taken from graphical pts.
Dimethylformamide [621]		195–90	1.3–62	(7) Taken from graphical pts.
		225–120	1.3–62	(7) 60°C
Nitrobenzene [646]		20–4.5	0.3–400	(26) Λ_{min} at 2.5 × 10^{-3} mole/l Λ_{max} at 0.023 mole/l. Data taken from graphical pts.
Propylene carbonate [670]		8.5–13.6	1–1000	(9) Λ_{min} at 0.0016 mole/l, data taken from graphical pts.
— [621]		10–7	9–10000	Λ_{min} at 0.0025 mole/l
		20–13	9–1000	60°C data taken from graphical pts.

ALUMINUM BROMIDE, AlBr$_3$

Solvent and ref.	Λ_0	Λ molar	Concentration eq/l × 10^4	Comments
Acetonitrile [291]		44–46	50–5430	max Λ of 58 atm 0.044 mole/l quoted from earlier work
Benzonitrile [515]	72.5	58–2	8–1000	(38)
Hydrogen bromide [665]		solid		−83.6
Methyl bromide [412] requoted [507]		0.024–0.043	3100–9000	(4) 0°C
Nitrobenzene [412] requoted [507]		7–3	3.4–381	(5)
Pyridine [412] requoted [507]		150–29	0.1–7	(5)
— [515]	62.5	58–15	10–5000	(31)
— [546]				κ only
α-Picoline β-Picoline γ-Picoline 4-Ethyl pyridine 2:6 Lutidine				Sp. condy. of these compounds have been studied over a range of temp. usually about 20°C above the respective m.p.

ALUMINUM PERCHLORATE, Al(ClO$_4$)$_3$

Solvent and ref.	Λ_0	Λ	Concentration mole/l × 10^4	Comments
Acetonitrile [291]		126–52.6	95–1140	Quoted from earlier work

DIMETHYLALUMINUM BROMIDE, (CH$_3$)$_2$AlBr

Solvent and ref.	Λ molar	Concentration moles/l × 10^4	Comments
Methyl bromide [412]	0.0045–0.0067	3300–8610	(4) 0°C

III. ELECTRICAL CONDUCTANCE

METHYLALUMINUM BROMIDE, CH_3AlBr_2

Solvent and ref.	Λ molar	Concentration mole/1 $\times 10^4$	Comments
Methyl bromide [412]	0.0078–0.0162	3360–8020	(3) 0°C

(e) Group IIIb—Sc, Y, Lathanides and Actinides

THALLIUM (I) BROMIDE, TlBr

Solvent and ref.	Λ_0	Λ	Concentration eq/l × 10⁴	Comments
Acetonitrile [233]	140.5			
Ammonia [482]				$-33°C$ λ_0^+, 152, λ_0^-, 172

THALLIUM (I) CHLORIDE, TlCl

Solvent and ref.	Λ_0	Λ	Concentration eq/l × 10⁴	Comments
Acetonitrile [233]	170.4			

THALLIUM (I) NITRATE, TlNO₃

Solvent and ref.	Λ_0	Λ	Concentration eq/l × 10⁴	Comments
Ammonia [482]	323			$-33°C$ K_d, 2.1×10^{-4}

THALLIUM (I) TETRAFLUOROBORATE, TlBF₄

Solvent and ref.	Λ_0	Λ	Concentration eq/l × 10⁴	Comments
Acetonitrile [763]	199.2	190–172	5–32	(23) λ_0^+, 90.7 λ_0^-, 108.4 K_a, 15.1 a, 3.2

III. ELECTRICAL CONDUCTANCE

THALLIUM (I) PERCHLORATE, TlClO$_4$

Solvent and ref	Λ_0	Λ	Concentration eq/l × 10^4	Comments
Acetonitrile [763]	195.16	183–164	6–30	(16) λ_0^+, 91.5 λ_0^-, 103.7 K_a, 32.2 a, 3.1 Å
Dimethylformamide [94]	91.07	89–81	0.81–45	(14) a, 4.6 Å
Nitromethane [473]	124.4	121–112	1–8	(6)

DIMETHYLTHALLIUM (III) IODIDE, (CH$_3$)$_2$TlI

Solvent and ref.	Λ_0	Λ	Concentration eq/l × 10^4	Comments
Dimethylformamide [94]	79.3	70–37	2–45	(18) K_d, 1.29 × 10^{-3} a, 1.1 Å

LANTHANUM BROMIDE, LaBr$_3$

Solvent and ref.	Λ_0	Λ	Concentration eq/l × 10^4	Comments
Methanol [325]		153–84 (16)	4–144	(18) 20°C
— [325]		184–99	9–144	(16) 45°C

LANTHANUM CHLORIDE, LaCl$_3$

Solvent and ref.	Λ_0	Λ	Concentration eq/l × 10^4	Comments
Ethanol [531]	70.57	58–46	0.06–2.1	(16) K_d, 2.468 × 10^{-5}
— [531]	50.55	43–39	0.3–0.5	(14) K_d, 1.293 × 10^{-4} Different Λ_0's assumed due to different ionization steps

LANTHANUM FERRICYANIDE, $LaFe(CN)_6$

Solvent and ref.	Λ_0	Λ	Concentration eq/l $\times 10^4$	Comments
Formamide [162]	34.55	31–25	2–14 (13)	K, 249 a, 8.41 Å

CERIUM (III) NITRATE $Ce(NO_3)_3$

Solvent and ref.	Λ_0	Λ	Concentration eq/l $\times 10^4$	Comments
Acetonitrile [75]		7.4–4.3	1.2–30.9 (7)	quoted in [291]

PRASEODYMIUM BROMIDE, $PrBr_3$

Solvent and ref.	Λ_0	Λ	Concentration eq/l $\times 10^4$	Comments
Methanol [325]		169–86	4–144 (18)	at 20°C
— [325]		185–102	9–144 (16)	at 45°C

SAMARIUM BROMIDE, $SmBr_3$

Solvent and ref.	Λ_0	Λ	Concentration eq/l $\times 10^4$	Comments
Methanol [325]		175–88	4–144 (18)	at 20°C
— [325]		187–105	9–144 (16)	at 45°C

III. ELECTRICAL CONDUCTANCE

GADOLINIUM BROMIDE, GdBr$_3$

Solvent and ref.	Λ_0	Λ	Concentration eq/l $\times$ 10^4		Comments
Methanol [325]		185–96	4–144	(18)	at 20°C
— [325]		194–106	9–144	(16)	at 45°C

HOLMIUM BROMIDE, HoBr$_3$

Solvent and ref.	Λ_0	Λ	Concentration eq/l $\times$ 10^4		Comments
Methanol [325]		184–83	4–144	(18)	at 20°C
— [325]		174–95	9–144	(16)	at 45°C

ERBIUM BROMIDE, ErBr$_3$

Solvent and ref.	Λ_0	Λ	Concentration eq/l $\times$ 10^4		Comments
Methanol [325]		183–92 (15)	4–144	(18)	at 20°C
— [325]		174–106 (13)	9–144	(16)	at 45°C

YTTERBIUM BROMIDE, YbBr$_3$

Solvent and ref.	Λ_0	Λ	Concentration eq/l $\times$ 10^4		Comments
Methanol [325]		176–78	4–144	(18)	at 20°C
— [325]		169–93	9–144	(16)	at 45°C

URANYL NITRATE, $UO_2(NO_3)_2$

Solvent and ref.	Λ_0	Λ	Concentration eq/l × 10^4	Comments
Acetone [323]	200	35–1.2	0.4–272	(20) K_a, 5.02 a, 1.37 Å D, 20.7
Ethanol [322]	82.20	67–5	5–296	(17) K_a, 1.44 a, 1.47 Å D, 24.3
Heptanone-2 [323]		19–0.33	0.5–262	(14) D, 11.68
Methanol [322]	245.8	206–27	0.1–183	(18) K_a, 1.62 a, 1.24 Å D, 23.63
Ethyl methyl ketone [323]	153–8	5.4–1	0.32–387	(18) K_a, 1.05 a, 1.50 Å D, 18.4
Methyl isobutyl ketone [323]	107	4–0.56	1.3–75	(6) K_a, 2.44 a, 2.34 Å D, 13.11
Propanol [322]		14–0.55	0.12–733	(22) D, 20.1

DICHLOROPHENYLBORANE, $C_6H_5BCl_2$

Solvent and ref.	Λ molar	Concentration mole/l × 10^4	Comments
Acetonitrile [672]	13–1	2–1010	(29)

(f) Group IVa—C, Si, Ge, Sn, Pb

ACETONE, $(CH_3)_2CO$

Solvent and ref.	Λ_0	Λ	Concentration eq/l $\times$ 10^4	Comments
Hydrogen fluoride [613]		1–0.0104	10200–86200	(7)

ACETYL BROMIDE, CH_3COBr

Solvent and ref.	Λ_0	Λ	Concentration eq/l $\times$ 10^4	Comments
Liq. hydrogen-bromide [640]		0.00014	160	$-83.6°C$

n-BUTYL ETHER, $(n\text{-}C_4H_9)_2O$

Solvent and ref.	Λ_0	Λ	Concentration eq/l $\times$ 10^4	Comments
Hydrogen fluoride [613]		42.0–0.00023	9180–21700	(10)

DIETHYLETHER, $(C_2H_5)_2O$

Solvent and ref.	Λ_0	Λ	Concentration eq/l $\times$ 10^4	Comments
Hydrogen fluoride [613]		268–0.00005	1360–6800	(22)

DI-m-BIPHENYLPHENYLCHLOROMETHANE, $(m\text{-}C_6H_5C_6H_4)_2C_6H_5CCl$

Solvent and ref.	Λ_0	Λ	Concentration eq/l × 10^4	Comments
Liq. sulfur dioxide [408]	162	141–15	50–0.09	(9) at 8.93°C
	163	120–15	32–0.1	(8) 0.12°C

DI-p-BIPHENYLPHENYLCHLOROMETHANE, $(p\text{-}C_6H_5C_6H_4)_2C_6H_5CCl$

Solvent and ref.	Λ_0	Λ	Concentration eq/l × 10^4	Comments
Sulfurdioxide [408]	168	161–114	11–0.2	(6) 8.90°C
— [408]	181	176–97	23–0.2	(7) 0.10°C

ETHANOL, CH_3CH_2OH

Solvent and ref.	Λ_0	Λ	Concentration eq/l × 10^4	Comments
Hydrogen fluoride [613]		120–0.0178	4400–24100	(15)

MONO-m-BIPHENYLDIPHENYLCHLOROMETHANE, $(C_6H_5C_6H_4)(C_6H_5)_2CCl$

Solvent and ref.	Λ_0	Λ	Concentration eq/l × 10^4	Comments
Sulfur dioxide [408]	177	138–27	2–23	(7) −8.93°C
— 408]	184			0.12°C
— [429]	175	150–21	1–32	(7) 0.1°C

III. ELECTRICAL CONDUCTANCE

MONO-p-BIPHENYLYLDI-PHENYLCHLOROMETHANE, $(p\text{-}C_6H_5C_6H_4)(C_6H_5)_2CCl$

Solvent and ref.	Λ_0	Λ	Concentration eq/l × 10^4	Comments	
Sulfurdioxide [408]	172	161–79	0.1–15.8	−8.93°C	(7)
	189			0.12°C	
	190	174–60	1–27	0.1°C	(8)

MONO-m-t-BUTYLPHENYLDIPHENYLCHLORMETHANE, $[m\text{-}(CH_3)_3CC_6H_4](C_6H_5)_2CCl$

Solvent and ref.	Λ_0	Λ	Concentration eq/l × 10^4	Comments	
Sulfur dioxide [408]	173	164–68	19–0.1	(7)	−8.77°C
	200				0°C

MONO-p-t-BUTYLPHENYLDIPHENYLCHLOROMETHANE, $[p\text{-}(CH_3)_3CC_6H_4](C_6H_5)_2CCl$

Solvent and ref.	Λ_0	Λ	Concentration eq/l × 10^4	Comments	
Sulfur dioxide [408]	177	173–91	38–0.1	(8)	−8.85°C
	192				0°C

MONO-m-METHYLPHENYLDIPHENYLCHLOROMETHANE, $(m\text{-}CH_3C_6H_4)(C_6H_5)_2CCl$

Solvent and ref.	Λ_0	Λ	Concentration eq/l × 10^4	Comments	
Sulfur dioxide [274]		148–63	0.24–22	(7)	−25.82°C
— [274]		149–68	0.19–17	(7)	−25.77°C
— [274]		159–70	0.13–13	(13)	−18.99°C
— [274]		168–52	0.18–23	(14)	−10.52°C
— [274]		178–48	0.13–17		0.41°C

NITROBENZENE, $C_6H_5NO_2$

Solvent and ref.	Λ_0	Λ	Concentration eq/l × 10^4	Comments
Hydrogen fluoride [613]		2–0.0298	23900–30700	(11)

TETRAHYDROFURAN,
$$\begin{array}{cc} CH_2\!\!-\!\!-\!\!CH_2 \\ | \quad\quad | \\ CH_2 \quad CH_2 \\ \diagdown \;\; \diagup \\ O \end{array} \quad (CH_2)_4O$$

Solvent and ref.	Λ_0	Λ	Concentration eq/l × 10^4	Comments
Hydrogen fluoride [613]		1–0.00137	13100–82200	(6)

TRI-m-BIPHENYLCHLOROMETHANE, $(m\text{-}C_6H_5C_6H_4)_3CCl$

Solvent and ref.	Λ_0	Λ	Concentration eq/l × 10^4	Comments	
Sulfur dioxide [408]	157	119–23	10–0.1	(7)	−8.93°C
— [408]	159	106–16	14–0.1	(7)	0.12°C

TRI-p-BIPHENYLCHLOROMETHANE, $(p\text{-}C_6H_5C_6H_4)_3CCl$

Solvent and ref.	Λ_0	Λ	Concentration eq/l × 10^4	Comments	
Sulfur dioxide [408]	177	170–132	12–0.2	(6)	0.10°C

III. ELECTRICAL CONDUCTANCE

TRIFLUOROETHANOL, CF_3CH_2OH

Solvent and ref.	Λ_0	Λ	Concentration eq/l × 10^4	Comments
Hydrogen fluoride [613]		9–0.0351	6800–22700	(13)

TRIPHENYLCHLOROMETHANE, $(C_6H_5)CCl$

Solvent and ref.	Λ_0	Λ	Concentration eq/l × 10^4	Comments	
Sulfur dioxide [274]		144–54	0.16–15	(13)	−25.67°C
— [408]	168				−17°C
— [274]		157–44	0.15–17	(21)	−14.99°C
— [274]		158–43	0.15–17	(20)	−12.58°C
— [408]	188	161–40.5	0.1–17	(7)	−8.93°C
— [274]		153–43	0.18–14	(14)	−8.91°C
— [274]		169–34	0.1–20	(21)	−3.99°C
— [408]	207				0°C
— [274]		179–35	0.1–17	(25)	0.16°C

DIMETHYLDICHLOROSILANE, $(CH_3)_2SiCl_2$

Solvent and ref.	Λ_0	Λ	Concentration eq/l × 10^4	Comments
Acetonitrile [695]		124–81	0.79–1.98	(3)

SILICON TETRACHLORIDE, $SiCl_4$

Solvent and ref.	Λ_0	Λ	Concentration eq/l $\times 10^4$	Comments
Acetone [249]		12–0.25	430–11350	(7)
Acetophenone [249]		0.080–0.002	430–14500	(8)
Allyl alcohol [249]		40–3	430–14500	(8)
Allyl chloride [249]		0.108–0.004	430–7910	(5)
Benzaldehyde [249]		0.124–0.004	430–11350	(8)
Benzonitrile [249]		0.836–0.019	430–14500	(8)
Cinnamaldehyde [249]		0.022–0.003	458–11870	(7)
Dioxane [249]		0.01–0.002	430–11350	(6)
Ethanol [249]		42–10	432–14500	(9)
Ethyl bromide [249]		0.012–0.001	430–11350	(7)
di-Ethyl ether [249]		0.005–0.001	863–11350	(5)
Methanol [249]		293–56	432–11350	(8)
Propylchloride [249]		0.131–0.006	430–11350	(8)

TRIMETHYLCHLOROSILANE, $(CH_3)_3SiCl$

Solvent and ref.	Λ_0	Λ	Concentration eq/l $\times 10^4$	Comments
Acetonitrile [695]		74–59	0.79–1.96	(3)

TRIPHENYLCHLOROSILANE, $(C_6H_5)_3SiCl$

Solvent and ref.	Λ_0	Λ	Concentration eq/l $\times 10^4$	Comments
N,N-Dimethyl		52–26 (4)	3–104	(8)
— formamide [99]	77.8	73–17	0.54–45	(13) 19.9°C K, 2.78^{10-4}

III. ELECTRICAL CONDUCTANCE

GERMANIUM TETRACHLORIDE, $GeCl_4$

Solvent and ref.	Λ_0	Λ	Concentration eq/l $\times$ 10^4	Comments
Hexamethylphosphotriamine [669]		10–56	600–10000	(28), graphical min. at 6000

DIMETHYLDICHLOROGERMANE, $(CH_3)_2GeCl_2$

Solvent and ref.	Λ_0	Λ	Concentration eq/l $\times$ 10^4	Comments
Acetonitrile [695]		50–0.8	0.96	(3)

TRIMETHYLCHLOROGERMANE, $(CH_3)_3GeCl$

Solvent and ref.	Λ_0	Λ	Concentration eq/l $\times$ 10^4	Comments
Acetonitrile [695]		5.9–1.3	0.91	(3)

DIMETHYLDIBROMOSTANNANE, $(CH_3)_2SnBr_2$

Solvent and ref.	Λ_0	Λ	Concentration eq/l $\times$ 10^4	Comments
Acetonitrile [695]		6.5–0.8	1.05	(3)

DIMETHYLDICHLOROSTANNANE, $(CH_3)_2SnCl_2$

Solvent and ref.	Λ_0	Λ	Concentration eq/l $\times$ 10^4	Comments
N,N-Dimethylformamide [99]		4–1	3–46	(5)

DIMETHYLDIIODOSTANNANE, $(CH_3)_2SnI_2$

Solvent and ref.	Λ_0	Λ	Concentration eq/l × 10^4	Comments
Acetonitrile [695]		52–1.2	1.01–1.05	(3)

TRIMETHYLCHLOROSTANNANE, $(CH_3)_3SnCl$

Solvent and ref.	Λ_0	Λ	Concentration eq/l × 10^4	Comments
N,N-Dimethylformamide [99]		2–1	5–41	(5)

TRIPHENYLCHLOROSTANNANE, $(C_6H_5)_3SnCl$

Solvent and ref.	Λ_0	Λ	Concentration eq/l × 10^4	Comments
N,N-Dimethylformamide [99]		2–0.5	3–31	(5)

TIN(IV)CHLORIDE, $SnCl_4$

Solvent and ref.	Λ_0	Λ	Concentration eq/l × 10^4	Comments
Acetone [249]		0.83–0.44	2550–14560	(9)
Acetonitrile [249]		23–6	436–14560	(8)
Acetophenone [249]		0.231–0.013	436–14560	(9)
Allyl alcohol [249]		1.21–0.5	44–17500	(9)
Allylchloride [249]		0.041–0.001	436–7950	(6)
Benzaldehyde [249]		0.537–0.098	486–4380	(6)
Benzonitrile [249]		2–0.075	436–7950	
Benzyl [249]		0.1–0.02	868–7950	(6)

III. ELECTRICAL CONDUCTANCE

TIN(IV)CHLORIDE, $SnCl_4$ (Continued)

Solvent and ref.	Λ_0	Λ	Concentration eq/l × 10^4	Comments
Benzyl chloride [249]		0.009–0.001	436–4160	(5)
Cinnamaldehyde [249]		0.044–0.008	436–4160	(6)
Dioxane [249]		0.005–0.001	436–4160	(4)
Ethanol [249]		6–0.67	436–17500	(10)
Ethyl bromide [249]		0.025–0.001	436–14560	(8)
Ethyl ether [249]		0.005–0.001	436–3360	(4)
Methanol [249]		7–2	868–17500	(10)
Propylchloride [249]		0.227–0.030	2550–14560	(7)

TIN(IV)BROMIDE, $SnBr_4$

Solvent and ref.	Λ_0	Λ	Concentration eq/l × 10^4	Comments
Acetone [249]		7–2	91–1068	(3)
Hydrogenbromide [640]		0.00038	640	−83.6°C
Methanol [249]		58–15	54–1455	(3)

TRIPHENYLFLUOROSTANNANE, $(C_6H_3)_3SnF$

Solvent and ref.	Λ_0	Λ	Concentration eq/l × 10^4	Comments
N,N-Dimethyl-formamide [99]		0.51–0.3	1–16	(5)

LEAD(II)ABIETATE, $(C_{19}H_{28}CO_2)_2Pb$

Solvent and ref.	Λ_0	Λ	Concentration eq/l × 10^4		Comments
Toluene [625]		0.63–1.21	7–41	(4)	35°C
Tricresyl					40°C
Phosphate [595]	(2)	0.1–0.04	29–155	(5)	K_d, 0.0022

LEAD(II)NITRATE, $Pb(NO_3)_2$

Solvent and ref.	Λ_0	Λ	Concentration eq/l × 10^4		Comments
Dimethylformamide [303]			0.44–3.43	(3)	15°C specific electric condy. at 20°C is given
Pyridine [706]		2–0.051	5–2500	(20)	
— [706]		2–0.052	2–2500	(20)	0°C

TRIPHENYLCHLOROPLUMBANE, $(C_6H_5)_3PbCl$

Solvent and ref.	Λ_0	Λ	Concentration eq/l × 10^4	Comments
N,N-Dimethyl-formamide [99]		0.43–0.25	2–25	(5)

(g) Group IVb—Ti, Zr, Hf

TITANIUM TETRACHLORIDE, TiCl$_4$

Solvent and ref.	Λ_0	Λ	Concentration eq/l $\times$ 10^4	Comments
Acetone [249]		3.59–1.28	461–16780	(10)
Acetonitrile [249]		2.71–0.65	1265–18600	(8)
Acetophenone [249]		0.435–0.015	461–23060	(11)
Allyl alcohol [249]		11–5	873–22220	(6)
Allyl chloride [249]		0.163–0.001	461–8420	(6)
Benzaldehyde [249]		0.399–0.050	461–4410	(4)
Benzonitrile [249]		0.813–0.052	461–8420	(7)
Benzyl [249]		0.04–0.01	461–2700	(4)
Benzyl chloride [249]		0.041–0.017	461–1820	(3)
Benzoilchloride [249]		0.014–0.005	460–14940	(7)
Cinnamaldehyde [249]		0.045–0.005	460–18600	(9)
Ethanol [249]		28–6	460–8420	(7)
Ethyl bromide [249]		0.31–0.031	920–8420	(5)
Ethyl ether [249]		0.013–0.008	920–4410	(3)
Methanol [249]		141–16	460–18600	(7)
Propylchloride [249]		1–0.05	1265–23080	(6)
i-Propylchloride [249]		8–0.19	514–16840	(6)

DIETHYL ETHER BIS-β,β'-(N-METHYLMORPHOLINIUM)DI-IODIDE (C$_4$H$_8$ONCH$_3$CH$_2$CH$_2$OCH$_2$CH$_2$CH$_3$NC$_5$H$_{10}$)I$_2$

Solvent and ref.	Λ_0	Λ	Concentration eq/l $\times$ 10^4	Comments
Methanol [407]	130.7	123–105	0.5–4	(5) K, 0.82 a, 6.0 Λ_0^2, 68.0

DIETHYL ETHER BIS-β,β'-(N-METHYLPIPERIDINIUM)DI-IODIDE ($C_5H_{10}NCH_3CH_2CH_2OCH_2CH_2CH_3NC_5H_{10}$)$I_2$

Solvent and ref.	Λ_0	Λ	Concentration eq/l $\times$ 10^4	Comments
Methanol [407]	133.7	127–107	0.5–4.6	(5) K, 1.01 a, 6.5 Λ_0, 71.0

DIETHYL ETHER β-(N-METHYLMORPHOLINIUM)-β' TRIMETHYLAMMONIUM DI-IODIDE [$C_4H_8ONCH_3CH_2CH_2OCH_2CH_2N(CH_3)_3$]$I_2$

Solvent and ref.	Λ_0	Λ	Concentration eq/l $\times$ 10^4	Comments
Methanol [407]	135.1	127–113	0.6–3.2	(4) K, 0.99 a, 6.4 Λ_0^2, 72.4

DIETHYL SULFIDE BIS-β,β'-DIETHYLMETHYLAMMONIUM DI-IODIDE [$(C_2H_5)_2(CH_3)NCH_2CH_2SCH_2CH_2NCH_3(C_2H_5)_2$]$I_2$

Solvent and ref.	Λ_0	Λ	Concentration eq/l $\times$ 10^4	Comments
Methanol [407]	130.4	125–103	0.3–4	(6) K, 0.73 a, 5.7 Λ_0^2, 67.6

DIETHYL SULPHIDE BIS-β,β'-TRIMETHYLAMMONIUM DI-IODIDE [$(CH_3)_3NCH_2CH_2SCH_2CH_2N(CH_3)_3$]$I_2$

Solvent and ref.	Λ_0	Λ	Concentration eq/l $\times$ 10^4	Comments
Methanol [407]	(129.6)	122–103	0.51–3.5	(6) λ_0^+, (66.9) K, (0.68)

III. ELECTRICAL CONDUCTANCE

N,N'-BIS-(β-DIMETHYLAMINOETHYL)-GLUTARAMIDE BIS-METHIODIDE, [(CH$_3$)$_3$N(CH$_2$)$_2$NHCO(CH$_2$)$_3$CONH(CH$_2$)$_2$N](CH$_3$)$_4$

Solvent and ref.	Λ_0	Λ	Concentration eq/l × 10^4	Comments
Methanol [407]	120.9	115–97	0.5–7	(6) K, 1.69 a, 8.0 Λ_0^2, 58.1

N,N'-BIS-(β-DIMETHYLAMINOETHYL)-MALONAMIDE BIS-METHIODIDE, [(CH$_3$)$_3$N(CH$_2$)$_2$NHCOCH$_2$CONH(CH$_2$)$_2$N(CH$_3$)$_3$]I$_2$

Solvent and ref.	Λ_0	Λ	Concentration eq/l × 10^4	Comments
Methanol [407]	123.8	117–94	1–11	(5) K, 1.89 a, 8.4 Λ_0^2, 61.1

d-TUBOCURARINE CHLORIDE, [(CH$_3$)$_2$NC$_{34}$H$_{32}$O$_6$N(CH$_3$)$_2$]Cl$_2$

Solvent and ref.	Λ_0	Λ	Concentration eq/l × 10^4	Comments
Ethanol [407]	42.6	36–30	1.1–4.2	(4) λ_0^+ 18.3 K, 0.402 a, (41.0)
Methanol [407]	97.0	93–83	1–7	(5) λ_0^+, 44.6 K, 8.04 a, (23.3)

(h) Group Va—N, P, As, Sb, Bi

PHOSPHONIUM BROMIDE, PH_4Br

Solvent and ref.	Λ_0	Λ	Concentration eq/l $\times 10^4$	Comments
Liq. hydrogen bromide [640]			Satd.	$-83.6°C$

PHOSPHORUS PENTABROMIDE, PBr_5

Solvent and ref.	Λ_0	Λ	Concentration eq/l $\times 10^4$	Comments
Liq. hydrogen bromide [640]			120–220	(2) $-83.6°C$ only sp. cond. is given

PHOSPHORUS PENTACHLORIDE, PCl_5

Solvent and ref.	Λ_0	Λ	Concentration eq/l $\times 10^4$	Comments
Acetonitrile [291]		34.5–26.3	55–1870	Quoted from earlier work (Payne 1953)

PHOSPHONYL (IV) BROMIDE, $POBr_3$

Solvent and ref.	Λ_0	Λ	Concentration eq/l $\times 10^4$	Comments
Liq. hydrogen bromide [640]		0.005–0.016	610	$-83.6°C$

III. ELECTRICAL CONDUCTANCE

ARSENOCHOLINE COMPOUNDS (see under Hydroxyethyltrimethylarsonium)

ACETYLARSENOCHOLINE (see under Acetoxyethyltrimethylarsonium)

TETRAPHENYLARSONIUM IODIDE, $(C_6H_5)_4AsI$

Solvent and ref.	Λ_0	Λ	Concentration eq/l $\times 10^4$	Comments
Dimethylsulfolane [122]	8.22	7.85–7.35	4.8–25.5	(5)

TETRAPHENYLARSONIUM PERCHLORATE, $(C_6H_5)_4AsClO_4$

Solvent and ref.	Λ_0	Λ	Concentration eq/l $\times 10^4$	Comments
Acetonitrile [554]	159.6	151–140	5–40	(14) a, 4.5 Å

ANTIMONY PENTACHLORIDE, $SbCl_5$

Solvent and ref.	Λ_0	Λ	Concentration eq/l $\times 10^4$	Comments
Acetonitrile [558]		10–20	50–170	(6) concn. and Λ values are given graphically

TRIPHENYLMETHYLARSONIUM IODIDE, $(C_6H_5)_3CH_3AsI$

Solvent and ref.	Λ_0	Λ	Concentration eq/l $\times 10^4$	Comments
Acetone [285]		177–160	0.1–19	(9) data from graphical pts.

ANTIMONY TRICHLORIDE, $SbCl_3$

Solvent and ref.	Λ_0	Λ	Concentration eq/l $\times 10^4$	Comments
Amyl alcohol [575]				Electrical conductivity is studied in all these alcohols at temp. 0.25, 50 and 75°C
Butyl [575]				
Ethyl [575]				
Methyl [575]				
Propyl [575]				

(i) Group Vb—V, Nb, Ta

VANADIUM TETRACHLORIDE, VCl_4

Solvent and ref.	Λ_0	Λ	Concentration eq/l × 10^4	Comments
Hexamethylphospho-triamine [669]		56–89	100–600	(8) graphical min. at 200

(j) Group VIa—O, S, Se, Te, Po

SULFUR DICHLORIDE, SCl_2

Solvent and ref.	Λ_0	Λ	Concentration eq/l $\times$ 10^4	Comments
Acetone [327]		28–7	25–3500	(8)

SULFUR TRIOXIDE, SO_3

Solvent and ref.	Λ_0	Λ	Concentration eq/l $\times$ 10^4	Comments
Sulfur dioxide [753]			1.1–18.0	(9) κ at 0°C, 5°C, 10°C, 15°C, 20°C

TRI-n-BUTYLSULFONIUM IODIDE, $(n\text{-}C_4H_9)_3SI$

Solvent and ref.	Λ_0	Λ	Concentration eq/l $\times$ 10^4	Comments
Methanol [379]	106.67	100–88	5–34	(6) K_a, 31 a, 4.3 Å

TRIETHYLSULFONIUM IODIDE, $(C_2H_5)_3SI$

Solvent and ref.	Λ_0	Λ	Concentration eq/l $\times$ 10^4	Comments
Acetonitrile [379]	190.25	184–152	2–62	(9) K_a, 19.8 a, 3.5 Å
— [379]	163.57	158–131	2–64	(8) at 10°C K_a, 17.9 a, 3.3 Å
Methanol [379]	124.62	116–98	6–61	(8) K_a, 23.9 a, 3.6 Å
— [379]	101.28	97–78	3–74	(8) at 10°C, K_a, 24 a, 3.5 Å

III. ELECTRICAL CONDUCTANCE

TRIMETHYLSULFONIUM IODIDE, $(CH_3)_3SI$

Solvent and ref.	Λ_0	Λ	Concentration eq/l × 10^4	Comments	
Acetonitrile [379]	199.23	192–165	2–35	(7)	K_a, 35.7 a, 3.6 Å
— [379]	171.67	165–127	3–85	(8)	at 10°C K_a, 31.7 a, 3.0 Å
Methanol [379]	130.32	122–104	6–57	(8)	K_a, 23.4 a, 3.69 Å
— [379]	106.23	100–84	5–63	(7)	at 10°C K_a, 23 a, 3.6 Å

TRIPROPYLSULFONIUM IODIDE, $(n\text{-}C_3H_7)_3SI$

Solvent and ref.	Λ_0	Λ	Concentration eq/l × 10^4	Comments	
Acetonitrile [379]	178.64	173–144	2–56	(8)	K_a, 18.7 a, 3.4 Å
— [379]	153.27	143–121	8–70	(7)	at 10°C K_a, 13.5 a, 2.76 Å
Methanol [379]	113.09	106–89	5–56	(8)	K_a, 24.2 a, 3.52 Å
— [379]	91.97	87–70	3–77	(8)	at 10°C K_a, 24.2 a, 3.35 Å

TELLURIUM TETRACHLORIDE, $TeCl_4$

Solvent and ref.	Λ_0	Λ	Concentration eq/l × 10^4	Comments
Acetonitrile [558]		1–10	45–200	(4) concn and Λ values are given graphically

(k) Group VIIa—F, Cl, Br, I, At

BROMINE, Br_2

Solvent and ref.	Λ_0	Λ	Concentration eq/l $\times 10^4$	Comments
N-Methyl acetamide [389]				K given graphically at temp. -70, 0.5, 15.0, 30.0, 38.8°C

BROMINE TRIFLUORIDE, BrF_3

Solvent and ref.	Λ_0	Λ	Concentration eq/l $\times 10^4$	Comments
Bromine pentafluoride [612]		0.3–390	3400–205,000	(14)

(l) Group VIIb—Mn, Tc, Re

MANGANESE(II)IODIDE, MnI_2

Solvent and ref.	Λ_0	Λ	Concentration eq/l $\times 10^4$	Comments
Acetamide [291]		40.6–29.5	50–200	0°C data quoted from earlier work (Walden 1960)

(m) Group VIII—Fe, Co, Ni

COBALT(II)BROMIDE, $COBr_2$

Solvent and ref.	Λ_0	Λ	Concentration eq/l × 10^4	Comments
Acetonitrile [291]		32–24	1–400	(18)
		31–22	1–400	(6) 0°C
		31–24	1–400	35°C
— [260]		32–24	100–0.142	(23)
		31–24		at −0°C
		31–24		at −35°C
— [287]				Data for this are same as for [291]
— [291]		30–24	50–200	0°C data quoted from earlier work (Walden 1960)
— [291]		31–22	1–400	
— [291]		31–24	1–400	35°C
Formamide [472]		54–35	1000–6	(5)
		42–27	1000–6	15°C
		69–44(4)	1000–6	35°C

COBALT(II)CHLORIDE, $COCl_2$

Solvent and ref.	Λ_0	Λ	Concentration eq/l × 10^4	Comments
Acetonitrile [291]		19–16	1–1000	(18)
		21–16	1–1000	at 0°C
		18–16	1–1000	at 35°C
— [287]				Data are the same as paper [291]
— [260]			1–1225	Data are the same as paper [291]
— [260]		18–16	4–1225	(5)
		20–16		at 0°C
		17–16		at 35°C

III. ELECTRICAL CONDUCTANCE

CIS-CHLOROBROMO-BIS(ETHYLENEDIAMINE)COBALT(III)BROMIDE, CIS-[CoClBr(NH$_2$CH$_2$CH$_2$NH$_2$)$_2$]Br

Solvent and ref.	Λ_0	Λ	Concentration eq/l × 10^4	Comments
Dimethyl sulfoxide [176]	33.77	33–30	1–12	(6)

CIS-DICHLOROBIS(ETHYLENEDIAMINE)COBALT(III)CHLORIDE DIHYDRATE, CIS-[CoCl$_2$(NH$_2$CH$_2$CH$_2$NH$_2$)]Cl·2H$_2$O

Solvent and ref.	Λ_0	Λ	Concentration eq/l × 10^4	Comments
Dimethyl acetamide [176]	63.10	30–10	1–17	(6)
Dimethyl formamide [176]	75.35	47–19	1–16	(6)
Dimethyl sulfoxide [176]	34.66	33–23	1–17	(6)

CIS-DICHLOROBIS(ETHYLENEDIAMINE)COBALT(III)BROMIDE HYDRATE, CIS-[CoCl$_2$(NH$_2$CH$_2$CH$_2$NH$_2$)$_2$]Br·H$_2$O$_2$

Solvent and ref.	Λ_0	Λ	Concentration eq/l × 10^4	Comments
Dimethyl acetamide [176]	61.86	56–32	1–10	(6)
Dimethyl formamide [176]	74.65	68–41	1–17	(6)
Dimethyl sulfoxide [176]	33.92	33–29	1–17	(6)

CIS-CHLOROBROMOBIS(ETHYLENEDIAMINE)COBALT(III)CHLORIDE HEMIHYDRATE, CIS-$[CoBrCl(NH_2CH_2CH_2NH_2)_2]Cl \cdot 0 \cdot 5H_2O$

Solvent and ref.	Λ_0	Λ	Concentration eq/l $\times 10^4$	Comments
Dimethyl sulfoxide [176]	34.15	33–25	1–15	(6)

CIS-DIBROMOBIS(ETHYLENEDIAMINE)COBALT(III)BROMIDE HYDRATE, CIS-$[COBr_2(NH_2CH_2CH_2NH_2)_2]Br \cdot H_2O$

Solvent and ref.	Λ_0	Λ	Concentration eq/l $\times 10^4$	Comments
Dimethyl sulfoxide [176]	33.80	33–39	2–18	(7)

CIS-α-DICHLOROTRIETHYLENETETRAAMINE COBALT(III)CHLORIDE, CIS-α-$[COCl_2(NH_2CH_2CH_2NHCH_2CH_2NHCH_2CH_2NH_2)]Cl$

Solvent and ref.	Λ_0	Λ	Concentration eq/l $\times 10^4$	Comments
Dimethyl sulfoxide [176]	34.31	33–29	1–12	(5)

CIS-β-DICHLOROTRIETHYLENETETRAAMINECOBALT(III)CHLORIDE HEMIHYDRATE CIS-β-$[CoCl_2(NH_2CH_2CH_2NHCH_2CH_2NHCH_2CH_2NH_2)]Cl \cdot 0 \cdot 5H_2O$

Solvent and ref.	Λ_0	Λ	Concentration eq/l $\times 10^4$	Comments
Dimethyl sulfoxide [176]	34.70	33–23	1–14	

III. ELECTRICAL CONDUCTANCE

TRANS-DICHLOROBIS(ETHYLENEDIAMINE)COBALT(III)CHLORIDE, TRANS-$[CoCl_2(NH_2CH_2CH_2NH_2)_2]Cl$

Solvent and ref.	Λ_0	Λ	Concentration eq/l × 10^4	Comments
Dimethyl sulfoxide [176]	35.48	35–32	1–18	(6)

TRANS-DICHLOROBIS(ETHYLENEDIAMINE)COBALT(III)BROMIDE, TRANS-$[CoCl_2(NH_2CH_2CH_2NH_2)_2]Br$

Solvent and ref.	Λ_0	Λ	Concentration eq/l × 10^4	Comments
Dimethyl sulfoxide [176]	35.24	35–32	1–18	(6)

HEXAMMINE COBALT(III)CHLORIDE, $[CO(NH_3)_6]Cl_3$

Solvent and ref.	Λ_0	Λ	Concentration eq/l × 10^4	Comments
Formamide [162]	36.56	35–32	3–21	(7) a, 3.5 Å

HEXAMMINE COBALT(III)FERRICYANIDE, $[CO(NH_3)_6][Fe(CN)_6]$

Solvent and ref.	Λ_0	Λ	Concentration eq/l × 10^4	Comments
Formamide [162]	39.73	34–26	1.5–14	(9) a, 6.98 Å

TRIS(ETHYLENEDIAMINE)COBALT(III)CHLORIDE, [CO(NH$_2$CH$_2$CH$_2$NH$_2$)$_3$]Cl$_3$

Solvent and ref.	Λ_0	Λ	Concentration eq/l × 10^4	Comments
Formamide [162]	33.24	32–29	2–20	(8) a, 3.6 Å

TRIS(ETHYLENEDIAMINE)COBALT(III) FERRICYANIDE, [CO(NH$_2$CH$_2$CH$_2$NH$_2$)$_3$][Fe(CN)$_6$]

Solvent and ref.	Λ_0	Λ	Concentration eq/l × 10^4	Comments
Formamide [162]	36.47	32–22	1–18	(9) a, 6.77 Å

TRIS(ETHYLENEDIAMINE)COBALT(III) HEXACYANOCOBALTATE(III), [Co(NH$_2$CH$_2$CH$_2$NH$_2$)$_3$][Co(CN)$_6$]

Solvent and ref.	Λ_0	Λ	Concentration eq/l × 10^4	Comments
Formamide [162]	36.62	32–22	1–19	(9) a, 7.93 Å

NICKEL SULFATE HEXAHYDRATE, NiSO$_4$·6H$_2$O

Solvent and ref.	Λ_0	Λ	Concentration eq/l × 10^4	Comments
Formamide [153]	31.677	30–27	2.4–21	(9) a, 2.49 Å

III. ELECTRICAL CONDUCTANCE

1,6-BIS(TRIMETHYLAMMONIUM)-HEXAMETHYLENE DIBROMIDE ("HEXAMETHONIUM" DIBROMIDE), $[(CH_3)_3N(CH_2)_6N(CH_3)_3]Br_2$

Solvent and ref.	Λ_0	Λ	Concentration eq/l $\times 10^4$	Comments
Ethanol [407]	57.2	43–15	1–87	(11) λ_0^+, 31.4 K, 0.075 a, 6.6
Methanol [407]	132.0	127–107	0.3–6	(6) λ_0^+, 75.4 K, 1.58 a, 7.3

1,10-BIS-(TRIMETHYLAMMONIUM)-DECAMETHYLENE DI-IODIDE, $[(CH_3)_3N(CH_2)_{10}N(CH_3)_3]I_2$

Solvent and ref.	Λ_0	Λ	Concentration eq/l $\times 10^4$	Comments
Ethanol [407]	56.9	49–23	0.58–33	(10) λ_0^+, 29.0 K, 0.210
Methanol [407]	129.5	125–100	0.4–13	(5) λ_0^+, 66.5 K, 2.73 a, 10.2

2. DATA BY SOLVENT

ACETAMIDE

Manganese(II) Iodide	[291]

ACETONE

Mercury(II) iodide	[285]
Silicon tetrachloride	[249]
Sulfur dichloride	[327]
Tetramethylphosphonium pentaiodomercurate	[285]
Tetramethylphosphorium pentaiodomercurate	[285]
Tetramethylphosphorium tetraiodomercurate	[285]
Tetramethylphosphorium triiodomercurate	[285]
Tetramethylammonium triiodomercurate	[285]
Tin(IV) bromide	[249]
Tin(IV) chloride	[249]
Titanium tetrachloride	[249]
Triphenylmethylarsonium iodide	[285]
Triphenylmethylarsonium tetraiodomercurate	[285]
Triphenylmethylarsonium triiodomercurate	[285]
Uranyl nitrate	[285]

ACETONITRILE

Aluminum bromide	[291]
Aluminum chloride	[291]
Aluminum perchlorate	[291]
Barium perchlorate	[75]
Boron tribromide	[672]
Boron triiodide	[672]
Bromodi-phenylborane	[672]
Cadmium iodide	[291]
Cadmium perchlorate	[430]
Cerium(II) Nitrate	[75]
Chloro diphenylborane	[672]

III. ELECTRICAL CONDUCTANCE

ACETONITRILE (Continued)

Cobalt(II) bromide	[260] [287] [291]
Cobalt(II) chloride	[260] [287] [291]
Copper bromide	[291]
Copper(I) hexafluorophosphate	[665]
Copper(I) perchlorate	[665]
Copper(I) tetrafluoroborate	[665]
Dichlorophenylborane	[672]
Dimethyldibromostannane	[695]
Dimethyldichlorogermane	[695]
Dimethyldichlorosilane	[695]
Dimethyldiiodostannane	[695]
Phosphorus pentachloride	[291]
Silver hexafluorophosphate	[665]
Silver nitrate	[291]
Silver tetrafluoroborate	[665]
Tellurium tetrachloride	[558]
Tetraphenylarsonium perchlorate	[554]
Thallium(I) bromide	[233]
Thallium(I) chloride	[233]
Thallium(I) perchlorate	[763]
Thallium(I) tetrafluoroborate	[763]
Titanium tetrachloride	[249]
Triethylsulfonium iodide	[379]
Trimethylchlorosilane	[695]
Trimethylchlorogermane	[695]
Trimethylsulfonium iodide	[379]
Tripropylsulfonium iodide	[379]

ACETOPHENONE

Silicon tetrachloride	[249]
Tin(IV) chloride	[249]
Titanium tetrachloride	[249]

ALLYL ALCOHOL

Silicon tetrachloride	[249]
Tin(IV) chloride	[249]
Titanium tetrachloride	[249]

ALLYL CHLORIDE

Silicon tetrachloride	[249]
Tin(IV) chloride	[249]
Titanium tetrachloride	[249]

AMMONIA

Silver bromate	[482]
Thallium(I) bromide	[482]
Thallium(I) nitrate	[482]

n-AMYL ALCOHOL

Antimony trichloride	[575]
Strontium perchlorate hexahydrate	[265] [309]

ISO-AMYL ALCOHOL

Calcium perchlorate hexahydrate	[265] [309]
Strontium perchlorate hexahydrate	[265] [309]

BENZALDEHYDE

Silicon tetrachloride	[249]
Tin(IV) chloride	[249]
Titanium tetrachloride	[249]

BENZOYL CHLORIDE

Titanium tetrachloride	[249]

BENZONITRILE

Aluminum bromide	[515]
Silicon tetrachloride	[249]
Tin(IV) chloride	[249]
Titanium tetrachloride	[249]

BENZYL

Tin(IV) chloride	[249]
Titanium tetrachloride	[249]

BENZYL CHLORIDE

Tin(IV) chloride	[249]
Titanium tetrachloride	[249]

BROMINE PENTAFLUORIDE

Bromine trifluoride	[612]

BROMINE TRIFULORIDE

Boron trifluoride	[614]
Difluorobrominium tetrafluoroborate	[614]

n-BUTANOL

Antimony trichloride	[575]
Calcium perchlorate hexahydrate	[265] [309]
Strontium perchlorate hexahydrate	[265] [309]

i-BUTANOL

Calcium perchlorate hexahydrate	[265] [309]
Strontium perchlorate hexahydrate	[265] [309]

γ-BUTYROLACTONE

Aluminum chloride	[670]

CHLORINE TRIFLUORIDE

Boron trifluoride	[614]

CHLOROSULFONIC ACID

Barium chlorosulfonate	[396]
Calcium chlorosulfonate	[396]
Strontium chlorosulfonate	[396]

CINNAMALDEHYDE

Silicon tetrachloride	[249]
Tin(IV) chloride	[249]
Titanium tetrachloride	[249]

DIMETHYLACETAMIDE

Cadmium bromide	[419]
Copper(II) chloride	[419]
Magnesium iodide	[419]
Zinc bromide	[419]
Zinc chloride	[419]
Zinc iodide	[419]
Cis-dichloro-bis-(ethylenediamine)Cobalt(III) bromide hydrate	[176]
Cis-dichloro-bis-(ethylenediamine)Cobalt(III) chloride dihydrate	[176]
Cadmium iodide	[419]

III. ELECTRICAL CONDUCTANCE

DIMETHYLFORMAMIDE

Aluminum chloride	[621]
Barium perchlorate	[94]
Cadmium bromide	[418]
Cadmium iodide	[303] [418]
Calcium bromide	[418]
Copper(II) chloride*	[303] [418]
Copper(II) nitrate	[303]
Dimethyl thallium(III) Iodide	[94]
Thallium(I) perchlorate	[94]
Magnesium iodide	[418]
Zinc bromide	[418]
Zinc chloride	[303] [418]
Zinc iodide	[418]
Cis-dichloro bis(ethylenediamine)cobalt-(III) bromide hydrate	[176]
Cis-dichloro bis(ethylenediamine)cobalt-(III) chloride dihydrate	[176]
Lead (II) nitrate	[303]
Trimethylchlorostannane	[99]
Dimethyldichlorostannane	[99]
Triphenylchloroplumbane	[99]
Triphenylchlorosilane	[99]
Triphenylfluorostannane	[99]
Triphenylchlorostannane	[99]

* $CuCl_2$ cryst: presumably the hexahydrate

DIMETHYLSULFOLANE

Tetraphenylarsonium iodide	[122]

DIMETHYLSULFOXIDE*

Cis-dibromo-bis(ethylenediamine) cobalt-(III) bromide hydrate	[176]
Cis-Chlorobromo-bis(ethylenediamine) cobalt-(III) bromide	[176]
Cis-dichloro-bis(ethylenediamine) cobalt-(III) chloride dihydrate	[176]
Cis-chlorobromo-bis(ethylenediamine) cobalt-(III) chloride hemihydrate	[176]
Trans-dichloro-bis(ethylenediamine) cobalt-(III) bromide	[176]
Cis-dichloro-bis(ethylenediamine) cobalt-(III) bromide hydrate	[176]
Trans-dichloro-bis(ethylenediamine) cobalt-(III) chloride	[176]
Cis-α-dichlorotriethylenetetraamine cobalt (III) chloride	[176]
Cis-β-dichlorotriethylenetetraamine cobalt-(III) chloride hemihydrate	[176]

* See also Section VIII(a).

DIOXANE

Silicon tetrachloride	[249]
Tin(IV) chloride	[249]

ETHANOL

Cadmium iodide	[698]
Lanthanum chloride	[531]
Magnesium bromide	[712]
Magnesium iodide	[712]
Uranyl nitrate	[322]
Antimony trichloride	[575]
1,10-Bis(trimethylammonium)-decamethylene di-iodide	[407]
d-Tubocurarine chloride	[407]
1,6-Bis(trimethylammonium)-hexamethylene dibromide "hexamethonium" dibromide	[407]
Silicon tetrachloride	[249]
Tin(IV) chloride	[249]
Titanium tetrachloride	[249]

ETHYL BROMIDE

Silicon tetrachloride	[249]
Tin(IV) chloride	[249]
Titanium tetrachloride	[249]

DI-ETHYL ETHER

Silicon tetrachloride	[249]
Tin(IV) chloride	[249]
Titanium tetrachloride	[249]

ETHYLENE DIAMINE

Silver iodide	[137] [476] [480]

III. ELECTRICAL CONDUCTANCE

ETHYL METHYL KETONE

Barium perchlorate	[471]
Cadmium iodide	[471]
Cadmium picrate	[471]
Mercury(II) chloride	[471]
Mercury(II) iodide	[471]
Uranyl nitrate	[323]

FORMAMIDE

Barium chloride	[472] [511]
Barium formate	[578]
Barium nitrate	[233] [578]
Calcium nitrate	[233] [578]
Copper(II) cis-ethylenediamine sulfate dihydrate	[153]
Lanthanum ferricyanide	[162]
Mangesium sulfate heptahydrate	[153]
Mercury(II) chloride	[472]
Strontium formate	[578]
Strontium nitrate	[233] [578]
Cobalt (II) bromide	[472]
Tris(ethylenediamine) Cobalt-(III) chloride	[162]
Tris(ethylenediamine) Cobalt-(III) ferricyanide	[162]
Tris(ethylenediamine) Cobalt-(III) hexacyanocobaltate (III)	[162]
Hexaamine cobalt-(III) chloride	[162]
Hexaamine cobalt cobalt (III) ferricyanide	[162]
Nickel sulfate hexahydrate	[153]

HEPTANONE-2

Uranyl nitrate	[323]

HEXAMETHYLPHOSPHOTRIAMINE

Germanium tetrachloride	[669]
Vanadium tetrachloride	[669]

HYDROGEN BROMIDE

Aluminum bromide	[665]
Acetyl bromide	[640]
Phosphonium bromide	[640]
Phosphonyl(IV) bromide	[640]
Phosphorus pentachloride	[640]
Tin(IV) bromide	[640]

HYDROGEN FLUORIDE

Acetone	[613]
n-Butyl ether	[613]
Ethanol	[613]
Nitrobenzene	[613]
Trifluoroethanol	[613]
Tetrahydrofuran	[613]

METHANOL

Barium chloride dihydrate	[265] [308]
Beryllium sulfate tetrahydrate	[265] [308]
Calcium nitrate tetrahydrate	[265] [308]
Calcium perchlorate hexahydrate	[265] [308]
Erbium bromide	[325]
Lanthanum bromide	[325]
Magnesium acetate tetrahydrate	[265] [308]
Magnesium sulfate heptahydrate	[265] [308]
Praseodymium bromide	[325]
Samarium bromide	[325]
Strontium chloride hexahydrate	[265] [308]
Strontium perchlorate hexahydrate	[265] [308]
Strontium perchlorate	[265] [308]
Uranyl nitrate	[322]
Antimony trichloride	[575]
Tri-n-butylsulfonium iodide	[379]
1,10-Bis-(trimethylammonium) decamethylene di-iodide	[407]
d-Tubocurarine chloride	[407]
Diethyl ether bis-β,β'-(N-methylmorpholinium)-di-iodide	[407]
Diethyl ether bis-β,β'-(N-methylpiperidinium) di-iodide	[407]
Diethyl ether β-(N-methylmorpholinium)-β' trimethylammonium di-iodide	[407]
Diethyl sulfide bis-β,β'-diethylmethylammonium di-iodide	[407]

III. ELECTRICAL CONDUCTANCE

METHANOL (Continued)

Diethyl sulfide bis-β,β'-trimethylammonium di-iodide	[407]
Triethylsulfonium iodide	[379]
N,N'-Bis-(β-dimethylaminoethyl)-glutaramide bis-methiodide	[407]
1,6-Bis(trimethylammonium)-hexamethylene di-bromide ("hexamethonium" di-bromide)	[407]
N,N'-Bis (β-dimethylaminoethyl)-malonamide bis-methiodide	[407]
Trimethylsulfonium iodide	[379]
Tripropylsulfonium iodide	[379]
Silicon tetrachloride	[249]
Tin(IV) bromide	[249]
Tin(IV) chloride	[249]
Titanium tetrachloride	[249]

N-METHYLACETAMIDE

Barium bromide	[598]
Barium bromide dihydrate	[598]
Barium chloride	[598]
Barium chloride dihydrate	[598]
Barium iodide	[598]
Barium iodide dihydrate	[598]
Barium nitrate	[598]
Barium perchlorate	[598]
Barium perchlorate trihydrate	[598]
Calcium bromide tetrahydrate	[598]
Calcium nitrate tetrahydrate	[598]
Calcium perchlorate tetrahydrate	[598]
Magnesium nitrate pentahydrate	[598]
Strontium bromide hexahydrate	[598]
Strontium bromide monohydrate	[598]
Strontium chloride hexahydrate	[598]
Strontium nitrate	[598]
Strontium perchlorate	[598]
Strontium perchlorate trihydrate	[598]
Bromine	[389]

METHYL ISO-BUTYL KETONE

Uranyl nitrate	[323]

METHYL BROMIDE

Aluminum bromide	[412] [507]
Dimethylammonium bromide	[412]
Methylaluminum bromide	[412]

N-METHYLPROPIONAMIDE

Copper (II) m-Benzenedisulfonate hexahydrate	[142]

NITROBENZENE

Aluminum bromide	[412] [507]
Aluminum chloride	[646]

NITROMETHANE

Thallium (I) perchlorate	[473]

i-PROPANOL

Calcium perchlorate hexahydrate	[265] [309]
Strontium perchlorate hexahydrate	[265] [309]

n-PROPANOL

Calcium perchlorate hexahydrate	[265] [309]
Strontium perchlorate hexahydrate	[265] [309]
Uranyl nitrate	[322]

PROPANOL

Antimony trichloride	[575]

PROPYLCHLORIDE

Silicon tetrachloride	[249]
Tin(IV) chloride	[249]
Titanium tetrachloride	[249]

i-PROPYLCHLORIDE

Titanium tetrachloride	[249]

PROPYLENE CARBONATE

Aluminum chloride	[621] [670]

PROPYLENEDIAMINE

Silver iodide	[137]

PYRIDINE

Aluminum bromide	[412] [507] [515] [546]
Copper (II) acetate	[706]
Lead (II) nitrate	[706]
Silver chloride	[64] [555] [706]
Silver cyanide	[64] [555] [706]
Silver sulfate	[64] [706]
Silver thiocyanate	[64] [555] [706]

LIQUID SULFUR DIOXIDE

Mono-m-t-butylphenyldiphenylchloromethane	[408]
Mono-p-t-butylphenyldiphenylchloromethane	[408]
Mono-m-methylphenyldiphenylchloromethane	[274]
Tri-m-biphenylchloromethane	[408]
Tri-p-biphenylchloromethane	[408]
Triphenylchloromethane	[274] [408]
Mono-m-biphenyldiphenylchloromethane	[408] [429]
Mono-p-biphenyldiphenylchloromethane	[408]
Di-m-biphenylphenylchloromethane	[408]
Di-p-biphenylphenylchloromethane	[408]
Sulfur trioxide	[753]

TOLUENE

Lead (II) abietate	[625]

TRICRESYL PHOSPHATE

Lead (II) abietate	[595]

D. COMPOUNDS OF ELEMENTS IN THE PERIODIC TABLE OTHER THAN Ia IN MIXED SOLVENTS

1. DATA BY SOLUTE

This section consists of the electrical conductance data in mixed solvents for compounds of the elements in the periodic table other than Group Ia. The solutes have been organized as follows:

(a) Group Ib—Cu, Ag, Au
(b) Group IIa—Be, Mg, Ca, Sr, Ba, Ra
(c) Other Compounds

The mixed solvents are listed in two sub-groups: Nonaqueous—Nonaqueous mixtures, and Nonaqueous—Aqueous mixtures. The same groups and sub-groups are used in the Data by Solvents section.

NONAQUEOUS–NONAQUEOUS MIXTURES

(a) Group Ib—Cu, Ag, Au

COPPER(II) NITRATE TRIHYDRATE, $Cu(NO_3)_2 \cdot 3H_2O$
DIOXANE-α-METHYLSTYRENE

Ref.	Wt. % of dioxane	Wt. % of SAM	Comments
[568]	100	0	Concn. and Λ are given graphically
	98	2	
	95	5	
	90	10	
	80	20	

SILVER NITRATE $AgNO_3$ ACETONE-γ-COLLIDINE

Ref.	Wt. % of γ-collidine	Λ_0	Λ	Concentration eq/l $\times$ 10^4	Comments
[218]	0.153	188.3	178–122	0.08–1.31	(12) K_d, 1.49 a, 2.15 Å

SILVER NITRATE $AgNO_3$ ACETONE–ETHANOL

Ref.	Wt. % of ethanol	Λ_0	Λ	Concentration eq/l $\times$ 10^4	Comments
[519]	1.916		41–16	1–11	(6)
	3.984		47–22	1–12	(6)

SILVER NITRATE $AgNO_3$ ACETONE–METHANOL

Ref.	Wt. % of methanol	Λ_0	Λ	Concentration eq/l × 10^4	Comments
[519]	0.961		43–16	1–12	(6)
	1.957		46–20	1–10	(6)

SILVER NITRATE $AgNO_3$ ACETONE-α-PICOLINE

Ref.	Wt. % of α-picoline	Λ_0	Λ	Concentration eq/l × 10^4	Comments
[218]	0.118	194.1	170–96	0.13–2	(12) K_d, 0.81 a, 2.01 Å

SILVER NITRATE $AgNO_3$ ACETONE-β-PICOLINE

Ref.	Wt. % of β-picoline	Λ_0	Λ	Concentration eq/l × 10^4	Comments
[218]	0.118	192.9	157–84	0.22–2.64	(12) K_d, 0.80 a, 2.01 Å

SILVER NITRATE $AgNO_3$ ACETONE-γ-PICOLINE

Ref.	Wt. % of γ-picoline	Λ_0	Λ	Concentration eq/l × 10^4	Comments
[218]	0.118	189.7	169–104	0.17–2.0	(12) K_d, 1.26 a, 2.17 Å

SILVER NITRATE $AgNO_3$ ACETONE–PYRIDINE

Ref.	Wt. % of pyridine	Λ_0	Λ	Concentration eq/l × 10^4	Comments
[218]	0.1	193.7	151–75	0.26–3.37	(12) K_d, 0.754 × 10^{-4} a, 2.0 Å
	1.0	188.9	165–85	0.23–4.1	(14) K_d, 1.42 × 10^{-4}

SILVER NITRATE AgNO₃ ACETONE–QUINOLINE

Ref.	Wt. % of quinoline	Λ	Λ_{range}	Concentration eq/l × 10⁴	Comments
[218]	0.163	184.7	148–77	0.18–2.15	$K_d \times 10^4$ a 0.60 194 Å

SILVER NITRATE AgNO₃ ACETONE-γ-COLLIDINE

Ref.	Wt. % of γ-collidine	Λ_0	Λ_{range}	Concentration eq/l × 10⁴	Comments
[218]	0.153	188.3	178–122	0.08–1.3	$K_d \times 10^4$ a 1.49 2.15

SILVER NITRATE AgNO₃ ACETONITRILE–METHANOL

Ref.	Wt. % of acetonitrile	Λ_0	Λ_{range}	Concentration eq/l × 10⁴	Comments
[220]	0.1	109.41	107–99	0.55–8	(11) K_d, 63.9

SILVER NITRATE AgNO₃ AMMONIA–PYRIDINE

Ref.	Wt. % of benzene	Λ_0	Λ_{range}	Concentration eq/l × 10⁴	Comments
[411]	0.0	86.9			K, 9.3 Λ^+, 34.3 Λ^-, 52.6
	0.3415	95.6	91–59	0.20–7	4.96 (6) Λ^+, 40.7 Λ^-, 54.9

SILVER NITRATE AgNO₃ BENZENE–METHANOL

Ref.	Wt. % of benzene	Λ_0	Λ_{range}	Concentration eq/l × 10⁴	Comments
[220]	0.1	110.47	107–99	1–8	(12) K_a, 71.8

III. ELECTRICAL CONDUCTANCE

SILVER NITRATE AgNO$_3$ BENZONITRILE–ETHANOL

Ref.	Wt. % of ethanol	Dielectric constant	Λ_0	Comments
[44]	1	25	53.8	K_d, 4.8×10^{-4} a, 1.70 Å

SILVER NITRATE AgNO$_3$ BENZONITRILE–METHANOL

Ref.	Wt. % of benzonitrile	Λ_0	Λ_{range}	Concentration eq/l $\times$ 10^4	Comments
[220]	0.1	111.211	103–99	0.37–9	(9) K_a, 75.3

SILVER NITRATE AgNO$_3$ ETHYLENE GLYCOL–PYRIDINE

Ref.	Wt. % of pyridine	Dielectric constant	Λ_0	Λ_{range}	Concentration range $\times$ 10.000	Comments
[219]	1	37.7	6.93	6.9–6.5	0.45–18.3	(12) K_d, 0.08 a, 3.9

SILVER NITRATE AgNO$_3$ ETHYLENE GLYCOL–QUINOLINE

Ref.	Wt. % of quinoline	Dielectric constant	Λ_0	Λ_{range}	Concentration eq/l $\times$ 10^4	Comments
[219]	1.62	37.7	6.38	6.3–6.09	1–11	(10) K_d, 0.71 a, 6.9 Å

SILVER NITRATE AgNO$_3$ METHANOL–NITROMETHANE

Ref.	Wt. % of nitromethane	Λ_0	Λ_{range}	Concentration eq/l $\times$ 10^4	Comments
[220]	0.1	120	113–99	0.56–11	(17) K_d, 30, 700

SILVER NITRATE $AgNO_3$ METHANOL-α-PICOLINE

Ref.	Wt. % of α-picoline	Λ_0	Λ_{range}	Concentration eq/l × 10^4	Comments
[220]	0.1	107.01	100–96	0.4–13 (9)	K_a, 32.2

SILVER NITRATE $AgNO_3$ METHANOL–PYRIDINE

Ref.	Wt. % of pyridine	Λ_0	Λ_{range}	Concentration eq/l × 10^4	Comments
[220]	0.1	108.01	105–99	1–8 (10)	K_a, 37.2

SILVER PERCHLORATE $AgClO_4$ ACETONE–CYCLOHEXANONE

Ref.	Wt. % of acetone	Dielectric constant	Λ_0	Comments
[44]	22	19	53.2	K_d, 1.46 × 10^{-3} a, 3.05 Å

SILVER PERCHLORATE $AgClO_4$ ACETONE-i-BUTANOL

Ref.	Wt. % of acetone	Dielectric constant	Λ_0	Comments
[44]	55	20	81.4	K_d, 2.18 × 10^{-3} a, 3.20 Å

SILVER PERCHLORATE $AgClO_4$ ACETONE–CYCLOPENTADIENE

Ref.	Wt. % of cyclo-pentadiene	Dielectric constant	Λ_0	Λ_{range}	Concentration eq/l × 10^2	Comments
[215]	1	16.9	160	120–180	25–225 (3)	a, 2.64 Å Conc. and Λ are given graphically

III. ELECTRICAL CONDUCTANCE

SILVER PERCHLORATE AgClO$_4$ ACETONE–DICYCLOPENTADIENE

Ref.	Wt. % of dicyclopentadiene	Dielectric constant	Λ_0	Λ_{range}	Concentration eq/l × 10^4	Comments
[215]	1	14.1	150	120–180	25–225	(3) a, 2.55 Å Conc. and Λ given graphically

SILVER PERCHLORATE AgClO$_4$ i-BUTANOL–CYCLOHEXANONE

Ref.	Wt. % of i-butanol	Dielectric constant	Λ_0	Comments
[44]	40	18	21.2	K_d, 9.5 × 10^{-4} a, 3.05 Å

(b) Group IIa—Be, Mg, Ca, Sr, Ba, Ra

BERYLLIUM NITRATE TRIHYDRATE Be(NO$_3$)$_2$·3H$_2$O
CARBON TETRACHLORIDE–METHANOL

Ref.	Wt. % of carbon-tetrachloride	Dielectric constant	Comments
[265]	0.0	36.640	at 20°C
	0.02	32.635	
	0.06	32.624	
	0.10	32.612	

MAGNESIUM PERCHLORATE Mg(ClO$_4$)$_2$ ACETONE–METHANOL

Ref.	Comments
[591]	Temp. range −50°C–20°C
	Conductivity results are given graphically

MAGNESIUM SULPHATE HEPTAHYDRATE MgSO$_4$·7H$_2$O
DIOXANE–FORMAMIDE

Ref.	Wt. % of dioxane	Dielectric constant	Λ_0	Λ_{range}	Concentration eq/l × 10^4	Comments
[161]	0.0	109.5	23.38			
	20	81.42	24.50	23–19	2–15	(7) K$_a$, 88.4 a, 1.80 Å
	25	74.67	24.52	22–16	2–23	(7) K$_a$, 216 a, 3.75 Å
	30	68.17	24.62	21–14	2–17	(9) K$_a$, 450 a, 3.77 Å
	35	61.54	24.68	21–13	1–15	(7) K$_a$, 1240 a, 3.99 Å
	40	55.38	25.33	17–9	2–18	(9) K$_a$, 3806 a, 5.30 Å
	50	43.17	26.50	11–6	2–11	(7) K$_a$, 2.47 a, 6.05 Å
	60	33.02	27.5	4–1	1.5–15	(7) K$_a$, 2.40
	70	21.77	30.0	2–0.89	2–9	(5) K$_a$, 2.64
	80	13.41				
	90	6.850				
	100	2.209				

III. ELECTRICAL CONDUCTANCE

MAGNESIUM SULPHATE HEPTAHYDRATE $MgSO_4 \cdot 7H_2O$
ACETONE–FORMAMIDE

Ref.	Wt. % of acetone	Dielectric constant	Λ_0	Λ_{range}	Concentration eq/l × 10^4		Comments	
[149]	0.0	109.5	28 38				K_a, 96	a, 3.0 Å
	10	97.61	30.16	28–18	2–80	(10)	K_a, 43.4	a, 2.37 Å
	20	85.20	32.96	30–19	2–47	(10)	K_a, 79.7	a, 2.47 Å
	25	79.12	34.31	29–17	4–54	(10)	K_a, 263	a, 3.53 Å
	30	73.49	39.28	32–19	3–31	(8)	K_a, 693	a, 4.53 Å
	35	67.88	42.17	33–17	2–37	(9)	K_a, 1214	a, 6.82 Å
	40	62.79	44.9	27–14	2–23	(12)	K_a, 4480	a, 7.91 Å
	50	53.48	51	27–12	2–15	(11)	K_a, 31620	a, 8.93 Å
	60	44.55						
	70	36.97						
	80	29.97						
	90	24.68						
	100	20.47						

CALCIUM NITRATE $Ca(NO_3)_2$ ETHANOL–FORMAMIDE

Ref.	Wt. % of Et·OH	Λ_{range}	Concentration eq/l × 10^4	Comments
[518]	25	62–39	12–2000	
		49–31	12–2000	15°C
		78–48	12–2000	35°C
	50	68–34	12–2000	
		55–27	12–2000	15°C
		81–41	12–2000	35°C
	78	67–23	12–2000	
		56–19	12–2000	15°C
		80–28	12–2000	35°C

STRONTIUM PERCHLORATE $Sr(ClO_4)_2$ ACETONE–METHANOL

Ref.	Comments
[59]	Temp. range −50°C–20°C
	Conductivity results are given graphically

(c) Other Compounds

BORON TRIFLUORIDE BF_3
BROMINE TRIFLUORIDE–CHLORINE TRIFLUORIDE

Ref.	ClF_3	Λ_0	Λ	Concentration eq/l × 10^4	Comments
[614]	0.64 N	~7	8–12	20–155	0°C Λ max. at 35 × 10^{-4}
	0.74 N	~1	2–11	20–195	0°C
	0 32 ClF_3 mole frac.			670–2000	(6) κ only −18–28°C temp. range, graphical pts.
	0.83 ClF_3 mole frac.			5000	(4) κ only −33–0°C temp. range, graphical pts

ALUMINUM BROMIDE $AlBr_3$ DIMETHYL ETHER–METHYL BROMIDE

Ref.	C molar ratio at 0°C ether/$AlBr_3$	Concentration eq/l × 10^4		Comments
[412]	0.3105	0.31–2.7	(13)	sp. cond. only
	0.9024	0.21–1.9	(11)	0°C

SODIUM ALUMINUM TETRAETHYL, $NaAl(C_2H_5)_4$
CYCLOHEXANE–1,2-DIMETHOXYETHANE

Ref.	Wt. % of cyclohexane (vol)	Dielectric constant	Λ_{range}	Concentration eq/l × 10^4	Comments
[276]	25	5.22	6–0.44	3–281	(18)
	40	4.40	2–0.04	2–198	(12)
	50	3.82	1–0.3	3–262	(16)
	100	6.75			

III. ELECTRICAL CONDUCTANCE

SODIUM ALUMINUM TETRAETHYL, $NaAl(C_2H_5)_4$
CYCLOHEXANE–1,2-DIMETHOXYETHANE (Continued)

Ref.	Wt. % of cyclohexane	Λ_{range}	Concentration eq/l $\times 10^4$
[276]	0.69	16.38	37.75
	1.25	1.3	1.1
	2.67	17.78	107.5
	2.71	17.48	52.09
	2.98	16.84	44.11
	3.76	4.26	13.16

SODIUM ALUMINUM TETRABUTYL, $NaAl(C_4H_9)_4$ CYCLOHEXANE–NUJOL

Ref.	Wt. % of cyclohexane	Λ_{range}	Concentration eq/l $\times 10^4$	Comments
[272]	100–85	$\times 10^2$ 1.45–0.75 (10)	1470	(10)
	100–85	$\times 10^2$ 2–0.76 (4)	1495	(4)
	100–85	$\times 10^3$ 9–5 (8)	1520	(8)
	100–85	$\times 10^2$ 2–0.99 (10)	1622	(10)
	100–85	$\times 10^2$ 3–1.85 (4)	1705	(4)
	100–85	2–0.92 (4)	2300	(4)

DIMETHYL ALUMINUM BROMIDE $(CH_3)_2AlBr$
DIMETHYL ETHER–METHYL BROMIDE

Ref.	m/l	eq/l $\times 10^4$	Comments	
[412]	0.3295	molar ratio $(CH_3)_2O/(CH_3)_2AlBr$	(11)	at 0°C
	0.5902	0.15–1.5	(12)	at 0°C sp. cond. only
	0.7868	0.11–1.3	(12)	0°C
	0.8610	0.12–1.2	(14)	0°C

LANTHANUM HEXACYANOFERRATE(III) TETRAHYDRATE, LaFe(CN)$_6 \cdot$CH$_2$O ACETONE–FORMAMIDE

Ref.	Wt. % of acetone	Dielectric constant	Λ_0	Λ_{range}	eq/l × 10^4		Comments
[764]	0	109.5	34.55				K_a, 249
	10	97.6	38.55	34–28	1–10	(7)	K_a, 504
	20	85.2	44.76	39–24	1–9	(7)	K_a, 1,041
	30	73.5	51.06	45–34	1–6	(7)	K_a, 2,450
	40	62.8	54.13	37–27	1–5	(7)	K_a, 8,220
	50	53.5	58.1	34–23	1–4	(7)	K_a, 26,500

LANTHANUM HEXACYANOFERRATE(III) TETRAHYDRATE, LaFe(CN)$_6 \cdot$4H$_2$O DIOXANE–FORMAMIDE

Ref.	Wt. % of dioxane	Dielectric constant	Λ_0	Λ_{range}	eq/l × 10^4		Comments
[764]	0	109.5	34.55				K_a, 249
	20	81.4	34.98	22–16	3–14	(7)	K_a, 4,754
	30	68.2	35.51	18–12	2–11	(7)	K_a, 13,820
	40	55.4	35.65	12–7	2–13	(7)	K_a, 60,690
	50	43.2	36.26	5–3	2–12	(7)	K_a, 3.6 × 10^5
	60	33.0	38	5–1	0.5–4.5	(6)	K_a, 1.6 × 10^6

ZINC PERCHLORATE Zn(ClO$_4$)$_2$ ACETONE–METHANOL

Ref.	Comments
[591]	Temp. range −50°C–20°C
	Conductivity results are given graphically

NONAQUEOUS–AQUEOUS MIXTURES

(a) Group Ib—Cu, Ag, Au

COPPER-m-BENZENE DISULFONATE, m-$C_6H_4(SO_3)_2Cu$
DIOXANE–WATER

Ref.	Wt. % of dioxane	Dielectric constant	Λ_0	Λ_{range}	Concentration eq/l × 10^4		Comments	
[388]	0	78.48					K_a, [5.6]	
	5	75.45	104.9	98–83	2–26	(6)	K_a, 9.0	a, 6.0 Å
	10	70.33	97.05	91–75	2–27	(5)	K_a, 13.0	a, 5.9 Å
	15	66.10	86.85	80–63	2–37	(6)	K_a, 26.0	a, 5.9 Å
	20	61.86	79.15	72–54	2–44	(6)	K_a, 37.0	a, 5.9 Å
	30	53.28	67.40	59–44	2–25	(7)	K_a, 176	a, 6.5 Å
	40	44.54	58.30	47–28	2–35	(5)	K_a, 772	a, 6.8 Å

COPPER m-BENZENEDISULFONATE, m-$C_6H_4(SO_3)_2Cu$
METHANOL–WATER

Ref.	Wt. % of methanol	Dielectric constant	Λ_0	Λ_{range}	Concentration eq/l × 10^4		Comments
[380]	20	70.01	74.1	70–61	1–16	(6)	a, 5.9 Å
	40	60.92	62.3	57–47	2–17	(8)	a, 5.7 Å
	60	51.71	65.8	56–40	2–22	(6)	a, 5.9 Å
	80	42.60	77.0	54–41	2–10	(6)	a, 6.2 Å
	100	32.64	115.5	33–16	3–22	(6)	a, 7.1 Å
	0	78.48	114.0				a, 5.0 Å

COPPER(II) SULPHATE, CuSO₄ DIOXANE–WATER

Ref.	Wt. % of dioxane	Dielectric constant	Λ_0	Λ_{range}	Concentration eq/l × 10⁴		Comments
[388]	5	75.45	123.1	112–86	2–17	(6)	K_a, 247.0 a, 5.0 Å
	10	70.33	112.8	100–70	2–23	(6)	K_a, 421.6 a, 5.0 Å
	15	66.10	103.5	87–52	2–36	(6)	K_a, 560.6 a, 5.0 Å
	20	61.86	94.45	77–50	2–17	(6)	K_a, 1084 a, 5.7 Å
	25	57.54	80.70	62–37	2–20	(6)	K_a, 1463 a, 5.7 Å
	0	78.48					K_a, (178.0)
[279]	5	74.58					K_a, 280 a, 6.0 Å
	10	70.33					K_a, 408 a, 5.7 Å
	15	66.20					K_a, 546 a, 5.0 Å
	20	61.86					K_a, 1151 a, 6.9 Å
	25	57.13					K_a, 1397 a, 5.0 Å

SILVER NITRATE, AgNO₃ ACETONE–WATER

Ref.	Wt. % of water	Dielectric constant	Λ_0	Λ_{range}	Concentration eq/l × 10⁴		Comments
[217]	0.00	19.1	206	56–12	0.23–22	(23)	K_d, 3 × 10⁻⁶ a, 1.5 Å
	1.00	19.6	185.18	155–25	0.01–5.45	(21)	K_d, 9.90 × 10⁻⁶ a, 1.62 Å
	2.00	20.1	185.77	157–26	0.04–12	(17)	K_d, 2.23 × 10⁵ a, 1.6 Å
	5.00	21.6	154.49	143–37	0.07–27	(9)	K_d, 1.62 × 10⁻⁴ a, 1.85 Å
	10.00	24.0	124.45	121–79	0.10–11	(16)	K_d, 1.18 × 10⁻³ a, 2.02 Å
	20.00	29.6	95.83	93–82	0.64–11	(16)	K_d, 9.86 × 10⁻³ a, 2.36 Å
	40.00	41.8	79.05	78–75	0.30–6.2	(16)	K_d, 4.51 × 10⁻² a, 2.06 Å
	50.00	48.2	77.72	77–75.8	0.61–4	(12)	K_d, 9.07 × 10⁻² a, 1.91 Å
[519]	0.0			38–16	1–9	(6)	
	0.267			39–18	1–7	(5)	
	1.015			55–22	1–10	(6)	
	10	24	124	[44]			K_d, 1.18 × 10³ a, 2.02 Å

III. ELECTRICAL CONDUCTANCE

SILVER NITRATE, AgNO$_3$ DIOXANE–WATER

Ref.	Wt. % of dioxane	Dielectric constant	Λ_0	Λ_{range}	Concentration eq/l × 10^4		Comments
[663]	0.0	78.54	133.39	129–110	22–915	(26)	K_a, 1.8 a, 6.1 Å
	7.8	71.89	116.48	109–98	75–591	(8)	K_a, 2.4 a, 6.7 Å
	16.0	64.49	101.59	96–86	52–440	(8)	K_a, 3.1 a, 7.1 Å
	23.6	58.27	89.33	84–75	44–439	(9)	K_a, 1.7 a, 3.8 Å
	36.2	47.60	72.91	69–62	24–193	(8)	K_a, 3.1 a, 4.0 Å
	52.5	33.60	58.87	55–48	10–83	(8)	K_a, 11 a, 3.9 Å
	59.2	27.96	53.88	51–45	5–35	(7)	K_a, 24 a, 4.0 Å
	70.0	18.95	48.09	43–34	3–20	(8)	K_a, 204 a, 4.3 Å
	76.4	14.34	44.66	38–27	1–8	(7)	K_a, 1200 a, 4.6 Å

Ref.	Wt. % of water	Dielectric constant	Λ_0	Λ_{range}	Concentration eq/l × 10^4		Comments
[217]	10.00	5.6	25	1.5–0.50	2–25	(17)	K_d, 5 × 10^{-7} a, 4.7 Å
	20.00	10.71	41.32	32–17	0.61–11	(12)	K_d, 1.54 × 10^{-4} a, 5.05 Å
	30.00	17.69	47.62	43–34	2–21	(11)	K_d, 2.96 × 10^{-3} a, 5.98 Å
	0	78.5	133.36				K_d, 1.47 a, 2.65 Å

SILVER NITRATE, $AgNO_3$ ETHANOL–WATER

Ref.	Wt. % of ethanol	Dielectric constant	Λ_0	Λ_{range}	Concentration eq/l × 10^4	Comments		
[348]	100	24.3	44.88	19–36	167–10	K_a,	210	a, 3.85 Å
	87.06	29.7	44.58	39–41	47–6	K_a,	42	a, 3.2 Å
	70.24	37.3	45.33	39–43	48–6	K_a,	80	a, 2.75 Å
	0.0	78.30	133.64	123–30	133–19			a, 2.07 Å

Ref.	Mole % of ethanol	Λ_{range}	Concentration eq/l × 10^4
[216]	0.0	131.4	5.0
	0.318	131	5.0
	1.328	120	5.0
	2.035	112.5	5.0
	4.435	97	5.0
	10.46	72	5.0
	12.58	69	5.0
	20.25	57	5.0

SILVER NITRATE, $AgNO_3$ ETHYLENE GLYCOL–WATER

Ref.	Wt. % of water	Dielectric constant	Λ_0	Λ_{range}	Concentration eq/l × 10^4	Comments	
[219]	0.00	37.7	9.14	9.1–8.5	0.5–24.4	K_d, 0.11	a, 4.6
	10	43.7	13.27	13.1–12.6	2.0–18.7	K_d, 0.18	a, 4.0
	20	49.3	19.00	18.8–18.1	1.7–18.5	K_d, 0.12	a, 2.3
	40	59.4	34.62	34.4–33.3	1.1–20.2	K_d, 0.24	a, 2.1
	60	66.6	57.76	57.5–55.6	0.5–25.8	K_d, 0.72	a, 2.8
	80	72.8	91.17	90.6–88.2	1.1–17.4	K_d, 0.28	a, 1.3

III. ELECTRICAL CONDUCTANCE

SILVER NITRATE, AgNO$_3$ ETHYLENE GLYCOL–WATER (*Continued*)

Ref.	Wt. % of ethylene glycol	Dielectric constant	Λ_0	Λ_{range}	Concentration eq/l × 10^4		Comments
[219]	100	37.7	9.4	9–8.5	0.54–24	(12)	K$_d$, 0.11 a, 4.6 Å
	90	43.7	13.27	13.1–12.67	2–19	(12)	K$_d$, 0.18 a, 4.0 Å
	80	49.3	19.00	19–18.2	2–18	(10)	K$_d$, 0.12 a, 2.3 Å
	60	59.4	34.62	34.4–33.3	1–20	(11)	K$_d$, 0.24 a, 2.1 Å
	40	66.6	57.76	57.5–56	0.51–26	(12)	K$_d$, 0.72 a, 2.8 Å
	20	72.8	91.17	91–88	1–17	(12)	K$_d$, 0.28 a, 1.3 Å

SILVER NITRATE, AgNO$_3$ GLYCINE–WATER

Ref.	Molarity glycine	Dielectric constant	Λ_{range}	Concentration eq/l × 10^4	Comments
[826]	0.0	78.54	129.1–124.0	24–116	(5)
	0.143	81.6	123	24	
	0.452	88.4	114	24	
	0.791	96.0	105	23	
	1.265	107.1	94	23	
	1.797	120.2	83	22	

SILVER NITRATE, AgNO$_3$ METHANOL–WATER

Ref.	Wt. % of water	Λ_0	Λ_{range}	Concentration eq/l × 10^4		Comments
[519]	0.0	112.95	107–96	1–14	(6)	
	0.536	111.56	106–96	2–13	(6)	
	1.081		104–95	1–13	(6)	
[220]	0.1	110.17	107–100	1–8	(12)	K$_a$, 2.28

SILVER NITRATE, $AgNO_3$ PYRIDINE–WATER

Ref.	Mole % of pyridine	Λ_{range}	Concentration eq/l $\times 10^4$
[216]	0.0	131.6	5.0
	0.003	130.5	5.0
	0.036	105	5.0
	0.094	99.5	5.0
	0.139	99	5.0
	0.163	98	5.0
	0.196	97.5	5.0
	0.257	97	5.0
	0.387	95	5.0
	0.524	94	5.0
	0.584	93	5.0
	1.007	88	5.0

SILVER PICRATE, $AgOC_6H_2(NO_2)_3$ ACETONE–WATER

Ref.	Wt. % of water	Dielectric constant	Λ_{range}	Concentration eq/l $\times 10^4$	Comments
[519]	0.0	181.8	156–98	0.55–7	(6)
	0.481	174.3	150–108	1–6	(6)
	0.996	170.4	155–112	0.46–7	(6)

(b) Group IIa—Be, Mg, Ca, Sr, Ba, Ra

MAGNESIUM CHLORIDE, $MgCl_2$ ETHANOL–WATER

Ref.	Wt. % of ethanol	Λ_0	Λ_{range}	Concentration eq/l × 10^4		$K × 10^6$	
[341]	20.3	67.78	62–65	39.7–9.84	(6)		
	39.8	48.87	45–9	14.61–46.16	(6)		
	60.2	39.74	33–40	6.3–56	(9)		13.60
	80.4	41.77	26–35	11–59.4	(7)		45.49
	100	72.76	39–52	27–75.5	(7)		6.60
	20.3	89.81	81–86	39.5–9.8	(6)	at 35°C	
	39.8	65.76	58–61	14.5–62.3	(6)		
	60.2	52.39	44–66	11.7–55.53	(7)		4.78
	80.4	46.93	33–43	11–59	(7)		18.80
	100	74.76	45–59	26.60–74.65	(7)		3.73
	20.3	114.40	104–109	39–9.7	(6)	at 45°C	
	39.8	86.38	75–80	14–43	(5)		
	60.2	66.95	55–64	11.6–55	(7)		1.94
	80.4	57.53	39–53	11–58.3	(7)		10.91
	100	74.99	51–63	26–74	(7)		2.07
[390]	0.0		119–126	45–4			
			144–154	45–4		35°C	
			172–184	45–4		45°C	
	20.3		62–65	40–10			
			82–86	40–10		35°C	
			104–109	39–10		45°C	
	39.8		43–45	43–15			
			58–61	43–14		35°C	
			75–80	43–14		45°C	
	60.2		33–40	56–6			
			44–50	55–12		35°C	
			55–64	55–12		45°C	
	80.4		26–34	59–11			
			33–43	59–11		35°C	
			39–53	58–12		45°C	

Ref.	Wt. % of water	Concentration eq/l × 10^4		Comments
[531]	0–0.52	2.5	(7)	κ given only

MAGNESIUM PERCHLORATE, $Mg(ClO_4)_2$ DIOXANE–WATER

Ref.	Wt. % of dioxane	Λ_0	Λ_{range}	Concentration eq/l $\times 10^4$		Comments
[352]	10	164.00	152–136	60–200	(8)	at 35°C K_d, 11.4 a, 0.5500 Å
	20	124.00	109–100	60–200	(8)	K_d, 5.424 a, 0.5501 Å
	30	105.00	88–76	60–200	(8)	K_d, 2.511 a, 0.8082 Å

MAGNESIUM BROMIDE, $MgBr_2$ DIOXANE–WATER

Ref.	Wt. % of dioxane	Λ_0	Λ_{range}	Concentration eq/l $\times 10^4$		Comments
[352]	10	124.00	116–103	60–200	(8)	at 35°C K_d, 14.39 a, 0.6032 Å
	20	112.00	100–91	60–200	(8)	K_d, 51.93 a, 0.87 Å
	30	97.50	86–75	60–200	(8)	K_d, 11.69 a, 1.000 Å

CALCIUM m-BENZENE DISULFONATE, $m\text{-}C_6H_4(SO_3)_2Ca$ METHANOL–WATER

Ref.	Wt. % of methanol	Dielectric constant	Λ_0	Λ_{range}	Concentration eq/l $\times 10^4$		Comments
[144]	0.00	78.48	119.4				K_a, 28.8 a, 6.2 Å
	10.09	74.17	93.7	89–78	1–12	(7)	K_a, 40.7 a, 6.2 Å
	20.08	69.97	78.0	74–65	1–10	(7)	K_a, 59.1 a, 6.6 Å
	29.96	65.57	71.0	61–46	4–57	(9)	K_a, 87.1 a, 6.1 Å
	40.04	60.90	63.1	62–54	1–6	(5)	K_a, 131 a, 5.5 Å
	40.06			58–45	1–23	(8)	
	50.05	56.34	64.2	59–44	1–17	(8)	K_a, 267 a, 6.0 Å
	60.02	51.69	66.7	60–44	1–14	(8)	K_a, 497 a, 6.8 Å
	80.03	42.59	78.0	58–34	2–15	(8)	K_a, 2540 a, 7.3 Å

III. ELECTRICAL CONDUCTANCE

CALCIUM m-BENZENEDISULFONATE, m-C$_6$H$_4$(SO$_3$)$_2$Ca ACETONE–WATER

Ref.	Wt. % of acetone	Dielectric constant	Λ_0	Λ_{range}	Concentration eq/l × 10^4		Comments
[144]	29.97	61.91	75.5	70–59	1–12	(8)	K_a, 122 a, 6.3 Å
	59.91	43.48	76.0	61–34	1–15	(8)	K_a, 2.510 a, 7.4 Å
	79.45	31.84	97.0	28–9	1–17	(8)	K_a, 105,000 a, 15.1 Å

STRONTIUM m-BENZENESULFONATE, m-C$_6$H$_4$(SO$_3$)$_2$Sr ACETONE–WATER

Ref.	Wt. % of acetone	Dielectric constant	Λ_0	Λ_{range}	Concentration eq/l × 10^4		Comments
[144]	29.97	61.91	73.6	69–56	1–14	(8)	K_a, 151 a, 6.3 Å
	59.91	43.48	74.5	60–32	1–17	(8)	K_a, 2.560 a, 7.5 Å
	79.45	31.84	95.0	36–10	0.5–13	(7)	K_a, 107,000 a, 18.0 Å

STRONTIUM m-BENZENEDISULFONATE, m-C$_6$H$_4$(SO$_3$)$_2$Sr
METHANOL–WATER

Ref.	Wt. % of methanol	Dielectric constant	Λ_0	Λ_{range}	Concentration eq/l × 10^4		Comments
[144]	0.00	78.48	119.0				K_a, 5.1 a, 6.1 Å
	5.12	76.29	103.2	98–84	1–19	(9)	K_a, 46.8 a, 6.1 Å
	10.09	74.17	93.0	89–76	1–17	(8)	K_a, 56.7 a, 5.9 Å
	20.08	69.97	77.3	73–60	1–20	(8)	K_a, 84.1 a, 5.6 Å
	29.96	65.57	71.0	66–51	1–26	(10)	K_a, 119 a, 6.2 Å

STRONTIUM m-BENZENEDISULFONATE, m-$C_6H_4(SO_3)_2Sr$ METHANOL–WATER (Continued)

Ref.	Wt. % of Methanol	Dielectric constant	Λ_0	Λ_{range}	Concentration eq/l $\times 10^4$	Comments
	40.04	60.90	64.4	60–48	1–14	(8) K_a, 194 a, 6.2 Å
	50.05	56.34	64.7	59–44	1–18	(8) K_a, 341 a, 5.9 Å
	60.02	51.69	66.3	59–43	1–13	(8) K_a, 625 a, 7.0 Å
	80.03	42.59	80.0	65–37	1–10	(8) K_a, 3420 a, 8.8 Å

STRONTIUM CHLORIDE, $SrCl_2$ DIOXANE–WATER

Ref.	Wt. % of dioxane	Λ_0	Λ_{range}	Concentration eq/l $\times 10^4$	Comments
[594]	10	140.00	126–101	40–200	at 35°C (9) K_d, 0.0871 a, 0.5375 Å
	20	133.50	109–95	40–200	(9) K_d, 0.0269 a, 0.4217 Å
	30	116.00	96–75	60–200	(8) K_d, 0.0195 a, 0.5891 Å

BARIUM PERCHLORATE, $Ba(ClO_4)_2$ DIOXANE–WATER

Ref.	Wt. % of dioxane	Λ_0	Λ_{range}	Concentration eq/l $\times 10^4$	Comments
[352]	10	165.50	152–137	60–200	(8) at 35°C
	20	128.50	109–100	60–200	(8) K_d, 4.063 a, 0.4794 Å
	30	108.00	87–75	60–200	(8) K_d, 1.459 a, 0.3983 Å

BARIUM PERCHLORATE, $BaClO_4$ METHANOL–WATER

Ref.	Wt. % of water	Λ_0	Λ_{range}	Concentration eq/l $\times 10^4$	Comments
[519]	0.0	131.78	120–100	1–15	κ, 0.086
	0.459	130.60	120–96	2–20	0.196

(c) Other Compounds

ZINC SULPHATE, $ZnSO_4$ DIOXANE–WATER

Ref.	Wt. % of dioxane	Λ_0	Λ_{range}	Concentration eq/l × 10^4	Comments
[354]	0.0	162.34	141–129	60–200	at 35°C K_d, 9.980 a, 9.504 Å
	10	126.58	104–88	60–200	K_d, 5.612 a, 9.216 Å
	20	104.17	83–57	60–200	K_d, 1.880 a, 9.165 Å
	30	90.91	53–32	60–200	K_d, 1.132 a, 9.418 Å

CADMIUM CHLORIDE, $CdCl_2$ METHANOL–WATER

Ref.	Water conc. in moles/liter	Λ_{range}	Concentration eq/l × 10^4	Comments
[324]	0.00	63–25	5–100	(6) at 20°C
	0.001	63–25		
	0.005	63–48		
	0.010	63–49		
	0.400	63–26		
	1.010	63–49		
	1.510	63–50		
	2.020	63–28		
	3.030	63–52		
	3.550	64–52		
	4.060	63–31		
	4.570	63–52		
	5.090	64–32		
	5.660	65–53		
	6.200	65–33		
	7.680	67–54		
	9.240	69–55		
	12.89	74–37		
	15.51	78–62		
	20.74	84–44		

CADMIUM CHLORIDE, $CdCl_2$ METHANOL–WATER (*Continued*)

Ref.	Water conc. in moles/liter	Λ_{range}	Concentration eq/l × 10^4	Comments
[324]	0.00	76–27	5–100	(6) at 45°C
	0.001	77–27		
	0.005	77–54		
	0.010	78–56		
	0.400	79–29		
	1.010	82–59		
	1.510	83–61		
	2.020	84–33		
	3.030	86–66		
	3.550	89–68		
	4.060	87–38		
	4.570	87–69		
	5.090	90–40		
	5.660	91–72		
	6.200	93–42		
	7.680	96–77		
	9.240	102–79		
	12.89	113–55		
	15.51	122–97		
	20.74	140–70		

THALLOUS CHLORIDE, TlCl DIOXANE–WATER

Ref.	Wt. % of dioxane	Dielectic constant	Λ_0	Λ_{range}	Concentration eq/l × 10^4	Comments
[597]	0.0	78.54	151.11	148–141	7–68	(14) K_a, 5.2 a, 5.5 Å
	19.8	61.60	106.51	105–99	4–38	(7) K_a, 10.2 a, 6.8 Å
	35.8	47.98	81.87	80–74	4–31	(7) K_a, 25.2 a, 6.3 Å
	43.6	41.25	72.22	69–63	5–29	(7) K_a, 41 a, 4.3 Å
	53.6	32.64	62.41	59–51	3–21	(8) K_a, 116 a, 6.1 Å
	58.2	28.63	57.84	54–46	2–13	(7) K_a, 205 a, 3.8 Å
	66.2	21.98	51.93	47–39	1–5	(7) K_a, 875 a, 9.2 Å

III. ELECTRICAL CONDUCTANCE

THALLOUS NITRATE, TlNO₃ DIOXANE-WATER

Ref.	Wt. % of dioxane	Dielectric constant	Λ_0	Λ_{range}	Concentration eq/l × 10⁴		Comments
[569]	0.0	78.54	146.195	138–120	56–644	(7)	K_a, 3.2
	7.8	71.89	128.02	122–108	39–421	(7)	K_a, 4.0
	16.0	64.49	111.64	104–94	63–351	(6)	K_a, 4.9
	36.2	47.60	79.90	76–68	17–160	(7)	K_a, 10.9
	52.5	33.60	64.17	53–60	7–69	(7)	K_a, 35.0
	59.2	27.96	58.82	56–50	3–25	(7)	K_a, 65
	70.0	18.95	51.70	48–37	1–14	(7)	K_a, 408
	76.4	14.34	47.44	40–29	1–7	(7)	K_a, 1850
[766]	0.0	78.54	146.195	138–120	56–644	(7)	K_a, 3.2
	7.8	71.89	128.02	122–108	39–421	(7)	K_a, 4.0
	16.0	64.49	111.64	104–94	63–351	(6)	K_a, 4.9
	36.2	47.60	79.90	76–68	17–160	(7)	K_a, 10.9
	52.5	33.60	64.17	60–53	7–69	(7)	K_a, 35.0
	59.2	27.96	58.82	56–50	3–25	(7)	K_a, 65
	70.0	18.95	51.70	48–37	1–14	(7)	K_a, 408
	76.4	14.34	47.44	40–29	1–7	(6)	K_a, 1850
							Derived constant for Å = 8.0

YTTRIUM HEXACYANOCOBALTATE(III), YCO(CN)₆ DIOXANE-WATER

Ref.	Wt. % of dioxane	Dielectric constant	Λ_0	Λ_{range}	Concentration eq/l × 10⁴		Comments K_d × 10⁻⁴
[725]	0	78.54	168.09	127–69	0.3–9	(6)	K_d, 1.488 a, 6.82 Å
	10	69.69	137.56	91–40	0.3–9	(6)	K_d, 0.8642 a, 7.35 Å
	20	60.79	116.45	60–22	0.3–9	(6)	K_d, 0.3738 a, 7.70 Å

DICHLORODIMETHYLSILANE, Me_2SiCl_2 ACETONITRILE–2,2′-BIPYRIDYL

Ref.	Wt. % of acetonitrile	Λ_{range}	Concentration eq/l × 10^4	Comments
[558]	Molar ratio 1:2	10–25	0.025–0.049	(2) Conc. and Λ values are given graphically

MANGANESE m-BENZENEDISULFONATE, m-$C_6H_4(SO_3)_2Mn$
ACETONE–WATER

Ref.	Wt. % of acetone	Dielectric constant	Λ_0	Λ_{range}	Concentration eq/l × 10^4		Comments	
[125]	9.83	73.25	89.5	83–70	2–29	(8)	K_a, 9.1	a, 5.7
	19.94	67.60	76.7	72–58	1–27	(8)	K_a, 20	a, 5.8
	34.89	58.90	70.0	62–47	2–31	(8)	K_a, 85	a, 6.3
	45.73	52.15	67.2	59–39	1–31	(8)	K_a, 332	a, 6.3
	54.76	46.60	69.0	50–30	4–41	(7)	K_a, 870	a, 5.4
	65.01	40.45	73.5	44–25	3–19	(6)	K_a, 4400	a, 7.2
	70.17	37.30	75.0	44–19	1–20	(8)	K_a, 9500	a, 6.2

MANGANESE m-BENZENEDISULFONATE, m-$C_6H_4(SO_3)_2Mn$
METHANOL–WATER

Ref.	Wt. % of methanol	Λ_0	Λ_{range}	Concentration eq/l × 10^4	$K_a × 10^{-2}$	Å
[263]	100	61.6	28–13	2–24	81.7	8.0
	80	74.2	56–33	2–23	14.9	7.3
	60	64.1	58–37	1–28	5.13	8.2
	40	60.8	56–41	2–39	0.56	5.7
	30	63.9	58–48	2–25	0.21	5.5
	20	72.1	68–56	1–25	0.16	5.8
	10	88.3	83–69	2–29	0.08	5.4
	0	113.3				5.4

III. ELECTRICAL CONDUCTANCE

MANGANESE(II) SULPHATE, MnSO$_4$ ACETONE–WATER

Ref.	Wt. % of acetone	Dielectric constant	Λ_0	Λ_{range}	Concentration eq/l $\times$ 10^4		Comments	
[125]	9.94	73.20	107.5	96–62	2–42	(7)	K_a, 275	a, 4.5
	19.83	67.70	92.0	75–43	3–43	(7)	K_a, 750	a, 5.5
	29.91	62.00	80.0	55–28	4–43	(6)	K_a, 1750	a, 5.1
	40.17	55.65	73.5	43–17	2–40	(7)	K_a, 5600	a, 5.7

MANGANESE(II) SULPHATE, MnSO$_4$ GLYCOL–WATER

Ref.	Wt. % of glycol	Dielectric constant	Λ_0	Λ_{range}	Concentration eq/l $\times$ 10^4		Comments	
[175]	0.00	78.54	133.54	121–97	3–22	(5)	K_a, 146	a, 5.1 Å
	27.26	71.25	71.16	62–40	3–55	(7)	K_a, 280	a, 5.8 Å
	59.51	60.7	28.58	21–11	4–71	(7)	K_a, 854	a, 4.9 Å
	77.43	53.1	17.00	10–5	3–28	(6)	K_a, 4300	a, 6.4 Å

MANGANESE(II) SULFATE, MnSO$_4$ METHANOL–WATER

Ref.	Wt. % of methanol	Λ_0	Λ_{range}	Concentration eq/l $\times$ 10^4	$K_a \times 10^{-2}$	a (Å)
[263]	40	68.9	52–37	2–11	17.1	8.2
	30	74.7	67–43	1–16	8.81	8.0
	20	85.8	75–50	2–28	4.39	5.8
	10	104.9	97–68	1–29	2.37	5.2
	0	133.2			1.33	5.0

MANGANESE(II) 4,4′-BIPHENYLDISULFONATE, $(p\text{-}C_6H_5SO_3)_2Mn$
GLYCOL–WATER

Ref.	Wt. % of glycol	Dielectric constant	Λ_0	Λ_{range}	Concentration eq/l × 10^4	a (Å)	
[583]	0.00	78.54	102.40	98–85	1–23	(7)	6.7
	0.20	65.6	32.99	30–26	3–20	(7)	5.8
	0.30	60.7	22.04	20–16	3–21	(6)	5.5
	0.40	57.0	16.47	14–11	4–27	(6)	5.4

MANGANESE m-BENZENEDISULFONATE $m\text{-}C_6H_4(SO_3)_2Mn$
GLYCOL–WATER

Ref.	Wt. % of glycol	Dielectric constant	Λ_0	Λ_{range}	Concentration eq/l × 10^4	Comments
[583]	0.0	78.54	112.80	103–91	3–26	(8) K_a, 5 a, 5.5 Å
	0.20	65.6	36.33	34–27	1–28	(6) K_a, 16 a, 5.7 Å
	0.30	60.7	24.25	21–17	4–25	(5) K_a, 26 a, 5.7 Å
	0.500	53.1	13.57	12–9	2–29	(6) K_a, 77 a, 5.5 Å
	0.555	51.1	11.80	10–8	1–15	(5) K_a, 110 a, 5.1 Å
						The a value has been estimated from extrapolation of the log K_a vs. (1/D) plot

COBALT(II) CHLORIDE $CoCl_2$ ACETONITRILE–WATER

Ref.	Wt. % of water	Λ_{range}	Concentration mole/l × 10^4	Comments	
[260]	0.049–1.92	17.4–27.1	176	(13)	
	0.049–1.92	18.4–28.2	176	35°C	(13)

NICKEL(II) SULPHATE, NiSO$_4$ DIOXANE–WATER

Ref.	Wt. % of dioxane	Dielectric constant	Λ_0	Λ_{range}	Concentration eq/l × 10^4	Comments
[593]	10	66.33	108.69	99–70	40–200	(9) at 35°C K, 5.390 a, 7.16 Å
	20	57.73	95.24	71–44	40–200	K, 3.590 a, 10.59 Å
	30	49.19	54.95	36–23	40–200	K, 3.01 a, 15.63 Å

LANTHANUM COBALTIHEXACYANIDE, LaCo(CN)$_6$ DIOXANE–WATER

Ref.	Wt. % of dioxane	Dielectric constant	Λ_0	Λ_{range}	Concentration eq/l × 10^4		K_d × 10^{-4}	a (Å)
[725]	0	78.54	168.36	156–99	0.3–9	(6)	3.835	9.44
	10	69.69	137.82	117–58	0.3–9	(6)	1.891	9.22
	20	60.79	116.60	93–31	0.3–9	(6)	0.7672	9.07

LANTHANUM COBALTIHEXACYANIDE, LaCo(CN)$_6$ DIOXANE–WATER

Ref.	Wt. % of dioxane	Λ_0	Λ_{range}	Concentration eq/l × 10^4		K	a (Å)
[312]	0.0	166.98	149–110	0.61–5	(16)	1.83	7.31
	10	133.98	121–74	0.3–5	(18)	8.22	7.27
	10	111.06	94–43	0.15–5	(24)	0.252	7.15

LANTHANUM COBALTIHEXACYANIDE, LaCo(CN)$_6$ DIOXANE–WATER

Ref.	Wt. % of dioxane	Concentration eq/l × 10^4		Comments
[726]	0	0.25–9	(6)	K_d, recalculated using data of [725]
	10			
	20			

NEODYNIUM HEXACYANOCOBALTATE(III), NdCo(CN)$_6$ DIOXANE–WATER

Ref.	Wt. % of dioxane	Dielectric constant	Λ_0	Λ_{range}	Concentration eq/l × 10^4		$K_d × 10^{-4}$	a (Å)
[725]	0	78.54	168.23	141–75	0.3–9	(7)	2.092	7.51
	10	69.69	137.72	101–46	0.3–9	(7)	1.122	7.85
	20	60.79	116.53	71–27	0.3–9	(7)	0.4929	8.15

SAMARIUM HEXACYANOCOBALTATE(III), SnCo(CN)$_6$ DIOXANE–WATER

Ref.	Wt. % of dioxane	Dielectric constant	Λ_0	Λ_{range}	Concentration eq/l × 10^4		$K_d × 10^{-4}$	a (Å)
[725]	0	78.54	167.47	124–67	0.3–9	(6)	1.770	7.17
	10	69.69	137.05	79–35	0.3–9	(6)	0.9185	7.45
	20	60.79	116.03	46–14	0.3–9	(6)	0.4363	7.93

2. DATA BY SOLVENT

NONAQUEOUS–NONAQUEOUS MIXTURES

ACETONE-i-BUTANOL

Silver perchlorate	[44]

ACETONE-γ-COLLIDINE

Silver nitrate	[218]

ACETONE–CYCLOHEXANONE

Silver perchlorate	[44]

ACETONE–CYCLOPENTADIENE

Silver perchlorate	[215]

ACETONE–DICYCLOPENTADIENE

Silver perchlorate	[215]

ACETONE–ETHANOL

Silver nitrate	[519]

ACETONE–FORMAMIDE

Magnesium sulphate heptahydrate	[149]
Lanthanum hexacyanoferrate(III) tetrahydrate	[764]

ACETONE–METHANOL

Silver nitrate	[519]
Magnesium perchlorate	[591]
Zinc perchlorate	[591]
Strontium perchlorate	[591]

ACETONE-α-PICOLINE

Silver nitrate	[218]

ACETONE-β-PICOLINE

Silver nitrate	[218]

ACETONE-γ-PICOLINE

Silver nitrate	[218]

ACETONE–PYRIDINE

Silver nitrate	[218]

ACETONE–QUINOLINE

Silver nitrate	[218]

III. ELECTRICAL CONDUCTANCE

ACETONITRILE-2,2'-BIPYRIDYL

| Dichlorodimethylsilane | [558] |

ACETONITRILE–METHANOL

| Silver nitrate | [220] |

AMMONIA–PYRIDINE

| Silver nitrate | [411] |

BENZENE–METHANOL

| Silver nitrate | [220] |

BENZONITRILE–ETHANOL

| Silver nitrate | [44] |

BENZONITRILE–METHANOL

| Silver nitrate | [220] |

BROMINE TRIFLUORIDE–CHLORINE TRIFLUORIDE

| Boron trifluoride | [614] |

i-BUTANOL–CYCLOHEXANONE

| Silver perchlorate | [44] |

CARBON TETRACHLORIDE–METHANOL

Beryllium nitrate trihydrate [265]

CYCLOHEXANE-1,2-DIMETHOXYETHANE

Sodium aluminum tetraethyl [276]

CYCLOHEXANE NUJOL

Sodium aluminum tetrabutyl [272]

DIMETHYL ETHER–METHYL BROMIDE

Aluminum bromide [412]
Dimethyl aluminum bromide [412]

DIOXANE–FORMAMIDE

Magnesium sulphate heptahydrate [161]
Lanthanum hexacyano ferrate(III) tetrahydrate [764]

DIOXANE-α-METHYLSTYRENE

Copper(II) nitrate trihydrate [568]

ETHANOL–FORMAMIDE

Calcium nitrate [518]

ETHYLENE GLYCOL–PYRIDINE

Silver nitrate [219]

ETHYLENE GLYCOL–QUINOLINE

Silver nitrate [219]

METHANOL–NITROETHANE

Silver nitrate [220]

METHANOL-α-PICOLINE

Silver nitrate [220]

METHANOL–PYRIDINE

Silver nitrate [220]

NONAQUEOUS–AQUEOUS MIXTURES

ACETONE–WATER

Silver nitrate	[217] [519]
Calcium m-benzenedisulfonate	[144]
Strontium m-benzene sulfonate	[144]
Manganese(II) sulphate	[125]

ACETONITRILE–WATER

Cobalt(II) chloride	[260]

DIOXANE–WATER

Silver nitrate	[663] [217]
Copper(II) sulphate	[388] [279]
Copper-m-benzene disulfonate	[388]
Magnesium perchlorate	[352]
Magnesium bromide	[352]
Strontium chloride	[594]
Barium perchlorate	[352]
Zinc sulphate	[354]
Thallous chloride	[597]
Thallous nitrate	[569] [766]
Yttrium hexacyanocobaltate(III)	[725]
Nickel(II) sulphate	[593]
Lanthanum cobaltihexacyanide	[726] [725] [312]
Neodynium hexacyanocobaltate(III)	[725]
Samarium hexacyanocobaltate(III)	[725]

ETHANOL–WATER

Silver nitrate	[216] [348]
Magnesium chloride	[341] [531] [390]

ETHYLENE GLYCOL–WATER

Silver nitrate [219]

GLYCINE–WATER

Silver nitrate [826]

GLYCOL–WATER

Manganese(II) sulphate	[175]
Manganese(II) 4,4′-biphenyldisulfonate	[583]
Manganese m-benzenedisulfonate	[583]

METHANOL–WATER

Silver nitrate	[519] [220]
Copper m-benzenedisulfonate	[380]
Calcium m-benzene disulfonate	[144]
Barium perchlorate	[519]
Cadmium chloride	[324]
Manganese m-benzene disulfonate	[263]
Manganese(II) sulfate	[263]

PYRIDINE–WATER

Silver nitrate [216]

E. BIBLIOGRAPHY FOR SECTIONS A–D, ELECTRICAL CONDUCTANCE

References

1. L. Onsager, Physik Z., **28**, 277 (1927).
2. T. Shedlovsky, J. Am. Chem. Soc., **54**, 1405 (1932).
3. R. M. Fuoss and C. A. Kraus, J. Am. Chem. Soc., **55**, 476 (1933).
4. T. Shedlovsky, J. Franklin Inst., **225**, 739 (1938).
5. R. M. Fuoss and T. Shedlovsky, J. Am. Chem. Soc., **71**, 1946 (1949).
6. R. M. Fuoss, J. Am. Chem. Soc., **80**, 3163 (1958).
7. R. M. Fuoss, J. Am. Chem. Soc., **81**, 2659 (1959).
8. J. R. Graham, G. S. Kell and A. R. Gordon, J. Am. Chem. Soc., **79**, 2352 (1957).
9. P. G. Sears, E. D. Wilhoit and L. R. Dawson, J. Phys. Chem., **60**, 169 (1956).
10. G. R. Lester, T. A. Gover and P. G. Sears, J. Phys. Chem. **60**, 1076 (1956).
11. M. J. McDowell and C. A. Kraus, J. Am. Chem. Soc., **73**, 3293 (1951).
12. M. B. Reynolds and C. A. Kraus, J. Am. Chem. Soc., **70**, 1709 (1948).
13. P. G. Sears, G. R. Lester and L. R. Dawson, J. Phys. Chem., **60**, 1433 (1956).
14. T. A. Gover and P. G. Sears, J. Phys. Chem., **60**, 330 (1956).
15. L. R. Dawson, E. D. Wilhoit and P. G. Sears, J. Am. Chem. Soc., **79**, 5906 (1957).
16. P. G. Sears, E. D. Wilhoit and L. R. Dawson, J. Phys. Chem., **59**, 373 (1955).
17. D. P. Ames and P. G. Sears, J. Phys. Chem., **59**, 16 (1955).
18. A. L. Powell and A. E. Martell, J. Am. Chem. Soc., **79**, 2118 (1957).
19. L. R. Dawson, E. D. Wilhoit, R. R. Holmes and P. G. Sears, J. Am. Chem. Soc., **79**, 3004 (1957).
20. L. R. Dawson, E. D. Wilhoit and P. G. Sears, J. Am. Chem. Soc., **78**, 1569 (1956).
21. C. R. Witschonke and C. A. Kraus, J. Am. Chem. Soc., **69**, 2472 (1947).
22. W. F. Luder and C. A. Kraus, J. Am. Chem. Soc., **69**, 2481 (1947).
23. E. G. Taylor and C. A. Kraus, J. Am. Chem. Soc., **69**, 1731 (1947).
24. D. J. Mead, J. B. Ramsey, D. A. Rothrock and C. A. Kraus, J. Am. Chem. Soc., **69**, 528 (1947).
25. W. E. Thompson and C. A. Kraus, J. Am. Chem. Soc., **69**, 1016 (1947).
26. L. F. Gleysteen and C. A. Kraus, J. Am. Chem. Soc., **69**, 451 (1947).
27. P. W. Brewster, F. C. Schmidt and W. B. Schaap, J. Am. Chem. Soc., **81**, 5532 (1959).
28. L. M. Tucker and C. A. Kraus, J. Am. Chem. Soc., **69**, 454 (1947).
29. F. H. Healey and A. E. Martell, J. Am. Chem. Soc., **73**, 3296 (1951).
30. R. P. Seward, J. Am. Chem. Soc., **73**, 515 (1951).
31. H. E. Weaver and C. A. Kraus, J. Am. Chem. Soc., **70**, 1707 (1948).
32. D. S. Burns and R. M. Fuoss, J. Am. Chem. Soc., **82**, 5585 (1960).
33. W. R. Gilkerson and R. E. Stamm, J. Am. Chem. Soc., **82**, 5295 (1960).
34. F. Accascina, A. D'Aprano and R. M. Fuoss, J. Am. Chem. Soc., **81**, 1058 (1959).
35. F. Accascina, S. Petrucci and R. M. Fuoss, J. Am. Chem. Soc., **81**, 1301 (1959).
36. L. R. Dawson and W. W. Wharton, J. Electrochem. Soc., **107**, 700 (1960).
37. P. G. Sears, R. K. Wolford and L. R. Dawson, J. Electrochem. Soc., **103**, 633 (1956).
38. N. N. Lichtin and P. Pappas, Trans. N. Y. Acad. Sci., **20**, 143 (1957).

III. ELECTRICAL CONDUCTANCE

39. N. N. Lichtin and H. P. Leftin, J. Phys. Chem., **60**, 160 (1956).
40. R. M. Fuoss and E. Hirsch, J. Am. Chem. Soc., **82**, 1013 (1960).
41. E. Hirsch and R. M. Fuoss, J. Am. Chem. Soc., **82**, 1018 (1960).
42. D. S. Burgess and C. A. Kraus, J. Am. Chem. Soc., **70**, 706 (1948).
43. V. F. Hnizda and C. A. Kraus, J. Am. Chem. Soc., **71**, 1565 (1949).
44. V. S. Griffiths, K. S. Lawrence and M. L. Pearce, J. Chem. Soc., 3998 (1958).
45. V. S. Griffiths and M. L. Pearce, J. Chem. Soc., 3243 (1957).
46. S. R. C. Hughes, J. Chem. Soc., 634 (1957).
47. H. M. Daggett, E. J. Bair and C. A. Kraus, J. Am. Chem. Soc., **73**, 799 (1951).
48. H. V. Venkatasetty, Ph.D. Thesis (1961), University of Cincinnati, Ohio.
49. R. W. Martel and C. A. Kraus, Proc. Nat. Acad. Sci., **41**, 9 (1955).
50. P. L. Mercier and C. A. Kraus, Proc. Nat. Acad. Sci., **41**, 1033 (1955).
51. F. Accascina, E. L. Swarts, P. L. Mercier and C. A. Kraus, Proc. Nat. Acad. Sci., **39**, 917 (1953).
52. D. J. Mead, R. M. Fuoss and C. A. Kraus, Trans. Faraday Soc., **32**, 594 (1936).
53. A. N. Campbell and E. Bock, Can. J. Chem., **36**, 330 (1958).
54. A. N. Campbell and E. Bock, Can. J. Chem., **36**, 1277 (1958).
55. E. Bock and A. N. Campbell, Can. J. Chem., **37**, 889 (1959).
56. International Critical Tables, McGraw Hill Book Co., New York (1929).
57. National Bureau of Standards Circular No. 514 (1951).
58. J. Timmermans "Physico-chemical Constants of Pure Organic Compounds," Elsevier Publishing Co. (1950).
59. H. L. Curry and W. R. Gilkerson, J. Am. Chem. Soc., **79**, 4021 (1957).
60. P. H. Flaherty and K. H. Stern, J. Am. Chem. Soc., **80**, 1034 (1958).
61. W. T. Briscoe and T. P. Dirske, J. Phys. Chem., **44**, 388 (1940).
62. P. Walden and E. J. Birr, Z. physik. Chem., **163A**, 281 (1932).
63. R. J. W. LeFèvre, J. Chem. Soc., 773 (1935).
64. P. Walden, L. F. Audrieth and E. J. Birr, Z. physik. Chem., **160A**, 337 (1932).
65. N. N. Lichtin and P. D. Bartlett, J. Am. Chem. Soc., **73**, 5530 (1951).
66. H. Hunt and H. T. Briscoe, J. Phys. Chem., **33**, 1945 (1929).
67. G. J. Janz and S. S. Danyluk, J. Am. Chem. Soc., **81**, 3846 (1959).
68. N. L. Cox, C. A. Kraus and R. M. Fuoss, Trans. Faraday Soc., **31**, 749 (1935).
69. E. C. Evers and A. G. Knox, J. Am. Chem. Soc., **73**, 1739 (1951).
70. R. E. Jervis, D. R. Muir, J. P. Butler and A. R. Gordon, J. Am. Chem. Soc., **75**, 2855 (1953).
71. R. M. Fuoss, J. Am. Chem. Soc., **79**, 3301 (1957).
72. N. Bjerrum, Kgl. Danske Vidensk Selskab, **7**, No. 9 (1926).
73. C. P. Smyth, S. Morgan and J. C. Boyce, J. Am. Chem. Soc., **50**, 1536 (1928).
74. C. A. Kraus, J. Chem. Educ., **35**, 324 (1958).
75. P. Walden and E. J. Birr, Z. physik. Chem., **144A**, 269 (1929).
76. J. T. Denison and J. B. Ramsey, J. Chem. Phys., **18**, 770 (1950).
77. R. L. Kay, J. Am. Chem. Soc., **82**, 2099 (1960).
78. J. F. Swindells, J. R. Coe and T. B. Godfrey, J. Res. Nat. Bur. Stand., **48**, 1 (1952).
79. C. G. Malmberg and A. A. Maryott, J. Res. Nat. Bur. Stand., **56**, 1 (1956).
80. P. S. Danner and J. H. Hildebrand, J. Am. Chem. Soc., **44**, 2824 (1922).
81. T. E. Thorpe and J. W. Rodger, Phil. Trans. Roy. Soc. (London), **A185**, 397 (1894).
82. C. B. Gates, J. Phys. Chem., **15**, 97 (1911).
83. G. E. Coates and J. E. Coates, J. Chem. Soc., 77 (1944).
84. B. Pesce and M. V. Lago, Gazz. Chim. Ital., **74**, 131 (1944).
85. W. Herz and E. Lorentz, Z. physik. Chem., **140**, 406 (1929).
86. J. Timmermans and F. Martin, J. Chim. Phys., **25**, 411 (1928).

87. C. J. LeFèvre and R. J. W. LeFèvre, J. Chem. Soc., 487 (1936).
88. R. A. Robinson and R. H. Stokes, "Electrolyte Solutions," Butterworths Scientific Publications (1959).
89. G. J. Janz and H. V. Venkatasetty, unpublished work (1961).
90. S. Minc and L. Werblan, Electrochim. Acta, **7,** 257 (1962).
91. J. E. Lind, Jr. and R. M. Fuoss, J. Phys. Chem., **65,** 999 (1961).
92. J. E. Lind, Jr. and R. M. Fuoss, J. Phys. Chem., **65,** 1414 (1961).
93. Y. H. Inami, H. K. Bodenseh and J. B. Ramsey, J. Am. Chem. Soc., **83,** 4745 (1961).
94. J. E. Prue and P. J. Sherrington, Trans. Faraday Soc., **57,** 1795 (1961).
95. R. M. Fuoss and F. Accascina, "Electrolytic Conductance," Interscience Publishers, New York (1959).
96. L. R. Dawson, M. Golben, G. R. Leader and H. K. Zimmerman, Trans. Kentucky Acad. Sci., **13,** 221 (1952).
97. L. R. Dawson, M. Golben, G. R. Leader and H. K. Zimmerman, Jr., J. Electrochem. Soc., **99,** 28 (1952).
98. P. G. Sears, E. D. Wilhoit and L. R. Dawson, J. Chem. Phys., **23,** 1274 (1955).
99. A. B. Thomas and E. G. Rochow, J. Am. Chem. Soc., **79,** 1843 (1957).
100. D. J. Karl and J. L. Dye, J. Phys. Chem., **66,** 477 (1962).
101. W. R. Gilkerson, ibid., **66,** 669 (1962).
102. C. M. Apt, F. F. Margosian, I. Simon, J. H. Vreeland and R. M. Fuoss, ibid., **66,** 1210 (1962).
103. R. M. Fuoss and L. Onsager, ibid., **66,** 1722 (1962).
104. J. E. Lind, Jr. and R. M. Fuoss, ibid., **66,** 1727 (1962).
105. H. V. Venkatasetty and G. H. Brown, ibid., **66,** 2075 (1962).
106. I. M. Kolthoff and M. K. Chantooni, Jr., J. Am. Chem. Soc., **85,** 426 (1963).
107. I. M. Kolthoff and M. K. Chantooni, Jr., ibid., **85,** 2195 (1963).
108. L. R. Dawson, J. W. Vaughn, G. R. Lester, M. E. Pruitt and P. G. Sears, J. Phys. Chem., **67,** 278 (1963).
109. R. W. Kunze and R. M. Fuoss, ibid., **67,** 385 (1963).
110. P. H. Tewari and G. P. Johari, ibid., **67,** 512 (1963).
111. R. M. Fuoss and L. Onsager, ibid., **67,** 621 (1963).
112. R. M. Fuoss and L. Onsager, ibid., **67,** 628 (1963).
113. R. W. Kunze and R. M. Fuoss, ibid., **67,** 911 (1963).
114. R. W. Kunze and R. M. Fuoss, ibid., **67,** 914 (1963).
115. H. V. Venkatasetty and G. H. Brown, ibid., **67,** 954 (1963).
116. J. E. Prue, ibid., **67,** 1152 (1963).
117. A. K. R. Unni, L. Elias and H. I. Schiff, ibid., **67,** 1216 (1963).
118. S. Blum and H. I. Schiff, ibid., **67,** 1220 (1963).
119. R. L. Kay, S. C. Blum and H. I. Schiff, ibid., **67,** 1223 (1963).
120. A. D'Aprano and R. M. Fuoss, ibid., **67,** 1704 (1963).
121. J.-C. Justice and R. M. Fuoss, ibid., **67,** 1707 (1963).
122. J. Eliassaf, R. M. Fuoss and J. E. Lind, Jr., ibid., **67,** 1724 (1963).
123. A. D'Aprano and R. M. Fuoss, ibid., **67,** 1871 (1963).
124. J. Eliassaf, R. M. Fuoss and J. E. Lind, Jr., ibid., **67,** 1941 (1963).
125. G. Atkinson and S. Petrucci, J. Am. Chem. Soc., **86,** 7 (1964).
126. J. F. Coetzee and G. P. Cunningham, ibid., **86,** 3403 (1964).
127. R. M. Fuoss and L. Onsager, J. Phys. Chem., **68,** 1 (1964).
128. J. J. Zwolenik and R. M. Fuoss, ibid., **68,** 434 (1964).
129. T. B. Hoover, ibid., **68,** 876 (1964).
130. G. J. Janz, I. Ahmad and H. V. Venkatasetty, ibid., **68,** 889 (1964).

III. ELECTRICAL CONDUCTANCE

131. J. J. Zwolenik and R. M. Fuoss, *ibid.*, **68**, 903 (1964).
132. T. L. Fabry and R. M. Fuoss, *ibid.*, **68**, 907 (1964).
133. T. L. Fabry and R. M. Fuoss, *ibid.*, **68**, 971 (1964).
134. T. L. Fabry and R. M. Fuoss, *ibid.*, **68**, 974 (1964).
135. M. A. Coplan and R. M. Fuoss, *ibid.*, **68**, 1177 (1964).
136. M. A. Coplan and R. M. Fuoss, *ibid.*, **68**, 1181 (1964).
137. G. W. A. Fowles and W. R. McGregor, *ibid.*, **68**, 1342 (1964).
138. J. B. Ezell and W. R. Gilkerson, *ibid.*, **68**, 1581 (1964).
139. M. C. Day, H. M. Barnes and A. J. Cox, *ibid.*, **68**, 2595 (1964).
140. R. C. Little and C. R. Singleterry, *ibid.*, **68**, 2709 (1964).
141. A. Streitwieser, Jr., W. M. Padgett, II and I. Schwager, *ibid.* **68**, 2922 (1964).
142. T. B. Hoover, *ibid.*, **68**, 3003 (1964).
143. R. H. Davies and E. G. Taylor, *ibid.*, **68**, 3901 (1964).
144. H. Tsubota and G. Atkinson, J. Am. Chem. Soc., **87**, 164 (1965).
145. W. R. Gilkerson and E. K. Ralph, III, *ibid.*, **87**, 175 (1965).
146. I. M. Kolthoff and M. K. Chantooni, Jr., *ibid.*, **87**, 1004 (1965).
147. J. F. Coetzee and G. P. Cunningham, *ibid.*, **87**, 2529 (1965).
148. W. R. Gilkerson and J. B. Ezell, *ibid.*, **87**, 3812 (1965).
149. G. P. Johari and P. H. Tewari, *ibid.*, **87**, 4691 (1965).
150. Y. Pocker and D. N. Kevill, *ibid.*, **87**, 4760 (1965).
151. R. C. Roberts and M. Szwarc, *ibid.*, **87**, 5542 (1965).
152. D. N. Bhattacharyya, C. L. Lee, J. Smid and M. Szwarc, J. Phys. Chem., **69**, 608 (1965).
153. G. P. Johari and P. H. Tewari, *ibid.*, **69**, 696 (1965).
154. R. T. Myers, *ibid.*, **69**, 700 (1965).
155. R. H. Davies and E. G. Taylor, *ibid.*, **69**, 704 (1965).
156. T. R. Nanney and W. R. Gilkerson, *ibid.*, **69**, 1338 (1965).
157. J. F. Skinner and R. M. Fuoss, *ibid.*, **69**, 1437 (1965).
158. C. Treiner and R. M. Fuoss, *ibid.*, **69**, 2576 (1965).
159. R. M. Fuoss, L. Onsager and J. F. Skinner, *ibid.*, **69**, 2581 (1965).
160. H. L. Friedman, *ibid.*, **69**, 2617 (1965).
161. P. H. Tewari and G. P. Johari, *ibid.*, **69**, 2857 (1965).
162. G. P. Johari and P. H. Tewari, *ibid.*, **69**, 2862 (1965).
163. D. F. Evans, C. Zawoyski and R. L. Kay, *ibid.*, **69**, 3878 (1965).
164. R. L. Kay, C. Zawoyski and D. F. Evans, *ibid.*, **69**, 4208 (1965).
165. T. E. Hogen-Esch and J. Smid, J. Am. Chem. Soc., **88**, 318 (1966).
166. L. G. Savedoff, *ibid.*, **88**, 664 (1966).
167. G. Atkinson and H. Tsubota, *ibid.*, **88**, 3901 (1966).
168. W. R. Carper and P. A. D. de Maine, J. Phys. Chem., **70**, 380 (1966).
169. F. R. Longo, J. D. Kerstetter, T. F. Kumosinski and E. C. Evers, *ibid.*, **70**, 431 (1966).
170. J. F. Skinner and R. M. Fuoss, *ibid.*, **70**, 1426 (1966).
171. J. M. Notley and M. Spiro, *ibid.*, **70**, 1502 (1966).
172. E. J. del Rosario and J. E. Lind, Jr., *ibid.*, **70**, 2876 (1966).
173. P. Chang, R. V. Slates and M. Szwarc, *ibid.*, **70**, 3180 (1966).
174. W. Ebeling, W. D. Kraeft and D. Kremp, *ibid.*, **70**, 3338 (1966).
175. S. Petrucci, P. Hemmes and M. Battistini, J. Am. Chem. Soc., **89**, 5552 (1967).
176. W. A. Millen and D. W. Watts, *ibid.*, **89**, 6858 (1967).
177. D. J. Bearcroft and N. H. Nachtrieb, J. Phys. Chem., **71**, 316 (1967).
178. P. G. Sears, J. A. Caruso and A. I. Popov, *ibid.*, **71**, 905 (1967).
179. J. A. Caruso, P. G. Sears and A. I. Popov, *ibid.*, **71**, 1756 (1967).

180. H. O. Spivey and T. Shedlovsky, *ibid.*, **71,** 2165 (1967).
181. H. O. Spivey and T. Shedlovsky, *ibid.*, **71,** 2171 (1967).
182. M. Goffredi and T. Shedlovsky, *ibid.*, **71,** 2176 (1967).
183. M. Goffredi and T. Shedlovsky, *ibid.*, **71,** 2182 (1967).
184. I. Y. Ahmed and C. D. Schmulbach, *ibid.*, **71,** 2358 (1967).
185. F. R. Longo, P. H. Daum, R. Chapman and W. G. Thomas, *ibid.*, **71,** 2755 (1967).
186. G. Atkinson and Y. Mori, *ibid.*, **71,** 3523 (1967).
187. J. R. Price and W. Dannhauser, *ibid.*, **71,** 3570 (1967).
188. R. L. Kay, B. J. Hales and G. P. Cunningham, *ibid.*, **71,** 3925 (1967).
189. M. D. Dyke, P. G. Sears and A. I. Popov, *ibid.*, **71,** 4140 (1967).
190. D. J. Bearcroft and N. H. Nachtrieb, *ibid.*, **71,** 4400 (1967).
191. J. F. Skinner, E. L. Cussler and R. M. Fuoss, *ibid.*, **71,** 4455 (1967).
192. E. L. Cussler and R. M. Fuoss, *ibid.*, **71,** 4459 (1967).
193. I. M. Kolthoff, M. K. Chantonni, Jr. and S. Bhowmik, J. Am. Chem. Soc., **90,** 23 (1968).
194. J. A. Bolzan, M. C. Giordano and A. J. Arvia, Anales Assoc. Quim. Arg., **54,** 171 (1966) [Sp.].
195. F. Madaule-Aubry, Bull. Soc. Chim. Fr. 1456 (1966) [Fr.].
196. J. N. Butler, J. Electroanalyt. Chem., **14,** 89 (1967).
197. G. J. Janz and M. J. Tait, Can. J. Chem., **45,** 1101 (1967).
198. J.-P. Morel, Bull. Soc. Chim. Fr. 1405 (1967) [Fr.].
199. J. M. Crawford and R. P. H. Gasser, Trans. Faraday Soc., **63,** 2758 (1967).
200. H. L. Schläfer and W. Schaffernicht, Angew. Chem., **72,** 618 (1960) [Ger.].
201. T. B. Reddy, Diss. Abstr., **21,** 1781 (1961).
202. A. J. Parker, Quart. Rev., **16,** 163 (1962).
203. I. M. Kolthoff and T. B. Reddy, Inorg. Chem., **1,** 189 (1962).
204. J. S. Dunnett and R. P. H. Gasser, Trans. Faraday Soc., **61,** 922 (1965).
205. M. D. Archer and R. P. H. Gasser, *ibid.*, **62,** 3451 (1966).
206. S. B. Brummer, J. Chem. Phys., **42,** 1636 (1965).
207. D. A. Couch, P. S. Elmes, J. E. Fergusson, M. L. Greenfield and C. J. Wilkins, J. Chem. Soc. (A) 1813 (1967).
208. L. Onsager and S. K. Kim, J. Phys. Chem., **61,** 198 (1957).
209. L. Onsager and S. K. Kim, *ibid.*, **61,** 215 (1957).
210. C. A. Kraus, Ann. N. Y. Acad. Sci., **51,** 789 (1949).
211. J. E. Lind, Jr. and R. M. Fuoss, J. Am. Chem. Soc., **83,** 1828 (1961).
212. R. M. Fuoss and L. Onsager, J. Phys. Chem., **61,** 668 (1957).
213. A. R. Martin, J. Chem. Soc., 3270 (1928).
214. A. R. Martin, *ibid.*, 530 (1930).
215. V. S. Griffiths and M. L. Pearce, *ibid.*, 1557 (1958).
216. V. S. Griffiths, *ibid.*, 686 (1954).
217. V. S. Griffiths and K. S. Lawrence, *ibid.*, 1208 (1955).
218. V. S. Griffiths and K. S. Lawrence, *ibid.*, 2797 (1955).
219. V. S. Griffiths and K. S. Lawrence, *ibid.*, 473 (1956).
220. R. E. Busby and V. S. Griffiths, *ibid.*, 902 (1963).
221. J. F. J. Dippy, H. O. Jenkins, and J. E. Page, *ibid.*, 1386 (1939).
222. R. H. Boyd, J. Phys. Chem., **65,** 1834 (1961).
223. H. J. Gardner, C. T. Brown and G. J. Janz, *ibid.*, **60,** 1458 (1956).
224. G. Jones and C. F. Bickford, J. Am. Chem. Soc., **56,** 602 (1934).
225. R. Calvert, J. A. Cornelius, V. S. Griffiths and D. I. Stock, J. Phys. Chem., **62,** 47 (1958).
226. J. H. Jones, J. Am. Chem. Soc., **67,** 855 (1945).

III. ELECTRICAL CONDUCTANCE

227. R. A. Robinson and C. W. Davies, J. Chem. Soc., 574 (1937).
228. E. D. Copley, D. M. Murray-Rust and H. Hartley, ibid., 2492 (1930).
229. T. Shedlovsky, J. Am. Chem. Soc., **54**, 1411 (1932).
230. R. M. Fuoss, ibid., **57**, 488 (1935).
231. H. M. Daggett, Jr., ibid., **73**, 4977 (1951).
232. J. F. Skinner and R. M. Fuoss, J. Phys. Chem., **68**, 1882 (1964).
233. J. Lange, Z. Physik. Chem. (Leipzig), **A188**, 284 (1941) [Ger.].
234. J. R. Graham and A. R. Gordon, J. Amer. Chem. Soc., **79**, 2350 (1957).
235. A. C. Harkness and H. M. Daggett, Jr., Can. J. Chem., **43**, 1215 (1965).
236. J. F. J. Dippy and S. R. C. Hughes, J. Chem. Soc., 953 (1954).
237. C. W. Davies, Trans. Faraday Soc., **23**, 351 (1927).
238. A. N. Campbell, E. M. Kartzmark and B. G. Oliver, Can. J. Chem., **44**, 925 (1966).
239. R. L. Kay and D. F. Evans, J. Phys. Chem., **70**, 2325 (1966).
240. G. Kortüm and H. Wenck, Ber. Bunsenges. Physik. Chem., **70**, 435 (1966) [Ger.].
241. H. C. Parker, J. Amer. Chem. Soc., **45**, 2017 (1923).
242. G. C. Benson and A. R. Gordon, J. Chem. Phys., **13**, 473 (1945).
243. G. Jones and D. M. Bollinger, J. Am. Chem. Soc., **57**, 280 (1935).
244. J. E. Lind, Jr., J. J. Zwolenik and R. M. Fuoss, ibid., **81**, 1557 (1959).
245. G. Akerlöf, ibid., **54**, 4125 (1932).
246. C. Watkins, Carnegie Inst. Pub., No. 260, 145 (1918).
247. C. W. Davies, Trans. Faraday Soc., **25**, 129 (1929).
248. C. W. Davies, ibid., **25**, 133 (1929).
249. E. Wertyporoch and B. Altmann, Z. Phys. Chem., **168A**, 1 (1934).
250. T. Shedlovsky, A. S. Brown and D. A. MacInnes, Trans. Electrochem. Soc., **66**, 165 (1934).
251. B. B. Owen and H. Zeldes, J. Chem. Phys., **18**, 1083 (1950).
252. P. Walden, Z. Phys. Chem., **43**, 385 (1903).
253. D. Berg and A. Patterson, Jr., J. Amer. Chem. Soc., **75**, 1484 (1963).
254. M. Davies and G. Williams, Trans. Faraday Soc., **56**, 1619 (1960).
255. C. P. Cunningham, D. F. Evans and R. L. Kay, J. Phys. Chem., **70**, 3998 (1966).
256. G. A. Forcier and J. W. Olver, Anal. Chem., **37**, 1447 (1965).
257. J. F. O'Donnell, J. T. Ayres and C. K. Mann, ibid., **37**, 1161 (1965).
258. J. F. Chambers, J. M. Stokes and R. H. Stokes, J. Phys. Chem., **60**, 985 (1956).
259. C. W. Davies, J. Amer. Chem. Soc., **59**, 1760 (1937).
260. A. E. Marcinkowsky, Diss. Abstr., **22**, 97 (1961).
261. N. Goldenberg, ibid., **22**, 1024 (1961).
262. W. B. Darlington, ibid., **22**, 2207 (1962).
263. C. J. Hallada, ibid., **22**, 2211 (1962).
264. A. M. Filbert, ibid., **23**, 1203 (1962).
265. W. R. Carper, ibid., **25**, 119 (1964).
266. D. K. McGuire, ibid., **26**, 116 (1965).
267. J. R. Magan, ibid., **26**, 2814 (1965).
268. G. P. Cunningham, ibid., **26**, 3003 (1965).
269. W. H. McMahan, ibid., **26**, 3026 (1965).
270. F. W. Darrow, ibid., **26**, 3056 (1965).
271. J. R. Price, ibid., **26**, 5746 (1966).
272. R. N. Sanders, Ph.D. Thesis, Louisiana State Univ.
273. A. F. Reynolds, Diss. Abstr., **27**, 441B (1966).
274. E. V. Clougherty, ibid., **27**, 1438B (1966).
275. F. Pushpanaden, ibid., **27**, 2642 (1967).
276. W. W. Trigg, ibid., **28**, 88B (1967).

277. J. S. Levkov, *ibid.*, **28**, 1450B (1967).
278. S. W. Provencher, *ibid.*, **28**, 4094B (1968).
279. D. W. Ebdon, *ibid.*, **28**, 4524B (1968).
280. W. F. K. Wynne-Jones, J. Chem. Soc., 795 (1931).
281. P. T. Armitage and C. M. French, *ibid.*, 743 (1963).
282. J. H. Beard and P. H. Plesch, *ibid.*, 4075 (1964).
283. S. R. C. Hughes and S. H. White, J. Chem. Soc., A, 1216 (1966).
284. S. R. C. Hughes and D. H. Price, *ibid.*, 1093 (1967).
285. G. B. Deacon and B. O. West, Australian J. Chem., **16**, 579 (1963).
286. R. H. Stokes and I. A. Weeks, *ibid.*, **17**, 304 (1964).
287. G. J. Janz, A. E. Marcinkowsky and H. V. Venkatasetty, Electrochim. Acta, **8**, 867 (1963).
288. G. J. Janz and I. Ahmad, *ibid.*, **9**, 1539 (1964).
289. G. J. Janz, A. E. Marcinkowsky and I. Ahmad, *ibid.*, **9**, 1687 (1964).
290. G. J. Janz, A. E. Marcinkowsky and I. Ahmad, J. Electrochem. Soc., **112**, 104 (1965).
291. G. J. Janz and A. E. Marcinkowsky, Bull. Natl. Inst. Sci. India, **29**, 188 (1965).
292. J. L. Hawes and R. L. Kay, J. Phys. Chem., **69**, 2420 (1965).
293. F. Accascina, A. D'Aprano and R. Triolo, *ibid.*, **71**, 3469 (1967).
294. J. L. Hawes, Diss. Abstr., **23**, 2339 (1963).
295. H. V. Venkatasetty and G. H. Brown, J. Indian Chem. Soc., **40**, 647 (1963).
296. A. K. Covington and M. J. Tait, Electrochim. Acta, **12**, 113 (1967).
297. F. Barreira, Rev. Port. Quim., **8**, 19 (1966) [Port.].
298. R. Fernandez-Prini and J. E. Prue, Z. Physik. Chem. (Leipzig), **228**, 373 (1965).
299. R. Fernandez-Prini and J. E. Prue, Trans. Faraday Soc., **62**, 1257 (1966).
300. J. Barthel and G. Schwitzgebel, Z. Physik. Chem. (Frankfurt), **54**, 181 (1967) [Ger.].
301. J. Barthel, G. Schwitzgebel and R. Wachter, *ibid.*, **55**, 33 (1967) [Ger.].
302. N. M. Alpatova, O. R. Osipov and Yu. M. Kessler, Electrochemistry USSR, **3**, 87 (1967).
303. F. K. Andryushchenko, K. G. Parfenova and O. A. Slotin, *ibid.*, **2**, 689 (1966).
304. G. Atkinson and Y. Mori, J. Chem. Phys., **45**, 4716 (1966).
305. V. P. Barabanov and A. I. Kurmaeva, Electrochemistry USSR, **3**, 644 (1966).
306. R. Bury, J. Chim. Phys., **64**, 1223 (1967) [Fr.].
307. F. Candan-Dollat and P. Rempp, *ibid.*, **63**, 589 (1966) [Fr.].
308. W. R. Carper and P. A. D. de Maine, J. Chem. Eng. Data, **9**, 316 (1964).
309. W. R. Carper and P. A. D. de Maine, *ibid.*, **11**, 398 (1966).
310. S. Crisp, S. R. C. Hughes and D. H. Price, J. Chem. Soc., A 603 (1968).
311. A. D'Aprano and R. Triolo, J. Phys. Chem., **71**, 3474 (1967).
312. H. S. Dunsmore, T. R. Kelly and G. H. Nancollas, Trans. Faraday Soc., **59**, 2606 (1963).
313. H. F. Eicke, Ber. Bunsenges. Physik. Chem., **70**, 829 (1966) [Ger.].
314. J. B. Ezell and W. R. Gilkerson, J. Phys. Chem., **72**, 144 (1968).
315. Yu. Ya. Fialkov and Yu. A. Tarasenko, Electrochemistry USSR, **2**, 568 (1966).
316. H. L. Friedman, Physica, **30**, 509 (1964).
317. H. L. Friedman, *ibid.*, **30**, 537 (1964).
318. H. L. Friedman, J. Chem. Phys., **42**, 450 (1965).
319. H. L. Friedman, *ibid.*, **42**, 459 (1965).
320. H. L. Friedman, *ibid.*, **42**, 462 (1965).
321. R. Haase and K. H. Dücker, Z. Physik. Chem. (Frankfurt), **54**, 319 (1967) [Ger.].
322. B. Jezowska-Trzebiatowska and S. Ernst, J. Inorg. Nucl. Chem., **26**, 837 (1964).

III. ELECTRICAL CONDUCTANCE

323. B. Jezowska-Trzebiatowska and S. Ernst, *ibid.*, **28,** 1435 (1966).
324. D. O. Johnston and P. A. D. de Maine, J. Electrochem. Soc., **112,** 530 (1965).
325. D. O. Johnston and J. B. Harrell, Jr., J. Chem. Eng. Data, **11,** 251 (1966).
326. J. P. Karnes, Diss. Abstr., **26,** 1367 (1965).
327. S. N. Nabi and M. A. Khaleque, J. Chem. Soc., 3626 (1965).
328. N. N. Lichtin and H. Kliman, J. Chem. Eng. Data, **8,** 178 (1963).
329. I. G. Murgulescu, F. Barbulescu and A. Greff, Rev. Roumaine Chim., **10,** 387 (1965) [Fr.].
330. K. Norberg, Acta Chem. Scand., **20,** 264 (1966).
331. G. D. Parfitt and A. L. Smith, Trans. Faraday Soc., **61,** 2736 (1965).
332. L. G. Pedersen and E. S. Amis, Z. Physik. Chem. (Frankfurt), **36,** 199 (1963).
333. P. Résibois and N. Hasselle-Schuermans, J. Chem. Phys., **43,** 1016 (1963).
334. G. Rudakoff and K. D. Mindner, Z. Chem., **3,** 434 (1963) [Ger.].
335. R. A. Sassé, H. J. Donnert and R. I. Brandler, J. Electroanalyt. Chem., **14,** 385 (1967).
336. P. G. Sears and L. R. Dawson, J. Chem. Eng. Data, **13,** 124 (1968).
337. D. Singh and A. Mishra, Indian J. Chem., **4,** 308 (1966).
338. D. Singh and A. Mishra, Bull. Chem. Soc. Japan, **40,** 2801 (1967).
339. M. F. Soonawala, Indian J. Pure Appl. Phys., **3,** 468 (1965).
340. B. R. Staples and G. Atkinson, J. Phys. Chem., **71,** 667 (1967).
341. A. Than and E. S. Amis, Z. Physik. Chem. (Frankfurt), **58,** 196 (1968).
342. T. Tonomura and K. Okamoto, Bull. Chem. Soc. Japan, **39,** 1621 (1966).
343. C. Treiner and R. M. Fuoss, Z. Physik. Chem. (Leipzig), **228,** 343 (1965).
344. C. Treiner, Compt. Rend., Ser. C, **262,** 612 (1966) [Fr.].
345. J. P. Valleau, J. Phys. Chem., **69,** 1745 (1965).
346. J. C. Justice, J. Chim. Phys., **65,** 353 (1968) [Fr.].
347. T. R. Nanney, Diss. Abstr., **23,** 1531 (1962).
348. G. D. Parfitt and A. L. Smith, Trans. Faraday Soc., **59,** 257 (1963).
349. F. Tokiwa, Bull. Chem. Soc. Japan, **36,** 281 (1963).
350. R. Bury and J. C. Justice, J. Chim. Phys., **64,** 1491 (1967) [Fr.].
351. C. Treiner and J. C. Justice, *ibid.*, **64,** 1516 (1967) [Fr.].
352. P. B. Das, Indian J. Appl. Chem., **26,** 81 (1963).
353. L. P. Padhy and P. B. Das, *ibid.*, **26,** 84 (1963).
354. S. Devi and P. B. Das, *ibid.*, **26,** 112 (1963).
355. R. Gopal and M. M. Husain, J. Indian Chem. Soc., **40,** 981 (1963).
356. S. Devi and P. B. Das, *ibid.*, **42,** 500 (1965).
357. S. Minc and L. Werblan, Roczniki Chem., **40,** 1537 (1966) [Pol.].
358. S. Minc and L. Werblan, *ibid.*, **40,** 1753 (1966) [Pol.].
359. S. Minc and L. Werblan, *ibid.*, **40,** 1989 (1966) [Pol.].
360. B. Sesta, Ann. Chim. (Rome), **57,** 129 (1967) [Ital.].
361. Ya. F. Mezhennyi, Ukr. Khim. Zh., **30,** 1305 (1964) [Rus.].
362. Ya. F. Mezhennyi, *ibid.*, **31,** 42 (1965) [Rus.].
363. F. Barreira, Rev. Port. Quim., **5,** 72 (1963) [Port.].
364. F. Barreira, *ibid.*, **5,** 133 (1963) [Port.].
365. F. Barreira, *ibid.*, **5,** 194 (1963) [Port.].
366. I. N. Kuznetsova, M. V. Zakhar'evskii and M. V. Kugel', Vestn. Leningr. Univ., Ser. Fiz. i Khim., **21,** 98 (1966) [Rus.].
367. F. Accascina, A. D'Aprano and M. Goffredi, Ric. Sci., Roncl., Sez. A, **4,** 443 (1964).
368. F. Accascina, L. Cardona, A. D'Aprano and M. Goffredi, *ibid.*, **6,** 63 (1964).
369. F. Accascina, A. D'Aprano and M. Goffredi, *ibid.*, **6,** 151 (1964).
370. A. D'Aprano, *ibid.*, **7,** 433 (1964).

371. A. D'Aprano and R. Triolo, ibid., **7**, 443 (1964).
372. F. Accascina, G. Pistoia and S. Schiavo, Ric. Sci., **36**, 560 (1966).
373. G. Pistoia, ibid., **37**, 731 (1967).
374. M. Della Monica, U. Lamanna and L. Senatore, J. Phys. Chem., **72**, 2124 (1968).
375. F. Conti and G. Pistoia, J. Phys. Chem., **72**, 2245 (1968).
376. J. J. Banewicz, J. A. Maguire and P. S. Shih, J. Phys. Chem., **72**, 1960 (1968).
377. R. A. Horne and R. P. Young, J. Phys. Chem., **72**, 1763 (1968).
378. A. S. Quist and W. L. Marshall, J. Phys. Chem., **72**, 1545 (1968).
379. D. F. Evans and T. L. Broadwater, J. Phys. Chem., **72**, 1037 (1968).
380. E. Kubota, M. Yokoi and S. Shikata, J. Chem. Soc. Japan, **85**, 89 (1964).
381. N. A. Lyubimova, L. P. Ruzinov, N. P. Selekhova and N. A. Fomina, Electrokhimiyia, **3**, 1045 (1967).
382. V. P. Barabanov, S. G. Sannikov and I. A. Klochkov, ibid., **3**, 1253 (1967).
383. A. M. Shkodin, N. K. Levitskaya and V. A. Lozhnikov, ibid., **3**, 1474 (1967).
384. V. Yu. Yushkevich, I. N. Maksimova and V. G. Bullan, ibid., **3**, 1491 (1967).
385. A. M. Shkodin and N. K. Levitskaya, Ukrain. Khim. Zhur., **34**, 330 (1968).
386. V. F. Chesnokov, I. M. Bokhovkin, A. P. Orlova and E. G. Veselkova, Zhur. Obshchei. Khim., **38**, 12 (1968).
387. W. H. Smyrl and C. W. Tobias, J. Electrochem. Soc., **115**, 33 (1968).
388. M. Yokoi and E. Kubota, J. Chem. Soc. Japan, **86**, 894 (1965).
389. S. Sibille, L-T. Yu, J. Perichon and R. Buvet, Comptes Rendus, **265C**, 1380 (1967).
390. M. A. Than, Diss. Abs., **147**, 298 (1968).
391. A. S. Quist and W. L. Marshall, J. Phys. Chem., **72**, 684 (1968).
392. R. A. Horne, D. S. Johnson and R. P. Young, ibid., **72**, 866 (1968).
393. J. J. Lee, Diss. Abs., **28B**, 631 (1967).
394. Y. F. Mezhennyi and E. L. Leshchinskii, Ukrain. Khim. Zhur., **33**, 904 (1967).
395. R. C. Paul and O. C. Vaidya, Indian J. Chem., **6**, 151 (1968).
396. E. A. Robinson and J. A. Ciruna, Canad. J. Chem., **46**, 1719 (1968).
397. A. M. Shkodin, L. P. Sadovnichaya and V. A. Podolyanko, Elektrokhimiya, **4**, 718 (1968).
398. S. R. C. Hughes and D. H. Price, J. Chem. Soc., A1464 (1968).
399. G. Barone, V. Crescenzi and V. Vitagliano, J. Phys. Chem., **72**, 2588 (1968).
400. Yu. Ya. Fialkov and V. A. Tsendrovskaya, Ukrain. Khim. Zhur., **34**, 334 (1968).
401. A. M. Shkodin and N. K. Levitskaya, Electrokhimiya, **4**, 605 (1968).
402. P. L. Oertel, Diss. Abs., **27**, 402 (1967).
403. T. Jasinski and Z. Pawlak, Roczniki Chem., **41**, 1943 (1967).
404. I. R. Bellobono and G. Favini, Ann. Chim. (Italy), **55**, 32 (1965).
405. E. S. Amis, J. Phys. Chem., **60**, 428 (1956).
406. T. Shedlovsky and R. L. Kay, J. Phys. Chem., **60**, 151 (1956).
407. O. V. Brody and R. M. Fuoss, J. Phys. Chem., **60**, 156 (1956).
408. N. N. Lichtin and H. P. Leftin, J. Phys. Chem., **60**, 164 (1956).
409. R. L. Burwell, Jr. and C. H. Langford, J. Amer. Chem. Soc., **81**, 3799 (1959).
410. M. Della Monica and U. Lamanna, Gazz. Chim. Ital., **98**, 256 (1968).
411. C. J. Carignan and C. A. Kraus, J. Amer. Chem. Soc., **71**, 2983 (1949).
412. W. J. Jacober and C. A. Kraus, J. Amer. Chem. Soc., **71**, 2405 (1949).
413. L. E. Strong and C. A. Kraus, J. Amer. Chem. Soc., **72**, 166 (1950).
414. D. T. Copenhafer and C. A. Kraus, J. Amer. Chem. Soc., **73**, 4557 (1951).
415. T. Erdey-Gruz, E. Kugler and L. Majthenyi, Electrochim. Acta, **13**, 947 (1968).
416. G. Pistoia, A. M. Polcaro and S. Schiavo, Ricerca Sci., **37**, 227 (1967).
417. F. J. Bartoli, J. N. Birch, Nguyen-Huu-Toan and G. E. McDuffie, J. Chem. Phys., **49**, 1916 (1968).

III. ELECTRICAL CONDUCTANCE

418. G. Pistoia, G. Pecci and B. Scrosati, Ricerca Sci., **37**, 1167 (1967).
419. G. Pistoia and B. Scrosati, Ricerca Sci., **37**, 1173 (1967).
420. F. Accascina and M. Goffredi, Ricerca Sci., **37**, 1126 (1967).
421. M. Goffredi and R. Triolo, Ricerca Sci., **37**, 1137 (1967).
422. G. Pistoia, A. M. Polcaro and S. Schiavo, Ricerca Sci., **37**, 300 (1967).
423. G. Pistoia, A. M. Polcaro and S. Schiavo, Ricerca Sci., **37**, 309 (1967).
424. R. Bury and C. Treiner, J. Chim. Phys., **65**, 1410 (1968).
425. J. A. Geddes and C. A. Kraus, Trans. Faraday Soc., **32**, 585 (1936).
426. D. J. Mead, R. M. Fuoss and C. A. Kraus, J. Amer. Chem. Soc., **61**, 3257 (1939).
427. Ya. F. Mezhennyi and K. A. Babak, Ukrain. Khim. Zhur., **34**, 476 (1968).
428. I. M. Kolthoff and T. B. Reddy, J. Electrochem. Soc., **108**, 980 (1961).
429. N. N. Lichtin and H. Glazer, J. Am. Chem. Soc., **73**, 5537 (1951).
430. G. A. Forcier, Ph.D. Thesis, University of Massachusetts, 1966.
431. Yu. M. Kessler, N. M. Alpatova and O. R. Osipov, Russian Chem. Rev., **33**, 119 (1964).
432. S. T. Miskidzh'yan, ibid., **33**, 138 (1964).
433. R. M. Fuoss, Rev. Pure and Appl. Chem., **18**, 125 (1968).
434. C. A. Kraus and R. M. Fuoss, J. Amer. Chem. Soc., **55**, 21 (1933).
435. W. A. Adams and K. J. Laidler, Can. J. Chem., **46**, 1977 (1968).
436. W. A. Adams and K. J. Laidler, ibid., **46**, 1989 (1968).
437. F. Franks and H. T. Smith, J. Chem. Eng. Data, **13**, 538 (1968).
438. D. S. Reid and C. A. Vincent, Electroanal. Chem. and Interfacial Chem., **18**, 427 (1968).
439. T. Erdey-Grúz and E. Kugler, Magyar Kém. Folyóirat, **74**, 135 (1968).
440. T. R. Das and N. R. Kuloor, J. Indian Inst. Sci., **50**, 13 (1968).
441. R. D. Singh, P. P. Rastogi and R. Gopal, Can. J. Chem., **46**, 3525 (1968).
442. F. Accascina and A. D'Aprano, Gazz. Chim. Ital., **95**, 1420 (1965).
443. A. I. Toryanik, I. V. Matyash and V. V. Kisel'nik, Zhur. Strukt. Khim., **9**, 29 (1968).
444. G. J. Janz and S. S. Danyluk, J. Amer. Chem. Soc., **81**, 3854 (1959).
445. G. J. Janz and S. S. Danyluk, ibid., **81**, 3850 (1959).
446. G. J. Janz and S. S. Danyluk, Chem. Rev., **60**, 209 (1960).
447. T. Erdey-Grúz, E. Kugler and J. Hidvégi, Acta Chim. Hung., **19**, 363 (1959).
448. T. Erdey-Grúz, E. Kugler and J. Hidvégi, ibid., **19**, 89 (1959).
449. T. Erdey-Grúz and L. Majthényi, ibid., **20**, 73 (1959).
450. H. Sadek and R. M. Fuoss, J. Amer. Chem. Soc., **81**, 4507 (1959).
451. S. S. Danyluk, Ph.D. Thesis, Rensselaer Polytechnic Inst., 1958.
452. E. Andalaft, R. P. T. Tomkins and G. J. Janz, Canad. J. Chem., **46**, 2959 (1968).
453. G. J. Janz and S. S. Danyluk, "Electrolytes," Pergamon Press, 1962.
454. H. Sadek and R. M. Fuoss, J. Amer. Chem. Soc., **72**, 301 (1950).
455. R. C. Miller and R. M. Fuoss, J. Amer. Chem. Soc., **75**, 3076 (1953).
456. P. Kirby and O. Maass, Can. J. Chem., **36**, 456 (1958).
457. G. R. Leader and J. F. Gormley, J. Amer. Chem. Soc., **73**, 5731 (1951).
458. H. L. Pickering and C. A. Kraus, J. Amer. Chem. Soc., **71**, 3288 (1949).
459. I. I. Bezman and F. H. Verhoek, ibid., **67**, 1330 (1945).
460. L. R. Dawson, T. M. Newell and W. J. McCreary, ibid., **76**, 6024 (1954).
461. D. L. Fowler and C. A. Kraus, ibid., **62**, 2237 (1940).
462. H. Sadek and R. M. Fuoss, ibid., **76**, 5905 (1954).
463. H. Sadek and R. M. Fuoss, ibid., **76**, 5902 (1954).
464. H. Sadek and R. M. Fuoss, ibid., **76**, 5897 (1954).
465. L. R. Dawson, P. G. Sears and R. H. Graves, ibid., **77**, 1986 (1955).

466. A. R. Tourky and S. Z. Mikhail, Egypt. J. Chem., **1,** 1 (1958).
467. F. M. Sacks and R. M. Fuoss, J. Amer. Chem. Soc., **75,** 5172 (1953).
468. J. Smisko and L. R. Dawson, J. Phys. Chem., **59,** 84 (1955).
469. C. A. Kraus, *ibid.*, **58,** 673 (1954).
470. M. Barak and H. Hartley, Z. Phys. Chem., **A165,** 272 (1933).
471. P. Walden and E. J. Birr, *ibid.*, **153,** 1 (1931).
472. P. B. Davis, W. S. Putnam and H. C. Jones, J. Franklin Inst., **180,** 567 (1915).
473. C. P. Wright, D. M. Murray-Rust and H. Hartley, J. Chem. Soc., 199 (1931).
474. R. T. Lattey and O. Gatty, Phil. Mag., **7**(7), 985 (1929).
475. L. Thomas and E. Marum, Z. Phys. Chem., **143,** 191 (1929).
476. B. B. Hibbard and F. C. Schmidt, J. Amer. Chem. Soc., **77,** 225 (1955).
477. C. Treiner, J-C Justice and R. M. Fuoss, J. Phys. Chem., **68,** 3886 (1964).
478. R. H. Stokes, J. Phys. Chem., **65,** 1242 (1961).
479. G. Atkinson, M. Yokoi and C. J. Hallada, J. Amer. Chem. Soc., **83,** 1570 (1961).
480. W. H. Bromley, Jr. and W. F. Luder, J. Amer. Chem. Soc., **66,** 107 (1944).
481. D. M. Murray-Rust, O. Gatty, W. A. Macfarlane and H. Hartley, Ann. Rep. Chem. Soc., **27,** 327 (1930).
482. C. A. Kraus and W. C. Bray, J. Amer. Chem. Soc., **35,** 1315 (1913).
483. C. A. Kraus and W. C. Bray, Science, **35,** 433 (1912).
484. F. Hovorka and J. C. Simms, J. Amer. Chem. Soc., **59,** 92 (1937).
485. J. R. Ruhoff and E. E. Reid, *ibid.*, **59,** 401 (1937).
486. J. E. Coates and E. G. Taylor, J. Chem. Soc., 1245 (1936).
487. R. M. Fuoss, J. Amer. Chem. Soc., **57,** 2604 (1935).
488. H. Goldschmidt and F. Aas, Z. Phys. Chem., **112,** 423 (1924).
489. H. Goldschmidt and H. Aarflot, *ibid.*, **117,** 312 (1925).
490. G. N. Quam and J. A. Wilkinson, J. Amer. Chem. Soc., **47,** 989 (1925).
491. C. A. Kraus and J. E. Bishop, *ibid.*, **44,** 2206 (1922).
492. R. M. Fuoss, J. Chem. Educ., **32,** 527 (1955).
493. R. J. W. Le Févre, J. Chem. Soc., 773 (1935).
494. M. Quintin and J. C. Justice, Comptes Rendus, **260,** 5255 (1965).
495. M. Quintin and M. C. Justice, *ibid.*, **261,** 1287 (1965).
496. M. C. Justice and J. C. Justice, *ibid.*, **262,** 608 (1966).
497. W. C. Bray, Trans. Electrochem. Soc., **21,** 143 (1912).
498. H. Remy, Z. Elektrochem., **31,** 88 (1925).
499. J. N. Rakshit, *ibid.*, **31,** 97 (1925).
500. R. M. Fuoss and C. A. Kraus, J. Amer. Chem. Soc., **55,** 1019 (1933).
501. W. A. Plotnikow, J. A. Fialkow and W. P. Tschalij, Z. Phys. Chem., **172A,** 304 (1935).
502. H. Goldschmidt and P. Dahll, Z. Phys. Chem., **114,** 1 (1925).
503. T. Erdey-Grúz, E. Kugler and A. Reich, Mag. Kem. Foly., **63,** 242 (1957).
504. T. Erdey-Grúz and L. Majthényi, *ibid.*, **65,** 212 (1959).
505. M. Della Monica, U. Lamanna and L. Jannelli, Gazz. Chim. Ital., **97,** 367 (1967).
506. T. Erdey-Grúz and L. Majthényi, Mag. Kem. Foly., **64,** 212 (1958).
507. C. A. Kraus, J. Phys. Chem., **60,** 129 (1956).
508. P. P. Kosakewitsch, Z. Phys. Chem., **143,** 216 (1929).
509. G. N. Lewis and P. Wheeler, *ibid.*, **56,** 179 (1906).
510. F. M. Jaeger and H. J. Doornbosch, Z. Anorg. Chem., **75,** 261 (1912).
511. P. B. Davis and W. S. Putnam, Carnegie Inst. Pub. No. 260, 16 (1918).
512. H. H. Lloyd and J. B. Wiesel, *ibid.*, No. 260, 119 (1918).
513. G. F. Ordeman, *ibid.*, No. 260, 161 (1918).
514. M. Rabinowitsch, Z. Phys. Chem., **119,** 83 (1926).

III. ELECTRICAL CONDUCTANCE

515. R. Muller, Z. Anorg. Chem., **156**, 56 (1926).
516. M. M. Davies, Trans. Faraday Soc., **31**, 1561 (1935).
517. G. L. Putnam and K. A. Kobe, Trans. Electrochem. Soc., **74**, 609 (1939).
518. W. F. Luder, P. B. Kraus, C. A. Kraus and R. M. Fuoss, J. Amer. Chem. Soc., **58**, 255 (1936).
519. O. L. Hughes and H. Hartley, Phil. Mag., **15**, 610 (1933).
520. G. H. Jeffery and A. I. Vogel, J. Chem. Soc., 1715 (1931).
521. G. S. Bien, C. A. Kraus and R. M. Fuoss, J. Amer. Chem. Soc., **56**, 1860 (1934).
522. J. E. Coates and E. G. Taylor, J. Chem. Soc., 1495 (1936).
523. H. I. Schiff and A. R. Gordon, J. Chem. Phys., **16**, 336 (1948).
524. C. W. Davies and J. C. James, Proc. Roy. Soc., **195A**, 116 (1948).
525. C. A. Kraus, Ann. N. Y. Acad. Sci., **51**, 789 (1949).
526. R. H. Cole and H. A. Strobel, ibid., **51**, 807 (1949).
527. P. F. Grieger, ibid., **51**, 827 (1949).
528. E. Pitts, Proc. Roy. Soc., **217A**, 43 (1953).
529. C. M. French and K. H. Glover, Trans. Faraday Soc., **51**, 1418 (1955).
530. R. F. Kempa and W. H. Lee, J. Chem. Soc., 100 (1961).
531. A. M. El-Aggan, D. C. Bradley and W. Wardlaw, ibid., 2092 (1958).
532. S. R. C. Hughes, ibid., 998 (1956).
533. R. L. Kay and J. Dye, Proc. Natl. Acad. Sci., **49**, 5 (1963).
534. E. Grunwald, Analyt. Chem., **26**, 1696 (1954).
535. J. R. Coe and T. B. Godfrey, J. Appl. Phys., **15**, 625 (1944).
536. E. Montignie, Z. Anorg. Chem., **306**, 234 (1960).
537. R. P. Seward, J. Amer. Chem. Soc., **77**, 905 (1955).
538. S. Petrucci, Acta Chem. Scand., **16**, 760 (1962).
539. M. Kilpatrick and R. D. Eanes, J. Amer. Chem. Soc., **75**, 586 (1953).
540. M. Kilpatrick, R. D. Eanes and J. G. Morse, ibid., **75**, 588 (1953).
541. M. Kilpatrick and F. E. Luborsky, ibid., **75**, 577 (1953).
542. M. Kilpatrick, ibid., **75**, 584 (1953).
543. P. L. Mercier and C. A. Kraus, Proc. Nat. Acad. Sci., **42**, 487 (1956).
544. G. Jander and G. Winkler, J. Inorg. Nucl. Chem., **9**, 39 (1959).
545. R. Fernandez-Prini, Trans. Faraday Soc., **64**, 2146 (1968).
546. J. W. Wilson and I. J. Worrall, J. Inorg. Nucl. Chem., **30**, 1457 (1968).
547. M. A. Coplan, M-C. Justice and M. Quintin, J. Chim. Phys., **65**, 1152 (1968).
548. J. Comyn, F. S. Dainton and K. J. Ivin, Electrochimica Acta, **13**, 1851 (1968).
549. W. D. Kraeft, Z. Phys. Chem., **237**, 289 (1968).
550. J-P Gosse and B. Rose, Compt. Rend., **267C**, 927 (1968).
551. N. P. Yao, E. D'Orsay and D. N. Bennion, J. Electrochem. Soc., **115**, 999 (1968).
552. C. Atlani, J-C. Justice, M. Quintin and J-E. Dubois, J. Chim. Phys., **66**, 180 (1969).
553. A. D'Aprano and R. M. Fuoss, J. Phys. Chem., **73**, 400 (1969).
554. C. H. Springer, J. F. Coetzee and R. L. Kay, ibid., **73**, 471 (1969).
555. L. M. Mukherjee, J. J. Kelly, M. Richards and J. M. Lukacs, Jr., ibid., **73**, 580 (1969).
556. L. A. Dunn and W. L. Marshall, ibid., **73**, 723 (1969).
557. R. C. Paul, J. P. Singla and S. P. Narula, ibid., **73**, 741 (1969).
558. I. R. Beattie, P. J. Jones and M. Webster, J. Chem. Soc., 218 (1969).
559. Yu. Ya. Borovikov, J. Gen. Chem. USSR, **38**, 1171 (1968).
560. Yu. Ya. Fialkov and S. N. Kholodnikova, ibid., **38**, 663 (1968).
561. T. Erdey-Grúz and E. Kugler, Acta Chim. Acad. Sci. Hung., **57**, 301 (1968).
562. Ying-Chech and R. M. Fuoss, J. Phys. Chem., **72**, 4123 (1968).
563. G. Ritzert and E. U. Franck, Ber. Bunsen. Phys. Chem., **72**, 798 (1968).

564. J-C. Justice, R. Bury and C. Treiner, J. Chim. Phys., **65,** 1708 (1968).
565. G. Delesalle, P. Devrainne and J. Heubel, Compt. Rend., **267,** 1464 (1968).
566. R. R. Dewald and J. H. Roberts, J. Phys. Chem., **72,** 4224 (1968).
567. A. D'Aprano and R. M. Fuoss, J. Phys. Chem., **73,** 223 (1969).
568. B. I. Sazhin, O. K. Kharitonova and V. P. Shuvaev, Elektrokhimiya, **4,** 1203 (1968).
569. A. D'Aprano and R. M. Fuoss, J. Phys. Chem., **72,** 4710 (1968).
570. T. C. Wehman and A. I. Popov, J. Phys. Chem., **72,** 4031 (1968).
571. R. M. Fuoss, Trans. Faraday Soc., **30,** 967 (1934).
572. E. N. Zil'berman, T. S. Ivcher and E. M. Perepletchikova, J. Gen. Chem. USSR, **31,** 1905 (1961).
573. P. B. Davis, Carnegie Inst. Pub. No. **260,** 97 (1918).
574. G. P. Johari, J. Chem. Eng. Data, **13,** 541 (1968).
575. Yu. Ya. Fialkov and V. P. Basov, J. Gen. Chem. USSR, **38,** 5 (1968).
576. H. H. Lloyd and A. M. Pardee, Carnegie Inst. Pub. No. **260,** 99 (1918).
577. O. Popovych, Anal. Chem., **38,** 117 (1966).
578. P. B. Davis and H. I. Johnson, Carnegie Inst. Pub. No. **260,** 71 (1918).
579. R. P. Seward, J. Amer. Chem. Soc., **62,** 758 (1958).
580. T. B. Hoover, J. Phys. Chem., **73,** 57 (1969).
581. E. D. Copley and H. Hartley, J. Chem. Soc., **2488** (1930).
582. E. D. Wilhoit and P. G. Sears, Trans. Kentucky Acad. Sci., **17,** 123 (1956).
583. P. Hemmes and S. Petrucci, J. Amer. Chem. Soc., **91,** 275 (1969).
584. J. P. Butler, H. I. Schiff and A. R. Gordon, J. Chem. Phys., **19,** 752 (1951).
585. P. L. Mercier, Ph.D. Thesis, Brown University, April 1955.
586. G. R. Leader, J. Amer. Chem. Soc., **73,** 856 (1951).
587. E. D'Orsay, N. P. Yai and D. N. Bennion, in press.
588. I. M. Kolthoff and J. F. Coetzee, J. Amer. Chem. Soc., **79,** 870 (1957).
589. P. G. Sears, R. R. Holmes and L. R. Dawson, J. Electrochem. Soc., **102,** 145 (1955).
590. L. R. Dawson, R. A. Hagstrom and P. G. Sears, J. Electrochem. Soc., **102,** 341 (1955).
591. P. G. Sears, W. W. Wharton and L. R. Dawson, ibid., **102,** 430 (1955).
592. J-E Dubois and H. Viellard, J. Chim. Phys., **62,** 699 (1965).
593. P. B. Das, J. Inst. Chemists (India), **39,** 245 (1967).
594. P. B. Das, ibid., **39,** 280 (1967).
595. M. A. Elliot and R. M. Fuoss, J. Amer. Chem. Soc., **61,** 294 (1939).
596. H. Svensson, A. Benjaminsson and I. Brattsten, Acta Chem. Scand., **3,** 307 (1949).
597. A. D'Aprano and R. M. Fuoss, J. Amer. Chem. Soc., **91,** 279 (1969).
598. L. R. Dawson, G. R. Lester and P. G. Sears, ibid., **80,** 4233 (1958).
599. C. Carvajal, K. J. Tölle, J. Smid and M. Szwarc, ibid., **87,** 5548 (1965).
600. R. V. Slates and M. Szwarc, J. Phys. Chem., **69,** 4124 (1965).
601. H. Schönert, ibid., **73,** 62 (1969).
602. D. F. Evans and P. Gardam, ibid., **73,** 158 (1969).
603. M. Della Monica, J. Amer. Chem. Soc., **91,** 508 (1969).
604. J. A. Davies, R. L. Kay and A. R. Gordon, J. Chem. Phys., **19,** 749 (1951).
605. P. Walden, Z. Phys. Chem., 385 (1903).
606. F. Conti, P. Delogu and G. Pistoia, J. Phys. Chem., **72,** 1396 (1968).
607. M. Della Monica, L. Jannelli and U. Lamanna, ibid., **72,** 1068 (1968).
608. R. W. Laity, J. Chem. Phys., **30,** 682 (1959).
609. J. Padova, Israel Atomic Energy Commission Report, Oct. 1968.
610. G. J. Janz and J. D. E. McIntyre, J. Electrochem. Soc., **108,** 272 (1961).
611. C. D. Ritchie and R. E. Uschold, J. Amer. Chem. Soc., **89,** 1721 (1967).
612. L. A. Quarterman, H. H. Hyman and J. J. Katz, J. Phys. Chem., **61,** 912 (1957).

III. ELECTRICAL CONDUCTANCE

613. L. A. Quarterman, H. H. Hyman and J. J. Katz, *ibid.*, **65**, 90 (1961).
614. M. S. Toy and W. A. Cannon, J. Phys. Chem., **70**, 2241 (1966).
615. M. Szwarc, Makromol. Chem., **89**, 44 (1965).
616. J. Barthel, N. G. Schmahl and K. Lenz, Z. Anal. Chem., **233**, 328 (1968).
617. J. Barthel and G. Schwitzgebel, Z. Phys. Chem., **54**, 173 (1967).
618. J. Barthel and G. Schwitzgebel, Z. Anal. Chem., **220**, 188 (1966).
619. J. Barthel, G. Bäder and G. Schmeer, Z. Phys. Chem., **62**, 63 (1968).
620. K. J. Mysels, J. Phys. Chem., **65**, 1031 (1961).
621. R. Keller, J. N. Foster, D. C. Hanson, J. F. Hon and J. S. Muirhead, NASA Report Dec. 1968, Contract NAS 3-8521.
622. N-P. Yao and D. N. Bennion, UCLA Rep. 69-30, DA Contract No. DA-44-009-AMC-1661(T).
623. N-P. Yao and D. N. Bennion, UCLA Rep. 69-31, DA Contract No. DA-44-009-AMC-1661(T).
624. N-P. Yao and D. N. Bennion, UCLA Rep. 69-32, DA Contract No. DA-44-009-AMC-1661(T).
625. V. Deitz and R. M. Fuoss, J. Amer. Chem. Soc., **60**, 2394 (1938).
626. D. J. Mead and R. M. Fuoss, *ibid.*, **61**, 2047 (1939).
627. D. J. Mead and R. M. Fuoss, *ibid.*, **62**, 1720 (1940).
628. R. L. McIntosh, D. J. Mead and R. M. Fuoss, *ibid.*, **62**, 506 (1940).
629. R. M. Fuoss and M. A. Elliott, *ibid.*, **67**, 1339 (1945).
630. R. M. Fuoss, D. Edelson and B. I. Spinrad, *ibid.*, **72**, 327 (1950).
631. N. G. Foster and E. S. Amis, Z. Phys. Chem. Neue Folge, **3**, 365 (1955).
632. M. Kilpatrick and T. J. Lewis, J. Amer. Chem. Soc., **78**, 5186 (1956).
633. M. Runner, G. Balog and M. Kilpatrick, *ibid.*, **78**, 5183 (1956).
634. E. S. Shanley, E. M. Roth, G. M. Nicols and M. Kilpatrick, *ibid.*, **78**, 5190 (1956).
635. E. A. Guggenheim, Disc. Faraday Soc., **24**, 53 (1957).
636. C. W. Davies, *ibid.*, **24**, 83 (1957).
637. R. M. Fuoss, J. B. Berkowitz, E. Hirsch and S. Petrucci, Proc. Nat. Acad. Sci., **44**, 27 (1958).
638. L. R. Dawson, J. W. Vaughn, M. E. Pruitt and H. C. Eckstrom, J. Phys. Chem., **66**, 2684 (1962).
639. D. S. Berns and R. M. Fuoss, J. Amer. Chem. Soc., **83**, 1321 (1961).
640. T. C. Waddington and J. A. White, J. Chem. Soc., 2701 (1963).
641. A. D'Aprano and R. M. Fuoss, J. Phys. Chem., **67**, 1722 (1963).
642. J. W. Vaughn and C. F. Hawkins, J. Chem. Eng. Data, **9**, 140 (1964).
643. F. Farha, Jr. and R. T. Iwamoto, J. Electroanal. Chem., **8**, 55 (1964).
644. H. Hartmann, A. Neumann and G. Rinck, Z. Phys. Chem. Neue Folge, **44**, 204 (1965).
645. H. Hartmann, A. Neumann and G. Rinck, *ibid.*, **44**, 218 (1965).
646. M. Wieback, Electrochim. Acta, **11**, 1353 (1966).
647. C. Treiner, M. Quintin and R. M. Fuoss, J. Chim. Phys., **63**, 320 (1966).
648. M. Goffredi and T. Shedlovsky, J. Phys. Chem., **71**, 4436 (1967).
649. A. S. Quist and W. L. Marshall, *ibid.*, **72**, 1536 (1968).
650. A. S. Quist and W. L. Marshall, *ibid.*, **72**, 2100 (1968).
651. D. F. Evans and P. Gardam, *ibid.*, **72**, 3281 (1968).
652. R. A. Matheson, *ibid.*, **72**, 3330 (1968).
653. K-L. Hsia and R. M. Fuoss, J. Amer. Chem. Soc., **90**, 3055 (1968).
654. L. Onsager and S. W. Provencher, *ibid.*, **90**, 3134 (1968).
655. D. A. Lown and W. F. K. Wynne-Jones, J. Sci. Instr., **44**, 1037 (1967).
656. J. A. Olabe, M. C. Giordano and A. J. Arvia, Electrochim. Acta, **12**, 907 (1967).

657. R. F. Nelson and R. N. Adams, J. Electroanal. Chem., **13**, 184 (1967).
658. J. Broadhead and G. J. Hills, *ibid.*, **13**, 354 (1967).
659. F. Barreira and G. J. Hills, Trans. Faraday Soc., **64**, 1359 (1968).
660. D. A. Lown, H. R. Thirsk and W. F. K. Wynne-Jones, *ibid.*, **64**, 2073 (1968).
661. W. A. Adams and K. J. Laidler, Can. J. Chem., **46**, 2005 (1968).
662. A. B. Gancy and S. B. Brummer, J. Electrochem. Soc., **115**, 804 (1968).
663. I. D. McKenzie and R. M. Fuoss, J. Phys. Chem., **73**, 1501 (1969).
664. A. M. Harstein and S. Windwer, J. Phys. Chem., **73**, 1549 (1969).
665. H. L. Yeager and B. Kratochvil, *ibid.*, **73**, 1963 (1969).
666. K. Crickard and J. F. Skinner, *ibid.*, **73**, 2060 (1969).
667. M. H. Panckhurst, *ibid.*, **73**, 2097 (1969).
668. E. Pitts, B. E. Tabor and J. Daly, Trans. Faraday Soc., **65**, 849 (1969).
669. J. Martin, Comptes Rendus, **268C**, 152 (1969).
670. F. W. Breivogel and M. Eisenberg, Electrochim. Acta, **14**, 459 (1969).
671. I. Y. Ahmed and C. D. Schmulbach, Inorg. Chem., **8**, 1411 (1969).
672. C. D. Schmulbach and I. Y. Ahmed, *ibid.*, **8**, 1414 (1969).
673. R. Jasinski, J. Electroanal. Chem., **15**, 89 (1967).
674. R. J. Jasinski and S. Kirkland, Anal. Chem., **39**, 1663 (1967).
675. L. W. Shemilt, J. A. Davies and A. R. Gordon, J. Chem. Phys., **16**, 340 (1948).
676. W. L. Jolly, J. Chem. Ed., **33**, 512 (1956).
677. W. S. Harris, Thesis, University of California, 1958.
678. R. J. Gillespie and R. F. M. White, Trans. Faraday Soc., **54**, 1846 (1958).
679. R. M. Fuoss, J. Phys. Chem., **63**, 633 (1959).
680. R. M. Fuoss and L. Onsager, *ibid.*, **62**, 1339 (1958).
681. R. Kempa and W. H. Lee, J. Chem. Soc., 1936 (1958).
682. R. Kempa and W. H. Lee, *ibid.*, 1576 (1959).
683. T. C. Waddington and F. Klanberg, *ibid.*, 2332 (1960).
684. A. M. Brown and R. M. Fuoss, J. Phys. Chem., **64**, 1341 (1960).
685. R. M. Diamond, *ibid.*, **67**, 2513 (1963).
686. R. E. Cuthrell, E. C. Fohn and J. J. Lagowski, Inorg. Chem., **5**, 111 (1966).
687. É. Sélégny and Y. Prigent, Bull. Soc. Chim. Fr., 3615, 3620 (1968).
688. A. Collumeau, *ibid.*, 4317 (1968).
689. J. Desbarres and P. Texier, *ibid.*, 5061 (1968).
690. M. Bréant, M. Bazouin, C. Buisson, M. Dupin and J-M. Rebattu, *ibid.*, 5065 (1968).
691. G. Marx and D. Hentschel, Talanta, **16**, 1159 (1969).
692. D. P. Joshi and K. Lal, J. Indian Chem. Soc., **46**, 484 (1969).
693. N. M. Alpatova, D. N. Maslin, V. V. Gavrilenko, Yu. M. Kessler and L. I. Zakharkin, Electrokhim., **5**, 75 (1969).
694. J. Osugi and Y. Kitamura, Nippon Kagaku Zasshi, **90**, 640 (1969).
695. T. Tanaka, G. Matsubayashi, A. Shimizu and S. Matsuo, Inorg. Chim. Acta, **3**, 187 (1969).
696. A. M. Shkodin, L. P. Sadovnichaya and V. A. Podolyanko, Ukr. Khim. Zhur., **35**, 144 (1969).
697. A. J. Dill and O. Popovych, J. Chem. Eng. Data, **14**, 156 (1969).
698. J. Garcin, Bull. Soc. Chim. Fr., 719 (1969).
699. P. C. Carman, J. Phys. Chem., **73**, 1095 (1969).
700. P. Biloen, T. Fransen, A. Tulp and G. J. Hoytink, *ibid.*, **73**, 1581 (1969).
701. R. R. Dewald, *ibid.*, **73**, 2615 (1969).
702. L. A. Dunn and W. L. Marshall, *ibid.*, **73**, 2619 (1969).
703. T. Ellingsen and J. Smid, *ibid.*, **73**, 2712 (1969).

III. ELECTRICAL CONDUCTANCE

704. M. S. Toy and W. A. Cannon, *ibid.*, **73**, 2792 (1969).
705. R. J. Jasinski, Electrochem. Tech., **6**, 28 (1968).
706. J. H. Mathews and A. J. Johnson, J. Phys. Chem., **21**, 294 (1917).
707. H. C. Parker and E. W. Parker, J. Amer. Chem. Soc., **46**, 312 (1924).
708. G. Jones and B. C. Bradshaw, *ibid.*, **55**, 1780 (1933).
709. B. B. Owen and F. H. Sweeton, *ibid.*, **63**, 2811 (1941).
710. R. A. Robinson and R. H. Stokes, *ibid.*, **76**, 1991 (1954).
711. B. F. Wishaw and R. H. Stokes, *ibid.*, **76**, 2065 (1954).
712. L. R. Dawson and M. Golben, *ibid.*, **74**, 4134 (1952).
713. J. H. Simons and K. E. Lorentzen, *ibid.*, **74**, 4746 (1952).
714. G. W. Moessen and C. A. Kraus, Proc. Nat. Acad. Sci., **38**, 1023 (1952).
715. A. I. Popov and N. E. Skully, J. Amer. Chem. Soc., **76**, 5309 (1954).
716. K. H. Stern and A. E. Martell, *ibid.*, **77**, 1983 (1955).
717. M. Azzarri and C. A. Kraus, Proc. Nat. Acad. Sci., **42**, 590 (1956).
718. C. M. French and N. Singer, J. Chem. Soc., 2428 (1956).
719. C. M. French and D. F. Muggleton, *ibid.*, 2131 (1957).
720. C. M. French and D. F. Muggleton, *ibid.*, 5064 (1957).
721. D. K. Thomas and O. Maass, Can. J. Chem., **36**, 449 (1958).
722. B. J. Steel, J. M. Stokes and R. H. Stokes, J. Phys. Chem., **62**, 1514 (1958).
723. G. R. Nash and C. B. Monk, Trans. Faraday Soc., **54**, 1650 (1958).
724. G. R. Nash and C. B. Monk, *ibid.*, **54**, 1657 (1958).
725. G. Atkinson, J. Amer. Chem. Soc., **82**, 818 (1960).
726. C. B. Monk, *ibid.*, **82**, 5762 (1960).
727. R. J. W. Le Févre and A. J. Williams, J. Chem. Soc., 1671 (1960).
728. J. O. Wear, C. V. McNully and E. S. Amis, J. Inorg. Nucl. Chem., **18**, 48 (1961).
729. J. O. Wear, C. V. McNully and E. S. Amis, *ibid.*, **19**, 278 (1961).
730. J. O. Wear, C. V. McNully and E. S. Amis, *ibid.*, **20**, 100 (1961).
731. W. R. Gilkerson and R. E. Stamm, J. Phys. Chem., **65**, 1466 (1961).
732. I. M. Kolthoff, S. Bruckenstein and M. K. Chantooni, Jr., J. Amer. Chem. Soc., **83**, 3927 (1961).
733. C. M. French and R. C. B. Tomlinson, J. Chem. Soc., 311 (1961).
734. R. J. Gillespie and E. A. Robinson, J. Amer. Chem. Soc., **86**, 5676 (1964).
735. E. A. Robinson and J. A. Ciruna, *ibid.*, **86**, 5677 (1964).
736. D. L. Lydy, V. A. Mode and J. G. Kay, J. Phys. Chem., **69**, 87 (1965).
737. R. T. Myers, *ibid.*, **69**, 700 (1965).
738. R. Gopal and O. N. Bhatnagar, *ibid.*, **69**, 2382 (1965).
739. R. L. Kay and D. F. Evans, *ibid.*, **69**, 4216 (1965).
740. P. D. Schettler and A. Patterson, Jr., J. Amer. Chem. Soc., **87**, 392 (1965).
741. A. L. M. Lelong and L. E. Console, Anales. Asoc. Quim. Argentina, **53**, 39 (1965).
742. W. S. Metcalf, J. Sci. Instr., **42**, 742 (1965).
743. I. M. Kolthoff and M. K. Chantooni, Jr., J. Phys. Chem., **70**, 856 (1966).
744. J. Barthel, Angew. Chem. Int. Edn., **7**, 260 (1968).
745. G. Briere, Electrochim. Acta, **13**, 119 (1968).
746. W. A. Harris, Australas. J. Pharm., **49**, S87 (1968).
747. A. B. Gancy and S. B. Brummer, J. Phys. Chem., **73**, 2429 (1969).
748. L. M. Mukherjee and J. M. Lukacs, *ibid.*, **73**, 3115 (1969).
749. J. C. Shieh and P. A. Lyons, *ibid.*, **73**, 3258 (1969).
750. R. L. Kay, D. F. Evans and G. P. Cunningham, *ibid.*, **73**, 3322 (1969).
751. L. M. Mukherjee and D. P. Boden, *ibid.*, **73**, 3965 (1969).
752. C. Agami and M. Caillot, Bull. Soc. Chim. France, 1990 (1969).
753. J. Mahenc and L. Fournes, *ibid.*, 2277 (1969).

754. E. Tommila and R. Yrövuori, Suom. Kem., **42**, 90 (1969).
755. E. Tommila, E. Lindell, M-L. Virtalaine and R. Laakso, *ibid.*, **42**, 95 (1969).
756. T. S. Zolyan, Izv. Akad. Nauk. Arm. SSR. Fiz., **3**, 395 (1968).
758. B. G. Oliver and A. N. Campbell, Can. J. Chem., **47**, 4207 (1969).
759. R. J. Gillespie and G. P. Pez, Inorg. Chem., **8**, 1233 (1969).
760. G. Choux and R. L. Benoit, J. Amer. Chem. Soc., **91**, 6221 (1969).
761. D. E. Arrington and E. Griswold, J. Phys. Chem., **74**, 123 (1970).
762. W. J. McKinney and A. I. Popov, *ibid.*, **74**, 535 (1970).
763. H. L. Yeager and B. Kratochvil, *ibid.*, **74**, 963 (1970).
764. G. P. Johari, *ibid.*, **74**, 934 (1970).
765. T. L. Broadwater and D. F. Evans, J. Phys. Chem., **73**, 3985 (1969).
766. A. D'Aprano and R. M. Fuoss, *ibid.*, **72**, 4710 (1968).
767. P. Walden, Z. Phys. Chem., **54**, 129 (1906).
768. P. Walden, *ibid.*, **55**, 683 (1906).
769. R. M. Fuoss, J. Amer. Chem. Soc., **57**, 2604 (1935).
770. E. G. Hackenburg and H. Ulich, Z. Anorg. Chem., **243**, 99 (1939).
771. C. M. French and I. G. Roe, Trans. Faraday Soc., **49**, 314 (1953).
772. D. S. Payne, J. Chem. Soc., 1052 (1953).
773. J. M. Davidson and C. M. French, J. Chem. Soc., 114 (1958).
774. J. M. Davidson and C. M. French, Chem. Ind., 750 (1959).
775. E. Price and N. N. Lichtin, Tetrahedron Letters, **18**, 10 (1960).
776. A. M. Sukhotin and E. M. Ryzhkov, Russ. J. Phys. Chem., **34**, 361 (1960).
777. E. M. Ryzhkov and A. M. Sukhotin, *ibid.*, **34**, 466 (1960).
778. K. Masuda and J. Yamaguchi, J. Phys. Soc. Japan, **19**, 1190 (1964).
779. H. Bässler, Phys. Kondens, Materie, **2**, 187 (1964).
780. O. A. Osipov, O. E. Kashireninov and A. V. Leshchenko, Zh. Neorg. Chim., **9**, 406 (1964).
782. M. F. Mayahi and A. E. Habboush, J. Electrochem. Soc., **112**, 224 (1965).
783. M. Liler, J. Chem. Soc. 4309 (1965).
784. G. P. Johari and P. H. Tewari, J. Phys. Chem., **69**, 3167 (1965).
785. A. Höniger and H. Schindlbauer, Ber. Buns., **69**, 138 (1965).
786. M. Silver, J. Chem. Phys., **42**, 1011 (1965).
787. R. C. Thompson, J. Barr, R. J. Gillespie, J. B. Milne and R. A. Rothenbury, Inorg. Chem., **4**, 1641 (1965).
788. E. Ya. Gorenbein and A. A. Fominskaya, Zh. Neorg. Khim. **9**, 1163 (1964).
789. M. L. Kilpatrick, M. Kilpatrick and J. G. Jones, J. Amer. Chem. Soc., **87**, 2806 (1965).
790. R. E. Busby and V. S. Griffiths, J. Chem. Eng. Data, **10**, 29 (1965).
791. R. C. Paul, K. C. Malhotra and K. C. Khanna, Ind. J. Chem., **3**, 63 (1965).
792. C. Sinicki, Bull. Soc. Chim. France, 194 (1966).
793. E. C. Evers and F. R. Longo, J. Phys. Chem., **70**, 426 (1966).
794. L. W. Marple and G. J. Scheppers, Anal. Chem., **38**, 553 (1966).
795. W. E. Bull and R. G. Ziegler, Inorg. Chem., **5**, 689 (1966).
796. M. Mitsuishi and G. Aida, Bull. Chem. Soc. Japan, **39**, 246 (1966).
797. E. Ya. Gorenbein, G. G. Rusin and A. T. Beznis, Zh. Neorg. Khim., **11**, 310 (1966).
798. H. Tsubota and G. Atkinson, J. Phys. Chem., **71**, 1131 (1967).
799. D. Nicholls, C. Sutphen and M. Szwarc, J. Phys. Chem., **72**, 1021 (1968).
800. A. V. Solomin, E. I. Kryuchkova and K. I. Omarova, Zh. Prik. Khim., **42**, 1673 (1968).
801. E. A. Robinson and J. A. Ciruna, Can. J. Chem., **46**, 3197 (1963).
802. P. B. Das, J. Ind. Chem. Soc., **45**, 746 (1968).

III. ELECTRICAL CONDUCTANCE

803. A. D. Goolsby and D. T. Sawyer, Anal. Chem., **40**, 1978 (1968).
804. J. Martin, Comptes Rendus, **268**, 44 (1969).
805. H. Sadek, A. M. Hafez and F. Y. Khalil, Electrochim. Acta, **14**, 1089 (1969).
806. E. Ya. Gorenbein and A. E. Gorenbein, Electrokhim., **5**, 119 (1969).
807. A. M. Shkodin, N. K. Levitskaya and E. P. Nikitskaya, ibid., **5**, 705 (1969).
808. V. I. Vigdorovich and I. T. Pchel'nikov, ibid., **5**, 710 (1969).
809. A. N. Zaikin and V. I. Lobyshev, ibid., **5**, 1156 (1969).
810. A. M. Sirota and Yu. V. Shvyryaev, Teploenerg., **16**, 82 (1969).
811. E. Tommila and T. Autio, Suomen Kem., **42**, 107 (1969).
812. E. W. Washburn, J. Amer. Chem. Soc., **28**, 2431 (1916).
813. T. Shedlovsky, ibid., **52**, 1806 (1930).
814. G. Jones and G. M. Bollinger, ibid., **53**, 411 (1931).
815. G. Jones and G. M. Bollinger, ibid., **53**, 1207 (1931).
816. H. J. Gardner, C. T. Brown and G. J. Janz, J. Phys. Chem., **60**, 1458 (1956).
817. S. S. Danyluk, H. Taniguchi and G. J. Janz, ibid., **61**, 1679 (1957).
818. A. M. Shkodin, Izv. Vyssh. Uch. Zav. Khim. Tek., **6**, 941 (1961).
819. B. B. Panda, P. B. Das and B. Nayak, J. Indian Chem. Soc., **39**, 537 (1962).
820. A. M. Shkodin, Russ. J. Phys. Chem., **36**, 990 (1962).
821. K. Masuda, K. Gamo, M. Nishijima and J. Yamaguchi, Tech. Rep. Osaka Univ., **14**, 507 (1964).
822. D. O. Johnston, Diss. Abstr., **25**, 127 (1964).
823. F. Accascina, G. Pistoia and S. Schiavo, Ric. Sci., **6**, 141 (1964).
824. F. P. Cavasino and S. D'Alessandro, ibid., **7**, 421 (1964).
825. R. C. Paul, K. C. Malhotra and O. C. Vaidya, Indian J. Chem., **3**, 1 (1965).
826. J.-C. Justice and R. M. Fuoss, J. Chim. Phys., **62**, 1366 (1965).
827. Yu. A. Kopylov, T. N. Trofimova and Yu. M. Stolovitskii, Russ. J. Phys. Chem., **39**, 262 (1965).
828. G. A. Vidulich, Diss. Abstr., **25**, 4432 (1965).
829. S. S. Sandhu and A. Singh, J. Indian Chem. Soc., **42**, 741 (1965).
830. T. Jasinski and Z. Pawlak, Chem. Anality., **10**, 865 (1965).
831. G. J. Sutton, Aust. J. Chem., **18**, 150 (1965).
832. J. R. Hall, M. R. Litzow and R. A. Plowman, ibid., **18**, 1339 (1965).
833. J. R. Hall, M. R. Litzow and R. A. Plowman, ibid., **18**, 1331 (1965).
834. G.-G. Perrault, Comptes Rend., **260**, 3049 (1965).
835. R. Bury and J.-C. Justice, ibid., **260**, 6039 (1965).
836. I. Spitsyn, I. D. Kolli, R. A. Rodionof and T. G. Sebastyanova, Pokl. Akad. Nauk. SSSR, **165**, 341 (1965).
837. C. Treiner, Comptes Rend., **262C**, 1405 (1966).
838. G. Kaufmann, M. J. F. Leroy and H. Risse, Bull. Soc. Chem. France, 2928 (1966).
839. G. Kaufmann, M. J. F. Leroy and B. Pasche, ibid., 3766 (1966).
840. C. Treiner and J.-C. Justice, J. Chem. Phys., **63**, 687 (1966).
841. F. N. Kozlenko and S. P. Miskidzh'yan, Russian J. Phys. Chem., **40**, 914 (1966).
842. L. E. Simanavichus and A. M. Levinskene, Soviet Electrochem., **2**, 324 (1966).
843. A. A. Golub and V. A. Kalibabchuk, Russ. J. Phys. Chem., **11**, 320 (1966).
844. E. Ya. Gorenbein and I. L. Abarbarchuk, ibid., **11**, 1195 (1966).
845. R. J. Gillespie, R. Kapoor and E. A. Robinson, Canad. J. Chem., **44**, 1203 (1966).
846. R. C. Paul and S. K. Vasisht, J. Indian Chem. Soc., **43**, 141 (1966).
847. R. C. Paul and B. R. Sreenathan, Indian J. Chem., **4**, 348 (1966).
848. S. Ernst and B. Jezowsk-Trzebiatowska, J. Inorg. Nucl. Chem., **28**, 2885 (1966).
849. F. Barbulescu, A. Greff, I. St. Popescu and I. Sass, Rev. Roum. Chim., **11**, 903 (1966).

850. E. Ya. Gorenbein and A. T. Beznis, Ukr. Khim. Zhur., **33**, 782 (1967).
851. M. A. Yakimov, N. F. Nosova and T. Ki, Russ. J. Phys. Chem., **12**, 718 (1967).
852. E. Ya. Gorenbein and A. A. Fominskaya, Russ. J. Inorg. Chem., **12**, 1103 (1967).
853. L. I. Pechalin and G. M. Panchenko, Russ. J. Phys. Chem., **41**, 347 (1967).
854. E. Ya Gorenbein, A. T. Beznis and I. L. Abarbarchuk, J. Gen. Chem., **37**, 275 (1967).
855. C. Gavach, J. Chim. Phys., **64**, 799 (1967).
856. H. Brusset and J. Garcin, Comptes Rend., **265C**, 1364 (1967).
857. G. J. Janz, M. J. Tait and J. Meier, J. Phys. Chem., **71**, 963 (1967).
858. R. J. Andres, J. Polym. Sci., **213C** (1967).
859. S. K. Ramalingam and S. Soundararajan, Bull. Chem. Soc. Japan, **41**, 106 (1963).
860. P. Texier and J. Desbarres, Comptes Rend., **266C**, 503 (1968).
861. B. Prasad, J. Indian Chem. Soc., **45**, 1037 (1968).
862. J. A. Caruso, Diss. Abstr., **28**, 4034 (1968).
863. F. W. Dampier, M.S. Thesis, Rensselaer Polytechnic Institute, Troy, N. Y., May (1964).
864. A. M. Shkodin, N. K. Levitskaya and T. F. Lisachenko, Ukr. Khim. Zhur., **34**, 1113 (1968).
865. A. M. Shkodin and N. K. Levitskaya, Ukr. Khim. Zhur., **34**, 330 (1968).
866. A. M. Shkodin and N. K. Levitskaya, Sov. Electrochem., **4**, 544 (1968).
867. R. Bury, M.-C. Justice and J.-C. Justice, Comptes Rend., **268C**, 670 (1969).

F. QUATERNARY AMMONIUM SALTS AND AMINES IN SINGLE SOLVENTS

Introduction

Quaternary ammonium salts are an interesting group of organic compounds containing a central nitrogen atom linked to four organic groups as well as to an acid radical. Some of the physical properties and X-ray data for this class of compounds are given before the conductance tabulations. As solids, these compounds exist in ionic form, have low lattice energies and dissolve easily in many organic solvents forming strongly conducting solutions. The conductivity of these salts in solution increases both with the degree of substitution and with the size of the alkyl substituent (1). The dissociation constant of these salts increases with increasing number of carbon atoms in the substituent group, but does not increase greatly after the first two carbon atoms have been introduced. These tetraalkyl ammonium salts have played an important role in recent years in the development and refinement of the solution theory.

The symmetrically substituted cations with unit positive charge on nitrogen shielded by inert alkyl groups distributed tetrahedrally provide cations of small charge density which can be varied systematically. The cation characteristics can be manipulated in a number of ways by substituting smaller atoms, highly electronegative atoms or groups with an electron withdrawing or electron donating property that can interact with anions and solvent molecules differently which in turn influence the conductance and dissociation constants of these salts (2, 3, 4). Another feature of tetraalkylammonium salts is that it is possible to choose a salt with both cation and anion of equal volume with almost the same number of atoms so that single-ion limiting conductances can be obtained (5). This procedure has proved useful for deriving data on individual ion behavior in a variety of solvents in the absence of transference number data. Aqueous solutions of tetraalkylammonium salts show unusual properties, such as high viscosities with large temperature coefficients (6), long dielectric relaxation time (7) and high partial molal heat capacities (8, 9). The unique interactions of these salts with water enable the formation of crystalline hydrates with enormous amounts of water; and this was foreshadowed in the studies of Kraus and coworkers (10). Recent X-ray studies of these compounds (11, 12) confirm the formation of such polyhedral clathrate hydrates.

Electrical conductance data is reported for about 150 solvents and is sub-divided into data by solute and data by solvent. The quaternary ammonium compounds and amines have been organized into several categories as follows:

(a) Symmetrical Halides (increasing chain length, F → I)
(b) Symmetrical Other Anions (increasing chain length, alphabetical by anion)
(c) Symmetrical Complex Anions (increasing chain length, alphabetical by anion)
(d) Unsymmetrical Halides (largest chain first, increasing chain length, F → I)
(e) Unsymmetrical Other Salts (largest chain first, increasing chain length, alphabetical by anion)
(f) Unsymmetrical Picrates (largest chain first, increasing chain length)
(g) Amines and Amine Hydrohalides (increasing chain length, F → I)
(h) Amine Picrates (increasing chain length)
(i) Amine Other Salts (increasing chain length, alphabetical by anion)

The Solvent Section maintains this classification also.

Information relative to the effect of added ligands and super atmospheric pressures on conductance is given at the end of this Section.

References

1. J. D. Cotton and T. C. Waddington, J. Chem. Soc., 785 (1966).
2. D. S. Burgess and C. A. Kraus, J. Am. Chem. Soc., **70**, 706 (1948).
3. C. R. Witschonke and C. A. Kraus, J. Am. Chem. Soc., **69**, 2472 (1947).
4. D. J. Mead, J. B. Ramsey, D. Rothrock, Jr. and C. A. Kraus, J. Am. Chem. Soc., **69**, 528 (1947).
5. M. A. Coplan and R. M. Fuoss, J. Phys. Chem., **68**, 1177 (1964).
6. E. R. Nightingale, Jr., J. Phys. Chem., **66**, 894 (1962).
7. R. Pottell and D. Lossen; Ber. Bunsen Physik. Chem., **71**, 135 (1967).
8. H. S. Frank and W. Y. Wen, Disc. Faraday Soc., **24**, 133 (1957).
9. T. S. Sharma, R. K. Mohanty and J. C. Ahluwalia, Trans. Faraday Soc., **65**, 2333 (1969).
10. D. L. Fowler, W. V. Loebenstein, D. B. Pall and C. A. Kraus, J. Am. Chem. Soc., **62**, 1140 (1940).
11. G. A. Jeffrey, J. Chem. Phys., **40**, 906 (1964).
12. G. A. Jeffrey and R. K. McMullan, Prog. Inorg. Chem., **8**, 43 (1967).

1. PHYSICAL PROPERTIES OF SOME QUATERNARY AMMONIUM SALTS

The molecular formulas, melting points and densities of a selection of quaternary ammonium compounds are reported in this section. References to the original investigations are included.

Solute	Molecular formula	Melting point (°C)	Density (g/cc)	Ref.
Tetramethylammonium fluoride	$(CH_3)_4NF$	286–269 268–269 (dec)		1
Tetramethylammonium chloride	$(CH_3)_4NCl$	>230 (dec)	1.16 1.2	2
Tetramethylammonium bromide	$(CH_3)_4NBr$	351–353 (dec)	1.58	3
Tetramethylammonium iodide	$(CH_3)_4NI$	375–380 (dec)		3
Tetramethylammonium nitrate	$(CH_3)_4NNO_3$		1.25	4
Tetramethylammonium perchlorate	$(CH_3)_4NClO_4$		1.2	5, 2
Tetramethylammonium picrate	$(CH_3)_4N[OC_6H_2(NO_2)_3]$	320, 313 319–322 318–320	1.42	6, 5, 2, 7, 8, 9
Tetramethylammonium azide	$(CH_3)_4NN_3$	313 255 (dec)		10
Tetramethylammonium hydrogen sulfide	$(CH_3)_4NSH$	>150 (dec)		11
Tetramethylammonium tetraphenylboride	$(CH_3)_4NB(C_6H_5)_4$	350	1.084	12
Tetramethylammonium triphenylboro-hydroxide	$(CH_3)_4NOHB(C_6H_5)_3$	143.5–145.5		13
Tetramethylammonium triphenyl borohydroxide monoalcoholate	$(CH_3)_4NOHB(C_6H_5)_3C_2H_5OH$	359–360		13
Tetramethylammonium triphenyl borohydroxide monohydrate	$(CH_3)_4NOHB(C_6H_5)_3H_2O$	185–187		13

III. ELECTRICAL CONDUCTANCE

Compound	Formula	mp	d	Ref.
Tetramethylammonium triphenyl borofluoride	$(CH_3)_4NFB(C_6H_5)_3$	186 175–177		1, 13
Tetramethylammonium P-toluene sulfonate	$(C_{11}H_{19}O_3NS)$	241–242	1.21 (20°C)	14
Tetramethylammonium sulfamate	$(CH_3)_4NSO_3NH_2$	150–52		15
Tetramethylammonium tribromide	$(CH_3)_4NBr_3$	118		16
Tetramethylammonium dibromide	$(CH_3)_4NBr_2$	192		16
Tetramethylammonium chlorobromoiodide	$(CH_3)_4NClBrI$	205–206		16
Tetramethylammonium triiodide	$(CH_3)_4HI_3$	117		17
Tetramethylammonium pentaiodide	$(CH_3)_4NI_5$	132		17
Tetraethylammonium fluoride	$(C_2H_5)_4NF$	63		6
Tetraethylammonium chloride	$(C_2H_5)_4NCl$	37.5	1.37 1.2	6, 5, 2
Tetraethylammonium bromide	$(C_2H_5)_4NBr$	276 (dec)	1.37 1.35	2, 3
Tetraethylammonium iodide	$(C_2H_5)_4NI$	276–276 (dec) 300	1.56	6, 5, 2, 18, 3
Tetraethylammonium nitrate	$(C_2H_5)_4NNO_3$	280 (dec)		19
Tetraethylammonium perchlorate	$(C_2H_5)_4NClO_4$	345 (dec)	1.2	6, 2, 20
Tetraethylammonium picrate	$(C_2H_5)_4[OC_6H_2(NO_2)_3]$	255–256 261, 258–260 255.5 260–261 259–261 255.8	1.4	6, 21, 5, 2 22, 23, 24, 25 9, 18

Solute	Molecular formula	Melting point (°C)	Density (g/cc)	Ref.
Tetraethylammonium azide	$(C_2H_5)_4NN_3$	>250 (dec)		
Tetraethylammonium tetraphenylboride	$(C_2H_5)_4NB(C_6H_5)_4$	350	1.069	111
Tetraethylammonium hydrogen sulfide	$(C_2H_5)_4NSH$	>150		26
Tetraethylammonium borofluoride	$(C_2H_5)_4NBF_4$	235		15
Tetraethylammonium sulfamate	$(C_2H_5)_4NSO_3NH_2$	152		20
Tetraethylammonium thiocyanate	$(C_2H_5)_4NSCN$	247 (dec)		
Tetraethylammonium styphnate	$(C_2H_5)_4N \brace (C_2H_5)_4N (C_6H(NO_2)_3$	151, 150.7	1.3	27, 5
Tetraethylammonium toluene sulfonate	$C_{15}H_{27}O_3NS$	112	1.15 (20°C)	14
Tetraethylammonium tetrachloroborate	$(C_2H_5)_4NBCl_4$	165–170 (dec)		28
Tetraethylammonium tetrabromoborate	$(C_2H_5)_4NBBr_4$	278–280 (dec)		29
Tetraethylammonium tetraiodoborate	$(C_2H_5)_4NBI_4$	238–240 (dec)		29
Tetraethylammonium phenyltrichloroborate	$(C_2H_5)_4NB(C_6H_5)Cl_3$	99–103 (dec)		29
Tetraethanolammonium bromide	$(CH_2CH_2OH)_4NBr$	>80 (dec)		30
Tetrapropylammonium chloride	$(C_3H_7)_4NCl$	>160 (dec)	1.10	31
Tetrapropylammonium bromide	$(C_3H_7)_4NBr$	261–262 (dec) 252	1.19	3, 32

III. ELECTRICAL CONDUCTANCE

Tetrapropylammonium iodide	$(C_3H_7)_4NI$	291 (dec) 293	1.5	21, 2, 7
Tetrapropylammonium nitrate	$(-C_3H_7)_4NNO_3$	260 (dec)		19
Tetrapropylammonium perchlorate	$(C_3H_7)_4NClO_4$	237–239	1.2	21, 2, 33
Tetrapropylammonium picrate	$(C_3H_7)_4N[OC_6H_2(NO_2)_3]$	115.8 116.5 117.1–118.1 117–117.4 114–115 115–116.5 115–116	1.303	6, 5, 2, 22, 34 8, 23, 9
Tetrapropylammonium hydrogensulfide	$(C_3H_7)_4NSH$	>150 (dec)		11
Tetrapropylammonium azide	$(C_3H_7)_4NN_3$	216		10
Tetrapropylammonium tetraphenyl boride	$(C_3H_7)_4NB(C_6H_5)_4$	206–207 205–207	1.049	12, 9
Tetrapropylammonium p-toluene sulfonate	$C_{19}N_{35}O_3NS$	106–107	1.12	14
Tetra-butylammonium fluoride	$(C_4H_9)_4NF$	118 ± 2		35
Tetra-butylammonium chloride	$(C_4H_9)_4NCl$	75	1.19	31
Tetrabutylammonium bromide	$(C_4H_9)_4NBr$	115, 116–117 117–117.5 118.5 102–103.5 112–113 118 115.5 113	1.13	36, 37, 35, 1, 38 31, 9, 3, 39

Solute	Molecular formula	Melting point (°C)	Density (g/cc)	Ref.
Tetrabutylammonium iodide	$(C_4H_9)_4NI$	145.5–146.3 146, 142 145–146 145	1.0027	40, 1, 41, 9, 18 3, 42
Tetrabutylammonium nitrate	$(C_4H_9)_4NNO_3$	119–120 118, 120.5–121 120 119 121		36, 19, 43, 35 1, 23, 41, 4 18
Tetrabutylammonium perchlorate	$(C_4H_9)_4NClO_4$	213, 213–214 210.5 207 210.5 209.7		40, 37, 44, 1 79, 45, 39
Tetrabutylammonium azide	$(C_4H_9)_4NN_3$	80 (dec)		10
Tetrabutylammonium picrate	$(C_4H_9)_4N[OC_6H_2(NO_2)_3]$	89, 89.8 89.5 90.3 91.6–91.9 73.5–74.5 91 85	1.29	6, 36, 37, 26 1, 34, 8, 23 46, 9, 47 18
Tetrabutylammonium thiocyanate	$(n\text{-}C_4H_9)_4SCN$	124, 126.4–126.9 118 ± 2 123		36, 26, 48 33

III. ELECTRICAL CONDUCTANCE

Name	Formula	mp	d	Refs
Tetrabutylammonium acetate	$(C_4H_9)_4NCOOCH_3$	116, 118 ± 2; 118		40, 36, 26, 43, 35
Tetrabutylammonium tetraphenyl boride	$(C_4H_9)_4NB(C_6H_5)_4$	230–235; 236.6–236.8; 233–234; 233–234; 236; 235	1.023	12, 49, 9, 47, 50
Tetrabutylammonium fluoroborate	$(C_4H_9)_4NBF_4$	161.8; 161		35, 51
Tetrabutylammonium p-toluene sulfonate	$C_{23}H_{43}O_3NS$	100–101	1.09	14
Tetrabutylammonium hydroxytriphenyl boride	$(C_4H_9)_4N(OH)B(C_6H_5)_3$	145.5		37
Tetrabutylammonium triphenylborofluoride	$(C_4H_9)_4NFB(C_6H_5)_3$	165–166; 161–162		22, 13
Tetrabutylammonium triphenyl borohydroxide	$(C_4H_9)_4NOHB(C_6H_5)_3$	175–177		13
Tetraamylammonium chloride	$(C_5H_{11})_4NCl$	22		42
Tetraamylammonium bromide	$(C_5H_{11})_4NBr$	99–101; 100	1.0662	7, 3, 42
Tetraamylammonium iodide	$(C_5H_{11})_4NI$	134–135	1.1800	3, 42
Tetraamylammonium thiocyanate	$(C_5H_{11})_4NSCN$	50.5	0.9431	52, 42
Tetraamylammonium picrate	$(C_5H_{11})_4N[OC_6H_2(NO_2)_3]$	73–73.5; 74–74.5; 74, 75		22, 23, 53, 54, 25

Solute	Molecular formula	Melting point (°C)	Density (g/cc)	Ref.
Tetraamylammonium nitrate	$(C_5H_{11})_4NNO_3$	115–115.5		19
Tetraamylammonium perchlorate	$(C_5H_{11})_4NClO_4$	110–116		33
Tetraisoamylammonium iodide	$(i\text{-}C_5H_{11})_4NI$	136 132 146.5 147–149	1.1205	6, 55, 56 42, 33
Tetraisoamylammonium perchlorate	$(i\text{-}C_5H_{11})_4NClO_4$	119 118		6, 33
Tetraisoamylammonium picrate	$(i\text{-}C_5H_{11})_4N[OC_6H_2(NO_2)_3]$	85, 90 87.2 85.5–86.5	1.27	6, 37, 8 33
Tetraisoamylammonium nitrate	$(i\text{-}C_5H_{11})_4NNO_3$	138–138.5		19
Tetraisoamylammonium tetraisoamyl boride	$(i\text{-}C_5H_{11})_4NB(i\text{-}C_5H_{11})_4$	250–251 181 (dec) 242–244		56, 57, 58
Tetraisoamylammonium thiocyanate	$(i\text{-}C_5H_{11})_4NSCN$	88, 103.5–104 104, 106		37, 48, 33
Tetraisoamylammonium tetrafluoroborate	$(i\text{-}C_5H_{11})_4NBF_4$	106–107		59
Tetrahexylammonium bromide	$(C_6H_{13})_4NBr$	104	1.0036	42
Tetrahexylammonium perchlorate	$(C_6H_{13})_4NClO_4$	105–106		33
Tetrahexylammonium iodide	$(C_6H_{13})_4NI$	104–105	1.0922	60

III. ELECTRICAL CONDUCTANCE

Name	Formula	mp (°C)	d	Ref.
Tetrahexylammonium benzoate	$(C_6H_{13})_4NOCOC_6H_5$	Liq. at 25°C	0.90	60
Tetraheptylammonium bromide	$(C_7H_{15})_4NBr$	96, 88.9–89.1		42, 33
Tetraheptylammonium iodide	$(C_7H_{15})_4NI$	123 121–122	1.0660	42, 33
Tetraheptylammonium perchlorate	$(C_7H_{15})_4NClO_4$	123.5–124		33
Trimethylammonium chloride	$(CH_3)_3NHCl$	226		38
Trimethylammonium picrate	$(CH_3)_3NH[OC_6H_2(NO_2)_3]$	223		22
Trimethylhydroxyammonium picrate	$(CH_3)_3NOH[O_8H_2(NO_2)_3]$	204 207–208		22, 35
Trimethylmethoxyammonium picrate	$(CH_3)(CH_3O)N[OC_6H_2(NO_2)_3]$	219		22
Dimethylammonium picrate	$(CH_3)_2NH_2[O(C_6H_2)(NO_2)_3]$	160–161	1.54	6
Methyl tributylammonium iodide	$(CH_3)(C_4H_9)_3NI$	186–188		61
Methyltriheptylammonium iodide	$(CH_3)(C_7H_{15})_3NI$	43		62
Methyl tributylammonium perchlorate	$(CH_3)(C_4H_9)_3NClO_4$	169 159		44, 63
Methyl tributylammonium picrate	$(CH_3)(C_4H_9)_3N[OC_6H_2(NO_2)_3]$	28		44
Bromoethyl trimethyl ammonium picrate	$(BrCH_2)(CH_3)_3N[OC_6H_2(NO_2)_3]$	236		22
Methyl tributylammonium thiocyanate	$(CH_3)(C_4H_9)_3NSCN$	101		26
Methoxymethyl trimethylammonium picrate	$(CH_3O)(CH_3)_3N[OC_6H_2(NO_2)_3]$	198 200		22, 64
Bromomethyltrimethylammonium bromide	$(BrCH_2)(CH_3)_3NBr$	155		64

Solute	Molecular formula	Melting point (°C)	Density (g/cc)	Ref.
Bromomethyl trimethyl ammonium picrate	$(BrCH_2)(CH_3)_3N[OC_6H_2(NO_2)_3]$	236 247–247.5		22
Iodomethyltrimethyl ammonium picrate	$(ICH_2)(CH_3)_3N[OC_6H_2(NO_2)_3]$	218		64
Triethylammonium picrate	$(C_2H_5)_3NH[OC_6H_2(NO_2)_3]$	178	1.4	21, 65
Ethyltrimethylammonium picrate	$(C_2H_5)(CH_3)_3N[OC_6H_2(NO_2)_3]$	307–308 (dec)		22, 64
Diethylammonium picrate	$(C_2H_5)_2NH_2[OC_6H_2(NO_2)_3]$	69.5	1.4 1.36	6, 5, 2
Diethylammonium chloride	$(C_2H_5)_2NH_2Cl$	226	1.2	6, 27, 5, 2
Ethylammonium picrate	$(C_2H_5)NH_3[OC_6H_2(NO_2)_3]$		1.6	6, 2
Hydroxyethyltrimethyl ammonium picrate (choline picrate)	$(C_2H_4OH)(CH_3)N[OC_6H_2(NO_2)_3]$	242–245		64
Acetyltrimethylammonium picrate (acetylcholine)	$(CH_3)_3(C_2H_4COCH_3)N[OC_6H_2(NO_2)_3]$	109–110		64
Chloroethyltrimethyl ammonium picrate	$(ClC_2H_4)(CH_3)_3N[OC_6H_2(NO_2)_3]$	209		64
Bromoethyltrimethyl ammonium picrate	$(BrC_2H_4)(CH_3)_3N[OC_6H_2(NO_2)_3]$	160		64
Tripropylammonium picrate	$(C_3H_7)_3NH[OC_6H_2(NO_2)_3]$	115 118		9, 65
Tripropylbutylammonium iodide	$(C_3H_7)_3(C_4H_9)NI$	243		66
Tripropylmethylammonium iodide	$(C_3H_7)_3(CH_3)NI$	207		66
Di-propylammonium picrate	$(C_3H_7)_2NH_2[OC_6H_2(NO_2)_3]$	96–97		67

III. ELECTRICAL CONDUCTANCE

Propyltributyl ammonium picrate	$(C_3H_7)(C_4H_9)_3N[OC_6H_2(NO_2)_3]$	89	44
Tributylammonium picrate	$(C_4H_9)_3NH[OC_6H_2(NO_2)_3]$	108.3, 106.5	37, 68, 35
		106.7	67, 8, 9
		104–105	69
		106.6	
		106	
Tributylammonium perchlorate	$(C_4H_9)_3NHClO_4$	207	37
Tributyl amylammonium iodide	$(C_4H_9)_3(C_5H_{11})NI$	107	48
Tributylamine N-oxide picrate	$(C_4H_9)_3NHO[OC_6H_2(NO_2)_3]$	110.0–111.0	70
Tributylammonium bromide	$(C_4H_9)_3NHBr$	74–75	37, 69
		75	
Tributylammonium iodide	$(C_4H_9)_3NHI$	101–101.5	37, 35, 71
		102	69
		103	
		101.2–101.7	
Tributylammonium chloride	$(C_4H_9)_3NHCl$	182 (dec)	37
Tributylmethylammonium thiocyanate	$(C_4H_9)_3CH_3NSCN$	101	48
Dibutylammonium picrate	$(C_4H_9)_2NH_2[OC_6H_2(NO_2)_3]$	63.8	35
Butylammonium perchlorate	$(C_4H_9)NH_3ClO_4$	195.4	35
Butylammonium picrate	$(C_4H_9)NH_3[OC_6H_2(NO_2)_3]$	145.2	35, 72
		147	
Isobutylammonium picrate	$(i\text{-}C_4H_9)NH_3[O(C_6H_2)(NO_2)_3]$	150.5	6, 5, 2
		1.45	
		1.474	

NONAQUEOUS ELECTROLYTES

Solute	Molecular formula	Melting point (°C)	Density (g/cc)	Ref.
Isobutylammonium chloride	$(i\text{-}C_4H_9)NH_3Cl$	176 175.5	1.2	27, 5, 2
Dibutyl di-n-octadecyl ammonium thiocyanate	$(C_4H_9)_2(C_{18}H_{37})_2NSCN$	83–85		48
Triamylammonium picrate	$(C_5H_{11})_3NH[OC_6H_2(NO_2)_3]$	42–43		73
Triisoamylammonium picrate	$(i\text{-}C_5H_{11})_3NH[OC_6H_2(NO_2)_3]$	127		37, 48
Triisoamylbutylammonium tetraphenyl boride	$(i\text{-}C_5H_{11})_3(C_4H_9)NB(C_6H_5)_4$	264–265 274–275	0.967	47, 74, 75
Triisoamylbutylammonium iodide	$(i\text{-}C_5H_{11})_3(C_4H_9)NI$	119 122.0–122.5	1.229	47, 75
Triisoamylbutylammonium perchlorate	$(i\text{-}C_5H_{11})_3(C_4H_9)NClO_4$	94–96 102–103		76, 75
Triisoamyl butylammonium picrate	$(i\text{-}C_5H_{11})_3(C_4H_9)N[OC_6H_2(NO_2)_3]$	94.2–94.8	1.139	47
Amyl tributylammonium iodide	$(C_5H_{11})(C_4H_9)_3NI$	107		48
Isoamylammonium picrate	$(i\text{-}C_5H_{11})NH_3[O(C_6H_2)(NO_2)_3]$	132.8	1.4	6
Di-isoamylammonium picrate	$(i\text{-}C_5H_{11})_2NH_2[OC_6H_2(NO_2)_3]$	94.5	1.29	6, 5
Phenylammonium picrate	$(C_6H_5)NH_3[OC_6H_2(NO_2)_3]$	160–165 (dec)		35
Phenyl dimethylammonium picrate	$(C_6H_5)(CH_3)_2NH[OC_6H_2(NO_2)_3]$	160		22, 35
Phenyldimethyl hydroxyammonium picrate	$C_6H_5(CH_3)_2N(OH)[OC_6H_2(NO_2)_3]$	137 (dec) 139 (dec)		22
Triphenylmethylammonium chloride	$(C_6H_5)_3CH_3NCl$	111–111.3		35

III. ELECTRICAL CONDUCTANCE

Triphenyl methylammonium fluoride	$(C_6H_5)_3(CH_3)NF$	100	35
Triphenyl methylammonium bromide	$(C_6H_5)_3(CH_3)NBr$	153.6–154	35
Triphenyl methylammonium borofluoride	$(C_6H_5)(CH_3)NBF_4$	195–196	35
Phenyldimethyl hydroxy ammonium picrate	$(C_6H_5)(CH_3)_2N(OH)[OC_6H_2(NO_2)_3]$	139 137 (dec)	35
Phenyl trimethylammonium picrate	$(C_6H_5)(CH_3)_3N[OC_6H_2(NO_2)_3]$	122.5–123	22
Phenylammonium picrate	$(C_6H_5)NH_3[OC_6H_2(NO_2)_3]$	160–165 (dec) 178–179 (dec)	35, 53
Phenyl dimethyl ammonium picrate	$(C_6H_5)(CH_3)_2NH[OC_6H_2(NO_2)_3]$	160	35
Tribenzylammonium picrate	$(C_6H_5CH_2)_3NH[OC_6H_2(NO_2)_3]$	191 194	68, 53
Benzyl dimethyl phenylammonium chloride	$(C_6H_5CH_2)(CH_3)_2(C_6H_5)NCl$	134–138	77
Di-octylammonium chloride	$(C_8H_{17})_2NH_2Cl$	231–232	78
Di-octylammonium nitrate	$(C_8H_{17})_2NH_2NO_3$	190	78
Di-octylammonium bisulfate	$(C_8H_{17})_2NH_2HSO_4$	194–195	78
Di-decylammonium chloride	$(C_{10}H_{21})_2NH_2Cl$	206–207	78
Di-decylammonium nitrate	$(C_{10}H_{21})_2NH_2NO_3$	178	78
Di-decylammonium bisulfate	$(C_{10}H_{21})_2NH_2HSO_4$	185–186	78
Tri-dodecylammonium chloride	$(C_{12}H_{25})_3NHCl$	84–85	78
Tri-dodecylammonium bromide	$(C_{12}H_{25})_3NHBr$	86–87	78
Tri-dodecylammonium nitrate	$(C_{12}H_{25})_3NHNO_3$	51–52	78

Solute	Molecular formula	Melting point (°C)	Density (g/cc)	Ref.
Tri-dodecylammonium bisulfate	$(C_{12}H_{25})_3NH_2HSO_4$	64–65		78
Tri-dodecylammonium perchlorate	$(C_{12}H_{25})_3NHClO_4$	58–59		78
Di-dodecylammonium chloride	$(C_{12}H_{25})_2NH_2Cl$	205		78
Di-dodecylammonium nitrate	$(C_{12}H_{25})_2NH_2NO_3$	170		78
Di-dodecylammonium bisulfate	$(C_{12}H_{25})_2NH_2HSO_4$	178–180		78
n-cetylammonium picrate	$(C_{16}H_{33})NH_3[OC_6H_2(NO_2)_3]$	114.7		6, 2
Octadecyl trimethyl ammonium fluoride	$(C_{18}H_{37})(CH_3)_3NF$	295–296		79
Octadecyl trimethyl ammonium iodide	$(C_{18}H_{37})(CH_3)_3NI$	234.5–236 252 235–238 237–238.5 252 234–236		26, 80, 34 81, 82, 18
Octadecyl trimethyl ammonium nitrate	$(C_{18}H_{37})(CH_3)_3NNO_3$	190 200–202 210		26, 80 81, 82
Octadecyl trimethyl ammonium bromide	$(C_{18}H_{37})(CH_3)_3NBr$	248		18
N,N,N,N^1,N^1,N^1-hexabutyl octamethylene diammonium dibromide (DiBuBr$_2$)	$[(C_4H_9)_3N^+(CH_2)_8N^+(C_4H_9)_3]Br_2$	123–125		83
Octadecyl trimethyl ammonium acetate	$(C_{18}H_{37})(CH_3)_3NCOOCH_3$	188–190		79
Octadecyl trimethyl ammonium chloracetate	$(C_{18}H_{37})(CH_3)_3NCOOCH_2Cl$	185–195		79

III. ELECTRICAL CONDUCTANCE

Octadecyl trimethyl ammonium picrate	$(C_{18}H_{37})(CH_3)_3N[OC_6H_2(NO_2)_3]$	134–135 132–133 134 131–133	34, 20, 79 8, 23
Octadecyl trimethyl ammonium n-octadecyl sulfate	$(C_{18}H_{37})(CH_3)_3N(C_{18}H_{37}SO_4)$	153.5–156.5 153–156 147	26, 8 81
n-octadecyl trimethyl ammonium chloride	$C_{18}H_{37}(CH_3)_3NCl$	225 (dec)	18
n-octadecyl triethyl ammonium chloride	$(C_{18}H_{37})(C_2H_5)_3NCl$	153	18
n-octadecyl triethyl ammonium bromide	$(C_{18}H_{37})(C_2H_5)_3NBr$	186	18
n-octadecyl triethyl ammonium iodide	$(C_{18}H_{37})(C_2H_5)_3NI$	196	18
n-octadecyl triethyl ammonium nitrate	$(C_{18}H_{37})(C_2H_5)_3NNO_3$	160	18
n-octadecyl triethyl ammonium picrate	$(C_{18}H_{37})(C_2H_5)_3N[OC_6H_2(NO_2)_3]$	58	18
n-octadecyl tributyl ammonium acetate	$(C_{18}H_{37})(C_4H_9)_3NCOOCH_3$	89–90	79
Octadecyl tributyl ammonium chloracetate	$(C_{18}H_{37})(C_4H_9)_3NCOOCH_2Cl$	92	79
Octadecyl tri-n butylammonium iodide	$(C_{18}H_{37})(C_4H_9)_3NI$	101–102 97–98 101	80, 20, 7 23
n-octadecyl tri-n butylammonium thiocyanate	$(C_{18}H_{37})(C_4H_9)_3NSCN$	66.5–67.2	71
n-octadecyl tri-n butylammonium nitrate	$(C_{18}H_{37})(C_4H_9)NNO_3$	89.2–90.0 90.5–91.5 90–91	80, 34, 71
n-octadecyl tri-n butylammonium picrate	$(C_{18}H_{37})(C_4H_9)_3N[OC_6H_2(NO_2)_3]$	42–43 50–50.5 (dec)	34, 20

Solute	Molecular formula	Melting point (°C)	Density (g/cc)	Ref.
n-octadecyl tri-n-amylammonium thiocyanate	$(C_{18}H_{37})(C_5H_{11})_3NSCN$	101.0–101.3		71
Dodecyl dimethyl ammonium picrate	$(C_{12}H_{25})_2(CH_3)_2N[OC_6H_2(NO_2)_3]$	47		18
Octadecyldodecyl dimethyl ammonium iodide	$(C_{18}H_{37})(C_{12}H_{25})(CH_3)_2NI$	146		18
Di-dodecyl dimethyl ammonium chloride	$(C_{12}H_{25})_2(CH_3)_2NCl$	130		18
Di-dodecyl dimethyl ammonium iodide	$(C_{12}H_{25})_2(CH_3)_2NI$	138		18
Octadecyldodecyl dimethyl ammonium picrate	$(C_{18}H_{37})(C_{12}H_{25})(CH_3)_2N-[OC_6H_2(NO_2)_3]$	48		18
Di-octadecyl dibutyl ammonium iodide	$(C_{18}H_{37})_2(C_4H_9)_2NI$	108.5–109 107		20, 79, 7
Di-octadecyl dimethyl ammonium picrate	$(C_{18}H_{37})_2(CH_3)_2N[OC_6H_2(NO_2)_3]$	75.5–76.2		34
Di-n-octadecyl di-n butyl ammonium picrate	$(C_{18}H_{37})_2(C_4H_9)_2N[OC_6H_2(NO_2)_3]$	50.5–51.5		34
Dodecylammonium chloride	$(C_{12}H_{25})NH_3Cl$	~200 181–182	1.034	84, 78
Dodecylammonium bromide	$(C_{12}H_{25})NH_3Br$	~200	1.183	84
Di-n-octadecyl dimethyl ammonium iodide	$(C_{18}H_{37})_2(CH_3)_2NI$	154		80
Di-n-octadecyl dimethyl ammonium nitrate	$(C_{18}H_{37})_2(CH_3)_2NNO_3$	79–81		80
Di-n-octadecyl dibutyl ammonium thiocyanate	$(C_{18}H_{37})_2(C_4H_9)_2NSCN$	83–85		48
N,N^1-bis (β-dimethylaminoethyl) suberamide bismethiodide		168–169		85

III. ELECTRICAL CONDUCTANCE

References

1. M. B. Reynolds and C. A. Kraus, J. Am. Chem. Soc., **70**, 1709 (1948).
2. P. Walden and E. J. Birr, Z. Physik. Chem., **144A**, 269 (1929).
3. A. C. Harkness and H. M. Daggett, Jr., Can. J. Chem., **43**, 1215 (1965).
4. D. S. Berns and R. M. Fuoss, J. Am. Chem. Soc., **83**, 1321 (1961).
5. P. Walden, H. Ulich and G. Busch, Z. Physik. Chem., **123**, 429 (1926).
6. P. Walden and E. J. Birr, Z. Physik. Chem., **A153**, 1 (1931).
7. M. J. McDowell and C. A. Kraus, J. Am. Chem. Soc., **73**, 3293 (1951).
8. E. C. Evers and A. G. Knox, J. Am. Chem. Soc., **73**, 1739 (1951).
9. D. F. Tai Tuan and R. M. Fuoss, J. Phys. Chem., **67**, 1343 (1963).
10. V. Gutmann, G. Hempel and O. Leitmann, Monatsh. Chem., **95**, 1034 (1964).
11. J. D. Cotton and T. C. Waddington, J. Chem. Soc., 785 (1966).
12. D. S. Berns and R. M. Fuoss, J. Am. Chem. Soc., **82**, 5585 (1960).
13. D. L. Fowler and C. A. Kraus, J. Am. Chem. Soc., **62**, 1143 (1940).
14. C. M. French and R. C. B. Tomlinson, J. Chem. Soc., 311 (1961).
15. E. E. Lineken, J. Am. Chem. Soc., **69**, 467 (1947).
16. A. I. Popov and N. E. Skelly, J. Am. Chem. Soc., **76**, 5309 (1954).
17. P. Walden and E. J. Birr, Z. Physik. Chem., **A163**, 263 (1933).
18. R. H. Davies and E. G. Taylor, J. Phys. Chem., **68**, 3901 (1964).
19. L. M. Tucker and C. A. Kraus, J. Am. Chem. Soc., **69**, 454 (1947).
20. F. H. Healey and A. E. Martell, J. Am. Chem. Soc., **73**, 3296 (1951).
21. P. Walden and G. Busch, Z. Physik. Chem., **A140**, 89 (1929).
22. E. G. Taylor and C. A. Kraus, J. Am. Chem. Soc., **69**, 1731 (1947).
23. F. Accascina, E. L. Swarts, P. L. Mercier and C. A. Kraus, Proc. Natl. Acad. Sci. U.S., **39**, 917 (1953).
24. N. G. Foster and E. S. Amis, Z. Physik. Chem., **7**, 360 (1956).
25. C. M. French and P. B. Hart, J. Chem. Soc., 1671 (1960).
26. W. E. Thompson and C. A. Kraus, J. Am. Chem. Soc., **69**, 1016 (1947).
27. P. Walden, H. Ulich and F. Laun, Z. Physik. Chem., **114**, 275 (1924).
28. I. Y. Ahmed and C. D. Schmulbach, J. Phys. Chem., **71**, 2358 (1967).
29. I. Y. Ahmed and C. D. Schmulbach, Inorg. Chem., **8**, 1411 (1969).
30. D. F. Evans, G. P. Cunningham and R. L. Kay, J. Phys. Chem., **70**, 2974 (1966).
31. A. K. R. Unni, L. Elissaf and H. I. Schiff, J. Phys. Chem., **67**, 1216 (1963).
32. H. K. Bodenseh and J. B. Ramsey, J. Phys. Chem., **69**, 543 (1965).
33. J. E. Gordon, J. Am. Chem. Soc., **87**, 4347 (1965).
34. H. L. Pickering and C. A. Kraus, J. Am. Chem. Soc., **71**, 3288 (1949).
35. C. R. Wischonke and C. A. Kraus, J. Am. Chem. Soc., **69**, 2472 (1947).
36. N. L. Cox, C. A. Kraus and R. M. Fuoss, Trans. Faraday Soc., **31**, 749 (1935).
37. J. A. Geddes and C. A. Kraus, Trans. Faraday Soc., **32**, 585 (1936).
38. G. W. Moessen and C. A. Kraus, Proc. Natl. Acad. Sci., U.S., **38**, 1023 (1952).
39. L. M. Mukherjee and D. P. Boden, J. Phys. Chem., **73**, 3965 (1969).
40. W. F. Luder, P. B. Kraus, C. A. Kraus and R. M. Fuoss, J. Am. Chem. Soc., **58**, 255 (1936).
41. E. Hirsch and R. M. Fuoss, J. Am. Chem. Soc., **82**, 1018 (1960).
42. T. G. Coker, J. Ambrose and G. J. Janz, J. Am. Chem. Soc., **92**, 5293 (1970).
43. D. S. Burgess and C. A. Kraus, J. Am. Chem. Soc., **70**, 706 (1948).
44. L. F. Gleysteen and C. A. Kraus, J. Am. Chem. Soc., **69**, 451 (1947).
45. J. F. Coetzee and D. K. McGuire, J. Phys. Chem., **67**, 1810 (1963).
46. R. P. Seward, J. Phys. Chem., **62**, 758 (1958).
47. M. A. Coplan and R. M. Fuoss, J. Phys. Chem., **68**, 1177 (1964).
48. L. E. Strong and C. A. Kraus, J. Am. Chem. Soc., **72**, 166 (1950).

49. A. M. Brown and R. M. Fuoss, J. Phys. Chem., **64,** 1341 (1960).
50. J. J. Jwolenik and R. M. Fuoss; J. Phys. Chem., **68,** 903 (1964).
51. E. J. Rel Rosario and J. E. Lind, Jr., J. Phys. Chem., **70,** 2876 (1966).
52. F. R. Lago, O. D. Kerstetter, T. I. Kumosonski and E. C. Evers, J. Phys. Chem., **70,** 431 (1966).
53. C. M. French and D. E. Muggleton, J. Chem. Soc., 2131 (1957).
54. C. M. French and P. B. Hart, J. Chem. Soc., 3161 (1960).
55. C. A. Kraus and R. M. Fuoss, J. Am. Chem. Soc., **55,** 21 (1933).
56. L. M. Mukherjee, D. P. Boden and R. Liendauer, J. Phys. Chem., **74,** 1942 (1970).
57. J. F. Coetzee and G. P. Cunningham, J. Am. Chem. Soc., **86,** 3403 (1964).
58. A. Prock and W. A. LaVallee, J. Phys. Chem., **74,** 2408 (1970).
59. J. E. Lind, Jr. and D. R. Sageman, J. Phys. Chem., **74,** 3269 (1970).
60. C. G. Swain, A. Ohno, D. K. Roe, R. Brown and T. Maugh, II, J. Am. Chem. Soc., **89,** 2648 (1967).
61. J. B. Ezell and W. R. Gilkerson, J. Phys. Chem., **72,** 144 (1968).
62. S. R. C. Hughes and D. H. Price, J. Chem. Soc., 1093 (1967).
63. W. R. Gilkerson and J. B. Ezell, J. Am. Chem. Soc., **87,** 3812 (1965).
64. D. J. Mead, J. B. Ramsey, D. A. Rothrock, Jr. and C. A. Kraus, J. Am. Chem. Soc., **69,** 528 (1947).
65. J. J. Zwolenik and R. M. Fuoss, J. Phys. Chem., **68,** 434 (1964).
66. C. Treiner and R. M. Fuoss, Z. Physik. Chem., **228,** 343 (1965).
67. R. M. Fuoss, D. Edelson and B. I. Spinrad, J. Am. Chem. Soc., **72,** 327 (1950).
68. M. A. Elliott and R. M. Fuoss, J. Am. Chem. Soc., **61,** 294 (1939).
69. E. K. Ralph, III and W. R. Gilkerson, J. Am. Chem. Soc., **86,** 4783 (1964).
70. W. R. Gilkerson and E. K. Ralph, III, J. Am. Chem. Soc., **87,** 175 (1965).
71. H. S. Young and C. A. Kraus, J. Am. Chem. Soc., **73,** 4732 (1951).
72. I. M. Kolthoff and M. K. Chantooni, Jr., J. Am. Chem. Soc., **85,** 426 (1963).
73. B. L. Solnick, Ph.D. Thesis, Univ. of Pennsylvania (1969).
74. P. G. Sears, J. A. Caruso and A. I. Popov, J. Phys. Chem., **71,** 905 (1967).
75. B. J. Barker and J. A. Caruso, J. Am. Chem. Soc., **93,** 1341 (1971).
76. T. C. Wehman and A. I. Popov, J. Phys. Chem., **72,** 4031 (1968).
77. Eastman Organic Chemicals Catalog 46 (1971).
78. A. S. Kertes, H. Gutmann, O. Levy and G. Markovits, Israel J. Chem., **6,** 463 (1968).
79. E. J. Bair and C. A. Kraus, J. Am. Chem. Soc., **73,** 2459 (1951).
80. H. E. Weaver and C. A. Kraus, J. Am. Chem. Soc., **70,** 1707 (1948).
81. L. R. Dawson, E. D. Wilhoit, R. R. Holmes and P. G. Sears, J. Am. Chem. Soc., **79,** 3004 (1957).
82. P. G. Sears, G. R. Lester and L. R. Dawson, J. Phys. Chem., **60,** 1433 (1956).
83. T. L. Broadwater and D. F. Evans, J. Phys. Chem., **73,** 164 (1969).
84. M. Gordon, E. Stenhagen and V. Vand, Acta. Cryst., **6,** 739 (1953).
85. H. Eisenberg and R. M. Fuoss, J. Am. Chem. Soc., **75,** 2914 (1953).

2. X-RAY DATA OF SOME QUATERNARY AMMONIUM SALTS

This section contains X-ray data information relative to a selection of quaternary ammonium salts. Crystal symmetry, space groups, unit cell dimensions and specific gravities are provided for most cases.

Name of the compound and molecular formula	Crystal symmetry	Space group	Unit cell dimensions (Å)	Sp. gravity	Ref.
Tetramethylammonium chloride $(CH_3)_4NCl$	Tetragonal	$D_{4h}^7(P/nmm)$	$a = 7.78$ $c = 5.53$	1.169	9, 10
Tetramethylammonium bromide $(CH_3)_4NBr$	Tetragonal	$D_{4h}^7(P_4/nmm)$	$a = 7.76$ $c = 5.53$	1.560	9, 10
Tetramethylammonium iodide $(CH_3)_4NI$	Tetragonal	$D_{4h}^7(P_4/nmm)$	$a = 7.96$ $c = 5.75$	1.827 to 1.844	10
Tetramethylammonium perchlorate $(CH_3)_4NClO_4$	Tetragonal	$D_{4h}^7(P_4/nmm)$	$a = 8.290$ $c = 6.006$	1.379	3, 9, 10
Tetramethylammonium dichloro iodide $(CH_3)_4NICl_2$	Tetragonal	$Vd^3(P_4^{-2}1m)$	$a = 9.35$ $c = 5.94$	1.74	4, 9, 10, 11
Tetramethylammonium pentaiodide $(CH_3)_4NI_5$	Monoclinic	$C_{2h}^6(C_{2/c})$	$a = 13.34$ $b = 13.59$		6, 11
(Acetylcholine bromide) $(CH_3COOC_2H_4)(CH_3)_3NBr$	Monoclinic	$C_{2h}^5(P2_{1/a})$	$a = 11.10$ $b = 13.67$ $c = 7.18$		11
Trimethylammonium bromide $(CH_3)_3NHBr$	Monoclinic	$C_{2h}^2(C2_{1/m})$	$a = 5.41$ $b = 8.16$ $c = 7.35$	1.594	2, 9
Trimethylammonium iodide $(CH_3)_3NHI$	Monoclinic	$C_{2h}^2(C2_{1/m})$	$a = 5.57$ $b = 8.42$ $c = 7.93$	1.924	2, 9
Methylammonium chloride CH_3NH_3Cl	Tetragonal	$D_{4h}^7(P_4/nmm)$	$a = 6.04 \pm 0.01$ $c = 5.05 \pm 0.01$	1.23	1, 9, 11

III. ELECTRICAL CONDUCTANCE

Compound	System	Space group	Lattice parameters		Ref.
Methylammonium bromide CH_3NH_3Br	Tetragonal	$D_{4h}^7(P4/nmm)$	$a = 5.09$ $c = 8.76$	1.78	9, 11
Methylammonium iodide CH_3NH_3I	Tetragonal	$D_{4h}^7(P4/nmm)$	$a = 5.11$ $c = 8.97$	2.20	9, 11
Tetraethylammonium iodide $(C_2H_5)_4NI$	Tetragonal	$S_4^2(I\bar{4})$	$a = 8.87 \pm 0.02$ $c = 6.95$		11
Triethylammonium chloride $(C_2H_5)_3NHCl$	Hexagonal	$C_{6v}^4(P6_3mc)$	$a = 8.38$ $c = 7.08$		11
Triethylammonium bromide $(C_2H_5)_3NHBr$	Hexagonal	$C_{6v}^4(P6_3mc)$	$a = 8.56$ $c = 7.49$		9, 11
Triethylammonium iodide $(C_2H_5)_3NHI$	Hexagonal	$C_{6v}^4(P6_3mc)$	$a = 8.78$ $c = 7.74$		9, 11
Hydroxyethyltrimethyl ammonium chloride $(C_2H_4OH)(CH_3)_3NCl$	Orthorhombic	$V^4(P2_12_12_1)$	$a = 11.21 \pm 0.02$ $b = 11.59 \pm 0.02$ $c = 5.87 \pm 0.02$		11
Ethylammonium chloride $C_2H_5NH_3Cl$	Monoclinic	$C_{2h}^2(P2_{1/m})$	$a = 8.18$ $b = 5.95$ $c = 4.51$		11
Ethylammonium bromide $C_2H_5NH_3Br$	Monoclinic	$C_{2h}^2(P2_{1/m})$	$a = 8.361 \pm 0.010$ $b = 6.261 \pm 0.005$ $c = 4.630 \pm 0.005$		11
Ethylammonium iodide $C_2H_5NH_3I$	Monoclinic	$C_{2h}^2(2_{1/m})$	$a = 8.69$ $b = 6.64$ $c = 4.82$		11
Tetra propylammonium bromide $(C_3H_7)_4NBr$	Tetragonal	$S_4^2(I\bar{4})$	$a = 8.24 \pm 0.01$ $c = 10.92 \pm 0.01$		7, 11 7, 11

Name of the compound and molecular formula	Crystal symmetry	Space group	Unit cell dimensions (Å)	Sp. gravity	Ref.
n-Propylammonium chloride $C_3H_7NH_3Cl$	Tetragonal	$D_{4h}^7(P_{4/nmm})$	a = 6.220 ± 0.005 c = 7.377 ± 0.008	1.093	5, 9, 11
n-Propylammonium bromide $C_3H_7NH_3Br$	Tetragonal	$D_{4h}^7(-P_{4/nmm})$	a = 6.497 ± 0.005 c = 7.380 ± 0.006	1.516	5, 9, 11
n-Propylammonium iodide $C_3H_7NH_3I$	Tetragonal	$D_{4h}^7(-4/mmm)$	a = 6.931 ± 0.003 c = 7.332 ± 0.003	1.75	5, 9, 11
Tetrabutylammonium fluoride hydrate $(C_4H_9)_4NF32 \cdot 8H_2O$	Tetragonal	$C_{4h}^2(P_{4_2/m})$	a = 23.52 ± 0.01 c = 12.30 ± 0.01		11
Tetrabutylammonium benzoate hydrate $(C_4H_9)_4NC_6H_5COO39\frac{1}{2}H_2O$	Tetragonal	$P4_2/mnm$	a = 23.57 ± 0.04 c = 12.45 ± 0.02	1.05	12
Butylammonium chloride $C_4H_9NH_3Cl$	Tetragonal	$D_{4h}^7(P_{4/nmm})$	a = 5.02 ± 0.01 c = 14.85 ± 0.07	0.982	9, 11
Butylammonium bromide $C_4H_9NH_3Br$	Tetragonal	$D_{4h}^7(P_{4/nmm})$	a = 5.02 ± 0.03 c = 15.23 ± 0.06	1.330	9, 11
Butylammonium iodide $C_4H_9NH_3I$	Tetragonal	$D_{4h}^7(P_{4/nmm})$	a = 5.18 ± 0.03 c = 15.30 ± 0.09	1.70	9, 11
Tetraisoamylammonium fluoride hydrate $(i\text{-}C_5H_{11})_4NF38H_2O$	Orthorhombic	$V_h^5(P_{bmm})$	a = 12.08 ± 0.01 b = 21.61 ± 0.02 c = 12.82 ± 0.01		11
Amylammonium chloride $C_5H_{11}NH_3Cl$	Tetragonal	$D_{4h}^7(P_{4/nmm})$	a = 5.01 ± 0.01 c = 16.69 ± 0.09	0.953	9, 11
Amylammonium bromide $C_5H_{11}NH_3Br$	Tetragonal	$D_{4h}^7(P_{4/nmm})$	a = 5.00 ± 0.03 c = 16.95 ± 0.09	1.250	9, 11

III. ELECTRICAL CONDUCTANCE

Compound	System	Space group	Lattice parameters		Refs.
Amylammonium iodide $C_5H_{11}NH_3I$	Tetragonal	$D_{4h}^7(P_{4/nmm})$	$a = $ Ca 5.18 $c = 17.42$		11
Hexylammonium chloride $C_6H_{13}NH_3Cl$	Tetragonal	$D_{4h}^7(P_{4/nmm})$	$a = 4.98$ $c = 19.55$		11
Hexylammonium bromide $C_6H_{13}NH_3Br$	Tetragonal	$D_{4h}^7(P_{4/nmm})$	$a = 4.93 \pm 0.05$ $c = 19.78 \pm 0.20$	1.235	9
Hexylammonium iodide $C_6H_{13}NH_3I$	Tetragonal	$D_{4h}^7(P_{4/nmm})$	$a = $ Ca 5.18 $c = 19.50$		11
Heptylammonium chloride $C_7H_{15}NH_3Cl$	Tetragonal	$D_{4h}^7(P_{4/nmm})$	$a = 4.96 \pm 0.03$ $c = 21.09 \pm 0.20$	0.940	9
Heptylammonium iodide $C_7H_{15}NH_3I$	Tetragonal	$D_{4h}^7(P_{4/nmm})$	$a = 5.17 \pm 0.03$ $c = 21.14 \pm 0.20$	1.45	9
Octylammonium iodide $C_8H_{17}NH_3I$	Tetragonal	$D_{4h}^7(P_{4/nmm})$	$a \sim 5.18$ $c \sim 23.70$		9, 11
Decylammonium iodide $C_{10}H_{21}NH_3I$	Tetragonal	$D_{4h}^7(P_{4/nmm})$	$a \sim 5.18$ $c = 28.09$		9, 11
Dodecylammonium chloride $(C_{12}H_{25})NH_3Cl$	Monoclinic	$C_{2h}^5(P2_1/c)$	$a = 5.68$ $b = 7.16$ $c = 17.86$		2, 8, 11
n-Dodecylammonium bromide $C_{12}H_{25}NH_3Br$	Monoclinic	$C_{2h}^5 - P2_{1/c}$	$a = 6.06$ $b = 7.02$ $c = 35.8$		2, 11
Dodecylammonium iodide $C_{12}H_{25}NH_3I$	Tetragonal	$D_{4h}^7 P_{4/nmm}$	$a \sim 5.18$ $c = 31.24$		9, 11

Name of the compound and molecular formula	Crystal symmetry	Space group	Unit cell dimensions (Å)	Sp. gravity	Ref.
n-Methyl dodecylammonium chloride $C_{13}H_{27}NH_3Cl$	Triclinic	$C_i^1(P_1^-)$	a = 4.98 b = 5.29 c = 29.92		2, 8
Tridecylammonium chloride $C_{13}H_{27}NH_3Cl$	Orthorhombic	$V_h^{18}(C_{mca})$	a = 7.57 b = 7.61 c = 56.49		2, 8
Tetradecylammonium chloride $C_{14}H_{29}NH_3Cl$	Monoclinic	$C_{2h}^5(P2_{1/c})$	a = 5.67 b = 7.20 c = 20.13		2, 8, 11
Hexadecylammonium chloride $C_{16}H_{33}NH_3Cl$	Monoclinic	$C_{2h}^5(P2_{1/c})$	a = 5.71 b = 7.24 c = 22.56		2, 8, 11
n-Octa-decyl ammonium chloride $C_{18}H_{37}NH_3Cl$	Orthorhombic pseudo tetragonal		a = 5.45 b = 5.40 c = 69.4		11

References

1. E. W. Hughes and W. N. Lipscomb, J. Am. Chem. Soc., **68,** 1970 (1946).
2. R. W. G. Wyckoff, "Crystal Structures," Vol. IV, Interscience Publishers, New York (1960).
3. J. D. McCullough, Acta Cryst., **17,** 1067 (1964).
4. G. J. Visser and Aafje Vos, Acta Cryst., **17,** 1336 (1964).
5. M. V. King and W. N. Lipscomb, Acta Cryst., **3,** 222 (1950).
6. R. J. Hach and R. E. Rundle, J. Am. Chem. Soc., **73,** 4321 (1951).
7. F. Zalkin, Acta Cryst., **10,** 557 (1957).
8. G. L. Clark and C. R. Hudgens, Science (USA), **112,** 309 (1950).
9. J. D. H. Donnay and W. Nowacki, "Crystal Data," Geological Society of America Memoir 60 (1954).
10. R. W. G. Wyckoff, "Crystal Structures," 2nd Ed., Vol. 1, Interscience Publishers, New York (1963).
11. R. W. G. Wyckoff, "Crystal Structures," 2nd Ed., Vol. 5, Interscience Publishers, New York (1963).
12. M. Bonamico, G. A. Jeffrey and R. K. McMullan, J. Chem. Phys., **37,** 2219 (1962).

3. DATA BY SOLUTE

The electrical conductance data of quaternary ammonium salts and amines in single solvents are organized according to the following classifications.

(a) Symmetrical Halides
(b) Symmetrical Other Anions
(c) Symmetrical Complex Anions
(d) Unsymmetrical Halides
(e) Unsymmetrical Other Salts
(f) Unsymmetrical Picrates
(g) Amines and Amine Hydrohalides
(h) Amine Picrates
(i) Amine Other Salts

(a) Symmetrical Halides (increasing chain length, F → I)

TETRAMETHYLAMMONIUM FLUORIDE, $(CH_3)_4NF$

Solvent and ref.	Λ_0	Λ	Concentration eq/l $\times 10^4$	Comments
Acetone [73]	183.0	172.2–118.4	0.3422–6.492	λ_0^-, 85 K_d, 0.77 $\times 10^3$

TETRAMETHYLAMMONIUM CHLOROBROMOIODIDE, $(CH_3)_4NIBrCl$

Solvent and ref.	Λ_0	Λ	Concentration eq/l $\times 10^4$
Acetonitrile [106]	197.2	172.3–163.5	50.0–100.0

TETRAMETHYLAMMONIUM CHLORIDE, $(CH_3)_4NCl$

Solvent and ref.	Λ_0	Λ	Concentration eq/l $\times 10^4$	Temperature °C	$\Lambda_0\eta$	Comments
Acetic acid [54]		0.820–9.23	17.71–564.7			
— [315]	20.40	2.1396–1.4496	1.9761–4.8913			pK, 5.747 $1/K_d \Lambda_0^2$, 1341.7
Acetonitrile [106]	193.1	190.4–142.8	0.5–50.0			K_d, 1.29×10^2
— [305]	192.9 ± 0.4					K_A, 56 ± 6 a, 1.9 ± 0.9 Å
— [306]	194.9 ± 0.3	189.5–174.4	1.393–9.751			K_d 1.3×10^2 K_A, 550 ± 2.9
n-Butanol [269]	17.55 ± 0.04	11.953–5.194	2.981–48.113			K_A, 2235 ± 20 λ_0^+, 9.67 a, 7.0 ± 0.15 Å
Ethanol [7]	29.5–30.1	25.98–17.73	6.05–98.5	0		
	50.6	47.01–29.46	1.66–92.5			
	87.0–87.6	75.06–48.87	5.75–90.0	56		
— [31]	52.68	49.42–41.76	1.1467–12.738			λ_0^+, 28.4
— [264]	51.67 ± 0.07	47.093–33.085	3.304–56.299			K_A, 122 ± 4 λ_0^+, 29.65 a, 4.2 ± 0.2 Å
Ethanolamine [50]	45.05	40.00–11.27	0.20–27.50			K_d, 150.3×10^6
Formamide [6]		21.30–14.62	25.0–5000	15		
		27.34–18.72	25.0–5000			
		34.35–23.38	25.0–5000	35		
— [337]	29.6					λ_0^+, 12.5 λ_0^-, 17.1
— [236]	29.6					λ_0^+, 12.5 λ_0^-, 17.1

III. ELECTRICAL CONDUCTANCE

Formic acid [47]	35.70	34.34–19.23	12.65–6892.0	8.50
Hydrogen chloride [liq] [162]		31.1–21.5	1400–3200	−83.6
Hydrogen cyanide [35]	382.3	379.6–374.6	1.855–16.0	18	λ_0^+, 175.0
Hydrogen sulfide [liq] [51]		2.22–3.14	8.370–799.4	−78.5
— [231]		2.23	577	−78
Methanol [7]	80.3	75.66–65.00	6.65–99.5	0
	117	109.5–91.10	6.25–97.5	
	173	160.4–130.2	5.99–92.5	56
— [31]	121.7	117.93–109.03	1.1553–14.155		λ_0^+, 70.4
	120.82	111.395–94.915	10–86		K_A, 7 λ_0^+, 68.46 a, 3.3 Å
					$\lambda_0^+\eta$, 0.3742
N, Methylacetamide [108]	23.58		2–80	40
Nitromethane [180]	117.62	114.22–82.18	1–100.0	
— [181]			2.0–100.0		λ_0^{+*}, 54.96 $\lambda_0^{-*}\eta$, 62.70
					$\lambda_0^{+*}\eta$, 0.345 $\lambda_0^{-*}\eta$, 0.393
					* These values were calculated from transference number data
Phosphorus oxychloride [91]		38.0–14.2	5.98–367.0	20
Propanol [264]	25.05 ± 0.02	19.483–12.528	5.811–43.393		K_A, 456 ± 3 λ_0^+, 14.40
					a, 4.2 ± 0.1 Å

TETRAMETHYLAMMONIUM CHLORIDE, $(CH_3)_4NCl$ (Continued)

Solvent and ref.	Λ_0	Λ	Concentration eq/l × 10^4	Temperature °C	$\Lambda_0\eta$	Comments
2-Propanol [291]	23.65 ± 0.06	17.623–10.397	2.293–18.054			K_A, 1880 ± 30 a, 8.8 ± 0.7 λ_0^+, 13.10 λ_0^-, 10.55
Sulfur dioxide [liq] [350]	243.2 ± 0.6	209.9–124.2	0.22542–40.56795	0.290		K_1 (10.26 ± 0.35) × 10^5
	218.3 ± 2.2	210.8–130.9	0.350704–24.7442	−10.55		K_1 (15.46 ± 2.09) × 10^5
						K_1, 0.0043 × 10^5
	203.7 ± 2.0			−18.99		K_1 (15.54 ± 2.85) × 10^5
	184.0 ± 1.8			−25.58		K_1 (23.11 ± 4.48) × 10^5
		236.3–133.8	0.17403–30.184	0.230		K_1, 0.0112 × 10^5
		232.4–141.9	0.27694–23.277	0.230		K_1, 0.0089 × 10^5
		240.8–127.0	0.21625–42.337	0.410		K_1, 0.0102 × 10^5
		238.4–123.3	0.28251–50.201	0.580		K_1, 0.0057 × 10^5
Triethanolamine [71]	0.106	0.1023–0.07584	78.05–3608.0		0.984	
Trifluoroethanol [319]	39.99 ± 0.04					K_A, 6 ± 9 λ_0^+, 22.64 λ_0^-, 17.42 r(Å), 6 ± 1

TETRAMETHYLAMMONIUM DIBROMOIODIDE, $(CH_3)_4NIBr_2$

Solvent and ref.	Λ_0	Λ	Concentration eq/l $\times 10^4$
Acetonitrile [106]	193.0	167.9–159.9	50.0–100.0

TETRAMETHYLAMMONIUM BROMIDE, $(CH_3)_4NBr$

Solvent and ref.	Λ_0	Λ	Concentration eq/l × 10^4	Temperature °C	$\Lambda_0\eta$	Comments
Acetic acid [54]		0.8505–3.106	12.47–467.9			
— [315]	25.99	2.7646–0.95108	0.9236–10.8430			a, 5.58 Å pK, 6.015
Acetonitrile [201]	195.16 ± 0.26	189.6–147.0	1.558–61.97			K_d, 1.9×10^2 λ_0^+, 94.2 ± 0.3
— [211]	193.9	180.65–163.52	6.101–26.051			K_A, 37 a, 2.2 Å λ_0^+, 93.9 λ_0^-, 100
— [226]	195.2	178.991–149.287	8.255–56.619			K_A, 46 a, 4.4 Å
— [106]	192.7	190.8–151.1	0.50–50.0			K_d, 2.4×10^2
n-Butanol [269]	17.88 ± 0.04	14.48–7.517	1.170–17.843			K_A, 2110 ± 30 λ_0^+, 9.67 a, 6.3 ± 0.5 Å
Deuterium oxide [228]	101.27 ± 0.009	99.111–93.153	8.613–120.77			a, 1.64 ± 0.02 Å
1,3-Diaminopropane [275]	44.207	10.57–6.28	1.9 (approx) –6.55 (approx)			K_A, 8.302×10^4
Dimethylformamide [98]	92.5	91.36–82.49	0.48–17.22			K_d, 2.7×10^2
Dimethyl sulfoxide [277]	42.63	42.024–41.113	1.0435–6.1495			λ_0^+, 18.57 λ_0^-, 24.06 a_j, 1.45 Å
Ethanol [254]	59.5	53.7–42.6	2.71–23.63	30	0.597	K_A, 200
— [264]	53.56 ± 0.09	47.017–36.379	5.316–35.940			K_A, 146 ± 6 a, 4.1 ± 0.3 Å λ_0^+, 29.65 λ_0^-, 23.88
Ethylene glycol [321]	7.956	8–6.9	8–86			r(Å), 2.86 ± 0.03 $\lambda_0\eta_0$, 1.346

III. ELECTRICAL CONDUCTANCE

Solvent						Notes
Ethyl methyl ketone [245]	161.83	148.68-137.92	0.1791-0.3992			K_A, 4544 a_J, 0.6 Å; λ_0^+, 74.98 R^+, 2.91
Formic acid [267]	51.92	46.94-37.89	95.90-839.2			λ_0^+, 23.62 λ_0^-, 28.30
Hydrogen bromide (liq) [188]		0.432-0.489	230-500.0	-83.6		
Hydrogen cyanide [35]	382.4	380.3-375.3	1.1903-14.213	18		λ_0^+, 175.0
Methanol [227]	101.77	95.165-78.305	7.529-96.549	10		K_A, 12 a, 3.2 Å
	125.16	118.394-97.911	4.905-79.155			K_A, 14 a, 3.5 Å λ_0^+, 68.71; $\lambda_0^+\eta$, 0.3742
— [123]	125.3	123.15-11925	0.4124-3.7838		0.682	K_d, 32.8 × 10^3 λ_0^+, 68.8
— [31]	126.3	122.52-113.25	0.9479-13.122			λ_0^+, 70.8
— [35]					0.626	
— [340]	134.9 ± 0.1	125.9-117.8	7.51-24.64	31		
N,Methylacetamide [108]	24.79		2-80	40		
Nitromethane [181]			2-100.0			λ_0^{+*}, 54.96 λ_0^{-*}, 62.94; $\lambda_0^+\eta$, 0.345 $\lambda_0^-\eta^*$, 0.395; *These values were calculated from transference number data
— [180]	117.83	114.62-86.34	1-100		0.738	
Propanol [264]	26.91 ± 0.02	23.295-14.500	1.991-27.390			K_A, 638 ± 5 a, 6.4 ± 0.3 Å; λ_0^+, 14.40 λ_0^-, 12.22

TETRAMETHYLAMMONIUM BROMIDE, $(CH_3)_4NBr$ (Continued)

Solvent and ref.	Λ_0	Λ	Concentration eq/l $\times 10^4$	Temperature °C	$\Lambda_0\eta$	Comments
2-Propanol [291]	24.49 ± 0.03	18.709–10.322	2.066–21.260			K_A, 1790 ± 15 a, 6.9 ± 0.3 Å λ_+^+, 13.10 λ_0^-, 11.45
Sulfur dioxide (liq) [113]	236	227–134	0.185–27.6	0.12		a_j, 5.25 Å K_d, 118×10^5
	215	209–126	0.187–27.9	−8.93		a_j, 5.27 Å K_d, 146×10^5
Trifluoroethanol [319]	41.43					λ_0^+, 22.64 λ_0^-, 18.85 $r(Å)$, 4.08 ± 0.03

TETRAMETHYLAMMONIUM IODIDE, $(CH_3)_4NI$

Solvent and ref.	Λ_0	Λ	Concentration eq/l $\times 10^4$	Temperature °C	$\Lambda_0\eta$	Comments
Acetone [301]	218.8	79.69–33.46	1.7243–4.4682	26.61		$K_d \times 10^4$, 34 ± 6
	236.0	83.04–34.76	1.7243–4.4682	35.00		$K_d \times 10^4$, 31 ± 5
	256.6	88.68–37.21	1.7243–4.4682	45.01		$K_d \times 10^4$, 28 ± 4
	276.8	93.21–39.27	1.7243–4.4682	54.83		$K_d \times 10^4$, 24 ± 11
Acetonitrile [106]	195.3	192.2–160.6	0.50–50.0			$K_d \times 10^2$, 3.62
— [201]	197.73 ± 0.09	195.7–163.6	0.3051–46.20			$K_d \times 10^2$, 3.48 λ_0^-, 44.2
— [226]	196.7	185.33–155.631	6.042–70.491			K_A, 19 a, 3.5 Å

III. ELECTRICAL CONDUCTANCE

Solvent						
n-Butanol [170]	20.62	11.026–8.91	2.47–4.94			$K_A \times 10^4$, 1.372 a_j, 2.45
	37.03	15.565–11.205	2.44–4.88			$K_d \times 10^4$, 0.6301 a_j, 2.52 Å
n-Butanol [170]	50.00	18.75–13.84	2.41–4.83	40		$K_d \times 10^4$, 0.457 a_j, 2.55 Å
Deuterium oxide [228]	100.42 ± 0.008	98.545–92.528	6.348–106–423	50		a, 1.10 ± 0.02 Å
1,3-Diaminopropane [275]	55.842	12.0–6.43	2.43–9.86			K_A, 8.945 × 10^4
Dimethylformamide [98]	90.9	90.0–82.27	0.48–19.89			$K_d \times 10^2$, 6.9
Dimethyl sulfoxide [277]	42.40	41.781–40.949	1.1220–6.0679			λ_0^+, 18.60 λ_0^-, 23.80 a_j, 2.64 Å
Ethanol [123]	56.6	53.95–47.99	1.1057–7.571		0.611	$K_d \times 10^3$, 4.91 λ_0^+, 28.7
Ethylene carbonate [158]	44.81	44.52–43.48	0.8396–11.66	40	0.828	λ_0^+, 18
Ethylene glycol [321]	7.577	7–6.7	7–64			$r(Å)$, 2.71 ± 0.05 $\Lambda_0 \eta_0$, 1.281
Ethylmethyl ketone [245]	163.63	148.00–138.58	0.7521–1.5132			K_A, 969 λ_0^+, 74.60 a_j, 0.6 Å R^+, 2.91
Formamide [290]	20.20 ± 0.008	21.580–20.536	3.542–81.342	10		λ_0^+, 13.41 λ_0^-, 16.73
	30.11 ± 0.005	29.883–28.551	2.380–69.169			
— [337]						λ_0^+, 12.5 λ_0^-, 16.6 R_S^+, 1.99 $\lambda^0 \eta^0$, 0.413
Hydrogen cyanide [35]	387.6	384.8–375.9	1.096–18.49	18		λ_0^+, 175
Hydrogen cyanide [78]	330.8	325.7–276.9	6.137–863.0	0		
Methanol [31]	133.0	129.19–120.70	0.7205–10.006			λ_0^+, 72.0

TETRAMETHYLAMMONIUM IODIDE, $(CH_3)_4NI$ (Continued)

Solvent and ref.	Λ_0	Λ	Concentration eq/l $\times 10^4$	Temperature °C	$\Lambda_0\eta$	Comments
— [123]	130.6	128.65–126.5	0.4682–1.907		0.711	λ_0^+, 67.9 $K_d \times 10^3$, 42.5
— [227]	106.95	100.165–84.363	6.820–71.812	10		K_A, 19 a, 3.6 Å
	131.35	123.367–103.043	5.992–72.009			K_A, 18 λ_0^+, 68.75 a, 3.5 Å λ_0^+, 0.3742
N, Methyl acetamide [108]	26.66		2–80	40		
— [270]	24.70	24.35–23.20	5.0–100.0	35		λ_0^+, 11.28
	26.75	26.36–25.08	5.0–100.0	40		λ_0^+, 12.08
	29.59	29.16–27.74	5.0–100.0	45		λ_0^+, 13.00
	32.10	31.61–30.05	5.0–100.0	50		λ_0^+, 14.36
	35.00	34.45–32.70	5.0–100.0	55		λ_0^+, 15.80
Sulfur dioxide (liquid) [136]	234			0.175		λ_0^+, 140 (0°C) $K_d \times 10^3$, 1.39 a_j, 5.54 Å
	214			−8.90		$K_d \times 10^3$, 1.70 a_j, 5.68 ± 0.19 Å
Trifluoroethanol [319]	43.56					λ_0^+, 22.64 λ_0^-, 20.96 r(Å), 3.91 ± 0.02

III. ELECTRICAL CONDUCTANCE

TETRAMETHYLAMMONIUM TRIIODIDE, $(CH_3)_4NI_3$

Solvent and ref.	Λ_0	Λ	Concentration eq/l × 10^4
Nitromethane [19]	118.9	113.9–94.1	0.7725–20.08

TETRAMETHYLAMMONIUM PENTAIODIDE, $(CH_3)_4NI_5$

Solvent and ref.	Λ_0	Λ	Concentration eq/l × 10^4
Nitromethane [19]	125.2	120.4–100.0	0.529–13.76

TETRAETHANOLAMMONIUM BROMIDE, $(C_2H_5OH)_4NBr$

Solvent and ref.	Λ_0	Λ	Concentration eq/l × 10^4	Comments
Methanol [241]	94.00 ± 0.04	87.21–74.20	6.769–61.692	K_A, 13 ± 1.5 a, 4.1 ± 0.2 Å λ_0^+, 37.5

TETRAETHANOLAMMONIUM IODIDE, $(C_2H_5OH)_4NI$

Solvent and ref.	Λ_0	Λ	Concentration eq/l $\times 10^4$	Temperature °C	$\Lambda_0\eta$	Comments
Acetonitrile [241]	142.20 ± 0.04	124.18–94.99	7.091–40.708	10		K_A, 136.2 ± 0.9 a, 1.61 ± 0.09 Å
	166.05 ± 0.06	149.65–111.06	4.879–39.478			K_A, 142 ± 1.8 a, 1.75 ± 0.6 Å λ_0^+, 63.35
Methanol [241]	80.76	76.58–68.23	4.205–35.462	10		K_A, 13.15 ± 0.9 a, 4.33 ± 0.2 Å λ_0^+, 29.85
	99.95 ± 0.01	93.79–82.94	5.213–40.758			K_A, 12.35 ± 0.6 a, 4.05 ± 0.06 Å λ_0^+, 37.15

TETRAETHYLAMMONIUM CHLORIDE, $(C_2H_5)_4NCl$

Solvent and ref.	Λ_0	Λ	Concentration eq/l $\times 10^4$	Temperature °C	$\Lambda_0\eta$	Comments
Acetic acid [315]	31.45	4.2441–2.2968	1.0469–4.4071			pK, 5.774 $1/K_dA_0^2$, 603.1
Acetone [12]	198.1	184.0–148.3	0.7962–11.82		0.626	λ_0^+, 93.1 λ_0^-, 105.0
Acetonitrile [37]	174.9	171.6–154.4	0.5–20.0		0.601	K_d, 2.67×10^3 (Ostwald)
— [18]	174.9	173.0–150.1	0.2358–32.21			λ_0^+, 86.1 λ_0^-, 88.8
— [248]	176.6	170.0–147.3	1.035–21.74			λ_0^-, 91.6

III. ELECTRICAL CONDUCTANCE

Acetophenone [16]	35.15	34.22–30.49	0.0955–2.465			λ_0^+, 19.7 λ_0^-, 15.45; $\lambda_0\eta$, 0.326
Chloroform [17]	110	0.21–3.69	100–4000			
— [37]		1.70–0.609	0.136–0.77			
Cyclohexanone [14]	28	26.00–15.19	0.0745–4.771			
Ethanol [32]	51.9	49.38–42.27	0.8989–14.8986			λ_0^+, 28.4 λ_0^-, 24.3
Ethylene chloride [4]	69.1	61.35–17.58	0.04673–10.89			λ_0^+, 37.3 λ_0^-, 31.8
— [60]	77.4	66.42–21.75	0.09590–7.226			λ_0^-, 39.1 K_d, 0.510×10^4
Ethylene dichloride [200]	77.4		60(approx)			K_d, 0.510×10^4
	49.3 ± 1.5		60(approx)	0		K_d, 0.958 × 0.043
	38.0 ± 1.1		60(approx)	−15		K_d, 1.32 ± 0.05
	27.8 ± 0.5		60(approx)	−30		K_d, 2.59 ± 0.07
Ethyl methyl ketone [2]	140.7	132.5–101.7	0.1689–4.447			λ_0^+, 75.3 λ_0^-, 65.4
Formamide [337]	26.6					λ_0^+, 10.0 λ_0^-, 17.1
Hydrazine [21]	100.6	98.1–90.3	2.439–71.25		0.909	
	66.3	65.0–59.9	2.492–72.80	0	0.871	
Hydrogen chloride (liq) [162]		0.23	1300	−83.6		
Hydrogen cyanide [35]	356.9	354.2–349.3	2.1993–16.4998	18		λ_0^+, 145.0
Hydrogen sulfide (liq) [51]		4.72–4.91	4.173–560.6	−78.5		
— [231]		6.1–10.4	317–670	−78		

TETRAETHYLAMMONIUM CHLORIDE, $(C_2H_5)_4NCl$ (Continued)

Solvent and ref.	Λ_0	Λ	Concentration eq/l $\times 10^4$	Temperature °C	$\Lambda_0\eta$	Comments
Methanol [29]	113.8	110.74–103.54	0.714–11.920			K_d, 2.20×10^5 (Ostwald)
Methylamine [37]	195	150.6–28.30	0.083–10.9	−15		
Methylene chloride [17]		12.2–9.49	12.5–2000.0			
Nitrobenzene [20]	34.45	34.05–31.91	0.1808–8.117			
— [69]	38.55	37.81–31.28	0.7061–26.27			λ_0^+, 16.4 λ_0^-, 22.2 K_d, 125×10^4
Nitromethane [180]	110.37	108.07–90.24	1–100.0		0.694	
Nitromethane [181]			2.0–100.0			λ_0^+, 47.70 λ_0^{-*}, 62.70 $\lambda_0^+\eta^*$, 0.299 $\lambda_0^-\eta^*$, 0.393 *These values were calculated from transference number data
Phosphorus oxychloride [139]	53.0	48.2–28.3	0.398–14.1	20		K_d, 7.14×10^4
Propylene carbonate [273]	31.64	30.416–28.733	14.41–103.3			K_A, 0 a, 4.73 Å
Pyridine [14]	85.0	75.06–44.10			0.750	λ_0^+, 41.7 λ_0^-, 43.3
Triethanolamine [71]	0.216	0.2095–0.1850	285.0–6098.0		1.786	

TETRAETHYLAMMONIUM BROMIDE, $(C_2H_5)_4NBr$

Solvent and ref.	Λ_0	Λ	Concentration eq/l × 10⁴	Temperature °C	Λ_{07}	Comments
Acetic acid [315]	24.36	2.3735–1.3816	2.9193–10.7500			pK, 5.677 a, 5.99
Acetone [320]	208.81					K_A, 330 ± 2 λ_0^+, 89.49 λ_0^-, 118.94 r(Å), 5.25 ± 0.07
Acetonitrile [201]	185.13 ± 0.07	181.9–155.5	0.7965–53.52			K_d, 6.9 × 10² λ_0^+, 83.6 ± 0.2
— [18]	181.8	178.3–163.8	0.6324–16.16			λ_0^+, 86.1 λ_0^-, 95.7
— [306]	186.4 ± 0.1	182.6–171.5	0.7922–11.670			K_d, 5.2 × 10⁻² K_A, 4.7 ± 1.6
Adiponitrile [250]	13.06	12.51–11.32	3.893–42.52			K_A, 0 a, 3.3 Å λ_0^+, 6.29 λ_0, 6.77
n-Butanol [269]	18.70 ± 0.09	13.082–7.255	4.285–39.141			K_A, 1330 ± 10 a, 6.3 ± 0.1 Å $\lambda_0^\pm$, 10.90
Chloroform [17]		0.24–4.57	16.6–13330			a, 1.60 ± 0.04 Å
Deuterium oxide [228]	91.10 ± 0.1	89.569–84.059	4.479–91.912			K_A, 2.058 × 10⁴
1,3-Diaminopropane [275]	40.405	16.57–10.0	1.37–12.18 (approx)			
Di-ethanolamine [62]	12600	10292–7287	4.0–23.62	30		
N,N-dimethylacetamide [126]	76.01	74.52–66.99	0.9882–27.79			K_d, 5.0 × 10² λ_0^+, 32.7 λ_0^-, 43.2
Dimethylformamide [98]	89.2	88.18–80.45	0.48–22.75			K_d, 6.2 × 10²

TETRAETHYLAMMONIUM BROMIDE, $(C_2H_5)_4NBr$ *(Continued)*

Solvent and ref.	Λ_0	Λ	Concentration eq/l $\times 10^4$	Temperature °C	$\Lambda_0\eta$	Comments
N,N-dimethylpropion-amide [128]	67.0	65.75–57.70	0.6551–22.10			K_d, 2.5×10^2
Dimethyl sulfoxide [277]	41.12	40.539–39.644	1.0952–6.9766			λ_0^+, 17.06 λ_0^-, 24.06 a_j, 3.83 Å
Ethanol [32]	54.3	51.62–44.2	0.7951–12.7131			λ^+, 28.4 λ_0^-, 25.8
Ethanol [264]	53.15 ± 0.03	48.368–37.681	3.912–39.399			K_A, 99 ± 2 a, 4.5 ± 0.1 Å λ_0^+, 29.27 λ_0^-, 23.88
Ethylene carbonate [158]	42.48	42.26–41.35	0.8396(approx) –13.43(approx)	40	0.785	λ_0^+, 15.8
Ethylene chloride [60]	72.1	64.82–18.16	0.08490–14.84			K_d, 0.697×10^4 λ_0^-, 33.8
Ethylene glycol [321]	7.174	7–6.5	4–46			$r(\text{Å})$, 3.63 $\Lambda_0\eta_0$, 1.213
Ethyl methyl ketone [2]	151.7	140.2–94.45	0.4613–11.91			λ_0^+, 75.3 λ_0^-, 76.4
— [245]	158.32	132.77–99.57	1.9128–10.2537			K_A, 958 a_j, 6.0 Å λ_0^+, 71.47 R^+, 3.04
Formamide [290]	28.19 ± 0.001	27.665–26.320	8.840–117.716			λ_0^+, 11.03 λ_0^-, 17.17
Hydrazine [21]	105.3	101.8–92.0	5.351–109.3			
Hydrogen bromide (liq) [188]		0.075 (specific conductance)	saturated	−83.6		
Hydrogen cyanide [35]	354.6	351.9–345.0	1.2299–22.118	18	25	λ_0^+, 145.0

III. ELECTRICAL CONDUCTANCE

Solvent [ref]						Notes
Methanol [227]	94.82	89.727–76.422	5.319–72.437	10		K_A, 7 a, 3.4 Å
	116.95	112.094–95.909	2.980–56.429			K_A, 10 a, 3.8 Å λ_0^+, 60.5
						λ_0^+, η, 0.3294
— [36]	117.4	114.36	0.96529			
	132.9	129.57	0.95426	35		
	150.4	146.81	0.94313	45		
		84.86	158.64	35	0.64	
		95.86	156.83	45	0.643	
		107.59	155.00		0.632	
— [29]	117.90	114.77–106.78	1.0580–13.482	40		K_d, 4.75×10^2 a, 4.86 Å
	88.00	85.45–79.76	1.4386–14.202			K_d, 4.4×10^2
	117.6	114.33–106.73	0.996–12.055			λ_0^+, 62.1 λ_0^-, 55.5
N,Methylacetamide [108]	24.47	24.31–23.16	1.0–75.69	40		
— [114]	22.05	21.674–15.04	6.088–1780.2	35		
	27.71	27.232–18.915	6.034–1764.4	40		
Methylene chloride [17]		13.8–11.0	12.5–4000			
N,Methylformamide [110]	39.98	38.851–23.970	21.166–4287.9	15		
	47.69	46.316–28.698	20.983–4250.8			
Nitrobenzene [20]	36.70	36.30–33.56	0.2767–12.25			*λ_0^+, 47.70 *λ_0^-, 62.94
Nitromethane [181]			2.0–100.0			*$\lambda_0^{++}\eta$, 0.299 $\lambda_0^{-*}\eta$, 0.395
— [19]	107.6	105.4–94.45	0.8409–25.38			*These values were calculated from transference number data
— [180]	110.60	108.36–90.53	1–100.0		0.693	

TETRAETHYLAMMONIUM BROMIDE, $(C_2H_5)_4NBr$ (Continued)

Solvent and ref.	Λ_0	Λ	Concentration eq/l $\times 10^4$	Temperature °C	$\Lambda_0\eta$	Comments
Phosphorus oxychloride [140]	49.0	44.7–33.9	1.185–12.5	20		K_d, 18.9×10^4
Propanol [264]	27.19 ± 0.02	22.604–14.999	4.301–39.952			K_A, 373 ± 4 a, 5.0 ± 0.1 Å λ_0^+, 15.05 λ_0^-, 12.22
— [112]	27.10	25.69–18.70	0.6134–13.86			K_d, 2.0×10^3
2-Propanol [291]	26.15 ± 0.01	19.821–12.269	1.730–17.163			K_A, 1110 ± 5 a, 7.9 ± 0.2 λ_0^+, 14.68 λ_0^-, 11.45
Pyridine [14]	87.0	79.59–54.01	0.1401–3.605		0.767	λ_0^+, 41.7 λ_0^-, 45.3
Sulfur dioxide (liq) [136]	215				0.16	K_d, 2.14×10^3 a; 6.8 ± 0.5 Å λ_0^+, 118 (at 0°C)
Trifluoroethanol [319]	38.58					λ_0^+, 19.56 λ_0^-, 18.85 $r(Å)$, 4.99 ± 0.05

III. ELECTRICAL CONDUCTANCE

TETRAETHYLAMMONIUM IODIDE, $(C_2H_5)_4NI$

Solvent and ref.	Λ_0	Λ	Concentration eq/l $\times 10^4$	Temperature °C	$\Lambda_0\eta$	Comments
Acetaldehyde [11]		158.4–122.0	2.50–100.0	0		
		167.6–140.0	10.0–100.0	15		
Acetamide [152]	37.24 ± 0.02		180–610 (approx)	94		
Acetic anhydride [11]	52.5	44.02–31.11	6.25–100.0	0		
	74.5	63.52–44.39	6.25–100.0			
Acetone [12]	209.0	204.7–176.0	0.1070–6.068		0.660	λ_0^+, 93.1 λ_0^-, 115.9
— [10]	225	148.4–113.11	24.2–97.5			
— [11]	177	144.3–112.0	4.8–39.0	0		
	222	176.8–135.0	4.8–39.0			
— [301]	209.9	21.15–184.04*	1.0684–11.250	26.61		K_d, (79 ± 2) $\times 10^4$
	225.6	22.23–193.86*	1.0684–11.250	35.00		K_d, (73 ± 3) $\times 10^4$
	246.0	23.99–206.29*	1.0684–11.250	45.01		K_d, (62 ± 4) $\times 10^4$
	265.0	25.34–215.67*	1.0684–11.250	54.83		K_d, (58 ± 4) $\times 10^4$
— [320]	207.48					K_A, 155 ± 1 λ_0^+, 89.49 λ_0^-, 117.99 r(Å), 4.8 ± 0.01
Acetonitrile [201]	186.61 ± 0.11	184.8–157.8	0.1364–54.91			K_d, 8.8 $\times 10^2$ λ_0^+, 83.6 ± 0.2

* Specific conductance (Λ^{-+} cm^{-1} $\times 10^6$).

TETRAETHYLAMMONIUM IODIDE, $(C_2H_5)_4NI$ (Continued)

Solvent and ref.	Λ_0	Λ	Concentration eq/l $\times 10^4$	Temperature °C	$\Lambda_0\eta$	Comments
— [104]	187.0	183.9–130.5	0.7481–309.40		0.666	K_d, 12.0×10^2
— [18]	187.1	183.9–166.0	0.6781–26.29			λ_0^+, 86.1 λ_0^-, 101.0
— [11]	200	192.9–165.5	1.25–50.0			
Acetyl bromide [11]	114	92.5–53.83	3.12–100.0			
Acetyl chloride [11]	140	115.0–68.09	4.0–100.0	0		
	172	140.5–79.78	4.0–100.0			
Aniline [15]	19.9	14.99–2.86	0.07786–11.61		0.745	
Anisaldehyde [10]	16.5	11.32–7.73	28–224			
— [11]		4.88–4.19	1.56–50	0		
	16.5	12.59–10.41	1.56–50			
Benzaldehyde [11]		19.82–15.34	9.7–94.8	0		
	42.5	30.92–23.28	9.7–94.8			
Benzonitrile [10]	57.8	43.14–29.00	24–195			
Benzonitrile [30]	33.71	32.36–21.79	1–10	0	0.65	λ_0^+, 15.26 λ_0^-, 18.45
	53.13	50.92–33.93	1–10		0.66	λ_0^+, 23.87 λ_0^-, 29.26
	75.47	72.14–46.88	1–10	50	0.66	λ_0^+, 33.79 λ_0^-, 41.68
	94.12	89.88–57.50	1–10	70	0.63	λ_0^+, 44.45 λ_0^-, 49.67
— [11]	35.5	31.53–23.97	2.0–50.0	0		
	56.5	49.84–37.61	2.0–50.0			

III. ELECTRICAL CONDUCTANCE

Compound					
Benzoylacetylethyl ester [11]	7 (approx)	1.11-1.01 3.81-3.15	5.0-20.0 5.0-20.0	0	K_A, 1410 ± 30 λ_0^+, 10.40 a, 6.4 ± 0.3 Å
n-Butanol [269]	19.72 ± 0.08	14.132-7.471	3.616-40.026		
Chloroform [17]		0.27-0.469	33.3-200		
Cyanoacetylethyl ester [11]	28.2	24.27-18.26	6.25-100.0	0	
Cyanoacetylmethyl ester [11]	14.0 29.5	12.44-10.13 26.04-21.23	3.12-50.0 3.12-50.0		
Diethyl ester of sulfuric acid [11]	26 43	22.18-18.84 36.63-30.15	3.12-50.0 3.12-50.0	0	
N,N-Dimethylacetamide [126]	74.50	73.29-68.73	0.7586-15.18		λ_0^+, 32.7 λ_0^-, 41.8
Dimethyl ester of sulfuric acid [11]	28 43	25.71-22.56 40.39-35.51	3.12-50.0 3.12-50.0	0	
Dimethylformamide [98]	87.5	85.9-80.22	1.0-18.57		K_d, 8.2 × 10²
Dimethyl sulfoxide [277]	40.86	40.001-38.981	2.3201-11.2382		λ_0^+, 17.06 λ_0^-, 23.80 a_j, 3.73 Å
Ethanol [8]	27.6 17.3 11.4 1.6 0.27		102.3 105.6 107.0 111.8 116.4	0 -15 -73 -101	

TETRAETHYLAMMONIUM IODIDE, $(C_2H_5)_4NI$ (Continued)

Solvent and ref.	Λ_0	Λ	Concentration eq/l $\times 10^4$	Temperature °C	$\Lambda_0\eta$	Comments
—[9]		26.90–18.49	6.25–100.0	0		
		43.61–30.01	6.25–100.0	0		
Ethanol [11]	37	29.75–18.36	9.76–156.2	0		
	60	46.60–28.90	9.76–156.2	0		
—[32]	57.3	54.32–44.87	0.6884–15.1720			λ_0^+, 28.4 λ_0^-, 28.7
—[264]	56.34 ± 0.03	50.976–38.569	3.844–39.957			K_A, 133 ± 2 λ_0^+, 29.27 λ_0^-, 27.0 a, 4.6 + 0.1 Å
Ethylene carbonate [158]	42.83	42.65–41.74	0.4441(approx) –12.24(approx)	40	0.792	λ_0^+, 15.8
Ethylene chloride [4]	76.4	69.23–24.29	0.0234–6.662			λ_0^+, 37.3 λ_0^-, 39.1
Ethyl ester of nitric acid [11]		72.30–36.59	12.5(approx) –100.0	0		
	140	112.2–66.05	3.12–50.0			
Ethylene glycol [321]	6.803	7–6				r(Å), 2.80 $\Lambda_0\eta_0$, 1.151
Ethyl methyl ketone [2]	157.6	152.0–109.5	0.1801–13.43			λ_0^+, 75.3 λ_0^-, 82.3
—[245]	160.34	143.06–108.08	1.7674–15.0496			K_A, 434 λ_0^+, 71.31 a, 6.0 Å R^+, 3.04
—[258]	143.30	125.38–98.131	2.6245–15.8822	15		K_A, 344 a, 5.0 Å λ_0^+, 63.63 R^+_{Stokes}, 3.07 λ_0^-, 79.77 R_{ST}^-, 2.45

III. ELECTRICAL CONDUCTANCE

Ethyl methyl ketone [258]	159.71	144.63–106.56	1.4672–16.0517		
	176.29; 176.05	159.89–121.30	1.2831–12.1820	35	K_A, 411 a_j, 5.5 Å λ_0^+, 71.08 R_{ST}^+, 3.03 λ_0^-, 89.03 R_{ST}^-, 2.44
Ethyl nitrate [10]	140	88.10–68.67	5.85–23.5		K_A, 439–437 a_j, 4.9 Å, 5.0 Å λ_0^+, 78.56 R_{ST}^+, 3.04 λ_0^-, 97.61 R_{ST}^-, 2.45
Formamide [6]		18.81–11.78	50.0–5000	15	
		24.28–15.42	50.0–5000		
		30.43–19.47	50.0–5000	35	
— [11]	29.5	27.28–25.0	12.5–100.0		
— [290]	18.67 ± 0.008	18.511–17.625	2.620–70.017	10	λ_0^+, 11.03 λ_0^-, 16.73
	27.74 ± 0.009	27.509–26.032	2.284–86.047		
Furfurol [10]	50	43.82–26.38	31.5–2000	0	
— [11]	30	28.54–25.87	3.12–50	0	
	50	46.67–41.50	3.12–50		
Glycol [11]	2.5	2.24–1.81	6.25–100.0	0	
	8(approx)	7.62–6.00	6.25–100.0		
Hydrazine [21]	102.9	99.1–91.1	6.589–81.56		0.931
	64.0	66.1–58.9	4.043–140.3	0	0.895
Hydrogen cyanide [35]	357.0	354.0–344.9	0.8422–25.695	18	λ_0^+, 145.0
— [78]	304.2	298.6–254.6	7.357–824.5	0	
— [198]	358.8	346.5–333.3	22.15–112.00	18	λ_0^+, 141 λ_0^-, 218
	382.0	376.8–367.6	2.48–21.83		λ_0^+, 151 λ_0^-, 231

TETRAETHYLAMMONIUM IODIDE, $(C_2H_5)_4NI$ (Continued)

Solvent and ref.	Λ_0	Λ	Concentration eq/l $\times 10^4$	Temperature °C	$\Lambda_0\eta$	Comments
Isovaleraldehyde [11]		53.26–16.50	0.625–20	0		
		29.60–14.76	2.5–20			
Methanol [8]		87.9	98.04			
		61.0	100.2	0		
		42.7	102.3	−18		
		8.4	109.0	−76		
— [9]		79.97–61.03	6.25–100.0	0		
		109.96–85.05	6.25–100.0			
— [11]	124	77.68–59.71	9.76–156.2			
	124	113.0–90.30	3.12–100.0			
— [29]	124.2	121.34–114.15	0.585–8.606			λ_0^+, 63.2 λ_0^-, 61.0
N,Methylacetamide [108]	26.21		2–80	40		
N,Methylacetamide [270]	24.10	23.76–22.00	5.0–200.0	35		λ_0^+, 10.68
	26.25	25.88–23.96	5.0–200.0	40		λ_0^+, 11.58
	29.15	28.73–26.60	5.0–200.0	45		λ_0^+, 12.56
	31.45	30.99–28.64	5.0–200.0	50		λ_0^+, 13.71
	34.35	33.85–31.20	5.0–200.0	55		λ_0^+, 15.15
Methylene chloride [17]		15.44–8.98	16.6–4000			

III. ELECTRICAL CONDUCTANCE

Solvent							
Methyl thiocyanate [10]	96		74.70-46.54	104-1660			
Nitrobenzene [9]			19.50-16.17	6.25-100.0	0		
			32.05-26.10	6.25-100.0			
— [11]	40		36.3-28.49	3.12-100.0			
— [20]	37.1		36.07-32.32	0.3650-22.98		0.696	K_d, 3.4×10^2
— [104]	37.68		36.62-29.20	1.585-74.09			
Nitromethane [11]	93.5		86.5-71.05	3.12-100.0	0		
	125.5		116.0-94.55	3.12-100.0			
— [19]	110.4		108.4-98.68	0.9692-30.12			
— [26]	111.2		107.5-102.6	1.204-16.88			λ_0^+, 49.5 λ_0^-, 62.0
— [143]			97	5.0			
Phosphorus oxychloride [140]	48.3		46.4-36.3	0.326-12.4	20		K_d, 38.9×10^4
Propanol [112]	28.55		26.71-19.99	0.7544-10.91			K_d, 1.7×10^3
— [264]	29.0 ± 0.05		24.477-15.366	3.305-39.672			K_A, 466 ± 8 a, 5.5 ± 0.2 Å λ_0^+, 15.05 λ_0^-, 13.81
2-Propanol [291]	27.62 ± 0.06		20.523-12.432	3.593-27.646			K_A, 1200 ± 20 a, 7.3 ± 0.1 Å λ_0^+, 14.68 λ_0^-, 12.94
Propionaldehyde [11]	145		103.92-67.60	12.5-200			
Propionitrile [10]	165		114.1-84.56	80-405			

TETRAETHYLAMMONIUM IODIDE, $(C_2H_5)_4NI$ (*Continued*)

Solvent and ref.	Λ_0	Λ	Concentration eq/l $\times 10^4$	Temperature °C	$\Lambda_0\eta$	Comments
— [11]	165	144.1–87.56	5.2–333.3			
Pyridine [14]	86.1	79.25–43.63	0.2179–14.995		0.760	λ_0^+, 41.7 λ_0^-, 44.4
Salicyladehyde [11]		6.36–4.13	6.25–50	0		
	25	13.79–9.76	6.25–50			
Sulpholane [230]	11.201	10.996–10.308	1.993–39.349	30		K_A, 4.6 B_j, 3.39 Å
Thioacetic acid [11]	53 (approx)	40.2–32.7	7.9–31.2	0		
	77 (approx)	58.7–43.9	3.9–31.2			
Trifluoroethanol [319]	40.56					λ_0^+, 19.46, λ_0^-, 20.96 r(Å), 4.79 ± 0.04

III. ELECTRICAL CONDUCTANCE

TETRAPROPYLAMMONIUM CHLORIDE, $(C_3H_7)_4NCl$

Solvent and ref.	Λ_0	Λ	Concentration eq/l $\times 10^4$	Temperature °C	Comments
Acetic acid [315]	34.71	5.0710–2.5212	0.7333–3.7484		pK, 5.836 $1/K_d\Lambda_0^2$, 568.7
Dimethyl sulfoxide [277]	37.83	37.302–36.353	0.8986–7.3693		λ_0^+, 13.42 λ_0^-, 24.40 a_j; 3.94 Å
Hydrogen sulfide (liq) [51]		77.29–8.64	3.434–746.3	−78.5	
— [231]		10.62	685	−78.5	
Nitromethane [181]			2.0–100.0		λ_0^{+*}, 39.15 λ_0^{-*}, 62.70 $\lambda_0^+\eta^*$, 0.245 $\lambda_0^-\eta^*$, 0.393 *These values were calculated from transference number data
— [180]	101.88	99.70–83.76	1–100.0		
Phosphorus oxychloride [140]	46.3	44.3–30.5	0.277–11.5	20	K_d, 13.0 × 10⁴

TETRAPROPYLAMMONIUM BROMIDE, $(C_3H_7)_4NBr$

Solvent and ref.	Λ_0	Λ	Concentration eq/l × 10^4	Temperature °C	$\Lambda_0\eta$	Comments
Acetone [320]	194.0					K_A, 335 ± 4 λ_0^+, 75.09 λ_0^-, 118.94 $r(\text{Å})$, 4.8 ± 0.1
Ethylene glycol [321]	6.716	6.5–6		4–50		$r(\text{Å})$, 3.12 ± 0.04 $\lambda_0\eta_0$, 1.136
Trifluoroethanol [319]	33.57					λ_0^+, 14.73 λ_0^-, 18.85 $r(\text{Å})$, 5.6 ± 0.1
Acetic acid [315]	24.15	2.7971–1.3302	1.8304–11.0130			a, 5.97 Å pK, 5.689
Acetone [207]						K_A, 3.32 × 10^2 a, 4.11 Å
Acetonitrile [201]	170.6 ± 0.17	168.7–148.1	0.6710–33.87			K_d, 7.2 × 10^2 λ_0^+, 69.6 ± 0.3
— [226]	171.1	163.728–141.336	3.725–65.336			K_A, 4 a, 3.4 Å
Adiponitrile [250]	11.70–11.71 ± 0.01	11.33–10.18	1.921–41.37			K_A, 0 a, 3.9 Å λ_0^+, 4.94 λ_0^-, 6.76
Benzoyl bromide [138]	34.51	34.12–28.30	0.090–9.303			K, 4.78 × 10^3
n-Butanol [269]	17.01 ± 0.02	12.867–7.245	3.724–40.103			K_A, 920 ± 10 a, 5.4 ± 0.1 Å λ_0^+, 8.80
Deuterium oxide [228]	83.50 ± 0.006	82.087–76.425	4.001–91.250			a, 1.71 ± 0.03
N,N-Dimethylacetamide [126]	69.40	68.23–60.94	0.6903–26.52			K_d, 5.0 × 10^2 λ_0^+, 26.2 λ_0^-, 43.2

III. ELECTRICAL CONDUCTANCE

Solvent						Notes
Dimethylformamide [98]	82.8		81.13–75.0	0.81–22.75		K_d, 8.1×10^2
N,N-Dimethylpropion-amide [128]	60.7		59.04–51.52	1.115–24.19		K_d, 2.4×10^2
Dimethyl sulfoxide [277]	37.45		36.833–36.143	1.3136–5.9830		λ_0^+, 13.39 λ_0^-, 24.06 a_j, 4.59 Å
Ethanol [264]	46.86 ± 0.03		42.455–33.423	4.317–40.239		K_A, 78 ± 3 a, 4.3 ± 0.1 Å λ_0^+, 22.98 λ_0^-, 23.88
Ethylidine chloride [207]						K_A, 5.38×10^5 a, 4.11 Å
Ethylmethyl ketone [258]	130.59 130.30		106.24–74.848	2.7516–16.6026	15	K_A, 785 a_j, 4.8 λ_0^+, 53.34 λ_0^-, 77.36 K_A, 782 a_j, 4.9 R^+, 3.66 R^-, 2.52
	161.85		134.74–87.989	1.7943–15.7186	35	K_A, 1039 a_j, 5.2 R^+, 3.61 R^-, 2.50 λ_0^+, 66.30 λ_0^-, 95.7
— [245]	146.42		123.18–81.306	1.8160–16.1848		K_A, 940 a_j, 5.5 Å R^+, 3.64 λ_0^+, 59.57
— [2]			140.2–94.45	46.13–1191		
Formamide [290]	17.003 ± 0.002 25.290 ± 0.005		16.756–15.937 25.078–23.878	4.551–85.155 1.158–68.706	10	λ_0^+, 8.12 λ_0^-, 17.17
Methanol [227]	83.07 102.55		78.484–66.603 98.171–84.638	4.948–69.405 2.848–49.851	10	K_A, 5 a, 3.3 Å K_A, 6 a, 3.7 Å λ_0^+, 46.08 $\lambda_0^+\eta$, 0.2509

TETRAPROPYLAMMONIUM BROMIDE, $(C_3H_7)_4NBr$ (Continued)

Solvent and ref.	Λ_0	Λ	Concentration eq/l $\times 10^4$	Temperature °C	$\Lambda_0\eta$	Comments
N,Methylacetamide [108]	22.01	23.46–22.23	1.71–86.49	40		
Nitromethane [180]	102.10	100.03–83.95	1–100.0		0.640	
— [181]			2.0–100			λ_0^{+*}, 39.15 λ_0^{-*}, 62.94 $\lambda_0^+\eta^*$, 0.245 $\lambda_0^-\eta^*$, 0.395 *These values were calculated from transference data
Propanol [264]	24.42 ± 0.05	19.976–13.119	5.844–54.150			K_A, 270 ± 7 a, 4.4 ± 0.1 Å λ_0^+, 12.19 λ_0^-, 12.22
— [112]	24.50	23.23–17.11	0.6610–14.95			K_d, 2.6×10^3
2-Propanol [132]	23.57	19.65–12.08	1.926–23.45			K_d, 1.0×10^3 λ_0^+, 11.5 λ_0^-, 12.1
— [291]	23.09 ± 0.02	19.821–12.269	1.657–21.006			K_A, 850 ± 10 a, 6.5 ± 0.2 Å

TETRAPROPYLAMMONIUM IODIDE, $(C_3H_7)_4NI$

Solvent and ref.	Λ_0	Λ	Concentration eq/l × 10^4	Temperature °C	$\Lambda_0\eta$	Comments
Acetone [86]	190.6	184.945–165.321	0.4106–5.0574			$K_d \times 10^3$, 4.98 λ_0^+, 78.3 λ_0^-, 112.3
— [301]	189.9 ± 0.5	14.68–162.74*	0.8000–10.669	26.61		K_d, 80 ± 4
	204.5 ± 0.7	15.64–171.72*	0.8000–10.669	35.00		K_d, 72 ± 4
	222.8 ± 1.0	16.87–182.18*	0.8000–10.669	45.01		K_d, 61 ± 4
	240.1 ± 1.6	18.05–189.42*	0.8000–10.669	54.83		K_d, 55 ± 5
— [320]	193.08					K_A, 174 ± 3 λ_0^+, 75.09 λ_0^-, 117.99 r(Å), 5.1 ± 0.1
Acetonitrile [18]	169.2	167.0–157.7	0.5672–14.65			λ_0^+, 68.2 λ_0^-, 101.0
— [201]	173.10 ± 0.13	171.3–149.2	0.3625–41.21			$K_d \times 10^2$, 9.5 λ_0^+, 69.6 ± 0.3
— [211]	172.3	164.01–155.04	4.898–21.252			K_A, 7 a, 3.0 Å λ_0^+, 70.0 λ_0^-, 102.5
— [226]	172.9	165.038–144.184	4.184–60.068			K_A, 5 a, 3.8 Å
Adiponitrile [250]	12.08 ± 0.01	11.68–10.57	2.180–39.55			K_A, 0 a, 4.0 Å λ_0^+, 4.94 λ_0^-, 7.13
n-Butanol [269]	18.12 ± 0.05	12.677–6.897	4.756–45.989			K_A, 1160 λ_0^+, 8.80 a, 5.5 ± 0.1 Å
1-chloro-2-dichloro-ethane [34]	27.8	24.9–16.6	0.01–0.1600			

* Specific conductance (Λ^{-1} cm^{-1} × 10^6).

TETRAPROPYLAMMONIUM IODIDE, $(C_3H_7)_4NI$ (Continued)

Solvent and ref.	Λ_0	Λ	Concentration eq/l $\times 10^4$	Temperature °C	$\Lambda_0\eta$	Comments
1,2-chloroethane [34]	67.3	65.3–53.3	0.01–0.490			
Chloroform [17]	37.6	0.34–2.90	16.6–13330			
1-chloro-2-trichloro-ethane [34]	37.6	1.33–0.64	0.04–0.25			
1,3-Diaminopropane [275]	37.468	17.60–14.0	3.38–9.86			$K_A \times 10^3$, 9.656
1-Dichloro-2-dichloro-ethane [34]	31.56	29.3–20.4	0.01–0.250			
2-Dichloroethane [34]	102.8	98.0–68.8	0.01–0.490			
N,N-Dimethylacetamide [126]	67.94	67.03–61.13	0.4528–24.27			λ_0^+, 26.2 λ_0^-, 41.8
Dimethylformamide [98]	81.1	80.22–74.54	0.48–14.82			$K_d \times 10^2$, 12.0
Dimethyl sulfoxide [277]	36.22	36.600–35.859	1.2191–6.2162			λ_0^+, 13.42 λ_0^-, 23.80 a_j, 4.32 Å
Ethanol [264]	49.94 ± 0.04	44.422–32.827	4.843–48.8			K_A, 120 ± 2 λ_0^+, 22.98 λ_0^+, 27.00 a, 4.1 ± 10.3 Å
Ethylene chloride [4]	67.3	63.20–30.96	0.04088–5.886			λ_0^+, 28.1 λ_0^-, 39.1
Ethylene glycol [321]	6.345	6–5.7	4–41			r(Å), 2.06 ± 0.06 $\lambda_0\eta_0$, 1.073
Ethyl methyl ketone [2]	143.1	138.4–118.2	0.1845–4.763			λ_0^+, 60.3 λ_0^-, 82.3

III. ELECTRICAL CONDUCTANCE

Solvent				Notes
— [245]	148.66		2.0754–14.4839	K_A, 442 λ_0^+, 59.63 a_j, 5.5 Å R^+, 3.64
— [258]	133.21; 133.43	130.52–99.63	2.447–15.4911	15	K_A, 381, 388 a_j, 5.3 λ_0^+, 53.34 λ_0^-, 79.77 R_{St}^+, 3.66 R_{St}^-, 2.4
	163.95; 164.17	116.37–90.14	3.2324–15.1054	35	K_A, 484, 485 a_j, 5.2 λ_0^+, 66.30 λ_0^-, 97.61 R_{St}^+, 3.61 R_{St}^-, 2.4
Formamide [290]	16.68 ± 0.01	136.51–106.44	2.557–68.739	10	λ_0^+, 8.12 λ_0^-, 16.73
	24.85 ± 0.01	16.541–15.565	1.664–62.122	0	
Hydrazine [21]	64.0	24.683–23.368	1.997–51.90		0.841
	95.9	63.1–58.8	5.318–98.72		0.868
Methanol [227]	88.11	92.7–82.9	3.963–62.337	10	K_A, 17 a, 3.8 Å
	108.55	83.574–69.995	2.949–48.875		K_A, 17 λ_0^+, 46.08 a_j, 3.8 Å $\lambda_0^+ \eta$, 0.3294
N,Methylacetamide [108]	23.73	104.108–88.414	2–80	40	
— [270]	21.65	—	5.0–200.0	35	λ_0^+, 8.23
	23.80	21.60–19.56	5.0–200.0	40	λ_0^+, 9.13
	26.60	23.41–21.63	5.0–200.0	45	λ_0^+, 10.01
	31.50	26.20–24.20	5.0–200.0	55	λ_0^+, 12.30
Methylene chloride [17]	—	31.01–28.48	50.0–1333.0		—
Pentaborane [166]	—	10.95–6.84	0.0865–0.1489		$K_d \times 10^3$, 7.6
		20.8–28.99	0.0865–0.1489		$K_d \times 10^3$, 4.4
Propanol [112]	25.88	33.5–24.8	0.6031–15.13		$K_d \times 10^3$, 2.0
		24.45–17.19			

TETRAPROPYLAMMONIUM IODIDE, $(C_3H_9)_4NI$ (Continued)

Solvent and ref.	Λ_0	Λ	Concentration eq/l $\times 10^4$	Temperature °C	$\Lambda_0\eta$	Comments
—[264]	26.08 ± 0.05	21.004–13.199	5.259–50.529			K_A, 391 ± 7 λ_0^+, 12.19 λ_0^-, 13.81 a, 4.5 Å
2-Propanol [132]	25.16	19.81–12.00	2.337–22.53			$K_d \times 10^3$, 0.75 λ_0^+, 11.5 λ_0^-, 13.81 a, 4.5 Å
—[291]	24.47 ± 0.06	20.551–12.015	1.674–21.504			K_A, 1100 ± 10 λ_0^+, 11.53 λ_0^-, 12.94 a, 6.1 Å
Sulfur dioxide (liquid) [136]	197	—	—		0.175	$K_d \times 10^3$, 3.85 a_j, 10.0 ± 0.6 Å $\lambda_0^+(0°C)$, 104
Trifluoroethanol [319]	35.714					λ_0^+, 14.73 λ_0^-, 20.96 r(Å), 5.21 ± 0.04

TETRABUTYLAMMONIUM CHLORIDE, $(C_4H_9)_4NCl$

Solvent and ref.	Λ_0	Λ	Concentration eq/l $\times 10^4$	Temperature °C	$\Lambda_0\eta$	Comments
Acetic acid [315]	32.51	4.5023–2.4135	1.0368–4.4777			pK, 5.755 $1/K_dA_0^2$, 538.0
Acetone [86]	172.3	169.40–154.79	0.13683–1.9789			K_d, 2.28×10^3 λ_0^+, 67.1 λ_0^-, 105.2
—[224]	188 ± 2	184.06–121.42	0.14557–16.554			K_d, $(16.6 \pm 1.0) \times 10^4$
—[320]	187.6					K_A, 430 ± 5 λ_0^+, 66.40 λ_0^-, 121.20 r(Å), 5.7 ± 0.1

III. ELECTRICAL CONDUCTANCE

Solvent [ref]					Notes
Benzene [121]		0.0001350–0.0000870		30	Λ_{MIN}, 7.55×10^5; C_{MIN}, 8.1×10^5; K_3, 10.1×10^{18}; K_3, 2.7×10^7
n-Butanol [269]	15.48 ± 0.02	12.870–7.276	1.215–39.864		K_A, 630 ± 7.5 λ_0^+, 7.84 a, 5.35 ± 0.09 Å
Ethanol [264]	41.54 ± 0.05	39.140–30.744	2.062–42.393		K_A, 39 ± 5 a, 4.4 ± 0.3 Å λ_0^+, 19.67 λ_0^-, 21.87
Hydrogen sulfide (liq) [231]		5.1	380	−78	
Methanol [227]	91.38	84.127–74.311	9.249–65.192		K_A, 0.0 a, 3.9 Å λ_0^+, 39.02; $\lambda_0^+ \eta$, 0.212
Nitromethane [180]	96.83	94.72–79.96	1–100.0		λ_0^{+*}, 34.12 λ_0^{-*}, 62.70; $\lambda_0^- \eta$, 0.214 λ_0^{-*}, 0.393
— [181]			2.0–100.0		*These values were calculated from transference number data
Phosphorus oxychloride [140]	43.0	40.8–29.8	0.561–12.5	20	K_d, 21.2×10^4
Propanol [264]	21.16 ± 0.03	19.167–12.991	2.338–44.879		K_A, 149 ± 5 a, 4.4 ± 0.3 λ_0^+, 10.71 λ_0^-, 10.45
— [320]	21.16				K_A, 149 ± 5 a(Å), 4.4 ± 0.1
2-Propanol [291]	20.69 ± 0.02	18.833–13.515	0.9667–11.753		K_A, 670 ± 10 a, 8.9 ± 0.3 λ_0^+, 10.14 λ_0^-, 10.55
Trifluoroethanol [319]	29.61				K_A, 4 ± 6 λ_0^+, 12.10 λ_0^-, 17.42 r(Å), 7 ± 1

TETRABUTYLAMMONIUM BROMIDE, $(C_4H_9)_4NBr$

Solvent and ref.	Λ_0	Λ	Concentration eq/l $\times 10^4$	Temperature °C	$\Lambda_0\eta$	Comments
Acetic Acid [315]	23.41	1.9575–1.1788	3.4837–11.6440			pK, 5.737 a, 5.91 Å
Acetone [73]	183.0	177.8–125.1	0.3287–21.48			λ_0^-, 115.9 K_d, 3.29 $\times 10^3$
— [320]	185.34					K_A, 285 ± 5 λ_0^+, 66.40 λ_0^-, 118.94 r(Å), 5.0 ± 0.1
Acetonitrile [201]	162.66 ± 0.08	159.7–141.9	0.7908–32.90			K_d, 9.4 $\times 10^2$ Λ_0^+, 61.3 ± 0.1
— [211]	161.1	151.74–143.54	6.486–25.183			K_A, 3 a, 3.5 Å
— [226]	162.1	154.394–137.105	4.442–50.194			K_A, 2 a, 3.5 Å
— [306]	162.7	158.2–146.5	1.359–18.228 (in moles/liter $\times 10^4$)			K_A, 1.8 ± 0.6
Adiponitrile [250]	10.94	10.53–9.55	2.545–38.50			K_A, 0 a, 4.2 Å λ_0^+, 4.17 λ_0^-, 6.77
Anisole [41]	47.1	919.3–805.0	0.1426–151.3			K_d, 0.49 $\times 10^{10}$ K_2, 4.64 $\times 10^4$ a, 4.6 Å a_2, 5.43 Å
Benzene [90]		0.000057–0.1880	0.099–8420			
Benzoyl bromide [138]	30.47	30.05–25.00	0.116–7.290			K, 3.85 $\times 10^3$
Bromine [94]		0.05668–12.77	118.8–12980			

III. ELECTRICAL CONDUCTANCE

Solvent [Ref.]					
n-Butanol [269]	16.07 ± 0.01	12.814–7.195	2.712–35.041		K_A, 860 ± 5 a, 5.4 ± 0.1; λ_0^+, 7.84
Chlorobenzene [49]		0.830–0.1570	0.071–12.38		K_d, 1.13 × 10^9 (ion-pair); K_{d2}, 0.42 × 10^3 (triple ion) a, 3.86 Å
Deuterium oxide [228]	80.29 ± 0.006	78.996–73.747	3.344–75.857		a, 1.94 ± 0.03
1,3-Diaminopropane [275]	23.694	15.14–12.57	2.89(approx)–6.55		K_A, 5.19 × 10^3
Dimethyl sulfoxide [277]	35.65	35.034–34.301	1.3309–6.5733		λ_0^+, 11.59 λ_0^-, 24.06 a,j, 4.74 Å
Diphenyl ether [52]		11280–4620	0.0240–8.270	50	
Ethanol [254]	48.8	45.6–37.7	1.86–14.79	30	K_A, 170
— [264]	43.51 ± 0.05	39.128–30.312	4.768–45.982		K_A, 75 ± 4 a, 4.3 ± 0.2; λ_0^+, 19.67 λ_0^-, 23.88
— [102]	43.22	40.50–37.01	2.216–9.685		K_d, 10.05 × 10^3 a, 3.54 Å
Ethylene carbonate [158]	36.97	36.65–35.87	0.694(approx)–10.12(approx)	40	λ_0^+, 10
Ethylene glycol [321]	6.489	6.3–5.8	6–56		r(Å), 3.34 $\Lambda_0 \eta_0$, 1.097
Ethyl methyl ketone [245]	139.50	111.85–82.718	3.0503–14.7378		K_A, 787 a,j, 5.3 Å R$^+$, 4.13; λ_0^+, 52.65
Ethyl methyl ketone [97]	125.9	116.5–86.9	0.702–11.633	10	K_d, 15.9 × 10^4
Formamide [290]	15.697 ± 0.008 24.002 ± 0.006	15.501–14.529 23.804–22.206	3.605–98.796 1.739–107.095		λ_0^+, 6.83 λ_0^-, 17.17

TETRABUTYLAMMONIUM BROMIDE, $(C_4H_9)_4NBr$ (Continued)

Solvent and ref.	Λ_0	Λ	Concentration eq/l $\times 10^4$	Temperature °C	$\Lambda_0\eta$	Comments
Glycerine [215]	0.1846	0.1795–0.1769	11.3103–36.388		1.745	a, 4.1 Å
Glycol [216]	6.47 ± 0.01	6.264–5.900	5.5962–33.781		1.094	K_A, 13.34 a, 2.29 Å
Methanol [227]	76.90	73.348–62.767	3.371–57.330	10		a, 3.0 Å
	95.39	90.416–79.432	3.962–43.995			a, 3.6 Å K_A, 3 λ_0^+, 38.94 $\lambda_0^+\eta$, 0.212
— [96]	96.7	93.36–90.02	1.818–7.003		0.528	K_A, 0.055 a, 4.7 Å
Methanol [101]	96.15	92.86–89.97	1.809–6.292		0.5236	K_d, 69.4 $\times 10^3$ a, 5.28 Å
— [80]	96.66	94.65–89.80	0.650–6.145		0.5278	K_d, 38 $\times 10^4$ a, 1.74 Å
— [340]		74.3–67.6	9.46–25.20	31	0.515	
Nitrobenzene [103]	33.25	31.78–29.95	2.574–10.016		0.611	K_d, 1.8 $\times 10^2$ a, 4.25 Å
— [90]	33.07	32.18–30.24	1.294–8.255		0.6152	K_d, 220 $\times 10^4$ a, 2.28 Å
— [69]	33.48	32.88–25.12	0.5260–55.15			λ_0^-, 21.6 K_d, 162 $\times 10^4$
Nitromethane [180]	97.04	94.98–79.97	1–100.0		0.608	
— [214]	96.67 ± 0.05	92.23–84.04	4.4946–47.4226			λ_0^+, 34.06 a, 4.25 ± 0.09 Å

III. ELECTRICAL CONDUCTANCE

Solvent				
Nitromethane [181]			2.0–100.0	λ_0^{+*}, 34.12 λ_0^{-*}, 62.94 $\lambda_0^+\eta^*$, 0.214 $\lambda_0^-\eta^*$, 0.395 *These values were calculated from transference number data.
— [261]	96.74	91–84	8–49	
— [96]	86.8	84.06–79.90	1.920–13.354	0.545 λ_0^+, 33.98
1-Pentanol [269]	11.31 ± 0.03	7.188–3.375	3.350–41.224	K_A, 2520 ± 30 a, 6.82 ± 0.09 Å
Propanol [264]	22.97 ± 0.03	19.406–13.113	4.253–41.946	K_A, 266 ± 6 a, 4.6 ± 0.3 λ_0^+, 10.71 λ_0^-, 12.22
— [320]	22.92			K_A, 266 ± 6 a (Å), 4.6 ± 0.1
2-Propanol [291]	21.52 ± 0.02	18.247–10.428	1.765–27.265	K_A, 890 ± 10 a, 6.2 ± 0.2 λ_0^+, 10.14 λ_0^-, 11.45
— [132]	21.70	18.56–13.30	1.545–11.30	K_d, 1.0×10^3 λ_0^+, 9.6 λ_0^-, 12.1
Propylene carbonate [273]	28.65	27.782–24.985	6.42–122.5	a, 3.525 Å
Pyridine [70]	75.3	68.67–29.84	0.2169–15.61	K_d, 2.5×10^4 λ_0^-, 51.3
Trifluoroethanol [319]	31.00			λ_0^+, 12.10 λ_0^-, 18.85 r (Å), 5.88 ± 0.06

TETRABUTYLAMMONIUM IODIDE, $(C_4H_9)_4NI$

Solvent and ref.	Λ_0	Λ	Concentration eq/l × 10^4	Temperature °C	$\Lambda_0\eta$	Comments
Acetone [73]	179.4	175.4–131.1	0.3086–25.98			$K_d \times 10^3$, 6.48 λ_0^-, 112.3
— [111]	69.8	67.7–57.5	0.6019–18.23	−50	0.542	$K_d \times 10^3$, 15.5
	82.8	80.3–66.7	0.5942–18.00	−40	0.594	$K_d \times 10^3$, 13.6
	96.4	93.5–78.8	0.5866–17.77	−30	0.547	$K_d \times 10^3$, 11.8
	110.1	106.8–89.2	0.5797–17.56	−20	0.546	$K_d \times 10^3$, 10.8
	124.7	120.6–98.0	0.5721–17.33	−10	0.545	$K_d \times 10^3$, 9.6
	139.3	134.7–109.9	0.5644–17.15	0	0.545	$K_d \times 10^3$, 8.5
	155.2	150.0–122.4	0.5561–16.85	10	0.545	$K_d \times 10^3$, 7.7
	171.2	165.4–134.0	0.5485–16.61	10	0.544	$K_d \times 10^3$, 6.8
	180.2	173.9–139.7	0.5440–16.48	20	0.544	$K_d \times 10^3$, 6.1
— [320]	184.39					K_A, 155 ± 3 λ_0^+, 66.40 λ_0^-, 117.99 r (Å), 5.1 ± 0.1
Acetonitrile [201]	164.59 ± 0.11	162.9–143.7	0.3763–31.68			$K_d \times 10^2$, 8.4 λ_0^+, 61.3 ± 0.1
— [211]	163.70	155.91–146.78	4.527–21.863			K_A, 3 a, 3.9 Å λ_0^+, 61.2
— [226]	164.0	156.62–139.173	4.058–48.591			K_A, 3 a, 3.6 Å
Adiponitrile [250]	11.30 ± 0.01	10.87–9.86	2.688–39.15			K_A, 0.0 a, 4.2 Å λ_0^+, 4.17 λ_0^+, 7.3
n-Butanol [174]	8.85	5.60–2.06	0.000764–0.015280	0	0.458	$K_d \times 10^4$, 7.75 λ_0^+, 2.63
	17.54	10.91–4.39	0.000746–0.014930		0.432	$K_d \times 10^4$, 6.863 λ_0^+, 5.54

III. ELECTRICAL CONDUCTANCE

Solvent [ref]						
— [269]	37.73	18.43–7.43	0.000729–0.014590	50	0.532	$K_d \times 10^4$, 2.70 λ_0^+, 9.66
	17.16 ± 0.03	12.620–6.896	3.548–37.135			K_A, 1180 ± 10 λ_0^+, 7.84 a, 5.5 ± 0.1 Å
— [325]	8.85	5.60–2.06	7.64–152.80	0	0.458	$K \times 10^4$, 7.75 λ_0^+, 2.63
	17.54	10.91–4.39	7.46–149.30		0.432	$K \times 10^4$, 8.63 λ_0^+, 5.54
	37.73	18.45–7.43	7.29–145.90	50	0.532	$K \times 10^4$, 2.70 λ_0^+, 9.66
Deuterium oxide [228]	79.42 ± 0.02	77.701–71.365	5.325–85.406			K_A, 4 ± 1 a, 3.8 ± 0.7
1,3-Diaminopropane [275]	35.099	19.72–12.60	2.43–12.18			$K_A \times 10^4$, 8.776
O-Dichlorobenzene [95]	39.3	17.22–4.513	0.2063–5.845			λ_0^+, 23.1 $K_d \times 10^5$, 0.64
N,N-Dimethylacetamide [126]	64.55	63.38–58.44	0.8132–22.12			λ_0^+, 22.8 λ_0^-, 41.8
Dimethylformamide [98]	77.7	76.36–70.91	0.59–16.0			$K_d \times 10^3$, 12.0
Dimethylsulfoxide [129]	35.0	34.25–32.29	1.970–31.42			λ_0^+, 11.2 λ_0^-, 23.8
— [277]	35.39	34.823–34.127	1.1309–5.7204			λ_0^+, 11.59 λ_0^-, 23.80 a_i, 4.01 Å
Ethanol [264]	46.65 ± 0.04	41.492–30.829	4.601–43.718			λ_0^+, 19.67 λ_0^-, 27.00 a, 4.0 ± 0.1 Å K_A, 123 ± 3
Ethanolamine [146]	4.85	4.691–4.102	3.257–63.172			$K_d \times 10^2$, 15.1
Ethylene carbonate [158]	37.41	37.17–36.39	0.2498–8.99	40	0.692	λ_0^+, 10
Ethylene diamine [100]	57.8	53.67–38.84	0.5478–5.469			$K_d \times 10^4$, 5,320
Ethylene glycol [321]	6.069	6–5.4	4–43			r (Å), 2.08 ± 0.08 $\Lambda \eta_0$, 1.026

TETRABUTYLAMMONIUM IODIDE, $(C_4H_9)_4NI$ (Continued)

Solvent and ref.	Λ_0	Λ	Concentration eq/l $\times 10^4$	Temperature °C	$\Lambda_{0\eta}$	Comments
Ethyl methyl ketone [245]	141.66	124.53–98.606	2.1978–12.9525			K_A, 382 λ_0^+, 52.63 R^+, 4.13 a_j, 5.3 Å
Formamide [135]	23.37	—	30.0–1000.0			λ_0^+, 67 λ_0^-, 16.8
— [290]	15.28 ± 0.01	15.131–14.165	2.680–74.630	10		—
	23.55 ± 0.01	23.433–21.580	1.294–100.650			λ_0^+, 6.83 λ_0^-, 16.73
Hydrogen cyanide [198]	307.5	295.0–281.1	23.10–110.1	18		λ_0^+, 90 λ_0^-, 218
	325.0	313.2–310.3	23.07–36.53			λ_0^+, 96 λ_0^-, 231
Hydrogen sulfide (liquid) [231]	—	12.2	667	−78		
Methanol [227]	82.12	78.044–65.409	3.923–58.348	10		K_A, 17 a, 3.7 Å
	101.72	06.347–82.457	3.830–47.272			K_A, 16 λ_0^+, 38.94 a, 3.8 Å $\lambda_0^+\eta$, 0.2120
N,Methylacetamide [108]	22.34	—	2–80	40		
— [270]	20.53	20.20–18.58	5.0–200.0	35		λ_0^+, 7.11
	22.50	22.13–20.30	5.0–200.0	40		λ_0^+, 7.83
	25.20	24.78–22.73	5.0–200.0	45		λ_0^+, 8.61
	27.35	26.90–24.60	5.0–200.0	50		λ_0^+, 9.62
	29.80	29.28–26.75	5.0–200.0	55		λ_0^+, 10.60
Nitrobenzene [149]	32.80	31.900–30.428	1.2782–7.3373			Log K_A, 1.43

III. ELECTRICAL CONDUCTANCE

Compound				
Pentaborane [166]	138 (assumed)	75.77–9.96	0.0198–0.3864	0	a, 5.94 Å $K_d \times 10^3$, 7.7 (estimated)
	180 (assumed)	89.13–8.13	0.198–0.6400		a, 5.55 Å $K_d \times 10^3$, 4.6 (estimated)
1-Pentanol [269]	12.00 ± 0.05	7.329–3.345	3.266–39.861		K_A, 3220 ± 40 a, 6.5 ± 0.1 Å
Propanol [264]	24.60 ± 0.04	20.028–12.750	4.550–43.119		K_A, 415 ± 6 λ_0^+, 10.71 λ_0^+, 13.81 a, 4.7 ± 0.1 Å
— [320]	24.60				K_A, 415 ± 6 a (Å), 4.7 ± 0.1
2-Propanol [291]	23.08 ± 0.02	19.500–11.519	1.348–17.038		K_A, 1300 ± 10 λ_0^+, 10.14 λ_0^-, 12.94 a, 6.6 ± 0.1 Å
— [132]	23.26	19.99–14.28	1.101–7.976		$K_d \times 10^3$, 0.71 λ_0^+, 9.6 λ_0^-, 13.7
Pyridine [70]	73.1	68.29–43.04	0.2155–6.466		λ_0^+, 49.1 $K_d \times 10^4$, 4.1
Tetramethylguanidine [251]	42.7	22.97–11.04	0.4366–3.673		$K_d \times 10^5$, 2.48
Trifluoroethanol [319]	33.10				λ_0^+, 12.10 λ_0^-, 20.96 r (Å), 5.38 ± 0.05

TETRA-ISOAMYLAMMONIUM FLUORIDE $(i\text{-}C_5H_{11})_4NF$

Solvent and ref.	Λ	Concentration eq/l × 10^4	Comments
Benzene [33]	3200–224900	0.158–281.4	$-\log K_1\Lambda_0^2$, 14.20 $-\log K_1$, 18.20 $-\log K_2$, 5.10

TETRA-ISOAMYLAMMONIUM CHLORIDE, $(i\text{-}C_5H_{11})_4NCl$

Solvent and ref.	Λ	Concentration eq/l × 10^4	Comments
Benzene [33]	0.000056–0.00420	0.201–330.2	$-\log K_1\Lambda_0^2$, 13.90 $-\log K_1$, 17.90 $-\log K_2$, 5.20

TETRA-ISOAMYLAMMONIUM BROMIDE, $(i\text{-}C_5H_{11})_4NBr$

Solvent and ref.	Λ_0	Λ	Concentration eq/l × 10^4	Comments
Acetonitrile [276]	157.49 ± 0.01	147.67–132.35	7.345–53.587	K_A, 0 λ_0^+, 56.8 a, 3.35 ± 0.01 Å
Benzene [33]		0.00031–0.00580	0.098–342.2	$-\log K_1\Lambda_0^2$, 13.45 $-\log K_1$, 17.45 $-\log K_2$, 5.30

III. ELECTRICAL CONDUCTANCE

TETRA-ISOAMYLAMMONIUM IODIDE, $(i\text{-}C_5H_{11})_4NI$

Solvent and ref.	Λ_0	Λ	Concentration eq/l × 10⁴	Temperature °C	Comments
Benzene [33]		0.000317–0.000332	0.0168–1.188		$-\log K$, Λ_0^2, 13.30 $-\log K_1$, 17.30 $-\log K_2$, 5.40
— [40]	155	0.000649–0.00233	0.0301–28.2	60	K_d, 32.0 × 10⁸ a, 5.47 Å
n-Butanol [172]	17.0	12.7–4.19	2.77–125.3		
Dimethyl sulfoxide [277]	34.41	33.832–33.279	1.2162–4.8008		λ_0^+, 10.61 λ_0^-, 23.80
Ethanolamine [50]	617.28	189.81–11.00	0.010–12.45		K_d, 7.117 × 10⁷
Methanol [276]	98.04 ± 0.03	89.28–79.35	10.244–47.460		K_A, 12.8 ± 0.8 λ_0^+, 35.26 a, 3.5 ± 0.1 Å
Methyl ethyl ketone [2]	133.0	130.0–117.5	0.1111–2.870		λ_0^+, 50.2 λ_0^-, 82.3
Propylene carbonate [280]	26.95	25.6070–23.1384	16.82–151.4		λ_0^+, 8.185 λ_0^-, 18.765 a, 3.30 Å

TETRAAMYLAMMONIUM BROMIDE, $(C_5H_{11})_4NBr$

Solvent and ref.	Λ_0	Λ	Concentration eq/l × 10^4	Comments
Acetone [86]	174.4	169.90–147.64	0.29802–5.6153	K_d, 4.25 × 10^3 λ_0^+, 58.5 λ_0^-, 115.9
Acetonitrile [201]	156.55 ± 0.12	155.1–140.6	0.2791–19.88	K_d, 10 × 10^2 λ_0^+, 55.1 ± 0
— [305]	156.8 ± 0.2			a, 11 ± 2 Å K_A, 23 ± 5
Ethyl methyl ketone [245]	134.77	102.424–81.374	4.4672–14.1107	K_A, 761 a_J, 4.9 Å λ_0^+, 47.92 R^+, 4.54
Methanol [227]	91.41	86.851–74.821	3.485–50.592	K_A, 2 a, 3.5 Å λ_0^+, 34.96 λ_{07}^+, 0.1895

TETRAAMYLAMMONIUM IODIDE, $(C_5H_{11})_4NI$

Solvent and ref.	Λ_0	Λ	Concentration eq/l × 10^4	Temperature °C	Comments
Acetonitrile [201]	158.23 ± 0.1	155.4–139.4	0.7102–28.28		K_d, 10.1 × 10^2 λ_0^+, 55.1 ± 0.1
Chloroform [17]		0.388–0.725	16.6–200.0		
Dimethyl sulfoxide [277]	34.21	33.689–32.944	0.9771–6.1142		λ_0^+, 10.41 λ_0^-, 23.80 a_j, 5.07 Å

III. ELECTRICAL CONDUCTANCE

Solvent and ref.	Λ_0	Λ	Concentration eq/l × 10^4	Comments
Ethylmethyl ketone [245]	136.93	123.73–91.905	1.5579–16.2301	K_A, 351 a$_J$, 4.9 Å λ_0^+, 47.90 R$^+$, 4.54
Hydrogen cyanide [78]	253.0	249.2–237.8	2.061–64.69	0
Methanol [227]	97.42	91.602–70.683	4.620–107.414	K_A, 16 λ_0^+, 34.64 a, 3.7 Å $\lambda_{0?}$, 0.1895
N,Methylacetamide [270]	20.10	19.78–18.13	5.0–200.0	35 λ_0^+, 6.68
	22.00	21.64–19.77	5.0–200.0	40 λ_0^+, 7.33
	24.60	24.18–22.12	5.0–200.0	45 λ_0^+, 8.01
	26.61	26.15–23.83	5.0–200.0	50 λ_0^+, 8.87
	29.02	28.50–25.92	5.0–200.0	55 λ_0^+, 9.82
Methylene chloride [17]		15.16–9.51	25.0–4000.0	

TETRAHEXYLAMMONIUM BROMIDE, $(C_6H_{13})_4NBr$

Solvent and ref.	Λ_0	Λ	Concentration eq/l × 10^4	Comments
Adiponitrile [250]	10.06	9.65–8.69	2.262–43.57	K_A, 0 a, 4.6 Å λ_0^+, 3.28 λ_0^-, 6.77
Ethyl methyl ketone [245]	131.07	114.89–79.431	1.5281–15.1480	K_A, 662 a$_J$, 5.0 Å λ_0^+, 44.22 R$^+$, 4.91

TETRAHEXYLAMMONIUM IODIDE, $(C_6H_{13})_4NI$

Solvent and ref.	Λ_0	Λ	Concentration eq/l $\times 10^4$	Temperature °C	Comments
Adiponitrile [250]	10.40	9.86–9.09	5.019–37.73		K_A 0 a, 4.4Å λ_0^+, 3.28 λ_0^+, 7.13
Dimethyl sulfoxide [277]	33.61	33.166–32.341	0.7709–6.1851		λ_0^+, 9.79 λ_0^-, 23.80 a_j, 4.57 Å
Ethyl methyl ketone [245]	133.28	119.18–91.565	1.8803–15.1321		K_A, 326 λ_0^+, 44.25 a_j, 5.0 Å R^+, 4.91
Formamide [290]	21.622 ± 0.004	21.359–19.143	2.788–148.239		λ_0^+, 4.90 λ_0^+, 16.73
N, Methylacetamide [270]	19.90	19.57–17.88	5.0–200.0	35	λ_0^+, 6.50
	21.80	21.44–19.50	5.0–200.0	40	λ_0^+, 7.13
	24.41	23.97–21.84	5.0–200.0	45	λ_0^+, 7.81
	26.34	25.90–23.50	5.0–200.0	50	λ_0^+, 8.60
	28.72	28.18–25.53	5.0–200.0	55	λ_0^+, 9.50

TETRAHEPTYLAMMONIUM BROMIDE, $(C_7H_{15})_4NBr$

Solvent and ref.	Λ_0	Λ	Concentration eq/l $\times 10^4$	Temperature °C	Comments
Ethyl methyl ketone [245]	128.29	111.50–79.743	1.6890–13.7809	15	K_A, 655 a_J, 4.9 Å λ_0^+, 41.44 R^+, 5.24
Ethyl methyl ketone [258]	115.44	98.135–75.860	2.3972–12.2169	15	K_A, 553 λ_0^+, 37.69 λ_0^-, 77.36 R_{ST}^+, 5.18 R_{ST}^-, 2.52
	115.09				K_A, 546

III. ELECTRICAL CONDUCTANCE

TETRAHEPTYLAMMONIUM IODIDE, $(C_7H_{15})_4NI$

Solvent and ref.	Λ_0	Λ	Concentration eq/l × 10^4	Temperature °C	Comments
n-Butanol [269]	15.57 ± 0.02	11.875–6.187	2.656–34.931		K_A, 1260 ± 10 λ_0^+, 6.25 a, 5.5 ± 0.1 Å
Dimethylsulfoxide [277]	32.98	32.484–31.712	0.9323–6.4238		λ_0^+, 9.18 λ_0^-, 23.80 a_j, 6.01 Å
Ethanol [264]	41.93 ± 0.02	37.846–28.985	3.350–31.117		K_A, 139 ± 3 λ_0^+, 14.93 λ_0^-, 27.00 a, 4.3 ± 0.1
Ethyl methyl ketone [245]	130.50	106.22–90.674	5.1483–14.5098		K_A, 309 λ_0^+, 41.47 a_j, 4.9 Å R^+, 5.24
— [258]	117.24	103.87–86.186	2.3832–11.8402	15	K_A, 274 λ_0^+, 37.69 a_j, 5.2 Å λ_0^+, 79.77 R_{St}^+, 5.18 R_{St}^-, 2.4
	144.51	11.00–102.74	1.3686–11.1676	35	K_A, 366 λ_0^+, 47.07 a_j, 5.1 λ_0^+, 97.61 R_{St}^+, 5.09 R_{St}^-, 2.4
N, Methyl acetamide [270]	19.62	19.25–17.55	5.0–200.0	35	λ_0^+, 6.20
	21.47	21.10–19.25	5.0–200.0	40	λ_0^+, 6.80
	24.00	23.55–21.38	5.0–200.0	45	λ_0^+, 7.41
	25.95	25.48–23.07	5.0–200.0	50	λ_0^+, 8.21
	28.00	27.47–24.77	5.0–200.0	55	λ_0^+, 9.00
1-Pentanol [269]	10.76 ± 0.03	7.077–3.249	2.326–30.032		K_A, 3220 ± 40 a, 6.6 ± 0.2 Å
Propanol [264]	22.18 ± 0.03	18.909–12.142	2.819–31.983		K_A, 442 ± 6 λ_0^+, 8.29 λ_0^-, 13.81 a, 4.8 ± 0.2 Å

TETRAHEPTYLAMMONIUM IODIDE, $(C_7H_{15})_4NI$ (Continued)

Solvent and ref.	Λ_0	Λ	Concentration eq/l $\times 10^4$	Temperature °C	Comments
2-Propanol [291]	20.67 ± 0.05	17.976–10.604	0.8398–12.988		K_A, 1670 ± 40 λ_0^+, 7.78 λ_0^-, 12.94 a, 15 ± 2 Å
Trifluoroethanol [319]	29.818				K_A, 4 ± 4 λ_0^+, 9.09 λ_0^-, 20.96 r(Å), 6.5 ± 0.6

TETRAOCTYLAMMONIUM BROMIDE, $(C_8H_{17})_4NBr$

Solvent and ref.	Λ_0	Λ	Concentration eq/l $\times 10^4$	Comments
Ethyl methyl ketone [245]	126.08	107.31–79.036	2.0976–13.3792	K_A, 648 a_J, 5.0 Å λ_0^+, 39.23 R^+, 5.54

TETRAOCTYLAMMONIUM IODIDE, $(C_8H_{17})_4NI$

Solvent and ref.	Λ_0	Λ	Concentration eq/l $\times 10^4$	Comments
Ethyl methyl ketone [245]	128.22	112.90–90.373	2.3413–13.4784	K_A, 308 λ_0^+, 39.19 a_J, 5.0 Å R^+, 5.54

(b) Symmetrical Other Anions (increasing chain length, alphabetical by anion)

TETRAMETHYLAMMONIUM CHLORATE, $(CH_3)_4NClO_3$

Solvent and ref.	Λ_0	Λ	Concentration eq/l $\times 10^4$	$\Lambda_0\eta$
Triethanolamine [71]	0.182	0.1447–0.1297	70.6–242.7	1.505

TETRAMETHYLAMMONIUM HEXACYANOHEPTATRIENIDE (TMA$^+$/HCHT),

$$(CH_3)_4N^+ \begin{bmatrix} CN & & & & & & CN \\ \diagdown & & & & & & \diagup \\ C=C-CH=CH-CH-C-C \\ \diagup & | & & & | & \diagdown \\ CN & CN & & & CN & CN \end{bmatrix}^{\ominus}$$

Solvent and ref.	Λ_0	Λ	Concentration eq/l $\times 10^4$	$\Lambda_0\eta$	Comments
Acetone [171]	166.9	159.83–146.56	1.0609–10.258	0.5100	$a_J(Å)$, 6.0
Acetonitrile [171]	156.3	152.93–147.02	0.8962–8.6607	0.5374	$a_j(Å)$, 6.8

TETRAMETHYLAMMONIUM HEXAFLUOROPHOSPHATE $(CH_3)_4NPF_6$

Solvent and ref.	Λ_0	Λ	Concentration eq/l × 10^4	Temperature (°C)	Comments
Acetonitrile [184]	196.75	190.36–181.85	2.680–14.01		K_A, 5 (approx) a, 5.0 Å
— [309]		1.14×10^{-2} mho/cm	Saturated solution		
		2.26×10^{-2} mho/cm	Saturated solution	60	
N,N-Dimethylformamide [309]		1.11×10^{-2} mho/cm	Saturated solution		
		1.93×10^{-2} mho/cm	Saturated solution	60	
Dimethyl sulfoxide [346]		7.92×10^{-3} mho/cm	Saturated solution (less than 20%)	23.2	
Propylene carbonate [309]		2.71×10^{-3} mho/cm	Saturated solution		
		6.75×10^{-3} mho/cm	Saturated solution	60	

TETRAMETHYLAMMONIUM HYDROGEN SULFIDE, $(CH_3)_4NHS$

Solvent and ref.	Λ_0	Λ	Concentration eq/l × 10^4	Temperature (°C)
Hydrogen sulfide [231]		2.2–8.7	150–782	−78

III. ELECTRICAL CONDUCTANCE

TETRAMETHYLAMMONIUM NITRATE, $(CH_3)_4NNO_3$

Solvent and ref.	Λ_0	Λ	Concentration eq/l $\times 10^4$	Comments
Acetonitrile [160]	201.6	191.50–177.62	3.7066–20.073	K_A, 23 a, 4.64 Å λ_0^-, 107.6
Ethanol [31]	56.85	53.94–46.20	0.6916–10.7960	λ_0^+, 28.8
Hydrogen cyanide [35]	375.0	371.6–364.9	2.05–14.899	λ_0^+, 175.0
Methanol [31]	130.2	126.06–117.07	1.1677–12.2895	λ_0^+, 69.8

TETRAMETHYLAMMONIUM PENTACYANOPROPENIDE [TMA$^+$/PCP$^-$]

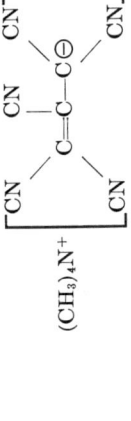

Solvent and ref.	Λ_0	Λ	Concentration eq/l $\times 10^4$	$\Lambda_0\eta$	Comments
Acetone [171]	191.0	183.65–169.76	0.9588–9.9047	0.5837	a_j (Å), 6.5
Acetonitrile [171]	179.3	175.12–167.14	1.1389–11.610	0.6164	a_j (Å), 3.9
Nitrobenzene [171]	35.43	34.645–32.892	1.0947–11.263	0.6516	K_A, 10.7 a_j (Å), 6.5

TETRAMETHYLAMMONIUM PERCHLORATE, $(CH_3)_4NClO_4$

Solvent and ref.	Λ_0	Λ	Concentration eq/l $\times 10^4$	Temperature (°C)	Comments
Acetone [12]	218.5	207.5–173.4	0.4484–9.461		λ_0^+, 93.1 λ_0^-, 115.5
— [320]					K_A, 186 ± 3 Λ_0^+, 96.64 Λ_0^-, 118.35 r (Å), 5.3 ± 0.02
Acetonitrile [18]	197.5	194.2–178.5	0.7125–18.39		λ_0^+, 92.9 λ_0^-, 104.5
— [252]	198.2	186.07–164.87	8.0006–61.3173		K_A, 7.0 ± 0.2 a, 3.3 ± 0.03 Å
Diethanolamine [62]	1.680	1.1436–0.600	4.0–20.88	30	
Hydrogen cyanide [35]	375.3	372.1–366.6	1.974–19.272	18	λ_0^+, 175.0
Methanol [31]	141.2	137.75–130.85	0.49120–4.7490		λ_0^+, 70.3
Sulfolane [271]	10.994	10.590–9.575	8.1098–98.681	30	λ_0^+, 4.31 $\lambda_0^+\eta$, 0.425 a Stokes, 1.93 Å
Sulfur dioxide (liquid) [55]	—	145–49.7	4.89–5000.0	−12	
— [136]	218			0.16	$K_d \times 10^3$, 0.84 a_j, 4.63 ± 0.09 Å
Sulfur dioxide [350]		214.7–116.8	0.15614–26.1712	0.23	$K_1, \times 10^5$ 0.0185
		211.8–127.3	0.2137–17.6647	0.23	$K_1, \times 10^5$ 0.0297
		187.6–129.1	1.6485–16.192	0.41	$K_1, \times 10^5$ 0.0188
		195.2–118.0	0.22829–20.619	−10.55	$K_1, \times 10^5$ 0.0115
		185.3–111.3	0.64012–26.553	−10.55	$K_1, \times 10^5$ 0.0115
		178.6–112.4	0.23011–20.859	−18.99	$K_1, \times 10^5$ 0.0139
		169.4–106.6	0.57136–26.745	−18.99	$K_1, \times 10^5$ 0.0139

III. ELECTRICAL CONDUCTANCE

Triethanolamine [71]		163.1-101.2	0.3067-27.956	-25.58	K_I, ×10⁵ 0.0264
		163.8-102.9	0.2718-25.562	-25.58	K_I, ×10⁵ 0.0154
Trifluoroethanol [319]	0.189	0.164-0.1218	62.85-1303.0		$\Lambda_{0\eta}$, 1.563
	45.37				K_A, 10 ± 1 Λ_0^+, 22.64
					Λ_0^-, 22.71 r (Å), 3.9 ± 0.1

TETRAMETHYLAMMONIUM PICRATE, $(CH_3)_4N[OC_6H_2(NO_2)_3]$

Solvent and ref.	Λ_0	Λ	Concentration eq/l × 10⁴	Temperature (°C)	λ_0^+	λ_0^-	$\Lambda_{0\eta}$	Comments
Acetic acid [315]	18.59	2.6987-1.9166	2.5365-5.9364					a (Å), 6.45
Acetone [86]	183.1	176.95-161.44	0.6538-6.2838		97.8			K_d, 11.2 × 10³
— [12]	187.0	181.2-152.4	0.3284-12.73		102.8	84.2	0.591	
Acetonitrile [226]	171.8	164.666-147.231	3.720-48.335					K_A, 1 a (Å), 3.7
— [18]	170.5	169.2-149.7	0.1644-37.50		92.9	77.7	0.586	
— [308]		139-0	2.249-2.252					37.57 × 10⁴ eq/l of p-nitrophenol added to solvent
Dimethyl formamide [124]	76.4	75.29-71.05	0.6171-14.59		28.8			
Ethanol [31]	55.36	54.80-47.95	0.1010-7.2270					

TETRAMETHYLAMMONIUM PICRATE, $(CH_3)_4N[OC_6H_2(NO_2)_3]$ (Continued)

Solvent and ref.	Λ_0	Λ	Concentration eq/l × 10^4	Temperature (°C)	λ_0^+	λ_0^-	$\Lambda_0\eta$	Comments
Ethylene chloride [99]	53.0	36.70–19.37	0.3274–3.316	5.69				K_d, 0.508 × 10^4
— [28]	73.81	53.73–11.04	0.17528–22.25					K_d, 0.3256 × 10^4
— [4]	74.9	66.84–13.55	0.02702–12.23		40.9	34.0		
Ethylphenylethanolamine [74]		1735–1071	29.56–413.0					
Hydrogen cyanide [35]	309.9	307.9–302.8	0.8904–11.998	18	175			
— [78]	263.3	255.5–212.4	17.59–1008	0				
Methanol [227]	115.80	110.867–95.704	32.72–49.332		60.5			a (Å), 3.8 K_A, 11 $\lambda_0\eta$, 0.3742
— [87]	115.94	113.71–101.50	0.6791–23.775		66.7			K_d, 340 × 10^4
— [31]	116.7	113.71–105.31	0.80096–12.435		70.0			
— [154]	115.95	108.648–100.484	6.2947–27.1647				0.641	K_A, 13.6 a (Å), 3.83
Methyl ethyl ketone [2]	147.0	139.0–109.1	0.5610–14.48					
Monoethanolamine [50]	2222.22	457.04–15.52	0.03–12.56					K_d, 0.09145 × 10^6
Nitrobenzene [63]	33.3	33.11–26.85	0.1555–50.80		17.1			K_d, 400 × 10^4

III. ELECTRICAL CONDUCTANCE

—[324]	30.62	30.04–27.40	0.4238–12.21, $\times 10^{-4}$	20				
	33.59	32.97–30.04	0.4220–12.16, $\times 10^{-4}$ moles/liter	30				
	36.55	35.89–32.71	0.4203–12.11, $\times 10^{-4}$ moles/liter	40				
	42.85	42.06–38.31	0.4168–12.01, $\times 10^{-4}$ moles/liter	50				
	49.31	48.39–44.16	0.4133–11.91, $\times 10^{-4}$ moles/liter	60				
	55.73	54.71–50.21	0.4099–11.81, $\times 10^{-4}$ moles/liter					
	62.62	61.58–56.54	0.4064–11.71, $\times 10^{-4}$ moles/liter	70				
Nitromethane [19]	97.40	96.35–88.22	0.3947–28.18					
Pyridine [14]	75.5	70–50.94	0.2629–6.766		45.2	30.3	0.066	
—[68]	76.7	73.15–56.63	0.1915–3.737		43.0	33.7		K_d, 6.7×10^4
Sulfur dioxide (Liquid) [136]	175			0.16				K_d, 1.95×10^3; a_j (Å), 6.5 ± 0.35

TETRAMETHYLAMMONIUM SULFATE, $[(CH_3)_4N]_2SO_4$

Solvent and ref.	Λ	Concentration eq/l $\times$ 10^4	Temperature °C
Sulfur dioxide (liquid) [55]	192–43.9	4.89–5000.0	−12

TETRAMETHYLAMMONIUM TETRAPHENYL BORIDE, $(CH_3)_4NB(C_6H_5)_4$

Solvent and ref.	Λ_0	Comments
Acetone [320]	159.28	Λ_0^+, 96.63 Λ_0^-, 62.65 r(Å), 4.77 ± 0.02

TETRAMETHYLAMMONIUM THIOCYANATE $(CH_3)_4NCNS$

Solvent and ref.	Λ_0	Λ	Concentration eq/l $\times$ 10^4	Comments
Ethanol [31]	58.45	55.46–47.32	0.7322–10.8173	λ_0^+, 29.2
Methanol [31]	131.8	127.71–118.29	1.0697–12.119	λ_0^+, 70.7

TETRAMETHYLAMMONIUM TETRAFLUOROBORATE, $(CH_3)_4NBF_4$

Solvent and ref.	Λ_0	Λ (mho/cm)	Concentration eq/l $\times$ 10^4	Temperature °C	Comments
Dimethyl sulfoxide [346]		7.2 $\times$ 10^{-3}	Saturated solution (less than 20%)	27.2	
Sulfur dioxide [136]	215			0.16	$K_d \times 10^3$, 0.79 a_j, 4.56 ± 0.12 Å

TETRAMETHYLAMMONIUM TETRAPHENYLBORIDE, $(CH_3)_4NB(C_6H_5)_4$

Solvent and ref.	Λ_0	Λ	Concentration eq/l $\times$ 10^4	Comments
Acetonitrile [156]	152.58	148.09–141.51	1.4209–10.3079	K_A, 3 a_J(Å), 5.1
— [308]		1.59–0.00, $\times$ 10^2	2.239–2.242	

III. ELECTRICAL CONDUCTANCE

TETRAMETHYLAMMONIUM p-TOLUENE SULFONATE, $(CH_3)_4NC_7H_7SO_3$

Solvent and ref.	Λ	Concentration eq/l × 10^4	Temperature (°C)	Comments
Triphenyl phosphite [159]	0.0001517–0.00004452	1.870–23.83	15	$K_d \times 10^8$, 0.177 a_j, 6.97 Å
	0.000267–0.00008661	1.856–23.65		$K_d \times 10^8$, 0.267 a_j, 6.94 Å
	0.0006132–0.0002696	1.828–23.29	45	$K_d \times 10^8$, 0.505 a_j, 6.83 Å
	0.001092–0.0005818	1.798–22.91	65	$K_d \times 10^8$, 0.747 a_j, 6.73 Å
Tri-m-tolyl phosphite [159]	0.0002144–0.0009442	0.6771–2.45	15	
	0.0004651–0.0001988	0.6723–2.433		
	0.001533–0.0007414	0.6627–2.398	45	—
	0.009460–0.002478	0.3639–14.57	65	—
Tri-p-tolyl phosphite [159]	0.001364–0.0002155	0.06207–1.029	15	—
	0.002543–0.004241	0.06169–1.023		
	0.006852–0.001316	0.06081–1.008	45	
	0.01675–0.001173	0.05933–3.567	65	$K_d \times 10i$, 4.97 a_j, 7.42 Å

TETRAETHYLAMMONIUM BENZOATE, $(C_2H_5)_4N[O_2C_7H_5]$

Solvent and ref.	Λ_0	Λ	Concentration eq/l × 10^4	Comments
Acetonitrile [220]	147	141–110	3.84–65.3	λ_0^+, 85 λ_0^-, 62
N,N-Dimethylformamide [282]	77	79–56	1.0–100.0	$K_d \times 10^2$, 7.0 λ_0^-, 34.0

TETRAETHYLAMMONIUM CHLORATE, $(C_2H_5)_4NClO_2$

Solvent and ref.	Λ_0	Λ	Concentration eq/l × 10^4	$\Lambda_0\eta$
Ethylphenylethanolamine [74]	—	0.4851–0.4285	14.24–10750	
Triethanolamine [71]	0.311	0.3001–0.2702	84.1–1017.0	2.570

TETRAETHYLAMMONIUM 2,6-DIHYDROXYLBENZOATE, $(C_2H_5)_4NC_7H_5O_4$

Solvent and ref.	Λ_0	Λ	Concentration eq/l × 10^4	Comments
Acetonitrile [219]	189	—		$K_d \times 10^3$, 15 λ_0^+, 104

TETRAETHYLAMMONIUM 3,5-DINITROBENZOATE, $(C_2H_5)_4N[O_2(C_7H_3)(NO_2)_2]$

Solvent and ref.	Λ_0	Λ	Concentration eq/l × 10^4	Comments
Acetonitrile [177]	186	194–117	0.387–38.7	λ_0^+, 86 λ_0^-, 100

III. ELECTRICAL CONDUCTANCE

TETRAETHYLAMMONIUM 2,6-DINITRO-4-CHLOROPHENOLATE $(C_2H_5)_4NO_5N_2ClC_6H_2$

Solvent and ref.	Λ_0	Λ	Concentration eq/l × 10^4	Comments
N,N-dimethylformamide [282]	79	77–59	1.0–100.0	K_d, 4.0 × 10^2 (approx.) λ_0^-, 36

TETRAETHYLAMMONIUM HYDROGEN SULFIDE, $(C_2H_5)_4NHS$

Solvent and ref.	Λ_0	Λ	Concentration eq/l × 10^4	Temperature (°C)
Hydrogen sulfide (liquid) [231]		6.2–16.1	128–620	−78

TETRAETHYLAMMONIUM NITRATE, $(C_2H_5)_4NNO_3$

Solvent and ref.	Λ_0	Λ	Concentration eq/l $\times 10^4$	Temperature (°C)	$\Lambda_0\eta$	Comments
Acetonitrile [18]	190.0	185.6–169.8	0.7607–20.09			λ_0^+, 86.1 λ_0^-, 103.9
— [213]	199	197–77	0.388–1590			K_d, 2.1×10^2
Chloroform [17]		0.26–3.36	100–4000			
Ethanol [32]	56.2	53.36–44.38	0.9411–16.8843			λ_0^+, 28.4 λ_0^-, 27.9
Ethylene chloride [66]	78.43	71.67–32.55	0.07199–3.583			K_d, 0.74×10^4
Ethylidene chloride [84]	149.0	40.04–18.79	0.8996–5.7117			K_d, 0.75×10^5 λ_0^+, 85.1 $\lambda_0^+\eta$, 0.297 $\lambda_0^-\eta$, 0.39
Hydrogen cyanide [35]	346.0	344.1–337.2	0.9285–20.548	18		λ_0^+, 145.0
Methanol [29]	122.0	118.98–110.35	0.773–12.183			λ_0^+, 61.2 λ_0^-, 60.8
Methylene chloride [17]		16.22–8.6	12.5–500			
Methyl ethyl ketone [2]	159.0	150.8–115.6	0.2586–7.150			λ_0^+, 75.3 λ_0^-, 83.7
Nitromethane [19]	113.5	110.4–97.87	1.268–41.67			
— [26]	114.3	111.40–105.2	1.193–17.22			λ_0^+, 49.5 λ_0^-, 64.5
— [338]	114.3	111.6–105.2	1.484–17.22			λ_0^+, 49.5
		111.4–105.7	1.193–14.81			
		112.0–105.6	1.416–16.85			
Pyridine [14]	91.1	80.76–45.79	0.295–11.03		0.804	λ_0^+, 41.7 λ_0^-, 49.4

III. ELECTRICAL CONDUCTANCE

TETRAETHYLAMMONIUM NITRILE, $(C_2H_5)_4NO_2$

Solvent and ref.	Λ_0	Λ	Concentration eq/l $\times 10^4$	Comments
Acetonitrile [213]	187	183–84	1.13–1590	K_d, 4.0×10^2

TETRAETHYLAMMONIUM p-NITROPHENOLATE, $(C_2H_5)_4NC_6H_4O_3N$

Solvent and ref.	Λ_0	Λ	Concentration eq/l $\times 10^4$	Comments
Acetonitrile [219]	166	—	—	$K_d \times 10^3$, 23

TETRAETHYLAMMONIUM PERCHLORATE, $(C_2H_5)_4NClO_4$

Solvent and ref.	Λ_0	Λ	Concentration eq/l × 10^4	Temperature (°C)	$\Lambda_0\eta$	Comments
Acetone [12]	208.7	203.0–170.5	0.2194–12.05		0.659	λ_0^+, 93.1 λ_0^-, 115.6
Acetonitrile [18]	190.6	186.6–169.7	0.7498–24.48		0.655	λ_0^+, 86.1 λ_0^-, 104.5
— [213]	203	203–59	0.625–1270			$K_d \times 10^2$, 1.7
— [219]	189					$K_d \times 10^3$, 56
— [248]	188.9 ± 0.9	185.5–143.7	1.687–38.44			λ_0^-, 103.8
— [306]	188.8 ± 0.5	186.3–175.2	0.9851–13.950			$K_d \times 10^2$, 8.0
Cyclohexanone [14]	38.0	34.15–21.22	0.7047–18.20			
Dimethylsulfoxide [318]	40.76					λ_0^+, 16.5 λ_0^-, 24.3
Ethanol [32]	62.6	58.61–51.51	0.8042–6.2611			λ_0^+, 28.4 λ_0^-, 33.8
— [36]	41.15	39.62–34.55	0.76909–7.0103	4		$K_d \times 10^2$, 0.394
	51.00	49.10–43.07	0.69392–6.4001	15		$K_d \times 10^2$, 0.378
	61.40	59.83–51.75	0.38429–6.3346			$K_d \times 10^2$, 0.66 a_j, 2.57 Å
Ethylene carbonate [158]	42.13	41.85–40.85	0.6292–13.6641	40	0.779	λ_0^+, 15.8
Ethylene chloride [4]	81.0	73.43–25.91	0.04407–10.27			λ_0^+, 37.3 λ_0^-, 43.1
Ethylidene chloride [84]	128.9	58.34–32.74	0.5521–2.5849			λ_0^+, 65.0 $K_d \times 10^5$, 1.76 $\lambda_0^+\eta$, 0.297 $\lambda_0^-\eta$, 0.302
Ethyl methyl ketone [2]	161.8	151.1–109.9	0.5785–14.94			λ_0^+, 75.3 λ_0^-, 86.5
Hexamethylphosphotri-amide [343]	24.94 ± 0.01					λ_0^+, 9.4 λ_0^-, 15.5 R_s^+, 2.5 R_s^-, 1.5

III. ELECTRICAL CONDUCTANCE

Compound [ref]						
Hydrogen cyanide [35]	350.2	346.9–339.3	1.5351–16.0721	18		λ_0^+, 145.0
Methanol [29]	132.1	128.96–119.03	0.578–9.992			λ_0^+, 61.2 λ_0^-, 70.9
— [36]	98.9	96.48–87.74	1.0713–13.6524	4	0.746	$K_d \times 10^2$, 1.96
	115.3	112.52–102.29	1.0283–13.5758	15	0.7285	$K_d \times 10^2$, 2.02
	131.6	128.42–117.08	0.96507–12.5898		0.719	$K_d \times 10^2$, 1.99 a, 2.66 Å
— [256]	131.39 ± 0.09	125.318–144.883	3.003–17.469			K_A, 41 ± 7 a, 4.6 ± 1.5 Å
Nitrobenzene [20]	37.05	36.49–32.42	0.3543–25.40			
— [25]	37.6	36.45–33.20	1.462–21.84			λ_0^+, 17.7 λ_0^-, 19.9
Nitromethane [19]	112.2	109.2–95.57	1.546–54.78			
— [26]	113.4	110.8–104.7	1.293–14.62			λ_0^+, 49.5 λ_0^-, 64.0
Phosphorus oxychloride [140]	53.4	48.9–37.0	0.385–4.25	20		$K_d \times 10^4$, 6.07
Propylene carbonate [273]	32.65	31.613–28.997	9.34–135.5			a, 3.60 Å
Pyridine [14]	85.7	79.18–43.64	0.2336–19.49	30	0.756	λ_0^+, 41.7 λ_0^-, 44.0
Sulfolane [271]	10.132	10.132–9.406	13.112–92.637	30		λ_0^+, 3.95 λ_{07}^+, 0.390 a Stokes, 2.10 Å
Valeronitrile [265]	88.3 ± 0.1	81.87–48.69	1.587–63.37		0.6117 Λ_{070}	K_A, 194 ± 4 a_j, 3.8 ± 0.4 Å
	93.93 ± 0.09	83.04–51.67	3.290–64.03	30	0.6094 Λ_{070}	K_A, 202 ± 4 a_j, 44.0 ± 0.2 Å
	106.3 ± 0.1	98.33–57.68	1.561–63.30	40	0.6079 Λ_{070}	K_A, 221 ± 4 a_j, 4.2 ± 0.2 Å
	119.1 ± 0.2	109.96–63.56	1.543–62.60	50	0.6055 Λ_{070}	K_A, 237 ± 5 a_j, 4.1 ± 0.2 Å

TETRAETHYLAMMONIUM PHENYLTRICHLOROBORATE, $(C_2H_5)_4NB(C_6H_5)Cl_3$

Solvent and ref.	Λ_0	Λ	Concentration eq/l $\times 10^4$	Comments
Acetonitrile [274]	199.6 ± 0.3	187.6–159.7	8.764–69.33	K_A, 10 ± 8 a (Å), 1.24 ± 0.08

TETRAETHYLAMMONIUM PICRATE, $(C_2H_5)_4N[O(C_6H_2)(NO_2)_3]$

Solvent and ref.	Λ_0	Λ	Concentration eq/l $\times 10^4$	Temperature (°C)	$\Lambda_0\eta$	Comments
Acetic acid [93]	29.9	29.5–1.58	0.0063–199.6			K_d, 163.0×10^4
—[315]	24.02	5.2210–2.6169	1.3113–7.8613			a, 6.64 Å
Acetone [73]	176.5	171.9–144.7	0.4129–19.19			λ_0^+, 91.2 K_d, 75×10^4
—[12]	141.4	139.5–111.3	0.09814–16.63	0	0.560	
	177.3	175.1–141.5	0.09479–16.06		0.560	λ_0^+, 93.1 λ_0^-, 84.2
	218.6	214.7–174.1	0.09132–15.47	50	0.559	
Acetonitrile [119]	164.5	163.40–142.63	0.1021–36.927			
—[18]	127.0	125.5–111.8	0.2317–25.50	0		λ_0^+, 66.8 λ_0^-, 60.3
	163.8	162.1–145.0	0.2294–24.66			λ_0^+, 86.1 λ_0^-, 77.7
	203.6	201.5–181.5	0.2213–23.80	50		λ_0^+, 107.4 Λ_0^-, 96.4 K_d, 175×10^4

III. ELECTRICAL CONDUCTANCE

Compound						
Acetophenone [16]	35.84	35.19–31.52	0.2046–5.676			λ_0^+, 19.7 λ_0^-, 16.15 λ_0^-, $\lambda_0^+\eta$, 0.326
Aniline [15]	17.25	13.95–3.55	0.1130–15.23		0.645	
Anisole [120]	59.62	0.1219–0.06675	2.69–21			K_d, 9.4×10^{10} a, 5.55 Å
Chloroform [37]	31.20	2.250–1.303	0.13–0.265			K_d, 1.508×10^7
Cyclohexanone [14]	105	30.59–25.77	0.1338–6.492			
Dibutyl phosphonate [147]	13.0	5.60–0.4409	0.07102–120.1	15	0.567	λ_0^+, 5.40
	17.5	7.473–0.5856	0.07039–119.0		0.555	λ_0^+, 5.36
	23.9	12.09–0.9393	0.06924–117.0	45	0.493	λ_0^+, 5.48
	37.5	17.21–1.377	0.06794–114.9	65	0.609	λ_0^+, 5.39
Dibutyl phthalate [115]	5.92	1.142–0.1950	0.1806–13.72		0.649	a, 5.84 Å
	5.81	1.742–0.2921	0.1792–13.61	35	0.648	a, 5.82 Å
	8.15	2.425–0.4157	0.1778–13.50	45	0.655	a, 5.85 Å
o-Dichlorobenzene [95]—[125]	47.4	27.13–9.978	0.1606–2.653			λ_0^+, 26.3 K_d, 11.4×10^4
	47.8					K_d, 12.3×10^4 a, 3.9 a Å
	51.56	29.69–12.30	0.1873–2.419	35		K_d, 13.89×10^4 a, 4.01 Å
	<55.91			45		K_d, 15.11×10^4 a, 4.05 Å
	65.40			55		K_d, 13.43×10^4 a, 4.05 Å
	71.38			65		K_d, 13.62×10^4 a, 4.09 Å
Diethyl ethyl phosphonate [147]	29.3	25.3–10.36	0.7441–151.0	15	0.477	K, 545×10^{-6} a, 6.95 Å
	38.1	27.38–12.39	2.139–149.5		0.506	K, 373×10^{-6} a, 6.95 Å
	50.5	37.52–16.59	2.107–147.3	45	0.489	K, 412×10^{-6} a, 6.95 Å
	65.3	48.45–21.01	2.074–145.0	65	0.485	K, 395×10^{-6} a, 6.95 Å

TETRAETHYLAMMONIUM PICRATE, $(C_2H_5)_4N[O(C_6H_2)(NO_2)_3]$ (Continued)

Solvent and ref.	Λ_0	Λ	Concentration eq/l $\times 10^4$	Temperature (°C)	$\Lambda_0\eta$	Comments
Di-(2-ethylhexyl)2-ethyl-hexyl phosphonate [147]		0.01881–0.003974	0.4302–24.26	15		
		0.03172–0.007085	0.4269–24.06			
		0.08320–0.01689	0.4202–23.68	45		
		0.1624–0.03390	0.4132–23.29	65		
Diethyl phthalate [115]	6.52	3.183–0.8735	0.4339–18.03		0.705	K_d, 1.58×10^9 a, 5.80 Å
	9.30	4.535–1.247	0.4308–17.90	35	0.710	K_d, 1.683×10^9 a, 5.85 Å
	12.63	6.147–1.694	0.4274–17.76	45	0.704	K_d, 1.592×10^9 a, 5.83 Å
Di-(2-ethylhexyl) phthalate [115]	0.276	0.07439–0.01080	0.1030–7.618		0.162	K_d, 8.87×10^7 a, 7.33 Å
	0.588	0.1283–0.01919	0.1022–7.561	35	0.198	K_d, 5.78×10^7 a, 7.00 Å
	1.12	0.2179–0.03165	0.1014–7.503	45	0.239	K_d, 4.41×10^7 a, 6.81 Å
N,N-Dimethyl formamide [282]	79	77–60	10,000–1,000,000			λ_0^-, 36(approx) K_d, 4.0×10^6(approx)
Dimethyl phthalate [115]	5.05	4.435–1.294	0.1169–25.16		0.703	K_d, 467.7×10^7 a, 5.86 Å
	7.73	6.746–1.943	0.1160–24.96	35	0.710	K_d, 497.7×10^7 a, 5.70 Å
	10.96	9.502–2.725	0.1150–24.76	45	0.703	K_d, 494.7×10^7 a, 5.65 Å
Dinonyl phthalate [115]	0.117	0.02241–0.00386	0.1187–10.09		0.092	K_d, 7.31×10^7 a, 7.62 Å
	0.263	0.04264–0.005863	0.1179–10.02	35	0.114	K_d, 5.58×10^7 a, 7.49 Å
	0.465	0.07459–0.001011	0.1169–9.942	45	0.126	K_d, 3.13×10^7 a, 7.21 Å

III. ELECTRICAL CONDUCTANCE

Substance				Temp		Notes
Dipenthyl phthalate [115]	2.08	0.4002–0.06943	0.2724–16.81		0.574	K_d, 10.64×10^7 a, 6.03 Å
	3.57	0.6393–0.1108	0.2698–16.65	35	0.608	K_d, 8.53×10^7 a, 5.85 Å
	5.54	0.9539–0.1661	0.2669–16.47	45	0.639	K_d, 7.91×10^7 a, 5.85 Å
Ethanol [7]	32.0	31.74–19.66	0.166–102.0	0		
	51.5	50.77–32.36	0.164–100.0			
	88.7	86.84–54.97	0.155–95.0	56		
— [32]	54.95	52.52–46.45	0.6635–9.4275			λ_0^+, 28.4 λ_0^-, 26.8
— [36]	36.30	35.09–31.92	0.99575–8.1461	4	0.5935	K_d, 1.081×10^2 Λ_0^+, 18.75
						$\lambda_0^+\eta$, 0.3038
	45.00	43.61–39.48	0.84435–7.9171	15		K_d, 1.03×10^2
	54.15	52.44–47.27	0.86945–7.9705		0.585	K_d, 0.981×10^2 a, 3.6 Å
						$\lambda_0^+\eta$, 0.3015 λ_0^+, 27.85
— [117]	55.0	52.26–33.63	0.98848–94.970		0.590	
	65.2	61.87–39.77	0.97778–93.941	35	0.581	
	76.6	72.57–46.47	0.96796–92.997	45	0.565	
— [315]	55.0	52.27–33.63	0.98849–94.970			$\Lambda_0\eta_0$ 0.590
	65.2	61.87–39.77	0.97778–93.491	35		$\Lambda_0\eta_0$ 0.581
	76.6	72.57–46.47	0.96796–92.997	45		$\Lambda_0\eta_0$ 0.565
Ethylamine [37]	165	63.50–17.32	0.49–1.03	0		K_d, 1.17×10^6 (Ostwald)
Ethylene chloride [4]	49.4	44.36–36.06	0.1466–1.134	0		
	71.26	67.67–29.38	0.02746–8.026		0.560	λ_0^+, 37.3 λ_0^-, 34.3
	95.2	80.92–59.91	0.1384–1.071	50		
— [43]	69.52					K_d, 1.59×10^4 a, 5.30 Å

TETRAETHYLAMMONIUM PICRATE, $(C_2H_5)_4N[O(C_6H_2)(NO_2)_3]$ (*Continued*)

Solvent and ref.	Λ_0	Λ	Concentration eq/l $\times 10^4$	Temperature (°C)	$\Lambda_0\eta$	Comments
— [66]	69.44	66.36–41.99	0.05134–2.181			λ_0^+, 38.2 K_d, 1.59×10^4
— [99]	51.0	39.78–30.87	0.8721–3.412		0.569	K_d, 233×10^4
Ethylidene chloride [84]	116.6	68.22–45.00	0.4761–1.8534			λ_0^+, 63.9 K_d, 3.48×10^5 $\lambda_0^+\eta$, 0.297 $\lambda_0^-\eta$, 0.245
Glycene [299]	0.0918	0.0911–0.0867	1.5028–11.4556		0.867	K_A, 6.9
Glycol [299]	4.41	4.26–4.14	4.2071–10.6308		0.742	K_A, 7.9
Hydrazine [21]	275.2	261.5–141.2	0.4558–158.5	0	3.762	
Hydrogen cyanide [39]	282.3	279.6–272.9	1.1664–19.5452	18	0.561	λ_0^+, 144.5
— [198]	282.9	272.1–260.8	18.20–87.43	18		λ_0^+, 141 λ_0^-, 142
	301.1	289.5–277.9	17.93–86.14			λ_0^+, 151 λ_0^-, 150
Methanol [142]	107.37	102.849–92.140	2.7355–28.795			K_A, 18.9 a, 5.47 Å
— [87]	107.43	104.87–86.82	0.94206–59.552			λ_0^+, 58.2 K_d, 380×10^4
— [116]	108.3	105.12	1.0425		0.590	
	122.5	119.13	1.0306	35	0.584	
	137.8	134.47	1.0186	45	0.579	
		82.92	89.659			
		93.69	88.633	35		
		105.30	87.607	45		

III. ELECTRICAL CONDUCTANCE

—[7]	72.5	70.21–56.92	1.88–103.5	0		
	102.9	100.3–81.07	1.82–102.0			
	153.4	148.2–116.6	1.75–97.5	56		
—[297]	100.65	101.860–95.085	4.381–20.114		0.595	K_A, 19.0 a, 5.5 Å
—[29]	108.5	105.58–99.08	0.761–9.018		0.589	λ_0^+, 61.8 λ_0^-, 46.7
—[117]	108.2	104.14–82.77	1.8395–89.659	35	0.583	
	122.7	116.90–93.74	3.0306–88.633	45	0.574	
	138.3	131.84–105.4	2.9955–87.607			
—[36]	80.25	78.92–73.98	0.78186–9.6469	4	0.6058	λ_0^+, 46.15 K_d, 6.10 × 10²
						$\lambda_0^+ \eta$, 0.3485
	94.02	92.24–86.71	0.76799–9.2944	15	0.5945	
	108.00	105.83–99.39	0.78887–9.0101		0.590	λ_0^+, 61.5 K_d, 5.8 × 10² a, 5.15 Å
						$\lambda_0^+ \eta$, 0.336
N,Methylacetamide [114]	21.26	20.393–16.556	25.713–679.03	35		
	26.75	25.644–20.862	25.485–673.00	45		
Methyl ethyl ketone [2]	107.4	103.7–88.35	0.2791–9.035	0		
	142.8	139.4–100.8	0.1229–25.77	25		
	180.8	175.9–142.8	0.1705–9.044	50		
N,Methylformamide [110]	32.80	31.29–27.220	28.070–393.22	15		
	39.28	37.37–32.613	27.827–389.82	25		
Nitrobenzene [25]	32.7	31.97–29.81	0.633–13.05	25	0.598	λ_0^+, 17.7 λ_0^-, 15.0
—[20]	31.90	31.54–27.97	0.1886–23.05			

TETRAETHYLAMMONIUM PICRATE, $(C_2H_5)_4N[O(C_6H_2)(NO_2)_3]$ (Continued)

Solvent and ref.	Λ_0	Λ	Concentration eq/l $\times 10^4$	Temperature (°C)	$\Lambda_0\eta$	Comments
Nitrobenzene [120]	32.15	31.73–29.91	0.3125–6.941		0.5861	a, 2.65 Å K_d, 3.02 $\times 10^2$
— [63]	32.4	32.21–27.81	0.1164–39.47			λ_0^+, 16.2 K_d, 1.400 $\times 10^7$
— [324]	29.69	29.27–27.08	0.3439–12.72	20		
	32.54	32.14–29.77	0.3425–12.66	30		
	35.41	34.98–32.51	0.3411–12.61	40		
	41.50	41.06–38.08	0.3002–12.51	50		
	47.73	48.17–43.87	0.2976–12.40	60		
	54.50	54.03–49.84	0.2952–12.30	70		
	61.31	60.37–55.99	0.2927–12.19			
— [26]	93.5	91.74–87.37	0.879–9.123		0.586	
Nitromethane [26]	93.5	91.74–87.37	0.879–10.59			λ_0^+, 49.5 λ_0^-, 44
— [19]	67.13	66.30–62.61	0.3959–10.29	0		
	92.25	91.19–82.33	0.3275–27.94			
	120.0	118.4–116.6	0.3736–9.712	50		
Propionic acid [93]		0.1585–0.025	0.0126–125.9			
Pyridine [81]	73.31	70.35–53.66	0.21450–5.6119			λ_0^+, 39.6
— [14]	72.0	67.3–50.55	0.2946–7.581		0.635	λ_0^+, 41.7 λ_0^-, 30.3
Triethyl phosphate [153]	37.3	37.549–20.591	0.050588–61.032		0.801	K_d, 11.55 $\times 10^4$ a, 6.15 Å
	47.45	47.394–27.010	0.11885–46.423	40	0.799	K_d, 10.97 $\times 10^4$ a, 7.00 Å
	57.6	57.668–32.947	0.045871–39.531	55	0.793	K_d, 10.16 $\times 10^4$ a, 7.92 Å

III. ELECTRICAL CONDUCTANCE

TETRAETHYLAMMONIUM SALICYLATE, $(C_2H_5)_4N[O_3C_7H_5]$

Solvent and ref.	Λ_0	Λ	Concentration eq/l × 10^4	Comments
Acetonitrile [219]	176	—		$K_d \times 10^3, 21$ $\lambda_0^-, 91$
— [220]	163	147–123	3.81–37.0	$\lambda_0^+, 85$ $\lambda_0^-, 78$

TETRAETHYLAMMONIUM STYPHNATE, $(C_2H_5)_4N\begin{bmatrix}O\\O\end{bmatrix}C_6H(NO_2)_3$

Solvent and ref.	Λ_0	Λ	Concentration eq/l × 10^4	Temperature (°C)	$\Lambda_0\eta$	Comments
Acetone [12]	208	178.2–105.5	0.2756–5.831		0.657	$\lambda_0^+, 93.1$ $\lambda_0^-, 115.0$
Ethanol [7]	34–39	28.70–12.63	1.05–51.3	0		
	58–62	46.90–20.74	1.03–50.0			
	95–110	76.58–32.93	0.985–48.4	56		
Methanol [7]	82	75.52–52.29	1.65–49.5	0		
	120	110.1–74.78	1.605–47.8			
	173	159.8–107.7	1.54–46.0	56		

TETRAETHYLAMMONIUM BISULFATE, $(C_2H_5)_4NHSO_4$

Solvent and ref.	Λ_0	Λ	Concentration eq/l $\times 10^4$	Comments
Acetonitrile [163]	176	174–142.0	0.272–5.91	K_d, 1.4×10^{-3}

TETRAETHYLAMMONIUM SULFAMATE, $(C_2H_5)_4NSO_3NH_2$

Solvent and ref.	Λ_0	Λ	Concentration eq/l $\times 10^4$	Temperature (°C)
Hydrogen sulfide (liquid) [64]		3.0–0.7662	1.6–59.49	−78.5

TETRAETHYLAMMONIUM TETRABROMOBORATE, $(C_2H_5)_4NBBr_4$

Solvent and ref.	Λ_0	Λ	Concentration eq/l $\times 10^4$	Comments
Acetonitrile [274]	198.1 ± 0.5	176.9–147.6	17.53–63.99	$a(\text{Å})$, 0.19 ± 0.04

TETRAETHYLAMMONIUM TETRACHLOROBORATE, $(C_2H_5)_4NBCl_4$

Solvent and ref.	Λ_0	Λ	Concentration eq/l $\times 10^4$	Comments
Acetonitrile [248]	180.2 ± 0.4	176.2–162.0	1.629–33.38	λ_0^-, 95.2

TETRAETHYLAMMONIUM TETRAFLUOROBORATE, $(C_2H_5)_4NBF_4$

Solvent and ref.	Λ_0	Λ	Concentration eq/l $\times 10^4$	Comments
Ethylene chloride [60]	81.0	71.98–33.84	0.1184–4.536	λ_0^-, 42.7 $K_d \times 10^4$, 1.05

III. ELECTRICAL CONDUCTANCE

TETRAETHYLAMMONIUM TETRAIODOBORATE, $(C_2H_5)_4NBI_4$

Solvent and ref.	Λ	Concentration eq/l $\times 10^4$
Acetonitrile [274]	349–241.4	6.154–31.08

TETRAETHANOLAMMONIUM TETRAPHENYLBORIDE, $(C_2H_5OH)_4NB(C_6H_5)_4$

Solvent and ref.	Λ_0	Λ	Concentration eq/l $\times 10^4$	Comments
Acetonitrile [241]	122.33 ± 0.05	115.52–105.91	4.632–34.932	K_A, 0.0 a_j(Å), 5.26 ± 0.0 λ_0^+, 64.2

TETRAETHYLAMMONIUM TETRAPHENYLBORIDE, $(C_2H_5)_4NB(C_6H_5)_4$

Solvent and ref.	Λ_0	Λ	Concentration eq/l $\times 10^4$	Comments
Acetonitrile [156]	142.60	137.72–130.63	2.2095–14.0136	K_A, 4 a_j(Å), 5.2

TETRAETHYLAMMONIUM THIOCYANATE, $(C_2H_5)_4NCNS$

Solvent and ref.	Λ_0	Λ	Concentration eq/l $\times 10^4$	Comments
Ethylidene chloride [84]	137.4	47.08–25.16	0.7806–3.3710	λ_0^-, 73.5 $K_d \times 10^5$, 1.17 $\lambda_0^+\eta$, 0.297 $\lambda_0^-\eta$, 0.342
Methanol [29]	123.4	120.89–112.33	0.505–10.160	λ_0^+, 62.5 λ_0^-, 60.9
Nitromethane [26]	119.7	117.4–111.8	1.137–12.40	λ_0^+, 49.5 λ_0^-, 70.0

TETRAETHYLAMMONIUM TRIFLUOROACETATE, $(C_2H_5)_4N(O_2C_2F_3)$

Solvent and ref.	Λ_0	Λ	Concentration eq/l $\times 10^4$	Comments
Acetonitrile [284] and [306]	183.5 ± 0.5	179.0–167.8	0.6560–8.841	K_d, 6.9×10^3

TETRAETHYLAMMONIUM p-TOLUENE SULFONATE, $(C_2H_5)_4NC_6H_4CH_3SO_3$

Solvent and ref.	Λ	Concentration eq/l × 10⁴	Temperature (°C)	Comments
Tri-p-ethyl phenyl phosphite [159]	0.0005892–0.0001753	0.3128–2.088	15	
	0.001069–0.0003430	0.3107–2.074	45	
	0.003383–0.0009799	0.3066–2.046	45	
	0.009430–0.002432	0.3021–2.016	65	
Triphenyl phosphite [159]	0.007579–0.004809	3.193–67.46	15	$K_d \times 10^8$, 27.79 a_j, 9.98 Å
	0.001394–0.0008993	3.169–66.95		$K_d \times 10^8$, 38.64 a_j, 9.94 Å
	0.004149–0.002439	3.121–65.93	45	$K_d \times 10^8$, 78.54 a_j, 10.08 Å
	0.009502–0.005241	3.070–64.86	65	$K_d \times 10^8$, 145.1 a_j, 10.28 Å
Tri-m-tolyl phosphite [159]	0.0002144–0.00009442	0.6771–2.45	15	
	0.0004651–0.0001988	0.6723–2.433		
	0.001533–0.0007414	0.6627–23.98	45	
	0.004898–0.002135	0.6532–2.364	65	
Tri-p-tolyl phosphite [159]	0.001014–0.0001586	0.3748–15.70	15	$K_d \times 10^8$, 5.67 a_j, 8.40 Å
	0.001933–0.0003527	0.3725–15.61		$K_d \times 10^8$, 8.12 a_j, 8.48 Å
	0.007400–0.001071	0.3672–15.39	45	$K_d \times 10^8$, 17.0 a_j, 8.55 Å
	0.02153–0.002406	0.3619–15.16	65	$K_d \times 10^8$, 33.2 a_j, 8.62 Å

TETRAPROPYLAMMONIUM HYDROGEN SULFIDE, $(C_3H_7)_4NHS$

Solvent and ref.	Λ_0	Λ	Concentration eq/l × 10^4	Temperature (°C)
Hydrogen sulfide [231]		9.3–20.6	184–851	−78

TETRAPROPYLAMMONIUM NITRATE, $(C_3H_7)_4NNO_3$

Solvent and ref.	Λ_0	Λ	Concentration eq/l × 10^4	Comments
Ethylene chloride [66]	71.48	65.28–33.32	0.08686–3.228	K_d, 0.95 × 10^4

TETRAPROPYLAMMONIUM PERCHLORATE, $(C_3H_7)_4NClO_4$

Solvent and ref.	Λ_0	Λ	Concentration eq/l × 10^4	Temperature (°C)	$\Lambda_0\eta$	Comments
Acetonitrile [18]	172.8	170.0–157.5	0.7649–19.79			λ_0^+, 68.2 λ_0^-, 104.5
Ethylene chloride [4]	71.7	66.23–26.28	0.03956–9.225			λ_0^+, 28.1 λ_0^-, 43.1
Ethylmethyl ketone [2]	147.3	140.0–108.7	0.4074–10.52			λ_0^+, 60.3 λ_0^-, 86.5

III. ELECTRICAL CONDUCTANCE

Hydrazine [21]	61.5	60.2–53.6	3.603–112.3		0	0.803
	93.0	89.8–80.6	2.749–79.27			0.842
Pyridine [14]	77.5	71.03–44.46	0.2338–10.09		30	0.684 λ_0^+, 33.35 λ_0^-, 44.0
Sulfolane [271]	9.912	9.597–8.889	5.5934–65.496		30	λ_0^+, 3.23 $\lambda_0^+\eta$, 0.319 a_{Stokes}, 2.57 Å

TETRAPROPYLAMMONIUM PICRATE, $(C_3H_7)_4N[OC_6H_2(NO_2)_3]$

Solvent and ref.	Λ_0	Λ	Concentration eq/l × 10⁴	Temperature (°C)	λ_0^+	λ_0^-	a(Å)	$\Lambda_0\eta$	Comments
Acetone [2]	158.2	155.3–142.3	0.2043–5.274		73.7	84.5		0.500	
— [12]	156.6	151.4–125.7	0.5118–20.37		72.4	84.2			
Acetonitrile [18]	145.9	143.8–130.8	0.5424–29.11		68.2	77.7		0.501	
Acetic acid [315]	25.94	4.7408–2.5557	2.1395–10.9040				6.71		
Dibutyl phosphonate [147]	10.3	5.536–0.6022	0.1062–99.39	15			6.00	0.449	K, 5.93 × 10⁻⁶
	15.3	7.34–0.8010	0.1052–98.51				5.77	0.486	K, 4.35 × 10⁻⁶
	22.5	11.58–1.274	0.1035–96.88	45			5.84	0.464	K, 5.23 × 10⁻⁶
	32.4	16.86–1.851	0.1016–95.09	65			5.79	0.526	K, 5.12 × 10⁻⁶
O-Dichlorobenzene [125]	40.3			55			4.03		K_d, 1.64 × 10⁵
				35					
	50.31			45			4.11		K_d, 1.710 × 10⁻⁵
	58.33			55			4.12		K_d, 1.568 × 10⁵
	66.14			65			4.13		K_d, 1.46 × 10⁵

TETRAPROPYLAMMONIUM PICRATE, $(C_3H_7)_4N[OC_6H_2(NO_2)_3]$ (Continued)

Solvent and ref.	Λ_0	Λ	Concentration eq/l × 10^4	Temperature (°C)	λ_0^+	λ_0^-	a(Å)	$\Lambda_0\eta$	Comments
— [95]	41.7	22.71–8.953	0.2185–2.984						K_d, 1.32×10^5
Diethylethylphosphonate [147]	24.8	27.8–10.62	0.1670–83.04	15			6.60	0.462	K, 474×10^{-6}
	34.7	33.6–12.66	0.1642–81.58				6.42	0.461	K, 428×10^{-6}
	46.3	45.8–16.88	0.1629–81.02	45			7.24	0.448	K, 564×10^{-6}
	62.3	60.29–21.87	0.1604–79.73	65			6.39	0.463	K, 379×10^6
Di-(2-ethylhexyl)2-ethylhexyl phosphonate [147]		64.66–5.267 × 10^3	0.05674–67.06						
		90.0–8.596 × 10^3	0.05628–66.52						
		239.0–20.13 × 10^3	0.05541–65.49						
		481.3–39.26 × 10^3	0.05452–64.45						
Ethylamine [37]	143	94.12–13.47	0.101–1.45	0					K_d, 1.25×10^6 (Ostwald)
Ethylene chloride [99]	46.2	42.73–31.73	0.1845–2.226		5.69				K_d, 2.90×10^4
— [66]	62.66	58.36–39.47	0.1133–2.239						K_d, 1.94×10^4
— [43]	61.82						5.54		
— [4]	62.1	58.88–29.87	0.0355–6.200		28.1	34.0			K_d, 1.95×10^4

III. ELECTRICAL CONDUCTANCE

Compound									Notes
Ethylidine chloride [84]	103.7	64.37–29.78	0.4332–4.9913		51.0				K_d, 3.97×10^5; $\lambda_0^+\eta$, 0.237; $\lambda - \eta$, 0.245
Methanol [87]	93.09	90.94–82.43	0.7673–16.810			43.9			K_d, 380×10^4
Methylethyl ketone [2]	128.2	123.4–103.3	0.3327–8.590			60.3	67.9	0.503	
Nitrobenzene [63]	29.5	29.21–25.28	0.1936–35.74			13.3			
— [324]	27.34	26.93–24.84	0.5093–12.67 $\times 10^4$ moles/liter	20					
	30.25	29.79–27.23	0.5072–12.62 $\times 10^4$ moles/liter						
	32.90	32.37–29.72	0.5051–12.57 $\times 10^4$ moles/liter	30					
	38.50	37.77–34.80	0.5009–12.46 $\times 10^4$ moles/liter	40					
	44.43	43.62–40.12	0.4967–12.36 $\times 10^4$ moles/liter	50					
	51.19	50.13–45.15	0.4926–12.26 $\times 10^4$ moles/liter	60					
	57.25	56.01–51.04	0.4884–12.15 $\times 10^4$ moles/liter	70					
Nitromethane [19]	83.1	81.47–74.85	0.5381–24.74						
Pyridine [14]	63.65	57.65–39.34	0.5366–13.82			33.35	30.3	0.562	
— [81]	62.11	59.56–49.76	0.1912–2.913			28.4			K_d, 11.2×10^4

TETRAPROPYLAMMONIUM TETRAPHENYLBORIDE, $(C_3H_7)_4NB(C_6H_5)_4$

Solvent and ref.	Λ_0	Λ	Concentration eq/l $\times 10^4$	Comments
Acetonitrile [156]	128.59	123.72–118.04	2.0964–10.9717	K_A, 4 $a_j(\text{Å})$, 5.8

TETRAPROPYLAMMONIUM p-TOLUENE SULFONATE, $(C_3H_7)_4NC_7H_7SO_3$

Solvent and ref.	Λ	Concentration eq/l $\times 10^4$	Temperature (°C)	Comments
Triphenyl phosphite [159]	0.0009211–0.000698	1.255–76.69	15	$K_d \times 10^8$, 25.54 a_j, 9.83 Å
	0.001633–0.001279	1.245–76.11		$K_d \times 10^8$, 37.27 a_j, 10.10 Å
	0.00430–0.003315	1.226–74.94	45	$K_d \times 10^8$, 70.39 a_j, 9.83 Å
	0.009959–0.006862	1.207–73.73	65	$K_d \times 10^8$, 122.7 a_j, 10.11 Å
Tri-p-ethyl phenyl phosphite [159]	0.000495–0.0001268	0.2462–5.382	15	$K_d \times 10^8$, 2.24 a_j, 8.23 Å
	0.0009401–0.002401	0.244–5.343		$K_d \times 10^8$, 3.27 a_j, 8.22 Å
	0.002769–0.0007007	0.2413–5.275	45	$K_d \times 10^8$, 6.61 a_j, 8.25 Å
	0.006193–0.001569	0.2377–5.197	65	$K_d \times 10^8$, 14.6 a_j, 8.34 Å

Tri-m-tolyl phosphite [159]	0.0001291–0.0001757	1.049–15.11	15	$K_d \times 10^8$, 1.54	a_j, 8.21 Å
	0.0003083–0.0003572	1.042–15.00		$K_d \times 10^8$, 2.65	a_j, 8.35 Å
	0.002566–0.001027	0.3692–14.79	45	$K_d \times 10^8$, 6.17	a_j, 8.44 Å
	0.009460–0.002478	0.3639–14.57	65	$K_d \times 10^8$, 14.8	a_j, 8.49 Å
Tri-p-tolyl phosphite [159]	0.0006781–0.0001996	0.4029–18.29	15	$K_d \times 10^8$, 5.67	a_j, 8.40 Å
	0.001425–0.004181	0.4004–18.18		$K_d \times 10^8$, 8.12	a_j, 8.48 Å
	0.004966–0.001186	0.3947–17.92	45	$K_d \times 10^8$, 17.0	a_j, 8.55 Å
	0.01230–0.002792	0.3890–17.66	65	$K_d \times 10^8$, 33.2	a_j, 8.62 Å

TETRABUTYLAMMONIUM PERCHLORATE, $(C_4H_9)_4NClO_4$

Solvent and ref.	Λ_0	Comments
Acetone [320]	184.75	K_A, 90 ± 2 λ_0^+, 66.40 λ_0^-, 118.35 $r(\text{Å})$, 5.7 ± 0.01
Dimethyl sulfoxide [318]	35.31	λ_0^+, 11.0 λ_0^-, 24.3
Hexamethyl phosphotriamide [318]	21.58	λ_0^+, 6.1 λ_0^-, 15.5
Propanol [320]	27.13	K_A, 769 ± 6 $a(\text{Å})$, 4.1 ± 0.1
Trifluoroethanol [319]	34.741	λ_0^+, 12.10 λ_0^-, 22.71 $r(\text{Å})$, 4.98 ± 0.02

TETRABUTYLAMMONIUM TETRAFLUOROBORATE, $(n\text{-}C_4H_9)_4NBF_4$

Solvent and ref.	Λ_0	Λ	Concentration eq/l × 10^4	Temperature (°C)	$\Lambda_0\eta$	Comments
Nitrobenzene [69]	33.96	33.38–29.66	0.6286–25.32		0.620	λ_0^+, 11.9 λ_0^-, 22.1 $K_d \times 10^4$, 510
Phenylacetonitrile [234]	31.444 ± 0.007	26.711–21.882	6.290–31.004			K_A, 175.7 ± 0.9 a, 4.486 ± 0.007 Å
	65.44 ± 0.01	51.197–48.137	3.976–18.644	75	0.621	K_A, 207 ± 1 a, 4.51 ± 0.006 Å
	84.7 ± 0.02	71.120–57.284	5.876–28.929	100	0.607	K_A, 214 ± 11 a, 4.6 ± 0.06 Å
	125.5 ± 0.3	107.59–90.06	4.502–17.726	150	0.594	K_A, 178 ± 15 a, 5.1 ± 0.1 Å
	145.72 ± 0.04	125.78–105.84	4.095–16.037	175	0.577	K_A, 167 ± 2 a, 5.38 ± 0.02 Å

TETRABUTYLAMMONIUM TETRAPHENYLBORIDE, $(C_4H_9)_4NB(C_6H_5)_4$

Solvent and ref.	Λ_0	Comments
Acetone [320]	129.05	λ_0^+, 66.40 λ_0^-, 62.65 r(Å), 5.51 ± 0.06
Dimethylsulfoxide [318]	22.01 ± 0.01	λ_0^+, 11.0 λ_0^-, 11.0
Hexamethylphosphotriamide [318]	12.25 ± 0.01	λ_0^+, 6.01 λ_0^-, 6.1

TETRABUTYLAMMONIUM TRIPHENYLBOROHYDROXIDE, $(C_4H_9)_4NOH \cdot B(C_6H_5)_3$

Solvent and ref.	Λ_0	Λ	Concentration eq/l × 10^4	Comments
Ethylene dichloride [48]	52.3	48.66–23.61	0.1440–11.66	K_d, 2.63 × 10^4 a(Å), 5.9

TETRABUTYLAMMONIUM ACETATE, $(C_4H_9)_4NCOOCH_3$

Solvent and ref.	Λ_0	Λ	Concentration eq/l × 10^4	Comments
Benzene [40]	100	2130–764	0.1136–505	K_d, 0.23 × 10^{19} a, 5.25 Å
Dioxane [40]	51	1230–515	0.1120–4.58	K_d, 0.56 × 10^{18} a, 5.61 Å
Ethylene chloride [41]	52.8	48.40–21.10	0.1056–7.659	K_d, 1.36 × 10^4 a, 5.18 Å
— [60]	53.5	50.56–23.68	0.07884–5.547	λ_0^-, 27.3 K_d, 1.34 × 10^4
Nitrobenzene [69]	35.5	34.91–27.77	0.3048–28.81	λ_0^-, 23.6 K_d, 67 × 10^4
Pyridine [68]	76.0	53.37–29.18	1.115–11.40	λ_0^-, 52 K_d, 1.7 × 10^4

TETRABUTYLAMMONIUM CHLOROACETATE, $(C_4H_9)_4NCH_2ClCOO$

Solvent and ref.	Λ_0	Λ	Concentration eq/l $\times 10^4$	Comments
Ethylene chloride [60]	50.5	47.00–34.34	0.1232–1.524	K_d, 1.94×10^4

TETRABUTYLAMMONIUM HEXAFLUOROPHOSPHATE, $(C_4H_9)_4NPF_6$

Solvent and ref.	Λ_0	Λ	Concentration eq/l $\times 10^4$	Comments
Acetic acid [315]	33.77	4.6329–2.9382	1.4980–4.5144	
Acetonitrile [184]	164.75	159.52–154.40	2.213–9.497	K_A, 1.3 a(Å), 6.0

III. ELECTRICAL CONDUCTANCE

TETRABUTYLAMMONIUM NITRATE, $(C_4H_9)_4NNO_3$

Solvent and ref.	Λ_0	Λ	Concentration eq/l $\times 10^4$	Temperature (°C)	Comments
Acetone [73]	187.2	181.6–134.3	0.4074–25.27		λ_0^-, 120.1 K_d, 5.46×10^3
Acetonitrile [160]	168.2	162.12–155.77	2.581–11.045		K_A, 7 a, 3.73 Å λ_0^-, 108.5
Anisole [41]	49.5	0.4713–0.04122	0.01009–2.190		K_d, 0.865×10^{10} a, 4.94 Å K_2, 6.10×10^4 a, 5.69 Å
— [42]	14.22	0.00705–0.00986	1.13–60.91	33	$\Lambda_0 \sqrt{K} \times 10^4$, 0.650 a, 4.88 Å triple ion: K_d, 2.03×10^{11} a_2, 5.79 Å
	31.8	0.0251–0.0297	1.13–60.91	0	$\Lambda_0 \sqrt{K} \times 10^4$, 2.34 a, 4.95 Å triple ion: K_d, 5.42×10^{11} a, 5.79 Å
	49.5	0.0515–0.0522	1.13–60.91		$\Lambda_0 \sqrt{K} \times 10^4$, 4.75 a, 4.96 Å triple ion: K_d, 9.20×10^{11} a, 5.84 Å
	82.1	0.1001–0.0941	1.59–60.91	61.3	$\Lambda_0 \sqrt{K} \times 10^4$, 10.50 a, 4.91 Å triple ion: K_d, 16.30×10^{11} a, 5.82 Å
Anisole [42]	102.1	0.1376–0.1198	1.59–60.91	80.2	$\Lambda_0 \sqrt{K} \times 10^4$, 14.70 a, 4.89 Å triple ion: K_d, 20.65×10^{11} a, 5.88 Å
	95.1	0.1700–0.1263	1.59±42.04	95.1	$\Lambda_0 \sqrt{K} \times 10^4$, 18.10 a, 4.85 Å triple ion: K_d, 23.2×10^{11} a, 5.88 Å
Benzene [121]		0.0001460–0.0002240	0.113–10.00	30	Λ_{MIN}, 11.7×10^5 C_{MIN}, 4.0×10^5 K_2, 11.95×10^{18} K_3, 1.33×10^5

TETRABUTYLAMMONIUM NITRATE, $(C_4H_9)_4NNO_3$ (Continued)

Solvent and ref.	Λ_0	Λ	Concentration eq/l × 10^4	Temperature (°C)	Comments
o-Dichlorobenzene [95]	42.0	16.23-3.828	0.2064-6.871		λ_0^-, 25.8 K_d, 0.46 × 10^5
Ethylene bromide [41]	31.8	1.086-0.1072	0.0444-110.7		K_d, 47.9 × 10^{10} a, 5.34 Å K_2, 25.8 × 10^4 a, 6.69 Å
Ethylene chloride [41]	64.7	63.69-17.11	0.0155-26.70		K_d, 1.23 × 10^4 a, 5.10 Å
— [66]	66.31	60.27-35.30	0.1096-2.257		K_d, 1.18 × 10^4
Ethylene diamine [100]	59.3	49.45-31.16	3.116-21.620		K_d, 5.110 × 10^4
Hydrogen cyanide [198]	297.9	284.2-272.4	30.92-124.7	18	λ_0^+, 90 λ_0^-, 208
	317	305.1-301.7	19.12-30.46		λ_0^+, 96 λ_0^-, 221
Nitrobenzene [149]	34.34	33.486-32.375	1.1133-4.9029		log K_A, 1.38
— [69]	34.51	33.90-27.74	0.5835-44.33		λ_0^-, 22.6 K_d, 250 × 10^4
Pyridine [68]	76.6	68.82-37.08	0.3852-12.950		λ_0^-, 52.6 K_d, 3.7 × 10^4

III. ELECTRICAL CONDUCTANCE

TETRABUTYLAMMONIUM PERCHLORATE, $(C_4H_9)_4NClO_4$

Solvent and ref.	Λ_0	Λ	Concentration eq/l × 10^4	Temperature (°C)	$\Lambda_0\eta$	Comments
Acetone [196]	185.2	—	0.5–40.0 (approx)			$K_d \times 10^3$, 5
— [73]	182.4	178.4–144.0	0.3115–20.16			λ_0^-, 115.3 $K_d \times 10^3$, 9.58
Acetonitrile [196]	168.3	—	0.5–40.0 (approx)			$K_d \times 10^3$, 19
— [214]	165.06 ± 0.01	157.42–143.45	4.4497–40.5818			λ_0^+, 61.93 λ_0^-, 103.13 a, 3.57 Å
Benzene [121]	—	0.000236–0.000282	0.08–4.00	30		$A_{MIN} \times 10^5$, 17.6 $C_{MIN} \times 10^5$, 3.2 $K_2 \times 10^{18}$, 21.85 $K_3 \times 10^5$, 1.08
— [40]	100	0.000234–0.001	0.01716–129.3			$K_d \times 10^{18}$, 2.9 a, 5.60 Å
Benzonitrile [196]	45.2	—	0.5–40.0 (approx)			$K_d \times 10^3$, 11
— [238]	46.02	—	0.1–1.0 (approx)			K_A, 75.3
— [173]	46.02	—	0.1–1.0 (approx)			K_A, 75.3
n-Butanol [269]	19.06 ± 0.05	12.623–5.607	3.435–48.697			K_A, 2200 ± 20 λ_0^+, 7.84 a, 5.7 Å

TETRABUTYLAMMONIUM PERCHLORATE, $(C_4H_9)_4NClO_4$ (Continued)

Solvent and ref.	Λ_0	Λ	Concentration eq/l $\times 10^4$	Temperature (°C)	$\Lambda_0\eta$	Comments
2-Butanone [173]	143.5	—	0.1–1.0 (approx)			K_A, 302
O-Dichlorobenzene [238]	42.3	—	0.1–1.0 (approx)			K_A, 93,400
— [173]	42.3	—	0.1–1.0 (approx)			K_A, 93,400
1,2-Dichloropropane [173]	56.5	—	0.1–1.0 (approx)			K_A, 91,600
2,2-Dichloropropane [173]	84.3	—	0.1–1.0 (approx)			K_A, 80,600
Dioxane [40]	51	0.000124–0.000732	0.0294–104.5			$K_d \times 10^{18}$, 0.11 a, 5.40 Å
Ethylene carbonate [158]	36.52	36.26–35.35	0.694–11.10	40	0.975	λ_0^+, 10
Ethylene chloride [67]	65.40	58.90–33.72	0.1515–3.925			λ_0^+, 26.2 $K_d \times 10^4$, 1.54
— [173]	62.5	—	0.1–1.0 (approx)			K_A, 6410
Ethylene dichloride [85]	66.2	57.009–32.327	0.25391–4.7874			λ_0^+, 26.2 λ_0^-, 40.0 $K \times 10^4$, 1.53

III. ELECTRICAL CONDUCTANCE

Solvent				
Ethylidene chloride [173]	109.7	—	0.1–1.0 (approx)	K_A, 46,700
Hexamethylphosphotriamide [343]	21.58 ± 0.01	—	—	λ_0^+, 9.4 λ_0^-, 15.5
Isobutyronitrile [196]	116.8	—	0.5–40.0 (approx)	$K_d \times 10^3$, 6
Phenylacetonitrile [196]	29.3 (approx)	—	—	
Propanol [264]	27.13 ± 0.03	21.151–11.227	3.848–50.361	K_A, 769 ± 6 λ_0^+, 10.71 λ_0^-, 16.42 a, 4.2 Å
2-Propanol [291]	25.38 ± 0.02	19.929–10.137	1.609–22.292	K_A, 1950 ± 10 λ_0^+, 10.14 λ_0^-, 15.24 a, 5.2 Å
Propionitrile [196]	139.4	—	0.5–40.0 (approx)	$K_d \times 10^3$, 11
Propylene carbonate [273]	28.17	26.967–25.606	15.03–75.15	a, 5.00 Å
Sulfolane [271]	9.486	9.121–8.316	7.8373–93.434	30 0.276 λ_0^+, 2.80 a_{Stokes}, 2.97 Å

TETRABUTYLAMMONIUM PICRATE, $(C_4H_9)_4N[OC_6H_2(NO_2)_3]$

Solvent and ref.	Λ_0	Λ	Concentration eq/l $\times 10^4$	Temperature (°C)	$a(\text{Å})$	$\Lambda_0\eta$	Comments
Acetone [73]	152.4	147.9–124.4	0.4237–17.02				λ_0^-, 85.3 K_d, 22.3 × 10^3
— [2]	154.7	152.4–135.0	0.1235–8.750			0.488	λ_0, 70.2 λ_0, 84.5
Acetonitrile [226]	139.4	133.860–119.110	2.594–41.806		4.0		K_A, 0
— [119]	141.2	139.36–118.84	0.33841–45.760			0.485	K_d, 706.8 × 10^4 $\lambda_0\eta^+$, 0.207
— [308]		1.576–0.000 × 10^2	9.165–9.180 (plus p-nitrophenol in concn. of 118.24 eq/l)				
		1.853–0.000 × 10^2	9.160–9.178 (plus p-methoxyphenol in concn. of 118.24 eq/l)				
— [315]	24.57	4.5993–2.4539	2.1716–11.3820		6.71		
Anisole [130]		2.80–1.24	1000.0–22000.0	91			
— [120]	49.60	0.07698–0.05606	5.772–14.35		5.59	0.500	K_d, 1.09 × 10^9
— [41]	43.0	131.1–11.24 × 10^2	0.01346–166.2		5.6	0.4420	K_d, 11.6 × 10^{10} K_2, 23.4 × 10^4

III. ELECTRICAL CONDUCTANCE

—[42]	12.15	0.01936–0.01300	0.73–115.6	−33	5.36	$\Lambda_0\sqrt{K}\times 10^4$, 1.65 K_{d_2}, 18.5 $\times 10^{11}$ a_2(Å), 7.2
	27.2	0.0881–0.0434	0.73–115.6	0	5.55	$\Lambda_0\sqrt{K}\times 10^4$, 6.75 K_{d_2}, 61.5 $\times 10^{11}$ a_2(Å), 7.6
	42.3	0.1730–0.0823	0.73–115.6		5.61	$\Lambda_0\sqrt{K}\times 10^4$, 14.35 K_{d_2}, 115 $\times 10^{11}$ a_2(Å), 7.7
	70.2	0.408–0.1639	0.73–115.6	61.3	5.62	$\Lambda_0\sqrt{K}\times 10^4$, 33.8 K_{d_2}, 232 $\times 10^{11}$ a_2, 7.9
	101.7	0.759–0.269	0.73–115.6	95.1	5.61	$\Lambda_0\sqrt{K}\times 10^4$, 62.8 K_{d_2}, 382 $\times 10^{11}$ a_2, 8.2
				Note: a_2 associated with triple ion		
Benzene [334]	77	1.96–1.19 $\times 10^4$	0.0363–1.024			K_d, 1.84 $\times 10^{-7}$
Bromobenzene [165]	13	4.902–0.1847	0.005534–9.940	35		K_d, 153 $\times 10^7$
	18	6.754–1.982	0.004634–0.0758	44.58		K_d, 1.01 $\times 10^7$
		0.9927–0.2704	0.4913–9.762	65		
		1.414–0.3823	0.4818–9.576			
n-Butanol [88]	71.5	56.61–0.778	1.145–23420.0	91	0.435	K_d, 3.2 $\times 10^4$
Chlorobenzene [193]	40.9 ± 0.5	2.573–1.016	10.78–74.87			K_d, 4.20 $\times 10^8$
—[49]		2.72–0.266	0.091–19.62		4.75	K_d, 1.88 $\times 10^8$ (ion pair)

TETRABUTYLAMMONIUM PICRATE, $(C_4H_9)_4N[OC_6H_2(NO_2)_3]$ (Continued)

Solvent and ref.	Λ_0	Λ	Concentration eq/l × 10^4	Temperature (°C)	a(Å)	$\Lambda_0\eta$	Comments
Dibutyl phosphonate [147]	10.3	6.089–0.6708	0.08602–117.5	15	6.03	0.449	K, 6.51 × 10^{-6}
	13.7	8.082–0.8857	0.08525–116.4		6.05	0.435	K, 6.84 × 10^{-6}
	21.5	12.81–1.407	0.08385–114.5	45	5.97	0.443	K, 6.61 × 10^{-6}
	30.0	18.41–2.045	0.08229–112.4	65	6.02	0.487	K, 7.22 × 10^{-6}
O-Dichlorobenzene [95]	37.3	21.71–7.702	0.2303–4.358				K_d, 1.71 × 10^5 λ_0^+, 16.2 λ_0^-, 21.1
— [125]	36.8						K_d, 1.92 × 10^5
	41.45			35	4.10		K_d, 1.983 × 10^5
	46.26			45	4.18		K_d, 2.02 × 10^5
	53.88			55	4.19		K_d, 1.820 × 10^5
	60.53			65	4.20		K_d, 1.715 × 10^5
					4.19		
Diethylethylphosphonate [147]	27.8	24.33–9.511	0.3629–118.6	15	6.43	0.452	K, 443 × 10^{-6}
	33.4	29.22–11.38	0.5589–117.8		6.58	0.444	K, 456 × 10^{-6}
	45.9	40.40–15.35	0.5563–116.0	45	6.54	0.444	K, 436 × 10^{-6}
	59.8	52.78–19.67	0.5423–114.2	65	6.34	0.444	K, 372 × 10^{-6}
Di-(2-ethylhexyl)2-ethylhexyl phosphonate [147]	0.165	89.97–6.223 × 10^3	0.02804–107.5 × 10^4	15	9.26	0.0302	K, 1.03 × 10^{-6}
	0.513	138.9–10.21 × 10^3	0.02781–106.7 × 10^4		9.86	0.0614	K, 2.24 × 10^{-6}

III. ELECTRICAL CONDUCTANCE

Solvent [ref]						
	0.74	299.5–23.34 × 10³	45	10.78	0.0414	K, 5.53×10^{-6}
	0.90	588.3–44.58 × 10³	65	11.46	0.0275	K, 9.34×10^{-6}
Diphenyl ether [57]	24.5	15.06–0.897 × 10²	50	5.33		K_d, 2.70×10^{11}
						K_2, 1.00×10^3 (triple ion)
						$a_2(\text{Å})$, 7.9 (triple ion)
Ethylene carbonate [130]		40–1.47	91			1000.0–22000.0
Ethylene chloride [99]	42.9	36.77–27.75	5.69			K_d, 3.01×10^4
	63.1	47.77–37.68	35			K_d, 2.01×10^4
— [28]	57.40	54.15–23.140				K_d, 2.2756×10^4
— [41]	56.3	52.86–23.45		5.92	0.4420	K_d, 2.56×10^4
Ethylidene chloride [99]	73.0	47.21–28.73	5.69			K_d, 6.42×10^5
— [84]	96.9	58.13–24.37				λ_0^+, 44.2 λ_0^-, 52.7
						K_d, 4.54×10^5
						$\lambda_0\eta^+$, 0.206 $\lambda_0\eta^-$, 0.245
Hydrogen cyanide [198]	231.6	220.5–209.2	18			λ_0^+, 90 λ_0^-, 142
	246	235.2–2280				λ_0^+, 96 λ_0^-, 150
Methanol [192]	86.10 ± 0.04	81.43–74.73			3.653–20.685	K_A, 11.8 ± 30
						λ_0^+, 39.23 λ_0^-, 46.87

TETRABUTYLAMMONIUM PICRATE, $(C_4H_9)_4N[OC_6H_2(NO_2)_3]$ (Continued)

Solvent and ref.	Λ_0	Λ	Concentration eq/l $\times 10^4$	Temperature (°C)	$a(\text{Å})$	$\Lambda_0\eta$	Comments
—[227]	86.14	82.021–69.167	2.848–50.460		3.4		$K_A, 7\ \lambda_0^+\eta, 0.212$ $\lambda_0^+, 38.94$
—[87]	86.10	83.56–70.11	1.0343–42.719				$K_d, 380 \times 10^4$ $\lambda_0^-, 36.9$
Methylamine [341]	36.63	26.81–10.39	0.4569–12.60	−78.3			$K, 8.73 \times 10^{-5}$
Methylethyl ketone [2]	122.4	117.7–99.24	0.3481–8.989			0.481	$\lambda_0^+, 54.5\ \lambda_0, 67.9$
Nitrobenzene [149]	27.83	27.367–26.443	0.4546–4.1322 $\times 10^4$				$\log K_A, 0.87$
—[130]		31.0–1.26	1000.0–22000.0	91			
—[120]	27.97	27.55–25.05	0.4603–17.65		4.67	0.5099	$K_d, 7.67 \times 10^2$
—[63]	27.9	27.58–24.35	0.1972–28.69				$\lambda_0^+, 11.7$
—[324]	25.90	25.61–23.39	0.2219–12.67 $\times 10^{-4}$ mole/liter	20			
	28.43	28.10–25.66	0.2210–12.62 $\times 10^{-4}$ mole/liter				
	31.02	30.69–27.97	0.2201–12.57 $\times 10^{-4}$ mole/liter	30			

III. ELECTRICAL CONDUCTANCE

	36.48	36.09–32.83	0.2182–12.47 × 10⁻⁴ mole/liter	40		
	42.25	41.77–37.80	0.2164–12.36 × 10⁻⁴ mole/liter	50		
	48.33	47.78–43.03	0.2146–12.26 × 10⁻⁴ mole/liter	60		
	54.50	53.84–48.47	0.2128–12.15 × 10⁻⁴ mole/liter	70		
Nitromethane [19]	77.3	75.94–67.85	0.6010–31.43			
Propylene chloride [99]	36.4	20.91–11.17	0.4690–3.525	5.69		K_d, 3.22×10^5
	51.3	23.91–12.19	0.6175–4.361			K_d, 2.67×10^5
	52.0	27.40–14.60	0.4423–2.935	35		K_d, 2.30×10^5
Pyridine [70]	57.7	54.00–41.35	0.3985–6.694			K_d, 12.8×10^4 λ_0^+, 24.0 λ_0^-, 33.7
Tricresyl phosphate [58]	1.95	0.1937–1.818	24.23–676.46	40	5.80 0.575	K_d, 1.014×10^5
Triethyl phosphate [153]	41.7	40.121–24.657	0.31270–34.48	40	7.90 0.702	K_d, 12.59×10^4

TETRABUTYLAMMONIUM TETRAPHENYLBORIDE $(C_4H_9)_4NB(C_6H_5)_4$

Solvent and ref.	Λ_0	Λ	Concentration eq/l $\times 10^4$	Temperature (°C)	a(Å)	$\Lambda_0\eta$	Comments
Acetone [196]	128.8		~0.5–~40.0				K_d, 11×10^3
Acetonitrile [157]	119.85 ± 0.05	108.18–99.33	14.839–56.732		8.68 ± 0.05		K_A, 8.2
— [156]	119.31	114.59–107.59	2.3553–16.0902		5.8		K_A, 6
— [214]	119.65 ± 0.05	113.30–103.27	4.0601–33.3689		4.55		λ_0^+, 61.93; λ_0^-, 57.72
— [134]		112.05–103.35	1.996–19.544		6.2		
— [141]	119.60	114.5–107.0	2.478–16.787			0.411	K_A, 14.3
— [298]	119.60	109.3–78	2.372–16.0			0.411	K_A, 14.3
Benzonitrile [196]	31.3 (approx)		~0.5–~40.0				
o-Dichlorobenzene [194]	~29.6	24.943–6.593	0.24258–36.411				K_A, ~8300
Ethanol [254]	43.5	39.6–34.9	1.92–7.65	30		0.437	K_A, 290
Ethylmethylketone [245]	102.83	94.094–87.171	2.5510–9.2073				R^-, 4.33; λ_0^-, 50.16
Ethylmethylketone [239]	102.84	96.92–92.83	1.2829–3.5528				K_A, 56.5

III. ELECTRICAL CONDUCTANCE

Solvent						
Ethylene chloride [194]	49.77 ± 0.1	41.488–31.658	1.1578–6.939			K_A, 950 ± 40
Isobutyronitrile [196]	81.7		~0.5–~40.0			K_A, 24 × 10^3
— [157]				8.68 ± 0.05		K_A, 18.4
Methanol [192]	81.61 ± 0.05	70.64–66.38	13.965–31.277			K_A, 40 ± 4; λ_0^+, 39.5
	76.00 ± 0.02	72.45–65.32	1.966–15.429			
Nitrobenzene [134]		21.61–19.565	1.261–25.735	7.6		
— [150]	22.34	21.196–20.198	3.422–14.138	3.89	0.4108	log K_A, 0.67
Nitromethane [214]	67.26 ± 0.04	63.84–58.70	3.6074–28.844	4.85 ± 0.0		λ_0^+, 34.06; λ_0^-, 31.57
Phenylacetonitrile [196]	20.2 (approx)		~0.5–~40.0			
Propionitrile [196]	98.4		~0.5–~40.0			K_d, 19 × 10^3
Propylene carbonate [150]		16.760–15.479	1.9212–38.722			
Propylene carbonate [134]		16.79–14.37	1.319–125.84	5.5		
Tetrahydrofuran [203]	84.8	82.9–35.5	0.0100–1.980		0.390	K_d, 4.32 × 10^5; λ_0^+, 44.5

TETRABUTYLAMMONIUM THIOCYANATE, $(C_4H_9)NCNS$

Solvent and ref.	Λ_0	Λ	Concentration eq/l $\times 10^4$	Temperature (°C)	Comments
Anisole [41]	49.5	0.1518–0.08343	0.1856–106.5		$K_d \times 10^{10}$, 1.55 a, 5.06 Å $K \times 10^4$, 8.49 a, 6.02 Å
Benzene [90]		0.0000822–0.6355	0.1871–20540		
— [320]		0.000142–0.22820	13.42–5364	5.51	
Ethylene chloride [60]	68.6	64.56–51.61	0.07815–0.6329		λ_0^-, 42.4 $K_d \times 10^4$, 1.40
Paraxylene [175]	—	467–68.15	0.546–2.474 $\times 10^{-4}$	52	

III. ELECTRICAL CONDUCTANCE

TETRABUTYLAMMONIUM p-TOLUENE SULFONATE, $C_{23}H_{43}O_3NS$

Solvent and ref.	Λ_0	Λ	Concentration eq/l $\times 10^4$	Temperature (°C)	Comments
Acetone [224]	151.6 ± 0.2	150.45–113.22	0.084163–9.9540		$K_d \times 10^4$, 24.6 ± 0.3
Tri-p-ethylphenylphosphite [159]		0.0004157–0.0001813	0.4716–5.357	15	$K_d \times 10^8$, 3.36 a_j, 8.48 Å
		0.0006854–0.0003275	0.4681–5.318		$K_d \times 10^8$, 5.33 a_j, 8.51 Å
		0.0002008–0.0009815	0.4622–4.250	45	$K_d \times 10^8$, 10.2 a_j, 8.54 Å
		0.0006335–0.0002207	0.4553–5.173	65	$K_d \times 10^8$, 20.5 a_j, 8.68 Å
Triethyl phosphite [145]		3.38–0.233	0.0327–89.8		
Triphenyl phosphite [159]		0.0009391–0.0006943	0.9110–58.48	15	$K_d \times 10^8$, 23.92 a_j, 9.76 Å
		0.001731–0.001276	0.9041–58.02		$K_d \times 10^8$, 33.36 a_j, 9.80 Å
		0.00460–0.00365	0.8903–57.15	45	$K_d \times 10^8$, 76.23 a_j, 10.03 Å
		0.01030–0.007035	0.8759–56.22	65	$K_d \times 10^8$, 149.6 a_j, 10.32 Å
Tri-m-tolyl phosphite [159]		0.0001859–0.00014	0.7514–10.04	15	$K_d \times 10^8$, 1.35 a_j, 8.14 Å
		0.0004519–0.0002953	0.7461–9.968		$K_d \times 10^8$, 2.08 a_j, 8.20 Å
		0.002809–0.0009941	0.3358–9.826	45	$K_d \times 10^8$, 5.75 a_j, 8.38 Å
		0.01011–0.002216	0.3310–9.685	65	$K_d \times 10^8$, 13.70 a_j, 8.45 Å
Tri-p-tolyl phosphite [159]		0.001866–0.0002922	0.1447–14.33	15	$K_d \times 10^8$, 17.4 a_j, 9.13 Å
		0.003816–0.0005722	0.1438–14.25		$K_d \times 10^8$, 22.6 a_j, 9.19 Å
		0.01148–0.001717	0.1418–14.04	45	$K_d \times 10^8$, 45.8 a_j, 9.32 Å
		0.02727–0.003970	0.1397–13.84	65	$K_d \times 10^8$, 84.98 a_j, 9.45 Å

TETRABUTYLAMMONIUMTRIPHENYL BOROFLUORIDE, $(C_4H_9)_4NFB(C_6H_5)_3$

Solvent and ref.	Λ_0	Λ	Concentration eq/l × 10^4	Comments
Acetone [73]	134.2	130.0–109.1	0.4517–15.47	K_d, 19.7 × 10^3 λ_0^+, 67.1 λ_0^-, 67.1
Ethylene dichloride [48]	52.4	46.82–19.77	0.2133–16.24	K_d, 2.03 × 10^4 a(Å), 5.6
Nitrobenzene [63]	23.4	22.90–20.37	0.7569–25.31	λ_0^+, 11.7
— [81]	23.78	23.63–20.79	0.1518–21.91	λ_0^+, 11.9
Pyridine [68]	48.0	44.33–33.13	0.5161–8.673	K_d, 13.2 × 10^4 λ_0^+, 24.0 λ_0^-, 24.0

TETRA-ISOAMYLAMMONIUM NITRATE, $(i\text{-}C_5H_{11})_4NNO_3$

Solvent and ref.	Λ_0	Λ	Concentration eq/l × 10^4	Comments
Dioxane [23]		0.03569–0.1005	100–3000	
Ethylene chloride [41]	62.0	61.24–28.18	0.0131–4.706	K_d, 1.26 × 10^4 a, 5.12 Å
— [66]	63.57	57.01–34.55	0.1321–2.399	K_d, 1.20 × 10^4
Ethylene dichloride [23]		11.45–8.20	100–1500	
Monoethanolamine [50]	2272.7	352.05–22.05	0.05–7.61	K_d, 1.0 × 10^7

TETRA-ISOAMYLAMMONIUM PERCHLORATE, $(i\text{-}C_5H_{11})_4NClO_4$

Solvent and ref.	Λ_0	Λ	Concentration eq/l $\times 10^4$	$\Lambda_0\eta$	Comments
Acetonitrile [214]	160.62 ± 0.02	153.56–141.03	3.8847–34.4024		λ_0^+, 57.24 λ_0^-, 103.3 å, 3.79 ± 0.3 Å
Aniline [15]	17.25	13.76–5.28	0.0560–2.098	0.645	
Ethylene chloride [4]	63.6	59.27–42.24	0.04604–1.297		λ_0^+, 20.0 λ_0^-, 43.1
Ethyl methyl ketone [2]	137.2	132.1–110.4	0.2163–5.585		λ_0^+, 50.2 λ_0^-, 86.5
Methanol [276]	106.20 ± 0.02	97.79–83.24	6.828–45.386		K_A, 32.6 ± 0.6 λ_0^-, 70.90 å, 3.12 ± 0.07 Å
Pyridine [14]	70.7	63.62–40.34	0.3773–9.712	0.624	λ_0^+, 26.15 λ_0^-, 44.0

TETRA-ISOAMYLAMMONIUM PICRATE, $(i\text{-}C_5H_{11})_4N[OC_6H_2(NO_2)_3]$

Solvent and ref.	Λ_0	Λ	Concentration eq/l $\times 10^4$	Temperature (°C)	Λ_{07}	Comments
Acetone [2]	147.3	144.6–127.2	0.2336–11.26		0.456	λ_0^+, 62.8 λ_0^+, 84.5
Aniline [15]	13.1	11.35–4.76	0.06064–3.538		0.490	
Anisole [319]		0.1836–0.0989	1.608–94.1	30		K_A, 0.85×10^{10} $a_{a_2}(\text{Å})$, 5.5 ± 0.3 (ion pairs) $a_{a_3}(\text{Å})$, 9 ± 2 (triple ions) $-\log K_1\Lambda_0^2$, 13.05 $-\log K_1$, 17.05 $-\log K_2$, 4.85
Benzene [33]		4.5–108.1 $\times 10^4$				
— [321]		1.525–3.18 $\times 10^4$	3.083–9.847			
		8.13; 8.17	21.0			
Diethyl ether [321]	190	0.411–0.0892	2.911–294.3 $\times 10^6$	30	0.39	$a(\text{Å})$, 4.9
Ethylene chloride [66]	55.00	51.01–30.00	0.1401–5.043			K_d, 2.39×10^4 λ_0^+, 23.8
— [43]	55.11					K_d, 2.39×10^4 $a(\text{Å})$, 5.81
— [4]	54.0	50.75–30.18	0.06489–4.871			λ_0^+, 20.0 λ_0^+, 34.0
Methanol [87]	82.52	80.67–75.21	0.62821–6730			λ_0^+, 33.3 K_d, 39.0×10^4

Methyl ethyl ketone [2]	118.1	113.2–92.94	0.4508–11.64		0.465 λ_0^+, 50.2 λ_0^+, 67.9
Nitromethane [19]	72.0	70.10–61.90	0.880–35.19		
Pyridine [14]	56.45	52.44–38.29	0.3079–7.925		0.498 λ_0^+, 26.15 λ_0^+, 30.3

TETRA-ISOAMYLAMMONIUM TETRAISOAMYLBORIDE (BORATE), $(i\text{-}C_5H_{11})_4NB(i\text{-}C_5H_{11})_4$

Solvent and ref.	Λ_0	Λ	Concentration eq/l × 10⁴	λ_0^+	λ_0^-	a(Å)
Acetonitrile [214]	144.48 ± 0.04	108.34–99.55	3.8830–28.5513	57.24	57.24	4.83 ± 0.07
Dimethyl sulfoxide [277]	21.21	20.739–20.279	1.0384–3.9245	10.61	10.61	
Nitromethane [214]	64.58 ± 0.03	61.01–56.64	4.0895–24.2414	31.51	31.51	4.72 ± 0.08
Propylene carbonate [280]	16.37	15.5083–14.0077	9.66–87.0	8.185	8.185	5.22

TETRA-ISOAMYLAMMONIUM TETRAPHENYLBORIDE, $(i\text{-}C_5H_{11})_4NB(C_6H_5)_4$

Solvent and ref.	Λ_0	Λ	Concentration eq/l × 10⁴	λ_0^+	λ_0^-	a(Å)
Acetonitrile [214]	114.96 ± 0.04	108.47–98.56	4.3311–35.5560	57.24	57.72	4.74 ± 0.07
Dimethyl sulfoxide [277]	21.23	20.702–20.172	1.3546–5.7266	10.61	10.61	
Nitromethane [214]	64.65 ± 0.01	60.70–57.87	5.3456–17.7519	31.57	31.57	5.22 ± 0.07

TETRA-ISOAMYLAMMONIUM THIOCYANATE, $(i\text{-}C_5H_{11})_4NCNS$

Solvent and ref.	Λ_0	Λ	Concentration eq/l × 10⁴	Comments
Benzene [33]	—	0.004–0.000243	0.01152–1.022	$-\log K_1, \Lambda_0^2, 13.25$ $-\log K_1, 17.25$ $-\log K_2, 5.15$
— [90]	—	0.0001105–0.3938	0.3651–11380	
— [23]	—	0.02237–0.0257	100–500	
Dioxane [23]	—	0.02129–0.0199	100–500	

TETRAAMYLAMMONIUM NITRATE, $(C_5H_{11})_4NNO_3$

Solvent and ref.	Λ_0	Λ	Concentration eq/l × 10⁴	Comments
Ethylene chloride [66]	63.33	58.78–29.19	0.08441–4.739	$K_d, 1.29 \times 10^4$

III. ELECTRICAL CONDUCTANCE

TETRAAMYLAMMONIUM PICRATE $(C_5H_{11})_4N[OC_6H_2(NO_2)_3]$

Solvent and ref.	Λ_0	Λ	Concentration $eq/l \times 10^4$	Temperature (°C)	$a(\text{Å})$	$\Lambda_0\eta$	Comments
Acetonitrile [119]	135.2	134.49–111.81	0.047712–38.953				K_d, 339.8×10^{-6}
Dibutyl phosphonate [147]	9.1	4.04–0.69	0.3240–72.81	15	6.19	0.397	K, 7.97×10^{-6}
	12.4	5.319–0.9148	0.3213–72.16		6.18	0.393	K, 8.4×10^{-6}
	19.4	8.396–1.427	0.3160–70.98	45	6.15	0.399	K, 8.45×10^{-6}
	28.0	12.15–2.052	0.3101–69.68	65	6.10	0.454	K, 8.23×10^{-6}
Dibutyl phthalate [118]	3.33	0.9042–0.1211	0.2805–54.13		6.01	0.551	K_d, 23.39×10^7
	4.88	1.319–0.1811	0.2783–53.71	35	6.05	0.545	K_d, 23.07×10^7
	8.83	1.841–0.2563	0.2762–53.29	45	6.03	0.543	K_d, 22.80×10^7
o-Dichlorobenzene [95]	35.3	22.54–7.015	0.1697–5.094				K_d, 1.81×10^5 λ_0^+, 14.2
Diethyl ethyl phosphonate [147]	27.0	22.26–9.75	1.053–85.92	15	6.53	0.439	K, 460×10^6
	32.5	26.54–11.66	1.048–85.69		6.47	0.432	K, 435×10^6
	47.0	37.48–15.77	1.031–84.20	45	6.02	0.455	K, 337×10^{-6}
	59.4	47.42–20.14	1.015–82.90	65	6.28	0.444	K, 360×10^{-6}
Di-(2-ethyl hexyl)-2-ethyl hexyl phosphonate [149]	0.245	45.59–6.28 $\times 10^3$	0.1148–115.9	15	8.51	0.0449	K, 0.429×10^{-6}
	0.595	68.69–10.24 $\times 10^3$	0.1139–114.9		7.80	0.0712	K, 0.199×10^{-6}

TETRAAMYLAMMONIUM PICRATE $(C_5H_{11})_4N[OC_6H_2(NO_2)_3]$ (Continued)

Solvent and ref.	Λ_0	Λ	Concentration eq/l × 10^4	Temperature (°C)	a(Å)	$\Lambda_0\eta$	Comments
	1.12	181.2–23.10 × 10^3	0.1121–113.2	45	7.79	0.0672	K, 0.266 × 10^{-6}
	0.80	326.7–53.96 × 10^3	0.1103–111.4	65	9.15	0.0245	K, 1.99 × 10^{-6}
Dinonyl phthalate [118]	0.162	2.719–0.3243 × 10^2	0.1084–12.9		7.24	0.126	K_d, 3.61 × 10^4
	0.367	4.998–0.6045 × 10^2	0.1076–12.20	35	7.06	0.158	K_d, 2.94 × 10^4
	0.634	8.684–1.033 × 10^2	0.1069–12.11	45	7.06	0.172	K_d, 2.92 × 10^4
Dioctyl phthalate [118]	0.371	8.326–0.7336 × 10^2	0.1005–29.70		6.9	0.216	K_d, 5.14 × 10^7
	0.763	14.51–1295 × 10^2	0.09973–29.48	35	6.87	0.257	K_d, 4.99 × 10^7
	1.36	24.64–2.110 × 10^2	0.0990–29.27	45	6.75	0.291	K_d, 4.23 × 10^7
Dipentyl phthalate [118]	1.47	43.68–5.097	0.1932–32.28		6.52	0.4071	K_d, 16.37 × 10^7
	2.89	67.42–8.095	0.1870–34.94	35	6.53	0.492	K_d, 15.42 × 10^7
	4.40	100.4–12.10	0.1892–34.57	45	6.45	0.506	K_d, 14.59 × 10^7
Ether [37]	150	2.18–0.324	0.053–1.42	0			

Ethylene chloride [43]	54.50				5.81	K_d, 2.39×10^4
— [66]	54.50	50.98–34.99	0.1162–2.459			K_d, 2.38×10^4 λ_0^+, 23.3
— [99]	38.4	36.60–31.00	0.0819–0.8456 $\times 10^4$	5.69		K_d, 3.07×10^4
Ethylidene chloride [84]	90.4	56.33–30.06	0.5338–4.2416			λ_0^+, 37.7 $\lambda_0^+\eta$, 0.175 $\lambda_0^+\eta$, 0.245 K_d, 4.94×10^5
Nitrobenzene [63]	26.8	26.43–23.49	0.2714–23.98			λ_0^+, 10.6
Pyridine [81]	55.28	52.97–41.78	0.2150–4.243			K_d, 11.3×10^4 λ_0^+, 21.6
Triethyl phosphate [145]		4.78–1.97 $\times 10$	1.88–76.8 $\times 10^4$			
— [153]	40.8	39.250–23.667	0.27157–34.620	40	6.78 0.687	K_d, 10.81×10^4
p-Xylene [323]		5.044–0.7647	0.8267–1.999 (eq/l)	90		

TETRAAMYLAMMONIUM THIOCYANATE, $(C_5H_{11})_4NCNS$

Solvent and ref.	Λ_0	Λ	Concentration eq/l $\times 10^4$	Temperature (°C)	$\Lambda_0\eta$	Comments
m-Dichlorobenzene [323]		2.254–0.6992	11,820–24,760	90		K_A, 16.2 $\lambda_0^+\eta$, 0.1967 λ_0^-, 47.66 r_{Stokes}, 5.21 Å
Dimethyl sulfoxide [349]	64.16	62.67–0.1300	0.001259–2.549 (moles/liter)	55	0.7649	
Nitrobenzene [229]	33.26	32.645–0.3751	0.68394–18275		0.6163	K_A, 37.02 a, 6.1 Å
— [247]			10740.0	52		Λ_η, 0.20
			13330.0	52		Λ_η, 0.212
			15750.0	52		Λ_η, 0.225
			17220.0	52		Λ_η, 0.775
			20000.0	52		Λ_η, 0.900
			22220.0	52		Λ_η, 0.775
			25370.0	52		Λ_η, 0.20
para-xylene [169]		0.1229–0.000243	0.7971–2.532	52		

(c) Symmetrical Complex Anions (increasing chain length, alphabetical by anion)

TETRAMETHYLAMMONIUMTRIPHENYL BOROHYDROXIDE MONOALCOHOLATE, $(CH_3)_4NOH \cdot B(C_6H_5)_3 \cdot C_2H_5OH$

Solvent and ref.	Λ_0	Λ	Concentration eq/l × 10^4	Comments
Ethylene dichloride [48]	68.5	37.12–11.69	0.3562–8.759	K_d, 0.202 × 10^4 a(Å), 3.9

TETRAMETHYLAMMONIUM TRIPHENYLBOROFLUORIDE, $(CH_3)_4NFB(C_6H_5)_3$

Solvent and ref.	Λ_0	Λ	Concentration eq/l × 10^4	Comments
Acetone [73]	98.0	160.2–126.3	0.4044–18.30	K_d, 6.93 × 10^3
Ethylene dichloride [48]	68.5	39.58–10.32	0.2843–11.83	K_d, 0.201 × 10^4 a(Å), 3.9

TETRAMETHYLAMMONIUM TRICYANOVINYLALCOHOLATE TMA$^+$/TCV ALCOHOLATE$^-$,

$$(CH_3)_4N^+ \begin{bmatrix} CN & & CN \\ & \diagdown \quad \diagup & \\ & C=C & \\ & \diagup \quad \diagdown & \\ CN & & O^- \end{bmatrix}$$

Solvent and ref.	Λ_0	Λ	Concentration eq/l × 10^4	$\Lambda_0\eta$	Comments
Acetone [171]	209.8	197.56–181.63	2.0849–10.7440	0.6411	K_A, 47.2 a_j(Å), 6.5
Acetonitrile [171]	191.7	188.00–179.07	1.1520–11.896	0.6519	a_j(Å), 4.1

TETRAMETHYLAMMONIUM TETRA BIS(NITRATO)IODATE (III), $(CH_3)_4NI(NO_3)^4$

Solvent and ref.	Λ_0	Λ	Concentration eq/l × 10^4	Temperature (°C)
Acetonitrile [242]	186	176.3–157.6	8.175–65.38	24 ± 0.3

TETRAMETHYLAMMONIUM DICHLOROBROMATE (I), $(CH_3)_4NBrCl_2$

Solvent and ref.	Λ_0	Λ	Concentration eq/l × 10^4	Temperature (°C)
Acetonitrile [242]	199	187.8–164.3	10.79–86.3	24 ± 0.3

TETRAMETHYLAMMONIUM BIS(NITRATO)BROMATE(I), $(CH_3)_4NBr(NO_3)_2$

Solvent and ref.	Λ_0	Λ	Concentration eq/l × 10^4	Temperature (°C)
Acetonitrile [242]	195	183.4–162.1	8.245–65.97	24 ± 0.3

TETRAMETHYLAMMONIUM BIS(TRICYANOVINYL)AMINE [TMA$^+$/BIS(TCV)AMINE]

$$(CH_3)_4N^+ \quad \begin{array}{c} CN \\ \diagdown \\ C=C-N-C-C-CN \\ \diagup \quad | \quad | \\ CN \quad CN \end{array} \begin{array}{c} CN- \quad CN \\ | \quad | \end{array}$$

Solvent and ref.	Λ_0	Λ	Concentration eq/l × 10^4	$\Lambda_0\eta$	Comments
Acetone [171]	176.7	169.22–154.41	1.2888–12.932	0.5400	a_j(Å), 6.5
Acetonitrile [171]	167.0	162.93–154.65	1.2725–13.014	0.5741	s_j(Å), 4.4

III. ELECTRICAL CONDUCTANCE

TETRAMETHYLAMMONIUM AZIDE, $(CH_3)_4NN_3$

Solvent and ref.	Λ_0	Λ	Concentration eq/l $\times 10^4$
Trimethyl phosphate [202]	—	29.9–19.5	1.33×10^{-4}–10^{-2}

TETRAETHYLAMMONIUM AZIDE, $(C_2H_5)_4NN_3$

Solvent and ref.	Λ_0	Λ	Concentration eq/l $\times 10^4$
Trimethyl phosphate [202]	—	38.0–20.0	1.33×10^{-4}–10^{-2}

TETRAETHYLAMMONIUM-1,1,2,4,5,5-HEXACYANO-3-AZAPENTADIENE,

$$(C_2H_5)_4N \quad \begin{matrix} NC \\ \diagdown \\ \diagup \\ NC \end{matrix} C=C \begin{matrix} CN \\ | \\ \end{matrix} -N= \begin{matrix} CN \\ | \\ \end{matrix} C-C \begin{matrix} \diagup \\ \diagdown \\ CN \end{matrix}$$

Solvent and ref.	Λ_0	Λ	Concentration eq/l $\times 10^4$	Comments
Acetonitrile [161]	156.35 ± 0.01	150.17–143.82	3.2496–14.8539	K_A, 8; $a_j(\text{Å})$, 6.19
Ethylene dichloride [161]	66.94 ± 0.13	54.71–42.10	0.9858–4.8578	K_A, 2000; $a_j(\text{Å})$, 9.0

TETRAETHYLAMMONIUM-1,1,2,3,3-PENTACYANOPROPENE

$(C_2H_5)_4N$

$$\begin{array}{c} CN \\ \diagdown \\ \diagup \\ CN \end{array} C = C - C \begin{array}{c} CN \quad CN \\ | \quad \diagup \\ \\ \diagdown \\ CN \end{array}$$

Solvent and ref.	Λ_0	Λ	Concentration eq/l $\times 10^4$	Comments
Acetonitrile [161]	169.57 ± 0.01	163.46–157.00	2.9191–13.2688	K_A, 8; $a_j(\text{Å})$, 5.62
Ethylene dichloride [161]	70.81 ± 0.17	54.48–40.61	1.2648–5.7818	K_A, 2.510; $a_j(\text{Å})$, 8.7

BIS(TETRAETHYLAMMONIUM) TETRABROMOMANGANATE (II), $[(C_2H_5)_4N]_2(MnBr_4)$

Solvent and ref.	Λ	Concentration eq/l $\times 10^4$
Nitromethane [143]	197	5.9

BIS(TETRAETHYLAMMONIUM) TETRABROMONICKELATE (II), $[(C_2H_5)_4N]_2(NiBr_4)$

Solvent and ref.	Λ	Concentration eq/l $\times 10^4$
Nitromethane [143]	179	8.0

BIS(TETRAETHYLAMMONIUM)-TETRACHLOROMANGANATE (II), $[(C_2H_5)_4N]_2(MnCl_4)$

Solvent and ref.	Λ	Concentration eq/l $\times 10^4$
Nitromethane [143]	200	5.0

III. ELECTRICAL CONDUCTANCE

TETRAETHYLAMMONIUM TETRANITRATOALUMINATE, $[(C_2H_5)_4N][Al(NO_3)_4]$

Solvent and ref.	Λ	Concentration eq/l $\times$ 10^4
Nitromethane [235]	125–37.5	3802.5–457960

TETRAPROPYLAMMONIUM AZIDE, $(C_3H_7)_4NN_3$

Solvent and ref.	Λ_0	Λ	Concentration eq/l $\times$ 10^4
Trimethyl phosphate [202]	—	58.0–15.0	1.33×10^{-4}–10^{-2}

TETRABUTYLAMMONIUM AZIDE, $(C_4H_9)_4NN_3$

Solvent and ref.	Λ	Concentration eq/l $\times$ 10^4	Temperature (°C)	Comments
Benzene [121]	0.000130–0.000470	0.15–62.50	30	$\Lambda_{Min} \times 10^5$, 10.3 $C_{Min} \times 10^5$, 5.4 $K_2 \times 10^5$, 12.5 $K_3 \times 10^5$, 1.80
Trimethyl phosphate [202]	74.5–18.5	1.33–$10^{-2} \times 10^{-4}$		

TETRABUTYLAMMONIUM GOLD MALEONITRILE DITHIOLATE, $[(C_4H_9)_4N](AuC_{40}H_{72}N_6S_4)_2$

Solvent and ref.	Λ	Concentration eq/l $\times$ 10^4
Tetrahydrofuran [209]	132	dilute solution

(d) Unsymmetrical Halides (largest chain first, increasing chain length, F → I)

The unsymmetrical quaternary ammonium salts have been classified according to the longest *saturated* carbon chain for the main category. Secondary classification occurs on the next longest chain and so on. The anion classification follows the order F → I.

Examples of this classification are
1. Ethylammonium Chloride $CH_3CH_2NH_3Cl$
2. Ethylmethylammonium Chloride $(CH_3CH_2)CH_3NH_2Cl$
3. Diethylammonium Chloride $(CH_3CH_2)_2NH_2Cl$
4. Diethylammonium Iodide $(CH_3CH_2)_2NH_2I$

Using the saturated carbon chain classification Trimethylphenylammonium Chloride, $(CH_3)_3(C_6H_5)NCl$ reduces to $(CH_3)_3CHNCl$ and will be found in the $(CH_3)_4N$ Section. Benzyldimethylphenylammonium Chloride, $C_6H_5CH_2(CH_3)_2C_6H_5NCl$ reduces to $(CH_2)(CH_3)_2(CH)NCl$ and will be found in the $(CH_3)_4N$ Section.

III. ELECTRICAL CONDUCTANCE

METHYLAMMONIUM CHLORIDE, $(CH_3)NH_3Cl$

Solvent and ref.	Λ_0	Λ	Concentration eq/l $\times 10^4$	Temperature (°C)	Comments
Ethanolamine [50]	221.24	112.69–7.23	0.13–74.66		
Hydrogen sulfide (liq) [3]		0.02125	133.0	−78.5	K_d, 6.538×10^6
N,Methyl acetamide [108]	23.43			40	

METHYLAMMONIUM BROMIDE, $(CH_3)NH_3Br$

Solvent and ref.	Concentration eq/l $\times 10^4$	Temperature (°C)
N-Methyl acetamide [108]	24.69	40

DIMETHYLAMMONIUM CHLORIDE, $(CH_3)_2NH_2Cl$

Solvent and ref.	Λ_0	Λ	Concentration eq/l × 10^4	Temperature (°C)	Comments
Acetonitrile [18]	190 (approx)	105.1–30.08	1.786–46.13		λ_0^+, 101 λ_0^-, 88.8
— [37]	190.0	123.0–41.6	1.0–20.0		K_d, 1.17 × 10^4 (Ostwald)
Ethanolamine [50]	373.13	259.83–25.63	0.15–26.41		K_d, 12.64 × 10^6
Hydrogen sulfide (liq) [3]		0.000641	113.0	−78.5	
— [51]		0.00713–0.01042	21.32–2086.0	−78.8	
N,Methyl acetamide [108]	25.22			40	

DIMETHYLAMMONIUM BROMIDE, $(CH_3)_2NH_2Br$

Solvent and ref.	Λ_0	Λ	Concentration eq/l × 10^4	Temperature (°C)
N-Methyl acetamide [108]	26.44	26.31–24.85	2.13–102.01	40

III. ELECTRICAL CONDUCTANCE

TRIMETHYLAMMONIUM CHLORIDE, $(CH_3)_3NHCl$

Solvent and ref.	Λ_0	Λ	Concentration eq/l × 10^4	Temperature (°C)	Comments
Bromine [94]		1.041–12.43	1590–36410		
Ethanolamine [50]	216.45	208.74–15.56	0.08–43.11		K_d, 24.97 × 10^6
Hydrogen sulfide [51]		0.0135–0.176	3.321–1498.0	−78.5	
N,Methyl acetamide [108]	24.40			40	

TRIMETHYLAMMONIUM BROMIDE, $(CH_3)_3NHBr$

Solvent and ref.	Λ_0	Λ	Concentration eq/l × 10^4	Temperature (°C)
N,Methyl acetamide [108]	25.72	25.62–24.54	4.0–86.49	40

TRIMETHYLPHENYLAMMONIUM CHLORIDE, $(CH_3)_3(C_6H_5)NCl$

Solvent and ref.	Λ_0	Λ	Concentration eq/l × 10⁴	Temperature (°C)	$\Lambda_{0\eta}$	Comments
Dimethylformamide [105]	86.9	85.3–73.6	0.598–23.37		0.65–0.70	K_d, 2×10^2
Formamide [135]	27.84		30.0–1000.0			λ_0^+, 10.5 λ_0^-, 17.3
N, Methyl acetamide [108]	21.80	21.46–20.54	4.0–86.49	40		

TRIMETHYLAMMONIUM BROMIDE, $(CH_3)_3(C_6H_5)NBr$

Solvent and ref.	Λ_0	Λ	Concentration eq/l × 10⁴	Comments
Adiponitrile [250]	12.93	12.43–10.56	2.401–46.66	K_A, 28 a, 4.2 Å λ_0^+, 6.15 λ_0^-, 6.77
2-Propanol [132]	23.76	17.85–10.24	2.541–24.79	K_d, 0.6×10^3 λ_0^+, 11.7 λ_0^-, 12.1

III. ELECTRICAL CONDUCTANCE

TRIMETHYLPHENYLAMMONIUM IODIDE, $(CH_3)_3(C_6H_5)NI$

Solvent and ref.	Λ_0	Λ	Concentration eq/l $\times 10^4$	$\Lambda_0\eta$	Comments
Adiponitrile [250]	13.27	12.88–11.44	1.993–41.17		K_A, 0 a, 2.7 Å λ_0^+, 6.15 λ_0^-, 7.13
N,N-Dimethylacetamide [126]	70.10	68.30–60.73	1.800–42.01		λ_0^+, 28.3 λ_0^-, 41.8
Dimethyl formamide [105]	84.2	82.9–76.4	0.678–21.64	0.65–0.70	K_d, 10.0×10^2
Dimethyl sulfolane [179]	9.40	8.56–7.17	8.2–52.2		K_A, 40 (approx)
Dimethyl sulfoxide [129]	37.8	37.05–34.29	2.126–49.00		λ_0^+, 14.1 λ_0^-, 23.8
Formamide [135]	27.25		30.0–10000.0		λ_0^+, 10.5 λ_0^-, 16.8
N,Methylacetamide [108]	24.80		2–80		
2-Propanol [132]	25.37	23.34–14.55	0.4865–11.26		K_d, 0.74×10^3 λ_0^+, 11.7 λ_0^-, 13.7
Sulfolane [286]		10–9.3	0.005–0.0125		

d-TUBOCURARINE CHLORIDE, $(CH_3)_2NClC_{34}H_{32}O_6NCl(CH_3)_2$

Solvent and ref.	Λ_0	Λ	Concentration eq/l $\times 10^4$	Comments
Ethanol [109]	42.6	36.36–30.27	1.0745–4.192	K_A, 0.402×10^3 λ_0^+, 18.3 a(Å), 41.0
Methanol [109]	97.0	93.08–83.32	0.7170–7.088	K_A, 8.04×10^3 λ_0^+, 44.6 a(Å), 23.3

ETHYLAMMONIUM CHLORIDE, $(C_2H_5)NH_3Cl$

Solvent and ref.	Λ_0	Λ	Concentration eq/l $\times 10^4$	Temperature (°C)	$\Lambda_0 \eta$	Comments
Acetonitrile [18]	187.5	107.8–27.94	1.456–37.61			λ_0^+, 98.9 λ_0^-, 88.8
— [37]	187.5	120.2–38.5	1.0–20.0		0.645	K_d, 1.11×10^4 (Ostwald)
Hydrogen sulfide (liq) [51]		0.000156–0.0000740	10.73–96.5	−78.5		
N,Methylacetamide [108]	22.38			40		
Nitromethane [19]	95.3	46.37–10.08	0.8982–23.35			

III. ELECTRICAL CONDUCTANCE

ETHYLAMMONIUM BROMIDE, $(C_2H_5)NH_3Br$

Solvent and ref.	Λ_0	Λ	Concentration eq/l × 10^4	Temperature (°C)	Comments
Acetonitrile [18]	194.8	172.0–95.23	0.7200–18.58		λ_0^+, 98.9 λ_0^-, 95.7
Dimethyl formamide [124]	91.8	87.00–66.56	2.593–37.07		K_d, 8 × 10^3
Ethyl methyl ketone [2]	156	46.61–16.32	0.2459–6.349		
N,Methylacetamide [108]	23.72			40	
Nitromethane [19]	114.4	67.94–19.05	2.124–55.24		

ETHYLAMMONIUM IODIDE, $(C_2H_5)NH_3I$

Solvent and ref.	Λ_0	Λ	Concentration eq/l × 10^4	Comments
Acetonitrile [18]	200	187.5–137.6	1.588–41.01	λ_0^+, 98.9 λ_0^-, 101.0
Ethyl methyl ketone [2]	161	113.6–49.09	0.5437–14.04	
Nitromethane [19]	117.2	104.7–63.54	1.504–39.11	

BENZYL DIMETHYL PHENYLAMMONIUM CHLORIDE, $C_6H_5CH_2(CH_3)_2C_6H_5NCl$

Solvent and ref.	Λ	Concentration eq/l $\times 10^4$	Temperature (°C)
Acetyl chloride [137]	48.6×10^{-5} (specific conductance)	92.0	30

BENZYL TRIMETHYLAMMONIUM CHLORIDE, $C_6H_5CH_2(CH_3)_3NCl$

Solvent and ref.	Λ	Concentration eq/l $\times 10^4$	Temperature (°C)
Acetyl chloride [137]	44.5×10^{-5} (specific conductance)	84.0	30

DIETHYLETHER β-(N-METHYLMORPHOLINIUM), β-TRIMETHYLAMMONIUM DIIODIDE $(C_4H_8ONICH_3(CH_2)_2O(CH_2)_2NI(CH_3)_3$

Solvent and ref.	Λ_0	Λ	Concentration eq/l $\times 10^4$	Comments
Methanol [109]	135.1	127.27–112.66	0.5779–3.194	K_A, 0.99×10^3 λ_0^+, 72.4 $a(\text{Å})$, 6.4

DIETHYLETHER BIS-β,β-(N-METHYLMORPHOLINIUM) DIIODIDE, $C_4H_8ONICH_3(CH_2)_2O(CH_2)_2CH_3NIC_4H_8O$

Solvent and ref.	Λ_0	Λ	Concentration eq/l $\times 10^4$	Comments
Methanol [109]	130.7	123.33–105.23	0.4571–3.642	K_A, 0.82×10^3 λ_0^+, 68.0 $a(\text{Å})$, 6.0

III. ELECTRICAL CONDUCTANCE

DIETHYLETHER BIS-β,β'-(N-METHYLPYRIDINIUM) DIIODIDE, $C_5H_{10}NICH_3(CH_2)_2O(CH_2)_2CH_3NIC_5H_{10}$

Solvent and ref.	Λ_0	Λ	Concentration eq/l × 10^4	Comments
Methanol [109]	133.7	126.74–106.73	0.4651–4.591	K_A, 1.01 × 10^3 λ_0^+, 71.0 $a(\text{Å})$, 6.5

DIETHYLSULFIDE BIS-β,β'-TRIMETHYLAMMONIUM DIIODIDE $(CH_3)_3NI(CH_2)_2S(CH_2)_2NI(CH_3)_3$

Solvent and ref.	Λ_0	Λ	Concentration eq/l × 10^4	Comments
Methanol [109]	129.6	121.77–102.79	0.4877–3.482	K_A, 0.68 × 10^3 λ_0^+, 66.9

DIETHYLSULFIDE BIS-β,β'-DIETHYLMETHYLAMMONIUM DIIODIDE, $(C_2H_5)_2CH_3NI(CH_2)_2S(CH_2)_2NICH_3(C_2H_5)_2$

Solvent and ref.	Λ_0	Λ	Concentration eq/l × 10^4	Comments
Methanol [109]	130.4	125.02–103.07	0.2677–3.776	K_A, 0.73 × 10^3 λ_0^+, 67.6 $a(\text{Å})$, 5.7

N,N'-BIS(β-DIMETHYLAMINOETHYL)-OXALAMIDE BIS-METHIODIDE $[(CH_3)_3N^+(CH_2)_2NHCOCONH(CH_2)_2N^+(CH_3)_3]I_2$

Solvent and ref.	Λ_0	Λ	Concentration eq/l × 10^4	Comments
Methanol [92]	126.3	111.42–94.80	3.336–15.051	K_d, 2.55 × 10^3 λ_0^+, 65.3 $a(\text{Å})$, 10.2

N,N'-BIS-(β-DIMETHYLAMINOETHYL)-MALONAMIDE BIS-METHIODIDE
$(CH_3)_2NI(CH_2)_2NHCOCH_2CONH(CH_2)_2NI(NCH_3)_3$

Solvent and ref.	Λ_0	Λ	Concentration eq/l $\times 10^4$	Comments
Methanol [109]	123.8	117.51–94.34	0.7152–11.159	K_A, 1.89×10^3 λ_0^+, 61.1 $a(\text{Å})$, 8.4

N,N'-BIS(β-DIMETHYLAMINOETHYL)SUCCINAMIDE BIS-METHIODIDE,
$[(CH_3)_3N^+(CH_2)_2NHCO(CH_2)_2CONH(CH_2)_2N^+(CH_3)_3]I_2$

Solvent and ref.	Λ_0	Λ	Concentration eq/l $\times 10^4$	Comments
Methanol [92]	124.4	113.28–88.49	1.755–18.059	K_d, 2.00×10^3 λ_0^+, 63.4 $a(\text{Å})$, 9.0

DI-(β-TRIMETHYLAMMONIUM-ETHYL) SUCCINATE DIBROMIDE,
$Br[(CH_3)_3N^+(CH_2)_2CO_2(CH_2)_2CO_2(CH_2)_2N^+(CH_3)_3Br]$

Solvent and ref.	Λ_0	Λ	Concentration eq/l $\times 10^4$	$a(\text{Å})$	Comments
Ethanol [292]	53.6	48.82–26.59	0.1503–12.037	4.25	K_A, 0.20×10^3
Methanol [292]	121.3	115.56–90.73	0.722–18.116	7.73	K_d, 4.45×10^3

N,N'-BIS-(β-DIMETHYLAMINOETHYL)-GLUTARAMIDE BIS-METHIODIDE,
$(CH_3)_3NI(CH_2)_2NHCO(CH_2)_3CONH(CH_2)_2NI(CH_3)_3$

Solvent and ref.	Λ_0	Λ	Concentration eq/l $\times 10^4$	Comments
Methanol [109]	120.9	115.15–97.03	0.5471–6.870	K_A, 1.69×10^3 λ_0^+, 58.1 $a(\text{Å})$, 8.0

III. ELECTRICAL CONDUCTANCE

N,N'-BIS-(β-DIMETHYLAMINOETHYL)-ADIPAMIDE BIS-METHIODIDE
[(CH$_3$)$_3$N$^+$(CH$_2$)$_2$NHCO(CH$_2$)$_4$CONH(CH$_2$)$_2$N$^+$(CH$_3$)$_3$]I$_2$

Solvent and ref.	Λ_0	Λ	Concentration eq/l $\times$ 10^4	Comments
Methanol [92]	120.6	106.46–84.88	2.664–18.436	K_d, 1.90 $\times$ 10^3 λ_0^+, 59.6 a(Å), 8.7

N,N'-BIS(β-DIMETHYLAMINOETHYL)-SUBERAMIDE-BIS-METHIODIDE
[(CH$_3$)$_3$N$^+$(CH$_2$)$_2$NHCO(CH$_2$)$_6$CONH(CH$_2$)$_2$N$^+$(CH$_3$)$_3$]I$_2$

Solvent and ref.	Λ_0	Λ	Concentration eq/l $\times$ 10^4	Comments
Methanol [92]	115.9	104.40–89.10	2.260–11.955	K_d, 2.47 $\times$ 10^3 λ_0^+, 54.9 a(Å), 10.0

DIETHYLAMMONIUM CHLORIDE, $(C_2H_5)_2NH_2Cl$

Solvent and ref.	Λ_0	Λ	Concentration eq/l $\times 10^4$	Temperature (°C)	$\Lambda_0\eta$	Comments
Acetone [12]		27.35–12.36	2.283–15.14			λ_0^+, 91.4 λ_0^-, 105.0
Acetonitrile [18]	183.5	102.5–21.68	1.000–50.94			λ_0^+, 94.3 λ_0^-, 88.8
— [37]	183.5	102.0–31.39	1.0–20.6		0.631	K_d, 6.98×10^5 (Ostwald)
Acetophenone [16]	32.80	1.61–0.753	0.6013–6.295			λ_0^+, 17.5 λ_0^-, 15.45 $\lambda_0^+\eta$, 0.29 $\lambda_0^-\eta$, 0.255
Cyclohexanone [14]	28	6.17–1.16	0.3362–8.684			K_d, 1.7×10^6
Ethanol [7]	28.0	24.45–15.11	6.5–143.0	0		
	47.1	43.68–23.59	1.64–139.0			
	81–83	67.10–35.55	6.25–135.0	56		
Ethyl methyl ketone [2]	142	23.35–5.78	0.2616–6.745			
Hydrogen sulfide [51]		0.0193–0.00386	2.032–199.6	−78.5		
Methanol [7]	74.0	69.94–60.32	4.65–72.0	0		
	108.3	100.9–85.65	4.55–70.0			
	159.6	148.2–123.2	4.35–67.0	56		
N,Methylacetamide [108]	23.45			40		
Nitrobenzene [20]	38.0	2.43–0.503	0.9493–25.58			
Nitromethane [19]	97.3	32.86–6.677	2.546–65.75			
Pyridine [14]	74.0	7.015–1.598	0.5188–13.36			

III. ELECTRICAL CONDUCTANCE

DIETHYLAMMONIUM BROMIDE, $(C_2H_5)_2NH_2Br$

Solvent and ref.	Λ_0	Λ	Concentration eq/l × 10^4	Comments
Nitromethane [19]	116.4	64.39–18.02	1.867–48.55	

DIETHYLAMMONIUM IODIDE, $(C_2H_5)_2NH_2I$

Solvent and ref.	Λ_0	Λ	Concentration eq/l × 10^4	Comments
Acetonitrile [18]	196.0	184.5–126.8	1.292–33.64	λ_0^+, 94.3 λ_0^-, 101.0
Ethyl methyl ketone [2]	159	108.3–39.18	0.3778–9.754	
Nitromethane [19]	119.5	104.7–55.01	1.204–31.27	

N,N-DIMETHYL-N,N-di-β-ETHANOLAMMONIUM BROMIDE, $[HO(CH_2)_2N^+(CH_3)_2(CH_2)_2OHBr]$

Solvent and ref.	Λ_0	Λ	Concentration eq/l × 10^4	Comments
Methanol [292]	103.2	100.50–95.89	1.029–5.926	K_d, 3.0 × 10^2

N,N-DIMETHYL-N,N-di-β-ACETOMETHYLAMMONIUM BROMIDE, $[CH_3CO_2(CH_2)_2N^+(CH_3)_2(CH_2)_2CO_2CH_3]Br$

Solvent and ref.	Λ_0	Λ	Concentration eq/l × 10^4	Comments
Methanol [292]	98.6	95.41–86.71	1.633–21.005	K_d, 8.9 × 10^2

TRIETHYLAMMONIUM CHLORIDE, $(C_2H_5)_3NHCl$

Solvent and ref.	Λ_0	Λ	Concentration eq/l × 10^4	Temperature (°C)	Comments
Acetonitrile [18]	178.0	67.11–16.69	1.376–35.53		λ_0^+, 87.0 λ_0^-, 88.8
— [37]	178	74.6–21.0	1.0–20.0		K_d, 3.16 × 10^5 (Ostwald)
Ethylene chloride [4]		0.7281–0.149	0.06859–14.56		
Ethyl methyl ketone [2]	139	15.08–2.13	0.4867–12.57		
Hydrogen sulfide (liq) [3]		0.01532	104.0	−78.5	
— [51]		0.126–0.268	1.556–1211.0	−78.5	
Nitromethane [19]	92.0	29.65–7.375	1.208–39.76		
Phosphorus oxychloride [155]	53 (approx)	32.0–7.02	0.517–20.5		K_d, 7.0 × 10^4

TRIETHYLAMMONIUM BROMIDE, $(C_2H_5)_3NHBr$

Solvent and ref.	Λ_0	Λ	Concentration eq/l × 10^4	Comments
Dimethyl formamide [124]	89.1	85.68–64.76	0.8966–16.29	K_d, 3×10^3
Nitromethane [19]	111.0	62.05–17.68	1.676–43.57	
2-Propanol [132]	25.11	18.15–6.66	1.394–38.73	K_d, 0.26×10^3 λ_0^+, 13.0 λ_0^-, 12.1

TRIETHYLAMMONIUM IODIDE, $(C_2H_5)_3NHI$

Solvent and ref.	Λ_0	Λ	Concentration eq/l × 10^4
Nitromethane [19]	113.5	102.0–63.37	0.6356–17.41

TRIETHYLMETHYLAMMONIUM IODIDE, $(C_2H_5)_3(CH_3)NI$

Solvent and ref.	Λ_0	Λ	Concentration eq/l × 10^4	Temperature (°C)	Comments	
Methylene chloride [205]		5.96–5.48	98.65–732.0	0	Conc. min, 3.3×10^2 moles/l K_3, 1.15×10^2 (triple ion)	Λ_{MIN}, 5.12
		6.55–6.36	95.51–712.8		Conc. min, 3.1×10^2 moles/l K_3, 0.99×10^2 (triple ion)	Λ_{MIN}, 5.79
		6.4–6.6	94.22–706.5	35	Conc. min, 2.7×10^2 moles/l K_3, 0.953×10^2 (triple ion)	Λ_{MIN}, 5.97
		5.24–4.69	101.3–749.4	−20	Conc. min, 3.5×10^2 moles/l K_3, 1.29×10^2 (triple ion)	Λ_{MIN}, 4.43
		4.26–3.78	103.8–766.8	−40	Conc. min, 4.1×10^2 moles/l K_3, 1.37×10^2 (triple ion)	Λ_{MIN}, 3.60
		47.40–32.55	40.25–166.7	−55		
		40.87–23.46	27.33–187.5			
Methylene dichloride [204]	111.8	49.81–17.12	0.261–4.55	0	K_d, 0.902×10^5	a, 4.72 Å
	85.5	37.69–14.58	0.398–4.65	−24.2	K_d, 1.20×10^5	a, 4.74 Å
	59.4	29.27–11.34	00.41–4.79	−47.7	K_d, 1.68×10^5	a, 4.77 Å
	40.5	21.07–8.29	0.42–4.91	−68	K_d, 2.03×10^5	a, 4.79 Å
	32.8	18.92–6.85	0.342–4.96	−77.2	K_d, 2.21×10^5	a, 4.81 Å
	18.0	10.8–3.79	0.349–5.07	−94.7	K_d, 2.76×10^5	a, 4.84 Å

PROPYLAMMONIUM CHLORIDE, $(C_3H_7)NH_3Cl$

Solvent and ref.	Λ	Concentration eq/l × 10^4	Temperature (°C)
Hydrogen sulfide (liq) [51]	0.00148–0.000455	5.862–276.3	−78.5

DIPROPYLAMMONIUM CHLORIDE, $(C_3H_7)_2NH_2Cl$

Solvent and ref.	Λ	Concentration eq/l × 10^4	Temperature (°C)
Hydrogen sulfide (liq) [51]	0.0203–0.00510	3.255–256.4	−78.5

TRIPROPYLAMMONIUM CHLORIDE, $(C_3H_7)_3NHCl$

Solvent and ref.	Λ	Concentration eq/l × 10^4	Temperature (°C)
Hydrogen sulfide (liq) [51]	0.0704–0.231	2.381–887.6	−78.5

TRIPROPYLETHYLAMMONIUM IODIDE, $(C_3H_7)_3(C_2H_5)NI$

Solvent and ref.	Λ	Concentration eq/l × 10^4
Methylene chloride [17]	15.89–12.20	16.6–2000

1,3-DI-(TRIMETHYLAMMONIUM)TRIMETHYLENE DIBROMIDE, $[(CH_3)_3N^+(CH_2)_3N^+(CH_3)_3]Br_2$

Solvent and ref.	Λ_0	Λ	Concentration eq/l $\times 10^4$	Comments
Methanol [83]	133.05	123.66–45.29	0.7825–221.41	K_d, 10.4×10^4 λ_0^+, 76.6 (tentative)

BIS-(TRIMETHYLAMMONIUM)-TRIMETHYLENE DIIODIDE, $[(CH_3)_3NI(CH_2)_3IN(CH_3)_3]$

Solvent and ref.	Λ_0	Λ	Concentration eq/l $\times 10^4$	$\Lambda_0\eta$	Comments
Ethanol [123]	60.0	44.97–16.36	0.2131–20.55	0.6468	$K_1 = 1.46 \times 10^3$ $K_2 = 2.6 \times 10^5$ λ_0^+, 32.1 $a(\text{Å})$, 4.74
Methanol [83]	80.3 (tentative)	129.40–48.22	0.9101–177.96	141.3	K_d, 8.1×10^4

III. ELECTRICAL CONDUCTANCE

METHYL TRIPROPYLAMMONIUM IODIDE, $(CH_3)(C_3H_7)_3NI$

Solvent and ref.	Λ_0	Λ	Concentration eq/l × 10^4	Temperature (°C)	Comments
Acetonitrile [211]	178.22	168.85–159.46	5.667–21.442		K_A, 4.0 a, 2.3 Å λ_0^+, 75.8
Ethyl methyl ketone [245]	152.29	130.80–92.422	1.9542–15.6176		K_A, 678 λ_0^+, 63.26 a_J, 5.4 Å R^+, 3.44
— [258]	136.39	121.63–86.543	1.3897–14.1892	15	K_A, 612 a_J, 5.5 λ_0^+, 56.62 λ_0^-, 79.77 R_{ST}^+, 3.45 R_{ST}^-, 2.45
	167.92	112.80–102.12	4.5925–13.9867	35	K_A, 732 a_J, 5.0 λ_0^+, 70.31 λ_0^-, 97.61 R_{ST}^+, 3.48 R_{ST}^-, 2.45

ISO-BUTYLAMMONIUM CHLORIDE, i-$C_4H_9NH_3Cl$

Solvent and ref.	Λ_0	Λ	Concentration eq/l × 10^4	Temperature (°C)	$\Lambda_0\eta$	Comments
Acetone [12]		26.75–9.979	2.579–28.49			λ_0^+, 92.4 λ_0^-, 105.0
Acetonitrile [37]	178.4	112.0–35.8	1.0–20.0		0.613	K_d, 1.05 × 10^4 (Ostwald)
— [18]	178.4	108.9–28.52	1.153–29.80			λ_0^+, 89.8 λ_0^-, 88.8
Ethanol [7]	24.0–24.4	21.70–15.24	5.98–130.5	0		
	42.3	39.72–23.79	1.508–128.0			
	73–74	63.01–35.81	5.65–121.8	56		
Ethyl methyl ketone [2]	137	17.22–5.06	0.3316–8.563			
Methanol [7]	67.0–67.2	63.85–55.48	4.5–120.3	0		
	98.8	92.79–77.01	4.35–117.0			
	146.4–147.0	135.5–107.1	135.5–107.1	56		
Nitromethane [19]	91.3	38.15–5.85	2.163–56.24			

III. ELECTRICAL CONDUCTANCE

BUTYLAMMONIUM CHLORIDE, $(C_4H_9)NH_3Cl$

Solvent and ref.	Λ_0	Concentration eq/l × 10^4	Temperature (°C)
N,Methylacetamide [108]	21.33	2–80	40

BIS-(TRIMETHYLAMMONIUM)-TETRAMETHYLENE DIIODIDE, $[(CH_3)_3NI(CH_2)_4IN(CH_3)_3]$

Solvent and ref.	Λ_0	Λ	Concentration eq/l × 10^4	$\Lambda_0\eta$	Comments
Ethanol [123]	60.2	50.56–19.51	0.1342–14.509	0.649	K_1, 2.00 × 10^3 K_2, 3.7 × 10^5 λ_0^+, 32.3 a(Å), 5.10
Methanol [83]	142.05	135.0–50.13	0.4772–193.86		K_d, 10.3 × 10^4 λ_0^+, 81.1 (tentative)

TRIMETHYLBUTYLAMMONIUM BROMIDE, $(CH_3)_3(C_4H_9)NBr$

Solvent and ref.	Λ	Concentration eq/l × 10^4
Acetic acid [54]	0.9107–2.68	11.69–496.68

BUTYLTRIPROPYLAMMONIUM IODIDE, $(C_3H_7)_3(C_4H_9)NI$

Solvent and ref.	Λ_0	Λ	Concentration eq/l × 10^4	Comments
Acetonitrile [211]	170.42	163.65–154.95	3.256–16.806	K_A, 8 a, 4.5 Å λ_0^+, 68.0

DIBUTYLAMMONIUM CHLORIDE, $(C_4H_9)_2NH_2Cl$

Solvent and ref.	Λ_0	Λ	Concentration eq/l $\times$ 10^4	Temperature (°C)
N, Methyl acetamide [108]	20.89	20.62–19.77	1.71–64	40

III. ELECTRICAL CONDUCTANCE

TRIBUTYLAMMONIUM CHLORIDE, $(n\text{-}C_4H_9)_3NHCl$

Solvent and ref.	Λ_0	Λ	Concentration eq/l $\times 10^4$	Temperature (°C)	Comments
Toluene [38]	100 (assumed)	0.00000449–0.00000322	1.59–26.92	35	K_d, 1.5×10^{-9} (approximate)

TRIBUTYLAMMONIUM BROMIDE, $(C_4H_9)_3NHBr$

Solvent and ref.	Λ_0	Λ	Concentration eq/l $\times 10^4$	Comments
o-Dichlorobenzene [195]	45.2 (estimated)	3.688–3.487	0.4338–8.097	K, 0.022×10^{10}
Ethylene chloride [195]	70.5	0.3104–0.1701	0.5277–9.275	K, 8.07×10^{10}

TRIBUTYLAMMONIUM IODIDE, $(C_4H_9)_3NHI$

Solvent and ref.	Λ_0	Λ	Concentration eq/l × 10^4	Comments
Benzene [89]		0.00005613–0.3209	130.9–5148	
Ethylene chloride [195]	69.5 (estimated)	6.355–0.3453	1.731–3644	K, 157 × 10^{10}
Nitrobenzene [69]	33.33	30.15–7.098	0.1031–17.66	λ_0^-, 20.4 K_d, 0.95 × 10^4

METHYLTRIBUTYLAMMONIUM IODIDE, $(CH_3)(C_4H_9)_3NI$

Solvent and ref.	Λ_0	Λ	Concentration eq/l × 10^4	Temperature (°C)	Comments
Chlorobenzene [260]		1.624–0.2123	0.0167–1.145		Λ_0^2 K, 4.25 × 10^{-6} (triple-ion formation)
o-Dichlorobenzene [210]	42.25	14.53–5.231	0.1545–1.748		K_d, 2.59 × 10^{-6}
Ethyl methyl ketone [245]	145.69	121.93–87.833	2.5121–16.3862		K_A, 664 λ_0^+, 56.66 a_J, 5.6 Å R^+, 3.84
— [258]	130.95	114.25–84.117	1.8756–14.1152	15	K_A, 574 a_J, 5.5 Å λ_0^+, 51.18 λ_0^-, 79.77 R_{ST}^+, 3.81 R_{ST}^-, 2.4
	161.11	126.84–97.09	3.7520–15.1542	35	K_A, 704 a_J, 5.3 Å λ_0^+, 63.50 λ_0^-, 79.77 R_{ST}^+, 3.77 R_{ST}^-, 2.4

III. ELECTRICAL CONDUCTANCE

ISOAMYLAMMONIUM CHLORIDE, $(i\text{-}C_5H_{11})NH_3Cl$

Solvent and ref.	Λ_0	Λ	Concentration eq/l $\times 10^4$	Comments
Acetonitrile [18]	170 (approx)	107.4–29.43	0.9806–25.32	λ_0^+, 83.0 λ_0^-, 88.8
— [37]	170	107.4–34.1	0.98–20	K_d, 1.03×10^4 (Ostwald)
Ethyl methyl ketone [2]	133	35.49–13.60	0.4010–10.35	

DI-ISOAMYLAMMONIUM CHLORIDE, $(i\text{-}C_5H_{11})_2NH_2Cl$

Solvent and ref.	Λ_0	Λ	Concentration eq/l $\times 10^4$	Comments
Acetonitrile [18]	163 (approx)	95.23–27.12	0.5933–15.32	λ_0^+, 76 λ_0^-, 88.8
— [37]	163	100.5–22.9	0.5–20.0	K_d, 4.87×10^5 (Ostwald)
Aniline [15]	20.0	2.32–0.73	0.1717–1.119	
Ethyl methyl ketone [2]	130	38.71–9.54	0.5685–14.69	

ISOAMYLAMMONIUM IODIDE, $(i\text{-}C_5H_{11})NH_3I$

Solvent and ref.	Λ	Concentration eq/l $\times 10^4$
n-Butanol [168]	14.9–4.19	1.08–125.3

TRI-ISOAMYLAMMONIUM CHLORIDE, $(i\text{-}C_5H_{11})_3NHCl$

Solvent and ref.	Λ	Concentration eq/l $\times 10^4$
Ethyl methyl ketone [2]	30.01–4.07	0.1645–12.77

TRI-ISOAMYLAMMONIUM IODIDE, $(i\text{-}C_5H_{11})_3NHI$

Solvent and ref.	Λ_0	Λ	Concentration eq/l $\times 10^4$
Ethyl methyl ketone [2]	144.5	102.0–37.01	0.2247–5.801

TRI-ISOAMYLBUTYLAMMONIUM BROMIDE, $(i\text{-}C_5H_{11})_3(C_4H_9)NBr$

Solvent and ref.	Λ_0	Λ	Concentration eq/l $\times 10^4$	Comments
Acetonitrile [276]	158.36 ± 0.02	149.82–136.94	5.565–37.360	K_A, 1.2 ± 0.5 λ_0^+, 57.7 a, 3.6 ± 0.1 Å
Methanol [276]	92.66 ± 0.01	86.97–75.77	5.422–54.224	λ_0^+, 36.21 a, 3.38 ± 0.01 Å

TRI-ISOAMYLBUTYLAMMONIUM IODIDE, $(i\text{-}C_5H_{11})_3(C_4H_9)NI$

Solvent and ref.	Λ_0	Λ	Concentration eq/l $\times 10^4$	Temperature (°C)	Comments
Acetonitrile [190]	160.68	153.95–145.53	3.449–17.552		$\lambda_0^+\eta$, 0.199 $\lambda_0^-\eta$, 0.355
— [288]	160.68 ± 0.00	—	—		
— [276]	160.39 ± 0.03	151.03–135.80	6.568–48.878		K_A, 1.6 ± 0.7 λ_0^+, 58.3 a, 3.5 ± 0.1 Å
Adiponitrile [250]	10.91	10.49–9.49	2.492–40.07		K_A, 0 a, 4.1 Å λ_0^+, 3.79 λ_0^-, 7.13
n-Butanol [269]	16.99 ± 0.03	12.398–6.369	3.281–40.325		K_A, 1360 ± 15 λ_0^+, 7.67 a, 5.9 ± 0.1 Å
Ethanol [264]	45.31 ± 0.01	40.556–30.470	4.017–37.923		K_A, 130 ± 2 λ_0^+, 18.31 λ_0^-, 27.00 a, 4.0 ± 0.1 Å
Formamide [290]	15.34 ± 0.007	15.329–14.416	1.397–60.775	10	λ_0^-, 27.00 a, 4.0 ± 0.1 Å
	23.02 ± 0.006	22.896–21.696	1.825–47.960		λ_0^+, 6.34 λ_0^-, 16.73
Methanol [190]	99.39	93.68–86.41	4.362–21.52		$\lambda_0^+\eta$, 0.200 $\lambda_0^-\eta$, 0.342
— [192]	99.39 ± 0.04	93.68–86.41	4.362–21.520		K_A, 17.0 ± 2.6 λ_0^+, 36.74 ± 0.04
— [276]	99.16 ± 0.01	92.50–80.35	5.925–46.726		K_A, 14.4 ± 0.4 λ_0^+, 36.38 a, 3.69 ± 0.06 Å
N,Methyl-2-pyrrolidone [253]	39.01 ± 0.01	37.09–32.97	4.548–43.41		K_A, 0 λ_0^+, 12.0 λ_0^-, 26.9 a, 2.8 Å
Nitromethane [190]	96.24	91.46–86.26	5.563–26.831		$\lambda_0^+\eta$, 0.202 $\lambda_0^-\eta$, 0.395
1-Pentanol [269]	11.62 ± 0.03	7.556–3.339	2.426–34.707		K_A, 3290 ± 30 a, 6.8 ± 0.1 Å
Propanol [264]	24.02 ± 0.03	20.402–12.763	2.907–35.516		K_A, 462 ± 6 λ_0^+, 10.17 λ_0^-, 13.81 a, 4.9 ± 0.2 Å

III. ELECTRICAL CONDUCTANCE

TRI-ISOAMYLBUTYLAMMONIUM IODIDE, $(n\text{-}C_4H_9)(i\text{-}C_5H_{11})_3NI$

Solvent and ref.	Λ_0	Λ	Concentration eq/l × 10^4	Temperature (°C)	Comments
Ethylmethyl ketone [245]	139.19	119.96–95.059	2.7304–14.2266		K_A, 386 λ_0^+, 50.16 a_J, 5.3 Å R^+, 4.33
— [258]	124.75	109.07–87.703	2.6126–13.7184	15	K_A, 332 a_j, 5.2 λ_0^+, 44.95 λ_0^-, 79.77 R_{ST}^+, 4.34 R_{ST}^-, 2.45
	124.66			15	K_A, 318
	153.17	130.58–102.24	2.7681–14.3151	35	K_A, 420 a_j, 5.0 Å λ_0^+, 55.56 Λ_0^-, 97.61 R_{ST}^+, 4.30 R_{ST}^-, 2.45

TRI-ISOAMYLBUTYLAMMONIUM IODIDE, $(i\text{-}C_5H_{11})_3(C_4H_9)NI$

Solvent and ref.	Λ_0	Comments
Acetone [320]	180.83	K_A, 155 ± 1 λ_0^+, 62.65 λ_0^-, 117.99 $r(Å)$, 5.18 ± 0.0
Trifluoroethanol [319]	32.05	K_A, 4 ± 4 λ_0^+, 11.15 λ_0^-, 20.96 $r(Å)$, 6.1 ± 0.9

BIS-(TRIMETHYLAMMONIUM)-PENTAMETHYLENE DIIODIDE, $[(CH_3)_3NI(CH_2)_5IN(CH_3)_3]$

Solvent and ref.	Λ_0	Λ	Concentration eq/l × 10^4	$\Lambda_0\eta$	Comments
Ethanol [123]	59.6	53.67–21.79	0.0899–11.606	0.642	K, 2.44 × 10^3 K, 4.9 × 10^5 λ_0^+, 31.7 $a(Å)$, 5.44
Methanol [83]	140.05	130.43–53.37	0.8822–169.95		K_d, 10.8 × 10^4 λ_0^+, 79.1 (tentative)

AMYLTRIBUTYLAMMONIUM IODIDE, $(C_5H_{11})(C_4H_9)_3NI$

Solvent and ref.	Λ	Concentration eq/l × 10^4
Benzene [90]	0.0001211–0.374	0.407–13400

TRIAMYLBUTYLAMMONIUM BROMIDE, $(C_5H_{11})_3(C_4H_9)NBr$

Solvent and ref.	Λ_0	Λ	Concentration eq/l × 10^4	Comments
Acetonitrile [211]	159.68	151.94–142.21	4.648–24.40	K_A, −1 a, 2.9 Å λ_0^+, 58.2

1,6-BIS-(TRIMETHYLAMMONIUM)-HEXAMETHYLENE DIBROMIDE
$(CH_3)_3NBr(CH_2)_6NBr(CH_3)_3$

Solvent and ref.	Λ_0	Λ	Concentration eq/l × 10^4	Comments
Ethanol [109]	57.2	42.70–14.87	0.6155–87.27	K_A, 0.075 × 10^3 λ_0^+, 31.4 a(Å), 6.6
Methanol [109]	132.0	127.57–107.07	0.3235–5.850	K_A, 1.58 × 10^3 λ_0^+, 75.4 a(Å), 7.3

METHYLTRI-HEPTYLAMMONIUM IODIDE, $(CH_3)(C_7H_{15})_3NI$

Solvent and ref.	Λ_0	Λ	Concentration eq/l $\times 10^4$	Temperature (°C)	Comments
Ethyl methyl ketone [245]	134.93	115.62–84.47	2.1539–15.0614		K_A, 588 λ_0^+, 45.90 R^+, 4.73 a_J, 5.4 Å
— [258]	120.27	102.57–79.982	2.5454–12.8647	15	K_A, 499 a_J, 5.0 Å λ_0^+, 40.50 λ_0^-, 79.77 R_{ST}^+, 4.82 R_{ST}^-
	148.80	133.77–96.270	1.1233–11.7483	35	K_A, 630 a_J, 5.0 Å λ_0^+, 51.19 λ_0^-, 97.61 R_{ST}^+, 4.67 R_{ST}^-, 2.45

N,N,N',N',N',N'-HEXABUTYLOCTAMETHYLENE DIAMMONIUM DIBROMIDE, $C_4H_9NBr(CH_2)_8NBrC_4H_9$

Solvent and ref.	Λ_0	Λ	Concentration eq/l $\times 10^4$	Comments
Formamide [290]	25.867 ± 0.008	24.774–23.031	5.587–42.251	λ_0^+, 8.70 λ_0^-, 17.17

III. ELECTRICAL CONDUCTANCE

DI-DODECYLDIMETHYLAMMONIUM CHLORIDE, $(C_{12}H_{25})_2(CH_2)_2NCl$

Solvent and ref.	Λ_0	Λ	Concentration eq/l × 10^4	Temperature (°C)	Comments
Hydrogen cyanide [198]	281.0	274.4–263.1	7.112–5967	18	λ_0^+, 65 λ_0^-, 216
	299.0	293.6–288.4	3.254–14.08		λ_0^+, 72 λ_0^-, 229

DI-DODECYLDIMETHYLAMMONIUM IODIDE, $(C_{12}H_{25})_2(CH_3)_2NI$

Solvent and ref.	Λ_0	Λ	Concentration eq/l × 10^4	Temperature (°C)	Comments
Hydrogen cyanide [198]	283.0	274.1–261.6	11.43–73.4	18	λ_0^+, 65 λ_0^-, 218
	302.0	294.9–287.1	4.698–23.51		λ_0^+, 72 λ_0^-, 231

1,10-BIS-(TRIMETHYLAMMONIUM)DECAMETHYLENE DIIODIDE, $(CH_3)_3NI(CH_2)_{16}NI(CH_3)_3$

Solvent and ref.	Λ_0	Λ	Concentration eq/l × 10^4	λ_0	Comments
Ethanol [109]	56.9	48.98–23.23	0.5826–32.87	29.0	K_d, 0.21 × 10^3
Methanol [109]	129.5	125.03–99.93	0.4129–12.949	66.8	K_A, 2.73 × 10^3 a(Å), 10.2

TRIMETHYLCETYLAMMONIUM BROMIDE, $(CH_3)_3(C_{16}H_{33})NBr$

Solvent and ref.	Λ_0	Λ	Concentration eq/l × 10^4	Comments
Benzoylbromide [138]	33.92	33.25–29.05	0.160–2.890	K, 1.81 × 10^3

OCTADECYLTRIMETHYLAMMONIUM FLUORIDE, $(C_{18}H_{37})(CH_3)_3NF$

Solvent and ref.	Λ_0	Λ	Concentration eq/l $\times 10^4$	Comments
Pyridine [85]	53.88	49.711–23.734	0.19399–12.438	K_d, 2.93 $\times 10^4$ λ_0, 32.0

OCTADECYLTRIMETHYLAMMONIUM CHLORIDE, $(C_{18}H_{37})(CH_3)_3NCl$

Solvent and ref.	Λ_0	Λ	Concentration eq/l $\times 10^4$	Comments
Hydrogen cyanide [198]	290.6	280.1–270.0	18.14–80.30	λ_0^+, 75 λ_0^-, 216
	309.4	297.4–287.0	17.87–79.12	λ_0^+, 81 λ_0^-, 229
Methanol [77]	86.8	82.54–65.03	3.3306–1132.1	
Pyridine [85]	73.3	52.036–17.279	0.21539–6.5512	K_d, 0.358 $\times 10^4$ λ_0^-, 51.4

OCTADECYLTRIMETHYLAMMONIUM BROMIDE, $(C_{18}H_{37})(CH_3)_3NBr$

Solvent and ref.	Λ_0	Λ	Concentration eq/l $\times 10^4$	Temperature (°C)	Comments
Hydrogen cyanide [198]	291.4	283.0–270.3	10.54–76.79	18	λ_0^+, 75 λ_0^-, 216
	310.0	302.9–296.7	5.627–21.25		λ_0^+, 81 λ_0^-, 229

III. ELECTRICAL CONDUCTANCE

OCTADECYLTRIMETHYLAMMONIUM IODIDE, $(C_{18}H_{37})(CH_3)_3NI$

Solvent and ref.	Λ_0	Λ	Concentration eq/l × 10^4	Temperature (°C)	λ_0^+	λ_0^-	Comments
Dimethylsulfoxide [129]	33.8	33.53–32.33	0.2882–8.983		10.0	23.8	
Ethylene chloride [81]	53.6	37.91–8.893	0.1769–13.915		29.9		K_d, 0.28 × 10^4
Hydrogen cyanide [198]	293.0	279.8–265.3	27.58–136.4	18	75	218	
	311.6	304.6–281.5	5.917–134.5		81	231	
N-Methylacetamide [127]	21.76		1–165	40	7.1	14.6	

OCTADECYLTRIETHYLAMMONIUM CHLORIDE, $(C_{18}H_{37})(C_2H_5)_3NCl$

Solvent and ref.	Λ_0	Λ	Concentration eq/l × 10^4	Temperature (°C)	Comments
Hydrogen cyanide [198]	285.2	274.4–262.6	19.19–99.59	18	λ_0^+, 69 λ_0^-, 216
	302.2	294.0–279.1	10.80–98.13		λ_0^+, 73 λ_0^-, 229

OCTADECYLTRIETHYLAMMONIUM BROMIDE, $(C_{18}H_{37})(C_2H_5)_3NBr$

Solvent and ref.	Λ_0	Λ	Concentration eq/l × 10^4	Temperature (°C)	Comments
Hydrogen cyanide [198]	286.5	275.1–262.9	20.44–100.9	18	λ_0^+, 69 λ_0^-, 216
	303.0	293.4–291.9	13.74–19.90		λ_0^+, 73 λ_0^-, 229

OCTADECYLTRIETHYLAMMONIUM IODIDE, $(C_{18}H_{37})(C_2H_5)_3NI$

Solvent and ref.	Λ_0	Λ	Concentration eq/l × 10^4	Temperature (°C)	Comments
Hydrogen cyanide [198]	287.1	275.5–263.1	21.46–108.1	18	λ_0^+, 69 λ_0^-, 218
	303.0	292.6–290.7	21.15–30.24		λ_0^+, 73 λ_0^-, 231

OCTADECYLTRIBUTYLAMMONIUM IODIDE, $(C_{18}H_{37})(C_4H_9)_3NI$

Solvent and ref.	Λ_0	Λ	Concentration eq/l × 10^4	λ_0	Comments
Acetone [86]	163.6	161.12–154.91	0.10815–1.0712	51.3	K_d, 75.99 × 10^3
O-Dichlorobenzene [95]	35.0	12.31–4.159	0.2215–5.244	11.9	K_d, 70.63 × 10^5

DIOCTADECYLDIBUTYLAMMONIUM IODIDE, $(C_{18}H_{37})_2(C_4H_9)_2NI$

Solvent and ref.	Λ_0	Λ	Concentration eq/l × 10^4	Comments
Acetone [86]	157.2	154.66–145.51	0.13042–1.9566	K_d, 6.77 × 10^3 λ_0^+, 44.9
Pyridine [85]	62.36	58.522–46.960	0.18486–1.8539	K_d, 4.2 × 10^4 λ_0^+, 14.0 λ_0^-, 48.4

(e) Unsymmetrical Other Salts (largest chain first, increasing chain length, alphabetical by anion)

DIMETHYLBENZYLAMMONIUM PERCHLORATE, $(CH_3)_2(C_6H_5CH_2)NHClO_4$

Solvent and ref.	Λ_0	Λ	Concentration eq/l $\times 10^4$
Acetonitrile [221]	174	156–137	0.109–0.404

TRIMETHYLPHENYLAMMONIUM BENZENE SULFONATE, $(CH_3)_3(C_6H_5)NC_6H_5SO_3$

Solvent and ref.	Λ_0	Λ	Concentration eq/l $\times 10^4$	Comments
Adipronitrile [250]	11.79 ± 0.02	11.44–9.79	1.816–40.88	a, 2.6 ± 0.5 Å K_A, 13 ± 4
	11.81 ± 0.01	11.49–9.82	1.535–40.48	a, 2.9 ± 0.4 Å K_A, 15 ± 3 λ_0^+, 6.15 λ_0^-, 5.65
N,N,Dimethyl-acetamide [126]	59.43	58.00–51.56	1.063–24.93	$K_d \times 10^2$, 4.0 λ_0^+, 28.3 λ_0^-, 31.0
Dimethyl sulfoxide [129]	30.9	30.21–27.57	1.810–43.71	λ_0^+, 14.1 λ_0^-, 16.8
Formamide [135]	21.09	—	30.0–1000.0	λ_0^+, 10.5 λ_0^-, 10.6
2-Propanol [132]	23.20	17.52–10.11	1.942–17.86	$K_d \times 10^3$, 0.47 λ_0^+, 11.7 λ_0^-, 11.5

TRIMETHYLPHENYLAMMONIUM HEXAFLUOROPHOSPHATE, $(CH_3)_3(C_6H_5)NPF_6$

Solvent and ref.	Λ_0	Λ (mhO/cm)	Concentration eq/l $\times 10^4$	Temperature (°C)
Dimethyl sulfoxide [346]		6.86×10^{-3}	Saturated solution (less than 50%)	-7
		1.09×10^{-2}	Saturated solution diluted 9:1 (less than 45%)	27.2
		1.14×10^{-2}	Saturated solution diluted 3:1 (less than 38%)	27.2
		1.05×10^{-2}	H_2O (480 ppm)	27.2
		1.14×10^{-2}	Saturated solution diluted 4.5:1 (less than 41%)	27.2
		1.06×10^{-2}	Saturated solution diluted 1.6:1 (less than 31%)	27.2

META-METHYLPHENYLTRIMETHYLAMMONIUM PERCHLORATE $(m\text{-}CH_3C_6H_4)(CH_3)_3NClO_4$

Solvent and ref.	Λ_0	Λ	Concentration eq/l $\times 10^4$	Temperature (°C)	Comments
Ethylene chloride [59]	75.9	56.97–16.77	0.2035–11.56		$K_d \times 10$, 4.35
— [107]	70.8 ± 0.2		0.1–4.0 (approx)	20	$K_d \times 10^5$, 4.60 ± 0.03
	75.7 ± 0.1		0.1–4.0 (approx)		$K_d \times 10^5$, 4.21 ± 0.02
	81.1 ± 0.1	—	0.1–4.0 (approx)	30	$K_d \times 10^5$, 3.81 ± 0.02
	86.5 ± 0.1	—	0.1–4.0 (approx)	35	$K_d \times 10^5$, 3.45 ± 0.02

ORTHO-METHYLPHENYLTRIMETHYLAMMONIUM PERCHLORATE, $(o\text{-}CH_3C_6H_4)(CH_3)_3NClO_4$

Solvent and ref.	Λ_0	Λ	Concentration eq/l × 10^4	Temperature (°C)	Comments
Ethylene chloride [59]	76.9	57.03–19.32	0.2211–8.920		$K_d \times 10^5$, 4.65
— [107]	70.9 ± 0.1		0.1–4.0 (approx)	20	$K_d \times 10^5$, 5.16 ± 0.02
	75.8 ± 0.1		0.1–4.0 (approx)		$K_d \times 10^5$, 4.74 ± 0.02
	81.1 ± 0.1		0.1–4.0 (approx)	30	$K_d \times 10^5$, 4.28 ± 0.02
	86.4 ± 0.2		0.1–4.0 (approx)	35	$K_d \times 10^5$, 3.89 ± 0.03
Ethylidene chloride [107]	115.3 ± 2.0		0.1–4.0 (approx)	20	$K_d \times 10^5$, 0.613 ± 0.12
	121.1 ± 2.0		0.1–4.0 (approx)		$K_d \times 10^5$, 0.582 ± 0.11
	125.7 ± 0.8		0.1–4.0 (approx)	30	$K_d \times 10^5$, 0.56 ± 0.08
	133.0 ± 0.8		0.1–4.0 (approx)	35	$K_d \times 10^5$, 0.518 ± 0.08

p-METHYLPHENYLTRIMETHYLAMMONIUM PERCHLORATE, (p-CH$_3$C$_6$H$_4$)(CH$_3$)$_3$NClO$_4$

Solvent and ref.	Λ_0	Λ	Concentration eq/l × 10^4	Temperature (°C)	Comments
Ethylene chloride [59]	76.2	51.32–18.76	0.3513–8.824		$K_d \times 10^5$, 4.46
— [107]	73.3 ± 0.5		0.1–4.0 (approx)	20	$K_d \times 10^5$, 4.31 ± 0.12
	78.3 ± 0.5		0.1–4.0		$K_d \times 10^5$, 3.97 ± 0.06
	83.6 ± 0.7		0.1–4.0	30	$K_d \times 10^5$, 3.62 ± 0.07
	89.3 ± 0.6		0.1–4.0	35	$K_d \times 10^5$, 3.28 ± 0.06
Ethylidene chloride [107]	123.6 ± 2.0		0.1–4.0 (approx)	20	$K_d \times 10^5$, 0.506 ± 0.02
	129.7 ± 0.5		0.1–4.0		$K_d \times 10^5$, 0.481 ± 0.02
	134.9 ± 2.2		0.1–4.0	30	$K_d \times 10^5$, 0.463 ± 0.02
	142.1 ± 1.6		0.1–4.0	35	$K_d \times 10^5$, 0.433 ± 0.02

III. ELECTRICAL CONDUCTANCE

META-METHOXYPHENYLTRIMETHYLAMMONIUM PERCHLORATE, $(m\text{-}CH_3OC_6H_4)(CH_3)_3NClO_4$

Solvent and ref.	Λ_0	Λ	Concentration eq/l $\times 10^4$	Temperature (°C)	Comments
Ethylene chloride [59]	75.2	47.03–21.00	0.4281–5.504		$K_d \times 10^5$, 3.99
— [107]	71.1 ± 0.4	—	0.1–4.0 (approx)	20	$K_d \times 10^5$, 4.30 ± 0.05
	76.5 ± 0.4	—	0.1–4.0		$K_d \times 10^5$, 3.89 ± 0.04
	81.0 ± 0.4	—	0.1–4.0		$K_d \times 10^5$, 3.62 ± 0.04
	87.3 ± 0.5	—	0.1–4.0		$K_d \times 10^5$, 3.22 ± –.03
Ethylidene chloride [107]	120.1 ± 0.7	—	0.1–4.0 (approx)	20	$K_d \times 10^5$, 0.430 ± 0.007
	125.5 ± 0.5	—	0.1–4.0		$K_d \times 10^5$, 0.414 ± 0.005
	133.4 ± 0.5	—	0.1–4.0	30	$K_d \times 10^5$, 0.392 ± 0.005
	141.3 ± 0.6	—	0.1–4.0	35	$K_d \times 10^5$, 0.352 ± 0.005

ORTHO-METHOXYPHENYLTRIMETHYLAMMONIUM PERCHLORATE, $(o\text{-}CH_3OC_6H_4)(CH_3)_3NClO_4$

Solvent and ref.	Λ_0	Λ	Concentration eq/l $\times 10^4$	Temperature (°C)	Comments
Ethylene chloride [59]	73.9	67.24–29.60	0.0947–4.750		$K_d \times 10^5$, 8.64
— [107]	70.3 ± 0.13	—	0.1–4.0 (approx)	20	$K_d \times 10^5$, 8.90 ± 0.05
	75.4 ± 0.11	—	0.1–4.0		$K_d \times 10^5$, 8.10 ± 0.04
	80.6 ± 0.15	—	0.1–4.0	30	$K_d \times 10^5$, 7.34 ± 0.05
	85.7 ± 0.23	—	0.1–4.0	35	$K_d \times 10^5$, 6.76 ± 0.06
Ethylidene chloride [107]	120.0 ± 0.6	—	0.1–4.0 (approx)	20	$K_d \times 10^5$, 1.19 ± 0.02
	126.1 ± 0.6	—	0.1–4.0		$K_d \times 10^5$, 1.12 ± 0.02
	133.2 ± 0.7	—	0.1–4.0	30	$K_d \times 10^5$, 1.04 ± 0.02
	141.2 ± 0.8	—	0.1–4.0	35	$K_d \times 10^5$, 0.953 ± 0.02

III. ELECTRICAL CONDUCTANCE

PARA-METHOXYPHENYLTRIMETHYLAMMONIUM PERCHLORATE, $(p\text{-}CH_3OC_6H_4)(CH_3)_3NClO_4$

Solvent and ref.	Λ_0	Λ	Concentration eq/l $\times 10^4$	Temperature (°C)	Comments
Ethylene chloride [59]	73.9	56.86–23.74	0.1783–3.956		$K_d \times 10^5$, 4.35
— [107]	71.0 ± 1.8	—	0.1–4.0 (approx)	20	$K_d \times 10^5$, 4.36 ± 0.32
	76.7 ± 1.9	—	0.1–4.0		$K_d \times 10^5$, 3.91 ± 0.31
	81.0 ± 2.0	—	0.1–4.0	30	$K_d \times 10^5$, 3.66 ± 0.20
	87.3 ± 2.3	—	0.1–4.0	35	$K_d \times 10^5$, 3.26 ± 0.25
Ethylidene chloride [107]	125.5 ± 1.0	—	0.1–4.0 (approx)	20	$K_d \times 10$, 0.434 ± 0.016
	129.5 ± 0.2	—	0.1–4.0		$K_d \times 10$, 0.429 ± 0.005
	138.4 ± 0.2	—	0.1–4.0	30	$K_d \times 10$, 0.290 ± 0.007

META-CHLOROPHENYLTRIMETHYLAMMONIUM PERCHLORATE, $(m\text{-ClC}_6\text{H}_4)(\text{CH}_3)_3\text{NClO}_4$

Solvent and ref.	Λ_0	Λ	Concentration eq/l $\times 10^4$	Temperature (°C)	Comments
Ethylene chloride [59]	73.9	46.34–16.29	0.2913–6.502		$K_d \times 10^5$, 2.79
— [107]	70.3 ± 0.15		0.1–4.0	20	$K_d \times 10^5$, 2.81 ± 0.02
	75.6 ± 0.2		0.1–4.0		$K_d \times 10^5$, 2.53 ± 0.02
	80.8 ± 0.2		0.1–4.0	30	$K_d \times 10^5$, 2.30 ± 0.02
	86.1 ± 0.2		0.1–4.0	35	$K_d \times 10^5$, 2.10 ± 0.02

III. ELECTRICAL CONDUCTANCE

ORTHO-CHLOROPHENYLTRIMETHYLAMMONIUM PERCHLORATE, $(o\text{-}ClC_6H_4)(CH_3)_3NClO_4$

Solvent and ref.	Λ_0	Λ	Concentration eq/l × 10^4	Temperature (°C)	Comments
Ethylene chloride [59]	73.9	50.87–17.55	0.3192–9.562		$K_d \times 10^5$, 4.45
— [107]	70.4 ± 0.2	—	0.1–4.0 (approx)	20	$K_d \times 10^5$, 4.52 ± 0.02
	75.7 ± 0.4	—	0.1–4.0		$K_d \times 10^5$, 4.06 ± 0.06
	81.0 ± 0.4	—	0.1–4.0	30	$K_d \times 10^5$, 3.66 ± 0.06
	86.1 ± 0.4	—	0.1–4.0	35	$K_d \times 10^5$, 3.35 ± 0.04
Ethylidene chloride [59]	123.5	56.05–16.19	0.1301–2.739		$K_d \times 10^5$, 0.452
— [107]	120.6 ± 0.9	—	0.1–4.0 (approx)	20	$K_d \times 10^5$, 0.447 ± 0.009
	128.0 ± 0.9	—	0.1–4.0		$K_d \times 10^5$, 0.414 ± 0.008
	136.4 ± 1.0	—	0.1–4.0	30	$K_d \times 10^5$, 0.377 ± 0.008
	144.9 ± 1.0	—	0.1–4.0	35	$K_d \times 10^5$, 0.344 ± 0.007

PARA-CHLOROPHENYLTRIMETHYLAMMONIUM PERCHLORATE, $(p\text{-}ClC_6H_4)(CH_3)_3NClO_4$

Solvent and ref.	Λ_0	Λ	Concentration eq/l $\times 10^4$	Temperature (°C)	Comments
Ethylene chloride [59]	73.9	43.77–16.01	0.3182–5.887		$K_d \times 10^5$, 2.46
— [107]	72.8 ± 0.6		0.1–4.0 (approx)	20	$K_d \times 10^5$, 2.28 ± 0.05
	77.9 ± 0.7		0.1–4.0 (approx)		$K_d \times 10^5$, 2.08 ± 0.05
	83.3 ± 0.7		0.1–4.0 (approx)	30	$K_d \times 10^5$, 1.89 ± 0.04
	89.2 ± 0.9		0.1–4.0 (approx)	35	$K_d \times 10^5$, 1.70 ± 0.04

III. ELECTRICAL CONDUCTANCE

BUTYLAMMONIUM PERCHLORATE, $(C_4H_9)NH_3ClO_4$

Solvent and ref.	Λ_0	Λ	Concentration eq/l $\times 10^4$	Comments
Acetonitrile [219]	194			$K_d \times 10^3$, 15 λ_0^+, 90
Nitrobenzene [69]	37.92	32.01–28.52	4.734–10.22	λ_0^-, 20.9 $K_d \times 10^4$, 25.3

DIBUTYLAMMONIUM PERCHLORATE, $(C_4H_9)_2NH_2ClO_4$

Solvent and ref.	Λ_0	Λ	Concentration eq/l $\times 10^4$	Comments
Acetonitrile [219]	185	—	—	$K_d \times 10^3$, 14 λ_0^+, 81

TRIBUTYLAMMONIUM PERCHLORATE, $(C_4H_9)_3NHClO_4$

Solvent and ref.	Λ_0	Concentration eq/l $\times 10^4$	Comments
Acetonitrile [219]	177		$K_d \times 10^3$, 9.5 λ_0^+, 72

METHYLTRIBUTYLAMMONIUM PERCHLORATE, $(CH_3)(C_4H_9)_3NClO_4$

Solvent and ref.	Λ_0	Λ	Concentration eq/l $\times 10^4$	Comments
O-Dichlorobenzene [210]	43.87	23.25–9.58	0.0957–1.0273	$K_d \times 10^{-6}$, 536
Ethylene chloride [67]	60.30	55.32–19.46	0.2287–12.50	$K_d \times 10^4$, 1.20 λ_0^+, 29.1
— [210]	67.55	57.38–39.15	0.1686–1.310	$K_d \times 10^{-6}$, 85.2

TRIBUTYLAMMONIUM THIOCYANATE, $(C_4H_9)_3CH_3NCNS$

Solvent and ref.	Λ_0	Λ	Concentration eq/l $\times$ 10^4	Comments
Benzene [90]		0.0000274–0.000384	1.019–191.9	
Ethylene chloride [60]	71.2	64.65–38.23	0.07040–1.294	λ_0^-, 42.4 $K_d \times 10^4$, 0.663

TRI-ISOAMYLBUTYLAMMONIUM PERCHLORATE, $(i\text{-}C_5H_{11})_3(C_4H_9)NClO_4$

Solvent and ref.	Λ_0	Λ	Concentration eq/l $\times$ 10^4	Comments
Formic acid [267]	41.68	38.11–32.99	45.02–217.1	λ_0^+, 12.33 λ_0^-, 29.35

TRI-ISOAMYLBUTYLAMMONIUM TETRAPHENYL BORIDE, $(i\text{-}C_5H_{11})_3(C_4H_9)NB(C_6H_5)_4$

Solvent and ref.	Λ_0	Comments
Acetone [320]	125.59	λ_0^+, 62.65 λ_0^-, 62.65 r(Å), 6.1 ± 0.05

III. ELECTRICAL CONDUCTANCE

TRI-ISOAMYLBUTYLAMMONIUM TETRAPHENYLBORIDE, $(i\text{-}C_5H_{11})_3(C_4H_9)NB(C_6H_5)_4$

Solvent and ref.	Λ_0	Λ	Concentration eq/l × 10^4	Temperature (°C)	λ_0^+	λ_0^-	$\Lambda_0\eta$	Comments
Acetonitrile [190]	116.26	110.15–103.41	3.886–19.833					$\lambda_0^+\eta$, 0.199 $\lambda_0^-\eta$, 0.199
— [288]	116.26 ± 0.02							
— [313]	116.35	109.18–101.26	5.571–28.443		58.2			K_A, −4 $a(\text{Å})$, 9.90
Adiponitrile [250]	7.58	7.185–6.480	3.410–37.77		3.79	3.79		K_A, 0 $a(\text{Å})$, 4.9
Dimethoxylmethane [222]	92.6		0.05–higher	10	46.3		0.421	K_d, 3.47 × 10^5
	77.5		0.05–higher	0	38.8		0.41	K_d, 4.72 × 10^5
	67.1		0.05–higher	−10	33.5		0.409	K_d, 5.66 × 10^5
	58.9		0.05–higher	−20	29.4		0.394	K_d, 6.81 × 10^5
	48.9		0.05–higher	−30	24.4		0.381	K_d, 8.25 × 10^5
	41.2		0.05–higher	−40	20.6		0.383	K_d, 9.72 × 10^5
	33.8		0.05–higher	−50	16.9		0.383	K_d, 11.09 × 10^5
	27.0		0.05–higher	−60	13.5		0.373	K_d, 12.67 × 10^5
	20.8		0.05–higher	−70	10.4		0.351	K_d, 13.67 × 10^5
	15.45				7.7		0.32	K_d, 14.33 × 10^5
Dimethylsulfoxide [348]	22.09 ± 0.16	21.08–12.00	0.00038512–0.11344 (moles/liter)		11.05	11.05	0.221	K_A, 12.4 ± 28.6 $a(\text{Å})$, 6.24 ± 11.9
	26.75 ± 0.40	25.48–14.42	0.0003815 0–0.11240 (moles/liter)	35	13.38	13.38	0.221	K_A, 19.1 ± 59.1 $a(\text{Å})$, 8.04 ± 24.8

TRI-ISOAMYLBUTYLAMMONIUM TETRAPHENYLBORIDE, $(i\text{-}C_5H_{11})_3(C_4H_9)NB(C_6H_5)_4$ (Continued)

Solvent and ref.	Λ_0	Λ	Concentration eq/l × 10⁴	Temperature (°C)	λ_0^+	λ_0^-	$\Lambda_0\eta$	Comments
— [348]	32.02 ± 0.64	30.30–17.49	0.0003764–0.11069 (moles/liter)	45	16.01	16.01	0.223	K_A, 33.5 ± 54.2; $a(Å)$, 614.26 ± 25.5
	37.47 ± 0.46	35.62–20.60	0.00037377–0.11024	55	18.74	18.74	0.223	K_A, 9.93 ± 30.1; $a(Å)$, 5.44 ± 11.6
Ethanol [331]	39.58 ± 0.02	35.78–34.22	2.9670–5.4135					K_A, 192 ± 2
Ethanol–water	32.64 ± 0.01	30.68–29.95	2.0425–3.5578 (92.3% ethanol)					K_A, 106 ± 1
	26.54 ± 0.01	25.22–24.86	2.4138–3.7169 (80.8% ethanol)					K_A, 48 ± 2
Ethylmethyl ketone [258]	89.94; 89.86	82.118–75.861	2.6978–10.5950	15	44.95	44.95		$R_{St}^+ + R_{St}^-$, 4.34; $a_j(Å)$, 6.6
	111.11	100.71–92.615	2.8373–10.8788	35	55.56	55.56		$R_{St}^+ + R_{St}^-$, 4.30; $a_j(Å)$, 6.7–6.8
— [245]	100.21; 100.46	92.066–84.895	2.3170–9.9706		50.16			$a_j(Å)$, 5.3; R^+, 4.33
Formic acid [267]	24.66	24.60–23.57	30.23–77.2					
Methanol [190]	73.28	69.74–65.14	2.121–10.524		12.33	12.33		$\lambda_0^+\eta$, 0.200
— [192]	73.28	69.74–65.07	2.121–10.746		36.63			$\lambda_0^-\eta$, 0.200
N-Methyl-2-pyrolidone [253]	24.07 ± 0.025	22.66–20.43	3.734–36.63		12.0	12.0		K_A, 284 ± 2.1
								K_A, 0; $a(Å)$, 5.3 ± 0.1

III. ELECTRICAL CONDUCTANCE

Nitromethane [190]	65.14	59.74–57.10	10.445–26.517		32.62	33.12	$\lambda_0^+\eta$, 0.203
							$\lambda_0^-\eta$, 0.203
— [261]	65.74	61–56	8–43		32.62	33.12	
— [342]	65.74	60.91–55.54	7.806–43.32				
Tetrahydrofuran [268]	61.0		0.001–2.00	0.90		0.368	K_d, 6.96 × 10^5
	81.5			44.97		0.372	K_d, 5.35 × 10^5
	98.0			−20.1		0.370	K_d, 4.34 × 10^5
	46.4			−39.1		0.372	K_d, 9.13 × 10^5
	34.0			−61.4		0.368	K_d, 10.2 × 10^5
	22.3			−60.8		0.370	K_d, 12.6 × 10^5
	22.6					0.367	K_d, 11.8 × 10^5
— [203]		75.91–46.14	0.0325–0.9750		40.3		K_d, 6.04 × 10^5
— [222]	82.0		0.05–higher	10	41.0	0.378	K_d, 5.52 × 10^4
	68.9		0.05–higher	0	34.5	0.376	K_d, 6.25 × 10^4
	61.1		0.05–higher	−10	30.6	0.375	K_d, 7.04 × 10^4
	53.7		0.05–higher	−20	26.9	0.372	K_d, 7.67 × 10^4
	46.6		0.05–higher	−30	23.3	0.370	K_d, 8.29 × 10^4
	39.9		0.05–higher	−40	20.0	0.364	K_d, 9.55 × 10^4
	33.6		0.05–higher	−50	16.8	0.361	K_d, 10.79 × 10^4
	28.0		0.05–higher	−60	14.0	0.355	K_d, 11.95 × 10^4
	22.8		0.05–higher	−70	11.4	0.353	K_d, 13.06 × 10^4
	18.3		0.05–higher		9.15	0.353	K_d, 14.15 × 10^4
Tetramethylguanidine (TMG) [251]	26.4	24.78–20.86	0.3295–4.044				K_d, 179 × 10^5

TRIAMYLBUTYLAMMONIUM TETRAPHENYLBORIDE, $(C_5H_{11})_3(C_4H_9)NB(C_6H_5)_4$

Solvent and ref.	Λ_0	Λ	Concentration eq/l × 10^4	Comments
Acetonitrile [211]	116.35	109.18–101.26	5.571–28.44	K_A, 4 λ_0^+, 58.2 λ_0^-, 58.2 a(Å), 3.6

OCTADECYLTRIMETHYLAMMONIUM ACETATE, $(C_{18}H_{37})(CH_3)_3NCOOCH_3$

Solvent and ref.	Λ_0	Λ	Concentration eq/l × 10^4	Comments
Ethylene dichloride [85]	63.1	21.022–5.1695	0.4222–11.988	K_d, 0.062 × 10^4 λ_0^+, 23.7 λ_0^-, 39.4

OCTADECYLTRIMETHYLAMMONIUM BROMATE, $(C_{18}H_{37})(CH_3)_3NBrO_3$

Solvent and ref.	Λ_0	Λ	Concentration eq/l × 10^4
Methanol [77]	89.6	86.99–73.97	1.3924–383.65

OCTADECYLTRIMETHYLAMMONIUM CHLOROACETATE, $(C_{18}H_{37})(CH_3)_3NCH_2ClCOO$

Solvent and ref.	Λ_0	Λ	Concentration eq/l × 10^4	Comments
Ethylene dichloride [85]	59.0	29.541–9.5356	0.26833–5.3741	K_d, 0.123 × 10^4 λ_0^-, 35.3

OCTADECYLTRIMETHYLAMMONIUM FORMATE, $(C_{18}H_{37})(CH_3)_3NHCOO$

Solvent and ref.	Λ_0	Λ	Concentration eq/l × 10^4	Comments
Ethylene chloride [81]	60.24	25.62–3.323	0.1655–22.99	K_d, 0.049 × 10^4 λ_0^+, 36.5

III. ELECTRICAL CONDUCTANCE

OCTADECYLTRIMETHYLAMMONIUM NITRATE, $(C_{18}H_{37})(CH_3)_3NNO_3$

Solvent and ref.	Λ_0	Λ	Concentration eq/l × 10^4	Temperature (°C)	Comments
Dimethyl sulfoxide [129]	37.0	36.71–35.37	0.2830–10.26		λ_0^+, 10.0 λ_0^-, 27.0
Ethylene chloride [72]	63.7	60.68–10.68	0.1467–6.573		K_d, 0.157 × 10^4 λ_0^+, 23.6
N-Methyl acetamide [127]	21.64		1–165	40	λ_0^+, 7.1 λ_0^-, 14.5

OCTADECYLTRIMETHYLAMMONIUM OCTADECYLSULFATE, $(C_{18}H_{37})(CH_3)_3NC_{18}H_{37}SO_4$

Solvent and ref.	Λ_0	Λ	Concentration eq/l × 10^4	Temperature (°C)	λ_0^+	λ_0^-	Comments
Ethylene chloride [60]	45.2	24.44–10.73	0.1979–1.948			21.6	K_d, 0.118 × 10^4
Methanol [87]	65.73	63.94–57.29	0.66651–13.337		32.9		K_d, 270 × 10^4
N-Methyl acetamide [127]	14.27		1–14	40	7.1	7.1	

OCTADECYLTRIMETHYLAMMONIUM OXALATE, $(C_{18}H_{37})(CH_3)_3NC_2HO_4$

Solvent and ref.	Λ_0	Λ	Concentration eq/l × 10^4
Methanol [77]	81.4	73.68–49.29	3.5948–805.15

OCTADECYLTRIETHYLAMMONIUM NITRATE, $(C_{18}H_{37})(C_2H_5)_3NNO_3$

Solvent and ref.	Λ_0	Λ	Concentration eq/l × 10^4	Temperature (°C)	Comments
Hydrogen cyanide [198]	276.8	269.3–259.2	9.247–48.02	18	λ_0^+, 69 λ_0^-, 208
	295	286.5–282.8	9.113–19.12		λ_0^+, 73 λ_0^-, 221

OCTADECYLTRIBUTYLAMMONIUM ACETATE, $(C_{18}H_{37})(C_4H_9)_3NCOOCH_3$

Solvent and ref.	Λ_0	Λ	Concentration eq/l × 10^4	Comments
Ethylene dichloride [85]	57.21	48.865–22.919	0.24015–7.8121	λ_0^+, 17.8 λ_0^-, 39.4 K_d, 1.33 × 10^4
Pyridine [85]	68.94	64.088–42.473	0.22171–4.7879	K_d, 3.88 × 10^4 λ_0^+, 17.1 λ_0^-, 51.8

OCTADECYLTRIBUTYLAMMONIUM CHLOROACETATE, $(C_{18}H_{37})(C_4H_9)_3NCOOCH_2Cl$

Solvent and ref.	Λ_0	Λ	Concentration eq/l × 10^4	Comments
Pyridine [85]	67.25	61.994–35.18	0.25175–9.7564	K_d, 3.9 × 10^4 λ_0^+, 17.1 λ_0^-, 50.1

III. ELECTRICAL CONDUCTANCE

OCTADECYLTRIBUTYLAMMONIUM NITRATE, $(C_{18}H_{37})(C_4H_9)_3NNO_3$

Solvent and ref.	Λ_0	Λ	Concentration eq/l $\times 10^4$	λ_0^+	Comments
Ethylene chloride [72]	58.2	55.39–20.31	0.05478–11.88	18.1	K_d, 1.27 $\times 10^4$
— [81]		57.90	53.42–16.83	0.09721–22.96	17.8	K_d, 1.112 $\times 10^4$
Nitrobenzene [72]	31.5	31.04–28.10	0.1976–11.67	8.9	

Note: row "— [81]" has $\Lambda_0 = 57.90$, $\Lambda = 53.42$–16.83, Concentration 0.09721–22.96, $\lambda_0^+ = 17.8$, Comments K_d, 1.112 $\times 10^4$.

OCTADECYLTRIBUTYLAMMONIUM THIOCYANATE, $(C_{18}H_{37})(C_4H_9)_2NSCN$

Solvent and ref.	Λ_0	Λ	Concentration eq/l $\times 10^4$	Temperature (°C)	Comments
Benzene [79]		0.4046–84.9 $\times 10^3$	17.72–2941		
		0.0561–25.5 $\times 10^3$	1.99–1132	5.25	
Ethylene dichloride [85]	60.2	48.090–25.557	0.46586–7.8694		K_d, 1.56 $\times 10^4$ λ_0^-, 42.4

OCTADECYLTRIAMYLAMMONIUM THIOCYANATE, $(C_{18}H_{37})(C_5H_{11})_3NCNS$

Solvent and ref.	Λ_0	Λ	Concentration eq/l $\times 10^4$
Benzene [79]		0.7153–50.03 $\times 10^3$	14.75–3077.0

DI-OCTADECYLDIMETHYLAMMONIUM NITRATE $(C_{18}H_{37})_2(CH_3)_2NNO_3$

Solvent and ref.	Λ_0	Λ	Concentration eq/l $\times 10^4$	Comments
Nitrobenzene [72]	30.7	29.42–26.78	1.213–10.78	λ_0^+, 8.1

DI-OCTADECYLDIMETHYLAMMONIUM THIOCYANATE, $(C_{18}H_{37})_2(CH_3)_2NCNS$

Solvent and ref.	Λ	Concentration eq/l $\times 10^4$
Benzene [90]	0.0000121–0.00003584	27.36–428.2

DI-OCTADECYLDIBUTYLAMMONIUM THIOCYANATE, $(C_{18}H_{37})_2(C_4H_9)_2NCNS$

Solvent and ref.	Λ	Concentration eq/l $\times 10^4$	Temperature (°C)
Benzene [90]	0.0000492–0.0005573	0.1777–197.7	
	0.001421–0.0638	40.40–3541	35

(f) Unsymmetrical Picrates (largest chain first, increasing chain length)

METHYLAMMONIUM PICRATE, $(CH_3)NH_3[C_6H_2O(NO_2)_3]$

Solvent and ref.	Λ_0	Λ	Concentration eq/l × 10^4	Comments
Monoethanolamine [50]	1724.14	888.88–10.97	0.009–14.95	$K_d \times 10^6$, 0.4705

PHENYLAMMONIUM PICRATE, $(C_6H_5)NH_3[OC_6H_2(NO_2)_3]$

Solvent and ref.	Λ_0	Λ	Concentration eq/l × 10^4	Temperature (°C)	$\Lambda_0\eta$	Comments
Acetonitrile [119]	70.0	68.097–46.742	0.38425–62.530			
Nitrobenzene [69]	32	1.492–1.207	2.989–81.80			K_d, 2.0×10^5
Tricryslphosphate [58]	2 (assumed)	0.01804–0.02383	19.50–360.13	40		K_{d_1}, 4.44×10^3 K_{d_2}, 52.9×10^3
Triethyl phosphate [153]	43.5	42.734–17.974	0.06540–56.928	40	0.732	K_d, 4.19×10^4

DIMETHYLAMMONIUM PICRATE, $(CH_3)_2NH_2[OC_6H_2(NO_2)_3]$

Solvent and ref.	Λ_0	Λ	Concentration eq/l $\times 10^4$	Comments
Methylethylketone [2]	151.0	131.5–70.98	0.3679–9.499	
Monoethanolamine [50]	757.57	573.00–19.03	0.02–13.94	K_d, 5.611 $\times 10^6$

PHENYLDIMETHYLAMMONIUM PICRATE (DIMETHYL ANILINE PICRATE), $(C_6H_5)(CH_3)_2NH[OC_6H_2(NO_2)_3]$

Solvent and ref.	Λ_0	Λ	Concentration eq/l $\times 10^4$	Comments
Nitrobenzene [63]	9.54	8.827–2.893	0.2659–36.35	
— [69]	32	7.209–2.263	1.581–66.53	K_d, 4.1 $\times 10^5$
Tricresyl phosphate [58]	(2 assumed)	0.01423–0.01285	27.44–424.24	K_d, 0.029 $\times 10^5$ K_d, 11.8 $\times 10^3$

PHENYLDIMETHYLHYDROXYAMMONIUM PICRATE, $(C_6H_5)(CH_3)_2(OH)N[OC_6H_2(NO_2)_3]$

Solvent and ref.	Λ_0	Λ	Concentration eq/l $\times 10^4$	Comments
Nitrobenzene [63]	27.3	17.86–2.381	0.1828–33.13	K_d, 0.19 $\times 10^4$ λ_0^+, 11.1
— [69]	28.50	20.68–2.475	0.1001–30.58	K_d, 0.20 $\times 10^4$ λ_0^+, 12.5
Pyridine [68]	62.3	60.48–40.36	0.3821–13.39	K_d, 12.3 $\times 10^4$ λ_0^+, 28.6

III. ELECTRICAL CONDUCTANCE

TRIMETHYLAMMONIUM PICRATE, $(CH_3)_3NH[OC_6H_2(NO_2)_3]$

Solvent and ref.	Λ_0	Λ	Concentration eq/l $\times 10^4$	Comments
Monoethanolamine [50]	543.48	410.12–28.85	0.04–9.53	K_d, 3.584 $\times$ 10^6
Nitrobenzene [63]	34.8	30.65–6.086	0.2464–44.35	K_d, 1.5 $\times$ 10^4 λ_0^+, 18.6

PHENYLTRIMETHYLAMMONIUM PICRATE, $(C_6H_5)(CH_3)_3N[OC_6H_2(NO_2)_3]$

Solvent and ref.	Λ_0	Λ	Concentration eq/l $\times 10^4$	Comments
Nitrobenzene [63]	31.6	31.32–26.08	0.2195–39.07	K_d, 4.10 $\times$ 10^4 λ_0^+, 15.4

TRIMETHYLHYDROXYAMMONIUM PICRATE $(CH_3)_3(OH)N[OC_6H_2(NO_2)_3]$

Solvent and ref.	Λ_0	Λ	Concentration eq/l $\times 10^4$	Comments
Nitrobenzene [63]	33.1	17.19–2.177	0.3178–43.29	K_d, 0.17 $\times$ 10^4 λ_0^+, 16.9
— [69]	33.26	17.57–3.328	0.2916–16.62	K_d, 0.17 $\times$ 10^4 λ_0^+, 16.9

METHOXYMETHYLTRIMETHYLAMMONIUM PICRATE, $(CH_3O)(CH_3)_3N[OC_6H_2(NO_2)_3]$

Solvent and ref.	Λ_0	Λ	Concentration eq/l $\times 10^4$	Comments
Ethylene chloride [65]	71.4	51.78–17.29	0.1360–4.604	K_d, 2.54 $\times$ 10^5 λ_0^+, 40.2
Nitrobenzene [63]	33.7	32.95–26.62	0.1303–43.53	K_d, 250 $\times$ 10^4 λ_0^+, 17.5

HYDROXYLMETHYLTRIMETHYLAMMONIUM PICRATE, $(CH_2OH)(CH_3)_3N[OC_6H_2(NO_2)_3]$

Solvent and ref.	Λ_0	Λ	Concentration eq/l $\times 10^4$	Comments
Ethylene chloride [43]	59.67			K_d, 0.093×10^4

HYDROXYETHYLTRIMETHYLAMMONIUM PICRATE (CHOLINE PICRATE), $(C_2H_4OH)(CH_3)_3N[OC_6H_2(NO_2)_3]$

Solvent and ref.	Λ_0	Λ	Concentration eq/l $\times 10^4$	λ_0^+	Comments
Ethylene chloride [65]	71.6	27.75–8.353	0.2979–5.673	40.4	K_d, 0.66×10^5
Nitrobenzene [63]	33.4	32.03–22.31	0.2026–37.33	17.2	K_d, 70×10^4
Pyridine [68]	67.0	63.68–47.19	0.2552–6.254	33.3	K_d, 1.5×10^4

BROMOMETHYLTRIMETHYLAMMONIUM PICRATE, $(BrCH_2)(CH_3)_3N[OC_6H_2(NO_2)_3]$

Solvent and ref.	Λ_0	Λ	Concentration eq/l $\times 10^4$	λ_0^+	Comments
Ethylene chloride [65]	69.9	36.61–11.09	0.1511–3.360	38.7	K_d, 0.78×10^5
Nitrobenzene [63]	32.3	31.92–24.49	0.2343–35.95	16.1	K_d, 120×10^4
Pyridine [68]	71.5	67.69–49.15	0.1944–3.741	37.8	K_d, 4.8×10^4

IODOMETHYLTRIMETHYLAMMONIUM PICRATE, $(ICH_2)(CH_3)_3N[OC_6H_2(NO_2)_3]$

Solvent and ref.	Λ_0	Λ	Concentration eq/l $\times 10^4$	Comments
Ethylene chloride [65]	67.0	49.91–12.35	0.1052–3.471	K_d, 1.10×10^5 λ_0^+, 35.8

III. ELECTRICAL CONDUCTANCE

ETHYLAMMONIUM PICRATE, $(C_2H_5)NH_3[O(C_6H_2)(NO_2)_3]$

Solvent and ref.	Λ_0	Λ	Concentration eq/l $\times 10^4$	Comments
Acetonitrile [18]	176.6	168.2–136.6	0.5254–13.57	λ_0^+, 98.9 λ_0^-, 77.7
Methylethylketone [2]	147.0	120.3–66.28	0.4428–11.44	
Pyridine [14]	60.7	52.44–30.31	0.3051–7.856	

ETHYLTRIMETHYLAMMONIUM PICRATE, $(C_2H_5)(CH_3)_3N[OC_6H_2(NO_2)_3]$

Solvent and ref.	Λ_0	Λ	Concentration eq/l $\times 10^4$	Comments
Ethylene chloride [65]	73.3	58.83–22.06	0.1394–5.209	K_d, 4.60 $\times 10^5$ λ_0^+, 42.1
Nitrobenzene [63]	33.3	33.00–27.77	0.2280–39.77	K_d, 440 $\times 10^4$ λ_0^+, 17.1
Pyridine [68]	75.5	71.03–45.22	0.3472–13.37	K_d, 8.2 $\times 10^4$ λ_0^+, 41.8

CHLOROETHYLTRIMETHYLAMMONIUM PICRATE, $(ClC_2H_4)(CH_3)_3N[OC_6H_2(NO_2)_3]$

Solvent and ref.	Λ_0	Λ	Concentration eq/l $\times 10^4$	Comments
Ethylene chloride [65]	69.0	43.80–11.85	0.1206–4.729	K_d, 1.25 $\times 10^5$ λ_0^+, 37.8

BROMOETHYLTRIMETHYLAMMONIUM PICRATE, $(BrC_2H_4)(CH_3)_3N[OC_6H_2(NO_2)_3]$

Solvent and ref.	Λ_0	Λ	Concentration eq/l $\times 10^4$	Comments
Ethylene chloride [43]	68.50			K_d, 0.132 $\times 10^4$
Pyridine [68]	67.1	62.39–32.15	0.3412–27.56	K_d, 5.8 $\times 10^4$ λ_0^+, 33.4

DIETHYLAMMONIUM PICRATE, $(C_2H_5)_2NH_2[OC_6H_2(NO_2)_3]$

Solvent and ref.	Λ_0	Λ	Concentration eq/l $\times$ 10^4	Comments
Acetone [12]	175.6	164.9–111.6	0.3401–12.65	λ_0^+, 91.4 λ_0^-, 84.2
Acetonitrile [18]	172.6	165.2–130.1	0.7607–19.63	λ_0^+, 94.3 λ_0^-, 77.7
Acetophenone [16]	33.60	30.06–12.38	0.1507–9.057	K_d, 1.8 $\times$ 10^4 $\lambda_0^+\eta$, 0.29 λ_0^+, 17.5 λ_0^-, 16.5
Cyclohexanone [14]	31.5	26.89–11.39	0.1866–4.818	K_d, 1.08 $\times$ 10^4
Ethylene chloride [4]		0.9309–0.2681	0.7205–16.62	
Methylethylketone [2]	144	116.7–51.29	0.6151–15.88	
Nitrobenzene [20]	35.40	28.61–1.59	0.3203–49.28	
Nitromethane [19]	101.0	89.89–54.46	0.8136–21.15	
Pyridine [14]	60.8	52.24–24.73	0.2842–15.81	

III. ELECTRICAL CONDUCTANCE

TRIETHYLAMMONIUM PICRATE, $(C_2H_5)_3NH[OC_6H_2(NO_2)_3]$

Solvent and ref.	Λ_0	Λ	Concentration eq/l $\times 10^4$	Comments
Acetonitrile [18]	164.7	158.6–136.1	0.4332–11.19	λ_c^+, 87.0 λ_0^-, 77.7
Dimethyl formamide [124]	72.8	71.59–66.87	0.8069–22.58	
Ethylene chloride [4]		2.438–0.5586	0.2726–5.754	
— [37]	80	2.438–0.5586	0.285–5.7	K_d, 2.77×10^8 (Ostwald)
— [189]	70	0.1081–0.1010	0.2090–0.9356	K_A, 4.8×10^7
Methylethyl ketone [2]	141.2	123.4–66.18	0.3106–8.034	
Nitromethane [19]	95.8	86.62–46.41	0.8724–42.00	
2-Propanol [132]	25.84	21.24–15.10	11.279–7.483	K_d, 0.54×10^3 λ_0^+, 13.0 λ_0^-, 12.8

TRIBENZYLAMMONIUM PICRATE, $(C_6H_5CH_2)_3NH[OC_6H_2(NO_2)_3]$

Solvent and ref.	Λ_0	Λ	Concentration eq/l $\times 10^4$	Temperature (°C)	Comments
Acetonitrile [19]	126.5	125.63–87.343	0.1762–60.476		K_d, 144.4
Ethylene chloride [189]	50	0.682–0.1177	3.49–491.6		K_A, 1.5×10^7
Toluene [82]		(variance overtime)	$(3.00 \times 10^{-3}N)$	35	
Tricresylphosphate [58]	2 (assumed)	0.07215–0.143	18.42–594.93	40	K_{d_1}, 0.39×10^5 K_{d_2}, 2.97×10^3
Triethylphosphate [153]	44.25	42.644–22.074	0.12341–31.038	40	K_d, 5.40×10^4 $\Lambda_0 \eta$, 0.745

III. ELECTRICAL CONDUCTANCE

PROPYLAMMONIUM PICRATE, $(C_3H_7)NH_3[OC_6H_2(NO_2)_3]$

Solvent and ref.	Λ_0	Λ	Concentration eq/l $\times 10^4$	Comments
Ethylene chloride [4]		1.892–0.6512	0.3917–8.265	
— [37]	84	1.892–1.012	0.392–1.64	K_d, 2.18 $\times 10^8$ (Ostwald)

DIPROPYLAMMONIUM PICRATE, $(C_3H_7)_2NH_2[OC_6H_2(NO_2)_3]$

Solvent and ref.	Λ_0	Λ	Concentration eq/l $\times 10^4$	Comments
Ethylene chloride [4]		1.284–0.3703	0.4259–10.32	
— [37]	80	1.284–0.6922	0.428–1.79	K_d, 1.19 $\times 10^8$ (Ostwald)

TRIPROPYLAMMONIUM PICRATE, $(C_3H_7)_3NH[OC_6H_2(NO_2)_3]$

Solvent and ref.	Λ_0	Λ	Concentration eq/l $\times 10^4$	Comments
O-Dichlorobenzene [189]	35.5	0.01398–0.04102	0.538–3.144	K_A, 9 $\times 10^9$
Ethylene chloride [4]		2.528–0.5021	0.3278–8.285	
— [37]	68	0.6941–0.5021	4.1–8.3	K_d, 4.52 $\times 10^8$ (Ostwald)

ISOBUTYLAMMONIUM PICRATE, $(i\text{-}C_4H_9)NH_3[OC_6H_2(NO_2)_3]$

Solvent and ref.	Λ_0	Λ	Concentration eq/l $\times 10^4$	λ_0^+	λ_0^-	$\Lambda_0\eta$
Acetone [12]	176.6	161.7–97.20	0.5650–19.78	92.4	84.2	0.558
Acetonitrile [18]	167.5	156.5–115.3	0.9594–24.75	89.8	77.7	
Methylethyl ketone [2]	139.0	123.6–72.36	0.3103–8.015			
Nitromethane [19]	95.0	82.19–36.39	1.224–47.95			

BUTYLAMMONIUM PICRATE, $(C_4H_9)NH_3[O(C_6H_2)(NO_2)_3]$

Solvent and ref.	Λ_0	Λ	Concentration eq/l $\times 10^4$	λ_0^+	λ_0^-	Comments
Acetonitrile [177]	188	159.0–93.4	0.833–33.3	110	78	
— [219]	167.8			90		K_d, 3.4×10^3
Nitrobenzene [69]	32.97	18.87–7.469	1.967–24.37	170		K_d, 1.49×10^4

III. ELECTRICAL CONDUCTANCE

DIBUTYLAMMONIUM PICRATE, $(C_4H_9)_2NH_2[O(C_6H_2)(NO_2)_3]$

Solvent and ref.	Λ_0	Λ	Concentration eq/l × 10^4	Comments
Acetonitrile [219]	158.5			$K_d, 3.4 \times 10^3 \quad \lambda_0^+, 81.0$ $\lambda_0^-, 77.32$
Nitrobenzene [69]	30.41	25.02–76.46	0.4018–19.79	$K_d, 1.56 \times 10^4 \quad \lambda_0^+, 14.4$

TRIBUTYLAMMONIUM PICRATE, $(C_4H_9)_3NH[OC_6H_2(NO_2)_3]$

Solvent and ref.	Λ_0	Λ	Concentration eq/l × 10^4	Temperature (°C)	$\Lambda_0\eta$	Comments
Acetonitrile [219]	149.0					$\lambda_0^+, 72 \quad \lambda_0^-, 77.32$ $K_d, 4.6 \times 10^3$
Benzonitrile [243]	41.0	38.30–32.46	0.2223–1.130		0.501	$K_d, 3.6 \times 10^4$
Chlorobenzene [195]	43.0	1.104–0.8245 × 10^2	1.065–8.331 × 10^3			$K, 0.0048 \times 10^{10}$
— [49]		1.001–1.093 × 10^3	10.0–198.4			$a(\text{Å}), 2.98 \quad K_d, 2.10 \times 10^{13}$ (ion-pair) $K_{d2}, 4.22 \times 10^3$ (triple-ion equation)
O-dichlorobenzene [195]	38.1 (estd)	1.369–0.3600 × 10	0.2084–3.397			$K, 2.86 \times 10^{10}$

TRIBUTYLAMMONIUM PICRATE, $(C_4H_9)_3NH[OC_6H_2(NO_2)_3]$ (Continued)

Solvent and ref.	Λ_0	Λ	Concentration eq/l × 10^4	Temperature (°C)	$\Lambda_0\eta$	Comments
Ethylene chloride [195]	59.4	2.091–0.5525	0.1628–2.508 × 10^4			K, 203 × 10^{10}
— [53]	60.0 (assumed)	0.10805–0.16971	107.04–4945			K_d, 2.10 × 10^8 a(Å), 2.4 × 10^4
Methanol [87]	89.0	86.73–79.35	0.8100–11.923			K_d, 250 × 10^4 λ_0^+, 39.9
Nitrobenzene [260]	28.62	26.40–18.19	0.1584–1.691			K_d, 1.89 × 10^4 λ_0^+, 11.9
— [69]	28.85	26.51–9.193	0.1682–13.238			λ_0^+, 12.9 λ_0^-, 16.0 K_d, 1.90 × 10^4
Tetrahydrofuran [240]	115 (assumed)	3.989–1.546	0.2682–1.948			K_d, 3.3 ± 1 × 10^8 (approx.)
Tricresylphosphate [58]	1.73	0.0688–1.192	11.78–678.77	40		K_{d_1}, 0.118 × 10^5 K_{d_2}, 39.3 × 10^3 a(Å), 4.66
— [45]		0.867–22.5 (sp. cond. × 10^9 mho cm^{-1})	0.00692–1.30	40		
Toluene [82]		0.538–5.25 × 10^6	2.59–75.6	35		
— [38]		0.370–2.650 × 10^6	12.1–130.40	35		

III. ELECTRICAL CONDUCTANCE

METHYLTRIBUTYLAMMONIUM PICRATE, $(CH_3)(C_4H_9)_3N[OC_6H_2(NO_2)_3]$

Solvent and ref.	Λ_0	Λ	Concentration eq/l × 10^4	Comments
Ethylene chloride [67]	60.30	52.51–22.61	0.1775–8.501	K_d, 1.20 × 10^4 λ_0^+, 29.1

PROPYLTRIBUTYLAMMONIUM PICRATE, $(C_3H_7)(C_4H_9)_3N[OC_6H_2(NO_2)_3]$

Solvent and ref.	Λ_0	Λ	Concentration eq/l × 10^4	Comments
Ethylene chloride [67]	59.07	52.47–27.16	0.2363–8.808	K_d, 2.03 × 10^4 λ_0^+, 27.9

ISOAMYLAMMONIUM PICRATE, $(i\text{-}C_5H_{11})NH_3[OC_6H_2(NO_2)_3]$

Solvent and ref.	Λ_0	Λ	Concentration eq/l × 10^4	Comments
Methylethylketone [2]	134.9	117.9–66.61	0.3485–8.999	

DI-ISOAMYLAMMONIUM PICRATE, $(i\text{-}C_5H_{11})_2NH_2[OC_6H_2(NO_2)_3]$

Solvent and ref.	Λ_0	Λ	Concentration eq/l × 10^4
Aniline [15]	14.3	7.30–1.17	0.0328–1.723
Methylethylketone [2]	132.5	109.5–51.22	0.3430–8.855

TRI-ISOAMYLAMMONIUM PICRATE, $(i\text{-}C_5H_{11})_3NH[OC_6H_2(NO_2)_3]$

Solvent and ref.	Λ_0	Λ	Concentration eq/l × 10^4	Comments
Benzene [90]		0.004935–0.0448	2225–11900	
— [23]		0.05154–0.03507	100–1000	
Ethanolamine [50]	1010.1	602.59–16.17	0.03–17.07	K_d, 5.63 × 10^7
Ethylene dichloride [23]		0.1430–0.1310	100–3000	
Methylethylketone [2]	129.7	108.6–51.41	0.3658–9.445	

TRI-ISOAMYLBUTYLAMMONIUM PICRATE, $(i\text{-}C_5H_{11})_3(C_4H_9)N[OC_6H_2(NO_2)_3]$

Solvent and ref.	Λ_0	Λ	Concentration eq/l × 10^4	Comments
Acetonitrile [288]	135.70 ± 0.01			
— [190]	135.70	127.37–122.85	6.323–15.741	λ_0^+, 0.199 $\lambda_0^-\eta$, 0.269
Methanol [190]	83.69	79.10–73.36	3.589–17.616	λ_0^+, 0.200 $\lambda_0^-\eta$, 0.256
— [192]	83.69	79.10–71.36	3.589–25.404	K_A, 9.7 ± 6.2 λ_0^+, 36.82
Nitromethane [190]	77.61	73.13–68.54	5.974–28.392	$\lambda_0^+\eta$, 0.202 $\lambda_0^-\eta$, 0.280

III. ELECTRICAL CONDUCTANCE

TRIAMYLAMMONIUM PICRATE, $(C_5H_{11})_3NH[OC_6H_2(NO_2)_3]$

Solvent and ref.	Λ_0	Λ	Concentration eq/l × 10^4	Temperature (°C)	$\Lambda_0\eta$	Comments
Nitrobenzene [37]	25.0	19.35–2.582	1.56–100.0		0.455	K_d, 4.16 × 10^4 (Ostwald)
Paraxylene [278]		0.914–24650 × 10^6	17.81–12500			
— [323]		0.2212–0.08619	8915–23660	90		

DI-DODECYLDIMETHYLAMMONIUM PICRATE, $(C_{12}H_{25})_2(CH_3)_2N[O(C_6H_2)(NO_2)_3]$

Solvent and ref.	Λ_0	Λ	Concentration eq/l × 10^4	Temperature (°C)	Comments
Hydrogen cyanide [198]	206.7	200.2–188.1	7.425–58.88	18	λ_0^+, 65 λ_0^-, 142
	222	216.3–209.9	3.544–16.82		λ_0^+, 72 λ_0^-, 150

CETYLAMMONIUM PICRATE, $(C_{16}H_{33})NH_3[O(C_6H_2)(NO_2)_3]$

Solvent and ref.	Λ_0	Λ	Concentration eq/l $\times 10^4$	Comments
Acetonitrile [18]	117.6	113.3–96.01	0.2726–7.041	λ_0^+, 39.9 λ_0^-, 77.7
Methylethylketone [2]	127	105.0–48.55	0.2581–6.665	
Nitromethane [19]	75	63.86–33.22	1.016–26.43	

OCTADECYLDODECYL DIMETHYLAMMONIUM PICRATE, $(n\text{-}C_{18}H_{37})(C_{12}H_{25})(CH_3)_2N[O(C_6H_2)(NO_2)_3]$

Solvent and ref.	Λ_0	Λ	Concentration eq/l $\times 10^4$	Temperature (°C)	Comments
Hydrogen cyanide [198]	197.0	186.1–173.8	19.15–93.7	18	λ_0^+, 55 λ_0^-, 142
	210.5	198.5–185.4	18.87–92.33		λ_0^+, 61 λ_0^-, 150

n-OCTADECYLTRIMETHYLAMMONIUM PICRATE, $(C_{18}H_{37})(CH_3)_3N[OC_6H_2(NO_2)_3]$

Solvent and ref.	Λ_0	Λ	Concentration eq/l $\times 10^4$	λ_0	Comments
O-Dichlorobenzene [95]	34.8	11.44–3.471	0.1298–2.110	13.7	K_d, 0.19×10^5
Ethylene chloride [81]	54.91	34.15–10.96	0.5738–17.34	23.7	K_d, 0.49×10^4
Ethylidene chloride [84]	86.4	30.62–13.36	0.4951–3.9266	33.7	K_d, 0.843×10^5 $\lambda_0^+\eta$, 0.157 $\lambda_0^-\eta$, 0.245
Methanol [87]	82.13	79.48–72.00	1.1278–14.600	32.9	K_d, 230×10^4
Nitrobenzene [81]	26.50	26.16–22.89	0.2060–23.59	10.5	K_d, 430×10^4
Pyridine [85]	55.62	52.085–34.869	0.29471–8.9779	21.9	K_d, 7.66×10^4 λ_0^-, 33.7

III. ELECTRICAL CONDUCTANCE

OCTADECYLTRIETHYLAMMONIUM PICRATE, $(C_{18}H_{37})(C_2H_5)_3N[O(C_6H_2)(NO_2)_3]$

Solvent and ref.	Λ_0	Λ	Concentration eq/l $\times 10^4$	Temperature (°C)	Comments
Hydrogen cyanide [198]	210.9	202.9–191.2	9.679–71.97	18	λ_0^+, 69 λ_0^-, 142 λ_0^+, 73 λ_0^-, 150

OCTADECYLTRIBUTYLAMMONIUM PICRATE, $(C_{18}H_{37})(C_4H_9)_3N[OC_6H_2(NO_2)_3]$

Solvent and ref.	Λ_0	Λ	Concentration eq/l $\times 10^4$	λ_0	Comments
Ethylidene chloride [84]	80.4	47.26–24.62	0.7261–5.7976	27.7	K_d, 5.39 $\times 10^5$ $\lambda_0^+\eta$, 0.129 $\lambda_0^-\eta$, 0.245
Nitrobenzene [81]	24.64	24.43–21.83	0.1411–18.43	8.6	
Pyridine [81]	50.79	48.92–38.18	0.1768–4.474	17.1	K_d, 12.0 $\times 10^4$

DIOCTADECYLDIMETHYLAMMONIUM PICRATE, $(C_{18}H_{37})_2(CH_3)_2N[OC_6H_2(NO_2)_3]$

Solvent and ref.	Λ_0	Λ	Concentration eq/l $\times 10^4$	λ_0	Comments
Ethylene chloride [81]	47.73	41.40–12.92	0.1227–12.79	16.5	K_d, 078 $\times 10^4$
Nitrobenzene [81]	23.82	23.56–20.65	0.1530–20.78	7.8	K_d, 860 $\times 10^4$

DIOCTADECYLDIBUTYLAMMONIUM PICRATE, $(C_{18}H_{37})_1(C_4H_9)_2N[OC_6H_2(NO_2)_3]$

Solvent and ref.	Λ_0	Λ	Concentration eq/l $\times 10^4$	λ_0	Comments
Ethylene chloride [81]	46.13	42.75–19.35	0.1436–14.64	14.9	K_d, 2.61 $\times 10^4$
Nitrobenzene [81]	23.33	22.94–19.85	0.1601–30.54	7.2	
Pyridine [81]	47.03			13.3	K_d, 10.1 $\times 10^4$

(g) Amines and Amine Hydrohalides (increasing chain length, F → I)

DIETHYLAMINE HYDROCHLORIDE, $(C_2H_5)_2NH_2Cl$

Solvent and ref.	Λ_0	Λ	Concentration eq/l $\times 10^4$	Temperature (°C)
Di-ethanolamine [62]	0.845	0.686–0.5144	7.34–70.22	30

(h) Amine Picrates (increasing chain length)

PARA-PHENYLANILINE PICRATE $C_6H_5C_6H_4NH_3Pi$

Solvent and ref.	Λ_0	Λ	Concentration eq/l × 10^4	Temperature (°C)	Comments
Tricresyl-phosphate [58]	2 (assumed)	0.01499–0.0193	12.96–494.63	40	K_d, 2.95 × 10^3 K_d, 11.8 × 10^3

ACETYLCHOLINE PICRATE, $(CH_3COOC_2H_4)(CH_3)_3N[OC_6H_2(NO_2)_3]$

Solvent and ref.	Λ_0	Λ	Concentration eq/l × 10^4	Comments
Ethylene chloride [65]	66.1	42.49–12.72	0.1784–6.028	K_d, 1.96 × 10^4 λ_0^+, 34.9

ETHYLAMINE PICRATE, $(C_2H_5)NH_2[OC_6H_2(NO_2)_3]$

Solvent and ref.	Λ_0	Λ	Concentration eq/l × 10^4
Ethylphenylethanolamine [74]		25.93–9.993 × 10^2	9.294–443.2
Nitromethane [19]	99.0	87.62–44.57	1.307–33.99

4. EFFECT OF PRESSURE ON THE CONDUCTANCE OF QUATERNARY AMMONIUM SALTS

The effect of pressure on conductance has been investigated to gain an insight into the mechanics of ionic migration (1). The conductance of electrolyte solutions depends on its concentration, viscosity and dielectric constant of the solvent and these parameters increase with pressure. Therefore, the effect of conductance can be studied as a function of dielectric constant and viscosity without changing the chemical nature of the solvent. Thus the relative importance of hydrodynamic and electrostatic factors in nonaqueous systems, particularly those with low dielectric constants, can be determined (2, 3, 4). Of the two visible effects of pressure, one increases association and the other decreases it, depending on the electrolyte and the solvent system. In the case of tetrabutylammonium bromide in methanol, ion-association decreases with increasing pressure due to increase of dielectric constant, whereas tetramethylammonium bromide and tetrabutylammonium tetraphenylboride show a moderate pressure independent association (5). Additional studies are required to firm up the significance of such observations relative to generalizations in this area.

References

1. S. B. Brummer; J. Chem. Phys., **42**, 1636 (1965).
2. C. M. Apt, F. F. Margosian, I. Simon, J. H. Vreeland and R. M. Fuoss; J. Phys. Chem., **66**, 1210 (1962).
3. J. F. Skinner and R. M. Fuoss; J. Phys. Chem., **69**, 1437 (1965).
4. W. A. Adams and K. J. Laidler; Can. J. Chem., **46**, 1977 (1968).
5. J. F. Skinner and R. M. Fuoss; J. Phys. Chem., **70**, 1426 (1966).

TETRAMETHYL AMMONIUM BROMIDE $(CH_3)_4NBr$ METHANOL

Ref.	Pressure kg/cm^2	Dielectric constant	Concentration $eq/l \times 10^4$ range	Λ range	Temperature (°C)	Λ_0	K_A	$a(\text{Å})$
[232]	1	31.45	7.51–24.46	125.9–118.0	31	134.9±0.1		2.9±0.3
	~1000	~34.00	8.12–21.51	96.6–92.0	31	103.1±0.3		3.4±0.4
	~2000	~35.86	11.46–22.49	80.3–76.0	31	84.6±0.1		1.9±0.7
	~3000	~37.38	8.83–20.36	65.4–63.0	31	70.1±0.2		0.5±0.4
	~4000	~38.67	9.09–24.06	55.9–53.0	31	60.7±0.2		—
	~5000	~39.81	12.49–30.45	50.0–46.8	31	51.8±0.2		—

Ref.	Pressure in atmospheres $P \times 10^{-3}$	Dielectric constant	Concentration $eq/l \times 10^4$ range	Λ range	Temperature (°C)	Λ_0	K_A	$\Lambda_0\eta$
[232]	5	24.2	2.81–24.42	46.4–37.9	30	50.5	150	0.610
	10	24.8	2.88–25.02	41.7–34.2	30	45.2	150	0.635
	15	25.3	2.94–25.25	37.8–30.7	30	40.8	145	0.660
	25	26.2	3.04–26.45	31.5–25.7	30	33.8	130	0.715
	40	27.2	3.16–27.46	24.0–20.2	30	25.6	90	0.776
	70	29.4	3.34–29.04	16.1–13.5	30	16.6	65	0.864

III. ELECTRICAL CONDUCTANCE

TETRAMETHYL AMMONIUM IODIDE $(CH_3)_4NI$ ACETONE

Ref.	Pressure (bar)	Concentration eq/l × 10⁴ range	Sp. cond. ohm⁻¹ cm⁻¹ × 10⁶	Temperature (°C)	Λ_0	$k_d \times 10^4$	$a(\text{Å})$ (263)	$\Lambda_0\eta \times 10^3$ (262)
[259]	1.0	4.4682	79.69	26.61	213.3 ± 3.9	28 ± 7	3.33 ± 0.04	633 ± 12
	1.0	4.4682	83.04	35.0	222.9 ± 3.4	32 ± 7	3.38 ± 0.05	614 ± 9
	1.0	4.4682	88.68	45.01	243.3 ± 3.7	29 ± 6	3.35 ± 0.07	615 ± 9
	1.0	4.4682	93.21	54.83	261.8 ± 3.9	27 ± 5	3.4 ± 1.0	609 ± 9
	551.6	4.4682	67.35	26.61	163.1 ± 2.8	51 ± 17		684 ± 12
	551.6	4.4682	71.09	35.0	173.5 ± 2.5	52 ± 16		671 ± 10
	551.6	4.4682	75.82	45.01	188.6 ± 2.7	46 ± 12		665 ± 9
	551.6	4.4682	80.46	54.83	203.7 ± 3.0	42 ± 11		655 ± 10
	1103.2	4.4682	57.60	26.61	131.9 ± 2.0	73 ± 29		690 ± 10
	1103.2	4.4682	61.37	35.00	142.3 ± 2.2	68 ± 25		689 ± 10
	1103.2	4.4682	65.84	45.01	155.0 ± 2.1	59 ± 18		686 ± 9
	1103.2	4.4682	69.56	54.83	160.9 ± 2.3	104 ± 55		652 ± 9
	1.0	1.7243	33.46	26.61				
	1.0	1.7243	34.76	35.00				
	1.0	1.7243	37.21	45.01				
	1.0	1.7243	39.27	54.83				
	551.6	1.7243	27.54	26.61				
	551.6	1.7243	29.12	35.00				
	551.6	1.7243	31.22	45.01				
	551.6	1.7243	33.22	54.83				
	1103.2	1.7243	23.37	26.61				
	1103.2	1.7243	24.94	35.00				
	1103.2	1.7243	26.87	45.01				
	1103.2	1.7243	27.93	54.83				

TETRAMETHYL AMMONIUM PICRATE $(CH_3)_4N[C_6H_2O(NO_2)_3]$
N,N-DIMETHYL FORMAMIDE

Ref.	Pressure (atm)	Concentration eq/l × 10⁴ range	Λ_0	Temperature (°C)
[199]	1	1-100	117.3	65
	120	1-100	110.7	65
	255	1-100	103.9	65
	399	1-100	97.4	65
	575	1-100	90.6	65
	733	1-100	85.1	65
	920	1-100	79.2	65
	1057	1-100	75.3	65
	1212	1-100	71.4	65
	1365	1-100	67.7	65
	1523	1-100	64.3	65
	1706	1-100	60.6	65
	1895	1-100	57.2	65
	1	1-100	106.7	55
	130	1-100	100.3	55
	273	1-100	93.8	55
	430	1-100	87.5	55
	584	1-100	82.0	55
	769	1-100	76.05	55
	903	1-100	72.2	55
	1049	1-100	68.35	55
	1203	1-100	64.6	55
	1365	1-100	61.1	55
	1534	1-100	57.7	55
	1715	1-100	54.3	55
	1916	1-100	51.0	55
	1	1-100	96.45	45
	140	1-100	90.2	45
	295	1-100	84.0	45
	430	1-100	79.0	45
	615	1-100	73.0	45
	749	1-100	69.1	45
	886	1-100	65.5	45
	1033	1-100	61.8	45
	1188	1-100	58.3	45
	1373	1-100	54.5	45
	1554	1-100	51.2	45
	1735	1-100	48.1	45
	1932	1-100	45.0	45

III. ELECTRICAL CONDUCTANCE

TETRAMETHYL AMMONIUM PICRATE $(CH_3)_4N[C_6H_2O(NO_2)_3]$
N,N-DIMETHYL FORMAMIDE (*Continued*)

Ref.	Pressure (atm)	Concentration eq/l × 10^4 range	Λ_0	Temperature (°C)
	1	1–100	86.5	35
	149	1–100	80.4	35
	282	1–100	75.5	35
	448	1–100	69.9	35
	578	1–100	66.1	35
	717	1–100	62.35	35
	859	1–100	58.8	35
	1014	1–100	55.2	35
	1180	1–100	51.8	35
	1360	1–100	48.4	35
	1555	1–100	45.1	35
	1752	1–100	42.05	35
	1949	1–100	39.3	35
	1	1–100	76.75	25
	137	1–100	71.8	25
	302	1–100	66.3	25
	415	1–100	62.9	25
	540	1–100	59.4	25
	685	1–100	55.7	25
	830	1–100	52.35	25
	991	1–100	49.0	25
	1170	1–100	45.5	25
	1360	1–100	42.3	25
	1563	1–100	39.2	25
	1765	1–100	36.3	25

TETRAETHYLAMMONIUM IODIDE ($(C_2H_5)_4NI$) ACETONE

Ref.	Pressure (bar)	Concentration eq/l $\times 10^4$ range	Sp. cond. ohm^{-1} $cm^{-1} \times 10^6$	Temperature (°C)	Λ_0	$k_d \times 10^4$	a(Å) (263)	$\Lambda_{0\eta} \times 10^3$ (262)
[259]	1.0	11.250	184.04	26.61	207.3 ± 1.1	60 ± 4	3.75 ± 0.04	615 ± 3
	1.0	11.250	193.86	35.00	220.4 ± 1.2	62 ± 4	3.8 ± 0.1	607 ± 3
	1.0	11.250	206.29	45.01	243.0 ± 1.7	50 ± 4	3.74 ± 0.09	615 ± 4
	1.0	11.250	215.67	54.83	259.5 ± 1.7	47 ± 3	3.8 ± 0.1	603 ± 4
	551.6	11.250	155.01	26.61	159.6 ± 0.9	86 ± 7		669 ± 4
	551.6	11.250	163.60	35.00	170.7 ± 0.9	83 ± 7		660 ± 4
	551.6	11.250	174.89	45.01	185.4 ± 1.7	74 ± 10		654 ± 6
	551.6	11.250	184.99	54.83	199.5 ± 1.7	70 ± 8		642 ± 6
	1103.2	11.250	132.32	26.61	128.8 ± 0.7	111 ± 12		674 ± 4
	1103.2	11.250	140.92	35.00	139.4 ± 0.8	100 ± 10		675 ± 4
	1103.2	11.250	151.12	45.01	151.7 ± 1.1	90 ± 10		671 ± 5
	1103.2	11.250	160.74	54.83	163.4 ± 1.7	67 ± 10		662 ± 7
	1.0	1.0684	21.15	26.61				
	1.0	1.0684	22.23	35.00				
	1.0	1.0684	23.99	45.01				
	1.0	1.0684	25.34	54.83				
	1.6	1.0684	17.29	26.61				
	1.6	1.0684	18.24	35.00				
	1.6	1.0684	19.71	45.01				
	1.6	1.0684	21.01	54.83				
	1103.2	1.0684	14.52	26.61				
	1103.2	1.0684	15.53	35.00				
	1103.2	1.0684	16.83	45.01				
	1103.2	1.0684	18.02	54.83				

III. ELECTRICAL CONDUCTANCE

Ref.	Pressure (kg/cm²)	Concentration eq/1 × 10⁴ range	Sp. cond. RP_x/RP_1	Temperature (°C)
[5]	500.0	50.0	1.137	0
	1000.0	50.0	1.339	0
	1500.0	50.0	1.536	0
	2000.0	50.0	1.748	0
	2500.0	50.0	1.962	0
	3000.0	50.0	2.173	0
	500.0	50.0	1.128	20
	1000.0	50.0	1.274	20
	1500.0	50.0	1.430	20
	2000.0	50.0	1.597	20
	2500.0	50.0	1.774	20
	3000.0	50.0	1.994	20
	500.0	50.0	1.111	40
	1000.0	50.0	1.243	40
	1500.0	50.0	1.388	40
	2000.0	50.0	1.542	40
	2500.0	50.0	1.709	40
	3000.0	50.0	1.892	40
	500.0	50.0	1.092	60
	1000.0	50.0	1.213	60
	1500.0	50.0	1.340	60
	2000.0	50.0	1.483	60
	2500.0	50.0	1.637	60
	3000.0	50.0	1.810	60

TETRAETHYLAMMONIUM IODIDE $(C_2H_5)_4NI$ (Continued)

ANISALDEHYDE

Ref.	Pressure (kg/cm²)	Concentration eq/l × 10⁴ range	Sp. cond. RP_x/RP_1	Temperature (°C)
[5]	500.0	100.0	1.377	40
	1000.0	100.0	1.978	40
	1500.0	100.0	2.877	40
	2000.0	100.0	4.194	40
	2500.0	100.0	—	40
	3000.0	100.0	—	40
	500.0	100.0	1.308	60
	1000.0	100.0	1.752	60
	1500.0	100.0	2.324	60
	2000.0	100.0	3.101	60
	2500.0	100.0	4.062	60
	3000.0	100.0	5.639	60

BENZALDEHYDE

Ref.	Pressure (kg/cm²)	Concentration eq/l × 10⁴ range	Sp. cond. RP_x/RP_1	Temperature (°C)
[5]	500.0	100.0	1.195	40
	1000.0	100.0	1.454	40
	1500.0	100.0	1.759	40
	2000.0	100.0	2.133	40
	2500.0	100.0	—	
	3000.0	100.0	—	

III. ELECTRICAL CONDUCTANCE

500.0	100.0	1.163	60
1000.0	100.0	1.369	60
1500.0	100.0	1.608	60
2000.0	100.0	1.889	60
2500.0	100.0	2.206	60
3000.0	100.0	2.610	60

BENZYLCYANIDE

[5]

500.0	100.0	1.242	40
1000.0	100.0	1.572	40
1500.0	100.0	1.975	40
2000.0	100.0	2.466	40
2500.0	100.0	—	
3000.0	100.0	—	
500.0	50.0	1.211	60
1000.0	50.0	1.481	60
1500.0	50.0	1.799	60
2000.0	50.0	2.166	60
2500.0	50.0	2.587	60
3000.0	50.0	3.146	60

FURFUROL

[5]

500.0	100.0	1.259	20
1000.0	100.0	1.599	20
1500.0	100.0	2.005	20
2000.0	100.0	2.499	20
2500.0	100.0	3.125	20
3000.0	100.0	3.916	20

TETRAETHYLAMMONIUM IODIDE $(C_2H_5)_4NI$ FURFUROL (Continued)

Ref.	Pressure (kg/cm²)	Concentration eq/l × 10⁴ range	Sp. cond. RP_x/RP:	Temperature (°C)
[5]	500.0	100.0	1.222	40
	1000.0	100.0	1.503	40
	1500.0	100.0	1.817	40
	2000.0	100.0	2.189	40
	2500.0	100.0	2.619	40
	3000.0	100.0	3.167	40
	500.0	100.0	1.203	60
	1000.0	100.0	1.439	60
	1500.0	100.0	1.704	60
	2000.0	100.0	1.996	60
	2500.0	100.0	2.328	60
	3000.0	100.0	2.746	60

NITROBENZENE

Ref.	Pressure (kg/cm²)	Concentration eq/l × 10⁴ range	Sp. cond. RP_x/RP:	Temperature (°C)
[5]	500.0	100.0	1.245	40
	1000.0	100.0	1.563	40
	1500.0	100.0	1.950	40
	2000.0	100.0	—	
	2500.0	100.0	—	
	3000.0	100.0	—	
	500.0	100.0	1.215	60
	1000.0	100.0	1.470	60
	1500.0	100.0	1.792	60

III. ELECTRICAL CONDUCTANCE

2000.0	100.0	2.155		60
2500.0	100.0	2.559		60
3000.0	100.0	—		

GLYCERINE

500.0	1000.0	1.463	0
1000.0	1000.0	2.147	0
1500.0	1000.0	3.068	0
2000.0	1000.0	4.229	0
2500.0	1000.0	5.408	0
3000.0	1000.0	7.295	0
500.0	1000.0	1.407	20
1000.0	1000.0	1.916	20
1500.0	1000.0	2.600	20
2000.0	1000.0	3.473	20
2500.0	1000.0	4.530	20
3000.0	1000.0	5.802	20
500.0	1000.0	1.319	40
1000.0	1000.0	1.737	40
1500.0	1000.0	2.257	40
2000.0	1000.0	2.899	40
2500.0	1000.0	3.573	40
3000.0	1000.0	4.576	40
500.0	1000.0	1.266	60
1000.0	1000.0	1.610	60
1500.0	1000.0	1.992	60
2000.0	1000.0	2.489	60
2500.0	1000.0	3.028	60
3000.0	1000.0	3.689	60

[5]

TETRAETHYLAMMONIUM IODIDE $(C_2H_5)_4NI$ (Continued)

Ref.	Pressure (kg/cm²)	Concentration eq/l × 10⁴ range	Sp. cond. RP_x/RP_1	Temperature (°C)
			ISOAMYL ALCOHOL	
[5]	500.0	25.0	1.217	20
	1000.0	25.0	1.505	20
	1500.0	25.0	1.836	20
	2000.0	25.0	2.239	20
	2500.0	25.0	2.710	20
	3000.0	25.0	3.279	20
	500.0	25.0	1.128	40
	1000.0	25.0	1.314	40
	1500.0	25.0	1.518	40
	2000.0	25.0	1.781	40
	2500.0	25.0	2.056	40
	3000.0	25.0	2.419	40
	500.0	25.0	1.053	60
	1000.0	25.0	1.160	60
	1500.0	25.0	1.290	60
	2000.0	25.0	1.450	60
	2500.0	25.0	1.625	60
	3000.0	25.0	1.833	60

III. ELECTRICAL CONDUCTANCE

[5]

METHANOL

500.0	100.0	1.110	0.0
1000.0	100.0	1.218	0.0
1500.0	100.0	1.337	0.0
2000.0	100.0	1.458	0.0
2500.0	100.0	1.578	0.0
3000.0	100.0	1.724	0.0
500.0	100.0	1.094	20.0
1000.0	100.0	1.193	20.0
1500.0	100.0	1.282	20.0
2000.0	100.0	1.379	20.0
2500.0	100.0	1.485	20.0
3000.0	100.0	1.594	20.0
500.0	100.0	1.087	40.0
1000.0	100.0	1.180	40.0
1500.0	100.0	1.261	40.0
2000.0	100.0	1.356	40.0
2500.0	100.0	1.441	40.0
3000.0	100.0	1.547	40.0
500.0	100.0	1.083	60.0
1000.0	100.0	1.165	60.0
1500.0	100.0	1.250	60.0
2000.0	100.0	1.333	60.0
2500.0	100.0	1.412	60.0
3000.0	100.0	1.501	60.0

TETRAPROPYL AMMONIUM IODIDE $(C_3H_7)_4NI$ ACETONE

Ref.	Pressure (bar)	Concentration eq/l $\times 10^4$ range	Sp. cond. ohm^{-1} cm^{-1} $\times 10^6$	Temperature (°C)	Λ_0	$k_d \times 10^4$	a(Å) (263)	$\Lambda_0\eta \times 10^3$ (262)
[259]	1.0	10.669	162.74	26.61	190.6 ± 1.8	64 ± 9	3.79 ± 0.08	566 ± 5
	1.0	10.669	171.72	35.00	205.1 ± 1.6	58 ± 6	3.7 ± 0.1	565 ± 4
	1.0	10.669	182.18	45.01	224.3 ± 2.0	50 ± 6	3.6 ± 0.2	568 ± 5
	1.0	10.669	189.42	54.83	244.4 ± 2.1	39 ± 4	3.6 ± 0.1	568 ± 5
	551.6	10.669	136.49	26.61	146.9 ± 1.5	89 ± 16		616 ± 6
	551.6	10.669	144.64	35.00	158.8 ± 1.7	78 ± 14		614 ± 7
	551.6	10.669	154.07	45.01	173.8 ± 2.1	65 ± 12		613 ± 8
	551.6	10.669	162.22	54.83	187.5 ± 1.8	58 ± 8		603 ± 6
	1103.2	10.669	116.69	26.61	119.6 ± 1.2	106 ± 23		626 ± 7
	1103.2	10.669	124.20	35.00	129.7 ± 1.5	92 ± 20		628 ± 7
	1103.2	10.669	132.90	45.01	142.5 ± 1.8	75 ± 15		631 ± 8
	1103.2	10.669	140.44	54.83	153.8 ± 1.6	67 ± 10		623 ± 7
	1.0	0.8000	14.68	26.61				
	1.0	0.8000	15.64	35.00				
	1.0	0.8000	16.87	45.01				
	1.0	0.8000	18.05	54.83				
	551.6	0.8000	11.99	26.61				
	551.6	0.8000	12.85	35.00				
	551.6	0.8000	13.93	45.01				
	551.6	0.8000	14.90	54.83				
	1103.2	0.8000	10.14	26.61				
	1103.2	0.8000	10.92	35.00				
	1103.2	0.8000	11.91	45.01				
	1103.2	0.8000	12.79	54.83				

III. ELECTRICAL CONDUCTANCE

ETHANOL

Ref.	Pressure in atmosphere $P \times 10^3$	Dielectric const.	Concentration eq/l $\times 10^4$ range	Λ range	Temperature (°C)	Λ_0	K_A	$\Lambda_0\eta$
[254]	5	24.2	1.92–15.29	39.3–32.6	30	41.3	140	0.498
	10	24.8	1.97–15.67	34.2–28.9	30	36.6	140	0.515
	15	25.3	2.01–16.01	29.7–26.1	30	32.7	130	0.529
	25	26.2	2.08–16.56	25.1–21.6	30	26.6	100	0.562
	40	27.2	2.16–17.20	19.2–16.9	30	20.2	80	0.614
	70	29.4	2.29–18.18	12.7–11.3	30	13.2	70	0.686

TETRABUTYL AMMONIUM BROMIDE $(C_4H_9)_4$NBr METHANOL

Ref.	Pressure kg/cm²	Dielectric constant	Concentration eq/l $\times 10^4$ range	Λ range	Temperature (°C)	Λ_0	a Å
[232]	1.0	31.45	6.02–27.00	96.2–88.6	31	102.6 ± 0.2	2.3 ± 0.3
	~1000	34.00	6.51–26.06	71.5–67.6	31	76.2 ± 0.3	3.4 ± 0.7
	~2000	36.86	6.80–27.27	59.2–56.1	31	61.8 ± 0.2	3.5 ± 0.7
	~3000	37.38	7.08–31.73	48.7–46.1	31	51.1 ± 0.1	3.8 ± 0.5
	~4000	38.67	7.27–18.43	42.3–40.4	31	44.5 ± 0.1	3.8 ± 0.8
	~5000	39.81	18.80–33.22	35.6–35.7	31	38.0 ± 0.1	4.0 ± 0.7

TETRABUTYLAMMONIUM PICRATE $(C_4H_9)_4N[C_6H_2O(NO_2)_3]$
N,N-DIMETHYL FORMAMIDE

Ref.	Pressure (atm)	Concentration eq/l × 10^4 range	Λ_0	Temperature (°C)
[199]	1	1–100	97.3	65
	120	1–100	91.7	65
	255	1–100	85.85	65
	399	1–100	80.3	65
	575	1–100	74.4	65
	733	1–100	69.7	65
	920	1–100	64.75	65
	1057	1–100	61.5	65
	1212	1–100	58.15	65
	1365	1–100	55.1	65
	1523	1–100	52.2	65
	1706	1–100	49.2	65
	1895	1–100	46.3	65
	1	1–100	88.4	55
	130	1–100	82.9	55
	273	1–100	77.4	55
	430	1–100	72.0	55
	584	1–100	67.3	55
	769	1–100	62.3	55
	903	1–100	59.1	55
	1049	1–100	55.9	55
	1203	1–100	52.8	55
	1365	1–100	49.8	55
	1534	1–100	46.9	55
	1715	1–100	44.1	55
	1916	1–100	41.3	55
	1	1–100	79.8	45
	140	1–100	74.5	45
	295	1–100	69.15	45
	430	1–100	64.95	45
	615	1–100	59.9	45
	749	1–100	56.7	45

III. ELECTRICAL CONDUCTANCE

TETRABUTYLAMMONIUM PICRATE $(C_4H_9)_4N[C_6H_2O(NO_2)_3]$
N,N-DIMETHYL FORMAMIDE—*Continued*)

Ref.	Pressure (atm)	Concentration eq/l × 10^4 range	Λ_0	Temperature (°C)
	886	1–100	53.6	45
	1033	1–100	50.6	45
	1188	1–100	47.65	45
	1373	1–100	44.5	45
	1554	1–100	41.7	45
	1735	1–100	39.1	45
	1932	1–100	36.5	45
	1	1–100	71.4	35
	149	1–100	66.3	35
	282	1–100	62.1	35
	448	1–100	57.45	35
	578	1–100	54.3	35
	717	1–100	51.1	35
	859	1–100	48.1	35
	1014	1–100	45.2	35
	1180	1–100	42.3	35
	1360	1–100	39.5	35
	1555	1–100	36.8	35
	1752	1–100	34.2	35
	1949	1–100	31.9	35
	1	1–100	63.3	25
	137	1–100	59.1	25
	302	1–100	54.5	25
	415	1–100	51.3	25
	540	1–100	48.7	25
	685	1–100	45.6	25
	830	1–100	42.8	25
	991	1–100	40.0	25
	1170	1–100	37.1	25
	1360	1–100	34.4	25
	1563	1–100	31.8	25
	1765	1–100	29.5	25

TETRABUTYLAMMONIUM PICRATE $(C_4H_9)_4N[C_6H_2O(NO_2)_3]$
TOLUENE

Ref.	Pressure (kg/cm^2)	Concentration eq/l × 10^4 range	Sp. cond. log σ	Temperature (°C)
[176]	1.0	32.6	8.75	13
	1.0	32.6	8.5	28
	1.0	32.6	8.12	75
	6.0	32.6	9.62	13
	6.0	32.6	9.12	28
	6.0	32.6	8.5	75
	1.0	0.765	11.12	13
	1.0	0.765	11.0	24
	1.0	0.765	10.12	77
	6.0	0.765	12.6	13
	6.0	0.765	11.25	24
	6.0	0.765	9.88	77
	1.0	58.0	7.88	28
	1.0	58.0	7.5	77
	6.0	58.0	8.7	28
	6.0	58.0	7.9	77
	1.0	7.65	10.0	13
	1.0	7.65	9.62	22
	1.0	7.65	9.1	77
	6.0	7.65	10.44	13
	6.0	7.65	10.18	22
	6.0	7.65	9.36	77

III. ELECTRICAL CONDUCTANCE

TETRABUTYLAMMONIUM TETRAPHENYL BORATE $(C_4H_9)_4NB(C_6H_5)_4$ METHANOL

Ref.	Pressure kg/cm²	Dielectric constant	Concentration eq/l × 10⁴ range	Λ range	Temperature (°C)	Λ_0
[232]	1.0	31.45	9.46–25.20	74.3–67.6	31	83.0 ± 0.4
	~1000	~34.00	10.20–21.89	50.9–47.3	31	57.1 ± 0.2
	~2000	~35.86	10.70–28.47	38.4–35.8	31	43.3 ± 0.2
	~3000	~37.38	11.12–29.63	29.7–27.1	31	33.8 ± 0.2
	~4000	~38.67	11.43–30.45	24.3–22.2	31	27.9 ± 0.2
	~5000	~39.81	11.65–24.98	20.8–19.5	31	22.9 ± 0.1

ETHANOL

Ref.	Pressure in atmosphere $P \times 10^{-3}$	Dielectric const.	Concentration eq/l × 10⁴ range	Λ range	Temperature (°C)	Λ_0	K_A	$\Lambda_0\eta$
[254]	5	24.2	1.99–7.90	32.2–29.0	30	35.1	200	0.423
	10	24.8	2.04–8.10	27.6–24.7	30	29.8	180	0.419
	15	25.3	2.08–8.27	23.7–21.5	30	26.0	170	0.420
	25	26.2	2.15–8.56	18.7–16.5	30	20.5	160	0.433
	40	27.2	2.24–8.89	13.6–12.0	30	14.6	180	0.433
	70	29.4	2.36–9.40	7.96–7.14	30	8.58	150	0.447

TETRAISOAMYL(PENTYL)AMMONIUM PICRATE
$(i\text{-}C_5H_{11})_4N[C_6H_2O(NO_2)_3]$ ANISOLE

Ref.	Pressure kg/cm²	Dielectric const.	Concentration eq/l × 10⁴ range	Λ range	Temperature (°C)
[257]	1	4.28	1.608–94.1	0.1836–0.0989	30
	1000	4.52	1.690–98.8	0.1887–0.0808	30
	2000	4.68	1.745–102.1	0.1674–0.0640	30
	3000	4.81	1.787–104.5	0.1370–0.0478	30
	4000	4.92	1.822–106.6	0.1076–0.0350	30
	5000	5.01	1.852–108.3	0.0802–0.0242	30

BENZENE

Ref.	Pressure kg/cm²	Concentration eq/l × 10⁴ range	Λ × 10⁴	Temperature (°C)
[206]	1	3.083–9.847	1.525–3.189	25
	457	3.222–10.29	1.450–2.7451	25
	1	21.0	8.13	30
	154	21.3	7.73	30
	295	21.5	7.33	30
	429	21.7	7.08	30
	577	21.9	6.64	30
	745	22.0	6.27	30

DIETHYL ETHER

Ref.	Pressure kg/cm²	Concentration eq/l × 10⁴ range	Λ range	Temperature (°C)	Λ_0	$a_1(\text{Å})$	$a_3(\text{Å})$	$\Lambda_0\eta$
[206]	1	0.02911–2.943	0.419–0.0892	30				
	998	0.03236–3.271	1.32–0.188	30				
	2039	0.03428–1.249	2.18–0.394	30	190	4.9	15	0.39
	3101	0.3472	0.937	30				
	4148	0.1708–3.722	1.53–0.379	30				
	4908	3.793	0.398	30				

a_1 = ion-pair size parameter.
a_3 = triple-ion size parameter.

5. EFFECT OF ADDED LIGANDS ON THE CONDUCTANCE OF QUATERNARY AMMONIUM SALTS

The conductance of an electrolyte in a given solvent may be altered by the addition of relatively small amounts of polar compounds. In certain instances, the limiting conductance of an ion may be greatly altered (e.g., if the added polar molecule is small compared to the solvent species, it can displace the solvent in the solvation sheath and thus reduce the effective size of the ion) (1). The addition of polar compounds may increase or decrease the ion-pair dissociation constant or may not affect it. For example, if in the cation there is an acid group, this may interact strongly with the anion, and with the result that the dissociation constant will be small; if a basic compound is added to this system, the interaction between the cation and basic compound will be the stronger, and thus the values for the dissociation constant will be larger (2).

1. R. M. Fuoss and C. A. Kraus; J. Am. Chem. Soc., **55,** 476 (1933).
2. C. R. Witschonke and C. A. Kraus; J. Am. Chem. Soc., **69,** 2472 (1947).

TETRAMETHYLAMMONIUM BROMIDE $(CH_3)_4NBr$

Solvent and ref.	Concentration eq/l $\times 10^4$ range	Concentration of additive $\times 10^4$C (PA[1])	Sp. cond. $\times 10^6$ range
Acetonitrile [272]	7.600	0.000	130.95
	7.589	50.52	133.15
	7.583	73.84	133.09
	7.578	100.05	132.98

[1] PA = Picric acid.

TETRAMETHYLAMMONIUM PICRATE $(CH_3)_4N[C_6H_2O(NO_2)_3]$

Solvent and ref.	Concentration eq/l $\times 10^4$ range	Concentration of additive $\times 10^4$C (PA[1])	Sp. cond. $\times 10^6$ range
Acetonitrile [272]	4.221	0.000	66.85
	4.216	38.87	69.45
	4.212	77.05	70.35
	4.208	107.92	70.86
	4.202	152.84	71.52

[1] PA = Picric Acid.

Solvent and ref.	Concentration eq/l $\times 10^4$ range	Concentration of additive	Λ range	Λ_0	$k_d \times 10^4$
Ethylenechloride [60]	1.066–30.15	0.204N (Methanol)	66.30–27.62	75.20	0.457
	—	0.000	—	73.80	0.353

TETRAETHYLAMMONIUM BENZOATE $(C_2H_5)_4N[C_7H_5O_2]$

Solvent and ref.	Concentration eq/l × 10^4 range	Concentration of additive	Λ range	$Λ_0$
Acetonitrile [220]	3.84–65.3	0.000	141–110	147
	3.84–65.3	0.079M (Benzoic acid)	123–98	147

TETRAETHYLAMMONIUM 3,5-DINITROBENZOATE $(C_2H_5)_4N(C_7H_3N_2O_6)$

Solvent and ref.	Concentration eq/l × 10^4 range	Concentration of additive	Λ range	$Λ_0$
Acetonitrile [197]	0.238–16.66	0.371M (Resorcinol)	125.0–105.3	129

TETRAETHYLAMMONIUM SALICYLATE $(C_2H_5)_4[C_7H_5O_3]$

Solvent and ref.	Concentration eq/l × 10^4 range	Concentration of additive	Λ range	$Λ_0$
Acetonitrile [220]	3.81–37.0	0.000	147–123	163
	3.81–37.0	0.040M (Salicylic acid)	130–109	141.5

TETRABUTYLAMMONIUM BROMIDE $(C_4H_9)_4NBr$

Solvent and ref.	Concentration eq/l $\times 10^4$ range	Concentration of additive $\times 10^3 M$	Λ range
Acetonitrile [182]	9.704	0.000	150.29
	9.704	1.091 (PNA[1])	150.07
	9.704	2.208 (PNA[1])	149.83
	9.704	4.351 (PNA[1])	149.35
	9.704	8.617 (PNA[1])	148.44

[1] PNA = P-nitroaniline.

TETRA-n-BUTYLAMMONIUM ACETATE $(C_4H_9)_4NCOOCH_3$

Solvent and ref.	Concentration eq/l $\times 10^4$ range	Concentration of additive	Λ range	Λ_0	$k_d \times 10^4$
Ethylene chloride [60]	0.7884–55.47	0.000	50.56–23.68	53.50	1.34
	2.071–95.83	0.200N (Methanol)	49.97–24.28	56.27	1.99

TETRABUTYLAMMONIUM PICRATE $(C_4H_9)_4N[C_6H_2O(NO_2)_3]$

Solvent and ref.	Concentration eq/l $\times 10^4$ range	Concentration of additive $\times 10^4 C$ (PA[1])	Sp. cond. $\times 10^6$ range
Acetonitrile [272]	8.479	0.000	110.78
	8.471	33.33	112.64
	8.465	57.58	112.96
	8.457	87.37	113.37
	8.451	110.18	113.62

[1] PA = Picric acid.

III. ELECTRICAL CONDUCTANCE

TETRA-n-BUTYLAMMONIUM PICRATE $(C_4H_9)_4N[C_6H_2O(NO_2)_3]$

Solvent and ref.	Concentration eq/l × 10^4 range	Concentration of additive	Λ range	Λ_0	$k_d × 10^4$
Ethylene chloride [60]	2.467–28.45	0.000 0.200N (Methanol)	52.49–37.30	57.40 58.43	2.28 2.67

TRIMETHYL HYDROXY AMMONIUM PICRATE
$(CH_3)_3(OH)N[C_6H_2O(NO_2)_3]$

Solvent and ref.	Concentration eq/l × 10^4 range	Concentration of additive	Λ range	Λ_0	$k_d × 10^5$
Nitrobenzene [69]	0.2916–16.62	0.000M	17.57–3.328	33.26	1.69
	0.2272–21.20	0.010M (Water)	20.36–3.332	32.93	2.23
	0.2324–24.62	0.00104M (Pyridine)	22.58–3.939	32.84	3.53
	0.3799–23.11	0.037M (Pyridine)	29.03–11.02	32.07	33.4
	0.3379–41.00	0.00101M (Triethylamine)	29.20–8.279	31.3	50
	0.7211–23.24	0.0385 (Triethylamine)	28.21–18.24	30.7	88
	0.1176–20.62	0.001M (Piperidine)	30.54–14.99	31.0	52
	0.5740–25.18	0.0101M (Piperidine)	28.69–16.72	30.4	108

PHENYL DIMETHYL HYDROXY AMMONIUM PICRATE
$(C_6H_5)(CH_3)_2(OH)N[C_6H_2O(NO_2)_3]$

Solvent and ref.	Concentration eq/l × 10^4 range	Concentration of additive	Λ range	Λ_0	$k_d × 10^5$
Nitrobenzene [69]	0.1001–30.58	0.000M	20.68–2.475	28.5	2.0
	0.5822–25.29	0.0353M (Pyridine)	27.47–13.19	30.8	49

DIBUTYLAMMONIUM PICRATE $(C_4H_9)_2NH_2[C_6H_2O(NO_2)_3]$

Solvent and ref.	Concentration eq/l × 10^4 range	Concentration of additive	Λ range	$Λ_0$	$k_d × 10^4$
Nitrobenzene [69]	0.4018–19.79	0.000M	25.02–7.646	30.4	1.56
	0.3886–13.77	0.035M (Pyridine)	25.90–9.778	30.4	1.56

METHYL TRIBUTYLAMMONIUM PERCHLORATE $(CH_3)(C_4H_9)_3NClO_4$

Solvent and ref.	Concentration eq/l × 10^4 range	Concentration of additive	Λ range	KL[1]
O-Dichlorobenzene [260]	0.1343–0.9926	0.01285M (Bu$_3$PO[2])	23.45–11.81	62.5
	0.1009–0.7056	0.03723M (Bu$_3$PO[2])	27.67–16.23	62.5
O-Dichlorobenzene [210]	0.0957–1.0273	0.000	23.25–9.58	
	0.1486–1.0647	+0.01357M (TPPO[3])	21.98–10.82	
	0.0863–0.5678	+0.02698M (TPPO[3])	26.70–15.02	
Ethylene chloride [210]	0.1686–1.310	0.000	57.38–39.15	
	0.1498–1.006	0.01407M (TPPO[3])	57.90–42.23	
	0.1594–1.015	0.02623M (TPPO[3])	57.19–42.40	
	0.1521–1.323	0.0344M (TPPO[3])	56.84–39.84	

[1] KL = Ligand association constant.
[2] Bu$_3$PO = Tri-η-butylphosphine oxide.
[3] TPPO = Triphenylphosphine oxide.

III. ELECTRICAL CONDUCTANCE

METHYL TRIBUTYLAMMONIUM IODIDE $(CH_3)(C_4H_9)_3NI$

Solvent and ref.	Concentration eq/l × 10⁴ range	Concentration of additive	Λ range	$\Lambda_0^2 k \times 10^6$	KL[1]
O-Dichlorobenzene [210]	0.1545–1.748	0.000M	14.53–5.231		
	0.1462–1.513	0.01208M (TPPO)	16.47–6.409		
	0.1655–1.850	0.01878M (TPPO)	16.32–6.201		
	0.1385–1.493	0.03062M (TPPO)	18.51–7.462		
Chlorobenzene [260]	0.01670–1.145	0.000	1.624–0.2123	4.25	
	0.1348–2.098	0.00846M (Ph_3PO^2)	0.7085–0.2083		70
	0.1321–2.121	0.01159M (PH_3PO^2)	0.7555–0.2191		70

[1] KL = Ligand Association Constant.
[2] PH_3PO = Triphenylphosphine oxide.

TRI-n-BUTYLAMMONIUM BROMIDE $(C_4H_9)_3NHBr$

Solvent and ref.	Concentration eq/l × 10⁴ range	Concentration of additive	Λ range Λ × 10²	KL[1]
O-Dichlorobenzene [195]	0.4338–8.097	0.000	3.688–3.487	
	0.3528–7.399	0.00167M (PY[2])	3.560–3.042	1450 ± 90
	0.9003–7.380	0.006505M (PY[2])	3.652–3.104	

[1] KL = Ligand association constant.
[2] PY = Pyridine.

TRI-n-BUTYLAMMONIUM PICRATE $(C_4H_9)_3NH[C_6H_2O(NO_2)_3]$

Solvent and ref.	Concentration eq/l × 10^4 range	Concentration of additive	Λ range Λ × 10^3	KL[1]
Chlorobenzene [195] [195]	1.065–7.205	0.000	1.104–0.8149	
	0.6800–5.960	0.01872M (PY^2)	4.701–2.045	820 ± 50
	0.6745–5.144	0.03781M (PY^2)	6.874–3.019	
	0.6203–6.198	0.00894M (4–MePY^3)	5.610–2.228	1830 ± 80
	0.4485–6.598	0.01497M (4–MePY^3)	7.935–2.595	
O-Dichlorobenzene [195]	0.2084–3.266	0.000	1.369–0.3669	
	1.347–9.400	0.0089M (PY^2)	2.105–0.8240	1370 ± 70
	1.220–9.821	0.03559M (PY^2)	4.223–1.503	
	0.244–3.258	0.00374M (4–MePY^3)	5.520–1.407	3240 ± 210

III. ELECTRICAL CONDUCTANCE

0.2368–3.347	0.01219M (4-MePY[3])	9.810–2.330	
0.3105–4.032	0.00751M (4-CNPY[4])	1.305–0.3857	40 ± 7
0.3060–4.064	0.02465M (4-CNPY[4])	1.525–0.4422	
1.147–7.417	0.01145M (TBA[5])	1.493–0.5771	560 ± 40
0.8148–4.711	0.03218M (TBA[5])	2.329–0.9825	
Ethylene chloride [195]			
0.1628–2.508	0.000	2.091–0.5525	
0.2218–2.289	0.02743M (MeoH)	2.131–0.7725	41
0.2331–1.947	0.06909M (MeoH)	3.482–1.260	

[1] KL = Ligand association constant.
[2] PY = Pyridine.
[3] 4-MePY = 4-Methyl Pyridine.
[4] 4-CNPY = 4-Cyano Pyridine.
[5] TBA = Tri-η-butylamine.

TRI-n-BUTYLAMMONIUM PICRATE $(C_4H_9)_3NH[C_6H_2O(NO_2)_3]$

Solvent and ref.	Concentration eq/l × 10⁴ range	Concentration of additive	Λ range	Λ_0	K_A	KL[1]
Nitrobenzene [260]	0.1584–1.6910	0.000	26.40–18.19	28.62	5291	
	0.1599–0.9340	0.01457M (Ph_3PO^2)	25.34–23.71			363
	0.2071–1.4890	0.02093M (Ph_3PO^2)	25.17–23.21			363
	0.1908–1.1830	0.00894M (Bu_2PhPO^3)	25.64–24.08			785
	0.2027–1.1132	0.02503M (Bu_2PhPO^3)	25.37–24.62			785

[1] KL = Ligand association constant.
[2] Ph_3PO = Triphenylphosphine oxide.
[3] Bu_3PhPO = Dibutylphenylphosphine oxide.

Solvent and ref.	Concentration eq/l × 10⁴ range	Concentration of additive	Λ range	Λ_0	$k_d \times 10^4$
Nitrobenzene [69]	0.1682–13.238	0.000M	26.51–9.193	28.9	1.90
	0.4547–32.02	0.036M (Pyridine)	24.73–7.047	29.0	2.32

6. DATA BY SOLVENT

ACETALDEHYDE

(a)

Tetraethylammonium iodide [11]

ACETAMIDE

(a)

Tetraethylammonium iodide [300]

(g)

Piperidinium bromide [300]

ACETIC ANHYDRIDE

(a)

Tetraethylammonium iodide [11]

ACETIC ACID

(a)

Tetramethylammonium chloride	[54]
Tetramethylammonium bromide	[54]
Tetraethylammonium chloride	[315]
Tetraethylammonium bromide	[315]
Tetrapropylammonium chloride	[315]
Tetrapropylammonium bromide	[315]
Tetrabutylammonium chloride	[315]
Tetrabutylammonium bromide	[315]

(b)

Tetramethylammonium picrate	[315]
Tetraethylammonium hexafluorophosphate	[315]
Tetraethylammonium picrate	[93] [315]
Tetrapropylammonium picrate	[315]
Tetrabutylammonium hexafluorophosphate	[315]
Tetrabutylammonium picrate	[315]
Tetrahexylammonium hexafluorophosphate	[315]
Tetraheptylammonium hexafluorophosphate	[315]

(d)

Trimethylbutylammonium bromide	[54]

ACETONE

(a)

Tetramethylammonium fluoride	[73]
Tetramethylammonium iodide	[301]
Tetraethylammonium chloride	[12]
Tetraethylammonium bromide	[320]
Tetraethylammonium iodide	[12] [10] [11] [301] [320]
Tetrapropylammonium iodide	[320] [86]
Tetrapropylammonium bromide	[207]
Tetrabutylammonium chloride	[320] [224] [86]
Tetrabutylammonium bromide	[320] [73]
Tetrabutylammonium iodide	[320] [111] [73]
Tetraamylammonium bromide	[86]

(b)

Tetramethylammonium hexacyanohepta trienide	[171]
Tetramethylammonium pentacyano propenide	[171]
Tetramethylammonium perchlorate	[12] [320]
Tetramethylammonium picrate	[86] [12]
Tetramethylammonium tetraphenyl boride	[320]
Tetramethylammonium tricyanovinyl alcoholate	[171]
Tetraethylammonium perchlorate	[12]
Tetraethylammonium picrate	[73] [12]
Tetraethylammonium styphnate	[12]
Tetrapropylammonium picrate	[2] [12]
Tetrabutylammonium perchlorate	[320] [196] [73]
Tetrabutylammonium tetraphenyl boride	[320] [196]
Tetrabutylammonium fluorotriphenylborate	[30]
Tetrabutylammonium nitrate	[73]
Tetrabutylammonium picrate	[73] [2]
Tetrabutylammonium p-toluene sulfonate	[224]
Tetrabutylammonium triphenylboride	[73]

III. ELECTRICAL CONDUCTANCE

ACETONE (*Continued*)

(c)

Tetramethylammonium bis(tricyanovinyl) amine	[171]
Tetramethylammonium triphenylborofluoride	[73]

(d)

Diethylammonium chloride	[12]
Di-Octd dibutylammonium iodide	[86]
Octd tributylammonium iodide	[86]
Iso-butylammonium chloride	[12]
Triamylbutylammonium iodide	[320]

(e)

Iso-triamylbutylammonium tetraphenylboride	[320]

(f)

Iso-butylammonium picrate	[12]
Diethylammonium picrate	[12]

ACETONITRILE

(a)

Tetramethylammonium chloride	[106] [305] [306]
Tetramethylammonium tribromide	[106]
Tetramethylammonium dibromoiodide	[106]
Tetramethylammonium chlorobromoiodide	[106]
Tetramethylammonium bromide	[201] [211] [226] [106] [308]
Tetramethylammonium iodide	[201] [226] [106] [310]
Tetraethylammonium chloride	[248] [37] [18]
Tetraethylammonium bromide	[201] [18] [311] [306]
Tetraethylammonium iodide	[201] [104] [18] [11]
Tetraethanolammonium iodide	[241]
Tetrapropylammonium bromide	[201] [226]
Tetrapropylammonium iodide	[201] [211] [226] [18] [310]
Tetrabutylammonium bromide	[201] [211] [226] [306] [312] [308]
Tetrabutylammonium iodide	[201] [211] [226] [310]
Tetraamylammonium bromide	[201] [305]
Tetraamylammonium iodide	[201] [305] [310]
Tetra-iso-amylammonium bromide	[276]
Tetra-iso-amylammonium iodide	[310]
Tetrahexylammonium iodide	[310]
Tetraheptylammonium iodide	[310]

ACETONITRILE (Continued)

(b)

Tetramethylammonium hexacyanoheptatrienide	[171]
Tetramethylammonium hexafluorophosphate	[184] [309]
Tetramethylammonium nitrate	[160]
Tetramethylammonium pentacyanopropenide	[171]
Tetramethylammonium perchlorate	[18]
Tetramethylammonium picrate	[226] [18] [308]
Tetramethylammonium tetraphenylboride	[156] [308]
Tetraethylammonium benzoate	[220]
Tetraethylammonium bisulfate	[163]
Tetraethylammonium 2,6 dihydroxybenzoate	[219]
Tetraethylammonium 3,5 dinitrobenzoate	[177]
Tetraethylammonium nitrate	[213] [18]
Tetraethylammonium p-nitrophenolate	[219]
Tetraethylammonium perchlorate	[213] [219] [219] [248] [18] [307] [306]
Tetraethylammonium phenyl trichloroborate	[274]
Tetraethylammonium picrate	[119] [18]
Tetraethylammonium salicylate	[220] [219]
Tetraethylammonium tetrabromoborate	[274]
Tetraethylammonium tetrachloroborate	[248]
Tetraethylammonium tetrafluoroborate	[306]
Tetraethylammonium tetraiodoborate	[274]
Tetraethylammonium tetraphenylboride	[156]
Tetraethylammonium trifluoroacetate	[284] [306]
Tetraethanolammonium tetraphenylboride	[241]
Tetrapropylammonium perchlorate	[18]
Tetrapropylammonium picrate	[18]
Tetrapropylammonium tetraphenylboride	[156]
Tetrabutylammonium tetraphenylboride	[157] [156] [134] [214] [141] [298]
Tetrabutylammonium hexafluorophosphate	[184]
Tetrabutylammonium nitrate	[160]
Tetrabutylammonium perchlorate	[196] [214]
Tetrabutylammonium picrate	[226] [119] [308]
Tetra-iso-amylammonium perchlorate	[214]
Tetra-iso-amylammonium tetra-iso-amylboride	[214]
Tetra-iso-amylammonium tetraphenylboride	[214]
Tetraamylammonium picrate	[314] [119]

(c)

Tetramethylammonium bis(tricyanovinyl)amine	[171]
Tetramethylammonium bis(nitrato)bromate I	[242]
Tetramethylammonium dichlorobromate I	[242]
Tetramethylammonium tetrabis(nitrato)iodate I	[242]
Tetramethylammonium tricyanovinylalcohalate	[171]
Tetraethylammonium 1,1,2,4,5,5 hexacyano-3 azapentadiene	[161]
Tetraethylammonium 1,1,2,3,3 pentacyanopropene salt	[161]

III. ELECTRICAL CONDUCTANCE

ACETONITRILE (Continued)

(d)

Methyl tripropylammonium iodide	[211]
Dimethylammonium chloride	[37] [18]
Triethylammonium chloride	[37] [18]
Diethylammonium chloride	[37] [18]
Diethylammonium iodide	[18]
Ethylammonium chloride	[37] [18]
Ethylammonium bromide	[18]
Ethylammonium iodide	[18]
Butyl tripropylammonium iodide	[211]
Iso-butylammonium chloride	[37] [18]
Triamyl butylammonium bromide	[211]
Tri-iso-amyl butylammonium bromide	[276]
Tri-iso-amyl-butylammonium iodide	[190] [288] [276]
Di-iso-amylammonium chloride	[37] [18]
Iso-amylammonium chloride	[37] [18]

(e)

N,N-dimethylbenzylammonium perchlorate	[221]
Tributylammonium perchlorate	[219]
Dibutylammonium perchlorate	[219]
Butylammonium perchlorate	[219]
Triamylbutylammonium tetraphenylboride	[211]
Tri-iso-amylbutylammonium tetraphenylboride	[190] [288] [313]

(f)

Triethylammonium picrate	[18]
Diethylammonium picrate	[18]
Ethylammonium picrate	[18]
Tributylammonium picrate	[219]
Dibutylammonium picrate	[219]
Iso-butylammonium picrate	[18]
n-butylammonium picrate	[177] [219]
Tri-iso-amylbutylammonium picrate	[190] [288]
n-cetylammonium picrate	[18]
Phenylammonium picrate or Aniline picrate	[119]

ACETOPHENONE

(a)

Tetraethylammonium chloride	[16]

(b)

Tetraethylammonium picrate	[16]

(f)

Diethylammonium picrate	[16]

ACETYL BROMIDE

(a)

Tetraethylammonium iodide [11]

ACETYL CHLORIDE

(a)

Tetraethylammonium iodide

(d)

Benzyldimethylphenylammonium chloride [137]
Benzyltrimethylammonium chloride [137]

ADIPONITRILE

(a)

Tetraethylammonium bromide [250]
Tetrapropylammonium bromide [250]
Tetrapropylammonium iodide [250]
Tetrabutylammonium bromide [250]
Tetrabutylammonium iodide [250]
Tetrahexylammonium bromide [250]
Tetrahexylammonium iodide [250]

(d)

Tri-iso-amylbutylammonium iodide [250]
Trimethylphenylammonium bromide [250]
Trimethylphenylammonium iodide [250]

(e)

Tri-iso-amylbutylammonium tetraphenylboride [250]
Phenyltrimethylammonium benzensulfonate [250]

AMYL ALCOHOL

(a)

Tetraheptylammonium bromide [318]
Tetraheptylammonium iodide [318]

(d)

Tri-iso-amylbutylammonium iodide [318]

ANILINE

(a)

Tetraethylammonium iodide	[15]

(b)

Tetramethylammonium picrate	[15]
Tetraethylammonium picrate	[15]
Tetra-iso-amylammonium perchlorate	[15]
Tetra-iso-amylammonium picrate	[15]

(d)

Di-iso-amylammonium chloride	[15]

(f)

Di-iso-amylammonium picrate	[15]

ANISALDEHYDE

(a)

Tetraethylammonium iodide	[10] [11]

ANISOLE

(a)

Tetramethylammonium bromide	[41]
Tetrabutylammonium bromide	[41]

(b)

Tetraethylammonium picrate	[120]
Tetrabutylammonium nitrate	[41] [42]
Tetrabutylammonium picrate	[130] [120] [41] [42]
Tetrabutylammonium thiocyanate	[41]
Tetraamylammonium picrate	[319]

BENZALDEHYDE

(a)

Tetraethylammonium iodide	[11]

BENZENE

(a)

Tetrabutylammonium chloride	[121]
Tetrabutylammonium bromide	[90]
Tetra-isoamylammonium fluoride	[33]
Tetra-iso-amylammonium chloride	[33]
Tetra-iso-amylammonium bromide	[33]
Tetra-iso-amylammonium iodide	[33] [40]

(b)

Tetrabutylammonium azide	[121]
Tetrabutylammonium acetate	[40]
Tetrabutylammonium nitrate	[121]
Tetrabutylammonium thiocyanate	[169] [90] [320]
Tetrabutylammonium picrate	[334]
Tetra-iso-amylammonium picrate	[33] [321]
Tetra-iso-amylammonium thiocyanate	[90] [33] [23]

(d)

Tributylammonium iodide	[89]
n-amyl tributylammonium iodide	[90]

(e)

Di-Octd dimethylammonium thiocyanate	[90]
Di-Octd dibutylammonium thiocyanate	[90]
Octd tributylammonium thiocyanate	[79]
Tributylmethylammonium thiocyanate	[90]
n-Octd triamylammonium thiocyanate	[89]

(f)

Tri-iso-amylammonium picrate	[90] [23]

(i)

Aniline acetate	[322]

BENZOYLACETYL ETHYL ESTER

(a)

Tetraethylammonium iodide	[11]

BENZOYL BROMIDE

(a)

Tetrapropylammonium bromide [138]
Tetrabutylammonium bromide [138]

(d)

Trimethylcetylammonium bromide [138]

BENZONITRILE

(a)

Tetraethylammonium iodide [30] [10] [11]

(b)

Tetrabutylammonium perchlorate [196] [238] [173]

(f)

Tributylammonium picrate [243]

BROMINE

(a)

Tetrabutylammonium bromide [94]

(d)

Trimethylammonium chloride [94]
Trimethylammonium bromide [133]
Triamylammonium chloride [133]

BROMOBENZENE

(b)

Tetrabutylammonium picrate [165]

t-BUTANOL

(b)

Tetrabutylammonium perchlorate [327]

n-BUTANOL

(a)

Tetramethylammonium chloride	[269]
Tetramethylammonium bromide	[269]
Tetramethylammonium iodide	[326]
Tetraethylammonium bromide	[269]
Tetraethylammonium iodide	[269]
Tetrapropylammonium bromide	[269]
Tetrapropylammonium iodide	[269]
Tetrabutylammonium chloride	[269]
Tetrabutylammonium bromide	[269]
Tetrabutylammonium iodide	[269] [235] [174]
Tetra-iso-amylammonium iodide	[168] [172]
Tetraheptylammonium iodide	[269]

(b)

Tetrabutylammonium perchlorate	[269]
Tetrabutylammonium picrate	[88]

(d)

Tri-iso-amylbutylammonium iodide	[269]

2-BUTANONE

(b)

Tetrabutylammonium perchlorate	[173]

BUTYRIC ACID

(g)

Pyridine	[328]
Triethylamine	[328]

ISOBUTYRONITRILE

(b)

Tetrabutylammonium perchlorate	[196]
Tetrabutylammonium tetraphenylboride	[157] [196]

III. ELECTRICAL CONDUCTANCE

CHLOROBENZENE

(a)

Tetrabutylammonium bromide   [49]

(b)

Tetrabutylammonium picrate   [193] [49]

(d)

Methyl tri-n-butylammonium iodide   [260]

(f)

Tributylammonium picrate   [195] [49]

(i)

Aniline acetate   [322]

1,CHLORO 2,DICHLOROETHANE

(a)

Tetrapropylammonium iodide   [34]

1,2, CHLOROETHANE ClCH$_2$CH$_2$Cl

(a)

Tetrapropylammonium iodide   [34]

CHLOROFORM

(a)

Tetraethylammonium chloride	[37] [17]
Tetraethylammonium bromide	[17]
Tetraethylammonium iodide	[17]
Tetrapropylammonium iodide	[17]
Tetraamylammonium iodide	[17]

(b)

Tetraethylammonium nitrate	[17]
Tetraethylammonium picrate	[37]

1,CHLORO, 2,TRICHLOROETHANE

(a)

Tetrapropylammonium iodide [34]

CYANOACETYL ETHYL ESTER

(a)

Tetraethylammonium iodide [11]

CYANOACETYL METHYL ESTER

(a)

Tetraethylammonium iodide [11]

CYCLOHEXANONE

(a)

Tetraethylammonium chloride [14]

(b)

Tetraethylammonium perchlorate [14]
Tetraethylammonium picrate [14]

(d)

Diethylammonium chloride [14]

(f)

Diethylammonium picrate [14]

DEUTERIUM OXIDE

(a)

Tetramethylammonium bromide [225]
Tetramethylammonium iodide [225]
Tetraethylammonium bromide [225]
Tetrapropylammonium bromide [225]
Tetrabutylammonium bromide [225]
Tetrabutylammonium iodide [228]

III. ELECTRICAL CONDUCTANCE

1,3-DIAMINOPROPANE

(a)

Tetramethylammonium bromide	[275]
Tetramethylammonium iodide	[275]
Tetraethylammonium bromide	[275]
Tetrapropylammonium bromide	[275]
Tetrapropylammonium iodide	[275]
Tetrabutylammonium bromide	[275]
Tetrabutylammonium iodide	[275]

DI-n-AMYL PHTHALATE

(b)

Tetraamylammonium picrate	[118]

DIBUTYL PHOSPHONATE

(b)

Tetraethylammonium picrate	[147]
Tetrapropylammonium picrate	[147]
Tetrabutylammonium picrate	[147]
Tetrapentylammonium picrate	[147]

DIBUTYL PHTHALATE

(b)

Tetraethylammonium picrate	[115]
Tetrapentylammonium picrate	[118]
Tetraamylammonium picrate	[118]

DICHLOROACETIC ACID

(g)

N,N-Diethylaniline	[316]

m-DICHLOROBENZENE

(b)

Tetraamylammonium thiocyanate	[323]

O-DICHLOROBENZENE (ODCB)

(a)

Tetrabutylammonium iodide	[95]

(b)

Tetraethylammonium picrate	[125] [95]
Tetrapropylammonium picrate	[125] [95]
Tetrabutylammonium perchlorate	[238] [173]
Tetrabutylammonium tetraphenylboride	[194]
Tetrabutylammonium nitrate	[95]
Tetrabutylammonium picrate	[125] [95]
Tetraamylammonium picrate	[95]

(d)

Methyl tributylammonium iodide	[210]
Octd tributylammonium iodide	[95]
Tributylammonium bromide	[193]

(e)

Methyl tributylammonium perchlorate	[210] [260]

(f)

Octd trimethylammonium picrate	[95]
Tripropylammonium picrate	[189]
Tributylammonium picrate	[195]

2,DICHLOROETHANE CH$_3$CHCl$_2$

(a)

Tetrapropylammonium iodide	[34]

1,2-DICHLOROETHANE

(a)

Tetrapropylammonium iodide	[34]

1,2-DICHLOROPROPANE

(b)
Tetrabutylammonium perchlorate [173]

2,2-DICHLOROPROPANE

(b)
Tetrabutylammonium perchlorate [173]

Di-ETHANOLAMINE

(a)
Tetraethylammonium bromide [62]

(b)
Tetramethylammonium perchlorate [62]

(g)
Diethylamine hydrochloride [62]

DIETHYLESTER OF SULFURIC ACID

(a)
Tetraethylammonium iodide [11]

DIETHYL ETHER

(b)
Tetra-iso-amylammonium picrate [321]

DIETHYL ETHYL PHOSPHONATE

(b)

Tetraethylammonium picrate	[147]
Tetrapropylammonium picrate	[147]
Tetrabutylammonium picrate	[147]
Tetrapentylammonium picrate	[147]

Di-(2-ETHYLHEXYL)2-ETHYLHEXYL PHOSPHONATE

(b)

Tetraethylammonium picrate	[147]
Tetrapropylammonium picrate	[147]
Tetrabutylammonium picrate	[147]
Tetrapentylammonium picrate	[147]

Di-(2-ETHYLHEXYL)PHTHALATE

(b)

Tetraethylammonium picrate	[115]

DIETHYL PHTHALATE

(b)

Tetraethylammonium picrate	[115]

DIMETHOXYETHANE

(e)

Tri-iso-amylbutylammonium tetraphenylboride	[222]

N,N-DIMETHYL ACETAMIDE

(a)

Tetraethylammonium bromide	[126]
Tetraethylammonium iodide	[126]
Tetrapropylammonium bromide	[126]
Tetrapropylammonium iodide	[126]
Tetrabutylammonium iodide	[126]

(d)

Trimethylphenylammonium iodide	[126]

(e)

Trimethylphenylammonium benzene sulfonate	[126]

N,N DIMETHYL FORMAMIDE

(a)

Tetramethylammonium bromide	[98]
Tetramethylammonium iodide	[98]
Tetraethylammonium bromide	[98]
Tetraethylammonium iodide	[98]
Tetrapropylammonium bromide	[98]
Tetrapropylammonium iodide	[98]
Tetrabutylammonium iodide	[98]

(b)

Tetramethylammonium hexafluorophosphate	[309]
Tetramethylammonium picrate	[124]
Tetraethylammonium benzoate	[282]
Tetraethylammonium 2,6, Dinitro-4-chlorophenolate	[282]
Tetraethylammonium picrate	[282]

(d)

Trimethylphenylammonium chloride	[105]
Trimethylphenylammonium iodide	[105]
Triethylammonium bromide	[124]
Ethylammonium bromide	[124]

(f)

Triethylammonium picrate	[124]

DIMETHYLESTER OF SULFURIC ACID

(a)

Tetraethylammonium iodide [11]

DIMETHYL PHTHALATE

(b)

Tetraethylammonium picrate [115]

N,N-DIMETHYL PROPIONAMIDE

(a)

Tetraethylammonium bromide [128]
Tetrapropylammonium bromide [128]

DIMETHYL SULFOLANE

(d)

Trimethylphenylammonium iodide [179]

DIMETHYL SULFOXIDE*

(a)

Tetramethylammonium bromide [277]
Tetramethylammonium iodide [277]
Tetraethylammonium bromide [277]
Tetraethylammonium iodide [277]
Tetrapropylammonium chloride [277]
Tetrapropylammonium bromide [277]
Tetrapropylammonium iodide [277]
Tetrabutylammonium bromide [277]
Tetrabutylammonium iodide [129] [277]
Tetrapentylammonium iodide [277]
Tetra-iso-pentylammonium iodide [277]
Tetrahexylammonium iodide [277]
Tetraheptylammonium iodide [277]

III. ELECTRICAL CONDUCTANCE

DIMETHYL SULFOXIDE* (Continued)

(b)

Tetramethylammonium tetrafluoroborate	[237] [346]
Tetraethylammonium perchlorate	[35] [318]
Tetrabutylammonium perchlorate	[318] [35]
Tetrabutylammonium tetraphenylboride	[318]
Tetrabutylammonium tetraphenylborate	[343]
Tetra-iso-amylammonium tetra-iso-amylborate	[277]
Tetra-iso-amylammonium tetraphenylborate	[277] [237]
Tetraamylammonium thiocyanate	[349]

(d)

n-Octadecyltrimethylammonium iodide	[129]
Trimethylphenylammonium iodide	[129]

(e)

n-Octadecyltrimethylammonium nitrate	[129]
Trimethylphenylammonium benzene sulfonate	[129]
Trimethylphenylammonium hexafluorophosphate	[237] [346]
Tri-iso-amylbutylammonium tetraphenylboride	[348]

(g)

Dibutylamine	[347]

* See also Section VIII(a).

DINONYL PHTHALATE

(b)

Tetraethylammonium picrate	[115]
Tetrapentylammonium picrate	[118]
Tetraamylammonium picrate	[118]

DIOCTYL PHTHALATE

(b)

Tetrapentylammonium picrate	[118]
Tetraamylammonium picrate	[118]

DIOXANE

(b)

Tetrabutylammonium acetate	[40]
Tetrabutylammonium perchlorate	[40]
Tetra-iso-amylammonium nitrate	[23]
Tetra-iso-amylammonium thiocyanate	[23]

DIPHENYL ETHER

(a)

Tetrabutylammonium bromide	[52]

(b)

Tetrabutylammonium picrate	[57]

DIPENTYL PHTHALATE

(b)

Tetraethylammonium picrate	[115]
Tetrapentylammonium picrate	[118]

ETHANOL

(a)

Tetramethylammonium chloride	[264] [31] [7]
Tetramethylammonium bromide	[254] [264] [31]
Tetramethylammonium iodide	[123]
Tetraethylammonium chloride	[32]
Tetraethylammonium bromide	[264] [32]
Tetraethylammonium iodide	[264] [9] [32] [8] [11]
Tetrapropylammonium bromide	[264]
Tetrapropylammonium iodide	[264]
Tetrabutylammonium chloride	[264]
Tetrabutylammonium bromide	[254] [264] [102] [329]
Tetrabutylammonium iodide	[264]
Tetrahexylammonium iodide	[264]
Tetraheptylammonium iodide	[264]

III. ELECTRICAL CONDUCTANCE

ETHANOL (Continued)

(b)

Tetramethylammonium nitrate	[31]
Tetramethylammonium picrate	[31]
Tetramethylammonium thiocyanate	[31]
Tetraethylammonium nitrate	[32]
Tetraethylammonium perchlorate	[36] [32]
Tetraethylammonium picrate	[117] [36] [32] [7] [315]
Tetraethylammonium styphnate	[7]
Tetrabutylammonium tetraphenylboride	[254]

(d)

Tri-iso-amylbutylammonium iodide	[264]
Diethylammonium chloride	[7]
Iso-butylammonium chloride	[7]
Bis-(trimethylammonium)-trimethylene di-iodide	[123]
Bis-(trimethylammonium)-tetramethylene di-iodide	[123]
Bis-(trimethylammonium)-pentamethylene di-iodide	[123]
Di-(β-trimethylammonium-ethyl) succinate dibromide	[292]

(e)

Tri-iso-amylbutylammonium tetraphenylborate   [331]

(f)

Tri-iso-amylbutylammonium picrate   [87]

(g)

Piperidinium chloride   [330]

(h)

Piperidonium picrate   [330]

(i)

Piperidinium trinitro-m-cresylate   [330]

ETHANOLAMINE

(a)

Tetrabutylammonium iodide   [146]

ETHER

(b)

Tetraamylammonium picrate	[37]

ETHYLAMINE

(b)

Tetraethylammonium picrate	[37]
Tetrapropylammonium picrate	[37]

ETHYLENE BROMIDE

(b)

Tetrabutylammonium nitrate	[41]
Tetra-iso-amylammonium nitrate	[41]

ETHYLENE CARBONATE

(a)

Tetramethylammonium iodide	[158]
Tetraethylammonium bromide	[158]
Tetraethylammonium iodide	[158]
Tetrabutylammonium bromide	[158]
Tetrabutylammonium iodide	[158]

(b)

Tetraethylammonium perchlorate	[158]
Tetrabutylammonium perchlorate	[158]
Tetrabutylammonium picrate	[130]

ETHYLENE CHLORIDE

(a)

Tetraethylammonium chloride	[60] [4] [332]
Tetraethylammonium bromide	[60]
Tetraethylammonium iodide	[4]
Tetrapropylammonium iodide	[4]

III. ELECTRICAL CONDUCTANCE

ETHYLENE CHLORIDE (*Continued*)

(b)

Tetramethylammonium fluorotriphenylborate	[73]
Tetramethylammonium hydroxytriphenylborate	[48]
Tetramethylammonium picrate	[99] [65] [28] [4]
Tetraethylammonium borofluoride	[60]
Tetraethylammonium nitrate	[66]
Tetraethylammonium perchlorate	[4]
Tetraethylammonium picrate	[99] [66] [4]
Tetraethylammonium tetrafluoroborate	[60]
Tetrapropylammonium nitrate	[66]
Tetrapropylammonium perchlorate	[4]
Tetrapropylammonium picrate	[99] [66] [4]
Tetrabutylammonium acetate	[60] [41]
Tetrabutylammonium chloracetate	[60]
Tetrabutylammonium fluorotriphenylborate	[48]
Tetrabutylammonium triphenylborohydroxide	[48]
Tetrabutylammonium nitrate	[67] [41]
Tetrabutylammonium perchlorate	[77] [173]
Tetrabutylammonium picrate	[99] [28] [41]
Tetrabutylammonium thiocyanate	[60]
Tetrabutylammonium tetraphenylboride	[194]
Tetra-*i*-amylammonium nitrate	[66] [41] [333]
Tetra-iso-amylammonium perchlorate	[4]
Tetra-*i*-amylammonium picrate	[66] [4]
Tetra-*n*-amylammonium nitrate	[66]
Tetra-*n*-amylammonium picrate	[99] [66]

(c)

Tetramethylammonium hydroxytriphenylborate monoalcoholate	[48]

(e)

n-Octd tributylammonium nitrate	[72] [81]
Octd trimethylammonium octd sulfate	[60]
n-Octd trimethylammonium formate	[81]
n-Octd trimethylammonium nitrate	[72]
Methyl tributylammonium perchlorate	[67]
Methyl tributylammonium thiocyanate	[60]
O-chlorophenyl trimethylammonium perchlorate	[59] [107]
m-chlorophenyl trimethylammonium perchlorate	[59] [107]
p-chlorophenyl trimethylammonium perchlorate	[59] [107]
O-methylphenyl trimethylammonium perchlorate	[59] [107]
m-methylphenyl trimethylammonium perchlorate	[59] [107]
p-methylphenyl trimethylammonium perchlorate	[59] [107]
O-methoxyphenyl trimethylammonium perchlorate	[59] [107]
m-methoxyphenyl trimethylammonium perchlorate	[59] [107]
p-methoxyphenyl trimethylammonium perchlorate	[59] [107]
Hydroxylmethyl trimethylammonium picrate	[43]

ETHYLENE CHLORIDE (*Continued*)

(f)

n-Octadecyltri-*n*-butylammonium picrate	[335]
Acetoxyethyltrimethylammonium picrate	[65]
Tribenzylammonium picrate	[189]
Phenyldimethylhydroxyammonium picrate	[60]
DiOctd di-*s*-butylammonium picrate	[81]
Di Octd Dimethylammonium picrate	[81]
Tributylammonium picrate	[195] [53]
Tripropylammonium picrate	[4] [37]
Dipropylammonium picrate	[4] [37]
n-Propyl tributylammonium picrate	[67]
Propylammonium picrate	[4] [37]
Triethylammonium picrate	[189] [4] [37]
Diethylammonium picrate	[4]
Ethyl trimethylammonium picrate	[65]
Hydroxylethyl trimethylammonium picrate	[65]
Chloroethyl trimethylammonium picrate	[65]
Bromomethyl trimethylammonium picrate	[65]
Methyl tributylammonium picrate	[67]
Methoxymethyl trimethylammonium picrate	[65]
Bromoethyl trimethylammonium picrate	[65]
Iodomethyl trimethylammonium picrate	[65]
Tri-iso-amylammonium picrate	[333]

(h)

N,*N*-propylpyridonium picrate	[81]
Phenylpyridonium picrate	[66]
Acetylcholine picrate	[65]

(i)

Aniline acetate	[322]
Pyridonium nitrate	[60]

ETHYLIDENE CHLORIDE

(a)

Tetrapropylammonium bromide	[207]
Tetraethylammonium nitrate	[84]
Tetraethylammonium perchlorate	[84]
Tetraethylammonium picrate	[84]
Tetraethylammonium thiocyanate	[84]
Tetrapropylammonium picrate	[84]
Tetrabutylammonium perchlorate	[173]
Tetrabutylammonium picrate	[99] [84]
Tetraamylammonium picrate	[84]

III. ELECTRICAL CONDUCTANCE

ETHYLIDENE CHLORIDE (*Continued*)

(e)

O-methoxyphenyl trimethylammonium perchlorate	[107]
m-methoxyphenyl trimethylammonium perchlorate	[107]
p-methoxyphenyl trimethylammonium perchlorate	[107]
O-methylphenyl trimethylammonium perchlorate	[107]
p-methylphenyl trimethylammonium perchlorate	[107]
O-chlorophenyl trimethylammonium perchlorate	[59] [107]

(f)

Octd trimethylammonium picrate	[84]
Octd tributylammonium picrate	[84]

ETHYLENEDIAMINE

(a)

Tetrabutylammonium iodide	[100] [336]

(b)

Tetrabutylammonium nitrate	[100] [69]

ETHYLENE GLYCOL

(a)

Tetramethylammonium bromide	[321]
Tetramethylammonium iodide	[321]
Tetraethylammonium bromide	[321]
Tetraethylammonium iodide	[321]
Tetrapropylammonium bromide	[321]
Tetrapropylammonium iodide	[321]
Tetrabutylammonium bromide	[321]
Tetrabutylammonium iodide	[321]

ETHYL METHYL KETONE

(a)

Tetramethylammonium bromide	[245]
Tetramethylammonium iodide	[245]
Tetraethylammonium chloride	[2]
Tetraethylammonium bromide	[245] [2]
Tetraethylammonium iodide	[258] [245] [2]
Tetrapropylammonium bromide	[258] [245] [2]
Tetrapropylammonium iodide	[258] [245] [2]
Tetrabutylammonium bromide	[245] [97]
Tetrabutylammonium iodide	[245]
Tetrapentylammonium bromide	[245]
Tetrapentylammonium iodide	[245]
Tetraamylammonium bromide	[245]
Tetra-iso-amylammonium iodide	[2]
Tetrahexylammonium bromide	[245]
Tetrahexylammonium iodide	[245]
Tetraheptylammonium bromide	[245] [303] [258]
Tetraheptylammonium iodide	[258] [245]
Tetraoctylammonium bromide	[245]
Tetraoctylammonium iodide	[245]

(b)

Tetramethylammonium picrate	[2]
Tetraethylammonium nitrate	[2]
Tetraethylammonium perchlorate	[2]
Tetraethylammonium picrate	[2]
Tetrapropylammonium perchlorate	[2]
Tetrapropylammonium picrate	[2]
Tetrabutylammonium picrate	[2]
Tetrabutylammonium tetraphenylboride	[245] [239]
Tetra-iso-amylammonium nitrate	[2]
Tetra-iso-amylammonium perchlorate	[2]
Tetra-iso-amylammonium picrate	[2]

(d)

Methyl triheptylammonium iodide	[245] [258]
Methyl n-propyl ammonium iodide	[258] [245]
Triethylammonium chloride	[2]
Diethylammonium chloride	[2]
Diethylammonium iodide	[2]
Ethylammonium bromide	[2]
Ethylammonium iodide	[2]
n-butyl tri-iso-pentylammonium iodide	[258] [245]
Iso-butylammonium chloride	[2]
Tri-iso-amylammonium iodide	[2]
Di-iso-amylammonium chloride	[2]
Iso-amylammonium chloride	[2]

III. ELECTRICAL CONDUCTANCE

ETHYL METHYL KETONE (*Continued*)

(e)

n-butyl tri-iso-pentylammonium tetraphenylboride   [258] [245]

(f)

Dimethylammonium picrate	[2]
Triethylammonium picrate	[2]
Diethylammonium picrate	[2]
Ethylammonium picrate	[2]
Iso-butylammonium picrate	[2]
Tri-iso-amylammonium picrate	[2]
Di-iso-amylammonium picrate	[2]
Iso-amylammonium picrate	[2]
n-cetylammonium picrate	[2]

(g)

Di-iso-propylamine   [304]

ETHYL NITRATE

(a)

Tetraethylammonium iodide   [10] [11]

ETHYLENE DICHLORIDE

(a)

Tetraethylammonium chloride   [200]

(b)

Tetrabutylammonium perchlorate	[85]
Tetrabutylammonium triphenylborohydroxide	[48]
Tetrabutylammonium triphenylborofluoride	[48]
Tetramethylammonium triphenylborofluoride	[48]
Tetra-iso-amylammonium nitrate	[23]

(c)

Tetramethylammonium triphenylborohydroxide monoalcoholate	[48]
Tetramethylammonium triphenylborohydroxide monohydrate	[48]
Tetraethylammonium 1,1,2,3,3-pentacyanopropene salt	[161]
Tetraethylammonium 1,1,2,4,5,5-hexacyano-3-azapentadiene	[161]

ETHYLENE DICHLORIDE (*Continued*)

(e)

Octd trimethylammonium acetate	[85]
Octd trimethylammonium chloroacetate	[85]
Octd tributylammonium acetate	[85]
Octd tributylammonium thiocyanate	[85]

(f)

Tri-iso-amylammonium picrate	[23]

ETHYL PHENYLETHANOLAMINE

(b)

Tetramethylammonium picrate	[74]
Tetraethylammonium chlorate	[74]

(h)

Ethalamine picrate	[74]

FORMAMIDE

(a)

Tetramethylammonium chloride	[337]
Tetramethylammonium iodide	[290] [337] [338]
Tetraethylammonium bromide	[290]
Tetraethylammonium iodide	[290] [11]
Tetrapropylammonium bromide	[290]
Tetrapropylammonium iodide	[290]
Tetrabutylammonium bromide	[290]
Tetrabutylammonium iodide	[290] [135]
Tetrahexylammonium iodide	[290]

(d)

Trimethylphenylammonium chloride	[135]
Trimethylphenylammonium iodide	[135]
N,N,N,N',N',N'-Hexabutyloctamethylene diammonium dibromide	[290]
Tri-iso-amylbutylammonium iodide	[290]

(e)

Trimethylphenylammonium benzene sulfonate	[135]

FORMIC ACID

(a)

Tetramethylammonium bromide	[267]
Tetramethylammonium chloride	[47]

(e)

Tri-iso-amylbutylammonium perchlorate	[267]
Tri-iso-amylbutylammonium tetraphenylborate	[267]

(g)

Tetrazole	[267]
5-Methyltetrazole	[267]
5-Phenyltetrazole	[267]
Pentamethyltetrazole	[267]

FURFUROL

(a)

Tetraethylammonium iodide	[10] [11]

GLYCERINE

(a)

Tetrabutylammonium bromide	[215]

(b)

Tetraethylammonium picrate	[299]

GLYCOL

(a)

Tetraethylammonium iodide	[11]
Tetrabutylammonium bromide	[216]

(b)

Tetraethylammonium picrate	[299]

HEXAMETHYLPHOSPHOTRIAMIDE

(b)

Tetraethylammonium perchlorate	[343] [318]
Tetrabutylammonium perchlorate	[318] [343]
Tetrabutylammonium tetraphenyl boride	[318]
Tetrabutylammonium tetraphenylborate	[343]

LIQUID HYDROGEN BROMIDE

(a)

Tetramethylammonium bromide	[188]
Tetraethylammonium bromide	[188]

(g)

Pyridine	[188]

LIQUID HYDROGEN CHLORIDE

(a)

Tetramethylammonium chloride	[162]
Tetraethylammonium chloride	[162]

HYDROGEN CYANIDE

(a)

Tetramethylammonium chloride	[35]
Tetramethylammonium bromide	[35]
Tetramethylammonium iodide	[35] [78]
Tetraethylammonium chloride	[35]
Tetraethylammonium bromide	[35]
Tetraethylammonium iodide	[198] [35] [78]
Tetrabutylammonium iodide	[198]

HYDROGEN CYANIDE (*Continued*)

(b)

Tetramethylammonium nitrate	[35] [78]
Tetramethylammonium perchlorate	[35]
Tetramethylammonium picrate	[35]
Tetraethylammonium nitrate	[35]
Tetraethylammonium perchlorate	[35]
Tetraethylammonium picrate	[198] [39]
Tetrabutylammonium nitrate	[198]
Tetrabutylammonium picrate	[198]

(d)

n-Octd trimethylammonium chloride	[198]
n-Octd trimethylammonium bromide	[198]
n-Octd trimethylammonium iodide	[198]
n-Octd triethylammonium chloride	[198]
n-Octd triethylammonium bromide	[198]
n-Octd triethylammonium iodide	[198]
di-Dodecyl dimethylammonium chloride	[198]
di-Dodecyl dimethylammonium iodide	[198]

(e)

n-Octd triethylammonium nitrate	[198]

(f)

Octd Dodecyl dimethylammonium picrate	[198]
di-Dodecyl dimethylammonium picrate	[198]
n-Octd triethylammonium picrate	[198]

LIQUID H_2S

(a)

Tetramethylammonium chloride	[231] [51]
Tetraethylammonium chloride	[231] [51]
Tetrapropylammonium chloride	[233] [51]
Tetrabutylammonium chloride	[231]
Tetrabutylammonium iodide	[231]

(b)

Tetramethylammonium hydrogen sulfide	[231]
Tetraethylammonium hydrogen sulfide	[231]
Tetraethylammonium sulfamate	[64]
Tetrapropylammonium hydrogen sulfide	[231]

LIQUID H₂S *(Continued)*

(d)

Trimethylammonium chloride	[51]
Dimethylammonium chloride	[51] [3]
Methylammonium chloride	[3]
Triethylammonium chloride	[51] [3]
Diethylammonium chloride	[51]
Ethylammonium chloride	[51]
Tripropylammonium chloride	[51]
Dipropylammonium chloride	[51]
Propylammonium chloride	[51]

HYDRAZINE

(a)

Tetraethylammonium chloride	[21]
Tetraethylammonium bromide	[21]
Tetraethylammonium iodide	[21]
Tetrapropylammonium iodide	[21]

(b)

Tetraethylammonium picrate	[21]
Tetrapropylammonium perchlorate	[21]

METHANOL

(a)

Tetramethylammonium chloride	[227] [31] [7]
Tetramethylammonium bromide	[227] [123] [31] [340] [35]
Tetramethylammonium iodide	[227] [123] [31]
Tetraethylammonium chloride	[29]
Tetraethylammonium bromide	[227] [116] [36] [29]
Tetraethylammonium iodide	[9] [29] [8] [11]
Tetraethanolammonium bromide	[241]
Tetraethanolammonium iodide	[241]
Tetrapropylammonium bromide	[227]
Tetrapropylammonium iodide	[227]
Tetrabutylammonium chloride	[227]
Tetrabutylammonium bromide	[227] [96] [101] [80] [340]
Tetrabutylammonium iodide	[227]
Tetra-iso-amylammonium iodide	[276]
Tetraamylammonium bromide	[227]
Tetraamylammonium iodide	[227]

III. ELECTRICAL CONDUCTANCE

METHANOL (*Continued*)

(b)

Tetramethylammonium nitrate	[31]
Tetramethylammonium perchlorate	[31]
Tetramethylammonium picrate	[227] [87] [31] [154]
Tetramethylammonium thiocyanate	[31]
Tetraethylammonium nitrate	[29]
Tetraethylammonium perchlorate	[256] [36] [29]
Tetraethylammonium picrate	[117] [116] [142] [87] [36] [29] [7] [297]
Tetraethylammonium styphnate	[7]
Tetraethylammonium thiocyanate	[29]
Tetrapropylammonium picrate	[87]
Tetrabutylammonium tetraphenylboride	[292] [340]
Tetra-iso-amylammonium picrate	[87] [192]

(d)

n-Octd trimethylammonium chloride	[77]
n-octd trimethylammonium bromide	[77]
Di-(β-trimethylammonium-ethyl) succinate dibromide	[292]
1,3-di(trimethylammonium)-trimethylene dibromide	[83]
1,5-di(trimethylammonium)-pentamethylene di-iodide	[83]
1,4-di(trimethylammonium)-tetramethylene di-iodide	[83]
1,3-di(trimethylammonium)trimethylene di-iodide	[83]
$N,N,$-dimethyl-N,N-di-β-ethanolammonium bromide	[292]
N,N-dimethyl-N,N-di-β-acetoxyethylammonium bromide	[292]
N,N'-bis(β-dimethylamino-ethyl)-adipamide-bis-methiodide	[92]
N,N'-bis(β-dimethylamino-ethyl)-oxalamide-bis-methiodide	[92]
N,N'-bis(β-dimethylamino-ethyl)-suberamide-methiodide	[92]
N,N'-bis(β-dimethylamino-ethyl)-succinamide-bis-methiodide	[92]
Diethylammonium chloride	[7]
Iso-butylammonium chloride	[7]

(e)

n-octd trimethylammonium n-octad sulfate	[87]
n-octd trimethylammonium oxalate	[77]
Tri-iso-amylbutylammonium tetraphenylboride	[190] [192]

(f)

n-octd trimethylammonium picrate	[87]
Tributylammonium picrate	[87]
Tri-iso-amylbutylammonium picrate	[190] [192]

(g)

Piperidinium chloride	[330]

(h)

Piperidonium picrate	[330]

(i)

Piperidinium trinitro-m-cresylate	[330]

N-METHYL ACETAMIDE (NMA)

(a)

Tetramethylammonium chloride	[108]
Tetramethylammonium bromide	[108]
Tetramethylammonium iodide	[270] [108]
Tetraethylammonium bromide	[108] [114]
Tetraethylammonium iodide	[270] [108]
Tetrapropylammonium bromide	[108]
Tetrapropylammonium iodide	[270] [108]
Tetrabutylammonium iodide	[270] [108]
Tetrapentylammonium iodide	[270]
Tetraamylammonium iodide	[270]
Tetrahexylammonium iodide	[270]
Tetraheptylammonium iodide	[270]

(b)

Tetraethylammonium picrate	[114]

(d)

Octd trimethylammonium iodide	[127]
Trimethylphenylammonium chloride	[108]
Trimethylphenylammonium iodide	[108]
Trimethylammonium chloride	[108]
Dimethylammonium chloride	[108]
Methylammonium chloride	[108]
Trimethylammonium bromide	[108]
Methylammonium bromide	[108]
Diethylammonium chloride	[108]
Ethylammonium chloride	[108]
Ethylammonium bromide	[108]
Dibutylammonium chloride	[108]
Butylammonium chloride	[108]

(e)

Octd trimethylammonium Octd sulfate	[127]
Octd trimethylammonium nitrate	[127]

METHYLAMINE

(a)

Tetraethylammonium chloride	[37]

(b)

Tetrabutylammonium picrate	[341]

III. ELECTRICAL CONDUCTANCE

METHYLENE CHLORIDE

(a)

Tetraethylammonium chloride	[17]
Tetraethylammonium bromide	[17]
Tetraethylammonium iodide	[17]
Tetrapropylammonium iodide	[17]
Tetraamylammonium iodide	[17]

(b)

Tetraethylammonium nitrate	[17]

(d)

Triethylmethylammonium iodide	[205]
Tripropylethylammonium iodide	[17]

METHYLENE DICHLORIDE

(d)

Triethylmethylammonium iodide	[204]

N-METHYL FORMAMIDE

(a)

Tetraethylammonium bromide	[110]

(b)

Tetramethylammonium picrate	[110] [339]

N-METHYL-2-PYRROLIDONE

(d)

Iso-triamylbutylammonium iodide	[253]

(e)

Iso-triamylbutylammonium tetraphenylboride	[253]

METHYLTETRAHYDROFURAN, MeTHF

(b)

Li tetraphenylborate	[351]
Na tetraphenylborate	[351]

METHYL THIOCYANATE

(a)

Tetraethylammonium iodide	[10]

MONOCHLOROACETIC ACID

(g)

N,N-diethylaniline	[316]

MONOETHANOLAMINE

(a)

Tetramethylammonium chloride	[50]
Tetra-iso-amyl(pentyl)ammonium iodide	[50]

(b)

Tetramethylammonium picrate	[50]
Tetra-iso-amyl(pentyl)ammonium nitrate	[50]

(d)

Trimethylammonium chloride	[50]
Dimethylammonium chloride	[50]
Methylammonium chloride	[50]

(f)

Trimethylammonium picrate	[50]
Dimethylammonium picrate	[50]
Methylammonium picrate	[50]
Tri-iso-amyl(pentyl)ammonium picrate	[50]

III. ELECTRICAL CONDUCTANCE

NITROBENZENE

(a)

Tetraethylammonium chloride	[69] [20]
Tetraethylammonium bromide	[20]
Tetraethylammonium iodide	[104] [20] [9] [11]
Tetrabutylammonium bromide	[103] [80] [69]
Tetrabutylammonium iodide	[149]

(b)

Tetramethylammonium pentacyanopropenide	[171]
Tetramethylammonium picrate	[63] [324]
Tetraethylammonium perchlorate	[20] [25] [26]
Tetraethylammonium picrate	[120] [63] [20] [25] [324] [26]
Tetrapropylammonium picrate	[63] [324]
Tetrabutylammonium acetate	[69]
Tetrabutylammonium borofluoride	[69]
Tetrabutylammonium nitrate	[149] [69]
Tetrabutylammonium picrate	[149] [130] [120] [63] [324]
Tetrabutylammonium tetrafluoroborate	[69]
Tetrabutylammonium tetraphenylboride	[150] [134]
Tetrabutylammonium triphenylborofluoride	[63] [81]
Tetraamylammonium picrate	[63] [69]
Tetraamylammonium thiocyanate	[229] [247]

(d)

Diethylammonium chloride	[20]
Tributylammonium iodide	[69]

(e)

Di-n-Octd dimethylammonium nitrate	[72]
n-Octd tributylammonium nitrate	[72]
n-Butylammonium perchlorate	[69]

(f)

Di-n-Octd dimethylammonium picrate	[81]
n-Octd trimethylammonium picrate	[81]
Trimethyl methoxyammonium picrate	[63]
Trimethyl hydroxyammonium picrate	[63] [69]
Trimethylammonium picrate	[63]
Methoxymethyl trimethylammonium picrate	[63]
Bromomethyl trimethylammonium picrate	[63]
Diethylammonium picrate	[20]
Ethyl trimethylammonium picrate	[63]
Hydroxyethyl trimethylammonium picrate	[63]
Di-n-Octd dibutylammonium picrate	[81]
n-Octd tributylammonium picrate	[81]
Tributylammonium picrate	[69] [260]
Dibutylammonium picrate	[69]
n-Butylammonium picrate	[69]

NITROBENZENE (Continued)

Triamylammonium picrate	[37]
Phenyl trimethylammonium picrate	[63]
Phenyldimethylhydroxyammonium picrate	[63] [69]
Phenyldimethylammonium picrate	[63] [69]
Phenylammonium picrate	[69]

(h)

Piperidonium picrate	[69]

NITROMETHANE

(a)

Tetramethylammonium chloride	[180]
Tetramethylammonium bromide	[180]
Tetraethylammonium chloride	[180] [19]
Tetraethylammonium bromide	[180] [19]
Tetraethylammonium iodide	[143] [19] [26] [11]
Tetrapropylammonium chloride	[180]
Tetrapropylammonium bromide	[180]
Tetrabutylammonium chloride	[180]
Tetrabutylammonium bromide	[180] [214] [96] [261]
Tetramethylammonium pentaiodide	[19]
Tetramethylammonium triiodide	[19]

(b)

Tetramethylammonium picrate	[19]
Tetraethylammonium nitrate	[19] [26] [338]
Tetraethylammonium perchlorate	[19] [26]
Tetraethylammonium picrate	[19] [26]
Tetraethylammonium thiocyanate	[26]
Tetrapropylammonium picrate	[19]
Tetrabutylammonium picrate	[19]
Tetrabutylammonium tetraphenyl boride	[261]
Tetrabutylammonium tetraphenylboride	[214] [342]
Tetra-iso-amylammonium picrate	[19]
Tetra-iso-amylammonium tetra-iso-amylboride	[214]
Tetra-iso-amylammonium tetraphenylboride	[214]

(c)

Tetraethylammonium tetranitratoaluminate	[235]
Bis(tetraethylammonium)tetrabromo nickelate II	[143]
Bis(tetraethylammonium)tetrachloro manganate II	[143]
Bis(tetraethylammonium)tetrabromo manganate II	[143]

NITROMETHANE (Continued)

(d)

Triethylammonium chloride	[19]
Triethylammonium bromide	[19]
Triethylammonium iodide	[19]
Diethylammonium chloride	[19]
Diethylammonium bromide	[19]
Diethylammonium iodide	[19]
Ethylammonium chloride	[19]
Ethylammonium bromide	[19]
Ethylammonium iodide	[19]
Iso-butylammonium chloride	[19]

(e)

Tri-iso-amylbutylammonium tetraphenylborate	[342]
Tri-iso-amyl butylammonium tetraphenyl boride	[261]

(f)

Triethylammonium picrate	[19]
Diethylammonium picrate	[19]
Ethylammonium picrate	[19]
Iso-butylammonium picrate	[19]
n-Cetylammonium picrate	[19]

PENTABORANE

(a)

Tetrapropylammonium iodide	[166]
Tetrabutylammonium iodide	[166]

1-PENTANOL

(a)

Tetrabutylammonium bromide	[269]
Tetrabutylammonium iodide	[269]
Tetraheptylammonium iodide	[269]

(d)

Tri-iso-amylbutylammonium iodide	[269]

PHENYLACETONITRILE

(b)

Tetrabutylammonium fluoroborate	[234]
Tetrabutylammonium perchlorate	[196]
Tetrabutylammonium tetrafluoroborate	[234]
Tetrabutylammonium tetraphenylboride	[196]

PHOSPHORUS OXYCHLORIDE

(a)

Tetramethylammonium chloride	[91]
Tetraethylammonium chloride	[139]
Tetraethylammonium bromide	[140]
Tetraethylammonium iodide	[140]
Tetrapropylammonium chloride	[140]
Tetrabutylammonium chloride	[140]

(b)

Tetraethylammonium perchlorate	[140]

(d)

Triethlyammonium chloride	[155]

PROPANOL

(a)

Tetramethylammonium chloride	[264]
Tetramethylammonium bromide	[264]
Tetraethylammonium bromide	[264] [112]
Tetraethylammonium iodide	[264] [112]
Tetrapropylammonium bromide	[264] [112]
Tetrapropylammonium iodide	[264] [112]
Tetrabutylammonium chloride	[264] [320]
Tetrabutylammonium bromide	[264] [320]
Tetrabutylammonium iodide	[264] [320]
Tetraheptylammonium iodide	[264]

(b)

Tetrabutylammonium perchlorate	[264] [320]

(d)

Tri-iso-amylbutylammonium iodide	[264]

2-PROPANOL

(a)

Tetramethylammonium chloride	[291]
Tetramethylammonium bromide	[291]
Tetraethylammonium bromide	[291]
Tetraethylammonium iodide	[291]
Tetrapropylammonium bromide	[291] [132]
Tetrapropylammonium iodide	[291] [132]
Tetrabutylammonium chloride	[291]
Tetrabutylammonium bromide	[291] [132]
Tetrabutylammonium iodide	[291] [132]
Tetraheptylammonium iodide	[291]

(b)

Tetrabutylammonium perchlorate [291]

(d)

Trimethylphenylammonium bromide	[132]
Trimethylphenylammonium iodide	[132]
Triethylammonium bromide	[132]
Tri-isoamylbutylammonium iodide	[291]

(e)

Trimethylphenylammonium benzene sulfonate [132]

(f)

Triethylammonium picrate [132]

(g)

Di-iso-propylamine [304]

PROPIONALDEHYDE

(a)

Tetraethylammonium iodide [11]

PROPIONITRILE

(a)

Tetraethylammonium iodide [10] [11]

(b)

Tetrabutylammonium perchlorate	[106]
Tetrabutylammonium tetraphenylboride	[196]

PROPIONIC ACID

(b)

Tetraethylammonium picrate [93]

(g)

Triethylamine [328]
Pyridine [328]

PROPYLENE CARBONATE

(a)

Tetraethylammonium fluoride [309]
Tetraethylammonium chloride [273]
Tetrabutylammonium bromide [273]
Tetra-iso-amylammonium iodide [280]

(b)

Tetramethylammonium hexafluorophosphate [309]
Tetraethylammonium perchlorate [273]
Tetrabutylammonium perchlorate [273]
Tetrabutylammonium tetraphenylboride [150] [134]
Tetra-iso-amylammonium tetra-iso-amylboride [280]

PROPYLENE CHLORIDE

(b)

Tetrabutylammonium picrate [99]

PROPYLENEDIAMINE

(a)

Tetramethylammonium bromide [336]
Tetramethylammonium iodide [336]
Tetraethylammonium bromide [336]
Tetrapropylammonium bromide [336]
Tetrapropylammonium iodide [336]
Tetrabutylammonium bromide [336]
Tetrabutylammonium iodide [336]

III. ELECTRICAL CONDUCTANCE

PYRIDINE

(a)

Tetraethylammonium chloride	[14]
Tetraethylammonium bromide	[14]
Tetraethylammonium iodide	[14]
Tetrabutylammonium bromide	[70]
Tetrabutylammonium iodide	[70]

(b)

Tetramethylammonium picrate	[68] [14]
Tetraethylammonium nitrate	[14]
Tetraethylammonium perchlorate	[14]
Tetraethylammonium picrate	[81] [14]
Tetrapropylammonium perchlorate	[14]
Tetrapropylammonium picrate	[81] [14]
Tetrabutylammonium acetate	[68]
Tetrabutylammonium nitrate	[68]
Tetrabutylammonium triphenylborofluoride	[68]
Tetrabutylammonium picrate	[70]
Tetrapentyl(amyl)ammonium picrate	[81]
Tetra-iso-amylammonium perchlorate	[14]
Tetra-iso-amylammonium picrate	[14]

(d)

Octd trimethylammonium fluoride	[85]
Octd trimethylammonium chloride	[85]
Diethylammonium chloride	[14]
Di-octd dibutylammonium iodide	[85]

(e)

Octd tributylammonium acetate	[85]
Octd tributylammonium chloroacetate	[85]

(f)

Octd trimethylammonium picrate	[85]
Diethylammonium picrate	[14]
Ethyl trimethylammonium picrate	[68]
Ethylammonium picrate	[14]
Bromoethyl trimethylammonium picrate	[68]
Hydroxyethyl trimethylammonium picrate	[68]
Di-n-octd dibutylammonium picrate	[81]
n-octd tributylammonium picrate	[81]
Phenyl dimethylhydroxyammonium picrate	[68]

(g)

Pyridonium iodide	[345]

(h)

Pyridonium picrate	[345]
Phenyl pyridonium picrate	[68]

PYRIDINE (Continued)

(i)

Pyridonium nitrate	[68] [345]
Pyridonium perchlorate	[345]
Piperidinium nitrate	[68]

SALICYLALDEHYDE

(a)

Tetraethylammonium iodide	[11]

SULPHOLANE (SULFOLENE)

(a)

Tetraethylammonium iodide	[230]

(b)

Tetramethylammonium perchlorate	[271]
Tetraethylammonium perchlorate	[271]
Tetrapropylammonium perchlorate	[271]
Tetrabutylammonium perchlorate	[271]

(d)

Phenyltrimethylammonium iodide	[286]

LIQUID SULFUR DIOXIDE

(a)

Tetramethylammonium chloride	[350)
Tetramethylammonium bromide	[113]
Tetramethylammonium iodide	[136]
Tetraethylammonium bromide	[136]
Tetrapropylammonium iodide	[136]

(b)

Tetramethylammonium perchlorate	[136] [350] [55]
Tetramethylammonium picrate	[136]
Tetramethylammonium sulfate	[55]
Tetramethylammonium tetrafluoroborate	[136]

TETRAHYDROFURAN

(b)
Tetrabutylammonium tetraphenylboride [203]

(c)
Tetrabutylammonium gold maleonitrile dithiolate [209]

(e)
Tri-iso-amylbutylammonium tetraphenylboride [268] [203] [222]

(f)
Tributylammonium picrate [240]

1,1,3,3-TETRAMETHYLGUANIDINE (TMG)

(a)
Tetrabutylammonium iodide [251]

(e)
Tri(isoamyl)butylammonium tetraphenylborate [251]

THIOACETIC ACID

(a)
Tetraethylammonium iodide [11]

TRICRESYL PHOSPHATE [$(CH_3C_6H_4O)_3PO$]

(b)
Tetrabutylammonium picrate [58]

(f)
Tributylammonium picrate [58] [344]
Tribenzylammonium picrate [58]

(h)
Dimethylaniline picrate [58]
Aniline picrate [58]
p-Phenylaniline picrate [58]

TRIETHANOLAMINE [C$_2$H$_4$OH)$_3$N]

(a)

Tetramethylammonium chloride	[71]
Tetraethylammonium chloride	[71]

(b)

Tetramethylammonium chlorate	[71]
Tetramethylammonium perchlorate	[71]
Tetraethylammonium chlorate	[71]

TRI-p-ETHYL PHENYL PHOSPHITE

(b)

Tetramethylammonium p-toluene sulfonate	[159]
Tetraethylammonium p-toluene sulfonate	[159]
Tetrapropylammonium p-toluene sulfonate	[159]
Tetrabutylammonium p-toluene sulfonate	[159]

TRIETHYL PHOSPHATE

(b)

Tetraethylammonium picrate	[153]
Tetrabutylammonium picrate	[153]
Tetrapentylammonium picrate	[153]

(f)

Tribenzylammonium picrate	[153]
Phenylammonium picrate	[153]

TRIETHYL PHOSPHITE

(b)

Tetrabutylammonium toluene p-sulfonate	[145]
Tetrapentylammonium picrate	[145]

TRIFLUOROACETIC ACID

(g)

N,N-Diethylaniline	[316]
Tributylamine	[317]
Tritetrafluorobutylamine	[317]

TRIMETHYLPHOSPHATE

(c)

Tetramethylammonium azide	[202]
Tetraethylammonium azide	[202]
Tetrapropylammonium azide	[202]
Tetrabutylammonium azide	[202]

TRIPHENYL PHOSPHITE

(b)

Tetramethylammonium p-toluene sulfonate	[159]
Tetraethylammonium p-toluene sulfonate	[159]
Tetrapropylammonium p-toluene sulfonate	[159]
Tetrabutylammonium p-toluene sulfonate	[159]

TRI-m-TOLYL PHOSPHITE

(b)

Tetramethylammonium p-toluene sulfonate	[159]
Tetraethylammonium p-toluene sulfonate	[159]
Tetrapropylammonium p-toluene sulfonate	[159]
Tetrabutylammonium p-toluene sulfonate	[159]

TRI-p-TOLYL PHOSPHITE

(b)

Tetramethylammonium p-toluene sulfonate	[159]
Tetraethylammonium p-toluene sulfonate	[159]
Tetrapropylammonium p-toluene sulfonate	[159]
Tetrabutylammonium p-toluene sulfonate	[159]

TOLUENE

(d)

Tributylammonium chloride	[38]

(f)

Dipropylammonium picrate	[82]
Tributylammonium picrate	[82] [38]
Tri-benzylammonium picrate	[82]

2,2,2-TRIFLUORO ETHANOL

(a)

Tetramethylammonium chloride	[319]
Tetramethylammonium bromide	[319]
Tetramethylammonium iodide	[319]
Tetraethylammonium bromide	[319]
Tetraethylammonium iodide	[319]
Tetrapropylammonium bromide	[319]
Tetrapropylammonium iodide	[319]
Tetrabutylammonium chloride	[319]
Tetrabutylammonium bromide	[319]
Tetrabutylammonium iodide	[319]
Tetraheptylammonium iodide	[319]

(b)

Tetramethylammonium perchlorate	[319]
Tetrabutylammonium perchlorate	[319]

(d)

Iso-triamylbutylammonium iodide	[319]

ISOVALERALDEHYDE

(a)
Tetraethylammonium iodide   [11]

VALERIC ACID

(g)
Triethylamine   [328]

VALERONITRILE

(b)
Tetraethylammonium perchlorate   [265]

p-XYLENE

(b)
Tetraamylammonium thiocyanate   [169] [175]
Tetraamylammonium picrate   [323]

(f)
Triamylammonium picrate   [278] [323]

G. QUATERNARY AMMONIUM SALTS AND AMINES IN MIXED SOLVENTS

This Section consists of the electrical conductance data in mixed solvents for quaternary ammonium salts and amines. The solutes have been organized by increasing chain length and alphabetical by anion. The mixed solvents are listed in two sub-groups: Nonaqueous–aqueous mixtures and Nonaqueous–Nonaqueous mixtures. The same groups and sub-groups are used in the Data by Solvents Section with the organization being alphabetical by first component in the mixture.

1. DATA BY SOLUTE

(a) Nonaqueous–Aqueous Mixtures

TRIMETHYLHYDROXYAMMONIUM PICRATE $(CH_3)_3(OH)N[C_6H_2O(NO_2)_3]$ NITROBENZENE–WATER

Ref.	Molar concentration of water	Λ_0	Λ_{range}	Concentration range eq/l $\times 10^4$	$k_d \times 10^5$
[69]	0.00	33.26	18–3	0.3–17	1.69
	0.0100M	32.93	20–3	0.23–21	2.23

TETRAMETHYLAMMONIUM BROMIDE $(CH_3)_4NBr$ β-ALANINE–WATER

Ref.	Molar concentration of B-alanine	Dielectric constant	Λ_0	Λ_{range}	Concentration range eq/l $\times 10^4$
[363]	0.4036	92.5	112.77	106	146
	0.6215	100.0	108.00	100	144
	0.8130	106.7	103.89	97	142
	1.0173	113.7	99.93	93	140
	1.2654	122.3	94.79	89	138
	1.4031	127.1	91.95	87	137
	1.5241	131.3	89.67	85	136

TETRAMETHYLAMMONIUM BROMIDE $(CH_3)_4NBr$ (Continued)
GLYCINE–WATER

Ref.	Λ_0	Comments
[244]	122.41	Contains some information on dielectric constant and K_d

Ref.	Molar concentration of glycine	Dielectric constant	Λ_0	Λ_{range}	Concentration range eq/l × 10^4	K_A	a(Å)
[363]	0.8780	98.3	108.251	105–101	26–125	0.85	0.94 ± 0.02
	1.5235	113.0	98.968	95–92	51–182	0.66	0.73 ± 0.01
	2.0846	125.7	90.978	87–83	75–270	0.57	0.42 ± 0.02
	2.7520	140.7	81.91	79–77	42–156	0.53	—

TETRAMETHYLAMMONIUM PICRATE $(CH_3)_4N[C_6H_2O(NO_2)_3]$
DIOXANE–WATER

Ref.	Wt. % of dioxane	Dielectric constant	Λ_0	Λ_{range}	Concentration range eq/l × 10^4	$K_d × 10^2$	a(Å)
[233]	55.0	31.53	33.335	32–30	2–29		7.35
	60.0	27.21	32.425	31–29	2–25		7.78
	62.5	25.15	32.12	31–29	1–12		7.85
	65.0	23.14	31.935	31–27	2–27		7.22
	67.5	21.12	31.77	30–27	1–25		7.08
	70.0	19.07	31.75	30–26	2–29		6.97
[360]	10	70.33	62.520	62–59	2–26		
	20	61.86	52.533	52–50	1–24		
	30	53.28	44.672	44–42	2–27		
	35	48.91	41.475	41–39	2–26		
	40	44.54	38.727	38–36	2–30		
	45	40.20	36.470	36–34	2–26		
	50	35.85	34.621	34–32	2–26		
	55	31.53	33.307	32–30	2–29		
	60	27.21	32.400	31–29	1–25	33.0	10.1
	62.5	25.15	32.087	31–29	1–12	27.0	11.0
	65	23.14	31.893	31–27	1–27	9.8	11.2
	67.5	21.12	31.723	30–27	1–25	4.9	11.4
	70	19.07	31.693	30–26	2–29	3.8	12.7

III. ELECTRICAL CONDUCTANCE

TETRAMETHYLAMMONIUM PICRATE $(CH_3)_4N[C_6H_2O(NO_2)_3]$ (Continued)
TETRAHYDROFURAN–WATER

Ref.	Wt. % of THF	Dielectric constant	Λ_0	Λ_{range}	Concentration range eq/l $\times 10^4$	Comments
[365]	100.0	7.39	105.3	13.0–7.5	1.8–6.4	(5)
	95.780	9.56	93.74	52.5–36.5	1.7–6.1	(5)
	85.786	14.87	58.22	55.1–1.7	0.7–3.4	(5)
	64.936	28.29	39.69	38.6–38.1	1.1–3.0	(5)

TETRAETHYLAMMONIUM BROMIDE $(C_2H_5)_4NBr$ ETHANOL–WATER

Ref.	Wt. % of water	Λ_{range}	Concentration range eq/l $\times 10^4$
[32]	0.0	44	12.7
	0.15	44	12.7

GLYCINE–WATER

Ref.	Λ_0	Comments
[244]	110.32	(Average a value) a, 4.5 Å Contains some information on dielectric constant and K_d

Ref.	Molar concentration of glycine	Dielectric constant	Λ_0	Λ_{range}	Concentration range eq/l $\times 10^4$	K_A	a(Å)
[362]	0.5958	92.0	101.86	96–91	62–220	1.03	4.5
	1.1376	104.3	94.61	89–85	91–244	0.89	4.5
	1.7577	118.3	86.545	82–78	92–234	0.76	4.5
	2.0600	125.1	82.86	79–75	85–264	0.72	4.5
	2.6357	138.1	75.70	71–70	119–269	0.65	4.5

TETRAETHYLAMMONIUM BROMIDE $(C_2H_5)_4NBr$ (Continued)
METHANOL–WATER

Ref.	Mole % of methanol	Dielectric constant	Λ_0	Λ_{range}	Concentration range eq/l $\times 10^4$		$\Lambda_0\eta_0$
[116]	20.4	63.7	65.25	64–57	2–141		1.014
	34.4	55.8	61.80	60–53	3–170		0.948
	59.4	44.1	71.20	70–58	1–175		0.828
	73.4	38.8	82.02	80–64	1–168		0.756
	20.4	60.5	82.8	81–73	2–140	35°	0.972
	34.4	52.8	78.1	77–67	3–168	35°	0.920
	59.4	41.5	86.1	85–70	1–173	35°	0.803
	73.4	36.6	97.3	94–76	2–167	35°	0.743
	20.4	57.5	102.15	100–90	3–139	45°	0.934
	34.4	49.9	96.0	94–83	3–167	45°	0.887
	59.4	39.0	103.25	101–84	1–172	45°	0.783
	73.4	34.4	104.0	112–89	1–165	45°	0.724

TETRAETHYLAMMONIUM CHLORIDE $(C_2H_5)_4NCl$ ETHANOL–WATER

Ref.	Wt. % of water	Λ_{range}	Concentration range eq/l $\times 10^4$
[32]	0.0	42.3	15
	0.5	42	14.8

TETRAETHYLAMMONIUM IODIDE $(C_2H_5)_4NI$ ETHANOL–WATER

Ref.	Wt. % of ethanol	Λ_{range}	Concentration range eq/l $\times 10^4$	Comments
[9]	25.00	21–20	6–100	0°C
	50.00	15–13	6–100	0°C
	75.00	16–15	6–100	0°C
	25.00	54–50	6–100	
	50.00	39–35	6–100	
	75.00	37–33	6–100	

III. ELECTRICAL CONDUCTANCE

TETRAETHYLAMMONIUM IODIDE $(C_2H_5)_4NI$ ETHANOL–WATER (Continued)

Ref.	Wt. % of water	Λ_{range}	Concentration range eq/l $\times 10^4$
[32]	0.0	45	15.2
	0.5	44.8	15.0

FICOLL–WATER

Ref.	Wt. % w/w Ficoll	Λ_0	Λ_{range}	Concentration range eq/l $\times 10^4$	Comments
[366]	9.85	80.9	74.8–68.7	80–360	(6)

METHANOL–WATER

Ref.	Wt. % of methanol	Λ_{range}	Concentration range eq/l $\times 10^4$	Comments
[9]	25.00	32–29	6–100	0°C
	50.00	25–24	6–100	0°C
	75.00	87–31	6–100	0°C
	25.00	71–62	6–100	
	50.00	54–52	6–100	
	75.00	67–56	6–100	

TETRAETHYLAMMONIUM NITRATE $(C_2H_5)_4NNO_3$ ETHANOL–WATER

Ref.	Wt. % of water	Λ_{range}	Concentration range eq/l $\times 10^4$
[32]	0.0	44.4	17
	0.2	44	17
	0.0	46.5	11.5
	0.5	46	11.4

TETRAETHYLAMMONIUM PERCHLORATE $(C_2H_5)_4NClO_4$ ACETONE–WATER

Ref.	Wt. % of water	Λ_0	Λ_{range}	Concentration range eq/l × 10^4
[367]	0.0	208.5	196–166	1–14
	0.250	206.9	194–157	1–22
	0.493	205.7	194–161	1–16
	0.996	203.1	190–156	2–22

DIOXANE–WATER

Ref.	Wt. % of dioxane	Dielectric constant	Λ_0	Λ_{range}	Concentration range eq/l × 10^4	K_A	a
[368]	0.0	78.54	99.32	90–96	15–101	2.2	
	12.60	68.40	77.25	75–72	11–41	2.55	
	25.60	57.15	60.09	58–53	11–85	2.8	
	40.05	44.60	48.04	45–41	15–99	4.0	
	49.95	35.95	43.66	41–39	10–28	6.4	3.50 Å
	60.01	27.30	41.36	38–31	10–85	8.7	3.10 Å
	64.90	23.20	41.10	37–32	6–36	11.2	3.90 Å
	70.0	19.10	40.61	34–29	9–36	49	3.50 Å
	75.30	15.10	39.71	32–22	5–47	226	4.10 Å
	78.00	13.20	38.98	29–20	5–31	563	4.50 Å

ETHANOL–WATER

Ref.	Wt. % of water	Λ_0	Λ_{range}	Concentration range eq/l × 10^4
[32]	0.0		51.5	6.3
	0.075		51.5	6.2
	0.40		51.3	6.0
[367]	0.0	62.65	59–53	0.44–5
	0.494	62.02	59–53	0.44–5
	1.031	61.34	58–51	0.57–6

METHANOL–WATER

Ref.	Wt. % of water	Λ_0	Λ_{range}	Concentration range eq/l × 10^4
[367]	0.0	133.20	129–120	1–8
	0.267	132.10	129–122	0.5–6
	0.453	131.30	127–118	1–10

III. ELECTRICAL CONDUCTANCE

TETRAETHYLAMMONIUM PICRATE $(C_2H_5)_4N[C_6H_2O(NO_2)_3]$
ETHANOL–WATER

Ref.	Wt. % of water	Λ_{range}	Concentration range eq/l × 10⁴
[32]	0.0	46.5	9
	0.5		9.4
	0.0		
	0.04		
	0.08		
	0.16		
	0.48		

Ref.	Mole % of ethanol	Dielectric constant	Λ_0	Λ_{range}	Concentration range eq/l × 10⁴		$\Lambda_0\eta$
[364]	9.6	66.1	34.2	33–32	4–49.5		0.624
	9.6	62.9	46.2	49–42	4–49	35°C	0.613
	9.6	59.9	59.2	57–54	4–49	45°C	0.598
	23.0	52.9	27.8	27–25	3–48.5		0.660
	23.0	50.1	38.4	37–35	3–48	35°C	0.644
	23.0	47.8	49.5	48–45	3–48.5	45°C	0.618
	35.4	44.2	29.6	29–26	3–49		0.649
	35.4	41.9	39.7	39–35	3–48	35°C	0.638
	35.4	39.5	50.7	49–45	3–48	45°C	0.620
	50.1	36.8	35.4	34–29	2–62		0.622
	50.1	34.8	45.4	44–38	2–61	35°C	0.610
	50.1	32.7	56.6	55–47	2–60	45°C	0.600

GLYCEROL–WATER

Ref.	Wt. % of glycerol	Dielectric constant	Λ_0	Λ_{range}	Concentration range eq/l × 10⁴	K_A	$\Lambda_0\eta_0$
[299]	24.84	72.70	33.98	33–31.7	6–32	2.5	0.611
	49.94	65.80	13.41	13.1–12.8	4–18	2.9	0.672
	75.23	56.20	2.66	2.55–2.4	11–26	3.9	0.749

GLYCOL (ETHYLENEGLYCOL)–WATER

Ref.	Wt. %	Dielectric constant	Λ_0	Λ_{range}	Concentration range eq/l × 10⁴	K_A	$\Lambda_0\eta_0$
[299]	40.77	67.25	25.58	25–24	4–20	2.9	0.622
	59.93	60.40	15.61	15–14	5–24	3.5	0.655
	79.48	52.15	8.77	8.5–8	6–27	4.5	0.684

TETRAETHYLAMMONIUM PICRATE $(C_2H_5)_4N[C_6H_2O(NO_2)_3]$ (Continued)
METHANOL–WATER

Ref.	Mole % of methanol	Dielectric constant	Λ_0	Λ_{range}	Concentration range eq/l $\times 10^4$		$\Lambda_0\eta_0$
[116]	21.8	62.9	41.15	41–36	0.7–89		0.641
	41.4	52.2	45.30	45–40	1–80		0.653
	59.8	43.9	55.93	55–48	0.7–82		0.640
	80.8	36.6	76.80	75–61	0.7–110		0.621
	21.8	59.7	53.60	53–47	0.7–88	35°C	0.631
	41.4	49.3	57.55	56–50	2–79	35°C	0.644
	59.8	41.3	68.60	68–59	0.7–81	35°C	0.638
	80.8	34.4	90.50	89–72	0.7–109	35°C	0.617
	21.8	56.7	67.20	66–59	1.3–88	45°C	0.617
	41.4	46.6	70.85	70–62	1.6–79	45°C	0.630
	59.8	38.9	82.75	82–70	1–80	45°C	0.627
	80.8	32.3	105.3	103–83	1–108	45°C	0.604

Ref.	Wt. % of methanol	Dielectric constant	Λ_0	Λ_{range}	Concentration range eq/l $\times 10^4$	K_A	a(Å)
[142]	97.93	33.90	99.71	96–88	3–21	15.5	5.28
	90.75	37.53	80.59	78–72	2–26	9.4	5.18
	74.73	44.96	57.566	56–53	2–25	4.27	
	49.96	56.28	42.762	42–40	3–28	1.96	
	25.01	68.50	42.535	42–40	2–25	1.13	

TETRAHYDROFURAN–WATER

Ref.	Wt. % of THF	Dielectric constant	Λ_0	Λ_{range}	Concentration range eq/l $\times 10^4$
[365]	100.0	7.39	99.92	15.9–9	3–10
	95.780	9.56	88.50	54–37	2.2–8
	85.786	14.87	60.91	58–54	0.7–3.3
	64.936	28.29	38.50	37.5–36.9	1.2–3.2

III. ELECTRICAL CONDUCTANCE

TETRAPROPYLAMMONIUM BROMIDE $(C_3H_7)_4NBr$ β-ALANINE–WATER

Ref.	Dielectric constant	Λ_0	Λ_{range}	Concentration range eq/l $\times 10^4$	K_A
[361]	90.8	93.61	88–84	57–177	1.10
	93.7	92.02	86–82	61–181	1.08
	107.3	84.64	79–76	87–202	0.95
	119.2	78.610	74–71	88–186	0.84

GLYCINE–WATER

Ref.	Λ_0	Comments
[244]	100.88	Average a value; a, 5.2 Å Contains some information on dielectric constant and K_d

Ref.	Dielectric constant	Λ_0	Λ_{range}	Concentration range eq/l $\times 10^4$	K_A	a(Å)
[361]	78.54	100.88	97–92	18–107	1.36	4.94
	84.4	97.41	92–86	51–187	1.20	4.94
	94.5	91.91	88–82	40–196	1.07	4.94
	105.7	85.895	82–78	35–165	0.98	4.94
	122.1	77.382	74–70	45–198	0.84	4.94
	132.2	72.59	69–67	64–140	0.80	4.94

GLYCOL–WATER

Ref.	Wt. % of glycol	Dielectric constant	Λ_0	Λ_{range}	Concentration range eq/l $\times 10^4$	K_A
[361]	1	78.54	100.88	97–92	18–107	1.36
	2	84.4	97.41	92–86	51–187	1.20
	3	94.5	91.91	88–82	40–196	1.07
	4	105.7	85.89	82–78	35–165	0.98
	5	122.1	77.38	74–70	45–198	0.84
	6	132.2	72.59	69–67	63–140	0.80

TETRAPROPYLAMMONIUM BROMIDE $(C_3H_7)_4NBr$ *(Continued)*
TETRAHYDROFURAN–WATER

Ref.	Wt. % of THF	Dielectric constant	Λ_0	Λ_{range}	Concentration range eq/l × 10⁴
[365]	85.478	15.03	53.60	48.8–42.9	0.9–3.6
	65.081	28.17	44.78	42.8–42.1	2.3–4.5

TETRAPROPYLAMMONIUM PICRATE $(C_3H_7)_4NOC_6H_2(NO_2)_3$
TETRAHYDROFURAN–WATER

Ref.	Wt. % of THF	Dielectric constant	Λ_0	Λ_{range}	Concentration range eq/l × 10⁴
[365]	100.0	7.39	94.07	17.5–10.3	1.6–6.0
	95.780	9.56	85.42	50.4–75.2	2.1–7.4
	85.478	15.03	62.22	59.4–53.4	0.5–3.5
	65.081	28.17	37.62	36.7–36.0	0.8–2.6

TETRAPROPYLAMMONIUM TETRAPHENYLBORATE $(C_3H_7)_4NB(C_6H_5)_4$
TETRAHYDROFURAN–WATER

Ref.	Wt. % of THF	Dielectric constant	Λ_0	Λ_{range}	Concentration range eq/l × 10⁴
[365]	100.00	7.39	86.06	42.2–28.1	1.1–4.2
	97.780	9.56	72.96	59.1–48.9	1.4–5.0
	85.510	15.01	50.69	48.3–46.0	0.5–2.2
	65.096	28.16	30.58	29.8–29.1	0.6–3.4

III. ELECTRICAL CONDUCTANCE

TETRABUTYLAMMONIUM BROMIDE $(C_4H_9)_4NBr$ DIOXANE–WATER
DIOXANE–WATER

Ref.	Wt. % of dioxane	Dielectric constant	Λ_0	Λ_{range}	Concentration range eq/l $\times 10^4$	K_A	a(Å)
[233]	10.0	70.33	80.805	80–77	1.5–24	0.76	5.5
	20.0	61.86	67.575	67–64	1.3–21	1.00	5.5
	30.0	53.28	57.26	56–54	1.5–24	1.38	5.5
	35.0	48.91	53.085	52–50	1.5–24	1.78	5.5
	40.0	44.54	49.44	49–46	1.5–25	2.24	5.5
	45.0	40.20	46.30	45–43	1.5–24	3.16	5.5
	50.0	35.85	43.71	43–39	2–30	4.6	5.22
	55.0	31.53	41.54	40–37	2–28	7.8	5.42
	60.0	27.21	39.76	38–35	1.5–24	16.4	6.24
	65.0	23.14	38.32	37–31	2–28	37	6.90
	70.0	19.07	37.11	35–28	1.6–26	103	8.12

Ref.	Wt. % of dioxane	Dielectric constant	Λ_0	Λ_{range}	Concentration range eq/l $\times 10^4$	$K_d \times 10^2$	a(Å)
[360]	10	70.33	80.792	80–77	1.5–24		
	20	61.86	67.560	67–64	1.3–21		
	30	53.28	57.245	56–54	1.5–24		
	35	48.91	53.074	52–50	1.5–24	77.0	5.09
	40	44.54	49.422	49–46	1.5–25	46.0	5.34
	45	40.20	46.272	45–43	1.5–24	28.0	5.74
	50	35.85	43.668	43–39	2–29	18.0	6.18
	55	31.53	41.497	40–37	2–28	10.0	6.68
	60	27.21	39.704	38–35	1.5–24	4.9	6.96
	65	23.14	38.241	37–32	2–28	2.3	7.15
	70	19.07	37.010	35–28	2–26	0.86	6.77
[372], [359], [369]	0	78.48	97.56	96–93	1–20		
	10	70.33	80.89	80–76	1–38		
	20	61.86	67.66	67–63	1–39		

GLYCEROL–WATER

Ref.	Wt. % of glycerol	Dielectric constant	Λ_0	Λ_{range}	Concentration range eq/l $\times 10^4$	K_A	a(Å)	$\Lambda_0\eta_0$
[215]	51.38	65.35	20.69	20–19	7–28	3.3	3.17	1.118
	73.08	57.20	5.600	5.4–5	15–41	4.5	3.36	1.318
	85.17	51.55	1.788	2–1.7	5–33	5.4	2.16	1.49

TETRABUTYLAMMONIUM BROMIDE $(C_4H_9)_4NBr$ (Continued)
GLYCEROL–WATER

Ref.	Wt. % of water	Dielectric constant	Λ_0	Λ_{range}	Concentration range eq/l $\times 10^4$	K_A	a(Å)	$\Lambda_0\eta_0$
[216]	9.54	46.50	8.976	9–8	7–36	7.82	2.69	1.046
	19.76	51.92	12.608	12.2–11.7	8–38	5.46	2.92	1.015
	38.73	60.15	22.27	22–21	7–31	4.08	2.72	0.97
	54.85	65.68	54.85	33–32	7–32	3.02	3.69	0.897
	76.89	72.19	58.67	57–55	6–36	2.20	3.59	0.868

GLYCINE–WATER

Ref.	Glycine	Λ_0	Λ_{range}	Concentration range eq/l $\times 10^4$
[244]	0.0	97.23	93–88	24–92
	0.3296M	93.18	87–83	53–136
	0.7003M	88.70	84–78	40–193
	1.2816M	82.10	79–75	34–115
	1.7206M	77.12	73–69	55–186
	1.9284M	74.76	71–68	58–161
	2.1548M	72.29	69–64	59–207
	2.436M	69.31	65–62	71–201

GLYCOL–WATER

Ref.	Wt. % of water	Dielectric constant	Λ_0	Λ_{range}	Concentration range eq/l $\times 10^4$	K_A	a(Å)
[216]	0.0	40.75	6.496	6.3–5.9	6–34	13.34	2.29
	9.54	46.50	8.987	9–8.3	7–36	7.82	2.69
	19.76	51.92	12.620	12.2–11.7	8–38	5.46	2.92
	38.73	60.15	22.28	22–20.96	6–31	4.08	2.72
	54.85	65.68	34.29	33.4–32.4	7–32	3.02	3.69
	76.89	72.19	58.66	57–55	6–36	2.20	3.59
	100	78.54	97.46			2.62	

III. ELECTRICAL CONDUCTANCE

TETRABUTYLAMMONIUM BROMIDE $(C_4H_9)_4NBr$ *(Continued)*
TETRAHYDROFURAN–WATER

Ref.	Wt. % of THF	Dielectric constant	Λ_0	Λ_{range}	Concentration range eq/l $\times 10^4$
[365]	95.780	9.56	72.04	36.9–24.3	2.1–7.8
	85.510	15.01	53.44	49.6–43.5	0.7–3.7
	65.081	28.17	44.13	42.9–42.0	1.2–3.2

TETRABUTYLAMMONIUM IODIDE $(C_4H_9)_4NI$ ACETONE–WATER

Ref.	Wt. % of water	Λ_0	Λ_{range}	Concentration range eq/l $\times 10^4$	K_A	$a(\text{Å})$
[239]	0.551	184.03	176–160	1–5	140.3	4.10
	0.590	183.09	176–161	1–4	128.5	4.19
	0.771	184.95	177–167	1–3	123.1	4.20
	0.968	183.72	175–163	1–4	120.1	4.19
	1.445	180.83	169–159	2–5	114.3	4.16
	1.522	175.63	170–154	0.5–5	106.6	4.23
	1.882	175.72	166–152	1–6	101.4	4.22
	1.969	173.36	167–155	1–4	98.3	4.24
	2.486	172.24	165–155	1–4	83.4	4.36
	2.695	167.92	161–151	1–4	75.2	4.47
	3.042	168.29	161–149	1–6	72.8	4.45
	4.485	159.20	153–145	1–3	69.2	4.21
	5.529	151.47	144–136	1–6	44.7	4.76

DIOXANE–WATER

Ref.	Wt. % of dioxane	Dielectric constant	Λ_0	Λ_{range}	Concentration range eq/l $\times 10^4$	K_A	$a(\text{Å})$
[233]	15.0	66.10	70.74	70–62	1.4–99	3.65	5.55
	30.0	53.28	53.835	53–46	1–99	5.1	5.55
	45.0	40.20	43.805	43–37	0.6–80	9.5	5.55
	50.0	35.85	41.69	41–33	1–97	13.0	5.55
[372], [359], [369]	0	78.48	96.27	95–86	1–102		
	15	66.10	70.70	70–62	1–99		
	30	53.28	53.81	53–46	1–99		
	45	40.20	43.78	43–37	0.5–71		
	50	35.85	41.67	41–33	1–97		

TETRABUTYLAMMONIUM IODIDE $(C_4H_9)_4NI$ (Continued)
ETHYLMETHYLKETONE–WATER

Ref.	Wt. % of water	Λ_0	Λ_{range}	Concentration range eq/l $\times 10^4$	K_A	a
[239]	0.0621	144.76	136–126	0.7–2.3	392.4	3.97
	0.763	140.90	131–123	1–2.6	347.4	3.95
	1.073	137.11	127–123	1–2.1	260.6	4.14
	1.492	137.18	131–126	0.6–1.7	215.3	4.24
	2.313	131.33	128–118	0.2–2	204.8	4.12
	2.760	128.06	122–117	0.8–2	167.5	4.24
	3.168	124.24	118–109	1–4	134.3	4.42
	3.977	119.69	116–113	0.5–1.4	77.9	5.09
	4.911	112.73	104–103	2.6–4	43.5	6.67
	5.691	110.02	105–100	1–3	74.5	4.70

TETRABUTYLAMMONIUM PERCHLORATE $(C_4H_9)_4NClO_4$
DIOXANE–WATER

Ref.	Wt. % of dioxane	Dielectric constant	Λ_0	Λ_{range}	Concentration range eq/l $\times 10^4$		K_A	a(Å)
[368]	0.0	78.54	86.78	84–82	7–24	(5)	4.40	
	12.60	68.40	66.62	64–60	12–48	(5)	5.9	
	25.60	57.15	51.25	48–45	12–53	(5)	9.0	2.95
	39.00	45.50	41.37	39–35	10–52	(5)	11.5	2.10
	49.93	36.00	37.27	35–31	5–34	(5)	31.4	4.40
	60.00	27.30	35.97	32–26	7–53	(5)	51	3.15
	69.95	19.20	36.24	30–23	7–39	(5)	190	3.70
	75.00	15.35	36.38	28–19	4–31	(6)	557	4.25
	78.00	13.20	37.25	26–17	3–24	(5)	1499	5.15

TETRABUTYLAMMONIUM PICRATE $(C_4H_9)_4NOC_6H_2(NO_2)_3$
TETRAHYDROFURAN–WATER

Ref.	Wt. % of THF	Dielectric constant	Λ_0	Λ_{range}	Concentration range eq/l $\times 10^4$
[365]	100.0	7.39	86.43	16.0–8.6	1.6–7.5
	95.780	9.56	84.50	51.7–35.5	1.3–4.6
	85.891	14.79	62.06	58.1–51.3	0.6–3.9
	85.478	15.03	61.16	56.5–50.9	0.9–4.0
	65.096	28.16	36.91	36.1–34.9	0.4–2.5

TETRABUTYLAMMONIUM TETRAPHENYLBORATE $(C_4H_9)_4NB(C_6H_5)_4$
TETRAHYDROFURAN–WATER

Ref.	Wt. % of THF	Dielectric constant	Λ_0	Λ_{range}	Concentration range eq/l × 10^4
[365]	100.0	7.39	74.72	38–26	1.3–4.5
	95.780	9.56	69.80	58–49	1.0–3.8
	85.510	15.01	50.01	48–45	0.5–2.5
	65.096	28.16	29.86	29–28	0.4–2.5

TETRABUTYLAMMONIUM TETRAPHENYLBORIDE $(C_4H_9)_4NB(C_6H_5)_4$
ACETONE–WATER

Ref.	Wt. % of water	Λ_0	Λ_{range}	Concentration range eq/l × 10^4	K_A	a(Å)
[239]	0.334	128.80	124–119	1–3	40.3	10.42
	0.637	128.59	119–112	2–8	38.8	8.48
	0.790	128.03	123–117	0.6–4	38.6	10.12
	1.246	125.89	118–114	2–5	37.2	9.88
	1.420	125.32	117–115	2–4	36.9	10.01
	2.309	122.54	116–111	1–5	34.7	9.99
	2.819	121.70	114–107	2–9	32.6	8.40
	3.268	120.55	115–110	1–4	31.5	8.64
	3.793	117.67	110–103	2–9	30.4	8.54
	4.602	114.78	108–104	2–5	29.3	9.38
	5.853	111.23	105–101	2–6	26.5	8.71

ETHYLMETHYLKETONE–WATER

Ref.	Wt. % of water	Λ_0	Λ_{range}	Concentration range eq/l × 10^4	K_A	a(Å)
[239]	0.626	102.20	93–87	3–9	55.9	8.58
	0.715	101.74	92–85	3–11	56.1	8.39
	0.859	101.11	96–91	1–4	52.7	9.43
	0.998	99.82	92–88	2–6	51.7	9.93
	1.583	98.95	90–85	3–8	52.3	8.11
	2.290	96.71	89–85	2–7	46.3	9.37
	3.313	93.87	86–82	3–8	42.5	9.27
	4.378	90.51	84–80	2–7	39.0	9.59
	5.080	89.12	81–78	3–9	36.8	9.82

TETRAISOAMYLAMMONIUM NITRATE (i-C$_5$H$_{11}$)$_4$NNO$_3$ DIOXANE–WATER

Ref.	Wt. % of dioxane	Dielectric constant	Λ_0	Λ_{range}	Concentration range eq/l × 10^4	K_A	a(Å)
[233],	10	70.33	74.845	74–69	1.5–47	1.38	5.83
[359],	20	61.86	63.13	62–56	1.4–88	1.67	5.83
[372]	30	53.28	54.04	53–49	1–47	2.14	5.83
	50	35.85	42.575	42–57	1–46	5.2	5.83
	80	12.01	34.8			1050	5.83
	0	78.48	89.27	88–84	1–38		

Ref.	Wt. % of water	Dielectric constant	Λ_{range}	Concentration range eq/l × 10^4
[23]	0.034		0.03–0.04	210–470
	0.112	2.25	0.03–0.04	210–470
	0.331		0.021–0.02	100–500
	0.343	2.3	0.03–0.05	210–470
	0.602	2.4	0.03–0.03	310–470
	1.242	2.6	0.02–0.07	100–500
	2.35	2.9	0.02–0.02	210–470
	4.01	3.5	0.03–0.3	100–500
	6.37	4.4	0.21–1	100–500
	9.50	5.8	1–2	100–500
	14.95	9.0	6.1–5.8	100–500
	20.23	12.0	13–10	100–700
	53.0	37.0	35–29	100–500

HEXYLAMMONIUM CHLORIDE (C$_6$H$_{13}$)NH$_3$Cl ETHANOL–WATER

Ref.	Mole % of ethanol	Λ_{range}	Concentration range eq/l × 10^4	Comments
[56]	4.17	85.0–51.5	~1000–9670.7	30°C
	8.80	66–45	~25–7803.95	30°C
	14.37	53–35	~1000–8708.62	30°C
	28.12	37.5–27.5	~2250–8401.55	30°C
	61.03	26–15	~1000–7803.95	30°C

DODECYLAMMONIUM CHLORIDE $(C_{12}H_{25})NH_3Cl$ ACETONE–WATER

Ref.	Mole % of acetone	Λ_{range}	Concentration range eq/l × 10^4
[75]	61.4	34–9	14–10000
	40.8	35–14	44–9683
	26.8	39–18	14–9565
	16.2	43–25	14–9351
	9.95	52–28	30–9565
	7.06	66–32	11–9351
	3.27	86–34	7–9565

ACETONITRILE–WATER

Ref.	Mole % of acetonitrile	Λ_{range}	Concentration range eq/l × 10^4
[75]	66.0	107–34	5–2663
	44.4	78–40	149–3931
	29.5	88–35	11–9565
	18.6	89–44	11–9351
	12.8	91–45	11–9781
	7.89	91–41	30–9781
	3.66	100–40	14–9781

t-BUTANOL–WATER

Ref.	Wt. % of t-butanol	Λ_{range}	Concentration range eq/l × 10^4	Comments
[370]	5.7	76–53	500–3000	These are shown graphically
	7.9	70–43	100–5000	

DODECYLAMMONIUM CHLORIDE ($C_{12}H_{25}$)NH_3Cl (Continued)
ETHANOL–WATER

Ref.	Mole % of ethanol	Λ_{range}	Concentration range eq/l $\times 10^4$	Comments
[56]	4.17	~90–38.5	~43.56–7499.56	30°C
	8.80	~83–34.5	~25–7796.89	30°C
	14.37	~64–31	~25–8100.0	30°C
	20.68	~50–25	~25–7499.56	30°C
	28.12	~45–20	~25–7208.01	30°C
	47.68	~40–17	~25–8100.0	30°C
	61.95	~35–12.5	~25–7499.56	30°C
[75]	49.5	68–18	11–3600	
	26.9	59–30	19–4747	
	14.04	65–30	5–9781	
	9.50	69–34	11–9683	
	5.77	78–38	11–9565	
	2.65	91–38	11–9565	

METHANOL–WATER

Ref.	Mole % of methanol	Λ_{range}	Concentration range eq/l $\times 10^4$
[75]	56.0	60–34	14–9565
	30.8	59–34	1–9565
	12.71	73–34	3–9565
	4.82	91–34	19–9565

i-PROPANOL–WATER

Ref.	Wt. % of propanol	Λ_{range}	Concentration range eq/l $\times 10^4$	Comments
[370]	8.0	71–48	200–3000	These are shown graphically
	16.2	52–42	500–5000	

III. ELECTRICAL CONDUCTANCE

n-HEXADECYLPYRIDONIUM CHLORIDE n-$C_{16}H_{33}C_5H_4NCl$
NITROBENZENE–WATER

Ref.	Comments
[370]	$K_d = 1.19 \times 10$ Conductance not measured

n-HEXADECYLPYRIDONIUM IODATE n-$C_{16}H_{33}C_5H_4NIO_3$
t-BUTANOL–WATER

Ref.	Wt. % of butanol	Λ_{range}	Concentration range eq/l $\times 10^4$	Comments
[370]	7.94	43–44	100–8100	These results are shown graphically

OCTADECYLTRIMETHYLAMMONIUM BROMATE $(C_{18}H_{37})(CH_3)_3NBrO_3$
METHANOL–WATER

Ref.	Wt. % of methanol	Dielectric constant	Λ_{range}	Concentration range eq/l $\times 10^4$
[77]	10.07	74.5	60–27	2–57
	15.08	72.1	55–27	2–60
	20.66	69.7	50–29	2–57
	30.09	65.4	46–30	4–101
	40.09	60.9	43–37	5–97
	50.33	56.2	44–41	4–77
	74.95	44.9	51–43	16–229
	89.84	38.0	68–58	2–69

OCTADECYLTRIMETHYLAMMONIUM CHLORIDE $(C_{18}H_{37})(CH_3)_3NCl$
METHANOL–WATER

Ref.	Wt. % of methanol	Dielectric constant	Λ_{range}	Concentration range eq/l $\times 10^4$	Comments
[77]	4.75	76.6	82–34	2–55	
	17.66	70.9	63–40	2–37	
	30.09	65.4	54–43	3–55	
	41.33	60.4	50–38	3–157	
	50.33	56.2	49–45	2–74	
	89.84	38.0	64–50	4–199	
[370]	0.0		95–55	1–10	These are shown graphically
	2.3		90–80	1–4	
	4.7		82–55	2–10	
	10.1		75–74	1–5	
	12.9		70–60	2–10	
	17.7		63–53	2–20	
	22.1		61–54	1–20	
	30.1		55–55	3–15	

OCTADECYLTRIMETHYLAMMONIUM NITRATE $(C_{18}H_{37})(CH_3)_3NNO_3$
METHANOL–WATER

Ref.	Wt. % of methanol	Dielectric constant	Λ_{range}	Concentration range eq/l $\times 10^4$
[56]	5.01	76.5	86–22	1–53
	12.27	73.4	70–22	1–61
	15.08	72.1	65–22	2–61
	19.85	70.1	61–18	2–161
	25.89	67.4	56–24	5–79
	34.63	63.5	52–23	8–180

III. ELECTRICAL CONDUCTANCE

OCTADECYLTRIMETHYLAMMONIUM OXALATE $(C_{18}H_{37})(CH_3)_3NC_2O_4$ METHANOL–WATER

Ref.	Wt. % of methanol	Dielectric constant	Λ_{range}	Concentration range eq/l × 10^4	Comments
77]	20.66	69.7	53–9	2–49	
	30.15	65.4	48–10	3–66	
	40.09	60.9	44–15	6–100	
	50.33	56.2	44–21	3–193	
	89.84	38.0	62–39	4–199	
[370]	0.0		83–10	1–50	These are shown
	20.7		55–10	1–50	graphically
	30.2		50–12	4–70	
	40.1		45–20	4–100	
	50.3		45–35	4–110	
	69.8		50–43	9–10	
	75.0		48–43	50–120	
	89.8		65–50	4–120	
	100.0		75–55	1–80	

OCTADECYLPYRIDONIUM BROMIDE $(C_{18}H_{37})C_5H_5NBr$ METHANOL–WATER

Ref.	Wt. % of methanol	Dielectric constant	Λ_{range}	Concentration range eq/l × 10^4
[56]	20.01	70.0	64–25	2–53

OCTADECYLPYRIDONIUM CHLORIDE $(C_{18}H_{37})C_5H_5NNO_3$ METHANOL–WATER

Ref.	Wt. % of methanol	Dielectric constant	Λ_{range}	Concentration range eq/l × 10^4
[56]	9.9	74.4	72–32	1–57
	14.86	72.3	64–33	1.5–52
	19.85	70.0	60–31	1–80
	25.89	67.4	54–37	3–63
	34.71	63.5	49–36	11–107

OCTADECYLPYRIDONIUM IODATE $(C_{18}H_{37})C_5H_4NIO_3$ METHANOL–WATER

Ref.	Wt. % of methanol	Λ_{range}	Concentration range eq/l $\times 10^4$	Comments
[370]	16.18	43–32	1–81	(5) These are shown graphically

OCTADECYLPYRIDONIUM NITRATE $(C_{18}H_{37})C_5H_5NNO_3$ METHANOL–WATER

Ref.	Wt. % of methanol	Dielectric constant	Λ_{range}	Concentration range eq/l $\times 10^4$
[56]	20.01	70.0	61–17	2–182

ANILINE PICRATE $C_6H_5NH_3OC_6H_2(NO_2)_3$ METHANOL–WATER

Ref.	Wt. % of water	Λ_0	Λ_{range}	Concentration range eq/l $\times 10^4$
[371]	0.008	101.55	90–48	4–500
	0.5	99.5	101–48	4–500
	1.0	93.5	84–46	4–500
	2.0	88.5	89–45	4–500
	3.0	81.5	74–43	4–500

(b) NonAqueous–NonAqueous Mixtures

TETRAMETHYLAMMONIUM BROMIDE $(CH_3)_4NBr$
ACETONITRILE–CYANOETHYL SUCROSE

Ref.	Wt. % of cyanoethyl sucrose	Dielectric constant	Λ_0	Λ	Concentration eq/l $\times 10^4$	a(Å)	$\Lambda_0\eta$
[212]	5.6	36.48	156.51	148–137	5–21	2.29	0.612
	13.3	36.72	121.66	114–104	6.46–32	2.73	0.582
	19.2	36.90	100.12	94–84	7–41	3.23	0.590
	32.5	37.36	62.63	59–56	5.2–18	3.09	0.634
	42.7	37.75	39.19	37–35	6.7–31	1.84	0.703
	48.0	37.96	37.09	36–33	4.4–21	2.40	1.033

TETRAMETHYLAMMONIUM BROMIDE $(CH_3)_4NBr$
ACETONITRILE–PICRIC ACID

Ref.	Eq/l		Comments
[357]	0.00	8	Specific conductance only
	50.52	8	
	73.84	8	
	100.05	8	

TETRAMETHYLAMMONIUM BROMIDE $(CH_3)_4NBr$
BENZENE–METHANOL

Ref.	Wt. % of benzene	Dielectric constant	Λ_0	Λ	Concentration eq/l $\times 10^4$	$K_d \times 10^3$	a(Å)	$\Lambda_0\eta$
[96]	1.09	32.05	123.2	121–115	0.55–7.5	63	5.22	0.674
	7.33	30.18	121.7	117–109	1.6–9.8	17	2.88	0.670
	22.33	25.88	114.9	113–103	0.51–0.7	10	3.18	0.644

TETRAMETHYLAMMONIUM BROMIDE $(CH_3)_4NBr$
METHANOL–NITROMETHANE

Ref.	Wt. % of nitromethane	Dielectric constant	Λ_0	Λ	Concentration eq/l $\times 10^4$	K_a	$a(\text{Å})$
[355]	0.0	32.63	125.3	122–116	1–8	(4 0.031	3.24

TETRAMETHYLAMMONIUM HEXACYANOHEPTATRIENIDE

$$(CH_3)_4N \begin{bmatrix} CN & & & & & CN \\ \diagdown & & & & & \diagup \\ C\!=\!C\!-\!CH\!=\!CH\!-\!CH\!=\!C\!-\!C & & \\ \diagup & | & & & & \diagdown \\ CN & CN & & CN & & CN \end{bmatrix}$$

ACETONE–CARBON TETRACHLORIDE

Ref.	Wt. fraction of acetone	Dielectric constant	Λ_0	Λ	Concentration eq/l $\times 10^4$	K_A	$\Lambda_0\eta$
[171]	0.4978	13.47	119.3	110–91	1–12	53.00	0.5020
	0.3314	10.31	98.6	85–61	1–10	863.0	0.4901

TETRAMETHYLAMMONIUM NITRATE $(CH_3)_4NNO_3$
ACETONITRILE–CARBON TETRACHLORIDE

Ref.	Wt. % of carbon tetrachloride	Dielectric constant	Λ_0	Λ	Concentration eq/l $\times 10^4$	λ_0^-	K_A	$a(\text{Å})$
[160]	63.20	18.91	137.6	120–96	2.25–12	75.0	465	5.93
	68.46	16.99	127.2	106–82	2.21–10	68.9	840	5.39
	75.81	13.93	111.4	80–58	1.8–7	59.8	2950	7.50
	80.80	11.35	98.0	57–37	1.4–6	51.7	9600	8.31

III. ELECTRICAL CONDUCTANCE

TETRAMETHYLAMMONIUM PENTACYANOPROPENIDE

$$(CH_3)_4N \begin{bmatrix} CN & CN & CN \\ \diagdown & | & \diagup \\ C=C-C \\ \diagup & & \diagdown \\ CN & & CN \end{bmatrix}$$

ACETONE–CARBON TETRACHLORIDE

Ref.	Wt. fraction of acetone	Dielectric constant	Λ_0	Λ	Concentration eq/l × 10^4	K_A	$\Lambda_{0\eta}$
[171]	0.5979	15.18	150.0	141–120	1–9.99	54.8	0.5877
	0.4978	13.47	136.7	125–103	0.04–10.16	137.4	0.5752
	0.4264	12.19	127.6	114–87	1–10.01	442.9	0.5750
	0.3314	10.31	114.6	93–61	1–10	2179	0.5697

TETRAMETHYLAMMONIUM PENTACYANOPROPENIDE

$$(CH_3)_4N \begin{bmatrix} CN & CN & CN \\ \diagdown & | & \diagup \\ C=C-C \\ \diagup & & \diagdown \\ CN & & CN \end{bmatrix}$$

CARBON TETRACHLORIDE–NITROBENZENE

Ref.	Wt. % of carbon tetrachloride	Dielectric constant	Λ_0	Λ	Concentration eq/l × 10^4	K_A	$\Lambda_{0\eta}$
[171]	0.4676	18.90	41.33	38–31	2–21	106.1	0.5493
	0.5599	15.80	42.68	39–32	1–9.5	331.3	0.5292
	0.6241	13.68	42.58	38–28	1.1–11	631.8	0.5024

TETRAMETHYLAMMONIUM PICRATE $(CH_3)_4NOC_6H_2(NO_2)_3$
ACETONITRILE–PICRIC ACID

Ref.	Eq/l PA	Concentration eq/l × 10^4	Comments
[357]	0.00	4	Specific conductance only
	38.87	4	
	77.05	4	
	107.92	4	
	152.84	4	

TETRAMETHYLAMMONIUM PICRATE $(CH_3)_4[C_6H_2O(NO_2)_3]$
N-BUTANOL–METHANOL

Ref.	Wt. % of N-butanol	Dielectric constant	Λ_0	Λ	Concentration eq/l × 10^4	K_A	$a(\text{Å})$	$\Lambda_0\eta$
[154]	9.57	31.10	105.33	98–92	6.4–21	14.0	4.0	0.632
	19.72	29.47	94.20	87–77	6.6–37	20.7	4.22	0.626
	30.15	27.78	83.00	77–70	4–7–25	29.5	4.60	0.622
	39.80	26.33	73.35	68–59	4–28	42.0	4.55	0.617
	51.41	24.35	62.00	58–51	3–19	55.0	3.81	0.607

TETRAMETHYLAMMONIUM TETRAPHENYL BORIDE $(CH_3)_4NB(C_6H_5)_4$
ACETONITRILE–CARBON TETRACHLORIDE

Ref.	Wt. % of carbon tetrachloride	Dielectric constant	Λ_0	Λ	Concentration eq/l × 10^4	K_A	$a_J(\text{Å})$
[156]	54.84	22.32	114.85	109–102	2–8	20	7.1
	67.74	17.45	99.31	93–85	1.5–7	62	6.1
	77.73	13.06	83.60	71–60	2–9	328	6.6
	82.72	10.68	74.39	59–47	1.5–6	1110	7.6

TETRAMETHYLAMMONIUM TRICYANOVINYL ALCOHOLATE

$$(CH_3)_4N \begin{bmatrix} CN & & CN \\ & \diagdown \diagup & \\ & C=C & \\ & \diagup \diagdown & \\ CN & & O \end{bmatrix}$$

ACETONE–CARBON TETRACHLORIDE

Ref.	Wt. fraction of acetone	Dielectric constant	Λ_0	Λ	Concentration eq/l × 10^4	K_A	$\Lambda_0\eta$
[171]	0.5979	15.18	161.8	149–122	1.2–11.2	234.7	0.6339
	0.4978	13.47	149.3	134–102	1–11	533.1	0.6283
	0.3314	10.31	123.5	89–53	1–10.5	4633	0.6139

TETRAMETHYLAMMONIUM BIS[TRICYANOVINYL]AMINE

$$(CH_3)_4N \left[\begin{array}{c} CN \\ \diagdown \\ C=C-N-C=C \\ \diagup \\ CN \quad CN \quad CN \quad CN \end{array} \right]$$

ACETONE–CARBON TETRACHLORIDE

Ref.	Wt. fraction of acetone	Dielectric constant	Λ_0	Λ	Concentration eq/l × 10^4	K_A	$\Lambda_0\eta$
[171]	0.4978	13.47	128.9	118–95	1–12.9	124.3	0.5424
	0.4264	12.19	118.5	106–81	1–13.1	214.7	0.5340
	0.3314	10.31	103.5	85–57	1.4–14	945.5	0.5145

TRIMETHYL PHENYL AMMONIUM BENZENE–SULFONATE $(CH_3)_3(C_6H_5)N\ C_6H_5SO_3$ N-METHYL ACETAMIDE–TERTIARY BUTYLALCOHOL EQUIMOLAR MIXTURE

Ref.	Mole fraction of solvent	Dielectric constant	Λ_0	Λ	Concentration eq/l × 10^4	λ_0^+	λ_0^-
[131]	Equimolar mixture	45.4	18.46	18–16	2–46	9.2	9.2

TRIMETHYL PHENYL AMMONIUM BROMIDE $(CH_3)_3(C_6H_5)NBr$ N-METHYL ACETAMIDE–TERTIARY BUTYLALCOHOL EQUIMOLAR MIXTURE

Ref.	Mole fraction of solvent	Dielectric constant	Λ_0	Λ	Concentration eq/l × 10^4	λ_0^+	λ_0^-
[131]	Equimolar mixture	45.4	19.95	19–17	3–116	9.2	10.7

TRIMETHYL PHENYL AMMONIUM IODIDE $(CH_3)_3(C_6H_5)NI$ N-METHYL ACETAMIDE–TERTIARY BUTYLALCOHOL EQUIMOLAR MIXTURE

Ref.	Mole fraction of solvent	Dielectric constant	Λ_0	Λ	Concentration eq/l × 10^4	λ_0^+	λ_0^-
[131]	Equimolar mixture	45.4	21.19	21–17	3–123	9.2	12.0

DI-(β-TRIMETHYLAMMONIUM–ETHYL) SUCCINATE DIBROMIDE
$Br^-[CH_3)_3N^+(CH_2)_2CO_2(CH_2)_2CO_2(CH_2)_2N^+(CH_3)_3]Br^-$
ETHANOL–METHANOL

Ref.	Mole fraction of methanol	Dielectric constant	Concentration eq/l × 10^4	Λ	Λ_0	$k_d × 10^3$	$a(\text{Å})$
[292]	0.698	28.0	1–20	86–61	92.1	1.77	6.30

TETRAETHYLAMMONIUM IODIDE $(C_2H_5)_4NI$
ACETONITRILE–NITROBENZENE

Ref.	Wt. fraction of nitrobenzene	Dielectric constant	Λ_0	Λ	Concentration eq/l × 10^4	k_d	$\Lambda_0\eta$
[104]	0.07175	36.1	160.1	157–119	1–176	0.13	0.668
	0.2573	35.9	112.2	108–90	3–96	0.092	0.689
	0.4688	35.7	79.05	77–64	1–73	0.08	0.700
	0.7315	35.3	53.62	52–44	2–55	0.063	0.703

III. ELECTRICAL CONDUCTANCE

TETRAETHYLAMMONIUM IODIDE $(C_2H_5)_4NI$ ETHANOL–FORMAMIDE

Ref.	Wt. % of EtOH	Wt. % of formamide	Λ	Concentration eq/l × 10^4	Comments
[358]	25	7	32–17	2500–6	(7)
			25–13	2500–6	15°C
			39–21	2500–6	35°C
	50	50	39–23	2500–25	(6)
			31–19	2500–25	15°C
			47–28	2500–25	35°C

TETRAETHYLAMMONIUM IODIDE $(C_2H_5)_4NI$ ETHANOL–METHANOL

Ref.	Wt. % of methanol	Λ	Concentration eq/l × 10^4	Comments
[9]	25.0	37–27	6–100	0°C
	50.0	49–37	6–100	0°C
	75.0	61–48	6–100	0°C
	25.0	58–42	6–100	
	50.0	73–55	6–100	
	75.0	88–69	6–100	

TETRAETHYLAMMONIUM IODIDE $(C_2H_5)_4NI$ ETHANOL–NITROBENZENE

Ref.	Wt. % of nitrobenzene	Λ	Concentration eq/l × 10^4	Comments
[9]	25.0	28–22	6–100	0°C
	50.0	26–22	6–100	0°C
	75.0	23–20	6–100	0°C
	25.0	45–35	6–100	
	50.0	43–35	6–100	
	75.0	38–32	6–100	

TETRAETHYLAMMONIUM IODIDE $(C_2H_5)_4NI$
METHANOL–NITROBENZENE

Ref.	Wt. % of nitrobenzene	Λ	Concentration eq/l × 10^4	Comments
[9]	25.0	58–49	6–100	0°C
	50.0	43–37	6–100	0°C
	75.0	31–27	6–100	0°C
	25.0	84–70	6–100	
	50.0	64–56	6–100	
	75.0	49–42	6–100	

TETRAETHYLAMMONIUM PERCHLORATE $(C_2H_5)_4N\ ClO_4$
ACETONE–ETHANOL

Ref.	Wt. % of acetone	Dielectric constant	$Λ_0$	Λ	Concentration eq/l × 10^4	K_A	a(Å)
[279]	5.90	23.70	68.0	57–50	9–23	164 ± 14	4.0 ± 0.9
	36.30	21.55	110.8	95–83	9–28	74 ± 8	3.9 ± 0.3
	51.80	20.85	135.5	120–105	6–21	69 ± 9	4.2 ± 0.3
	64.08	20.50	153.1	132–117	8–24	62 ± 9	4.0 ± 0.3
	93.70	20.50	198.8	170–154	8–20	84 ± 3	4.5 ± 0.1

TETRAETHYLAMMONIUM PERCHLORATE $(C_2H_5)_4NClO_4$ CARBON TETRACHLORIDE–METHANOL

Ref.	Wt. % of methanol	Dielectric constant	$Λ_0$	Λ	Concentration eq/l × 10^4	K_a	a(Å)
[256]	89.65	31.05	124.70	116–104	6–25	47 ± 1	3.8 ± 0.2
	82.95	29.98	120.10	113–100	3–22	59 ± 2	4.1 ± 0.3
	74.96	28.52	114.73	106–93	4–22	89 ± 4	5.5 ± 0.7
	73.07	28.15	113.12	104–92	5–19	94 ± 5	5.7 ± 0.7
	62.26	25.80	102.88	94–83	4–17	111 ± 7	3.4 ± 0.7
	43.60	20.46	86.16	73–61	4–15	285 ± 4	2.4 ± 0.7
	38.22	18.60	81.4	68–52	3–14	560 ± 15	3.7 ± 0.5

TETRAETHYLAMMONIUM PERCHLORATE $(C_2H_5)_4NClO_4$
METHANOL–PYRIDINE

Ref.	Wt. % of methanol	Dielectric constant	Λ_0	Λ	Concentration eq/l × 10^4	K_A	$a(\text{Å})$
[256]	95.27	31.80	122.57	115–105	5–21	41 ± 1	4.6 ± 0.2
	83.44	30.9	110.45	104–96	4–17	36 ± 1	3.7 ± 0.2
	69.77	29.2	101.48	94–85	4–19	45.6 ± 0.5	4.3 ± 0.1
	46.51	25.7	93.40	85–74	4–17	99 ± 5	4.8 ± 0.3
	21.14	19.8	90.80	80–68	4–19	156 ± 10	5.1 ± 0.4

TETRAETHYLAMMONIUM PICRATE $(C_2H_5)_4N[C_6H_2O(NO_2)_3]$
ANISOLE–NITROBENZENE

Ref.	Wt. % of nitrobenzene	Dielectric constant	Λ_0	Λ	Concentration eq/l × 10^4	K_d	$a(\text{Å})$	$\Lambda_0\eta$
[120]	8.30	5.82	57.70	4–1	0.31–6	1.8×10^{-7}	5.29	0.600
	19.81	8.00	54.54	15–8	1.21–6.3	1.12×10^{-5}	5.23	0.595
	29.20	10.04	52.19	45–18	0.11–6.3	6.5×10^{-5}	4.72	0.597
	33.34	11.02	50.71	48–22	0.11–7	1.44×10^{-4}	4.67	0.593
	40.61	12.80	48.97	45–27	0.31–9	3.98×10^{-4}	4.51	0.596
	42.93	13.43	48.00	47–32	0.11–5	5.51×10^{-4}	4.49	0.592
	49.59	15.27	45.83	44–34	0.21–6	12.3×10^{-4}	4.45	0.586
	56.85	17.55	44.21	43–35	0.31–7	23.8×10^{-4}	4.22	0.589
	69.72	21.77	40.78	40–36	0.22–6	59.0×10^{-4}	3.78	0.584
	80.92	26.00	37.61	38–35	0.15–5	105×10^{-4}	3.23	0.581
	88.95	29.59	35.34	35–32	0.23–6	158×10^{-4}	2.87	0.581

TETRAETHYLAMMONIUM PICRATE $(C_2H_5)_4N[C_6H_2O(NO_2)_3]$
BUTANOL–METHANOL

Ref.	Wt. % of butanol	Dielectric constant	Λ_0	Λ	Concentration eq/l × 10^4	K_A	$a(\text{Å})$	$\Lambda_0\eta$
[297]	15.07	30.20	93.01	87–80	4–24	26.2	5.05	0.588
	29.83	7.85	79.00	73–67	4–20	30.5	4.99	0.575
	41.20	26.00	68.43	63–57	5–22	39.5	4.66	0.585
	55.09	23.75	56.20	51–46	4–17	67.5	4.95	0.583

TETRAETHYLAMMONIUM PICRATE $(C_2H_5)_4N[C_6H_2O(NO_2)_3]$ ETHANOL–METHANOL

Ref.	Mole % of methanol	Dielectric constant	Λ_0	Λ	Concentration eq/l × 10^4	Comments	$\Lambda_0\eta$
[117]	20.45	25.0	62.4	59–41	1–95		0.597
	39.71	26.0	71.0	68–48	1–98		0.591
	59.62	27.3	80.5	78–58	1–91		0.587
	79.75	29.1	93.6	91–68	1–101		0.593
	20.45	23.7	72.9	69–47	1–94	35°C	0.577
	39.71	24.7	82.6	79–55	1–97	35°C	0.583
	50.62	25.9	92.9	90–66	1–90	35°C	0.581
	79.75	27.5	106.5	104–77	1–100	35°C	0.584
	20.45	22.3	85.2	81–55	1–93	45°C	0.568
	39.71	23.2	95.5	92–64	1–96	45°C	0.572
	59.62	24.5	106.7	103–75	1–89	45°C	0.567
	79.75	26.1	120.9	118–88	1–99	45°C	0.573

TETRAETHYLAMMONIUM TETRAPHENYLBORIDE $(C_2H_5)_4NB(C_6H_5)_4$ ACETONITRILE–CARBON TETRACHLORIDE

Ref.	Wt. % of carbon tetrachloride	Dielectric constant	Λ_0	Λ	Concentration eq/l × 10^4	K_A	$a_J(\text{Å})$
[156]	28.66	30.62	128.03	121–118	4–9	8	4.9
	60.15	20.60	102.95	96–89	2–10	21	5.4
	68.69	17.05	93.18	85–76	2–12	60	5.8
	75.22	14.21	84.91	75–65	2–9	184	6.9
	79.65	12.14	76.72	65–53	2–9	408	5.9

TETRAPROPYLAMMONIUM BROMIDE $(C_3H_7)_4NBr$ ACETIC ACID–o-DICHLOROBENZENE

Ref.	Wt. % of o-dichlorobenzene	Λ_0	Λ	Concentration eq/l × 10^4
[352]	30	34.33	3.2–2	1.5–6

III. ELECTRICAL CONDUCTANCE

TETRAPROPYLAMMONIUM BROMIDE $(C_3H_7)_4NBr$ N-METHYL ACETAMIDE-TERTIARY BUTYLALCOHOL EQUIMOLAR MIXTURE

Ref.	Mole fraction of solvent	Dielectric constant	Λ_0	Λ	Concentration eq/l $\times 10^4$	λ_0^+	λ_0^-
[131]	Equimolar mixture	45.4	19.19	18–16	4–123	8.4	10.7

TETRAPROPYLAMMONIUM IODIDE $(C_3H_7)_4NI$ N-METHYLACETAMIDE-TERTIARY BUTYLALCOHOL EQUIMOLAR MIXTURE

Ref.	Mole fraction of solvent	Dielectric constant	Λ_0	Λ	Concentration eq/l $\times 10^4$	λ_0^+	λ_0^-
[131]	Equimolar mixture	45.4	20.31	20–18	1–41	8.4	12.0

TETRAPROPYLAMMONIUM TETRAPHENYL BORIDE $(C_3H_7)_4NB(C_6H_5)_4$ ACETONITRILE-CARBON TETRACHLORIDE

Ref.	Wt. % of carbontetra-chloride	Dielectric constant	Λ_0	Λ	Concentration eq/l $\times 10^4$	K_A	$a_J(\text{Å})$
[156]	62.47	19.46	91.29	85–78	2–10	31	5.5
	70.81	16.13	81.55	74–66	2–11	70	5.5
	78.77	12.31	71.62	62–53	2–9	235	6.0
	84.27	9.80	63.10	51–40	1–6	880	7.0

TETRABUTYLAMMONIUM BROMIDE $(C_4H_9)_4NBr$ ACETIC ACID-o-DICHLOROBENZENE

Ref.	Wt. % of o-dichlorobenzene	Λ_0	Λ	Concentration eq/l $\times 10^4$
[352]	30	30.60	3–2	2–6

TETRABUTYLAMMONIUM BROMIDE $(C_4H_9)_4$NBr ACETONE-PROPANOL

Ref.	Mole % of acetone	Dielectric constant	Λ_0	K_A	a(Å)
[320]	20	19.02	42.76 ± 0.05	180 ± 10	5.9 ± 0.4
	40	18.47	64.76 ± 0.06	96 ± 6	5.0 ± 0.1
	60	18.64	89.72 ± 0.02	88 ± 2	5.11 ± 0.05
	80	19.37	118.81 ± 0.03	101 ± 2	5.08 ± 0.08
	90	19.96	137.55 ± 0.06	138 ± 4	5.5 ± 0.2

TETRABUTYLAMMONIUM BROMIDE $(C_4H_9)_4$NBr ACETONITRILE-CYANOETHYLSUCROSE

Ref.	Wt. % of cyanoethyl-sucrose	Dielectric constant	Λ_0	Λ	Concentration eq/l × 10^4	a(Å)	$\Lambda_0\eta$
[212]	18.6	36.90	80.35	75–70	7–35	5.13	0.460
	29.0	37.24	54.39	51–48	8–34	5.42	0.467
	45.3	37.74	24.50	23–22	13–31	5.01	0.531
	48.3	37.88	20.93	20–19	8–33	5.06	0.577
	51.2	37.97	16.80	16–15	9–33	4.97	0.574
	55.0	38.04	13.01	12.3–11.6	7–35	3.57	0.643
	66.4	38.46	4.964	4.7–4.4	9–27	—	0.900
	70.2	38.68	3.225	2.7–2.3	29–55	—	1.030
	71.1	38.60	2.852	2.5–1.8	9–29	—	1.115

TETRABUTYLAMMONIUM BROMIDE $(C_4H_9)_4$NBr BENZENE–METHANOL

Ref.	Wt. % of benzene	Dielectric constant	Λ_0	Λ	Concentration eq/l × 10^4	$K_d × 10^2$	a(Å)	$\Lambda_0\eta$
[96]	3.99	31.40	94.1	90–87	2–9	31	8.22	0.516
	11.20	29.02	91.3	88–83	1–12	11	7.87	0.506
	23.52	25.50	88.1	85–78	1–11	3.2	6.68	0.494
	52.96	15.70	78.6	75–63	0.4–6	0.24	5.45	0.453

TETRABUTYLAMMONIUM BROMIDE (C₄H₉)₄NBr (Continued)
CARBON TETRACHLORIDE–ETHANOL

Ref.	Wt. % of carbon tetrachloride	Dielectric constant	Λ_0	Λ	Concentration eq/l × 10⁴	$K_d \times 10^3$	$a(\text{Å})$	$\Lambda_0\eta$
[102]	4.55	24.40	43.29	40–34	3–18	6.44	3.01	0.480
	10.45	23.68	43.80	40–33	2–18	5.17	2.98	0.484
	15.21	23.05	42.64	39–32	3–18	5.06	3.11	0.473
	19.36	22.50	42.02	36–32	4–14	4.18	3.08	0.467
	24.38	21.77	42.28	39–30	3–18	3.39	3.08	0.468
	37.69	19.70	41.9	37–25	4–18	1.46	2.93	0.460

TETRABUTYLAMMONIUM BROMIDE (C₄H₉)₄NBr CARBON TETRACHLORIDE–ETHANOL

Ref.	Dielectric constant	Λ_0	K_a	$a(\text{Å})$
[356]	24.91	43.35	90	6.0
	24.40	43.20	115	6.0
	23.68	43.95	145	6.0
	23.05	42.75	180	6.0
	21.77	41.90	240	6.0
	19.59	—	300	—

TETRABUTYLAMMONIUM BROMIDE (C₄H₉)₄NBr CARBON TETRACHLORIDE–METHANOL

Ref.	Wt. % of carbon tetrachloride	Dielectric constant	Λ_0	Λ	Concentration eq/l × 10⁴	$K_d \times 10^3$	$a(\text{Å})$	$\Lambda_0\eta$
[101]	18.02	29.74	87.99	84–81	3–9	69.4	6.63	0.5187
	33.25	26.72	81.27	77–73	3–10	35.2	6.08	0.5160
	45.19	23.80	74.90	71–67	2–6	13.7	4.83	0.5064
	50.78	22.23	72.66	69–65	1–5	9.1	4.57	0.5067
	57.53	20.13	68.54	63–57	2–8	5.85	4.60	0.4977
	70.83	15.31	58.14	47–38	3–12	1.40	4.61	0.4574

TETRABUTYLAMMONIUM BROMIDE $(C_4H_9)_4NBr$ CARBON TETRACHLORIDE–METHANOL

Ref.	Dielectric constant	Λ_0	K_a	a(Å)
[356]	32.63	96.30	12.4	6.0
	29.74	88.44	16.4	6.0
	26.72	81.42	27	6.0
	23.80	74.95	53	6.0
	22.23	72.75	85	6.0
	20.13	68.75	140	5.7
	15.31	58.55	655	6.0

TETRABUTYLAMMONIUM BROMIDE $(C_4H_9)_4NBr$ CARBON TETRACHLORIDE–NITROBENZENE

Ref.	Wt. % of carbon tetra-chloride	Dielectric constant	Λ_0	Λ	Concentration eq/l $\times 10^4$	$K_d \times 10^3$	$\Lambda_0\eta$
[103]	9.96	31.13	33.92	33–31	1–5	14.5	0.586
	21.67	27.20	35.26	33–30	2–8	7.8	0.563
	31.13	24.23	36.06	34–31	1–5	4.6	0.536
	45.76	19.07	37.74	33–28	1–6	1.45	0.506
	56.28	15.69	38.61	30–22	1–7	0.48	0.478

TETRABUTYLAMMONIUM BROMIDE $(C_4H_9)_4NBr$ CARBON TETRACHLORIDE–NITROBENZENE

Ref.	Dielectric constant	Λ_0	K_a	a(Å)
[356]	34.69	33.29	57	6.6
	31.13	33.96	65	6.6
	27.20	35.27	130	6.35
	24.23	36.14	210	6.10
	19.07	37.78	655	6.30
	15.69	38.80	2090	7.5

III. ELECTRICAL CONDUCTANCE

TETRABUTYLAMMONIUM BROMIDE $(C_4H_9)_4NBr$ n-HEPTANE–METHANOL

Ref.	Wt. % of n-heptane	Dielectric constant	Λ	Concentration eq/l $\times 10^4$
[101]	4.69	30.83	93–90	2–6
	9.01	29.21	90–86	3–6
	15.41	26.67	91–88	1–3

TETRABUTYLAMMONIUM BROMIDE $(C_4H_9)_4NBr$ METHANOL–METHYL ETHYL KETONE (MEK)

Ref.	Wt. % of MEK	Dielectric constant	Λ_0	Λ	Concentration eq/l $\times 10^4$
[97]	5.10	32.0	95.0	93–88	1–9
	8.27	31.4	94.8	92–86	1–11
	18.24	30.2	95.5	94–89	0.54–6
	49.62	25.6	102.5	100–95	0.64–5
	54.26	24.6	104.2	101–95	0.7–6
	78.23	21.1	112.7	110–102	0.52–6
	87.89	19.8	118.4	112–101	1–8

TETRABUTYLAMMONIUM BROMIDE $(C_4H_9)_4NBr$ METHANOL–NITROMETHANE

Ref.	Wt. % of nitromethane	Dielectric constant	Λ_0	Λ	Concentration eq/l $\times 10^4$	$k_d \times 10^3$	$a(\text{Å})$	$\Lambda_0\eta$
[96]	1.85	32.66	96.2	92–87	2–13	110	6.41	0.523
	3.93	32.70	96.9	93–88	3–13	160	7.08	0.524
	29.63	33.06	100.6	99–95	1–9	∞	—	0.514
	57.38	33.42	104.2	101–97	1.5–9	∞	—	0.518
	81.70	34.01	101.0	98–93	2–16	∞	—	0.527

TETRABUTYLAMMONIUM BROMIDE $(C_4H_9)_4NBr$ METHANOL–NITROBENZENE

Ref.	Wt. % of methanol	Dielectric constant	Λ_0	Λ	Concentration eq/l × 10^4	$k_d × 10^3$	a(Å)	$\Lambda_0\eta$
[80]	94.55	30.4	93.90	91–86	1.2–9	81	6.65	0.5298
	77.47	29.9	84.39	82–79	0.6–6	140	7.89	0.5299
	61.39	30.1	74.29	72–69	0.7–8	∞	8+	0.5284
	44.36	30.71	64.04	63–59	0.6–10	∞	8+	0.5358
	27.16	31.18	52.36	51–49	1.0–8	∞	8+	0.5423
	19.29	31.71	46.71	46–43	0.8–9	220	7.83	0.5422
	8.44	32.61	38.34	37–36	0.9–9	120	6.58	0.5429
	1.98	33.64	33.11	33–30	0.4–9	45	3.72	0.5621

Ref.	Dielectric constant	Λ_0	K_a	a(Å)
[356]	32.63	96.65	27	6.0
	32.44	93.70		6.0
	31.78	83.95		6.0
	31.56	74.35		6.0
	31.69	64.10		6.0
	32.05	52.40		6.0
	32.32	46.80		6.0
	32.99	38.40		6.0
	33.91	33.05		6.0
	34.82	33.05	47	6.0

TETRABUTYLAMMONIUM BROMIDE $(C_4H_9)_4NBr$ N-METHYLACETAMIDE–TERTIARY BUTYLALCOHOL EQUIMOLAR MIXTURE

Ref.	Mole fraction of solvent	Dielectric constant	Λ_0	Λ	Concentration eq/l × 10^4	λ_0^+	λ_0^-
[131]	Equimolar mixture	45.4	17.74	17–15	1–2	7.0	10.7

TETRABUTYLAMMONIUM CHLORIDE $(C_4H_9)_4NCl$ ACETONE-PROPANOL

Ref.	Mole % of acetone	Dielectric constant	Λ_0	K_A	$a(\text{Å})$
[320]	20	19.02	40.71 ± 0.03	106 ± 7	5.5 ± 0.3
	40	18.47	61.72 ± 0.02	54 ± 3	4.94 ± 0.09
	60	18.64	85.80 ± 0.05	68 ± 5	5.3 ± 0.2
	80	19.37	113.2 ± 0.1	93 ± 8	5.4 ± 0.3
	95	20.27	142.1 ± 0.2	160 ± 10	5.3 ± 0.6

TETRABUTYLAMMONIUM IODIDE $(C_4H_9)_4NI$ ACETONE–PROPANOL

Ref.	Mole % of acetone	Dielectric constant	Λ_0
[320]	20	19.02	46.23 ± 0.04
	40	18.47	70.46 ± 0.08
	60	18.64	97.49 ± 0.02
	80	19.37	129.46 ± 0.04
	90	19.96	149.68 ± 0.08

TETRABUTYLAMMONIUM IODIDE $(C_4H_9)NI$ CARBON TETRACHLORIDE –NITROBENZENE

Ref.	Wt. fraction of carbon tetrachloride	Dielectric constant	Λ_0	Λ	Concentration eq/l × 10⁴	log K_a	$a(\text{Å})$
[149]	0.2985	24.56	35.31	34.5–33.3	0.41–2	1.82	5.16
	0.4604	19.17	36.79	35–33.8	0.36–1.34	2.42	5.16
	0.6624	12.53	38.10	34–26	0.21–1.43	3.70	5.16
	0.7992	8.12	33.9	16–7	0.22–2	5.12	5.16

TETRABUTYLAMMONIUM IODIDE $(C_4H_9)_4NI$ N-METHYL ACETAMIDE–TERTIARY BUTYLALCOHOL EQUIMOLAR MIXTURE

Ref.	Dielectric constant	Λ_0	Λ	Concentration eq/l × 10⁴	λ_0^+	λ_0^-
[131]	45.4	18.98	18–16	2–56	7.0	12.0

TETRABUTYLAMMONIUM NITRATE $(C_4H_9)_4N$ NO_3 ACETONITRILE–CARBON TETRACHLORIDE

Ref.	Wt. % of carbon tetrachloride	Dielectric constant	Λ_0	Λ	Concentration eq/l × 10^4	λ_0^-	K_A	a(Å)
[160]	63.85	18.45	114.1	104–91	2–11	72.9	130	5.85
	68.71	17.02	106.6	95–82	2–10	67.6	250	5.89
	74.54	14.65	96.5	83–68	1.62–7.5	60.4	665	6.77
	78.84	12.29	88.4	70–53	1.5–6.7	55.1	1670	7.14

TETRABUTYLAMMONIUM NITRATE $(C_4H_9)_4N$ NO_3 CARBON TETRACHLORIDE–NITROBENZENE

Ref.	Wt. fraction of carbon tetrachloride	Dielectric constant	Λ_0	Λ	Concentration eq/l × 10^4	log K_A	a(Å)
[149]	0.2009	27.76	36.29	35.5–34.6	0.41–2	1.79	4.92
	0.2961	24.68	36.16	35–34.4	0.91–1.7	1.63	4.92
	0.4681	18.90	38.32	37–33.2	0.26–2	2.71	4.92
	0.6570	12.70	38.84	35–24	0.15–1.5	3.78	4.92
	0.8286	7.18	34.3	7.5–3	0.22–1.44	5.91	4.92

TETRABUTYLAMMONIUM PERCHLORATE $(C_4H_9)_4NClO_4$ ACETONE–PROPANOL

Ref.	Mole % of acetone	Dielectric constant	Λ_0	K_A	a(Å)
[320]	20	19.02	51.86 ± 0.05	370 ± 10	6.1 ± 0.4
	40	18.47	80.64 ± 0.06	217 ± 17	5.7 ± 0.2
	60	18.64	112.25 ± 0.09	158 ± 8	6.0 ± 0.3
	80	19.37	146.30 ± 0.05	114 ± 6	6.0 ± 0.3
	90	19.96	165.04 ± 0.08	104 ± 6	6.0 ± 0.3

III. ELECTRICAL CONDUCTANCE

TETRABUTYLAMMONIUM PERCHLORATE $(C_4H_9)_4NClO_4$
BENZONITRILE–O-DICHLOROBENZENE

Ref.	Wt. % of benzonitrile	Dielectric constant	Λ_0	Concentration eq/l × 10^4	K_A
[238]	44.99	18.64	42.53	~0.1–1.0	400
	30.04	16.04	41.84	~0.1–1.0	1,067
	17.51	13.80	40.75	~0.1–1.0	2,940
	7.53	11.36	41.78	~0.1–1.0	12,320
	4.99	10.75	40.00	~0.1–1.0	30,700
	1.51	10.21	45.31	~0.1–1.0	78,100

TETRABUTYLAMMONIUM PICRATE $(C_4H_9)_4N[C_6H_2O(NO_2)_3]$
ACETONITRILE–DIOXANE

Ref.	Wt. % of acetonitrile	Dielectric constant	Λ_0	Λ	Concentration eq/l × 10^4	log K_A	a(Å)
[186]	26.05	12.11	70.1	53–39	3–16	2.99	7.22
	15.28	7.90	57.7	19–10	2–16	4.48	7.22
	10.95	6.34	52.7	6–3	3–16	5.46	7.22
	6.96	4.84	48.0	1–0.52	3–18	7.07	7.22
	4.37	3.84	45.0	0.11–0.05	3–14	9.05	7.22

TETRABUTYLAMMONIUM PICRATE $(C_4H_9)_4NOC_6H_2(NO_2)_3$
ACETONITRILE–PICRIC ACID

Ref.	Eq/l PA	Concentration eq/l × 10^4	Comments
[357]	0.06	8.5	Specific conductance only
	33.33	8.5	
	57.58	8.5	
	87.37	8.5	
	110.18	8.5	

TETRABUTYLAMMONIUM PICRATE $(C_4H_9)_4N[C_6H_2O(NO_2)_3]$
ANISOLE–NITROBENZENE

Ref.	Wt. % of nitro-benzene	Dielectric constant	Λ_0	Λ	Concentration eq/l × 10^4	K_d	a(Å)	$\Lambda_0\eta$
[120]	15.07	7.041	46.52	14–3	0.2–7	2.65 × 10^{-6}	5.31	0.497
	27.38	9.61	44.21	37–12	0.1–8	4.92 × 10^{-5}	4.86	0.5009
	49.45	15.24	38.37	37–28	0.12–7	1.38 × 10^{-3}	4.65	0.4904
	70.57	22.08	34.26	33–30	0.4–7	8.30 × 10^{-3}	4.38	0.494
	84.07	27.41	31.42	31–28	0.32–7	18.5 × 10^{-3}	3.88	0.4974
	93.38	31.7	28.69	29–26	0.22–8	30.1 × 10^{-3}	3.46	0.4915

TETRABUTYLAMMONIUM PICRATE $(C_4H_9)_4N[C_6H_2O(NO_2)_3]$
BENZENE–O-DICHLOROBENZENE

Ref.	Mole % of benzene	Dielectric constant	Λ	Concentration eq/l × 10^4	Temperature	$\lambda_0^2 K_d \times 10^4$
[165]	50.0	5.68	3–0.64	0.51–20	44.26°C	4.85
		5.34	4–0.82	0.51–19	64.74°C	8.20

Ref.	Mole % of dichloro-benzene	Dielectric constant	Λ_0	Λ	Concentration eq/l × 10^4	K_d
[300]	10.0	3.039	62.5	0.004–0.0026	0.5–10	2.54 × 10^{-13}
	24.82	4.152	47.0	0.12–0.04	0.59–12	3.54 × 10^{-10}
	50.03	6.041	30	2.3–0.61	0.51–10	2.74 × 10^{-7}
	74.81	7.946	25	8–2	0.5–20	7.25 × 10^{-6}

Ref.	Mole % of benzene	Λ_0	Λ	Concentration eq/l × 10^4	K	
[347]	50	27.0	9–2	0.023–1	(5)	3.5

III. ELECTRICAL CONDUCTANCE

TETRABUTYLAMMONIUM PICRATE $(C_4H_9)_4N[C_6H_2O(NO_2)_3]$ CARBON TETRACHLORIDE–NITROBENZENE

Ref.	Wt. fraction of carbon tetrachloride	Dielectric constant	Λ_0	Λ	Concentration eq/l $\times$ 10^4	log K_a	$a(\text{Å})$
[149]	0.1291	30.11	29.37	28.5–27.6	1–4	1.07	5.91
	0.2493	26.17	31.12	30–28.8	1–4.5	1.47	
	0.2908	24.82	31.71	31–29.5	0.61–3	1.54	
	0.4145	20.71	33.48	32–29.8	0.43–4	2.02	
	0.5495	16.20	35.24	33–28.9	0.45–4	2.63	
	0.6760	12.09	36.15	31–20	0.53–6	3.45	
	0.7695	9.07	35.4	21–8	0.42–8	4.44	
	0.8163	7.57	34.3	16–4.5	0.2–5	5.13	
	0.8363	6.94	33.6	11–3	0.2–5	5.52	
	0.8600	6.19	32.6	6–2	0.2–2	6.07	
	0.9005	4.955	30.2	2–1.52	0.07–2	7.33	

TETRABUTYLAMMONIUM PICRATE $(C_4H_9)_4N[C_6H_2O(NO_2)_3]$ DIBUTYLBUTYL–PHOSPHONATE[BuPo(OBu)]–HEPTANE

Ref.	Wt. proportions	Dielectric constant	$\Lambda \times 10^3$	Concentration eq/l $\times$ 10^4	Comments
[148]	BuPo(OBu):heptane = 250.31:168.30	3.06	29–8	0.12–39	15°C
		2.98	37–11	0.11–39	
		2.83	66–18	0.11–38	45°C
		2.71	93–20	0.11–37	65°C

TETRABUTYLAMMONIUM PICRATE $(C_4H_9)_4N[C_6H_2O(NO_2)_3]$ DIETHYL ETHYL PHOSPHONATE $[Et(PO)(OEt)]$–HEPTANE

Ref.	Wt. proportions	Dielectric constant	Λ_0	Λ	Concentration eq/l $\times 10^4$		$K_d \times 10^6$	$a(\text{Å})$	$\Lambda_0\eta$
[148]	EtPO(OEt):heptane = 166.16:84.15	5.80	44.5	6–2	1–89	15°C	1.80	6.71	0.258
		5.62	47.1	7–2	1–8816		2.25	6.85	0.323
		5.30	70.4	9–2.6	1–87	45°C	1.69	6.60	0.383
		5.07	80.0	12–3	1–85	65°C	1.99	6.56	0.350
	EtPO(OEt):heptane = 166.16:252.45	3.60	7.50	14–1.5	0.06–85	15°C	0.178	9.96	0.452
		3.54	15.5	16–2	0.06–84		0.059	8.95	0.0775
		3.45	26.5	19–2	0.05–82	45°C	0.037	8.25	0.105
		3.27	44.1	26–3	0.05–72	65°C	0.022	7.87	0.145

III. ELECTRICAL CONDUCTANCE

TETRABUTYLAMMONIUM PICRATE $(C_4H_9)_4N[C_6H_2O(NO_2)_3]$
DIOXANE–p-NITROANILINE

Ref.	Wt. % of p-nitro-aniline	Dielectric constant	Λ_0	Λ	Concentration eq/l × 10^4	log K_A	a(Å)
[186]	18.23	12.09	20.22	16–13	3.1–17	2.46	7.84
	11.65	8.23	24.4	11–7	3–16	3.72	7.84
	7.87	5.98	27.3	4–2	2.7–16	5.06	7.84
	5.50	4.76	29.2	1.6–0.93	2.5–13	6.33	7.84
	4.02	4.01	30.3	0.33–0.18	2.6–14	7.65	7.84

TETRABUTYLAMMONIUM TETRAPHENYLBORIDE $(C_4H_9)_4NB(C_6H_5)_4$
ACETONITRILE–BENZENE

Ref.	Wt. % of benzene	Dielectric constant	Λ_0	Λ	Concentration eq/l × 10^4	K_A	$\lambda_0\eta$
[298]	24.71	27.90	111.48	106–100	2–11	16.80	0.400
	49.83	19.10	99.70	93–85	2–9	51.20	0.396
	75.34	10.25	80.00	65–47	2–12	1280	0.376
	90.22	5.35	70.3	5.5–3.64	4–12	83 × 10	—

TETRABUTYLAMMONIUM TETRAPHENYLBORIDE $(C_4H_9)_4NB(C_6H_5)_4$
ACETONITRILE–CARBON TETRACHLORIDE

Ref.	Wt. % of carbon tetrachloride	Dielectric constant	Λ_0	Λ	Concentration eq/l × 10^4	K_A	$\Lambda_0\eta$	a_J(Å)
[141]	16.90	33.20	112.24	106–102	3–10	17.8	0.406	
	40.23	28.20	98.80	96–93	0.45–3	20.0	0.401	
	55.25	24.90	88.30	85–79	1–6	36.0	0.395	
	74.89	15.35	70.26	67–60	0.29–4	146.0	0.386	
	90.26	7.20	54.35	19–12	4–16	40,900	0.386	
	94.97	4.80	48.55	5–2	0.5–7	29,600	0.386	
[156]	60.61	19.87	85.03	79–73	2–10	21		6.4
	68.06	17.18	78.37	72–66	1.9–8	45		6.0
	75.97	13.92	70.04	63–56	1.5–7	133		6.4
	80.68	11.16	64.18	56–48	1.4–6	365		7.1

TETRABUTYLAMMONIUM TETRAPHENYLBORIDE, $(C_4H_9)_4N(C_6H_5)_4B$
ACETONITRILE–CYANOETHYL SUCROSE

Ref.	Wt. % of cyanoethyl sucrose	Dielectric constant	Λ_0	Λ	Concentration eq/l $\times$ 10^4	a(Å)	$\Lambda_0\eta$
[212]	22.6	37.03	68.45	65–61	4–23	4.22	0.465
	30.4	37.28	52.10	49–46	5–26	4.25	0.492
	46.7	37.84	23.73	23–21	4–25	4.84	0.560
	51.8	37.94	16.81	16–15	6–29	4.40	0.621
	55.5	38.11	12.75	12–11	11–34	3.39	0.648
	61.5	38.32	7.53	7–6	8–45	3.00	0.730

TETRABUTYLAMMONIUM TETRAPHENYLBORIDE $(C_4H_9)_4NB(C_6H_5)_4$
CARBON TETRACHLORIDE–NITROBENZENE

Ref.	Wt. % of carbon tetrachloride	Dielectric constant	Λ_0	Λ	Concentration eq/l $\times$ 10^4	log K_A	$\Lambda_0\eta$
[150]	23.86	26.52	25.16	25–24	0.44–2.1	0.76	0.395
	24.07	26.45	25.35	24–22	3.4–21	1.15	0.3975
	43.71	19.95	27.69	27–26	0.5–2	1.11	0.3769
	64.83	12.99	30.91	29–25	0.5–2.5	2.72	0.3586
	70.96	11.00	31.3	27–21	1–6	3.00	0.3465
	80.95	7.79	32.5	23–14	0.3–2.4	4.30	0.3328

TETRABUTYLAMMONIUM THIOCYANATE $(C_4H_9)_4NSCN$
DIPHENYLMETHANE–POLYSTYRENE

Ref.	Wt. % of diphenylmethane	Dielectric constant	$\Lambda \times 10^8$	Concentration eq/l $\times$ 10^4	Comments
[246]	20.0	2.67	154–2	4–1000	89°C

Ref.	Wt. % of polystyrene	Λ	Concentration eq/l $\times$ 10^4	Comments
[353]	80	20–1	3–324	(18) at 72°C–73°C
		51–1	3–10,400	(17) at 79°C–80°C
		173–2	3–10,400	(20) at 89°–90°C
		338–8	3–10,400	(14) at 97°C–98°C

III. ELECTRICAL CONDUCTANCE

TRI-ISOAMYLAMMONIUM PICRATE $(i\text{-}C_5H_{11})_3NOC_6H_2(NO_2)_3$ BENZENE–ETHYLENE DICHLORIDE

Ref.	Wt. % of ethylene chloride	Dielectric constant	Λ	Concentration eq/l × 10⁴	Comments
[333]	21.2 0.0	3.1 2.28	0.00140–0.000140	1.0–3000	(19)

TRI-ISOAMYL(PENTYL)AMMONIUM PICRATE $(i\text{-}C_5H_4)_3NH[C_6H_2O(NO_2)_3]$ DIOXANE–ETHANOLAMINE

Ref.	Wt. % of Mono-ethanolamine	Dielectric constant	Λ	Concentration eq/l × 10⁴
[50]	79.8 59.7 49.7	26.04 18.80 14.62	31–12 68–8 17–7	0.23–1.21 0.20–7 0.18–8

TRI-ISOAMYLBUTYLAMMONIUM IODIDE $(i\text{-}C_5H_{11})_3(C_4H_9)NI$ DIOXANE–TRIPROPANOLAMINE BORATE

Ref.	Wt. % of tri-propanolamine borate	Dielectric constant	Λ₀	Λ	Concentration eq/l × 10⁴
[191]	11.01 27.14 37.40	40.67 51.30 61.24	135.04 98.81 76.18	127–118 92–84 71–66	9–45 18–85 21–103

TRI-ISOAMYLBUTYLAMMONIUM PICRATE $(i\text{-}C_5H_{11})_3(C_4H_9)N[C_6H_2O(NO_2)_3]$ DIOXANE–TRIPROPANOLAMINE BORATE

Ref.	Wt. % of tri-propanolamine borate	Dielectric constant	Λ₀	Λ	Concentration eq/l × 10⁴
[91]	10.71 20.63 33.58	40.60 46.32 56.81	115.00 96.06 72.33	109–102 88–81 65–59	6–29 16–79 33–147

TRI-ISOAMYLBUTYLAMMONIUM TETRAPHENYLBORIDE $(i\text{-}C_5H_{11})_3(C_4H_9)NB(C_6H_5)_4$ DIOXANE–TRIPROPANOLAMINE BORATE

Ref.	Wt. % of tri-propanolamine borate	Dielectric constant	Λ_0	Λ	Concentration eq/l $\times 10^4$
[191]	11.01	40.67	97.10	89–82	11–51
	27.14	51.30	69.90	63–58	23–85
	37.40	61.24	53.08	48–44	25–116

TETRA-ISOAMYLAMMONIUM IODIDE $(i\text{-}C_5H_{11})_4NI$ n-BUTANOL–HEXANE

Ref.	Wt. % of n-butanol	Dielectric constant	Λ	$\Lambda \times 10^4$	Concentration eq/l $\times 10^4$	Comments
[164]	12.65	2.22		2.74	0.36	$-5°C$
		2.16		4.51	0.35	
		2.13		6.27	0.34	45°C
		2.10		8.21	0.29	65°C
	20.00	2.70		74.0	0.27	$-2.8°C$
		2.51		65.3	0.26	
		2.42		69.4	0.26	45°C
		2.35		67.3	0.25	62.7°C
	25.00	3.45	0.055		0.30	$-10°C$
		3.25	0.034		0.53	$-2.5°C$
		2.85	0.024		0.52	
		2.67	0.020		0.50	44.1°C
		2.52	0.018		0.49	64.6°C

Ref.	Wt. % of n-butanol	Dielectric constant	Λ_0	$\Lambda \times 10^4$	Concentration eq/l $\times 10^4$	K_d	$a_J(Å)$
[168], [172]	12.65	2.16	134.7	6.50–29.2	0.123–63	$2.90 \times 10^-$	6.74
	13.05	2.19	—	10.0–34.3	0.110–56.6	—	—
	20.00	2.51	122.2	65–131	0.262–59.0	$7.35 \times 10^-$	6.82
	25.00	2.85	113.5	580–995	0.088–194.0	$2.75 \times 10^-$	6.79

III. ELECTRICAL CONDUCTANCE

TETRA-ISOAMYLAMMONIUM NITRATE $(i\text{-}C_4H_{11})_4N\ NO_3$
DIOXANE–ETHYLENE DICHLORIDE

Ref.	Wt. % of ethylene chloride	Dielectric constant	Λ	Concentration eq/l $\times 10^4$
[333]	22.9 100	2.45 10.4	064–0.013	0.03–30

TETRA-ISOAMYLAMMONIUM THIOCYANATE $(i\text{-}C_5H_{11})_4N\ NCS$
BENZENE–ETHYLENE DICHLORIDE

Ref.	Wt. % of ethylene chloride	Dielectric constant	Λ	Concentration eq/l $\times 10^4$	Comments
[333]	13.13 0.0	2.8 2.28	0.13–0.003	0.1–1000	(23)

DIISOPROPYLAMINE $[(CH_3)_2CH_2]_2NH$ ETHYL METHYL KETONE–i-PROPANOL

Ref.	Wt. % of i-propanol	Λ_0	Λ	Concentration eq/l $\times 10^4$	Comments
[304]	50	59	0.5–0.05	22–357	K_{d1}, 2.6×10^{-8} K_{d2}, 3.6×10^{-2}

2. DATA BY SOLVENT

(a) Nonaqueous–aqueous Mixtures

ACETONE–WATER

Tetraethylammonium perchlorate	[367]
Tetrabutylammonium tetraphenylboride	[239]
Tetra-n-butylammonium iodide	[239]
Dodecylammonium chloride	[75]

ACETONITRILE–WATER

Dodecylammonium chloride	[75]

β-ALANINE–WATER

Tetramethylammonium bromide	[363]
Tetrapropylammonium bromide	[361]

t-BUTANOL–WATER

n-Hexadecylpyridonium iodate	[370]
Dodecylammonium chloride	[370]

DIOXANE–WATER

Tetramethylammonium picrate	[233][360]
Tetraethylammonium perchlorate	[368]
Tetrabutylammonium bromide	[359][360][233][372]
Tetrabutylammonium iodide	[233][359][369][372]
Tetrabutylammonium bromate	[369]
Tetrabutylammonium perchlorate	[368]
Tetra-iso-amylammonium nitrate	[233][359][23][372]

III. ELECTRICAL CONDUCTANCE

ETHANOL–WATER

Tetraethylammonium chloride	[32]
Tetraethylammonium bromide	[32]
Tetraethylammonium iodide	[9][32]
Tetraethylammonium nitrate	[32]
Tetraethylammonium perchlorate	[367][32]
Tetraethylammonium picrate	[32][315]
Hexylammonium chloride	[56]
Dodecylammonium chloride	[56][75]

ETHYLMETHYLKETONE–WATER

Tetrabutylammonium tetraphenylboride	[239]
Tetrabutylammonium iodide	[239]

FICOLL–WATER

Tetraethylammonium iodide	[366]

GLYCEROL–WATER

Tetraethylammonium picrate	[299]
Tetrabutylammonium bromide	[215][216]

GLYCINE–WATER

Tetramethylammonium bromide	[244][363]
Tetraethylammonium bromide	[362][244]
Tetrapropylammonium bromide	[361][244]
Tetrabutylammonium bromide	[244]

GLYCOL(ETHYLENEGLYCOL)–WATER

Tetraethylammonium picrate	[299]
Tetrapropylammonium bromide	[361]
Tetrabutylammonium bromide	[216]

METHANOL–WATER

Tetraethylammonium bromide	[116]
Tetraethylammonium iodide	[9]
Tetraethylammonium perchlorate	[367]
Tetraethylammonium picrate	[142][116]
Octadecyltrimethylammonium chloride	[370][77]
Octadecyltrimethylammonium oxalate	[77][370]
n-Octadecyltrimethylammonium nitrate	[56]
n-Octadecylpyridonium bromide	[56]
n-Octadecylpyridonium chloride	[56]
n-Octadecylpyridonium iodate	[370]
n-Octadecylpyridonium nitrate	[56]
Aniline picrate	[371]
Dodecylammonium chloride	[75]

NITROBENZENE–WATER

Trimethylhydroxyammonium picrate	[69]
n-Hexadecylpyridonium chloride	[370]

i-PROPANOL–WATER

Dodecylammonium chloride	[370]

TETRAHYDROFURAN–WATER

Tetramethylammonium picrate	[365]
Tetraethylammonium picrate	[365]
Tetra-n-propylammonium bromide	[365]
Tetra-n-propylammonium picrate	[365]
Tetra-n-propylammonium tetraphenylborate	[365]
Tetra-n-butylammonium bromide	[365]
Tetra-n-butylammonium picrate	[365]
Tetra-n-butylammonium tetraphenylborate	[365]

(b) Nonaqueous–Nonaqueous Mixtures

ACETIC ACID–o-DICHLOROBENZENE

Tetrapropylammonium bromide	[352]
Tetrabutylammonium bromide	[352]

ACETONE–CARBON TETRACHLORIDE

Tetramethylammonium pentacyanopropenide	[171]
Tetramethylammonium hexacyanoheptatrienide	[171]
Tetramethylammonium bis(tricyanovinyl)amine	[171]
Tetramethylammonium tricyanovinyl alcoholate	[171]

ACETONE–ETHANOL

Tetraethylammonium perchlorate	[279]

ACETONE–PROPANOL

Tetrabutylammonium chloride	[320]
Tetrabutylammonium bromide	[320]
Tetrabutylammonium iodide	[320]
Tetrabutylammonium perchlorate	[320]

ACETONITRILE–BENZENE

Tetrabutylammonium tetraphenylboride	[298]

ACETONITRILE–CARBON TETRACHLORIDE

Tetramethylammonium nitrate	[156]
Tetramethylammonium tetraphenylboride	[156]
Tetraethylammonium tetraphenylboride	[156]
Tetrapropylammonium tetraphenylboride	[156]
Tetrabutylammonium nitrate	[156]
Tetrabutylammonium tetraphenylboride	[156][141]

ACETONITRILE–CYANOETHYL SUCROSE

Tetramethylammonium bromide	[212]
Tetrabutylammonium bromide	[212]
Tetrabutylammonium tetraphenylboride	[212]

ACETONITRILE–DIOXANE

Tetrabutylammonium picrate	[186]

ACETONITRILE–NITROBENZENE

Tetraethylammonium iodide	[104]

ACETONITRILE–PICRIC ACID

Tetramethylammonium bromide	[357]
Tetramethylammonium picrate	[357]
Tetrabutylammonium picrate	[357]

ANISOLE–NITROBENZENE

Tetraethylammonium picrate	[120]
Tetrabutylammonium picrate	[120]

III. ELECTRICAL CONDUCTANCE

BENZENE-o-DICHLOROBENZENE

Tetrabutylammonium picrate	[300][165]

BENZENE–ETHYLENEDICHLORIDE

Tri-iso-amylammonium picrate	[333]
Tri-iso-amylammonium nitrate	[333]
Tetra-iso-amylammonium thiocyanate	[333]

BENZENE–METHANOL

Tetramethylammonium bromide	[96]
Tetrabutylammonium bromide	[96]

BENZONITRILE-o-DICHLOROBENZENE

Tetrabutylammonium perchlorate	[238]
Tetrabutylammonium picrate	[238]

n-BUTANOL–HEXANE

Tetra-iso-amylammonium iodide	[168][172][164]

n-BUTANOL–METHANOL

Tetramethylammonium picrate	[154]
Tetraethylammonium picrate	[297]

CARBON TETRACHLORIDE–ETHANOL

Tetrabutylammonium bromide	[102][356]

CARBON TETRACHLORIDE–METHANOL

Tetraethylammonium perchlorate	[256]
Tetrabutylammonium bromide	[101][356]

CARBON TETRACHLORIDE–NITROBENZENE

Tetramethylammonium pentacyanopropenide	[171]
Tetrabutylammonium bromide	[103][356]
Tetrabutylammonium iodide	[149]
Tetrabutylammonium nitrate	[149]
Tetrabutylammonium picrate	[149]
Tetrabutylammonium tetraphenylboride	[150]

DIBUTYLBUTYL–PHOSPHONATE–HEPTANE

Tetrabutylammonium picrate	[148]

DIETHYLETHYLPHOSPHONATE–HEPTANE

Tetrabutylammonium picrate	[148]

DIOXANE–MONOETHANOLAMINE

Tri-iso-amyl(pentyl)ammonium picrate	[50]

DIOXANE-p-NITROANILINE

Tetrabutylammonium picrate	[186]

III. ELECTRICAL CONDUCTANCE

DIOXANE–TRIPROPANOLAMINEBORATE

Tri-iso-amylbutylammonium iodide	[191]
Tri-iso-amylbutylammonium tetraphenylboride	[191]

DIPHENYLMETHANE–POLYSTYRENE

Tetrabutylammonium thiocyanate	[246][353]

ETHANOL–FORMAMIDE

Tetraethylammonium iodide	[358]

ETHANOL–METHANOL

Di(β-trimethylammonium–ethyl)succinate dibromide	[292]
Tetraethylammonium iodide	[9]
Tetraethylammonium picrate	[117]

ETHANOL–NITROBENZENE

Tetraethylammonium iodide	[9]

ETHYLMETHYLKETONE-i-PROPANOL

Di-iso-propylamine	[304]

n-HEPTANE–METHANOL

Tetrabutylammonium bromide	[101]

METHANOL–METHYLETHYLKETONE

Tetrabutylammonium bromide	[97]

METHANOL–NITROBENZENE

Tetraethylammonium iodide	[9]
Tetrabutylammonium bromide	[356]

METHANOL–NITROMETHANE

Tetramethylammonium bromide	[355]
Tetrabutylammonium bromide	[80][96]

METHANOL–PYRIDINE

Tetraethylammonium perchlorate	[256]

n-METHYLACETAMIDE–TERTIARY BUTYL ALCOHOL

Trimethylphenylammonium bromide	[131]
Trimethylphenylammonium iodide	[131]
Trimethylphenylammonium benzone–sulfonate	[131]
Tetrapropylammonium bromide	[131]
Tetrapropylammonium iodide	[131]
Tetrabutylammonium bromide	[131]
Tetrabutylammonium iodide	[131]

H. BIBLIOGRAPHY FOR SECTIONS F-G, ELECTRICAL CONDUCTANCE

References

1. P. Walden and E. J. Birr, Z. Physik Chem., **A165,** 32 (1933).
2. P. Walden and E. J. Birr, Z. Physik Chem., **A153,** 1 (1931).
3. G. N. Quam and J. A. Wilkinson, Proc. Iowa Acad. Sci., **32,** 324 (1925).
4. P. Walden and G. Busch, Z. Physik Chem., **A140,** 89 (1929).
5. E. W. Schmidt, Z. Physik Chem., **75,** 305 (1911).
6. P. B. Davis, W. S. Putman and H. C. Jones, J. Franklin Inst., **180,** 567 (1915).
7. P. Walden, H. Ulich and F. Laun, Z. Physik Chem., **144,** 275 (1924).
8. P. Walden, Z. Physik Chem., **73,** 257 (1910).
9. H. C. Jones and W. R. Veazey, Z. Physik Chem., **62,** 44 (1908).
10. P. Walden, Z. Physik Chem., **55,** 683 (1906).
11. P. Walden, Z. Physik Chem., **54,** 129 (1906).
12. P. Walden, H. Ulich and G. Busch, Z. Physik Chem., **123,** 429 (1926).
13. P. Walden, H. Ulich and G. Busch, Z. Physik Chem., **123,** 466 (1926).
14. P. Walden, L. F. Audrieth and E. J. Birr, Z. Physik Chem., **A160,** 337 (1932).
15. P. Walden and L. F. Andrieth, Z. Physik Chem., **A165,** 11 (1933).
16. P. Walden and E. J. Birr, Z. Physik Chem., **A165,** 26 (1933).
17. P. Walden, Z. Physik Chem., **100,** 512 (1922).
18. P. Walden and E. J. Birr, Z. Physik Chem., **144A,** 269 (1929).
19. P. Walden and E. J. Birr, Z. Physik Chem., **A163,** 263 (1933).
20. P. Walden and E. J. Birr, Z. Physik Chem., **A163,** 281 (1933).
21. P. Walden and H. Hilgert, Z. Physik Chem., **A165,** 241 (1933).
22. H. Uhlich and E. J. Birr, Z. Angew Chem., **41,** 443 (1928).
23. C. A. Kraus and R. M. Fuoss, J. Am. Chem. Soc., **55,** 21 (1933).
24. R. M. Fuoss and C. A. Kraus, J. Am. Chem. Soc., **55,** 2387 (1933).
25. D. M. Murray-Rust, H. J. Hadow and H. Hartley, J. Chem. Soc., 215 (1931).
26. C. P. Wright, D. M. Murray-Rust and H. Hartley, J. Chem. Soc., 199 (1931).
27. R. M. Fuoss and C. A. Kraus, J. Chem. Phys., **2,** 386 (1934).
28. D. J. Mead, R. M. Fuoss and C. A. Kraus, Trans. Faraday Soc., **32,** 594 (1936).
29. A. Unmack, E. Bullock, D. M. Murray-Rust and H. Hartley, Proc. Roy. Soc. (Lond.), **A132,** 427 (1931).
30. A. R. Martin, J. Chem. Soc., 530 (1930).
31. T. H. Mead, O. L. Hughes and H. Hartley, J. Chem. Soc., 1207 (1933).
32. M. Barak and H. Hartley, Z. Phys. Chem., **A165,** 272 (1933).
33. R. M. Fuoss and C. A. Kraus, J. Am. Chem. Soc., **55,** 3614 (1933).
34. J. P. W. A. Van Braam Houckgeest, Chem. Weekblad, **35,** 790 (1938).
35. J. E. Coates and E. G. Taylor, J. Chem. Soc., 1495 (1936).
36. A. G. Ogston, Trans. Faraday Soc., **32,** 1679 (1936).
37. P. Walden, Z. Phys. Chem., **A148,** 45 (1930).
38. V. Deitz and R. M. Fuoss, J. Am. Chem. Soc., **60,** 2394 (1938).
39. J. E. Coates and E. G. Taylor, J. Chem. Soc., 1245 (1936).

40. W. F. Luder, P. B. Kraus, C. A. Kraus and R. M. Fuoss, J. Am. Chem. Soc., **58**, 255 (1936).
41. N. L. Cox, C. A. Kraus and R. M. Fuoss, Trans. Faraday Soc., **31**, 749 (1935).
42. G. S. Bien, C. A. Kraus and R. M. Fuoss, J. Am. Chem. Soc., **56**, 1860 (1934).
43. C. A. Kraus, J. Franklin Inst., **225**, 687 (1938).
44. J. A. Geddes and C. A. Kraus, Trans. Faraday Soc., **32**, 585 (1936).
45. R. M. Fuoss and M. A. Elliott, J. Am. Chem. Soc., **67**, 1339 (1945).
46. J. P. W. A. Van Braam Houckgeest, Rec. Trav. Chim., **60**, 433 (1941).
47. J. Lange, Z. Physik Chem., **A187**, 27 (1940).
48. D. L. Fowler and C. A. Kraus, J. Am. Chem. Soc., **62**, 2237 (1940).
49. R. L. McIntosh, D. J. Mead and R. M. Fuoss, J. Am. Chem. Soc., **62**, 506 (1940).
50. H. T. Briscoe and T. P. Dirkse, J. Phys. Chem., **44**, 388 (1940).
51. E. E. Lineken and J. A. Wilkinson, J. Am. Chem. Soc., **62**, 251 (1940).
52. D. J. Mead and R. M. Fuoss, J. Am. Chem. Soc., **62**, 1720 (1940).
53. D. J. Mead, R. M. Fuoss and C. A. Kraus, J. Am. Chem. Soc., **61**, 3257 (1939).
54. B. V. Weidner, A. W. Hutchison and G. C. Chandlee, J. Am. Chem. Soc., **60**, 2877 (1938).
55. G. Jander and H. Mesech, Z. Physik Chem., **A183**, 255 (1939).
56. A. W. Ralston and C. W. Hoerr, J. Am. Chem. Soc., **68**, 2460 (1946).
57. D. J. Mead and R. M. Fuoss, J. Am. Chem. Soc., **61**, 2047 (1939).
58. M. A. Elliott and R. M. Fuoss, J. Am. Chem. Soc., **61**, 294 (1939).
59. J. B. Ramsey and E. L. Colichman, J. Am. Chem. Soc., **69**, 3041 (1947).
60. W. E. Thompson and C. A. Kraus, J. Am. Chem. Soc., **69**, 1016 (1947).
61. D. A. Pospekhov, J. Phys. Chem. (USSR), **21**, 139 (1947).
62. S. K. Bhattacharyya and A. K. Bhadra, Current Sci. (India), **16**, 117 (1947).
63. E. G. Taylor and C. A. Kraus, J. Am. Chem. Soc., **69**, 1731 (1947).
64. E. E. Lineken, J. Am. Chem. Soc., **69**, 467 (1947).
65. D. J. Mead, J. B. Ramsey, D. A. Rothrock, Jr. and C. A. Kraus, J. Am. Chem. Soc., **69**, 528 (1947).
66. L. M. Tucker and C. A. Kraus, J. Am. Chem. Soc., **69**, 454 (1947).
67. L. F. Gleysteen and C. A. Kraus, J. Am. Chem. Soc., **69**, 451 (1947).
68. D. S. Burgess and C. A. Kraus, J. Am. Chem. Soc., **70**, 706 (1948).
69. C. R. Wischonke and C. A. Kraus, J. Am. Chem. Soc., **69**, 2472 (1947).
70. W. F. Luder and C. A. Kraus, J. Am. Chem. Soc., **69**, 2481 (1947).
71. S. K. Bhattacharyya and S. N. Nakhate, J. Indian Chem. Soc., **24**, 1 (1947).
72. H. E. Weaver and C. A. Kraus, J. Am. Chem. Soc., **70**, 1707 (1948).
73. M. B. Reynolds and C. A. Kraus, J. Am. Chem. Soc., **70**, 1709 (1948).
74. S. K. Bhattacharyya and S. N. Nakhate, J. Indian Chem. Soc., **24**, 99 (1947).
75. A. W. Ralston and D. N. Eggenberger, J. Phys. and Colloid Chem., **52**, 1494 (1948).
76. C. A. Kraus, Ann. N.Y. Acad. Sci., **51**, 789 (1949).
77. P. G. Grieger and C. A. Kraus, J. Am. Chem. Soc., **70**, 3803 (1948).
78. J. Lange, J. Berga and N. Konopik, Monatsh, **80**, 708 (1949).
79. H. A. Strobel and R. H. Cole, J. Chem. Phys., **17**, 1141 (1949).
80. H. Sadek and R. M. Fuoss, J. Am. Chem. Soc., **72**, 301 (1950).
81. H. L. Pickering and C. A. Kraus, J. Am. Chem. Soc., **71**, 3288 (1949).
82. R. M. Fuoss, D. Edelson and B. I. Spinrad, J. Am. Chem. Soc., **72**, 327 (1950).
83. R. M. Fuoss and V. F. H. Chu, J. Am. Chem. Soc., **73**, 949 (1951).
84. F. H. Healey and A. E. Martell, J. Am. Chem. Soc., **73**, 3296 (1951).
85. E. J. Bair and C. A. Kraus, J. Am. Chem. Soc., **73**, 2459 (1951).
86. M. J. McDowell and C. A. Kraus, J. Am. Chem. Soc., **73**, 3293 (1951).
87. E. C. Evers and A. G. Knox, J. Am. Chem. Soc., **73**, 1739 (1951).
88. R. P. Seward, J. Am. Chem. Soc., **73**, 515 (1951).

III. ELECTRICAL CONDUCTANCE

89. H. S. Young and C. A. Kraus, J. Am. Chem. Soc., **73,** 4732 (1951).
90. L. E. Strong and C. A. Kraus, J. Am. Chem. Soc., **72,** 166 (1950).
91. V. Gutmann, Monatsh, **83,** 279 (1952).
92. H. Eisenberg and R. M. Fuoss, J. Am. Chem. Soc., **75,** 2914 (1953).
93. R. C. Schonebaum, Nature, **170,** 422 (1952).
94. G. W. Moessen and C. A. Kraus, Proc. Natl. Acad. Sci. U.S., **38,** 1023 (1952).
95. F. Accascina, E. L. Swarts, P. L. Mercier and C. A. Kraus, Proc. Natl. Acad. Sci. U.S., **39,** 917 (1953).
96. R. C. Miller and R. M. Fuoss, J. Am. Chem. Soc., **75,** 3076 (1953).
97. F. M. Sacks and R. M. Fuoss, J. Am. Chem. Soc., **75,** 5172 (1953).
98. P. G. Sears, E. D. Wilhoit and L. R. Dawson, J. Phys. Chem., **59,** 373 (1955).
99. K. H. Stern and A. E. Martell, J. Am. Chem. Soc., **77,** 1983 (1955).
100. B. B. Hibbard and F. S. Schmidt, J. Am. Chem. Soc., **77,** 225 (1955).
101. H. Sadek and R. M. Fuoss, J. Am. Chem. Soc., **76,** 5897 (1954).
102. H. Sadek and R. M. Fuoss, J. Am. Chem. Soc., **76,** 5902 (1954).
103. H. Sadek and R. M. Fuoss, J. Am. Chem. Soc., **76,** 5905 (1954).
104. G. Kortiim, S. D. Gokhale and H. Wilski, Z. Physik Chem. (Frankfurt), **4,** 286 (1955).
105. P. G. Sears, E. D. Wilhoit and L. R. Dawson, J. Chem. Phys., **23,** 1274 (1955).
106. A. I. Popov and N. E. Skelly, J. Am. Chem. Soc., **76,** 5309 (1954).
107. J. T. Denison and J. B. Ramsey, J. Am. Chem. Soc., **77,** 2615 (1955).
108. L. R. Dawson, E. D. Wilhoit and P. G. Sears, J. Am. Chem. Soc., **78,** 1569 (1956).
109. O. R. Brody and R. M. Fuoss, J. Phys. Chem., **60,** 156 (1956).
110. C. M. French and K. H. Glover, Trans. Faraday Soc., **51,** 1418 (1955).
111. P. G. Sears, E. G. Wilhoit and L. R. Dawson, J. Phys. Chem., **60,** 169 (1956).
112. T. A. Gover and P. G. Sears, J. Phys. Chem., **60,** 330 (1956).
113. N. N. Lichtin and H. P. Leftin, J. Phys. Chem., **60,** 160 (1956).
114. C. M. French and K. H. Glover, Trans. Faraday Soc., **51,** 1427 (1955).
115. C. M. French and N. Singer, J. Chem. Soc., 1424 (1956).
116. N. G. Foster and E. S. Amis, Z. Physik Chem., **7,** 360 (1956).
117. R. Whorton and E. S. Amis, Z. Physik Chem., **8,** 9 (1956).
118. C. M. French and N. Singer, J. Chem. Soc., 2428 (1956).
119. C. M. French and D. E. Muggleton, J. Chem. Soc., 2131 (1957).
120. A. L. Powel and A. E. Martell, J. Am. Chem. Soc., **79,** 2118 (1957).
121. C. D. Hughes, C. K. Ingold, S. Patai and Y. Pocker, J. Chem. Soc., 1206 (1957).
122. M. Azzarri and C. A. Kraus, Proc. Natl. Acad. Sci. U.S., **42,** 590 (1956).
123. O. V. Brody and R. M. Fuoss, J. Am. Chem. Soc., **79,** 1530 (1957).
124. P. G. Sears, R. K. Wolford and L. R. Dawson, J. Electrochem. Soc., **103,** 633 (1956).
125. H. L. Curry and W. R. Gilkerson, J. Am. Chem. Soc., **79,** 4021 (1957).
126. G. R. Lester, T. A. Gover and P. G. Sears, J. Phys. Chem., **60,** 1076 (1956).
127. L. R. Dawson, E. D. Wilhoit, R. R. Holmes and P. G. Sears, J. Am. Chem. Soc., **79,** 3004 (1957).
128. E. D. Wilhoit and P. G. Sears, Trans. Kentucky Acad. Sci., **17,** 123 (1956).
129. P. G. Sears, G. R. Lester and L. R. Dawson, J. Phys. Chem., **60,** 1433 (1956).
130. R. P. Seward, J. Phys. Chem., **62,** 758 (1958).
131. D. D. Wilson and P. G. Sears, Trans. Kentucky Acad. Sci., **18,** 55 (1957).
132. H. M. Smiley and P. G. Sears, Trans. Kentucky Acad. Sci., **18,** 40 (1957).
133. P. L. Mercier and C. A. Kraus, Proc. Natl. Acad. Sci. U.S., **42,** 487 (1956).
134. R. M. Fuoss, J. B. Berkowitz, E. Hirsch and S. Petrucci, Proc. Natl. Acad. Sci. U.S., **44,** 27 (1958).
135. L. R. Dawson, E. D. Wilhoit and P. G. Sears, J. Am. Chem. Soc., **79,** 5906 (1957).

136. N. N. Lichtin and P. Pappas, Trans. N.Y. Acad. Sci., **20,** 143 (1957).
137. R. C. Paul, D. Singh and S. S. Sandhu, J. Chem. Soc., 315 (1959).
138. V. Gutmann and K. Utvary, Monatsh Chem., **89,** 731 (1958).
139. V. Gutmann and M. Baaz, Monatsh Chem., **90,** 239 (1959).
140. V. Gutmann and M. Baaz, Monatsh Chem., **90,** 256 (1959).
141. F. Accascina, S. Petrucci and R. M. Fuoss, J. Am. Chem. Soc., **81,** 1301 (1959).
142. F. Accascina, A. D'Aprano and R. M. Fuoss, J. Am. Chem. Soc., **81,** 1058 (1959).
143. N. S. Gill and R. S. Nyholm, J. Chem. Soc., 3997 (1959).
144. A. M. Sukhotin, Zhur. Fiz. Khim, **33,** 2405 (1959).
145. C. M. French and P. B. Hart, J. Chem. Soc., 3161 (1960).
146. P. W. Brewster, F. C. Schmidt and W. B. Schaap, J. Am. Chem. Soc., **81,** 5532 (1959).
147. C. M. French and P. B. Hart, J. Chem. Soc., 1671 (1960).
148. C. M. French and P. B. Hart, J. Chem. Soc., 1679 (1960).
149. E. Hirsch and R. M. Fuoss, J. Am. Chem. Soc., **82,** 1018 (1960).
150. R. M. Fuoss and E. Hirsch, J. Am. Chem. Soc., **82,** 1013 (1960).
151. V. Gutmann and M. Baaz, Electrochim. Acta, **3,** 115 (1960).
152. G. Jander and G. Winkler, J. Inorg. Nucl. Chem., **9,** 39 (1959).
153. C. M. French, P. B. Hart and D. F. Muggleton, J. Chem. Soc., 3582 (1959).
154. F. Accascina and S. Petrucci, Ricerca Sci., **29,** 1383 (1959).
155. M. Baaz and V. Gutmann, Monatsch Chem., **90,** 744 (1959).
156. D. S. Berns and R. M. Fuoss, J. Am. Chem. Soc., **82,** 5585 (1960).
157. A. M. Brown and R. M. Fuoss, J. Phys. Chem., **64,** 1341 (1960).
158. R. F. Kemp and W. H. Lee, J. Chem. Soc., 100 (1961).
159. C. M. French and R. C. B. Tomlinson, J. Chem. Soc., 311 (1961).
160. D. S. Berns and R. M. Fuoss, J. Am. Chem. Soc., **83,** 1321 (1961).
161. J. E. Lind, Jr. and R. M. Fuoss, J. Am. Chem. Soc., **83,** 1828 (1961).
162. T. C. Waddington and F. Klanberg, J. Chem. Soc., 2329 (1960).
163. I. M. Kolthoff, S. Bruckenstein and M. K. Chantooni, Jr., J. Am. Chem. Soc., **83,** 3927 (1961).
164. E. N. Ryzhkov and A. M. Sukhotin, Zhur. Fiz. Khim, **35,** 1321 (1961).
165. W. R. Gilkerson and R. E. Stamm, J. Phys. Chem., **65,** 1466 (1961).
166. H. E. Wirth and P. I. Slick, J. Phys. Chem., **65,** 1447 (1961).
167. A. M. Sukhotin and E. M. Ryzhkov, Zhur. Fiz. Khim, **36,** 601 (1962).
168. A. M. Sukhotin and E. M. Ryzhkov, Zhur. Fiz. Khim, **34,** 762 (1960).
169. L. C. Kenausis, E. C. Evers and C. A. Kraus, Proc. Natl. Acad. Sci. U.S., **48,** 121 (1962).
170. H. V. Venkatasetty, Ph.D. Thesis, University of Cincinnati, Ohio, 1961.
171. R. H. Boyd, J. Phys. Chem., **65,** 1834 (1961).
172. A. M. Sukhotin and E. M. Ryzhkov, Zhur. Fiz. Khim, **34,** 361 (1960).
173. Y. H. Inami, H. K. Bodensch and J. B. Ramsey, J. Am. Chem. Soc., **83,** 4745 (1961).
174. H. V. Venkatasetty and G. H. Brown, J. Phys. Chem., **67,** 954 (1963).
175. L. C. Kenausis, E. C. Evers and C. A. Kraus, Proc. Natl. Acad. Sci. U.S., **49,** 141 (1963).
176. W. R. Kunze and R. M. Fuoss, J. Phys. Chem., **67,** 385 (1963).
177. I. M. Kolthoff and M. K. Chantooni, Jr., J. Am. Chem. Soc., **85,** 426 (1963).
178. P. H. Tewari and G. P. Johari, J. Phys. Chem., **67,** 512 (1963).
179. J. Eliassaf, R. M. Fuoss and J. E. Lind, Jr., J. Phys. Chem., **67,** 1724 (1963).
180. A. K. R. Unni, L. Eliassaf and H. I. Schiff, J. Phys. Chem., **67,** 1216 (1963).
181. S. Blum and H. I. Schiff, J. Phys. Chem., **67,** 1220 (1963).
182. A. D'Aprano and R. M. Fuoss, J. Phys. Chem., **67,** 1722 (1963).

III. ELECTRICAL CONDUCTANCE

183. D. F. Tau and R. M. Fuoss, J. Phys. Chem., **67,** 1343 (1963).
184. J. Eliassaf, R. M. Fuoss and J. E. Lind, Jr., J. Phys. Chem., **67,** 1941 (1963).
185. J. Eliassaf, R. M. Fuoss and J. E. Lind, Jr., J. Phys. Chem., **65,** 542 (1961).
186. A. D'Aprano and R. M. Fuoss, J. Phys. Chem., **67,** 1871 (1963).
187. R. M. Fuoss and L. Onsager, J. Phys. Chem., **67,** 628 (1963).
188. T. C. Waddington and J. A. White, J. Chem. Soc., 2701 (1963).
189. J. J. Zwolenik and R. M. Fuoss, J. Phys. Chem., **68,** 434 (1964).
190. M. A. Coplan and R. M. Fuoss, J. Phys. Chem., **68,** 1181 (1964).
191. T. L. Fabry and R. M. Fuoss, J. Phys. Chem., **68,** 907 (1964).
192. M. A. Coplan and R. M. Fuoss, J. Phys. Chem., **68,** 1177 (1964).
193. J. B. Ezell and W. R. Gilkerson, J. Phys. Chem., **68,** 1581 (1964).
194. J. J. Jwolenik and R. M. Fuoss, J. Phys. Chem., **68,** 903 (1964).
195. E. K. Ralph III and W. R. Gilkerson, J. Am. Chem. Soc., **86,** 4783 (1964).
196. J. F. Coetzee and D. K. McGuire, J. Phys. Chem., **67,** 1810 (1963).
197. I. M. Kolthoff and M. K. Chantooni, Jr., J. Am. Chem. Soc., **85,** 2195 (1963).
198. R. G. Davies and E. G. Taylor, J. Phys. Chem., **68,** 3901 (1964).
199. S. B. Brummer, J. Chem. Phys., **42,** 1636 (1965).
200. D. L. Lydy, V. Alan Mode and J. G. Kay, J. Phys. Chem., **69,** 87 (1965).
201. A. C. Harkness and H. M. Daggett, Jr., Can. J. Chem., **43,** 1215 (1965).
202. V. Gutmann, G. Hampel and O. Leitmann, Monatsh Chem., **95,** 1034 (1964).
203. S. K. Bhattacharyya, C. L. Lee, J. Smid and M. Szwarc, J. Phys. Chem., **69,** 693 (1965).
204. J. H. Beard and P. H. Plesch, J. Chem. Soc., 4879 (1964).
205. J. H. Beard and P. H. Plesch, J. Chem. Soc., 4075 (1964).
206. J. F. Skinner and R. M. Fuoss, J. Phys. Chem., **69,** 1437 (1965).
207. H. K. Bodensch and J. B. Ramsey, J. Phys. Chem., **69,** 543 (1965).
208. C. G. Swain, A. Ohro, D. K. Roe, R. Brown and T. Maugh II, J. Am. Chem. Soc., **89,** 2648 (1967).
209. J. H. Waters and H. B. Gray, J. Am. Chem. Soc., **87,** 3534 (1965).
210. W. R. Gilkerson and J. B. Ezell, J. Am. Chem. Soc., **87,** 3812 (1965).
211. C. Treiner and R. M. Fuoss, Z. Physik Chem., **228,** 343 (1965).
212. C. Treiner and R. M. Fuoss, J. Phys. Chem., **69,** 2576 (1965).
213. Y. Pocker and D. N. Kevill, J. Am. Chem. Soc., **87,** 4760 (1965).
214. J. F. Coetzee and G. P. Cunningham, J. Am. Chem. Soc., **87,** 2529 (1965).
215. A. D'Aprano, Ric. Sci. Rend. Sec. A, **7**(2), 433 (1964).
216. A. D'Aprano and R. Triolo, Ric. Sci. Rend. Sec. A, **7**(2), 443–50 (1964).
217. R. V. Slater and M. Szware, J. Phys. Chem., **69,** 4124 (1965).
218. W. R. Gilkerson and E. K. Ralph III, J. Am. Chem. Soc., **87,** 175 (1965).
219. J. F. Coetzee and G. P. Cunningham, J. Am. Chem. Soc., **87,** 2534 (1965).
220. I. M. Kolthoff and M. K. Chantooni, Jr., J. Phys. Chem., **70,** 856 (1966).
221. I. M. Kolthoff and M. K. Chantooni, Jr., J. Am. Chem. Soc., **87,** 1004 (1965).
222. C. Carvajal, K. J. Tolle, J. Smid and M. Szwarc, J. Am. Chem. Soc., **87,** 5548 (1965).
223. A. A. Pendin, M. S. Zakharevskii and I. N. Kuznetsova, Ser. Fiz. Khim, **4,** 115 (1965).
224. L. G. Savedoff, J. Am. Chem. Soc., **88,** 664 (1966).
225. C. Treiner, M. Quintin and R. M. Fuoss, J. Chim. Phys., **63,** 320 (1966).
226. D. F. Evans, C. Zawoyski and R. L. Kay, J. Phys. Chem., **69,** 3878 (1965).
227. R. L. Kay, C. Zawoyski and D. F. Evans, J. Phys. Chem., 4208 (1965).
228. R. L. Kay, D. F. Evans, J. Phys. Chem., **69,** 4216 (1965).
229. F. R. Lamgo, O. D. Kerstetter, T. I. Kumosonski and E. C. Evers, J. Phys. Chem., **70,** 431 (1966).

230. R. F. Prini and J. E. Prue, Trans. Faraday Soc., **62,** 1257 (1966).
231. J. D. Cotton and T. C. Waddington, J. Chem. Soc., 785 (1966).
232. J. F. Skinner and R. M. Fuoss, J. Phys. Chem., **70,** 1426 (1966).
233. R. M. Fuoss and C. A. Kraus, J. Am. Chem. Soc., **79,** 3304 (1957).
234. E. J. Rel Rosario and J. E. Lind, Jr., J. Phys. Chem., **70,** 2876 (1966).
235. C. C. Addison, P. M. Boorma and N. Logan, J. Chem. Soc., 1434 (1966).
236. J. M. Notley and M. Spiro, J. Phys. Chem., **70,** 1502 (1966).
237. H. F. Bauman, J. E. Chilton and P. Mauri, Lithium Anode Limited Cycle Battery Investigation. Technical Report AFAPL-TR-66-35 (1966).
238. H. K. Bodenseh and J. B. Ramsey, J. Phys. Chem., **67,** 140 (1963).
239. S. R. C. Hughes and S. H. White, J. Chem. Soc., 1216 (1966).
240. J. B. Ezell and W. R. Gilkerson, J. Am. Chem. Soc., **88,** 3486 (1966).
241. G. P. Cunningham, D. F. Evans and R. L. Kay, J. Phys. Chem., **70,** 3998 (1966).
242. M. Lustig and J. K. Ruff, Inorg. Chem., **5,** 2124 (1966).
243. W. R. Gilkerson and J. B. Ezell, J. Am. Chem. Soc., **89,** 808 (1967).
244. C. Treiner and J. C. Justice, J. Chem. Phys., **64,** 1516 (1967).
245. S. R. C. Hughes and D. H. Price, J. Chem. Soc., 1093 (1967).
246. J. R. Price and W. Dannhauser, J. Phys. Chem., **71,** 3570 (1967).
247. F. R. Longo, P. H. Daun, R. Chapman and W. G. Thomas, J. Phys. Chem., **71,** 2755 (1967).
248. I. Y. Ahmed and C. D. Schmulbach, J. Phys. Chem., **71,** 2358 (1967).
249. M. Goffredi and T. Shedlovsky, J. Phys. Chem., **71,** 2182 (1967).
250. P. G. Sears, J. A. Caruso and A. I. Popov, J. Phys. Chem., **71,** 905 (1967).
251. J. A. Caruso, P. G. Sears and A. I. Popov, J. Phys. Chem., **71,** 1756 (1967).
252. C. H. Springer, J. F. Coetzee and R. L. Kay, J. Phys. Chem., **73,** 471 (1969).
253. M. D. Dyke, P. G. Sears and A. I. Popov, J. Phys. Chem., **71,** 4140 (1967).
254. E. L. Cussler and R. M. Fuoss, J. Phys. Chem., **71,** 4459 (1967).
255. F. Barreira and G. J. Hills, Trans. Faraday Soc., **64,** 1359 (1968).
256. F. Conti, P. Delogu and G. Pistoia, J. Phys. Chem., **72,** 1396 (1968).
257. J. F. Skinner, E. L. Cussler and R. M. Fuoss, J. Phys. Chem., **71,** 4455 (1967).
258. S. R. C. Hughes and D. H. Price, J. Chem. Soc., 1464 (1968).
259. W. A. Adams and K. J. Laidler, Can. J. Chem., **46,** 1977 (1968).
260. J. B. Ezell and W. R. Gilkerson, J. Phys. Chem., **72,** 144 (1968).
261. M. A. Coplan, M. C. Justice and M. Quintin, J. Chim. Phys. Physicochem. Biol., **65,** 1152 (1968).
262. W. A. Adams and K. J. Laidler, Can. J. Chem., **46,** 1989 (1968).
263. W. A. Adams and K. J. Laidler, Can. J. Chem., **46,** 2005 (1968).
264. F. D. Evans and P. Gardam, J. Phys. Chem., **72,** 3281 (1968).
265. J. J. Banewicz, J. A. Maquire and P. S. Shih, J. Phys. Chem., **72,** 1960 (1968).
266. C. Atlani, J. C. Justice, M. Quintin and J. E. Dubois, J. Chim. Phys. Physicochem. Biol., **66,** 180 (1969).
267. T. C. Wehman, A. I. Popov, J. Phys. Chem., **72,** 4031 (1968).
268. J. Comyn, F. S. Dainton and K. J. Ivin, Electrochimica, **13,** 1851 (1968).
269. F. D. Evans and P. Gardam, J. Phys. Chem., **73,** 158 (1969).
270. R. D. Singl, P. P. Rastogi and Ram Gopal, Can. J. Chem., **46,** 3525 (1968).
271. M. M. Della and U. Lamanna, J. Phys. Chem., **72,** 4329 (1968).
272. D. A'Prano Alessandro and R. M. Fuoss, J. Phys. Chem., **73,** 223 (1969).
273. L. M. Mukherjee and D. P. Boden, J. Phys. Chem., **73,** 3965 (1969).
274. I. Y. Ahmed and C. D. Schmulbach, Inorg. Chem., **8,** 1411 (1969).
275. A. M. Harstein and S. Windwer, J. Phys. Chem., **73,** 1549 (1969).
276. R. L. Kay, D. F. Evans and G. P. Cunningham, J. Phys. Chem., **73,** 3322 (1969).

III. ELECTRICAL CONDUCTANCE

277. D. E. Arrington and E. Griswold, J. Phys. Chem., **74,** 123 (1970).
278. B. L. Solnick, Ph.D. thesis, University of Pennsylvania (1969).
279. G. Pistoia and G. Pecci, J. Phys. Chem., **74,** 1450 (1970).
280. L. M. Mukherjee, D. P. Boden and R. Liendauer, J. Phys. Chem., **74,** 1942 (1970).
281. H. B. Flora and W. R. Gilkerson, J. Am. Chem. Soc., **92,** 3273 (1970).
282. I. M. Kolthoff, M. K. Chantooni, Jr. and H. Smagowski, Anal. Chem., **42,** 1622 (1970).
283. P. P. Rastogi, Bull. Chem. Soc., Japan, **43,** 2442 (1970).
284. G. A. Forcier and J. W. Olver, Electrochim. Acta, **15,** 1609 (1970).
285. J. E. Lind, Jr. and D. R. Sageman, J. Phys. Chem., **74,** 3269 (1970).
286. R. L. Burwell, Jr. and C. H. Langford, J. Am. Chem. Soc., **81,** 3799 (1959).
287. S. Minc and L. Werblan, Electrochim. Acta, **7,** 257 (1962).
288. M. A. Coplan, Thesis, Yale University (1963).
289. J. P. Butler and H. T. Schiff, J. Chem. Phys., **19,** 752 (1951).
290. J. Thomas and D. F. Evans, J. Phys. Chem., **74,** 3812 (1970).
291. M. A. Matesich, J. A. Nadas and D. F. Evans, J. Phys. Chem., **74,** 4568 (1970).
292. R. M. Fuoss and D. Edelson, J. Am. Chem. Soc., **73,** 269 (1951).
293. T. L. Broadwater and D. F. Evans, J. Phys. Chem., **73,** 164 (1969).
294. D. L. Fowler and C. A. Kraus, J. Am. Chem. Soc., **62,** 1143 (1940).
295. P. Walden, Bull. Acad. Imp., St. Petersburg, **427,** 559 (1913).
296. J. F. Coetzee and G. P. Cunningham, J. Am. Chem. Soc., **86,** 3403 (1964).
297. F. Accascina and L. Antonucci, Ricerca Sci., **29,** 1391 (1959).
298. F. Accascina and S. Petrucci, Ricerca Sci., **29,** 1633 (1959).
299. F. Accascina and S. Petrucci, Ricerca Sci., **30,** 1164 (1960).
300. G. Jander and G. Winkler, J. Inorg. Nuclear Chem., **9,** 39 (1959).
301. W. A. Adams and K. J. Laidler, Can. J. Chem., **46,** 1977 (1968).
302. M. B. Reynolds and C. A. Kraus, J. Amer. Chem. Soc., **70,** 1709 (1948).
303. S. R. C. Hughes and D. H. Price, J. Chem. Soc., A1464 (1968).
304. K. Norberg, Acta Chem. Scand., **20,** 264 (1966).
305. D. F. Evans, C. Zawoyski and R. L. Kay, J. Phys. Chem., **69,** 3878 (1965).
306. G. A. Forcier, Ph.D. Thesis, University of Massachusetts (1966).
307. M. Goffredi and J. Shedlovsky, J. Phys. Chem., **71,** 2182 (1967).
308. C. Treiner, M. Quintin and R. M. Fuoss, J. Chim. Phys., **63,** 320 (1966).
309. R. Keller, J. N. Foster, D. C. Hanson, J. F. Hon and J. S. Muirhead, NASA Report Dec. 1968 Contract NAS 3-8521.
310. D. E. Arrington and E. Griswold, J. Phys. Chem., **74,** 123 (1970).
311. C. A. Kraus, J. Chem. Educ., **35,** 324 (1958).
312. A. D'Aprano and R. M. Fuoss, J. Phys. Chem., **67,** 1722 (1963).
313. C. Treiner and R. M. Fuoss, Z. Physik Chem. (Leipzig), **228,** 343 (1965).
314. C. M. French and D. F. Muggleton, J. Chem. Soc., 2131 (1957).
315. W. H. McMahan, J. Chem. Soc., **26,** 3026 (1965).
316. Yu. Ya. Fialkov and S. N. Kholodnikova, J. Gen. Chem. USSR, **38,** 663 (1968).
317. J. H. Simons and K. E. Lorentzen, J. Amer. Chem. Soc., **74,** 4746 (1952).
318. D. F. Evans and P. Gardam, J. Phys. Chem., **73,** 158 (1969).
319. J. F. Skinner, E. L. Cussler and R. M. Fuoss, J. Phys. Chem., **71,** 4455 (1967).
320. J. S. Levkov, Diss. Abstr., **28,** 1450B (1967).
321. J. F. Skinner and R. M. Fuoss, J. Phys. Chem., **69,** 1437 (1965).
322. B. Jezowska-Trzebiatowska and S. Ernst, J. Inorg. Nucl. Chem., **26,** 837 (1964).
323. F. W. Darrow, Diss. Abstr., **26,** 3056 (1965).
324. F. Baueira, Rev. Port. Quim., 133 (1963) [Port.].
325. H. V. Venkatasetty and G. H. Brown, J. Phys. Chem., **67** (1963).

326. H. V. Venkatasetty, Ph.D. Thesis (1961), University of Cincinnati, Ohio.
327. L. W. Marple and G. J. Scheppers, Anal. Chem., **38**, 553 (1966).
328. Yu. Ya. Borovikov, J. Gen. Chem. USSR, **38**, 1171 (1968).
329. H. Sadek and R. M. Fuoss, J. Amer. Chem. Soc., **76**, 5897 (1954).
330. L. Thomas and E. Marum, Z. Phys. Chem., **143**, 191 (1929).
331. A. J. Dill and O. Popovych, J. Chem. Eng. Data, **14**, 156 (1969).
332. D. L. Lydy, V. A. Mode and J. G. Kay, J. Phys. Chem., **69**, 87 (1965).
333. C. A. Kraus and R. M. Fuoss, J. Amer. Chem. Soc., **55**, 21 (1933).
334. W. R. Gilkerson and R. E. Stamm, J. Am. Chem. Soc., **82**, 5295 (1960).
335. F. H. Healey and A. E. Martell, J. Amer. Chem. Soc., **73**, 3296 (1951).
336. A. M. Harstein and S. Windwer, J. Phys. Chem., **73**, 1549 (1969).
337. J. M. Notley and M. Sjuro, J. Phys. Chem., **70**, 1502 (1966).
338. P. B. Davis, W. S. Putnam and H. C. Jones, J. Franklin Inst., **180**, 567 (1915).
339. C. A. Kraus, Ann. N.Y. Acad. Sci., **51**, 789 (1949).
340. J. F. Skinner and R. M. Fuoss, J. Phys. Chem., **70**, 1426 (1966).
341. A. M. Felbert, Diss. Abst., **23**, 1203 (1962).
342. M. A. Coplan, M. C. Justice and M. Quintin, J. Chim. Phys., **65**, 1152 (1968).
343. C. Atlanti, J-C. Justice, M. Quintin and J-E. Dubois, J. Chim. Phys., **66**, 180 (1969).
344. R. M. Fuoss and M. A. Elliott, J. Amer. Chem. Soc., **67**, 1339 (1945).
345. M. M. Davies, Trans. Faraday Soc., **31**, 1561 (1935).
346. J. N. Butler, J. Electroanalyt. Chem., **14**, 89 (1967).
347. I. M. Kolthoff and T. B. Reddy, Inorg. Chem., **1**, 189 (1962).
348. N-P. Yao and D. N. Bennion, UCLA Rep. 69-30, DA Contract No. DA-44-009-AMC-1661(T).
349. N-P. Yao and D. N. Bennion, UCLA Rep. 69-32, DA Contract No. DA-44-009-AMC-1661(T).
350. E. V. Clougherty, Diss. Absts., **27**, 1438B (1966).
351. D. Nicholls, C. Sutphen and M. Szwarc, J. Phys. Chem., **72**, 1021 (1968).
352. W. H. McMahan, *Diss. Absts.*, **26**, 3026 (1965).
353. J. R. Price, *Diss. Absts.*, **26**, 5746 (1966).
354. T. R. Nanney, *Diss. Absts.*, **23**, 1531 (1962).
355. R. C. Miller and R. M. Fuoss, J. Amer. Chem. Soc., **75**, 3076 (1953).
356. H. Sadek and R. M. Fuoss, J. Amer. Chem. Soc., **81**, 4507 (1959).
357. A. D'Aprano and R. M. Fuoss, J. Phys. Chem., **73**, 223 (1969).
358. P. B. Davis and H. I. Johnson, Carnegie Inst. Pub., No. 260, 71 (1918).
359. R. W. Martell and C. A. Kraus, Proc. Natl. Acad. Sci. U.S., **41**, 9 (1955).
360. P. L. Mercier and C. A. Kraus, Proc. Natl. Acad. Sci. U.S., **41**, 1033 (1955).
361. C. Treiner, C.R. Acad. Sci. Paris, Series C, 612 (1966).
362. C. Treiner, C.R. Acad. Sci. Paris, Series C, 1405 (1966).
363. C. Treiner and J. C. Justice, J. Chim. Phys., **63**, 687 (1966).
364. R. Whorton and E. S. Amis, Z. Physik. Chem., **17**, 300 (1958).
365. W. B. Darlington, *Diss. Absts.*, **22**, 2207 (1962).
366. R. H. Stokes and I. A. Weeks, Australian J. Chem., **17**, 304 (1964).
367. O. L. Hughes and H. Hartley, Phil. Mag., **15**, 610 (1933).
368. R. Bury and J. C. Justice, J. Chim. Phys., **64**, 1491 (1967).
369. C. A. Kraus, J. Phys. Chem., **59**, 84 (1955).
370. P. F. Grieger, Ann. N.Y. Acad. Sci., **51**, 827 (1949).
371. H. Goldschmidt and F. Aas, Z. Phys. Chem., **112**, 423 (1924).
372. R. W. Martell and C. A. Kraus, Proc. Nat. Acad. Sci., **41**, 1033 (1955).

IV. DIFFUSION

Introduction

Relatively few studies of diffusion of electrolytes in non-aqueous solvents have been reported. The results in this Section are organized alphabetically by solvent, and the electrolytes are listed alphabetically by cation. The diffusion technique is given where available. Unless otherwise stated investigations were at 25°C.

ACETONE, $(CH_3)_2CO$

The system $CoCl_2$ in acetone at 25°C is discussed in Ref. 3 with accompanying graphs of the variation in the rate of diffusion with increase in time and with concentration. The method used is one involving electrolysis which was developed by Vdovenko and Kudra (Ukr. Khim. Zhur., **26**, 36 (1960)).

ACETONITRILE, CH_3CN

$AgNO_3$ Ref. 8 Stokes' diaphragm technique

C_1 (M)	C_2 (M)	C_3 (M)	C_4 (M)	Time (sec $\times 10^{-5}$)	$D \times 10^5$ (cm^2 sec^{-1})
0.0000					2.488
0.1042	0.0000	0.1532	0.0575	1.8282	1.876
0.4053	0.3088	0.4612	0.3512	1.5834	1.523
0.7383	0.6206	0.8095	0.6691	1.6362	1.354
1.0696	0.9805	1.1172	1.0237	2.2648	1.223
1.4663	1.3992	1.5117	1.4220	1.5570	1.112
1.9423	1.8623	1.9888	1.8973	2.3265	1.028
2.9357	2.8174	3.0194	2.8536	1.7138	0.889
4.0375	3.8594	4.1368	3.9417	3.2180	0.798
5.0362	4.9122	5.1045	4.9704	3.4854	0.753

C_1 and C_3 are the molar concentrations in the lower compartment of the diaphragm at time $t = 0$ and $t = t$ respectively and C_2 and C_4 are the corresponding concentrations in the upper compartment.

Electrolyte	Method	Diffusion coefficient ($cm^2\ sec^{-1}$)	Comments	Ref.
0.7M $AlCl_3$	porous disk	1.690×10^{-5}	additional component 1M LiCl	7
1M $LiClO_4$	porous disk	1.710×10^{-5}		4, 7
10^{-2}M $NaClO_4$		1.900×10^{-5}	additional component 0.4M I_2	9
		1.400×10^{-5}	additional component 0.4M I_3^-	9
3×10^{-2}M, $NaClO_4$		1.700×10^{-5}	additional component 0.4M I^-	9

BENZONITRILE, CH_3CN

$AgNO_3$ Ref. 8 Stokes' diaphragm technique

C_1 (M)	C_2 (M)	C_3 (M)	C_4 (M)	Time (sec $\times 10^{-5}$)	$D \times 10^5$ ($cm^2\ sec^{-1}$)
0.0000					0.701
0.0997	0.0000	0.1765	0.0233	2.3718	0.464
0.2475	0.1467	0.2951	0.2018	8.2860	0.392
0.5050	0.4030	0.5733	0.4376	6.9680	0.343
0.9706	0.8983	1.0160	0.9361	7.6652	0.262
1.4851	1.3844	1.5576	1.4137	6.9330	0.204
2.0483	1.9448	2.1263	1.9704	7.5204	0.157

C_1 and C_3 are the molar concentrations in the lower compartment of the diaphragm at time $t = 0$ and $t = t$ respectively and C_2 and C_4 are the corresponding concentrations in the upper compartment.

DIMETHYLACETAMIDE

Electrolyte	Diffusion coefficient ($cm^2\ sec^{-1}$)	Comments	Ref.
10^{-3}M $(C_2H_5)_4NClO_4$	1.74×10^{-6}	additional components 0.1M $BeCl_2$ and 10^{-3}M Be^{+2}	12

IV. DIFFUSION

DIMETHYLFORMAMIDE

Electrolyte	Method	Diffusion coefficient ($cm^2\ sec^{-1}$)	Comments	Ref.
0.498M KI		8.3×10^{-6}		11
0.942M KI		7.6×10^{-6}		11
1.26M KI		6.7×10^{-6}		11
1.667M KI		5.4×10^{-6}		11
1M LiCl	porous disk	5.87×10^{-6}		4,7
0.075M LiCl	porous disk	5.72×10^{-6}	additional component 1M $AlCl_3$	7
1M $LiClO_4$	porous disk	7.29×10^{-6}		4
1M $LiClO_4$	porous disk	7.3×10^{-6}		7
9×10^{-4}M $NaClO_4$		1.05×10^{-6}	additional component 0.1M Ni^{+2}	10

DIMETHYLSULFOXIDE*

Electrolyte	Diffusion coefficient ($cm^2\ sec^{-1}$)	Comments	Ref.
7×10^{-4}M $(C_2H_5)_4NClO_4$	7.3×10^{-6}	additional components 0.1M O_2^-	13
2×10^{-3}M $(C_2H_5)_4NClO_4$	3.23×10^{-5}	additional component 0.1M O_2	14
2×10^{-3}M $(C_2H_5)_4NClO_4$	4.7×10^{-6}	additional component 0.1M OH^-	13
5×10^{-3}M $(C_2H_5)_4NClO_4$	1.08×10^{-5}	additional component 0.1M O_2^-	14
4×10^{-2}M $(C_2H_5)_4NClO_4$	6.2×10^{-6}	additional component 0.1M metadinitrobenzene	15
10^{-2}M $KClO_4$	6.9×10^{-6}	additional component 0.8M I^-	16
10^{-2}M $KClO_4$	3.7×10^{-6}	additional component 0.8M I_3^-	16
3×10^{-3}M $NaClO_4$	1.6×10^{-6}	additional component 0.8M riboflavin; room temperature	18

DIMETHYLSULFOXIDE* (Continued)

Electrolyte	Diffusion coefficient ($cm^2\ sec^{-1}$)	Comments	Ref.
9.05×10^{-3}M $NaClO_4$	3.2×10^{-6}	additional components 0.402M NaI and 0.0132M I_3^-	17
9.05×10^{-3}M $NaClO_4$	3.4×10^{-6}	additional components 0.402M NaI and 0.132M I_3^-; 32°C	17
9.05×10^{-3}M $NaClO_4$	3.7×10^{-6}	additional components 0.402M NaI and 0.0132M I_3^-; 40°C	17
10^{-2}M $NaClO_4$	3.6×10^{-6}	additional component 0.8 I	19
10^{-2}M $NaClO_4$	3.7×10^{-6}	additional component 0.8M I^-	19
10^{-2}M $NaClO_4$	2.8×10^{-6}	additional component 0.8M I_3^-	19

* See also Section VIII(a).

FORMAMIDE

Electrolyte	Diffusion coefficient ($cm^2\ sec^{-1}$)	Comments	Ref.
0.368m KBr	3.30×10^{-6}		11
0.896m KBr	3.30×10^{-6}		11
1.191m KBr	3.20×10^{-6}		11
1.569m KBr	3.00×10^{-6}		11
8×10^{-4}M KCl	1.4×10^{-5}	additional component 1M O_2; 19°C	10
0.193m KCl	3.5×10^{-6}		11
0.407m KCl	3.4×10^{-6}		11
0.642m KCl	3.3×10^{-6}		11
0.409m KI	3.0×10^{-6}		11
0.949m KI	3.0×10^{-6}		11
1.585m KI	2.9×10^{-6}		11
2.379m KI	2.8×10^{-6}		11
3.175m KI	2.5×10^{-6}		11
3.998m KI	2.0×10^{-6}		11
8×10^{-4}M $NaClO_4$	5.8×10^{-7}	additional component 0.1M Ni^{+2}	10

IV. DIFFUSION

METHANOL, CH_3OH

Electrolyte	Method	Diffusion coefficient ($cm^2\ sec^{-1}$)	Ref.
10^{-3}m NaCl	capillary	$(1.206 \pm 0.014) \times 10^{-5}$	2
2.5×10^{-3}m NaCl	capillary	$(1.202 \pm 0.018) \times 10^{-5}$	2
5×10^{-3}m NaCl	capillary	$(1.197 \pm 0.010) \times 10^{-5}$	2
2×10^{-2}m NaCl	capillary	$(1.164 \pm 0.010) \times 10^{-5}$	2
4×10^{-2}m NaCl	capillary	$(1.151 \pm 0.010) \times 10^{-5}$	2

Additional Information

The system $CdBr_2$ in Methanol at 25°C is discussed in Ref. 3 with accompanying graphs of the variation in the rate of diffusion with increase in time and with concentration. The method used is one developed by Vdovenko and Kudra (Ukr. Khim. Zhur., **26**, 36 (1960)) which involves electrolysis.

N-METHYLFORMAMIDE

Electrolyte	Diffusion coefficient ($cm^2\ sec^{-1}$)	Ref.
0.542m KI	4.7×10^{-6}	11
1.057m KI	4.3×10^{-6}	11
1.619m KI	3.8×10^{-6}	11
2.263m KI	3.0×10^{-6}	11

METHYL FORMATE

Electrolyte	Method	Diffusion coefficient ($cm^2\ sec^{-1}$)	Comments	Ref.
1.1M $LiAsF_6$	porous disk	1.54×10^{-5}		4
1M $LiClO_4$	porous disk	1.68×10^{-5}		4
5×10^{-2}M $LiClO_4$		1.400×10^{-6}	additional component 2M dichloroisocyanuric acid; room temperature	5

PROPYLENE CARBONATE

Electrolyte	Method	Diffusion coefficient ($cm^2\ sec^{-1}$)	Comments	Ref.
0.1M $AlCl_3$		1.00×10^{-5}	additional component 0.6M Li^+; 24°C	6
0.7M $AlCl_3$		3.04×10^{-6}	additional component 1M LiCl	7
0.7M LiCl	porous disk	3.04×10^{-6}	additional component 1M $AlCl_3$	4
1M $LiClO_4$	porous disk	2.58×10^{-6}		4, 7

References

1. D. Barrow and I. R. Beattie, Trans. Faraday Soc., **58**, 138 (1962).
2. J. A. Ellard, W. D. Williams and L. R. Dawson, Trans. Kentucky Acad. Sci., **18**, 8 (1957).
3. I. D. Vdovenko and O. K. Kudra, Ukr. Khim. Zhur., **28**, 323 (1962).
4. J. M. Sullivan, D. C. Hanson and R. Keller, J. Electrochem. Soc., **117**, 779 (1970).
5. D. L. Williams, J. J. Byrne and J. S. Driscoll, J. Electrochem. Soc., **116**, 2 (1969).
6. Lockheed Missiles and Space Co., "Lithium-Silver Chloride Secondary Battery Investigation," F, Report No. AFAPL-TR-64-147, Contract No. AF33(615)-1195, Acc. No. AD612189, N65-21557, 2/65.
7. Rocketdyne, "Properties of Non-aqueous Electrolytes," F, Report No. R-7703, Contract No. NAS3-8521, 12/68.
8. G. J. Janz, G. R. Lakshminarayanan and M. P. Klotzkin, J. Phys. Chem., **70**, 2562 (1966).
9. V. A. Macagno, M. C. Giordano and A. J. Arvia, Electrochim. Acta, **14**, 335 (1969).
10. J. N. Gaur and N. K. Goswami, Electrochim. Acta, **11**, 939 (1966).
11. J. G. Becsey, J. A. Bierlein and S. E. Gustafsson, Z. Naturforsch., **21A**, 488 (1966).
12. V. Gutmann, M. Michlmayr and G. Peychal-Heiling, J. Electroanal. Chem., **17**, 153 (1968).
13. A. D. Goolsby and D. T. Sawyer, Anal. Chem., **40**, 83 (1968).
14. D. T. Sawyer and J. L. Roberts, Jr., J. Electroanal. Chem., **12**, 90 (1966).
15. UCLA, "The Electrochemical Reduction of Meta-Dinitrobenzene in Dimethylsulfoxide," X, Report No. 68-40, Contract No. N123-(62738)57439A, 7/68.
16. M. C. Giordano, J. C. Bazan and A. J. Arvia, Electrochim. Acta, **11**, 1553 (1966).
17. M. C. Giordano, J. C. Bazan and A. J. Arvia, Electrochim. Acta, **12**, 723 (1967).
18. S. V. Latwawadi, K. S. V. Santhanam and A. J. Bard, J. Electroanal. Chem., **17**, 411 (1968).
19. A. J. Arvia, M. C. Giordano and J. J. Podesta, Electrochim. Acta, **14**, 389 (1969).

V. DENSITY

Introduction

Studies of densities and partial molal volumes of electrolyte solutions can provide an insight on the nature of the ion-solvent interactions in such systems. Densities, further, are essential in studies where the molar concentration scale is used (e.g. conductance).

In this Section, the alphabetic listing of solvents is followed, and the solutes are alphabetical by cation. Finally for any given cation, the anions are also arranged alphabetically. The data tabulated consists of experimental concentrations and the densities and partial molal volumes. Attention is drawn to studies where the results have been reported graphically rather than numerically. References follow immediately after each electrolyte.

1. DATA BY SINGLE SOLVENTS

ACETONITRILE, CH_3CN

$AgNO_3$

Ref. [1] [2]

Conc. (mol l^{-1})	0	0.00992	0.04219	0.1576	0.2863	0.7329
ρ (g ml^{-1})	0.7768	0.7787	0.7833	0.8029	0.8357	0.8950
ϕ_v (ml mole^{-1})						11.08$_5$

Conc. (mol l^{-1})	1.807	2.695	3.427	4.313	6.162
ρ (g ml^{-1})	1.0611	1.1950	1.3034	1.432$_0$	1.6954
ϕ_v (ml mole^{-1})	16.16$_3$	18.93$_9$	20.88$_2$	23.14$_0$	26.79$_4$

NaI

Ref. [3]

Conc. (mol l^{-1})	0	0.13009	0.16070	0.28442	0.52028	0.52109
ρ (g cm^{-3})	0.7768	0.7955	0.7997	0.8164	0.8484	0.8485

Conc. (mol l^{-1})	0.87079
ρ (g cm^{-3})	0.8948

AMMONIA, NH_3

$Ba(NO_3)_2$

Ref. [4] 0°C

Conc. (mol l^{-1})	0.0450	0.00912	0.00209
ϕ_v (ml mole^{-1})	11.9 ± 0.1	6.8 ± 0.3	2.1 ± 1.0

NaCl

Ref. [4] 0°C

Conc. (mol l^{-1})	0.524	0.128	−0.0424
ϕ_v (ml mole^{-1})	−4.22 ± 0.04	−8.30 ± 0.10	−10.5 ± 0.3

Conc. (mol l^{-1})	0.0268	0.00866	0.00789
ϕ_v (ml mole^{-1})	−11.8 ± 0.4	−14.6 ± 0.8	−16.2 ± 1.0

Conc. (mol l^{-1})	0.00222	0.00217
ϕ_v (ml mole^{-1})	−20.6 ± 1.4	−19.7 ± 1.0

NaI

Ref. [4] 0°C

Conc. (mol l^{-1})	0.0357	0.00721	0.00189
ϕ_v (ml mole^{-1})	5.3 ± 0.1	0.3 ± 0.3	−3.5 ± 1.2

V. DENSITY

AMMONIA, NH_3 (Continued)

NH_4Cl

Ref. [4] 0°C

Conc. (mol l^{-1})	0.0462
ϕ_v (ml mole^{-1})	5.1 ± 0.1

NH_4I

Ref. [4] 0°C

Conc. (mol l^{-1})	0.0400
ϕ_v (ml mole^{-1})	20.5 ± 0.06

KI

Ref. [4] 0°C

Conc. (mol l^{-1})	0.0380	0.00888	0.00176
ϕ_v (ml mole^{-1})	16.41 ± 0.06	11.2 ± 0.2	5.0 ± 1.2

Additional information:

Density-Volume Expansion data for Na (−45°C), K (−33.2°C), Li (−33.2°C), and Cs (−50.0°C) in liquid NH_3 in addition to partial molar volume data for Na at −45.0°C appears in Ref. [5].

N-AMYL ALCOHOL, n-$C_5H_{11}OH$

$SbCl_3$

Ref. [6]

Conc. (molar fraction)	0	0.0906	0.1994	0.2978	0.4010
ρ (g ml^{-1})	0.811	0.974	1.148	1.326	1.520
Conc. (molar fraction)	0.4948	0.5958	0.6992	1	
ρ (g ml^{-1})	1.704	1.908	2.123	2.794	

Ref. [6] 50°C

Conc. (molar fraction)	0	0.0906	0.1994	0.2978	0.4010
ρ (g ml^{-1})	0.792	0.941	1.121	1.297	1.487
Conc. (molar fraction)	0.4948	0.5958	0.6992	1	
ρ (g ml^{-1})	1.667	1.867	2.078	2.736	

Ref. [6] 75°C

Conc. (molar fraction)	0	0.0906	0.1994	0.2978	0.4010
ρ (g ml^{-1})	0.773	0.929	1.096	1.267	1.453
Conc. (molar fraction)	0.4948	0.5958	0.6992	1	
ρ (g ml^{-1})	1.630	1.827	2.033	2.681	

n-BUTANOL, n-C_4H_9OH

$(n-C_4H_9)_4N[OC_6H_2(NO_2)_3]$

Ref. [12] 91°C

Conc. (wt%)	0	11.89	25.14	41.29	61.47	75.23
ρ (g ml^{-1})	0.758	0.799	0.838	0.894	0.949	1.014

Conc. (wt%)	86.41	93.36	97.72	100.0
ρ (g ml^{-1})	1.050	1.076	1.093	1.105

$SbCl_3$

Ref. [6]

Conc. (molar fraction)	0	0.1007	0.2029	0.3023	0.4072	0.4964
ρ (g ml^{-1})	0.806	1.001	1.204	1.411	1.620	1.794

Conc. (molar fraction)	0.5934	0.6626	0.7202	0.7948	1
ρ (g ml^{-1})	1.992	2.128	2.247	2.397	2.794

Ref. [6] 50°C

Conc. (molar fraction)	0	0.1007	0.2029	0.3023	0.4072	0.4964
ρ (g ml^{-1})	0.763	0.954	1.149	1.347	1.549	1.719

Conc. (molar fraction)	0.5934	0.6626	0.7202	0.7948	1
ρ (g ml^{-1})	1.905	2.040	2.153	2.295	2.681

BENZENE, C_6H_6

$(n-C_4H_9)_4NBr$

Ref. [7]

Conc. (m)	0.1717	0.2650	0.3574	0.5740	0.759	1.411
ρ (g ml^{-1})	0.8854	0.8887	0.8925	0.9027	0.9110	0.9289

$(n-C_4H_9)_4NSCN$

Ref. [7]

Conc. (m)	0.0115	0.4246	1.553	5.081
ρ (g ml^{-1})	0.8737	0.8845	0.9025	0.925

Ref. [8] 5.51°C

Conc. (m)	0	0.01919	0.02423	0.02446	0.02896	0.03475	0.04784
ρ (g ml^{-1})	0.8940	0.8945	0.8945	0.8945	0.8945	0.8948	0.8950

Conc. (m)	0.05541	0.07301	0.07483	0.08170	0.09125	0.09888	0.1175
ρ (g ml^{-1})	0.8951	0.8957	0.8958	0.8958	0.8961	0.8963	0.8966

Conc. (m)	0.1436	0.1700	0.2080	0.2137	0.2666	0.3086	0.3657
ρ (g ml^{-1})	0.8973	0.8979	0.8986	0.8989	0.8998	0.9005	0.9015

Conc. (m)	0.4288	0.5980	0.6262	0.7027
ρ (g ml^{-1})	0.9026	0.9060	0.9065	0.9078	0.9078

V. DENSITY

BENZENE, C_6H_6 (Continued)

$(n\text{-}C_5H_{11})(n\text{-}C_4H_9)NH_2I_2$

Ref. [7]

Conc. (m)	0.1732	0.2664	0.3484
ρ (g ml^{-1})	0.8886	0.8962	0.9027

$(i\text{-}C_5H_{11})_3NH[OC_6H_2(NO_2)_3]$

Ref. [7]

Conc. (m)	0.0354	0.892	0.1499	0.2820	0.5523	0.9123	1.791
ρ (g ml^{-1})	0.8771	0.8819	0.8872	0.8978	0.9176	0.9375	0.973

Conc. (Eq. l^{-1})	0	0.2050	0.2405	0.2619	0.3704	0.4795	0.5288
ρ (g ml^{-1})	0.8737	0.8960	0.8998	0.9021	0.9137	0.9250	0.9301

Conc. (Eq. l^{-1})	0.6456	0.7540	0.8819	0.9328	1.1016
ρ (g ml^{-1})	0.9418	0.9524	0.9650	0.9702	0.9794

$(i\text{-}C_5H_{11})_4NSCN$

Ref. [7]

Conc. (m)	0	0.1828	0.4180	2.058
ρ (g ml^{-1})	0.8737	0.8777	0.8808	0.897

BENZONITRILE, C_6H_5CN

$AgNO_3$

Ref. [1]

Conc. (mol l^{-1})	0	0.9	1.0	2.0	3.0
ρ (g ml^{-1})	1.0088	1.0722	1.1432	1.2850	1.4260
ϕ_v (ml mole^{-1})		27.23	27.55	27.81	28.16

BROMINE, Br_2

$(CH_3)_3NHBr \cdot Br_2$

Ref. [10] [11]

Conc. (mole fraction)	0	0.05347	0.07194	0.1026	0.2018	0.2264
ρ (g ml^{-1})	3.102	3.020	2.991	2.941	2.778	2.735

Conc. (mole fraction)	0.2621	0.3711	0.4336	0.6521	0.7882	0.9214
ρ (g ml^{-1})	2.680	2.523	2.446	2.243	2.149	2.075

BROMINE, Br_2 (Continued)

$(C_5H_{11})_3NHCl \cdot Br_2$

Ref. [10] [11]

Conc. (mole fraction)	0	0.04128	0.05050	0.1151	0.1399	0.2909
ρ (g ml^{-1})	3.102	2.717	2.643	2.283	2.187	1.777
Conc. (mole fraction)	0.3928	0.4452	0.5300	0.6390	0.7963	0.8568
ρ (g ml^{-1})	1.610	1.555	1.472	1.398	1.318	1.295
Conc. (mole fraction)	0.9804	1.006				
ρ (g ml^{-1})	1.250	1.244				

CHLOROBENZENE, C_6H_5Cl

$(C_4H_9)_4N[OC_6H_2(NO_2)_3]$

Ref. [28]

$\overline{V}_0^2$ (cc), 402

o-DICHLOROBENZENE, $C_6H_4Cl_2$

$(C_4H_9)_4NI$

Ref. [28]

$\overline{V}_0^2$ (cc), 302

m-DICHLOROBENZENE, m-$C_6H_4Cl_2$

$(n\text{-}C_5H_{11})_4NSCN$ Tetra-n-amylammonium thiocyanate

Ref. [9] 90°C

Conc. (wt %)	0	41.32	48.89	58.25	62.74	67.64	74.08
ρ (g ml^{-1})	1.2074	1.0525	1.0276	0.9974	0.9851	0.9703	0.9514
Conc. (wt %)	74.25	79.01	79.54	84.76	85.55	89.89	90.34
ρ (g ml^{-1})	0.9510	0.9382	0.9358	0.9224	0.9198	0.9084	0.9078
Conc. (wt %)	95.52	96.26	100.00				
ρ (g ml^{-1})	0.8946	0.8921	0.8832				

Note: The above values of density for solutions of $(n\text{-}C_5H_{11})_4NSCN$ in m-dichlorobenzene are absolute values obtained from the experimental values (apparent values) through the use of a correction equation based on the absolute density of water at 90°C.

V. DENSITY

N,N-DIETHYLANILINE, $C_6H_5N(C_2H_5)_2$

$CHCl_2COOH$

Ref. [13]

Conc. (mole fraction)	0	0.1	0.2	0.3	0.4	0.5	0.6
ρ (g ml^{-1})	0.930	0.972	1.018	1.072	1.129	1.195	1.268

Conc. (mole fraction)	0.64	0.66	0.7	9.8	0.9	1
ρ (g ml^{-1})	1.295	1.306	1.334	1.401	1.479	1.558

Ref. [13] 50°C

Conc. (mole fraction)	0	0.1	0.2	0.3	0.4	0.5	0.6
ρ (g ml^{-1})	0.909	0.949	0.998	1.048	1.107	1.171	1.239

Conc. (mole fraction)	0.64	0.66	0.7	0.8	0.9	1
ρ (g ml^{-1})	1.268	1.281	1.307	1.375	1.449	1.521

Ref. [13] 75°C

Conc. (mole fraction)	0	0.1	0.2	0.3	0.4	0.5	0.6
ρ (g ml^{-1})	0.887	0.929	0.977	1.028	1.085	1.150	1.217

Conc. (mole fraction)	0.64	0.66	0.7	0.8	0.9	1
ρ (g ml^{-1})	1.247	1.260	1.286	1.352	1.423	1.487

$CH_2ClCOOH$

Ref. [13]

Conc. (mole fraction)	0	0.1	0.2	0.3	0.4	0.5	0.6
ρ (g ml^{-1})	0.930	0.959	0.989	1.021	1.063	1.110	1.165

Conc. (mole fraction)	0.67	0.70	0.73	0.8	0.9	1
ρ (g ml^{-1})	1.204	1.224	1.240	1.283	1.353	1.420

$CHCl_2COOH$

Ref. [13] 50°C

Conc. (mole fraction)	0	0.1	0.2	0.3	0.4	0.5	0.6
ρ (g ml^{-1})	0.909	0.936	0.966	0.998	1.040	1.088	1.139

Conc. (mole fraction)	0.67	0.70	0.73	0.8	0.9	1
ρ (g ml^{-1})	1.181	1.197	1.217	1.260	1.324	1.387

Ref. [13] 75°C

Conc. (mole fraction)	0	0.1	0.2	0.3	0.4	0.5	0.6
ρ (g ml^{-1})	0.887	0.912	0.944	0.977	1.018	1.065	1.117

Conc. (mole fraction)	0.67	0.70	0.8	0.9	1
ρ (g ml^{-1})	1.159	1.195	1.237	1.296	1.354

N,N-DIETHYLANILINE, $C_6H_5N(C_2H_5)_2$ (Continued)

CF_3COOH

Ref. [13]

Conc. (mole fraction)	0	0.1	0.2	0.3	0.4	0.5	0.54
ρ (g ml^{-1})	0.930	0.971	1.013	1.062	1.120	1.183	1.206

Conc. (mole fraction)	0.6	0.7	0.8	0.9	1
ρ (g ml^{-1})	1.235	1.291	1.350	1.423	1.477

Ref. [13] 50°C

Conc. (mole fraction)	0	0.1	0.2	0.3	0.4	0.5	0.54
ρ (g ml^{-1})	0.909	0.950	0.992	1.041	1.098	1.157	1.180

Conc. (mole fraction)	0.6	0.7	0.8	0.9	1
ρ (g ml^{-1})	1.209	1.262	1.317	1.381	1.418

Ref. [13] 75°C

Conc. (mole fraction)	0	0.1	0.2	0.3	0.4	0.5	0.54
ρ (g ml^{-1})	0.887	0.929	0.971	1.019	1.075	1.132	1.156

Conc. (mole fraction)	0.6	0.7	0.8	0.9
ρ (g ml^{-1})	1.186	1.239	1.288	1.341

DIETHYL ETHER

Ref. [14]

Graph of the dependence of density LiAlH$_4$ solutions on molar concentration at 25°C.

1,2-DIMETHOXYETHANE

$NaAl(C_2H_5)_4$

Ref. [33]

Conc. (Eq. l^{-1})	0	0.001846	0.01472	0.09226
ρ (g ml^{-1})	0.8611	0.8617	0.8621	0.8751

DIMETHYL SULFOXIDE, $(CH_3)_2SO$*

$(i\text{-}C_5H_{11})_2C_4H_9NB(C_6H_5)_4$

Ref. [15]

Conc. (mol l^{-1})	1.1344×10^{-1}	4.6960×10^{-2}	1.6677×10^{-2}
ρ (g ml^{-1})	1.1180	1.1051	1.0992

Conc. (mol l^{-1})	8.8974×10^{-3}	6.5546×10^{-3}	4.9055×10^{-3}
ρ (g ml^{-1})	1.0977	1.0972	1.0969

* See also Section VIII(a).

DIMETHYL SULFOXIDE, $(CH_3)_2SO$ *(Continued)*

$(i\text{-}C_5H_{11})_2C_4H_9NB(C_6H_5)_4$ *(Continued)*

Conc. (mol l^{-1})	3.6300×10^{-3}	1.4907×10^{-3}	3.8512×10^{-4}
ρ (g ml^{-1})	1.0968	1.0962	1.0968

Ref. [15] 35°C

Conc. (mol l^{-1})	1.1240×10^{-1}	4.6523×10^{-2}	1.6522×10^{-2}
ρ (g ml^{-1})	1.078	1.0948	1.0890
Conc. (mol l^{-1})	8.8132×10^{-3}	6.4930×10^{-3}	4.8594×10^{-3}
ρ (g ml^{-1})	1.0873	1.0869	1.0866
Conc. (mol l^{-1})	3.5952×10^{-3}	1.4769×10^{-3}	3.8150×10^{-4}
ρ (g ml^{-1})	1.0863	1.0860	1.0857

Ref. [15] 45°C

Conc. (mol l^{-1})	1.1069×10^{-1}	4.5941×10^{-2}	1.6340×10^{-2}
ρ (g ml^{-1})	1.0909	1.0811	1.0770
Conc. (mol l^{-1})	8.9216×10^{-3}	6.4261×10^{-3}	4.8084×10^{-3}
ρ (g ml^{-1})	0.0760	1.0757	1.0752
Conc. (mol l^{-1})	3.5581×10^{-3}	1.4618×10^{-3}	3.7764×10^{-4}
ρ (g ml^{-1})	1.0751	1.0749	1.0747

Ref. [15] 55°C

Conc. (mol l^{-1})	1.1024×10^{-1}	4.5601×10^{-2}	1.6188×10^{-2}
ρ (g ml^{-1})	1.0865	1.0731	1.0670
Conc. (mol l^{-1})	8.6364×10^{-3}	6.3622×10^{-3}	4.7615×10^{-3}
ρ (g ml^{-1})	1.0655	1.0650	1.0647
Conc. (mol l^{-1})	3.5224×10^{-3}	1.4468×10^{-3}	3.7377×10^{-4}
ρ (g ml^{-1})	1.0643	1.0639	1.0637

CF_3SO_3Na

Ref. [15]

Conc. (mol l^{-1})	4.1696×10^{-1}	1.2204×10^{-1}	7.2663×10^{-2}
ρ (g ml^{-1})	1.1382	1.1088	1.1035
Conc. (mol l^{-1})	4.2020×10^{-2}	1.5165×10^{-2}	0.0608×10^{-3}
ρ (g ml^{-1})	1.1005	1.0976	1.0970
Conc. (mol l^{-1})	6.4227×10^{-3}	5.7623×10^{-3}	4.6135×10^{-3}
ρ (g ml^{-1})	1.0968	1.0967	1.0966
Conc. (mol l^{-1})	4.3611×10^{-3}	3.5867×10^{-3}	1.1382×10^{-3}
ρ (g ml^{-1})	1.0965	1.0964	1.0962

DIMETHYL SULFOXIDE, $(CH_3)_2SO$ (*Continued*)
CF_3SO_3Na (*Continued*)

Ref. [15] 35°C

Conc. (mol l^{-1})	4.1330×10^{-1}	1.2088×10^{-1}	7.1972×10^{-2}
ρ (g ml^{-1})	1.1282	1.0983	1.0930
Conc. (mol l^{-1})	4.1612×10^{-2}	1.5021×10^{-3}	8.9749×10^{-3}
ρ (g ml^{-1})	1.0898	1.0872	1.0866
Conc. (mol l^{-1})	6.3606×10^{-3}	5.7066×10^{-3}	4.5685×10^{-3}
ρ (g ml^{-1})	1.0862	1.0861	1.0859
Conc. (mol l^{-1})	4.3186×10^{-3}	3.5517×10^{-3}	1.1272×10^{-3}
ρ (g ml^{-1})	1.0858	1.0857	1.0856

Ref. [15] 45°C

Conc. (mol l^{-1})	4.0985×10^{-1}	1.1970×10^{-1}	7.1267×10^{-2}
ρ (g ml^{-1})	1.1188	1.0876	1.0823
Conc. (mol l^{-1})	4.1199×10^{-2}	1.4866×10^{-2}	8.8816×10^{-3}
ρ (g ml^{-1})	1.0790	1.0760	1.0753
Conc. (mol l^{-1})	6.2950×10^{-3}	5.6482×10^{-3}	4.5222×10^{-3}
ρ (g ml^{-1})	1.0750	1.0750	1.0749
Conc. (mol l^{-1})	4.2742×10^{-3}	3.5161×10^{-3}	1.1158×10^{-3}
ρ (g ml^{-1})	1.0749	1.0748	1.0746

Ref. [15] 55°C

Conc. (mol l^{-1})	4.0608×10^{-1}	1.1856×10^{-1}	7.0569×10^{-2}
ρ (g ml^{-1})	1.1085	1.0772	1.0717
Conc. (mol l^{-1})	4.0791×10^{-2}	1.4719×10^{-2}	8.7940×10^{-3}
ρ (g ml^{-1})	1.0683	1.0653	1.0647
Conc. (mol l^{-1})	6.2342×10^{-3}	5.5920×10^{-3}	4.4772×10^{-3}
ρ (g ml^{-1})	1.0646	1.0643	1.0642
Conc. (mol l^{-1})	4.2323×10^{-3}	3.4808×10^{-3}	1.1046×10^{-3}
ρ (g ml^{-1})	1.0641	1.0640	1.0638

CH_3SO_3Na

Ref. [15]

Conc. (mol l^{-1})	5.5561×10^{-2}	2.3840×10^{-2}	1.3962×10^{-2}
ρ (g ml^{-1})	1.0994	1.0975	1.0970
Conc. (mol l^{-1})	6.8462×10^{-3}	5.1732×10^{-3}	2.9997×10^{-3}
ρ (g ml^{-1})	1.0967	1.0965	1.0964
Conc. (mol l^{-1})	2.4141×10^{-3}	6.4083×10^{-3}	1.2695×10^{-3}
ρ (g ml^{-1})	1.0960	1.0960	1.0960
Conc. (mol l^{-1})	1.2002×10^{-3}	1.0449×10^{-3}	9.7260×10^{-4}
ρ (g ml^{-1})	1.0960	1.0960	1.0960

V. DENSITY

DIMETHYL SULFOXIDE, $(CH_3)_2SO$ *(Continued)*
CH_3SO_3Na *(Continued)*

Ref. [15] 35°C

Conc. (mol l^{-1})	5.5046×10^{-2}	2.3615×10^{-2}	1.3829×10^{-2}
ρ (g ml^{-1})	1.0892	1.0871	1.0865
Conc. (mol l^{-1})	6.7800×10^{-3}	5.1237×10^{-3}	2.9797×10^{-3}
ρ (g ml^{-1})	1.0861	1.0860	1.0858
Conc. (mol l^{-1})	2.3910×10^{-3}	1.3948×10^{-3}	1.2573×10^{-3}
ρ (g ml^{-1})	1.0855	1.0855	1.0855
Conc. (mol l^{-1})	1.1887×10^{-3}	1.0349×10^{-3}	9.6328×10^{-4}
ρ (g ml^{-1})	1.0855	1.0855	1.0855

Ref. [15] 45°C

Conc. (mol l^{-1})	5.4480×10^{-2}	2.3373×10^{-2}	1.3686×10^{-2}
ρ (g ml^{-1})	1.0780	1.0760	1.0753
Conc. (mol l^{-1})	6.7095×10^{-3}	5.0703×10^{-3}	2.9401×10^{-3}
ρ (g ml^{-1})	1.0748	1.0747	1.0746
Conc. (mol l^{-1})	2.3667×10^{-3}	1.3807×10^{-3}	1.2446×10^{-3}
ρ (g ml^{-1})	1.0745	1.0745	1.0745
Conc. (mol l^{-1})	1.1767×10^{-3}	1.0244×10^{-3}	9.5352×10^{-4}
ρ (g ml^{-1})	1.0745	1.0745	1.0745

Ref. [15] 55°C

Conc. (mol l^{-1})	5.3924×10^{-2}	2.3139×10^{-2}	1.3549×10^{-3}
ρ (g ml^{-1})	1.0670	1.0652	1.0645
Conc. (mol l^{-1})	6.6421×10^{-3}	5.0189×10^{-3}	2.9103×10^{-3}
ρ (g ml^{-1})	1.0640	1.0638	1.0637
Conc. (mol l^{-1})	2.3430×10^{-3}	1.3668×10^{-3}	1.2321×10^{-3}
ρ (g ml^{-1})	1.0637	1.0637	1.0637
Conc. (mol l^{-1})	1.1649×10^{-3}	1.0141×10^{-3}	9.4394×10^{-4}
ρ (g ml^{-1})	1.0637	1.0637	1.0637

$NaB(C_6H_5)_4$

Ref. [15]

Conc. (mol l^{-1})	2.1048×10^{-2}	1.4929×10^{-2}	1.1980×10^{-2}
ρ (g ml^{-1})	1.1088	1.1050	1.1031
Conc. (mol l^{-1})	1.1736×10^{-2}	1.0202×10^{-2}	8.4644×10^{-3}
ρ (g ml^{-1})	1.1030	1.1020	1.1009
Conc. (mol l^{-1})	7.5363×10^{-3}	6.6772×10^{-3}	5.4698×10^{-3}
ρ (g ml^{-1})	1.1005	1.0999	1.0991
Conc. (mol l^{-1})	3.8890×10^{-3}	2.9139×10^{-3}	2.1963×10^{-3}
ρ (g ml^{-1})	1.0982	1.0977	1.0973
Conc. (mol l^{-1})	1.6792×10^{-3}	1.1955×10^{-3}	
ρ (g ml^{-1})	1.0970	1.0967	

DIMETHYL SULFOXIDE, $(CH_3)_2SO$ (Continued)
$NaB(C_6H_5)_4$ (Continued)

Ref. [15] 35°C

Conc. (mol l^{-1})	2.0847×10^{-2}	1.4786×10^{-2}	1.1865×10^{-2}
ρ (g ml^{-1})	1.0979	1.0941	1.0924
Conc. (mol l^{-1})	1.1622×10^{-2}	1.0105×10^{-2}	8.3833×10^{-3}
ρ (g ml^{-1})	1.0923	1.0914	1.0904
Conc. (mol l^{-1})	7.4630×10^{-3}	6.6132×10^{-3}	5.4181×10^{-3}
ρ (g ml^{-1})	1.0898	1.0894	1.0877
Conc. (mol l^{-1})	3.8521×10^{-3}	2.8860×10^{-3}	2.1751×10^{-3}
ρ (g ml^{-1})	1.0878	1.0872	1.0867
Conc. (mol l^{-1})	1.6630×10^{-3}	1.1839×10^{-3}	
ρ (g ml^{-1})	1.0864	1.0861	

Ref. [15] 45°C

Conc. (mol l^{-1})	2.0635×10^{-2}	1.4637×10^{-2}	1.1745×10^{-2}
ρ (g ml^{-1})	1.0873	1.0835	1.0817
Conc. (mol l^{-1})	1.1507×10^{-2}	1.0002×10^{-2}	8.2984×10^{-3}
ρ (g ml^{-1})	1.0815	1.0805	1.0795
Conc. (mol l^{-1})	7.3884×10^{-3}	6.5462×10^{-3}	5.3628×10^{-3}
ρ (g ml^{-1})	1.0789	1.0783	1.0776
Conc. (mol l^{-1})	3.8125×10^{-3}	2.8563×10^{-3}	2.1529×10^{-3}
ρ (g ml^{-1})	1.0766	1.0760	1.0756
Conc. (mol l^{-1})	1.6462×10^{-3}	1.1719×10^{-3}	
ρ (g ml^{-1})	1.0754	1.0751	

Ref. [15] 55°C

Conc. (mol l^{-1})	$2.048 = 10^{-2}$	1.4489×10^{-2}	1.1627×10^{-2}
ρ (g ml^{-1})	1.0758	1.0722	1.0705
Conc. (mol l^{-1})	$1.1389 = 10^{-2}$	9.9017×10^{-3}	7.3124×10^{-3}
ρ (g ml^{-1})	1.0704	1.0695	1.0678
Conc. (mol l^{-1})	6.4804×10^{-3}	5.3086×10^{-3}	3.7742×10^{-3}
ρ (g ml^{-1})	1.0674	1.0667	1.0658
Conc. (mol l^{-1})	2.8276×10^{-3}	2.1313×10^{-3}	1.6295×10^{-3}
ρ (g ml^{-1})	1.0652	1.0648	1.0645
Conc. (mol l^{-1})	1.1600×10^{-3}		
ρ (g ml^{-1})	1.0642		

V. DENSITY

DIMETHYL SULFOXIDE, $(CH_3)_2SO$ (Continued)

$NaClO_4$

Ref. [15]

Conc. (mol l^{-1})	1.5034×10^{-1}	7.5544×10^{-1}	3.8069×10^{-1}
ρ (g ml^{-1})	1.2030	1.1422	1.1120
Conc. (mol l^{-1})	1.2282×10^{-1}	5.8252×10^{-2}	4.5633×10^{-2}
ρ (g ml^{-1})	1.1005	1.0983	1.0980
Conc. (mol l^{-1})	1.6557×10^{-2}	1.0056×10^{-2}	4.4262×10^{-3}
ρ (g ml^{-1})	1.0970	1.0965	1.0963
Conc. (mol l^{-1})	1.9806×10^{-3}	7.6837×10^{-4}	3.9829×10^{-4}
ρ (g ml^{-1})	1.0962	1.0961	1.0961
Conc. (mol l^{-1})	1.6144×10^{-4}	6.5889×10^{-5}	
ρ (g ml^{-1})	1.0960	1.0960	

Ref. [15] 35°C

Conc. (mol l^{-1})	1.4900×10^{-0}	7.4955×10^{-1}	3.7669×10^{-1}
ρ (g ml^{-1})	1.1922	1.1333	1.1003
Conc. (mol l^{-1})	1.2163×10^{-1}	5.7679×10^{-2}	4.5176×10^{-2}
ρ (g ml^{-1})	1.0898	1.0875	1.0870
Conc. (mol l^{-1})	1.6391×10^{-2}	9.9579×10^{-3}	4.3834×10^{-3}
ρ (g ml^{-1})	1.0860	1.0858	1.0857
Conc. (mol l^{-1})	1.9615×10^{-3}	7.6101×10^{-4}	3.9444×10^{-4}
ρ (g ml^{-1})	1.0856	1.0856	1.0855
Conc. (mol l^{-1})	1.5989×10^{-4}	6.5258×10^{-5}	
ρ (g ml^{-1})	1.0855	1.0855	

Ref. [15] 45°C

Conc. (mol l^{-1})	1.4690×10^{-0}	7.3943×10^{-1}	3.7265×10^{-1}
ρ (g ml^{-1})	1.1755	1.1180	1.0885
Conc. (mol l^{-1})	1.2039×10^{-1}	5.7085×10^{-2}	4.4719×10^{-2}
ρ (g ml^{-1})	1.0787	1.0763	1.0760
Conc. (mol l^{-1})	1.6225×10^{-2}	9.8579×10^{-3}	4.3394×10^{-3}
ρ (g ml^{-1})	1.0750	1.0749	1.0748
Conc. (mol l^{-1})	1.9416×10^{-3}	7.5530×10^{-4}	3.9048×10^{-4}
ρ (g ml^{-1})	1.0746	1.0746	1.0746
Conc. (mol l^{-1})	1.5827×10^{-4}	6.4597×10^{-5}	
ρ (g ml^{-1})	1.0745	1.0745	

DIMETHYL SULFOXIDE, $(CH_3)_2SO$ (Continued)

$NaClO_4$ (Continued)

Ref. [15] 55°C

Conc. (mol l^{-1})	1.4497×10^{-1}	7.2892×10^{-1}	3.6871×10^{-1}
ρ (g ml^{-1})	1.1600	1.1021	1.0770
Conc. (mol l^{-1})	1.1920×10^{-1}	5.6528×10^{-1}	4.4261×10^{-2}
ρ (g ml^{-1})	1.0680	1.0658	1.0650
Conc. (mol l^{-1})	1.6059×10^{-2}	9.7570×10^{-3}	4.2950×10^{-3}
ρ (g ml^{-1})	1.0640	1.0639	1.0638
Conc. (mol l^{-1})	1.9219×10^{-3}	7.4565×10^{-4}	3.8652×10^{-4}
ρ (g ml^{-1})	1.0637	1.0637	1.0637
Conc. (mol l^{-1})	1.5668×10^{-4}	6.3948×10^{-5}	
ρ (g ml^{-1})	1.0637	1.0637	

NaSCN

Ref. [15]

Conc. (mol l^{-1})	2.5508×10^{-1}	5.6061×10^{-2}	2.6717×10^{-2}
ρ (g ml^{-1})	1.1155	1.1001	1.0979
Conc. (mol l^{-1})	1.0772×10^{-2}	8.3583×10^{-3}	5.8229×10^{-3}
ρ (g ml^{-1})	1.0967	1.0965	1.0962
Conc. (mol l^{-1})	3.8448×10^{-3}	5.3654×10^{-3}	1.0212×10^{-3}
ρ (g ml^{-1})	1.0961	1.0960	1.0960

Ref. [15] 35°C

Conc. (mol l^{-1})	2.5245×10^{-1}	5.5501×10^{-2}	2.6450×10^{-2}
ρ (g ml/^{1})	1.1040	1.0891	1.0869
Conc. (mol l^{-1})	1.0666×10^{-2}	8.2767×10^{-3}	5.7666×10^{-3}
ρ (g ml^{-1})	1.0859	1.0858	1.0856
Conc. (mol l^{-1})	3.8076×10^{-3}	5.3140×10^{-4}	1.0114×10^{-4}
ρ (g ml^{-1})	1.0855	1.0855	1.0855

Ref. [15] 45°C

Conc. (mol l^{-1})	2.5003×10^{-1}	5.4925×10^{-2}	2.6182×10^{-2}
ρ (g ml^{-1})	1.0934	1.0778	1.0759
Conc. (mol l^{-1})	1.0558×10^{-2}	8.1929×10^{-3}	5.7082×10^{-3}
ρ (g ml^{-1})	1.0749	1.0748	1.0746
Conc. (mol l^{-1})	3.7690×10^{-3}	5.2601×10^{-4}	1.0012×10^{-4}
ρ (g ml^{-1})	1.0745	1.0745	1.0745

V. DENSITY

DIMETHYL SULFOXIDE, $(CH_3)_2SO$ (Continued)
NaSCN (Continued)

Ref. [15] 55°C

Conc. (mol l^{-1})	2.4788×10^{-1}	5.4420×10^{-2}	2.5936×10^{-2}
ρ (g ml^{-1})	1.0840	1.0679	1.0658
Conc. (mol l^{-1})	1.0461×10^{-2}	8.1167×10^{-3}	5.6556×10^{-3}
ρ (g ml^{-1})	1.0650	1.0648	1.0647
Conc. (mol l^{-1})	3.7340×10^{-3}	5.2107×10^{-4}	9.9165×10^{-5}
ρ (g ml^{-1})	1.0645	1.0644	1.0643

* See also Section VIII(a).

DIGLYME

Ref. [14]

Graph of dependence of density of LiAlH$_4$ solutions on molar concentration at 25°C.

DIOXANE
N(CH$_2$CHCH$_3$O)$_3$B Tripropylamine Borate

Ref. [16]

Conc. (mole fraction $\times 10^3$)	0	7.01	8.61	11.32	13.97	20.30
ρ (g ml^{-1})	1.02800	1.02930	1.02962	1.03026	1.3069	1.03188

ETHANOL, C_2H_5OH
SbCl$_3$ Antimony trichloride

Ref. [6]

Conc. (molar fraction)	0	0.0986	0.1955	0.2886	0.3944	0.5168	0.5919
ρ (g ml^{-1})	0.785	1.088	1.358	1.595	1.850	2.087	2.224
Conc. (molar fraction)	0.6847	1					
ρ (g ml^{-1})	2.378	2.994					

Ref. [6] 50°C

Conc. (molar fraction)	0	0.0986	0.1955	0.2886	0.3994	0.5168	0.5919
ρ (g ml^{-1})	0.764	1.059	1.325	1.557	1.808	2.047	2.173
Conc. (molar fraction)	0.6847	1					
ρ (g ml^{-1})	2.326	2.736					

Apparent Molal Volumes
HCl

Ref. [30] 20°C

$\sqrt{c}$	0.586	0.849	1.103	1.530	1.888	2.211	2.556
v	6.37	8.24	10.06	12.75	15.09	16.99	19.18

ETHYLENE DIAMINE, $(NH_2CH_2)_2$

KI

Ref. [17]

Conc. (m)	1.415	2.204	3.064	4.060	Satd. at 15°C
ρ (g ml^{-1})	1.042	1.111	1.178	1.239	1.324

Ref. [17] 15°C

Conc. (m)	1.415	2.204	3.064	4.060	Satd. at 15°C
ρ (g ml^{-1})	1.051	1.120	1.185	1.242	1.333

Ref. [17] 50°C

Conc. (m)	1.415	2.204	3.064	4.060	Satd. at 15°C
ρ (g ml^{-1})	1.022	1.088	1.155	1.215	1.301

Ref. [17] 80°C

Conc. (m)	1.415	2.204	3.064	4.060
ρ (g ml^{-1})	0.999	1.063	1.123	1.190

NaBr

Ref. [17]

Conc. (m)	0.543	1.101	2.268	2.85	Satd. at 15°C
ρ (g ml^{-1})	0.935	0.974	1.052	1.102	1.213

Ref. [17] 15°C

Conc. (m)	0.543	1.101	2.268	2.85	Satd. at 15°C
ρ (g ml^{-1})	0.945	0.984	1.058	1.107	1.230

Ref. [17] 50°C

Conc. (m)	0.543	1.101	2.268	2.85	Satd. at 15°C
ρ (g ml^{-1})	0.914	0.954	1.029	1.079	1.188

Ref. [17] 80°C

Conc. (m)	0.543	1.101	2.268
ρ (g ml^{-1})	0.893	0.925	1.002

FORMAMIDE, $HCONH_2$

$Ba(NO_3)_2$ Barium Nitrate

Ref. [18]

Conc. (mol l^{-1})	0	0.10	0.25
ρ (g ml^{-1})	1.1313	1.1504	1.1785

KNO_3 Potassium Nitrate

Ref. [18]

Conc. (mol l^{-1})	0.10	0.25	0.50
ρ (g ml^{-1})	1.1359	1.1444	1.1570

V. DENSITY

FORMAMIDE, HCONH$_2$ (Continued)

LiCO$_2$H Lithium Formate

Ref. [18]

Conc. (mol l^{-1})	0	0.15	0.25	0.50
ρ (g ml^{-1})	1.1314	1.1328	1.1358	1.1399

NH$_4$CO$_2$H Ammonium Formate

Conc. (mol l^{-1})	0	0.10	0.25
ρ (g ml^{-1})	1.1303	1.1310	1.1324

NH$_4$NO$_3$ Ammonium Nitrate

Ref. [18]

Conc. (mol l^{-1})	0	0.10	0.25	0.50
ρ (g ml^{-1})	1.1302	1.1330	1.1376	1.1436

NaC$_7$H$_4$(CONH$_2$)O$_2$ Sodium Metamidobenzoate

Ref. [18]

Conc. (mol l^{-1})	0	0.10
ρ (g ml^{-1})	1.1307	1.1353

NaC$_7$H$_4$(NO$_2$)$_2$O Sodium 3,5-dinitrobenzoate

Ref. [18]

Conc. (mol l^{-1})	0	0.10
ρ (g ml^{-1})	1.1307	1.1395

NaC$_7$H$_5$O$_2$ Sodium benzoate

Ref. [18]

Conc. (mol l^{-1})	0	0.10	0.25
ρ (g ml^{-1})	1.1295	1.1342	1.1392

NaC$_7$H$_5$O$_3$ Sodium Salicylate

Ref. [18]

Conc. (mol l^{-1})	0	0.10	0.25
ρ (g ml^{-1})	1.1306	1.1345	1.1417

NO$_2$C$_4$H$_4$O$_4$·6H$_2$O Sodium Succinate

Ref. [18]

Conc. (mol l^{-1})	0	0.10
ρ (g ml^{-1})	1.1295	1.1381

NaC$_6$H$_5$SO$_3$ Sodium Benzene Sulphonate

Ref. [18]

Conc. (mol l^{-1})	0	0.10
ρ (g ml^{-1})	1.1306	1.1360

FORMAMIDE, HCONH$_2$ (Continued)

NaCO$_2$H Sodium Formate

Ref. [18]

Conc. (mol l^{-1})	0	0.10	0.25	0.50
ρ (g ml^{-1})	1.1314	1.1345	1.1393	1.1469

NaNO$_3$ Sodium Nitrate

Ref. [18]

Conc. (mol l^{-1})	0	0.10	0.25	0.50
ρ (g ml^{-1})	1.1314	1.1361	1.1429	1.1542

RbCO$_2$H Rubidium Formate

Ref. [18]

Conc. (mol l^{-1})	0	0.10	0.25
ρ (g ml^{-1})	1.1213	1.1370	1.1462

Sr(NO$_3$)$_2$ Strontium Nitrate

Ref. [18]

Conc. (mol l^{-1})	0	0.10	0.25
ρ (g ml^{-1})	1.1310	1.1457	1.1676

Apparent Molal Volumes

Ref. [29]

Electrolyte	V_0 (ml)	Electrolyte	V_0 (ml)
KCl	32.00	NaNO$_3$	33.55
KBr	38.90	NH$_4$Cl	37.20
KI	50.75	NH$_4$Br	44.05
KNO$_3$	44.10	NH$_4$NO$_3$	49.24
NaCl			
NaBr			
NaI			

HEAVY WATER, D$_2$O

KBr

Ref. [19]

Conc. (mol %)	1.2	3.7	5.6	6.7	7.3	8.1
ρ (g ml^{-1})	1.075	1.171	1.219	1.248	1.276	1.285

Ref. [19] 35°C

Conc. (mol %)	1.2	3.7	5.6	6.7	7.3	8.1
ρ (g ml^{-1})	1.075	1.171	1.219	1.247	1.269	1.289

V. DENSITY

HEAVY WATER, D$_2$O (Continued)

KBr (Continued)

Ref. [19] 45°C

Conc. (mol %)	1.2	3.7	5.6	6.7	7.3	8.1
ρ (g ml^{-1})	1.076	1.167	1.215	1.249	1.273	1.287

Ref. [19] 60°C

Conc. (mol %)	1.2	3.7	5.6	6.7	7.3	8.1
ρ (g ml^{-1})	1.065	1.163	1.215	1.252	1.269	1.287

Ref. [19] 75°C

Conc. (mol %)	1.2	3.7	6.7	7.3	8.1
ρ (g ml^{-1})	1.057	1.169	1.249	1.265	1.287

Ref. [19] 90°C

Conc. (mol %)	1.2	3.7	6.7	7.3	8.1
ρ (g ml^{-1})	1.073	1.169	1.253	1.261	1.287

KCl

Ref. [19]

Conc. (mol %)	0.5	1.0	2.2	4.0	6.4
ρ (g ml^{-1})	1.012	1.028	1.040	1.094	1.119

Ref. [19] 35°C

Conc. (mol %)	0.5	1.0	2.2	4.0	6.4
ρ (g ml^{-1})	1.012	1.029	1.046	1.087	1.117

Ref. [19] 45°C

Conc. (mol %)	0.5	1.0	2.2	4.0	6.4
ρ (g ml^{-1})	1.012	1.027	1.041	1.082	1.122

Ref. [19] 60°C

Conc. (mol %)	0.5	1.0	2.2	4.0	6.4
ρ (g ml^{-1})	1.012	1.031	1.042	1.087	1.120

Ref. [19] 75°C

Conc. (mol %)	0.5	1.0	2.2	4.0	6.4
ρ (g ml^{-1})	1.012	1.026	1.039	1.087	1.120

Ref. [19] 90°C

Conc. (mol %)	0.5	1.0	2.2	4.0	6.4
ρ (g ml^{-1})	1.012	1.022	1.041	1.087	1.120

HEAVY WATER, D$_2$O (Continued)

KI

Ref. [19]

Conc. (mol %)	1.1	2.1	3.6	5.3	7.6	12.1
ρ (g ml^{-1})	1.067	1.095	1.170	1.267	1.370	1.560

Ref. [19] 35°C

Conc. (mol %)	1.1	2.1	3.6	5.3	7.6	12.1
ρ (g ml^{-1})	1.068	1.094	1.170	1.269	1.366	1.558

Ref. [19] 45°C

Conc. (mol %)	1.1	2.1	3.6	5.3	7.6	12.1
ρ (g ml^{-1})	1.069	1.097	1.170	1.267	1.369	1.555

Ref. [19] 60°C

Conc. (mol %)	1.1	2.1	3.6	5.3	7.6	12.1
ρ (g ml^{-1})	1.059	1.097	1.170	1.264	1.373	1.548

Ref. [19] 75°C

Conc. (mol %)	1.1	2.1	3.6	7.6	12.1
ρ (g ml^{-1})	1.062	1.096	1.170	1.370	1.547

Ref. [19] 90°C

Conc. (mol %)	1.1	2.1	3.6	7.6	12.1
ρ (g ml^{-1})	1.055	1.096	1.170	1.363	1.557

KMnO$_4$

Ref. [19]

Conc. (mol %)	0.21	0.34	0.52	0.62
ρ (g ml^{-1})	1.009	1.016	1.037	1.024

Ref. [19] 35°C

Conc. (mol %)	0.21	0.34	0.52	0.62
ρ (g ml^{-1})	1.024	1.017	1.034	1.024

Ref. [19] 45°C

Conc. (mol %)	0.21	0.34	0.52	0.62
ρ (g ml^{-1})	1.010	1.015	1.035	1.019

Ref. [19] 60°C

Conc. (mol %)	0.21	0.34	0.52	0.62
ρ (g ml^{-1})	1.030	1.016	1.030	1.020

Ref. [19] 75°C

Conc. (mol %)	0.21	0.34	0.52	0.62
ρ (g ml^{-1})	1.008	1.010	1.025	1.020

Ref. [19] 90°C

Conc. (mol %)	0.21	0.34	0.52	0.62
ρ (g ml^{-1})	1.012	1.014	1.027	1.020

V. DENSITY

HEAVY WATER, D$_2$O (Continued)

LiCl

Ref. [19]
Conc. (mol %)	2.4	7.6	14.1	19.7	21.5
ρ (g ml^{-1})	1.042	1.088	1.176	1.219	1.232

Ref. [19] 35°C
Conc. (mol %)	2.4	7.6	14.1	19.7	21.5
ρ (g ml^{-1})	1.040	1.087	1.173	1.220	1.233

Ref. [19] 45°C
Conc. (mol %)	2.4	7.6	14.1	19.7	21.5
ρ (g ml^{-1})	1.040	1.085	1.174	1.220	1.233

Ref. [19] 60°C
Conc. (mol %)	2.4	7.6	14.1	19.7	21.5
ρ (g ml^{-1})	1.039	1.085	1.175	1.221	1.232

Ref. [19] 75°C
Conc. (mol %)	2.4	7.6	14.1	19.7	21.5
ρ (g ml^{-1})	1.037	1.085	1.178	1.220	1.229

Ref. [19] 90°C
Conc. (mol %)	2.4	7.6	14.1	19.7	21.5
ρ (g ml^{-1})	1.039	1.079	1.181	1.219	1.239

Li$_2$SO$_4$

Ref. [19]
Conc. (mol %)	0.5	1.6	3.2	5.2
ρ (g ml^{-1})	1.028	1.073	1.146	1.212

Ref. [19] 35°C
Conc. (mol %)	0.5	1.6	3.2	5.2
ρ (g ml^{-1})	1.028	1.077	1.140	1.209

Ref. [19] 45°C
Conc. (mol %)	0.5	1.6	3.2	5.2
ρ (g ml^{-1})	1.024	1.079	1.147	1.210

Ref. [19] 60°C
Conc. (mol %)	0.5	1.6	3.2	5.2
ρ (g ml^{-1})	1.026	1.083	1.156	1.208

Ref. [19] 75°C
Conc. (mol %)	0.5	1.6	3.2	5.2
ρ (g ml^{-1})	1.027	1.084	1.157	1.213

Ref. [19] 90°C
Conc. (mol %)	0.5	1.6	3.2	5.2
ρ (g ml^{-1})	1.025	1.080	1.165	1.213

HEAVY WATER, D$_2$O (Continued)

MnSO$_4$

Ref. [19]

Conc. (mol %)	0.5	1.2	2.0	2.9	3.7
ρ (g ml^{-1})	1.038	1.071	1.168	1.211	1.284

Ref. [19] 35°C

Conc. (mol %)	0.5	1.2	2.0	2.9	3.7
ρ (g ml^{-1})	1.039	1.087	1.165	1.210	1.286

Ref. [19] 45°C

Conc. (mol %)	0.5	1.2	2.0	2.9	3.7
ρ (g ml^{-1})	1.038	1.082	1.160	1.205	1.280

Ref. [19] 60°C

Conc. (mol %)	0.5	1.2	2.0	2.9	3.7
ρ (g ml^{-1})	1.038	1.076	1.164	1.200	1.275

Ref. [19] 75°C

Conc. (mol %)	0.5	1.2	2.0	2.9	3.7
ρ (g ml^{-1})	1.045	1.074	1.161	1.196	1.281

Ref. [19] 90°C

Conc. (mol %)	0.5	1.2	2.0	2.9	3.7
ρ (g ml^{-1})	1.042	1.060	1.156	1.198	1.281

Na$_2$CO$_3$

Ref. [19]

Conc. (mol %)	0.9	1.8	3.1	4.1
ρ (g ml^{-1})	1.055	1.109	1.166	1.210

Ref. [19] 35°C

Conc. (mol %)	0.9	1.8	3.1	4.1
ρ (g ml^{-1})	1.055	1.106	1.173	1.220

Ref. [19] 45°C

Conc. (mol %)	0.9	1.8	3.1	4.1
ρ (g ml^{-1})	1.055	1.102	1.177	1.215

Ref. [19] 60°C

Conc. (mol %)	0.9	1.8	3.1	4.1
ρ (g ml^{-1})	1.053	1.103	1.176	1.223

Ref. [19] 75°C

Conc. (mol %)	0.9	1.8	3.1	4.1
ρ (g ml^{-1})	1.052	1.109	1.166	1.225

Ref. [19] 90°C

Conc. (mol %)	0.9	1.8	3.1	4.1
ρ (g ml^{-1})	1.057	1.103	1.169	1.211

V. DENSITY

HEAVY WATER, D_2O (Continued)

NaF

Ref. [19]
Conc. (mol %)	0.54	1.22	1.63
ρ (g ml^{-1})	1.017	1.028	1.038

Ref. [19] 35°C
Conc. (mol %)	0.54	1.22	1.63
ρ (g ml^{-1})	1.018	1.020	1.038

Ref. [19] 45°C
Conc. (mol %)	0.54	1.22	1.63
ρ (g ml^{-1})	1.021	1.018	1.040

Ref. [19] 60°C
Conc. (mol %)	0.54	1.22	1.63
ρ (g ml^{-1})	1.018	1.018	1.040

Ref. [19] 75°C
Conc. (mol %)	0.54	1.22	1.63
ρ (g ml^{-1})	1.019	1.028	1.043

Ref. [19] 90°C
Conc. (mol %)	0.54	1.22	1.63
ρ (g ml^{-1})	1.019	1.024	1.042

n-HEPTANOL, n-$C_7H_{15}OH$

HBr Hydrogen Bromide

Ref. [20]
Conc. (g. Eq. l^{-1})	0	0.04	0.095	0.15	0.18	0.26	0.29
ρ (g ml^{-1})	0.819	0.822	0.825	0.829	0.831	0.836	0.837
Conc. (g. Eq. l^{-1})	0.30	0.45	0.58	0.90	1.20	1.46	
ρ (g ml^{-1})	0.839	0.849	0.873	0.878	0.897	0.915	

Ref. [20] 0°C
Conc. (g. Eq. l^{-1})	0	0.04	0.095	0.15	0.18	0.26	0.29
ρ (g ml^{-1})	0.835	0.838	0.841	0.845	0.847	0.852	0.851
Conc. (g. Eq. l^{-1})	0.30	0.45	0.58	0.90	1.20	1.46	
ρ (g ml^{-1})	0.855	0.866	0.873	0.894	0.913	0.930	

Ref. [20] -15°C
Conc. (g. Eq. l^{-1})	0	0.04	0.095	0.15	0.18	0.26	0.29
ρ (g ml^{-1})	0.847	0.849	0.852	0.856	0.858	0.863	0.865
Conc. (g. Eq. l^{-1})	0.30	0.45	0.58	0.90	1.20	1.46	
ρ (g ml^{-1})	0.865	0.875	0.884	0.904	0.923	0.941	

n-HEPTANOL, n-C₇H₁₅OH (Continued)

HBr Hydrogen Bromide (Continued)

Ref. [20] −30°C

Conc. (g. Eq. l⁻¹)	0	0.04	0.095	0.15	0.18	0.26	0.29
ρ (g ml⁻¹)	0.857	0.859	0.862	0.866	0.868	0.873	0.875

Conc. (g. Eq. l⁻¹)	0.30	0.45	0.58	0.90	1.20	1.46
ρ (g ml⁻¹)	0.876	0.885	0.894	0.915	0.934	0.951

HCl Hydrogen Chloride

Ref. [20]

Conc. (g. Eq. l⁻¹)	0	0.072	0.135	0.240	0.330	0.450	0.670
ρ (g ml⁻¹)	0.819	0.822	0.823	0.825	0.828	0.829	0.835

Conc. (g. Eq. l⁻¹)	1.030	1.400
ρ (g ml⁻¹)	0.843	0.851

Ref. [20] 0°C

Conc. (g. Eq. l⁻¹)	0	0.072	0.135	0.240	0.330	0.450	0.670
ρ (g ml⁻¹)	0.835	0.837	0.838	0.841	0.843	0.846	0.852

Conc. (g. Eq. l⁻¹)	1.030	1.400
ρ (g ml⁻¹)	0.861	0.868

Ref. [20] −15°C

Conc. (g. Eq. l⁻¹)	0	0.072	0.135	0.240	0.330	0.450	0.670
ρ (g ml⁻¹)	0.847	0.847	0.848	0.851	0.854	0.856	0.862

Conc. (g. Eq. l⁻¹)	1.030	1.400
ρ (g ml⁻¹)	0.870	0.878

Ref. [20] −30°C

Conc. (g. Eq. l⁻¹)	0	0.072	0.135	0.240	0.330	0.450	0.670
ρ (g ml⁻¹)	0.857	0.858	0.859	0.862	0.864	0.866	0.872

Conc. (g. Eq. l⁻¹)	1.030	1.400
ρ (g ml⁻¹)	0.880	0.888

n-HEXANOL, n-C₆H₁₃OH

HBr Hydrogen Bromide

Ref. [20]

Conc. (g. Eq. l⁻¹)	0	0.060	0.096	0.143	0.180	0.210	0.370
ρ (g ml⁻¹)	0.816	0.819	0.822	0.825	0.830	0.831	0.842

Conc. (g. Eq. l⁻¹)	0.450	0.500	0.760	1.250	1.910
ρ (g ml⁻¹)	0.847	0.853	0.870	0.905	0.956

V. DENSITY

n-HEXANOL, n-C_6H_{13}OH (Continued)

HBr Hydrogen Bromide (Continued)

Ref. [20] 0°C

Conc. (g. Eq. l^{-1})	0	0.060	0.096	0.143	0.210	0.370	0.450
ρ (g ml^{-1})	0.832	0.835	0.837	0.841	0.847	0.858	0.865

Conc. (g. Eq. l^{-1})	0.500	0.760	1.250	1.910
ρ (g ml^{-1})	0.868	0.888	0.922	0.971

Ref. [20] −15°C

Conc. (g. Eq. l^{-1})	0	0.060	0.096	0.143	0.180	0.210	0.370
ρ (g ml^{-1})	0.842	0.845	0.849	0.851	0.855	0.857	0.868

Conc. (g. Eq. l^{-1})	0.450	0.500	0.760	1.250	1.910
ρ (g ml^{-1})	0.875	0.878	0.897	0.935	0.984

Ref. [20] −30°C

Conc. (g. Eq. l^{-1})	0	0.060	0.096	0.143	0.180	0.210	0.370
ρ (g ml^{-1})	0.853	0.856	0.860	0.862	0.866	0.868	0.880

Conc. (g. Eq. l^{-1})	0.450	0.500	0.760	1.250	1.910
ρ (g ml^{-1})	0.886	0.889	0.908	0.944	0.994

HCl Hydrogen Chloride

Ref. [20]

Conc. (g. Eq. l^{-1})	0	0.072	0.16	0.28	0.325	0.42	0.68
ρ (g ml^{-1})	0.816	0.817	0.820	0.822	0.830	0.825	0.832

Conc. (g. Eq. l^{-1})	0.78	1.30	1.80
ρ (g ml^{-1})	0.833	0.845	0.857

Ref. [20] 0°C

Conc. (g. Eq. l^{-1})	0	0.072	0.16	0.28	0.325	0.42	0.68
ρ (g ml^{-1})	0.832	0.833	0.837	0.838	0.840	0.842	0.849

Conc. (g. Eq. l^{-1})	0.78	1.30	1.80
ρ (g ml^{-1})	0.850	0.862	0.875

Ref. [20] −15°C

Conc. (g. Eq. l^{-1})	0	0.072	0.16	0.28	0.325	0.42	0.68
ρ (g ml^{-1})	0.842	0.843	0.846	0.848	0.850	0.852	0.858

Conc. (g. Eq. l^{-1})	0.78	1.30	1.80
ρ (g ml^{-1})	0.860	0.874	0.886

Ref. [20] −30°C

Conc. (g. Eq. l^{-1})	0	0.072	0.16	0.28	0.325	0.42	0.68
ρ (g ml^{-1})	0.835	0.853	0.856	0.859	0.861	0.862	0.869

Conc. (g. Eq. l^{-1})	0.78	1.30	1.80
ρ (g ml^{-1})	0.872	0.885	0.897

METHANOL, CH_3OH

CH_3OCs

Ref. [21]

Conc. (mol $l^{-1} \times 10^3$)	0	1.422	2.614	4.955
ρ (g ml^{-1})	0.786551	0.786782	0.786974	0.787354
Conc. (mol $l^{-1} \times 10^3$)	5.662	6.628	7.732	8.974
ρ (g ml^{-1})	0.787466	0.787624	0.787799	0.787999
Conc. (mol $l^{-1} \times 10^3$)	9.957	10.585		
ρ (g ml^{-1})	0.788160	0.788258		

CH_3OK

Ref. [21]

Conc. (mol $l^{-1} \times 10^3$)	0.0	1.602	1.953	2.920
ρ (g ml^{-1})	0.786551	0.786662	0.786686	0.786752
Conc. (mol $l^{-1} \times 10^3$)	4.103	7.369		
ρ (g ml^{-1})	0.786833	0.787056		

CH_3OLi

Ref. [21]

Conc. (mol $l^{-1} \times 10^3$)	0	4.604	4.841	7.759
ρ (g ml^{-1})	0.786630	0.786817	0.786826	0.786943
Conc. (mol $l^{-1} \times 10^3$)	9.550	11.999	12.457	
ρ (g ml^{-1})	0.787014		0.787128	
Conc. (mol $l^{-1} \times 10^3$)	15.252			
ρ (g ml^{-1})	0.787238			

CH_3ONa

Ref. [21]

Conc. (mol $l^{-1} \times 10^3$)	0	1.993	3.148	3.408
ρ (g ml^{-1})	0.786551	0.786671	0.786741	0.786754
Conc. (mol $l^{-1} \times 10^3$)	3.803	6.155	8.909	9.606
ρ (g ml^{-1})	0.786779	0.786978	0.787080	0.787127
Conc. (mol $l^{-1} \times 10^3$)	10.450	11.623	12.414	13.442
ρ (g ml^{-1})	0.787170	0.787242	0.787293	0.787354
Conc. (mol $l^{-1} \times 10^3$)	15.510			
ρ (g ml^{-1})	0.787470			

CH_3ORb

Ref. [21]

Conc. (mol $l^{-1} \times 10^3$)	0.0	3.511	5.194	6.063
ρ (g ml^{-1})	0.786551	0.786950	0.787150	0.787240
Conc. (mol $l^{-1} \times 10^3$)	6.266	7.445	10.055	
ρ (g ml^{-1})	0.787274	0.787395	0.787689	

V. DENSITY

METHANOL, CH_3OH (Continued)
KSCN

Ref. [22] −50°C

Conc. (m)	0.0482	0.111	0.329	0.498
ρ (g ml^{-1} × 10^4)	8604	8628	8742	8823
Conc. (m)	0.777	1.07	1.60	
ρ (g ml^{-1} × 10^4)	8966	9098	9342	

Ref. [22] −40°C

Conc. (m)	0.0482	0.111	0.329	0.498
ρ (g ml^{-1} × 10^4)	8509	8535	8643	8730
Conc. (m)	0.777	1.07	1.60	2.18
ρ (g ml^{-1} × 10^4)	8872	9006	9251	9484

Ref. [22] −30°C

Conc. (m)	0.0482	0.111	0.329	0.498
ρ (g ml^{-1} × 10^4)	8419	8441	8549	8637
Conc. (m)	0.777	1.07	1.60	2.18
ρ (g ml^{-1} × 10^4)	8780	8914	9160	9394

Ref. [22] −20°C

Conc. (m)	0.0482	0.111	0.329	0.498
ρ (g ml^{-1} × 10^4)	8321	8346	8457	8545
Conc. (m)	0.777	1.07	1.60	2.18
ρ (g ml^{-1} × 10^4)	8690	8826	9070	9306

Ref. [22] −10°C

Conc. (m)	0.0482	0.111	0.329	0.498
ρ (g ml^{-1} × 10^4)	8217	8252	8367	8458
Conc. (m)	0.777	1.07	1.60	2.18
ρ (g ml^{-1} × 10^4)	8596	8738	8978	9237

Ref. [22] 0°C

Conc. (m)	0.0482	0.111	0.329	0.498
ρ (g ml^{-1} × 10^4)	8123	8161	8276	8367
Conc. (m)	0.777	1.07	1.60	2.18
ρ (g ml^{-1} × 10^4)	8507	8647	8890	7149

Ref. [22] 10°C

Conc. (m)	0.0482	0.111	0.329	0.498
ρ (g ml^{-1} × 10^4)	8031	8068	8183	8287
Conc. (m)	0.777	1.07	1.60	2.18
ρ (g ml^{-1} × 10^4)	8417	8557	8801	9060

Ref. [22] 20°C

Conc. (m)	0.0482	0.111	0.329	0.498
ρ (g ml^{-1} × 10^4)	7938	7979	8091	8196
Conc. (m)	0.777	1.07	1.60	2.18
ρ (g ml^{-1} × 10^4)	8325	8468	8712	8973

METHANOL, CH_3OH (Continued)

$SbCl_3$ Antimony Chloride

Ref. [6]

Conc. (molar fraction)	0	0.0996	0.1975	0.2946
ρ (g ml^{-1})	0.787	1.213	1.559	1.834
Conc. (molar fraction)	0.3961	0.4875	0.5844	0.6946
ρ (g ml^{-1})	2.066	2.238	2.390	2.529
Conc. (molar fraction)	0.7355	1		
ρ (g ml^{-1})	2.574	2.794		

Ref. [6] 50°C

Conc. (molar fraction)	0	0.0996	0.1975	0.2946
ρ (g ml^{-1})	0.764	1.182	1.522	1.792
Conc. (molar fraction)	0.3961	0.4975	0.5844	0.6946
ρ (g ml^{-1})	2.020	2.191	2.338	2.478
Conc. (molar fraction)	0.7355	1		
ρ (g ml^{-1})	2.520	2.736		

Apparent Molal Volumes

HCl

Ref. [30] 20°C

$\sqrt{c}$	0.640	0.915	1.079	1.486
V	3.10	5.16	6.02	9.43
$\sqrt{c}$	1.921	2.137	2.535	
V	12.79	14.23	17.05	

N-METHYLACETAMIDE, $CH_3CONHCH_3$

$BaCl_2$ Barium Chloride

Ref. [23] 30°C

Conc. (m × 10^4)	2.215	2.741	5.156	6.950	8.311
ρ (g ml^{-1})	0.9503	0.9504	0.9605	0.9505	0.9505
Conc. (m × 10^4)	10.75	25.58	39.65	56.46	68.83
ρ (g ml^{-1})	0.9506	0.9507	0.9508	0.9511	0.9514
Conc. (m × 10^4)	95.80	114.6	186.8	306.5	533.2
ρ (g ml^{-1})	0.9517	0.9522	0.9533	0.9557	0.9592
Conc. (m × 10^4)	809.2	1020	1032	1350	
ρ (g ml^{-1})	0.9630	0.9668	0.9671	0.9719	

V. DENSITY

N-METHYLACETAMIDE, $CH_3CONHCH_3$ (Continued)

$CdCl_2$ Cadmium Chloride

Ref. [23] 30°C

Conc. (m × 10⁴)	2.989	5.339	7.964	11.16	11.25
ρ (g ml⁻¹)	0.9503	0.9503	0.9504	0.9505	0.9505
Conc. (m × 10⁴)	28.84	53.92	91.92	103.6	121.2
ρ (g ml⁻¹)	0.9507	0.9510	0.9515	0.9517	0.9520
Conc. (m × 10⁴)	287.4	360.7	448.7	570.9	733.6
ρ (g ml⁻¹)	0.9541	0.9553	0.9564	0.9580	0.9603
Conc. (m × 10⁴)	807.6	1102	1109	1193	1523
ρ (g ml⁻¹)	0.9615	0.9657	0.9657	0.9668	0.9715
Conc. (m × 10⁴)	1581				
ρ (g ml⁻¹)	0.9722				

Ref. [23] 40°C

Conc. (m × 10⁴)	2.989	5.339	7.964	11.16	11.25
ρ (g ml⁻¹)	0.9418	0.9418	0.9419	0.9420	0.9420
Conc. (m × 10⁴)	28.84	53.92	91.92	103.6	121.2
ρ (g ml⁻¹)	0.9423	0.9425	0.9431	0.9433	0.9435
Conc. (m × 10⁴)	287.4	360.5	448.7	570.9	733.6
ρ (g ml⁻¹)	0.9457	0.9460	0.9480	0.9497	0.9518
Conc. (m × 10⁴)	807.6	1102	1109	1193	1523
ρ (g ml⁻¹)	0.9530	0.9571	0.9572	0.9583	0.9631
Conc. (m × 10⁴)	1581				
ρ (g ml⁻¹)	0.9638				

N-METHYLFORMAMIDE

See chapter on Viscosity.
Relative density data given for KBr, KCl, NaBr and NaCl solutions.

N-METHYL PROPIONAMIDE, $C_2H_5CONHCH_3$

KI

Ref. [23] 50°C

Conc. (m × 10³)	1.025	1.879	2.470	3.665	7.111
ρ (g ml⁻¹)	0.9110	0.9111	0.9114	0.9118	0.9121
Conc. (m × 10³)	10.13	22.56	45.21	67.97	89.42
ρ (g ml⁻¹)	0.9125	0.9137	0.9161	0.9188	0.9213
Conc. (m × 10³)	163.0	257.0	367.1	505.4	671.3
ρ (g ml⁻¹)	0.9297	0.9401	0.9523	0.9672	0.9853

N-METHYL PROPIONAMIDE, $C_2H_5CONHCH_3$ (Continued)

KI

Ref. [23] 60°C

Conc. (m × 10³)	1.025	1.879	2.470	3.665	7.111
ρ (g ml⁻¹)	0.9029	0.9030	0.9032	0.9035	0.9038

Conc. (m × 10³)	10.13	22.56	45.21	67.97	89.42
ρ (g ml⁻¹)	0.9042	0.9055	0.9079	0.9105	0.9134

Conc. (m × 10³)	163.0	257.0	367.1	505.4	671.3
ρ (g ml⁻¹)	0.9215	0.9322	0.9440	0.9588	0.9771

NITROBENZENE, $C_6H_5NO_2$

$AlBr_3 \cdot 2C_4H_8O$

Ref. [24]

Conc. (Wt %)	4.55	6.16	8.89	11.22	15.47	20.00
ρ (g ml⁻¹)	1.2142	1.2201	1.2321	1.2516	1.2610	1.2688

Conc. (Wt %)	24.33	28.43	34.17	39.85	45.75	50.97
ρ (g ml⁻¹)	1.2992	1.3200	1.3471	1.3870	1.4161	1.4522

Ref. [24] 18°C

Conc. (Wt %)	4.55	6.16	8.89	11.22	15.47	20.00
ρ (g ml⁻¹)	1.2218	1.2268	1.2495	1.2601	1.2690	1.2766

Conc. (Wt %)	24.33	28.43	34.17	39.85	45.75	50.97
ρ (g ml⁻¹)	1.3080	1.3252	1.3508	1.3961	1.4250	1.4620

$AlCl_3 \cdot (C_2H_5)_2O$

Ref. [25]

Conc. (Wt %)	3.05	3.56	5.08	7.14	10.17	12.50
ρ (g ml⁻¹)	1.2011	1.2014	1.2021	1.2022	1.2029	1.2033

Conc. (Wt %)	16.79	20.21	26.07	30.25	38.59	
ρ (g ml⁻¹)	1.2040	1.2049	1.2062	1.2073	1.2091	

Ref. [25] 18°C

Conc. (Wt %)	3.05	3.56	5.08	7.14	10.17	12.50
ρ (g ml⁻¹)	1.2077	1.2079	1.2084	1.2088	1.2095	1.2098

Conc. (Wt %)	16.79	20.21	26.07	30.25	38.59	
ρ (g ml⁻¹)	1.2107	1.2115	1.2128	1.2140	1.2159	

Ref. [25] 30°C

Conc. (Wt %)	3.05	3.56	5.08	7.14	10.17	12.50
ρ (g ml⁻¹)	1.1969	1.1970	1.1975	1.1979	1.1985	1.1988

Conc. (Wt %)	16.79	20.21	26.07	30.25	38.59	
ρ (g ml⁻¹)	1.1996	1.2005	1.2015	1.2025	1.2040	

V. DENSITY

NITROBENZENE, $C_6H_5NO_2$ (Continued)

$AlCl_3 \cdot 2C_4H_8O$

Ref. [24]

Conc. (Wt %)	2.86	3.88	4.72	6.85	9.08	11.78
ρ (g ml^{-1})	1.1987	1.1992	1.1996	1.2020	1.2034	1.2055
Conc. (Wt %)	15.02	18.99	24.70	27.95	31.97	
ρ (g ml^{-1})	1.2095	1.2131	1.2199	1.2243	1.2272	

Ref. [24] 18°C

Conc. (Wt %)	2.86	3.88	4.72	6.85	9.08	11.78
ρ (g ml^{-1})	1.2062	1.2066	1.2070	1.2094	1.2107	1.2141
Conc. (Wt %)	15.02	18.99	24.70	27.95	31.97	
ρ (g ml^{-1})	1.2171	1.2206	1.2273	1.2319	1.2349	

$(C_4H_9)_4N[OC_6H_2(NO_2)_3]$

Ref. [28]

$\bar{V}_0^2$ (cc), 407

n-PROPANOL, n-C_3H_7OH

$SbCl_3$

Conc. (molar fraction)	0	0.0982	0.1975	0.2927	0.4057	0.5002
ρ (g ml^{-1})	0.7996	1.032	1.265	1.477	1.710	1.916
Conc. (molar fraction)	0.5922	0.6674	0.6960	1		
ρ (g ml^{-1})	2.096	2.236	2.291	2.794		

Ref. [6] 50°C

Conc. (molar fraction)	0	0.0982	0.1975	0.2927	0.4057	0.5002
ρ (g ml^{-1})	0.780	1.008	1.234	1.443	1.672	1.871
Conc. (molar fraction)	0.5922	0.6674	0.6960	1		
ρ (g ml^{-1})	2.051	2.189	2.242	2.736		

Ref. [6] 75°C

Conc. (molar fraction)	0	0.0982	0.1975	0.2927	0.4057	0.5002
ρ (g ml^{-1})	0.758	0.980	1.204	1.409	1.634	1.832
Conc. (molar fraction)	0.5922	0.6674	0.6960	1		
ρ (g ml^{-1})	2.005	2.142	2.195	2.681		

Partial Molal Volumes

HCl

Ref. [30] 20°C

$\sqrt{c}$	0.524	0.815	1.057	1.371	1.622	1.943	2.266
V	12.70	14.36	15.88	17.36	18.95	20.88	22.40

SULFURIC ACID, H_2SO_4

$Ba(HSO_4)_2$

Ref. [26]

Conc. (m)	0.0650	0.1122	0.1997	0.3917	0.4486	0.7901
ρ (g ml^{-1})	1.8475	1.8612	1.8871	1.9382	1.9530	2.0361

$C(C_6H_5)_3OH$

Conc. (m)	0.1190	0.2050	0.3420	0.5380
ρ (g ml^{-1})	1.8109	1.7981	1.7804	1.7593

$p\text{-}C_6H_4(CH_3)NO_2$

Ref. [26]

Conc. (m)	0.0325	0.0720	0.1300	0.1980	0.2900	0.3850
ρ (g ml^{-1})	1.8233	1.8168	1.8080	1.8000	1.7864	1.7710

CH_3CO_2H

Ref. [26]

Conc. (m)	0.0470	0.0830	0.1100	0.2430	0.3570	0.4275
ρ (g ml^{-1})	1.8253	1.8235	1.8224	1.8175	1.8136	1.8105

Conc. (m)	0.5740
ρ (g ml^{-1})	1.8050

$C_6H_5CO_2H$

Ref. [26]

Conc. (m)	0.0450	0.0855	0.1430	0.2080	0.2985	0.3720
ρ (g ml^{-1})	1.8234	1.8190	1.8120	1.8071	1.7996	1.7920

Conc. (m)	0.4651
ρ (g ml^{-1})	1.7832

$o\text{-}C_6H_4(NH_2)_2$

Ref. [26]

Conc. (m)	0.0550	0.1035	0.1500	0.1958	0.2400	0.3124
ρ (g ml^{-1})	1.8269	1.8270	1.8273	1.8285	1.8295	1.8306

Conc. (m)	0.3925
ρ (g ml^{-1})	1.8308

$o\text{-}C_6H_4(NH_3)_2(HSO_4)_2$

Ref. [26]

Conc. (m)	0.2035	0.2519	0.3329	0.4252
ρ (g ml^{-1})	1.8285	1.8295	1.8306	1.8308
ϕ_v (cm^3)	164	163	163	163

$C_6H_5NH_3, HSO_4$

Conc. (m)	0.2144	0.3516	0.4326
ρ (g ml^{-1})	1.8081	1.7916	1.7875
ϕ (cm^3)	132	137	135

SULFURIC ACID, H_2SO_4 (Continued)

$CO(CH_3)_2$

Ref. [26]

Conc. (m)	0.0450	0.1350	0.1885	0.2320	0.2950	0.3750
ρ (g ml^{-1})	1.8235	1.8176	1.8129	1.8097	1.8035	1.7995

HNO_3, i.e. $(NO_2)(H_3O)(HSO_4)_2$

Conc. (m)	0.0388	0.0680	0.0975	0.1480	0.2000	0.2390
ρ (g ml^{-1})	1.8305	1.8330	1.8350	1.8400	1.8430	1.8492

Conc. (m)	0.3625
ρ (g ml^{-1})	1.8600

Ref. [26]

Conc. (m)	0.0690	0.0994	0.1525	0.2082	0.2508	0.3903
ρ (g ml^{-1})	1.8330	1.8350	1.8400	1.8430	1.8492	1.8600
ϕ_v (cm^3)	115	117	115	118	114	114

$H_2S_2O_7$ Disulfuric Acid

Ref. [26]

Conc. (m)	0.0190	0.0470	0.2250	0.3550	0.5360	0.6920
ρ (g ml^{-1})	1.8270	1.8280	1.8330	1.8360	1.8407	1.8439

Conc. (m)	0.8350
ρ (g ml^{-1})	1.8480

$KHSO_4$

Ref. [26]

Conc. (m)	0.2526	0.4633	0.5291	0.8084	1.199	1.776
ρ (g ml^{-1})	1.8446	1.8578	1.8622	1.8780	1.8993	1.9276
ϕ_v (cm^3)	52.9	53.8	53.6	54.1	54.3	54.5

$LiHSO_4$

Ref. [26]

Conc. (m)	0.2491	0.5712	0.6331	1.127
ρ (g ml^{-1})	1.8310	1.8455	1.8484	1.8660
ϕ_v (cm^3)		46.8	46.3	45.8

$NH_2C_3H_7$

Ref. [26]

Conc. (m)	0.0130	0.0430	0.0850	0.1350	0.2030	0.3500
ρ (g ml^{-1})	1.8255	1.8224	1.8168	1.8107	1.8033	1.7850

$NH_2C_6H_5$

Ref. [26]

Conc. (m)	0.0199	0.0799	0.1444	0.2100	0.3570	0.4140
ρ (g ml^{-1})	1.8242	1.8197	1.8140	1.8081	1.7916	1.7875

SULFURIC ACID, H_2SO_4 (Continued)

NH_4HSO_4

Ref. [26]

Conc. (m)	0.0964	0.3741	0.6556	0.9245	1.3000
ρ (g ml^{-1})	1.8306	1.8323	1.8348	1.8391	1.8347
ϕ_v (cm^3)		58.5	59.1	58.6	58.6

$NaHSO_4$

Ref. [26]

Conc. (m)	0.2755	0.4392	0.6968	0.9108	0.9110	1.364
ρ (g ml^{-1})	1.8437	1.8531	1.8665	1.8784	1.8784	1.8998
ϕ_v (cm^3)	46.6	46.6			47.4	47.8

Conc. (m)	1.453
ρ (g ml^{-1})	1.9064
ϕ_v (cm^3)	47.4

SO_2Cl_2

Ref. [26]

Conc. (m)	0.0490	0.0850	0.1600	0.2350	0.3150	0.4012
ρ (g ml^{-1})	1.8260	1.8256	1.8240	1.8231	1.8217	1.8209

$Sr(HS_4)_2$

Ref. [26]

Conc. (m)	0.0616	0.2266	0.3250	0.5366	0.7568	0.8404
ρ (g ml^{-1})	1.8416	1.8767	1.8980	1.9382	1.9775	1.9920

TETRAHYDROFURAN

Ref. [14]

Graph of dependence of density of $LiAlH_4$ solutions at 25°C upon molar concentration

TETRAMETHYLENE SULFOXIDE

Ref. [27]

A graph of the dependence of density at 30, 45, 50, 60 and 80°C upon concentration of $LiClO_4$

V. DENSITY

p-XYLENE, $C_6H_4(CH_3)_2$

$(n\text{-}C_5H_{11})_3NH[OC_6H_2(NO_2)_3]$ Tri-n-amylammonium picrate

Ref. [9] 90°C

Conc. (Wt %)	0	42.40	50.54	55.38	58.46	61.91
ρ (g ml^{-1})	0.7978	0.9067	0.9296	0.9435	0.9527	0.9626
Conc. (Wt %)	62.76	68.51	71.72	77.11	79.94	85.28
ρ (g ml^{-1})	0.9654	0.9830	0.9925	1.0093	1.0172	1.0344
Conc. (Wt %)	86.70	91.19	95.70	100.00		
ρ (g ml^{-1})	1.0391	1.0532	1.0668	1.0801		

$(n\text{-}C_5H_{11})_4N[OC_6H_2(NO_2)_3]$ Tetra-n-amylammonium picrate

Ref. [9] 90°C

Conc. (Wt %)	0	51.77	56.08	62.42	68.75	72.03
ρ (g ml^{-1})	0.7978	0.9254	0.9379	0.9540	0.9700	0.9799
Conc. (Wt %)	77.67	78.46	85.13	88.14	95.32	96.12
ρ (g ml^{-1})	0.9963	0.9978	1.0153	1.0224	1.0412	1.0432
Conc. (Wt %)	100.00					
ρ (g ml^{-1})	1.0530					

Note: The above values of density for solutions of $(n\text{-}C_5H_{11})_4N[OC_4H_2(NO_2)_3]$ and $(n\text{-}C_5H_{11})_3NH[OC_6H_2(NO_2)_3]$ in p-xylene are absolute values obtained from the experimental values (apparent values) through the use of a correction equation based on the absolute density of water at 90°C.

2. DATA BY MIXED SOLVENTS

CYCLOHEXANE–NUJOL

0.147 M $NaAl(C_4H_9)_4$

Ref. [32]

% cyclohexane	85	90	93	94	95	96
ρ (g ml^{-1})	0.7874	0.7808	0.7778	0.7771	0.7750	0.7738

% cyclohexane	97	98	99	100
ρ (g ml^{-1})	0.7738	0.7723	0.7718	0.7705

0.1495 M $NaAl(C_4H_9)_4$

Ref. [32]

% cyclohexane	85	90	95	100
ρ (g ml^{-1})	0.7878	0.7821	0.7763	0.7714

0.152 M $NaAl(C_4H_9)_4$

Ref. [32]

% cyclohexane	85	90	94	95	96	97
ρ (g ml^{-1})	0.7882	0.7804	0.7782	0.7771	0.7738	0.7727

% cyclohexane	98	100
ρ (g ml^{-1})	0.7714	0.7694

0.1622 M $NaAl(C_4H_9)_4$

Ref. [32]

% cyclohexane	85	90	93	94	95	96
ρ (g ml^{-1})	0.7902	0.7822	0.7798	0.7778	0.7766	0.7756

% cyclohexane	97	98	99	100
ρ (g ml^{-1})	0.7750	0.7742	0.7744	0.7709

0.1705 M $NaAl(C_4H_9)_4$

Ref. [32]

% cyclohexane	85	90	95	100
ρ (g ml^{-1})	0.7879	0.7846	0.7784	0.7722

0.230 M $NaAl(C_4H_9)_4$

Ref. [32]

% cyclohexane	85	90	95	100
ρ (g ml^{-1})	0.7878	0.7852	0.7619	0.7558

V. DENSITY

1,2-DIMETHOXYETHANE–WATER

$NaAl(C_2H_5)_4$

Ref. [33] 50% DME
Conc. (Eq. l^{-1}) 0 0.009187
ρ (g ml^{-1}) 0.8098 0.8104

Ref. [33] 60% DME
Conc. (Eq. l^{-1}) 0 0.01030
ρ (g ml^{-1}) 0.8171 0.8240

Ref. [33] 75% DME
Conc. (Eq. l^{-1}) 0 0.2441
ρ (g ml^{-1}) 0.8281 0.8292

GLYCEROL–WATER

$BaCl_2$

Ref. [31] 30°C, 1.0m glycerol
Ionic strength (μ)	0.0	0.3	0.6	0.9
ρ (g ml^{-1})	1.016	1.031	1.047	1.064
Ionic strength (μ)	1.2	1.5	2.1	2.7
ρ (g ml^{-1})	1.079	1.095	1.125	1.154

Ref. [31] 35°C, 1.0m glycerol
Ionic strength (μ)	0.0	0.3	0.6	0.9
ρ (g ml^{-1})	1.014	1.029	1.045	1.062
Ionic strength (μ)	1.2	1.5	2.1	2.7
ρ (g ml^{-1})	1.077	1.093	1.123	1.152

Ref. [31] 40°C, 1.0m glycerol
Ionic strength (μ)	0.0	0.3	0.6	0.9
ρ (g ml^{-1})	1.011	1.027	1.043	1.059
Ionic strength (μ)	1.2	1.5	2.1	2.7
ρ (g ml^{-1})	1.075	1.091	1.120	1.149

GLYCEROL–WATER (Continued)
BaCl$_2$ (Continued)

Ref. [31] 45°C, 1.0m glycerol

Ionic strength (μ)	0.0	0.3	0.6	0.9
ρ (g ml^{-1})	1.009	1.025	1.041	1.057
Ionic strength (μ)	1.2	1.5	2.1	2.7
ρ (g ml^{-1})	1.072	1.088	1.118	1.47

Ref. [31] 50°C, 1.0m glycerol

Ionic strength (μ)	0.0	0.3	0.6	0.9
ρ (g ml^{-1})	1.007	1.023	1.038	1.054
Ionic strength (μ)	1.2	1.5	2.1	2.7
ρ (g ml^{-1})	1.070	1.086	1.115	1.144

Ref. [31] 55°C, 1.0m glycerol

Ionic strength (μ)	0.0	0.3	0.6	0.9
ρ (g ml^{-1})	1.004	1.020	1.036	1.052
Ionic strength (μ)	1.2	1.5	2.1	2.7
ρ (g ml^{-1})	1.067	1.083	1.113	1.142

GLYCINE–WATER
BaCl$_2$

Ref. [31] 30°C, 1.0m glycine

Ionic strength (μ)	0.0	0.3	0.6	0.9
ρ (g ml^{-1})	1.025	1.042	1.058	1.074
Ionic strength (μ)	1.2	1.5	2.1	2.7
ρ (g ml^{-1})	1.090	1.106	1.136	1.165

Ref. [31] 40°C 1.0m glycine

Ionic strength (μ)	0.0	0.3	0.6	0.9
ρ (g ml^{-1})	1.021	1.038	1.054	1.070
Ionic strength (μ)	1.2	1.5	2.1	2.7
ρ (g ml^{-1})	1.085	1.101	1.131	1.161

Additional data appears in Ref. [31] for the BaCl$_2$–1.0m glycine-water system at temperatures of 35, 45, 50, and 55°C.

V. DENSITY

d-MANNITOL–WATER

$BaCl_2$

Ref. [31] 30°C, 1.0m d-Mannitol

Ionic strength (μ)	0.0	0.3	0.6	0.9
ρ (g ml^{-1})	1.052	1.068	1.082	1.097
Ionic strength (μ)	1.2	1.5	2.1	2.7
ρ (g ml^{-1})	1.112	1.126	1.154	1.181

Ref. [31] 40°C 1.0m d-Mannitol

Ionic strength (μ)	0.0	0.3	0.6	0.9
ρ (g ml^{-1})	1.047	1.063	1.077	1.092
Ionic strength (μ)	1.2	1.5	2.1	2.7
ρ (g ml^{-1})	1.107	1.121	1.149	1.177

Additional data appears in Ref. [31] for the $BaCl_2$–1.0m d-Mannitol–Water system at temperatures of 35, 45, 50, and 55°C.

METHANOL–ACETONE LiClO$_4$ IN 50–50 METHANOL–ACETONE

Ref.	m	10° ρ gm. cm^{-3} × 10^4	20° ρ gm. cm^{-3} × 10^4
[22]	0.0910	8,112	8,006
	0.251	8,208	8,104
	0.512	8,353	8,255
	0.791	8,523	8,427
	1.04	8,639	8,540
	1.64	8,920	8,822
	2.16	9,176	9,083
	2.77	9,491	9,402
	3.68	9,794	9,709
	4.71	10,148	10,057

Note: Values also given at −50°, −40°, −30°, −20°, −10° and 0°.

LiBr IN 50-50 METHANOL-ACETONE

Ref.	m	10° ρ gm. cm^{-3} × 10^4	20° ρ gm. cm^{-3} × 10^4
[22]	0.265	8,248	8,148
	0.388	8,343	8,245
	0.777	8,532	8,437
	1.05	8,748	8,651
	1.53	9,048	8,952
	2.16	9,460	9,264
	2.51	9,617	9,532
	3.10	9,952	9,861
	3.56	10,229	10,150
	4.14	10,548	10,463

Note: Values also given at −50°, −40°, −30°, −20°, −10° and 0°.

SUCROSE-WATER
BaCl$_2$

Ref. [31] 30°C 1.0m Sucrose

Ionic strength (μ)	0.0	0.3	0.6	0.9
ρ (g ml^{-1})	1.103	1.117	1.131	1.144
Ionic strength (μ)	1.2	1.5	2.1	2.7
ρ (g ml^{-1})	1.157	1.170	1.195	1.221

Ref. [31] 40°C 1.0m Sucrose

Ionic strength (μ)	0.0	0.3	0.6	0.9
ρ (g ml^{-1})	1.098	1.112	1.127	1.140
Ionic strength (μ)	1.2	1.5	2.1	2.7
ρ (g ml^{-1})	1.153	1.165	1.191	1.216

Additional data appears in Ref. [31] for the BaCl$_2$-1.0m Sucrose-Water system at temperatures of 35, 45, 50 and 55°C.

UREA-WATER
BaCl$_2$

Ref. [31] 30°C, 1.0m Urea

Ionic strength (μ)	0.0	0.3	0.6	0.9
ρ (g ml^{-1})	1.011	1.028	1.044	1.061
Ionic strength (μ)	1.2	1.5	2.1	2.7
ρ (g ml^{-1})	1.077	1.093	1.124	1.154

Reference [31] contains additional data for the BaCl$_2$-Urea-Water system at temperatures of 35, 40, 45, 50, and 55°C.

V. DENSITY

References

1. G. J. Janz, A. E. Marcinkowsky and I. Ahmad, J. Electrochem. Soc., **112,** 104 (1965).
2. G. J. Janz and A. E. Marcinkowsky, Bull. Natl. Inst. Sci. India, **29,** 188 (1965).
3. E. Andalaft, G. J. Janz and R. P. T. Tomkins, Trans. Faraday Soc., **65,** 1906 (1969).
4. S. R. Gunn and L. G. Green, J. Chem. Phys., **36,** 363 (1962).
5. A. M. Filbert, Diss. Abs., **23,** 1203 (1962).
6. Yu. Ya. Fialkov and V. P. Basov, J. Gen. Chem. (U.S.S.R.), **38,** 5 (1968).
7. L. E. Strong and C. A. Kraus, J. Amer. Chem. Soc., **72,** 166 (1950).
8. J. S. Levkov, Diss. Abs., **28,** 1450 (1967).
9. F. W. Darrow, Diss. Abs., **26,** 3056 (1965).
10. P. L. Mercier and C. A. Kraus, Proc. Nat. Acad. Sci. U.S.A., **42,** 487 (1956).
11. P. L. Mercier, Ph.D. Thesis, Brown University, April 1955.
12. R. P. Seward, J. Amer. Chem. Soc., **73,** 515 (1951).
13. Yu. Ya. Fialkov and S. N. Kholodnikova, J. Gen. Chem. (U.S.S.R.), **38,** 663 (1968).
14. N. M. Alpatova, D. N. Maslin, V. V. Gavrilenko, Yu. M. Kessler and L. I. Zakharkin, Electrokhimiya, **5,** 75 (1969).
15. N.-P. Yao and D. N. Bennion, UCLA Rep. 69-30 DA Contract No. DA-44-009-AMC-1661 (T).
16. T. L. Fabry and R. M. Fuoss, J. Phys. Chem., **68,** 907 (1964).
17. G. L. Putnam and K. A. Kobe, Trans. Electrochem. Soc., **74,** 609 (1939).
18. P. B. Davis and H. I. Johnson, Carnegie Inst. Pub., **260,** 71 (1918).
19. A. Selecki, B. Fgmunski and A. Chmielewski, J. Chem. Eng. Data, **15,** 127 (1970).
20. N. G. Dorofeyeva, D. K. Kudra and N. I. Wrzosek, Ukrain. Khim. Zhur., **32,** 801 (1966).
21. G. Schwitzgebel and J. Barthel, Z. physik. chem., **68,** 79 (1969).
22. P. G. Sears and L. R. Dawson, J. Chem. Eng. Data, 124 (1968).
23. P. G. Sears, Dissertation, Graduate School, University of Kentucky (1953).
24. A. T. Beznis, E. Ya. Gorenbein and G. G. Rusin, Zhur. Neorg. Khim., **11,** 310 (1966).
25. I. L. Abarbarchuk, A. T. Beznis and E. Ya. Gorenbein, J. Gen. Chem. (U.S.S.R.), **37,** 275 (1967).
26. R. J. Gillespie and S. Wasif, J. Chem. Soc., 215 (1953).
27. E. D'Orsay, N. P. Yao and D. N. Bennion, in press.
28. W. R. Gilkerson and J. L. Stewart, J. Phys. Chem., **65,** 1465 (1961).
29. R. Gopal and R. K. Srivastava, J. Amer. Chem. Soc., **66,** 2704 (1962).
30. J. Sobkowski and S. Minc, Raczniki Chem., **35,** 1127 (1961).
31. S. Lakshmanan and K. N. Rao, Electrochim. Acta., **14,** 1173 (1969).
32. R. N. Sanders, Ph.D. Thesis, Louisiana State Univ. (1966).
33. W. W. Trigg, Diss. Abs., **28,** (1967).

VI. VISCOSITY

Introduction

The viscosities of non-aqueous electrolytes have not been systematically studied, but this area has been one of increasing attention in the past decade. The results in this Section are organized alphabetically by solvent, and for each solvent the electrolytes are alphabetical by cation. Mixed solvent data follow the single solvent studies. The viscosity is given as a function of concentration and, where possible, the B-coefficients are included for facile intercomparisons.

1. DATA BY SINGLE SOLVENTS

ACETONE

LiCl [37]

Temp. (°C)	B coefficient
18	0.423
25	0.382

ACETONITRILE, CH_3CN

$AgNO_3$

Ref. [1]

Conc. (Eq. l^{-1})	0	0.1	0.5	1	3	6
η (cp)	0.3594	0.383	0.473	0.615	1.80	10.40

Ref. [2] [3]

Conc. (mol l^{-1})	0	0.00992	0.0412	0.1576	0.2863	0.7329
η (cp)	0.359_4	0.365_1	0.372_7	0.394_6	0.423_3	0.534_3

Conc. (mol l^{-1})	1.807	2.695	3.427	4.313	6.162
η (cp)	0.956	1.56_0	2.36_8	3.70_6	11.44

NaI

Ref. [4]

Conc. (Eq. l^{-1})	0	0.13009	0.24998	0.30514	0.34279	0.42221
η (cp)	0.3419	0.3769	0.4094	0.4254	0.4366	0.4608

Conc. (Eq. l^{-1})	0.52109	0.69237	0.85296
η (cp)	0.4918	0.5562	0.6179

VI. VISCOSITY

N-AMYL ALCOHOL, n-$C_5H_{11}OH$

$SbCl_3$

Ref. [5]

Conc. (molar fraction)	0	0.0906	0.1994	0.2978	0.4010
η (cp)	3.44	4.95	7.37	11.10	15.82
Conc. (molar fraction)	0.4948	0.5958	0.6992	1	
η (cp)	19.58	20.24	18.82	8.92	

Ref. [5] 50°C

Conc. (molar fraction)	0	0.0906	0.1994	0.2978	0.4010
η (cp)	1.73	2.38	3.25	4.47	5.86
Conc. (molar fraction)	0.4948	0.5958	0.6992	1	
η (cp)	7.01	7.12	6.90	8.92	

Ref. [5] 75°C

Conc. (molar fraction)	0	0.0906	0.1994	0.2978	0.4010
η (cp)	0.98	1.33	1.75	2.29	2.88
Conc. (molar fraction)	0.4948	0.5958	0.6992	1	
η (cp)	3.37	3.43	3.37	2.31	

BENZENE, C_6H_6

$(C_4H_9)_4NSCN$

Ref. [6] 5.51°C

Conc. (m)	0	0.005279	0.01289	0.03291	0.04115	0.05441
η (cp)	0.827	0.828	0.837	0.874	0.898	0.953
Conc. (m)	0.07619	0.09764	0.1084	0.1751	0.2578	0.3097
η (cp)	1.030	1.113	1.153	1.375	1.613	1.757
Conc. (m)	0.3336	0.3754	0.4904	0.5324	0.5856	0.7137
η (cp)	1.807	1.915	2.202	2.311	2.468	2.791
Conc. (m)	0.7654					
η (cp)	2.927					

$(i\text{-}C_5H_{11})_3NH[OC_6H_2(NO_2)_3]$

Ref. [7]

Conc. (Eq. l^{-1})	0	0.2050	0.2405	0.2619	0.3704	0.4795
η (cp)	0.6046	0.7973	0.8052	0.8296	0.9730	1.153
Conc. (Eq. l^{-1})	0.5288	0.6456	0.7540	0.8819	0.9328	1.016
η (cp)	1.253	1.539	1.900	2.479	2.777	3.376

BENZONITRILE, C_6H_5CN

$AgNO_3$

Ref. [2]

Conc. (mol l^{-1})	0.0856	0.1993$_2$	0.4987	1.1343	2.4720	2.8962
η (cp)	1.3330	1.4006	1.8529	2.8810	8.4568	12.452

BROMINE, Br_2

$(CH_3)_3NHBr$

Ref. [8]

Conc. (mole fraction)	0.02	0.04	0.06	0.10	0.16
η (cp)	1.25	1.4	1.6	2.15	3.30
Conc. (mole fraction)	0.20	0.30	0.40	0.50	0.60
η (cp)	4.18	6.39	8.48	10.6	12.9
Conc. (mole fraction)	0.70	0.80	0.90	1	
η (cp)	15.3	18.3	21.5	25.4	

$(CH_3)_3NHBr \cdot Br_2$

Ref. [9]

Conc. (mole fraction)	0.03770	0.07705	0.1114	0.1506	0.2018
η (cp)	1.345	1.806	2.365	3.141	4.278
Conc. (mole fraction)	0.2621	0.3711	0.4439	0.5453	0.6521
η (cp)	5.612	7.825	9.319	11.60	14.01
Conc. (mole fraction)	0.6758	0.7479	0.7882	0.8569	0.9214
η (cp)	14.69	16.63	17.74	20.20	21.97
Conc. (mole fraction)	0.9770				
η (cp)	24.56				

$(C_5H_{11})_3NHCl$

Ref. [8]

Conc. (mole fraction)	0.04	0.08	0.10	0.15	0.20
η (cp)	0.93	3.05	4.81	10.4	20.5
Conc. (mole fraction)	0.25	0.30	0.40	0.50	0.60
η (cp)	38.6	65.4	99.8	200	259
Conc. (mole fraction)	0.70	0.80	0.90	1	
η (cp)	332	405	483	580	

VI. VISCOSITY

$(C_5H_{11})_3NHCl \cdot Br_2$

Ref. [9]

Conc. (mole fraction)	0.05050	0.1122	0.1872	0.2909	0.3851
η (cp)	2.156	5.350	17.84	58.50	116.6
Conc. (mole fraction)	0.3928	0.4452	0.5029	0.5300	0.5704
η (cp)	121.1	158.6	199.9	214.5	236.5
Conc. (mole fraction)	0.6390	0.6702	0.8312	0.8827	0.8927
η (cp)	281.0	300.0	416.2	463.1	471.3
Conc. (mole fraction)	0.9430				
η (cp)	512.2				

n-BUTANOL, n-C_4H_9OH

$(n$-$C_4H_9)_4N[OC_6H_2(NO_2)_3]$

Ref. [10] 91°C

Conc. (wt. %)	0	11.89	25.14	41.29	61.47
η (mp)	6.09	8.11	11.55	19.33	37.0
Conc. (wt. %)	75.23	86.41	93.36	97.72	100.0
η (mp)	74.3	146.3	268	403	581

$SbCl_3$

Ref. [5]

Conc. (molar fraction)	0	0.1007	0.2029	0.3023	0.4072
η (cp)	2.56	3.82	5.99	9.47	13.98
Conc. (molar fraction)	0.4964	0.5934	0.6626	0.7202	1
η (cp)	17.21	18.53	18.03	17.38	8.92

Ref. [5] 50°C

Conc. (molar fraction)	0	0.1007	0.2029	0.3023	0.4072
η (cp)	1.36	1.90	2.75	3.95	5.30
Conc. (molar fraction)	0.4964	0.5934	0.6626	0.7202	0.7948
η (cp)	6.24	6.60	6.50	6.37	5.81
Conc. (molar fraction)	1				
η (cp)	3.94				

Ref. [5] 75°C

Conc. (molar fraction)	0	0.1007	0.2029	0.3023	0.4072
η (cp)	0.70	1.07	1.48	2.01	2.61
Conc. (molar fraction)	0.4964	0.5934	0.6626	0.7202	0.7948
η (cp)	3.00	3.19	3.21	3.15	3.00
Conc. (molar fraction)	1				
η (cp)	2.31				

Additional information:

A discussion of the dependence of viscosity upon concentration for LiCl solutions in n-Butanol appears in Ref. [11].

m-DICHLOROBENZENE, m-$C_6H_4Cl_2$

$(n$-$C_5H_{11})_4$NSCN Tetra-n-amylammonium thiocyanate

Ref. [7] 90°C

Conc. (wt %)	0	39.69	46.11	50.26	51.50	56.60
η (cp)	0.5247	3.076	4.042	4.833	5.059	6.325
Conc. (wt %)	61.46	65.96	68.97	71.53	74.42	74.91
η (cp)	7.914	9.775	11.45	12.66	14.78	15.53
Conc. (wt %)	81.49	84.91	88.08	89.92	92.31	93.67
η (cp)	21.53	25.45	29.81	32.30	36.74	38.85
Conc. (wt %)	95.60	96.19	97.67	98.71	99.17	100.00
η (cp)	43.18	44.17	47.98	50.16	51.42	54.00

N,N-DIETHYLANILINE, $C_6H_5N(C_2H_5)_2$

$CHCl_2COOH$

Ref. [12]

Conc. (mole fraction)	0	0.1	0.2	0.3	0.4	0.5	0.6
η (cp)	1.93	2.73	5.24	14.15	36.25	104.46	273.62
Conc. (mole fraction)	0.64	0.66	0.7	0.8	0.9	1	
η (cp)	257.09	227.45	176.15	79.82	28.15	6.50	

Ref. [12] 50°C

Conc. (mole fraction)	0	0.1	0.2	0.3	0.4	0.5	0.6
η (cp)	1.15	1.08	2.55	5.08	10.25	23.38	49.38
Conc. (mole fraction)	0.64	0.66	0.7	0.8	0.9	1	
η (cp)	51.42	49.95	42.95	23.85	10.58	3.23	

Ref. [12] 75°C

Conc. (mole fraction)	0	0.1	0.2	0.3	0.4	0.5	0.6
η (cp)	0.750	1.06	1.55	2.72	4.43	8.41	15.45
Conc. (mole fraction)	0.64	0.66	0.7	0.8	0.9	1	
η (cp)	17.04	17.58	16.25	10.65	5.28	1.92	

$CH_2ClCOOH$

Ref. [12]

Conc. (mole fraction)	0	0.1	0.2	0.3	0.4	0.5	0.6
η (cp)	1.93	2.15	3.97	6.51	11.92	26.34	58.25
Conc. (mole fraction)	0.67	0.70	0.73	0.80	0.9	1	
η (cp)	117.85	133.50	127.65	74.25	28.42	6.80	

VI. VISCOSITY

N,N-DIETHYLANILINE, $C_6H_5N(C_2H_5)_2$ (Continued)

$CH_2ClCOOH$ (Continued)

Ref. [12] 50°C

Conc. (mole fraction)	0	0.1	0.2	0.3	0.4	0.5	0.6
η (cp)	1.15	1.54	2.03	3.14	4.85	8.98	16.47

Conc. (mole fraction)	0.67	0.70	0.73	0.8	0.9	1	
η (cp)	25.04	28.62	29.43	19.75	9.28	3.15	

Ref. [12] 75°C

Conc. (mole fraction)	0	0.1	0.2	0.3	0.4	0.5	0.6
η (cp)	0.750	0.88	1.15	1.76	2.52	3.93	6.57

Conc. (mole fraction)	0.67	0.70	0.73	0.8	0.9	1	
η (cp)	9.42	10.28	10.80	8.87	4.56	1.92	

CF_3COOH

Ref. [12]

Conc. (mole fraction)	0	0.1	0.2	0.3	0.4	0.5	0.54
η (cp)	1.93	3.10	5.55	12.00	32.00	87.60	98.00

Conc. (mole fraction)	0.6	0.7	0.8	0.9	1		
η (cp)	58.80	21.50	9.30	3.76	0.813		

Ref. [12] 50°C

Conc. (mole fraction)	0	0.1	0.2	0.3	0.4	0.5	0.54
η (cp)	1.15	1.69	2.62	4.94	9.56	19.10	21.82

Conc. (mole fraction)	0.6	0.7	0.8	0.9	1		
η (cp)	16.87	8.00	4.45	2.10	0.576		

Ref. [12] 75°C

Conc. (mole fraction)	0	0.1	0.2	0.3	0.4	0.5	0.54
η (cp)	0.750	1.05	1.59	2.48	4.24	7.06	8.00

Conc. (mole fraction)	0.6	0.7	0.8	0.9			
η (cp)	7.08	4.17	2.58	1.29			

1,2-DIMETHOXYETHANE

$NaAl(C_2H_5)_4$

Ref. [49]

Conc. (Eq. l^{-1})	0	0.001846	0.01472	0.09226
η (mp)	4.32	4.33	4.38	4.656

DIMETHYL SULFOXIDE, $(CH_3)_2SO$*

$(i\text{-}C_5H_{11})_3C_4H_9NB(C_6H_5)_4$

Ref. [13]

Conc. (mol l⁻¹)	1.1344×10^{-1}	4.6960×10^{-2}	1.6677×10^{-2}	8.8974×10^{-3}
η (cp)	2.4577	2.1621	2.0621	2.0313
Conc. (mol l⁻¹)	6.5546×10^{-3}	4.9055×10^{-3}		
η (cp)	2.0216	2.0175		

Ref. [14]

Conc. (mol l⁻¹)$^{1/2}$	3.3680×10^{-1}	2.1670×10^{-1}	1.2914×10^{-1}	9.4326×10^{-2}
η/η_0	1.230	1.082	1.032	1.016
Conc. (mol l⁻¹)$^{1/2}$	8.0960×10^{-2}	7.0039×10^{-2}		
η/η_0	1.012	1.010		

Ref. [13] 35°C

Conc. (mol l⁻¹)	1.1240×10^{-1}	4.6523×10^{-2}	1.6522×10^{-2}	8.8132×10^{-3}
η (cp)	2.0062	1.7870	1.6955	1.6772
Conc. (mol l⁻¹)	6.4930×10^{-3}			
η (cp)	1.6698			

Ref. [14] 35°C

Conc. (mol l⁻¹)$^{1/2}$	3.3526×10^{-1}	2.1569×10^{-1}	1.2854×10^{-1}	9.3878×10^{-2}
η/η_0	1.214	1.081	1.026	1.015
Conc. (mol l⁻¹)$^{1/2}$	8.0579×10^{-2}	6.9709×10^{-2}	5.9960×10^{-2}	
η/η_0	1.011	1.010	1.007	

Ref. [13] 45°C

Conc. (mol l⁻¹)	1.1069×10^{-1}	4.5941×10^{-2}	1.6340×10^{-2}	8.7216×10^{-3}
η (cp)	1.6622	1.5064	1.4291	1.4119
Conc. (mol l⁻¹)	6.4261×10^{-3}			
η (cp)	1.4067			

Ref. [14] 45°C

Conc. (mol l⁻¹)$^{1/2}$	3.3270×10^{-1}	2.1434×10^{-1}	1.2783×10^{-1}	9.3389×10^{-2}
η/η_0	1.193	1.081	1.026	1.013
Conc. (mol l⁻¹)$^{1/2}$	8.0163×10^{-2}	6.9343×10^{-2}	5.9650×10^{-2}	
η/η_0	1.009	1.008	1.006	

Ref. [13] 55°C

Conc. (mol l⁻¹)	1.1024×10^{-1}	4.5601×10^{-2}	1.6188×10^{-2}	8.6364×10^{-3}
η (cp)	1.4156	1.2947	1.2226	1.2096
Conc. (mol l⁻¹)	6.3622×10^{-3}	4.7615×10^{-3}		
η (cp)	1.2056	1.2022		

Note: Viscosity data presented in Ref. [14] is relative viscosity, i.e. the viscosity of the electrolyte-solvent system relative to the viscosity of the pure solvent.

* See also section VIII(a).

VI. VISCOSITY

DIMETHYL SULFOXIDE, $(CH_3)_2SO$* (Continued)

$(i\text{-}C_5H_{11})_3C_4H_9NB(C_6H_5)_4$ (Continued)

Ref. [14] 55°C

Conc. (mol l^{-1})	3.3202×10^{-1}	2.1354×10^{-1}	1.2723×10^{-1}	9.2933×10^{-2}
η/η_0	1.187	1.086	1.025	1.015

Conc. (mol l^{-1})	7.9763×10^{-2}	6.9003×10^{-2}
η/η_0	1.011	1.008

CF_3SO_3Na

Ref. [13]

Conc. (mol l^{-1})	4.1696×10^{-1}	1.2204×10^{-1}	7.2663×10^{-2}	4.2020×10^{-2}
η (cp)	2.6591	2.1649	2.1004	2.0558

Conc. (mol l^{-1})	1.5165×10^{-2}	9.0608×10^{-3}
η (cp)	2.0204	2.0110

Ref. [14]

Conc. (mol l^{-1})$^{1/2}$	3.4934×10^{-1}	2.6956×10^{-1}	2.0499×10^{-1}	1.2315×10^{-1}
η/η_0	1.083	1.051	1.029	1.011

Conc. (mol l^{-1})$^{1/2}$	9.5188×10^{-2}
η/η_0	1.006

Ref. [13] 35°C

Conc. (mol l^{-1})	4.1330×10^{-1}	1.2088×10^{-1}	7.1972×10^{-2}	4.1612×10^{-2}
η (cp)	2.1615	1.7819	1.7320	1.6968

Conc. (mol l^{-1})	1.5021×10^{-2}	8.9749×10^{-3}
η (cp)	1.6693	1.6611

Ref. [14] 35°C

Conc. (mol l^{-1})$^{1/2}$	3.4768×10^{-1}	2.6828×10^{-1}	2.0399×10^{-1}	1.2256×10^{-1}
η/η_0	1.078	1.048	1.027	1.010

Conc. (mol l^{-1})$^{1/2}$	9.4736×10^{-2}
η/η_0	1.005

Ref. [13] 45°C

Conc. (mol l^{-1})	4.0985×10^{-1}	1.1970×10^{-1}	7.1267×10^{-2}	4.1199×10^{-2}
η (cp)	1.7978	1.4981	1.4568	1.4296

Conc. (mol l^{-1})	1.4866×10^{-2}	4.2752×10^{-3}
η (cp)	1.4045	1.3969

Ref. [14] 45°C

Conc. (mol l^{-1})$^{1/2}$	3.4598×10^{-1}	2.6696×10^{-1}	2.0298×10^{-1}	1.2193×10^{-1}
η/η_0	1.075	1.045	1.026	1.008

Conc. (mol l^{-1})$^{1/2}$	6.5385×10^{-2}
η/η_0	1.002

DIMETHYL SULFOXIDE, $(CH_3)_2SO$* (Continued)

CF_3SO_3Na (Continued)

Ref. [13] 55°C

Conc. (mol l^{-1})	4.0608×10^{-1}	1.1856×10^{-1}	7.0569×10^{-2}	4.0791×10^{-2}
η (cp)	1.5239	1.2795	1.2462	1.2229
Conc. (mol l^{-1})	1.4719×10^{-2}	8.7940×10^{-3}		
η (cp)	1.2028	1.1993		

Ref. [14] 55°C

Conc. (mol l^{-1})$^{1/2}$	3.4432×10^{-1}	2.6565×10^{-1}	2.0197×10^{-1}	1.2132×10^{-1}
η/η_0	1.073	1.045	1.026	1.009
Conc. (mol l^{-1})$^{1/2}$	9.3776×10^{-2}			
η/η_0	1.006			

CH_3SO_3Na

Ref. [13]

Conc. (mol l^{-1})	5.5561×10^{-2}	2.3840×10^{-2}	1.3962×10^{-2}	6.8462×10^{-3}
η (cp)	2.0852	2.0520	2.0255	2.0139
Conc. (mol l^{-1})	5.1732×10^{-3}	2.9997×10^{-3}		
η (cp)	2.0088	2.0060		

Ref. [13] 35°C

Conc. (mol l^{-1})	5.5046×10^{-2}	2.3615×10^{-2}	1.3829×10^{-2}	6.7800×10^{-3}
η (cp)	1.7203	1.6824	1.6710	1.6635
Conc. (mol l^{-1})	5.1237×10^{-3}	2.9707×10^{-3}		
η (cp)	1.6602	1.6586		

Ref. [13] 45°C

Conc. (mol l^{-1})	5.4480×10^{-2}	2.3373×10^{-2}	1.3686×10^{-2}	6.7095×10^{-3}
η (cp)	1.4445	1.4166	1.4071	1.4043
Conc. (mol l^{-1})	5.0703×10^{-3}	2.9401×10^{-3}		
η (cp)	1.3971	1.3955		

Ref. [13] 55°C

Conc. (mol l^{-1})	5.3924×10^{-2}	2.3139×10^{-2}	1.3549×10^{-2}	6.6421×10^{-3}
η (cp)	1.2360	1.2134	1.2053	1.1988
Conc. (mol l^{-1})	5.0189×10^{-3}	2.9103×10^{-3}		
η (cp)	1.1966	1.1953		

CsI

Ref. [15]

Conc. (m)$^{1/2}$	0	0.1	0.2	0.3
η (cp)	1.97	1.98	2.02	2.11
Conc. (m)$^{1/2}$	0.4	0.5	0.6	0.7
η (cp)	2.21	2.38	2.58	2.86
Conc. (m)$^{1/2}$	0.8	0.9	1.0	1.1
η (cp)	3.23	3.85	4.76	5.85
Conc. (m)$^{1/2}$	1.2	1.3	1.35	
η (cp)	7.15	9.20	10.5	

VI. VISCOSITY

DIMETHYL SULFOXIDE, $(CH_3)_2SO$* (Continued)

HCl

Ref. [16]

Conc. (mol l^{-1})	5.383×10^{-2}	4.306×10^{-2}	2.153×10^{-2}	1.724×10^{-2}
η (g/cm $\times 10^2$)	2.086	2.080	2.073	2.065
Conc. (mol l^{-1})	1.036×10^{-2}	8.305×10^{-3}	6.648×10^{-3}	4.297×10^{-3}
η (g/cm $\times 10^2$)	2.050	2.044	2.039	2.036
Conc. (mol l^{-1})	3.327×10^{-3}	1.664×10^{-3}	8.585×10^{-4}	8.337×10^{-4}
η (g/cm $\times 10^2$)	2.033	2.027	2.023	2.021
Conc. (mol l^{-1})	4.179×10^{-4}	1.716×10^{-4}	8.350×10^{-5}	
η (g/cm $\times 10^2$)	2.018	2.014	2.011	

$NaB(C_6H_5)_4$

Ref. [13]

Conc. (mol l^{-1})	2.1048×10^{-2}	1.4929×10^{-2}	1.1980×10^{-2}	1.0202×10^{-2}
η (cp)	2.0454	2.0297	2.0251	2.0214
Conc. (mol l^{-1})	8.4644×10^{-3}	6.6772×10^{-3}		
η (cp)	2.0158	2.0109		

Ref. [14]

Conc. (mol l^{-1})$^{1/2}$	1.2219×10^{-1}	1.0945×10^{-1}	1.0101×10^{-1}	9.2002×10^{-2}
η/η_0	1.018	1.016	1.014	1.011
Conc. (mol l^{-1})$^{1/2}$	8.1714×10^{-2}			
η/η_0	1.009			

Ref. [13] 35°C

Conc. (mol l^{-1})	2.0847×10^{-2}	1.4786×10^{-2}	1.1865×10^{-2}	1.0105×10^{-2}
η (cp)	1.6889	1.6757	1.6700	1.6669
Conc. (mol l^{-1})	8.3833×10^{-3}	6.6132×10^{-3}		
η (cp)	1.6631	1.6601		

Ref. [14] 35°C

Conc. (mol l^{-1})$^{1/2}$	1.2160×10^{-1}	1.0893×10^{-1}	1.0052×10^{-1}	9.1560×10^{-2}
η/η_0	1.017	1.013	1.011	1.009
Conc. (mol l^{-1})$^{1/2}$	8.1322×10^{-2}			
η/η_0	1.007			

Ref. [13] 45°C

Conc. (mol l^{-1})	2.0635×10^{-2}	1.4637×10^{-2}	1.1745×10^{-2}	1.0002×10^{-2}
η (cp)	1.4234	1.4097	1.4076	1.4038
Conc. (mol l^{-1})	8.2984×10^{-3}	6.5462×10^{-3}		
η (cp)	1.4016	1.3990		

DIMETHYL SULFOXIDE, $(CH_3)_2SO$* (Continued)

$NaB(C_6H_5)_4$ (Continued)

Ref. [14] 45°C

Conc. (mol l^{-1})$^{1/2}$	1.2098×10^{-1}	1.0838×10^{-1}	1.0001×10^{-1}	9.1095×10^{-2}
η/η_0	1.016	1.015	1.012	1.010
Conc. (mol l^{-1})$^{1/2}$	8.0908×10^{-2}			
η/η_0	1.009			

Ref. [13] 55°C

Conc. (mol l^{-1})	2.0428×10^{-2}	1.4489×10^{-2}	1.1627×10^{-2}	9.9017×10^{-3}
η (cp)	1.2197	1.2086	1.2047	1.2028
Conc. (mol l^{-1})	6.4804×10^{-3}			
η (cp)	1.1986			

Ref. [14] 55°C

Conc. (mol l^{-1})$^{1/2}$	1.2037×10^{-1}	1.0783×10^{-1}	9.9507×10^{-2}	8.0501×10^{-2}
η/η_0	1.015	1.012	1.010	1.007

$NaClO_4$

Ref. [13]

Conc. (mol l^{-1})	1.5034×10^{0}	7.5544×10^{-1}	3.8069×10^{-1}	1.2282×10^{-1}
η (cp)	9.1551	3.6837	2.6010	2.1644
Conc. (mol l^{-1})	5.8252×10^{-2}	4.5633×10^{-2}	1.6557×10^{-2}	1.0056×10^{-2}
η (cp)	2.0770	2.0598	2.0199	2.0121
Conc. (mol l^{-1})	4.4262×10^{-3}			
η (cp)	2.0059			

Ref. [14]

Conc. (mol l^{-1})$^{1/2}$	3.5047×10^{-1}	2.4135×10^{-1}	2.1362×10^{-1}	1.2867×10^{-1}
η/η_0	1.083	1.039	1.031	1.011
Conc. (mol l^{-1})$^{1/2}$	1.0028×10^{-1}	6.6530×10^{-2}		
η/η_0	1.007	1.004		

Ref. [13] 35°C

Conc. (mol l^{-1})	1.4900×10^{0}	7.4955×10^{-1}	3.7669×10^{-1}	1.2163×10^{-1}
η (cp)	6.4248	2.9379	2.1060	1.7794
Conc. (mol l^{-1})	5.7679×10^{-2}	4.5176×10^{-2}	1.6391×10^{-2}	9.9579×10^{-3}
η (cp)	1.7136	1.6971	1.6670	1.6650

Ref. [14] 35°C

Conc. (mol l^{-1})$^{1/2}$	3.4876×10^{-1}	2.4016×10^{-1}	2.1255×10^{-1}	1.2803×10^{-1}
η/η_0	1.077	1.037	1.027	1.009
Conc. (mol l^{-1})$^{1/2}$	9.9789×10^{-2}			
η/η_0	1.008			

VI. VISCOSITY

DIMETHYL SULFOXIDE, $(CH_3)_2SO$* (Continued)

$NaClO_4$ (Continued)

Ref. [13] 45°C

Conc. (mol l^{-1})	1.4690×10^0	7.3943×10^{-1}	3.7265×10^{-1}	1.2039×10^{-1}
η (cp)	4.7466	2.4261	1.7481	1.4936
Conc. (mol l^{-1})	5.7085×10^{-1}	4.4719×10^{-2}	1.6225×10^{-2}	9.8579×10^{-3}
η (cp)	1.4430	1.4286	1.4060	1.4021
Conc. (mol l^{-1})	4.3394×10^{-3}			
η (cp)	1.4008			

Ref. [14] 45°C

Conc. (mol l^{-1})$^{1/2}$	3.4698×10^{-1}	2.3892×10^{-1}	2.1147×10^{-1}	1.2738×10^{-1}
η/η_0	1.072	1.036	1.025	1.009
Conc. (mol l^{-1})$^{1/2}$	9.9287×10^{-2}			
η/η_0	1.006			

Ref. [13] 55°C

Conc. (mol l^{-1})	1.4497×10^0	7.2892×10^{-1}	3.6871×10^{-1}	1.1920×10^{-1}
η (cp)	3.6991	1.9081	1.4825	1.2790
Conc. (mol l^{-1})	5.6528×10^{-2}	4.4261×10^{-2}	1.6059×10^{-2}	9.7570×10^{-3}
η (cp)	1.2332	1.2229	1.2024	1.1990

Ref. [14] 55°C

Conc. (mol l^{-1})$^{1/2}$	3.4525×10^{-1}	2.3776×10^{-1}	2.1038×10^{-1}	1.2672×10^{-1}
η/η_0	1.073	1.034	1.026	1.009
Conc. (mol l^{-1})$^{1/2}$	9.8778×10^{-2}			
η/η_0	1.006			

NaSCN

Ref. [13]

Conc. (mol l^{-1})	2.5508×10^{-1}	5.6061×10^{-2}	2.6717×10^{-2}	1.0772×10^{-2}
η (cp)	2.3656	2.0786	2.0350	2.0152
Conc. (mol l^{-1})	8.3583×10^{-3}	5.8229×10^{-3}		
η (cp)	2.0104	2.0067		

Ref. [14]

Conc. (mol l^{-1})$^{1/2}$	5.0506×10^{-1}	2.3677×10^{-1}	1.6346×10^{-1}	1.0379×10^{-1}
η/η_0	1.184	1.040	1.018	1.008
Conc. (mol l^{-1})$^{1/2}$	9.1424×10^{-2}			
η/η_0	1.006			

Ref. [13] 35°C

Conc. (mol l^{-1})	2.5245×10^{-1}	5.5501×10^{-2}	2.6450×10^{-2}	1.0666×10^{-2}
η (cp)	1.9342	1.7127	1.6802	1.6656
Conc. (mol l^{-1})	8.2767×10^{-3}			
η (cp)	1.6606			

DIMETHYL SULFOXIDE, $(CH_3)_2SO$* (Continued)

NaSCN (Continued)

Ref. [14] 35°C

Conc. (mol l^{-1})$^{1/2}$	2.3559×10^{-1}	1.6263×10^{-1}	1.0328×10^{-1}	9.0977×10^{-2}
η/η_0	1.037	1.017	1.008	1.005

Ref. [13] 45°C

Conc. (mol l^{-1})	2.5003×10^{-1}	5.4925×10^{-2}	2.6182×10^{-2}	1.0558×10^{-2}
η (cp)	1.6241	1.4406	1.4144	1.4011
Conc. (mol l^{-1})	8.1929×10^{-3}	3.7690×10^{-3}		
η (cp)	1.3955	1.3973		

Ref. [14] 45°C

Conc. (mol l^{-1})$^{1/2}$	5.0003×10^{-1}	2.3436×10^{-1}	1.6181×10^{-1}	1.0275×10^{-1}
η/η_0	1.166	1.034	1.015	1.005
Conc. (mol l^{-1})$^{1/2}$	9.0515×10^{-2}	6.1392×10^{-2}		
η/η_0	1.004	1.003		

Ref. [13] 55°C

Conc. (mol l^{-1})	2.4788×10^{-1}	5.4420×10^{-2}	2.5936×10^{-2}	1.0461×10^{-2}
η (cp)	1.3791	1.2334	1.2091	1.2003
Conc. (mol l^{-1})	8.1167×10^{-3}	5.6556×10^{-3}		
η (cp)	1.1989	1.1971		

Ref. [14] 55°C

Conc. (mol l^{-1})$^{1/2}$	2.3328×10^{-1}	1.6105×10^{-1}	1.0228×10^{-1}	9.0092×10^{-2}
η/η_0	1.035	1.014	1.007	1.006
Conc. (mol l^{-1})$^{1/2}$	7.5204×10^{-2}			
η/η_0	1.004			

Viscosity B Coefficients

Salt	Ref.	B Coefficients			
		25°C	35°C	45°C	55°C
CF_3SO_3Na	[14] [17]	0.64	0.61	0.59	0.58
$(i\text{-}C_5H_{11})_3C_4H_9NB(C_6H_5)_4$	[14] [17]	1.57	1.47	1.44	1.44
$NaB(C_6H_5)_4$	[14] [17]	1.14	1.07	1.01	1.00
$NaCH_3SO_3$	[17]	0.82	0.69	0.62	0.63
$NaClO_4$	[14] [17]	0.62	0.60	0.56	0.55
NaSCN	[14] [17]	0.62	0.60	0.56	0.58

VI. VISCOSITY

ETHANOL, C_2H_5OH

$SbCl_3$ Antimony Trichloride

Ref. [5]

Conc. (molar fraction)	0.0	0.0986	0.1955	0.2886	0.3994
η (cp)	1.09	2.02	3.56	6.18	10.75
Conc. (molar fraction)	0.5168	0.5919	0.6847	1	
η (cp)	14.56	16.10	16.15	8.92	

Ref. [5] 50°C

Conc. (molar fraction)	0	0.0986	0.1955	0.2886	0.3994
η (cp)	0.67	1.12	1.80	2.79	4.31
Conc. (molar fraction)	0.5168	0.5919	0.6847	1	
η (cp)	5.43	5.86	5.90	3.94	

Additional Information:
A discussion of the dependence of viscosity upon concentration of LiCl solutions in Ethanol appears in Ref. [11].

NaI

Viscosity B Coefficient in Dilute Ethanol [35]

$$B = 1.15 \text{ at } 18°C$$

FORMAMIDE, $HCONH_2$

$BaCl_2$ Barium Chloride

Ref. [18] [19]

Conc. (mol l^{-1})	0	0.1
η (cp)	3.221	3.702

Ref. [18] [19] 15°C

Conc. (mol l^{-1})	0	0.1
η (cp)	4.301	4.941

Ref. [18] [19] 35°C

Conc. (mol l^{-1})	0	0.1
η (cp)	2.510	2.878

$Ba(NO_3)_2$ Barium Nitrate

Ref. [20]

Conc. (mol l^{-1})	0	0.10	0.25
η (cp)	3.328	3.688	4.286

Ref. [20] 15°C

Conc. (mol l^{-1})	0	0.10	0.25
η (cp)	4.440	4.903	5.815

Ref. [20] 35°C

Conc. (mol l^{-1})	0	0.10	0.25
η (cp)	2.651	2.933	3.393

FORMAMIDE, HCONH$_2$ (Continued)

(CH$_3$)$_4$NCl Tetramethylammonium Chloride

Ref. [18] [19]
Conc. (mol l^{-1})	0	0.10	0.25	0.50
η (cp)	3.194	3.313	3.427	3.578

Ref. [18] [19] 15°C
Conc. (mol l^{-1})	0	0.10	0.25	0.50
η (cp)	4.274	4.394	4.503	4.775

Ref. [18] [19] 35°C
Conc. (mol l^{-1})	0	0.10	0.25	0.50
η (cp)	2.511	2.601	2.679	2.791

(C$_2$H$_5$)$_4$NI Tetraethylammonium Iodide

Ref. [18] [19]
Conc. (mol l^{-1})	0	0.10	0.25	0.50
η (cp)	3.256	3.336	3.486	3.618

Ref. [18] [19] 15°C
Conc. (mol l^{-1})	0	0.10	0.25	0.50
η (cp)	4.284	4.431	4.573	4.879

Ref. [18] [19] 35°C
Conc. (mol l^{-1})	0	0.10	0.25	0.50
η (cp)	2.561	2.607	2.687	2.802

CoBr$_2$ Cobalt Bromide

Ref. [18]
Conc. (mol l^{-1})	0	0.10
η (cp)	3.221	3.699

Ref. [18] 15°C
Conc. (mol l^{-1})	0	0.10
η (cp)	4.301	4.892

Ref. [18] 35°C
Conc. (mol l^{-1})	0	0.10
η (cp)	2.510	2.867

CsCl Cesium Chloride

Ref. [18] [19]
Conc. (mol l^{-1})	0	0.10	0.25
η (cp)	3.245	3.395	3.578

Ref. [18] [19] 15°C
Conc. (mol l^{-1})	0	0.10	0.25
η (cp)	4.317	4.481	4.735

Ref. [18] [19] 35°C
Conc. (mol l^{-1})	0.10	0.25
η (cp)	2.654	2.789

VI. VISCOSITY

FORMAMIDE, HCONH$_2$ (Continued)

CsNO$_3$ Cesium Nitrate

Ref. [18] [19]

Conc. (mol l^{-1})	0	0.10	0.25
η (cp)	3.245	3.362	3.478

Ref. [18] [19] 15°C

Conc. (mol l^{-1})	0	0.10	0.25
η (cp)	4.317	4.456	4.614

Ref. [18] [19] 35°C

Conc. (mol l^{-1})	0.10	0.25
η (cp)	2.632	2.725

HgCl$_2$ Mercuric Chloride

Ref. [18]

Conc. (mol l^{-1})	0	0.10	0.25
η (cp)	3.221	3.376	3.527

Ref. [18] 15°C

Conc. (mol l^{-1})	0	0.10	0.25
η (cp)	4.301	4.496	4.688

Ref. [18] 35°C

Conc. (mol l^{-1})	0
η (cp)	2.510

KCl Potassium Chloride

Ref. [18] [19]

Conc. (mol l^{-1})	0	0.10	0.25	0.50
η (cp)	3.256	3.386	3.572	3.922

Ref. [18] [19] 15°C

Conc. (mol l^{-1})	0	0.10	0.25	0.50
η (cp)	4.304	4.457	4.724	5.251

Ref. [18] [19] 35°C

Conc. (mol l^{-1})	0	0.10	0.25	0.50
η (cp)	2.542	2.642	2.794	3.000

KI Potassium Iodide

Ref. [18] [19]

Conc. (mol l^{-1})	0	0.10	0.25	0.50
η (cp)	3.302	3.353	3.525	3.710

Ref. [18] [19] 15°C

Conc. (mol l^{-1})	0	0.10	0.25	0.50
η (cp)	4.307	4.418	4.631	4.982

Ref. [18] [19] 35°C

Conc. (mol l^{-1})	0	0.10	0.25	0.50
η (cp)	2.570	2.629	2.716	2.884

FORMAMIDE, HCONH$_2$ (Continued)

KNCS Potassium Sulphocyanate

Ref. [18] [19]

Conc. (mol l^{-1})	0	0.10	0.25	0.50
η (cp)	3.258	3.280	3.473	3.657

Ref. [18] [19] 15°C

Conc. (mol l^{-1})	0	0.10	0.25	0.50
η (cp)	4.294	4.369	4.585	4.891

Ref. [18] [19] 35°C

Conc. (mol l^{-1})	0	0.10	0.25	0.50
η (cp)	2.554	2.574	2.713	2.838

KNO$_3$ Potassium Nitrate

Ref. [20]

Conc. (mol l^{-1})	0	0.10	0.25	0.50
η (cp)	3.298	3.450	3.611	3.858

Ref. [20]

Conc. (mol l^{-1})	0	0.10	0.25	0.50
η (cp)	4.369	4.591	4.836	5.166

Ref. [20]

Conc. (mol l^{-1})	0	0.10	0.25	0.50
η (cp)	2.632	2.751	2.819	3.040

LiCO$_2$H Lithium Formate

Ref. [20]

Conc. (mol l^{-1})	0	0.15	0.25	0.50
η (cp)	3.338	3.495	3.787	4.224

Ref. [20] 15°C

Conc. (mol l^{-1})	0	0.15	0.25	0.50
η (cp)	4.403	4.637	5.091	5.680

Ref. [20]

Conc. (mol l^{-1})	0	0.15	0.25	0.50
η (cp)	2.665	2.791	3.043	3.358

NH$_4$Br Ammonium Bromide

Ref. [18] [19]

Conc. (mol l^{-1})	0	0.10	0.25	0.50
η (cp)	3.256	3.273	3.455	3.607

Ref. [18] [19] 15°C

Conc. (mol l^{-1})	0	0.10	0.25	0.50
η (cp)	4.304	4.399	4.550	4.795

Ref. [18] [19] 35°C

Conc. (mol l^{-1})	0	0.10	0.25	0.50
η (cp)	2.542	2.635	2.680	2.776

VI. VISCOSITY

FORMAMIDE, HCONH$_2$ (Continued)

LiNO$_3$ Lithium Nitrate

Ref. [18] [19]

Conc. (mol l^{-1})	0	0.10	0.25	0.50
η (cp)	3.196	3.157	3.571	3.873

Ref. [18] [19] 15°C

Conc. (mol l^{-1})	0	0.10	0.25	0.50
η (cp)	4.272	4.460	4.720	5.191

Ref. [18] [19]

Conc. (mol l^{-1})	0	0.10	0.25	0.50
η (cp)	2.503	2.646	2.786	3.019

NH$_4$CO$_2$H Ammonium Formate

Ref. [20]

Conc. (mol l^{-1})	0	0.10	0.25
η (cp)	3.332	3.403	3.544

Ref. [20] 15°C

Conc. (mol l^{-1})	0	0.10	0.25
η (cp)	4.389	4.497	4.734

Ref. [20] 35°C

Conc. (mol l^{-1})	0	0.10	0.25
η (cp)	2.640	2.720	2.829

NH$_4$I

Ref. [18] [19]

Conc. (mol l^{-1})	0	0.10	0.25	0.50
η (cp)	3.207	3.311	3.417	3.856

Ref. [18] [19]

Conc. (mol l^{-1})	0	0.10	0.25	0.50
η (cp)	4.201	4.367	4.571	5.091

Ref. [18] [19]

Conc. (mol l^{-1})	0	0.10	0.25	0.50
η (cp)	2.496	2.607	2.669	3.007

NH$_4$NO$_3$ Ammonium Nitrate

Ref. [20]

Conc. (mol l^{-1})	0	0.10	0.25	0.50
η (cp)	3.298	3.384	3.409	3.515

Ref. [20] 15°C

Conc. (mol l^{-1})	0	0.10	0.25	0.50
η (cp)	4.369	4.474	4.546	4.679

Ref. [20] 35°C

Conc. (mol l^{-1})	0	0.10	0.25	0.50
η (cp)	2.632	2.746	2.746	2.826

FORMAMIDE, HCONH$_2$ (Continued)

NaBr Sodium Bromide

Ref. [18] [19]
Conc. (mol l^{-1})	0	0.10	0.25	0.50
η (cp)	3.194	3.413	3.678	4.081

Ref. [18] [19] 15°C
Conc. (mol l^{-1})	0	0.10	0.25	0.50
η (cp)	4.274	4.523	4.883	5.578

Ref. [18] [19] 35°C
Conc. (mol l^{-1})	0	0.10	0.25	0.50
η (cp)	2.511	2.666	2.837	3.120

NaC$_7$H$_4$(CONH$_2$)O$_2$ Sodium metamidobenzoate

Ref. [20]
Conc. (mol l^{-1})	0	0.10
η (cp)	3.325	3.678

Ref. [20] 15°C
Conc. (mol l^{-1})	0	0.10
η (cp)	4.409	4.884

Ref. [20] 35°C
Conc. (mol l^{-1})	0	0.10
η (cp)	2.655	2.910

NaC$_7$H$_4$(NO$_2$)$_2$O$_2$ Sodium 3,5-dinitrobenzoate

Ref. [20]
Conc. (mol l^{-1})	0	0.10
η (cp)	3.325	3.682

Ref. [20] 15°C
Conc. (mol l^{-1})	0	0.10
η (cp)	4.409	4.943

Ref. [20] 35°C
Conc. (mol l^{-1})	0	0.10
η (cp)	2.655	2.947

NaC$_7$H$_5$O$_2$ Sodium benzoate

Ref. [20]
Conc. (mol l^{-1})	0	0.10	0.25
η (cp)	3.319	3.604	4.047

Ref. [20] 15°C
Conc. (mol l^{-1})	0	0.10	0.25
η (cp)	4.402	4.808	5.492

Ref. [20] 35°C
Conc. (mol l^{-1})	0	0.10	0.25
η (cp)	2.678	2.853	3.164

VI. VISCOSITY

FORMAMIDE, HCONH$_2$ (Continued)

NaC$_7$H$_5$O$_3$ Sodium Salicylate

Ref. [20]

Conc. (mol l^{-1})	0	0.10	0.25
η (cp)	3.317	3.571	3.988

Ref. [20] 15°C

Conc. (mol l^{-1})	0	0.10	0.25
η (cp)	4.379	4.787	5.374

Ref. [20] 35°C

Conc. (mol l^{-1})	0	0.10	0.25
η (cp)	2.648	2.859	3.136

Na$_2$C$_4$H$_4$O$_4$·6H$_2$O Sodium Succinate

Ref. [20]

Conc. (mol l^{-1})	0	0.10
η (cp)	3.319	3.907

Ref. [20] 15°C

Conc. (mol l^{-1})	0	0.10
η (cp)	4.402	5.254

Ref. [20] 35°C

Conc. (mol l^{-1})	0	0.10
η (cp)	2.678	3.110

NaC$_6$H$_5$SO$_3$ Sodium Benzene Sulphonate

Ref. [20]

Conc. (mol l^{-1})	0	0.10
η (cp)	3.317	3.554

Ref. [20] 15°C

Conc. (mol l^{-1})	0	0.10
η (cp)	4.379	4.727

Ref. [20] 35°C

Conc. (mol l^{-1})	0	0.10
η (cp)	2.648	2.836

NaCO$_2$H Sodium Formate

Ref. [20]

Conc. (mol l^{-1})	0	0.10	0.25	0.50
η (cp)	3.338	3.510	3.812	4.299

Ref. [20] 15°C

Conc. (mol l^{-1})	0	0.10	0.25	0.50
η (cp)	4.403	4.672	5.166	5.869

Ref. [20] 35°C

Conc. (mol l^{-1})	0	0.10	0.25	0.50
η (cp)	2.665	2.798	3.037	3.348

FORMAMIDE, HCONH$_2$ (Continued)

Na$_2$CrO$_4$ Sodium Chromate

Ref. [18] [19]

Conc. (mol l^{-1})	0	0.10
η (cp)	3.221	3.633

Ref. [18] [19] 15°C

Conc. (mol l^{-1})	0	0.10
η (cp)	4.301	4.966

NaI Sodium Iodide

Ref. [18] [19]

Conc. (mol l^{-1})	0	0.10	0.25	0.50
η (cp)	3.302	3.381	3.640	3.997

Ref. [18] [19] 15°C

Conc. (mol l^{-1})	0	0.10	0.25	0.50
η (cp)	4.307	4.532	4.822	5.425

Ref. [18] [19] 35°C

Conc. (mol l^{-1})	0	0.10	0.25	0.50
η (cp)	2.570	2.653	2.800	3.065

NaNO$_3$ Sodium Nitrate

Ref. [20]

Conc. (mol l^{-1})	0	0.10	0.25	0.50
η (cp)	3.338	3.509	3.726	4.112

Ref. [20] 15°C

Conc. (mol l^{-1})	0	0.10	0.25	0.50
η (cp)	4.403	4.651	5.012	5.585

Ref. [20] 35°C

Conc. (mol l^{-1})	0	0.10	0.25	0.50
η (cp)	2.665	2.785	2.972	3.228

RbBr Rubidium Bromide

Ref. [18] [19]

Conc. (mol l^{-1})	0	0.10	0.25	0.50
η (cp)	3.260	3.394	3.501	Solution supersaturated

Ref. [18] [19] 15°C

Conc. (mol l^{-1})	0	0.10	0.25
η (cp)	4.312	4.462	4.661

Ref. [18] [19] 35°C

Conc. (mol l^{-1})	0	0.10	0.25
η (cp)	2.564	2.648	2.717

VI. VISCOSITY

FORMAMIDE, HCONH$_2$ (Continued)

RbCO$_2$H Rubidium Formate

Ref. [20]

Conc. (mol l^{-1})	0	0.10	0.25
η (cp)	3.286	3.432	3.561

RbCl Rubidium Chloride

Ref. [18] [19]

Conc. (mol l^{-1})	0	0.10	0.25	0.50
η (cp)	3.256	3.396	3.606	3.869

Ref. [18] [19] 15°C

Conc. (mol l^{-1})	0	0.10	0.25	0.50
η (cp)	4.284	4.486	4.773	5.246

Ref. [18] [19] 35°C

Conc. (mol l^{-1})	0	0.10	0.25	0.50
η (cp)	2.561	2.623	2.778	2.961

RbI Rubidium Iodide

Ref. [18] [19]

Conc. (mol l^{-1})	0	0.10	0.25	0.50
η (cp)	3.207	3.348	3.503	3.516

Ref. [18] [19] 15°C

Conc. (mol l^{-1})	0	0.10	0.25	0.50
η (cp)	4.201	4.432	4.643	4.945

Ref. [18] [19] 35°C

Conc. (mol l^{-1})	0	0.10	0.25	0.50
η (cp)	2.496	2.634	2.737	2.865

RbNO$_3$ Rubidium Nitrate

Ref. [18] [19]

Conc. (mol l^{-1})	0	0.10	0.25
η (cp)	3.256	3.346	3.430

Ref. [18] [19] 15°C

Conc. (mol l^{-1})	0	0.10	0.25
η (cp)	4.284	4.417	4.586

Ref. [18] [19] 35°C

Conc. (mol l^{-1})	0	0.10	0.25
η (cp)	2.561	2.622	2.673

FORMAMIDE, HCONH$_2$ (Continued)

Sr(NO$_3$)$_2$ Strontium Nitrate

Ref. [20]

Conc. (mol l^{-1})	0	0.10	0.25
η (cp)	3.319	3.686	4.259

Ref. [20] 15°C

Conc. (mol l^{-1})	0	0.10	0.25
η (cp)	4.405	4.947	5.758

Ref. [20] 35°C

Conc. (mol l^{-1})	0	0.10	0.25
η (cp)	2.642	2.956	3.354

HEAVY WATER, D$_2$O

KBr

Ref. [21]

Conc. (mol %)	1.2	3.75	5.6	6.7	7.3	8.1
η (cp)	1.086	1.046	1.024	1.018	1.030	1.047

Ref. [21] 35°C

Conc. (mol %)	1.2	3.75	5.6	6.7	7.3	8.1
η (cp)	0.854	0.856	0.853	0.850	0.868	0.884

Ref. [21] 45°C

Conc. (mol %)	1.2	3.75	5.6	6.7	7.3	8.1
η (cp)	0.715	0.725	0.732	0.739	0.754	0.767

Ref. [21] 60°C

Conc. (mol %)	1.2	3.75	5.6	6.7	7.3	8.1
η (cp)	0.557	0.581	0.600	0.607	0.617	0.635

Ref. [21] 75°C

Conc. (mol %)	1.2	3.75		6.7	7.3	8.1
η (cp)	0.462	0.483		0.512	0.525	0.541

Ref. [21] 90°C

Conc. (mol %)	1.2	3.75		6.7	7.3	8.1
η (cp)	0.380	0.414		0.437	0.450	0.463

VI. VISCOSITY

HEAVY WATER, D$_2$O (Continued)

KCl

Ref. [21]

Conc. (mol %)	0.5	1.0	2.2	4.0	6.4
η (cp)	1.095	1.080	1.076	1.089	1.101

Ref. [21] 35°C

Conc. (mol %)	0.5	1.0	2.2	4.0	6.4
η (cp)	0.868	0.859	0.871	0.889	0.912

Ref. [21] 45°C

Conc. (mol %)	0.5	1.0	2.2	4.0	6.4
η (cp)	0.714	0.709	0.732	0.755	0.784

Ref. [21] 60°C

Conc. (mol %)	0.5	1.0	2.2	4.0	6.4
η (cp)	0.552	0.554	0.582	0.603	0.632

Ref. [21] 75°C

Conc. (mol %)	0.5	1.0	2.2	4.0	6.4
η (cp)	0.448	0.451	0.477	0.501	0.529

Ref. [21] 90°C

Conc. (mol %)	0.5	1.0	2.2	4.0	6.4
η (cp)	0.368	0.373	0.398	0.423	0.451

KI

Ref. [21]

Conc. (mol %)	1.1	2.1	3.6	5.3	7.6	12.1
η (cp)	1.036	0.970	0.942	0.936	0.972	1.098

Ref. [21] 35°C

Conc. (mol %)	1.1	2.1	3.6	5.3	7.6	12.1
η (cp)	0.829	0.794	0.776	0.783	0.823	0.942

Ref. [21] 45°C

Conc. (mol %)	1.1	2.1	3.6	5.3	7.6	12.1
η (cp)	0.692	0.667	0.662	0.680	0.715	0.827

Ref. [21] 60°C

Conc. (mol %)	1.1	2.1	3.6	5.3	7.6	12.1
η (cp)	0.542	0.541	0.536	0.556	0.597	0.695

Ref. [21] 75°C

Conc. (mol %)	1.1	2.1	3.6		7.6	12.1
η (cp)	0.442	0.453	0.457		0.508	0.601

Ref. [21] 90°C

Conc. (mol %)	1.1	2.1	3.6		7.6	12.1
η (cp)	0.369	0.374	0.381		0.440	0.521

HEAVY WATER, D$_2$O (Continued)

KMnO$_4$

Ref. [21]

Conc. (mol %)	0.21	0.34	0.52	0.62
η (cp)	1.101	1.092	1.079	1.082

Ref. [21] 35°C

Conc. (mol %)	0.21	0.34	0.52	0.62
η (cp)	0.873	0.861	0.853	0.850

Ref. [21] 45°C

Conc. (mol %)	0.21	0.34	0.52	0.62
η (cp)	0.717	0.709	0.703	0.704

Ref. [21] 60°C

Conc. (mol %)	0.21	0.34	0.52	0.62
η (cp)	0.553	0.551	0.546	0.547

Ref. [21] 75°C

Conc. (mol %)	0.21	0.34	0.52	0.62
η (cp)	0.452	0.450	0.446	0.443

Ref. [21] 90°C

Conc. (mol %)	0.21	0.34	0.52	0.62
η (cp)	0.371	0.368	0.370	0.366

LiCl

Ref. [21]

Conc. (mol %)	2.4	7.6	14.1	19.7	21.5
η (cp)	1.335	1.712	3.692	6.900	8.914

Ref. [21] 35°C

Conc. (mol %)	2.4	7.6	14.1	19.7	21.5
η (cp)	1.039	1.351	3.018	5.334	6.744

Ref. [21] 45°C

Conc. (mol %)	2.4	7.6	14.1	19.7	21.5
η (cp)	0.854	1.112	2.397	4.216	5.422

Ref. [21] 60°C

Conc. (mol %)	2.4	7.6	14.1	19.7	21.5
η (cp)	0.653	0.853	1.818	3.123	3.879

Ref. [21] 75°C

Conc. (mol %)	2.4	7.6	14.1	19.7	21.5
η (cp)	0.526	0.685	1.453	2.410	2.924

Ref. [21] 90°C

Conc. (mol %)	2.4	7.6	14.1	19.7	21.5
η (cp)	0.431	0.559	1.178	1.851	2.270

VI. VISCOSITY

HEAVY WATER, D_2O (Continued)

Li_2SO_4

Ref. [21]				
Conc. (mol %)	0.5	1.6	3.2	5.2
η (cp)	1.243	1.740	2.887	5.343
Ref. [21] 35°C				
Conc. (mol %)	0.5	1.6	3.2	5.2
η (cp)	0.975	1.355	2.216	3.964
Ref. [21] 45°C				
Conc. (mol %)	0.5	1.6	3.2	5.2
η (cp)	0.802	1.102	1.770	3.084
Ref. [21] 60°C				
Conc. (mol %)	0.5	1.6	3.2	5.2
η (cp)	0.613	0.833	1.315	2.232
Ref. [21] 75°C				
Conc. (mol %)	0.5	1.6	3.2	5.2
η (cp)	0.494	0.650	1.021	1.694
Ref. [21] 90°C				
Conc. (mol %)	0.5	1.6	3.2	5.2
η (cp)	0.403	0.533	0.808	1.307

$MnSO_4$

Ref. [21]					
Conc. (mol %)	0.5	1.2	2.0	2.9	3.7
η (cp)	1.297	1.590	2.183	3.140	4.452
Ref. [21] 35°C					
Conc. (mol %)	0.5	1.2	2.0	2.9	3.7
η (cp)	1.00	1.247	1.696	2.404	3.327
Ref. [21] 45°C					
Conc. (mol %)	0.5	1.2	2.0	2.9	3.7
η (cp)	0.827	1.008	1.371	1.912	2.575
Ref. [21] 60°C					
Conc. (mol %)	0.5	1.2	2.0	2.9	3.7
η (cp)	0.620	0.765	1.045	1.413	1.878
Ref. [21] 75°C					
Conc. (mol %)	0.5	1.2	2.0	2.9	3.7
η (cp)	0.503	0.609	0.802	1.087	1.432
Ref. [21] 90°C					
Conc. (mol %)	0.5	1.2	2.0	2.9	3.7
η (cp)	0.411	0.489	0.645	0.847	1.167

HEAVY WATER, D$_2$O (*Continued*)

Na$_2$CO$_3$

Ref. [21]

Conc. (mol %)	0.9	1.8	3.1	4.1
η (cp)	1.400	1.847	2.881	4.233

Ref. [21] 35°C

Conc. (mol %)	0.9	1.8	3.1	4.1
η (cp)	1.094	1.443	2.174	3.115

Ref. [21] 45°C

Conc. (mol %)	0.9	1.8	3.1	4.1
η (cp)	0.895	1.167	1.725	2.435

Ref. [21] 60°C

Conc. (mol %)	0.9	1.8	3.1	4.1
η (cp)	0.691	0.884	1.262	1.713

Ref. [21] 75°C

Conc. (mol %)	0.9	1.8	3.1	4.1
η (cp)	0.550	0.701	0.969	1.280

Ref. [21] 90°C

Conc. (mol %)	0.9	1.8	3.1	4.1
η (cp)	0.444	0.564	0.764	0.990

NaF

Ref. [21]

Conc. (mol %)	0.54	1.22	1.63
η (cp)	1.159	1.246	1.326

Ref. [21] 35°C

Conc. (mol %)	0.54	1.22	1.63
η (cp)	0.913	0.980	1.043

Ref. [21] 45°C

Conc. (mol %)	0.54	1.22	1.63
η (cp)	0.747	0.800	0.857

Ref. [21] 60°C

Conc. (mol %)	0.54	1.22	1.63
η (cp)	0.576	0.615	0.650

Ref. [21] 75°C

Conc. (mol %)	0.54	1.22	1.63
η (cp)	0.463	0.493	0.520

Ref. [21] 90°C

Conc. (mol %)	0.54	1.22	1.63
η (cp)	0.380	0.404	0.425

VI. VISCOSITY

n-HEPTANOL, n-C$_7$H$_{15}$OH

HBr Hydrogen Bromide

Ref. [22]

Conc. (g Eq. l^{-1})	0	0.04	0.095	0.15	0.18	0.26
η (cp)	5.03	5.40	5.44	5.62	5.98	6.10
Conc. (g Eq. l^{-1})	0.30	0.45	0.58	0.90	1.20	1.46
η (cp)	6.20	6.78	7.30	8.5	9.5	10.5

Ref. [22] 0°C

Conc. (g Eq. l^{-1})	0	0.095	0.15	0.18	0.26	0.30
η (cp)	12.7	13.9	14.1	14.9	15.2	15.4
Conc. (g Eq. l^{-1})	0.45	0.58	0.90	1.20	1.46	
η (cp)	16.5	17.5	20.1	23.0	25.4	

Ref. [22] -15°C

Conc. (g Eq. l^{-1})	0	0.095	0.15	0.18	0.26	0.30
η (cp)	24.9	27.1	27.6	29.1	29.1	29.7
Conc. (g Eq. l^{-1})	0.45	0.58	0.90	1.20	1.46	
η (cp)	31.7	33.2	38.3	44.5	50.4	

Ref. [22] -30°C

Conc. (g Eq. l^{-1})	0	0.095	0.15	0.18	0.26	0.30
η (cp)	54.0	60.7	61.4	63.5	63.9	64.0
Conc. (g Eq. l^{-1})	0.45	0.58	0.90	1.20	1.46	
η (cp)	68.6	71.5	84.7	102.0	117.6	

HCl Hydrogen Chloride

Ref. [22]

Conc. (g Eq. l^{-1})	0	0.072	0.135	0.240	0.330	0.450
η (cp)	5.03	5.3	5.4	5.6	6.0	6.1
Conc. (g Eq. l^{-1})	0.670	1.030	1.400			
η (cp)	6.6	7.1	7.5			

Ref. [22] 0°C

Conc. (g Eq. l^{-1})	0	0.072	0.135	0.240	0.330	0.450
η (cp)	12.7	13.3	13.7	14.3	14.8	15.2
Conc. (g Eq. l^{-1})	0.670	1.030	1.400			
η (cp)	16.2	17.3	18.1			

Ref. [22] -15°C

Conc. (g Eq. l^{-1})	0	0.072	0.135	0.240	0.330	0.450
η (cp)	24.9	26.3	26.7	27.8	28.8	29.1
Conc. (g Eq. l^{-1})	0.670	1.030	1.400			
η (cp)	31.4	33.2	34.7			

Ref. [22] -30°C

Conc. (g Eq. l^{-1})	0	0.072	0.135	0.240	0.330	0.450
η (cp)	54.0	58.0	59.0	61.0	63.0	63.9
Conc. (g Eq. l^{-1})	0.670	1.030	1.400			
η (cp)	68.1	73.1	77.4			

n-HEXANOL, n-C_6H_{13}OH

HBr Hydrogen Bromide

Ref. [22]

Conc. (g Eq. l^{-1})	0	0.060	0.096	0.143	0.180	0.210
η (cp)	4.1	4.2	4.23	4.6	4.07	4.72
Conc. (g Eq. l^{-1})	0.370	0.450	0.500	0.760	1.250	1.910
η (cp)	5.1	5.3	5.5	6.0	7.7	10.2

Ref. [22] 0°C

Conc. (g Eq. l^{-1})	0	0.060	0.096	0.143	0.210	0.370
η (cp)	9.3	10.0	10.1	10.8	10.9	12.1
Conc. (g Eq. l^{-1})	0.450	0.500	0.760	1.250	1.910	
η (cp)	12.2	12.3	13.4	17.1	24.5	

Ref. [22] −15°C

Conc. (g Eq. l^{-1})	0	0.060	0.096	0.143	0.180	0.210
η (cp)	17.4	18.7	18.9	19.7	20.4	20.2
Conc. (g Eq. l^{-1})	0.370	0.450	0.500	0.760	1.250	1.910
η (cp)	22.2	22.2	22.4	23.9	31.8	48.0

Ref. [22] −30°C

Conc. (g Eq. l^{-1})	0	0.060	0.096	0.143	0.180	0.210
η (cp)	35.5	38.0	38.8	40.0	41.0	40.8
Conc. (g Eq. l^{-1})	0.370	0.450	0.500	0.760	1.250	1.910
η (cp)	44.8	46.0	46.8	48.8	65.4	110.4

HCl Hydrogen Chloride

Ref. [22]

Conc. (g Eq. l^{-1})	0	0.072	0.16	0.28	0.42	0.68
η (cp)	4.1	4.14	4.3	4.5	4.9	5.1
Conc. (g Eq. l^{-1})	0.78	1.30	1.80			
η (cp)	5.2	5.7	6.2			

Ref. [22] 0°C

Conc. (g Eq. l^{-1})	0	0.072	0.16	0.28	0.42	0.68
η (cp)	9.3	10.0	10.3	10.5	10.8	11.6
Conc. (g Eq. l^{-1})	0.78	1.30	1.80			
η (cp)	12.0	13.0	14.9			

Ref. [22] −15°C

Conc. (g Eq. l^{-1})	0	0.072	0.16	0.28	0.42	0.68
η (cp)	17.4	18.7	19.0	19.4	20.3	21.1
Conc. (g Eq. l^{-1})	0.78	1.30	1.80			
η (cp)	21.7	23.5	25.9			

Ref. [22] −30°C

Conc. (g Eq. l^{-1})	0	0.072	0.16	0.28	0.42	0.68
η (cp)	35.5	38.6	39.1	39.4	41.5	42.6
Conc. (g Eq. l^{-1})	0.78	1.30	1.80			
η (cp)	44.0	48.8	54.4			

VI. VISCOSITY

METHANOL, CH$_3$OH

Be(NO$_3$)$_2$·3H$_2$O

Ref. [23] [24] 20°C

Conc. (M × 10^4)	3.989	7.979	11.97	15.96	19.95	23.94
η (cp)	0.5802	0.5807	0.5811	0.5815	0.5817	0.5817

Conc. (M × 10^4)	27.93	31.91	35.90	39.89		
η (cp)	0.5820	0.5822	0.5828	0.5836		

Ca(NO$_3$)$_2$·4H$_2$O

Ref. [23] [24] 20°C

Conc. (M × 10^4)	3.682	7.364	11.05	14.73	18.41	29.45
η (cp)	0.5759	0.5790	0.5801	0.5805	0.5809	0.5820

Conc. (M × 10^4)	33.14	36.82				
η (cp)	0.5825	0.5846				

KSCN

Ref. [25] −50°C

Conc. (m)	0.0482	0.111	0.329	0.498	0.777	1.07
η (cp)	2.24	2.32	2.64	2.87	3.29	3.73

Conc. (m)	1.60
η (cp)	4.68

Ref. [25] −40°C

Conc. (m)	0.0482	0.111	0.329	0.498	0.777	1.07
η (cp)	1.75	1.81	2.04	2.20	2.48	2.77

Conc. (m)	1.60	2.18
η (cp)	3.38	4.14

Ref. [25] −30 C

Conc. (m)	0.0482	0.111	0.329	0.498	0.777	1.07
η (cp)	1.41	1.45	1.62	1.74	1.94	2.14

Conc. (m)	1.60	2.18
η (cp)	2.55	3.07

Ref. [25] −20°C

Conc. (m)	0.0482	0.111	0.329	0.498	0.777	1.07
η (cp)	1.15	1.18	1.31	1.40	1.55	1.70

Conc. (m)	1.60	2.18
η (cp)	1.99	2.35

Ref. [25] −10°C

Conc. (m)	0.0482	0.111	0.329	0.498	0.777	1.07
η (cp)	0.948	0.978	1.09	1.15	1.26	1.38

Conc. (m)	1.60	2.18
η (cp)	1.60	1.86

METHANOL, CH₃OH (Continued)
KSCN (Continued)

Ref. [25] 0°C

Conc. (m)	0.0482	0.111	0.329	0.498	0.777	1.07
η (cp)	0.808	0.833	0.913	0.974	1.05	1.14
Conc. (m)	1.60	2.18				
η (cp)	1.32	1.51				

Ref. [25] 10°C

Conc. (m)	0.0482	0.111	0.329	0.498	0.777	1.07
η (cp)	0.692	0.711	0.773	0.819	0.890	0.961
Conc. (m)	1.60	2.18				
η (cp)	1.09	1.25				

Ref. [25] 20°C

Conc. (m)	0.0482	0.111	0.329	0.498	0.777	1.07
η (cp)	0.597	0.614	0.670	0.704	0.764	0.815
Conc. (m)	1.60	2.18				
η (cp)	0.925	1.05				

Mg(NO₃)₂·6H₂O

Ref. [23] [24] 20°C

Conc. (M × 10⁴)	4.847	9.693	14.54	19.39	24.23	29.08
η (cp)	0.5791	0.5805	0.5817	0.5826	0.5835	0.5844
Conc. (M × 10⁴)	33.93	38.77	43.62	48.47		
η (cp)	0.5853	0.5859	0.5866	0.5873		

SbCl₃ Antimony Chloride

Ref. [5]

Conc. (molar fraction)	0	0.0996	0.1975	0.2946	0.3961	0.4875
η (cp)	0.55	1.42	3.31	6.94	12.25	16.41
Conc. (molar fraction)	0.5844	0.7355	1			
η (cp)	18.69	16.46	8.92			

Ref. [5] 50°C

Conc. (molar fraction)	0	0.0996	0.1975	0.2946	0.3961	0.4875
η (cp)	0.38	0.87	1.70	3.00	4.60	5.76
Conc. (molar faction)	0.5844	0.7355	1			
η (cp)	6.28	5.93	3.94			

Additional Information:

A discussion of the dependence of viscosity upon concentration for LiCl solutions in Methanol appears in Ref. [11].

METHANOL, CH_3OH (Continued)

Viscosity B Coefficients in Dilute Methanol Solutions [36]

Electrolyte	B
KBr	0.7396
KCl	0.7635
KI	0.6747
NH_4Cl	0.6610

Viscosity B Coefficients [42]

Electrolyte	Temp. (°C)	B coefficient
LiCl	25	0.828
	30	0.822
NaCl	25	0.796
	30	0.794
CsCl	25	0.563
	30	0.557

N-METHYLACETAMIDE, $CH_3CONHCH_3$

$BaCl_2$

Ref. [26] 30°C

Conc. (M × 10³)	3.695	6.883	9.580	11.46	18.68
η (cp)	3.927	3.942	3.977	3.993	4.075
Conc. (M × 10³)	30.65	53.32	80.92	102.0	135.0
η (cp)	4.172	4.421	4.697	4.926	5.342

Ref. [26] 40°C

Conc. (M × 10³)	3.695	6.883	9.580	11.46	18.68
η (cp)	3.039	3.060	3.081	3.078	3.151
Conc. (M × 10³)	30.65	53.32	80.92	102.0	135.0
η (cp)	3.208	3.414	3.607	3.776	4.099

N-METHYLACETAMIDE, CH$_3$CONHCH$_3$ (Continued)

CdCl$_2$

Ref. [26] 30°C

Conc. (M × 10^3)	10.36	28.74	36.05	44.87	57.09
η (cp)	3.931	4.005	4.028	4.075	4.125
Conc. (M × 10^3)	73.36	80.76	110.2	119.3	152.3
η (cp)	4.191	4.226	4.363	4.393	4.537

Ref. [26] 40°C

Conc. (M × 10^3)	10.36	28.74	36.05	44.87	57.09
η (cp)	3.057	3.100	3.121	3.151	3.190
Conc. (M × 10^3)	73.36	80.76	110.2	119.3	152.3
η (cp)	3.235	3.263	3.356	3.390	3.489

KBr Potassium Bromide

Ref. [26] 30°C

Conc. (M × 10^3)	7.641	8.882	17.40	35.64	35.90
η (cp)	3.900	3.909	3.939	4.015	4.009
Conc. (M × 10^3)	62.70	83.70	102.9	142.1	188.8
η (cp)	4.109	4.185	4.261	4.414	4.616
Conc. (M × 10^3)	236.7	280.1			
η (cp)	4.847	5.019			

Ref. [26] 40°C

Conc. (M × 10^3)	7.641	8.882	17.40	35.64	35.90
η (cp)	3.042	3.051	3.070	3.116	3.119
Conc. (M × 10^3)	62.70	83.70	102.9	142.1	188.8
η (cp)	3.188	3.247	3.312	3.420	3.562
Conc. (M × 10^3)	236.7	280.1			
η (cp)	3.723	3.886			

Ref. [26] 50°C

Conc. (M × 10^3)	7.641	8.882	17.40	35.64	35.90
η (cp)	2.421	2.425	2.437	2.480	2.477
Conc. (M × 10^3)	62.70	83.70	102.9	142.1	188.8
η (cp)	2.527	2.578	2.626	2.710	2.812
Conc. (M × 10^3)	236.7	280.1			
η (cp)	2.923	3.036			

Ref. [26] 60°C

Conc. (M × 10^3)	7.641	8.882	17.40	35.64	35.90
η (cp)	1.969	1.973	1.983	2.018	2.011
Conc. (M × 10^3)	62.70	83.70	102.9	142.1	188.8
η (cp)	2.054	2.091	2.128	2.190	2.274
Conc. (M × 10^3)	236.7	280.1			
η (cp)	2.363	2.437			

VI. VISCOSITY

N-METHYLACETAMIDE, $CH_3CONHCH_3$ (Continued)

KI Potassium Iodide

Ref. [26] 30°C

Conc. ($M \times 10^3$)	5.527	11.33	23.87	43.70	60.33
η (cp)	3.907	3.935	3.960	4.032	4.114
Conc. ($M \times 10^3$)	94.02	104.2	160.3	246.4	344.8
η (cp)	4.211	4.242	4.436	4.782	5.159
Conc. ($M \times 10^3$)	514.1	569.1	676.8	836.7	958.1
η (cp)	6.003	6.341	6.952	8.033	8.974
Conc. ($M \times 10^3$)	991.6				
η (cp)	9.288				

Ref. [26] 40°C

Conc. ($M \times 10^3$)	5.527	11.33	23.87	43.70	60.33
η (cp)	3.036	3.051	3.072	3.130	3.202
Conc. ($M \times 10^3$)	94.02	104.2	160.3	246.4	344.8
η (cp)	3.272	3.293	3.432	3.680	3.954
Conc. ($M \times 10^3$)	514.1	569.1	676.8	836.7	958.1
η (cp)	4.522	4.761	5.178	5.888	6.504
Conc. ($M \times 10^3$)	991.6				
η (cp)	6.716				

NaI Sodium Iodide

Ref. [26] 30°C

Conc. ($M \times 10^3$)	6.530	10.61	26.11	52.49	63.44
η (cp)	3.895	3.911	3.960	4.043	4.094
Conc. ($M \times 10^3$)	90.31	111.0	226.0	330.5	436.9
η (cp)	4.160	4.235	4.610	4.999	5.399
Conc. ($M \times 10^3$)	543.5	652.1	764.8	872.7	965.2
η (cp)	5.852	6.335	6.923	7.524	8.092
Conc. ($M \times 10^3$)	1080	1358	1483	1757	1980
η (cp)	8.826	10.70	11.64	15.45	18.56
Conc. ($M \times 10^3$)	2139	2426	2612		
η (cp)	21.28	26.87	31.38		

Ref. [26] 40°C

Conc. ($M \times 10^3$)	6.530	10.61	26.11	52.49	63.44
η (cp)	3.029	3.044	3.081	3.145	3.188
Conc. ($M \times 10^3$)	90.31	111.0	226.0	330.5	436.9
η (cp)	3.229	3.277	3.560	3.842	4.139
Conc. ($M \times 10^3$)	543.5	652.1	764.8	872.7	965.2
η (cp)	4.451	4.784	5.209	5.625	6.013
Conc. ($M \times 10^3$)	1080	1358	1483	1757	1980
η (cp)	6.579	7.782	8.368	10.82	12.80
Conc. ($M \times 10^3$)	2139	2426	2612	2874	2978
η (cp)	14.42	17.79	20.51	24.67	27.17

N-METHYLACETAMIDE, $CH_3CONHCH_3$ (Continued)

NaI Sodium Iodide (Continued)

Ref. [26] 50°C

Conc. (M × 10³)	6.530	10.61	26.11	52.49	63.44
η (cp)	2.422	2.425	2.459	2.499	2.542
Conc. (M × 10³)	90.31	111.0	226.0	330.5	436.9
η (cp)	2.566	2.603	2.816	3.027	3.243
Conc. (M × 10³)	543.5	652.1	764.8	872.7	965.2
η (cp)	3.472	3.732	4.033	4.344	4.624
Conc. (M × 10³)	1080	1358	1483	1757	1980
η (cp)	4.953	5.862	6.277	7.946	9.349
Conc. (M × 10³)	2139	2426	2612	2874	2978
η (cp)	10.33	124.1	13.96	16.65	18.17

Ref. [26] 60°C

Conc. (M × 10³)	6.530	10.61	26.11	52.49	63.44
η (cp)	1.968	1.978	1.991	2.032	2.055
Conc. (M × 10³)	90.31	111.0	226.0	330.5	436.9
η (cp)	2.081	2.111	2.268	2.431	2.600
Conc. (M × 10³)	543.5	652.1	764.8	872.7	965.2
η (cp)	2.788	2.976	3.206	3.417	3.639
Conc. (M × 10³)	1080	1358	1483	1757	1980
η (cp)	3.870	4.553	4.849	6.065	7.017
Conc. (M × 10³)	2139	2426	2612	2874	2978
η (cp)	7.684	9.101	10.15	11.86	12.85

N-METHYLFORMAMIDE

KBr

Ref. [34]

Conc. (mol l⁻¹)	0.004169	0.010154	0.030163	0.05858
η_{rel}	1.00257	1.00632	1.01846	1.03565
ρ_{rel}	1.00034	1.00086	1.00245	1.00492
Conc. (mol l⁻¹)	0.086618	0.19815		
η_{rel}	1.05329	1.12580		
ρ_{rel}	1.00710	1.01647		

Ref. [34] 35°C

Conc. (mol l⁻¹)	0.000306	0.004133	0.010066	0.029901
η_{rel}	1.00023	1.00261	1.00622	1.01781
ρ_{rel}	1.00000	1.00037	1.00084	1.00252
Conc. (mol l⁻¹)	0.058039	0.085875	0.19646	
η_{rel}	1.03406	1.05075	1.11934	
ρ_{rel}	1.00488	1.00721	1.01665	

N-METHYLFORMAMIDE (Continued)

Ref. [34] 45°C

Conc. (mol l^{-1})	0.004096	0.009977	0.029640	0.057532
η_{rel}	1.00238	1.00587	1.01703	1.03254
ρ_{rel}	1.00037	1.00080	1.00256	1.00494
Conc. (mol l^{-1})	0.085128	0.19476		
η_{rel}	1.04850	1.11374		
ρ_{rel}	1.00734	1.01682		

KCl

Ref. [34]

Conc. (mol l^{-1})	0.000468	0.003704	0.010363	0.029708
η_{rel}	1.00037	1.00253	1.00697	1.01944
ρ_{rel}	1.00001	1.00019	1.00040	1.00126
Conc. (mol l^{-1})	0.059779	0.085542		
η_{rel}	1.03865	1.05540		
ρ_{rel}	1.00271	1.00388		

Ref. [34] 35°C

Conc. (mol l^{-1})	0.000464	0.003671	0.010274	0.029452
η_{rel}	1.00035	1.00247	1.00666	1.01849
ρ_{rel}	1.00002	1.00015	1.00050	1.00130
Conc. (mol l^{-1})	0.059261	0.084800		
η_{rel}	1.03669	1.05258		
ρ_{rel}	1.00267	1.00388		

Ref. [34] 45°C

Conc. (mol l^{-1})	0.000460	0.003639	0.010183	0.029193
η_{rel}	1.00036	1.00234	1.00640	1.01789
ρ_{rel}	1.00002	1.00014	1.00048	1.00136
Conc. (mol l^{-1})	0.058742	0.084054		
η_{rel}	1.03524	1.05040		
ρ_{rel}	1.00270	1.00385		

NaBr

Ref. [34]

Conc. (mol l^{-1})	0.000627	0.002608	0.004702	0.008375
η_{rel}	1.00040	1.00176	1.00294	1.00479
ρ_{rel}	0.99996	1.00015	1.00031	1.00050
Conc. (mol l^{-1})	0.011931	0.023873	0.050566	0.097365
η_{rel}	1.00740	1.01450	1.03063	1.05915
ρ_{rel}	1.00084	1.00177	1.00396	1.00744
Conc. (mol l^{-1})	0.20211	0.30674	0.39872	
η_{rel}	1.12667	1.19965	1.26958	
ρ_{rel}	1.01539	1.02315	1.03019	

N-METHYLFORMAMIDE (Continued)

NaBr (Continued)

Ref. [34] 35°C

Conc. (mol l^{-1})	0.000622	0.002471	0.004759	0.008303
η_{rel}	1.00036	1.00160	1.00307	1.00517
ρ_{rel}	1.00002	1.00014	1.00034	1.00064
Conc. (mol l^{-1})	0.011827	0.023664	0.050128	0.096525
η_{rel}	1.00728	1.01381	1.02975	1.05621
ρ_{rel}	1.00089	1.00179	1.00402	1.00760
Conc. (mol l^{-1})	0.20037	0.30411	0.39540	
η_{rel}	1.11955	1.18780	1.25302	
ρ_{rel}	1.01550	1.02330	1.03069	

Ref. [34] 45°C

Conc. (mol l^{-1})	0.000616	0.002449	0.004718	0.008230
η_{rel}	1.00053	1.00159	1.00296	1.00475
ρ_{rel}	1.00014	1.00021	1.00035	1.00063
Conc. (mol l^{-1})	0.011723	0.023458	0.049687	0.095701
η_{rel}	1.00689	1.01352	0.02815	1.05361
ρ_{rel}	1.00092	1.00190	1.00420	1.00755
Conc. (mol l^{-1})	0.19863	0.30147	0.39199	
η_{rel}	1.11381	1.17845	1.23925	
ρ_{rel}	1.01551	1.02372	1.03086	

NaCl

Ref. [34]

Conc. (mol l^{-1})	0.003805	0.009616	0.029980	0.057672
η_{rel}	1.00241	1.00625	1.01871	1.03599
ρ_{rel}	1.00006	1.00036	1.00100	1.00219

Ref. [34] 35°C

Conc. (mol l^{-1})	0.000474	0.003772	0.009533	0.029720
η_{rel}	1.00032	1.00239	1.00592	1.01802
ρ_{rel}	0.99997	1.00012	1.00035	1.00107
Conc. (mol l^{-1})	0.057168	0.088519		
η_{rel}	1.03445	1.05334		
ρ_{rel}	1.00210	1.00323		

Ref. [34] 45°C

Conc. (mol l^{-1})	0.000470	0.003739	0.009449	0.029461
η_{rel}	1.00030	1.00224	1.00566	1.01731
ρ_{rel}	1.00006	1.00018	1.00035	1.00114
Conc. (mol l^{-1})	0.056667	0.087747		
η_{rel}	1.03292	1.05122		
ρ_{rel}	1.00210	1.00333		

VI. VISCOSITY

N-METHYLFORMAMIDE (Continued)

Values of B Coefficients [34]

Electrolyte	Temperature	B coefficient
KBr	25°	0.584
	35°	0.549
	45°	0.541
KCl	25°	0.615
	35°	0.589
	45°	0.568
NaBr	25°	0.567
	35°	0.542
	45°	0.511
NaCl	25°	0.599
	35°	0.577
	45°	0.558

N-METHYL PROPIONAMIDE, $C_2H_5CONHCH_3$

KBr

Ref. [26] 30°C

Conc. (m $\times$ 10^3)	8.328	9.795	22.70	59.50	83.85	102.5
η (cp)	4.597	4.618	4.680	4.892	5.016	5.109

Conc. (m $\times$ 10^3)	132.7	178.3	207.7
η (cp)	5.291	5.546	5.727

Ref. [26] 40°C

Conc. (m $\times$ 10^3)	8.328	9.795	22.70	59.50	83.85	102.5
η (cp)	3.578	3.598	3.640	3.798	3.877	3.951

Conc. (m $\times$ 10^3)	132.7	178.3	207.7
η (cp)	4.089	4.274	4.403

Ref. [26] 50°C

Conc. (m $\times$ 10^3)	8.328	9.795	22.70	59.50	83.85	102.5
η (cp)	2.836	2.850	2.887	3.000	3.063	3.125

Conc. (m $\times$ 10^3)	132.7	178.3	207.7
η (cp)	3.222	3.368	3.460

Ref. [26] 60°C

Conc. (m $\times$ 10^3)	8.328	9.795	22.70	59.50	83.85	102.5
η (cp)	2.281	2.298	2.326	2.410	2.462	2.503

Conc. (m $\times$ 10^3)	132.7	178.3	207.7
η (cp)	2.585	2.693	2.765

N-METHYL PROPIONAMIDE, $C_2H_5CONHCH_3$ (Continued)

KI

Ref. [26] 30°C

Conc. (m × 10³)	7.111	10.13	22.56	45.21	67.97	89.42
η (cp)	4.585	4.599	4.663	4.768	4.873	5.005

Conc. (m × 10³)	163.0	257.0	367.1	505.4	671.3
η (cp)	5.336	5.830	6.453	7.360	8.604

Ref. [26] 40°C

Conc. (m × 10³)	7.111	10.13	22.56	45.21	67.97	89.42
η (cp)	3.565	3.580	3.626	3.705	3.792	3.853

Conc. (m × 10³)	163.0	257.0	367.1	505.4	671.3
η (cp)	4.118	4.469	4.917	5.559	6.453

Ref. [26] 50°C

Conc. (m × 10³)	7.111	10.13	22.56	45.21	67.97	89.42
η (cp)	2.831	2.840	2.878	2.938	2.998	3.051

Conc. (m × 10³)	163.0	257.0	367.1	505.4	671.3
η (cp)	3.248	3.504	3.839	4.319	5.001

Ref. [26] 60°C

Conc. (m × 10³)	7.111	10.13	22.56	45.21	67.97	89.42
η (cp)	2.283	2.291	2.319	2.365	2.412	2.459

Conc. (m × 10³)	163.0	257.0	367.1	505.4	671.3
η (cp)	2.603	2.811	3.064	3.412	3.912

NaI

Ref. [26] 30°C

Conc. (m × 10³)	6.968	9.641	21.93	48.50	64.92	93.94
η (cp)	4.589	4.611	4.655	4.780	4.805	4.873

Conc. (m × 10³)	177.8	260.3	370.8	513.8	676.1
η (cp)	5.373	5.792	6.399	7.220	8.286

Ref. [26] 40°C

Conc. (m × 10³)	6.968	9.641	21.93	48.50	64.92	93.94
η (cp)	3.567	3.594	3.615	3.709	3.767	3.786

Conc. (m × 10³)	177.8	260.3	370.8	513.8	676.1
η (cp)	4.152	4.465	4.931	5.518	6.319

Ref. [26] 50°C

Conc. (m × 10³)	6.968	9.641	21.93	48.50	64.92	93.94
η (cp)	2.831	2.853	2.874	2.943	2.962	2.990

Conc. (m × 10³)	177.8	260.3	370.8	513.8	676.1
η (cp)	3.279	3.529	3.862	4.330	4.917

VI. VISCOSITY

N-METHYL PROPIONAMIDE, $C_2H_5CONHCH_3$ (Continued)

NaI

Ref. [26] 60°C

Conc. (m × 10³)	6.968	9.641	21.93	48.50	64.92	93.94
η (cp)	2.282	2.306	2.315	2.371	2.403	2.417
Conc. (m × 10³)	177.8	260.3	370.8	513.8	676.1	
η (cp)	2.642	2.845	3.093	3.472	3.911	

Additional Information [38]

KCl

Temp (°C)	20	25	30	35	40
B Coefficient	1.39	1.37	1.35	1.33	1.31

NITROBENZENE, $C_6H_5NO_2$

$AlBr_3 \cdot 2C_4H_8O$

Ref. [27]

Conc. (wt %)	4.55	6.16	8.89	11.22	15.47	20.00
η (cp)	1.948	1.952	2.067	2.138	2.267	2.453
Conc. (wt %)	24.33	28.43	34.17	39.85	45.75	50.97
η (cp)	2.601	2.829	31.88	3.773	4.511	5.417

Ref. [27] 18°C

Conc. (wt %)	4.55	6.16	8.89	11.22	15.47	20.00
η (cp)	2.252	2.302	2.381	2.486	2.677	2.856
Conc. (wt %)	24.33	28.43	34.17	39.85	45.75	50.97
η (cp)	3.106	3.423	3.848	4.685	5.854	7.123

$AlCl_3 \cdot (C_2H_5)_2O$

Ref. [28]

Conc. (wt %)	3.05	3.56	5.08	7.14	10.17	12.50
η (cp)	1.925	1.932	1.963	1.988	2.016	2.045
Conc. (wt %)	16.79	20.21	26.07	30.25	38.59	
η (cp)	2.076	2.128	2.201	2.251	2.435	

Ref. [28] 18°C

Conc. (wt %)	3.05	3.56	5.08	7.14	10.17	12.50
η (cp)	2.188	2.199	2.236	2.259	2.276	2.324
Conc. (wt %)	16.79	20.21	26.07	30.25	38.59	
η (cp)	2.369	2.415	2.513	2.611	2.852	

Ref. [28] 30°C

Conc. (wt %)	3.05	3.56	5.08	7.14	10.17	12.50
η (cp)	1.751	1.763	1.784	1.802	1.834	1.856
Conc. (wt %)	16.79	20.21	26.07	30.25	38.59	
η (cp)	1.892	1.931	1.993	2.036	2.206	

NITROBENZENE, $C_6H_5NO_2$ (Continued)

$AlCl_3 \cdot 2C_4H_8O$

Ref. [27]

Conc. (wt %)	2.86	3.88	4.72	6.85	9.08	11.78
η (cp)	1.920	1.941	1.978	2.063	2.144	2.276
Conc. (wt %)	15.02	18.99	24.70	27.95	31.97	
η (cp)	2.412	2.651	3.125	3.400	3.965	

Ref. [27] 18°C

Conc. (wt %)	2.86	3.88	4.72	6.85	9.08	11.78
η (cp)	2.179	2.239	2.285	2.353	2.458	2.620
Conc. (wt %)	15.02	18.99	24.70	27.95	31.97	
η (cp)	2.840	3.048	3.642	4.084	4.831	

$(n\text{-}C_5H_{11})_4NSCN$

Ref. [29]

Conc. (N)	0	0.17014	0.35003	0.60783	0.86255	0.94440
η (cp)	1.8541	1.9811	2.4853	3.5195	5.5102	6.3006
Conc. (N)	1.2603	1.4167	1.5276	1.7115	1.7592	1.7861
η (cp)	11.844	16.887	21.638	34.310	38.278	42.329
Conc. (N)	1.8334	0.030618	0.18036	0.25903	0.40684	0.50815
η (cp)	49.937	1.8891	2.0635	2.2506	2.5164	3.0022
Conc. (N)	0.70653	0.78660	0.89012	0.99731	1.0891	1.2214
η (cp)	4.0193	4.6111	5.5950	6.7478	7.8225	10.533
Conc. (N)	1.3275	1.4622	1.6326	1.8513		
η (cp)	13.008	18.002	27.139	53.241		

n-PROPANOL, $n\text{-}C_3H_7OH$

$SbCl_3$ Antimony Trichloride

Ref. [5]

Conc. (molar fraction)	0	0.0982	0.1975	0.2927	0.4057
η (cp)	1.99	3.14	5.12	8.46	13.25
Conc. (molar fraction)	0.5002	0.5922	0.6674	0.6960	1
η (cp)	17.11	18.71	17.95	17.50	8.92

Ref. [5] 50°C

Conc. (molar fraction)	0	0.0982	0.1975	0.2927	0.4057
η (cp)	1.08	1.61	2.38	3.54	5.02
Conc. (molar fraction)	0.5002	0.5922	0.6674	0.6960	1
η (cp)	6.17	6.53	6.48	6.30	3.94

Ref. [5] 75°C

Conc. (molar fraction)	0	0.0982	0.1975	0.2927	0.4057
η (cp)	0.63	0.92	1.31	1.84	2.48
Conc. (molar fraction)	0.5002	0.5922	0.6674	0.6960	1
η (cp)	2.90	3.16	3.25	3.13	2.31

VI. VISCOSITY

PROPYLENE CARBONATE

$(n\text{-}C_4H_9)_4NBr$ Tetra-n-Butylammonium bromide

Ref. [30]

Conc. (M × 10^3)	1.928	3.855	6.425$_5$	8.996	12.85
η (cp)	2.484	2.489	2.496	2.501	2.511

$(i\text{-}C_5H_{11})_4N\text{-}(i\text{-}C_5H_{11})_4B$

Ref. [31]

Conc. (M × 10^3)	1.740	3.808	5.01	7.11	8.70
η (cp)	2.485	2.492	2.497	2.504	2.510

$(C_2H_5)_4NCl$ Tetra ethylammonium chloride

Ref. [30]

Conc. (M × 10^3)	2.479	4.959	9.918	16.53	20.66
η (cp)	2.486	2.490$_5$	2.499	2.506	2.513

$(C_2H_5)_4NClO_4$

Ref. [30]

Conc. (M × 10^3)	4.067	8.136	12.20	16.27	20.34	29.98$_5$
η (cp)	2.488	2.491	2.496	2.501	2.510	2.521
Conc. (M × 10^3)	49.97	99.95				
η (cp)	2.548	2.614				

$(n\text{-}C_4H_9)_4NClO_4$

Ref. [30]

Conc. (M × 10^3)	1.879	3.757	7.515	12.81	25.62	51.25
η (cp)	2.483	2.488	2.496	2.507	2.536	2.588

$(i\text{-}C_5H_{11})_4NI$ Tetra-i-amylammonium iodide

Ref. [31]

Conc. (M × 10^3)	1.514	4.542	7.57	11.35	15.14
η (cp)	2.483	2.490	2.496$_5$	2.507$_5$	2.516

$KClO_4$

Ref. [31]

Conc. (M × 10^3)	4.030	8.06	12.09	14.05	16.12	20.15
η (cp)	2.491	2.500	2.508	2.513	2.518	2.528

KI

Ref. [31]

Conc. (M × 10^3)	3.989	7.98	12.00	15.95$_5$	19.94
η (cp)	2.492	2.501	2.510	2.520	2.530

KPF_6

Ref. [32]

Conc. (M/1)	0.26	0.42	0.58	0.75	1.20
η (cp)	3.16	3.55	4.05	4.60	6.40

PROPYLENE CARBONATE (Continued)

LiBr

Ref. [30]

Conc. (M × 10³)	7.554	15.02	22.06	30.22	37.77
η (cp)	2.508₅	2.534	2.560	2.583	2.607

LiCl

Ref. [30]

Conc. (M × 10³)	3.111	6.222	12.44	18.67	24.89	31.11
η (cp)	2.496	2.503	2.514	2.526	2.537	2.552

LiClO₄

Ref. [30]

Conc. (M × 10³)	3.650	7.300	10.95	14.60	18.25
η (cp)	2.491	2.502	2.510	2.524	2.538

SULFURIC ACID, H_2SO_4

$Ba(HSO_4)_2$

Ref. [33]

Conc. (m)	0.0650	0.1122	0.1997	0.3917	0.4486	0.7901
η (cp)	28.44	31.34	37.50	54.56	60.70	114.90

$C(C_6H_5)_3OH$

Ref. [33]

Conc. (m)	0.1190	0.2050	0.3420	0.5380
η (cp)	25.05	25.48	25.98	26.93

$p\text{-}C_6H_4(CH_3)NO_2$

Ref. [33]

Conc. (m)	0.0325	0.0720	0.1300	0.1980	0.2900	0.3850
η (cp)	24.57	24.60	24.62	24.67	24.72	24.80

CH_3CO_2H

Ref. [33]

Conc. (m)	0.0470	0.0830	0.1100	0.2430	0.3570	0.4275
η (cp)	24.43	24.31	24.03	23.86	23.76	23.63

Conc. (m)	0.5740
η (cp)	23.22

$C_6H_5CO_2H$

Ref. [33]

Conc. (m)	0.0450	0.0855	0.1430	0.2080	0.2985	0.3720
η (cp)	24.73	25.13	25.31	25.69	26.13	26.64

Conc. (m)	0.4651
η (cp)	27.25

SULFURIC ACID, H_2SO_4 (Continued)

$C_6H_4(NH_2)_2$

Ref. [33]

Conc. (m)	0.0550	0.1035	0.1500	0.1958	0.2400	0.3124
η (cp)	26.43	27.85	29.52	31.55	33.30	36.56
Conc. (m)	0.3925					
η (cp)	41.00					

$CO(CH_3)_2$

Ref. [33]

Conc. (m)	0.0450	0.1350	0.1885	0.2320	0.2950	0.3750
η (cp)	24.12	23.13	22.62	22.19	21.70	21.19

HNO_3

Ref. [33]

Conc. (m)	0.0388	0.0680	0.0975	0.1480	0.2000	0.2390
η (cp)	24.05	23.80	23.52	23.02	22.48	22.02
Conc. (m)	0.3625					
η (cp)	20.80					

$H_2S_2O_7$

Ref. [33]

Conc. (m)	0.0190	0.0470	0.2250	0.3550	50.5360	0.6920
η (cp)	24.54	24.54	24.57	24.66	24.74	24.78
Conc. (m)	0.8350					
η (cp)	24.82					

$KHSO_4$

Ref. [33]

Conc. (m)	0.2526	0.4633	0.5291	0.8084	1.199	1.776
η (cp)	25.23	26.14	26.89	28.30	31.93	38.84

$LiHSO_4$

Ref. [33]

Conc. (m)	0.2491	0.5712	0.6331	1.127		
η (cp)	28.07	32.74	33.78	42.82		

$NH_2C_3H_7$

Ref. [33]

Conc. (m)	0.0130	0.0430	0.0850	0.1350	0.2030	0.3500
η (cp)	24.46	24.32	23.96	23.72	23.28	22.80

$NH_2C_6H_5$

Ref. [33]

Conc. (m)	0.0199	0.0799	0.1444	0.2100	0.3570	0.4140
η (cp)	24.60	24.80	25.00	25.23	25.70	25.90

SULFURIC ACID, H_2SO_4 (Continued)

NH_4HSO_4

Ref. [33]

Conc. (m)	0.0964	0.3741	0.6556	0.9245	1.3000
η (cp)	24.62	23.92	23.93	24.42	24.86

$NaHSO_4$

Ref. [33]

Conc. (m)	0.2755	0.4392	0.6968	0.9108	1.365	1.454
η (cp)	27.49	29.45	33.70	35.91	44.19	46.13

SO_2Cl_2

Ref. [33]

Conc. (m)	0.0490	0.0850	0.1600	0.2350	0.3150	0.4012
η (cp)	24.13	23.92	23.49	22.97	22.55	22.01

$Sr(HSO_4)_2$

Ref. [33]

Conc. (m)	0.0616	0.2266	0.3250	0.5366	0.7568	0.8404
η (cp)	28.19	39.81	48.70	73.87	114.7	137.7

p-XYLENE, p-$C_6H_4(CH_3)_2$

$(n$-$C_5H_{11})_3NH[OC_6H_2(NO_2)_3]$ Tri-n-amylammonium picrate

Ref. [7] 90°C

Conc. (Eq. l^{-1})	0	0.8431	0.9846	1.005	1.163	1.380
η (cp)	0.3216	0.9903	1.249	1.300	1.701	2.569
Conc. (Eq. l^{-1})	1.454	1.577	1.742	1.824	1.854	1.922
η (cp)	2.992	3.729	5.766	6.862	7.412	8.995
Conc. (Eq. l^{-1})	2.009	2.092	2.124	2.204	2.247	2.276
η (cp)	10.94	13.92	15.16	19.09	22.00	23.95
Conc. (Eq. l^{-1})	2.297	2.335	2.366			
η (cp)	25.47	28.94	32.01			

$(n$-$C_5H_{11})_4N[OC_6H_2(NO_2)_3]$ Tetra-n-amylammonium picrate

Ref. [7] 90°C

Conc. (Eq. l^{-1})	0	0.9625	0.9978	1.150	1.210	1.386
η (cp)	0.3216	2.495	2.518	3.584	4.078	6.475
Conc. (Eq. l^{-1})	1.408	1.535	1.588	1.674	1.729	1.812
η (cp)	6.967	9.947	11.51	15.51	18.24	24.12
Conc. (Eq. l^{-1})	1.896	1.966	1.999			
η (cp)	33.44	42.57	49.04			

2. DATA BY MIXED SOLVENTS

ACETONE–WATER
CH_3COONa

Ref. [44]

X (Wt % Acetone)	8.5	21.2	30.8	40.0	52.0
B Coefficient	0.353	0.382	0.380	0.387	0.393

BUTANOL–HEXANE
LiBr

Ref. [48] 25% n-C_4H_9OH

Conc. (m $\times$ 10^4)	3230	2125	940	555	268
η (poise)	1.13	0.75	0.49	0.45	0.43

LiI

Ref. [48] 20% n-C_4H_9OH

Conc. (m $\times$ 10^4)	2900	1790	1257	840
η (poise)	0.89	0.61	0.52	0.44

Ref. [48] 25% n-C_4H_9OH

Conc. (m $\times$ 10^4)	2160	1952	1490	588
η (poise)	0.74	0.72	0.58	0.44

t-BUTANOL–WATER
CH_3COONa

Ref. [44]

X (Wt % t-BuOH)	10	20	30
B Coefficient	0.358	0.290	0.298

CYCLOHEXANE–NUJOL
0.147M $NaAl(C_4H_9)_4$

Ref. [47]

% Cyclohexane	85	90	93	94	95	96	97
η (mp)	21.17	17.64	16.32	15.92	15.50	15.52	14.63
% Cyclohexane	98	99	100				
η (mp)	14.45	14.57	11.60				

CYCLOHEXANE–NUJOL (*Continued*)

0.1495 M NaAl(C$_4$H$_9$)$_4$

Ref. [47]

% Cyclohexane	85	90	95	100
η (mp)	17.40	14.41	12.10	11.73

0.152 M NaAl(C$_4$H$_9$)$_4$

Ref. [47]

% Cyclohexane	85	90	94	95	96	97	98
η (mp)	20.30	18.10	15.75	15.81	14.83	14.49	13.73

% Cyclohexane	100
η (mp)	13.36

0.1622 M NaCl(C$_4$H$_9$)$_4$

Ref. [47]

% Cyclohexane	85	90	93	94	95	96	97
η (mp)	20.85	18.01	16.08	15.72	15.19	14.96	14.44

% Cyclohexane	98	99	100
η (mp)	14.26	13.43	13.93

0.1705 M NaAl(C$_4$H$_9$)$_4$

Ref. [47]

% Cyclohexane	85	90	95	100
η (mp)	18.93	15.88	13.32	13.37

0.230 M NaAl(C$_4$H$_9$)$_4$

Ref. [47]

% Cyclohexane	85	90	95	100
η (mp)	25.08	22.49	19.07	14.43

1,2-DIMETHOXYETHANE–WATER

NaAl(C$_2$H$_5$)$_4$

Ref. [49] 50% DME

Conc. (eq. l^{-1})	0	0.009187
η (mp)	4.959	5.148

Ref. [49] 60% DME

Conc. (eq. l^{-1})	0	0.01030
η (mp)	4.711	4.917

Ref. [49] 75% DME

Conc. (eq. l^{-1})	0	0.02441
η (mp)	4.438	4.471

DIMETHYLSULFOXIDE-WATER
CH₃COONa

Ref. [44]

X (Wt % DMSO)	10	20	30	40	50
B Coefficient	0.379	0.390	0.419	0.418	0.415

DIOXANE-WATER
Viscosity B Coefficients at 35°C [43]

% of dioxane in solvent	10	20	30
Electrolyte			
KNO_3	0.015	0.0385	0.05
$NaNO_3$	0.085	0.1085	0.163
$NaBrO_3$	0.089	0.1090	0.119
KIO_3	0.152	0.1640	0.165

ETHANOL–FORMAMIDE

Ref. [20]

Viscosity data is given for NH_4NO_3, $LiNO_3$, $NaNO_3$, KNO_3, $Ca(NO_3)_2$, $Ba(NO_3)_2$, $Sr(NO_3)_2$, $(C_2H_5)_4NI$ and RbI in solutions containing 25, 50, 75% of formamide at 15°, 25° and 35°.

ETHANOL–WATER
CH₃COONa

Ref. [44]

X (Wt % EtOH)	0	8.5	18.5	29.5	40.4	52.0
B Coefficient	0.358	0.323	0.294	0.274	0.247	0.270

GLYCEROL-WATER
$BaCl_2$

Ref. [45] 30°C, 1.0 m glycerol

Ionic strength(μ)	0.0	0.3	0.6	0.9	1.2
η (mp)	9.206	9.426	9.627	9.833	10.03

Ionic strength(μ)	1.5	2.1	2.7
η (mp)	10.23	10.68	11.13

GLYCEROL–WATER (Continued)

BaCl₂ (Continued)

Ref. [45] 35°C, 1.0 m glycerol

Ionic strength(μ)	0.0	0.3	0.6	0.9	1.2
η (mp)	8.174	8.371	8.555	8.742	8.923
Ionic strength(μ)	1.5	2.1	2.7		
η (mp)	9.105	9.491	9.874		

Ref. [45] 40°C, 1.0 m glycerol

Ionic strength(μ)	0.0	0.3	0.6	0.9	1.2
η (mp)	7.335	7.519	7.683	7.848	8.011
Ionic strength(μ)	1.5	2.1	2.7		
η (mp)	8.177	8.525	8.884		

Ref. [45] 45°C, 1.0 m glycerol

Ionic strength(μ)	0.0	0.3	0.6	0.9	1.2
η (mp)	6.659	6.811	6.968	7.119	7.269
Ionic strength(μ)	1.5	2.1	2.7		
η (mp)	7.413	7.723	8.052		

Ref. [45] 50°C, 1.0 m glycerol

Ionic strength(μ)	0.0	0.3	0.6	0.9	1.2
η (mp)	6.085	6.236	6.372	6.510	6.646
Ionic strength(μ)	1.5	2.1	2.7		
η (mp)	6.784	7.069	7.362		

Ref. [45] 55°C, 1.0 m glycerol

Ionic strength(μ)	0.0	0.3	0.6	0.9	1.2
η (mp)	5.567	5.694	5.816	5.940	6.066
Ionic strength(μ)	1.5	2.1	2.7		
η (mp)	6.194	6.457	6.728		

Ref. [45] 1.0 m glycerol

Constants A and B of equation $\eta = A \exp(B\mu)$

Temperature °C	A	$B \times 10^3$
30	9.221	69.57
35	8.172	69.87
40	7.348	70.49
45	6.656	70.11
50	6.094	70.36
55	6.566	70.03

VI. VISCOSITY

GLYCEROL–WATER (*Continued*)

CsCl

Ref. [46] 25% glycerol

Mol. Conc.	0	0.10	0.25	0.50
η (poise)	0.02070	0.02063	0.02052	0.02019

Ref. [46] 35°C, 25% glycerol

Mol. Conc.	0	0.10	0.50
η (poise)	0.01260	0.01619	0.01597

Ref. [46] 50% glycerol

Mol. Conc.	0	0.10	0.25	0.50
η (poise)	0.06255	0.06189	0.06127	0.05974

Ref. [46] 35°C 50% glycerol

Mol. Conc.	0	0.10	0.25	0.50
η (poise)	0.04536	0.04478	0.04477	0.04336

Ref. [46] 75% glycerol

Mol. Conc.	0	0.10	0.25	0.50
η (poise)	0.3303	0.3242	0.3184	0.3092

Ref. [46] 35°C, 75% glycerol

Mol. Conc.	0	0.10	0.25	0.50
η (poise)	0.2207	0.2016	0.1983	0.1943

CsNO$_3$

Ref. [46] 25% glycerol

Mol. Conc.	0	0.10	0.25	0.50
η (poise)	0.02070	0.02056	0.02031	0.01981

Ref. [46] 35°C, 25% glycerol

Mol. Conc.	0	0.10	0.25	0.50
η (poise)	0.01615	0.01615	0.01611	0.01566

Ref. [46] 50% glycerol

Mol. Conc.	0	0.10	0.25	0.50
η (poise)	0.06255	0.06149	0.06043	0.05774

Ref. [46] 35°C, 50% glycerol

Mol. Conc.	0	0.10	0.25	0.50
η (poise)	0.04536	0.04443	0.04407	0.04223

Ref. [46] 75% glycerol

Mol. Conc.	0	0.10	0.25
η (poise)	0.3303	0.3207	0.3089

Ref. [46] 35°C, 75% glycerol

Mol. Conc.	0	0.10	0.25
η (poise)	0.2207	0.1990	0.1933

GLYCINE–WATER
BaCl$_2$

Ref. [45] 30°C, 1.0 m glycine

Ionic strength(μ)	0.0	0.3	0.6	0.9	1.2	1.5
η (mp)	8.886	9.122	9.324	9.530	9.727	9.926

Ionic strength(μ)	2.1	2.7
η (mp)	10.34	10.77

Ref. [45] 40°C, 1.0 m glycine

Ionic strength(μ)	1.2	1.5	2.1	2.7
η (mp)	7.952	8.16	8.345	8.525

Additional data appears in Ref. [45] for the BaCl$_2$-1.0 m glycine–water system at temperatures of 35, 45, 50 and 55°C.

Ref. [45] Constants A and B of equation $\eta = A \exp(B\mu)$

Temp. (°C)	30	35	40	45	50	55
A	8.908	7.950	7.199	6.545	6.032	5.519
$B \times 10^3$	70.86	70.24	70.63	68.94	69.74	68.60

AgNO$_3$

Ref. [53]

Conc. glycocol (mol l^{-1})	0	0.143	0.452	0.791
Conc. AgNO$_3$ (Eq. l$^{-1} \times 10^4$)	115.54	24.08	23.72	23.35
η (cp)	0.890	0.908	0.949	0.998
	1.265	1.797		

Conc. AgNO$_3$ (Eq. l$^{-1} \times 10^4$)	22.84	22.25
η (cp)	1.076	1.176

(CH$_3$)$_4$NBr

Ref. [54] 1.1096 glycocol

Conc. (CH$_3$)$_4$NBr (Eq. l$^{-1} \times 10^4$)	0.0	0.04709	0.05878	0.07563	0.1047
η (cp)	1.0444	1.0522	1.0541	1.0576	1.0626

Ref. [54] 2.0351 M glycocol

Conc. (CH$_3$)$_4$NBr (Eq. l$^{-1} \times 10^4$)	0.0	0.01094	0.02416	0.03317	0.04253
η (cp)	1.2086	1.2121	1.2151	1.2182	1.2200

VI. VISCOSITY

GLYCINE–WATER (*Continued*)

$(C_2H_5)_4NBr$

Ref. [54] 1.6290 M glycocol

Conc. $(C_2H_5)_4NBr$ (Eq. $l^{-1} \times 10^4$)	0.0	0.01666	0.03903	0.05379
η (eq)	1.1316	1.1388	1.1483	1.1542

Ref. [54] 2.7542 M glycocol

Conc. $(C_2H_5)_4NBr$ (Eq. $l^{-1} \times 10^4$)	0.0	0.02231	0.05047	0.07454
η (cp)	1.3858	1.3962	1.4101	1.4205

$(C_3H_7)_4NBr$

Ref. [54] 1.1104 M glycocol

Conc. $(C_2H_5)_4NBr$ (Eq. $l^{-1} \times 10^4$)	0.0	0.01117	0.01967	0.02933	0.03679
η (cp)	1.0440	1.0537	1.0621	1.0708	1.0771

Ref. [54] 1.8341 M glycocol

Conc. $(C_2H_5)_4NBr$ (Eq. $l^{-1} \times 10^4$)	0.0	0.009101	0.01687	0.02537	0.03379
η (cp)	1.1708	1.1797	1.1882	1.1955	1.2046

$(C_4H_9)_4NBr$

Ref. [54] 1.2819 M glycocol

Conc. $(C_4H_9)_4NBr$ (Eq. $l^{-1} \times 10^4$)	0.0	0.01947	0.03663	0.05169	0.06868
η (cp)	1.0728	1.0990	1.1217	1.1405	1.1656

Ref. [54] 1.8975 M glycocol

Conc. $(C_4H_9)_4NBr$ (Eq. $l^{-1} \times 10^4$)	0.0	0.03202	0.04679	0.06611
η (cp)	1.1810	1.2295	1.2522	1.2815

Ref. [54] 2.4552 M glycocol

Conc. $(C_4H_9)_4NBr$ (Eq. $l^{-1} \times 10^4$)	0.0	0.01818	0.03236	0.05137	0.07023
η (cp)	1.3083	1.3397	1.3644	1.3973	1.4220

GLYCINE–WATER (Continued)
KCl

Ref. [53]

Conc. glycocol (mole $l^{-1} \times 10^4$)	0.258	0.475	0.731	0.918	1.223
Conc. KCl (Eq. $l^{-1} \times 10^4$)	179.66	177.94	175.88	174.18	171.88
η (cp)	0.922	0.951	0.988	1.017	1.068
Conc. glycocol (mole $l^{-1} \times 10^4$)	1.477	1.730	2.009	2.242	2.513
Conc. KCl (Eq. $l^{-1} \times 10^4$)	169.85	167.68	165.31	163.30	160.91
η (cp)	1.113	1.163	1.220	1.271	1.334
Conc. glycocol (mole $l^{-1} \times 10^4$)	2.626	2.748	2.833		
Conc. KCl (Eq. $l^{-1} \times 10^4$)	159.91	158.81	158.03		
η (cp)	1.361	1.391	1.413		

d-MANNITOL–WATER
BaCl$_2$

Ref. [45] 30°C, 1.0 m d-Mannitol

Ionic strength (μ)	0.0	0.3	0.6	0.9	1.2	1.5
η (mp)	11.20	11.48	11.76	12.02	12.29	12.57
Ionic strength (μ)	2.1	2.7				
η (mp)	13.12	13.69				

Ref. [45] 40°C, 0.1 m d-Mannitol

Ionic strength (μ)	0.0	0.3	0.6	0.9	1.2	1.5
η (mp)	8.692	8.917	9.120	9.328	9.541	9.759
Ionic strength (μ)	2.1	2.7				
η (mp)	10.17	10.63				

Additional data appears in Ref. [45] for the BaCl$_2$–1.0 m d-Mannitol–Water system at temperatures of 35, 45, 50 and 55°C.

Ref. [45] Constants A and B of the equation $\eta = A \exp(B\mu)$

Temp. (°C)	30	35	40	45	50	55
A	11.22	9.799	8.704	7.791	7.063	6.372
$B \times 10^3$	74.37	74.44	74.52	73.42	73.21	73.40

VI. VISCOSITY

METHANOL–ACETONE

LiClO₄ in 50-50 Methanol–Acetone Ref. [25]

m	10° η (cp)	20° η (cp)
0.0910	0.475	0.421
0.251	0.519	0.458
0.512	0.599	0.523
0.791	0.686	0.597
1.04	0.778	0.669
1.64	1.00	0.853
2.16	1.25	1.06
2.77	1.61	1.32
3.68	2.09	1.72
4.71	2.75	2.24

Note: Values also given at −50°, −40°, −30°, −20°, −10° and 0°.

LiBr in 50-50 Methanol–Acetone Ref. [25]

m	10° η (cp)	20° η (cp)
0.265	0.549	0.487
0.388	0.616	0.539
0.777	0.726	0.629
1.05	0.884	0.763
1.53	1.18	1.00
2.16	1.58	1.32
2.51	2.14	1.78
3.10	3.13	2.57
3.56	4.48	3.69
4.14	7.04	5.45

Note: Values also given at −50°, −40°, −30°, −20°, −10° and 0°.

METHANOL–CARBON TETRACHLORIDE

$(C_4H_9)_4NBr$

Ref. [51] 18.02 Wt % CCl₄

Conc. $(C_4H_9)_4$NBr (equiv. l⁻¹)	0	0.0438	0.0940	0.1466	0.1769
η (cp)	0.5445	0.5895	0.6349	0.6762	0.6973

Conc. $(C_4H_9)_4$NBr (equiv. l⁻¹)	0.2200	0.3311
η (cp)	0.7261	0.7867

METHANOL–CARBON TETRACHLORIDE (*Continued*)

$SnCl_2 \cdot 2H_2O$

Ref. [52] 1.029 M CCl_4

Conc. $SnCl_2 \cdot 2H_2O$ (moles l^{-1})	0.160	0.240	0.320	0.400	0.480
η (cp)	0.388	0.362	0.347	0.343	0.340
Conc. $SnCl_2 \cdot 2H_2O$ (moles l^{-1})	0.560	0.640	0.720	0.800	0.880
η (cp)	0.344	0.344	0.340	0.345	0.353

Ref. [52] 2.058 M CCl_4

Conc. $SnCl_2 \cdot 2H_2O$ (moles l^{-1})	0.320	0.400	0.480	0.560	0.640
η (cp)	0.319	0.333	0.335	0.334	0.347
Conc. $SnCl_2 \cdot 2H_2O$ (moles l^{-1})	0.720	0.800			
η (cp)	0.348	0.354			

Ref. [52] 3.087 M CCl_4

Conc. $SnCl_2 \cdot 2H_2O$ (moles l^{-1})	0.080	0.160	0.240	0.320	0.400
η (cp)	0.375	0.363	0.354	0.372	0.373
Conc. $SnCl_2 \cdot 2H_2O$ (moles l^{-1})	0.480	0.560	0.640		
η (cp)	0.373	0.386	0.387		

Ref. [52] 4.116 M CCl_4

Conc. $SnCl_2 \cdot 2H_2O$ (moles l^{-1})	0.080	0.160	0.240	0.320	0.400
η (cp)	0.400	0.388	0.396	0.394	0.422
Conc. $SnCl_2 \cdot 2H_2O$ (moles l^{-1})	0.480	0.560			
η (cp)	0.414	0.411			

Ref. [52] 5.145 M CCl_4

Conc. $SnCl_2 \cdot 2H_2O$ (moles l^{-1})	0.160	0.240	0.400	0.480	
η (cp)	0.431	0.421	0.447	0.445	

Ref. [52] 6.174 M CCl_4

Conc. $SnCl_2 \cdot 2H_2O$ (moles l^{-1})	0.080	0.160	0.240	0.320	0.400
η (cp)	0.463	0.406	0.462	0.447	0.490

Ref. [52] 7.203 M CCl_4

Conc. $SnCl_2 \cdot 2H_2O$ (moles l^{-1})	0.080	0.160	0.240
η (cp)	0.425	0.506	0.500

Ref. [52] 8.235 M CCl_4

Conc. $SnCl_2 \cdot 2H_2O$ (moles l^{-1})	0.080	0.160
η (cp)	0.580	0.581

Ref. [52] 9.261 M CCl_4

Conc. $SnCl_2 \cdot 2H_2O$ (moles l^{-1})	0.080
η (cp)	0.625

METHANOL–WATER

Viscosity B-Coefficients [39]

% Methanol (w/w)	0	10	20	40
LiCl	0.143	0.146	0.145	0.25
NaCl	0.079	0.069	0.064	0.111
KCl	−0.014		−0.028	−0.002
RbCl	−0.036		−0.058	−0.023
CsCl	−0.045		−0.070	−0.034

Viscosity B-Coefficients [40]

Mole fraction CH_3OH	0.0	0.11	0.29	0.55	1.0
LiClO$_4$	0.0438	0.0133	0.0637	0.218	0.820
NaClO$_4$	0.03	−0.072	−0.058	0.022	0.505
NaCl	0.082	−0.0233	−0.0125	0.235	0.916

Viscosity B Coefficients [42] 30°C
AgNO$_3$

Methanol Wt %	B
0.0	0.036
5.0	0.045
10.0	0.052
20.0	0.053
40.0	0.055
60.0	0.120
80.0	0.290
90.0	0.571

METHYL CELLOSOLVE–WATER
Mn(m)BDS (Mn *m*-benzene sulfonate)

Ref. [50]

% MC	0	10.07	20.10	29.87	40.25	49.82
η (cp)	0.093	1.179	1.517	1.873	2.319	2.701
% MC	59.96	70.13	80.08	90.01	94.97	
η (cp)	2.891	2.875	2.607	2.137	1.816	

MnSO$_4$

Ref. [50]

% MC	0	20.14	30.13	39.90	49.95	54.93
η (cp)	0.893	1.517	1.890	2.311	2.691	2.811

PROPYLENE CARBONATE–BENZENE
LiClO$_4$

Ref. [32] 10% Benzene

Conc. (N)	1	0
η (CSt)	5.36	1.67

Ref. [32] 25% Benzene

Conc. (N)	1	0
η (CSt)	4.20	1.45

PROPYLENE CARBONATE–ETHYLENE CARBONATE
KPF$_6$

Reference [32] contains plots of viscosity for KPF$_6$ in PC–EC mixtures relative to values in pure PC.

PROPYLENE CARBONATE–TETRAHYDROFURAN
LiClO$_4$

Ref. [32] 1 N LiClO$_4$

Wt % THF	10	25	50	75	100
η (cSt)	4.01	3.01	2.10	1.39	1.02

VI. VISCOSITY

SUCROSE–WATER
$BaCl_2$

Ref. [45] 30°C, 1.0 m Sucrose

Ionic strength(μ)	0.0	0.3	0.6	0.9	1.2	1.5
η (mp)	15.68	16.12	16.51	16.92	17.31	17.70
Ionic strength(μ)	2.1	2.7				
η (mp)	18.50	19.39				

Ref. [45] 40°C, 1.0 m Sucrose

Ionic strength(μ)	0.0	0.3	0.6	0.9	1.2	1.5
η (mp)	11.63	11.93	12.24	12.55	12.83	13.12
Ionic strength(μ)	2.1	2.7				
η (mp)	13.72	14.40				

Additional data appears in Ref. [45] for the $BaCl_2$-1.0 m sucrose-water system at the temperatures of 35, 45, 50 and 55°C.

Ref. [45] Constants A and B of the equation $\eta = A \exp(B\mu)$

Temp. (°C)	30	35	40	45	50	55
A	15.70	13.39	11.64	10.22	9.124	8.116
$B \times 10^3$	77.17	77.96	78.51	76.89	76.08	75.47

UREA–WATER
$BaCl_2$

Ref. [45] 30°C, 1.0 m Urea

Ionic strength(μ)	0.0	0.3	0.6	0.9	1.2	1.5
μ (mp)	8.308	8.504	8.696	8.890	9.084	9.281
Ionic strength(μ)	2.1	2.7				
η (mp)	9.654	10.06				

Ref. [45] contains additional data for the $BaCl_2$-Urea–Water system at temperatures of 35, 40, 45, 50 and 55°C.

Ref. [45] Constants A and B of equation $\eta = A \exp(B\mu)$

Temp. (°C)	30	35	40	45	50	55
A	8.308	7.463	6.770	6.174	5.699	5.228
$B \times 10^3$	71.51	70.39	70.65	70.30	70.61	70.15

References

1. A. E. Marcinkowsky, Diss. Abs., **22**, 97 (1961).
2. G. J. Janz, A. E. Marcinkowsky and I. Ahmad, J. Electrochem. Soc., **112**, 104 (1965).
3. G. J. Janz and A. E. Marcinkowsky, Bull. Natl. Inst. Sci. India, **29**, 188 (1965).
4. E. Andalaft, G. J. Janz and R. P. T. Tomkins, Trans. Faraday Soc., **65**, 1906 (1969).
5. Yu. Ya. Fialkov and V. P. Basov, J. Gen. Chem. (U.S.S.R.), **38**, 5 (1968).
6. J. S. Levkov, Diss. Abs., **28**, 1450 (1967).
7. F. W. Darrow, Diss. Abs., **26**, 3056 (1965).

8. P. L. Mercier and C. A. Kraus, Proc. Nat. Acad. Sci. U.S.A., **42,** 487 (1956).
9. P. L. Mercier, Ph.D. Thesis, Brown University, April 1955.
10. R. P. Seward, J. Amer. Chem. Soc., **73,** 515 (1951).
11. A. V. Orishchenko, Russ. J. Phys. Chem., **43,** 1678 (1969).
12. Yu. Ya. Fialkov and S. N. Kholodnikova, J. Gen. Chem. (U.S.S.R.), **38,** 663 (1968).
13. N.-P. Yao and D. N. Bennion, UCLA Rep. 69-30 DA Contract No. DA-44-009-AMC-1661(T).
14. N.-P. Yao and D. N. Bennion, J. Phys. Chem., **75**(11), 1727 (1971).
15. M. D. Archer and R. P. H. Gasser, Trans. Faraday Soc., **62,** 3451 (1966).
16. A. J. Arvia and J. A. Bolzan, Electrochim. Acta, **15,** 39 (1970).
17. N.-P. Yao and D. N. Bennion, J. Electrochem. Soc., **117,** 1097 (1971).
18. P. B. Davis, W. S. Putnam and H. C. Jones, J. Franklin Inst., **180,** 567 (1915).
19. P. B. Davis, W. S. Putnam, Carnegie Inst. Pub., **260,** 16 (1918).
20. P. B. Davis and H. I. Johnson, Carnegie Inst. Pub., **260,** 71 (1918).
21. A. Selecki, B. Tyminski and A. Chonielewski, J. Chem. Eng. Data, **15,** 127 (1970).
22. N. G. Dorofeyeva, D. K. Kudra and N. I. Wrzosek, Ukrain. Khim. Zhur., **32,** 801 (1966).
23. W. R. Cayrer, Diss. Abs., **25,** 119 (1964).
24. W. R. Cayrer and P. A. D. DeMain, J. Phys. Chem., **70,** 380 (1966).
25. P. G. Sears and L. R. Dawson, J. Chem. Eng. Data, 124 (1968).
26. P. G. Sears, Dissertation, Graduate School, University of Kentucky (1953).
27. A. T. Beznis, E. Ya. Gorenbein and G. G. Rusin, Zhur. Neorg. Khim., **11,** 310 (1966).
28. I. L. Abarbarchuk, A. T. Beznis and E. Ya. Gorenbein, J. Gen. Chem. (U.S.S.R.), **37,** 275 (1967).
29. F. R. Longo, J. D. Kerstetter, T. F. Kumosinski and E. C. Evers, J. Phys. Chem., **70,** 431 (1966).
30. D. P. Boden and L. M. Mukherjee, J. Phys. Chem., **73,** 3965 (1969).
31. D. P. Boden, R. Lindauer and L. M. Mukherjee, J. Phys. Chem., **74,** 1942 (1970).
32. R. Jasinski, "High Energy Batteries Based on Propylene Carbonate," 1 (1969).
33. R. J. Gillespie and S. Wasif, J. Chem. Soc., 215 (1953).
34. D. Feakins and K. G. Lawrence, J. Chem. Soc., (A), 212 (1966).
35. W. M. Cox and J. H. Wolfenden, Proc. Roy. Soc., **145A,** 475 (1934).
36. G. Jones and H. J. Fornwalt, J. Amer. Chem. Soc., **54,** 4244 (1932).
37. G. R. Hood and L. P. Hohlfelder, J. Phys. Chem., **38,** 979 (1934).
38. T. B. Hoover, J. Phys. Chem., **68,** 876 (1964).
39. D. Feakins, D. J. Freemantle and K. G. Lawrence, Chem. Comm., 970 (1968).
40. L. Werblan, A. Rotowska and S. Minc, Electrochim. Acta., **16,** 41 (1971).
41. D. Singh, V. S. Yadav and B. K. Goel; Z. Phys. Chem. Neue Folge, **68,** 242 (1969).
42. P. K. Das, J. Indian Chem. Soc., **48,** 490 (1971).
43. J. Einfeldt and E. Gerdes, Z. Phys. Chem., **246,** 221 (1971).
44. J. C. Lafanechere and J. P. Morel, Comp. Rend. C, **268,** 1222 (1969).
45. S. Lakshmanan and K. N. Rao, Electrochim. Acta, **14,** 1173 (1969).
46. P. B. Davies, Carnegie Inst. Pub., **260,** 97 (1918).
47. R. N. Sanders, Ph.D. Thesis, Louisiana State Univ. (1966).
48. E. M. Ryzhkov and A. M. Sukhotin, Zhur. Fiz. Khim., **34,** 361 (1960).
49. W. W. Trigg, Diss. Abs., **28,** 88 (1967).
50. G. Atkinson and H. Tsubota, J. Amer. Chem. Soc., **88,** 3901 (1966).
51. H. Sadek and R. M. Fuoss, J. Amer. Chem. Soc., **76,** 5897 (1954).
52. P. A. D. Demaine and E. R. Russell, Canad. J. Chem., **39,** 1502 (1961).
53. R. M. Fuoss and J. C. Justice, J. Chim. Phys., **62,** 1366 (1965).
54. C. Treiner and J. C. Justice, J. Chim. Phys., **64,** 1516 (1967).

VII. TRANSFERENCE NUMBERS

In this Section, results are reported for studies of ionic transference in single non-aqueous solvents (excluding deuterium oxide) and in aqueous, non-aqueous and non-aqueous, non-aqueous mixed solvents. The survey has been limited to measurements involving ionic separation e.g., the Hittorf or moving boundary, chronopotentiometric and similar migration methods, and electromotive force methods. Estimates of ionic mobilities from the conductance of "symmetrical" salts of large ions are presented in the earlier Conductance Section. Transference numbers at infinite dilution (t^∞) are listed if these were calculated; otherwise mean values or the range of values are given. If the investigations covered a range of temperatures, the value for the temperature closest to 25°C has been tabulated.

The list of symbols for the tables in this section is as follows.

KEY TO TRANSFERENCE NUMBER DATA

t_+^∞	Cation transference number at infinite dilution
t_-^∞	Anion transference number at infinite dilution
X	Mole fraction
H	Hittorf method
MB	Moving boundary method
EMF	Electromotive force method
THEO	Theoretical
REV	Review
CRPOT	Chronopotentiometry
Me	Methyl
Et	Ethyl
Pr	(n-)propyl
Bu	(n-)butyl
OAc	Acetate
ϕ	Phenyl

The temperature is 25°C unless otherwise noted.

For mixed solvents, where solvent composition is a variable, the transference numbers are not quoted.

At the end of this Section some selected review and theoretical papers relative to Transference number measurements are listed.

ETHANOL–WATER

Solute	Method	Comments	Ref.
HCl	MB	0–92% EtOH ~0.01M $t_+ = 0.83$–0.58	1

ACETIC ACID

Solute	Method	Comments	Ref.
NaOAc	H	0.3–0.9M $t_+^\infty = 0.50$	39
NH$_4$OAc	H	0.2–2M $t_+^\infty = 0.50$	39

ACETONE

Solute	Method	Comments	Ref.
AgNO$_3$	EMF	0.0005–0.02N $t_+^\infty = 0.44$ (19°C)	2

ACETONITRILE

Solute	Method		Comments	Ref.
AgNO$_3$	EMF	0.002–0.1N	$t_{+(25°)} = 0.458$ (mean, 0–25°C)	40
	EMF	0.002–0.1M	$t_{+(0°)} = 0.453$	
			$t_{+(25°)} = 0.458$	4
LiClO$_4$	H	1M	$t_+ = 0.32$	3
Me$_4$NClO$_4$	MB	0.0006–0.01M	$t_+^\infty = 0.4768$	28

ACETONITRILE–CARBON TETRACHLORIDE

Solute	Method	Ref.
Bu$_4$NNO$_3$	Indirect	26
Me$_4$NNO$_3$		

VII. TRANSFERENCE NUMBERS

ACETONITRILE–WATER

Solute	Method	Comments		Ref.
$AgNO_3$	H	0.01–1N Solvation Nos.		5
$ZnCl_2$	H	0.1m	$t_- = 0.849$ $X_{MeCN} = 0.25$	30
			$t_- = 1.522$ $X_{MeCN} = 0.5$	
			$t_- = 1.299$ $X_{MeCN} = 0.75$	

AMMONIA

Solute	Method	Comments		Ref.
$AgNO_3$	MB	$t_+^\infty = 0.386$	($-34°$)	41
KI	MB		($-34°$)	41
KNO_3	MB	$t_+^\infty = 0.499$	($-34°$)	41
NaCl	MB		($-34°$)	41
$NaNO_3$	MB		($-34°$)	41
NH_4Br	MB		($-34°$)	41
NH_4Cl	MB		($-34°$)	41
NH_4I	MB		($-34°$)	41
NH_4NO_3	MB	$t_+^\infty = 0.430$	($-34°$)	41
Na	MB	0.02–0.15M $t_+^\infty = 0.154$	($-37°$)	42
Na	EMF	0.003–0.5N $t_-/t_+ = f$ (conc.)	(240°K)	6

BENZONITRILE

Solute	Method	Comments		Ref.
$AgNO_3$	EMF	0.002–0.1N	$t_{+(25°)} = 0.466$ (mean)	40
	EMF	0.002–0.1M	$t_{+(0°)} = 0.461$ (mean)	
			$t_{+(25°)} = 0.466$ (mean)	4

BUTYROLACETONE

Solute	Method	Comments	Ref.
$AgNO_3$	H	0.01M $t_+ = 0.59$ (room temp.)	54

CHLOROSULFONIC ACID

Solute	Method	Comments	Ref.
$Ba(SO_3Cl)_2$	H		34
$Ba(SO_3Cl)_2$	H	0.08–0.17N $t_+^\infty = 0.06$	7
$NaSO_3Cl$	H	See ref. 7	34
$NaSO_3Cl$	H	0.05–0.15N $t_+^\infty = 0.11$	7

N,N-DIMETHYLFORMAMIDE

Solute	Method	Comments	Ref.
KI	EMF	0.2N $t_+ = 0.318$ (centrifugal method)	8
KSCN	MB	0.005–0.013M $t_+^\infty = 0.331$	9
LiCl	H	0.1–0.5M $t_+^\infty = 0.295$ (solvation)	27
LiCl	H	0.1–1.25M $t_+ = 0.22$ (mean)	3
$LiClO_4$	H	1M $t_+ = 0.25$	3
$TlClO_4$	CRPOT	0.001–0.0002M $t_+^\infty = 0.423$	10

DIMETHYLSULFOXIDE*

Solute	Method	Comments	Ref.
$AgClO_4$	H	0.02–0.1N $t_+^\infty = 0.404$ (λ_0^-)	11
KI	EMF	0.1N $t_+ = 0.344$ centrifugal method	8
HCl	H	1.0M $t_+ \approx 0.3$ (room temp)	55
LiCl	EMF	0.01–1M $t_+^\infty = 0.34$	59
$LiNO_3$	H	0.1M $t_+ = 0.246$	59

* See also Section VIII(a).

VII. TRANSFERENCE NUMBERS

DIOXANE–WATER

Solute	Method		Comments	Ref.
HCl	H	~0.2m	$t_+ = f$ (% dioxane)	35
HCl	EMF	0.005–3M	$t_+ = f$ (% dioxane, temp) (0–50°C)	12

ETHANOL

Solute	Method		Comments	Ref.
AgClO$_4$	H		$t_+^\infty = 0.36$ (EtOH 99.7%)	52
AgNO$_3$	EMF	0.001–0.1N	no values given, (0–25°C)	13
AgNO$_3$	H	~0.01N	$t_+ = 0.4100$ (40°C)	14
AgNO$_3$	EMF	~0.01N	$t_+ = 0.3898$ (40°C)	14
HCl	H	0.1–0.6N	$t_+^\infty \simeq 0.67$	15
KSCN	MB	0.01–0.07M	$t_+^\infty = 0.461(2)$	43
LiCl	H	0.07–0.06m	$t_+^\infty = 0.41$ (EtOH 99.7%)	53
LiCl	MB	0.001–0.0025N	$t_+^\infty = 0.4393$	44
LiCl	EMF	0.006–0.6M	$t_+^\infty \simeq 0.33$ (25–35°C)	16
NaCl	MB	0.001–0.0025N	$t_+^\infty = 0.4813$	44
UO$_2$Cl	H	10–20% wt	$t_+^\infty \simeq 0.39$	17

ETHANOL–WATER

Solute	Method		Comments	Ref.
AgClO$_4$	H		Also solvation Nos.	52
AgNO$_3$	H	~0.01N	(40°C)	14
AgNO$_3$	EMF	~0.01N	(40°C)	14
HCl	H	0.7 wt % HCl	Also solvation Nos.	15
LiCl	H		Also solvation Nos.	53
UO$_2$Cl$_2$	H	10–20% wt	Also solvation Nos. UO$_2$Cl$_2$	17

FORMAMIDE

Solute	Method	Comments		Ref.
KCl	H	0.1–0.5M	$t_+^\infty{}_{(25°)} = 0.4190$ 25–50°C	45
KCl	MB	0.01–0.1N	$t_+^\infty = 0.427$ solvation Nos.	46
KCl	H	0.2–0.6N	$t_+^\infty = 0.406$	47
KCl	H	0.02–0.15M	$t_+^\infty = 0.4093$	31
KI	EMF	0.2N	$t_+ = 0.409$ centrifugal method	8

FORMIC ACID

Solute	Method	Comments		Ref.
$(HCO_2)_2Ca$	H	0.25–0.4M	$t_+ = 0.214$–0.189	48
HCO_2K	H	0.1–0.4M	$t_+ = 0.269$–0.244	48
HCO_2Na	H	~0.25M	$t_+ = 0.220$	48

HYDRAZINE + WATER

Solute	Method	Comments		Ref.
$ZnCl_2$	H	0.1m	$t_- = 0.720$ $X_{N_2H_4} = 0.3$ 0.747 $X_{N_2H_4} = 0.5$	30

METHANOL

Solute	Method	Comments		Ref.
$AgNO_3$	EMF	0.001–0.1N	no values given, (0–25°C)	13
HCl	EMF	0.004–0.15M	$t_+^\infty = 0.735$	29
KCl	MB	0.005–0.02N	$t_+^\infty = 0.5001$	49
KBr	MB	0.04–0.1M	$t_+^\infty = 0.479(5)$	43
KI	EMF	0.1N	$t_+ = 0.437$ centrifugal method	8
KSCN	MB	0.02–0.1M	$t_+^\infty = 0.455(5)$	43
LiCl	EMF	0.006–0.6M	$t_+^\infty \sim 0.33$ (25–35°C)	16
NaCl	MB	0.003–0.01N	$t_+^\infty = 0.4633$	49
	EMF	0.002–0.2M	$t_+ = 0.471$–0.501	6

VII. TRANSFERENCE NUMBERS

METHANOL–WATER

Solute	Method	Comments	Ref.
KCl	MB	0.005–0.08N $t_+^\infty = 0.4437$ (50% MeOH)	18
NaCl	MB	0.005–0.08N $t_+^\infty = 0.5068$ (50% MeOH)	18

N-METHYLACETAMIDE

Solute	Method	Comments	Ref.
KCl	H	0.02–0.07M $t_{+(40)}^\infty = 0.4292$ (40°C)	31
KBr	H	0.1–0.3M $t_{+(40)}^\infty = 0.3900$ (35–50°C)	32

N-METHYL FORMAMIDE

Solute	Method	Comments	Ref.
KBr	H	0.05–0.3M $t_+^\infty = 0.5080$ (25°C) (15–45°C)	36

N-METHYLPROPIONAMIDE

Solute	Method	Comments	Ref.
KBr	H	0.07–0.25M $t_+^\infty = 0.4320$ (30°C) (30–50°C)	37

NITROBENZENE

Solute	Method	Comments	Ref.
$C_{16}H_{33}Me_3NCl$	EMF	0.00005–0.001M Concentration cells of MX (ϕNO_2) | MX($\phi NO_2 + \phi H$) No t_+ values calculated	38

NITROMETHANE

Solute	Method	Comments		Ref.
Me$_4$NCl	MB	0.0002–0.01N	$t_+^\infty = 0.4674$	50
Me$_4$NBr	MB	0.0002–0.01N	$t_+^\infty = 0.4663$	50
Et$_4$NCl	MB	0.0002–0.01N	$t_+^\infty = 0.4320$	50
Et$_4$NBr	MB	0.0002–0.01N	$t_+^\infty = 0.4314$	50
Pr$_4$NCl	MB	0.0002–0.01N	$t_+^\infty = 0.3843$	50
Pr$_4$NBr	MB	0.0002–0.01N	$t_+^\infty = 0.3835$	50
Bu$_4$NCl	MB	0.0002–0.01N	$t_+^\infty = 0.3526$	50
Bu$_4$NBr	MB	0.0002–0.01N	$t_+^\infty = 0.3513$	50

PROPYLENE CARBONATE

Solute	Method	Comments		Ref.
KPF$_6$	H	0.47M	$t_+ = 0.12$ (room temp.)	57
	MB	0.05–0.5M	$t_+^\infty = 0.55$	59
LiAlCl$_4$	H	0.6M	$t_+ = 0.29$ (room temp.)	56
LiBr	EMF	0.003–0.15M	$t_+^\infty = 0.24$	19
LiClO$_4$	EMF	0.02–0.2M	$t_+^\infty = 0.28$	58
	H	1M	$t_+ = 0.19$	3
	CRPOT		$t_+^\infty = 0.39$	20

SULFOLANE

Solute	Method	Comments		Ref.
AgClO$_4$	H	0.02–0.1M	$t_+ = 0.406$–0.380 (30°C)	51
AgClO$_4$	H	0.02–0.1M	$t_+ = 0.42$–0.38 (30°C)	21

VII. TRANSFERENCE NUMBERS

HYDROGEN BROMIDE

Solute	Method	Comments	Ref.
Et_2O		1–2N $\quad t_+ = 0.82$–$0.58\ (-81°C)$	22, 23
Et_3NHBr		0.5–1N $\quad t_+ = 0.2$–$0.35\ (-81°C)$	22, 23
Me_2CO		1–1.8N $\quad t_+ = 0.38$–$0.95\ (-81°C)$	22, 23
$MeCOC_6H_{13}$		0.9–1.8N $\quad t_+ = 0.39$–$0.77\ (-81°C)$	22, 23

PHOSPHORYL CHLORIDE $POCl_3$

Solute	Method	Comments	Ref.
$AlCl_3$	H	$\sim 0.3m \quad t_+ = 0.956$	24
$SbCl_5$	H	$\sim 0.5m \quad t_+ = 0.950$	24

SULFURIC ACID

Solute	Method	Comments	Ref.
$LiHSO_4$	H	0.56m $\quad t_+ = 0.012$	25
$NaHSO_4$	H	0.8m $\quad t_+ = 0.021$	25
$KHSO_4$	H	0.6–1.2m $\quad t_+ = 0.03$–$0.025\ (25$–$61°C)$	25
$AgHSO_4$	H	0.25–0.3m $\quad t_+ = 0.026$–0.022	25
$Ba(HSO_4)_2$	H	0.17–0.8m $\quad t_+ = 0.009$–0.004	25
$Sr(HSO_4)_2$	H	0.2–0.8m $\quad t_+ = 0.007$–0.003	25

References

1. V. A. Pleskov, Uspekhi Khim., **16,** 254 (1947).
2. A. Roshdestwensky and W. C. Lewis, J. Chem. Soc., **101,** 2094 (1912).
3. R. Keller, J. N. Foster, D. C. Hanson, J. F. Hon and J. S. Muirhead, "Properties of Non-aqueous Electrolytes," Contract NAS 3-8521, NASA CR-1425 (1969).
4. F. K. V. Koch, J. Chem. Soc, 524 (1928).
5. H. Strehlow and H. M. Koepp, Z. Electrochem., **62,** 373 (1958).
6. C. A. Kraus, J. Amer. Chem. Soc., **36,** 864 (1914).
7. E. A. Robinson and J. A. P. Ciruna, Canad. J. Chem., **46,** 1719 (1968).
8. R. M. Stanton, Diss. Abs., **28B,** 637 (1968).
9. J. E. Prue and P. J. Sherrington, Trans. Faraday Soc., **57,** 1795 (1961).
10. J. Broadhead and G. J. Hills, J. Electroanalyt. Chem., **13,** 354 (1967).
11. M. Della Monica, D. Masciopinto and G. Tessari, Trans. Faraday Soc., **66,** 2872 (1970).
12. H. S. Harned and E. C. Dreby, J. Amer. Chem. Soc., **61,** 3113 (1939).
13. J. H. Wilson, J. Amer. Chem. Soc., **35,** 78 (1906).
14. H. Krumreich, Z. Elektrochem., **22,** 446 (1916).
15. J. O. Wear, J. T. Curtis and E. S. Amis, J. Inorg. Nucl. Chem., **24,** 93 (1962).
16. J. N. Pearce and H. B. Hart, J. Amer. Chem. Soc., **42,** 2411 (1922).
17. D. M. Matthews, J. O. Wear and E. S. Amis, J. Inorg. Nucl. Chem., **13,** 298 (1960).
18. L. W. Shemilt, J. A. Davies and A. R. Gordon, J. Chem. Phys., **16,** 340 (1948).
19. R. C. Murray, Ph.D. Thesis, Rensselaer Poly. Inst., Troy, N.Y. (1971).
20. R. Jasinski, Scientific Report No. 2, Contract No. F19628-68-C-0052, Project No. 8659, AFCRL-69-0381 (July 1969).
21. M. Della Monica, U. Lamanna and L. Senatore, J. Phys. Chem., **72,** 2124 (1968).
22. B. D. Steel, M. Mcintosh and E. H. Archibald, Phil. Trans., **205,** 99 (1905).
23. B. D. Steel, M. Mcintosh and E. H. Archibald, Z. Phys. Chem., **55,** 129 (1906).
24. V. Gutmann and R. Himml, Z. Phys. Chem., **4,** 157 (1955).
25. R. J. Gillespie and S. Wasif, J. Chem. Soc., 209 (1953).
26. D. S. Berns and R. M. Fuoss, J. Amer. Chem. Soc., **83,** 1321 (1961).
27. R. C. Paul, J. P. Singla and S. P. Narula, J. Phys. Chem., **73,** 741 (1969).
28. C. H. Springer, J. F. Coetzee and R. L. Kay, J. Phys. Chem., **73,** 471 (1969).
29. G. Nonhebel and H. Hartley, Phil. Mag., **50,** 729 (1925).
30. H. Schneider and H. Strehlow, Ber. Bunsenges, Phys. Chem., **69,** 458 (1965).
31. G. P. Johari and P. H. Tewari, J. Phys. Chem., **70,** 197 (1966).
32. R. Gopal and O. N. Bhatnagar, J. Phys. Chem., **69,** 2382 (1965).
33. J. W. Augustynski, G. Faita and T. Mussini, J. Chem. Eng. Data, **12,** 369 (1967).
34. J. A. P. Ciruna, Diss. Abs., **28A,** 4476 (1968).
35. J. R. Bard, E. S. Amis and J. O. Wear, J. Electroanalyt. Chem., **11,** 296 (1966).
36. R. Gopal and O. N. Bhatnagar, J. Phys. Chem., **70,** 3007 (1966).
37. R. Gopal and O. N. Bhatnagar, J. Phys. Chem., **70,** 4070 (1966).
38. C. Gavach, J. Chim. Phys., **64,** 810 (1967).
39. W. C. Lanning and A. W. Davidson, J. Amer. Chem. Soc., **61,** 147 (1939).
40. F. K. V. Koch, J. Chem. Soc., 452 (1928).
41. E. C. Franklin and H. P. Cady, J. Amer. Chem. Soc., **26,** 499 (1904).
42. J. L. Dye, R. F. Sankuer and G. E. Smith, J. Amer. Chem. Soc., **82,** 4797 (1960).
43. J. Smisko and L. R. Dawson, J. Phys. Chem., **59,** 84 (1955).
44. J. R. Graham and A. R. Gordon, J. Amer. Chem. Soc., **79,** 2350 (1957).
45. R. Gopal and O. N. Bhatnagar, J. Phys. Chem., **68,** 3892 (1964).

46. J. M. Notley and M. Spiro, J. Phys. Chem., **70**, 1502 (1966).
47. L. R. Dawson and C. Berger, J. Amer. Chem. Soc., **79**, 4269 (1957).
48. H. I. Schlesinger and E. N. Bunting, J. Amer. Chem. Soc., **41**, 1934 (1919).
49. J. A. Davies, R. L. Kay and A. R. Gordon, J. Chem. Phys., **19**, 749 (1951).
50. S. Blum and H. I. Schiff, J. Phys. Chem., **67**, 1220 (1963).
51. U. Lamanna and M. Della Monica, Corsi E. Seminari Di Chimica, **37**, (1968).
52. W. V. Childs and E. S. Amis, J. Inorg. Nucl. Chem., **16**, 114 (1960).
53. J. O. Wear, C. V. Mcnully and E. S. Amis, J. Inorg. Nucl. Chem., **18**, 48 (1961).
54. R. T. Foley, L. E. Helgen and L. S. Schubert, Electrochemistry of High-Energy Compounds in Organic Electrolytes, Report No. 3 on Contract NGR 09-003-005, May 1966.
55. J. A. Olabe, M. C. Giordano and A. J. Arvia, Electrochim. Acta, **12**, 907 (1967).
56. J. E. Chilton, W. J. Conner, G. M. Cook and R. W. Holsinger, "Lithium-Silver Chloride Secondary Battery Investigation," Final Report, Contract No. AF 33(615)-1195, Feb. 1965, Tech. Rept. AFAPL-TR-64-147, AD 612189, N65-21557.
57. A. E. Lyall and W. S. Bishop, "Lithium-Nickel Fluoride Secondary Battery Investigation," F, Rpt. No. AFAPL-TR-68-71 (1968); Contract AF33 (615)-3488.
58. L. M. Mukherjee, D. P. Boden and R. Lindauer, J. Phys. Chem., **74**, 1942 (1970).
59. R. M. Reeves, Ph.D. Thesis, University of Southampton (1969).
60. D. G. Miller, J. Phys. Chem., **71**, 3588 (1967).
61. M. Spiro, J. Chem. Educ., **33**, 464 (1956).
62. P. Milios and J. Newman, J. Phys. Chem., **73**, 298 (1969).
63. W. H. Smyrl and J. Newman, J. Phys. Chem., **72**, 4660 (1968).
64. S. B. Brummer and G. J. Hills, Trans. Faraday Soc., **57**, 1816 (1961).
65. K. S. Spiegler, J. Electrochem. Soc., **100**, 3030 (1953).
66. D. N. Bennion and W. H. Tiedemann, Tech. Rept. UCLA-ENG-7078, **115**, (1970).

REVIEWS AND THEORETICAL PAPERS ON TRANSFERENCE NUMBERS

(Theo)   60   (calculation)

(Theo)   61   (definitions)

(Theo)   62   (MB equations)

(Theo)   63   (EMF equations)

(Theo)   64   (constant volume principle—transition states of ionic conductance)

(Rev)   65   (ion migration in ion-exchange resins)

(Theo)   66   (concentrated electrolyte theory, centrifuge measurements)

VIII. ADDITIONAL REFERENCES AND DATA SOURCES

A. ADDITIONAL DATA

(a) Dimethyl Sulfoxide

The data for DMSO is organized according to the following classification:
1. Physical and Thermodynamic Properties
2. Solvent Purity
3. Solubility of Salts in DMSO at 25°C
4. Solubility of Mixtures of Salts in DMSO at 25°C
5. Conductance of Saturated Salt Solutions in DMSO at 25°C
6. Equivalent Conductances of Electrolyte—DMSO Solutions
7. Fuoss–Onsager Equation for Electrolyte Solutions in DMSO
8. Single Ion Conductances
9. Equivalent Conductances of Quaternary Ammonium Salts in DMSO
10. Transference and Conductance Measurements of $AgClO_4$ in DMSO
11. Limiting Equivalent Conductances of Ions in DMSO
12. Transference Numbers in DMSO
13. Diffusion Coefficients in DMSO
14. Viscosities and Densities of Saturated Salt Solutions in DMSO
15. Activity Coefficients of Electrolytes in DMSO
16. Thermodynamic Properties in DMSO
17. Enthalpies of Solutions of Pure Substances in DMSO, H_2O, D_2O and PC
18. Electro-capillary Curves in DMSO

1. Physical and Thermodynamic Properties

Structure: Pyramidal, S–O bond has at least partial double bond character   Ref. 1, 2

Molecular Structure Parameters:

C–H	C–S	S–O	<CSC	<CSO
1.08 Å	1.82 Å	1.47 Å	$100 \pm 5°$	$107 \pm 5°$

Property	Temp.	Value	Ref.
Formula weights		78.13	3
Normal melting point		18.55°C	4
Normal boiling point		189.0°C	4
Densities	20°C	1.1014, 1.098	5, 6
	25°C	1.0946, 1.096, 1.0961	6, 7, 8, 9
	35°C	1.0855	9
	45°C	1.0745	9
	50°C	1.0721	6
	55°C	1.0637	9
Viscosities	25°C	1.93 to 2.003 C_p	9, 10
	35°C	1.652 C_p	9
	45°C	1.394 C_p	9
	55°C	1.192 C_p	9
Vapor pressure	25°C	0.600 mmHg	11
	40°C	1.66	11
	60°C	5.0	4
Dielectric constants	25°C	46.4, 46.6, 46.7	8, 9, 12, 13
	35°C	44.7	9
	45°C	43.3	9
	55°C	41.9	9
Heat of fusion	18.5°C	38.8 cal/g	14
Entropy of fusion		10.4 cal/deg mol	14
Cryoscopic constant		4.36°C (molal)	14
Heat of vaporization	25°C	12.64 kcal/mol	11
Heat of formation	25°C	−46.9 kcal/mol	5
	25°C (gas)	−49.99 kcal/mol	15
Free energy of formation	25°C (gas)	−27.65 kcal/mol	15
Specific heat	29.4°C	0.47 ± 0.015 cal/g°C	5
Coefficient of expansion	25°C	8.8×10^{-4} deg^{-1}	4
	30°C–60°C	9.90×10^{-4}	6
Refractive index	25°C	1.4773, 1.4765, 1.4768	7, 16, 17
Dipole moment		$3.9 \pm .1$ Debye	2
Specific conductance	25°C	2–3×10^{-8} mho/cm	8, 18
Surface tension	25°C	42.85 dynes/cm	6
	50°C	40.35, 40.05	5, 6

VIII. ADDITIONAL REFERENCES AND DATA SOURCES

1. Physical and Thermodynamic Properties (*Continued*)

Trouton constant*	29.6 cal/deg mol	4
Heat of combustion 25°C	47.2 kcal/mol	5

* This does not agree with the heat of vaporization and boiling points data reported by Douglas (11) and Schläfer et al. (4). Using their data, a Trouton Constant of 22.3 is predicted.

2. Solvent Purity

Primary impurities in Commercial DMSO; dimethyl sulfide, dimethyl sulfone, and water	3
Purification Methods: Fractional crystallization	11, 19
Fractional distillation	4, 8, 9, 18

3. Solubility of Salts in DMSO at 25°C. [Results reported in concentration units are converted to g salt/100 g DMSO using density data of Melendres (20).]

Salt	Solubility in g salt/100 g DMSO	Ref.
LiCl	9.037	20
LiCl	9.32	19
LiCl	6.87	21
NaCl	0.456	20
NaCl	0.467	19
KCl	0.168	20
KCl	0.202	19
RbCl	0.430	20
CsCl	0.629	20
LiI	16.319	20
LiI	37.4	19
LiClO$_4$	28.233	20
LiClO$_4$	28.8	19
MgCl$_2$	1.367	20
CaCl$_2$	54.005	20
SrCl$_2$	14.915	20
BaCl$_2$	5.981	20
Ca(NO$_3$)$_2$	18.493	20
AlCl$_3$	0.0662	20
InCl$_3$	1.526	20
InBr$_3$	7.432	20
In(NO$_3$)$_3$	3.732	20
PbCl$_2$	15.211	20
SbCl$_3$	59.985	20
CuCl$_2$	1.653	20
ZnCl$_2$	22.357	20
CdCl$_2$	51.458	20
TiCl$_3$	reacts with DMSO	20
VCl$_3$	0.2088	20
VCl$_2$	0.1796	20
CrCl$_2$	0.007082	20
FeCl$_3$	4.407	20

4. Solubility of Mixtures of Salts in DMSO at 25°C (Ref. 20)

Salt pair	Solubility in g salt/100 g DMSO
KCl	0.0534
LiCl	7.4997
CsCl	0.314
LiCl	7.845
RbCl	0.292
LiCl	7.7599
$CuCl_2$	7.795
LiCl	16.280
VCl_2	0.0897
LiCl	16.793
$SrCl_2$	11.991
LiCl	3.924
$ZnCl_2$	21.386
LiCl	10.080
VCl_3	0.0708
LiCl	9.929
$CrCl_3$	0.00719
LiCl	8.469
$FeCl_3$	14.549
LiCl	9.235

5. Conductance of Saturated Salt Solutions in DMSO–25°C

Salt	Conductance specific, κ (ohm^{-1}/cm)
LiCl	2.917×10^{-3}
	2.0×10^{-3}*
NaCl	1.793×10^{-3}
KCl	7.332×10^{-4}
RbCl	1.085×10^{-3}
CsCl	1.133×10^{-3}
LiI	7.884×10^{-3}
LiClO$_4$	6.323×10^{-3}
	7.1×10^{-3}*
MgCl$_2$	5.095×10^{-3}
CaCl$_2$	3.52×10^{-3}
SrCl$_2$	2.980×10^{-3}
BaCl$_2$	4.932×10^{-3}
Ca(NO$_3$)$_2$	1.832×10^{-3}
AlCl$_3$	4.92×10^{-5}
InCl$_3$	1.64×10^{-4}
InBr$_3$	1.657×10^{-3}
In(NO$_3$)$_3$	2.533×10^{-3}
PbCl$_2$	8.850×10^{-4}
SbCl$_3$	5.395×10^{-4}
CuCl$_2$	8.328×10^{-4}
ZnCl$_2$	2.664×10^{-3}
CdCl$_2$	1.729×10^{-3}
VCl$_2$	4.875×10^{-4}
VCl$_3$	7.732×10^{-4}
CrCl$_3$	1.133×10^{-4}
FeCl$_3$	3.058×10^{-3}

6. Equivalent Conductances, mho·cm²/Eq. of Electrolyte–DMSO Solutions

Conductance of NaClO₄ DMSO Solutions (Ref. 9)

C mmole/liter at 25°C	Λ (25°C)	Λ (35°C)		Λ (45°C)		Λ (55°C)	
1503.4	6.213	8.478	(0.9911)	11.19	(0.9771)	14.26	(0.9643)
755.44	15.11	18.92	(0.9922)	23.14	(0.9788)	27.63	(0.9649)
380.69	21.74	26.57	(0.9895)	31.68	(0.9789)	36.96	(0.9685)
122.82	27.84	33.56	(0.9903)	39.65	(0.9802)	46.04	(0.9705)
58.252	30.41	36.64	(0.9902)	43.21	(0.9800)	50.15	(0.9704)
45.633	31.00	37.36	(0.9900)	44.11	(0.9800)	51.14	(0.9699)
16.557	33.55	40.11	(0.9900)	47.82	(0.9799)	55.39	(0.9659)
.056	34.51	41.38	(0.9902)	49.09	(0.9803)	56.66	(0.9703)
4.4262	35.42	42.86	(0.9903)	49.75	(0.9804)	58.57	(0.9704)
1.9806	36.48	44.08	(0.9903)	51.32	(0.9803)	60.56	(0.9704)
0.76837	37.35	44.91	(0.9904)	52.39	(0.9804)	61.95	(0.9704)
0.39829	37.70	45.49	(0.9903)	53.12	(0.9804)	62.78	(0.9704)
0.16144	37.97	45.96	(0.9904)	53.65	(0.9804)	63.48	(0.9705)
0.065889	38.26	46.18	(0.9904)	54.04	(0.9804)	63.83	(0.9705)

Conductance of CF₃SO₃Na–DMSO Solutions (Ref. 9)

C mmole/liter at 25°C	Λ (25°C)	Λ (35°C)		Λ (45°C)		Λ (55°C)	
416.96	18.59	22.68	(0.9912)	26.93	(0.9829)	31.31	(0.9838)
122.04	25.33	30.59	(0.9905)	35.92	(0.9808)	41.70	(0.9715)
72.663	27.21	32.69	(0.9905)	38.58	(0.9808)	44.69	(0.9712)
42.020	28.76	34.85	(0.9903)	40.75	(0.9805)	47.23	(0.9708)
15.165	31.12	37.14	(0.9905)	44.15	(0.9803)	51.48	(0.9706)
9.0698	31.98	38.22	(0.9905)	45.54	(0.9802)	53.08	(0.9706)
6.4227	32.55	38.73	(0.9903)	46.12	(0.9801)	53.94	(0.9707)
5.7623	32.79	39.08	(0.9903)	46.36	(0.9802)	54.30	(0.9715)
4.6135	33.14	39.51	(0.9902)	46.73	(0.9802)	54.95	(0.9705)
4.3611	33.32	39.77	(0.9903)	47.14	(0.9803)	55.12	(0.9705)
3.5867	33.60	40.14	(0.9902)	47.56	(0.9803)	55.63	(0.9705)
1.1382	34.95	42.04	(0.9903)	49.59	(0.9803)	57.70	(0.9705)

VIII. ADDITIONAL REFERENCES AND DATA SOURCES

6. Equivalent Conductances, mho·cm²/Eq. of Electrolyte–DMSO Solutions (*Continued*)

Conductance of NaSCN–DMSO Solutions (Ref. 9)

C mmole/liter at 25°C	Λ (25°C)	Λ (35°C)		Λ (45°C)		Λ (55°C)	
255.08	25.43	30.59	(0.9897)	35.96	(0.9802)	41.50	(0.9718)
56.061	34.07	40.72	(0.9900)	47.72	(0.9797)	54.99	(0.9707)
26.717	37.70	44.82	(0.9900)	51.91	(0.9800)	59.86	(0.9708)
10.772	38.49	45.92	(0.9902)	54.70	(0.9801)	63.33	(0.9711)
8.3583	38.86	46.59	(0.9902)	55.13	(0.9802)	63.72	(0.9711)
5.8229	39.86	47.52	(0.9903)	55.64	(0.9803)	64.28	(0.9713)
3.8448	40.40	48.30	(0.9903)	56.62	(0.9803)	66.52	(0.9712)
0.53654	42.84	51.31	(0.9904)	60.44	(0.9804)	69.95	(0.9712)
0.10212	43.53	52.34	(0.9904)	61.35	(0.9804)	70.66	(0.9711)

Conductance at NaBPh$_4$–DMSO Solutions (Ref. 9)

C mmole/liter at 25°C	Λ (25°C)	Λ (35°C)		Λ (45°C)		Λ (55°C)	
11.736	20.69	25.49	(0.9903)	29.51	(0.9805)	34.37	(0.9704)
7.5363	21.53	25.89	(0.9903)	30.66	(0.9804)	35.99	(0.9703)
5.4698	22.19	26.76	(0.9905)	31.87	(0.9804)	37.43	(0.9705)
3.8890	22.56	27.19	(0.9905)	32.19	(0.9803)	37.99	(0.9705)
2.9139	23.00	27.80	(0.9904)	32.92	(0.9802)	38.84	(0.9704)
2.1963	23.16	28.03	(0.9903)	33.26	(0.9802)	39.32	(0.9704)
1.6792	23.48	28.46	(0.9904)	33.90	(0.9803)	39.81	(0.9703)
1.1955	23.78	28.76	(0.9903)	34.14	(0.9803)	40.20	(0.9703)

Conductance of (i-amyl)$_3$BuNBPh$_4$–DMSO Solutions (Ref. 9)

C mmole/liter at 25°C	Λ (25°C)	Λ (35°C)		Λ (45°C)		Λ (55°C)	
113.44	12.00	14.42	(0.9908)	17.49	(0.9758)	20.60	(0.9718)
46.960	13.63	16.07	(0.9907)	19.49	(0.9783)	23.23	(0.9711)
16.677	15.81	19.12	(0.9907)	22.98	(0.9798)	27.32	(0.9707)
8.8974	17.55	21.08	(0.9905)	25.30	(0.9802)	29.96	(0.9707)
6.5546	18.76	21.88	(0.9906)	26.20	(0.9804)	30.98	(0.9706)
4.9055	18.65	22.48	(0.9906)	26.90	(0.9802)	31.83	(0.9706)
3.6300	18.98	22.73	(0.9904)	27.31	(0.9802)	32.43	(0.9704)
1.4907	20.25	24.54	(0.9907)	29.27	(0.9806)	34.47	(0.9706)
0.38512	21.08	25.48	(0.9906)	30.30	(0.9806)	35.64	(0.9705)

6. Equivalent Conductances, mho·cm²/Eq. of Electrolyte–DMSO Solutions (*Continued*)

Conductance of CH_3SO_3Na–DMSO Solutions (Ref. 9)

C mmole/liter at 25°C	Λ (25°C)	Λ (35°C)		Λ (45°C)		Λ (55°C)	
2.4141	30.78	37.11	(0.9904)	43.90	(0.9804)	50.82	(0.9705)
1.4083	31.76	38.33	(0.9904)	45.36	(0.9804)	52.55	(0.9705)
1.2695	31.87	38.44	(0.9904)	45.50	(0.9804)	52.72	(0.9705)
1.2002	32.09	38.71	(0.9904)	45.83	(0.9804)	53.04	(0.9705)
1.0449	32.40	38.18	(0.9904)	46.29	(0.9804)	53.64	(0.9705)
0.97260	32.73	39.54	(0.9904)	46.74	(0.9804)	54.27	(0.9705)

Conductance of Tetra-*N*-Amylammonium Thiocyanate in Dimethyl Sulfoxide at 55°C (Ref. 9)

C (mol/l)	Λ (sq. m/ohm-Eq.)
2.549	0.1300
2.455	0.1991
2.360	0.5279
2.195	1.060
2.154	1.203
2.060	1.552
1.893	2.182
1.782	2.667
1.323	6.061
1.281	6.800
1.243	7.890
1.089	9.432
9.317×10^{-1}	12.51
7.043×10^{-1}	17.72
5.805×10^{-1}	21.69
3.654×10^{-1}	27.88
1.028×10^{-1}	43.45
5.740×10^{-2}	47.75
4.512×10^{-2}	49.21
3.393×10^{-2}	50.65
2.068×10^{-2}	53.30
1.567×10^{-2}	54.05
1.223×10^{-2}	54.93
9.264×10^{-3}	56.56
6.951×10^{-3}	56.52
4.917×10^{-3}	58.33
3.725×10^{-3}	59.50
2.465×10^{-3}	61.27
1.730×10^{-3}	62.14
1.259×10^{-3}	62.67

VIII. ADDITIONAL REFERENCES AND DATA SOURCES

7. For Concentrations below about 0.006M the equivalent conductances can be fitted quite well by the Fuoss–Onsager Equation, which for 1:1 electrolytes is (Ref. 9)

$$\Lambda = \Lambda_0 - SC^{1/2} + EC \log C + [J(\text{å}) - B\Lambda_0]C \qquad [1]$$

for associated electrolytes

$$\Lambda = \Lambda_0 - S(C\alpha')^{1/2} + E(C\alpha') \log (C\alpha') + [J(\text{å}) - B\Lambda_0]C\alpha' - K_A C\alpha'\gamma \pm {}^2\Lambda \qquad [2]$$

Conductance Parameters for Electrolyte Solutions in DMSO

Salt	Temperature, °C	Λ_0	S	å	K_A	J
NaClO$_4$	25	38.76 ± 0.04	54.04	4.75	0	272.1
	35	46.77 ± 0.03	66.28	5.13	0	354.8
	45	54.65 ± 0.03	78.17	4.02	0	336.4
	55	64.61 ± 0.03	91.89	3.22	0	328.5
NaSCN	25	44.14 ± 0.09	87.36	3.33	0	223.2
	35	53.01 ± 0.09	69.44	2.59	0	214.9
	45	62.28 ± 0.14	82.05	2.20	0	215.8
	55	72.02 ± 0.42	95.66	2.96	0	334.1
NaCF$_3$SO$_3$	25	36.82 ± 0.06	53.67	3.20	0	184.7
	35	44.39 ± 0.08	65.07	1.80	0	129.9
	45	52.32 ± 0.18	76.99	2.37	0	201.7
	55	80.71 ± 0.05	89.91	3.00	0	367.9
NaB(Ph)$_4$	25	25.39 ± 0.07	47.90	4.07	0	169.1
	35	30.01 ± 0.09	58.18	3.03	0	160.1
	45	36.68 ± 0.14	69.05	1.97	0	128.4
	55	43.10 ± 0.12	80.95	2.57	0	194.0
(1-amyl)$_3$BuNB(Ph)$_4$	25	22.08 ± 0.16	46.24	8.24	12.4	221.8
	35	26.75 ± 0.40	56.11	8.04	19.1	338.7
	45	32.02 ± 0.64	66.69	14.26	33.5	661.2
	55	37.46 ± 0.46	78.00	5.44	9.93	336.6

8. Single-Ion Conductances and Ionic Radii in Dimethyl Sulfoxide (Ref. 30)

Cation	$\lambda_0^+(I^-)$[a]	$\lambda_0^+(Br^-)$[a]	λ_0^+(Lit.)	$R^+(\text{Å})$[b]	$r^+(\text{Å})$[b]
Me_4N^+	18.60	18.57		2.20	3.47
Et_4N^+	17.06	17.06		2.40	4.00
Pr_4N^+	13.42	13.39		3.05	4.52
Bu_4N^+	11.59	11.59	11.2[c]	3.53	4.94
$i\text{-}Am_4N^+$	10.61[d]			3.86	
$n\text{-}Am_4N^+$	10.41			3.93	5.20
Hex_4N^+	9.79			4.18	5.61
$Hept_4N^+$	9.18			4.45	5.89
Anion	λ_0^-			$R^-(\text{Å})$	$r^-(\text{Å})$
$i\text{-}Am_4B^-$	10.61[d]			3.86	
$B(C_6H_5)_4^-$	10.61[d]			3.86	
Cl^-	24.40		23.9,[e] 36[f]	1.68	1.81
Br^-	24.06		24.2[c]	1.70	1.95
I^-	23.80		23.8[c]	1.72	2.16

[a] Units, mho-cm³ Eq.⁻¹.
[b] R is the hydrodynamic radius; r the crystallographic.
[c] Reference 5.
[d] The value 10.61 for the conductance of $i\text{-}Am_4N^+$ is the average of the values obtained from the two reference electrolytes.
[e] Reference 7b.
[f] Reference 6.

8. Single Ion Conductances (Ref. 9)

Limiting Ionic Mobilities in DMSO

Ions	$\lambda_t^°$ in cm²/ohm·equivalent			
	25°C	35°C	45°C	55°C
$(i\text{-amyl})_3BuN^+$ or $B(Ph)_4^-$	11.05	13.38	16.01	18.74
Na^+	14.34	17.43	20.67	24.36
CF_3SO_3	22.48	26.96	31.65	36.35
ClO_4	24.42	28.34	33.98	40.25
SCN^-	29.80	35.58	41.61	47.66

VIII. ADDITIONAL REFERENCES AND DATA SOURCES

9. Equivalent Conductances of Quaternary Ammonium Iodides in Dimethyl Sulfoxide[a]
(Ref. 30)

$10^4 C$	Λ	$10^4 C$	Λ
Me$_4$NI		Et$_4$NI	
1.1220	41.781	2.3201	40.001
2.0957	41.554	4.6698	39.638
3.3099	41.326	6.6872	39.390
4.1187	41.206	8.4258	39.225
5.1112	41.067	9.9728	39.088
6.0679	40.949	11.2382	38.981
Pr$_4$NI		Bu$_4$NI	
1.2191	36.600	1.1309	34.823
2.2892	36.388	2.1415	34.613
3.2374	36.235	3.0527	34.461
4.1898	36.105	3.8405	34.348
5.1265	35.986	4.5213	34.266
6.1449	35.872	5.1444	34.193
1.4853[b]	36.540[b]	1.1487[b]	34.834[b]
2.1045	36.420	2.3025	34.594
3.1949	36.234	3.3736	34.418
4.1061	36.108	4.2583	34.296
5.1992	35.971	5.0250	34.204
6.2162	35.859	5.7204	34.127
i-Am$_4$NI		n-Am$_4$NI	
1.2162	33.832	0.9771	33.689
2.2563	33.631	1.9436	33.484
3.0444	33.504	3.1950	33.279
3.7755	33.399	4.3269	33.132
4.3349	33.334	5.0119	33.053
4.8008	33.279	5.9488	32.953
		1.0629[b]	33.678[b]
		2.0615	33.471
		3.2191	33.284
		4.0808	33.168
		5.1590	33.045
		6.1142	32.944

9. Equivalent Conductances of Quaternary Ammonium Iodides in Dimethyl Sulfoxide: (Ref. 30) (*Continued*)

$10^4 C$	Λ	$10^4 C$	Λ
n-Hex₄NI		*n*-Hept₄NI	
1.1324	33.057	1.1238	32.432
2.1621	32.854	2.1776	32.232
3.1651	32.695	3.1519	32.082
4.1218	32.563	4.1847	31.947
5.2527	32.435	5.2099	31.837
6.1851	32.341	6.1872	31.736
0.7709[b]	33.166[b]	0.9323[b]	32.484[b]
1.8039	32.918	2.0130	32.257
2.5648	32.780	2.9560	32.109
3.4638	32.652	4.1014	31.957
4.3326	32.543	5.1047	31.846
5.1713	32.442	6.4238	31.712
6.0945	32.349		

[a] Units: C, Eq./l; Λ, mho-cm²/equiv.
[b] Indicates separate run.

9. Equivalent Conductances of Quaternary Ammonium Bromides, Chlorides, and Reference Electrolytes in Dimethyl Sulfoxide[a] (Ref. 30)

$10^4 C$	Λ	$10^4 C$	Λ
Me₄NBr		Et₄NBr	
1.0435	42.024	1.0952	40.539
2.0735	41.769	3.3137	40.095
3.0749	41.573	4.3666	39.947
4.0801	41.406	5.3050	39.826
5.0840	41.255	6.3459	39.703
6.1101	41.125		
1.0551[b]	42.024[b]	2.3512[b]	40.248[b]
2.1130	41.765	3.4982	40.063
3.1582	41.562	4.4898	39.925
4.1694	41.392	5.2159	39.833
5.1665	41.246	6.0294	39.739
6.1495	41.113	6.9766	39.844

9. Equivalent Conductances of Quaternary Ammonium Bromides, Chlorides, and Reference Electrolytes in Dimethyl Sulfoxide[a] (Ref. 30) *(Continued)*

$10^4 C$	Λ	$10^4 C$	Λ
Pr₄NBr		**Bu₄NBr**	
1.3136	36.833	1.9379	34.908
2.5490	36.593	2.9011	34.749
3.5926	36.431	3.8270	34.616
4.4025	36.328	4.7911	34.497
5.1263	36.240	5.7025	34.393
5.9830	36.143	6.5733	34.301
		1.3309[b]	35.034[b]
		2.4878	34.806
		3.4968	34.649
		4.4532	34.529
		5.1914	34.444
		5.8136	34.379
Pr₄NCl		**TAATAB**	
0.8986	37.302		
1.9597	37.072	1.0384	20.739
3.1975	36.852	1.8006	20.585
4.2704	36.703	2.4978	20.468
5.3250	36.568	2.9744	20.397
6.3845	36.451	3.4377	20.336
7.3693	36.353	3.9245	20.279
2.0743[b]	37.033[b]	1.3546	20.702
3.1829	36.850	2.4626	20.526
4.2915	36.691	3.4537	20.401
5.2512	36.574	4.3295	20.305
6.1962	36.467	5.0786	20.234
7.3688	36.344	5.7266	20.172

[a] Units: C, Eq./1; Λ, mhos-cm² equiv.
[b] Indicates separate run.

10. Summary of Transference and Conductance Measurements on Silver Perchlorate in Dimethyl Sulphoxide at 25°C (Ref. 40)

$c \times 10^3$ (Eq./1)	Λ (ohm^{-1} cm^2 Eq.$^{-1}$)	t^-	λ_0(obs.) (ohm^{-1} cm^2 Eq.$^{-1}$)	λ'_0(calc) (ohm^{-1} cm^2 Eq.$^{-1}$)
23.76	34.05$_7$	0.611	25.54	25.62
51.76	31.95$_2$	0.620	27.02	26.96
63.78	31.87$_4$	0.623	27.62	27.53
100.01	29.93$_6$	0.632	29.20	29.26
0.7273	38.98$_3$			
0.8235	38.88$_6$			
1.8678	38.18$_8$			
2.4759	37.86$_9$			
4.0167	37.33$_1$			
4.6476	37.16$_2$			
7.5463	36.44$_9$			

11. Limiting Equivalent Conductances of Ions in Dimethyl Sulphoxide at 25°C (Ref. 40)

	Values based on $\lambda_0(K) = 15.0$		Values based on $\lambda_0(Na)^+ = 14.2$		Values based on $\lambda_0(I^-) = 23.3$
Br$^-$	23.4		23.8	Bu$_4$N$^+$	11.7
I$^-$	23.2		23.4	Me$_3$PhN$^+$	14.5
SCN$^-$	28.5		28.8	Me$_3$OctdN$^+$	10.5
NO$_3^-$	26.5		26.6		
Pi$^-$	16.7		16.9		
SO$_3$Ph$^-$			16.4		
OctdSO$_4^-$					

12. Transference Numbers of NaClO$_4$ and Cu(ClO$_4$)$_2 \cdot$6H$_2$O in DMSO at 32°C (Ref. 23)

Concentration NaClO$_4$ molality	t^+ Na$^+$	Concentration Cu(ClO$_4$)$_2 \cdot$6H$_2$O molality	t_+ Cu^{2+}
0.499	0.310	0.223	0.280
0.402	0.312	0.198	0.298
0.288	0.328	0.135	0.301
0.183	0.332	0.082	0.296
0.150	0.339	0.068	0.304
0.075	0.357	0.034	0.326

VIII. ADDITIONAL REFERENCES AND DATA SOURCES

13. Diffusion Coefficients (Ref. 24)

Diffusion Coefficient of Dimethyl Sulfoxide in a 0.1 M Solution of Tetraethylammonium Perchlorate at 25°C

6.15×10^{-6} cm²/sec

There are not many direct measurements of salt diffusion coefficients in nonaqueous solvents. There is some data on density, viscosity, conductivity and a little data on transference numbers. The method of Newman et al. (Ref. 25) might be used to estimate diffusion coefficients from density, viscosity, conductivity and transference number data. The theory applies only to completely dissociated salts and has not been fully established for nonaqueous solutions.

13. Densities of DMSO-H₂O Mixtures at Several Temperatures[a] (Ref. 31)

	Density, g/cm³, at $t =$					
X_{DMSO}[b]	−60°	−55°	−50°	−45°	−30°	−15°
0.10						1.062
0.20				1.121	1.112	1.101
0.25		1.143	1.140	1.136	1.125	1.113
0.30	1.159[c]	1.155	1.151	1.147	1.134	1.121
0.33		1.159	1.154	1.151	1.137	1.124
0.35		1.160	1.156	1.151	1.139	1.126
0.40		1.167	1.162	1.158	1.145	1.131
0.50					1.151	1.136
0.60						
0.80						

	Density, g/cm³, at $t =$				
X_{DMSO}[b]	−10°	0°	10°	15°	20°
0.10	1.060	1.055	1.050	1.048	1.045
0.20	1.098	1.090	1.082	1.079	1.076
0.25	1.110	1.101	1.093	1.090	1.086
0.30	1.118	1.109	1.100	1.096	1.092
0.33	1.120	1.112	1.104	1.099	1.096
0.35	1.121	1.113	1.104	1.100	1.096
0.40	1.127	1.117	1.108	1.104	1.099
0.50	1.132	1.122	1.112	1.108	1.103
0.60	1.132	1.122	1.112	1.108	1.103
0.80			1.112	1.107	1.102

[a] Temperatures in degrees Celsius.
[b] Mole fraction DMSO.
[c] The relative error ($\Delta\rho/\rho$) of each density is ±0.12%.

14. Viscosity and Density of Saturated Salt Solutions in DMSO–25°C (Ref. 20)

Salt	Viscosity absolute, η (centipoise)	Density (g/cc)
LiCl	23.158	1.1666
	23.942+	
NaCl	2.232	1.0992
KCl	2.011	1.0965
RbCl	2.179	1.0989
CsCl	2.140	1.1009
LiI	8.155	1.2323
LiClO$_4$	15.594	1.2187
MgCl$_2$	3.075	1.1110
CaCl$_2$	14.430	1.1755
SrCl$_2$	12.688	1.2221
BaCl$_2$	3.792	1.1519
Ca(NO$_3$)$_2$	57.104	1.2785
AlCl$_3$	2.250	1.1033
InCl$_3$	2.384	1.1078
InBr$_3$	3.035	1.1635
In(NO$_3$)$_3$	2.487	1.1192
PbCl$_2$	3.566	1.2324
SbCl$_3$	36.356	1.4905
CuCl$_2$	2.375	1.1098
ZnCl$_2$	8.409	1.2593
CdCl$_2$	26.256	1.3815
VCl$_2$	2.271	1.0976
VCl$_3$	2.169	1.0995
CrCl$_3$	2.187	1.0958
FeCl$_3$	2.8584	1.1283

14. Density and Viscosity (Ref. 26)

25°C C	25°C ρ	25°C η	35°C ρ	35°C η	45°C ρ	45°C η	55°C ρ	55°C η
\multicolumn{9}{c}{NaClO$_4$–DMSO Mixtures}
1.5034×10^0	1.2030	9.1551	1.1922	6.4248	1.1755	4.7466	1.1600	3.6991
7.5544×10^{-1}	1.1422	3.6837	1.1333	2.9379	1.1180	2.4261	1.1021	1.9081
3.8069×10^{-1}	1.1120	2.6010	1.1003	2.1060	1.0385	1.7481	1.0770	1.4825
1.2282×10^{-1}	1.1005	2.1644	1.0898	1.7794	1.0787	1.4936	1.0680	1.2790
5.8252×10^{-2}	1.0983	2.0770	1.0875	1.7136	1.0763	1.4430	1.0658	1.2332
4.5633×10^{-2}	1.0980	2.0598	1.0870	1.6971	1.0760	1.4286	1.0650	1.2229
1.6557×10^{-2}	1.0970	2.0199	1.0860	1.6670	1.0750	1.4060	1.0640	1.2024
1.0056×10^{-2}	1.0965	2.0121	1.0858	1.6650	1.0749	1.4021	1.0639	1.1990
4.4262×10^{-3}	1.0963	2.0059	1.0857	—	1.0748	1.4008	1.0638	—
\multicolumn{9}{c}{NaSCN–DMSO Mixtures}
2.5508×10^{-1}	1.1155	2.3656	1.1040	1.9342	1.0934	1.6241	1.0840	1.3791
5.6061×10^{-2}	1.1001	2.0786	1.0891	1.7127	1.0778	1.4406	1.0679	1.2334
2.6717×10^{-2}	1.0979	2.0350	1.0869	1.6802	1.0759	1.4144	1.0658	1.2091
1.0772×10^{-2}	1.0967	2.0152	1.0859	1.6656	1.0749	1.4011	1.0650	1.2003
8.3583×10^{-3}	1.0965	2.0104	1.0858	1.6606	1.0748	1.3995	1.0648	1.1989
5.8229×10^{-3}	1.0962	2.0067	1.0856	—	1.0746	—	1.0647	1.1971
\multicolumn{9}{c}{NaBPh$_4$–DMSO Mixtures}
2.1048×10^{-2}	1.1088	2.0454	1.0979	1.6889	1.0873	1.4234	1.0758	1.2197
1.4929×10^{-2}	1.1050	2.0297	1.0941	1.6767	1.0835	1.4097	1.0722	1.2086
1.1980×10^{-2}	1.1031	2.0251	1.0924	1.6700	1.0817	1.4076	1.0705	1.2047
1.0202×10^{-2}	1.1020	2.0214	1.0914	1.669	1.0805	1.4038	1.0693	1.2028
8.4644×10^{-3}	1.1009	2.0158	1.0904	1.6631	1.0795	1.4016		
6.6772×10^{-3}	1.0999	2.0109	1.0894	1.6601	1.0783	1.3990		

14. Density and Viscosity (Ref. 26) (Continued)

25°C C	25°C ρ	25°C η	35°C ρ	35°C η	45°C ρ	45°C η	55°C ρ	55°C η
\(i-amyl)$_3$BuNBPh$_4$–DMSO Mixtures								
1.1344×10^{-1}	1.1180	2.4577	1.1078	2.0062	1.0909	1.6622	1.0865	1.4156
4.6960×10^{-2}	1.1051	2.1621	1.0948	1.7870	1.0811	1.5064	1.0731	1.2947
1.6677×10^{-2}	1.0992	2.0621	1.0890	1.6955	1.0770	1.3291	1.0670	1.2226
8.8974×10^{-3}	1.0977	2.0313	1.0873	1.6772	1.0760	1.4119	1.0655	1.2096
6.5546×10^{-3}	1.0972	2.0216	1.0869	1.6698	1.0757	1.4067	1.0650	1.2056
4.9055×10^{-3}	1.0969	2.0175	1.0866	—	1.0752	—	1.0647	1.2022
CF$_3$SO$_3$NA–DMSO Mixtures								
4.1696×10^{-1}	1.1382	2.6591	1.1282	2.1615	1.1188	1.7978	1.1085	1.5239
1.2204×10^{-1}	1.1088	2.1649	1.0983	1.7819	1.0876	1.4981	1.0772	1.2795
7.2663×10^{-2}	1.1035	2.1004	1.0930	1.7320	1.0823	1.4568	1.0717	1.2462
4.2020×10^{-2}	1.1005	2.0558	1.0898	1.6968	1.0790	1.4296	1.0683	1.2229
1.5165×10^{-3}	1.0976	2.0204	1.0872	1.6693	1.0760	1.4045	1.0653	1.2028
9.0608×10^{-3}	1.0970	2.0110	1.0866	1.6611	1.0753	—	1.0647	1.1993
CH$_3$SO$_3$Na–DMSO Mixtures								
5.5561×10^{-2}	1.0994	2.0852	1.0892	1.7203	1.0780	1.4445	1.0670	1.2360
2.3840×10^{-2}	1.0975	2.0520	1.0871	1.6824	1.0760	1.4166	1.0652	1.2134
1.3962×10^{-2}	1.0970	2.0255	1.0865	1.6710	1.0753	1.4071	1.0645	1.2053
6.8462×10^{-3}	1.0967	2.0139	1.0861	1.6635	1.0748	1.4043	1.0640	1.1988
5.1732×10^{-3}	1.0955	2.0088	1.0860	1.6602	1.0747	1.3971	1.0638	1.1955
2.9997×10^{-3}	1.0964	2.0060	1.0858	1.6586	1.0746	1.3955	1.0637	1.1953

VIII. ADDITIONAL REFERENCES AND DATA SOURCES

14. Density and Viscosity of Tetra-*n*-Amylammonium Thiocyanate in Dimethyl Sulfoxide at 55°C (Ref. 22)

C (mol/l)	ρ (g/cc)	η (cp)	$\Lambda\eta$ (sq. cm-cp/ohm-Eq.)
2.549	0.909	276.6	35.96
2.455	0.917	(220.5)	43.90
2.360	0.923	(92.0)	48.57
2.195	0.936	(45.5)	48.24
2.154	0.938	39.71	47.76
2.060	0.944	(28.5)	44.22
1.893	0.956	18.45	40.26
1.782	0.963	(14.0)	37.34
1.323	0.992	5.305	32.15
1.281	0.996	4.843	32.93
1.243	0.998	(4.40)	34.71
1.089	1.0075	(3.75)	35.37
9.317×10^{-1}	1.018	(3.00)	37.52
7.043×10^{-1}	1.032	(2.26)	40.05
5.805×10^{-1}	1.0404	1.952	42.34
3.654×10^{-1}	1.0520	1.600	44.59
1.028×10^{-1}	1.0768	1.316	57.17
5.740×10^{-2}	1.0710	1.263	60.29
4.512×10^{-2}	1.0694	1.251	61.55
3.393×10^{-2}	1.0680	1.237	62.63
2.068×10^{-2}	1.0663	1.225	65.30
1.567×10^{-2}	1.0657	1.219	65.86
1.223×10^{-2}	1.0652	1.214	66.66
9.264×10^{-3}	1.0649	1.212	68.54
6.951×10^{-3}	1.0646	1.208	68.26
4.917×10^{-3}	1.0643	1.207	70.42
3.725×10^{-3}	1.0642	1.206	71.77
2.465×10^{-3}	1.0640	1.204	73.76
1.730×10^{-3}	1.0639	1.204	74.78
1.259×10^{-3}	1.0638	1.201	75.28

Parenthesis implies interpolated values.

Limiting Ionic Walden Products, $\Lambda_0\eta_0$, in DMSO (Ref. 9)

Ions	$\lambda_0\eta_0$ in cm² poise/ohm·equivalent			
	25°C	35°C	45°C	55°C
$(i\text{-amyl})_3\text{BuN}^+$	0.221	0.227	0.223	0.223
Na^+	0.287	0.288	0.288	0.290
B(Ph)_4^-	0.221	0.221	0.223	0.223
ClO_4^-	0.488	0.485	0.474	0.480
SCN^-	0.596	0.588	0.580	0.568
CF_3SO_3^-	0.449	0.446	0.441	0.433

Viscosity can be correlated with concentration using the Jones and Dole Equation (27)

$$\eta/\eta_0 = 1 + AC^{1/2} + BC$$

The limiting theoretical Λ coefficient, designated by $S_{(\eta)}$, for uni-univalent electrolytes is of the form

$$S_{(\eta)} = 320\lambda_+^0\lambda_-^0\beta^*\Lambda_0\{1 - 0.6863[(\lambda_+^0 - \lambda_-^0)/\Lambda_0]\}^2$$

where

$$\beta^* = (28.98 \times 2\sqrt{2}/\eta_0(\epsilon_0 T)^{1/2})\tfrac{1}{2}(|z_+| + |z_-|)\tfrac{1}{2}(v|z_+z_-|)^{1/2}$$

Theoretical $S_{(\eta)}$ Coefficients for the Electrolytes in DMSO (Ref. 26)

Salt	$S_{(\eta)}$ coefficient × 10²			
	25°	35°	45°	55°
$(i\text{-amyl})_3\text{BuNB(Ph)}_4$	1.985	1.987	1.969	1.968
NaB(Ph)_4	1.737	1.735	1.728	1.721
NaSCN	1.038	1.045	1.052	1.062
$\text{CF}_3\text{SO}_3\text{Na}$	1.210	1.216	1.223	1.230
NaClO_4	1.158	1.163	1.176	1.164

Viscosity B Coefficients for the Electrolytes in DMSO (Ref. 26)

Salt	B coefficients			
	25°	35°	45°	55°
$(i\text{-amyl})_3\text{BuNB(Ph)}_4$	1.57	1.47	1.44	1.44
NaB(Ph)_4	1.14	1.07	1.01	1.00
NaSCN	0.62	0.60	0.56	0.58
$\text{CF}_3\text{SO}_3\text{Na}$	0.64	0.61	0.59	0.58
NaClO_4	0.62	0.60	0.56	0.55

VIII. ADDITIONAL REFERENCES AND DATA SOURCES

Viscosities of DMSO–H$_2$O Mixtures at Several Temperatures[a] (Ref. 31)

	Viscosity, cP, at t =										
−60	−55	−50	−45	−30	−15	−10	0	10[b]	15[b]	20[b]	X_{DMSO}
					8.12[b]	6.41	4.205	2.941	2.496	2.152	0.10
				36.15[d]	14.79[b]	11.43	7.27	4.899	4.097	3.455	0.20
			118.9[d]	42.60[d]	17.13[d]	13.24	8.46	5.72	4.719	4.00[e]	0.25
		213.7[e]	138.0[d]	43.81[d]	18.25[d]	14.20	9.07	6.09	5.10	4.310	0.30
	341.3[e]	214.7[e]	139.9[e]	43.47[d]	18.25[d]	14.27	9.16	6.17	5.18	4.383	0.33
	339.4[e]	214.7[e]	140.2[e]	43.00[d]	18.17[d]	14.23	9.17	6.16	5.19	4.398	0.35
	339.6[e]	212.6[e]	139.3[e]	40.00[d]	17.20[d]	13.43	8.71	5.94	5.02	4.267	0.40
	336.8[e]	181.1[e]	123.8[e]	29.37[d]	13.58[b]	10.91	7.37	5.19	4.445	3.838	0.50
	283.1[e]					9.15	6.25	5.30	3.904	3.398	0.60
570[b]								3.362	2.964	2.627	0.80

[a] Temperatures in degrees Celsius.
[b] Average relative error = ±0.55%.
[c] Average relative error = ±0.41%.
[d] Average relative error = ±0.34%.
[e] Extrapolated value.

15. Activity Coefficients (Ref. 28)

Activity Coefficients of Lithium Chloride in DMSO from EMF Measurements

	$-\ln_e \gamma$		
m moles/kg	25°	30°	35°
0.005	0.152	0.160	0.165
0.010	0.220	0.230	0.230
0.015	0.270	0.275	0.275
0.020	0.306	0.310	0.310
0.025	0.335	0.339	0.340
0.030	0.360	0.364	0.365
0.035	0.383	0.385	0.392
0.040	0.404	0.405	0.414
0.045	0.422	0.423	0.430
0.050	0.440	0.440	0.447
0.060	0.470	0.470	0.475
0.080	0.511	0.520	0.525
0.100	0.548	0.560	0.565
0.120	0.582	0.592	0.600

Activity Coefficients of Lithium Chloride in DMSO at 25° from EMF Measurements (Ref. 29)

m moles	$-\log_{10} \gamma$
2.029	0.4485
0.9870	0.4154
0.4870	0.3519
0.19323	0.2861
0.09636	0.2278
0.5776	0.2037
0.01923	0.1197
0.00481	0.0724

VIII. ADDITIONAL REFERENCES AND DATA SOURCES

Mean Molal Activity Coefficients of LiBr in DMSO (Ref. 38)

m	$\gamma_\pm$			
	15°C	25°C	35°C	45°C
0.02673	0.6815	0.6950	0.7024	0.7120
0.02965	0.6810	0.6930	0.7050	0.7155
0.05606	0.5922	0.6025	0.6121	0.6195
0.07024	0.5797	0.5872	0.5959	0.6039
0.13458	0.5698	0.5779	0.5867	0.5937
0.16782	0.5373	0.5426	0.5479	0.5542
0.22445	0.5318	0.5333	0.5344	0.5369
0.35390	0.5219	0.5269	0.5323	0.5363
0.44634	0.5315	0.5360	0.5411	0.5454
0.47745	0.5521	0.5549	0.5583	0.5608
0.54635	0.5125	0.5145	0.5173	0.5188
0.59054	0.5805	0.5814	0.5833	0.5844
0.63292	0.5694	0.5736	0.5674	0.5808
0.74850	0.5422	0.5401	0.5416	0.5421
0.79123	0.6035	0.6044	0.6071	0.6076
0.86155	0.6608	0.6560	0.6536	0.6501

Mean Molal Activity Coefficients of LiI in DMSO (Ref. 39)

m	$\gamma_\pm$		
	25°C	35°C	45°C
0.10270	0.5644	0.5853	0.5900
0.12677	0.5696	0.5451	0.5628
0.18630	0.5559	0.5883	0.5932
0.24380	0.5535	0.5710	0.5767
0.32250	0.5646	0.5851	0.5885
0.36076	0.5432	0.5635	0.5685
0.44181	0.5832	0.6026	0.6053
0.50181	0.6045	0.6235	0.6251
0.69333	0.6619	0.6814	0.6826
0.71890	0.6698	0.6915	0.6942
0.89290	0.7485	0.7708	0.7718

16. Thermodynamic Properties Heat Capacity of Dimethyl Sulfoxide (Ref. 32)

Dimethyl Sulfoxide

T	C_p	T	C_p
Series I		198.57	21.10
270.50	27.33	205.80	21.54
275.42	28.74	214.11	22.15
282.76	32.47	223.45	22.93
288.69	73.3		
291.15	308	ΔH_m Detns. A	
291.41	960		
291.52	3,420	298.11	36.49
291.53	7,080	301.38	36.61
291.55	8,720		
291.55	12,400	Series IV	
291.58	6,890	285.22	86.7
291.59	5,730	291.41	4,200
291.61	4,680	291.51	13,000
292.33	190.7	291.55	24,800
		291.57	36,800
Series II		291.58	16,450
226.06	23.10	293.00	80.7
235.10	23.87		
243.90	24.66	Series V	
252.47	25.51		
260.81	26.42	5.50	0.037
268.89	27.50	6.28	0.062
276.67	29.07	6.92	0.095
		7.63	0.137
		8.28	0.195
Series III		8.94	0.243
76.88	10.63	9.63	0.318
84.47	11.49	10.33	0.410
92.20	12.28	11.12	0.498
100.27	13.05	12.03	0.611
108.95	13.95	13.05	0.766
117.68	14.67	14.33	0.977
125.98	15.40	15.79	1.237
134.09	16.08	17.36	1.526
142.45	16.78	19.05	1.853
151.20	17.47	20.90	2.224
159.64	18.12	22.94	2.639
167.83	18.74	25.40	3.139
175.79	19.32	28.36	3.729
183.60	19.90	31.64	4.371
191.18	20.48	35.24	5.042

VIII. ADDITIONAL REFERENCES AND DATA SOURCES

16. Thermodynamic Properties Heat Capacity of Dimethyl Sulfoxide (Ref. 32)
(Continued)

Dimethyl Sulfoxide

T	C_p	T	C_p
Series V		*Series VII*	
39.25	5.738	Enthalpy Detn. E	
43.85	6.468	ΔH_m Detns. F	
49.10	7.246	Enthalpy Detn. G	
55.05	8.048		
61.88	8.920	331.68	37.37
70.18	9.881	337.55	37.50
		343.38	37.59
Series VI		348.02	37.68
61.79	8.913		
69.19	9.774	*Series VIII*	
77.70	10.72	287.53	36.39
86.28	11.69	289.51	36.42
		292.48	36.44
Enthalpy Detn. B		295.77	36.55
Enthalpy Detn. C		299.05	36.65
ΔH_m Detns. D			
		Series IX	
298.78	36.63	191.58	20.48
304.43	36.73	194.75	20.71
310.23	36.89	197.89	20.95
316.01	37.00	200.99	21.18
321.75	37.15	204.07	21.42
327.48	37.30	207.13	21.65

[a] Units: cal, mol, °K.

Enthalpy of Melting[a] (Ref. 32)

Designation	Number of detns.	$H_{T_2} - H_{T_1}$ [b]	ΔH_m [d,e]
Dimethyl Sulfoxide			
Series I	14	3963.3[a]	3431
Detns. A	2	3969.6	3438
Series IV	7	3968.7[c]	3437
Detns. D	3	3967.4	3435
Detns. F	2	3960.8	3429
			3434 ± 3

[a] Units: Cal, mol, °K.
[b] T_2 and T_1 are 300 and 280° for dimethyl sulfoxide, 385 and 375° for dimethylsulfone.
[c] Corrected for drift.
[d] Lattice is 577 for dimethyl sulfoxide, 383 for dimethyl sulfone.
[e] Additional 45 cal excess added for 220–280°K for the dimethyl sulfoxide.

Thermodynamic Functions of Dimethyl Sulfoxide (Ref. 32) Dimethyl Sulfoxide

T	C_p	$S°$	$H° - H_4°$	$-(G° - H_0°)/T$
		Crystal		
5	0.027	0.009	0.03	0.002
10	0.358	0.100	0.78	0.022
15	1.092	0.374	4.28	0.088
20	2.047	0.816	12.08	0.212
25	3.060	1.381	24.84	0.388
30	4.051	2.072	42.63	0.606
35	4.994	2.723	65.28	0.858
40	5.860	3.448	92.44	1.137
45	6.651	4.184	123.8	1.434
50	7.376	4.923	158.8	1.746
60	8.682	6.386	239.3	2.398
70	9.870	7.814	332.1	3.070
80	10.989	9.206	436.4	3.751
90	12.05	10.562	551.7	4.432
100	13.05	11.884	677.3	5.112
110	14.00	13.174	812.6	5.786
120	14.89	14.430	957.1	6.454
130	15.74	15.656	1,110.2	7.115
140	16.56	16.852	1,272	7.768
150	17.36	18.022	1,441	8.413
160	18.15	19.168	1,619	9.049
170	18.91	20.291	1,804	9.678
180	19.66	21.394	1,997	10.298
190	20.38	22.476	2,197	10.911
200	21.10	23.54	2,405	11.52
210	21.83	24.59	2,619	12.11
220	22.61	25.62	2,842	12.70
230	23.45	26.64	3,072	13.29
240	24.33	27.66	3,311	13.87
250	25.26	28.67	3,559	14.44
260	26.29	29.68	3,816	15.00
270	27.67	30.70	4,085	15.57
273.15	28.27	31.02	4,173	15.74
280	30.07	31.74	4,373	16.13
291.67		32.56[b]	4,602[b]	16.79[b]
		Liquid		
291.67		44.34[b]	8,036[b]	16.79[b]
298.15	36.61	45.12	8,270	17.39
300	36.65	45.35	8,339	17.56
350	37.74	51.09	10,198	21.95

[a] Units: cal, mol, °K.
[b] Assuming enthalpy of melting isothermal at T_m.

VIII. ADDITIONAL REFERENCES AND DATA SOURCES

Fundamental Vibrations and Structural Parameters Used in the Calculation of Ideal Gas Statistical Thermodynamic Properties (Ref. 32)

Dimethyl Sulfoxide

Fundamental vibrations (in cm^{-1})	Reference 33 2973 (4), 2908 (2), 1455, 1440, 1419, 1405, 1319, 1304, 1102, 1016, 1006, 929, 915, 689, 672, 382, 333, 308
Structural parameters	Reference 34
C–S	1.810 Å
S–O	1.477 Å
C–H	1.095 Å
<CSC	96° 23'
<CSO	106° 43'
<SCH	107° 31'
<OSO	
μ (int. rot.)	5.08×10^{-40}
$D = I_A I_B I_C$	2880.0×10^{-117}

Thermodynamic Properties of Dimethyl Sulfoxide in the Ideal Gas State (Ref. 32)

°K	C_p°	S°	$-(G^\circ - H_0^\circ)/T$	$(H^\circ - H_0^\circ)/T$
273.15	20.21	71.51	58.22	13.29
298.15	21.39	73.32	59.40	13.92
400	25.86	80.24	63.69	16.55
500	29.37	86.39	67.75	18.64
600	32.32	92.01	71.33	20.68
700	34.81	97.17	74.57	22.60
800	36.97	101.99	77.79	24.20
900	38.83	106.45	80.73	25.72
1000	40.46	110.63	83.52	27.11

ᵃ Units: cal, mol, °K.

The Third-Law and Spectroscopic Entropies of Dimethyl Sulfoxide at Several Temperatures[a] (Ref. 32)

	Property	S or ΔS		
T or ΔT	Dimethyl sulfoxide	at 298.15°K	at 320°K	at 350°K
0–5°K	Debye T^3 extrapolation		0.01	
$5° - T_m$	Numerical quadrature of $\int C_p dT/T$, crystal		32.55	
291.67°K	$\Delta S_m° = \Delta H_m°/T_m$, melting		11.78	
$T_m - T$	Numerical quadrature of $\int C_p dT/T$, liquid	0.78	3.40	6.75
	$S°$ (liquid)	45.12	47.74	51.09
	$\Delta S_0 = \Delta H_v/T$, vaporization	42.39	38.69	34.35
T	$R \ln P$, compression to 1 atm	−14.19	−11.33	−8.06
	Ideal gas correction (assumed)	0.00	0.00	0.00
	$S°$ (ideal gas) third law entropy	73.32	75.10	77.38
T	$S°$ (ideal gas) spectroscopic entropy (cf. text)	73.32	74.82	76.92

[a] Units: cal (mol °K).

VIII. ADDITIONAL REFERENCES AND DATA SOURCES

17. Enthalpies of Solutions of Pure Substances at 25° (Values in kcal/mol) (Ref. 35)

Solute	Solvent			
	H_2O	D_2O	DMSO	PC
CH_3NH_2HCl	1.42	1.40	−0.93	
$C_2H_5NH_2HCl$	2.08	2.03	0.78	
$C_3H_7NH_2HCl$	0.33	0.22	−0.49	
$C_4H_9NH_2HCl$	−0.64	−0.80	−1.20	
$C_5H_{11}NH_2HCl$	−0.23	−0.43	−0.73	
$C_6H_{13}NH_2HCl$	0.28	0.04	−0.18	
$C_7H_{15}NH_2HCl$	0.90	0.63	0.50	
$C_8H_{17}NH_2HCl$	3.04	2.75	2.57	
CH_3NH_2HTFA	1.77		1.93	6.12
$C_2H_5NH_2HTFA$	0.51		1.69	5.80
$C_3H_7NH_2HTFA$	1.06		2.75	6.76
$C_4H_9NH_2HTFA$	0.42		2.33	6.27
$C_5H_{11}NH_2HTFA$	1.93		3.87	7.93
$C_6H_{13}NH_2HTFA$	2.33		4.24	7.95
$C_7H_{16}NH_2HTFA$	3.48		5.45	9.03
$C_8H_{17}NH_2HTFA$	4.41		6.50	10.21
$(CH_3)_2NHHCl$	0.47		0.46	
$(CH_3)_2NHHTFA$	−2.61		−0.37	3.45
$(C_2H_5)_2NHHBr$	1.93		0.65	
$(C_2H_5)_2NHHTFA$	−0.52		4.28	7.87
$(C_3H_7)_2NHHBr$	−0.42		−0.78	
$(C_3H_7)_2NHHTFA$	−0.39		5.47	8.95
$(C_4H_9)_2NHHCl$	−1.61		2.37	
$(C_4H_9)_2NHHTFA$	−0.85		5.49	8.72
$(C_5H_{11})_2NHHTFA$	0.02		6.28	9.41
$(CH_3)_3NHCl$	0.83		2.02	
$(CH_3)_3NHBr$	4.59		2.14	5.80
$(CH_3)_3NHTFA$	−0.50		3.22	5.16
$(C_2H_5)_3NHBr$	2.83		3.36	6.86
$(C_3H_7)_3NHBr$	−0.97		1.48	4.64
$(C_4H_9)_3NHBr$	0.24		3.83	6.63
$(C_2H_5)_3CH_3NI$	4.78		1.80	3.30
$(C_2H_5)_3C_3H_7NI$	4.45		3.25	4.48
$(C_4H_9)_2CH_3NI$	2.32		3.05	3.93
$(C_4H_9)_3C_3H_7NI$	−0.66		1.94	2.70
NH_4TFA	3.92		1.08	6.60

Enthalpies of Solution of Pure Substances at 25°
(Values in kcal/mol) (Ref. 36)

Solute	Solvent			
	H$_2$O	D$_2$O	PC	DMSO
Me$_4$NBr		6.29		3.05
Me$_4$NI				3.30
Me$_4$NClO$_4$			3.90	3.45
Et$_4$NBr		1.79		
Et$_4$NClO$_4$			3.58	3.75
Pr$_4$NCl	−5.30		3.78	3.13
Pr$_4$NBr	−1.03	−0.99	5.02	3.83
	−1.10[a]			
Pr$_4$NI	2.76		4.74	3.76
	2.765[b]			
Pr$_4$NClO$_4$			5.37	5.90
Bu$_4$NCl	−7.14		3.38	3.22
Bu$_4$NBr	−2.02	−2.17	5.70	4.95
Bu$_4$NI			7.85	7.27
Bu$_4$NClO$_4$			3.03	3.95
Am$_4$NCl	−9.13		1.92	2.13
Am$_4$NBr	0.77	0.49	8.95	8.60
Am$_4$NI			12.25	12.07
Am$_4$NClO$_4$			11.13	12.44
Hex$_4$NBr			4.10	3.99
Hex$_4$NClO$_4$	12.10		12.41	14.20
Bu$_4$PBr	−2.85		4.80	3.92
Ph$_4$AsCl	−2.57	−2.47	0.25	−0.92
	−2.60[c]			
Ph$_4$AsBr	1.80		1.75	−0.03
Ph$_4$AsClO$_4$	12.82		6.18	6.22
Ph$_4$PCl	−2.19	−2.07	0.90	0.07
Ph$_4$PClO$_4$	12.85		5.98	
Ph$_4$SbBr	2.84		3.79	0.25
Me$_3$PhNI	9.45		4.68	1.93
PrPh$_3$PBr	4.65			3.14
BuPh$_3$PBr	5.40			4.95
KBPh$_4$				−1.74
RbBPh$_4$				0.92
CsBPh$_4$				1.72

[a] R. H. Boyd and P. S. Wang, Abstracts of papers, 155th National Meeting of the American Chemical Society, San Francisco, Calif., April 1968.

[b] O. N. Bhatnagar and C. M. Criss, **73**, 174 (1969).

[c] E. M. Arnett, W. G. Bentrude, J. J. Burke, and P. M. Duggleby, J. Amer. Chem. Soc. **87**, 1541 (1965).

VIII. ADDITIONAL REFERENCES AND DATA SOURCES

Standard Enthalpies (kcal/mol) of Solution of Pure Compounds at 25° (Ref. 37)

Solute	Solvent		
	W	DMSO	PC
H_2O		$-1.27, -1.28^a$	2.00^c
CH_3OH	$-1.73, -1.74,^a -1.75,^b -1.754,^g$ 1.733^f	$-0.34, -0.34^a$	1.50
C_2H_6OH	$-2.42, -2.45,^a -2.39,^b -2.42,^c$ $-2.415,^f -2.438^g$	$0.29, 0.28^a$	2.02
$n\text{-}C_3H_7OH$	$-2.43, -2.48, -2.20,^{b,e} -2.422,^f$ -2.419^c	$0.61, 0.61^a$	2.27
$n\text{-}C_4H_9OH$	$-2.20, -2.16,^a -1.95,^b -2.217,^f$ $-2.15,^e -2.264^g$	$0.95, 0.99^a$	2.53
$n\text{-}C_5H_{11}OH$	$-1.83, -1.52,^b -1.93,^e -1.868^g$	1.29	2.77
$i\text{-}C_3H_7OH$	$-3.08, -3.121,^e -3.102^f$	0.87	2.36
$t\text{-}C_4H_9OH$	$-4.11, -4.15,^g -4.137^f, -4.10^a$	$1.19, 1.21^a$	2.51
$t\text{-}C_5H_{11}OH$	$-4.20, -4.438^g$	1.16	2.47
$C_6H_5CH_2OH$	$0.13, 0.13^g$	-0.67	1.22
$n\text{-}C_5H_{12}$		2.75	2.19
$n\text{-}C_5H_{14}$		3.18	2.52
$n\text{-}C_7H_{16}$		3.62	2.84
$c\text{-}C_6H_{12}$		2.72	2.12
C_6H_6	$0.11, 0.72^d$	$0.63, 0.65^a$	0.37
$C_6H_5CH_3$	$0.20, 0.77^d$	$0.90, 0.89^a$	0.56
$C_6H_5CH_2CH_3$		1.12	0.76
$C_6H_5CH(CH_3)_2$		$1.36, 1.30^a$	0.89
$m\text{-}C_6H_4(CH_3)_2$		1.16	0.81
$C_6H_5C_6H_5$		4.98	4.53
C_6H_5F		0.31	0.13
C_6H_5Cl		0.52	0.41
C_6H_5Br		0.52	0.54
C_6H_5I		0.31	0.82
$C_6H_5NO_2$		0.55	0.27

[a] E. M. Arnett and D. R. McKelvey, J. Am. Chem. Soc. **88**, 2598 (1966).
[b] R. Aveyard and A. S. C. Lawrence, Trans. Faraday Soc. **60**, 2265 (1964).
[c] Y. C. Wu and H. L. Friedman, J. Phys. Chem. **70**, 501 (1966).
[d] R. L. Bohon and W. F. Claussen, J. Am. Chem. Soc. **73**, 1571 (1951).
[e] R. Aveyard and R. W. Mitchell, Trans. Faraday Soc. **64**, 1757 (1968).
[f] D. J. T. Hill, Ph.D. Thesis, University of Queensland, 1965.
[g] E. M. Arnett and W. B. Kover, to be submitted for publication.

Ionic Enthalpies of Transfer at 25° (Values in kcal/mol°) (Ref. 35)

Ion	DMSO ← H_2O	PC ← H_2O	D_2O ← H_2O
$CH_3NH_3^+$	−6.82[c]	−3.44[m]	0.03[n]
$C_2H_5NH_3^+$	−5.79[c]	−2.50[m]	0.00[n]
$C_3H_7NH_3^+$	−5.30[c]	−2.09[m]	−0.06[n]
$C_4H_9NH_3^+$	−5.05[c]	−1.94[m]	−0.11[n]
$C_5H_{11}NH_3^+$	−5.01[c]	−1.79[m]	−0.15[n]
$C_6H_{13}NH_3^+$	−5.00[e]	−2.17[m]	−0.19[n]
$C_7H_{15}NH_3^+$	−4.95[f]	−2.24[m]	−0.22[n]
$C_8H_{17}NH_3^+$	−4.92[g]	−1.99[m]	−0.24[n]
$(CH_3)_2NH_2^+$	−4.61[h]	−1.73[m]	
$(C_2H_5)_2NH_2^+$	−2.14[d]	0.60[m]	
$(C_3H_7)_2NH_2^+$	−1.15[d]	1.55[m]	
$(C_4H_9)_2NH_2^+$	−0.57[i]	1.78[m]	
$(C_5H_{11})_2NH_2^+$	−0.71[m]	1.64[m]	
$(CH_3)_3NH^+$	−3.28[b]	−2.08[j]	
$(C_2H_5)_3NH^+$	−0.30[k]	0.79[k]	
$(C_3H_7)_3NH^+$	1.62[k]	2.37[k]	
$(C_4H_9)_3NH^+$	2.76[k]	3.15[k]	
NH_4^+	−9.81[m]	−5.11[m]	
$(C_2H_5)_3CH_3N^+$	0.07[l]	−0.70[l]	
$(C_2H_5)_3C_3H_7N^+$	1.85[l]	0.81[l]	
$(C_4H_9)_3CH_3N^+$	3.78[l]	2.39[l]	
$(C_4H_9)_3C_3H_7N^+$	5.65[l]	4.14[l]	

[a] For each solvent pair the ionic enthalpies of transfer depend on the convention that Ph_4As^+ and Ph_4B^- have the same enthalpy of transfer. For further details see Refs. 3 and 4 from which some of the data used in the construction of this table were taken.

[b] Data for Cl^-, Br^-, and TFA^- salts agree within 0.06 kcal/mol.

[c] Data for Cl^- and TFA^- salts agree within 0.06 kcal/mol.

[d] Data for Br^- and TFA^- salts agree within 0.06 kcal/mol.

[e] From Cl^-, −4.95; from TFA^-, −5.06.

[f] From Cl^-, −4.89, from TFA^-, −5.00.

[g] From Cl^-, −4.96; from TFA^-, −4.88.

[h] From Cl^-, −4.50; from TFA^-, −4.73.

[i] From Cl^-, −0.51; from TFA^-, −0.63.

[j] From Br^-, −2.13; from TFA^-, −2.03.

[k] From Br^- alone.

[l] From I^- alone.

[m] From TFA^- alone.

[n] From Cl^- alone.

VIII. ADDITIONAL REFERENCES AND DATA SOURCES

Enthalpies of Transfer to Propylene Carbonate from Dimethyl Sulfoxide at 25° (Values in kcal/mol)[a] (Ref. 36)

	Single-ion Values[b]	Cl^- 1.82	Br^- 2.41	I^- 2.27	ClO_4^- 0.67	BPh_4^- −0.65
Li^+	7.04	9.03[a] (8.86)	9.45[c] (9.45)	8.97[c] (9.31)		
Na^+	4.18			6.45[d,e] (6.45)		3.53[d,e] (3.53)
K^+	3.10		5.49[c,d] (5.51)	5.40[c,d] (5.37)		2.45[d] (2.45)
Rb^+	2.14					1.49[d]
Cs^+	1.31					0.66[d]
Me_4N^+	−0.23		2.22 (2.18)	2.04 (2.04)	0.45 (0.44)	
Et_4N^+	−0.84	0.93 (0.98)	1.63 (1.57)	1.38 (1.43)	0.17 (0.17)	
Pr_4N^+	−1.23	0.65 (0.59)	1.19 (1.18)	0.98 (1.04)	−0.53 (−0.56)	
Bu_4N^+	−1.66	0.16 (0.16)	0.75 (0.75)	0.58 (0.61)	−0.92 (−0.99)	
Am_4N^+	−2.03	−0.21 (−0.21)	0.35 (0.38)	0.18 (0.24)	−1.31 (−1.36)	
Hex_4N^+	−2.38		0.11 (0.03)		−1.79 (−1.71)	
Bu_4P^+	−1.53		0.88			
Me_3PhN^+	0.48			2.75		
Ph_4P^+	−0.99	0.83				
Ph_4As^+	−0.65	1.17 (1.17)	1.78 (1.76)		−0.04 (0.02)	
Ph_4Sb^+	1.13		3.54			

[a] The values in parentheses are obtained by adding the ionic heats along the margins. The other values in the body of the table are experimental. The ionic heats are chosen to make the two sets as similar as possible.

[b] Single-ion values based on the convention that values for Ph_4As^+ and Ph_4B^- are the same.

[c] These experimental values are obtained by combination of ionic differences from Table III with data on $(MX)_{DMSO \leftarrow w}$ from R. F. Rodewald, K. Mahendran, J. L. Bear, and R. Fuchs, J. Amer. Chem. Soc., 90, 6698 (1968).

[d] These data depend on heats of solution in propylene carbonate from Y. C. Wu and H. L. Friedman, J. Phys. Chem., **70**, 501, 2020 (1966).

[e] These data depend on heats of solution in dimethyl sulfoxide from E. M. Arnett and D. R. McKelvey, J. Amer. Chem. Soc., **88**, 2598 (1966).

Free Energies of Transfer of Li-Salts from H_2O to DMSO* (Ref. 39)

Salt	25°C	$\Delta G_{t,m}°$ 35°C	45°C
LiCl	4.865	5.121	5.353
LiBr	2.515	2.792	3.064
LiI	−0.626	−0.340	−0.022

* $\Delta G_t°$ values in kcal/mole (molal scale).

Energetics of Transfer of Li-halides from H_2O to DMSO at 25°C*

Salt	$\Delta G_t°$	$\Delta H_t°$	$\Delta S_t°$	$\partial \Delta H_t°$	Ref.
LiCl	4.865	−3.12	−26.78	2.55	1
		−2.05		3.38	11
LiBr	2.515	−5.67	−27.46	0.0	4
		−5.43			11
LiI	−0.626	−8.69	−27.03	−3.02	This work
		−9.07		−3.64	11

* $\Delta G_t°$ and $\Delta H_t°$ are in kcal/mole and $\Delta S_t°$ is in e.u. All are based on the molal scale.

18. Electrocapillary curves and their interpretation for the electrical double layer properties and ion adsorption at a mercury surface have been reported by Kim et al., (Ref. 41) for LiCl–DMSO solutions, by Kolthoff and Reddy (Ref. 18) for $NaClO_4$–DMSO solutions, by Burrus (Ref. 42) for $KClO_4$–DMSO, and by Payne (Ref. 43) for KPF_6, $LiClO_4$, NH_4Cl, KBr, and KI in DMSO and mixtures of DMSO–H_2O.

References

1. O. Bastiansen and H. Viervoll, Acta Chemica Scandinavica, **2**, 702 (1948).
2. F. A. Cotton and R. Francis, J. Am. Chem. Soc., **82**, 2987 (1960).
3. W. H. Smyl, NOLC Internal Tech. Rep., Dept. of Chem. Engr., U.C. Berkeley, Jan. 1963.
4. H. L. Schläfer and W. Schaffernicht, Ange. Chem., **72**, 618 (1960).
5. "Dimethyl Sulfoxide, Tech. Bull.," Crown Zellerbach Corp., Chem. Products Div., Camas, Washington (ca 1962).
6. H. L. Clever and C. C. Snead, J. Phys. Chem., **67**, 918 (1963).
7. R. G. LeBel and D. A. I. Goring, J. Chem. Engr. Data, **7**, 100 (1962).

VIII. ADDITIONAL REFERENCES AND DATA SOURCES

8. P. G. Sears, G. R. Lester and L. R. Dawson, J. Phys. Chem., **60**, 1433 (1956).
9. N. P. Yao and D. N. Bennion, J. Electrochem. Soc., **118**, 1097 (1971).
10. J. N. Butler, J. Electroanal. Chem., **14**, 89 (1967).
11. T. B. Douglas, J. Am. Chem. Soc., **70**, 2001 (1948).
12. J. J. Lindberg, J. Kenttämaa and A. Nissema, Suomen Kemistilehti, **34B**, 156 (1961).
13. R. A. Hovermale and P. G. Sears, J. Phys. Chem., **60**, 1579 (1956).
14. J. J. Lindberg, J. Kenttämaa and A. Nissema, Suomen Kemistilehti, **34B**, 98 (1961).
15. H. Mackle and P. A. G. O'Hare, Trans. Faraday Soc., **58**, 1912 (1962).
16. J. J. Lindberg, J. Kenttämaa and A. Nissema, Suomen Kemistilehti, **34B**, 102 (1961).
17. J. M. G. Cowie and P. M. Toporwski, Can. J. Chem., **39**, 2240 (1961).
18. I. M. Kolthoff and T. B. Reddy, J. Electrochem. Soc., **108**, 980 (1961).
19. J. Kenttämaa, Suomen Kemistilehti, **33B**, 179 (1960).
20. C. A. Melendres, "Solubility, Conductances, Viscosities, and Densities of Solutions of Selected Inorganic Compounds in Dimethyl Sulfoxide," M.S. Thesis, U.C. Berkeley, 1965 (UCRL 16330).
21. W. J. Meyers and S. G. Abens, "The Development of High Energy Density Primary Batteries 200 Watt Hours Per Pound Total Battery Weight Minimum," NASA CR-54307, Second Quarterly Report, 1964.
22. N. P. Yao and D. N. Bennion, J. Phys. Chem. (in press).
23. A. G. Nelson, "Transference Number of $NaClO_4$ in Dimethyl Sulfoxide and Dimethyl Sulfite," M.S. Thesis, School of Engineering and Applied Science, University of California, Los Angeles, 1971.
24. J. S. Dunning and D. N. Bennion, J. Electrochem. Soc., **117**, 485 (1970).
25. John Newman, D. N. Bennion and C. W. Tobias, Ber. Bunsengsell., **69**, 608 (1965).
26. N. P. Yao and D. N. Bennion, J. Phys. Chem., **75**, 1727 (1971).
20. G. Jones and M. Dole, J. Amer. Chem. Soc., **51**, 2950 (1929).
28. W. H. Smyrl and C. W. Tobias, J. Electrochem. Soc., **115**, 33 (1968).
29. G. Holleck, D. R. Cogley and J. N. Butler, J. Electrochem. Soc., **116**, 952 (1969).
30. D. E. Arrington and E. Griswald, J. Phys. Chem., **74**, 123 (1970).
31. S. A. Schichman and R. L. Amey, J. Phys. Chem., **75**, 98 (1971).
32. H. L. Clever and E. F. Westrum, Jr., J. Phys. Chem., **74**, 1309 (1970).
33. W. D. Horrocks, Jr. and F. A. Cotton, Spectrochim. Acta, **17**, 134 (1961).
34. H. Dreizler and G. Dendl, Z. Naturforsch, **19a**, 512 (1964).
35. C. V. Krishnan and H. L. Friedman, J. Phys. Chem., **74**, 3900 (1970).
36. *Ibid.*, **73**, 3934 (1969).
37. *Ibid.*, **73**, 1572 (1969).
38. Mark Salomon, J. Electrochem. Soc., **116**, 1392 (1969).
39. *Ibid.*, **117**, 325 (1970).
40. M. Della Monica, D. Masciopinto and G. Tessari, Trans. Faraday Soc., **66**, 2872 (1970).
41. S. H. Kim, T. N. Anderson and H. Eyring, J. Phys. Chem., **76**, 4555 (1970).
42. R. T. Burrus, Ph.D. Thesis, University of Tennessee, 1962 University Microfilm No. 63-4101.
43. R. Payne, J. Amer. Chem. Soc., **89**, 489 (1967).

(b) Sulfuric Acid

The data reported in this section on sulfuric acid and related superacid media falls under the following sub groups:

1. Physical Constants of Sulfuric Acid
2. Specific Conductivities of Sulfuric Acid and Dideuterosulfuric Acid
3. Specific Conductivities of Some Electrolytes in Sulfuric Acid
4. Physical Properties of Fluorosulfuric Acid
5. Comparison of Ionization Constants of Some Nitro Compounds in Fluorosulfuric and Sulfuric Acids

VIII. ADDITIONAL REFERENCES AND DATA SOURCES

1. Some Physical Constants of Sulfuric Acid

	H_2SO_4		
Freezing-point		10.371°	
Boiling-point		290–317°	
Viscosity (centipoise)		24.54	25°
Density (d_4^{25})		1.8269	25°
Dielectric constant		100	25°
Specific conductivity (ohm^{-1} cm^{-1})		1.0439×10^{-2}	25°
Heat capacity (cal deg^{-1} g^{-1})		0.3373	25°
Heat of fusion (cal mole^{-1})		2560	10.37°
	D_2SO_4		
Freezing-point		14.35°	
Viscosity (centipoise)		24.88	25°
Density (d_4^{25})		1.8573	25°
Specific conductivity (ohm^{-1} cm^{-1})		0.2568×10^{-2}	25°

2. Specific Conductivities of Sulfuric Acid and Dideuterosulfuric Acid at the 100% Composition and at the Composition of Minimum Conductance

Temperature	κ (10^{-2} ohm^{-1} cm^{-1})	κ (10^{-2} ohm^{-1} cm^{-1})	Composition at minimum conductance
	H_2SO_4	"Minimum"	(moles H_2O kg^{-1} solution)
9.66°	0.570	0.5686	0.0023
25.00°	1.0439	1.0432	0.0019
40.00°	1.711	1.710	0.0015
	D_2SO_4	"Minimum"	(moles $D_2S_2O_7$ kg^{-1} solution)
10.00°	0.133		
25.00°	0.2568	0.2540	0.0045
40.00°	0.446		

3. Specific Conductivities of Some Electrolytes at 25°C

c (moles l^{-1})	0.01	0.02	0.04	0.06	0.10	0.20	0.30	0.40	0.50	0.60	0.70	0.80
LiHSO$_4$	1.050	1.068	1.145	1.252	1.520	2.23	2.86	3.39	3.85	4.23	4.56	4.84
NaHSO$_4$	1.051	1.068	1.147	1.258	1.536	2.26	2.92	3.49	3.99	4.77	4.79	5.12
KHSO$_4$	1.052	1.073	1.156	1.274	1.558	2.33	3.04	3.68	4.23	4.72	5.16	5.56
RbHSO$_4$	1.052	1.08	1.17	1.29	1.61	2.40	3.14	3.77	4.40	4.84	5.37	
CsHSO$_4$	1.052	1.08	1.17	1.29	1.61	2.41	3.15	3.79	4.47	5.00	5.51	
AgHSO$_4$	1.053	1.075	1.16	1.26	1.58	2.29	3.00	3.62	4.15	4.62	5.07	
TlHSO$_4$	1.053	1.08	1.17	1.29	1.61	2.45	3.19	3.87	4.48	5.01	5.52	5.48
NH$_4$HSO$_4$	1.053	1.075	1.161	1.278	1.590	2.38	3.11	3.79	4.39	4.94	5.44	
H$_3$O·HSO$_4$	1.046	1.061	1.130	1.249	1.530	2.284	2.994	3.60	4.15	4.63	5.07	5.44
H$_2$S$_2$O$_7$	1.054	1.068	1.114	1.169	1.281	1.553	1.788	1.991	2.17	2.33	2.47	
HB(HSO$_4$)$_4$	1.051	1.073	1.163	1.29	1.61	2.39	3.12	3.60	3.99	4.23	4.32	
[(CH$_3$)$_2$COH]HSO$_4$	1.052	1.073	1.153	1.270	1.56	2.35	3.11	3.80	4.46	5.01		
(CH$_3$·COH·C$_6$H$_5$)HSO$_4$	1.052	1.073	1.153	1.270	1.56	2.35	3.11	3.75	4.32	4.79		
[(C$_6$H$_5$)$_2$COH]HSO$_4$	1.052	1.073	1.153	1.270	1.56	2.34	3.01	3.58	4.04	4.42	4.72	
[(p-CH$_3$·C$_6$H$_4$)$_2$COH]HSO$_4$	1.052	1.073	1.153	1.270	1.55	2.29	2.47	3.48	3.88	4.23	4.45	
[(p-Cl·C$_6$H$_4$)$_2$COH]HSO$_4$	1.052	1.073	1.153	1.270	1.56	2.30	2.48	3.49	3.88			

VIII. ADDITIONAL REFERENCES AND DATA SOURCES

4. Physical Properties of Fluorosulfuric Acid

Measurement	Value	Ref.
Boiling point, °C	162.7	5
Freezing point, °C	−88.98	3
Density (d_4^{25})	1.726	4
Viscosity at 25°, cp	1.56	4
Specific conductance at 25°, ohm^{-1} cm^{-1}	1.085×10^{-4}	4

5. Comparison of Ionization Constants of Some Nitro Compounds in Fluorosulfuric Acid and in Sulfuric Acid

Base	$10^2 K_b$ [a]	$10^2 K_b$ [b]
Nitrobenzene	Fully ionized	1.0
m-Nitrotoluene	Fully ionized	2.3
p-Nitrochlorobenzene	76	0.4
m-Nitrochlorobenzene	7.9	c
Nitromethane	2.7	0.25
2,4-Dinitrotoluene	1.4	c
2,4-Dinitrochlorobenzene	0.16	c
2,4-Dinitrofluorobenzene	0.16	c
1,3,5-Trinitrobenzene	0.004	c

[a] In HSO_3F.
[b] In H_2SO_4.
[c] Too weak to be measured.

(c) Solvent Purification

DIMETHYLSULFOXIDE

The Purification of Dimethylsulfoxide for Electrochemical Experimentation; T. B. Reddy, Pure and Appl. Chem. **25,** 459 (1971).

N-METHYLACETAMIDE

Purification of N-Methylacetamide and Tests for Purity; L. A. Knecht; Pure and Appl. Chem. **27,** 283 (1971).

PROPYLENE CARBONATE

Purification and Tests for Purity; T. Fujinaga and K. Izutsu; Pure and Appl. Chem. **27,** 275 (1971).

(d) Electrical Conductance

ACETAMIDE

Equivalent Conductance of KCl, KBr and KI in Molten Acetamide; R. A. Wallace; J. Phy. Chem. **75**, 2687 (1971).

ACETONE

Conductance of $LiClO_4$, $NaClO_4$, $KClO_4$, NH_4ClO_4, LiCl and Anhydrous $HClO_4$ in Anhydrous Acetone; H. C. Brookes, M. C. B. Hotz and A.H Spong; J. Chem. Soc. **A**, 2410 (1971).

Conductometric Study of Bu_4NCl, Et_4NBr, Pr_4NBr, Bu_4NBr, Et_4NI, Pr_4NI, i-Am_3BuNI, Me_4NClO_4, Bu_4NClO_4, $NaBPh_4$, $KBPh_4$, $CsBPh_4$, Me_4NBPh_4, Bu_4NBPh_4 and i-$Am_3BuNBPh_4$ in Acetone at 25°; D. F. Evans, J. Thomas, J. A. Nadas and M. A. Matesich; J. Phys. Chem. **75** (11), 1714 (1971).

Electrical Conductivity of Tetraphenylarsonium Halides in Propanol, Acetone, Dimethylformamide and Nitromethane; V. M. Trentovskii and V. P. Barabanov; J. Gen. Chem. U.S.S.R., **40**, 2635 (1970).

The Effect of Pressure on the Conductance of Some Iodides in Acetone and 2-Methylpropan-1-ol; A. H. Ewald and J. A. Scudder; Aust. J. Chem. **23**, 1939 (1970).

Electrical Conductivity of Some Arsonium Salts in Acetone, Dimethylformamide and Nitromethane; V. M. Tsentovskii, V. P. Barabanov; G. Kamai, B. D. Chernokal Skii, B. E. Abalonin and T. A. Busygina; Zh. Obshch. Khim. **41**, 1047 (1971).

Association of Ammonium Bromide in Acetone; G. Wikander, A. M. Nilsson, A. Holmgren and P. Beroius; Acta. Chem. Scand. **25**, 1468 (1971).

ACETONITRILE

Conductometric Study of $Mg(ClO_4)_2$, $Mn(ClO_4)_2$, $Co(ClO_4)_2$ and $Cd(ClO_4)_2$ in Acetonitrile Solution; W. Libus and H. Strzelecki; Electrochim. Acta. **16**, 1749 (1971).

A Spectral and Conductance Study of Gallium Trihalides and their Complexes in Acetonitrile; C. D. Schmulbach and I. Y. Ahmed; Inorg. Chem. **10**, 1902 (1971).

n-BUTANOL

The Conductance of Hydrogen Chloride in n-Butanol and i-Butanol at 25°C; R. Delise and M. Goffredi; Electrochim. Acta. **16**, 2181 (1971).

Conductometric and Thermochemical Studies in Nonaqueous Solvents. Nature of Solutions of Protonic Acids in n-Butanol; R. C. Paul, K. S. Dhindsa, S. C. Ahuluwahlia and S. P. Nerula; J. Ind. Chem. Soc. **48**, 381 (1971).

i-BUTANOL

The Conductance of Hydrogen Chloride in n-Butanol and i-Butanol at 25°C; R. DeLise and M. Goffredi; Electrochim. Acta. **16**, 2181 (1971).

DICHLOROMETHANE

Ion-pair Dissociation Equilibriums for Hexachloroantimonate Salts of Stable Organic Cations in Dichloromethane; A. Ledwith, P. M. Bowyer and D. C. Sherrington; J. Chem. Soc. **B,** 1511 (1971).

DIMETHYLFORMAMIDE

Electrical Conductivity of Tetraphenylarsonium Halides in Propanol, Acetone, Dimethylformamide, and Nitromethane; V. M. Trentovskii and V. P. Barabanov; J. Gen. Chem. U.S.S.R. **40**, 2635 (1970).

Conductance and Thermochemical Studies of some Substituted Ammonium Perchlorates in Dimethylformamide; R. C. Paul, D. S. Gill and S. P. Narula; Indian J. Chem. **8**, 936 (1970).

Electrical Conductivity of Some Arsonium Salts in Acetone, Dimethylformamide and Nitromethane; V. M. Tsentovskii, V. P. Barabanov, et al., Zh. Obshch. Khim. **41**, 1047 (1971).

DIMETHYLSULFITE

Density, Viscosity and Conductivity of Lithium Trifluoromethanesulfonate Solutions in Dimethylsulfite; D. N. Bennion and W. H. Tiedemann; J. Chem. Eng. Data. **16**, 368 (1971).

DIMETHYLSULFOXIDE

Conductance of $NaClO_4$, $NaSCN$, CF_3SO_3Na, CH_3SO_3Na, $NaBPh_4$, $(i\text{-amyl})_3 BuNBPh_4$ in DMSO; N. P. Yao and D. N. Bennion; J. Electrochem. Soc. **118**, 1097 (1971).

VIII. ADDITIONAL REFERENCES AND DATA SOURCES

Electrical Conductance of HBr in DMSO at Different Temperatures; J. A. Bolzan and A. J. Arvia; Electrochim. Acta. **16,** 531 (1971).

Transport Behavior in Dimethylsulfoxide III. Conductance-Viscosity Behavior of Tetra-n-Amylammonium Thiocyanate from Infinite Dilution to Molten Salt at 55°; N. P. Yao and D. N. Bennion; J. Phys. Chem. **75,** 3586 (1971).

Effect of Temperature on the Electrical Conductance of Hydrogen Chloride in Dimethylsulfoxide; J. A. Bolzan and A. J. Arvia; Electrochim. Acta. **15,** 827 (1970).

Transference Numbers and Ionic Conductances in DMSO at 25°; M. Della Monica; D. Masciopinto and G. Tessari; Trans. Faraday Soc. **66,** 2872 (1970).

ETHANOL

Electrical Conductance of Sodium Iodide Solutions in Iso-dielectric Mixtures of Alcohols with a Non-Polar Component; N. K. Levitskaya, L. I. Tkachenko and A. M. Shkokin; Elektrokhimiya. **7,** 877 (1971).

ETHYLENE GLYCOL

Conductometric Study of $(CH_3)_4NBr$, $(CH_3)_4NI$, $(C_2H_5)_4NBr$; $(C_2H_5)_4NI$, $(C_3H_7)_4NBr$, $(C_3H_7)_4NI$, $(C_4H_9)_4NBr$ and $(C_4H_9)_4NI$ in Ethylene–Glycol; R. P. Desieno, P. W. Greco and R. C. Mamajik; J. Phys. Chem. **75**(11), 1722 (1971).

FORMAMIDE

Conductance of Electrolytes in Formamide at 25 and 10°C; J. Thomas and D. F. Evans; J. Phys. Chem. **74,** 3812 (1970).

Conductance and Solvation Studies in Formamide; R. C. Paul, J. P. Singla, D. S. Gill and S. P. Narula; Ind. J. Chem. **9,** 981 (1971).

METHYLFORMAMIDE

Investigation of Electrolyte Systems for Lithium Batteries; R. Keller and J. F. Hon; Tech. Rpt. NASA CR-72803; NASA Contract NAS3-12969. May 1969–July 1970.

Conductance of $AlCl_3$ + $LiClO_3$ and $LiClO_4$, LiAsF: in Methylformamide.

Conductance and Solvation of Univalent Electrolytes in N-Methylformamide; R. C. Paul, D. S. Gill, J. P. Singla and S. P. Narula; Indian J. Chem. **9,** 63 (1971).

METHANOL

Electrical Conductance of Sodium Iodide Solutions in Iso-Dielectric Mixtures of Alcohols with Non-Polar Component; N. K. Levitskaya, L. I. Trachenko and A. M. Shkodin; Elektrokhimiya. **7,** 877 (1971).

Electrical Conductance of Anhydrous K^+, Mg^{2+}, Co^{2+}, Ni^{2+}, Cu^{2+}, and Zn^{2+} m-Benzenedisulfonates in Methenol at 25°C; R. Lovas, G. Macri, and S. Petrucci; J. Amer. Chem. Soc. **92,** 6502 (1970).

NITROMETHANE

Electrical Conductivity of Tetraphenylarsonium Halides in Propanol, Aceton, Dimethylformamide and Nitromethane; V. M. Trentovskii and V. P. Barabanov; J. Gen. Chem. U.S.S.R. **40,** 2635 (1970).

Electrical Conductivity of Some Arsonium Salts in Acetone, Dimethylformamide and Nitromethane; V. M. Tsentovskii, V. P. Barabanov, et al.; Zh. Obshch. Khim. **41,** 1047 (1971).

1-PROPANOL

Conductometric Study of Bu_4NCl, Bu_4NBr, Bu_4NI, Bu_4NClO_4 and LiCl in 20, 40, 60, 80, 90 mole % Acetone in 1-Propanol at 25°; D. F. Evans, J. Thomas, J. A. Nadas and M. A. Matesich; J. Phy. Chem. **75**(11), 1714 (1971).

Electrical Conductivity of Tetraphenylarsonium Halides in Propanol, Acetone, Dimethylformamide and Nitromethane; V. M. Trentovskii and V. P. Barabanov; J. Gen. Chem.; U.S.S.R., **40,** 2635 (1970).

Conductance and Association of Alkali-n-Propylate in i-Propylate in n-Propanol; J. Barthel, M. Knerr; G. Schwitzgebel and R. Wachter; Z. Phy. Chemie; **72,** 222 (1970).

2-PROPANOL

Conductance of Tetraalkylammonium Salts in 2-Propanol; M. A. Matesich, J. A. Nadas and D. F. Evans; J. Phys. Chem. **74,** 4568 (1970).

PROPYLENE CARBONATE

Investigation of Electrolyte Systems for Lithium Batteries; R. Keller and J. F. Hon; Tech. Rpt. NASA CR-72803; NASA Contract NAS3-12969; (May 1969–July 1970).

Conductance of $AlCl_3 + LiClO_3$ and $LiClO_4$, LiAsF in Propylene Carbonate.

VIII. ADDITIONAL REFERENCES AND DATA SOURCES

TETRAHYDROFURAN

The Conductances of Solutions of Sodium Tetraethylammonium and Tetra-n-Propylammonium Tetraphenylborides in THF at $-60°$ and $20°C$; G. Tersac and S. Boileau; J. Chim. Phys. Physiochim. Biol., **68**, 903 (1971).

2,2,2-TRIFLUOROETHANOL

Conductometric Study of LiCl, KCl, CsCl, Me$_4$NCl, Bu$_4$NCl, KBr, Me$_4$NBr, Et$_4$NBr, Pr$_4$NBr, Bu$_4$NBr, KI, Me$_4$NI, Et$_4$NI, Pr$_4$NI, Bu$_4$NI, i-Am$_3$BuNI, Hept$_4$NI, Me$_4$NClO$_4$ and Bu$_4$NClO$_4$ in 2,2,2-Trifluoroethanol at 25°; D. F. Evans, J. A. Nadas and M. A. Matesich; J. Phy. Chem. **75**(11), 1708 (1971).

p-XYLENE

A Conductance-Viscosity Study of Tri-n-Amylammonium Picrate in p-Xylene; B. L. Solnick; Diss. Abs. **30B**, 5001 (1970).

BUTANOL–WATER

Conductance of NaCl, NaClO$_3$ and NaClO$_4$ in Water-t-Butanol at 25°C; F. Accascina, R. DeLisi and M. Goffredi; Electrochim. Acta; **16**, 101 (1971).

Ionic Mobilities in t-Butanol–Water at 25°C; T. L. Broadwater and R. L. Kay; J. Phys. Chem. **74**, 3802 (1970).

DIOXANE–WATER

Conductance of KCl, KBr and Bu$_4$NBr in Dioxane–Water Mixtures at 25°C in Water-Rich Region; R. L. Kay and T. L. Broadwater; Electrochim. Acta. **16**, 667 (1971).

Fuoss–Onsager–Skinner Conductance-Concentration Relation with Lithium Nitrate in Dioxan-Water Mixtures at 25°C; Ind. J. Chem. **9**, 1003 (1971).

ETHANOL–WATER

Conductivity of Sodium Iodide in Dilute Solutions in Mixed Ethanol–Water Solvents; J. P. Demey, G. Delesalle, J. M. Hochart and P. Devraine; Compt. Rend. **273C**, 935 (1971).

N-METHYLPROPIONAMIDE–WATER

Study of Transport Phenomena of Lithium Halides in Mixtures of N-Methylpropionamide and Water [Viscosity, Conductance, Diffusion]; J. Sandeaux, B. Brun and J. Molenat; J. Chim. Phy. **68,** 480 (1971).

DIOXANE–ETHANOL

Conductivity of Tetraethylammonium Bromide in Methanol–Dioxane Mixtures at 25°C; D. Singh and I. P. Aggarival; Z. Phys. Chem. (Frankfurt) **76,** 50 (1971).

ETHANOL–HEXANE

Conductivity of Tetrabutylammonium Iodide Solutions in Mixtures of Ethanol and Hexane; N. K. Levitskaya, L. I. Tkachenko and A. M. Shkodin; Ukr. Khim. Zh. **37,** 88 (1971).

GENERAL

Nonaqueous Electrolyte Systems; Ionic Transport in Non-aqueous Media; L. Hseuh, A. G. Nelson, Z. I. Mirza and D. N. Bennion; Tech. Rpt., UCLA–ENG-7064, July (1970).

Conductance of Alkali Metal [Li, Na, K, Rb and Cs] Alcoholates in Alcoholic Solutions; J. Barthel, R. Walhter and M. Knerr; Electrochim. Acta. **16,** 723 (1971).

Conductance and Association of Secondary and Tertiary Alkylammonium Salts in Organic Solvents; H. Gutmann and A. S. Kertes; Isr. J. Chem. **8,** 947 (1970).

Ultimate Equivalent Electric Conductivities and Dissociation Constants of Hydrogen Chloride and Hydrogen Bromide in Alcohol Solutions; N. I. Vrzhosek, N. G. Dorofeeva and O. K. Kudra; Ukr. Khim. Zh. **37,** 328 (1971).

Studies of Proton Conductance in Mixed Solvents; A. R. Tourky, and A. A. Abdel-Hamid; Z. Phys. Chem. (Leipzig) **248,** 9 (1971).

Solvation and Ionic Conductance in Nonaqueous Solutions; N. Isibashi; Denki Kagako. **38,** 299 (1970).

(e) Diffusion

DIMETHYLFORMAMIDE–METHYLFORMAMIDE
Investigation of Electrolyte Systems for Lithium Batteries; R. Keller and J. F. Hon; Tech. Rpt. NASA CR-72803; NASA Contract NAS3-12969; (May 1969–July 1970).

Diffusion Coefficients of $LiClO_4$ in MF + DMF.

DIMETHYLFORMAMIDE–PROPYLENE CARBONATE
Investigation of Electrolyte Systems for Lithium Batteries; R. Keller and J. F. Hon; Tech. Rpt. NASA CR-72803; NASA Contract NAS3-12969; (May 1969–July 1970).

Diffusion Coefficients of LiCl + $AlCl_3$ in DMF + PC.

DIMETHYLSULFOXIDE–PROPYLENE CARBONATE
Investigation of Electrolyte Systems for Lithium Batteries; R. Keller and J. F. Hon; Tech. Rpt. NASA CR-72803; NASA Contract NAS3-12969; (May 1969–July 1970).

Diffusion Coefficients of LiCl + $AlCl_3$ in DMSO + PC.

METHANOL–WATER
Self-Diffusion Coefficient of KCl in Methanol–Water Mixtures; T. Erdey-Grúz, P. Fodor-Csanyi, B. Levay and E. Szilagyi-Gyori; Acta Chim. (Budapest) **69,** 423 (1971).

(f) Density

DIMETHYLSULFITE

Density, Viscosity and Conductivity of Lithium Trifluoromethansulfonate Solutions in Dimethylsulfite; D. N. Bennion and W. H. Tiedemann; J. Chem. Eng. Data. **16,** 368 (1971).

FORMAMIDE

A study of the Application of the Debye-Hückel Theory to Solutions of Common Electrolytes in Formamide from Apparent Molal Volume Data; R. Gopal and K. Singh; Z. Phy. Chemie **75,** 219 (1971).

Apparent Molar Volumes of KCl in Formamide; L. A. Dunn; Trans. Faraday Soc. **67,** 2525 (1971).

Calculation of the Molecular Volumes of Formamide and its Derivatives and Solvation of Ions in Amide Solutions; V. M. Ryabikova, B. S. Krumgatz and K. R. Mischenko; Zh. Fiz. Khim. **45,** 2564 (1971).

N-METHYLACETAMIDE

A Study of Solute–Solvent Interaction of Some Salts in N-Methylacetamide from Apparent Molal Volume Data; R. Gopal, M. A. Siddigi and K. Singh; Z. Physik. Chem. **75,** 7 (1971); **75,** 219 (1971).

PROPYLENE CARBONATE

Investigation of Electrolyte Systems for Lithium Batteries; R. Keller and J. F. Hon; Tech. Rpt. NASA CR-72803, NASA Contract NAS3-12969 (May 1969–July 1970).

Densities of LiCl + $AlCl_3$ in PC.

VIII. ADDITIONAL REFERENCES AND DATA SOURCES

METHYLFORMAMIDE

Investigation of Electrolyte Systems for Lithium Batteries; R. Keller and J. F. Hon; Tech. Rpt. NASA CR-72803; NASA Contract NAS3-12969 (May 1969–July 1970).

Densities of $LiAsF_6$ and $LiClO_4$ in MF.

DIOXANE–WATER

Viscosity and Apparent Molal Volume of Magnesium Nitrate Solutions at 35° in Dioxane–Water Mixtures; B. K. Parida and P. B. Das; J. Inst. Chem. (India); **43,** 49 (1971).

(g) Viscosity

DIMETHYLSULFITE

Density, Viscosity and Conductivity of Lithium Trifluoromethanesulfonate Solutions in Dimethylsulfite; D. N. Bennion and W. H. Tiedemann; J. Chem. Eng. Data, **16**, 368 (1971).

DIMETHYLSULFOXIDE

Transport Behavior in Dimethylsulfoxide III. Conductance-Viscosity Behavior of Tetra-n-Amylammonium Thiocyanate from Infinite Dilution to Molten Salt at 55°; N. P. Yao and D. N. Bennion; J. Phy. Chem. **75**, 3586 (1971).

GLYCEROL

Viscosity of Some Tetraalkylammonium Iodides in Glycerol; R. Gopal, M. M. Husain and P. Singh; Z. Phys. Chem. **76**, 216 (1971).

METHYLFORMAMIDE

Investigation of Electrolyte Systems for Lithium Batteries; R. Keller and J. F. Hon; Tech. Rpt. NASA CR-72803; NASA Contract NAS3-12969 (May 1969–July 1970).

Viscosities of $LiAsF_6$ and $LiClO_4$ in MF.

PROPYLENE CARBONATE

Investigation of Electrolyte Systems for Lithium Batteries; R. Keller and J. F. Hon; Tech. Rpt. NASA CR-72803; NASA Contract NAS3-12969 (May 1969–July 1970).

Viscosities of $LiCl + AlCl_3$ in PC.

DIOXANE–WATER

Viscosity and Apparent Molal Volume of Magnesium Nitrate Solutions at 35° in Dioxane–Water mixtures; B. K. Parida and P. B. Das; J. Inst. Chem. (India); **43,** 49 (1971).

Viscosity of Solutions of Barium Nitrate and Strontium Nitrate in Dioxane–Water Mixtures at 35°; B. Das and P. K. Das; J. Inst. Chem. (India); **43,** 57 (1971).

i-PROPANOL–WATER

Viscosities of Tetraalkylammonium Chloride Solutions in Isopropyl-alcohol–Water Mixtures at 30°; B. R. Cho, Lee, Daehan Hwahak Hwoejee (Korean) **15,** 159 (1971).

GENERAL

Some Observations on the Viscosity Coefficients of Ions in Various Solvents; C. M. Criss and M. J. Mastroianni; J. Phy. Chem; **75,** 2532 (1971).

(h) Transference Numbers

ACETONE

Transference Numbers of Potassium Thiocyanate and Ionic Conductances in Acetone at 25°C; H. C. Brookes, M. C. B. Hotz and A. H. Spong; J. Chem. Soc. A, 2415 (1971).

N,N-DIMETHYLFORMAMIDE

Transference Numbers of $AgClO_4$ and Solvation Studies in N,N-Dimethylformamide at 25°C; R. C. Paul; J. P. Singla; D. S. Gill and S. P. Narula; J. Inorg. Nucl. Chem. **33**, 2953 (1971).

DIMETHYLSULFOXIDE

Transference Numbers and Ionic Conductances in DMSO at 25°C; M. Della Monica; D. Masciopinto and G. Tessari; Trans. Faraday Soc. **66**, 2872 (1970).

PROPYLENE CARBONATE

Further Studies of Conductance and Viscosity Properties. Evaluation of Ion Conductances–Transference Numbers for $LiClO_4$ from Concentration Cells; L. M. Mukherjee, D. P. Boden and R. Lindaver; J. Phys. Chem. **74**, 1942 (1970).

DIMETHYLFORMAMIDE–METHYLFORMAMIDE

Investigation of Electrolyte Systems for Lithium Batteries; R. Keller and J. F. Hon; Tech. Rpt. NASA CR-72803; NASA Contract NAS3-12969 (May 1969–July 1970).

Transference Numbers of $LiClO_4$ in MF + DMF.

DIMETHYLFORMAMIDE–PROPYLENE CARBONATE

Investigation of Electrolyte Systems for Lithium Batteries; R. Keller and J. F. Hon; Tech. Rpt. NASA CR-72803; NASA Contract NAS3-12969 (May 1969–July 1970).

Transference Numbers of $AlCl_3$ + LiCl in DMF + PC.

VIII. ADDITIONAL REFERENCES AND DATA SOURCES

DIMETHYLSULFOXIDE–PROPYLENE CARBONATE

Investigation of Electrolyte Systems for Lithium Batteries; R. Keller and J. F. Hon; Tech. Rpt. NASA CR-72803; NASA Contract NAS3-12969 (May 1969–July 1970).

Transference Numbers of $AlCl_3$ + LiCl in DMSO + PC.

DIOXANE–WATER

A Study of Transference and Solvation Phenomena of Lithium Chloride in Water and Water–Dioxane Solvents; J. R. Bard, J. O. Wear, R. G. Griffin and E. S. Amis; J. Electroanal. Chem. **8,** 419 (1964).

Influence of the Composition of Dioxane–Water Mixtures on the Transport Numbers of Dissolved HCl, LiCl, KCl, and KF at 5 and 25°C; T. Erdey-Gruz and I. Nagy-Czako; Magy. Kem. Foly. **76,** 583 (1970).

ETHANOL–WATER

A Study of Transference and Solvation Phenomena of Cesium Chloride in Water and Water–Ethanol Solvents; C. Hibbs, E. S. Amis and J. O. Wear; J. Inorg. Nucl. Chem. **33,** 1659 (1971).

GENERAL

A Study of Transference and Solvation Phenomena; M. Spiro; J. Inorg. Nucl. Chem. **25,** 902 (1963).

B. ADDITIONAL DATA SOURCES AND REFERENCES

The Chemistry of Nonaqueous Solvents, edited by J. J. Lagowski, Vol. I. Principles and Techniques; Academic Press (1966).

The Chemistry of Nonaqueous Solvents, edited by J. J. Lagowski, Vol. II. Acidic and Basic Solvents; Academic Press (1967).

The Chemistry of Nonaqueous Solvents, edited by J. J. Lagowski, Vol. III. Inert, Aprotic and Acidic Solvents; Academic Press (1970).

Techniques of Chemistry, Vol. II, Organic Solvents, Physical Properties and Methods of Purification, by J. A. Riddick and W. B. Bunger; Wiley-Interscience, 3rd. ed. (1970).

Electrochemical Data by B. E. Conway; Elsevier Publ. Co. (1952).

Nonaqueous Solvents edited by T. C. Waddington; Academic Press (1965).

Physico-chemical Constants of Pure Organic Compounds by J. Timmermans, Elsevier Publ. Co., Inc. (1950).

Reference Electrodes in Aprotic Organic Solvents by J. N. Butler in Advances in Electrochemistry and Electrochemical Engineering, Vol. 7, edited by P. Delahay and C. W. Tobias; Wiley-Interscience (1969).

Electrochemistry, Vol. 1, A Specialist Periodical Report; The Chemical Society (1970).

Electrolyte Solutions, R. A. Robinson and R. H. Stokes, 2nd Ed., Butterworths Scientific Publications, London (1959).

High Energy Batteries, R. Jasinski; Plenum Press, New York (1967).

A Review of Electrochemistry in Nonaqueous Solvents, I. M. Kolthoff; Pure and Appl. Chem. **25**, 305 (1971).

The Electrochemistry of Organic Compounds in Aprotic Solvents—Methods and Applications; A. J. Bard; Pure and Appl. Chem. **25**, 379 (1971).

Nonaqueous Solvents for Electrochemistry by C. K. Mann in Advances in Electroanalytical Chemistry, ed. by A. J. Bard, Vol. 3, Marcel-Dekker, New York (1969).

Some Recent Findings Concerning the Electrochemistry of Nonaqueous Solutions. Conductances and Standard Potentials; L. Fischer, G. Winkler and G. Janeer; Z. Elektrochem. **62,** 1 (1958).

Properties of Nonaqueous Electrolytes, R. Keller, J. N. Foster, D. C. Hanson, J. F. Hon and J. S. Muirhead, Rocketdyne, Canoga Park, Calif. NASA CR-1425, R-7703, N69-36413, Aug. 1969.

Electrolyte Solutions Bulletin, edited by A. K. Covington, published by Information Section of the University Library, Newcastle upon Tyne, England (monthly).

Electroanalytical Abstracts, ed. by G. Milazzo, published by Birkhäuser Verlag, Basel, Switzerland (in publication since 1963).

IX. COMPOUND INDEX

(a) Solvent

The solvent index is arranged according to single solvents, nonaqueous-aqueous mixtures and nonaqueous-nonaqueous mixtures. Individual solvent systems are indexed according to solvent properties, solvent purification, electrical conductance, diffusion, density, viscosity and transference number.

The notation used in the index for these properties is as follows:

solvent properties	Pr	density	ρ
solvent purification	Pu	viscosity	η
electrical conductance	κ	transference number	t
diffusion	D		

SINGLE SOLVENTS

A

Acetaldehyde
 Pr: 4
 Pu: 121
 κ: 573, 777
Acetamide
 Pr: 4
 Pu: 121
 κ: 151, 153, 155, 156, 162, 163, 166, 167, 188, 222–225, 230, 234, 238, 254, 451, 458, 573, 777
Acetic acid
 Pr: 4
 Pu: 121
 κ: 184, 254, 556, 560, 566, 569, 581, 582, 588, 590, 609, 620, 633, 680, 691, 777
 t: 1010
Acetic anhydride
 Pr: 4
 Pu: 121
 κ: 158, 255, 573, 777
Acetoacetic ester, EAA
 κ: 181
Acetone
 Pr: 5
 Pu: 121
 κ: 156–159, 166, 169–173, 177, 179, 186, 188, 198, 201, 209, 214, 219, 221, 230, 234, 241, 243, 244, 255, 256, 403, 405, 420, 421, 430, 436, 438, 439, 441, 445, 448, 458, 555, 562, 566, 573, 582, 585, 588, 590, 594, 600, 605, 607–609, 612, 618, 627, 633, 637, 639, 641, 643, 646, 652, 655, 656, 658, 665, 666, 682, 690, 700, 706, 718, 732, 736, 749, 752, 753, 760, 778, 779
 D: 895
 η: 948
 t: 1010
Acetonitrile, ACN
 Pr: 5, 6
 Pu: 122
 κ: 151, 153, 155, 156, 163, 165–168, 173, 179, 188, 198, 199, 203, 208, 209, 212, 219, 230, 234, 241, 248, 251–253, 256, 399, 400, 402–405, 417, 419, 422–424, 426–428, 430, 435–438, 441, 444, 445, 448, 449, 452, 458, 459, 555, 556, 559, 560, 562, 566, 569, 573, 582, 585, 590, 594, 598, 600, 605–609, 612, 614, 616–618, 620, 627–630, 632, 633, 636, 640, 641, 643, 646, 652, 657, 659, 661, 665–668, 672, 674, 676, 677, 682, 683, 684, 689–691, 695, 697, 698, 700, 707, 717, 719, 722, 727, 731–734, 736, 737, 740, 742, 768–770, 779–781
 D: 895
 ρ: 904
 η: 948
 t: 1010
Acetophenone, ACP
 Pr: 7
 Pu: 122
 κ: 166, 173, 179, 188, 221, 234, 243, 257, 436, 438, 441, 459, 566, 590, 620, 682, 732, 781
Acetyl bromide
 Pr: 7
 κ: 573, 782
Acetyl chloride
 Pr: 7
 Pu: 122
 κ: 573, 678, 782
Adiponitrile, ADN
 Pr: 8
 Pu: 122
 κ: 151, 179, 188, 203, 209, 248, 257, 569, 582, 585, 594, 601, 602, 675, 698, 707, 719, 782
Allyl alcohol
 Pr: 8
 Pu: 122
 κ: 436, 438, 441, 459

1081

NONAQUEOUS ELECTROLYTES

Allyl chloride (3-Chloropropene)
  Pr: 8
  Pu: 122
  κ: 436, 438, 441, 460
Ammonia (liquid)
  Pr: 8, 9
  Pu: 122
  κ: 151, 155, 169, 170, 175, 177, 179, 184,
    186, 188, 197, 198, 201, 202, 206, 207,
    212, 213, 219, 225, 228–230, 236, 238,
    241, 257, 401, 403, 426, 460
  ρ: 904, 905
  t: 1011
i-Amyl alcohol, AA (3-Methyl-1-butanol)
  Pr: 9
  κ: 258, 406, 409, 412, 413, 460, 758
n-Amyl alcohol, φAA (see 1-Pentanol)
Analcite
  D: 896
Aniline
  Pr: 10
  Pu: 122
  κ: 151, 153, 155, 258, 573, 620, 657, 658,
    695, 739, 783
Anisaldehyde (4-Methoxy benzaldehyde)
  Pr: 11
  κ: 573, 754, 783
Anisole (Phenylmethylether)
  Pr: 11
  Pu: 122
  κ: 590, 621, 641, 646, 654, 658, 766, 783

B

Benzaldehyde
  Pr: 11
  Pu: 123
  κ: 436, 438, 441, 460, 573, 754, 783
Benzene
  Pr: 11
  Pu: 123
  κ: 165, 216, 259, 405, 588, 590, 598, 599,
    639, 641, 643, 647, 654, 658, 660, 669,
    694, 700, 718, 725, 726, 740, 766, 784
  ρ: 906, 907
  η: 949
Benzonitrile, BZn
  Pr: 12
  Pu: 123
  κ: 151, 153, 156, 166, 173, 179, 188, 189,
    259, 403, 436, 438, 441, 461, 573, 574,
    643, 652, 737, 785
  D: 896
  ρ: 907
  η: 950
  t: 1011
Benzoyl bromide
  Pr: 13
  Pu: 123
  κ: 582, 590, 703, 785
Benzoyl chloride
  Pr: 14
  Pu: 441, 460
Benzoylacetyl ethyl ester (see Ethyl benzoyl acetate)
Benzyl alcohol
  Pr: 14
  Pu: 123
  κ: 438, 441, 461
Benzyl chloride
  Pr: 14
  κ: 461
Benzyl cyanide (see Phenyl acetonitrile)
Benzylic chloride
  κ: 438, 441
Boron trifluoride
  κ: 423

Bromine
  Pr: 14
  Pu: 123
  κ: 467, 590, 673, 785
  ρ: 907
  η: 950
Bromine pentafluoride, BrF_5
  Pr: 15
  Pu: 123
  κ: 450
Bromine trifluoride, BrF_3
  Pr: 15
  Pu: 123
  κ: 422, 461
Bromobenzene
  Pr: 15
  Pu: 123
  κ: 647, 785
i-Butanol
  Pr: 16
  Pu: 123
  κ: 152, 153, 155, 260, 405, 406, 409, 412,
    413, 462
n-Butanol
  Pr: 16
  Pu: 123
  κ: 151, 153, 155, 157–159, 170, 171, 173,
    179, 216, 259, 291, 406, 409, 412, 413,
    446, 461, 556, 560, 562, 563, 569, 574,
    582, 585, 588, 590, 594, 599, 603, 643,
    647, 696, 698, 786
  ρ: 906
  η: 951
t-Butanol
  Pr: 16
  Pu: 124
  κ: 156, 260, 785
2-Butanone (Ethyl methyl ketone, methyl ethyl ketone)
  Pr: 17
  Pu: 124
  κ: 166, 174, 181, 190, 215, 217, 219, 221,
    224, 228, 230, 234, 239, 241, 243, 249,
    251, 271, 272, 404, 417, 419, 420, 430,
    465, 560, 563, 567, 570, 576, 577, 582,
    583, 586, 591, 595, 599–604, 610, 616,
    618, 625, 632, 634, 643, 650, 652, 657,
    659, 677, 682, 683, 684, 689, 690, 694–
    696, 699, 702, 720, 728, 731–733, 736,
    739, 740, 742, 786, 802, 803
i-Butyl methyl ketone (4-Methyl-2-pentanone, methyl i-butyl ketone)
  Pr: 17
  Pu: 124
  κ: 279, 430, 467
Butyric acid
  Pr: 18
  Pu: 124
  κ: 786
α-Butyrolactone, αBL
  Pu: 124
  κ: 189, 247, 260
  t: 1012
γ-Butyrolactone
  Pr: 18
  Pu: 124
  κ: 423, 462
i-Butyronitrile, iBN
  Pr: 18
  Pu: 124
  κ: 156, 179, 203, 260, 645, 652, 786

C

Carbon tetrachloride, CCl_4
  κ: 216
Chlorine trifluoride
  Pr: 18
  Pu: 124
  κ: 422, 462

IX. COMPOUND INDEX

Chlorobenzene
  Pr: 19
  Pu: 124
  κ: 590, 647, 694, 737, 773, 774, 787
  ρ: 908
1-Chloro-2-dichloroethane, (1,1,2-Trichloroethane)
  Pr: 19
  Pu: 125
  κ: 585, 787
1-2-Chloroethane, (see 1,2 Dichloroethane)
Chloroform
  Pr: 20
  Pu: 125
  κ: 567, 569, 575, 586, 600, 616, 621, 787
β-Chloropropionitrile, βCPN
  Pr: 21
  Pu: 125
  κ: 152, 260
Chlorosulfonic acid, ClSA
  Pr: 21
  κ: 152, 157, 162, 169, 171, 175, 184, 193, 195, 216, 226, 239, 261, 410, 462
  t: 1012
Chlorosulfuric acid
  κ: 414, 416
1-Chloro-2-trichloroethane
  κ: 586, 788
Cinnamaldehyde, (3-Phenyl propanol)
  Pr: 21
  κ: 436, 438, 441, 462
Cyanoacetyl ethyl ester (see Ethyl cyanoacetate)
Cyanoacetyl methyl ester (see Methyl cyanoacetate)
Cyclohexane, CH
  Pr: 13
  Pu: 125
  κ: 216, 247, 261
Cyclohexanol
  Pr: 13
  Pu: 125
Cyclohexanone
  Pr: 14
  Pu: 125
  κ: 405, 567, 618, 621, 682, 732, 788
Cyclohexylamine, CHA
  Pr: 14
  Pu: 125
  κ: 199, 261

D

n-Decanol
  Pr: 14
  Pu: 125
  κ: 171, 180, 261
Deuterium oxide
  Pr: 24
  κ: 560, 563, 569, 582, 590, 595, 788
  ρ: 920–925
  η: 970
1,3-Diaminopropane (Trimethylenediamine)
  Pr: 24
  Pu: 126
  κ: 560, 563, 569, 586, 590, 595, 789
Di-n-amyl phthalate
  Pr: 24
  Pu: 126
  κ: 623, 662, 789, 796
Dibutyl phthalate
  Pr: 24
  Pu: 126
  κ: 789
Dibutyl phosphonate
  κ: 621, 633, 648, 661, 789
N,N-Dibutylacetamide
  Pu: 126
Dichloroacetic acid
  Pr: 25
  Pu: 126
  κ: 789

m-Dichlorobenzene
  Pr: 25
  Pu: 126
  κ: 664, 790
  ρ: 908
  η: 952
o-Dichlorobenzene (oDCB)
  Pr: 25
  Pu: 126
  κ: 595, 621, 633, 642, 644, 648, 652, 661, 693, 694, 706, 717, 735, 737, 742, 772–774, 790
  ρ: 908
1,1-Dichloroethane (Ethylidene chloride)
  Pr: 25
  Pu: 126
  κ: 583, 616, 618, 624, 629, 635, 645, 649, 663, 709–713, 715, 742, 743, 800
1,2-Dichloroethane (Ethylene chloride, Ethylene dichloride, 1,2 Chloroethene)
  Pr: 20, 26
  Pu: 125, 126
  κ: 567, 570, 576, 586, 610, 616, 618, 623, 628, 632, 634, 639, 640, 642, 644, 649, 653, 654, 656–658, 660, 663, 665, 667, 668, 684, 693, 694, 705, 708–718, 722–725, 729–735, 738–740, 742–744, 746, 768, 770–772, 775, 787, 790, 798–800, 803
2-Dichloroethane
  κ: 586, 790
1,2-Dichloropropane (Propylene chloride)
  Pr: 26
  Pu: 126
  κ: 644, 651, 791, 818
2,2-Dichloropropane (i-Propylidene dichloride)
  Pr: 27
  Pu: 127
  κ: 644, 791
α,β-Dichloropropionitrile, α,βDPN
  Pr: 27
  Pu: 127
  κ: 152, 262
Diethanolamine
  Pr: 27
  Pu: 127
  κ: 569, 608, 745, 791
Diethyl ether, DEE (Ether, ethyl ether)
  Pr: 29
  Pu: 127
  κ: 165, 246, 247, 262, 436, 438, 441, 464, 658, 662, 766, 791, 798
  ρ: 910
Diethyl ester of sulfuric acid (see Ethyl sulfate)
Diethyl phthalate
  Pr: 32
  Pu: 127
  κ: 621, 622, 792
N,N-Diethylacetamide
  Pr: 27
  Pu: 127
Diethylamine, DEA
  Pr: 28
  Pu: 127
  κ: 157, 158, 262
N,N-Diethylaniline
  Pr: 28
  Pu: 127
  κ: 262
  ρ: 909, 910
  η: 952
Diethylethyl phosphonate
  Pr: 31
  Pu: 127
  κ: 621, 634, 648, 661, 792
Di-(2-ethylhexyl) phthalate
  Pr: 32
  Pu: 127
  κ: 622, 792
Di-(2-ethylhexyl)-2-ethylhexyl phosphonate
  Pr: 31
  Pu: 127

Diglyme [bis, (2-Methoxyethyl) ether]
Pr: 32
Pu: 128
κ: 246, 247, 262
ρ: 917
N,N-Di-isopropylacetamide
Pu: 129
N,N-Di-isopropylpropionamide
Dimethoxyethane, DME
κ: 220, 232, 239, 244, 248, 253, 719
1,2-Dimethoxyethane (Dimethoxyethane)
Pr: 33
Pu: 128
κ: 247, 263, 792
ρ: 910
η: 953
Dimethyl ester of sulfuric acid (see Methyl sulfate)
Dimethyl phthalate
Pr: 35
Pu: 128
κ: 622, 794
Dimethyl sulfite, DMS
Pr: 36
Pu: 128
κ: 265
Dimethyl sulfoxide, DMSO
Pr: 37
Pu: 129, 1025
κ: 152, 166, 169, 171, 173, 175, 177, 181, 183, 184, 186, 190, 193–196, 199, 202, 204, 205, 207, 209, 212, 225, 228, 230, 237, 240, 241, 246, 248–250, 266, 453–455, 463, 560, 563, 570, 575, 581, 583, 586, 591, 595, 599, 600, 602, 603, 606, 612, 618, 637, 639, 659, 664, 675, 705, 707, 708, 719, 723, 794, 795, 1023, 1027–1036
D: 897, 898, 1023
ρ: 910–917, 1023, 1038–1041
η: 954, 1023, 1038–1042
t: 1012, 1023, 1036
N,N-Dimethylacetamide, DMA
Pr: 33
Pu: 128
κ: 171, 173, 177, 180, 186, 189, 202, 203, 205, 207–209, 225, 230, 241, 263, 400, 407, 408, 410, 418, 419, 453, 462, 569, 575, 582, 586, 595, 675, 707, 793
D: 896
Dimethylamine, DMAm
Pr: 34
Pu: 128
κ: 264
N,N-Dimethylbutyramide
Pr: 34
Pu: 128
N,N-Dimethylformamide, DMF
Pr: 35
Pu: 128
κ: 152, 153, 157, 158, 166, 169, 171, 173, 175, 177, 180, 184, 186, 189, 197, 199, 202, 204, 205, 207–209, 212, 217, 230, 240, 241, 252, 264, 400, 403, 405, 407, 408, 410, 417–419, 423, 427, 436–440, 453, 463, 560, 563, 569, 575, 583, 586, 595, 606, 609, 614, 615, 622, 674, 675, 677, 685, 733, 751, 762, 763, 793
D: 897
t: 1012
Dimethylpropionamide, DMP
Pr: 36
Pu: 128
κ: 169, 177, 181, 190, 197, 198, 202, 204, 205, 208, 209, 265, 570, 583, 794
2,4-Dimethylsulfolane, DMSL (Dimethyl-sulfolane)
Pr: 36
Pu: 129
κ: 209, 265, 445, 463, 675, 794
Dinonyl phthalate
Pr: 37
Pu: 129
κ: 622, 662, 795

Dioctyl phthalate
κ: 662, 795
Dioxane
Pr: 38
Pu: 129
κ: 216, 436, 438, 464, 639, 644, 656, 660, 796
ρ: 917
Diphenyl ether
Pr: 38
Pu: 129
κ: 591, 649, 796
Dipentyl phthalate (see Di-n-amyl phthalate)

E

Ethanol
Pr: 39
Pu: 129
κ: 152–155, 157–167, 169, 171, 173, 175, 178, 181, 184, 186, 190, 194, 195, 197–199, 201, 202, 204, 209, 213–216, 219, 222, 223, 226–231, 234, 235, 237, 244, 267, 268, 291, 405, 407, 408, 419, 427, 430, 436, 438, 441, 443, 446, 457, 464, 556, 560, 563, 567, 570, 575, 576, 583, 586, 589, 591, 595, 603, 607, 609, 612, 616, 618, 623, 627, 652, 676, 680, 682, 688, 690, 691, 698, 700, 701, 703, 720, 761, 765, 796, 797
ρ: 917
η: 961
t: 1013
Ethanolamine, EtA (Monoethanol amine)
Pr: 40
Pu: 130
κ: 172, 175, 178, 181, 184, 186, 190, 202, 205, 207, 209, 269, 556, 595, 599, 610, 656, 671–673, 727–729, 740, 797, 812
Ether (see Diethyl ether)
β-Ethoxypropionitrile, βEPN
Pr: 130
κ: 152, 269
Ethyl acetate, EA
Pr: 40, 41
Pu: 130
κ: 226, 270
Ethyl benzoylacetate (Benzoylacetyl ethyl ester)
Pr: 13
κ: 575, 784
Ethyl bromide
Pr: 42
Pu: 128
κ: 436, 438, 441, 464
Ethyl cyanoacetate (Cyanoacetyl ethyl ester)
Pr: 21
Pu: 125
κ: 575, 788
Ethyl ester of nitric acid (see Ethyl nitrate)
Ethyl ether (see Diethyl ether)
Ethyl methyl ketone, MEK (see 2-Butanone)
Ethyl nitrate (Ethyl ester of nitric acid)
Pr: 45
κ: 576, 577, 803
Ethyl sulfate (Diethyl ester of sulfuric acid)
Pr: 28
Pu: 127
κ: 575, 791
Ethylamine
Pr: 42
Pu: 130
κ: 270, 623, 634, 798
Ethylene bromide (1,2-Dibromoethane)
Pr: 43
Pu: 130
κ: 642, 798
Ethylene carbonate, EC
Pr: 43
Pu: 130
κ: 200, 204, 209, 212, 270, 563, 570, 576, 591, 595, 618, 644, 649, 798

IX. COMPOUND INDEX

Ethylene chloride (see 1,2-Dichloroethane)
Ethylene dichloride (see 1,2-Dichloroethane)
Ethylene glycol, EG (Glycol)
  Pr: 44
  Pu: 131
  κ: 153, 155, 172, 202, 207, 271, 404, 560, 563, 573, 576, 577, 582, 590, 591, 595, 624, 801, 805
Ethylenediamine, ED
  Pr: 44
  Pu: 130
  κ: 152, 154, 162, 165, 167, 172, 173, 175, 178, 181, 186, 190, 195, 196, 202, 204, 215, 217, 221, 222, 229, 236, 239, 241, 243, 270, 402, 404, 464, 595, 642, 801
  ρ: 918
Ethylidene chloride (see 1,1-Dichloroethane)
Ethylphenylethanolamine
  Pr: 45
  κ: 610, 614, 746, 804
4-Ethylpyridine
  κ: 1109

F

Formamide
  Pr: 45
  Pu: 131
  κ: 153, 157, 158, 162, 167, 169, 170, 176, 178, 181, 182, 184, 190, 193–195, 197, 198, 202, 207, 209, 212–214, 216, 217, 222–225, 227, 234–236, 238, 239, 251, 272, 273, 400, 410–412, 414–417, 420, 428, 452, 455, 456, 465, 556, 563, 567, 570, 577, 583, 587, 591, 596, 602, 674, 675, 698, 702, 707, 804
  D: 898
  ρ: 918–920
  η: 961
  t: 1014
Formic acid, FA
  Pr: 46
  Pu: 131
  κ: 153, 169, 172, 176, 178, 184, 186, 204, 217, 227, 239, 244, 273, 557, 561, 718, 720, 805
  t: 1014
Furfural
  Pr: 46
  Pu: 131
  κ: 577, 755, 805

G

Glycine
  κ: 624
Glycerine
  Pr: 46
  κ: 592, 757, 805
Glycerol
  Pr: 47
  Pu: 131
Glycol (see Ethylene glycol)

H

Heavy water (see Deuterium oxide)
n-Heptanol
  Pr: 47
  Pu: 131
  κ: 172, 182, 274
  ρ: 925, 926
  η: 975
2-Heptanone (Methyl n-amyl ketone)
  Pr: 47
  κ: 430, 465
Hexamethylphosphoramide
  Pu: 131
Hexamethylphosphotriamide, HMPT
  Pr: 47
  κ: 209, 249, 274, 465, 618, 637, 639, 645, 806

Hexamethylphosphotriamine
  κ: 437, 447
n-Hexanol
  Pr: 48
  Pu: 131
  κ: 172, 182, 274
  ρ: 926, 927
  η: 976
Hydrazine
  Pr: 48
  Pu: 131
  κ: 153, 162, 165, 182, 184, 190, 204, 209, 229, 275, 567, 570, 577, 587, 624, 633, 808
Hydrogen bromide
  Pr: 48
  Pu: 131
  κ: 431, 439, 444, 466, 561, 570, 806
  t: 1017
Hydrogen chloride
  Pr: 49
  Pu: 132
  κ: 557, 567, 806
Hydrogen cyanide, HCN
  Pr: 49
  Pu: 132
  κ: 169, 170, 172–174, 176, 178, 182, 184, 186, 190, 193, 195, 197, 198, 200–202, 204, 205, 207, 209, 230, 245, 275, 557, 561, 563, 567, 570, 577, 596, 601, 607, 608, 610, 616, 619, 624, 642, 649, 703–706, 724, 741–743, 806, 807
Hydrogen fluoride, HF
  Pr: 49
  Pu: 132
  κ: 175, 183, 248, 276, 431, 432, 434, 435, 466
Hydrogen sulphide, H_2S
  Pr: 50
  Pu: 132
  κ: 153, 157, 276, 557, 567, 581, 589, 596, 606, 615, 628, 632, 671–673, 676, 682, 684, 687, 807

I

Iodine
  Pr: 50
  Pu: 132
  κ: 174, 182, 190, 194, 252, 276

L

2,6-Lutidine
  κ: 424

M

Methanol
  Pr: 51
  Pu: 132
  κ: 153–155, 157–159, 165–168, 172, 176, 178, 182, 184, 186, 191, 193, 195, 198, 200, 201, 204, 205, 215, 216, 218, 224, 226, 229, 231, 234, 237, 239, 240, 242–244, 249, 251, 252, 277, 278, 291, 404–415, 427–430, 436, 438, 439, 441–443, 446, 448, 449, 457, 466, 467, 557, 561, 563, 565, 566, 568, 571, 578, 583, 587, 589, 592, 596, 599–601, 607, 608, 610, 612, 616, 619, 624, 625, 627, 629, 635, 649, 653, 657, 658, 676, 678–684, 687, 688, 690, 691, 697, 698, 700, 701, 703, 704, 720, 722–724, 738, 740, 742, 748, 759, 761, 765, 808, 809
  D: 899
  ρ: 928–930
  η: 977
  t: 1014
Methyl bromide
  κ: 424, 425, 468

Methyl *i*-butyl ketone, MiBk (see *i*-Butyl methyl ketone)
Methyl cyanoacetate (Cyanoacetyl methyl ester)
Pr: 22
Pu: 125
κ: 575, 788
Methyl ethyl ketone (see 2-Butanone)
Methyl formate, MF
Pr: 53
Pu: 133
κ: 200, 246, 280
D: 899
Methyl sulfate (Dimethyl ester of sulfuric acid)
Pr: 34
κ: 575, 794
Methyl thiocyanate
Pr: 55
κ: 579, 812
N-Methylacetamide, NMA
Pr: 51
Pu: 132
κ: 153, 157, 158, 166, 169, 170, 172, 176, 178, 182, 184, 186, 191, 195, 197, 201, 202, 204–207, 209, 227, 231, 238, 240, 242, 251, 278, 279, 408, 410–417, 450, 467, 557, 561, 564, 571, 578, 584, 587, 596, 601–603, 625, 671–674, 676, 677, 682, 691, 692, 705, 723, 810
ρ: 930, 931
η: 979
t: 1015
Methylamine
Pr: 52
Pu: 133
κ: 568, 650, 810
Methylene chloride (Dichloromethane, methylene dichloride)
Pr: 54
Pu: 133
κ: 568, 571, 578, 587, 601, 616, 686, 687, 811
Methylene dichloride (see Methylene chloride)
N-Methylformamide, NMF
Pr: 53
Pu: 133
κ: 176, 178, 182, 184, 186, 187, 191, 195, 279, 571, 625, 811
D: 899
ρ: 931
η: 982
t: 1015
N-Methylpropionamide, NMP
Pr: 54
Pu: 133
κ: 185, 202, 401, 468
ρ: 931
η: 985
t: 1015
N-Methyl-2-pyrrolidone, NM2PY
Pr: 54
Pu: 133
κ: 182, 191, 204, 209, 249, 280, 698, 720, 811
2-Methyltetrahydrofuran, MeTHF
Pr: 55
Pu: 133
κ: 218, 249, 812
Monochloroacetic acid
Pr: 55
Pu: 133
κ: 812
Monoethanolamine (see Ethanolamine)

N

α-Naphthonitrile, αNN
Pr: 56
Pu: 133
κ: 166, 280

Nitrobenzene, NB
Pr: 56
Pu: 134
κ: 219, 231, 242, 281, 404, 405, 423, 468, 568, 571, 579, 592, 596, 607, 610, 619, 625, 626, 635, 638, 639, 642, 650, 653, 656, 663, 664, 682, 694, 717, 725, 727–732, 736–738, 741–744, 756, 771, 772, 776, 813, 814
ρ: 932, 933
η: 987
t: 1015
Nitroethane, NE
Pr: 56
Pu: 134
κ: 281
Nitromethane, NM
Pr: 56
Pu: 134
κ: 174, 191, 197, 198, 200, 201, 204, 209, 244, 281, 405, 427, 557, 561, 565, 568, 571, 579, 581, 584, 589, 590, 592, 593, 611, 616, 619, 626, 629, 635, 651, 653, 659, 668, 669, 676, 677, 682–685, 690, 698, 721, 732, 733, 736, 740, 742, 746, 814
t: 1016
1-Nitropropane
Pr: 57
Pu: 134
κ: 282

O

N-Octanol
Pr: 57
Pu: 134
κ: 172, 183, 282

P

Pentaborane
Pr: 57
Pu: 134
κ: 587, 597, 815
1-Phentanol (*n*-Amyl alcohol)
Pr: 10, 58
Pu: 134
κ: 151, 153, 155, 258, 406, 409, 413, 446, 460, 593, 597, 603, 698, 782, 815
ρ: 905
η: 949
Phenylacetonitrile, PhAn (Benzyl cyanide)
Pr: 58
Pu: 134
κ: 156, 282, 638, 645, 653, 755, 816
Phosphorus oxychloride
Pr: 58
Pu: 134
κ: 557, 568, 572, 579, 581, 589, 619, 684, 816
Phosphoryl chloride, PoCl₃
t: 1017
α-Picoline (2-Methylpyridine)
Pr: 59
κ: 424
β-Picoline
κ: 424
γ-Picoline
κ: 424
Polystyrene
κ: 405
n-Propanol
Pr: 59
Pu: 135
κ: 153–155, 158, 159, 172, 178, 183, 187, 191, 206, 209, 282, 291, 406, 409, 412, 413, 430, 446, 468, 469, 557, 561, 572, 579, 584, 587, 589, 590, 593, 597, 603, 637, 645, 698, 816
ρ: 933
η: 988

IX. COMPOUND INDEX

1-Propanol (2-Propanol)
  Pr: 59
  Pu: 135
  κ: 166, 178, 183, 192, 283, 406, 409, 412, 413, 468, 558, 562, 572, 579, 584, 588, 589, 593, 597, 604, 645, 673, 675, 685, 707, 733, 817
Propionaldehyde
  Pr: 60
  Pu: 135
  κ: 579, 817
Propionic acid
  Pr: 60
  Pu: 135
  κ: 626, 818
Propionitrile, PN
  Pr: 60
  Pu: 135
  κ: 156, 283, 579, 645, 653, 817
Propyl chloride (1-Chloropropane)
  Pr: 61
  κ: 436, 438, 441, 469
1-Propyl chloride
  κ: 441, 469
Propylene carbonate, PC
  Pr: 62
  Pu: 135
  κ: 172, 173, 178, 185, 187, 192, 200, 247, 248, 250, 283, 423, 469, 568, 593, 599, 606, 619, 645, 653, 659, 818
  D: 900
  η: 989
  t: 1016
Propylene chloride (see 1,2-Dichloropropane)
Propylene glycol (1,2-Propanediol)
  Pr: 62
  Pu: 135
Propylenediamine, PD (1,2-Propanediamine)
  Pr: 62
  Pu: 135
  κ: 192, 283, 402, 404, 469, 818
Pyridine
  Pr: 62, 63
  Pu: 135
  κ: 153, 154–156, 166, 170, 183, 192, 214, 219, 231, 242, 247, 284, 399, 401, 402, 404, 405, 424, 440, 469, 568, 572, 580, 593, 597, 611, 616, 619, 626, 633, 635, 639, 642, 651, 656, 657, 659, 663, 682, 704, 706, 724, 728, 730–732, 742–744, 819

S

Salicylaldehyde (2-Hydroxybenzaldehyde)
  Pr: 64
  Pu: 136
  κ: 580, 820
Sulfolane
  Pr: 64
  Pu: 136
  κ: 172–174, 183, 192, 197, 198, 200, 204, 206, 209, 212, 213, 250, 284, 580, 608, 619, 633, 645, 675, 820
  t: 1016
Sulfur dichloride
  Pu: 136
Sulfur dioxide, SO_2
  Pr: 65
  Pu: 136
  κ: 178, 185, 187, 192, 285, 432–435, 448, 470, 558, 562, 564, 572, 588, 608, 611, 612, 820
Sulfuric acid, H_2SO_4
  Pr: 65
  Pu: 136
  κ: 158, 285
  ρ: 934–936
  η: 990
  t: 1017

T

Tetrahydrofuran, THF
  Pr: 65
  Pu: 136
  κ: 218, 220, 232, 233, 236, 239, 244, 246, 247, 249–251, 253, 286, 653, 669, 721, 738, 821, 936
Tetramethylene sulfone (see Sulfolane)
Tetramethylene sulfoxide, TMSO
  Pr: 66
  κ: 200, 286
  ρ: 936
1,1,3,3-Tetramethylguanidine, TMG
  Pr: 66
  Pu: 136
  κ: 166, 286, 597, 721, 821
Thioacetic acid
  Pr: 66
  κ: 580, 821
Toluene
  Pr: 67
  Pu: 136
  κ: 440, 470, 693, 734, 738, 764, 824
Tricresyl phosphate
  κ: 440, 470, 651, 727, 728, 734, 738, 746, 821
Triethanolamine
  Pr: 68
  Pu: 137
  κ: 558, 568, 605, 609, 614, 822
Tri-p-ethylphenyl phosphite
  Pr: 68
  Pu: 137
  κ: 631, 636, 655, 822
Triethyl phosphate
  Pr: 68
  Pu: 137
  κ: 626, 651, 663, 727, 734, 822
Triethyl phosphite
  Pr: 69
  Pu: 137
  κ: 655, 822
Trifluoroacetic acid
  Pr: 69
  Pu: 137
  κ: 243, 286, 823
Trifluoroethanol, (2,2,2-Trifluoroethanol)
  κ: 558, 562, 564, 572, 580, 582, 590, 604, 609, 637, 700, 824
Trimethyl phosphate
  Pr: 69
  Pu: 137
  κ: 667, 669, 823
Triphenyl phosphite
  Pr: 69
  Pu: 137
  κ: 613, 631, 636, 655, 823
Tri-m-tolyl phosphite
  Pr: 70
  Pu: 137
  κ: 613, 631, 637, 655, 823
Tri-p-tolyl phosphite
  Pr: 70
  Pu: 137
  κ: 613, 631, 637, 655

V

i-Valeraldehyde
  Pr: 70
  κ: 578, 825
Valeric acid
  Pr: 71
  Pu: 137
  κ: 825
Valeronitrile
  Pr: 71
  Pu: 137
  κ: 619, 825

1088 NONAQUEOUS ELECTROLYTES

X

p-Xylene
 Pr: 71
 Pu: 137
 κ: 654, 663, 664, 741, 825
 ρ: 937
 η: 992

MIXED SOLVENTS
NONAQUEOUS-AQUEOUS MIXTURES

A

Acetone-water
 Pr: 83–85
 κ: 299, 305, 310, 311, 319, 322, 330, 338, 340, 342, 347, 385, 484, 488, 491, 496, 497, 506, 832, 839, 841, 843, 876
 η: 993
Acetonitrile-water
 Pr: 85
 κ: 306, 348, 385, 498, 506, 827, 835, 843, 876
 t: 1011
β-Alanine-water
 Pr: 86
 κ: 374, 827, 835, 876

B

Benzene-water
 κ: 352, 385
i-Butanol-water
 κ: 352, 386
n-Butanol-water
 κ: 322, 352, 358, 385, 386
s-Butanol-water
 κ: 352, 386
t-Butanol-water
 κ: 352, 386, 843, 845, 876
 η: 993

C

Cyclohexane-water
 κ: 352, 386
Cyclohexanol-water
 κ: 352, 386
Cyclohexanone-water
 κ: 352, 387

D

n-Decanol-water
 κ: 352
1,2-Dimethoxyethane-water
 ρ: 939
 η: 994
Dimethyl sulfoxide(DMSO)-water
 Pr: 86
 κ: 288, 302, 314, 323, 349, 387
 ρ: 1037
Dioxane-water
 Pr: 87–93
 κ: 288, 298, 308, 312–315, 319, 323, 324, 330, 332, 333, 336–346, 348, 352, 355, 356, 359, 387, 388, 483–484, 490–495, 499, 500, 506, 828, 832, 837, 839, 840, 842, 876
 η: 995
 t: 1013
Dodecanol(DD)-water
 κ: 352, 353, 388

E

Ethanol-water
 Pr: 94–97
 κ: 289–291, 298, 299, 302, 306, 308, 309, 315, 316, 319, 322, 325, 330, 331, 333–335, 338, 339, 341, 343, 345, 349, 350, 352, 353, 358, 360, 388, 486, 489, 506, 829–833, 842–844, 877
 η: 995
 t: 1010, 1013
Ethanol-methanol-water
 Pr: 116
 κ: 300
Ethyl methyl ketone-water
 Pr: 97, 98
 κ: 321, 331, 389, 840, 841, 877
Ethylene glycol-water (Glycol-water)
 Pr: 99, 101
 κ: 292, 309, 316, 326, 363, 389, 486, 487, 497, 498, 507, 833, 835, 838, 877

F

Ficoll-water
 Pr: 99
 κ: 309, 317, 326, 390, 831, 877

G

Glycerol-water
 Pr: 99
 κ: 292, 310, 317, 322, 326, 343, 347, 390, 833, 837, 838, 877
 ρ: 939
 η: 995
Glycine-water
 Pr: 100
 κ: 366, 374, 377, 487, 507, 828, 829, 835, 838, 877
 ρ: 940
 η: 998–1000
Glycol-water (see Ethylene glycol-water)

H

1-Heptanethiol-water
 κ: 352, 390
n-Heptanol-water
 κ: 352, 390
Hexamethylenetetraamine-water
 κ: 326, 390
n-Hexane-water
 κ: 352, 390
Hydrazine-water
 t: 1014
Hydrogen peroxide-water
 Pr: 101
 κ: 300, 301, 310, 317, 327, 332, 335, 344, 346, 347, 391

M

d-Mannitol water
 ρ: 941
 η: 1000
Methanol-water
 Pr: 102, 103
 κ: 292–294, 298, 299, 301, 303–307 312, 318, 321, 327, 328 341, 344, 345, 351, 352, 353, 354, 357, 371, 375, 391, 483, 487, 490–494, 496, 497, 507, 830–832, 834, 844–848, 878
 η: 1004
 t: 1015
Methanol-ethanol-water (see Ethanol-methanol-water)
2-Methoxyethanol-water
 Pr: 104
 κ: 328, 392
Methyl cellosolve-water
 η: 1004

IX. COMPOUND INDEX

N

Nitrobenzene-water
κ: 827, 845, 878

O

n-Octanol-water
κ: 352, 392

P

n-Pentanol-water
κ: 352, 392
i-Propanol-water
κ: 297, 393, 844, 878
n-Propanol-water
Pr: 104
κ: 294–296, 303, 318, 350, 352, 392
Pyridine-water
Pr: 105
κ: 354, 393, 438, 507

S

Sucrose-water
ρ: 942
η: 1005

T

Tetrahydrofuran(THF)-water
Pr: 105
κ: 329, 336, 337, 346, 393, 829, 834, 836, 839–841, 878

U

Urea-water
ρ: 942
η: 1005

NONAQUEOUS-NONAQUEOUS MIXTURE

A

Acetamide-formamide
Pr: 106
Acetic acid-o-dichlorobenzene
κ: 858, 859, 879
Acetone-i-butanol
Pr: 106
κ: 476, 501
Acetone-carbon tetrachloride
κ: 850–853, 879
Acetone-γ-collidine
κ: 472, 474, 501
Acetone-cyclohexanone
Pr: 106
κ: 476, 501
Acetone-cyclopentadiene
κ: 476, 501
Acetone-dicyclopentadiene
κ: 477, 501
Acetone-dioxane
Pr: 106
κ: 366, 379, 380, 382, 394
Acetone-ethanol
κ: 472, 501, 856, 879
Acetone-formamide
Pr: 107
κ: 479, 482, 502
Acetone-methanol
Pr: 108
κ: 339, 367, 380, 394, 473, 478, 479, 482, 502
ρ: 941, 942
η: 1001
Acetone-α-picoline
κ: 473, 502
Acetone-β-picoline
κ: 473, 502
Acetone-γ-picoline
κ: 473, 502
Acetone-propanol
κ: 860, 865, 866, 879
Acetone-pyridine
κ: 473, 502
Acetone-quinoline
κ: 474, 502
Acetonitrile-benzene
κ: 871, 879
Acetonitrile-2,2′bipyridyl
κ: 496, 503
Acetonitrile-carbon tetrachloride
κ: 852, 858, 859, 866, 871, 880
t: 1010
Acetonitrile-cyanoethyl sucrose
κ: 849, 860, 872, 880
Acetonitrile-dioxane
Pr: 108
κ: 378, 381, 382, 394, 867, 880
Acetonitrile-ethanol
Pr: 109
κ: 364, 394
Acetonitrile-methanol
Pr: 109
κ: 364, 383, 384, 395, 474, 503
Acetonitrile-nitrobenzene
κ: 854, 866, 880
Acetonitrile-picric acid
κ: 849, 851, 867, 880
Ammonia-pyridine
Pr: 110
κ: 320, 382, 383, 395, 474, 503
Anisole-nitrobenzene
κ: 857, 868, 880

B

Benzene-acetonitrile (see Acetonitrile-benzene)
Benzene-o-dichlorobenzene
κ: 868, 881
Benzene-ethylene dichloride
κ: 873, 875, 881
Benzene-methanol
κ: 474, 503, 849, 860, 881
Benzene-propylene carbonate
η: 1004
Benzonitrile-o-dichlorobenzene
κ: 867, 881
Benzonitrile-ethanol
Pr: 110
κ: 475, 503
Benzonitrile-methanol
κ: 475, 503
2,2′-Bipyridyl-acetonitrile (see Acetonitrile-2,2′-bipyridyl)
Bromine trifluoride-chlorine trifluoride
κ: 480, 503
i-Butanol-acetone (see Acetone-i-butanol)
i-Butanol-cyclohexanone
Pr: 110
κ: 477, 503
n-Butanol-ethanol
κ: 305, 395
n-Butanol-Hexane
Pr: 111
κ: 308, 311, 312, 320, 362, 365, 368, 370, 372, 874, 881
η: 993
n-Butanol-methanol
Pr: 111
κ: 305, 374, 395, 852, 857, 881
t-Butanol-N-methylacetamide
κ: 853, 859, 864, 865, 884

C

Carbon tetrachloride-acetone (see Acetone-carbon-tetrachloride)
Carbon tetrachloride-acetonitrile (see Acetonitrile-carbon tetrachloride)
Carbon tetrachloride-ethanol
  κ: 861, 881
Carbon tetrachloride-methanol
  κ: 478, 504, 856, 861, 862, 882
  η: 1001
Carbon tetrachloride-nitrobenzene
  κ: 851, 862, 865, 869, 872, 882
Chloride trifluoride-bromine trifluoride (see Bromine trifluoride-chlorine trifluoride)
γ-Collidine-acetone (see Acetone-γ-collidine)
Cyanoethyl sucrose-acetonitrile (see Acetonitrile-cyanoethyl sucrose)
Cyclohexane-acetone (see Acetone-cyclohexane)
Cyclohexane-i-butanol (see i-Butanol-cyclohexane)
Cyclohexane-1,2-dimethoxyethane
  Pr: 111
  κ: 480, 481, 504
Cyclohexane-Nujol
  ρ: 937
  η: 993
Cyclopentadiene-acetone (see Acetone-cyclopentadiene)

D

Dibutylbutyl phosphonate[BuPo(OBu)]-heptane
  κ: 869, 882
o-Dichlorobenzene-acetone (see Acetone-o-dichlorobenzene)
o-Dichlorobenzene-benzene (see Benzene-o-dichlorobenzene)
o-Dichlorobenzene-benzonitrile (see Benzonitrile-o-dichlorobenzene)
Diethylethylphosphonate [Et(Po)(OEt)]-heptane
  κ: 870, 882
1,2-Dimethoxyethane-cyclohexane (see Cyclohexane-1,2-dimethoxyethane)
Dimethyl ether-methyl bromide
  κ: 480, 481, 504
Dimethyl sulfoxide-dioxane
  Pr: 112
  κ: 369, 379, 381, 396
Dimethylformamide-dioxane
  Pr: 112
  κ: 373, 377
Dimethylformamide-N-methylacetamide
  Pr: 112
  κ: 371, 375, 376, 395
Dioxane-acetone (see Acetone-dioxane)
Dioxane-acetonitrile (see Acetonitrile-dioxane)
Dioxane-dimethyl sulfoxide (see Dimethyl sulfoxide-dioxane)
Dioxane-dimethylformamide (see Dimethylformamide-dioxane)
Dioxane-ethylene dichloride
  κ: 875
Dioxane-formamide
  Pr: 113
  κ: 478, 482, 504
Dioxane-methanol
  Pr: 114
  κ: 365, 369, 373, 378, 379, 381, 383, 396
Dioxane-α-methylstyrene
  κ: 472, 504
Dioxane-monoethanolamine
  κ: 873, 882
Dioxane-p-nitroaniline
  κ: 871, 882
Dioxane-tripropanolamine borate
  κ: 873, 874, 883
Diphenylmethane-polystyrene
  κ: 872, 883

E

Ethanol-acetone (see Acetone-ethanol)
Ethanol-acetonitrile (see Acetonitrile-ethanol)
Ethanol-benzonitrile (see Benzonitrile-ethanol)
Ethanol-n-butanol (see n-Butanol-ethanol)
Ethanol-carbon tetrachloride (see Carbon tetrachloride-ethanol)
Ethanol-dioxane (see Dioxane-ethanol)
Ethanol-formamide
  κ: 376, 380, 396, 479, 504, 855, 883
  η: 995
Ethanol-methanol
  κ: 854, 855, 858, 883
Ethanol-methanol-water
  Pr: 116
  κ: 300
Ethanol-nitrobenzene
  κ: 855, 883
Ethanol-propanol
  κ: 305, 396
Ethyl methyl ketone-methanol
  κ: 863, 884
Ethyl methyl ketone-2-propanol
  Pr: 116
  κ: 364, 397, 875, 883
Ethylene carbonate-propylene carbonate
  η: 1004
Ethylene dichloride-benzene (see Benzene-ethylene dichloride)
Ethylene dichloride-dioxane (see Dioxane-ethylene dichloride)
Ethylene glycol-hydrogen peroxide
  κ: 363, 397
Ethylene glycol-methanol
  κ: 362, 363, 396
Ethylene glycol-pyridine
  Pr: 115
  κ: 475, 505
Ethylene glycol-quinoline
  Pr: 115
  κ: 475, 505

F

Formamide-acetamide (see Acetamide-formamide)
Formamide-acetone (see Acetone-formamide)
Formamide-dioxane (see Dioxane-formamide)
Formamide-ethanol (see Ethanol-formamide)

H

Heptane-dibutylbutyl phosphonate (see Dibutylbutyl phosphonate-heptane)
Heptane-diethylethyl phosphonate (see Diethylethyl phosphonate-heptane)
n-Heptane-methanol
  κ: 863, 883
n-Heptanol-n-hexane
  κ: 352
Hexane-n-butanol (see n-Butanol-hexane)
n-Hexane-n-heptanol (see n-Heptanol-n-hexane)
Hydrogen peroxide-ethylene glycol (see Ethylene glycol-hydrogen peroxide)

M

Methanol-acetone (see Acetone-methanol)
Methanol-acetonitrile (see Acetonitrile-methanol)
Methane-benzene (see Benzene-methanol)
Methanol-benzonitrile (see Benzonitrile-methanol)
Methanol-n-butanol (see n-Butanol-methanol)

IX. COMPOUND INDEX

Methanol-carbon tetrachloride (see Carbon tetrachloride-methanol)
Methanol-ethanol (see Ethanol-methanol)
Methanol-ethanol-water (see Ethanol-methanol-water)
Methanol-ethyl methyl ketone (see Ethyl methyl ketone-methanol)
Methanol-ethylene glycol (see Ethylene glycol-methanol)
Methanol-n-heptane (see n-Heptane-methanol)
Methanol-methyl ethyl ketone (see Ethyl methyl ketone-methanol)
Methanol-2-methoxyethanol
  Pr: 116
  κ: 375, 397
Methanol-nitrobenzene
  κ: 864, 884
Methanol-nitroethane
  κ: 475, 505, 856
Methanol-nitromethane
  κ: 850, 863, 884
Methanol-α-picoline
  κ: 476, 505
Methanol-propanol
  κ: 305, 397
Methanol-pyridine
  κ: 384, 397, 476, 505, 857, 884
2-Methoxyethanol-methanol (see Methanol-2-methoxyethanol)
N-Methylacetamide-t-butanol (see t-Butanol-N-methylacetamide)
N-Methylacetamide-dimethylformamide (see Dimethylformamide-N-methylacetamide)
Methyl bromide-dimethyl ether see Dimethyl ether-methyl bromide)
Methyl ethyl ketone-methanol (see Ethyl methyl ketone-methanol)
Methyl ethyl ketone-2-propanol (see Ethyl methyl ketone-2-propanol)
Methyl styrene-dioxane (see Dioxane-methyl styrene)
Monoethanolamine-dioxane (see Dioxane-monoethanolamine)

N

p-Nitroaniline-dioxane (see Dioxane-p-nitroanaline)
Nitrobenzene-acetonitrile (see Acetonitrile-nitrobenzene)
Nitrobenzene-anisole (see Anisole nitrobenzene)
Nitrobenzene-carbon tetrachloride (see Carbon tetrachloride-nitrobenzene)
Nitrobenzene-ethanol (see Ethanol-nitrobenzene)
Nitrobenzene-methanol (see Methanol-nitrobenzene)
Nitrobenzene-pyridine
  κ: 378, 397
Nitroethane-methanol (see Methanol-nitroethane)
Nitromethane-methanol (see Methanol-nitromethane)
Nujol-cyclohexane (see Nujol-cyclohexane)

P

α-Picoline-acetone (see Acetone-α-picoline)
α-Picoline-methanol (see Methanol-α-picoline
β-Picoline-acetone (see Acetone-β-picoline)
γ-Picoline-acetone (see Acetone-γ-picoline)
Picric acid-acetonitrle (see Acetonitrile-picric acid)
Polystyrene-diphenylmethane (see Diphenylmethane-polystyrene)
Propanol-acetone (see Acetone-propanol)
Propanol-ethanol (see Ethanol-propanol)
Propanol-methanol (see Methanol-propanol)
Propylene carbonate-benzene (see Benzene-propylene carbonate)
Propylene carbonate-ethylene carbonate (see Ethylene carbonate-propylene carbonate)
Propylene carbonate-tetrahydrofuran
  η: 1004
Pyridine-acetone (see Acetone-pyridine)
Pyridine-ammonia (see Ammonia-pyridine)
Pyridine-ethylene glycol (see Ethylene glycol-pyridine)
Pyridine-methanol (see Methanol-pyridine)
Pyridine-nitrobenzene (see Nitrobenzene-pyridine)

Q

Quinoline-acetone (see Acetone-quinoline)
Quinoline-ethylene glycol (see Ethylene glycol-quinoline)

T

Tetrahydrofuran-propylene carbonate (see Propylene carbonate-tetrahydrofuran)
Tripropanolamine borate-dioxane (see Dioxane-tripropanolamine borate)

(b) Solute

The Solute index is arranged alphabetically by solute. Individual solutes are indexed according to electrical conductance, diffusion, density, viscosity and transference number. X-Ray Data and physical properties are included where appropriate.

The rotation used in the index for these properties is as follows:

electrical conductance	κ	transference number	t
diffusion	D	X-Ray data	X.R.
density	ρ	physical properties	P.P.
viscosity	η		

A

Acetic acid, CH_3CO_2H
  κ: 157, 261, 272, 276, 278, 302, 303, 387, 388, 391, 392
  ρ: 934
  η: 990
Acetone, $(CH_3)_2CO$
  κ: 431, 466
  ρ: 935
  η: 991
  t: 1017
Acetoxyethyltrimethylammonium picrate
  κ: 800
Acetoxyethyltrimethylarsonium
  κ: 445
Acetyl bromide, CH_3COBr
  κ: 431, 466
Acetylcholine bromide
  X.R.: 548
Acetylcholine picrate (Acetyl trimethylammonium picrate)
  P.P.: 538
  κ: 746, 800
Aconitric acid
  κ: 267
Acotonic acid
  κ: 159
Adipic acid
  κ: 159, 267
Aluminum bromide, $AlBr_3$
  κ: 424, 458, 461, 466, 468, 469, 480, 504
Aluminum bromide ethyl methyl ketone, $AlCl_3 \cdot C_2H_5COCH_3$
  ρ: 932
  η: 987
Aluminum chloride, $AlCl_3$
  κ: 423, 458, 462, 463, 468, 469
  D: 896, 897, 900
  ρ: 1038
  η: 1038
  t: 1017
Aluminum chloride diethyl ether, $AlCl_3 \cdot C_2H_5OC_2H_5$
  ρ: 932
  η: 987
Aluminum chloride ethyl methyl ketone, $AlCl_3 \cdot C_2H_5COCH_3$
  ρ: 933
  η: 988

Aluminum perchlorate, $Al(ClO_4)_3$
  κ: 424, 458
Allylmalonic acid
  κ: 160, 267
m-Aminobenzoic acid
  κ: 162, 267
o-Aminobenzoic acid
  κ: 162, 267
p-Aminobenzoic acid
  κ: 162, 163, 267
Ammonium acetate, NH_4OAc
  t: 1010
Ammonium bromide, NH_4Br
  κ: 169, 255, 257, 265, 272, 275, 278
  η: 964
  t: 1011
Ammonium chloride, NH_4Cl
  κ: 169, 257, 261, 264, 268, 272, 273, 675, 676, 278, 308, 388
  ρ: 904
  η: 979
  t: 1011
Ammonium fluoride, NH_4F
  κ: 169, 266
Ammonium formate
  κ: 214, 273
  ρ: 919
  η: 965
Ammonium hexafluorophosphate
  κ: 246
Ammonium hydrogen sulfate, NH_2HCO_4
  η: 992
Ammonium iodide, NH_4I
  κ: 170, 255, 257, 259, 264, 272, 275, 278, 284
  ρ: 905
  η: 965
  t: 1011
Ammonium nitrate, NH_4NO_3
  κ: 197, 258, 265, 268, 273, 275, 279
  ρ: 919
  η: 965, 995
  t: 1011
Ammonium perchlorate, NH_4ClO_4
  κ: 197, 264, 265, 268, 275, 279, 281, 284, 338, 388
  η: 992
Ammonium picrate, NH_4Pi
  κ: 214, 256, 268, 281, 284, 378, 397
Ammonium thiocyanate, NH_4CNS
  κ: 198, 255, 265, 268, 275, 338, 385

IX. COMPOUND INDEX

Ammonium trichloroacetate
κ: 214, 268
Amylammonium bromide
X.R.: 550
Amylammonium chloride
X.R.: 550
i-Amylammonium chloride
κ: 695, 781, 802
Amylammonium iodide
X.R.: 551
i-Amylammonium iodide
κ: 696
i-Amylammonium picrate
P.P.: 540
κ: 739, 803
n-Amyl-n-butylammonium iodide
ρ: 907
Amyltributylammonium iodide
P.P.: 539
κ: 700, 784
Aniline acetate
κ: 784, 787, 800
Aniline hydrogen sulfate
ρ: 934
Aniline picrate
κ: 821, 848, 878
Anisicbenzoic acid
κ: 163, 267
Antimony pentachloride, $SbCl_5$
κ: 445, 459
t: 1017
Antimony trichloride, $SbCl_3$
κ: 446, 460, 461, 464, 467, 469, 1027
ρ: 905, 906, 917, 929, 930, 933, 1038
η: 949, 951, 961, 978, 988, 1038

B

Barium bromide, $BaBr_2$
κ: 415, 467
Barium bromide dihydrate, $BaBr_2 \cdot H_2O$
κ: 415, 467
Barium chloride, $BaCl_2$
κ: 415, 465, 467, 1027
ρ: 930, 939–942, 1038
η: 961, 979, 995, 996, 998, 1000, 1005, 1038
Barium chloride dihydrate, $BaCl_2 \cdot 2H_2O$
κ: 415, 466, 467
Barium chlorosulfonate, $Ba(SO_3Cl_2)_2$
κ: 416, 462
t: 1012
Barium formate, $Ba(HSO_4)_2$
κ:4416, 465
η: 990
Barium hydrogen sulfate, $Ba(HSO_4)_2$
ρ: 934
η: 990
t: 1017
Barium iodide, BaI_2
κ: 416, 467
Barium iodide dihydrate, $BaI_2 \cdot 2H_2O$
κ: 416, 467
Barium nitrate, $BaNO_3$
κ: 417, 465, 467
ρ: 904, 918
η: 961, 995
Barium perchlorate, $Ba(ClO_4)_2$
κ: 417, 458, 463, 465, 467, 492, 506, 507
Barium perchlorate trihydrate, $Ba(ClO_4)_2 \cdot 3H_2O$
κ: 417, 467
Benzillic acid
κ: 162, 267
Benzoic acid
κ: 162, 254, 261, 267, 272, 276, 277
ρ: 934
η: 990
Benzyldimethylphenylammonium chloride
P.P.: 541
κ: 678, 782
Benzylmalonic acid
κ: 162, 267
Benzyltrimethylammonium chloride
κ: 678, 782

Beryllium chloride
D: 896
Beryllium nitrate trihydrate, $Be(NO_3)_2 \cdot 3H_2O$
κ: 406, 478, 504
η: 977
Beryllium sulfate tetrahydrate, $BeSO_4 \cdot 4H_2O$
κ: 406, 466
m-Biphenyldiphenylchloromethane (mono)
κ: 432, 470
p-Biphenyldiphenylchloromethane (mono)
κ: 433, 470
Boron tribromide, BBr_3
κ: 422, 458
Boron trifluoride, BF_3
κ: 422, 461, 462, 480, 503
Boron triiodide, BI_3
κ: 422, 458
Bromine, Br_2
κ: 450
Bromine trifluoride, BrF_3
κ: 450, 461
Bromo succinic acid (mono)
κ: 160, 267
Bromoacetic acid (mono)
κ: 158
Bromodifluoro tetrafluoroborate, BrF_2BF_4
κ: 423, 461
Bromodiphenylborane
κ: 422, 458
Bromoethyltrimethylammonium picrate
P.P.: 538
κ: 731, 800, 819
Bromoethyltrimethylammonium bromide
P.P.: 537
Bromoethyltrimethylammonium picrate
P.P.: 538
κ: 730, 800, 813
Bromopalmitic acid
κ: 267
n-Butyl ether
κ: 431, 1275
Butylammonium bromide
X.R.: 550
Butylammonium chloride
X.R.: 550
κ: 691, 810
i-Butylammonium chloride
P.P.: 540
κ: 690, 779, 781, 797, 802
Butylammonium iodide
X.R.: 540
Butylammonium perchlorate
P.P.: 539
κ: 717, 781, 813
Butylammonium picrate
κ: 736, 781, 813
i-Butylammonium picrate
P.P.: 539
κ: 736, 779, 781, 803, 815
Butylmalonic acid
κ: 160, 267
m-t-Butylphenyldiphenylchloromethane (mono)
κ: 433, 470
p-t-Butylphenyldiphenylchloromethane (mono)
κ: 433, 470
n-Butyltri-i-pentylammonium tetraphenylboride
κ: 802
Butyltripropylammonium iodide
P.P.: 538
κ: 648, 781

C

Cadmium bromide, $CdBr_2$
κ: 418, 462, 463
D: 899
Cadmium chloride, $CdCl_2$
κ: 493, 494, 507, 1027
ρ: 931, 1038
η: 980, 1038

1094 NONAQUEOUS ELECTROLYTES

Cadmium iodide, CdI$_2$
  κ: 419, 458, 462–465
Cadmium perchlorate, Cd(ClO$_4$)$_2$
  κ: 419, 458
Cadmium picrate
  κ: 419, 465
Calcium m-benzenedisulfonate
  κ: 490, 491, 506, 507
Calcium bromide, CaBr$_2$
  κ: 410, 463
Calcium bromide tetrahydrate, CaBr$_2 \cdot 4$H$_2$O
  κ: 410, 467
Calcium chloride CaCl$_2$
  κ: 1027
  ρ: 1038
  η: 1038
Calcium chlorosulfonate, Ca(SO$_3$Cl)$_2$
  κ: 410, 462
Calcium formate, (HCO$_2$)$_2$Ca
  t: 1014
Calcium nitrate, Ca(NO$_3$)$_2$
  κ: 411, 465, 479, 504, 1027
  ρ: 1038
  η: 995, 1038
Calcium nitrate tetrahydrate, Ca(NO$_3$)$_2 \cdot 4$H$_2$O
  κ: 411, 466, 467
  η: 977
Calcium perchlorate hexahydrate, Ca(ClO$_4$)$_2 \cdot 6$H$_2$O
  κ: 412, 460–462, 466, 468
Calcium perchlorate tetrahydrate, Ca(ClO$_4$)$_2 \cdot 4$H$_2$O
  κ: 411, 467
Camphoric acid
  κ: 159, 267
Cerium(III) nitrate, Ce(NO$_3$)$_3$
  κ: 428, 458
Cesium bromide CsBr
  κ: 195, 264, 270, 272, 278, 279, 336, 387, 393
Cesium chloride, CsCl
  κ: 195, 261, 266, 268, 272, 275, 277, 333–336, 377, 387, 388, 391, 393, 1027
  ρ: 1038
  η: 962, 979, 997, 1003, 1038
Cesium dibromoiodide
  κ: 252
Cesium dinonylnaphthalenesulfonate DNNS
  κ: 244, 256, 258, 269, 278, 279, 281, 282
Cesium ethoxide
  κ: 215, 268
Cesium fluorenyl
  κ: 244, 263, 285
Cesium formate
  κ: 244, 274
Cesium iodide, CsI
  κ: 196, 266, 270, 337, 377, 387, 393
  η: 956
Cesium methoxide
  κ: 215, 278
  ρ: 928
Cesium nitrate, CsNO$_3$
  κ: 213, 258, 273
  η: 963, 997
Cesium perchlorate, CsClO$_4$
  κ: 256, 264, 266, 270, 284, 384, 395
Cesium picrate
  κ: 245, 275
Cesium tetraphenylboride, CsBPh$_4$
  κ: 253, 256, 263, 286
Cesium thiocyanate, CsNCS
  κ: 213, 268, 284
Cetylammonium picrate
  P.P.: 542
  κ: 742, 781, 803, 815
Chloroacetic acid (mono)
  κ: 157, 158, 255, 259, 262, 267, 272, 277, 278, 282, 285, 305, 395–597
  ρ: 909
  η: 952
m-Chlorobenzoic acid
  κ: 163, 267
o-Chlorobenzoic acid
  κ: 163, 267, 277, 304, 391

p-Chlorobenzoic acid
  κ: 163, 267
cis-Chlorobromo-bis(ethylenediamine) cobalt(III)bromide
  κ: 453, 463
cis-Chlorobromobis(ethylenediamine) cobalt(III)chloride hemihydrate
  κ: 454, 463
Chlorodiphenylborane
  κ: 423, 458
Chloroethyltrimethylammonium picrate
  P.P.: 538
  κ: 731, 800
m-Chlorophenyltrimethylammonium perchlorate
  κ: 714, 799
o-Chlorophenyltrimethylammonium perchlorate
  κ: 715, 799, 800
p-Chlorophenyltrimethylammonium perchlorate
  κ: 716, 799
Chlorosulfurous acid, HSO$_3$Cl
  κ: 255
Chromium chloride, CsCl$_3$
  κ: 1027
  ρ: 1038
  η: 1038
Cinnamic acid
  κ: 162, 267
Cobalt bromide, CoBr$_2$
  κ: 452, 459, 465
  η: 962
Cobalt chloride, CoCl$_2$
  κ: 452, 459, 498, 506
  D: 895
Copper(II) acetate, (CH$_3$CO$_2$)Cu
  κ: 399, 469
Copper(II) n-benzenedisulfonate hexahydrate
  κ: 401, 468, 483, 506, 507
Copper(II) bromide, CuBr$_2$
  κ: 400, 458
Copper(II) chloride, CuCl$_2$
  κ: 400, 462, 463, 1027
  ρ: 1038
  η: 1038
Copper(II) cis-ethylenediaminesulfate dihydrate
  κ: 400, 465
Copper(II) hexafluorophosphate, CuPF$_6$
  κ: 399, 458
Copper(II) nitrate, Cu(NO$_3$)$_2$
  κ: 400, 463
Copper(II) nitrate trihydrate
  κ: 472, 504
Copper(I) perchlorate, CuClO$_4$
  κ: 399, 458
Copper(II) perchlorate hexahydrate, Cu(ClO$_4$)$_2 \cdot 6$H$_2$O
  t: 1037
Copper(II) sulphate, CuSO$_4$
  κ: 484, 506
Copper(I) tetrafluoroborate, CuBF$_4$
  κ: 399, 458
Crotonic acid
  κ: 159, 267
Cyanoacetic acid
  κ: 159, 255, 259, 267, 277, 282
Cyclohexanecarboxylic acid
  κ: 165, 267
1,2-Cyclopropanedicarboxylic acid
  κ: 165, 256

D

Decylammonium iodide
  X.R.: 551
Di-i-amylammonium chloride
  κ: 695, 781, 783, 802
Di-i-amylammonium picrate
  P.P.: 540
  κ: 739, 783, 803
Di-i-amylbutylammonium tetraphenylboride
  ρ: 910

IX. COMPOUND INDEX

Di-*m*-biphenylphenylchloromethane
  κ: 432, 470
Di-*p*-biphenylphenylchloromethane
  κ: 432, 470
cis-Dibromobis(ethylenediamine)cobalt(III) bromide hydrate
  κ: 454, 463
Dibromosuccinic acid
  κ: 160, 267
Dibutylamine
  κ: 795
Dibutylammonium chloride
  κ: 692, 810
Dibutylammonium perchlorate
  κ: 717, 781
Dibutylammonium picrate
  P.P.: 539
  κ: 737, 772, 781, 813
Dichloroacetic acid
  κ: 158, 255, 259, 262, 267, 272, 277, 278, 282, 285, 304
  ρ: 909
  η: 952
cis-Dichlorobis(ethylenediamine)cobalt(III) bromide dihydrate
  κ: 453, 462, 463
cis-Dichlorobis(ethylenediamine) cobalt(III) chloride dihydrate
  κ: 453, 462, 463
trans-Dichlorobis(ethylenediamine cobalt (III) bromide
  κ: 455, 463
trans-Dichlorobis(ethylenediamine) cobalt (III) chloride
  κ: 455, 463
Dichlorophenylborane
  κ: 430, 458
Dichlorophthalic acid
  κ: 164, 268
cis-α-Dichlorotriethylenetetraamine cobalt (III) chloride
  κ: 454, 463
cis-β-Dichlorotriethylenetetraamine cobalt (III) chloride hemihydrate
  κ: 454, 463
Di-decylammonium bisulfate
  P.P.: 541
Di-decylammonium chloride
  P.P.: 541
Di-decylammonium nitrate
  P.P.: 541
Di-dodecylammonium chloride
  P.P.: 542
Di-dodecyldimethylammonium chloride
  P.P.: 544
  κ: 703, 807
Di-dodecyldimethylammonium iodide
  P.P.: 544
  κ: 703, 807
Di-dodecyldimethylammonium picrate
  P.P.: 544
  κ: 741, 807
Diethylamine hydrochloride
  κ: 745, 791
Diethylammonium bromide
  κ: 683, 815
  t: 1017
Diethylammonium chloride
  P.P.: 538
  κ: 682, 779, 781, 788, 797, 802, 808, 810, 813, 815, 819
Diethylammonium iodide
  κ: 683, 781, 802, 815
Diethylammonium picrate
  P.P. 538
  κ: 732, 779, 781, 788, 800, 803, 813, 815, 819
N,*N*-Diethylaniline
  κ: 789, 812, 823
Diethylether
  κ: 431
  t: 1017
Diethylether bis-β,β-(*N*-methylmorpholinium) di-iodide
  κ: 678
Diethylether-bis-β,β'-(*N*-methylmorpholinium di-iodide
  κ: 441, 467
Diethylether-β-(*N*-methylpholinium)-β-trimethylammonium di-iodide
  κ: 678
Diethylether-β-(*N*-methylpholinium)-β'-trimethylammonium di-iodide
  κ: 442, 467
Diethylether bis-β,β'-(*N*-methylpiperidinium) di-iodide
  κ: 442, 467
Diethylether bis-β,β'(*N*-methylpyeridinium) di-iodide
  κ: 679
Diethylmalonic acid
  κ: 160, 267
Diethylsulfide bis-β,β'diethylmethylammonium di-iodide
  κ: 442, 467, 679
Diethylsulphide bis-β,β'-trimethylammonium di-iodide
  κ: 442, 467, 679
2,6-Dihydroxybenzoic acid
  κ: 167, 256
N,*N*-Dimethyl-*N*,*N*-di-β-acetomethylammonium bromide
  κ: 684
N,*N*,Dimethyl-*N*,*N*-di β-ethanolammonium bromide
  κ: 683
Dimethylaluminum bromide, (CH$_3$)$_2$AlBr
  κ: 424, 468, 481, 504
N,*N*'-bis-(β-dimethylaminoethyl)-adipamide bis-methiodide
  κ: 681
N,*N*'-bis(β-dimethylaminoethyl)-glutaramide bis-methiodide
  κ: 443, 467, 680
N,*N*'-bis-(β-dimethylaminoethyl)-malonamide bis-methiodide
  κ: 443, 467, 680
N,*N*'-bis(β-dimethylaminoethyl)-oxalamide bis-methiodide
  κ: 679
N,*N*'-bis(β-dimethylaminoethyl)-suberamide bis-methiodide
  P.P.: 544
  κ: 681
N,*N*'(β-dimethylaminoethyl)succinamide bis-methiodide
  κ: 680
Dimethylammonium bromide
  κ: 672
Dimethylammonium chloride
  κ: 672, 781, 808, 810, 812
Dimethylammonium picrate
  P.P.: 537
  κ: 728, 803, 812
Dimethylaniline picrate
  κ: 821
Dimethylbenzylammonium perchlorate
  κ: 707, 781
Dimethyldibromostannane
  κ: 437, 459
Dimethyldichlorogermane
  κ: 437, 459
Dimethyldichlorosilane
  κ: 435, 459, 496, 503
Dimethyldichlorostannane
  κ: 437, 463
Dimethyldiiodostanne
  κ: 438, 459
Dimethylthallium(III) iodide, (CH$_3$)$_2$TlI
  κ: 427, 463
Dinitrobenzoic acid
  κ: 268
2-4-Dinitrobenzoic acid
  κ: 163, 254, 277, 304, 391
3-5-Dinitrobenzoic acid
  κ: 163, 277, 305, 391
Di-octadecyldibutylammonium iodide
  P.P.: 544
  κ: 706, 779, 819

Di-octadecyldibutylammonium picrate
 P.P.: 544
 κ: 744, 800, 813, 819
Di-octadecyldibutylammonium thiocyanate
 P.P.: 540
 κ: 726, 784
Di-octadecyldimethylammonium iodide
 P.P.: 544
Di-octadecyldimethylammonium nitrate
 P.P.: 544
 κ: 725, 813
Di-octadecyldimethylammonium picrate
 P.P.: 544
 κ: 743, 800, 813
Di-octadecyldimethylammonium thiocyanate
 κ: 726, 784
Di-octylammonium bisulfate
 P.P.: 541
Di-octylammonium chloride
 P.P.: 541
Di-octylammonium nitrate
 P.P.: 541
Di-i-propylamine
 κ: 803, 817, 875, 883
Dipropylammonium chloride
 κ: 687, 808
Dipropylammonium picrate
 P.P.: 538
 κ: 735, 800, 824
Dipropylmalonic acid
 κ: 160, 267
Disodium tetraphenylethylene
 κ: 236, 285
Disulfuric acid, $H_2S_2O_7$
 ρ: 935
 η: 991
Di-(β-trimethylammonium-ethyl) succinate dibromide
 κ: 680, 854, 883
Dodecylammonium bisulfate
 P.P.: 542
Dodecylammonium bromide
 P.P.: 544
 X.R.: 551
Dodecylammonium chloride
 P.P.: 544
 X.R.: 551
 κ: 843, 844, 876–878
Dodecylammonium iodide
 X.R.: 551

E

Erbium bromide, $ErBr_3$
 κ: 429, 466
Ethanol
 κ: 432, 466
Ethylamine picrate
 κ: 746, 804
Ethylammonium bromide
 X.R.: 549
 κ: 677, 781, 793, 802, 810, 815
Ethylammonium chloride
 X.R.: 549
 κ: 676, 781, 808, 810, 815
Ethylammonium iodide
 X.R.: 549
 κ: 677, 781, 802, 815
Ethylammonium picrate
 P.P.: 538
 κ: 731, 781, 803, 819
tris(Ethylenediamine cobalt(III) chloride
 κ: 456, 465
tris(Ethylenediamine) cobalt(III) ferricyanide
 κ: 456, 465
tris(Ethylenediamine cobalt(III) hexacyanocobaltate(III)
 κ: 456, 465
Ethylmalonic acid
 κ: 160, 267
Ethyltrimethylammonium picrate
 P.P.: 538
 κ: 731, 800, 813, 819

F

Ferric (see Iron)
Fluorosulfurous acid, HSO_3F
 κ: 255
Fumaric acid
 κ: 159, 267

G

Gadolinium bromide, $GdBr_3$
 κ: 429
Germanium tetrachloride, $GeCl_4$
 κ: 437, 465
Glycollic acid
 κ: 159, 255, 259, 267, 277, 282

H

Heptylammonium chloride
 X.R.: 551
Heptylammonium iodide
 X.R.: 551
Hexaamine cobalt(III) chloride
 κ: 455, 465
Hexaamine cobalt(III) ferricyanide
 κ: 455, 465
N,N,N,N',N',N'-Hexabutyloctamethylene diammonium-dibromide
 P.P.: 542
 κ: 702, 804
Hexadecylammonium chloride
 X.R.: 552
n-Hexadecylpyridonium chloride
 κ: 845, 878
n-Hexadecylpyridonium iodate
 κ: 845, 876
Hexadecyltrimethylammonium chloride
 t: 1015
Hexyl methyl ketone
 t: 1017
Hexylammonium bromide
 X.R.: 551
Hexylammonium chloride
 X.R.: 551
 κ: 842, 877
Hexylammonium iodide
 X.R.: 551
Holmium bromide, $HoBr_3$
 κ: 429
Hydrogen bromide, HBr
 κ: 153, 154, 254, 256, 258–260, 264, 267, 270, 272, 277, 281, 282, 284, 298, 387
 ρ: 925–927
 η: 975, 976
Hydrogen bromide·Acetonitrile, $2HBr·CH_3CN$
 κ: 168, 256
Hydrogen chloride HCl
 κ: 151–153, 254–262, 264, 266, 267, 269–273, 275–278, 281, 282, 284, 288–297, 362, 363, 387–389, 391–393, 396
 ρ: 926, 927, 933
 η: 957, 975, 976
 t: 1010, 1012–1014
Hydrogen chloride·Acetonitrile, $2HCl·CH_3CN$
 κ: 168, 256
Hydrogen iodide, HI
 κ: 155, 256, 258–260, 267, 277, 281, 282, 284, 299
Hydrogen picrate, HPi
 κ: 254–257, 259, 264, 266, 271, 277, 278, 280, 283, 284, 286
m-Hydroxybenzoic acid
 κ: 163, 267
o-Hydroxybenzoic acid
 κ: 267
p-Hydroxybenzoic acid
 κ: 163, 267
Hydroxyethyltrimethylammonium chloride
 X.R.: 549

IX. COMPOUND INDEX

Hydroxyethyltrimethylammonium picrate (Choline picrate)
P.R.: 538
κ: 730, 800, 813, 819
Hydroxyethyltrimethylarsonium
κ: 445
Hydroxylmethyltrimethylammonium picrate
κ: 730

I

Indium tribromide, $InBr_3$
κ: 1027
ρ: 1038
η: 1038
Indium trichloride, $InCl_3$
κ: 1027
ρ: 1038
η: 1038
Indium trinitrate, $In(NO_3)_3$
κ: 1027
ρ: 1038
η: 1038
Iodiacetic acid (mono)
κ: 159
Iodomethyltrimethylammonium picrate
P.P.: 538
κ: 730, 800
Ion((III) chloride, $FeCl_3$
κ: 1027
ρ: 1038
η: 1038
Iso- (see Parent compound)
Itaconic acid
κ: 159, 267

L

Lanthanum bromide, $LaBr_3$
κ: 427, 466
Lanthanum chloride, $LaCl_3$
κ: 427, 464
Lanthanum cobaltihexacyanide
κ: 499, 506
Lanthanum ferricyanide, $LaFe(CN)_6$
κ: 428, 465
Lanthanum hexacyanoferrate(III) tetrahydrate
κ: 482, 502, 504
Lead(II) abietate
κ: 440, 470
Lead chloride, $PbCl_2$
κ: 1027
ρ: 1038
η: 1038
Lead(II) nitrate, $Pb(NO_3)_2$
κ: 440, 463, 469
Lithamide, $LiNH_2$
κ: 198, 258
Lithium aluminum hydride
ρ: 910, 917, 936
Lithium anthracene
κ: 220, 285
Lithium benzoate
κ: 215
Lithium biphenyl
κ: 220, 285
Lithium bromide, LiBr
κ: 173, 255, 259, 263, 264, 270, 275, 283, 284, 310–312, 366–369, 385, 387, 391, 394, 396
ρ: 942
η: 990, 993, 1001
t: 1016
Lithium chloroate, $LiClO_3$
κ: 338, 378, 387, 394, 396
Lithium chloride, LiCl
κ: 171, 172, 255, 258, 259, 261, 263, 264, 266, 268–270, 273–275, 277, 278, 282–284, 308–310, 365, 366, 388–391, 396, 1027
D: 897, 900
ρ: 923, 1038
η: 948, 972, 978, 979, 990, 1003, 1038
t: 1012–1014

Lithium(7) chloride, ^7LiCl
κ: 308, 366, 387
Lithium chlorosulfornate, $LiSO_3Cl$
κ: 216, 261
Lithium cyclohexylamide
κ: 261
Lithium dinonylnaphthalenesulfonate, Li-DNNS
κ: 216, 258, 259, 268, 278, 279, 281, 282
Lithium ethoxide
κ: 215, 268
Lithium fluorenyl
κ: 220, 263, 285
Lithium fluoride, LiF
κ: 171, 266
Lithium formamide
κ: 216, 273
Lithium formate
κ: 217, 273
ρ: 919
η: 964
Lithium hexafluoroarsanate, $LiAsF_6$
κ: 246, 280
D: 899
Lithium hydrogen sulfate, $LiHSO_4$
η: 992
t: 1017
Lithium 1-hydroxy-3-naphthoate
κ: 217, 271
Lithium 2-hydroxy-1-naphthoate
κ: 217, 271
Lithium 3-hydroxy-2-naphthoate
κ: 217, 271
Lithium 4-hydroxy salicylate
κ: 221, 271
Lithium 6-hydroxy salicylate
κ: 221, 271
Lithium iodide, LiI
κ: 173, 174, 255–257, 259, 266, 268, 270, 271, 275, 276, 281, 284, 312, 313, 370, 387, 1027
ρ: 1038
η: 993, 1038
Lithium methacrylate
κ: 217, 265
Lithium methoxide
κ: 215, 278
ρ: 928
Lithium naphthalene
κ: 220, 285
Lithium nitrate, $LiNO_3$
κ: 198, 256, 258, 264, 268, 273, 275, 278, 284, 286, 339, 379, 380, 388, 394, 396
η: 965, 995
t: 1012
Lithium o-nitrobenzoate
κ: 215, 271
Lithium m-nitrophenate
κ: 217
Lithium parylene
κ: 220, 285
Lithium perchlorate, $LiClO_4$
κ: 199, 200, 256, 261, 264, 266, 268, 270, 275, 278, 280, 283, 284, 286, 339, 380, 381, 394, 396, 1027
D: 896, 897, 899, 900
ρ: 941, 1038
η: 990, 1001, 1003, 1004, 1038
t: 1010, 1012, 1016
Lithium phenate
κ: 217
Lithium picrate, LiPi
κ: 219, 256, 258, 268, 271, 281, 284, 349, 382, 388, 395
Lithium salicylate
κ: 221, 257, 271
Lithium sulfate, Li_2SO_4
ρ: 923
η: 973
Lithium tetrachloroaluminate
κ: 247, 283
t: 1016
Lithium tetrahydroaluminate
κ: 246, 262, 286
ρ: 917

Lithium tetraphenylborate, LiBPh$_4$
  κ: 218, 278, 280, 286, 812
Lithium thiocyanate, LiNCS
  κ: 201, 255, 268, 275, 278, 340, 385
Lithium p-toluenesulfonate
  κ: 221, 256

M

Magnesium acetate tetrahydrate, Mg(AC)$_2 \cdot$ 4H$_4$O
  κ: 407, 466
Magnesium bromide, MgBr$_2$
  κ: 407, 464, 490, 506
Magnesium chloride MgCl$_2$
  κ: 407, 489, 506, 1027
  ρ: 1038
  η: 1038
Magnesium chloride hexahydrate, MgCl$_2 \cdot$ 6H$_2$O
  κ: 408
Magnesium iodide, MgI$_2$
  κ: 408, 462–464
Magnesium nitrate hexahydrate, Mg(NO$_3$)$_2 \cdot$ 6H$_2$O
  κ: 409
  η: 978
Magnesium nitrate pentahydrate, Mg(NO$_3$)$_2 \cdot$5H$_2$O
  κ: 408, 467
Magnesium perchlorate
  κ: 478, 490, 502, 506
Magnesium perchlorate hexahydrate, Mg(ClO$_4$)$_2 \cdot$6H$_2$O
  κ: 409
Magnesium sulfate heptahydrate, MgSO$_4 \cdot$ 7H$_2$O
  κ: 410, 465, 466, 478, 479, 502, 504
Maleic acid
  κ: 159, 160, 267
Malonic acid
  κ: 160, 267
Mandelic acid
  κ: 162, 267
Manganese m-benzenedisulfonate, Mn(m)BDS
  κ: 496, 498, 507
  η: 1004
Manganese(II) 4,4′biphenyldisulfonate
  κ: 498, 507
Manganese(II) iodide, MnI$_2$
  κ: 451, 458
Manganese(II) sulphate, MnSO$_4$
  κ: 497, 506, 507
  ρ: 924
  η: 973, 1004
Mercury(II) chloride, HgCl$_2$
  κ: 420, 465
  η: 963
Mercury(II) iodide, HgI$_2$
  κ: 420, 458, 465
Mesaconic acid
  κ: 160, 267
Methoxymethyltrimethylammonium picrate
  P.P.: 537
  κ: 729, 800, 813
m-Methoxyphenyltrimethylammonium perchlorate
  κ: 711, 799, 800
o-Methoxyphenyltrimethylammonium perchlorate
  κ: 712, 799, 800
p-Methoxyphenyltrimethylammonium perchlorate
  κ: 713, 799, 800
Methylaluminum bromide
  κ: 425, 468
Methylammonium bromide
  X.R.: 549
  κ: 671, 810
Methylammonium chloride
  X.R.: 548
  κ: 671, 808, 810, 812
Methylammonium iodide
  X.R.: 549
Methylammonium picrate
  κ: 727, 812
Methyldodecylammonium chloride
  X.R.: 552
m-Methylphenyldiphenylchloromethane (mono)
  κ: 433, 470
m-Methylphenyltrimethylammonium perchlorate
  κ: 708, 799
o-Methylphenyltrimethylammonium perchlorate
  κ: 709, 799, 800
p-Methylphenyltrimethylammonium perchlorate
  κ: 710, 799, 800
Methylpropylammonium iodide
  κ: 802
5-Methyltetrazole
  κ: 805
Methyltributylammonium iodide
  P.P.: 537
  κ: 694, 773, 787, 790
Methyltributylammonium perchlorate
  P.P.: 537
  κ: 717, 772, 790, 799
Methyltributylammonium picrate
  P.P.: 537
  κ: 800
Methyltriheptylammonium iodide
  P.P.: 537
  κ: 702, 802
Methyltripropylammonium iodide
  P.P.: 538
  κ: 689, 781

N

Neodynium hexacyanocobaltate(III)
  κ: 500, 506
Nickel sulphate, NiSO$_4$
  κ: 499, 506
Nickel sulfate hexahydrate
  κ: 456, 465
Nitric acid, HNO$_3$
  κ: 155, 254, 257, 271, 284
  η: 991
Nitric acid hydrogen sulfate
  ρ: 935
Nitrobenzene
  κ: 434, 466
m-Nitrobenzoic acid
  κ: 163, 268
o-Nitrobenzoic acid
  κ: 163, 254, 268
p-Nitrobenzoic acid
  κ: 163, 268
m-Nitrophenol
  κ: 165
p-Nitrotoluene
  ρ: 934
  η: 990

O

Octadecylammonium chloride
  X.R.: 552
Octadecyldodecyldimethylammonium iodide
  P.P.: 544
Octadecyldodecyldimethylammonium picrate
  P.P.: 544
  κ: 742, 807
Octadecylpyridonium bromide
  κ: 847, 878
Octadecylpyridonium chloride
  κ: 847, 878
Octadecylpyridonium iodate
  κ: 848, 878
Octadecylpyridonium nitrate
  κ: 848, 878

IX. COMPOUND INDEX

Octadecyltriamylammonium thiocyanate
P.P.: 544
κ: 725, 784
Octadecyltributylammonium acetate
P.P.: 543
κ: 724, 804, 819
Octadecyltributylammonium chloroacetate
P.P.: 543
κ: 724, 819
Octadecyltributylammonium iodide
P.P.: 543
κ: 706, 779, 790
Octadecyltributylammonium nitrate
P.P.: 543
κ: 725, 799, 813
Octadecyltributylammonium picrate
P.P.: 543
κ: 743, 800, 813, 819
Octadecyltributylammonium thiocyanate
P.P.: 543
κ: 725, 784, 804
Octadecyltriethylammonium bromide
P.P.: 543
κ: 706, 807
Octadecyltriethylammonium chloride
P.P.: 543
κ: 705, 807
Octadecyltriethylammonium iodide
P.P.: 543
κ: 706, 807
Octadecyltriethylammonium nitrate
P.P.: 543
κ: 724, 807
Octadecyltriethylammonium picrate
P.P.: 543
κ: 743
Octadecyltrimethylammonium acetate
P.P.: 542
κ: 722, 804
Octadecyltrimethylammonium bromate
κ: 722, 845
Octadecyltrimethylammonium bromide
P.P.: 542
κ: 704, 807, 809
Octadecyltrimethylammonium chloride
P.P.: 543
κ: 704, 807, 809, 819, 846, 878
Octadecyltrimethylammonium chloroacetate
P.P.: 542
κ: 722, 804
Octadecyltrimethylammonium fluoride
P.P.: 542
κ: 704, 819
Octadecyltrimethylammonium formate
κ: 722, 799
Octadecyltrimethylammonium iodide
P.P.: 542
κ: 705, 795, 807, 810
Octadecyltrimethylammonium nitrate
P.P.: 542
κ: 723, 795, 799, 810, 846, 878
Octadecyltrimethylammonium octadecylsulfate
P.P.: 543
κ: 723, 799, 809, 810
Octadecyltrimethylammonium oxalate
κ: 724, 809, 847, 878
Octadecyltrimethylammonium picrate
P.P.: 543
κ: 742, 790, 800, 807, 809, 813, 819
Octylammonium iodide
X.R.: 230
Oxyisobutyric acid
κ: 160, 267

P

Palmitic acid
κ: 176
Pentamethyltetrazole
κ: 805
Perchloric acid, $HClO_4$
κ: 156, 254–256, 259, 260, 281–284, 299–301, 385, 388, 391

Phenylacetic acid
κ: 162, 267
Phenylamine
η: 991
Phenylammonium picrate
P.P.: 540
κ: 727, 781, 814, 822
p-Phenylaniline picrate
κ: 746, 821
Phenyldimethylammonium picrate
P.P.: 540
κ: 728, 814
Phenyldimethylhydroxyammonium picrate
P.P.: 540
κ: 728, 771, 800, 814, 819
o-Phenylenediamine
ρ: 934
η: 991
o-Phenylenediamine hydrogen sulfate
ρ: 934
Phenol
κ: 165, 259, 262
Phenylpropiolic acid
κ: 162, 267
Phenylpyridonium picrate
κ: 800, 819
5-Phenyltetrazole
κ: 805
Phenyltrimethylammonium picrate
P.P.: 541
κ: 729, 814
Phosphonyl(IV) bromide, $POBr_2$
κ: 444, 466
Phosphornium bromide, PH_4Br
κ: 444, 466
Phosphorus pentabromide, PBr_5
κ: 444
Phosphorus pentachloride, PCl_5
κ: 444, 459, 466
Phthalic acid
κ: 163, 268
Picric acid
κ: 166, 268, 305, 306, 364, 385, 388, 394, 395, 397
Piperidinium bromide
κ: 777
Piperidinium chloride
κ: 797, 809
Piperidinium nitrate
κ: 820
Piperidinium trinitro-m-cresylate
κ: 2041, 2074
Piperidonium picrate
κ: 797, 809, 834
Potassamide, KNH_2
κ: 206, 258
Potassium acetamide
κ: 238, 254
Potassium acetate
κ: 238, 279
Potassium amino triphenylborate, $KNH_2\text{-}BPh_3$
κ: 238, 258
Potassium p-benzenedisulfonate, K_2BDS
κ: 355, 388
Potassium benzenesulfonate
κ: 356, 388
Potassium benzoate
κ: 239
Potassium 4,4'-biphenyldisulfonate
κ: 356, 388
Potassium bromate, $KBrO_3$
κ: 206, 279
Potassium bromide, KBr
κ: 186, 187, 255, 257, 263, 264, 266, 268–270, 272, 273, 275, 277–279, 282, 283, 285, 330, 375, 387, 388, 395
D: 898
ρ: 920, 921, 931
η: 970, 979, 980, 982, 985
t: 1014, 1015
Potassium chlorate, $KClO_3$
κ: 343, 387

Potassium chloride, KCl
  κ: 184, 185, 254, 255, 257, 261, 264, 266, 268, 269, 272, 273, 275, 277, 279, 280, 283, 285, 322, 323–329, 374, 375, 385, 387–393, 395, 397, 1027
  D: 898
  ρ: 920–922, 931, 1038
  η: 963, 971, 979, 983, 985, 987, 1000, 1003, 1038
  t: 1014, 1015
Potassium o-chlorobenzoate
  κ: 239, 278, 357, 391
Potassium chlorosulfonate, KSO_3Cl
  κ: 239, 261
Potassium diphenylamide, $KNPh_2$
  κ: 238, 258
Potassium ethoxide
  κ: 215, 269
Potassium ferricyanide, $K_3Fe(CN)_6$
  κ: 273
Potassium fluoreryl
  κ: 239, 263, 285
Potassium fluoride, KF
  κ: 183, 266, 276, 322, 323, 388, 390
Potassium formamide
  κ: 238, 273
Potassium formate
  κ: 239, 274
  t: 1014
Potassium hexacyano cobaltate(III)
  κ: 251, 273
Potassium hexacyanoferrate
  κ: 251
Potassium hexafluorophosphate, KPF_6
  κ: 250, 284
  η: 989, 1004
  t: 1016
Potassium hydrogen sulphate, $KHSO_4$
  η: 992
  t: 1017
Potassium hydroxide, KOH
  κ: 343, 344, 388, 390
Potassium 1-hydroxy-2-naphthoate
  κ: 240, 272
Potassium 2-hydroxyl-1-naphthoate
  κ: 240, 272
Potassium 3-hydroxy-2-naphthoate
  κ: 240, 272
Potassium 8-hydroxy-1-naphthoate
  κ: 240, 272
Potassium 4-hydroxy salicylate
  κ: 240, 271
Potassium 6-hydroxy salicylate
  κ: 240, 271
Potassium iodate, KIO_3
  κ: 347
  η: 995
Potassium iodide, KI
  κ: 188–192, 254–260, 263–266, 268–272, 275–285, 330, 331, 376, 385, 388, 389, 395
  D: 897–899
  ρ: 905, 918, 920, 922, 931
  η: 963, 971, 979, 981, 986, 989
  t: 1011, 1012, 1014
Potassium methacrylate
  κ: 240, 265
Potassium methoxide
  κ: 215, 278
  ρ: 928
Potassium methylsulfate
  κ: 358, 386
Potassium nitrate, KNO_3
  κ: 207, 258, 263, 264, 266, 269, 271, 273, 275, 278, 279, 344, 345, 387, 388, 391
  ρ: 918, 920
  η: 964, 995
  t: 1011
Potassium nitrite, KNO_2
  κ: 207, 269
Potassium o-nitrobenzoate
  κ: 239, 271
Potassium m-nitrophenate
  κ: 241
Potassium n-octadecylsulfate
  κ: 240, 266, 278, 279

Potassium perchlorate, $KClO_4$
  κ: 208, 209, 256, 263–266, 270, 274, 275, 279, 280, 284, 345, 346, 383, 387, 393, 395
  D: 897
  η: 989
Potassium permanganate
  ρ: 922
  η: 972
Potassium phenate
  κ: 241
Potassium picrate
  κ: 241, 242, 256, 258, 265, 266, 272, 278, 279, 281, 284, 358, 384, 388, 397
Potassium salicylate
  κ: 243, 256, 257, 272
Potassium sulfate, K_2SO_4
  κ: 264, 347
Potassium 4,4''-p-terphenyldisulfonate
  κ: 359, 388
Potassium tetrafluoroborate, KBF_4
  κ: 250, 283
Potassium tetraphenylborate, $KBPh_4$
  κ: 251, 256, 272, 278, 286, 360
Potassium thiocyanate, KCNS
  κ: 209, 255–257, 263–266, 268, 269, 273, 275, 278, 279, 281, 282, 284, 347, 348, 385
  ρ: 929
  η: 964, 977
  t: 1012–1014
Potassium p-toluenesulfonate
  κ: 243
Potassium trifluoroacetate
  κ: 243, 286
Potassium triiodide, KI_3
  κ: 252, 256, 265, 276, 278
Potassium trioxalatoferrate(III) trihydrate
  κ: 251, 279
Potassium valerate
  κ: 243, 278
Praseodymium bromide, $PrBr_3$
  κ: 428, 466
Propionic acid
  κ: 167, 272
Propylamine
  η: 991
Propylammonium bromide
  X.R.: 550
Propylammonium chloride
  X.R.: 550
  κ: 687, 808
Propylammonium iodide
  X.R.: 550
Propylammonium picrate
  κ: 735, 800
Propylmalonic acid
  κ: 160, 267
N,N-Propylpyridonium picrate
  κ: 800
Propyltributylammonium picrate
  P.P.: 539
  κ: 739, 800
Pyridine
  κ: 786, 806, 818
Pyridonium iodide
  κ: 819
Pyridonium nitrate
  κ: 800, 820
Pyridonium perchlorate
  κ: 820
Pyridonium picrate
  κ: 819

R

Rubidium bromide, RbBr
  κ: 194, 272, 333, 387
  η: 968
Rubidium chloride, RbCl
  κ: 193, 261, 266, 272, 275, 277, 1027, 332, 387, 391, 387, 391
  ρ: 1038
  η: 969, 1003, 1038

IX. COMPOUND INDEX

Rubidium ethoxide
  κ: 215, 269
Rubidium fluoride, RbF
  κ: 193, 266
Rubidium formate
  κ: 274
  ρ: 920
  η: 969
Rubidium iodide, RbI
  κ: 194, 266, 268, 272, 276, 376, 396
  η: 969, 995
Rubidium methoxide
  κ: 215, 278
  ρ: 928
Rubidium nitrate, RbNO$_3$
  κ: 212, 258, 272, 278
  η: 969
Rubidium perchlorate, RbClO$_4$
  κ: 212, 256, 264, 266, 270, 284, 348, 387
Rubidium tetraphenylborate, RbBPh$_4$
  κ: 252, 256
Rubidium thiocyanate, RbNCS
  κ: 213, 268, 284

S

Salicylic acid
  κ: 167, 254, 256, 268, 277, 306, 391
Samarium bromide, SmBr$_3$
  κ: 428, 466
Samarium hexacyanocobaltate(III)
  κ: 500, 506
Sebacic acid
  κ: 160, 267
Silicon tetrachloride, SiCl$_4$
  κ: 436, 458–462, 464, 467, 469
Silver bromate, AgBrO$_3$
  κ: 401, 460
Silver chloride, AgCl
  κ: 401, 469
Silver cyanide, AgCN
  κ: 401, 469
Silver hexafluorophosphate, AgPF$_6$
  κ: 402, 458
Silver hydrogen sulfate, AgHSO$_4$
  t: 1017
Silver iodide, AgI
  κ: 402, 464, 469
Silver nitrate, AgNO$_3$
  κ: 403, 404, 458, 474–476, 484–488, 501–503, 505–507
  D: 895, 896
  ρ: 904, 907
  η: 948, 950, 998, 1003
  t: 1010–1014
Silver perchlorate, AgClO$_4$
  κ: 405, 476, 477, 501, 503, 1036
  t: 1012, 1013, 1016, 1023, 1036
Silver picrate
  κ: 404, 488
Silver sulfate, Ag$_2$SO$_4$
  κ: 402, 469
Silver tetrafluoroborate, AgBF$_4$
  κ: 402, 458
Silver thiocyanate, AgNCS
  κ: 405, 469
Sodamide, NaNH$_2$
  κ: 201, 258
Sodium, Na
  t: 1011
Sodium acetamide
  κ: 225, 254
Sodium acetate
  κ: 222, 268, 273, 349, 350, 387, 388, 392
  η: 993, 995
  t: 1010
Sodium acetate trihydrate
  κ: 225, 273
Sodium acetylsalicylate
  κ: 234, 269
Sodium aluminum tetrabutyl (Sodium tetrabutyl aluminate)
  κ: 247, 261
  ρ: 937, 938
  η: 993, 994

Sodium aluminum tetraethyl (Tetraethyl sodium aluminate)
  κ: 910, 939
  ρ: 910, 939
  η: 953, 994
Sodium m-amidobenzoate
  κ: 222, 273
  ρ: 918
  η: 966
Sodium o-amidobenzoate
  κ: 222, 269
Sodium-p-amidobenzoate
  κ: 223, 269
Sodium aminotriphenylborate, NaNH$_2$BPh$_3$
  κ: 225, 257
Sodium anilide, NaNHPh
  κ: 225, 257
Sodium anthracene
  κ: 232, 285
Sodium benzenesulfonate, NaSO$_3$Ph
  κ: 225, 263, 266, 273
  ρ: 919
  η: 967
Sodium benzoate
  κ: 222, 254, 269, 273
  ρ: 919
  η: 966
Sodium biphenyl
  κ: 232, 263, 285
Sodium bromate, NaBrO$_3$
  κ: 201, 257, 279, 340, 387
  η: 995
Sodium bromide, NaBr
  κ: 177, 178, 255, 258, 263–266, 268–270, 272–274, 277–279, 282, 283, 285, 319, 371, 387, 388, 395
  η: 966, 983–985
Sodium m-bromobenzoate
  κ: 223, 269, 273
Sodium p-bromobenzoate
  κ: 223, 269
Sodium butyrate
  κ: 226, 269
Sodium carbonate, Na$_2$CO$_3$
  κ: 268
  ρ: 924
  η: 974
Sodium chlorate, NaClO$_3$
  κ: 201, 268, 341, 387, 388
Sodium chloride, NaCl
  κ: 175, 176, 258, 261, 264, 266, 268–270, 272–274, 277–279, 314–318, 371, 387, 388, 390–392, 1027
  D: 899
  ρ: 904, 920, 931, 1038
  η: 979, 984, 985, 1003, 1038
  t: 1011, 1013–1015
Sodium chloroacetate (see Sodium monochloroacetate)
Sodium m-chlorobenzoate
  κ: 223, 269
Sodium o-chlorobenzoate
  κ: 223, 269
Sodium p-chlorobenzoate
  κ: 223, 269
Sodium chlorosulfonate, NaSO$_3$Cl
  κ: 226, 261
  t: 1012
Sodium chromate, NaCrO$_4$
  κ: 202
Na$_2$CrO$_4$
  κ: 273
  η: 968
Sodium dichloroacetate
  κ: 226, 269, 351, 391
Sodium 2,4-dinitrobenzoate
  κ: 223, 254, 269, 351, 391
Sodium 3,5-dinitrobenzoate
  κ: 223, 273, 278, 351, 391
  ρ: 919
  η: 966
Sodium dinonylnaphthalene sulfonate
  κ: 226, 270
Sodium diphenylamide, NaNPh$_2$
  κ: 225, 258

Sodium diphenylaminosulfonate
  κ: 227
Sodium dodecylsulfate
  κ: 352, 353, 385–388, 390–392
Sodium ethoxide
  κ: 215, 269
Sodium ethyl sulfide, EtSNa
  κ: 236, 258
Sodium ethylcarbonate
  κ: 227, 353, 388
Sodium fluoride, NaF
  κ: 175, 266, 276, 313, 387
  ρ: 925
  η: 974
Sodium fluoronyl
  κ: 232, 263, 285
Sodium formamide
  κ: 225
Sodium formate
  κ: 227, 269, 273, 274
  ρ: 920
  η: 967
  t: 1014
Sodium hexafluoroantimonate
  κ: 248, 276
Sodium hydrogen sulfate, NaHSO₄
  η: 992
  t: 1017
Sodium hydroxide, NaOH
  κ: 341
Sodium m-hydroxybenzoate
  κ: 224, 269
Sodium o-hydroxybenzoate
  κ: 273
Sodium p-hydroxybenzoate
  κ: 224, 269
Sodium 1-hydroxy-2-naphthoate
  κ: 228, 271
Sodium 2-hydroxy-1-naphthoate
  κ: 228, 271
Sodium 3-hydroxy-2-naphthoate
  κ: 228, 271
Sodium 8-hydroxyl-1-naphthoate
  κ: 228, 271
Sodium 4-hydroxysalicylate
  κ: 235, 271
Sodium 6-hydroxysalicylate
  κ: 235, 271
Sodium iodide, NaI
  κ: 179–183, 255–259, 261, 263–266, 268–272, 274–280, 282–284, 319–321, 372, 373, 385, 389, 391, 395, 396
  ρ: 904, 920
  η: 948, 961, 968, 981, 986
Sodium β-iodopropionate
  κ: 227, 268
Sodium iodosalicylate
  κ: 235, 268
Sodium laurylsulfate, SLS
  κ: 353
Sodium methoxide
  κ: 215, 278
  ρ: 928
Sodium methylsulfonate, NaSO₃CH₃
  κ: 228, 266, 1030
  ρ: 912, 1040
  η: 956, 960, 1040
Sodium monochloroacetate
  κ: 228, 268
Sodium α-naphthalate
  κ: 228
Sodium β-naphthalate
  κ: 228
Sodium naphthalene
  κ: 232, 285
Sodium nitrate, NaNO₃
  κ: 202, 258, 263–266, 269–271, 273, 275, 278, 279, 341, 391
  ρ: 920
  η: 968, 995
  t: 1011
Sodium nitrite, NaNO₂
  κ: 202, 268, 269
Sodium m-nitrobenzoate
  κ: 224, 268

Sodium o-nitrobenzoate
  κ: 224, 254, 268, 271
Sodium p-nitrobenzoate
  κ: 224
Sodium m-nitrophonate
  κ: 229
Sodium oxyisobutyrate
  κ: 229, 269
Sodium perchlorate, NaClO₄
  κ: 203, 204, 256, 257, 260, 263–266, 268, 270, 273, 275, 278–281, 284, 342, 382, 383, 387, 394, 396, 1028, 1031
  D: 896–898
  ρ: 915, 916, 1039
  η: 958–960, 1003, 1039, 1042
  t: 1036
Sodium perylene
  κ: 232, 263, 285
Sodium phenate
  κ: 229
Sodium phenoxide, NaOPh
  κ: 258
Sodium phenylacetate
  κ: 230, 269
Sodium picrate
  κ: 230, 231, 256, 258, 263, 265, 266, 269, 271, 278, 279, 281, 284, 353, 354, 383, 388, 391, 393, 395
Sodium propionate
  κ: 231, 269
Sodium pyrene
  κ: 233, 285
Sodium salicylate
  κ: 234, 254, 256, 257, 269, 271, 273, 278, 354, 391
  ρ: 919
  η: 967
Sodium succinate
  κ: 235, 273
  ρ: 919
  η: 967
Sodium sulfate, Na₂SO₄
  κ: 264, 342, 387
Sodium sulphosalicylate
  κ: 235, 269
Sodium tartrate
  κ: 236, 273
Sodium terphenyl
  κ: 233, 285
Sodium tetra-n-butyl aluminate (see Sodium aluminium tetrabutyl)
Sodium tetracene
  κ: 233, 285
Sodium tetrafluoroborate NaBF₄
  κ: 248, 283
Sodium tetrahydroaluminate
  κ: 247, 260, 262, 286
Sodium tetraphenylborate, NaBPh₄
  κ: 248–250, 256, 257, 263, 266, 272, 274, 278, 280, 286, 355, 388, 812, 1029, 1031
  ρ: 913, 1039
  η: 960, 1039, 1042
Sodium tetraphenylethylene
  κ: 233, 285
Sodium tniocyanate, NaNCS
  κ: 205, 255, 263–266, 268, 269, 275, 278, 279, 282, 284, 286, 342, 385, 1029, 1031
  ρ: 916, 1039
  η: 959, 960, 1039, 1042
Sodium thiophenolate, PhSNa
  κ: 236, 258
Sodium m-toluate
  κ: 229, 269
Sodium o-toluate
  κ: 229, 269
Sodium p-toluate
  κ: 229, 269
Sodium p-toluenesulfonate
  κ: 236
Sodium trichloroacetate
  κ: 237, 269, 278
Sodium trichlorobenzoate
  κ: 278
Sodium trichlorobutyrate
  κ: 238

IX. COMPOUND INDEX

Sodium trifluoromethylsulfonate, CF_3SO_3Na
  κ: 237, 265, 266, 1028, 1031
  ρ: 911, 912, 1040
  η: 955, 956, 960, 1040, 1042
Sodium trinitrobenzoate
  κ: 268
Sodium trinitro-m-cresolate
  κ: 229, 269, 278
Sodium triphenylene
  κ: 233, 263
Sodium triphenylethylene
  κ: 285
Sodium valerate
  κ: 237, 278
Stearic acid
  κ: 272
Strontium m-benzenesulfonate
  κ: 491, 506
Strontium bromide hexahydrate, $SrBr_2 \cdot 6H_2O$
  κ: 413, 467
Strontium bromide monohydrate, $SrBr_2 \cdot H_2O$
  κ: 413, 467
Strontium chloride, $SrCl_2$
  κ: 491, 506, 1027
  ρ: 1038
  η: 1038
Strontium chloride hexahydrate, $SrCl_2 \cdot 6H_2O$
  κ: 414, 466, 467
Strontium chlorosulfonate, $Sr(SO_3Cl)_2$
  κ: 414, 462
Strontium formate, $(HCO_2)_2Sr$
  κ: 414, 465
Strontium hydrogen sulfate, $Sr(HSO_4)_2$
  η: 992
  t: 1017
Strontium nitrate, $Sr(NO_3)_2$
  κ: 412, 465, 467
  ρ: 920
  η: 970, 995
Strontium perchlorate, $Sr(ClO_4)_2$
  κ: 412, 466, 467, 479, 502
Strontium perchlorate hexahydrate, $Sr(ClO_4)_2 \cdot 6H_2O$
  κ: 413, 460, 461, 462, 466, 468, 468
Strontium perchlorate trihydrate, $Sr(ClO_4)_2 \cdot 3H_2O$
  κ: 414, 467
Succinic acid
  κ: 160, 267
Sulfosalicylic acid
  κ: 167, 268
Sulfur dichloride, SCl_2
  κ: 448, 458
Sulfur trioxide, SO_3
  κ: 448, 470
Sulfuric acid, H_2SO_4
  κ: 255, 301, 363, 396, 397
Sulfurylchloride, SO_2Cl_2
  ρ: 936
  η: 992

T

d-Tartaric acid
  κ: 160, 267
m-Tartaric acid
  κ: 160, 267
Tellerium tetrachloride, $TeCl_4$
  κ: 449, 459
Tetra hexylammonium benzoate
  P.P.: 537
Tetraamylammonium bromide
  P.P.: 535
  κ: 600, 778, 778, 802, 808
Tetra-i-amylammonium bromide
  κ: 598, 779, 784
Tetraamylammonium chloride
  P.P.: 535
Tetra-i-amylammonium chloride
  κ: 598, 784
Tetra-i-amylammonium fluoride
  κ: 598, 784
Tetra-i-amylammonium fluoride hydrate
  X.R.: 550
Tetraamylammonium iodide
  P.P.: 535
  κ: 600, 601, 779, 787, 808, 810, 811, 1033
Tetra-i-amylammonium iodide
  P.P.: 536
  κ: 599, 779, 784, 786, 802, 808, 812, 818, 874, 881, 1033
  η: 989
Tetraamylammonium nitrate
  P.P.: 536
  κ: 660, 799
Tetra-i-amylammonium nitrate
  P.P.: 536
  κ: 656, 796, 798, 799, 803, 812, 842, 875, 876
Tetraamylammonium perchlorate
  P.P.: 536
Tetra-i-amylammonium perchlorate
  P.P.: 536
  κ: 657, 780, 783, 799, 802, 819
Tetraamylammonium picrate
  P.P.: 535
  κ: 661–663, 780, 783, 789, 790, 792, 795, 796–798, 799, 800, 813, 819, 822, 825
  ρ: 937
  η: 992
Tetra-i-amylammonium picrate
  P.P.: 536
  κ: 658, 659, 766, 783, 784, 791, 799, 802, 809, 814, 819, 873, 882
Tetra-i-amylammonium tetra-i-amylborate
  κ: 795
Tetra-i-amylammonium tetra-i-amylboride
  P.P.: 536
  κ: 659, 780, 814, 818
  η: 989
Tetra-i-amylammonium tetrafluoroborate
  P.P.: 536
Tetra-i-amylammonium tetraphenylboride
  κ: 659, 780, 795, 814
Tetraamylammonium thiocyanate
  P.P.: 535
  κ: 664, 790, 795, 813, 825, 1030
  ρ: 907, 908, 1041
  η: 952, 988, 1041
Tetra-i-amylammonium thiocyanate
  P.P.: 536
  κ: 660, 784, 796, 875, 881
Tetrabutylammonium acetate
  P.P.: 535
  κ: 639, 770, 784, 796, 799, 813, 819
Tetrabutylammonium azide
  P.P.: 534
  κ: 669, 784, 823
Tetrabutylammonium benzoate hydrate
  X.R.: 550
Tetrabutylammonium bromate
  κ: 876
Tetrabutylammonium bromide
  P.P.: 533
  κ: 590–593, 761, 770, 777, 778, 780, 782–789, 795–798, 801, 802, 804, 805, 808, 813–819, 824, 837–839, 859–864, 876–884, 1034
  ρ: 906
  η: 989, 999, 1001
  t: 1016
Tetrabutylammonium chloride
  P.P.: 533
  κ: 588, 589, 777, 778, 784, 786, 797, 807, 808, 814, 816, 817, 824, 865, 879
  t: 1016
Tetrabutylammonium chloroacetate
  κ: 640, 799
Tetrabutylammonium fluoride
  P.P.: 533
Tetrabutylammonium fluoride hydrate
  X.R.: 550
Tetrabutylammonium fluoroborate
  P.P.: 535
  κ: 813, 816
Tetrabutylammonium fluorotriphenylborate
  κ: 778, 799
Tetrabutylammonium gold maleonitrile dithiolate
  κ: 669, 821

Tetrabutylammonium hexafluorophosphate
κ: 640, 778, 780
Tetrabutylammonium hydroxytriphenylboride
P.P.: 535
Tetrabutylammonium iodide
P.P.: 534
κ: 594–597, 778, 781, 782, 786, 788–790, 793, 794, 796–798, 801, 802, 804, 806–810, 813, 815–819, 821, 824, 839, 840, 865, 876, 877, 879, 882, 884, 1034
ρ: 908
Tetrabutylammonium nitrate
P.P.: 534
κ: 641, 642, 779, 780, 783, 784, 790, 798, 801, 807, 813, 819, 866, 880, 882
t: 1010
Tetrabutylammonium perchlorate
P.P.: 534
κ: 637, 643–645, 779, 780, 785, 786, 790, 791, 794, 796, 798–800, 803, 806, 816–818, 820, 824, 840, 866, 867, 876, 879, 881
η: 989
Tetrabutylammonium picrate
P.P.: 534
κ: 646–651, 762–764, 770, 771, 778–780, 783–787, 789, 790, 792, 796, 798–800, 802, 806, 810, 813, 814, 818, 819, 821, 822, 840, 867–871, 878, 880–882
ρ: 908, 933
η: 951
Tetrabutylammonium tetrafluoroborate
κ: 638, 813, 816
Tetrabutylammonium tetraphenylborate
κ: 765, 795, 806, 841, 878
Tetrabutylammonium tetraphenylboride
P.P.: 535
κ: 639, 652, 653, 779, 780, 786, 790, 794, 797, 799, 802, 806, 809, 813, 814, 816–818, 821, 841, 871, 872, 876, 877, 880, 882
Tetrabutylammonium thiocyanate
P.P.: 534
κ: 654, 783, 784, 799, 872, 883
ρ: 906
η: 949
Tetrabutylammonium p-toluene sulfonate
P.P.: 535
κ: 655, 779, 822, 823
Tetrabutylammonium triphenylboride
κ: 779
Tetrabutylammonium triphenylborofluoride
P.P.: 535
κ: 656, 803, 813, 819
Tetrabutylammonium triphenylborohydroxide
P.P.: 535
κ: 639, 799, 803
Tetraethanolammonium bromide
P.P.: 532
κ: 565, 808
Tetraethanolammonium iodide
κ: 566, 779, 808
Tetraethanolammonium tetraphenylboride
κ: 629, 780
Tetraethylammonium azide
P.P.: 532
κ: 667, 823
Tetraethylammonium benzoate
κ: 614, 769, 780, 793
Tetraethylammonium bisulfate
κ: 628, 780
Tetraethylammonium borofluoride
P.P.: 532
κ: 799
Tetraethylammonium bromide
P.P.: 531
κ: 569–573, 777–779, 782, 786, 787–789, 791, 793, 794, 796, 798, 801, 802, 804, 806, 808, 810, 811, 813, 814, 816–820, 824, 829, 830, 877, 878, 1034
η: 999
t: 1016

Tetraethylammonium chlorate
κ: 614, 804, 822
Tetraethylammonium chloride
P.P.: 531
κ: 566–568, 777–779, 781, 787, 788, 796, 798, 802, 803, 806, 808, 810, 811, 813, 814, 816, 818, 819, 822, 830, 877
η: 989
t: 1016
Tetraethylammonium 2,6-dihydroxybenzoate
κ: 614, 780
Tetraethylammonium 3,5-dinitrobenzoate
κ: 614, 769, 780
Tetraethylammonium 2,6-dinitro-4-chlorophenolate
κ: 615, 793
Tetraethylammonium fluoride
P.P.: 531
κ: 818
Tetraethylammonium-1,1,2,4,5,5-hexacyano-3-azapentadiene
κ: 667, 780, 803
Tetraethylammonium hexafluorophosphate
κ: 778
Tetraethylammonium hydrogen sulfide
P.P.: 532
κ: 615, 807
Tetraethylammonium iodide
P.P.: 531
X.R.: 549
κ: 573–580, 752–759, 777–779, 782–788, 791, 793, 794, 796, 798, 801–806, 808, 810–814, 816, 817, 819–821, 824, 825, 830, 831, 854–856, 877, 878, 880, 883, 884, 1033
η: 962, 995
Tetraethylammonium nitrate
P.P.: 531
κ: 616, 780, 787, 793, 797, 799, 800, 802, 807, 809, 811, 814, 819, 831, 877
Tetraethylammonium nitrile
κ: 617
Tetraethylammonium p-nitrophenolate
κ: 617, 780
Tetraethylammonium 1,1,2,3,3-pentacyanopropane
κ: 668, 780, 803
Tetraethylammonium perchlorate
P.P.: 531
κ: 618, 619, 778, 780, 788, 795, 797–800, 802, 806, 807, 809, 813, 814, 816, 818–820, 825, 832, 856, 857, 876–879, 882, 884
η: 989
D: 896, 897
Tetraethylammonium phenyltrichlorate
κ: 620
Tetraethylammonium phenyltrichloroborate
P.P.: 761, 780
Tetraethylammonium picrate
P.P.: 531
κ: 620–626, 778, 780, 781, 783, 787–790, 792, 794–796, 798, 800, 802, 805, 807–810, 813, 814, 818, 819, 822, 833, 834, 857, 858, 877, 878, 880, 881, 883
Tetraethylammonium salicylate
κ: 627, 769, 780
Tetraethylammonium styphnate
P.P.: 532
κ: 627, 778, 797, 2073
Tetraethylammonium sulfamate
P.P.: 532
κ: 628, 807
Tetraethylammonium tetrabromoborate
P.P.: 532
κ: 628, 780
bis-(Tetraethylammonium)-tetrabromomanganate(II)
κ: 668, 814
bis(Tetraethylammonium)-tetrabromonickelate(II)
κ: 668, 814

IX. COMPOUND INDEX

Tetraethylammonium tetrachloroborate
P.P.: 532
κ: 628, 780
bis(Tetraethylammonium)-tetrachloromanganate(II)
κ: 668, 814
Tetraethylammonium tetrafluoroborate
κ: 628, 780, 799
Tetraethylammonium tetraiodoborate
P.P.: 532
κ: 629, 780
Tetraethylammonium tetranitratoaluminate
κ: 669, 814
Tetraethylammonium tetraphenylboride
P.P.: 532
κ: 629, 780, 858, 880
Tetraethylammonium thiocyanate
P.P.: 532
κ: 629, 800, 809, 814
Tetraethylammonium p-toluene sulfonate
P.P.: 532
κ: 631, 822, 823
Tetraethylammonium trifluoroacetate
κ: 630, 780
Tetraethyl sodium aluminate (*see* Sodium aluminum tetraethyl)
Tetraheptylammonium bromide
P.P.: 537
κ: 602, 782, 802
Tetraheptylammonium iodide
P.P.: 537
κ: 603, 604, 779, 782, 786, 794, 796, 802, 810, 815–817, 824, 1034
Tetraheptylammonium perchlorate
P.P.: 537
Tetrahexylammonium bromide
P.P.: 536
κ: 601, 782, 802
Tetrahexylammonium hexafluorophosphate
κ: 778
Tetrahexylammonium iodide
P.P.: 536
κ: 602, 779, 782, 794, 796, 802, 804, 810, 1032
Tetrahexylammonium perchlorate
P.P.: 536
Tetrahydrofuran
κ: 434, 466
Tetramethylammonium azide
P.P.: 530
κ: 667, 823
Tetramethylammonium bromide
P.P.: 530
X.R.: 548
κ: 560–562, 748, 768, 777, 779, 783, 786, 788, 789, 793, 794, 796, 801, 802, 806, 808, 810, 814, 816–818, 820, 824, 827, 828, 849, 850, 876, 877, 880, 881, 884, 1034
η: 998
t: 1016
Tetramethylammonium chlorate
κ: 605, 822
Tetramethylammonium chloride
P.P.: 530
X.R.: 548
κ: 556–558, 777, 779, 786, 796, 804, 806–808, 810, 812, 814, 816, 817, 820, 822, 824
η: 962
t: 1016
Tetramethylammonium chlorobromoiodide
P.P.: 531
κ: 555, 779
Tetramethylammonium dibromide
P.P.: 531
Tetramethylammonium dibromoiodide
κ: 559, 779
Tetramethylammonium dichlorobromate(I)
κ: 666, 780
Tetramethylammonium dichloroiodide
X.R.: 548

Tetramethylammonium fluoride
P.P.: 530
κ: 555, 778
Tetramethylammonium fluorotriphenylborate
κ: 799, 803
Tetramethylammonium hexacyanoheptatrienide
κ: 605, 778, 780, 850, 879
Tetramethylammonium hexafluorophosphate
κ: 606, 780, 793, 818
Tetramethylammonium hydrogen sulfide
P.P.: 530
κ: 606, 807
Tetramethylammonium hydroxytriphenylborate
κ: 799
Tetramethylammonium iodide
P.P.: 530
X.R.: 548
κ: 562–564, 749, 778, 779, 786, 788, 789, 793, 794, 796, 798, 801, 802, 804, 806, 808, 810, 818, 820, 824, 1033
Tetramethylammonium nitrate
P.P.: 530
κ: 607, 780, 797, 807, 809, 850, 880
t: 1010
Tetramethylammonium bis(nitrato)bromate (I), $(CH_3)_4NBr(NO_3)_2$
κ: 666, 780
Tetramethylammonium bis(nitrato)iodate, $(CH_3)_4NI(NO_3)_2$
κ: 780
Tetramethylammonium pentacyanopropenide
κ: 607, 778, 780, 813, 851, 879, 882
Tetramethylammonium pentaiodide
P.P.: 531
X.R.: 548
κ: 565, 814
Tetramethylammonium perchlorate
P.P.: 530
X.R.: 548
κ: 608, 609, 778, 780, 791, 807, 809, 820, 822, 824
t: 1010
Tetramethylammonium picrate
P.P.: 530
κ: 609–611, 750, 751, 768, 778, 780, 783, 793, 797, 799, 802, 804, 807, 809, 811–814, 819, 820, 828, 829, 851, 852, 876, 878, 880, 881
Tetramethylammonium sulfamate
P.P.: 531
Tetramethylammonium sulfate
κ: 612, 820
Tetramethylammonium tetrabis(nitrato) iodate(III), $(CH_3)_4NI(NO_3)_4$
κ: 666
Tetramethylammonium tetrafluoroborate
κ: 612, 795, 820
Tetramethylammonium tetraphenylboride
P.P.: 531
κ: 612, 778, 780, 852, 880
Tetramethylammonium thiocyanate
κ: 612, 797, 809
Tetramethylammonium p-toluene sulfonate
P.P.: 531
κ: 613, 822, 823
Tetramethylammonium tribromide
P.P.: 531, 779
Tetramethylammonium tricyanovinylalcoholate TMA$^+$/TCV alcoholate$^-$
κ: 665, 778, 780, 852, 879
Tetramethylammonium bis(tricyanovinyl)amine[TMA$^+$/bis(TCV)amine$^-$]
κ: 666, 779, 780, 853, 879
Tetramethylammonium triiodide
P.P.: 531
κ: 565, 814
Tetramethylammonium triiodomercurate(II)
κ: 420

Tetramethylammonium triphenylborofluoride
P.P.: 531
κ: 665, 779
Tetramethylammonium triphenylborohydroxide
P.P.: 530
Tetramethylammonium triphenylborohydroxide monoalcoholate
P.P.: 530
κ: 665, 799
Tetramethylammonium triphenylborohydroxide monohydrate
P.P.: 530
Tetramethylphosphonium pentaiododimercurate(II)
κ: 421
Tetramethylphosphonium tetraiodomercurate(II)
κ: 421
Tetramethylphosphonium triiodomercurate
κ: 420
Tetraoctylammonium bromide
κ: 604, 802
Tetraoctylammonium iodide
κ: 604, 802
Tetrapentylammonium bromide
κ: 802
Tetrapentylammonium iodide
κ: 794, 802, 810
Tetra-i-pentylammonium iodide
κ: 794
Tetraphenylarsonium iodide
κ: 445, 463
Tetraphenylarsonium perchlorate
κ: 445, 459
Tetrapropylaluminum azide
P.P.: 533
κ: 669, 823
Tetrapropylammonium bromide
P.P.: 532
κ: 582–584, 777–779, 782, 785, 786, 788, 789, 793, 794, 796, 800–802, 804, 808, 810, 814, 816–818, 824, 835–836, 858, 859, 876, 877–879, 884, 1035
X.R.: 549
η: 999
t: 1016
Tetrapropylammonium chloride
P.P.: 532
κ: 581, 777, 794, 807, 814, 816, 1035
t: 1016
Tetrapropylammonium hydrogen sulfide
P.P.: 533
κ: 632, 807
Tetrapropylammonium iodide
P.P.: 533
κ: 585–588, 760, 778, 779, 782, 786–790, 793, 794, 796, 798, 801, 802, 804, 808, 810, 811, 815–818, 820, 824, 859, 884, 1033
Tetrapropylammonium nitrate
P.P.: 533
κ: 632, 799
Tetrapropylammonium perchlorate
P.P.: 533
κ: 632, 780, 799, 802, 808, 819, 820
Tetrapropylammonium picrate
P.P.: 533
κ: 633–635, 778, 780, 789, 790, 792, 798, 800, 802, 809, 813, 814, 819, 836, 878
Tetrapropylammonium tetraphenylborate
κ: 836, 878
Tetrapropylammonium tetraphenylboride
P.P.: 533
κ: 636, 780, 859, 880
Tetrapropylammonium p-toluene sulfonate
P.P.: 533
κ: 636, 822, 823
Tetrazole
κ: 805
Thallium(I) bromide, TlBr
κ: 426, 458, 460
Thallium(I) chloride, TlCl
κ: 426, 458, 494, 506

Thallium(I) nitrate, TlNO$_3$
κ: 426, 460, 495, 506
Thallium(I) perchlorate, TlClO$_4$
κ: 427, 458, 463, 468
t: 1012
Thallium(I) tetrafluoroborate, TlBF$_4$
κ: 426, 458
p-Thiocresol
κ: 276
Thiodiglycollic acid
κ: 160, 267
Thionaphthol
κ: 276
Thiophenol
κ: 276
Tin(IV) bromide, SnBr$_4$
κ: 439, 458, 466, 467
Tin(IV) chloride, SnCl$_4$
κ: 438, 458–462, 464, 467, 469
Tin(II) chloride dihydrate, SnCl$_2$·2H$_2$O
η: 1002
Titanium tetrachloride, TiCl$_4$
κ: 441, 458–462, 464, 467, 469
p-Toluenesulfonic acid
κ: 167, 254, 272
m-Toluic acid
κ: 164, 268
o-Toluic acid
κ: 164, 268
p-Toluic acid
κ: 164, 268
Triamylammonium chloride
κ: 785
η: 950
Tri-i-amylammonium chloride
κ: 696
Triamylammonium chloride dibromide
ρ: 908
η: 951
Tri-i-amylammonium iodide
κ: 696, 802
Tri-i-amylammonium nitrate
κ: 881
Triamylammonium picrate
P.P.: 540
κ: 741, 814, 825
ρ: 937
η: 992
Tri-i-amylammonium picrate
P.P.: 540
κ: 740, 784, 800, 803, 803, 812, 873, 881
ρ: 907
η: 949
Triamylbutylammonium bromide
κ: 700, 781
Tri-i-amylbutylammonium bromide
κ: 697, 781
Triamylbutylammonium iodide
κ: 779
Tri-i-amylbutylammonium iodide
P.P.: 540
κ: 698–700, 781, 782, 786, 797, 804, 811, 815–817, 824, 873, 883
Tri-amylbutylammonium perchlorate
P.P.: 540
κ: 718
Tri-i-amylbutylammonium picrate
P.P.: 540
κ: 740, 781, 797, 809, 873
Tri-i-amylbutylammonium tetraphenylborate
κ: 797, 815, 821, 1029, 1031
ρ: 1040
η: 1040, 1042
Triamylbutylammonium tetraphenylboride
κ: 722, 781
ρ: 910, 911
η: 954–955, 960
Tri-i-amylbutylammonium tetraphenylboride
P.P.: 540
κ: 718–721, 779, 781, 782, 792, 795, 809, 811, 815, 821, 874, 883
Tribenzylammonium picrate
κ: 734, 800, 821, 822, 824

IX. COMPOUND INDEX

Tri-*m*-biphenylchloromethane
 κ: 434, 470
Tri-*p*-biphenylchloromethane
 κ: 434, 470
Tributylamine
 κ: 823
Tributylamine *N*-oxide picrate
 P.P.: 539
Tributylammonium bromide
 P.P.: 539
 κ: 693, 773, 790
Tributylammonium chloride
 P.P.: 539
 κ: 693, 824
Tributylammonium iodide
 P.P.: 539
 κ: 694, 813
Tributylammonium perchlorate
 P.P.: 539
 κ: 717 781
Tri-*m*-biphenylchloromethane
 κ: 434, 470
Tri-*p*-biphenylchloromethane
 κ: 434, 470
Tributylamine
 κ: 823
Tributylamine *N*-oxide picrate
 P.P.: 539
Tributylammonium bromide
 P.P.: 539
 κ: 693, 773, 790
Tributylammonium chloride
 P.P.: 539
 κ: 693, 824
Tributylammonium iodide
 P.P.: 539
 κ: 694, 813
Tributylammonium perchlorate
 P.P.: 539
 κ: 717, 781
Tributylammonium picrate
 P.P.: 539
 κ: 737, 738, 774–776, 781, 785, 787, 790, 800, 809, 813, 821, 824
Tributylmethylammonium thiocyanate
 P.P.: 539
 κ: 718, 784, 799
Tri-*n*-butylsulfonium iodide
 κ: 448, 467
Trichloroacetic acid
 κ: 158, 255, 259, 267, 272, 276, 277, 282, 285, 307, 391
Trichlorobenzoic acid
 κ: 277
Trichlorobutyric acid
 κ: 168, 307, 391
Tridecylammonium chloride
 X.R.: 552
Tri-dodecylammonium bisulfate
 P.P.: 542
Tri-dodecylammonium bromide
 P.P.: 541
Tri-dodecylammonium chloride
 P.P.: 541
Tri-dodecylammonium nitrate
 P.P.: 541
Tri-dodecylammonium perchlorate
 P.P.: 542
Triethylamine
 κ: 786, 818, 825
Triethylammonium bromide
 X.R.: 549
 κ: 685, 793 815, 817
Triethylammonium chloride
 X.R.: 549
 κ: 684, 781, 802, 808, 815, 816
Triethylammonium iodide
 X.R.: 549
 κ: 685, 815
Triethylammonium picrate
 P.P.: 538
 κ: 733, 781, 793, 800, 803, 815, 817
Triethylmethylammonium iodide
 κ: 686, 811
Triethylsulfonium iodide
 κ: 448, 459, 467

Trifluoroacetic acid
 κ: 157, 262
 ρ: 910
 η: 953
Trifluoroethanol
 κ: 435, 466
Trimethylammonium bromide
 X.R.: 548
 κ: 673, 785, 810
 η: 950
Trimethylammonium bromide dibromide
 ρ: 907
 η: 950
Trimethylammonium chloride
 P.P.: 537
 κ: 673, 785, 808, 810, 812
1,10-bis-(Trimethylammonium) decamethylene di-iodide
 κ: 457, 464, 467, 703
1,6-bis(Trimethylammonium) hexamethylene dibromide ("Hexamethanium" dibromide)
 κ: 459, 464, 467, 701
Trimethylammonium iodide
 X.R.: 548
bis-(Trimethylammonium) pentamethylene diiodide
 κ: 700, 797
Trimethylammonium picrate
 P.P.: 537
 κ: 729, 812, 813
bis-(Trimethylammonium) tetramethylene diiodide
 κ: 691, 797
bis-(Trimethylammonium) trimethylene dibromide
 κ: 687
bis-(Trimethylammonium) trimethylene diiodide
 κ: 688, 797
Trimethylbutylammonium bromide
 κ: 691, 778
Trimethylcetylammonium bromide
 κ: 703, 785
Trimethylchlorogermane
 κ: 437, 459
Trimethylchlorosilane
 κ: 436, 459
Trimethylchlorostannane
 κ: 438, 463
Trimethylhydroxyammonium picrate
 P.P.: 537
 κ: 729, 771, 813, 827, 878
Trimethylmethoxyammonium picrate
 P.P.: 537
 κ: 813
Trimethylphenylammonium benzene sulfonate
 κ: 707, 782, 793, 795, 804, 817, 853, 884
Trimethylphenylammonium bromide
 P.P.: 541
 κ: 674, 782, 817, 853, 884
Trimethylphenylammonium chloride
 P.P.: 540
 κ: 674, 793, 804, 810
Trimethylphenylammonium hexafluorophosphate
 κ: 708, 795
Trimethylphenylammonium iodide
 κ: 675, 782, 793–795, 804, 810, 817, 820, 854, 884
Trimethylsulfonium iodide
 κ: 449, 459, 467
2,4,6-Trinitrobenzoic acid
 κ: 163, 256
Triphenyl carbinol
 ρ: 934
 η: 990
Triphenylchloromethane
 κ: 435, 470
Triphenylchloroplumbane
 κ: 440, 463
Triphenylchlorosilane
 κ: 436, 463
Triphenylchlorostannane
 κ: 438, 463

Triphenylfluorostannane
  κ: 439, 463
Triphenylmethylammonium borofluoride
  P.P.: 541
Triphenylmethylammonium fluoride
  P.P.: 541
Triphenylmethylarsonium iodide
  κ: 445, 458
Triphenylmethylarsonium tetraiodomercurate(II)
  κ: 421
Triphenylmethylarsonium triiodomercurate (II)
  κ: 421
Tripropylamine borate
  ρ: 917
Tripropylammonium chloride
  κ: 687, 808
Tripropylammonium picrate
  P.P.: 538
  κ: 735, 790, 800
Tripropylethylammonium iodide
  κ: 687, 811
Tripropylsulfonium iodide
  κ: 449, 459, 467
Tri-tetrafluorobutylamine
  κ: 823
d-Tubocurarine chloride
  κ: 443, 464, 467, 676

U

Uranyl chloride, UO_2Cl_2
  t: 1013
Uranyl nitrate, $UO_2(NO_3)_2$
  κ: 430, 458, 464–468

V

Vanadium dichloride, VCl_2
  κ: 1027
  ρ: 1038
  η: 1038
Vanadium tetrachloride, VCl_4
  κ: 447, 465
Vanadium trichloride, VCl_3
  κ: 1027
  ρ: 1038
  η: 1038

Y

Ytterbium bromide, $YbBr_6$
  κ: 429
Ytterium hexacyanocobaltate(III)
  κ: 495, 506

Z

Zinc bromide, $ZnBr_2$
  κ: 418, 462, 463
Zinc chloride, $ZnCl_2$
  κ: 418, 462, 463, 1027
  ρ: 1038
  η: 1038
  t: 1011, 1014
Zinc iodide, ZnI_2
  κ: 418, 462, 463
Zinc perchlorate, $Zn(ClO_4)$
  κ: 482, 502
Zinc sulphate, $ZnSO_4$
  κ: 493, 506

QD
560
J36
v.1

MAY 14 1975